哈尔滨工程大学精品教材出版资助工程

计算机组成原理

主　编　李思照

副主编　付小晶　庄　园　郎大鹏

哈爾濱工程大学出版社
Harbin Engineering University Press

内 容 简 介

本书以当前主流微型计算机技术为背景，以建立系统级的整机概念为目的，深入介绍计算机各个功能子系统的逻辑组成和工作机制。全书共7章，第1章介绍计算机的基本概念、发展历程和系统组织架构；第2章介绍数据信息的表示方法和运算校验方法；第3章介绍存储系统的存储原理、随机存取存储器、非易失性存储器等；第4章介绍处理器设计方法，以RISC-V为例对CPU进行实现；第5章介绍指令系统中的指令格式、寻址方式、指令类型等；第6章介绍总线与I/O系统，对中断、DMA进行详细介绍；第7章以实验为主，利用FPGA来实现并验证计算机系统的各个功能。

本书可作为高等院校计算机或相关专业“计算机组成原理”及相关课程的配套授课教材和实验教材，也可作为从事计算机专业考研和工程技术人员的参考书籍。

图书在版编目(CIP)数据

计算机组成原理 / 李思照主编. -- 哈尔滨 : 哈尔滨工程大学出版社, 2025. 2. -- ISBN 978-7-5661-4715-8

Ⅰ. TP301

中国国家版本馆 CIP 数据核字第 2025US8161 号

计算机组成原理

JISUANJI ZUCHENG YUANLI

选题策划 刘思凡
责任编辑 王　静
封面设计 李海波

出版发行 哈尔滨工程大学出版社
社　　址 哈尔滨市南岗区南通大街 145 号
邮政编码 150001
发行电话 0451-82519328
传　　真 0451-82519699
经　　销 新华书店
印　　刷 哈尔滨午阳印刷有限公司
开　　本 787 mm×1 092 mm　1/16
印　　张 39.75
字　　数 1 042 千字
版　　次 2025 年 2 月第 1 版
印　　次 2025 年 2 月第 1 次印刷
书　　号 ISBN 978-7-5661-4715-8
定　　价 158.00 元

http://www.hrbeupress.com

E-mail:heupress@hrbeu.edu.cn

前　言

计算机组成原理作为计算机专业核心基础课程，主要讨论计算机各大功能部件组成的基本原理及其互连构成整机的技术，在计算机系统能力培养目标中起着重要的承上启下作用。其前导课程为“数字逻辑”和“汇编语言程序设计”，后续课程为“计算机系统结构”和“计算机接口技术”。该课程的理论实践教学应注重站在贯穿计算机硬件系列课程的角度，结合哈尔滨工程大学船海特色，引导学生利用前导课的基础知识设计计算机主要功能部件并构成整机系统，加强学生计算机系统设计能力的培养。

全书共7章，主要按计算机硬件功能子系统来安排章节内容。第1章概述计算机的发展历史、硬件组成、软件系统、组织结构以及工作特点和性能指标评价。第2章介绍数据信息的表示方法、定点和浮点数运算、非数值数据表示和校验方法。第3章首先概述了存储系统，然后通过对随机存取存储器、非易失性存储器、并行存储器、高速缓冲存储器和虚拟存储器的介绍对存储子系统进行设计实现。第4章介绍基于RISC-V处理器的设计方法，从ALU控制、数据通路、流水线设计、指令间并行等角度分析RISC-V特性。第5章针对计算机系统中最重要的指令系统进行讲解，对指令格式、寻址方式、复杂指令集和精简指令集等方面进行详细介绍。第6章介绍总线与输入/输出子系统，包括设备接口、总线以及程序中断方式、DMA和IOP等经典I/O控制模式。第7章为全书实验部分，对硬件描述语言VHDL以及相关开发工具进行介绍，然后经过可编程技术、组合逻辑电路、时序逻辑电路、计算机部件、计算机组成和基于FPGA的综合性实验设计让学生具备设计计算机系统的能力。

全书由李思照教授主持编写和统稿。第3、4、5章由李思照编写，第1章由郎大鹏编写，第2章和第6章由庄园编写，第7章由付小晶编写。作为计算机组成原理实验课的资深前辈，付小晶老师对本书的编写给予了悉心指导，提出了许多宝贵建议，为本书审阅付出了大量心血，谨此向付小晶老师致以崇高敬意！

在本书的编写过程中，还要特别感谢几位同学，他们利用课余时间为本书补充了课后习题和相关资料，同时也认真地对本书进行校验。他们分别是边浩东、刁文淇、董晟昊、李东、王新华、朱诗怡（按姓氏拼音排序）。本书的编写工作还得到了哈尔滨工程大学出版社和哈尔滨工程大学计算机科学与技术学院的专门立项支持，一并向他们致以诚挚谢意。

由于编者水平有限，书中内容难免会有疏漏和错误，恳请读者批评指正，全体作者将不胜感激。如有任何问题，请直接通过邮件与作者联系：sizhao.li@hrbeu.edu.cn。

编　者

2024年12月

目　　录

第 1 章　计算机概述

电子计算机按其信息的表示形式和处理方式可分为电子模拟计算机和电子数字计算机两类。电子模拟计算机是以连续变化的量(即模拟量)表示数据,通过电的物理变化过程实现运算。电子数字计算机是以离散量(即数字量)表示数据,应用算术运算法实现运算。电子模拟计算机由于受元器件精度的影响,其运算精度较低,解题能力有限,信息存储困难,因而应用面很窄。电子数字计算机由于具有很强的逻辑判断能力和强大的存储功能,可以计算、模拟、分析问题,操作机器、处理事务等,因而得到了极其广泛的应用。它可以近似于人的大脑的“思维”方式进行工作,所以又被称为“电脑”。

电子数字计算机的诞生是当代卓越的科学技术成就之一。它的发明与应用促进了人类的第三次革命——信息革命,标志着人类文明发展进入了一个新的历史阶段,是衡量世界各国现代科学技术发展水平的重要标志。本书主要讨论电子数字计算机的组成原理,为叙述简便,书中不再在计算机前面冠以“电子数字”的定语。

1.1　计算机的发展历史

从 1946 年 2 月 15 日第一台计算机 ENIAC(electronic numerical integrator and computer)诞生以来,计算机经历了 70 多年的迅猛发展。下面从硬件和软件两方面介绍计算机的发展历程。

1.1.1　更新换代的计算机硬件

翻开计算机的发展历史,人们感受最直观的是计算机器件的发展,因此习惯上将计算机的发展按“时代”划分为 5 个发展阶段。

1. 电子管时代(1946—1959 年)

在第一代电子管阶段,计算机以电子管作为基本逻辑元件,主存储器采用的是声汞延迟线、磁鼓等材料,数据用定点表示。

ENIAC 当属“鼻祖”,它体积庞大(8 英尺[①]高,3 英尺宽,100 英尺长),使用了 18 000 个电子真空管、1 500 个电子继电器、70 000 个电阻和 18 000 个电容,功耗为 150 kW,重达 30 t,速度为每秒 5 000 次加法运算。

在这一阶段,最具代表性的机器有冯·诺依曼的 IAS(1946 年)、UNIVAC 公司的 UNI-

---

① 1 英尺 = 0.304 8 m。

VAC-I(1951 年)、IBM 公司的 IBM701(1953 年)和 IBM704(1956 年)。我国在这一阶段推出的计算机有 103 机、104 机、119 机等机种。

2. 晶体管时代(1959—1964 年)

在第二代晶体管阶段,计算机以晶体管代替电子管作为主要基本逻辑元件,主存储器由磁芯构成,通过引入浮点运算硬件加强科学计算能力。

晶体管计算机具有体积小、功耗低、速度快和可靠性高等特点,其推动了计算机的发展。最具代表性的有 IBM 公司的 IBM7090(1959 年)、IBM7094(1962 年)。我国在 1965 年推出了第一台晶体管计算机——DJS-5 机,此后成功研制了 DJS-121 机、DJS-108 机等 5 个机种。

3. 中、小规模集成电路时代(1964—1975 年)

随着半导体工艺的发展,集成电路得以研制成功,其自然成为计算机的主要逻辑元件,计算机进入了第三个发展阶段——中、小规模集成电路(MSI、SSI)时代,主存储器也进入了由半导体存储器替代磁芯存储器的发展阶段,采用多处理器并行结构的大型机、巨型机和物美价廉的小型机得到快速发展。

本阶段典型的计算机有 IBM 公司的 IBM360 系列(1964 年)、CDC 公司的 CDC6600(1964 年)和 DEC 公司的 PDP-8(1964 年)。我国这一阶段的代表性机器有 150 机(1973 年)、DJS-130 机(1974 年,并形成了 100 系列机)、220 机(1973—1981 年,200 系列机)和 182 机(1976 年,180 系列机)。

4. 超、大规模集成电路时代(1975—1990 年)

随着集成电路的集成度进一步提高,超、大规模电路被广泛应用于计算机,计算机进入了超、大规模集成电路(VLSI、LSI)时代,半导体存储器完全替代了磁芯存储器,并行技术、多机系统和分布式计算技术得到发展,出现了精简指令集(reduced instruction set computing,RISC)。

此时巨型向量机、阵列机等高级计算机得到了快速发展,如美国的 Cray-Ⅰ、我国的 YH-Ⅰ等,同时低端的微处理器开始面世,并迅速推向社会各个领域和家庭中。

1973 年,Intel 8080 的推出标志着 8 位微机占领市场时刻的到来,如 Z80 微机、Apple Ⅱ微机等,而 1978 年用 Intel 8086 微处理器构成的 16 位微机 IBM-PC/XT 的面世,真正使得台式个人计算机走进了办公室和家庭。

低端微处理器发展的另一方面是单片机,其广泛应用于工业控制、智能仪器仪表。

与此同时,计算机网络也由实验研究阶段转入商业市场,推动了计算机信息处理的发展和应用,从而带动并形成了计算机 IT 业。

5. 超级规模集成电路时代(1990—至今)

从集成度来看,计算机使用的半导体芯片集成度接近极限,出现了极大、甚大规模集成电路(ULSI、ELSI)。这一阶段出现了采用大规模并行计算和高性能机群计算技术的超级计算机,如 IBM 公司的"深蓝"计算机是一台 RS/6000 SP2 超级并行计算机,有 256 块处理器芯片。我国的 YH-Ⅲ(大规模并行计算,128 个 CPU,1997 年)、YH-Ⅳ(机群计算技术)巨型机已达到国际水平,而在 1999 年,“神威-Ⅰ”超级并行处理计算机的成功研制使我国成为继美国和日本之后第三个具备研制高性能计算机能力的国家。

此时微处理器推出了 32 位、64 位的芯片,如 Pentium Ⅳ、Itanium Ⅱ等,微机性能再上一个台阶。微处理器芯片还可以作为巨型机的处理单元,构成大规模计算阵列。

1.1.2　日臻完善的计算机软件

软件是计算机系统的重要组成部分,它能够在计算机裸机的基础上更好地发掘计算机的性能。因此,计算机软件的发展与计算机硬件及技术的发展紧密相关。

1. 汇编语言阶段(20 世纪 50 年代)

在这一阶段,软件基本是空白,根本没有系统软件,只有专业人员才能操作计算机。人们通过机器语言来编写程序,没有程序控制流的概念。当在程序中插入一条新指令时,需要程序员手动移动数据和程序,操作烦琐且困难。为了便于记忆和操作,人们用指令助记符描述某一汇编语言,汇编语言程序是最早的软件设计抽象形式,代表了机器语言的第一层抽象。

2. 程序批处理阶段(20 世纪 60 年代)

在这一阶段,编译器开始出现,软件方面产生了 Fortran、Cobol、Algol 等高级语言,控制流概念获得直接应用,并开始对算法和数据结构进行研究,出现了数据类型、子程序、函数、模块等概念,其将复杂的程序划分为相对独立的逻辑块,大大简化了程序设计过程。在软件调度与管理上,建立了子程序库和批处理的管理程序。

3. 分时多用户阶段(20 世纪 70 年代)

高级语言的便利使人们不断完善编译程序和解释程序的功能,极大地改进了程序设计手段和设计描述方法。人们开始认识到加强对计算机硬件资源管理和利用的必要性,提出了多道程序和并行处理等新技术,推出了 UNIX 操作系统(1974 年)。在该操作系统中,多个用户可以通过操作终端将程序输入功能较强的中央主机,操作系统分时调度运行程序。在这一阶段,随着 UNIX 系统的成功问世,产生了 C 语言的编程风格。

4. 分布式管理阶段(20 世纪 80 年代)

UNIX 操作系统问世后,人们开始研究分布式操作系统。而在 IBM 公司推出 PC/XT 后,出现了开放式的、模块化的单机操作系统——DOS 系统。在这一时期,人们将精力集中在研究数据库管理系统,致力于一个单位的信息管理软件的开发,使办公自动化、无纸化成为可能。同时,我国开始了汉字信息处理的系统软件开发,推出了 CCDOS 汉字处理系统。在 20 世纪 80 年代中后期,开放式局域网络进入市场,为信息共享奠定了物质基础。基于网络的分布式系统软件的研究由此开始。

5. 软件重用阶段(20 世纪 90 年代)

在这一阶段,面向对象技术得到了广泛的应用,形成了以面向对象为基础的一系列软件概念和模型,包括基于视窗的操作系统、软件界面的可视化构成控件、动态连接库、组件、OLE、ODBC、CORBA、JaveBean 等,为软件的划分、重用和组装设计提供了全新的思想和技术。同时,随着 Internet 网络技术的成熟和完善,基于 Web 的分布式应用软件研究与开发成为主流,出现了软件工程的概念。

6. Web 服务阶段(21 世纪前 10 年)

目前,基于 Internet 网络技术的分布式计算软件仍然是软件业研究和开发的主要方向,如 Web 多层体系结构、协同计算模型等。大型企业数据库管理系统的应用为软件开发的主流。然而随着应用系统的增强和扩展,需要进一步挖掘 Internet 网络功能,因此人们开始了 Web 应用服务器系统软件的研究,形成了以 Web 应用服务器为中心的多层开发体系结构,出现了 J2EE 编程技术规范和 Spring 程序开发框架,推出了网格计算技术和 Web Services 协议架构。

7. 云计算阶段(现今全球热点)

2010 年以后,云计算技术在全球 IT 领域蜂拥而起,成为当今信息领域的主要商业计算模式而应用于各个领域。云计算是一种全新的网络服务模式,是对并行计算、分布式计算和网格计算的发展或商业实现,其将传统的以桌面为核心的任务处理转变为以网络为核心的任务处理,利用互联网完成一切处理任务,使网络成为传递服务、计算力和信息的综合媒介,真正实现按需计算、网络协作。云计算包括软件即服务(software as a service, SaaS)、平台即服务(platform as a service, PaaS)和基础设施即服务(infrastructure as a service, IaaS)三层架构。这期间,区块链(blockchain)技术成为云计算的重要应用技术之一。

1.1.3 计算机系统的 8 个思想

自从美国数学家冯·诺依曼于 1946 年提出存储程序思想奠定了计算机系统结构后,在过去的 70 多年,计算机系统结构设计人员提出了 8 个伟大思想,并且一直影响到现代计算机系统的设计。

1. 面向摩尔定律的设计

摩尔定律是指单芯片的集成度每 18~24 个月翻一番,是由 Gordon Moore 在 1965 年对集成电路集成度做出的预测,并一直按此规律进行。虽然此定律近些年来不太适用,但却说明了计算机计算性能的飞速进步。计算机设计者必须按照面向摩尔定律的设计(design for Moore's law)预测其设计完成时的工艺水平。

2. 使用抽象简化设计

计算机架构师和程序员必须发明能够提高产量的技术,否则设计时间也将会像资源规模一样按照摩尔定律增长。提高硬件和软件生产率的主要技术之一是使用抽象简化设计(use abstraction to simplify design)方法来表示不同设计层次,在高层次中看不到低层次的细节,只能看到一个简化的模型。

3. 加速大概率事件

加速大概率事件(make the common case fast)远比优化小概率事件更能提高性能。大概率事件通常比小概率事件简单,从而易于提高性能。大概率事件规则意味着设计者需要知道什么事件是经常发生的,这只有通过仔细预判与评估才能得出。

4. 通过并行提高性能

从计算机诞生开始,计算机设计者就通过并行提高性能(performance via parallelism)增加计算机相关部件的并行执行操作,如 ALU 的先行进位技术、RAM 的交叉存储技术、CPU 的流水线技术、处理器多核技术等。

5. 通过流水线提高性能

计算机系统结构的重要并行性就是通过流水线提高性能(performance via pipelining),如影片中,一些坏人在制造火灾,在消防车出现之前会有一个"消防队列"来灭火——小镇的居民们排成一排,通过水桶接力快速将水桶从水源传至火场,而不是每个人都来回奔跑。可以把流水线想象成一系列水管,其中每一块代表一个流水功能段,将工作细化,专人做专事。

6. 通过预测提高性能

遵循谚语"求人准许不如求人原谅",这一思想就是通过预测提高性能(performance via prediction)。在某些情况下,假定从预测错误恢复执行代价不高且预测的准确率相对较高,则通过预测的方式提前开始某些操作,要比等到确切知道这些操作应该启动时才开始操作要快一些。

7. 存储器层次

存储器的速度影响着计算机的性能,通常采用存储器层次(hierarchy of memories)来解决相互矛盾的需求。在存储器层次中,速度最快、容量最小并且每位价格最高的存储器处于顶层,而速度最慢、容量最大且每位价格最低的存储器处于最底层。

8. 通过冗余提高可靠性

计算机不仅需要速度快,还需要工作可靠。由于任何一个物理器件都可能失效,因此可以通过冗余提高可靠性(dependability via redundancy),即使用冗余部件替代失效部件,并可以利用其检测错误,提高计算机系统的可靠性,如磁盘的 RAID 技术、超标量流水线技术等。

1.2　计算机系统的硬件组成

1.2.1　计算机的功能部件

计算机的基本功能主要包括数据加工、数据保存、数据传送和操作控制等。数据加工是对数据进行算术运算和逻辑运算;数据保存是在计算机进行数据处理时,将计算机中的信息(指令和数据)保存起来,必要时需要永久性地保存,以便于再次运算或对结果进行分析;数据传送则反映在必须有传输通道将数据从一处传送到另一处,尤其是数据必须能够在"外界"和计算机之间传送,人们才能够将加工的数据发送给计算机,并得到计算机完成的结果;当然,所有这些工作必须在严格的控制之下,有条理地进行,这样才能达到人们期望的结果,即操作控制。这些基本功能需要由相应的功能部件(硬件)承担完成。

计算机的硬件系统是指组成一台计算机的各种物理装置,它是由各种实实在在的器件组成的,是计算机进行工作的物质基础。计算机的硬件通常由输入设备、输出设备、运算器、存储器和控制器五大部件组成,如图 1-2-1 所示。

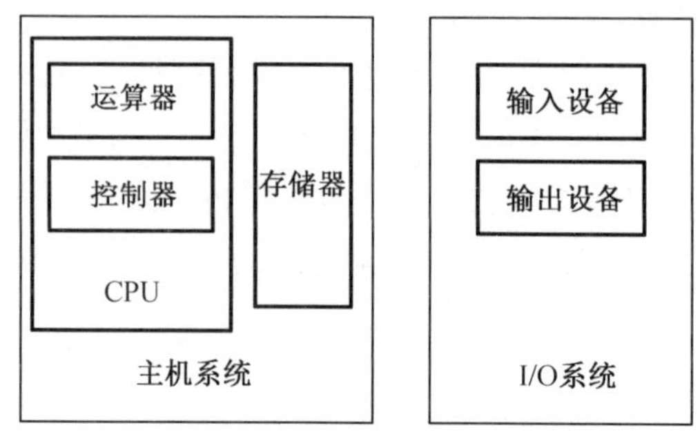

图 1-2-1 计算机的基本硬件

1. 输入设备

输入设备的主要功能是将程序和数据以机器所能识别和接受的信息形式输入计算机。最常用、最基本的输入设备是键盘,此外还有鼠标、扫描仪、摄像机等。

2. 输出设备

输出设备的主要功能是将计算机处理的结果以人们所能接受的信息形式或其他系统所要求的信息形式输出。最常用、最基本的输出设备是显示器。

计算机的输入、输出设备(简称 I/O 设备)是计算机与外界联系的桥梁,是实现人机交互的主要设施。所以 I/O 设备是计算机中不可缺少的一个重要组成部分。

3. 存储器

存储器是计算机的存储部件,是信息存储的核心,用来存放程序和数据。

存储器分为主存储器(简称主存,又称内存)和辅助存储器(简称外存)。CPU 能够直接访问的存储器是主存,而外存帮助主存记忆更多的信息,其信息必须调入主存后,才能被 CPU 所使用。

主存如同一个宾馆,分为很多个房间,每个房间称为一个存储单元。每个单元都有自己唯一的门牌号码,称为地址码。存储器通常按地址进行访问,若对某个单元进行读/写操作,则首先会给出被访存储单元的地址码。

主存的基本组成可简化为图 1-2-2 所示的逻辑框图。图中存储体是存放二进制信息的主体。地址寄存器用于存放所要访问的存储单元的地址码,由它经地址译码找到被选的存储单元。数据寄存器是主存与其他部件的接口,用于暂存从存储器读出或向存储器写入的信息。时序控制逻辑用于产生存储器操作所需的各种时序信号。

4. 运算器

运算器是计算机的执行部件,用于对数据的加工处理,完成算术运算和逻辑运算。算术运算是指按照算术运算规则进行的运算,如加、减、乘、除四则运算。逻辑运算则为非算术性运算,如与、或、非、异或、比较、移位等。

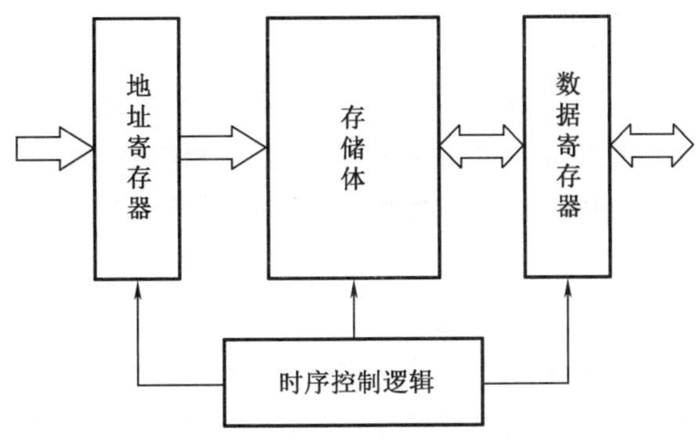

图 1-2-2　主存储器结构简图

运算器的核心是算术逻辑部件(arithmetic and logical unit, ALU)。运算器中设有若干寄存器,用于暂存操作数据和中间结果。这些寄存器常兼备多种用途,如用作累加器、变址寄存器、基址寄存器等,所以通常称为通用寄存器。运算器的简单框图如图 1-2-3 所示。

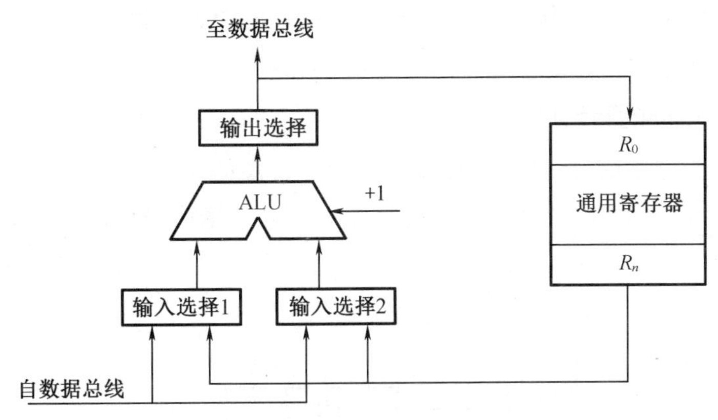

图 1-2-3　运算器的简单框图

5. 控制器

如果把计算机比作一个乐团,那么我们前面讲的输入设备、输出设备、存储器、运算器就相当于不同乐器的演奏人员,而控制器则相当于乐团的指挥,它是整个计算机的指挥中心。乐团的指挥是根据作曲家事先编好的乐曲进行指挥的,计算机控制器也是根据事先编好的"乐曲"进行指挥的,这个"乐曲"称为程序。程序就是解题步骤,是以指令序列的形式存放在存储器中,控制器是根据程序实施控制的,这种工作方式称为存储程序方式。

1.2.2　冯·诺依曼计算机

存储程序的概念是由美国数学家冯·诺依曼于 1946 年 6 月在研究 EDVAC 计算机时首先提出来的,并奠定了现代计算机的结构基础。尽管计算机发展已有 70 多年,计算机体系结构发生了许多重大变革,但存储程序的概念仍是普遍采用的结构原则,现代计算机仍属于冯·诺依曼结构计算机。

1. 存储程序思想

冯·诺依曼思想的基本要点可归纳如下。

(1)计算机由输入设备、输出设备、运算器、存储器和控制器五大部件组成

在图 1-2-1 所示的计算机基本硬件组成中,运算器和控制器统称为 CPU,而 CPU 与主存统称为计算机主机,其他的输入设备、输出设备、外存称为计算机的外部设备,简称为 I/O 设备。

(2)采用二进制形式表示数据和指令

指令是程序的基本单位,由操作码和地址码两部分组成,操作码指明操作的性质,地址码给出数据所在存储单元的地址编号。若干指令的有序集合组成完成某功能的程序。在冯·诺依曼结构计算机中,指令与数据均以二进制代码的形式同时存储于存储器中,两者在存储器中的地位相同,并可按地址寻访。

(3)采用存储程序方式

采用存储程序方式是冯·诺依曼思想的核心。存储程序是指在用计算机解题之前,事先编制好程序,并连同所需的数据预先存入主存中。在解题过程(运行程序)中,由控制器按照存储器中的程序自动、连续地从存储器中依次取出指令并执行,直到获得所要求的结果为止。

2. 早期的冯·诺依曼计算机

在微处理器问世之前,运算器和控制器是两个分离的功能部件,加上当时存储器以磁芯存储器为主,计算机存储的信息量较少,因此早期冯·诺依曼提出的计算机结构是以运算器为中心的,其他部件都通过运算器完成信息的传递。图 1-2-4 描述了早期的冯·诺依曼计算机的组织结构图。

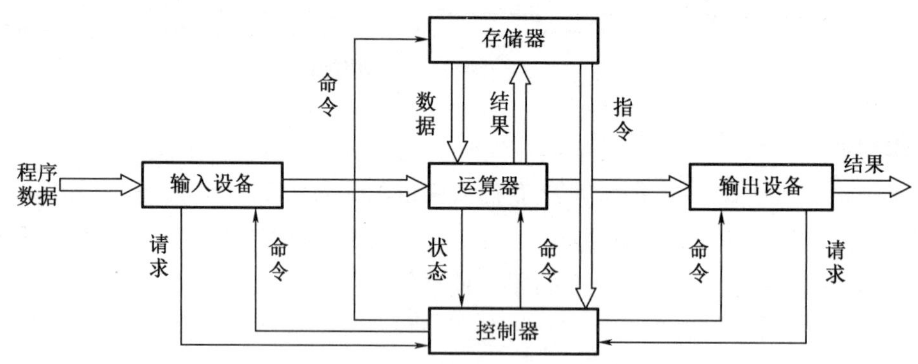

图 1-2-4　早期冯·诺伊曼计算机的组织结构图

3. 现代计算机的组织结构

随着微电子技术的进步,人们成功研制出微处理器,将运算器和控制器两个功能部件合二为一,集成到一个芯片里。同时,半导体存储器代替了磁芯存储器,存储容量成倍地扩大,加上需要计算机处理、加工的信息量与日俱增,以运算器为中心的结构已不能满足计算

机发展的需求,甚至影响计算机的性能。必须改变这五大功能部件的组织结构,以适应发展需要,因此现代计算机的组织结构逐步转变为以存储器为中心,但其基本结构仍然遵循冯·诺依曼思想,如图 1-2-5 所示。

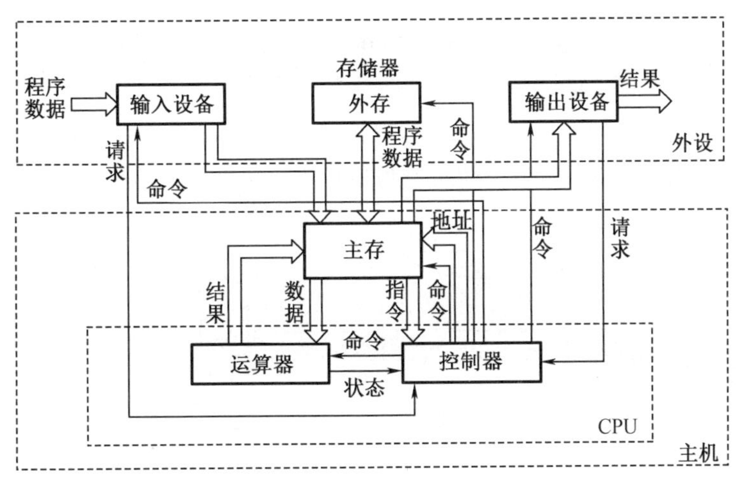

图 1-2-5　现代计算机的基本结构图

1.2.3　RISC-V 系统架构简介

RISC-V 是由加州大学伯克利分校提出的开放指令集,项目起初的主要驱动力在于当时在学术界和商业界都缺乏公认的 64 位指令集架构(instruction set architecture,ISA)用于研究和教学,特别是用于包括多核等特性的现代处理器实现的研究和教学。RISC-V 同时认为,指令集作为软硬件接口的一种说明和描述规范,不应该受到限制,而应该是开放和自由的。

1. RISC-V 指令集的设计目标

RISC-V 的设计目标是:设计一个完全开放(completely open)、现实(realistic)和简单(simple)的指令集。这个新的指令集叫作 RISC-V,V 包含两层意思:一是表明伯克利分校从 RISC I 开始设计的第 5 代指令集架构;二是代表了变化(variation)和向量(vector)。

Krste Asanovic 教授决定带领团队重新开发一个完全开放的、标准的、能够支持各种应用的新指令集,并得到了 RISC 的发明者之一——Dave Patterson 教授的大力支持。团队从 2010 年开始,历时 4 年,设计和开发了一套完整的新指令集,同时也包含移植好的编译器、工具链、仿真器,并经过数次流片验证。

RISC-V 包含一个非常小的基础指令集和一系列可选的扩展指令集。最基础的指令集只包含 40 多条指令,通过扩展还支持 64 位和 128 位的运算及变长指令,其他已完成的扩展包括乘除运算、原子操作、浮点运算等,正在开发中的指令集还包括压缩指令、位运算、事务存储、矢量计算等。指令集的开发遵循开源软件的开发方式,即由核心开发人员和开源社区共同完成。

2. RISC-V 处理器的简单结构

RISC-V 系统凭借其短小精悍的架构及模块化套件满足不同的用户需求。RISC-V 最基本也是唯一强制要求实现的指令集部分是由 I 字母表示的基本整数指令子集，指令数目仅有 40 多条。

图 1-2-6 所示是 RISC-V 处理器的简单逻辑结构图，该处理器有 32 个整数寄存器，能完成基本的整数指令运算（加、减、与、或、异或）和数据存取操作。指令和数据用两个不同的存储器存放，可以用静态存储器 SRAM 存放指令，便于快速读取，并设设指令存储器的数据缓冲器为 IR（又称为数据锁存器）。使用该整数指令子集能够实现完整的软件编译器。

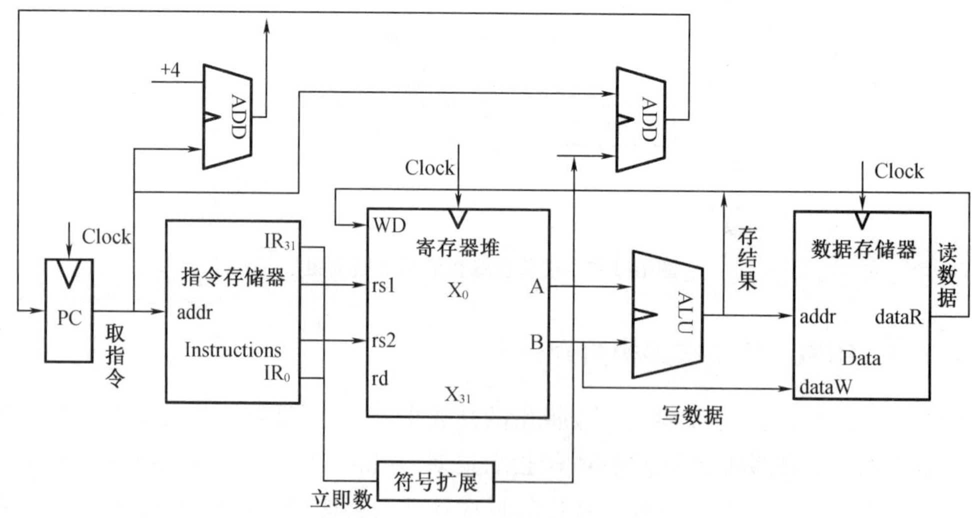

图 1-2-6　RISC-V 处理器的简单逻辑结构图

与其他成熟的商业架构最大的不同在于，RISC-V 架构是一个模块化的架构，不同的部分以模块化的方式组织在一起，从而通过一套统一的架构满足各种不同的应用。

1.3　计算机的软件系统

在计算机系统中，各种软件的有机组合构成了软件系统。基本的软件系统应包括系统软件与应用软件两类。

1.3.1　系统软件

系统软件是一组保证计算机系统高效、正确运行的基础软件，通常作为系统资源提供给用户使用，主要有以下几类。

1. 操作系统

操作系统是软件系统的核心，负责管理和控制计算机的硬件资源、软件资源和程序的运行，包括并发控制、内存管理、处理机的进程/线程调度、I/O 管理和磁盘调度、文件命名与管理等。它是用户与计算机之间的接口,提供了软件的开发环境和运行环境。

2. 语言处理程序

计算机硬件实体只能识别和处理二进制表示的机器语言,因此任何用其他语言编制的程序都必须在被“翻译”为机器语言程序后,才能由计算机硬件去执行和处理。完成这种“翻译”的程序就称为语言处理程序。通常有两种“翻译”方式:一种称为解释,通过解释程序对用程序设计语言编写的源程序边解释边执行;另一种称为编译,通过编译程序将源程序全部翻译为机器语言的目标程序,再执行目标程序。第二种是更常用的方式。

3. 数据库管理系统

计算机在信息处理、情报检索及各种管理系统中需要大量地处理数据、检索和建立各种表格等,这些数据和表格按一定规律组织起来,就建立了数据库。同时,要查询、显示、修改数据库的内容,输出、打印各种表格等,就必须有一个数据库管理系统。

4. 分布式软件系统

分布式软件主要用于分布式计算环境,管理分布式计算资源,控制分布式程序的运行,提供分布式程序开发与设计工具等,包括分布式操作系统、分布式编译系统、分布式数据库系统、分布式算法及软件包等。

5. 网络软件系统

计算机网络的应用已成为人们生活中的一部分,如收发电子邮件、网上购物等,网络软件系统就是用于支持这些网络活动和数据通信的系统软件。它包括网络操作系统、通信软件、网络协议软件、网络应用系统等。

6. 各种服务程序

一个完善的计算机系统往往配置许多服务性的程序,主要是指为了帮助用户使用和维护计算机,提供服务性手段而编制的程序。这类程序包含很广泛的内容,如装入程序、编辑程序、调试程序、诊断程序等。这些程序要么被包含在操作系统之内,要么被操作系统调用。

1.3.2　应用软件

应用软件是指用户为解决某个应用领域中的各类问题而编制的程序,如各种科学计算类程序、工程设计类程序、数据统计与处理程序、情报检索程序、企业管理程序、生产过程控制程序等。由于计算机已应用到各个领域,因此应用程序是多种多样、极其丰富的。目前应用软件正向标准化、集成化方向发展,通用的应用程序可以根据其功能组成不同的应用软件包供用户选择使用。

1.3.3　软件定义系统

软件定义是指用软件去定义系统的功能,即用软件给硬件赋能,实现系统运行效率最大化。它的本质就是在硬件资源数字化、标准化的基础上,通过软件编程去实现虚拟化、灵活多样和定制化的功能,对外为用户提供专用智能化、定制化的服务,实现应用软件与硬件的深度融合。

1. 软件定义的特点

软件定义有三大特点,即硬件资源虚拟化、系统软件平台化、应用软件多样化。硬件资源虚拟化是指将各种实体硬件资源抽象化,打破其物理形态的不可分割性,以便通过灵活重组发挥其最大效能。系统软件平台化是指通过基础软件对硬件资源进行统一管控、按需配置,并通过标准化的编程接口解除上层应用软件和底层硬件资源之间的紧耦合关系,使其可以各自独立演化。应用软件多样化是指在成熟的平台化系统软件解决方案的基础上,应用软件不受硬件资源约束,得到可持续的迅猛发展,整个系统将实现更多功能,对外提供更为灵活高效和多样化的服务。

2. 软件定义系统的应用

软件定义系统将随着硬件性能的提升、算法效能的改进、应用数量的增多,逐步向智能系统演变。软件定义系统的应用主要包括软件定义网络、软件定义应用服务、软件定义城市等。

1.4 计算机系统的组织结构

1.4.1 计算机系统的层次结构

1. 硬件与软件的关系

一个计算机系统是由硬件、软件两大部分组成的,两者是紧密相关、缺一不可的整体。硬件是计算机系统的物质基础,没有强有力的硬件支持,就不可能编制出高质量、高效率的软件。同样,软件是计算机系统的灵魂,没有高质量的软件,硬件也不可能充分发挥其功效。然而,对某一具体功能来说,既可以用硬件实现,也可以用软件实现,这就是硬件、软件在逻辑功能上的等效。其是指任何由硬件实现的操作,原理上都可用软件模拟来实现;同样,任何由软件实现的操作,都可硬化由硬件来实现。在设计计算机系统时,必须根据设计要求和现有技术与器件条件,首先确定哪些功能直接由硬件实现,哪些功能通过软件实现,这就是硬件和软件的功能分配。

2. 系统的多级层次结构

现代的计算机是一个硬件与软件组成的综合体,随着应用范围越来越广,必须有复杂的系统软件和硬件的支持。由于软件、硬件的设计者和使用者从不同的角度,以各种不同的语言来研究同一个计算机系统,若在软件和硬件之间、系统设计者和使用者之间不能很好地协调、配合,则会影响系统的性能与效率。

计算机系统的多级层次结构,就是针对上述情况,根据从各种角度所看到的机器之间的有机联系,分清彼此之间的界面,明确各自的功能,以便构成合理、高效的计算机系统。

目前,计算机系统层次结构的分层方式尚无统一的标准。图 1-4-1 所示为一种公认的层次结构。

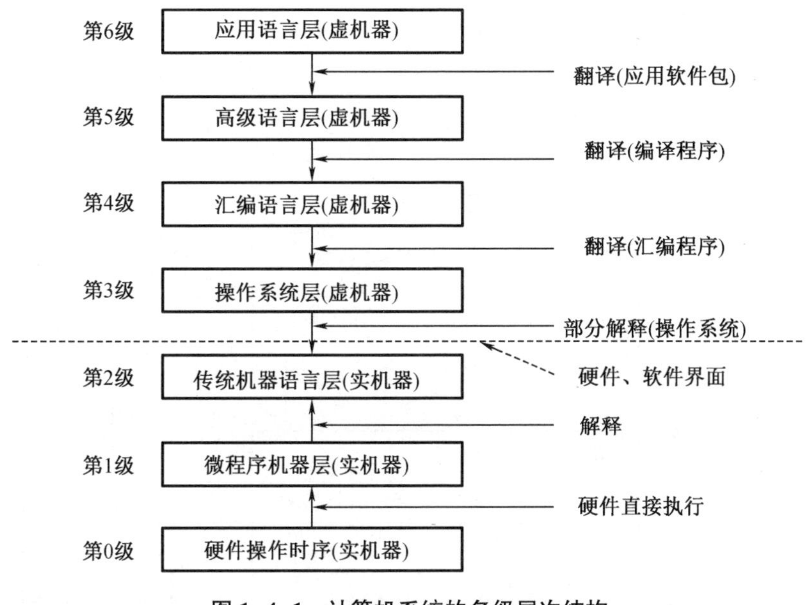

图 1-4-1　计算机系统的多级层次结构

第 0 级是硬件组成的实体,包括操作时序等。

第 1 级是微程序机器层,这是一个实在的硬件层,由机器硬件直接执行微指令。

第 2 级是传统机器语言层,也是一个实际机器层。这一层由微程序解释机器指令系统支持和执行。

第 3 级是操作系统层(也称为混合层),由操作系统程序实现。操作系统程序由机器指令和广义指令组成,广义指令为扩展机器功能而设置,是由操作系统定义和解释的软件指令。

第 4 级是汇编语言层,为用户提供一种符号形式语言,借此可编写汇编语言源程序。这一层由汇编程序支持和执行。

第 5 级是高级语言层,是面向用户的,为方便用户编写应用程序而设置。这一层由各种高级语言编译程序支持和执行。

第 6 级是应用语言层,它直接面向某个应用领域,为方便用户编写该应用领域的应用程序而设置。这一层由相应的应用软件包支持和执行。

在多级层次结构中,除第 0 级、第 1 级和第 2 级是实机器以外,上面几层均为虚机器。所谓虚机器,是指用软件技术构成的机器,一定是建立在实机器的基础上,利用软件技术扩充实机器的功能。采用层次结构的观点来设计计算机,有利于保证产生一个良好的系统结构。

3. 层次结构属性的含义

计算机系统属性是指用户为了使用计算机所应看到和遵循的系统特性,即硬件、软件等概念性结构和功能特性。在多级层次结构中,不同人员看到的计算机系统的属性及对计算机系统提出的要求是不一样的。对不同的对象而言,一个计算机系统就成为实现不同语言、具有不同属性的机器。

图 1-4-2 所示为不同程序员编写的不同层次的程序及属性。C 程序员要掌握 C 语言的数据结构和语法规则;汇编程序员要了解指令助记符、寄存器和寻址方式;机器程序员要知道指令格式(如 RV32I)及其编码和 CPU 结构。因此,处于不同层次的程序员所关心或所看到的机器属性是不一样的。

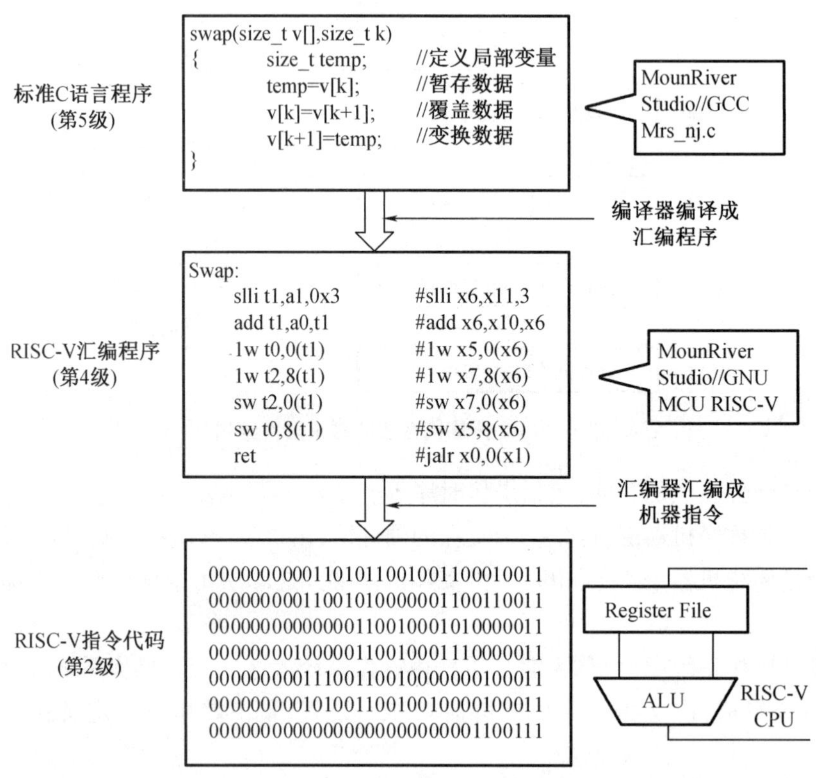

图 1-4-2 不同层次的程序及属性

1.4.2 计算机硬件系统的组织

众所周知,计算机由五大基本部件组成,那么把五大基本部件互联起来构成计算机的硬件系统,就是计算机硬件系统的组织。在计算机的五大部件之间,有大量的信息传送,如何实现信息的传送,取决于数据通路的逻辑结构。早期的计算机往往在各部件之间直接连接传送线路,数据通路复杂、零乱,控制不便,而且没有多少扩展余地。

现在的计算机则普遍采用总线结构。总线是一组可为多个功能部件共享的公共信息传送线路,共享总线的各个部件必须分时使用总线发送信息,以保证总线上的信息每时每刻都是唯一的。总线按其承担的任务,可以分为下面几种类型。

1. CPU 内部总线

CPU 内部总线是一级数据线,是用来连接 CPU 内部各寄存器和算术逻辑部件的总线。在微型计算机系统中,CPU 内部总线也就是芯片内的总线。

2. 部件内总线

部件内总线是计算机中,通常按功能模块制作成插件,在插件上也常采用总线结构连接有关芯片。这一级属于芯片间的总线。

3. 系统总线

系统总线是连接系统内各大部件(如 CPU、主存、I/O 设备等)的总线,是连接整机系统的基础。系统总线包括地址线、数据线、控制/状态信号线。

4. 外总线

外总线是计算机系统之间或计算机系统与其他系统之间的通信总线。

按照信息传送方向,总线又可分为单向总线与双向总线两种。连接总线的某些部件只能有选择地将信息传向另一些部件,这种单向传送信息的总线称为单向总线。连接总线的任何一个部件可以有选择地向总线上的任何一个部件发送信息,也可以有选择地接收总线上任何一个部件发送来的信息,这种双向传送信息的总线称为双向总线。采用总线结构可以大大减少传输线数,减轻发送部件的负载,并可简化硬件结构,灵活地修改与扩充系统。

图 1-4-3 所示为以总线为基础的微、小型机的典型单总线结构。这种结构通过一组系统总线(数据线、地址线、控制线)把 CPU、主存及各种 I/O 接口(系统总线与外设间连接的逻辑部件)连接起来,CPU 通过单总线访问主存,CPU 与 I/O 设备之间、I/O 设备与主存之间、各 I/O 设备之间都可以通过这组单总线交换信息。因此,可以将各 I/O 设备的寄存器与主存单元统一编址,统称为总线地址。CPU 通过通用的传送指令像访问主存单元一样访问 I/O 设备的寄存器,不但控制简单,而且易于系统扩充,这是单总线结构的突出优点。但是由于同一时刻只能在一对设备之间或部件之间传送信息,降低了主存的地位,而且 CPU 的性能受到影响。为此,在 CPU 与主存之间增加了一组存储器总线,CPU 直接通过存储器总线实现对存储器访问,这就是在单总线基础上发展为面向主存的双总线结构,如图 1-4-4 所示。这种双总线结构保持了单总线结构的优点,提高了 CPU 的访存速度。

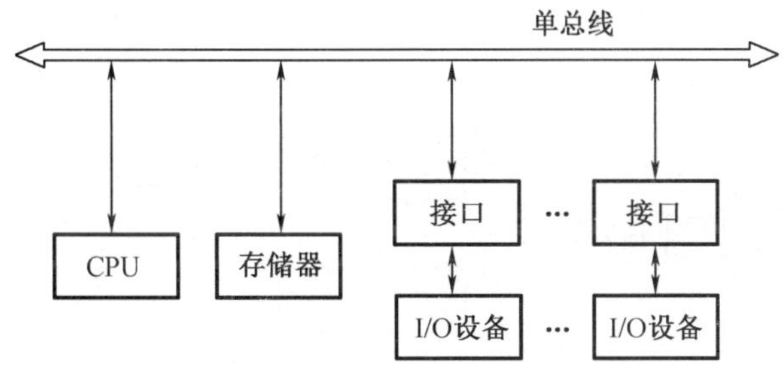

图 1-4-3　计算机的单总线结构

此外,在早期的一些小型机中有以 CPU 为中心的双总线结构:一组为存储器总线,是 CPU 与主存之间的信息传送通路;另一组为 I/O 总线,是 CPU 与 I/O 设备之间的信息交换通路,如图 1-4-5 所示。这种结构的优点是比较简单,但由于 I/O 设备与主存间的信息传送都必须通过 CPU 进行,使 CPU 要花费大量时间进行信息的输入/输出处理,从而降低了 CPU 的工作效率。

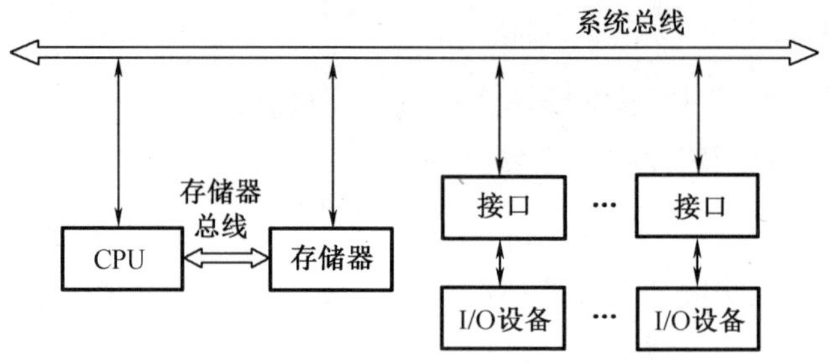

图 1-4-4　面向存储器的双总线结构

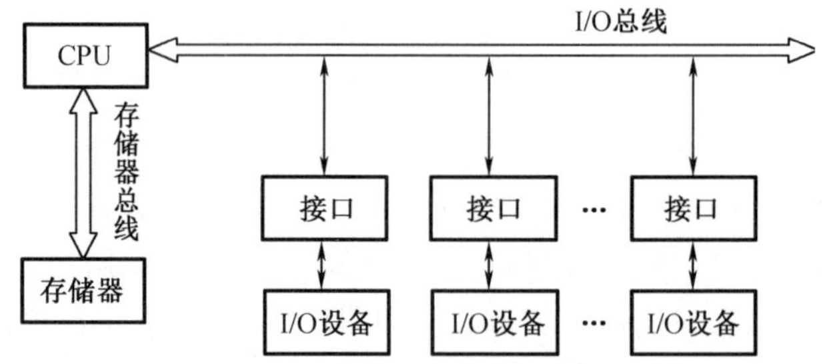

图 1-4-5　以 CPU 为中心的双总线结构

上述总线结构主要用于微、小型计算机中。对于中、大型计算机系统,主要着重于系统功能的扩充和效率的提高,若要增强系统功能,则必然要配置更多的硬件和软件资源。由于 I/O 设备的增多使 I/O 处理成为一个十分突出的问题,且许多 I/O 设备具有机械动作,工作速度远比 CPU 的速度低,因此,如何解决速度匹配问题,使 CPU 与 I/O 操作尽可能并行地工作以提高 CPU 的工作效率,成为系统结构中的一个关键问题,为此提出了“通道”的概念。

通道是具有处理机功能的专门用来管理 I/O 操作的控制部件,如图 1-4-6 所示,这是一种典型结构,计算机系统采用主机、通道、I/O 设备控制器、I/O 设备 4 级连接方式。这种结构有较大的变化和扩展余地:对于较小的系统,可将设备控制器与 I/O 设备合并在一起,将通道与 CPU 合并在一起;对于较大的系统,可将通道发展为专门的 I/O 处理机,甚至功能更强的前端机。

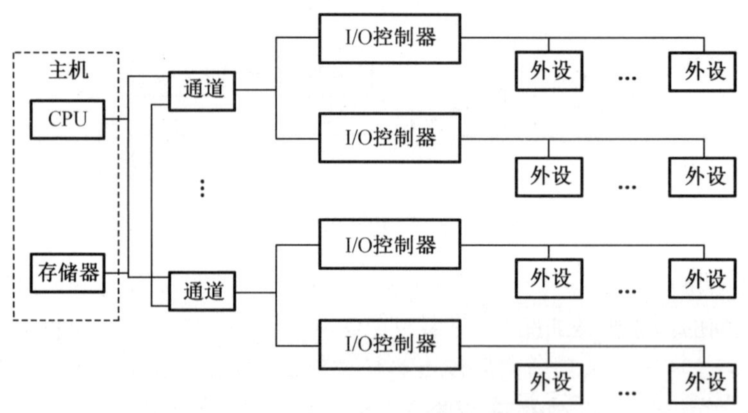

图 1-4-6　中、大型计算机系统的典型结构

1.5　计算机的工作特点和性能指标

1.5.1　计算机的工作特点

计算机主要有如下工作特点。

1. 能自动连续地工作

由于计算机采用存储程序工作方式，一旦输入了编制好的程序，计算机启动后就能按程序自动地执行下去，直到完成预定的任务为止。这是数字计算机的一个突出特点。

2. 运算速度快

计算机采用高速的电子器件组成硬件，能以极高的速度工作。目前普通的微机每秒可执行数十万甚至数百万次加减运算，而巨型机每秒可完成数亿、数十亿甚至万亿次基本运算。随着计算机体系结构的发展，以及更新的技术和更高速的器件的诞生，计算机将达到更高的速度。

3. 运算精度高

由于计算机采用二进制数字表示数据，因此它的精度主要取决于表示数据的二进制位数，位数越多，精度越高。所以，在计算机中不仅有单字长运算，为了获得更高的精度，还可以进行双倍字长、多倍字长的运算。

4. 具有很强的存储能力和逻辑判断能力

计算机的存储器具有存储大量信息的功能，这是数字计算机的又一主要特点。由于存储程序的存在，因此计算机能自动连续地工作，而且存储容量越大，可存储的信息越多，计算机功能就越强大。

计算机不仅具有运算能力，还具有很强的逻辑判断能力，这是计算机高度自动化工作的基础。正因为计算机可以根据上一步运算结果的判断自动选择下一步工作，使其能够进行诸如资料分类、情报检索、逻辑推理等具有逻辑加工性质的工作，极大地扩大了计算机的应用范围。

5. 通用性强

由于计算机具有上述特点，所以其使用具有很强的灵活性和通用性，能应用于各个科学技术领域，并渗透到社会生活的各个方面。

1.5.2　计算机的性能指标

计算机是一个综合处理系统，全面衡量一台计算机的性能要考虑多项指标，而且面向不同领域的计算机，其侧重点也有所不同。这里仅介绍一些基本的性能指标。

1. 基本字长

基本字长是指参与运算的数的基本位数，也是硬件组织的基本单位，它决定着寄存器、

ALU、数据总线的位数,直接影响着硬件成本。例如,我们使用的微型计算机的字长有 16 位、32 位、64 位等。

字长标志着运算精度,当 i 位十进制数与 j 位二进制数比较时,存在下列等式:

$$10^i = 2^j$$

两边取对数得

$$\frac{j}{i} = \frac{\ln 10}{\ln 2} = 3.3$$

要保证 i 位十进制数的精度,至少要采用 3.3 倍 j 位二进制数的位数,否则精度难以满足要求。因此,为了考虑不同应用需求,兼顾精度和硬件成本,多数计算机允许变字长运算,例如双字长运算。

2. 主存容量

主存所能存储的最大信息量称为主存容量,主存容量越大,存入的信息量越多。由于 CPU 执行的程序和处理的数据都存放在主存中,因此计算机的处理能力在很大程度上取决于主存容量的大小。一般主存容量以字节数表示,如 4 MB 表示可存储 4 M(1 M=1 024 K)字节。在以字为单位的计算机中,常用字数乘以字长表示主存容量,如 512 K×32 位。表 1-5-1 列出了存储容量的常用计量单位。

表 1-5-1　存储容量的常用计量单位

单位	通常意义	实际表示
K(Kilo)	10^3	$2^{10}=1\ 024$
M(Mega)	10^6	$2^{20}=1\ 048\ 576$
G(Giga)	10^9	$2^{30}=1\ 073\ 741\ 824$
T(Tera)	10^{12}	$2^{40}=1\ 099\ 511\ 627\ 776$
P(Peta)	10^{15}	$2^{50}=1\ 125\ 899\ 906\ 842\ 624$

3. 运算速度

由于计算机执行不同的操作所需的时间可能不同,因此对运算速度的描述常采用不同方法。第一种方法是以加法指令的执行时间为标准来计算,例如 DJS130 机一次加法时间为 2 μs,所以运算速度为每秒 50 万次;第二种方法是根据不同指令在程序中出现的频度,乘以不同的系数,求得系统平均值,得到平均运算速度;第三种方法是具体指明每条指令的执行时间。

目前计算机文献中常使用每秒平均执行的指令条数(IPS)作为运算速度单位,如 MIPS(每秒百万条指令)或 MFLOPS(每秒百万个浮点运算):

$$\text{MIPS} \approx \frac{\text{指令条数}}{\text{执行时间}} \times 10^{-6}$$

$$\text{MFLOPS} = \frac{\text{浮点运算次数}}{\text{执行时间}} \times 10^{-6}$$

MFLOPS≈3～4MIPS

有的机器用主时钟频率反映运算速度的快慢，如以 Intel 80386 CPU 为核心的微机系统的主时钟频率就有 25 MHz、33 MHz、50 MHz 等多种，现在 Pentium 微型计算机的 CPU 主时针频率已达到 2.8 GHz、3.5 GHz 等。但是，其他部件(如主存储器)的处理速度远不及主频的速度，存在很大的差距，这属于速度匹配问题。采用高速缓冲存储器(Cache)是解决 CPU 和 RAM 的速度匹配问题的主要方法。

4. 所配置的外部设备及其性能指标

外部设备的配置也是影响整个系统性能的重要因素，所以在系统技术说明中常给出允许配置情况与实际配置情况。

5. 系统软件的配置

作为一种硬件系统，允许配置的系统软件原则上是可以不断扩充的，但实际购买的系统已配置了一些软件，包括操作系统、高级语言、应用软件等，则表明了它当前的功能。

此外，系统软件还具有可靠性、可用性、可维护性、安全性、兼容性等。

1.6　CPU 性能评价

对计算机的性能进行评价是富有挑战性的。现代软件系统的规模及其复杂性，加上硬件设计者广泛采用了大量先进的性能改进方法，使其性能评价变得更加困难。

在不同的计算机中挑选合适的产品，性能是极其重要的衡量因素之一。精确地测量和比较不同计算机之间的性能对于购买者和设计者都很重要。销售计算机的人员也需要知道这些。销售人员通常希望购买者看到他们的计算机表现最好的一面，无论这一面能否准确地反映购买者的应用需求。因此，理解怎样才能更合理地测量性能并知晓所选择的计算机的性能限制相当重要。

本节将首先介绍性能评价的不同方法，然后分别从计算机用户和设计者的角度描述性能的度量标准，最后分析这些度量标准之间有什么联系，并提出经典的处理器性能公式，我们在全书中都要使用它进行性能分析。

1.6.1　性能的定义

当我们说一台计算机比另一台计算机具有更好的性能时，意味着什么？虽然这个问题看起来很简单，但如果用客机问题模拟一下，就可以知道其内藏玄机。表 1-6-1 列出了若干典型客机的型号、载客量、航程、航速等参数。如果要指出表中哪架客机的性能最好，那么我们首先要对性能进行定义。如果考虑不同的性能度量，那么性能最佳的客机是不同的。可以看到，巡航速度最高的是 Sub Concorde(已于 2003 年退出服务序列)，航程最远的是道格拉斯 DC-8-50，载客量最大的则是波音 747。

表 1-6-1 典型客机的不同参数

客机型号	载客量	航程/英里①	航速/(英里/小时)	乘客吞吐率②
波音 777	375	4 630	610	228 750
波音 747	470	4 150	610	286 700
英国宇航公司/Sub Concorde	132	4 000	1 350	178 200
道格拉斯 DC-8-50	146	8 720	544	79 424

注:①英里:一种英制长度单位,1 英里≈1.6 千米。②乘客吞吐率:飞机运载乘客的速度,它等于载客量乘以航速(忽略距离、起飞和降落次数)。

假定用速度来定义性能,这里仍然有两种可能的定义。如果你关心点对点的到达时间,那么可以认为只搭载一名旅客的航速最快的客机是性能最好的。如果你关心的是运输 450 名旅客,那么如表 1-6-1 中最后一列所示,波音 747 的性能是最好的。与此类似,我们可以用若干不同的方法来定义计算机性能。

如果你在两台不同的计算机上运行同一个程序,那么可以说首先完成作业的那台计算机更快。如果你运行的是一个数据中心,有好几台服务器供很多用户投放作业,那么应该说在一天之内完成作业最多的那台计算机更快。个人计算机用户会对降低响应时间(response time)感兴趣,响应时间是指一个任务从开始到完成的时间,又称为执行时间。而数据中心的管理者感兴趣的常常是提高吞吐率或者带宽——在给定时间内完成的任务数。因此,在大多数情况下,我们需要对个人移动设备采用不同的应用程序作为评测基准,并采用不同的性能度量标准。个人移动设备更关注响应时间,而服务器则更关注吞吐率。

【例 1-6-1】 下面两种改进计算机系统的方式能否增加其吞吐率或减少其响应时间,或可二者兼得?

(1)将计算机中的处理器更换为更高速的型号。

(2)为系统增加额外的处理器,使用多处理器来分别处理独立的任务,如搜索万维网等。

解 一般来说,减少响应时间几乎总是可以增加吞吐率。因此,方式(1)同时改进了响应时间和吞吐率两种性能。方式(2)不会使任务完成得更快,只有吞吐率得到提高。

但是,如果方式(2)对处理任务的需求和吞吐率一样大,系统可能强制后续请求进行排队。在这种情况下,改善吞吐率可同时减少响应时间,因为这会减少队列中的等待时间。所以,在实际的计算机系统中,响应时间和吞吐率往往相互影响。

在讨论计算机性能时,本书前几章将主要考虑响应时间。为了使性能最大化,我们希望任务的响应时间或执行时间最小化。对于某个计算机 X,我们可将性能和执行时间的关系表达为

$$\text{性能}_X = \frac{1}{\text{执行时间}_X}$$

这意味着如果有两台计算机 X 和 Y,X 比 Y 性能更好,则有

$$性能_X > 性能_Y$$

$$\frac{1}{执行时间_X} > \frac{1}{执行时间_Y}$$

$$执行时间_Y > 执行时间_X$$

也就是说,如果 Y 的执行时间比 X 长,那么就说 X 比 Y 速度快。

在讨论计算机设计时,经常要定量地比较两台不同计算机的性能。我们将使用“X 的执行速度是 Y 的 n 倍”这种表述方式,即

$$\frac{性能_X}{性能_Y} = n$$

如 X 的执行速度是 Y 的 n 倍,那么在 Y 上的执行时间是在 X 上的执行时间的 n 倍,即

$$\frac{性能_X}{性能_Y} = \frac{执行时间_Y}{执行时间_X} = n$$

【例 1-6-2】 如果计算机 A 运行一个程序只需要 10 s,而计算机 B 运行同样的程序需要 15 s,那么计算机 A 的执行速度比计算机 B 快多少?

解　由于

$$\frac{性能_A}{性能_B} = \frac{执行时间_B}{执行时间_A} = n$$

则计算机 A 的执行速度是计算机 B 的 n 倍,故性能之比为

$$\frac{15}{10} = 1.5$$

因此 A 的执行速度是计算机 B 的 1.5 倍的执行速度。

在以上的例子中,我们可以说,计算机 B 的执行速度比计算机 A 慢 1/3,因为

$$\frac{性能_A}{性能_B} = 1.5$$

意味着

$$\frac{性能_A}{1.5} = 性能_B$$

简单地说,当我们试图将计算机的比较结果量化时,通常使用术语“和……的性能一样”。因为性能和执行时间是倒数关系,提高性能就需要减少执行时间。为了避免对术语增加和减少的潜在误解,当我们想说“改善性能”和“改善执行时间”的时候,通常说“增加性能”和“减少执行时间”。

1.6.2　性能的度量

时间是计算机性能的衡量标准:完成同样的计算任务,需要时间最少的计算机是最快的。程序的执行时间一般以秒(s)为单位。然而,时间可以用不同的方式来定义,这取决于我们所计数的内容。对时间最直接的定义是挂钟时间(wall clock time),也叫响应时间(response time)、运行时间(elapsed time)等。这些术语均表示完成某项任务所需的总时间,

包括磁盘访问、内存访问、I/O 活动和操作系统开销等一切时间。

计算机经常被共享使用,一个处理器也可能同时运行多个程序。在这种情况下,系统可能更侧重于优化吞吐率,而不是致力于将单个程序的执行时间变得最短。因此,我们往往要把运行自己任务的时间与一般的运行时间区别开来。在这里可以使用 CPU 执行时间(CPU execution time)来进行区别,简称为 CPU 时间,只表示在 CPU 上花费的时间,而不包括等待 I/O 或运行其他程序的时间(需要注意的是,用户所感受到的是程序的运行时间,而不是 CPU 时间)。CPU 时间还可进一步分为用于用户程序的时间和操作系统为用户程序执行相关任务所花去的时间。前者称为用户 CPU 时间(user CPU time),后者称为系统 CPU 时间(system CPU time)。要精确区分这两种 CPU 时间是困难的,因为通常难以分清哪些操作系统的活动是属于哪个用户程序的,而且不同操作系统的功能也千差万别。

为了一致,我们要区分基于响应时间的性能和基于 CPU 执行时间的性能。我们使用术语系统性能(system performance)表示空载系统的响应时间,并用术语 CPU 性能(CPU performance)表示用户 CPU 时间。本章我们概括介绍计算机性能,虽然既适用于响应时间的度量,也适用于 CPU 时间的度量,但本章的重点将放在 CPU 性能上。

虽然作为计算机用户我们关心的是时间,但当我们深入研究计算机的细节时,使用其他的度量可能更为方便。特别是对计算机设计者而言,他们需要考虑如何度量计算机硬件完成基本功能的速度。几乎所有计算机的构建都需要基于时钟,该时钟确定各类事件在硬件中何时发生。这些离散时间间隔称为时钟周期数(clock cycle),或称滴答数、时钟滴答数、时钟数、周期数。设计人员在提及时钟周期时,可能使用完整时钟周期的时间(例如 250 ps),也可能使用时钟周期的倒数,即时钟频率(例如 4GHz),在下一小节中,我们将正式确定硬件设计者常用的时钟周期与计算机用户常用的秒数之间的关系。

1.6.3 CPU 性能及其度量因素

用户和设计者往往用不同的指标衡量性能。如果我们能够将这些不同的指标联系起来,就可以确定设计变更对用户可感知的性能的影响,由于我们都在关注 CPU 性能,因此性能度量的基本指标应该是 CPU 执行时间。一个简单公式可将最基本的指标(时钟周期数和时钟周期长度)与 CPU 时间联系起来:

$$\text{程序的 CPU 执行时间} = \text{程序的 CPU 时间周期数} \times \text{时钟周期长度}$$

由于时钟频率和时钟周期长度互为倒数,故另一种表达形式为

$$\text{程序的 CPU 执行时间} = \frac{\text{程序的 CPU 时钟周期数}}{\text{时钟频率}}$$

这个公式清楚地表明,硬件设计者减少程序执行所需的 CPU 时钟周期数或缩短时钟周期长度,就能改进性能。在后面几章中我们将看到,设计者经常要面对这二者之间的权衡。许多技术在减少时钟周期数的同时也会增加时钟周期长度。

【例 1-6-3】 某个程序在时钟频率为 2 GHz 的计算机 A 上运行需要 10 s。现在尝试帮助计算机设计者建造一台计算机 B,将运行时间缩短为 6 s。设计人员已经确定可以大幅提高时钟频率,但这可能会影响 CPU 其余部分的设计,使得计算机 B 运行该程序时需要相当于计算机 A 的 1.2 倍的时钟周期数。那么,我们应该建议计算机设计者将时钟频率设计

目标确定为多少?

解　首先要知道在计算机 A 上运行该程序需要的时钟周期数:

$$\text{CPU 时间}_A=\frac{\text{CPU 时钟周期数}_A}{\text{时钟频率}_A}$$

$$10\ \text{s}=\frac{\text{CPU 时钟周期数}_A}{2\times10^9\ \dfrac{\text{时钟周期数}}{1\ \text{s}}}$$

$$\text{CPU 时钟周期数}_A=10\ \text{s}\times2\times10^9\ \frac{\text{时钟周期数}}{1\ \text{s}}=2\times10^{10}\ \text{时钟周期数}$$

在计算机 B 上执行程序的 CPU 时间可用下述公式计算:

$$\text{CPU 时间}_B=\frac{1.2\times\text{CPU 时钟周期数}_A}{\text{时钟频率}_B}$$

$$6\ \text{s}=\frac{1.2\times2\times10^{10}\ \text{时钟周期数}}{\text{时钟频率}_B}$$

$$\text{时钟频率}_B=\frac{1.2\times2\times10^{10}\ \text{时钟周期数}}{6\ \text{s}}=\frac{0.2\times2\times10^{10}\ \text{时钟周期数}}{1\ \text{s}}$$

$$=\frac{4\times10^9\ \text{时钟周期数}}{1\ \text{s}}=4\ \text{GHz}$$

因此,要在 6 s 内运行完该程序,计算机 B 的时钟频率必须提高为计算机 A 的 2 倍。

1.6.4　指令性能

上述性能公式并未涉及程序所需的指令数。然而,由于编译器明确生成了要执行的指令,且计算机必须通过执行指令来运行程序,因此执行时间必然依赖于程序中的指令数。一种考虑执行时间的方法是,执行时间等于执行的指令数乘以每条指令的平均时间。因此,一个程序需要的时钟周期数可写为

$$\text{CPU 时钟周期数}=\text{程序的指令数}\times\text{指令平均时钟周期数}$$

指令平均时钟周期数(clock cycle per instruction)表示执行每条指令所需的时钟周期平均数,缩写为 CPI。根据所完成任务的不同,执行不同的指令需要的时间可能不同,CPI 是程序的所有指令所用时钟周期的平均数。CPI 提供了一种相同指令系统在不同实现下比较性能的方法,因为在指令系统不变的情况下,一个程序执行的指令数是不变的。

【例 1-6-4】　假设我们有相同指令系统的两种不同实现。计算机 A 的时钟周期长度为 250 ps,对于某程序的 CPI 为 2.0;计算机 B 的时钟周期长度为 500 ps,对于同样程序的 CPI 为 1.2。对于该程序,哪台计算机执行的速度更快?快多少?

解　对于固定的程序,每台计算机执行的总指令数是相同的,我们用 I 来表示该数值。首先,求每台计算机的 CPU 时钟周期数:

$$\text{CPU 时钟周期数}_A=I\times2.0$$

$$\text{CPU 时钟周期数}_B=I\times1.2$$

现在,可以计算每台计算机的 CPU 时间:

$$\text{CPU 时间}_A=\text{CPU 时钟周期数}_A\times\text{时钟周期长度}=I\times2.0\times250\ \text{ps}=500I\ \text{ps}$$

对于计算机 B,同理有

$$\text{CPU 时间}_B=I\times1.2\times500\ \text{ps}=600I\ \text{ps}$$

显然,计算机 A 更快。具体快多少可由执行时间之比来计算给出:

$$\frac{\text{CPU 性能}_A}{\text{CPU 性能}_B}=\frac{\text{执行时间}_B}{\text{执行时间}_A}=\frac{600I\ \text{ps}}{500I\ \text{ps}}=1.2$$

因此,对于该程序,计算机 A 的性能是计算机 B 的 1.2 倍。

1.6.5 经典的 CPU 性能公式

现在我们可以用指令数(程序执行所需要的指令总数)、指令平均时钟周期数(CPI)和时钟周期长度来写出基本的性能公式:

$$\text{CPU 时间}=\text{指令数}\times\text{CPI}\times\text{时钟周期长度}$$

或考虑到时钟频率和时钟周期长度互为倒数,可写为

$$\text{CPU 时间}=\frac{\text{指令数}\times\text{CPI}}{\text{时钟频率}}$$

这些公式非常重要,因为它们将三个影响性能的关键因素进行了分离。如果知道计算机设计的实现方案或替代方案如何影响这三个参数,我们就可用这些公式来比较不同的实现方案或评估某个设计的替代方案。

【例 1-6-5】 编译器的设计人员试图为某计算机在两个代码序列之间选择更优的排列。硬件设计者给出的代码序列数据见表 1-6-2。

表 1-6-2 代码序列数据

	每类指令的 CPI		
	A	B	C
CPI	1	2	3

对于某特定高级语言语句的实现,两个代码序列所需的指令数量见表 1-6-3。

表 1-6-3 代码序列指令数

代码序列	每类指令的数量		
	A	B	C
1	2	1	2
2	4	1	1

哪个代码序列执行的指令数更多?哪个执行速度更快?每个代码序列的 CPI 分别是多少?

解 代码序列 1 共执行 2+1+2=5 条指令。代码序列 2 共执行 4+1+1=6 条指令。所

以,代码序列 1 执行的指令数更少。

基于指令数和 CPI,我们可以用 CPU 时钟周期数公式计算出每个代码序列的总时钟周期数:

$$\text{CPU 时钟周期数} = \sum_{i=1}^{n} (\text{CPI}_i \cdot C_i)$$

因此

$$\text{CPU 时钟周期数}_1 = (2\times1)+(1\times2)+(2\times3) = 2+2+6 = 10 \text{ 个周期}$$

$$\text{CPU 时钟周期数}_2 = (4\times1)+(1\times2)+(1\times3) = 4+2+3 = 9 \text{ 个周期}$$

故代码序列 2 更快,尽管它多执行了一条指令。由于代码序列 2 的总时钟周期数较少,而指令数较多,因此它一定具有较小的总 CPI。CPI 可使用如下公式计算:

$$\text{CPI} = \frac{\text{CPU 时钟周期数}}{\text{指令数}}$$

$$\text{CPI}_1 = \frac{\text{CPU 时钟周期数}_1}{\text{指令数}_1} = \frac{10}{5} = 2.0$$

$$\text{CPI}_2 = \frac{\text{CPU 时钟周期数}_2}{\text{指令数}_2} = \frac{9}{6} = 1.5$$

重点

表 1-6-4 给出了计算机在不同层次上的性能指标及其测量单位。通过这些指标的组合可以计算出程序的执行时间(单位为 s):

$$\text{执行时间} = \frac{1\ \text{s}}{\text{程序}} = \frac{\text{指令数}}{\text{程序}} \times \frac{\text{时钟周期数}}{\text{指令}} \times \frac{1\ \text{s}}{\text{时钟周期}}$$

表 1-6-4　基本的性能指标及其测量单位

性能的构成因素	测量单位
程序 CPU 执行时间	程序执行的时间,以 s 为单位
指令总数	程序执行的指令数目
指令平均时钟周期数(CPI)	每条指令平均执行的时钟周期数
时钟周期长度	每个时钟周期的长度,以 s 为单位

需要铭记于心的是,时间是唯一对计算机性能进行测量的完整而可靠的指标。例如,对指令系统进行调整从而减少指令数目可降低时钟周期长度或提高 CPI,从而抵消指令数量改进所带来的效果。类似地,由于 CPI 与执行的指令类型相关,执行指令数最少的代码未必具有最快的执行速度。

如何确定性能公式中这些因素的值呢?我们可以通过运行程序来测量 CPU 的执行时间,并且计算机的说明书中通常介绍了时钟周期长度。难以测量的是指令数和 CPI。当然,如果确定了时钟频率和 CPU 执行时间,我们只需要知道指令数或者 CPI 两者之一,就可以依据性能公式计算出另一个。

可以使用体系结构仿真器等软件，预先执行程序来测量出指令数，也可以使用大多数处理器中的硬件计数器来测量执行的指令数、平均 CPI 和性能损失源等。由于指令数取决于计算机体系结构，并不依赖于计算机的具体实现，因而我们可以在不知道计算机全部实现细节的情况下对指令数进行测量。但是，CPI 与计算机的各种设计细节密切相关，包括存储系统和处理器结构，以及应用程序中不同类型的指令所占的比例。因此，CPI 对于不同应用程序是不同的，对于相同指令系统的不同实现方式也是不同的。

上述例子表明，只用一种因素（如指令数）去评价性能是危险的。当比较两台计算机时必须考虑全部因素，它们组合起来才能确定执行时间。如果某个因素相同，则必须考虑不同的因素才能确定性能的优劣。因为 CPI 根据指令分布（instruction mix）的不同而变化，所以即使时钟频率是相同的，也必须比较指令总数和 CPI。

理解程序性能

程序的性能与算法、编程语言、编译器、体系结构以及实际的硬件有关。表 1-6-5 概括了这些组成部分是如何影响 CPU 性能公式中各种因素的。

表 1-6-5　硬件或软件指标如何影响 CPU 性能公式中各种因素

硬件或软件指标	影响的因素	如何影响
算法	指令数，CPI	算法决定源程序执行指令数，从而也决定了 CPU 执行指令数。算法也可能通过使用较快或较慢的指令影响 CPI。例如，当算法使用更多的除法运算时，将会导致 CPI 增大
编程语言	指令数，CPI	编程语言显然会影响指令数，因为编程语言中的语句必须翻译为指令，从而决定了指令数。编程语言也可影响 CPI，例如，Java 语言充分支持数据抽象，因此将进行间接调用，需要使用 CPI 较高的指令
编译器	指令数，CPI	因为编译器决定了源程序到计算机指令的翻译过程，所以编译器的效率既影响指令数又影响 CPI。编译器的角色可能十分复杂，并以多种方式影响 CPI
指令系统体系结构	指令数，时钟频率，CPI	指令系统体系结构影响 CPU 性能的三个方面，因为它影响完成某功能所需的指令数、每条指令的周期数以及处理器时钟频率

1.7　功　耗　墙

图 1-7-1 描述了 30 年间 Intel x86 八代微处理器的时钟频率和功耗的发展趋势。两者的快速增长几乎保持了几十年,但近几年突然缓和下来。二者增长率保持同步的原因在于它们是密切相关的,而放缓的原因在于功率已经达到了实际极限,无法再将普通商用处理器冷却下来。虽然功率决定了冷却的极限,然而在后 PC 时代,能量是真正关键的资源。对于个人移动设备来说,电池寿命比性能更为关键。对于具有 100 000 个服务器的仓储式计算机来说,冷却费用非常高,因此设计者要尽量降低其功率和冷却所带来的成本。在评价性能时,使用执行时间比使用 MIPS 之类的比率更加可信。与此类似,在评价功耗时,计算机抽象及相关技术使用 J 这样的能量单位比用 W 这样的功率单位更加合理,故可以为能耗采用 J/s 这样的评价单位。

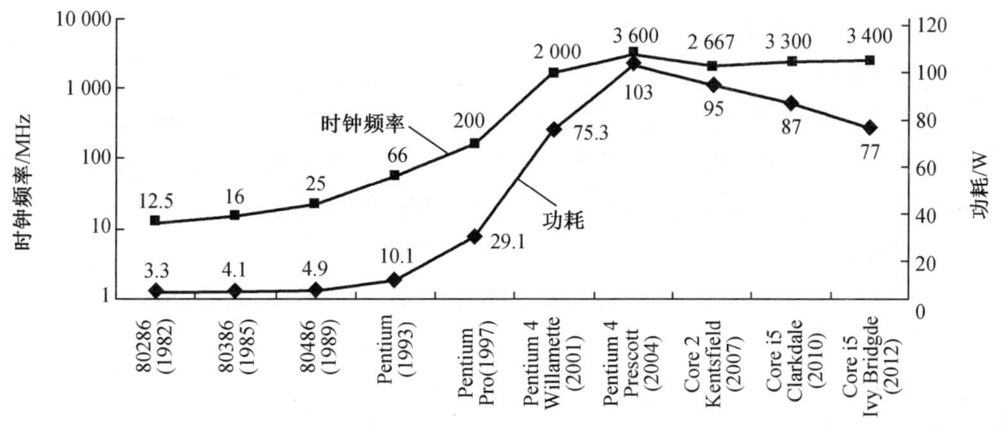

图 1-7-1　30 年间 Intel x86 八代微处理器的时钟频率和功耗

当前在集成电路技术中占统治地位的是 CMOS(互补型金属氧化半导体),其主要的能耗来源是动态能耗,即在晶体管开关过程中产生的能耗,即晶体管的状态从 0 翻转到 1 或从 1 翻转到 0 消耗的能量。动态能耗取决于每个晶体管的负载电容和工作电压:

$$\text{能耗} \propto \text{负载电容} \times \text{电压}^2$$

这个等式表示的是一次 0→1→0 或 1→0→1 的逻辑转换过程中消耗的能量。一个晶体管消耗的能量为

$$\text{能耗} \propto \frac{1}{2} \times \text{负载电容} \times \text{电压}^2 \times \text{开关频率}$$

每个晶体管需要的功耗是一次翻转需要的能耗和开关频率的乘积:

$$\text{功耗} \propto \frac{1}{2} \times \text{负载电容} \times \text{电压}^2 \times \text{开关频率}$$

开关频率是时钟频率的函数,负载电容是连接到输出上的晶体管数量(称为扇出)和工艺的函数,该函数决定了导线和晶体管的电容。

思考一下图 1-7-1 的趋势，为什么时钟频率增长了 1 000 倍，而功耗只增长了 30 倍呢？因为功率是电压平方的函数，功率和能耗能够通过降低电压来大幅减少，每次工艺更新换代时都会这样做。一般来说，每次技术更新换代可以使得电压降低大约 15%。20 多年来，电压从 5 V 降到了 1 V。这就是功耗只增长了 30 倍的原因。

【例 1-7-1】 假设我们需要开发一种新处理器，其负载电容只有复杂的旧处理器的 85%。再进一步假设其电压可以调节，与旧处理器相比电压降低了 15%，进而导致频率也降低了 15%，请问这对动态功耗有何影响？

解

$$\frac{\text{功耗}_{\text{新}}}{\text{功耗}_{\text{旧}}}=\frac{(\text{电容负载}\times 0.85)\times(\text{电压}\times 0.85)^2(\text{开关频率}\times 0.85)}{\text{电容负载}\times\text{电压}^2\times\text{开关频率}}$$

于是功耗比为

$$0.85^4=0.52$$

因此新处理器的功耗大约为旧处理器的一半。

目前的问题是，电压继续下降会使晶体管的泄漏电流过大，就像水龙头不能被完全关闭一样。目前 40%的功耗是由泄漏电流造成的，如果晶体管的泄漏电流进一步增大，情况将会变得难以处理。

为了解决功耗问题，设计者已尝试连接大型设备以改善冷却效果，同时关闭芯片中在给定时钟周期内暂时不用的部分。尽管有很多更加昂贵的方式来冷却芯片，可以继续将芯片的功耗提升到如 300 W 的水平，但这对于个人计算机甚至服务器来说成本太高了，个人移动设备就更不用说了。

由于计算机设计者遇到了功耗墙问题，因此他们需要开辟新的路径，选择不同于 30 年来设计微处理器的方式。

详细阐述

虽然动态能耗是 CMOS 能耗的主要来源，但静态能耗也是存在的，因为即使在晶体管关闭的情况下，也有泄漏电流存在。在服务器中，典型的电流泄漏占 40%的能耗。因此，只要增加晶体管的数目，即使这些晶体管总是关闭的，也仍然会增加漏电能耗。人们采用各种各样的设计和工艺创新来控制电流泄漏，但还是难以进一步降低电压。

功耗成为集成电路设计的挑战有两个原因。首先，电源必须由外部输入并且分布到芯片的各个角落。现代微处理器通常使用几百个引脚作为电源和地线！同样，多层次芯片互联仅仅为了解决芯片的电源和地的分布比例问题。其次，功耗以热量形式散发，因此必须进行散热处理。服务器芯片的功耗可高达 100 W 以上，因此芯片及外围系统的散热是仓储规模计算机的主要开销。

第 2 章 数据信息的表示与运算单元

数据信息是计算机处理的对象,学习数据在计算机中的表示方法及其运算和处理方法是了解计算机对数据信息的加工处理过程、掌握计算机硬件组成及整机工作原理的基础。

计算机表示的数据信息包括数值型数据和非数值型数据两大类。其中,数值型数据用于表示整数和实数之类数值型数据的信息,其表示方式涉及数的位权、基数、符号、小数点等问题;非数值型数据用于表示字符、声音、图形、图像、动画、影像之类的信息,其表示方式涉及代码的约定问题。计算机处理的要求不同,对数据采用的编码方式也不同。

本章的主要内容包括二进制数据表示中的原码、反码、补码、移码等数据编码方法和特点;定点数、浮点数、字符、汉字的二进制编码表示方法;各种数据信息的加工方法,重点是四则运算的算法及其硬件实现;检错纠错码的编码和使用方法。

2.1 带符号数的表示

2.1.1 机器数与真值

由于计算机只能直接识别和处理二进制形式的数据,因此无法按人们的书写习惯用正、负号加绝对值来表示数值,而需要用二进制代码 0 和 1 来表示正、负号。这样在计算机中表示带符号的数值数据时,数符和数据均采用 0 和 1 进行代码化。这种采用二进制表示形式的连同数符一起代码化的数据,在计算机中统称为机器数或机器码。而与机器数对应的用正、负号加绝对值来表示的实际数值称为真值。

机器数可分为无符号数和带符号数两种。无符号数是指计算机字长的所有二进制位均表示数值。带符号数是指机器数分为符号和数值两部分,且均用二进制代码表示。

【例 2-1-1】 设某机器的字长为 8 位,无符号整数和带符号整数在机器中的表示形式如图 2-1-1 所示。

图 2-1-1 整数在机器中的表示形式

分别写出机器数 10011001 作为无符号整数和带符号整数对应的真值。

解　10011001 作为无符号整数时,对应的真值是 $10011001=(153)_{10}$。

10011001 作为带符号整数时,其最高位的数码 1 代表符号“-”,所以与机器数 10011001 对应的真值是 $-0011001=(-25)_{10}$。

综上所述,可得机器数的特点为:

①数的符号采用二进制代码化(0 代表“+”,1 代表“-”),并放在数据最高位。

②小数点本身是隐含的,不占用存储空间。

③每个机器数所占的二进制位数受机器硬件规模的限制,与机器字长有关。超过机器字长的数值要舍去。

例如,要将数 $x=+0.101100111$ 在字长为 8 位的机器中表示为一个单字长的数,由于小数部分的有效数字的位数多于 8,因此在机器中无法完整地写入所有的数字,最低位的两个 1 在机器表示中将被舍去。

因为机器数的长度是由机器硬件规模规定的,所以机器数表示的数值是不连续的。例如,8 位二进制无符号数可以表示 256 个整数,即二进制编码 00000000~11111111 可以表示十进制的 0~255,若将 8 位二进制编码作为带符号整数,则 00000000~01111111 表示正整数 0~127,11111111~10000000 表示负整数-127~0,共 256 个数,其中 00000000 表示+0,10000000 表示-0。

在计算机中,为了便于带符号数的运算和处理,对带符号数的机器数规定了各种表示方法。下面将介绍用于表示带符号数的原码、补码、反码和移码表示。

2.1.2　4 种码制表示

1. 原码表示

原码是一种简单、直观的机器数表示方法,其表示形式与真值的形式最为接近。原码规定机器数的最高位为符号位(0 代表“+”,1 代表“-”),数值在符号位后面,以绝对值的形式给出。

(1)原码的定义

设 x 为 n 位数值的二进制数据,其原码定义如式(2-1-1)、式(2-1-2)所示。

纯小数原码的定义:(真值 $\pm 0.x_{n-1}\cdots x_1x_0$)

$$[x]_{原}=\begin{cases} x & 0\leqslant x<1 \\ 1-x=1+|x| & -1<x<0 \end{cases} \quad (x\text{ 为纯小数}) \tag{2-1-1}$$

纯整数原码的定义:(真值 $\pm x_{n-1}\cdots x_1x_0$)

$$[x]_{原}=\begin{cases} x & 0\leqslant x<2^n \\ 2-x=2+|x| & -2^n<x<0 \end{cases} \quad (x\text{ 为纯整数}) \tag{2-1-2}$$

根据定义可知,数值部分的位数为 n 的二进制 x 数据的原码 $[x]_{原}$ 是一个 $n+1$ 位的机器数 $x_nx_{n-1}\cdots x_1x_0$,其中 x_n 为符号位,$x_{n-1}\cdots x_1x_0$ 为数值部分。

【例 2-1-2】　设某机器的字长为 8 位,已知 x 的真值,求 x 的原码 $[x]_{原}$。

①$x=+0.1010110$; ②$x=-0.1010110$; ③$x=+1010110$;④$x=-1010110$。

解　根据原码的定义,可得:

①$[x]_{原}=x=0.1010110$。

②$[x]_{原}=1-x=1+0.1010110=1.1010110$。

③$[x]_{原}=x=01010110$（最高位的 0 为表示正数的符号）。

④$[x]_{原}=2^7-x=2^7+1010110=10000000+1010110=11010110$。

由例 2-1-2 的结果可知：

$[x]_{原}$的表示形式 $x_n x_{n-1} \cdots x_1 x_0$ 为符号位加上 x 的绝对值。当 $x \geqslant 0$ 时，符号位 $x_n=0$；当 $x<0$ 时，符号位 $x_n=1$。

当 x 为纯小数时，$[x]_{原}$中的小数点默认在符号位 x_n 和数值的最高位 x_{n-1} 之间；当 $x \geqslant 0$ 时，$[x]_{原}=x$；当 $x<0$ 时，$[x]_{原}=1+|x|$，即符号位加上 x 的小数部分的绝对值。当 x 为纯整数时，$[x]_{原}$中的小数点默认为在数值最低值 x_0 之后；当 $x \geqslant 0$ 时，$[x]_{原}=x$；当 $x<0$ 时，$[x]_{原}=2^n+|x|$，其中 2^n 是符号位的权值，$2^n+|x|$相当于使符号为 1。

将$[x]_{原}$的符号取反即可得到$[-x]_{原}$。

根据式(2-1-1)、式(2-1-2)可知，在原码表示中，真值 0 有两种不同的表示形式，即+0 和-0。

纯小数+0 和-0 的原码表示：$[+0]_{原}=0.00\cdots0$　$[-0]_{原}=1.00\cdots0$

纯整数+0 和-0 的原码表示：$[+0]_{原}=00\cdots0$　$[-0]_{原}=10\cdots0$

由于原码是在二进制真值的基础上增加符号位的机器数，根据二进制数移位规则和原码的定义，给出原码的移位规则：符号位不变，数值部分左移或右移，移出的空位填 0。

【例 2-1-3】　设某机器的字长为 8 位，已知$[x]_{原}$，求$[2x]_{原}$和$\left[\frac{1}{2}x\right]_{原}$。

①$[x]_{原}=0.0101001$；②$[x]_{原}=10011010$。

解　①$[2x]_{原}=0.1010010$，左移后，符号位保持不变，最高位移出，最低位填 0。

$\left[\frac{1}{2}x\right]_{原}=0.0010100$，右移后，符号位保持不变，最高位填 0，末尾的 1 移出。

②$[2x]_{原}=10110100$。

$\left[\frac{1}{2}x\right]_{原}=10001101$。

在原码的左移过程中，注意不要将高位的有效数值位移出，否则将会出现溢出错误。

（2）原码的特点

原码表示与数据的真值对应，其转换简单、方便，现代计算机系统中常用定点原码小数表示浮点数的尾数部分。不过在利用原码进行两数相加运算时，首先要判断两数的符号，若同号则做加法，若异号则做减法。在利用原码进行两数相减运算时，不仅要判断两数的符号，使得同号相减，异号相加，还要判断两数绝对值的大小，用绝对值大的数减去绝对值小的数，取绝对值大的数的符号为结果的符号。可见原码表示不便于实现加减运算。

2. 补码表示

原码表示中 0 的表示形式不唯一和原码加减运算的不方便，造成实现原码加减运算的硬件比较复杂。为了简化运算，让符号位也作为数值的一部分参加运算，并使所有的加减运算均以加法运算来代替实现，人们提出了补码表示方法。

(1)模的概念

补码表示的引入是基于模的概念。所谓“模”,是指一个计数器的容量。例如钟表是以12为一个计数循环(12为模)。设当前钟表的时针停在9点钟的位置,要将时针拨到4点钟的位置,时钟校正时可以采用两种方法:一种是逆时针方向拨动指针后退5小时,即9-5=4;另一种是顺时针方向拨动指针前进7小时,也能够使时针指向4。这是因为钟表的时间只有1,2,…,12这12个刻度,超过12时又重复指向1,2,…,12,相当于每超过12就把12丢掉。由于9+7=16,把12减掉后得到4,即钟表指针对准到4点钟。这样,$9-5\equiv 9+7 \pmod{12}$,称为在模12的条件下9-5等于9+7。这里,7称为-5对12的补数,即$7=[-5]_{补}=12+(-5) \pmod{12}$。这个例子说明,对某一个确定的模而言,当需要减去一个数x时,可以用加上x对应的负数$-x$的补数$[-x]_{补}$来代替。

对于任意x,在模M条件下的补数$[x]_{补}$,可由式(2-1-3)给出:

$$[x]_{补}=M+x \pmod M \tag{2-1-3}$$

根据式(2-1-3)可知:

①当$x\geqslant 0$时,$M+x>M$,把M丢掉,得$[x]_{补}=x$,即正数的补数等于其本身。

②当$x<0$时,$[x]_{补}=M+x=M-|x|$,即负数的补码等于模与该数的绝对值之差。

【例2-1-4】 设机器字长为8位,求模$M=2$,二进制数x的补数。

①$x=+0.1010101$;② $x=-0.1010101$。

解 ①因为$x\geqslant 0$,把模2丢掉,所以$[x]_{补}=2+x=0.1010101 \pmod 2$。

②因为$x<0$,所以$[x]_{补}=2+x=2-|x|=10.0000000-0.1010101=1.0101011 \pmod 2$。

(2)补码的定义

在计算机中,由于硬件的运算部件与寄存器都有一定的字长限制,一次处理的二进制数据的长度有限,因此计算机的运算也是有模运算。例如一个8位的二进制计数器,计数范围为00000000~11111111,当计数到11111111时,再加1,计数值为100000000,产生溢出,最高位的1被丢掉,使得计数器又从00000000开始计数,100000000就是计数器的模。

对于计算机二进制编码表示的数据,通常将某数对模的补数称为补码。设x为n位数值的二进制数据,其补码定义如式(2-1-4)、式(2-1-5)所示。

纯小数补码的定义:(真值$\pm 0.x_{n-1}\cdots x_1x_0$)

$$[x]_{补}=\begin{cases} x & 0\leqslant x<1 \\ 2+x & -1\leqslant x<0 \end{cases} \pmod 2 \tag{2-1-4}$$

纯整数补码的定义:(真值$\pm x_{n-1}\cdots x_1x_0$)

$$[x]_{补}=\begin{cases} x & 0\leqslant x<2^n \\ 2^{n+1}+x & -2^n\leqslant x<0 \end{cases} \pmod{2^{n+1}} \tag{2-1-5}$$

可见,$[x]_{补}$是$n+1$位的机器数$x_nx_{n-1}\cdots x_1x_0$,其中x_n为符号位,$x_{n-1}\cdots x_1x_0$为数值部分,n为数值位x的长度,纯小数补码表示的模$M=2$,纯整数补码表示的模$M=2^{n+1}$。

【例2-1-5】 设机器字长为8位,已知x,求x的补码$[x]_{补}$。

①$x=+0.1010110$;②$x=-0.1010110$;③$x=+1010110$;④$x=-1010110$。

解 根据补码的定义,可得:

①$[x]_{补}=x=0.1010110$。

②$[x]_{补}=2+x=10.000000+(-0.1010110)=1.0101010$。

③$[x]_{补}=x=01010110$。

④$[x]_{补}=2^8+x=100000000+(-1010110)=10101010$。

在$[x]_{补}$的表示 $x_nx_{n-1}\cdots x_1x_0$ 中,x_n 表示真值 x 的符号:当 $x\geqslant 0$ 时,$x_n=0$;当 $x<0$ 时,$x_n=1$。

(3)特殊数的补码表示

①真值 0 的补码表示。

根据补码的定义可知,真值 0 的补码表示是唯一的,即

$$[+0]_{补}=[-0]_{补}=2\pm 0.00\cdots 0=0.00\cdots 0 \quad (纯小数)$$

$$[+0]_{补}=[-0]_{补}=2^{n+1}\pm 000\cdots 0=000\cdots 0 \quad (纯整数)$$

②-1 和 -2^n 的补码表示。

在纯小数的补码表示中,

$$[-1]_{补}=2+(-1)=10.00\cdots 0+(-1.00\cdots 0)=1.00\cdots 0$$

在纯小数的原码表示中,$[-1]_{原}$是不能表示的;而在补码表示中,纯小数的补码最小可以表示到-1,这时在$[-1]_{补}$中,符号位的 1 既表示符号"-",也表示数值 1。

在纯整数的补码表示中,

$$[-2^n]_{补}=2^{n+1}+(-2^n)=\underbrace{1000\cdots 0}_{n+1个0}+(-\underbrace{100\cdots 0}_{n个0})=\underbrace{100\cdots 0}_{n个0}$$

同样,在纯整数的原码表示中,$[-2^n]_{原}$是不能表示的;而在补码表示中,在模为 2^{n+1} 的条件下,纯整数的补码最小可以表示到-2^n,这时在$[-2^n]_{补}$中,符号位的 1 既表示符号"-",也表示数值"2^n"。

(4)补码的简便求法

给定一个二进制数 x,求其补码时,可直接由定义计算,也可用以下简便方法求得:

①若 $x\geqslant 0$,则$[x]_{补}=x$,并使符号位为 0。

②若 $x<0$,则将 x 的各位取反,然后在最低位上加 1,并使符号位为 1,即得到$[x]_{补}$。

【例 2-1-6】 证明补码的简便求法。

解　设 x 为纯小数,根据式(2-1-4)的定义,有:

当 $x=+0.x_{n-1}\cdots x_1x_0$ 时,

$$[x]_{补}=x=0.x_{n-1}\cdots x_1x_0$$

这时符号位 $x_n=0$,表示 $x\geqslant 0$。

当 $x=-0.x_{n-1}\cdots x_1x_0$ 时,

$$\begin{aligned}[x]_{补}&=2+x=2-0.x_{n-1}\cdots x_1x_0=1.11\cdots 1+0.00\cdots 1-0.x_{n-1}\cdots x_1x_0\\&=1.11\cdots 1-0.x_{n-1}\cdots x_1x_0+0.00\cdots 1\\&=1.\bar{x}_{n-1}\cdots\bar{x}_1\bar{x}_0+0.00\cdots 1\end{aligned}$$

所以,当 $x<0$ 时,将 x 的各位取反,再在最低位上加 1,即可求得 x 的补码$[x]_{补}$。

纯整数的补码也可以采用同样的简便方法求得,读者可自行证明。

【例 2-1-7】 用简便方法求出例 2-1-5 中的$[x]_{补}$。

解　①$x=+0.1010110$,因为 $x\geqslant 0$,所以$[x]_{补}=x=0.1010110$。

②$x=-0.1010110$,因为$x<0$,所以将x的各位取反,得1.0101001,再在最低位上加1,得$[x]_{补}=1.0101001+0.0000001=1.0101010$。

③$x=+1010110$,因为$x\geqslant 0$,所以$[x]_{补}=x=01010110$,符号位为0。

④$x=-1010110$,因为$x<0$,所以将x的各位取反,再在最低位上加1,并使符号位为1,得$[x]_{补}=10101001+00000001=10101010$。

由此得出规律:当$x<0$时,从数值的最低位x_0开始向高位扫描,在遇到第一个1之后,保持该位1和比其低的各位不变,将比其高的各位取反,即可得到x的补码。

(5)补码的几个关系

①补码与机器负数的关系。在模M的条件下,当需要减去一个数x时,可以用加上x对应的负数的补数$[-x]_{补}$来代替。通常把$[-x]_{补}$称为机器负数,把由$[x]_{补}$求$[-x]_{补}$的过程称为对$[x]_{补}$求补或变补。在补码运算过程中,常需要在已知$[x]_{补}$的条件下求$[-x]_{补}$。对$[x]_{补}$求补的规则是:将$[x]_{补}$的各位(含符号位)取反,然后在最低位上加1,即得到$[-x]_{补}$。反之亦然。

②补码的移位规则。根据二进制的移位规则和补码的定义,得出表2-1-1所示的规则。

表2-1-1　补码的移位规则

移位操作	移位规则
补码左移	连同符号位同时左移,低位移空位置补0。若左移前后符号位不一致,则说明移位出错,移出了有效位
补码右移	符号位不变,数值部分右移,最高位移出的空位填补符号位的代码

【例2-1-8】 已知$[x]_{补}$,求$[2x]_{补}$、$\left[\frac{1}{2}x\right]_{补}$。

①$[x]_{补}=0.0101001$;②$[x]_{补}=11011010$。

解　①$[2x]_{补}=0.1010010$,左移后,符号位不变,数值最高位移出,最低位填0。

$\left[\frac{1}{2}x\right]_{补}=0.0010100$,右移后,符号位不变,数值最高位填与符号位同值,末尾的1移出。

②$[2x]_{补}=10110100$,左移后,符号位不变,数值最高位移出,最低位填0。

$\left[\frac{1}{2}x\right]_{补}=11101101$,右移后,符号位不变,数值最高位填与符号位同值,末尾的0移出。

补码左移时,不要将高位的有效数值位移出,否则会出现移位错误。例如,8位纯整数补码$[x]_{补}=01011010$左移时,如果将数值部分最高位的1移入符号位,则造成符号错误,将原本是正数的补码变成了负数的补码;如果丢掉最高位的1,又会失去最高位的有效数值,导致出错。同理,如果要将8位纯整数补码$[x]_{补}=10011010$进行左移,也会出现同样的错误。

3. 反码表示

反码表示也是一种机器数,它实质上是一种特殊的补码,其特殊之处在于反码的模比补码的模小一个最低位上的 1。

(1)反码的定义

根据补码的定义可以推出数值位长度为 n 的反码的定义,如式(2-1-6)、式(2-1-7)所示。

纯小数反码的定义:

$$[x]_{反}=\begin{cases} x & 0\leqslant x<1 \\ (2-2^{-n})+x & -1<x<0 \end{cases} \quad [\mathrm{mod}(2-2^{-n})] \tag{2-1-6}$$

纯整数反码的定义:

$$[x]_{反}=\begin{cases} x & 0\leqslant x<2^{n} \\ (2^{n+1}-1)+x & -2^{n}<x<0 \end{cases} \quad [\mathrm{mod}(2^{n+1}-1)] \tag{2-1-7}$$

根据反码的定义可得反码表示的求法:

①若 $x\geqslant 0$,则使符号位为 0,数值部分与 x 相同,即可得到 $[x]_{反}$。

②若 $x<0$,则使符号位为 1,x 的数值部分各位取反,即可得到 $[x]_{反}$。

(2)反码的特点

①在反码表示中,用符号位 x_0 表示数值的正负,形式与原码表示相同,即 0 正 1 负。

②在反码表示中,数值 0 有两种表示方法:

纯小数+0 和-0 的反码表示:$[+0]_{反}=0.00\cdots0$,$[-0]_{反}=1.11\cdots1$

纯整数+0 和-0 的反码表示:$[+0]_{反}=000\cdots0$,$[-0]_{反}=111\cdots1$

③反码的表示范围与原码的表示范围相同。

反码表示在计算机中往往作为数码变换的中间环节。

4. 移码表示

如果将补码的符号部分与数值部分统一看成数值,则负数的补码的值大于正数的补码的值,这样在比较补码所对应的真值的大小时,就不是很直观和方便,为此提出了移码表示。

(1)移码的定义

移码的定义如式(2-1-8)、式(2-1-9)所示。

纯小数移码的定义:

$$[x]_{移}=1+x \quad -1\leqslant x<1 \tag{2-1-8}$$

纯整数移码的定义:

$$[x]_{移}=2^{n}+x \quad -2^{n}\leqslant x<2^{n} \tag{2-1-9}$$

根据式(2-1-8)、式(2-1-9)可知,移码表示是把真值 x 在数轴上正向平移 1(纯小数)或 2^n(纯整数)后得到的,所以移码也称为增码或余码。

下面以 $n=3$ 时纯整数的移码为例,看一下移码的几何性质。当 $n=3$ 时,纯整数的移码为 $[x]_{移}=2^3+x$,如表 2-1-2 所示。

表 2-1-2　$n=3$ 时纯整数的移码

真值	移码	真值	移码
+000(+0)	1000	-001(-1)	0111
+001(+1)	1001	-010(-2)	0110
+010(+2)	1010	-011(-3)	0101
+011(+3)	1011	-100(-4)	0100
+100(+4)	1100	-101(-5)	0011
+101(+5)	1101	-110(-6)	0010
+110(+6)	1110	-111(-7)	0001
+111(+7)	1111	-1000(-8)	0000

图 2-1-2 显示了真值与移码的对应关系。可以看到，移码表示的实质是把真值映像到一个正数域，因此移码的大小可直观地反映真值的大小。这样采用移码表示时，不管真值为正负，均可以按无符号数比较大小。由于移码表示便于比较数值的大小，因此移码主要用于表示浮点数的阶码。因为在浮点数中阶码通常是整数，所以本书中重点讨论整数的移码表示。

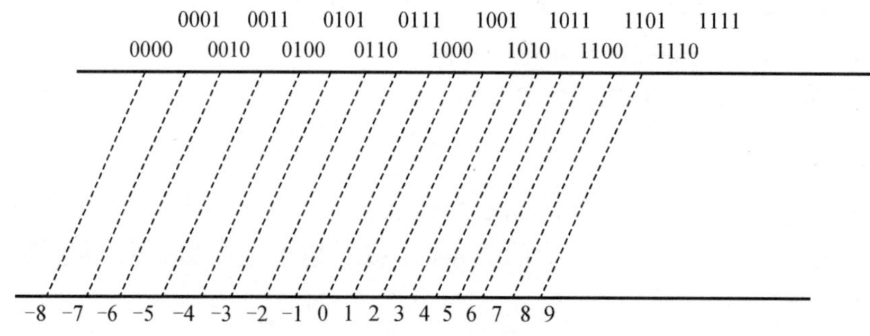

图 2-1-2　移码的几何性质

(2)移码与补码的关系

根据式(2-1-5)给出的纯整数的补码定义可知：

当 $0\leqslant x<2^n$ 时，$[x]_{补}=x$，因为 $[x]_{移}=2^n+x$，所以 $[x]_{移}=2^n+[x]_{补}$。

当 $-2^n\leqslant x<0$ 时，$[x]_{补}=2^{n+1}+x$，因为 $[x]_{移}=2^n+x$，所以 $[x]_{移}=2^n+[x]_{补}-2^{n+1}=[x]_{补}-2^n$。其中，$n$ 为数值部分的长度。

求一个数的移码，可以直接根据定义求得，也可以根据移码与补码的关系求得。

【例 2-1-9】　已知 x，求 $[x]_{补}$ 和 $[x]_{移}$。

①$x=+1011010$；②$x=-1011010$。

解　①因为 $x\geqslant0$，所以 $[x]_{补}=01011010$，$[x]_{移}=2^n+x=2^7+1011010=11011010$。

②因为 $x<0$，所以 $[x]_{补}=10100110$，$[x]_{移}=2^n+x=2^7+(-1011010)=00100110$。

可见，移码与补码数值部分相同，符号位相反。

(3)移码的特点

①设$[x]_{移}=x_nx_{n-1}\cdots x_1x_0$,$x_n$ 表示真值 x 的正负。若 $x_n=1$,则 x 为正;若 $x_n=0$,则 x 为负。

②真值 0 的移码表示只有一种形式:$[+0]_{移}=[-0]_{移}=100\cdots0$。

③移码与补码的表示范围相同。纯小数的移码可以表示到-1,$[-1]_{移}=0.0\cdots0$。纯整数的移码可以表示到-2^n,n 为数值部分的长度,$[-2^n]_{移}=00\cdots0$。

④真值大时,对应的移码也大;真值小时,对应的移码也小。

(4)移码值为 K 的移码

根据移码的几何性质,可以将移码的定义进行扩展,得到移数值为 K 的移码:

$$移数值为 K 的移码=K+实际数值 \tag{2-1-10}$$

式中,K 为约定的移数值。

当移数值 K 为 127 时,可以得到移 127 码,即:移 127 码=127+实际数值。

综上所述,各种码制之间的关系及转换方法如图 2-1-3 所示。若真值 x 为正数,使符号位 $x_0=0$,真值为负数,使 $x_0=1$,数值部分不变,就得到 x 对应的原码。当真值 x 为正数时,原码=反码=补码。当真值 x 为负数时,对应的原码、补码、反码表示各不相同。保持原码符号位不变,数值位各位取反即得反码;反码末位加 1 即得补码。不论真值 x 是正数还是负数,将其对应的补码的符号位取反,数值位不变即可得到 x 对应的移码。

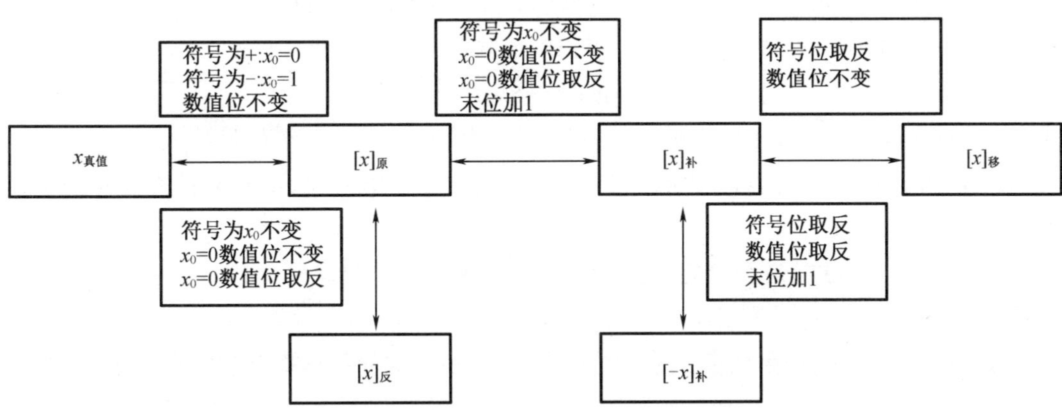

图 2-1-3　各种码制之间的关系及转换方法

【例 2-1-10】　设某计算机的字长为 8 位,采用纯整数表示。表 2-1-3 给出了相同的机器数在不同表示形式中对应的十进制真值。

表 2-1-3　相同的机器数在不同的表示形式中对应的十进制真值

机器数	表示方法				
	原码	补码	反码	移码	无符号数
01001001	+73	+73	+73	-55	73
10101101	-45	-83	-82	+45	173
11111111	-127	-1	-0	+127	255

以机器数 01001001 为例,则有:

①原码表示时,其真值为+1001001,对应的十进制数为+73。

②补码表示时,其真值为+1001001,对应的十进制数为+73。

③反码表示时,其真值为+1001001,对应的十进制数为+73。

④移码表示时,其真值为-0110111,对应的十进制数为-55。

⑤无符号数时,所有二进制位均表示数值,因此其对应的十进制真值为 73。

2.2 数的定点表示

实际中使用的数通常既有整数部分又有小数部分,在计算机中为了便于处理,通常不希望小数点占用存储空间,因此机器数的小数点往往默认隐含在数据的某一固定位置上。下面讨论一下计算机中小数点的位置的表示方法,即计算机中的数据格式。

在日常使用的十进制数中,同一个十进制数可以表示成不同的形式,例如:

$$(N)_{10}=123.456=123456\times10^{-3}=0.123456\times10^{+3}$$

同理,同一个二进制数也可以表示成不同的形式,例如:

$$(N)_2=1101.0011=11010011\times2^{-100}=0.11010011\times2^{+100}$$

由此可见,任何一个 R 进制数 N 均可以写成式(2-2-1)所示的形式:

$$(N)_R=\pm S\cdot R^{\pm e} \tag{2-2-1}$$

式中,S 表示尾数,代表数 N 的有效数字;R 表示基值,由计算机系统的设计人员约定,不同的机器,R 的取值不同,计算机中常用的 R 的取值为 2、4、8、16;e 表示阶码,代表数 N 的小数点的实际位置。

根据小数点的位置是否固定,计算机采用两种不同的数据格式,即定点表示和浮点表示。

在式(2-2-1)中,如果规定 e 的取值固定不变,则称这种数据格式为定点表示,即约定所有数据的小数点位置均是相同且固定不变的。采用定点表示的数据称为定点数。计算机中通常使用的定点数有定点小数和定点整数两类。

2.2.1 定点小数

对于一个 x_n 为符号位的 $n+1$ 位机器数 $x_n.x_{n-1}\cdots x_1x_0$,定点小数约定小数点在符号位和最高位数值位之间,即在式(2-2-1)中约定 e 的值为 0,其格式为 $x_n.x_{n-1}\cdots x_1x_0$,如图 2-2-1 所示。

定点小数代表的是纯小数$\pm0.x_{n-1}\cdots x_1x_0$,不同码制下定点小数表示的数值范围不同。

对于字长为 $n+1$ 的二进制机器数,定点小数的原码表示范围为 $0\leqslant|x|\leqslant1-2^{-n}$,表 2-2-1 给出了包括符号位在内字长为 $n+1$ 的定点小数原码的典型数据。注意:定点小数的反码表示范围与原码表示范围相同。

对于字长为 $n+1$ 的二进制机器数,定点小数的补码表示范围为 $-1\leqslant x\leqslant1-2^{-n}$,表

2-2-2 描述了包括符号位在内字长为 $n+1$ 的定点小数补码的典型数据。注意:定点小数的移码表示范围与补码表示范围相同。

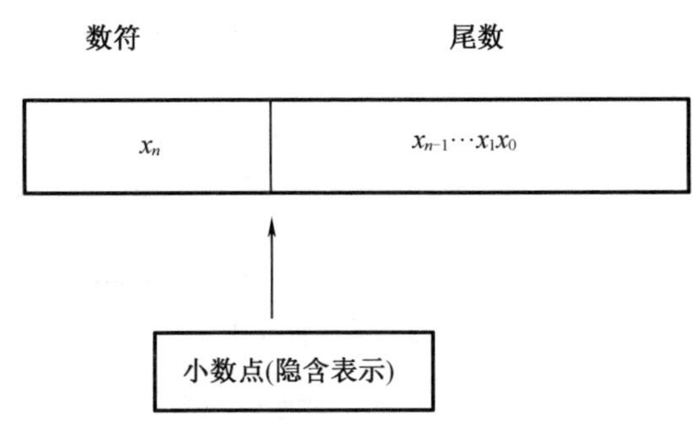

图 2-2-1　定点小数格式

表 2-2-1　定点小数原码的典型数据

典型数据	原码	真值
最小正数	$0.\underbrace{00\cdots001}_{n位}$	$+2^{-n}$
最大正数	$0.11\cdots111$	$+(1-2^{-n})$
最小负数	$1.11\cdots111$	$-(1-2^{-n})$
最大负数	$1.00\cdots001$	-2^{-n}
+0	$0.00\cdots000$	0
-0	$1.00\cdots000$	0

表 2-2-2　定点小数补码的典型数据

典型数据	补码	真值
最小正数	$0.\underbrace{00\cdots001}_{n位}$	$+2^{-n}$
最大正数	$0.11\cdots111$	$+(1-2^{-n})$
最小负数	$1.00\cdots000$	-1
最大负数	$1.11\cdots111$	-2^{-n}
0	$0.00\cdots000$	0

2.2.2　定点整数

对于一个 x_n 为符号位的 $n+1$ 位机器数 $x_nx_{n-1}\cdots x_1x_0$,定点整数就是约定小数点在最低数值位之后的定点数,即在式(2-2-1)中 e 的值为 n,数据格式为 $x_nx_{n-1}\cdots x_1x_0$,如图 2-2-2 所示。

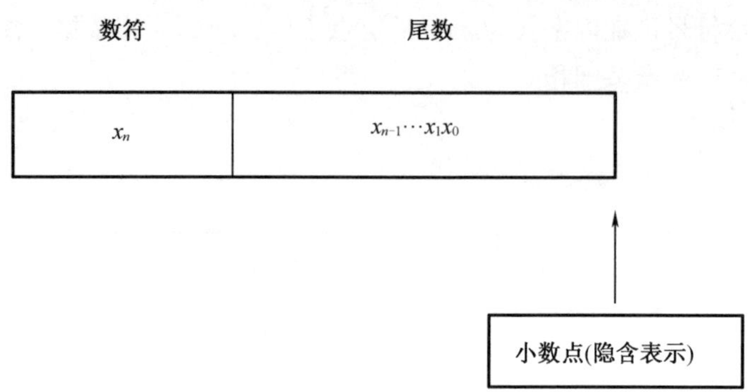

图 2-2-2 定点整数格式

设定点整数代表的是纯整数 $x_{n-1}\cdots x_1x_0$，二进制机器数的字长为 $n+1$，则定点整数的原码和反码表示范围为 $0\leqslant|x|\leqslant2^n-1$，定点整数的补码和移码表示范围为 $-2^n\leqslant x\leqslant2^n-1$。字长为 $n+1$ 的定点整数的原码和补码的典型数据分别如表 2-2-3 和表 2-2-4 所示。

表 2-2-3 定点整数原码的典型数据

典型数据	原码	真值
最小正数	$\underbrace{000\cdots001}_{n位}$	1
最大正数	011…111	$+(2^n-1)$
最小负数	111…111	$-(2^n-1)$
最大负数	100…001	−1
+0	000…000	0
−0	100…000	0

表 2-2-4 定点整数补码的典型数据

典型数据	补码	真值
最小正数	$\underbrace{000\cdots001}_{n位}$	+1
最大正数	011…111	$+(2^n-1)$
最小负数	100…000	-2^n
最大负数	111…111	−1
0	000…000	0

定点数在数轴上的分布是不连续的。相邻的两个定点数之间的最小间隔称为定点数的分辨率。字长为 $n+1$ 的定点小数的分辨率为 2^{-n}，字长为 $n+1$ 的定点整数的分辨率为 1。

硬件上只考虑定点小数或定点整数运算的计算机称为定点机。定点机的优点在于运算和硬件结构比较简单。但定点数所能表示的数据范围小，运算精度低，存储单元利用率低，很难兼顾应用的数值范围和精度要求，不适合科学计算，因此通常只用定点整数表示整数;而对于实数,则采用数的浮点表示。

2.3 乘　　法

现在我们已经完成了对加法和减法的解释,准备构建更复杂的乘法运算。

首先让我们回顾一下手工计算十进制数乘法的步骤和操作数名称。先看一个例子,$1000_{10}\times1001_{10}$,我们限制这个例子中只使用数字 0 和 1,稍后会解释限制原因。

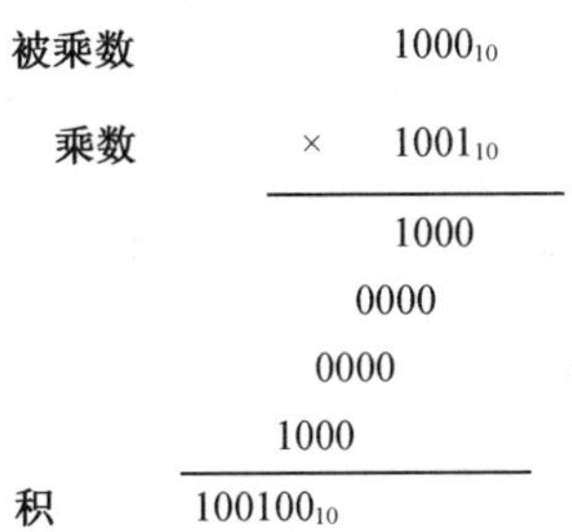

第一个操作数称为被乘数,第二个操作数称为乘数,最后的结果称为积。根据乘法法则,计算时每次从右到左选择乘数中的一位,用这一位乘上被乘数,然后将所得到的中间结果相对于前一位的中间结果左移一位。

可以观察到,积的位数比被乘数和乘数都大得多。事实上,如果我们忽略符号位,n 位被乘数和 m 位乘数的积是 $n+m$ 位的数。也就是说,需要 $n+m$ 位来表示所有可能的结果。因此,像加法一样,乘法也需要处理溢出,因为我们常常想用一个 64 位的乘积来表示两个 64 位数相乘的结果。

在这个例子中,我们把十进制数限制为 0 和 1。因为只有两个选择,所以每一步的乘法都很简单:

①如果乘数位为 1,只需将被乘数(1×被乘数)复制到适当的位置。

②如果乘数位为 0,则将 0(0×被乘数)置于适当的位置。

虽然上面十进制的例子恰巧只使用了 0 和 1,但是二进制乘法必须只使用 0 和 1,因此也只提供了两个选择。

回顾了乘法的基础知识后,按照惯例下一步将介绍高度优化的乘法硬件。我们打破了这一惯例,相信你能通过观察多代乘法硬件和算法的演变来获得更深入的理解。假设被乘数和乘数都是正数。

2.3.1　串行版的乘法算法及其硬件实现

该设计模仿了我们在小学时学到的算法,图 2-3-1 展示了该设计第一版的硬件结构。我们绘制出硬件结构,使得数据从上向下流动,更接近于使用纸笔计算的方法。假设乘数位于 64 位乘法器寄存器中,并且将 128 位乘积寄存器初始化为 0。从上面的纸笔法示例中可以清楚地看到,我们需要在每一步计算中将被乘数左移一位,因为它可能会与之前的中间结果相加。在 64 步计算之后,64 位被乘数会向左移动 64 位。因此,我们需要一个 128 位的被乘数寄存器,将其初始化为右半部分的 64 位被乘数和左半部分为零。然后该寄存器每执行一步便左移 1 位,将被乘数与 128 位的乘积寄存器中的中间结果对齐并累加到中间结果。

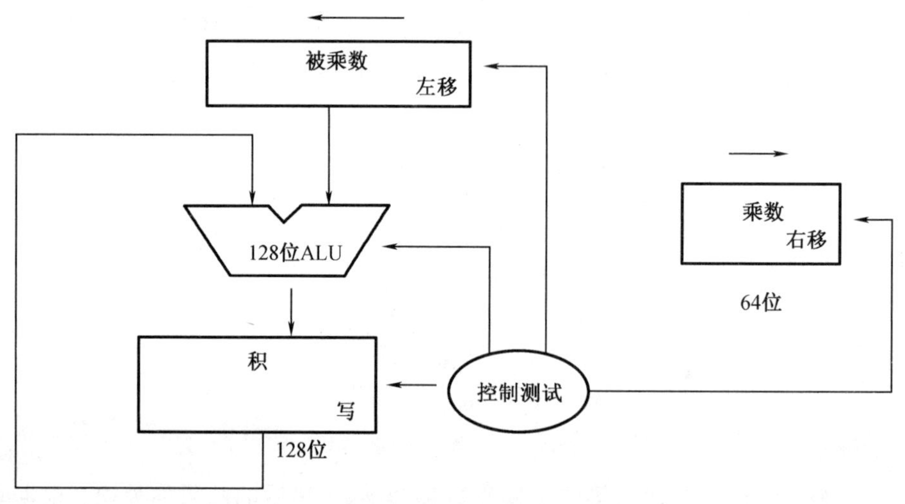

图 2-3-1　第一版乘法器硬件

图 2-3-2 显示了对于操作数的某一位都需要做的三个基本步骤。第一步中的乘数最低位(乘数第 0 位)决定了是否要把被乘数加到乘积寄存器当中。第二步中的左移起着将中间操作数左移的作用,就像手工纸笔做乘法一样。第三步中的右移给出了下次迭代要检测的乘数的下一位。这三个步骤重复 64 次就会得到最后的积。如果每个步骤花费一个时钟周期,那么该算法计算两个 64 位数相乘大约要花费 200 个时钟周期。像乘法这样的算术运算的重要性随程序的不同而变化,但一般加法和减法出现的次数会是乘法的 5～100 倍。因此,在许多应用中,乘法花费若干时钟周期并不会显著影响性能。但是,Amdahl 定律提醒我们,一个慢速操作如果占据了一定的比例,也会限制程序性能。

这种算法和硬件很容易改进到每步只花费一个时钟周期。加速来源于操作的并行执行:如果乘数位是 1,那么对被乘数和乘数进行移位,与此同时,把被乘数加到积上。硬件只需要保证它检测的是乘数的最右位,而且得到的是被乘数移位前的值。注意到寄存器和加法器有未使用的部分后,通常会将加法器和寄存器的位长减半以进一步优化硬件结构。图 2-3-3 展示了修正后的硬件。

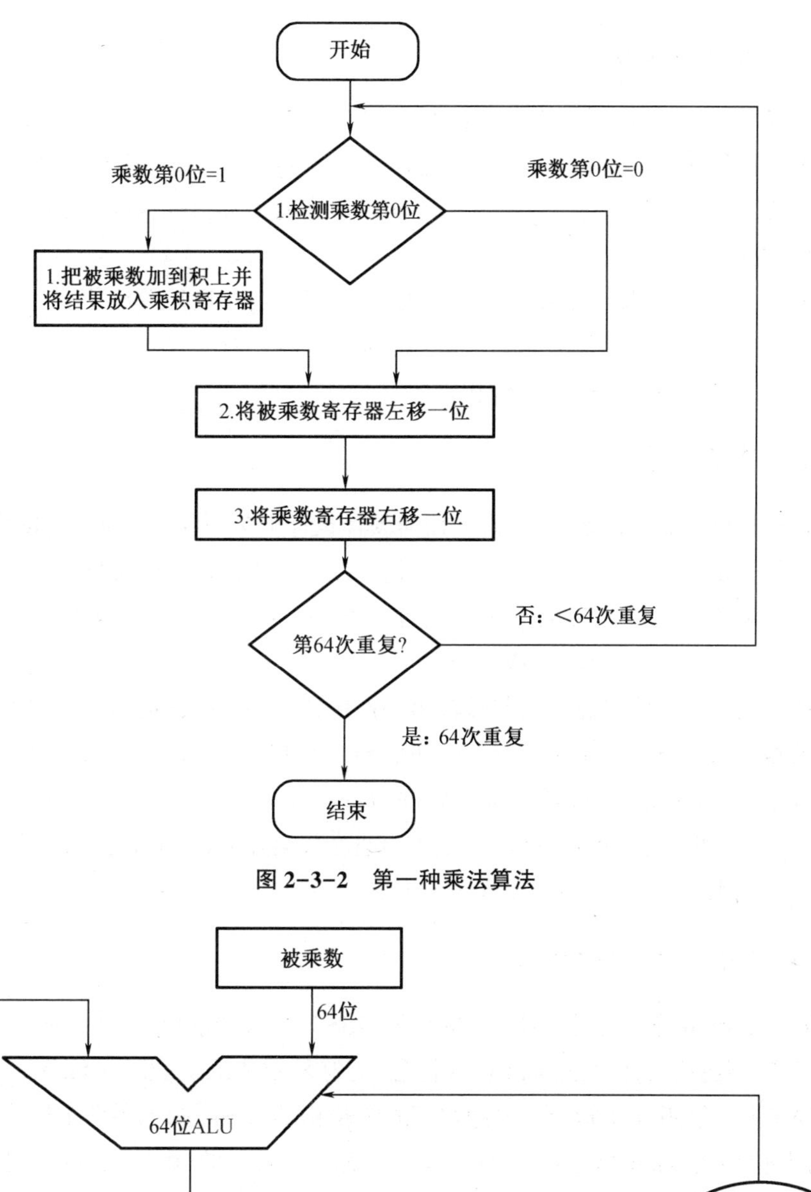

图 2-3-2　第一种乘法算法

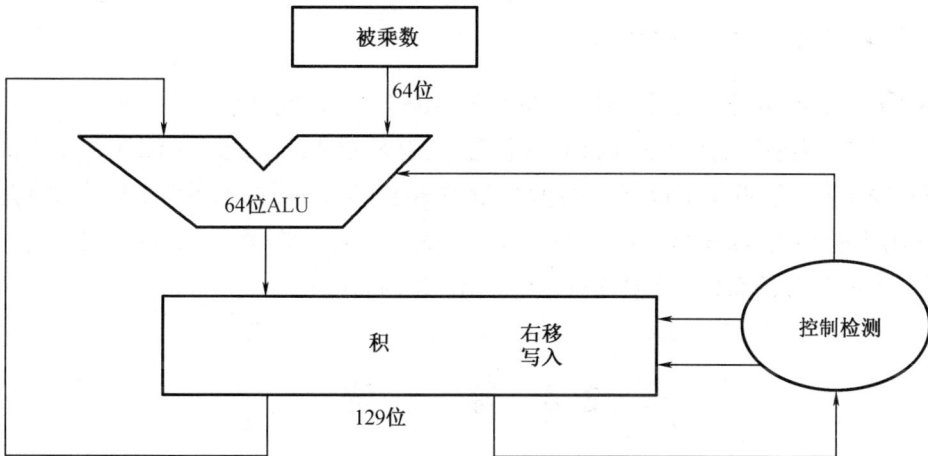

图 2-3-3　改良版乘法硬件

当乘数是常数的时候，也可以用移位运算来代替算术运算。有些编译器会将短常数的乘法运算替换为一系列的移位和加法运算。因为左移一位相当于把这个数变为之前的 2 倍，因此左移相当于把它同 2 的幂相乘。几乎所有的编译器都会用移位运算来代替同 2 的幂相乘，进行强度缩减优化。

2.3.2 带符号乘法

到目前为止，我们只处理了正数乘法的情况。对于如何处理带符号乘法，最简单的方式是先把被乘数和乘数转换为正数，然后记住它们的初始符号。这样，将之前的算法迭代执行 31 次，符号位不参与计算。正如我们小学时学到的那样，只有在乘数和被乘数符号相反时，才对积取反。

事实证明，如果记住我们正在处理具有无限位长的数，并且只用 64 位来表示它们，则上面的最后一种算法适用于带符号数。因此，在移位时需要对带符号数的积进行符号扩展。当算法结束时，低位的双字就是 64 位积。

2.3.3 快速乘法

摩尔定律提供了非常充足的资源，从而使硬件设计人员可以实现更快的乘法硬件。通过在乘法运算开始的时候检查 64 个乘数位，就可以判定是否要将被乘数加上。快速乘法可以通过为每个乘数位提供一个 64 位加法器来实现：一个输入是被乘数和一个乘数位相与的结果，另一个输入是上一个加法器的输出。

一种简单的方法是将右侧加法器的输出端连接到左侧加法器的输入端，形成一个高 64 位的加法器栈。另一种方法是将这 64 个加法器组织成并行树。这样我们就只需要等待 $\log_2 64$，即 6 次 64 位长加法的时间，而不是 64 次。

事实上，由于使用进位保留加法器，乘法的速度甚至比 6 次加法还要快，并且因为容易将上述的设计流水化，它能够同时支持多个乘法。

2.3.4 RISC-V 中的乘法

为了产生正确带符号或无符号的 128 位积，RISC-V 有四条指令：乘（mul），乘法取高位（mulh），无符号乘法取高位（mulhu）和有符号/无符号乘法取高位（mulhsu）。要获得整数 64 位积，程序员应使用 mul 指令。要想得到 128 位积的高 64 位，如果两个操作数都是有符号的，程序员应使用 mulh 指令；如果两个操作数都是无符号的，则使用 mulhu 指令；如果一个操作数是有符号的而另一个是无符号的，则使用 mulhsu 指令。

2.4 除　　法

乘法的逆操作是除法，除法操作使用相对较少且很“诡异”。它甚至会出现无效的计算操作：除以 0。

首先通过一个十进制数的长除法来回忆一下操作数的命名以及小学时学到的除法算法。由于与前一节类似的原因，我们仅使用十进制数字的 0 或 1。以下示例将计算 1001010_{10} 除以 1000_{10}：

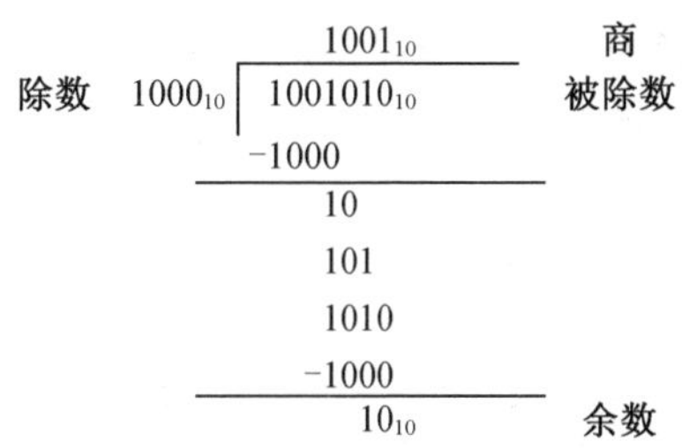

除法的两个源操作数分别叫作被除数和除数,除法的结果叫作商,随之产生的附带结果叫作余数。下面是表示各部分间关系的另一种方式:

$$被除数 = 商 \times 除数 + 余数$$

式中,余数小于除数。少数情况下会有程序使用除法指令来获得余数而忽略商。

基本除法算法试图查看可以减去一个多大的数字,从而每次得到商的一位数。我们精心挑选的十进制数除法的例子只使用数字 0 和 1,因此很容易计算出除数从被除数中减去的次数:要么是 0 次,要么是 1 次。二进制数只包含 0 或 1,因此二进制除法仅限于这两种选择,这就简化了二进制除法运算。

假设被除数和除数都是正数,那么商和余数也都是非负的。除法的源操作数和两个结果都是 64 位数,以下内容忽略符号位。

2.4.1　除法算法及其硬件实现

图 2-4-1 展示了模拟基本除法算法的硬件。在开始时将 64 位的商寄存器置 0。算法的每次迭代都需要将除数右移一位,因此开始需要将除数放置到 128 位的除数寄存器的左半部分,并且每运算一步将其右移 1 位,使之与被除数对齐。余数寄存器初始化为被除数。

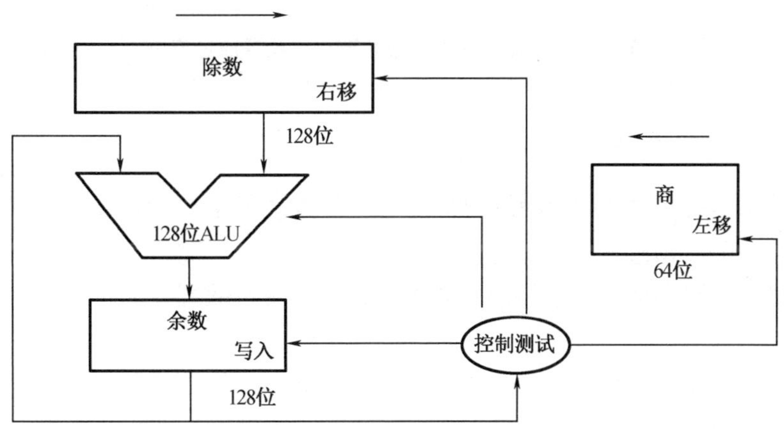

图 2-4-1　除法器硬件结构第一版

图 2-4-2 展示了除法算法的三个步骤。与人不同,计算机没有聪明到能预先知道除数是否小于被除数。它必须先在步骤 1 中减去除数进行判断,这正是我们实现比较所使用的方式。如果结果是正数,则除数小于或等于被除数,所以在商中生成一位 1(步骤 2a)。如

果结果为负,则下一步是通过将除数加到余数来恢复原始值,并在商中生成一位0(步骤2b)。除数右移1位,然后再次迭代,在迭代完成后,余数和商将存放在其同名的寄存器中。

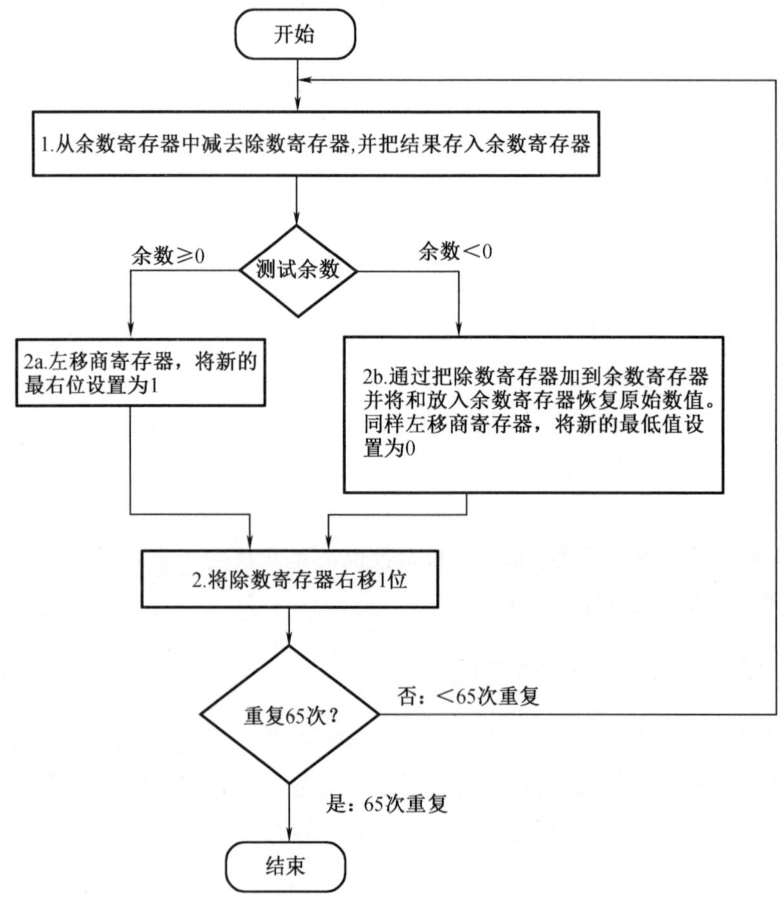

图 2-4-2　使用图 2-4-1 中硬件结构的除法算法

2.4.2　有符号除法

到目前为止,我们忽略了有符号数的除法。最简单的解决办法是记住除数和被除数的符号,如果符号相异,则商为负。

详细阐述:有符号除法之所以复杂,是因为必须设置余数部分的符号。记住以下等式必须始终保持:

$$被除数=商\times除数+余数$$

要理解如何设置余数的符号,我们来看看$\pm7_{10}$除以$\pm2_{10}$的所有组合的示例。第一种情况很简单,$(+7)\div(+2)$:

$$商=+3,余数=+1$$

检查结果:

$$+7=3\times2+(+1)=6+1$$

如果改变被除数的符号，则商也一定会随之改变，(−7)÷(+2)：

$$商=-3$$

重写基本公式来计算余数：

$$余数=(被除数-商\times除数)=-7-[(-3)\times(+2)]=-7-(-6)=-1$$

因此，(−7)÷(+2)：

$$商=-3,余数=-1$$

再次检查结果：

$$-7=(-3)\times2+(-1)=-6-1$$

答案不是商为 −4 以及余数为 +1(这也适应于这个公式)的原因是，商的绝对值会根据被除数和除数的符号改变而改变。显然，如果

$$-(x\div y)\neq(-x)\div y$$

编程将面临一个更大的挑战。这种异常情况通过让被除数和余数保持相同符号来避免，而不管除数和商的符号如何。

通过遵循相同规则来计算其他组合。

(+7)÷(−2)：

$$商=-3,余数=+1$$

(−7)÷(−2)：

$$商=+3,余数=-1$$

因此，如果源操作数的符号相反，那么正确的有符号除法算法的商为负，并让非零余数的符号与被除数的符号相匹配。

2.4.3　快速除法

摩尔定律适用于除法硬件以及乘法运算，所以希望能够通过其硬件来加速除法。使用许多加法器可以加速乘法，但不能对除法使用相同的方法。因为在执行下一步运算之前，需要先知道减法结果的符号，而乘法运算可以立即计算 64 个部分积。

有些技术每步运算可以产生多于一位的商。SRT 除法技术试图根据被除数和余数的高位来查找表，以预测每步运算的多个商的位数。它依靠后续步骤纠正错误预测。今天的典型值是 4 位。关键在于猜测要减去的值。对于二进制除法，只有一个选择。这些算法使用余数的 6 位和除数的 4 位来索引查找表，以确定每个步骤的猜测。

这种快速方法的准确性取决于查找表中的值是否合适。

2.4.4　RISC−V 中的除法

你可能已经观察到乘法和除法都可以使用相同的顺序执行硬件。唯一需要的是一个可以左右移位的 128 位寄存器和一个实现加法或减法的 64 位 ALU。

为了处理有符号整数和无符号整数，RISC−V 有两条除法指令和两条余数指令：除(div)，无符号除(divu)，余数(rem)和无符号余数(remu)。

2.5 浮点运算

除了有符号和无符号整数外,编程语言还支持小数,在数学中被称作实数。下面是一些实数的例子:

$$3.14159265\cdots_{10}(\text{pi})$$

$$2.71828\cdots_{10}(\text{e})$$

$$0.000000001_{10}\text{ 或 }1.0_{10}\times10^{-9}(\text{以 s 为单位,表示 1 ns})$$

$$3155760000_{10}\text{ 或 }3.15576_{10}\times10^{9}(\text{以 s 为单位,表示 1 世纪})$$

请注意,在最后的例子中,这个数字($3.15576_{10}\times10^9$)并不表示小数,它比我们用 32 位有符号整数所能表示的数还要大。后两个例子中的第二种表示方法称为科学计数法,该计数法在小数点左边只有一个数字。科学计数法中整数部分没有前导 0 的数字称为规格化数,这是一种常用的表示方法。例如,1.0×10^{-9} 是规格化的科学计数法表示,但是 $0.1_{10}\times10^{-8}$ 和 $10.0_{10}\times10^{-10}$ 就不是。

正如可以用科学计数法表示十进制数一样,我们同样可以用其来表示二进制数:

$$1.0_2\times2^{-1}$$

为了保证二进制数的规格化形式,我们需要一个基数,使得这个二进制数在移位后(相当于增大或减小基数的指数),小数点左侧必须只剩一位非零数。只有以 2 为基数才符合我们的要求。由于基数不是 10,我们还需要一个新的小数点名称:二进制小数点。

支持这种数的计算机运算称为浮点运算,称作"浮点",是因为它表示二进制小数点不固定的数字,这与整数表示法不同。C 语言中使用 float 来表示这些数。正如在科学计数法中一样,这些数被表示为在二进制小数点左边只有一个非零数字的形式。在二进制中,其格式为

$$1.xxxxxxxxx_2\times2^{yyyy}$$

尽管在计算机中指数部分和其余部分都是用二进制表示的,但为了简化表达,我们用十进制来表示指数。

利用规格化形式的科学计数法表示实数有三个优点:简化了包含浮点数的数据交换,这是由于都使用同一表示法,简化了浮点运算算法;提高了可存储在字中的数据的精度,因为无用的前导零占用的位被二进制小数点右边的实数位替代了。

2.5.1 浮点表示

浮点表示的设计者必须在尾数的位数和指数的位数之间找到一个平衡,因为固定的字长度意味着若一部分增加一位,则另一部分就得减少一位。即要做精度和范围之间的权衡:增加尾数位数可以提高小数精度,而增加指数位数则可以增加数的表示范围。正如在前文的设计原则中讲的那样,好的设计需要好的权衡。

浮点数通常占用多个字的长度。RISC-V 浮点数的表示方法如下所示,其中 s 是浮点数

的符号位(1 表示负数),指数由 8 位指数字段(包括指数的符号)表示,尾数由 23 位数表示。这种表示称为符号和数值,符号与数值的位是相互分离的。

31	30	29	28	27	26	25	24	23	22	21	20	19	18	17	16	15	14	13	12	11	10	9	8	7	6	5	4	3	2	1	0
s	指数								尾数																						

1 位　　8 位　　23 位

通常来讲,浮点数可以这样表示:

$$(-1)^s \times F \times 2^E$$

式中,F 是尾数字段中表示的值;而 E 是指数字段表示的值。之后会对这两个字段之间的确切关系做详细说明。(我们很快就会看到稍微复杂一点的 RISC-V)

这些指定的指数和尾数位长使 RISC-V 计算机具有很大的运算范围。小到 $2.0_{10}\times10^{-38}$,大到 $2.0_{10}\times10^{38}$,计算机都能表示出来。但是它和无穷大不同,所以仍然可能存在数太大而表示不出来的情况。因此,与整点运算一样,浮点运算中也会发生溢出中断。注意:这里的溢出表示因指数太大而无法在指数字段中表示出来。

浮点运算还会导致出现一种新的例外情况。正如程序员想知道他们什么时候计算了一个难以表示的太大的数一样,他们还想知道自己正在计算的非零小数是否变得小到无法表示;这两个情况都可能导致程序给出不正确的答案。为了和上溢区分开来,我们把这种情况称为下溢。当负指数太大而指数字段无法表示时,就会出现这种情况。

减少下溢或上溢发生概率的一种方法是提供另一种具有更大指数范围的格式。在 C 语言中,这种数据类型称为双精度(double),基于双精度的运算称为双精度浮点运算,而单精度浮点就是前面介绍的格式。

双精度浮点数需要一个 RISC-V 双字才能表示,如下所示,其中 *s* 仍然是浮点数的符号位,指数字段为 11 位,尾数字段为 52 位。

63	62	61	60	59	58	57	56	55	54	53	52	51	50	49	48	47	46	45	44	43	42	41	40	39	38	37	36	35	34	33	32
s	指数											尾数																			

1 位　　11 位　　20 位

31	30	29	28	27	26	25	24	23	22	21	20	19	18	17	16	15	14	13	12	11	10	9	8	7	6	5	4	3	2	1	0
尾数																															

32 位

RISC-V 双精度浮点数可以表示的实数范围小到 $2.0_{10}\times10^{-308}$,大到 $2.0_{10}\times10^{308}$。双精度浮点数确实增加了指数字段能表示的范围,但其最主要的优点是由于有更大的有效位数而具有更高的运算精度。

2.5.2 异常和中断

在计算机发生上溢或下溢时如何让用户知道出现了问题？有些计算机会通过引发异常(有时也称作中断)来告知问题的出现。异常或中断在本质上是一种非预期的过程调用。造成溢出的指令的地址保存在寄存器中,并且发生溢出时计算机会跳转到预定义的地址以调用相应的异常处理程序。中断的地址被保存下来,以便在某些情况下可以在执行纠正代码之后继续执行原程序。RISC-V 计算机不会在上溢或下溢时引发异常,不过,软件可以读取浮点控制和状态寄存器(fcsr)来检测是否发生上溢或下溢。

2.5.3 IEEE 754 浮点数标准

上述格式并非 RISC-V 所独有。它们是 IEEE 754 浮点数标准的一部分,1980 年以后,几乎所有计算机都遵循该标准。该标准极大地提高了移植浮点程序的简易程度和计算机的运算质量。

为了将更多的位打包到数中,IEEE 754 让规格化二进制数的前导位 1 是隐含的。因此在单精度下,该数实际上是 24 位长(隐含的前导位 1 和 23 位尾数),在双精度下,该数实际上则为 53 位长(隐含的前导位 1 和 52 位尾数)。为了更精确,我们使用术语有效位数来表示隐含的前导位 1 加上尾数,当尾数是 23 或 52 位数时,有效位数是 24 或 53 位。由于 0 没有前导位 1,因此它被赋予保留的阶码 0,以便硬件不会给它附加一个前导位 1。

因此 $00\cdots00_2$,代表 0,其他的数就是用前面的形式,加上隐含的前导位 1:

$$(-1)^s\times(1+\text{尾数})\times2^E$$

其中,尾数表示大小在 0 到 1 之间的小数;E 表示指数字段的值,稍后将对这部分做详细分析。如果将尾数的各位从左到右依次用 $s_1,s_2,s_3,\cdots$来表示的话,则该数的值为

$$(-1)\times[1+(s_1\times2^{-1})+(s_2\times2^{-2})+(s_3\times2^{-3})+(s_4\times2^{-4})+\cdots]\times2^E$$

表 2-5-1 展示了 IEEE 754 对浮点数的编码。IEEE 754 的其他特征是用特殊符号来表示异常事件。例如,软件可以将结果设置为代表 +∞ 或-∞ 的位模式,而不是除零中断。最大的指数是为这些特殊符号保留的。当程序员打印结果时,程序将输出一个无穷大的符号。(对于有数学训练经验的人来说,使用无穷的目的是形成实数的拓扑闭集。)

表 2-5-1 IEEE 754 对浮点数的编码

单精度		双精度		表示对象
指数	尾数	指数	尾数	
0	0	0	0	0
0	非 0	0	非 0	正负非规格化数
1~254	任意数	1~2046	任意数	正负浮点数
255	0	2047	0	正负无穷
255	非 0	2047	非 0	NaN(非数)

IEEE 754 甚至还有表示无效运算结果的符号,例如 0/0 或无穷减去无穷。这个符号是 NaN,表示不是一个数。符号 NaN 的作用是让程序员可以推迟程序中的一些测试和决定,等到方便的时候再进行。

IEEE 754 的设计者也考虑到,对于浮点表示,尤其是进行排序操作时,最好能直接利用已有的整数比较硬件来处理。这就是符号位处于最高位的原因,这样一来就可以快速判定是小于 0,大于 0,还是等于 0。这比简单的整数排序稍微复杂一点,因为这个计数法本质上是符号和数值的形式而不是用 2 的补码表示。

把指数字段放在有效位之前也便于利用整数比较指令来简化对浮点数的排序。因为只要两个数的指数字段符号相同,那么具有更大指数的数就一定更大。

负指数对简化排序提出了挑战。如果我们采用 2 的补码或其他指数为负数时指数字段的最高有效位为 1 的表示法,负指数反而会显得比较大。例如,1.0×2^{-1} 以单精度表示为

<table>
<tr><td>31</td><td>30</td><td>29</td><td>28</td><td>27</td><td>26</td><td>25</td><td>24</td><td>23</td><td>22</td><td>21</td><td>20</td><td>19</td><td>18</td><td>17</td><td>16</td><td>15</td><td>14</td><td>13</td><td>12</td><td>11</td><td>10</td><td>9</td><td>8</td><td>7</td><td>6</td><td>5</td><td>4</td><td>3</td><td>2</td><td>1</td><td>0</td></tr>
<tr><td colspan="32">1 1 1 1 1 1 1 1 0 0 0 0 0 0 0 0 0 0 0 0 0 0 0 0 0 0 0 0 0 0 0</td></tr>
</table>

(注意前导位 1 隐含在有效位中。)以上面方法表示的 $1.0\times2^{+1}$ 看起来倒像更小的二进制数:

<table>
<tr><td>31</td><td>30</td><td>29</td><td>28</td><td>27</td><td>26</td><td>25</td><td>24</td><td>23</td><td>22</td><td>21</td><td>20</td><td>19</td><td>18</td><td>17</td><td>16</td><td>15</td><td>14</td><td>13</td><td>12</td><td>11</td><td>10</td><td>9</td><td>8</td><td>7</td><td>6</td><td>5</td><td>4</td><td>3</td><td>2</td><td>1</td><td>0</td></tr>
<tr><td colspan="32">0 0 0 0 0 0 0 0 1 0 0 0 0 0 0 0 0 0 0 0 0 0 0 0 0 0 0 0 0 0 0 0</td></tr>
</table>

因此,最理想的表示法是将最小的负指数表示为 $00\cdots00_2$,并将最大的正指数表示为 $11\cdots11_2$,这种表示法称作移码表示法。从移码表示的数减去原数就可以得到相应的偏移值,从而由无符号的移码可得到真实的值。

IEEE 754 规定单精度的指数偏移值为 127,因此指数为-1 表示为 $-1+127_{10}$,即 $126_{10}=01111110_2$,指数为+1 表示为 $1+127_{10}$,即 $128_{10}=10000000_2$。双精度的指数偏移值为 1023。带偏移值的指数意味着一个由浮点数表示的值实际上是

$$(-1)^s\times(1+\text{有效位数})\times2^{(\text{指数}-\text{偏移值})}$$

单精度浮点数表示的范围从

$$\pm1.00000000000000000000000_2\times2^{-126}$$

到

$$\pm1.11111111111111111111111_2\times2^{+127}$$

让我们演示一下浮点表示。

用二进制的形式,分别表示 IEEE 754 的单精度各式和双精度各式浮点数 -0.75_{10}。

-0.75_{10} 又可以表示为

$$-3/4_{10},\text{即}-3/2^2_{10}$$

用二进制小数又可以表示为

$$-11_2/2^2_{10}, 即 -0.11_2$$

用科学计数法表示为

$$-0.11_2\times 2^0$$

用规格化的科学计数法表示为

$$-1.1_2\times 2^{-1}$$

单精度浮点数通常表示为

$$(-1)^s\times(1+\text{有效位数})\times 2^{(\text{指数}-127)}$$

从$-1.1_2\times 2^{-1}$的指数部分减去 127 可得

$$(-1)^s\times(1+0.10000000000000000000000_2)\times 2^{(126-127)}$$

因此-0.75_{10}的单精度二进制表示为

31	30	29	28	27	26	25	24	23	22	21	20	19	18	17	16	15	14	13	12	11	10	9	8	7	6	5	4	3	2	1	0
1	0 1 1 1 1 1 1 0								1 0 0 0 0 0 0 0 0 0 0 0 0 0 0 0 0 0 0 0 0 0 0																						

1 位　　8 位　　23 位

双精度二进制表示为

$$(-1)^1\times(1+0.1000000000000000000000000000000000000000000000000000_2)\times 2^{(1022-1023)}$$

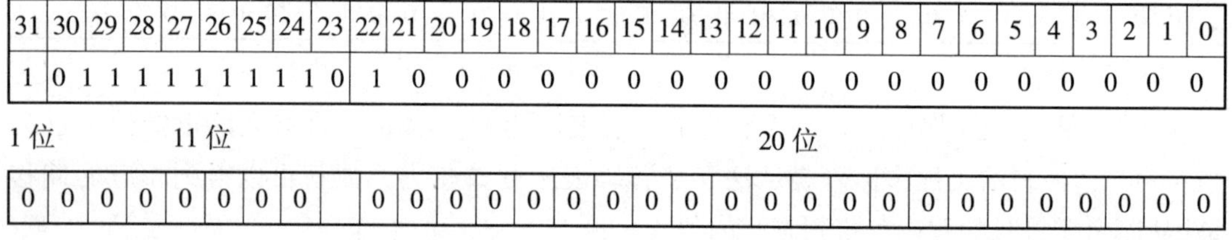

31	30	29	28	27	26	25	24	23	22	21	20	19	18	17	16	15	14	13	12	11	10	9	8	7	6	5	4	3	2	1	0
1	0 1 1 1 1 1 1 1 1 1 0								1 0 0 0 0 0 0 0 0 0 0 0 0 0 0 0 0 0 0 0																						

1 位　　11 位　　20 位

0	0	0	0	0	0	0	0		0	0	0	0	0	0	0	0	0	0	0	0	0	0	0	0	0	0	0	0	0	0

32 位

下面我们看一个反向的例子。

将二进制浮点数转换为十进制浮点数：

31	30	29	28	27	26	25	24	23	22	21	20	19	18	17	16	15	14	13	12	11	10	9	8	7	6	5	4	3	2	1	0
1	1 0 0 0 0 0 0 0 0 0 1								0 1 0 0 0 0 0 0 0 0 0 0 0 0 0 0 0 0 0 0																						

符号位为 1，指数字段为 129，尾数字段为 $1\times 2^{-2}=1/4$，即 0.25。使用基本公式：

$$
\begin{aligned}
(-1)^s\times(1+\text{有效位数})\times 2^{(\text{指数}-\text{偏移值})} &= (-1)^1\times(1+0.25)\times 2^{(129-127)} \\
&= -1\times 1.25\times 2^2 \\
&= -1.25\times 4 \\
&= -5.0
\end{aligned}
$$

2.5.4 浮点加法

让我们用以科学计数法表示的数的手算加法来说明一下浮点数的加法：$9.999_{10}\times10^{1}+1.610_{10}\times10^{-1}$。假设有效数位中只能保存四位十进制数字，而指数字段只能保存两位十进制数字。

第一步：为了能够对两数做出正确的加法运算，我们必须将指数较小的数的小数点和指数较大的数的小数点对齐。因此，我们需要处理指数较小的数，即 $1.610_{10}\times10^{-1}$，让它的指数等于较大数的指数。我们发现一个非规格化的浮点数可以有多种科学计数法的表示形式，从而可以利用该特性完成指数对齐，即

$$1.610_{10}\times10^{-1}=0.1610_{10}\times10^{0}=0.01610\times10^{1}$$

最右边的数是我们想要的形式，因为它的指数与较大数字的指数相等，即 $9.999_{10}\times10^{1}$。因此，第一步将较小数的有效数位进行右移，直到它的指数变得和较大数的指数一样。但是我们只能表示四位十进制数，所以在移位之后的数是

$$0.016_{10}\times10^{1}$$

第二步：将两个数的有效数位相加

$$\begin{array}{r} 9.999_{10} \\ +\ 0.016_{10} \\ \hline 10.015_{10} \end{array}$$

和为 $10.015_{10}\times10^{1}$。

第三步：这个和没有用规格化的科学计数法表示，因此要调整为

$$10.015_{10}\times10^{1}=1.0015_{10}\times10^{2}$$

因此，在加法之后，我们必须对和进行移位，适当地调整指数大小，把它变为规格化的形式。这个例子展示了将和右移一位的情况，但是如果一个数是正数而另一个数是负数，那么得到的和可能有许多前导位 0，这时需要进行左移操作。每当指数增大或减小时，我们都必须检测上溢或下溢——也就是说，我们必须确保指数大小没有超过指数字段的表示范围。

第四步：由于我们假定有效位数可能只有四位（不包括符号位），所以我们必须对最后结果进行舍入。在小学时学到的算法中，如果右边多余的数在 0 和 4 之间，则直接舍去，如果右边的数在 5 和 9 之间，则舍去后前一位加 1。前面所得的和为

$$1.0015_{10}\times10^{2}$$

因为小数点右边的第四位数字在 5 和 9 之间，所以舍入到四位有效数位的结果是

$$1.002_{10}\times10^{2}$$

请注意，如果我们在舍入的时候遇到前面各位都是 9 的情况，那么加上 1 的和仍不是规格化的，需要再次执行第三步。

第一步和第二步与刚刚讨论的示例类似：调整指数较小的数的有效数位，让它和另一个较大数的小数点对齐，然后加上两个数的有效数位。第三步对结果进行规格化，并强制检测上溢或下溢。第三步中的上溢和下溢检测取决于操作数的精度。回想一下，指数中全

为 0 的表示被保留并用于 0 的浮点表示。而且,指数中全为 1 的表示仅用于标识指定的值和超出正常浮点数范围之外的情况。

【例 2-5-1】 将 0.5_{10} 和 -0.4375_{10} 用二进制相加。

解 让我们首先看一下这两个数用规格化的科学计数法的二进制表示,假设保持四位精度:

$$0.5_{10}=1/2_{10}=1/2_{10}^1$$
$$=0.1_2=0.1_2\times2^0=1.000_2\times2^{-1}$$
$$-0.4375_{10}=-7/16_{10}=-7/2_{10}^4$$
$$=-0.0111_2=-0.0111_2=-1.110_2\times2^{-2}$$

现在我们按照如下的算法执行。

第一步:将指数较小的数($-1.110_2\times2^{-2}$)的有效数位右移,直到其指数与较大的数相同:

$$-1.110_2\times2^{-2}=-0.111_2\times2^{-1}$$

第二步:将有效数位相加:

$$1.000_2\times2^{-1}+(-0.111_2\times2^{-1})=0.001_2\times2^{-1}$$

第三步:对和进行规格化,并检测上溢和下溢:

$$0.001_2\times2^{-1}=0.010_2\times2^{-2}=0.100_2\times2^{-3}$$
$$=1.000_2\times2^{-4}$$

由于 $127\geqslant-4\geqslant-126$,没有上溢或下溢。(带偏移值的指数为-4+127,即 123,它在最小指数 1 和未保留的带偏移值的最大指数 254 之间。)

第四步:对和进行舍入:

$$1.000_2\times2^{-4}$$

和已经完全符合四位精度,所以无须再做舍入。

所以和是

$$1.000_2\times2^{-4}=0.0001000_2=0.0001_2$$
$$=1/2_{10}^4=1/16_{10}=0.0625_{10}$$

这就是 0.5_{10} 与 -0.4375_{10} 的和。

2.5.5 浮点乘法

前面我们已经介绍了浮点加法,现在开始介绍浮点乘法。我们从手工计算以十进制科学计数法表示的浮点乘法开始:$1.110_{10}\times10^{10}\times9.200_{10}\times10^{-5}$。假设我们只能保存四位有效数位和两位指数字段。

第一步:和加法不同,我们通过简单地将操作数的指数相加来计算积的指数

$$新的指数=10+(-5)=5$$

用移码来表示指数并确保获得相同的结果:10+127=137 和-5+127=122,所以

$$新的指数=137+122=259$$

这个结果对于 8 位指数字段来说太大了,所以肯定有些地方出错了!问题在于偏移值,

因为我们在进行指数相加的同时,也进行了偏移值相加:

$$新的指数=(10+127)+(-5+127)=5+2\times127=259$$

因此,当我们将带偏移值的数相加时,为了得到正确的带偏移值的总和,必须从总和中减去一个偏移值:

$$新的指数=137+122-127=259-127=132=5+127$$

其中的 5 就是我们最初计算的指数。

第二步:有效数位部分的相乘

$$\begin{array}{r} 1.110_{10} \\ \times\ 9.200_{10} \\ \hline 0000 \\ 0000 \\ 2220 \\ 9990 \\ \hline 10212000_{10} \end{array}$$

每个操作数的小数点右侧有三位数字,因此乘积的小数点应该放在从右数第 6 位有效位前:

$$10.212000_{10}$$

如果我们只能保留小数点右侧三位数字,则积为 10.212×10^5。

第三步:因为得到的乘积是非规格化的,所以要将其规格化为

$$10.212\times10^5=1.0212_{10}\times10^6$$

因此,在乘法之后,乘积需要右移一位得到规格化的结果,同时指数加 1。此时,我们可以检测上溢和下溢。如果两个操作数都很小,也就是说,如果两者都具有较小的负指数时,则可能发生下溢。

第四步:假设有效数位只有四位数字(不包括符号位),所以必须将乘积舍入。乘积为

$$1.0212_{10}\times10^6$$

舍入到四位有效数位是

$$1.021_{10}\times10^6$$

第五步:积的符号取决于原始操作数的符号。如果它们符号相同,则积的符号为正;否则积的符号为负。因此,积为

$$+1.021_{10}\times10^6$$

在加法算法中,和的符号是由有效位数相加的结果来确定的,但是在乘法中,操作数的符号决定了乘积的符号。

同加法类似,如图 2-5-1 所示,二进制浮点数的乘法也与我们刚刚完成的十进制浮点数乘法的步骤非常相似。我们首先要将两数的带偏移值的指数相加并确保减去一个偏移值,以得到乘积的新的正确指数。接下来是有效数位的乘法,紧跟的是可选的规格化步骤。然后是检查指数的大小是否上溢或下溢,再对积进行舍入。如果舍入导致需要再次规格化,就要再次检查指数大小。最后,如果操作数的符号不同(积为负),则将积的符号位设置为 1;如果它们相同(积为正),则将积的符号位设置为 0。

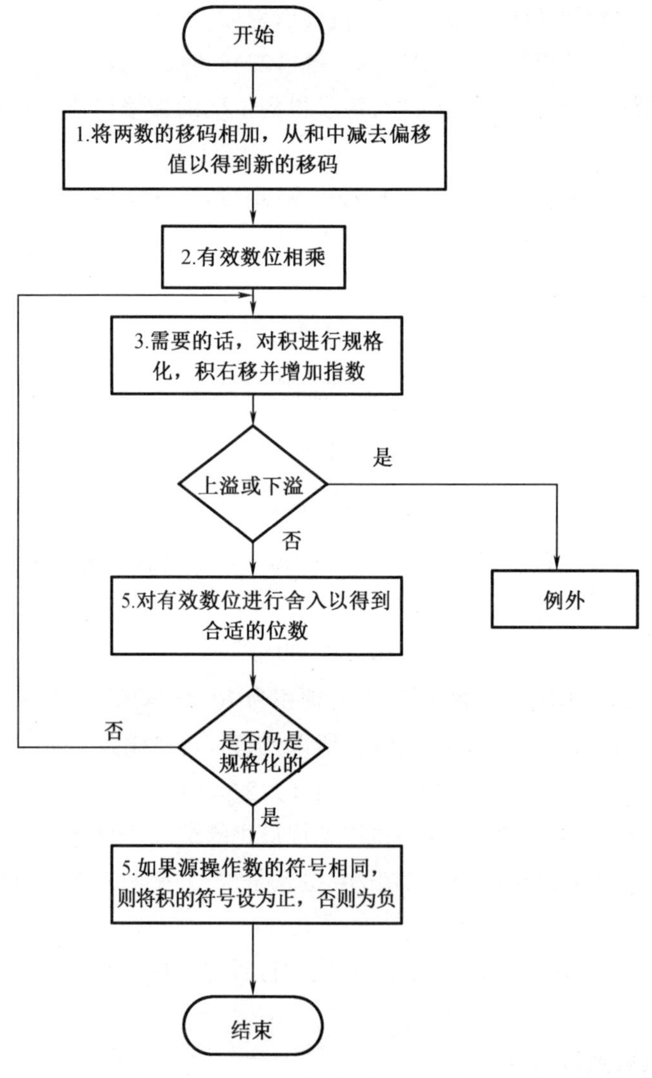

图 2-5-1 浮点乘法

【例 2-5-2】 采用二进制浮点数乘法，求出 0.5_{10} 和 -0.4375_{10} 的积。

解 在二进制下，即是要将 $1.000_2\times2^{-1}$ 和 $-1.110_2\times2^{-2}$ 相乘。

第一步：将不带偏移值的指数相加

$$-1+(-2)=-3$$

或使用移码表示为

$$(-1+127)+(-2+127)-127=(-1-2)+(127+127-127)=-3+127=124$$

第二步：有效数位相乘

$$
\begin{array}{r}
1.000_2 \\
\times \quad 1.110_2 \\
\hline
0000 \\
1000 \\
1000 \\
1000 \\
\hline
1110000_2
\end{array}
$$

乘积为 $1.110000_2 \times 2^{-3}$,但我们需要保留四位有效数字,因此结果为 $1.110_2 \times 2^{-3}$。

第三步:现在我们要检查积以确保它是规格化的,然后检查指数是否上溢或下溢。积已经是规格化的了,并且因为 $127 \geqslant -3 \geqslant -126$,所以没有上溢或下溢。(使用移码表示法,$254 \geqslant 124 \geqslant 1$,因此指数大小合适。)

第四步:对积舍入,结果没有影响

$$1.110_2 \times 2^{-3}$$

第五步:因为操作数的符号相反,因此将积的符号设为负。所以,乘积为

$$-1.110_2 \times 2^{-3}$$

转化为十进制数来检查所得结果

$$
\begin{aligned}
-1.110_2 \times 2^{-3} &= -0.001110_2 = -0.00111_2 \\
&= -7/2^5_{10} = -7/32_{10} = -0.21875_{10}
\end{aligned}
$$

而 0.5_{10} 和 -0.4375_{10} 的乘积正是 -0.21875_{10}。

2.6　非数值数据的表示

非数值数据没有数值大小之分,也称字符数据,如符号和文字等。

2.6.1　字符表示

国际上广泛采用 ASCII 码(American standard code for information interchange)表示字符。它选用常用的 128 个符号,其中包括 33 个控制字符、10 个十进制数码、52 个大写和小写英文字母、33 个专用符号。目前广泛采用键盘输入方式实现信息输入。当通过键盘输入字符时,编码电路按字符键的要求给出与字符相应的二进制数码串。计算机处理输出结果时,则把二进制数码串按同一标准转换成字符,由显示器显示或打印机打印出来。表 2-6-1 所示为 ASCII 字符编码表。

这 128 个字符正好使用 7 个比特位表示,由于计算机中数据存储以字节为单位,故字节最高位(most significant bit,MSB)为 0。

从表 2-6-1 中看出:0100000(20H)开始是空格等可打印字符,0~9 这 10 个数字是从 0110000(30H)开始的一个连续区域,大写英文字母是从 1000001(41H)开始的一个连续区域,小写英文字母是从 1100001(61H)开始的一个连续区域。在数码转换时,可以利用上述连续编码的特性,从一个 ASCII 的编码求出另一个 ASCII 的编码。例如,将 5 转换成 ASCII 码时,只需要将 0 的 ASCII 字符 30H 加上 5 即可。同理,计算英文字符的 ASCII 编码也只需

要记住“A”和“a”的 ASCII 编码即可。

表 2-6-1　ASCII 字符编码表

位数				$W_{7\sim5}$	000	001	010	011	100	101	110	111
W_4	W_3	W_2	W_1	行列	0	1	2	3	4	5	6	7
0	0	0	0	0	(NUL)	(DEL)	空格	0	@	P	`	P
0	0	0	1	1	(SOH)	(DC1)	!	1	A	Q	a	Q
0	0	1	0	2	(STX)	(DC2)	″	2	B	R	b	r
0	0	1	1	3	(ETX)	(DC3)	#	3	C	S	c	s
0	1	0	0	4	(EOT)	(DC4)	$	4	D	T	d	t
0	1	0	1	5	(ENQ)	(NAK)	%	5	E	U	e	u
0	1	1	0	6	(ACK)	(SYN)	&	6	F	V	f	v
0	1	1	1	7	(BEL)	(ETB)	′	7	G	W	g	W
1	0	0	0	8	(BS)	(CAN)	(	8	H	X	h	x
1	0	0	1	9	(HT)	(EM)	)	9	I	Y	i	y
1	0	1	0	A	(LF)	(SUB)	*	:	J	Z	j	z
1	0	1	1	B	(VT)	(ESC)	+	;	K	[	k	{
1	1	0	0	C	(FF)	(FS)	,	<	L	\	1	|
1	1	0	1	D	(CR)	(GS)	-	=	M	]	m	}
1	1	1	0	E	(SO)	(RS)	.	>	N	^	n	~
1	1	1	1	F	(SI)	(US)	/	?	O	_	o	DEL

2.6.2　汉字编码

随着计算机的发展,一些非英语国家也开始使用计算机,此时 128 个字符就不够用了,例如法国就将 ASCII 编码扩展为 8 位用于表示法语,称为扩展 ASCII 编码。汉字数量众多,为此汉字编码采用了双字节编码,为与 ASCII 编码兼容并区分,汉字编码双字节的最高位都为 1,也就是实际使用了 14 位来表示汉字。这就是 1980 年颁布的国家标准《信息交换用汉字编码字符集　基本集》(GB 2312),也称国标码。

GB 2312 编码理论上能表示 $2^{14}=16\ 384$ 个编码,而实际上仅包含了 7 445 个字符,其中 6 763 个常用汉字、682 个全角非汉字字符。为了检索方便,该标准采用 $94\times94=8\ 836$ 的二维矩阵对字符集中的所有汉字字符进行了编码,矩阵的每一行称为“区”,每一列称为“位”,区号和位号都从 1 开始编码,采用十进制表示,所有字符都在矩阵中有唯一的位置,这个位置可以用区号和位号组合表示,称为汉字的区位码。例如区位码“1818”是“腈”字,如表 2-6-2 所示。区位码和 GB2312 机内码之间可以互相转换:区位码+A0A0H=GB2312 机内码。但区位码比 GB 2312 编码更为直观简单,而且在存储汉字字形码字库时空间浪费最小,检索更方便。

表 2-6-2　汉字区位码表

区位码	1	2	3	4	5	6	7	8	9	10	11	12	13	14	15	16	17	18	19	20
16 区	啊	阿	埃	挨	哎	唉	哀	皑	癌	蔼	矮	艾	碍	爱	隘	鞍	氨	安	俺	按
17 区	薄	雹	保	堡	饱	宝	抱	报	暴	豹	鲍	爆	杯	碑	悲	卑	北	辈	背	贝
18 区	病	并	玻	菠	播	拨	钵	波	博	勃	搏	铂	箔	伯	帛	舶	脖	膊	渤	泊
19 区	场	尝	常	长	偿	肠	厂	敞	畅	唱	倡	超	抄	钞	朝	嘲	潮	巢	吵	炒
20 区	础	储	矗	搐	触	处	揣	川	穿	椽	传	船	喘	串	疮	窗	幢	床	闯	创

GB 2312 标准中包含的汉字较少,很多生僻字无法表示,很快 GB 2312 标准中没有使用的一些码位也开始用于表示汉字,但后来还是不够用,为此不再要求低字节最高位必须是 1,扩展之后的标准称为 GBK 标准(1995)。该标准兼容了 GB 2312 标准,同时新增了近 20 000 个新的汉字和符号,包括繁体字。后来少数民族文字也被列入该标准中,新增了 4 字节的汉字编码,也就是 GB 18030 标准(2005)。该标准兼容 GB 2312 标准,基本兼容 GBK 标准,共包括 70 244 个汉字,支持少数民族文字。国际上还有 UTF 编码、Unicode 两个汉字标准,目前这两个编码标准已经统一为 Unicode。该标准力图为世界上所有的语言提供统一的编码标准,包括 UTF-8、UTF-16、UTF-32 等多个标准。同一汉字的不同编码会有区别,表 2-6-3 所示为汉字的不同编码标准,可以看出 GB 系列标准的编码在两字节编码上是兼容的,另外有些生僻字在 GB2312 标准中并没有编码。

表 2-6-3　汉字的不同编码标准

	GB2312	GBK	GB18030	Unicode	BIG5
啊	B0A1	B0A1	B0A1	554A	B0DA
甴	无	AE68	AE68	7534	无
囧	无	87E5	87E5	56E7	CCAA8
龘	无	FD93	FD93	9F98	F9DD5

1. 汉字处理流程

计算机要对汉字信息进行处理,首先要解决汉字输入的问题,这是由汉字输入码完成的;汉字输入计算机后,会被转换成汉字机内码,汉字机内码是计算机内部存储、处理加工和传输汉字时所用的统一编码。前面介绍的 GB 系列标准、Unicode 标准都属于汉字机内码。相对于汉字机内码,汉字输入码称为外码。如果需要显示和打印汉字,还可能要将汉字的机内码转换成字形码。

2. 汉字输入码

汉字输入码就是使用英文键盘输入汉字时的编码。到目前为止,国内外提出的汉字输入编码达上百种,可归为以下四类。

流水码:用数字组成的等长编码,如国标码、区位码。

音码:根据汉字读音组成的编码,如拼音码,常见的有全拼、简拼、双拼等。

形码:根据汉字的形状、结构特征组成的编码,如五笔字型码。

音形码:将汉字的读音与其结构特征综合而成的编码,如自然码、钱码等。

拼音码易学易用,无须学习复杂的规则,是目前应用最广泛的输入法,其中双拼输入法的输入速度已经可以和以速度著称的五笔字型码媲美,如小鹤双拼。

3. 汉字字形码

字形码是汉字的输出码,也称字型码。最初计算机输出汉字时都采用图形点阵的方式,所谓点阵就是将字符(包括汉字图形)看成一个矩形框内一些横竖排列的点的集合,有笔画的位置用黑点表示,无笔画的位置用白点表示。在计算机中可用一组二进制数表示点阵,用 0 表示白点,用 1 表示黑点。常见汉字字形点阵有 16×16、24×24、32×32、48×48,点阵越大,汉字显示和输出质量越高。一个 32×32 点阵的汉字字形码需要使用 1024 位,即 128 个字节表示,这 128 个字节中的信息是汉字的数字化信息,即汉字字模,相比机内码,其占用较大的存储空间。

每一个汉字都有相应的字形码,甚至不同字体汉字的字形码也不同。汉字字形码按区位码的顺序排列,以二进制文件形式存放在存储器中,构成汉字字模字库,简称汉字库。最早的计算机中还有专门存放汉字库的扩展卡,称为汉卡;针式打印机中也有专门存放汉字字形码的字库。早期计算机中显示、打印汉字均采用字形码,图形界面普及后,光栅矢量字体逐渐替代了字形码,不同字体、不同字形汉字的输出依靠数学公式绘制,但字形码输出在一些 LED 广告屏、针式打印机产品中仍比较常见。

2.7 数据信息的校验

受元器件质量、电路故障、噪声干扰等因素的影响,计算机在对数据进行处理、传输和存储过程中难免出现错误。如何发现并纠正上述过程中的数据错误,是计算机系统设计者必须面临的考验。为此人们提出了校验码解决方案。

校验码是具有发现错误或纠正错误能力的数据编码。校验码是用于提升数据在时间(存储)和空间两个维度上的传输可靠性的机制,其主要原理是在被校验数据(原始数据)中引入部分冗余信息(校验数据),使得最终的校验码(原始数据+校验数据)符合某种编码规则,当校验码中某些位发生错误时,会破坏预定规则,从而使得错误可以被检测到,甚至可以被纠正。校验码构成如图 2-7-1 所示。校验码在生活中有很多的应用,如身份证号、银行卡号、商品条形码、ISBN 号等。

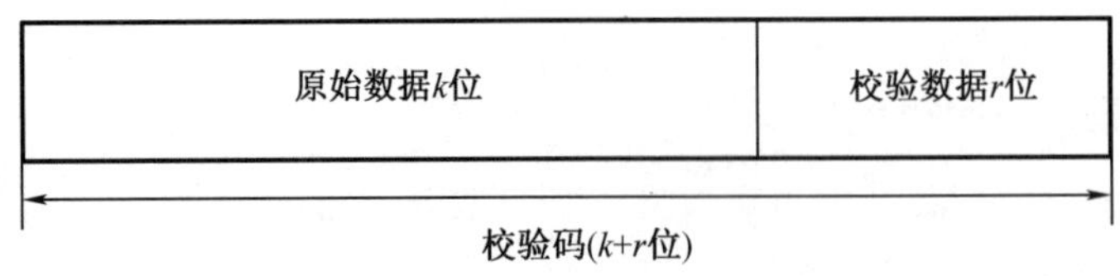

图 2-7-1　校验码构成

在实际使用过程中,数据校验的主要流程是由发送方对原始数据按照预定编码规则进行编码,生成包含冗余信息的校验码,校验码经过不可靠的传输或存储后,由接收方利用解码模块解析并判断校验码是否符合预定的编码规则,如不符合编码规则,表明编码在传输或存储的过程中发生了错误,需要纠错或者重传,如图 2-7-2 所示。

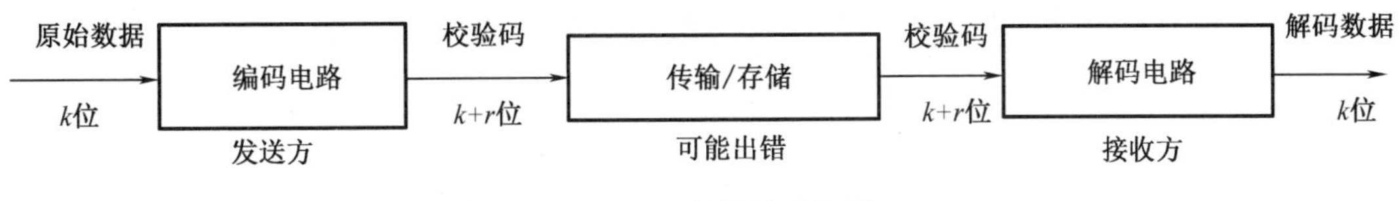

图 2-7-2　数据校验流程

2.7.1　码距与校验

在信息编码中,两个编码对应二进制位不同的个数称为码距,又称海明距离。如 10101 和 00110 从第 1 位开始依次有第 1 位、第 4 位、第 5 位 3 位不同,则码距为 3。一个有效编码集中,任意两个码字的最小码距称为该编码集的码距。校验码的作用是扩大码距,从而通过编码规则来识别错误代码。码距越大,抗干扰能力、纠错能力越强,数据冗余越大,编码效率越低,选择码距时应考虑信息出错概率、系统容错率以及硬件开销等因素。

【例 2-7-1】　现有两种编码体系,分别分析它们各自的码距。

①设用 4 位二进制数表示 16 种状态:0000~1111。

②4 位二进制数可表示 0000、0011、0101、0110、1001、1010、1100、1111 共 8 种状态。

解　①根据码距定义,4 位二进制数表示 16 种状态时的最小码距为 1,任何一个合法编码发生 1 位错误时,就会变成另外一个合法编码,所以这种编码不具备检测错误的能力。

②第二种编码方式的最小码距为 2。8 个编码中的任何一个编码中发生 1 位错误时,如 0000 变成 1000,就会从合法编码变成无效编码,所以这种编码可以识别 1 位错误。但发生两位错误时合法编码可能变成另外一个合法编码,如 0000 变成 0011,所以它对两位错误无法检测。

码距是编码体系中的重要概念,从例 2-7-1 中不难看出,增大码距能把一个不具备检错能力的编码变成具有检错能力的编码。校验码就是利用这一原理,在正常编码的基础上,通过增加冗余校验信息来达到增大码距的目的,使其具有检错功能,甚至具有纠错的能力。

根据信息论原理,码距 d 与校验码的检错和纠错能力的关系如表 2-7-1 所示。

表 2-7-1　码距与校验码检错、纠错能力的关系

码距(d)	检错、纠错能力
$d \geq e+1$	可检测 e 个错误
$d \geq 2t+1$	可纠正 t 个错误
$d \geq e+t+1, e>t$	可检测 e 个错误并纠正 t 个错误

根据上述关系可得到不同码距的校验码对应的检错与纠错能力,如表 2-7-2 所示。

表 2-7-2　不同码距的检错、纠错能力

码距	检错(e)	纠正(t)	检错(e)且纠正(t)
1	0	0	0,0
2	1	0	1,0
3	2	1	1,1
4	3	1	2,1
5	4	2	2,1
6	5	2	3,2
7	6	3	3,3

从表 2-7-2 可知,要提高校验码的检错和纠错能力,就必须增大码距,而增大码距又必须增加更多的校验位,这会增加时间和成本上的开销。因此,在使用数据校验码时,应综合考虑校验码引起的开销与检错、纠错能力之间的关系,并根据应用环境的错误特征和应用对可靠性的要求,选择性价比高的校验码。下面将主要讨论奇偶校验、海明校验和循环冗余校验等 3 种校验码。

2.7.2　奇偶校验

奇偶校验是一种常见的简单校验码,通过检测二进制代码中 1 的个数的奇偶性(分别对应奇校验和偶校验)进行数据校验。

1. 简单奇偶校验

奇偶校验的编码规则是增加 1 位校验位 P,使得最终的校验码中数字 1 的个数为奇数或偶数,其最小码距为 2。奇校验的编码规则是让整个校验码(包含原始数据和校验位)中 1 的个数为奇数,而偶校验则是偶数。表 2-7-3 所示为奇、偶校验编码举例,可以通过原始数据的奇偶性很快得到校验码,从表中可以看出全 0 编码始终是合法的偶校验码。

表 2-7-3　奇、偶校验编码举例

原始数据(7 位)	奇校验码(8 位)	偶校验码(8 位)
0000000	00000001	00000000
1111111	11111110	11111111
1011001	10110011	10110010

以上只是从编码规则的角度手动计算奇偶校验位,我们更关心的是如何使用逻辑电路自动产生奇、偶校验位,设被校验信息 $D=D_1D_2\cdots D_n$,校验位为 P,根据定义,很容易得出奇偶校验编码电路的逻辑表达式如下。

偶校验位：

$$P=D_1 \oplus D_2 \oplus D_3 \cdots \oplus D_n \tag{2-7-1}$$

奇校验位：

$$P=\overline{D_1 \oplus D_2 \oplus D_3 \cdots \oplus D_n} \tag{2-7-2}$$

显然电路中用异或门计算了编码中数字 1 个数的奇偶性，最终生成的校验码为 $D_1D_2\cdots D_nP$，接收方收到发送方传输的校验码 $D_1'D_2'\cdots D_n'P'$ 后，利用式(2-7-3)、(2-7-4)生成检错位 G。

偶校验检错位：

$$G=D_1' \oplus D_2' \oplus D_3' \cdots \oplus D_n' \oplus P' \tag{2-7-3}$$

奇校验检错位：

$$G=\overline{D_1' \oplus D_2' \oplus D_3' \cdots \oplus D_n' \oplus P'} \tag{2-7-4}$$

这里检错位也是采用异或门计算了校验码中数字 1 个数的奇偶性，若 $G=1$，表示编码不符合奇偶性，则接收的信息一定有错，数据应丢弃。若 $G=0$，则表示传送没有出错，严格地说是没有出现奇数位错。奇偶校验能够检测出任意奇数位的错误，但无法检测出偶数位的错误。表 2-7-4 所示为偶校验检错的举例。

表 2-7-4　偶校验检错举例

偶校验码(8 位)	错误模式	出错数据	检错位 G	说明
00000000	1 位错	00100000	1	有错
00000000	3 位错	00100101	1	有错
00000000	5 位错	11111000	1	有错
00000000	7 位错	11111110	1	有错
00000000	2 位错	01010000	0	无奇数位错
10101010	4 位错	01011010	0	无奇数位错
11111111	6 位错	10010000	0	无奇数位错

2. 交叉奇偶校验

简单奇偶校验只有一个校验组、一个校验位，故只能提供一位检错信息进行错误检测，无法纠错。如果将原始数据信息按某种规律分成若干个校验组，每个数据位至少位于两个以上的校验组，当校验码中的某一位发生错误时，能在多个检错位中被指出，使得偶数位错误也可以被检测出，甚至还可以指出最大可能是哪位出错，从而将其纠正，这就是多重奇偶校验的原理。

多重奇偶校验最典型的例子是交叉奇偶校验，其基本原理是将待编码的原始数据信息构造成行列矩阵式结构，同时进行行和列两个方向的奇偶校验。表 2-7-5 所示为一个 4 行 7 列的传输数据组，$R_3 \sim R_0$ 每行产生一个偶校验位 P_r，$C_6 \sim C_0$ 每列产生一个偶校验位 P_C，所有行校验数据 P_r 和列校验数据 P_C 还有一个公共的校验位，这里将生成 G_{r3}、G_{r2}、G_{r1}、G_{r0}、G_{PC}

共5个行检错位,从而构成行检错码,G_{C6}、G_{C5}、G_{C4}、G_{C3}、G_{C2}、G_{C1}、G_{C0}、G_{Pr} 共8个列检错位构成列检错码。

表 2-7-5 交叉偶校验

	C_6	C_5	C_4	C_3	C_2	C_1	C_0	P_r
R_3	1	0	1	0	1	1	0	0
R_2	1	1	1	0	1	1	0	1
R_1	0	0	1	0	0	0	1	0
R_0	1	1	0	0	1	0	0	1
P_C	1	0	1	0	1	0	1	0

当 R_1 的 C_3 出错时,行、列两个检错码都会报错,如果能假定是1位错,则可以直接通过行列检错码的值定位出错位。当 R_1 的 C_3 和 C_4 同时出错时,R_1 的行校验组的检错码不会发生变化,因此检测不到这种错误;但此时 C_3、C_4 的列检错码会发生变化,可以检测双位错。交叉校验编码可以检测出所有奇数位错、所有双位错和所有3位错,可以检测出大多数4位错(4个出错位正好位于矩形4个顶点的情况除外)。

综上所述,交叉奇偶校验能检测出所有3位或3位以下的错误、奇数位错误、大部分偶数位错误,能纠正1位错误和部分多位错误,大大降低了误码率,适用于中、低速传输系统和反馈重传系统,被广泛用于通信和某些计算机外部设备中。

2.7.3 海明校验

简单奇偶校验将整个被校验的信息分成一组,且只设置1位校验位,因此检错能力弱,无纠错能力。1950年,理查德·海明(Richard Hamming)提出了海明校验,海明校验本质上是一种多重奇偶校验,它是一种既能检错也能纠错的校验码(error-correcting codes,ECC)。其编码规则如下。

①原始数据信息被分成若干个偶校验组,每组设置1位偶校验位,每个数据位都会位于两个以上的校验组以提高检错率,所有校验组的检错位的值构成检错码。

②检错码值为0表示大概率无错误,不为0表示出错位的位置。

有多种类型的海明校验,本书只介绍能纠正1位错误的海明码,这种编码又称为SEC(single-bit error correction)码,其最小码距为3。

1. 校验位的位数

设海明校验码 $H_n \cdots H_2H_1$ 共 n 位,包含原始信息 $D_k \cdots D_2D_1$ 共 k 位,称为(n,k)码,校验位分别是 $P_r \cdots P_2P_1$,包含 r 个偶校验组,$n=k+r$。每个原始数据位至少位于两个以上的校验组。r 个校验组的 r 位检错信息构成一个检错码 $G_r \cdots G_2G_1$,假定0值表示无错,其他值表示海明码1位错的出错位置,则检错码可指出 2^r-1 种1位错。为了能指出 n 位海明编码中的所有1位错,n、k、r 间应满足如下关系:

$$n=k+r \leqslant 2^r-1 \qquad (2\text{-}7\text{-}5)$$

如果 $r=3$，根据式(2-7-5)可推导出 $k\leqslant 4$，即 4 位数据信息应包含 3 位校验位才能构成海明码。同理可以推算出 k 与 r 的不同组合关系，如表 2-7-6 所示，数据位为 8 位时，校验位为 4 位，数据位每增加 1 倍，校验位只增加 1 位，k 值越大，编码效率越高。这种特性使得海明码在内存和磁盘存储中的应用非常广泛，也就是常见的 ECC 纠错码。

表 2-7-6　k 与 r 的不同组合关系

k	1	2~4	5~11	12~26	27~57	58~120	…
r	2	3	4	5	6	7	…
编码效率	33%	40%~57%	56%~73%	71%~84%	82%~90%	89%~95%	…

2. 编码分组规则

设原始数据为 $D_k\cdots D_2D_1$，则校验位 $P_r\cdots P_2P_1$ 如何映射到海明码 $H_n\cdots H_2H_1$ 的各位中，才能满足海明码利用检错码的值给出 1 位错的出错位置的要求呢？

以表 2-7-7 所示为例，海明码 $H_n\cdots H_2H_1$ 的各位均有对应的位置编号，见表中第二行，注意编号不能从 0 开始，这是因为检错码为 0 时表示海明码无错。假定只有 1 位错发生，如果是 H_1 出错，则检错码 $G_r\cdots G_2G_1=0001$；由于检错码中只有 $G_1=1$，表明 G_1 组有 1 位出错，如果出错位是数据位，则应该引起多个校验组的检错位出错，因此这里不可能是数据位出错，而应该是 G_1 组的校验位出错，H_1 位置应该放置 G_1 组的校验位 P_1，故将 P_1 填写在 H_1 的映射中；同时在 H_1 列的 G_1 校验组行中标记"√"，表示 H_1 参与了校验组 G_1 的校验。

表 2-7-7　海明编码分组规则

海明码	H_1	H_2	H_3	H_4	H_5	H_6	H_7	H_8	H_9	H_{10}	H_{11}	H_{12}	H_{13}	H_{14}	H_{15}	…
检错码/位置	0001	0010	0011	0100	0101	0110	0111	1000	1001	1010	1011	1100	1101	1110	1111	…
映射关系	P_1	P_2	D_1	P_3	D_2	D_3	D_4	P_4	D_5	D_6	D_7					…
G_1 校验组	√		√		√		√		√		√					…
G_2 校验组		√	√			√	√			√	√					…
G_3 校验组				√	√	√	√									…
G_4 校验组								√	√	√	√					…
G_5 校验组																…

同理，H_2，H_4，H_8…幂次方位上应该分别存放 P_2，P_3，P_4…，也就是所有校验位都应该存放在幂次方位上，在对应编码所在的校验组行中标记"√"。校验位位置映射完成后，剩余的非幂次方位则用来存放数据信息位，可以将 D_1，D_2，D_3，…，D_k 等数据位依次填入(顺序可自定义)，从而完成编码映射。

数据位如何参与分组呢？以 H_3 中的 D_1(H_3/D_1)为例，假设 H_3 出错，检错码 $G_r\cdots G_2G_1$ 应等于位置码 0011，则表明 G_1、G_2 校验组出错，H_3/D_1 应参与 G_1、G_2 两个校验组的校验，在

H_3 列的 $G1$、G_2 校验组行中分别标记"√",表示 H_3参与了 G_1、G_2 两个校验组的校验。

以此类推,可以根据海明码各位的位置值将所有数据位参与校验组的信息在表中逐一标记明晰,最终生成任意长度海明码的分组规则。表 2-7-7 中 $H_{12} \sim H_{16}$ 分组信息尚未完成,读者可以自行补齐相关信息。

实际设计海明码时,可以根据数据位的长度直接截短或扩展该表格,根据表 2-7-7 得到海明码分组信息后,校验位以及检错码的值可以利用偶校验公式直接得到。

假设 $k=4$,根据规则 $r=3$,对应编码为(7,4)码,最小码距为 3。根据表 2-7-7 中各校验组的信息可知海明码校验组分组为

$$G_1(P_1,D_1,D_2,D_4)、G_2(P_2,D_1,D_3,D_4)、G_3(P_3,D_2,D_3,D_4)$$

具体如图 2-7-3 所示。从图中可知 D_1、D_2、D_3 都参加了两个校验组的校验,而 D_4 则参加了 3 个校验组的校验。

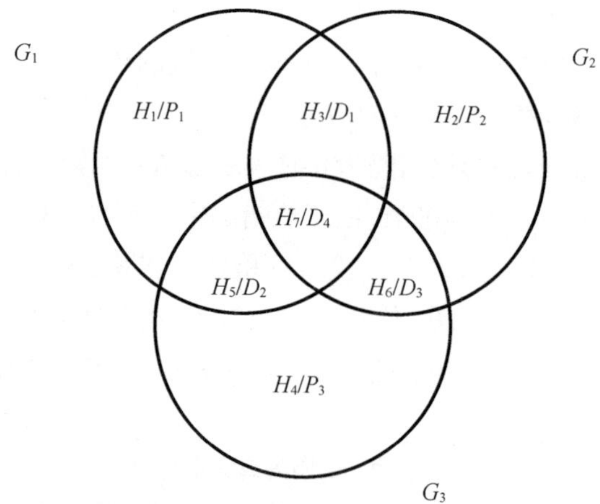

图 2-7-3 (7,4)海明码分组示意图

根据校验分组规则以及偶校验编码定义,可得各校验位和检错位的逻辑表达式(加撇的信息位为接收端数据):

$$P_1=D_1 \oplus D_2 \oplus D_4 \quad G_1=P_1' \oplus D_1' \oplus D_2' \oplus D_4'$$
$$P_2=D_1 \oplus D_3 \oplus D_4 \quad G_2=P_2' \oplus D_1' \oplus D_3' \oplus D_4'$$
$$P_3=D_2 \oplus D_3 \oplus D_4 \quad G_3=P_3' \oplus D_2' \oplus D_3' \oplus D_4'$$

3. 检错与纠错

当检错码 $G_r \cdots G_2G_1=0$ 时,表示海明码大概率正确,之所以不是 100%正确,是因为当出错位数大于或等于最小码距时,检错码也可以为 0,图 2-7-3 所示的 D_1、D_2、D_3 同时发生错误时,3 个校验组同时发生了偶数位错,检错码值为 0,无法检错。

当检错码 $G_r \cdots G_2G_1 \neq 0$ 时,表示海明码发生错误,在假设 1 位错的前提下,可以利用检错码的值找到编码中的出错位置并取反纠正错误。具体实现时可以将检错码的值利用译码器生成多路出错信号,未出错的位线输出为 0,出错位的位线输出为 1,与海明码进行异或后就可以得到正确的编码。

以上编码只有在假定 1 位错时才能进行纠错，当出现两位错时，假设图 2-7-3 所示的 H_3、H_5 同时发生错误，由于 H_3 参与了 G_1、G_2 组的检验，H_5 参与了 G_1、G_3 组的检验，G_1 组发生了两位错，检错位为 0，而 G_2、G_3 组均发生了 1 位错，故对应的检错码应该是 110，这和 H_6 出错的检错码重叠，此时无法区分是 1 位错还是 2 位错。造成这种问题的根本原因是码距有限，检错码的状态数不足以区分两种错误模式，因此海明码的纠错是有假设前提的。

4. 扩展海明码

为解决传统海明码无法区分 1 位错和 2 位错的问题，人们又发明了 SECDED(single-bit error correction double-bit errors detection)码，也称为扩展海明码。扩展海明码的最小码距为 4，这种编码可以同时检测 2 位错，并能纠正 1 位错，也就是该编码能区分 1 位错和 2 位错。具体实现方法是为海明码再增加一个总偶校验位 P_{all}，用于区分 1 位错和 2 位错，总偶校验位 P_{all} 和总偶校验检错码 G_{all} 的公式如下：

$$P_{all}=(D_1\oplus D_2\oplus\cdots\oplus D_k)\oplus(P_1\oplus P_2\oplus\cdots\oplus P_r) \tag{2-7-6}$$

$$G_{all}=P'_{all}(D'_1\oplus D'_2\oplus\cdots\oplus D'_k)\oplus(P'_1\oplus P'_2\oplus\cdots\oplus P'_r) \tag{2-7-7}$$

假设无 3 位以上错，如果总偶校验检错码值 $G_{all}=1$，表示出现奇数位错，这就是 1 位错，此时如果海明检错码 $G=0$，则表示总校验位 P_{all} 发生错误，数据部分正确；如 $G\neq0$，则表示数据位发生 1 位错，可以根据检错码的值进行纠错。如 $G_{all}=0$，且海明检错码 $G=0$，则表示无错误发生；如 $G\neq0$，则表示发生 2 位错，具体如图 2-7-4 所示。当然这种方法也仅仅适用于相对可靠、无 3 位以上错发生的情况。

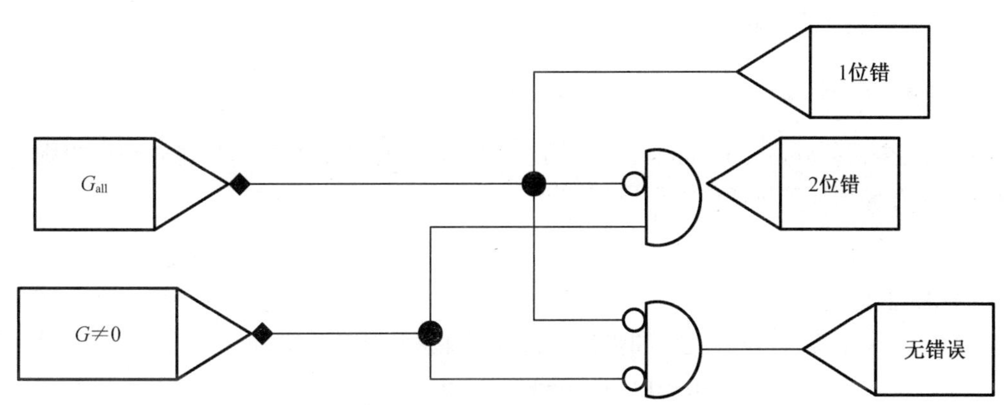

图 2-7-4　SECDED 码检错附加电路

由于计算机内存中实际发生 3 位错的概率非常低，因此服务器中常用的 ECC 校验内存就采用了 SECDED 码，它可以检测内存条的两位错并纠正 1 位错。数据宽度为 64 位的内存会引入 7 位的海明校验位以及 1 位总校验位，所以标注 16 GB 的 ECC 实际内存容量应该为 18 GB。

【例 2-7-2】　设 7 位 ASCII 信息 $D_7\cdots D_2D_1=1101010$，给出能纠 1 位错的海明码方案；在假设没有 3 位错的前提下，试分析该编码能否区分 1 位错和两位错。

解　$k=7$，则 $r=4$。根据表 2-7-7 所示可以得到对应海明码的分组方案如下：

$$G_1(P_1, D_1, D_2, D_4, D_5, D_7)$$
$$G_2(P_2, D_1, D_3, D_4, D_6, D_7)$$
$$G_3(P_3, D_2, D_3, D_4)$$
$$G_4(P_4, D_5, D_6, D_7)$$

根据校验分组规则以及偶校验编码定义,可得各校验位的逻辑表达式和实际值:

$$P_1 = D_1 \oplus D_2 \oplus D_4 \oplus D_5 \oplus D_7 = 0 \oplus 1 \oplus 1 \oplus 0 \oplus 1 = 1 \quad 1101010$$
$$P_2 = D_1 \oplus D_3 \oplus D_4 \oplus D_6 \oplus D_7 = 0 \oplus 0 \oplus 1 \oplus 1 \oplus 1 = 1 \quad 1101010$$
$$P_3 = D_2 \oplus D_3 \oplus D_4 = 1 \oplus 0 \oplus 1 = 0 \quad 1101010$$
$$P_4 = D_5 \oplus D_6 \oplus D_7 = 0 \oplus 1 \oplus 1 = 0 \quad 1101010$$

最终得到海明码 $H_{11} \cdots H_2 H_1 = D_7 D_6 D_5 P_4 D_4 D_3 D_2 P_3 D_1 P_2 P_1$,如表 2-7-8 所示。

表 2-7-8 (11,4)海明码

H_{11}	H_{10}	H_9	H_8	H_7	H_6	H_5	H_4	H_3	H_2	H_1
D_7	D_6	D_5	P_4	D_4	D_3	D_2	P_3	D_1	P_2	P_1
1	1	0	0	1	0	1	0	0	1	1

如果 D_6、D_7 同时出错,根据分组情况,G_4 组发生偶数位错,G_3组无错误,G_2组发生偶数位错,G_1 组发生 1 位错,所以最终的检错码 $G_4G_3G_2G_1=0001$。这个编码和 G_1 组中的校验位 P_1 出错时的检错码一致,因此该编码也不能区分 1 位错和 2 位错,可以通过引入总偶校验位的方式来解决这个问题。

2.7.4 循环冗余校验

循环冗余校验(cyclic redundancy check,CRC)是一种基于模 2 运算建立编码规则的校验码,在磁存储和计算机通信方面应用广泛。

1. 模 2 运算

(1)模 2 加、减法运算

模 2 加、减运算,即没有进位和借位的二进制加法和减法运算。

$$0 \pm 0 = 0, \quad 0 \pm 1 = 1, \quad 1 \pm 0 = 1, \quad 1 \pm 1 = 0$$

相同的两个二进制数的模 2 加法与模 2 减法的结果相同,采用异或门即可实现。

(2)模 2 乘法运算

模 2 乘法运算,即根据模 2 加法运算求部分积之和,运算过程中不考虑进位。

【例 2-7-3】 按模 2 乘法运算法则求 1101 与 101 之积。

```
      1101
×      101
----------
      1101
     0000
    1101
----------
    111001
```

(3)模 2 除法运算

模 2 除法运算,即根据模 2 减法求部分余数。上商原则:

①部分余数首位为 1 时,商上 1,按模 2 运算减除数。

②部分余数首位为 0 时,商上 0,减 0。

③部分余数位数小于除数的位数时,该余数为最后余数。

【例 2-7-4】 被除数为 10010,除数为 101,按模 2 除法运算规则完成除法运算。

```
        101
    ________
101 ) 10010
      101
      -----
       011
       000
      -----
        110
        101
      -----
         11
```

2. 编码规则

设 CRC 码长度共 n 位,其中原始数据信息 $C_{k-1}C_{k-2}\cdots C_1C_0$ 共 k 位,校验位 $P_{r-1}P_{r-2}\cdots P_0$ 共 r 位,称为(n,k)码,则 CRC 码为 $C_{k-1}C_{k-2}\cdots C_1C_0P_{r-1}P_{r-2}\cdots P_0$。和海明码一样,CRC 码也需要满足如下关系式:

$$n=k+r\leqslant 2^r-1 \tag{2-7-8}$$

①对于一个给定的(n,k)码,假设待发送的 k 位二进制数据用信息多项式 $M(x)$表示,有

$$M(x)=C_{k-1}x^{k-1}+C_{k-2}x^{k-2}+\cdots+C_1x+C_0 \tag{2-7-9}$$

②将 $M(x)$左移 r 位,可表示成 $M(x)\cdot 2^r$,右侧空出的 r 位用来放置校验位。

③选择一个 $r+1$ 位的生成多项式 $G(x)$,其最高次幂等于 r,最低次幂等于 0。

④用 $M(x)\cdot 2^r$ 按模 2 的运算规则除以生成多项式 $G(x)$所得的余数 $R(x)$作为校验码。商为 $Q(x)$,将余数 $R(x)$放置到 $M(x)\cdot 2^r$ 右侧空出的 r 位上,就形成了 CRC 校验码,其多项式为

$$M(x)\cdot 2^r+R(x)=[Q(x)G(x)+R(x)]+R(x)=Q(x)G(x)+[R(x)+R(x)] \tag{2-7-10}$$

按模 2 的运算规则 $R(x)+R(x)=0$,所以

$$M(x)\cdot 2^r+R(x)=Q(x)G(x) \tag{2-7-11}$$

上式表明,CRC 码一定能被生成多项式 $G(x)$整除,这就是 CRC 的编码规则。

【例 2-7-5】 求有效信息 110 的 CRC 码,生成多项式 $G(x)=11101$。

解

$$M(x)=x+x=110$$

$$G(x)=x^4+x^3+x^2+1=11101$$

$$M(x)\cdot 2^4=x^6+x^5=1100000\text{(空出 4 个 0 用于存放校验码)}$$

按模 2 除法:

```
          101
101 ) 1100000
      11101
       01010
       00000
        10100
        11101
         1001
```

商 $Q(x)=101$，余数 $R(x)=1001$。

最后得到的 CRC 码为 $M(x)\cdot 2^4+R(x)=1101001$

3. CRC 编、解码电路

模 2 除法逻辑既可以用硬件实现，也可以用软件实现。图 2-7-5 所示为一种 CRC 串行编、解码电路的实现原理图。该电路的核心功能就是求 CRC 码的余数。待编码的 n 位数据从右侧 D 端串行输入，经过 $n-1$ 个时钟周期后可以计算出最终的余数 $R_3R_2R_1R_0$。

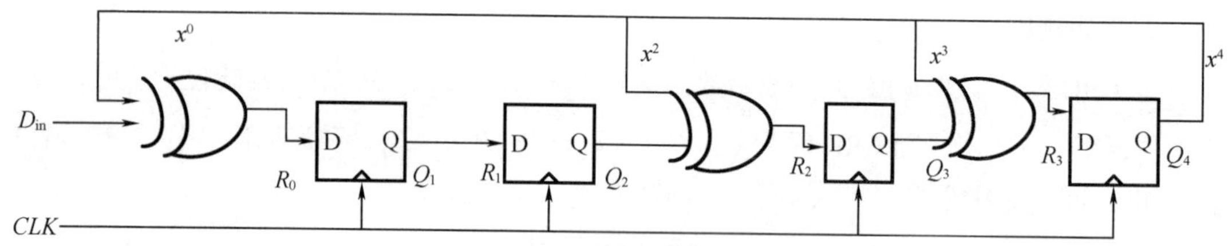

图 2-7-5　CRC 串行编、解码电路［$G(x)=11101$］

电路中 D 触发器的初始状态均为 0，所有异或门与 Q_4 进行异或，最开始 $Q_4=0$，所有异或门异或 0 相当于数据直通，整体电路变成一个同步右移电路。模 2 运算中首位为 0，不够减，直接左移一位；当串行输入中第一个为 1 的数字传输到 Q_4 时，所有异或门异或上 1，这个操作就是模 2 除法中首位为 1，商上 1，够除，被除数与除数进行模 2 的减法——异或操作。这里有异或门的位置相当于生成多项式对应位为 1 的位置，无异或门的位置相当于生成多项式对应位置为 0 的位置。注意图中 x 幂次方的标记，首位运算结果一定是 0，不存在异或门，所以图中的生成多项式为 11101。

不同生成多项式的 CRC 编、解码电路的区别只是 D 触发器数目、异或门数目以及位置的不同而已，读者可以尝试设计其他生成多项式的串行编、解码电路。CRC 串行编、解码电路结构简单，但时间复杂度较高，需要 $n-1$ 个时钟周期才能完成 n 位数据的 CRC 编、解码运算。在高速通信领域应用中，CRC 串行编、解码结构无法胜任，现在普遍采用快速的 CRC 并行编、解码电路。

4. CRC 编、解码流程

图 2-7-6 所示的发送方将原始数据信息 $a_k\cdots a_2a_1$ 左移 r 位后送入 CRC 编码电路中，根据模 2 运算除以 $r+1$ 位的生成多项式 $g_r\cdots g_1g_0$，将 r 位余数 $b_r\cdots b_1$ 与原始数据 $a_k\cdots a_2a_1$ 拼接成 CRC 校验码，再经过不可靠链路传输到接收方；接收方将接收到的可能出错的 CRC 码 $c_k\cdots c_2c_1d_r\cdots d_1$ 传送至 CRC 解码电路中，同样根据模 2 运算除以 $r+1$ 位的生成多项式 $g_r\cdots g_1g_0$，将 r 位余数 $s_r\cdots s_1$ 送入决策逻辑，决策逻辑根据余数值判断是否有错。若余数为

0,表明传输无错误,接收该数据(注意:也有一定概率误判);若余数不为 0,表示数据出错,再由决策逻辑根据余数的值决定是否纠错或者直接丢弃该数据,或者要求发送方重传。

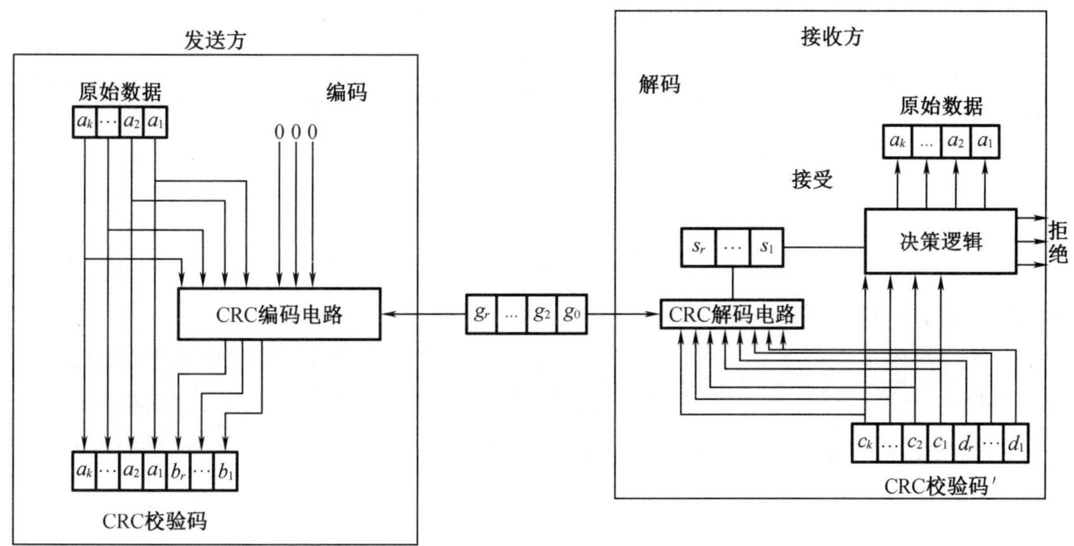

图 2-7-6　CRC 码传输

5. CRC 编码特性

CRC 编码的非 0 余数具有循环特性。即将余数左移一位除以生成多项式,将得到下一个余数,继续重复,在新余数基础上左一位除以生成多项式,余数最后能循环为最开始的余数。以(7,3)码为例,生成多项式为 11101,数据位为 3 位,校验位为 4 位,7 位编码中不同位出错时余数如表 2-7-9 所示,表中第一行数据为 $x_7x_6\cdots x_2x_1=0000000$,前 3 位为数据,后 4 位为校验码,该编码余数为 0,为无错误编码。第二行编码相对第一行数据 x_1 位出错,余数为 0001;左移一位继续除 11101,余数将为 0010,这是 x_2 位出错的余数;将 0010 左移一位继续除 11101,余数为 0100,这是 x_3 位出错的余数;持续左移做除法,计算到第 8 行的余数时,余数将回滚为 0001,这就是循环冗余校验码名称的来由。

表 2-7-9　(7,3)码的出错余数[$G(x)=11101$]

#	x_7	x_6	x_5	x_4	x_3	x_2	x_1	余数				余数值	出错值
1	0	0	0	0	0	0	0	0	0	0	0	0	无
2	0	0	0	0	0	0	1	0	0	0	1	1	1
3	0	0	0	0	0	1	0	0	0	1	0	2	2
4	0	0	0	0	1	0	0	0	1	0	0	4	3
5	0	0	0	1	0	0	0	1	0	0	0	8	4
6	0	0	1	0	0	0	0	1	1	0	1	13	5
7	0	1	0	0	0	0	0	0	1	1	1	7	6

表 2-7-9(续)

#	x_7	x_6	x_5	x_4	x_3	x_2	x_1	余数				余数值	出错值
8	1	0	0	0	0	0	0	1	1	1	0	14	7
9	0	0	0	0	0	1	1	0	0	1	1	3	1+2
10	0	0	0	0	1	1	0	0	1	1	0	6	2+3
11	0	0	0	1	1	0	0	1	1	0	0	12	3+4
12	1	1	1	0	0	0	0	0	1	0	0	4	5+6+7

表 2-7-9 中所有 1 位错的余数均不同,且都具有可循环的特性。如果能确定是 1 位错,则可利用该特性设计相应的组合逻辑电路进行纠错。

模 2 除法的余数满足结合律：多个 1 位错的余数按模 2 相加可得到多位错的余数,例如表 2-7-9 中第九行 x_1、x_2 同时出错的余数等于 x_1、$x_2$1 位错的余数之和(0001+0010=0011),据此规律将所有 1 位错的余数值 1、2、4、8、13、7、14 两两组合得到所有两位错的情况,如表 2-7-10 所示。

表 2-7-10 (7,3) CRC 码的两位错余数[$G(x)$=11101]

出错位(余数)	1(1)	2(2)	3(4)	4(8)	5(13)	6(7)	7(14)
1(1)		3	5	9	12	6	15
2(2)			6	10	15	5	12
3(4)				12	9	3	10
4(8)					5	15	6
5(13)						10	3
6(7)							9
7(14)							

从表 2-7-10 中可以发现,所有两位错余数均不为 0,但存在重复情况,且与表 2-7-7 中 1 位错余数均不同。由此说明(7,3)码可以区分 1 位错和 2 位错,在无 3 位错的前提下可以检查出 2 位错并纠正 1 位错。另外表 2-7-9 中最后一行给出了 x_5、x_6、x_7 三位全错的余数,与第四行中 x_3 出错的余数相同,所以(7,3)码无法区分 1 位错和 3 位错。当然(7,3)码的编码效率是较低的。实际使用的 CRC 码中 k 值较大,r 值较小,编码效率高,主要用于检错而不用于纠错。

6. 生成多项式

生成多项式是由发送方和接收方共同约定的。在发送方利用生成多项式对信息多项式做模 2 除法生成校验码时,接收方利用生成多项式对收到的编码做模 2 除法以检测和确定错误位置。注意不是任何一个多项式都可以作为生成多项式,CRC 生成多项式有如下特殊要求：

①生成多项式的最高位和最低位必须为 1。

②当 CRC 码任何一位发生错误时,被生成多项式进行模 2 除后余数应不为 0。

③不同位发生的错误,余数不同。

④对余数继续做模 2 除法,应使余数循环。常用生成多项式如表 2-7-11 所示。

表 2-7-11　生成多项式

CRC 码	用途	多项式表达
CRC-1	奇偶校验	$x+1$
CRC-3	GSM 移动网络	x^3+x+1
CRC-4	ITU-T G. 704	x^4+x+1
CRC-5-ITU	ITU-T G. 704	$x^5+x^4+x^2+1$
CRC-5-EPC	二代 RFID	x^5+x^3+1
CRC-5-USB	USB 令牌包	x^5+x^2+1
CRC-6-GSM	GSM 移动网络	$x^6+x^4+x^3+x^2+x+1$
CRC-7	MMC/SD 卡	x^7+x^3+1
CRC-16-CCITT	USB、Bluetooth	$x^{16}+x^{15}+x^2+1$
CRC-32	Ehernet,SATA,MPEG-2,PKZIP,Gzip 等	$x^{32}+x^{26}+x^{22}+x^{16}+x^{12}+x^{11}+x^{10}+x^8+x^7+x^5+x^4+x^2+x+1$

7. CRC 检错性能

在数据通信与网络中,通常 k 值相当大,上千个数据位构成一帧。采用 CRC 码产生 r 位的校验位,具有如下检错能力:

①所有突发长度小于或等于 r 的突发错误。

②$[1-2^{-(r-1)}]$ 比例的突发长度为 $r+1$ 的突发错误。

③$(1-2^{-r})$ 比例的突发长度大于 $r+1$ 的突发错误。

④小于最小码距的任意位数的错误。

⑤如果生成多项式中 1 的个数为偶数,可以检测出所有奇数位错误。

这里突发错误是指几乎是连续发生的一串错误,突发长度是指从出错的第一位到出错的最后一位的长度(中间不一定每一位都出错)。如果 $r=16$,就能检测出所有突发长度小于等于 16 的突发错误,以及 99.997%的突发长度为 17 的突发错误和 99.998%的突发长度大于 17 的突发错误。所以 CRC 码的检错能力还是非常强的,在实际应用中 CRC 码主要作为检错码来使用。

CRC 检错能力强,开销小,易于用编码器及检测电路实现。在数据存储和数据通信领域,CRC 无处不在:著名的通信协议 X. 25 的 FCS(检错序列)采用的是 CRC-CCITT,WinRAR、ARJ、LHA 等压缩工具软件采用的是 CRC32,磁盘驱动器的读写采用的是 CRC16,通用的图像存储格式 GIF、TIFF 等也都用 CRC 作为检错手段。

第3章　存储系统

存储系统是计算机必不可少的部件之一,是计算机信息存储的核心,用以存放程序和数据。计算机就是按存放在存储器中的程序自动连续地进行工作的。由于存储器系统的速度和容量直接影响着计算机系统的工作速度和效率,因此如何设计容量大、速度快、价格低的存储器,一直是计算机发展面临的一个重要问题。本章主要讨论的是存储系统的概念和设计与构造原理,包括存储芯片的结构和主存储器的组织方式,以及高速缓冲存储器和虚拟存储器的工作原理。

3.1　存储系统概述

3.1.1　存储器的分类

随着计算机及其器件的发展,存储器也有了很大的发展,存储器的类型日益繁多,因而存储器的分类方法也有多种。

1. 按与 CPU 的连接和功能分类

(1)主存储器

CPU 能够直接访问的存储器为主存储器,主存储器用于存放当前运行的程序和数据。由于它设在主机内部,又称为内存储器,简称内存或主存。

(2)辅助存储器

辅助存储器是为解决主存容量不足而设置的存储器,用于存放当前不参加运行的程序和数据,当需要运行时,成批调入内存供 CPU 使用,CPU 不能直接访问它。由于它是外部设备的一种,因此又称为外存储器,简称外存。

(3)高速缓冲存储器

高速缓冲存储器是一种介于主存与 CPU 之间用于解决 CPU 与主存间速度匹配问题的高速小容量的存储器。它用于存放 CPU 立即要运行或刚使用过的程序和数据。

2. 按存取方式分类

(1)随机存取存储器

存储器任何单元的内容均可按其地址随机地读取或写入,而且存取时间与单元的物理位置无关。一般主存储器主要由随机存取存储器(random access memory, RAM)组成。

(2)只读存储器

存储器任何单元的内容只能随机地读出信息,而不能写入新信息,称为只读存储器

(read only memory, ROM)。只读存储器可以作为主存的一部分,用于存放不变的程序和数据。只读存储器可以用作其他固定存储器,例如存放微程序的控制存储器、存放字符点阵图案的字符发生器等。

(3)顺序存取存储器

存储器所存信息的排列、寻址和读写操作均是按顺序进行的,并且存取时间与信息在存储器中的物理位置有关。这种存储器称为顺序存取存储器(sequential access memory, SAM)。

在这种存储器中,如磁带存储器,信息通常是以文件或数据块形式按顺序存放的。信息在载体上没有唯一对应的地址,完全按顺序存放或读取。

(4)直接存取存储器

这种存储器既不像 RAM 那样能随机地访问任何存储单元,也不像 SAM 那样完全按顺序存取,而是介于 RAM 与 SAM 之间的一种存储器。目前广泛使用的磁盘就属于直接存取存储器(direct access memory, DAM)。当要存取所需的信息时,它要进行两个逻辑动作:第一步为寻道,使磁头指向被选磁道;第二步为在被选磁道上顺序存取。

(5)联想存储器

联想存储器也称为关联存储器(associated memory, AM),它支持先按照信息的关键词(如学生记录中的学号)并行查找所有的存储器单元,匹配后返回信息所在地址,然后访问所需要的全部信息。关联存储器主要用于快速比较和查找,例如页式虚拟存储器中的快表、高速缓冲存储器中的标识 Cache 都是由关联存储器构成的。

3. 按存储介质分类

凡具有两个稳定物理状态,可用来记忆二进制代码的物质或物理器件均称为存储介质。存储器按存储介质分类,有以下几种。

(1)半导体存储器

半导体存储器是指用半导体器件组成的存储器,根据工艺不同,可分为双极型和 MOS 型。

(2)磁表面存储器

磁表面存储器利用涂在基体表面上的一层磁性材料存放二进制代码,例如磁盘、磁带等。

(3)光存储器

光存储器是利用光学原理制成的存储器,它通过能量高度集中的激光束照在基体表面引起物理的或化学的变化,记忆二进制信息。

此外还有其他一些分类方法,如按信息的可保存性,存储器可分为易失性存储器和非易失性存储器等,在此不再详述。

3.1.2　存储器系统的层次结构

无论主存的容量有多大,它总是无法满足人们的期望。其主要原因是,随着技术的进步,人们开始希望存放以前完全属于科学幻想领域的信息,存储器存储能力的扩大永远无法赶上需要它存放的信息的膨胀。

1. 存储系统的结构层次

存储大量数据的传统办法是采用如图 3-1-1 所示的存储层次结构。最上层是 CPU 中的寄存器,其存取速度可以满足 CPU 的要求。下面一层是高速缓冲存储器,再往下是主存,然后是磁盘存储器,这是当前用于永久存放数据的主要存储介质。最后,还有用于后备存储的磁带、光盘存储器以及基于网络的各种文件系统。

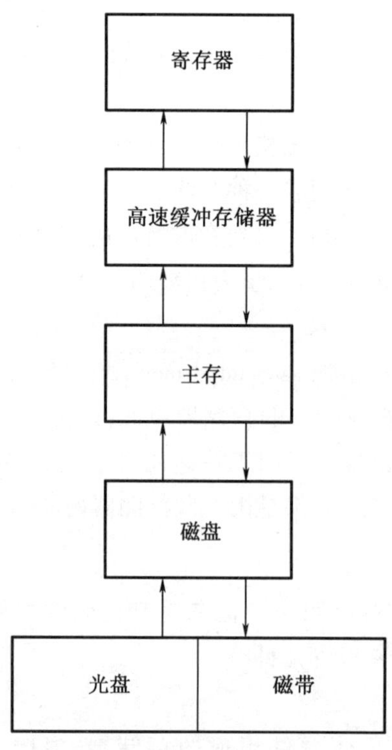

图 3-1-1　存储层次结构图

按层次结构自上而下,有 3 个关键参数逐渐增大。

第一,访问时间逐渐增长。寄存器的访问时间是几纳秒,高速缓冲存储器的访问时间是寄存器访问时间的几倍,主存的访问时间是几十纳秒。再往后是访问时间的突然增大,磁盘的访问时间最少要 10 ms 以上。如果加上介质的取出和插入驱动器的时间,磁带和光盘的访问时间就得以秒来计量了。

第二,存储容量逐渐增大。在现今的个人计算机中,寄存器的容量以字节为单位衡量,而高速缓存达到了几百兆字节(MB)到几千兆字节(GB),主存容量一般为若干千兆字节(GB),磁盘的容量应该是几百千兆字节(GB)到几太字节(TB)。磁带和光盘一般脱机存放,其容量只受限于用户的预算。

第三,以相同的价格能购买到的存储容量逐渐加大,即存储每位的价格逐渐减小。显然,主存每位的价格要高于磁盘,而磁盘每位的价格要高于磁带或光盘。

存储器系统按照层次结构组织,相应的数据也组织成层次结构。靠近处理器那一层的数据是处理器刚刚使用或即将使用的,是较低层次中数据的副本。而所有的数据被存储在较慢的硬盘中。这意味着除了程序执行过程中的中间结果外,除非数据在第 $i+1$ 层存在,否则绝不可能在第 i 层存在。

若处理器访问的数据在层次结构中的最高层找到(即命中),则能很快被处理。若访问的数据高层没有(即缺失),则需要访问容量大但速度慢的低层存储器,并由低层向高层逐层复制。如果高层的命中率足够高,存储器层次结构就会拥有接近高层次存储器的访问速度和接近低层次存储器的容量。

2. 传统的三级存储结构

依据图 3-1-1 的存储层次结构图,高速缓冲存储器-主存-辅助存储器(硬盘)构成的存储体系是该存储系统的核心结构,即为传统的三级存储结构。这种结构从两个方面解决存储系统的不同用户需求。

(1)高速缓冲存储器-主存层次结构

这一级的存储结构主要用于解决 CPU 和主存之间的速度差匹配问题。因为 CPU 的速度远远快于访存的速度,所以在 CPU 和主存之间增加一级容量小但速度很快的缓冲存储器,以减少 CPU 的等待时间,提高 CPU 的工作效率。

(2)主存-辅助存储器层次结构

由于存储于主存的程序和数据是当前正在执行的程序和处理的数据,毕竟数量有限,而大量的程序和数据则保存在某个较大空间的存储器中,以备随时调用,因此这一级的存储结构考虑的是存储空间不足的问题。所以,采用大空间的辅助存储器(磁盘)解决主存空间不足的问题,即磁盘是主存的后援存储器。

存储器层次结构的概念影响着计算机的很多方面,包括操作系统如何管理存储器和 I/O,编译器如何产生代码,甚至对应用程序如何使用计算机也产生一定的影响。

3.1.3 主存的组成和基本操作

主存是整个存储器系统的核心,用来存放处理器当前运行的程序和数据,是 CPU 可直接访问的存储器。本节重点讨论主存的组成和基本操作。

1. 主存的组成

图 3-1-2 所示是主存的基本组成框图。其中存储阵列是主存的核心部分,它是存储二进制信息的主体,也称为存储体。存储体是由大量存储单元构成的,为了区分各个存储单元,把它们进行统一编号,这个编号称为地址,因为是用二进制进行编码的,所以又称为地址码。地址码与存储单元是一一对应的,每个存储单元都有自己唯一的地址,因此要对某一存储单元进行存取操作,必须首先给出被访问存储单元的地址。

主存可寻址的最小单位称为编址单位。有些计算机是按字编址的,最小可寻址信息单元是一个机器字,连续的存储器地址对应连续的机器字。目前多数计算机是按字节编址的,最小可寻址单位是 1 字节(1 B)。一个 32 位字长的按字节寻址的计算机,一个存储器字包含 4 个可单独寻址的字节单元,由地址的低两位来区分。

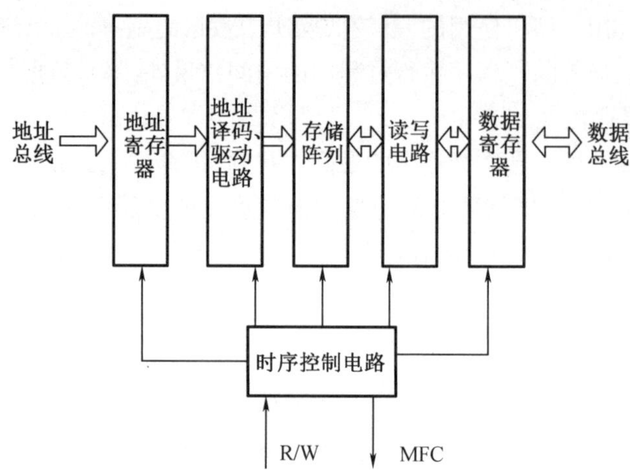

图 3-1-2　主存的基本组成

地址寄存器的作用是存放所要访问的存储单元的地址。要对某一单元进行存取操作，首先应通过地址总线将被访问单元地址存放到地址寄存器中。

地址译码与驱动电路的作用是对地址寄存器中的地址进行译码，通过对应的地址选择线到存储阵列中找到所要访问的存储单元并驱动其完成指定的存取操作。

读写电路与数据寄存器的作用是根据 CPU 的读写命令，把数据寄存器的内容写入被访问的存储单元，或者从被访问单元中读出信息送入数据寄存器中，以供 CPU 或 I/O 系统使用。所以数据寄存器是存储器与计算机其他功能部件联系的桥梁。从存储器中读出的信息是经数据寄存器通过数据总线传送给 CPU 与 I/O 系统的；向存储器中写入信息，也必须先将要写入的信息经数据总线送入数据寄存器，再经读写电路写入被访问的存储单元。

时序控制电路的作用是接收来自 CPU 的读写控制信号，产生存储器操作所需的各种时序控制信号，控制存储器完成指定的操作。如果存储器采用异步控制方式，当一个存取操作完成后，该控制电路还应给出存储器操作完成(MFC)信号。

主存用于存放 CPU 正在运行的程序和数据，它和 CPU 的关系最为密切。主存与 CPU 间的连接是由总线支持的，其连接形式如图 3-1-3 所示。

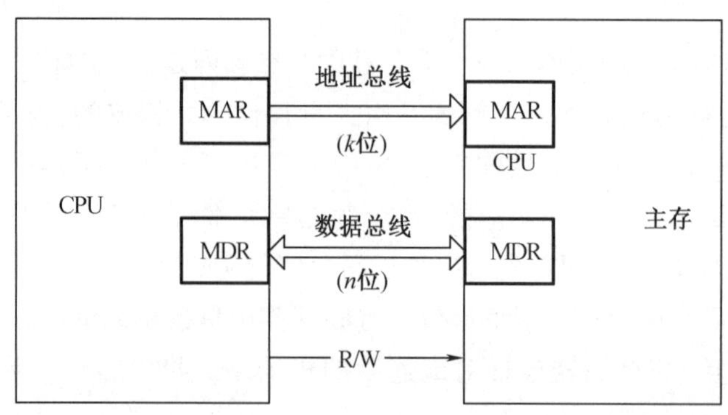

图 3-1-3　主存与 CPU 的连接

2. 主存的基本操作

存储器的基本操作是读(取)和写(存)。当 CPU 要从存储器中读取一个信息字时,CPU 首先把被访单元的地址送到存储器地址寄存器(MAR),经地址总线送给主存,同时发出“读”命令。存储器接到“读”命令,根据地址从被选单元中读出信息,经数据总线送入存储器数据寄存器(MDR)。为了存一个字到主存,CPU 把要存入的存储单元地址经 MAR 送入主存,并把要存入的信息字送入 MDR,此时发出“写”命令,在此命令的控制下经数据总线把 MDR 中的内容写入主存。

CPU 与主存之间的数据传送可采用同步控制方式,也可采用异步控制方式。目前多数计算机采用同步方式,即主存的操作与处理器保持同步,数据传送在固定的时间间隔内完成,此时间间隔构成了存储器的一个存储周期。异步传送方式允许选用具有不同存取速度的存储器作为主存。

3.1.4 存储器性能的主要技术指标

衡量一个存储器性能的主要技术指标有以下几方面。

1. 存储容量

存储容量是指半导体存储芯片能够存储的二进制信息的位数。其单位为 K 位(Kilobits)、M 位(Megabits)、G 位(Gigabits)等。需注意的是,要将其与计算机系统的存储容量区分开,当我们讨论存储芯片的容量时,采用的单位是位;当我们讨论计算机存储器的容量时,其单位是字节。因此,当存储芯片资料中提到 4 M 存储芯片时,是指 4 M 位的存储容量,用 4 Mb 表示;若资料中提到计算机存储器有 4 G 时,是指 4 G 字节的存储器容量,用 4 GB 表示。

2. 速度

速度是存储芯片的一项重要技术指标,它影响着 CPU 的工作效率。存储芯片速度通常用访问时间和存取周期表示。

访问时间(memory access time)又称取数时间,是指从启动一次存储器存取操作到完成该操作所经历的时间。对存储器的某一个单元进行一次读操作,例如 CPU 取指令或取数据,从把要访问的存储单元的地址加载到存储器芯片的地址引脚上开始,直到读取的数据或指令在存储器芯片的数据引脚上可以使用为止,两者之间的时间间隔即为访问时间(取数时间),存储器芯片数据手册(Datasheet)把它记为 t_A。访问时间(t_A)是一个最为常见的参数。对于某些只读存储器芯片(如 EEPROM),t_{OE} 是指从 OE(读)信号有效开始,直到读取的数据或指令在存储器芯片的数据引脚上可以使用为止的这段时间间隔。

存取周期(memory cycle time)又称存储周期或读写周期,记为 T_M。它是指对存储器进行连续两次存取操作所需要的最小时间间隔。由于有些存储器在一次存取操作后需要有一定的恢复时间,因此通常存取周期大于或等于取数时间。

3. 存储器总线带宽

存储器总线宽度除以存取周期就是存储器带宽或频宽,它是指存储器在单位时间内所存取的二进制信息的位数,也称为数据传输率。带宽的单位一般是兆字节每秒(MB/s)。

4. 价格

半导体存储器的价格常用每位价格来衡量。设存储器容量为 S 位,总价格为 C,则每位价格可表示为 $c=C/S$。

半导体存储器的总价格正比于存储容量,而反比于存取时间。容量、速度、价格 3 个指标是相互矛盾、相互制约的。高速存储器往往价格也高,因而容量不可能很大。

除了上述几个指标外,影响半导体存储器性能的还有功耗、可靠性等因素。

3.2 半导体随机存取存储器

在现代计算机中,半导体存储器已广泛用于实现主存。由于主存直接为 CPU 提供服务,对主存的要求是能够迅速响应 CPU 的读写请求,半导体存储器在这方面能做得很好,因此半导体存储器是实现主存的首选器件。通常使用的半导体存储器分为随机存取存储器(random access memory,RAM)和只读存储器(read only memory,ROM)。它们各自又有许多不同的类型。

3.2.1 半导体随机存取存储器的分类

由于大多数随机存取存储器在断电后会丢失其中存储的内容,故这类随机存取存储器又称为易失性存储器。由于随机存取存储器可读可写,有时它们又称为可读写存储器。随机存取存储器分为静态 RAM 和动态 RAM。

1. 静态 RAM

静态 RAM(static RAM ,SRAM)中的每个存储单位都由一个触发器构成,因此可用于存储一个二进制位,只要不断电就可以保持其中存储的二进制数据不丢失。使用触发器作为存储单位的问题是每个存储单位至少需要 6 个 MOS 管来构造一个触发器,所以 SRAM 存储芯片的存储密度较低,即每块芯片的存储容量不会太大。近年来,人们发明了用 4 个 MOS 管构成一个存储单位的 SRAM 技术,利用该技术再加上 CMOS 技术,人们制造出了大容量的 SRAM。尽管如此,SRAM 的容量仍然远远低于同类型的动态 RAM。SRAM 通常作为 Cache 使用。

2. 动态 RAM

1970 年,Intel 公司推出了世界上第一块动态 RAM(dynamic RAM,DRAM)芯片,其容量为 1 024 位,它使用一个 MOS 管和一个电容来存储一位二进制信息。用电容来存储信息减少了构成一个存储单位所需要的晶体管的数目。尽管电容本身不可避免地会产生漏电,使 DRAM 存储器芯片需要频繁的刷新操作,但 DRAM 的存储密度大大提高了。

为了进一步优化与处理器的接口,DRAM 增加了时钟,使用时钟使主存储器和处理器同步,因此称为同步 DRAM(synchronous DRAM,SDRAM)。SDRAM 支持突发(BurstMode)数据传送方式,又称为连续数据传送,即主存接收到第一个数据所在存储单元的地址,就可以读/写连续的多个数据单元。这意味着若 CPU 访问连续的存储单元,则只需要传送第一个数据所在的存储单元地址,主存可以自动修改后续访问单元地址,大大提高了数据传输效率。

更快的 SDRAM 称为双数据速率(dual data rate,DDR)SDRAM,即在一个时钟的上升沿和下降沿都可以传送数据,因此可以获得双倍的数据带宽,目前该技术在不断革新中。例如标称为 DDR4-3200 的 SDRM 芯片,其中 4 指的是第 4 代 DDR 技术,而 3200 指每秒可传输 3 200 兆次,即其时钟频率是 1 600 MHz。

主存主要是由 DRAM 构成的。

3.2.2　半导体随机存取存储器的单元电路

1. 静态 RAM 单元电路

图 3-2-1 所示的存储单元电路是一种比较常见的六管静态 MOS 存储单元电路。图中 T_1、T_2 两个 MOS 管构成触发器,用于存储一位二进制信息位。MOS 管 T_3、T_4 是触发器的两个负载管。MOS 管 T5、T6 称为门控管,通过连接在这两个 MOS 管栅极上的字线 W,可以控制触发器电路与位线 b 和 b′的联系。

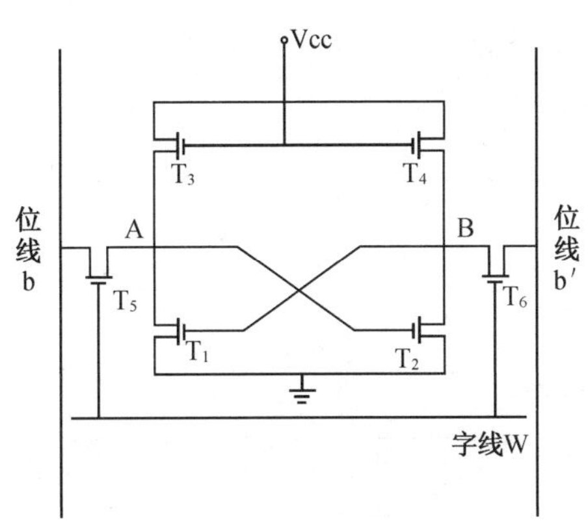

图 3-2-1　六管静态 MOS 存储单元电路

当加载在字线 W 上的电平为低电平时,T_5、T_6 栅极为低电平,使 T_5、T_6 两个 MOS 管呈现截止状态,从而使触发器电路与位线隔离,表示存储单元未被选中。在这种情况下,触发器的状态不可能发生改变,意味着原来存储的信息不发生变化。

当要向该存储单元写入信息时,首先在字线 W 上加载一个表示选中了这个存储单元的高电平,使 T_5、T_6 两个 MOS 管呈现导通状态,而位线上的电平状态则要由写入的信息控制。假设在图 3-2-1 所示的电路中,触发器 A 端为高电平状态、B 端为低电平状态,则表示存储单元存储的信息是 1;触发器 A 端为低电平状态、B 端为高电平状态,则表示存储的信息是 0。假设要写入的信息是 0,则应在位线 b 上加载低电平,同时在位线 b′上加载高电平。在位线 b′上加载的高电平通过 T_6 加到 T_1 管的栅极,致使 T_1 导通,同时在位线 b 上加载的低电平通过 T_5 加载到 T_2 管的栅极,致使 T_2 截止,从而使 A 端为低电平状态,B 端为高电平状态,即写入了信息 0。类似地,若要写入的信息是 1,则在位线 b 上加载高电平,在位线 b′上加载低电平,从而使 T_2 导通、T_1 截止,使 A 端为高电平状态、B 端为低电平状态,即写入了信息 1。写入操作结束后,字线 W 恢复到低电平状态,使 T_5、T_6 截止,从而保证写入的信息不会发生变化。

当读出信息时,同样首先在字线 W 上加载一个表示选中了这个存储单元的高电平,使 T_5、T_6 导通。此时若原存储的信息为 0,即原先 T_1 导通、T_2 截止,因而在位线 b 上呈现低电平状态,在位线 b′上呈现高电平状态,表示输出信息 0。同样,若原存储的信息为 1,则 T_1 截止、T_2 导通,因而在位线 b 上呈现高电平状态,在位线 b′上呈现低电平状态,表示输出信息 1。

通过上面的分析可以得知,静态 MOS 存储器是利用触发器的两个稳定状态来存储二进制信息的,而且通过对读出过程的了解,我们可以看出读出时触发器的状态没有被破坏,原来存储的信息依然存在。因此,从静态 MOS 存储电路中读出其中存放信息的过程,对原来存放的信息而言,是非破坏性的读出过程。

2. 动态 RAM 单元电路

目前最常用的动态 MOS 存储单元电路是单管动态存储单元电路,如图 3-2-2 所示。该电路用电容 C 存储二进制信息,若 C 上存有电荷,则表示存储的信息为 1,若 C 上无电荷,则表示存储的信息为 0。当加载在字线 W 上的电平为低电平时,MOS 管 T 截止,表示电路不被选中,保持原存储的信息不变。

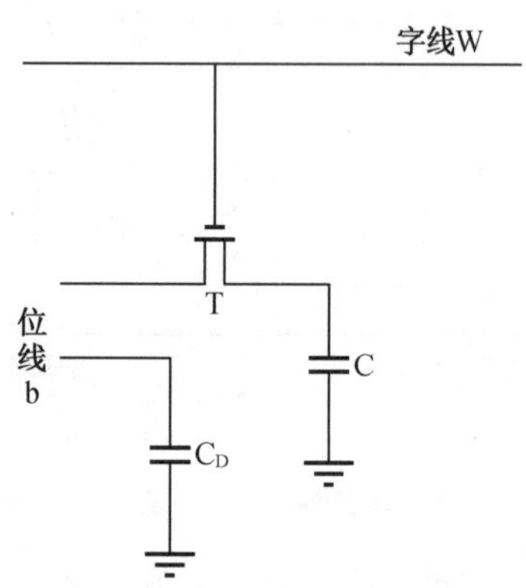

图 3-2-2　单管动态 MOS 存储单元电路

当要向存储单元写入信息时,首先要在字线 W 上加载一个表示选中了这个存储单元的高电平,使 MOS 管 T 导通。若要写入的信息为 1,则要在位线 b 上加载高电平,对电容 C 充电,使其中存有电荷,实现写入了信息 1;若要写入的信息为 0,则要在位线 b 上加载低电平,使电容 C 能够通过 T 管和位线 b 放掉其中的电荷,实现写入了信息 0。

当读出信息时,同样首先要在字线 W 上加载一个表示选中了这个存储单元的高电平,使 MOS 管 T 导通。若原来存储的信息为 1,即 C 中有电荷存储,在 T 导通后,C 中原来存储的电荷经过 T 管向位线 b 上释放,致使位线 b 上有微弱电流流动,表示有输出信号,该信号经过读出再生放大器放大后,输出信息 1;若原来存储的信息为 0,即电容 C 中无电荷存储,则在位线上不会产生电流的流动,表示无输出信号,这样读出再生放大器输出信息 0。由于在读出信息 1 时,位线 b 上电流流动很微弱,这就要求读出再生放大器具有较高的灵敏度。

由于单管存储单元电路是靠存储在电容中的电荷释放检测信息 1 的,原来存放的信息被读出后,存储单元电路的状态被破坏掉(电荷释放),因此从动态 MOS 存储单元电路中读出存放信息的过程,对原来存放的信息而言,是破坏性的读出过程,在信息被读出后,必须采取再生措施,即读出信息后要立即重写该信息。读出再生放大器具有这种再生功能。

因为单管动态 MOS 存储器单元电路中电容电荷的释放会引起信息的丢失,所以每隔一定时间要对电路进行一次刷新操作,刷新方式将在下一节中讨论。

3.2.3　半导体随机存取存储器的芯片结构及实例

一个存储单元电路存储一位二进制信息。把大量存储单元电路按一定的形式排列起来,即构成存储体。存储体一般都排列成阵列形式,所以又称作存储阵列。把存储体及其外围电路(包括地址译码与驱动电路、读写放大电路及时序控制电路等)集成在一块硅片上,称为存储器组件。存储器组件经过各种形式的封装后,通过引脚引出地址线、数据线、控制线及电源与地线等,就制成了半导体存储器芯片。半导体存储器芯片的内部组织一般有两种结构:字片式结构和位片式结构。

1. 字片式结构的半导体存储器芯片

图 3-2-3 是 64 字×8 位的字片式结构的存储器芯片的内部组织图。图中每一个小方块表示一个存储单元电路,这里略去了每个单元电路的内部结构及电源部分,仅画出了与每个存储单元电路相连的一根字线和两根位线。存储阵列的每一行组成一个存储单元,也是一个编址单位,存放一个 8 位的二进制字。一行中所有存储单元电路的字线连在一起,接到地址译码器对应的输出端。存储器芯片接收到的 6 位存储单元的地址,经地址译码器译码选中某一输出端有效时,与该输出端相连的一行中的每个单元电路同时进行读/写操作,从而实现对一个存储单元中的所有位同时读/写。这种对接收到的存储单元地址仅进行一个方向译码的方式,称为单译码方式或一维译码方式。在这种结构的存储器芯片中,所有存储单元的相同的位组成一列,一列中所有存储单元电路的两根位线分别连在一起,并使用同一个读/写放大电路。读/写放大电路与双向数据线相连接。

图 3-2-3 所示的芯片有两根控制线,即读/写控制信号线 R/W 和片选控制信号线 CS。CS 为低电平时,选中芯片工作;而当 CS 为高电平时,芯片不被选中。每当存储器芯片接收到某个存储单元的地址并译码后,此时若 CS 为低电平,R/W 为高电平,则要对选中芯片中的某一个存储单元进行读出操作;同样,若 CS 为低电平,R/W 也为低电平,则要对选中芯片中的某个存储单元进行写入操作。

在上述字片式结构存储器芯片中,由于采用单译码方案,因此有多少个存储单元,就有多少个译码驱动电路,所需译码驱动电路较多。为减少译码驱动电路的数量,多数存储器芯片都采用双译码(也称二维译码)方案,即采用位片式结构。

2. 位片式结构的半导体存储器芯片

图 3-2-4 展示的是 4K×1 位的位片式结构存储器芯片的内部组织。它共有 4 096 个存储单元电路,排列成 64×64 的阵列。对 4 096 个存储单元进行寻址,需要 12 位地址,在此将

其分为6位行地址和6位列地址。对于一个给定的访问某个存储单元电路的地址,分别经过行、列地址译码器的译码后,致使一根行地址选择线和一根列地址选择线有效。行地址选择线选中的某一行中的64个存储单元电路可以同时进行读/写操作。列地址选择线用于选择控制64个多路转接开关中的1个,即表示选中1列,每个多路转接开关由两个MOS管组成,分别控制两条位线。选中的1个多路转接开关的两个MOS管呈现"开"状态,使这一列的位线与读/写电路接通;其余63个没被选中的多路转接开关的两个MOS管则呈现"关"状态,使其余63列的位线与读/写电路断开。

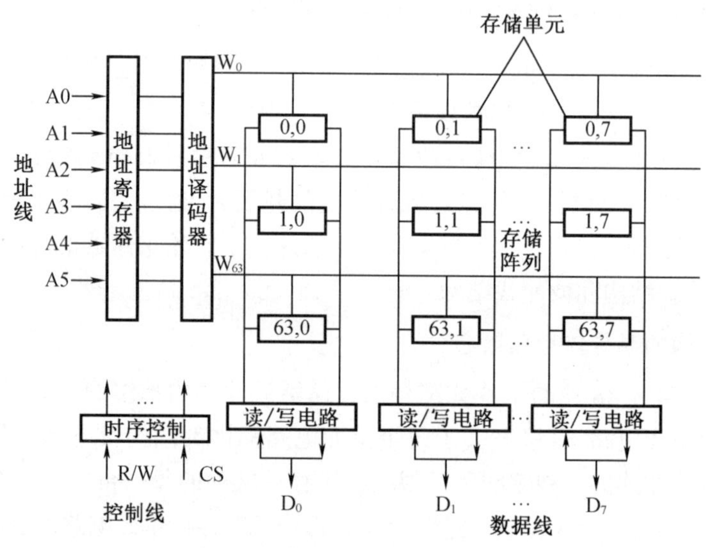

图 3-2-3　64字×8位的字片式结构的存储器芯片的内部组织

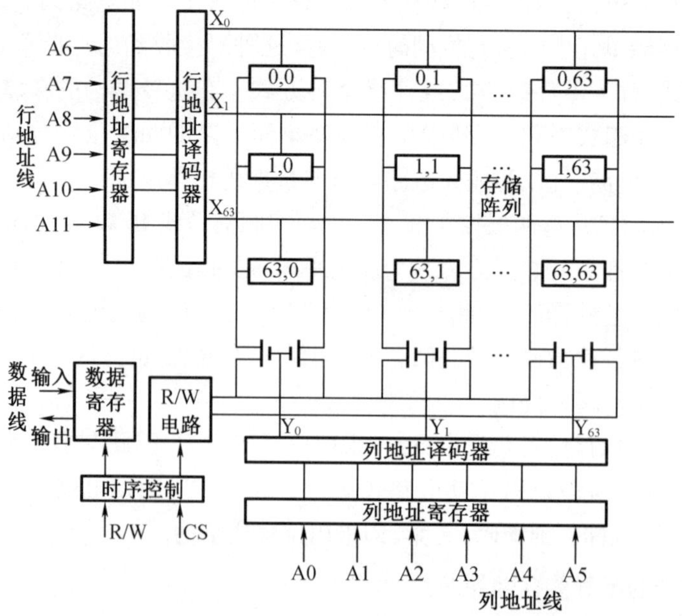

图 3-2-4　4K×1位的位片式结构存储器芯片的内部组织

当选中该芯片工作时，首先给定要访问的存储单元的地址，并给出有效的片选信号 CS 和读写信号 R/W，通过对行列地址的译码，找到被选中的行和被选中的列两者交叉处的唯一一个存储单元电路，读出或写入一位二进制信息。

从图 3-2-4 可以看出，这种双译码方案，对于 4 096 个字只需 128 个译码驱动电路（针对行有 64 个，针对列也有 64 个），若采用单译码方案，4 096 个字将需要 4 096 个译码驱动电路。

3. 半导体 RAM 芯片实例

为了加深对芯片结构的理解，下面以动态 MOS 存储器芯片 TMS4116 为例，进一步说明 MOS 型存储器的结构及工作原理。

TMS4116 是由单管动态 MOS 存储单元电路构成的随机存取存储器芯片，其容量为 16K×1 位。图 3-2-5 所示为 TMS4116 芯片的逻辑结构框图和引脚分配图，地址码有 14 位，为了节省引脚，该芯片只用了 $A_0 \sim A_6$ 共 7 根地址线，采用分时复用技术，分两次把 14 位地址送入芯片。首先送入低 7 位地址 $A_0 \sim A_6$，行地址选通信号 RAS 把这 7 位地址送到行地址缓冲器锁存，高 7 位地址 $A_{14} \sim A_8$，由列地址选通信号 CAS 打入列地址缓冲器锁存。

D_{IN}、D_{OUT} 分别为数据输入线和数据输出线，它们各有自己的数据缓冲寄存器。WE 为写允许控制线，WE 为高电平时为读出，WE 为低电平时为写入。该芯片没有专门设置片选信号，一般用 RAS 信号兼作片选控制信号，只有 RAS 有效（低电平）时，芯片才工作。

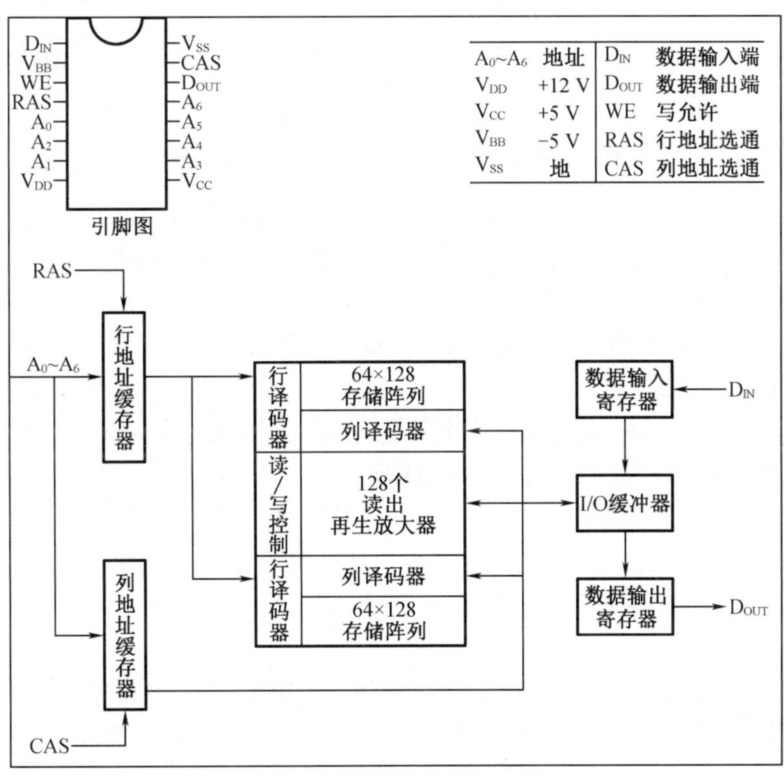

图 3-2-5　TMS4116 动态存储器逻辑结构框图与引脚

图 3-2-6 是 TMS4116 芯片的存储阵列结构图。16K×1 位共 16 384 个单管 MOS 存储单元电路,排列成 128×128 的阵列,并分为两组,每组为 64 行×128 列。每根行选择线控制 128 个存储电路的字线。每根列选择线接到列控制门的栅极,控制读出再生放大器与 I/O 缓冲器的接通,控制数据的读出或写入。每根列选择线控制一个读出再生放大器,128 列共有 128 个读出再生放大器,一列中的 128 个存储电路分为两组,每 64 个存储电路为一组,两组存储电路的位线分别接到读出再生放大器的两端。

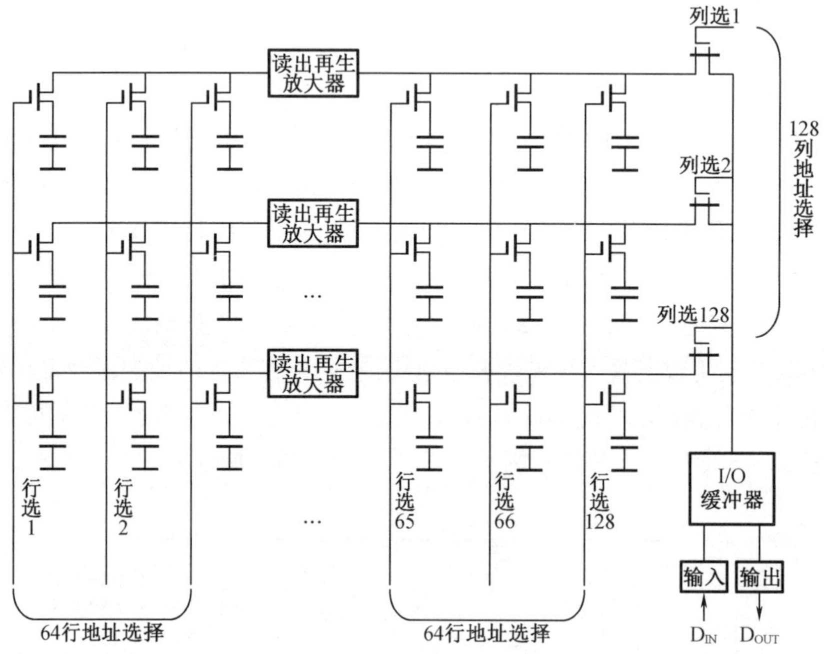

图 3-2-6　TMS4116 动态存储器存储阵列图

读出时,行地址经行地址译码选中某一根行线有效,接通此行上的 128 个存储电路中的 MOS 管,使电容所存储的信息分别送到 128 个读出再生放大器。由于是破坏性读出,经放大后的信息又送回到原电路进行重写,使信息再生。当列地址经列译码选中某根列线有效时,接通相应的列控制门,将该列上读出放大器输出的信息送入 I/O 缓冲器,经数据输出寄存器输出到数据总线上。

写入时,首先将要写入的信息由数据输入寄存器经 I/O 缓冲器送入被选列的读出再生放大器中,然后写入行、列同时被选中的存储单元。

综上可知,当某个存储单元被选中进行读/写操作时,该单元所在行的其余 127 个存储电路也将自动进行一次读出再生操作,这实质上是完成一次刷新操作。故这种存储器的刷新是按行进行的,每次只加行地址,不加列地址,即可实现被选行上的所有存储电路的刷新。

读出再生放大器的结构形式如图 3-2-7 所示。图中 T_1、T_2、T_3、T_4 组成放大器,位于两侧的行选择线仅画出了行选 64 和行选 65,T_6、T_7 与 Cs 是两个预选单元,由 XW_1 与 XW_2 控制。

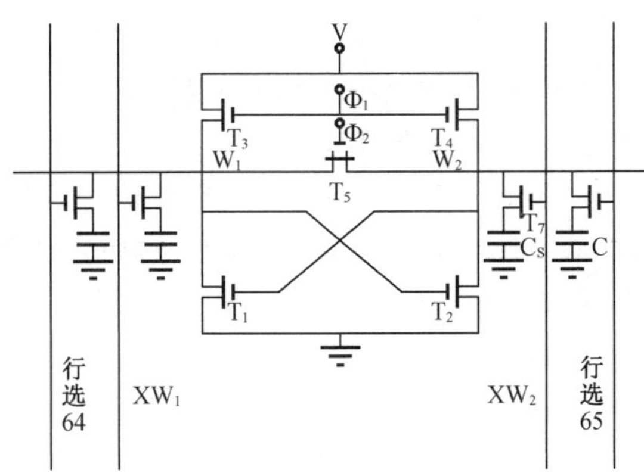

图 3-2-7 读出再生放大器电路

在读/写之前,先使两个预选单元中的电容 Cs 预充电到 0 与 1 电平中间值(预充电路略),并使 $\Phi_1=0,\Phi_2=1$,使 T_3、T_4 截止,T_5 导通,使读出放大器两端 W_1、W_2 处于相同电位。

读出时,先使 $\Phi_2=0$,T_5 截止。放大器处于不稳定平衡状态。这时使 $\Phi_1=1$,T_3、T_4 导通,T_1、T_2、T_3、T_4 构成双稳态触发器,其稳定状态取决于 W_1、W_2 两点的电位。设选中的行选择线处于读出放大器右侧(如行选 65),同时使另一侧的预选单元选择线有效。这样,在放大器两侧的位线 W_1 和 W_2 上将有不同电位:预选单元侧具有 0 与 1 电平的中间值,被选行侧则具有所存信息的电平值 0 或 1。若选中存储电路原存 1,则 W_2 的电位高于 W_1 的电位,使 T_1 导通,T_2 截止,因而 W_2 端输出高电平,经 I/O 缓冲器输出 1 信息,并且 W_2 的高电平使被选存储电路的电容充电,实现信息再生。若被选存储电路原存 0,则 W_2 的电位低于 W_1 的电位,从而使 T_1 截止,T_2 导通,W_2 端输出低电平,经 I/O 缓冲器输出 0 信息,并送回到原电路,使信息再生。

写入时,在 T_3、T_4 开始导通的同时,将待写信息加到 W_2 上。若写 1,则 W_2 加高电平,将被选电路的存储电容充电为有电荷,实现写 1。若写 0,则 W_2 加低电平,将被选电路的存储电容放电为无电荷,实现写 0。

4. 动态 RAM 的刷新方式

目前常用的动态 RAM 存储单元电路是如图 3-2-2 所示的电路,由于电容电荷的泄放会引起信息的丢失,因此 DRAM 需要定时刷新。隔多长时间进行一次刷新操作,主要根据电容电荷的泄放速度决定。设存储电容为 C,其两端电压为 u,电荷 $Q=C\cdot u$,则泄漏电流 $I=\dfrac{\Delta Q}{\Delta t}=C\dfrac{\Delta u}{\Delta t}$,因而泄露时间 $\Delta t=C\dfrac{\Delta u}{I}$,若 $C=0.2$ pF,允许电压变化 $\Delta u=1$ V,泄漏电流 $I=0.1$ nA,所以 $\Delta t=0.2\times10^{-12}\times1/(0.1\times10^{-9})=2$ ms。

由此得出,上面示例的动态 MOS 存储器每隔 2 ms 必须刷新一次,称作刷新最大周期。随着半导体芯片技术的进步,刷新周期可达到 2 ms、4 ms、8 ms,甚至更长。

由于 DRAM 存储电路的读操作是破坏性的,读完操作要立即再生,因此对 DRAM 芯片的刷新实质上是一次读操作。刷新是按行进行的,每次只加行地址,不加列地址,即可实现被选行上的所有存储电路的刷新。控制电路中有专门的刷新地址计数器指明刷新行地址,每刷新一行,刷新地址计数器加 1。动态存储器的刷新方式通常有下面几种。

(1)集中式刷新方式

集中刷新方式按照存储器芯片容量大小集中安排刷新操作的时间段,在此时间段对芯片内所有的存储单元电路执行刷新操作,并禁止 CPU 对存储器进行正常的访问,称它为 CPU 的“死区”。例如,某动态存储器芯片的容量为 16K×1 位,存储矩阵为 128×128。一次刷新操作可同时刷新存储阵列中位于同一行的 128 个存储单元,因此对芯片内的所有存储单元电路全部刷新一遍需要 128 个存取周期。刷新操作要求在 2 ms 内留出 128 个存取周期专门用于刷新,假设该存储器的存取周期为 500 ns,则在 2 ms 内有 64 μs 专门用于刷新操作,其余 1 936 μs 用于正常的存储器操作,如图 3-2-8(a)所示。

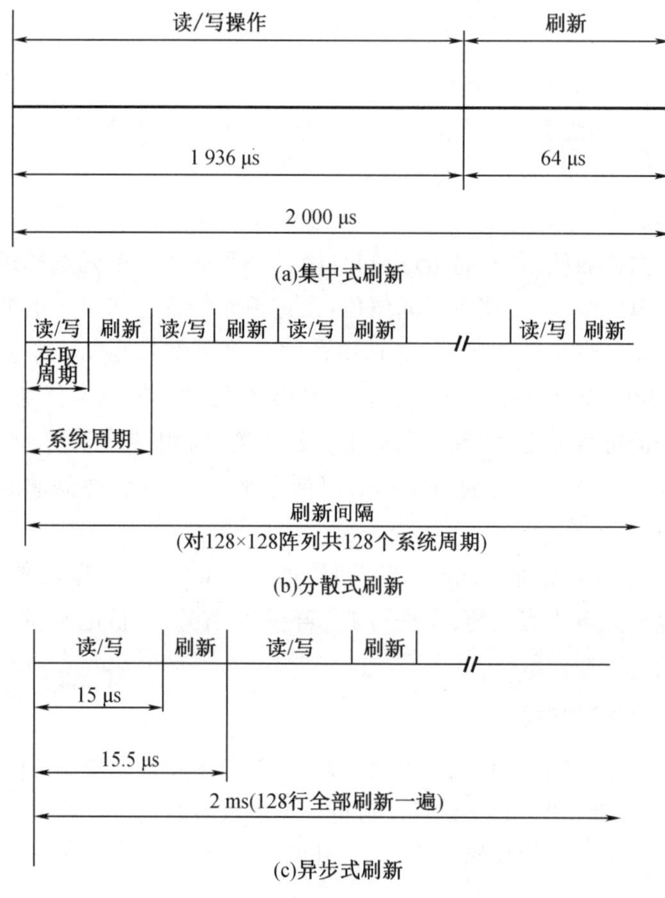

图 3-2-8　动态存储器的 3 种刷新方式

(2)分散式刷新方式

在分散式刷新方式中,定义系统对存储器的存取周期是存储器本身的存取周期的两倍。把系统的存取周期平均分为两个操作阶段,前一个阶段用于对存储器的正常访问,后一个阶段用于刷新操作,每次刷新一行,如图 3-2-8(b)所示。显然这种刷新方式没有“死区”,但由于没有充分利用所允许的最大的刷新时间间隔,导致刷新过于频繁,人为降低了存储器的速度。就上面的例子而言,仅每隔 128 μs 就对所有的存储单元电路实施了一遍刷新操作。

(3)异步式刷新方式

异步式刷新方式是上述两种方式的折中。按上述例子,每隔2 ms/128=15.625 μs刷新一次(128个存储单元电路)即可。取存取周期的整数倍,则每隔15.5 μs刷新一次,在15.5 μs中,前15 μs(30个存取周期)用于正常的存储器访问,后0.5 μs用于刷新,时间分配情况如图3-2-8(c)所示。异步式刷新方式既充分利用了所允许的最大的刷新时间间隔,保持了存储器的应有速度,又大大缩短了“死区”时间,所以是一种常用的刷新方式。

(4)透明刷新(隐含式刷新)

前三种刷新方式均延长了存储器系统周期,占用CPU的时间。实际上,CPU在取指周期后的译码时间内,存储器为空闲阶段,可利用这段时间插入刷新操作,这不占用CPU时间,对CPU而言是透明的。这时设有单独的刷新控制器,刷新由单独的时钟、行计数与译码独立完成,目前高档微机中大部分采用这种方式。

3.2.4 半导体存储器的组成

CPU对存储器进行读/写操作,首先要由地址总线给出地址信号,然后要发出相应的读/写控制信号,最后才能在数据总线上进行信息交流。所以,存储芯片与CPU的连接主要包括地址信号线的连接、数据信号线的连接和控制信号线的连接。

但由于一块存储器芯片的容量总是有限的,因此内存总是由一定数量的存储器芯片构成。要组成一个主存储器,首先要考虑如何选芯片以及如何把许多芯片连接起来,之后按照上述三部分将整个存储器与CPU连接起来。

存储芯片的选择通常要考虑存取速度、存储容量、电源电压、功耗及成本等多方面的因素。就主存所需芯片的数量而言:

$$\text{芯片总数}=\frac{\text{主存总的单元数}\times\text{位数/单元}}{\text{每片存储芯片的单元数}\times\text{位数/单元}} \tag{3-2-1}$$

例如用64K×1位的芯片组成256K×8位的存储器,所需的芯片数为

$$\frac{256\text{K}\times 8\text{ 位}}{64\text{K}\times 1\text{ 位}}=32(\text{片})$$

通常存储器芯片在单元数和位数方面都与要搭建的存储器有很大差距,所以需要在字方向和位方向两个方面进行扩展,按扩展方向分为下列三种情况。

1.位扩展

如果芯片的单元数(字数)与存储器要求的单元数是一致的,但是存储芯片中单元的位数不能满足存储器的要求,就需要进行位扩展,即位扩展只是进行位数扩展(加大字长),不涉及增加单元数。

位扩展的连接方式是将所有存储器芯片的地址线、片选信号线和读/写控制线一一并联起来,连接到CPU地址和控制总线的对应位上。而各芯片的数据线单独列出,分别接到CPU数据总线的对应位上。

【例3-2-1】 用1K×4位的芯片构成1K×8位的存储器。

解 存储器要求容量为1K×8位,单元数满足,位数不满足。由式(3-2-1)可知,需要(1K×8)/(1K×4)=2片芯片来构成存储器。具体的连接方式如图3-2-9所示。1K×8位的

存储器共 8 根数据线 $D_7 \sim D_0$,两片芯片各自的 4 位数据引脚分别连接数据总线的 $D_7 \sim D_4$ 和 $D_3 \sim D_0$。芯片本身有 10 位地址线,称为片内地址线,与存储器要求的 10 根地址线一致,所以只要将它们并联起来即可。电路中 CPU 的读/写控制线 R/W 与芯片的读/写控制线 WE 信号并联。MREQ 为 CPU 的访存请求信号,作为芯片的片选信号连接到 CS 上。

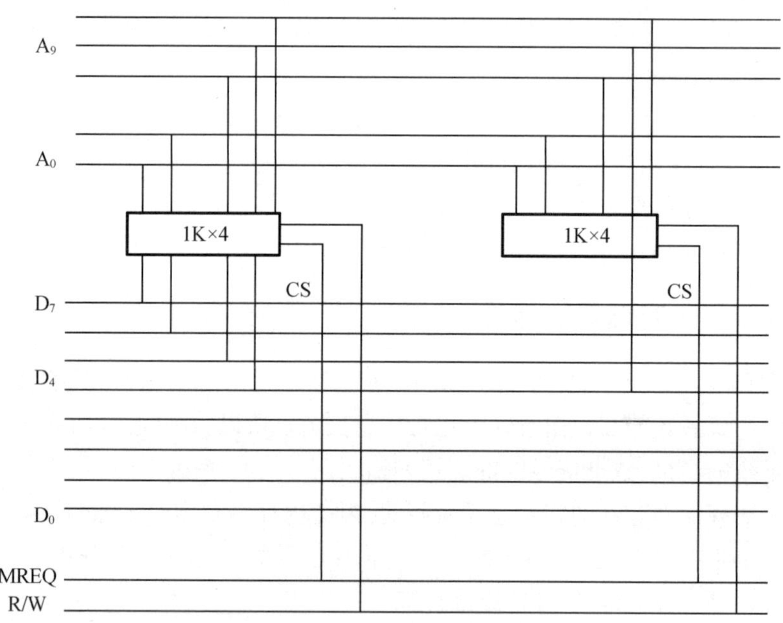

图 3-2-9　存储器位扩展连接图

2. 字扩展

字扩展仅是单元数扩展,也就是在字方向扩展,而位数不变。在进行字扩展时,将所有芯片的地址线、数据线和读/写控制线一一对应地并联在一起,连接到 CPU 的地址、数据、控制总线的对应位上。利用片选信号来区分被选中的芯片,片选信号由高位地址(除去用于芯片内部寻址的地址之后的存储器高位地址部分)经译码进行控制。

【例 3-2-2】 用 16K×8 位的存储器芯片构成 64K×8 位的存储器。

解　16K×8 位的芯片可以满足 64K×8 位的存储器数据位的要求,但不满足单元数的要求。由式(3-2-1)可算出共需要 4 片 16K×8 位芯片采用字扩展方式来构成存储器。具体的连接方式如图 3-2-10 所示。

64K×8 位的存储器共 8 根数据线 $D_7 \sim D_0$,分别接 4 块芯片的对应数据引脚。CPU 的读/写控制线(R/W)与 4 块芯片的 WE 信号并联。64K×8 位的存储器需要 16 位地址线 $A_{15} \sim A_0$,而 16K×8 位的芯片的片内地址线为 14 根,所以用 16 位地址线中的低 14 位 $A_{13} \sim A_0$ 进行片内寻址,高两位地址 A_{15}、A_{14} 用于选片寻址,作为片选译码器的输入,译码器的 4 位输出分别接 4 块芯片的 CS 引脚。访存请求信号 MREQ 接译码器的使能端。若存储器从 0 开始连续编址,则 4 块芯片的地址分配如下。

第一片地址范围为 0000H～3FFFH(高两位地址 A_{15}、A_{14} 为 00 时,选中第一片芯片)。

第二片地址范围为 4000H～7FFFH(高两位地址 A_{15}、A_{14} 为 01 时,选中第二片芯片)。

第三片地址范围为 8000H～BFFFH(高两位地址 A_{15}、A_{14} 为 10 时,选中第三片芯片)。

第四片地址范围为 C000H～FFFFH(高两位地址 A_{15}、A_{14} 为 11 时,选中第四片芯片)。

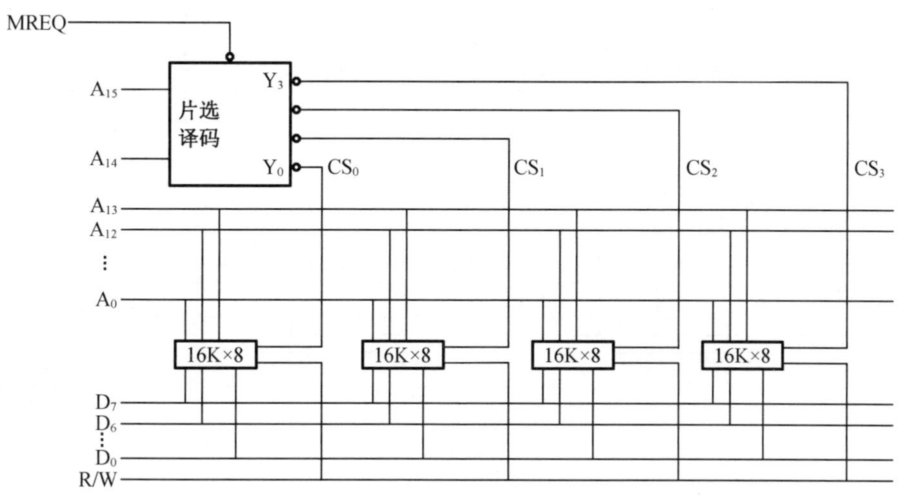

图 3-2-10　存储器字扩展连接图

3. 字和位同时扩展

在构建主存空间时,往往需要字和位同时扩展,即位扩展与字扩展的组合,可按下面的规则实现。

①确定组成主存需要的芯片总数。

②所有芯片对应的地址线接在一起,接到 CPU 引脚的对应位,所有芯片的读/写控制线接在一起,接入 CPU 的读/写控制信号上。

③所有处于同一地址区域芯片的片选信号接在一起,接到片选译码器对应的输出端。

④所有处于不同地址区域的同一位芯片的数据输入/输出线对应接在一起,接到 CPU 数据总线的对应位。

【例 3-2-3】　用 1K×4 位的芯片组成 4K×8 位的存储器。

解　用 1K×4 位的芯片构成 4K×8 位的存储器,所需芯片数为$\frac{4\text{K}\times 8\text{ 位}}{1\text{K}\times 4\text{ 位}}=8$(块)。8 块芯片分成 4 组,每组组内按位扩展方法连接,两组组间按字扩展方法连接。

图 3-2-11 为该例中芯片的连接图。

4K×8 位的存储器共 8 位数据线 D_7～D_0,每组两块芯片各自的 4 位数据引脚 I/O_3～I/O_0 分别连接到数据总线的 D_7～D_4 和 D_3～D_0。电路中 CPU 的读/写控制线 R/W 与 8 块芯片的读写控制线 WE 信号并接。4K×8 位的存储器共 12 根地址线 A_{11}～A_0,而 1K×4 位的芯片的片内地址线为 10 根,所以用 12 位地址线中的低 10 位 A_9～A_0 进行片内寻址,高两位地址 A_{11}、A_{10} 用于选片寻址。译码器的每位输出接同一地址区域的两块芯片的 CS 引脚。若存储器从 0 开始连续编址,则 4 组芯片的地址分配如下。

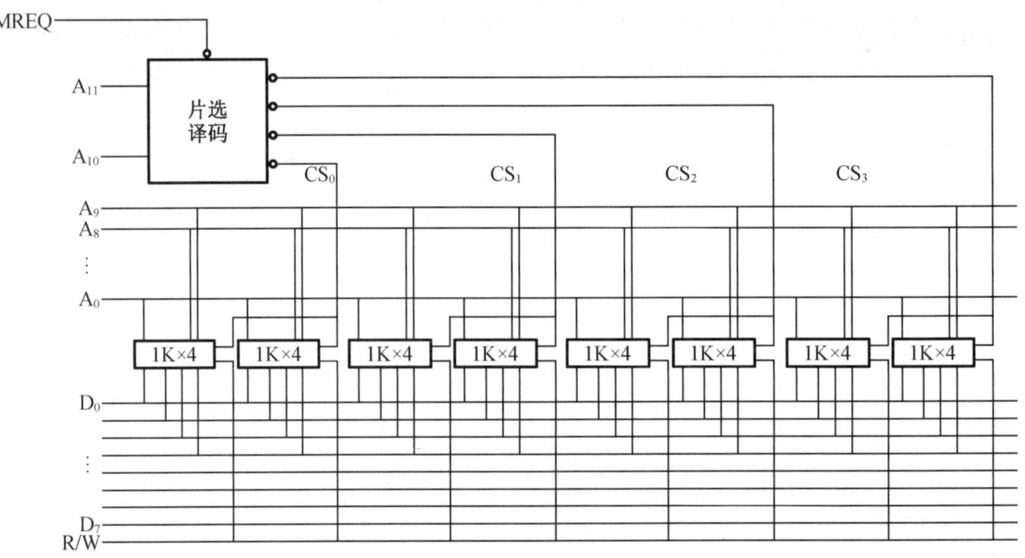

图 3-2-11 存储器字位扩展连接图

第一片地址范围为 0000H～03FFH(地址 A_{11}、$A_1$0 为 00 时,选中第一组两块芯片)。

第二片地址范围为 0400H～07FFH(地址 A_{11}、$A_1$0 为 01 时,选中第二组两块芯片)。

第三片地址范围为 0800H～0BFFH(地址 A_{11}、$A_1$0 为 10 时,选中第三组两块芯片)。

第四片地址范围为 0C00H～0FFFH(地址 A_{11}、$A_1$0 为 11 时,选中第四组两块芯片)。

4. 多种数据的传输

多种数据的传输是指存储器按照 CPU 的指令要求,在 CPU 间传输 8 位、16 位、32 位或 64 位数据的情况。此时,CPU 要增加控制信号,控制存储器传输不同位数的数据。整数边界存储是指当计算机具有多种信息长度(8 位、16 位、32 位等)时,应当按存储周期的最大信息传输量为界存储信息,保证数据都能在一个存储周期内存取完毕。例如,假设计算机字长为 64 位,一个存储周期内可传输 8 位、16 位、32 位、64 位等不同长度的信息。那么一个 8 位、两个 16 位、两个 32 位、一个 64 位信息如何在主存储器中存放呢?

若信息存储不合理,即不考虑整数边界问题,虽然一个存储周期的最大数据传输量为 64 位,但也会出现两个周期才能将数据传送完毕的情况。如图 3-2-12(a)所示,图中每个方格代表一个字节的存储空间,则第一个 16 位、第二个 32 位和 64 位都需要两个存储周期才能完成访问。无边界规定有可能造成系统访存速度下降。

图 3-2-12(b)是按整数边界要求的信息存储情况图,图中画“○”的字节单元代表未存放任何有效信息。此时,各种数据的整数边界地址(地址码用二进制表示)安排如下。

8 位(1 B)	地址码最低位为任意值	XXXXXB
16 位(2 B)	地址码最低 1 位为 0	XXXX0B
32 位(4 B)	地址码最低 2 位为 00	XXX00B
64 位(8 B)	地址码最低 3 位为 000	XX000B

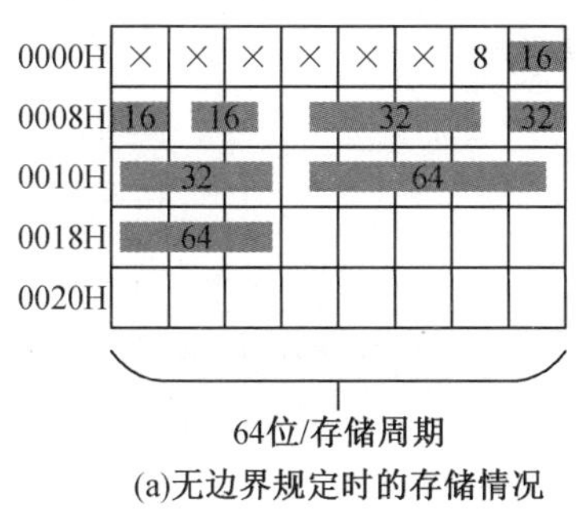

(a)无边界规定时的存储情况

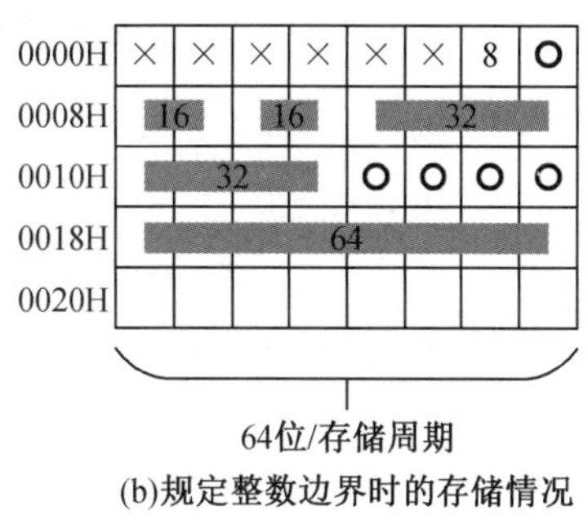

(b)规定整数边界时的存储情况

图 3-2-12 多数据长度的存储信息图

整数边界存储虽然浪费空间,但随着半导体存储器的扩容,以空间换取时间势在必行。

【例 3-2-4】 请用 2K×8 位的 SRAM 芯片构成一个 8K×16 位的存储器,要求当 CPU 给出的控制信号 B=0 时访问 16 位数据,B=1 时访问 8 位数据。存储器以字节为单位编址。

解 由式(3-2-1)可知,该存储器所需要的芯片总数为$\frac{8\text{K}\times16\text{ 位}}{2\text{K}\times8\text{ 位}}=8$(块)。根据前面的讨论可知,8 块芯片分成 4 组,每组两块芯片,用于实现位扩展,4 组芯片实现字扩展。

由于存储器以字节为单位编址,总容量为 8K×16 位,所以 $8\text{K}\times16\text{b}=8\text{K}\times2\times8\text{b}=2^{14}\times8\text{b}$,所以 CPU 控制线中有 14 位地址线 $A_{13}\sim A_0$,16 位数据线 $D_{15}\sim D_0$。

因为存储器需要访问 16 位数据,但每块芯片数据线只有 8 位,考虑整数边界的要求,将 16 位数据分为高 8 位和低 8 位,分别用奇存储体和偶存储体存放,即 4 组芯片中每组的两块芯片,一片位于奇存储体,一片位于偶存储体。选中位于偶存储体的芯片工作时,CPU 送来的最低位地址 A_0 为 0,选中位于奇存储体的芯片时,CPU 送来的地址 A_0 为 1,这也称为交叉编址。访问 8 位数据时可以访问任意主存地址,访问 16 位数据时必须同时访问同组芯片的地址,分别提供高 8 位(存放在奇存储体)和低 8 位(存放在偶存储体)数据,以此保证在一个存储周期中完成 16 位数据的存/取操作。所以用最低位地址 A_0 区分奇存储体、偶存储体。

规定 14 根地址线中,A_0 与 B 组合用于控制 8 位、16 位数据的存取。由于每块 SRAM 芯片容量是 2 KB,所以 CPU 地址总线中的 $A_{11}\sim A_1$ 用于片内地址,高位地址 A_{13}、A_{12} 用于片选译码,得到 4 位译码输出信号 Y_0、Y_1、Y_2 和 Y_3,与 A_0、B 组成每块芯片的片选信号。

设选中偶存储体时,C=1,选中奇存储体时,D=1,则得出表 3-2-1 的真值表。

由此真值表得下面的逻辑表达式:

$$C=\overline{A_0},D=\overline{B\oplus A_0}$$

则 8 块芯片的片选信号的逻辑表达式为

$$\overline{CS_0}=\overline{C\cdot Y_0}\quad \overline{CS_2}=\overline{C\cdot Y_1}\quad \overline{CS_4}=\overline{C\cdot Y_2}\quad \overline{CS_6}=\overline{C\cdot Y_3}$$

$$\overline{CS_1}=\overline{C\cdot Y_0}\quad \overline{CS_3}=\overline{C\cdot Y_1}\quad \overline{CS_5}=\overline{C\cdot Y_2}\quad \overline{CS_7}=\overline{C\cdot Y_3}$$

存储器结构及与 CPU 连接的示意图如图 3-2-13 所示。

表 3-2-1　C、D 取值真值表

B	A_0	C	D	说明
0	0	1	1	访问 16 位数据
0	1	0	0	不访问,地址不满足整数边界要求
1	0	1	0	访问偶存储体,存取 8 位数据
1	1	0	1	访问奇存储体,存取 8 位数据

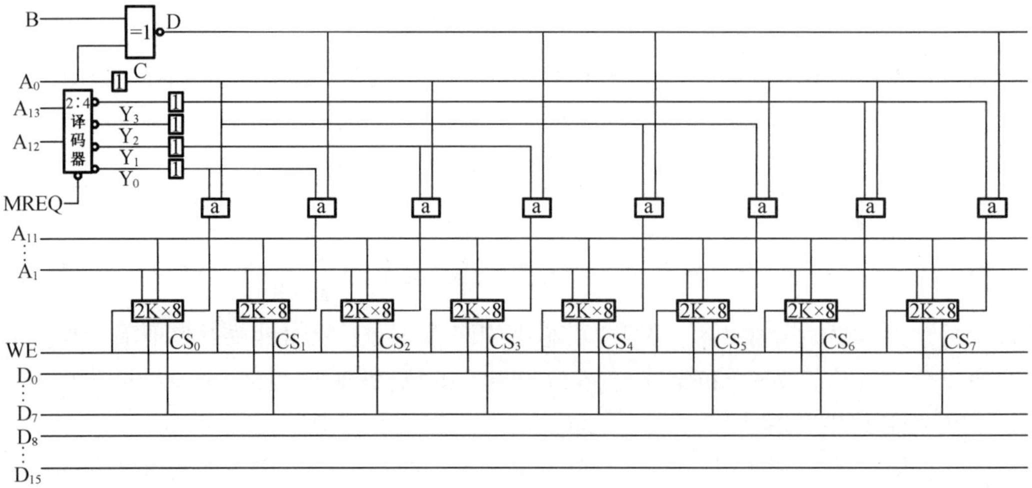

图 3-2-13　存储器多数据传输举例

3.3　非易失性存储器

非易失性存储器(non-volatile memory, NVM)是指当关机后,存储器中的内容不会随之消失的计算机存储器。非易失性存储器,以存储器中的内容是否能在计算机工作时随时改写为标准,可分为 3 类:只读存储器、闪速存储器(flash memory)和新型的非易失性存储器。

3.3.1　只读存储器

只读存储器的特点是在系统断电以后,只读存储器中所存储的内容不会丢失。因此,只读存储器是非易失性存储器。半导体只读存储器常作为主存的一部分,存放一些固定的程序,如监控程序、启动程序、磁盘引导程序等。只要一接通电源,这些程序就能自动运行。此外,只读存储器还可以用作控制存储器、函数发生器、代码转换器等。在输入、输出设备中,常用 ROM 存放字符、汉字等的点阵图形信息。

只读存储器的类型多种多样,如掩膜 ROM、可编程 ROM、紫外线擦除可编程 ROM、电擦除可编程 ROM、闪速可擦除可编程 ROM。下面对它们分别做出简要说明。

1. 掩膜 ROM

掩膜 ROM 中的内容是由半导体存储芯片制造厂家在制造该芯片时直接写入 ROM 中的,即掩膜 ROM 不是用户可编程 ROM。掩膜 ROM 的主要优点是比其他类型的 ROM 成本低,但是一旦掩膜 ROM 中的某个代码或数据有错误,整批的掩膜 ROM 都要扔掉。

2. 可编程 ROM

可编程 ROM(programmable ROM, PROM)是提供给用户,将要写入的信息“烧”入 ROM。PROM 为一次可编程 ROM(one time programmable ROM, OTPROM)。对 PROM 写入信息需要用一个叫作 ROM 编程器的特殊设备来实现这个过程。

3. 紫外线擦除可编程 ROM

人们发明用紫外线实现擦除的可编程 ROM(erasable programmable ROM, EPROM)的目的是使已写入 PROM 中的信息能被修改(与 PROM 有本质的不同),且可被编程、擦除几千次。EPROM 的问题是需要紫外设备,EPROM 芯片有一个窗口用于接收紫外线,通过紫外线照射擦除其内容。擦除芯片的内容耗时为分钟级。

4. 电擦除可编程 ROM

与 EPROM 相比,电擦除可编程 ROM(electrically erasable programmable ROM, EEPROM)有许多优势。其一是用电来擦除原有信息,实现瞬间擦除,而 EPROM 需要 20 min 左右的擦除时间。此外,用户可以有选择地擦除具体字节单元的内容,而 EPROM 擦除的是整个芯片的内容,并且 EEPROM 的用户可直接在电路板上对其进行擦除和编程,不需要额外的擦除和编程设备。这要求系统设计者在电路板上设置对 EEPROM 进行擦除和编程的电路。EEPROM 的擦除一般使用 12.5 V 的电压,即在 VPP 引脚上要加 12.5 V 的电压。

5. 闪速可擦除可编程 ROM

闪速可擦除可编程 ROM,又称闪速存储器,简称闪存,起源于 20 世纪 90 年代初,是深受欢迎的用户可编程存储芯片。闪存正在逐渐替代原来个人计算机中的 BIOS ROM。有的设计人员认为闪存将来可能替代硬盘,如此将大大改善计算机的性能,因为闪存的存取时间在 100 ns 之内,而磁盘的存取时间为毫秒级。

闪存替代硬盘有两个问题必须解决:一是成本因素,即同等容量的 USB 闪存盘价格应与同等容量的硬盘价格相差不大;二是闪存可擦写的次数,必须像硬盘一样在理论上是无限的(这是由硬盘的工作原理所决定的),而闪存的可擦写次数是有限的。

3.3.2 闪速存储器

闪速存储器(闪存)是只读存储器的一种,由于其是一种较为常见的只读存储器,下面对其进行详细介绍。

东芝公司的 Fujio Masuoka 于 1984 年首先提出了快速闪存的概念。与传统计算机内存不同,闪存的特点是拥有非易失性。

Intel 是世界上第一个生产闪存并将其投放市场的公司。1988 年,公司推出了一款 256 Kb 的闪存芯片。它如同鞋盒一样大小,内嵌于一个录音机里。后来,Intel 发明的这类闪存统称为 NOR 型闪存。它结合了 EPROM 和 EEPROM 两项技术,并拥有一个 SRAM 接口。

第二种闪存是日立公司于 1989 年研制的 NAND 型闪存,它被认为是 NOR 型闪存的理想替代者。NAND 型闪存的写周期是 NOR 型闪存的 1/10,保存与删除处理的速度快,存储单元只有 NOR 型闪存的一半,但读取速度要慢于 NOR 型闪存。

1. 闪速存储器的基本原理

闪存以单晶体管作为二进制信号的存储单元,它的结构与普通的半导体晶体管(场效应管)类似,如图 3-3-1 所示,区别在于闪存的晶体管加入了浮动栅(floating gate)和控制栅(control gate)。前者用于存储电子,表面被一层硅氧化物绝缘体所包覆,并通过电容与控制栅相耦合。当负电子在控制栅的作用下注入浮动栅中时,该 NAND 单晶体管的存储状态就由 1 变成 0。反之,当负电子从浮动栅中移走后,存储状态就由 0 变成 1。包覆在浮动栅表面的绝缘体的作用就是将内部的电子困住,以达到保存数据的目的。如果要写入数据,就必须将浮动栅中的负电子全部移走,令目标存储区域都处于 1 状态,这样只有遇到数据 0 时才发生写入动作。

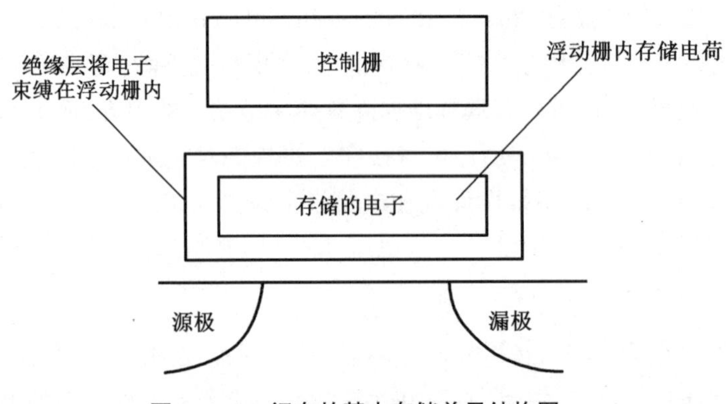

图 3-3-1　闪存的基本存储单元结构图

闪存有几种不同的电荷生成与存储方案,应用最广泛的是通道热电子编程(channel hot electron, CHE),该方法通过对控制栅施加高电压,使传导电子在电场的作用下突破绝缘体的屏障进入浮动栅内部,反之亦然,以此来完成写入或者擦除动作;另一种方法称为隧道效应法(fowler-nordheim, FN),该方法直接在绝缘层两侧施加高电压形成高强度电场,帮助电子穿越氧化层通道进出浮动栅。

2. 闪速存储器的特点

固有的非易失性:SRAM 和 DRAM 断电后保存的信息随即丢失,为此 SRAM 需要备用电池来保存数据,而 DRAM 一般需要磁盘作为后援存储器。由于闪存具有可靠的非易失性,因此它是一种理想的存储器。

廉价和高密度:与 SRAM 及 DRAM 相比,相同存储容量的闪存具有更低的成本。

可直接执行:NOR 型闪速存储器中存储的应用程序可以直接在闪存内运行,不必再把代码读到系统 RAM 中,而磁盘中存储的应用程序要先加载到 RAM 中才能执行。

固态性能:闪速存储器是一种低功耗、高密度且没有机电移动装置的半导体技术,访问速度也快于传统磁盘,因而特别适合便携式微型计算机系统,如固态硬盘(solid state disk,SSD)。但固态硬盘要想完全替代磁盘至少要解决两个问题:一是固态硬盘每位存储成本高于磁盘;二是固态硬盘的访问次数是有限的,而磁盘的访问次数在理论上是无限的。

3. 闪速存储器的分类

根据技术架构的不同,闪存可分为如下两类。

(1)NOR 型闪存

NOR 型闪存工作时同时使用通道热电子编程法和隧道效应法两种方法。通道热电子编程法用于数据写入,支持单字节或单字编程;隧道效应法则用于擦除,但 NOR 型闪存不能单字节擦除,必须以块为单位或对整片区域执行擦除。由于擦除和编程速度慢,块尺寸也较大,使得 NOR 型闪存的擦除和编程花费时间长,无法胜任纯数据存储和文件存储之类的应用。

NOR 型闪存带有 SRAM 接口,有足够的地址引脚来寻址,可以很容易地存取其内部的每一个字节,因此它支持代码本地直接运行,即应用程序可以直接在闪存内运行,不必再把代码读到系统 RAM 中,这是嵌入式应用经常需要的一个功能。但其单位存储价格比较高,容量比较小,比较适合频繁随机读写的场合。

(2)NAND 型闪存

NAND 型闪存工作时采用隧道效应法写入和擦除,单晶体管的结构相对简单,使其存储单元只有 NOR 型闪存的一半,因而存储密度较高。与 NOR 型闪存相比,NAND 型闪存的写和擦除操作速度快,但其随机存取的速度慢。NAND 型闪存的基本存取单元是页(page)。每一页的有效容量是 512 B 的倍数,类似于硬盘的扇区。所谓有效容量是指用于数据存储的部分。例如,每页的有效容量是 2 048 B,外加 64 B 的空闲区,空闲区通常用于纠错码、损耗均衡(wear leveling)等。

与磁盘和 DRAM 不同,类似于 EEPROM 技术,对闪存的写操作会损耗存储位,所以闪存的操作次数是受限的。为了延长其寿命,大多数闪存产品都有一个控制器,用来将写操作从已经写入很多次的块中映射到写入次数较少的块中,从而使写操作尽量分散。这种技术称为损耗均衡。该技术也可以将芯片在制造过程中出错的存储单元屏蔽掉。

根据闪存颗粒中单元存储密度的差异,NAND 型闪存又分为单层单元(single-level cell,SLC)、多层单元(multi-level cell,MLC)、三层单元(triple-level cell,TLC)、四层单元(quad-level cell,QLC)等多种类型。SLC 每个单元存储一位二进制数据,这种设计提高了耐久性、准确性和性能,其价格最高。MLC 每个单元存储两位二进制数据,尽管在存储单元中存储多位数据能够在相同空间内获得更大容量,但它的代价是使用寿命和可靠性降低。TLC 每个单元存储三位二进制数据,通常用于对性能和耐久性要求相对较低的消费级电子产品中,最适合包含大量读取操作的应用程序。QLC 每个单元存储四位二进制数据,这种产品在大数据等应用中发挥了重要作用。

NAND 型闪存主要用来存储资料,它常常被应用于诸如数码照相机、数码摄像机、闪存卡、固态硬盘等产品。

3.3.3 新型的非易失性存储器

新型的非易失性存储器通常包括铁电存储器(ferroelectric random access memory, FRAM)、相变存储器(phase change random access memory, PCRAM)、磁性存储器(magnetic random access memory, MRAM)和阻变存储器(resistive random access memory, RRAM)等。其中,FRAM是一种在断电时不会丢失内容的非易失性存储器,具有高速、高密度、低功耗和抗辐射等优点。PCRAM利用特殊材料在晶态和非晶态之间相互转化时所表现出来的导电性差异来存储数据。MRAM利用磁性隧道结的隧穿磁电阻效应对数据进行存储。RRAM是以非导电性材料的电阻在外加电场的作用下,在高阻态和低阻态之间可逆转换为基础的非易失性存储器。相比其他非易失性存储技术,RRAM是高速存储器。下面重点介绍RRAM芯片的重要电子元件——忆阻器(memristor)。

忆阻器是表示磁通与电荷关系的电路器件。其中,忆阻的阻值是由流经它的电荷来确定的。因此,通过测定忆阻的阻值便可知道流经它的电荷量,从而具有记忆电荷的作用。简单来说,忆阻器是一种有记忆功能的非线性电阻,通过控制电流的变化可改变其阻值。例如,把高阻值定义为1,低阻值定义为0,这种电阻就可以实现存储数据的功能。

在每个忆阻器中,底部和顶部的导线分别与器件的两边接触。忆阻器是由两个金属电极夹着的二氧化钛层构成的双端与双层交叉开关结构的半导体。其中一层二氧化钛掺杂了氧空位,成为一个半导体,而相邻一层不掺任何东西,保持绝缘体的自然属性,通过检测交叉开关两端电极的阻性就能判断RRAM的“开”或者“关”状态,如图3-3-2所示。

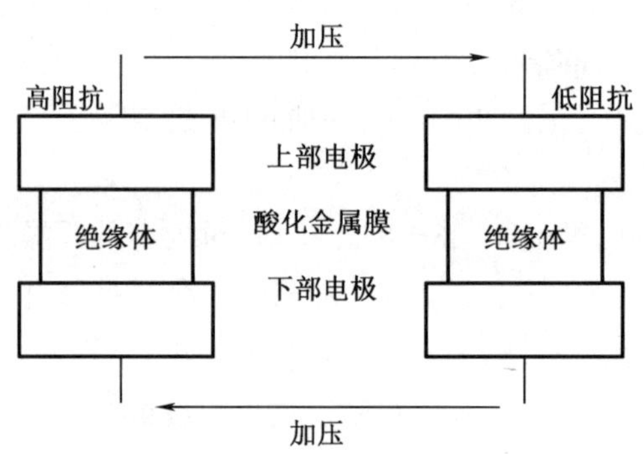

图3-3-2 忆阻器的基本原理

忆阻器除了其独特的记忆功能外,还有两大特性:一是有更短的访问时间和更快的读写速度,它整合了闪存和DRAM的部分特性;二是存储单元小,尺寸可以做到几纳米。由于忆阻器尺寸小、能耗低,因此能很好地存储和处理信息。例如,一个忆阻器的工作量相当于一枚CPU芯片中十几个晶体管共同产生的效用,而且其可以与CMOS技术相兼容,因此忆阻器是下一代非易失性存储技术的发展趋势。

3.4　并行存储器

随着计算机的不断发展，存储器系统速度虽然也在不断提高，但始终跟不上 CPU 速度的提高，因而成为限制系统速度的一个瓶颈。为了解决两者的速度匹配问题，通常的方法有：一是采用更高速的主存，或加长存储器的字长；二是采用并行操作的双端口存储器；三是在每个存储器周期中存取几个字，即采用并行存储器；四是在 CPU 和主存之间插入一个高速缓冲存储器。

本节先介绍双端口存储器，然后介绍并行主存系统，最后介绍相联存储器，下一节介绍高速缓冲存储器。

3.4.1　双端口存储器

常规的存储器是单端口存储器，每次只接收一个地址，访问一个编址单元，从中读取或存入一个字节或一个字。在执行双操作数指令时，就需要分两次读取操作数，工作速度较低。在高速系统中，主存储器是信息交换的中心。一方面 CPU 频繁地访问主存，从中读取指令、存取数据，另一方面外围设备也需较频繁地与主存交换信息，而单端口存储器每次只能接受一个访存者，要么读要么写，这也影响了工作速度。为此，在某些系统或部件中使用双端口存储器，已有集成芯片可用。

如图 3-4-1 所示，双端口存储器具有两个彼此独立的读/写口，每个读/写口都有一套独立的地址寄存器和译码电路、数据总线和控制总线，可以并行地独立工作。

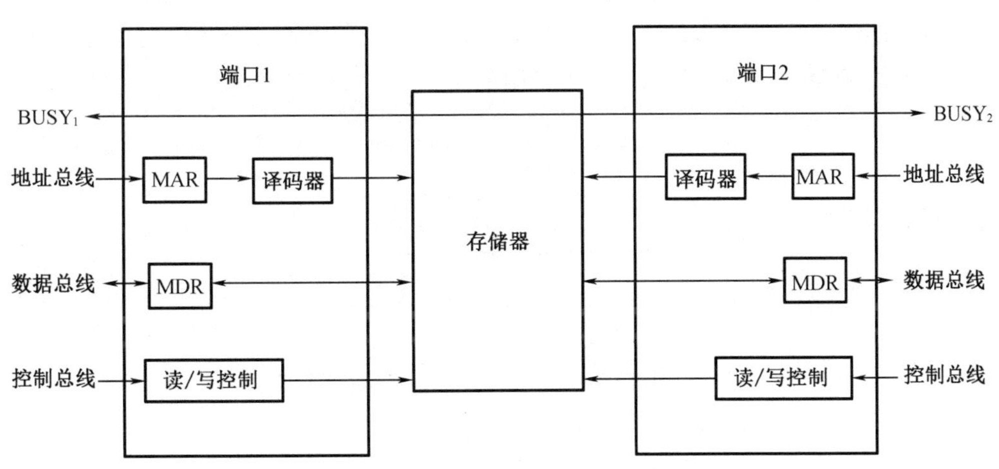

图 3-4-1　双端口存储器

当送达两个端口的访存地址不同时，在两个端口上进行读/写操作，一定不会发生冲突。每个端口都可以独立对存储器进行读/写，就像是两个存储器在同时工作，实现了并行存储操作。

当两个端口地址总线上送来的是存储器同一单元的地址时，便发生读写冲突。为解决此问题，双端口存储器芯片特设置 BUSY 标志。在这种情况下，芯片上的判断逻辑可以决定对哪个端口优先进行读/写操作，而对另一个被延迟的端口设置 BUSY 标志（使其变为低电平），即暂时关闭此端口。换句话说，读/写操作对 BUSY 变为低电平的端口是不起作用的。优先端口完成读/写操作后，才将被延迟端口的 BUSY 复位（使其变为高电平），开放此端口允许延迟端口进行存取。

双端口存储器的常见应用场合有：一种是在运算器中采用双端口存储芯片，作为通用寄存器组，能快速提供双操作数，或快速实现寄存器间的传送；另一种是让双端口存储器的一个读/写口面向 CPU，通过专门的存储总线（或称局部总线）连接 CPU 与主存，使 CPU 能快速访问主存，另一个读/写口则面向外围设备或输入输出处理机 IOP，通过共享的系统总线连接，这种连接方式具有较大的信息吞吐量。此外，在多机系统中，常采用双端口存储器甚至多端口存储器，作为各 CPU 的共享存储器，以实现多 CPU 之间的通信。

3.4.2 并行主存系统

为解决主存与 CPU 之间的速度差异，在高速的大型计算机中普遍采用并行主存系统，在一个存储周期内可并行存取多个字，从而提高整个存储器系统的吞吐率（数据传送率），从而解决 CPU 与主存间的速度匹配问题。并行主存系统通常有以下两种方式。

1. 单体多字并行主存系统

如图 3-4-2 所示，多个并行存储器共用一套地址寄存器，按同一地址码并行访问各自的对应单元。例如读出沿这 n 个存储器顺序排列的 n 个字，每个字有 w 位。假定送入的地址码为 A，则 n 个存储器同时访问各自的 A 号单元。这 n 个存储器也可以视作一个大存储器，每个编址对应于 n 字×w 位，因而称为单体多字方式。

单体多字并行主存系统适用于向量运算一类的特定环境。在执行向量运算指令时，一个向量型操作数包含 n 个标量操作数，可按同一地址分别存放于 n 个并行主存之中。例如矩阵运算中的 aibj＝a0b0，a0b1…，就适合采用单体多字并行存取方式。

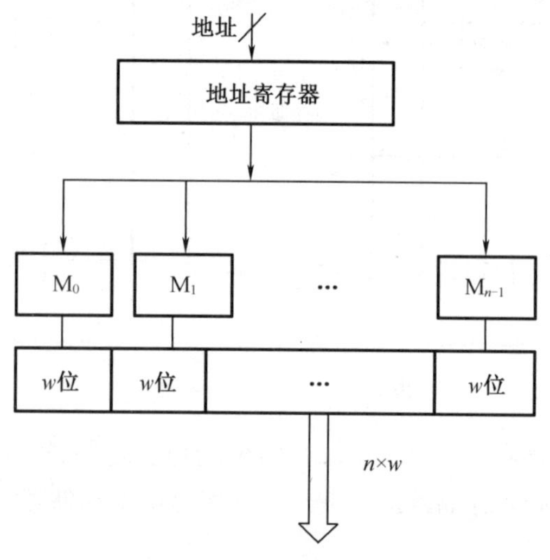

图 3-4-2 单体多字并行主存系统

2. 多体交叉并行主存系统

在大型计算机中使用更多的是多体交叉存储器,如图3-4-3所示,一般使用n个容量相同的存储器,或称为n个存储体,它们具有自己的地址寄存器、数据线、时序,可以独立编址地同时工作,因而称为多体方式。

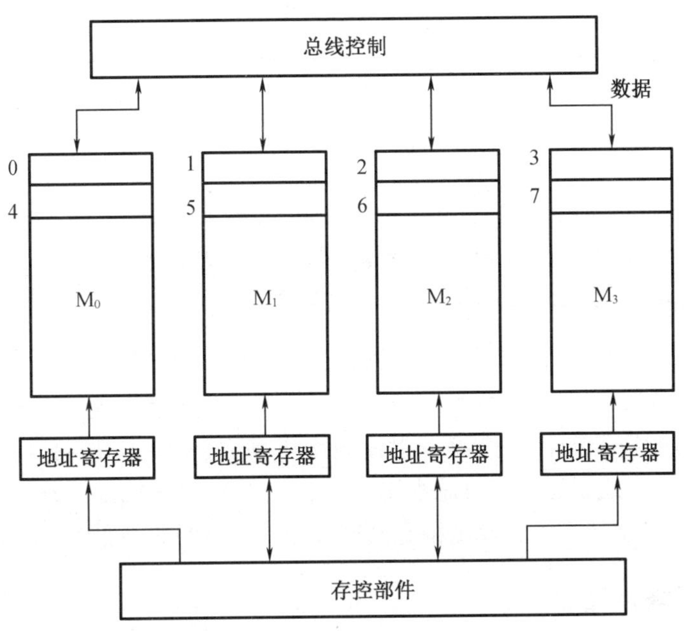

图3-4-3 多体交叉并行主存系统

各存储体的编址大多采用交叉编址方式,即将一套统一的编址按序号交叉地分配给各个存储体。以4个存储体组成的多体交叉存储器为例:M_0体的地址编址序列是0,4,8,12,…;M_1体是1,5,9,13…;M_2体是2,6,10,14,…;M_3体是3,7,11,15,…。换句话说,一段连续的程序或数据,将交叉地存放在几个存储体中,因此整个并行主存是以n为模交叉存取的。

相应地,对这些存储体采取分时访问的时序,如图3-4-4所示。仍以4个存储体为例,模等于4,各体分时启动读/写,时间错过1/4存取周期。启动M_0后,经$\frac{1}{4}T_M$启动M_1,在$\frac{1}{2}T_M$时启动M_2,在$\frac{3}{4}TM_4$时启动M_3。各体读出的内容也将分时地送入CPU中的指令栈或数据栈,每个存取周期可访存4次。

采取多体交叉存取方式,需要一套存储器控制逻辑,简称存控部件。它由操作系统设置或控制台开关设置,确定主存的模式组合,如所取的模是多大;接收系统中各部件或设备的访存请求,按预定的优先顺序进行排队,响应其访存请求;分时接收各请求源发来的访存地址,转送至相应的存储体;分时收发读/写数据;产生各存储体所需的读/写时序;进行校验处理等。显然,多体交叉存取方式的存控逻辑比较复杂。

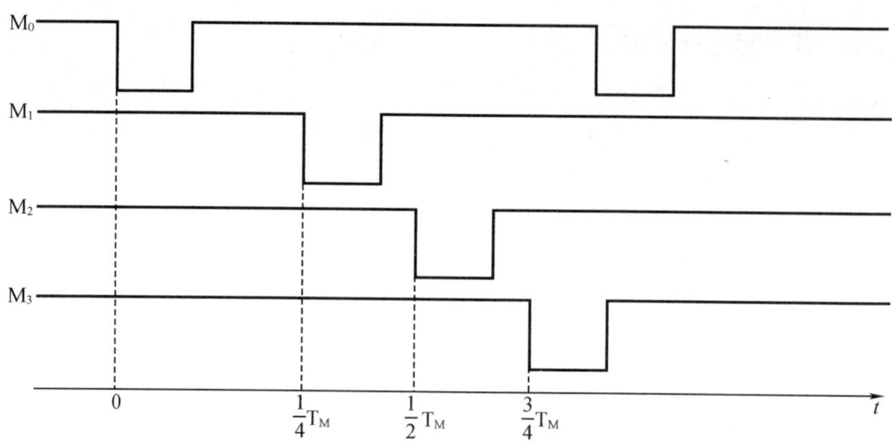

图 3-4-4　多存储体分时工作示意图

当 CPU 或其他设备发出访存请求时,存控部件按优先排队决定是否响应请求,并按交叉编址关系决定该地址访问哪个存储体,然后查询该存储体的“忙”触发器是否为 1。若为 1,则表示该存储体正在进行读/写操作,需等待;若该存储体已完成一次读/写,则将“忙”触发器置 0,然后可响应新的访存请求。当存储体完成读/写操作时,将发出一个回答信号。这种多体交叉存取方式很适合支持流水线的处理方式,而流水线处理方式已是 CPU 中的一种典型技术。因此,多体交叉存储结构是高速大型计算机的典型主存结构。

3.4.3　相联存储器

常规存储器是按地址访问的,即送入一个地址编码,选中相应的一个编址单元,然后进行读/写操作。在信息检索一类工作中,需要的却是按信息内容选中相应单元,进行读/写。例如,从一份学生档案中查找某生的学习成绩,送出的检索依据是该生的姓名(字符串),找到相应的存储区,读出他的成绩。当使用常规存储器进行检索时,就需要采用某种搜索算法,依次按地址选择某个存储单元,读出姓名(字符串),与检索依据进行符合比较。若不符合,则按算法修改地址,再读出另一姓名信息,进行比较。直到二者相符,表示已找到所需寻找的学生姓名,然后从此找到对应的存储区域,读出成绩数据。可见,用常规存储器进行信息检索,需将检索依据的内容设法转化为地址,因此效率往往很低。能否将有关的这些姓名与检索依据同时进行符合比较,一次就找到相符内容所存的单元呢?于是出现了相联存储器(associative memory)。

相联存储器又称为联想存储器,它是根据所存信息的全部特征或部分特征进行存取的,即一种按内容寻址的存储器。图 3-4-5 描述了其逻辑结构,它由存储体、检索寄存器、屏蔽寄存器、符合寄存器、比较线路、数据寄存器以及控制线路组成。检索寄存器和屏蔽寄存器的位数与存储体中存储单元的位数(n)相等,符合寄存器的位数则跟存储单元数(m)相等,即符合寄存器的每一位对应存储体中的一个存储单元。

当需要查找某一数据时,先把数据本身或数据特征标志部分(检索项)送入检索寄存器。由于每次检索时一般只用到其中的一部分,例如只输入学号,或只输入姓名,因此屏蔽寄存器中存放着屏蔽字代码。例如本次检索只用到高 8 位,即输入的检索字为高 8 位,则屏蔽字的高 8 位为 1,其余低位均为 0,将本次不用的无效位屏蔽掉。高 8 位的检索信息将与相联存储器中的 m 个字的高 8 位同时进行符合比较,其余被屏蔽掉的无效位将不参与比较。如果输入的检索字是另外的检索项,则修改屏蔽字。屏蔽字中为 1 的各位像一个窗口,只允许窗口对应的检索项进行比较操作。

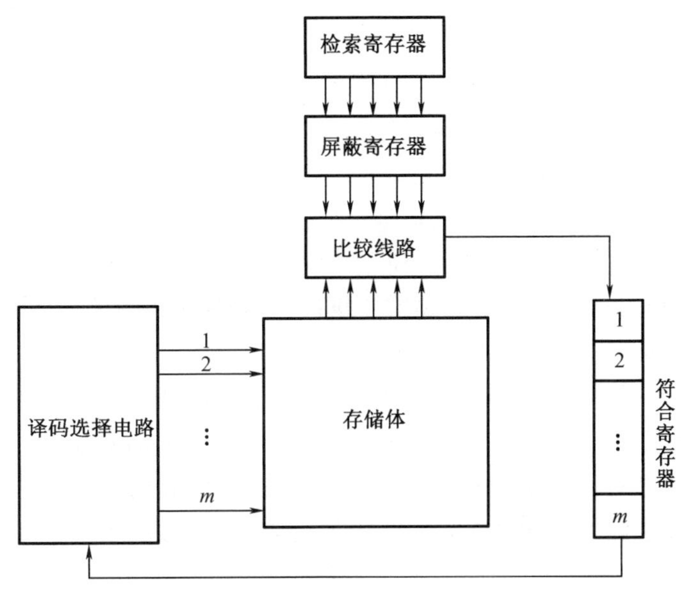

图 3-4-5　相联存储器的逻辑结构图

比较线路的作用是把检索项同时与相联存储阵列中的每一个存储单元的相应部分进行逻辑比较,若完全相同,则把与该字对应的符合寄存器位相应置 1,表示该字就是所要查找的字,并利用这个符合信号去控制该字单元的读/写操作,实现数据的读出或写入。数据寄存器则存放要读出或写入的数据。

综上所述,存储体中的每个单元都应有一套比较线路,最终产生使符合寄存器相应位置 1 的信号。这样相联存储器的成本高,且容量有限,所以相联存储器一般用来存放检索中可能要查询的关键信息。若其他信息存放在另外的常规数据存储器中,则符合寄存器的各位经编码产生地址,据此到数据寄存器中读/写。

在计算机系统中,相联存储器主要用于在虚拟存储器中存放分段表、页表和快表;在高速缓冲存储器中,相联存储器用于存放 Cache 的行地址。在这两种应用中,都需要快速查找。

3.5　高速缓冲存储器

3.5.1　Cache 在存储体系中的地位和作用

集成电路技术不断进步,使生产成本不断降低,CPU 的功能不断增强,运算速度也越来越快；同时，微型计算机的应用领域也不断拓展，使得系统软件和应用软件都变得越来越大，客观上需要大容量的内存支持软件的运行，因此需要计算机配备较大容量的内存。从成本和容量两个因素考虑，现代计算机广泛采用 DRAM 构成的内存，因为 DRAM 的功耗和成本低、容量大。但 DRAM 的速度相对较慢，很难满足高性能 CPU 在速度上的要求。那么如何解决这个矛盾呢？

1. 程序的局部性

根据冯·诺伊曼计算机的特点，我们注意到：在较短的时间内，程序的执行仅局限于某个部分，相应地，CPU 所访问的存储器空间也局限于某个区域（至少在一段时间内是这样的），这就是程序的局部性（locality of reference）原理。程序的局部性表现为时间局部性和空间局部性。由于程序中存在着大量的循环结构，程序中的某条指令一旦执行，不久以后该指令可能再次执行，如果某数据被访问过，则不久以后该数据可能再次被访问，这就是时间局部性。程序的另一个典型情况就是顺序执行，一旦程序访问了某个存储单元，在不久以后，其附近的存储单元也将被访问，表现为空间局部性。

基于程序的局部性原理，Cache 的设计理念就是：只将 CPU 最近需要使用的少量指令或数据以及存放它们的内存单元的地址，复制到 Cache 中提供给 CPU 使用，即用少量速度较快的 SRAM 构成 Cache，置于 CPU 和主存之间，以提高 CPU 的工作效率。这种设计思想利用了 SRAM 的速度优势和 DRAM 的高集成度、低功耗及低成本的特点，是多级存储层次的一个重要层级。

例如在 33 MHz 80386 构成的系统中，如果 CPU 需要从内存中读取指令或数据，在不需要插入任何等待状态的理想情况（零等待）下，最大的延迟时间为 60 ns，即 CPU 发出内存地址和读命令后，最多等待 60 ns 就可以在数据总线上取得它需要的指令或数据。换一个角度讲，当内存得到 CPU 送来的地址和读命令后，只有 60 ns 的时间来完成地址译码、读出指令或数据并将读出的指令或数据稳定地放到数据总线上。当时在市场上满足成本要求的 DRAM 芯片，在速度上都不能满足要求，只有访问时间为 45 ns 的 SRAM 在速度上才能满足 CPU 的要求。因此，在这样的系统中使用 Cache 是完全必要的。

不难想象，随着大规模集成电路技术不断进步，CPU 的工作频率进一步提高，虽然 DRAM 技术和生产工艺也在不断进步，DRAM 的读写周期在不断缩短，即速度也在不断提高，但是仍然达不到同阶段的 CPU 对内存速度的要求。问题依然存在，且变得更加严重，所以在目前的系统中均采用 Cache 和 DRAM 内存的组合结构。

2. 多级 Cache 概念

基于目前的大规模集成电路技术和生产工艺，人们已经可以在 CPU 芯片内部放置一定容量的 Cache。CPU 芯片内部的 Cache 称为一级（L1）Cache，CPU 外部由 SRAM 构成的 Cache 称为二级（L2）Cache。目前最新的 CPU 内部已经可以放置二级甚至三级 Cache。

同时也应该看到，若 CPU 随机地访问存储器，不遵循局部性原理，则 Cache 的设计理念根本无法发挥作用。目前看来，频繁且无规则地在程序中使用 CALL 或 JMP 指令将会严重地影响基于 Cache 的系统性能，但这种情况在实际应用中并不多见，也可以考虑通过加大 Cache 的容量来提高系统性能。

在带有 Cache 的计算机系统中，Cache 对于程序员是透明的。从逻辑上讲，程序员并不会感觉到 Cache 的存在，只会感觉到主存的速度加快了。

3.5.2　Cache 的结构及工作原理

Cache 的总体结构如图 3-5-1 所示。Cache 存储阵列由高速存储器构成，用于存放主存信息的副本。其容量虽小于主存，但编址方式、物理单元长度均与主存相同。Cache 中用于存放数据的部分称为数据 Cache，存放指令的部分称为指令 Cache，有时二者也统称为内容 Cache。在带有 Cache 的计算机系统中，Cache 和主存均被分割成大小相同的块（也称为行），信息以块为单位调入内容 Cache。Cache 中数据块（行）的大小一般为几到几百字节。

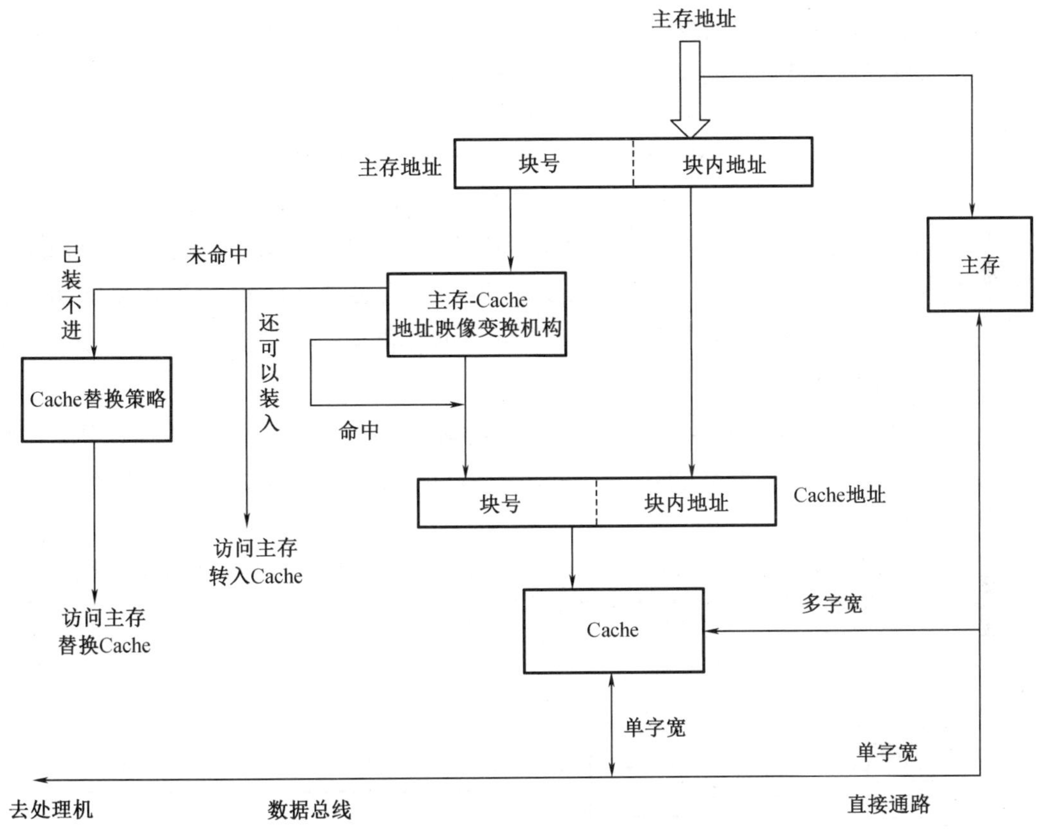

图 3-5-1　Cache 的总体结构

由于 Cache 容量有限，只能复制主存中小部分内容，因此 Cache 中有专门用于记录主存内容存入 Cache 时两者的对应关系的部件，称为标识 Cache，该部件一般由相联存储器组成。在标识 Cache 中，内容 Cache 中的每个块都有一个对应的标识（标记），表明存入 Cache 当前块中主存内容的特征。另外，标识 Cache 中还有一位有效位，用于判定当前 Cache 块中是否包含有效信息。这是因为处理器刚启动时，Cache 中没有有用的数据，所有有效位都是无效的。即使在执行了一些指令后，Cache 中某些块依然是空的。

当 CPU 存取数据或指令时，按数据或指令的内存地址去访问 Cache，与标识 Cache 中的标记相比较，若相等且有效位为有效，说明 Cache 中找到了数据或指令（称为 Cache 命中），则 CPU 无须等待，Cache 就可以将信息传送给它；若标记不相等，说明数据或指令不在 Cache 中（称为未命中），此时存储器控制电路从内存中取出数据或指令传送给 CPU，同时复制一份该信息所在的数据块到 Cache 中。若此时 Cache 已满，则 Cache 中的替换策略实现机构按照某种替换算法调出某一 Cache 块，然后从内存中装入所需的块。之所以这样做，是为了防止 CPU 以后再访问同一信息时又会出现不命中的情况，以便尽量降低 CPU 访问速度相对较慢的内存的概率。换言之，CPU 访问 Cache 的命中率越高，系统性能就越好。目前，在绝大多数有 Cache 的系统中，Cache 的命中率一般能做到高于 85%。

Cache 的命中率取决于 Cache 的大小、Cache 的组织结构和程序的特性 3 个因素。容量相对较大的 Cache，命中率会相应地提高，但容量太大成本就会变得不合理。遵循局部性原理的程序在运行时，Cache 命中率也会很高。另外，Cache 的组织结构的好坏对命中率也会产生较大的影响。就 Cache 的组织结构而言，有 3 种类型的 Cache：直接映像方式、全相联映方式和组相联映像方式。

由于 CPU 仍以主存地址访问 Cache，因此先用主存地址中的一部分与标识 Cache 的标记比对，判定是否命中。用访存地址中的哪部分与标记比对，以及与标识 Cache 中所有标记比对，还是只比对某个标记，或是比对某几个标记，这些都取决于 Cache 的组织结构，即主存信息按什么规则装入 Cache。通常将主存与 Cache 的存储空间划分为若干大小相同的块。例如，某机 Cache 容量为 16 KB，块大小为 64 B，则 Cache 可划分为 256 块；主存容量为 1 MB，可划分为 16 384 块。下面以此为例介绍 3 种 Cache 的组织结构，也称为 Cache 映像方式。

1. 直接映像方式

所谓直接映像，是指任何一个主存块只能复制到某一固定的 Cache 块中。它实际是将主存以 Cache 的大小划分为若干区，每一区的第 0 块只能复制到 Cache 的第 0 块，每一区的第 1 块只能复制到 Cache 的第 1 块，……。如图 3-5-2 所示，在前述实例中，把主存按照 Cache 的大小分为 64 个区，每个区 256 块。当 CPU 访存时，给出 20 位主存地址，其中高 14 位给出主存块号，低 6 位给出块内的字节地址。

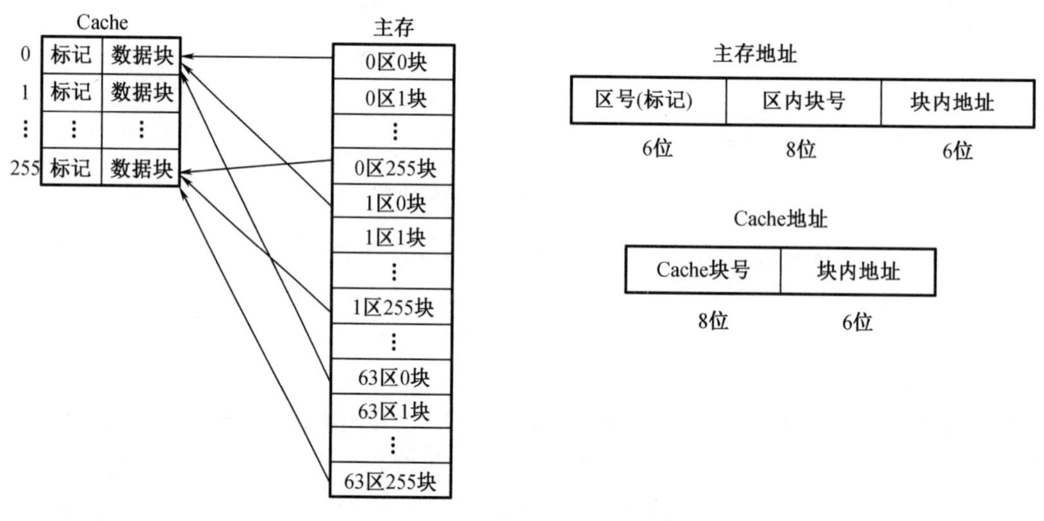

图 3-5-2 直接映像的 Cache 组织

为了实现与 Cache 间的地址映像与变换，主存高 14 位地址又分为两部分：高 6 位给出主存区号，选择 64 区中的某一区；低 8 位为区内块号，实际就是 Cache 块号，选择区内 256 块中的某一块。由于主存块在 Cache 中的位置固定，一个主存块只能对应一个 Cache 块，故标识 Cache 中只需存储每一块所对应的主存区号。如图 3-5-3 所示，访存时，以主存地址中的区内块号为索引定位到标识 Cache 的相应位置，再将主存地址中的区号与标识 Cache 中的相应块的标记比较。如果相等且有效位为有效，表示 Cache 命中，则所需的数据由 Cache 相应单元读出或写入。若不等，表示所需块未装入 Cache，此时需访问主存获取信息，同时将所需内容对应的块从主存复制到 Cache 中并修改对应的标识。

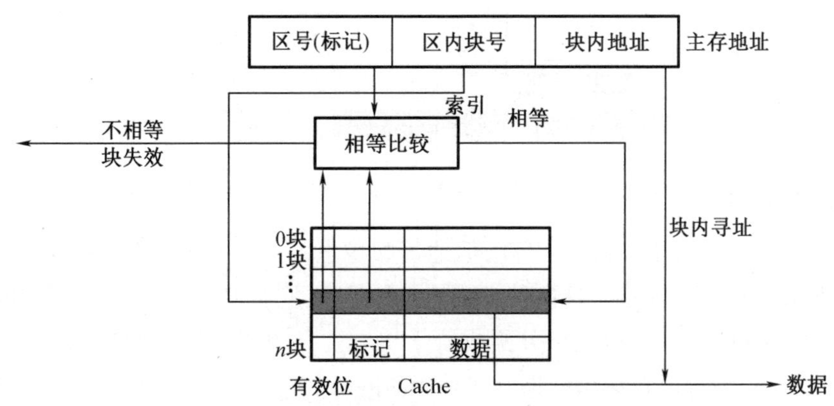

图 3-5-3　直接映像中 Cache 的工作方式

在直接映像方式下，主存中存储单元的数据只可调入 Cache 中的一个固定位置，如果主存中另一个存储单元的数据也要调入该位置，则将发生冲突。

直接映像方式的硬件实现简单，地址变换速度快。由于主存块在 Cache 中的位置固定，一个主存块只能对应一个 Cache 块，因此没有替换策略问题，但块的冲突率高，Cache 利用率也降低了。若程序连续访问两个相互冲突的块，将会使命中率急剧下降。

2. 全相联映像方式

在全相联映像方式的 Cache 中，任意主存单元的内容可以存放到 Cache 的任意单元中，两者之间的对应关系不存在任何限制，如图 3-5-4 所示。

在全相联映像方式中，CPU 送到 Cache 的访存地址被分为两部分，如图 3-5-4 中高 14 位为主存块号，低 6 位为块内地址。每块 Cache 的标记也为 14 位，用于指示装入 Cache 对应位置的主存块号。当 CPU 访存时，将主存块号与 Cache 标记全相联比对，若有相符者，则表示被访主存块已装入 Cache，相应块的内容被读出或写入。若没有相符者，则表示被访主存块未复制到 Cache 中，此时若 Cache 中有空块，则从主存调入所需块并建立标记；若 Cache 中无空块，则需淘汰某一 Cache 块，再调入新块，并修改 Cache 标记。

全相联方式 Cache 空间利用率高，只有在 Cache 中的块全部装满后才会出现块冲突，所以块冲突概率小。缺点是需相联比对，因而硬件逻辑复杂，成本高。

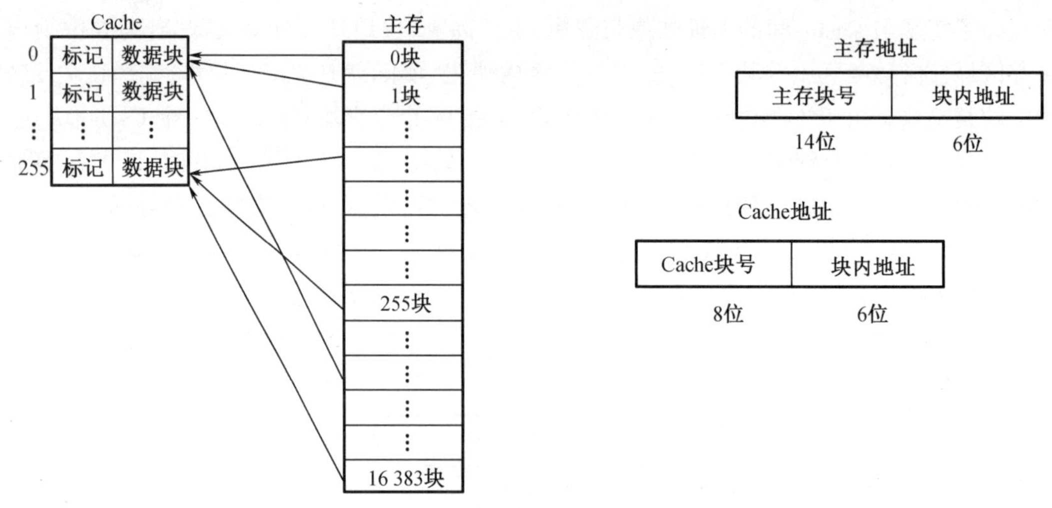

图 3-5-4　全相联映像的 Cache 组织

3. 组相联映像方式

全相联映像方式灵活性和命中率高，但地址映像电路中的比较器复杂，而直接映像方式正好与之相反。组相联映像是这两种方式的一种折中，它将 Cache 分组，每组中的块数固定，同时按照 Cache 的块尺寸将主存分割成若干块。主存中的任何一块只能存放到 Cache 中的某一固定组中，但存放在该组的那一块是灵活的。

如果 Cache 组的大小为 1，则变成直接映像。如果组的大小为整个 Cache 的尺寸，则又变成全相联映像。若组相联映像中每组的块数为 k，则又称为 k 路组相联。

仍使用前面的例子。如图 3-5-5 所示，假设 Cache 中每组大小为 4 块，则 Cache 共有 64 组。12 位 Cache 地址分为 3 部分：6 位组号、2 位组内块号和 6 位块内地址。1 MB 主存共有 16 384 块，20 位主存地址的高 14 位为块号，低 6 位为块内地址。设主存中某一块的块号为 s，则它所在的 Cache 组号 $k=s\text{MOD }64$，即主存地址中 14 位块号的低 6 位就是 s 块所在的 Cache 组号，而 14 位块号中的高 8 位作为标记存储在标识 Cache 中，用于访问 Cache 时的相联比较。这样主存的 s 块只能存放在 Cache 的 k 组中，但可放于 k 组 4 块中的任意位置。由此可以看出，组的映像是直接映像，而组内是全相联映像。

如图 3-5-6 所示，按照图 3-5-5 所示的结构，Cache 按照四路组相联组织，每行是一组，每组由 4 个块构成。当 CPU 以 20 位主存地址访问 Cache 时，其地址被分为 3 部分：8 位标记、6 位 Cache 组号和 6 位块内地址。以主存组号为索引查找标识 Cache，在标识 Cache 中将对应组的 4 个标记与主存地址中的标记进行相等比对，如果有相等的，且有效位为有效，表示 Cache 命中，由四选一多路选择器选择出匹配的数据块，再根据主存地址中的块内地址找到块内要访问的数据读出送给 CPU。如果没有相等的标记，表示不命中，对主存进行访问并将主存中的块调入 Cache 中，同时将主存地址中的标记写入标识 Cache 中，以改变映像关系。在新的数据块调入时，可能还需确定将组内的哪一个数据块替换出去。

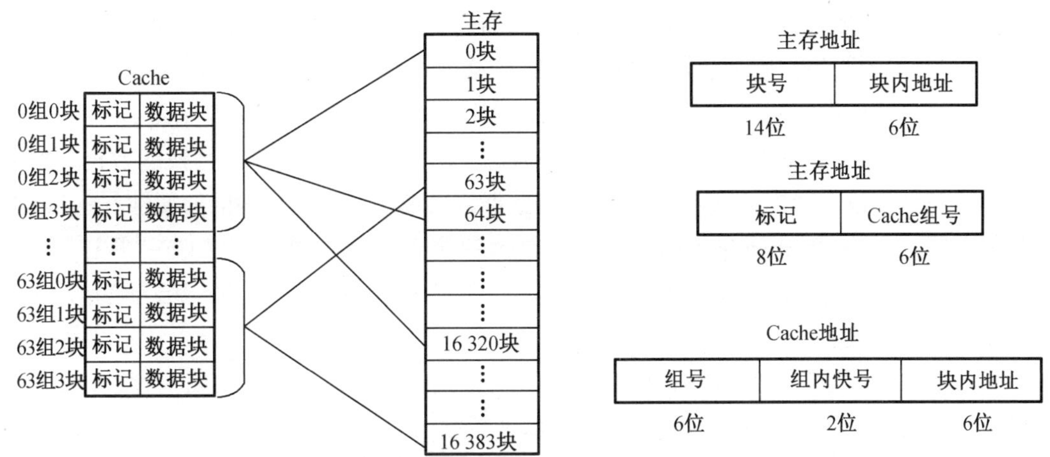

图 3-5-5　组相联映像的 Cache 组织

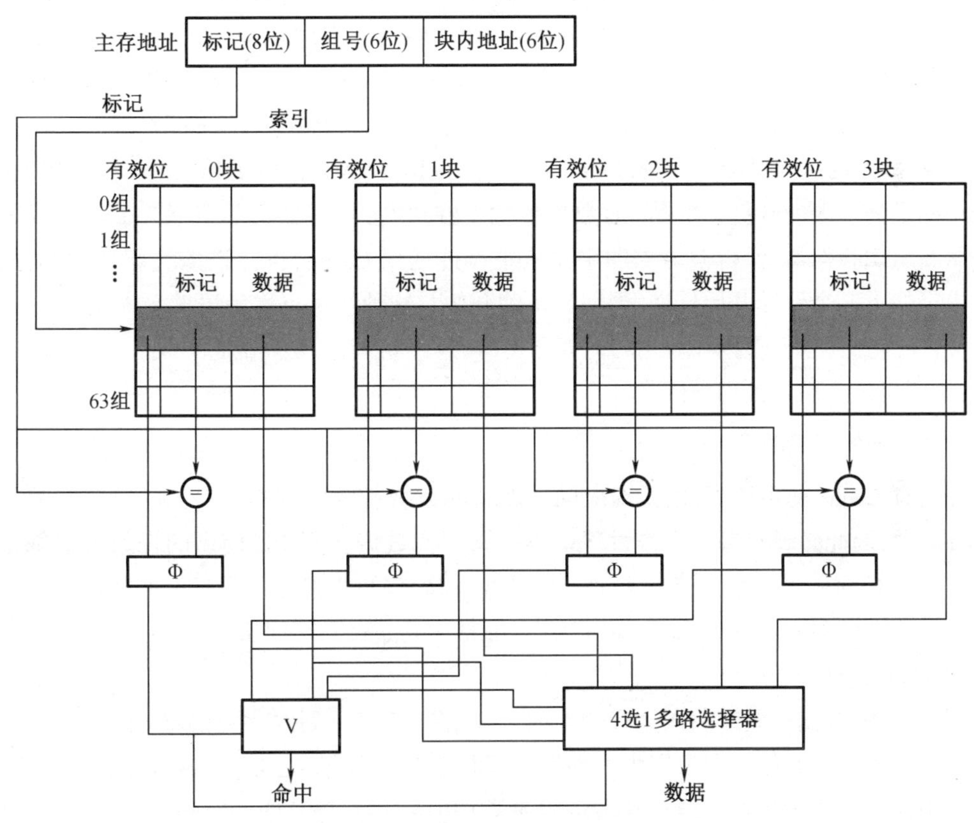

图 3-5-6　四路组相连 Cache 的工作方式

3.5.3　Cache 的替换算法与写策略

1. Cache 的替换算法

CPU 访问 Cache 在未命中的情况下，需要访问主存找到所需的信息，同时需要把该信息所在的块装入 Cache。若此时在全相联映像结构中，所有 Cache 块都装满了，或在组相联映像结构中,主存地址所对应的组也满了,就必须按照某种策略替换 Cache 中的一个块中的数据或指令,以便腾出空间存放新的数据或指令,这个过程称为 Cache 刷新。

根据计算机的设计目的和使用意向,可以采用随机的、顺序的、先进先出(first in first out, FIFO)和最近最久未使用(least recently used, LRU)算法,来决定被替换的数据。LRU 算法是将最近一段时间内 CPU 最久未使用的数据替换掉。考虑到实现的方便性,一般采用最近最少使用(least frequently used, LFU)算法来决定被替换的数据,这种方法是让 Cache 控制器记录 Cache 中每块数据最近使用的次数,当要为新数据腾出空间时,最近使用次数最少的数据块被替换。

在替换数据时,若内存中已有被替换数据块的副本,则无须将其再写回内存,直接丢弃即可,否则将被替换的 Cache 块写回主存,以保证数据的一致性。

Cache 未命中时,CPU 必须阻塞,等待要访问信息所在的数据块由主存复制到 Cache 中,为了减少阻塞延迟,可采用提前重启(early restart)或关键字优先(critical word first)技术。提前重启就是当访问主存返回所需字时,处理器马上继续执行,不需要等待整个块都装入 Cache 后再执行。这种技术应用于指令 Cache 可以保证存储器系统每个时钟周期都能传送一个字,这是因为大多数指令访问都是连续的,但应用于数据 Cache 效率要低一些,因为 CPU 对数据的访问可能是不连续的。在当前访问的块从主存传送到 Cache 前,CPU 很可能访问的是另一块的数据,如果此时数据传输正在进行,处理器必然阻塞。关键字优先技术是重新组织存储器,使得被请求的字先从主存传送到 Cache,再传送该块剩余的部分,从所请求字的下一个地址开始传送,再回到块的开始。这种技术也称为请求字优先(requested word first),它比提前重启要快一些,但如果 CPU 连续访问的字不在同一块中,而是离散分布的,同样可能会引起处理器阻塞。

2. Cache 的写策略

在具有 Cache 的系统中,由于对应同一地址的数据有两份副本,一份在主存中,另一份在 Cache 中,因此必须确保在操作过程中不丢失任何数据,使 CPU 使用的任何数据都是最新的。这就必须采用一个完美的 Cache 写策略,以确保写入 Cache 中最新的数据也写入了主存。目前有两种 Cache 写策略:写直达法(write-through)和写回法(write-back)。

(1)写直达法

写直达法,数据被同时写入主存和 Cache。因此,任何时刻内存中都有 Cache 中有效数据的副本。这种策略保证了内存中的数据总是最新的。如果 Cache 中的内容被覆盖,可以从内存中访问到最新数据。但这种做法增加了 CPU 占用系统总线的时间。

(2)写回法

写回法,CPU 将最新的数据只写入 Cache 中,但不写入内存。仅当 Cache 要替换数据时,才由 Cache 控制器将 Cache 中被替换的那个数据写入内存。采用此策略的 Cache 中增加了一位状态位,称为修改位(dirty bit)。当 Cache 要替换其中的某个块(行)中的数据时,首先查看与该块(行)对应的修改位:若修改位为 0,则表明 Cache 中的数据未被修改过,其内容与内存中对应块的内容是一致的,可以直接丢弃;若修改位为 1,则表明 Cache 中的数据是新数据,只有 Cache 中有,而内存中没有,在替换之前需要将其写入内存。当把 Cache

中的数据复制到内存中后，修改位将被清 0。写回法实现了在必要时才更新内存的内容，减少了 CPU 占用系统总线的时间，即不像写直达法那样，每当 CPU 向 Cache 中写入数据时，都要同时向内存中写入数据，而无端占用系统总线。

在多处理器或有 DMA 控制器的系统中，不止一个处理器可以访问内存，此时必须确保 Cache 中总是有最新的数据。当一个处理器或 DMA 控制器改变了内存中的某些单元的数据时，必须通知其他处理器内存的数据已经被修改。如果在其他处理器所使用的 Cache 中存放的是被修改的内存单元修改前的内容，要将 Cache 中的旧数据标记为“旧的”。这样，若处理器要使用旧数据，Cache 会告知它数据已被更改，需要到内存中重取。在多处理器共享内存中的同一组数据时，必须采取策略确保所有处理器用到的都是最新的数据。

3.6　虚拟存储器

根据程序的局部性原理，应用程序在运行之前没有必要全部装入内存，仅将那些当前需要运行的部分代码先装入内存运行，其余部分暂存在磁盘上即可。如果程序所要访问的代码或数据尚未调入内存，此时系统产生中断，由操作系统自动将所缺部分从磁盘调入内存，以使程序能继续执行下去。如果此时内存已满，无法再装入新的代码或数据，则操作系统利用置换功能将内存中暂时不用的内容调至磁盘上，以腾出足够的内存空间装入要访问的内容，使程序继续执行下去。这种存储器管理技术称为虚拟存储器。

所谓虚拟存储器，是指具有请求调入功能和置换功能，能从逻辑上对内存容量加以扩充的一种存储器系统。其逻辑容量由内存容量和外存容量之和决定，其运行速度接近内存速度，而每位的成本又接近外存。利用虚存技术，程序不再受有限的物理内存空间的限制，用户可以在一个巨大的虚拟内存空间上写程序。此时，CPU 执行指令所生成的地址称为逻辑地址或虚地址，由程序所生成的所有逻辑地址的集合称为逻辑地址空间或虚地址空间。而内存单元所看到的地址，即加载到内存地址寄存器中的地址称为物理地址或实地址。程序执行时，从虚地址到物理地址的映射是由内存管理部件 MMU 完成的。

虚拟存储器的管理方式有 3 种：页式、段式和段页式。

3.6.1　页式虚拟存储器

1. 基本原理

在页式虚拟存储系统中，把程序的逻辑地址空间分为若干大小相等的块，称为逻辑页，编号为 0，1，2，…。相应地，把物理地址空间也划分为与逻辑页相同大小的若干存储块，称为物理块或页框，编号为 0，1，2，…。设逻辑地址空间大小为 $2n$，页面大小为 $2m$，则页式虚拟存储系统中的逻辑地址结构如下：

逻辑页号 p	页内地址 d
$n-m$ 位	m 位

操作系统将程序的部分逻辑页离散地存储在内存中不同的物理页框中,并为每个程序建立一张页表。页表中的每个表项(行)分别记录了相应页在内存中对应的物理块号,该页的存在状态(是否在内存中),以及对应的外存地址等控制信息。程序执行时,通过查找页表即可找到每个逻辑页在内存中的物理块号,实现由逻辑地址到物理地址的映射。

如图 3-6-1 所示,当程序执行时产生访存的逻辑地址,页式虚存地址变换机构将逻辑地址分为逻辑页号和页内地址两部分,并以逻辑页号为索引去检索页表(检索操作由硬件自动执行)。地址变换机构根据页表基地址与逻辑页号,找到该逻辑页在页表中的对应表项,得到该页对应的物理块号,装入物理地址寄存器,同时将逻辑地址寄存器中的页内地址送入物理地址寄存器,就得到了该逻辑地址对应的物理地址,完成了地址映射。

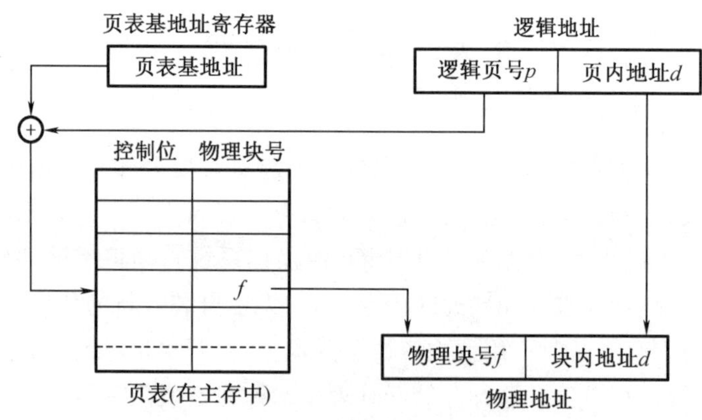

图 3-6-1 页式虚拟存储器的地址映射

在页式虚拟存储系统中,当地址变换机构根据逻辑页号查找页表时,若该逻辑页不在物理内存中(页表对应表项的存在位为"0"),此时产生缺页中断,请求操作系统将所缺的页调入内存。缺页中断处理程序根据该逻辑页对应页表项指明的外存地址在硬盘上找到所缺页面,若物理内存中有空闲物理块,则直接装入所缺页。否则,缺页中断处理程序转去执行页面置换功能,根据页面置换算法选择一页换出内存,再将所缺页换入内存。常用的页面置换算法有 FIFO、LRU、Clock、LFU 等。

2. 快表

一般页表存放在内存,使得 CPU 执行指令时每次访存操作至少要访问两次主存:第一次是访问内存中的页表,从中找到指定页的物理块号,第二次访存才是获得所需的数据或指令。这使计算机的处理速度降低近 1/2。

通常的解决办法是:在地址变换机构增设一组由关联存储器构成的小容量特殊高速缓冲寄存器(通常只存放 16~512 个页表项),又称为联想寄存器(associative memory),或称为快表,用以存放当前访问的那些页表项。而内存中的页表则称为慢表。

在具有快表的页式虚拟存储系统中,逻辑地址映射为物理地址的过程如图 3-6-2 所示。在 CPU 给出访存的逻辑地址后,由地址变换机构自动地将逻辑页号 p 送入快表,并与快表中的所有页号同时并行比对,若其中有与此相匹配的页号,便表示所要访问的页表项在快表中。于是,可直接从快表中读出该逻辑页所对应的物理块号,并送到物理地址寄存器中。若在快表中未找到对应的页表项,则再访问内存中的页表(慢表),找到后,把从页表项中读出的物理块号送入物理地址寄存器,同时还要将此页表项存入快表的一个单元中。若快表此时已满,则操作系统必须按照一定的置换算法从快表中换出一个页表项。

3.6.2 段式虚拟存储器

段式虚拟存储系统把程序按照其逻辑结构划分为若干逻辑段,如主程序段、子程序段、数据段等,逻辑段号为 0,1,2,…。每个段的大小不固定,由各段的逻辑信息长度决定。逻辑段内的地址从 0 开始编址,并采用一段连续的逻辑地址空间。段式虚拟存储系统中的逻辑地址结构如图 3-6-2 所示。

逻辑段号 s	段内地址 d

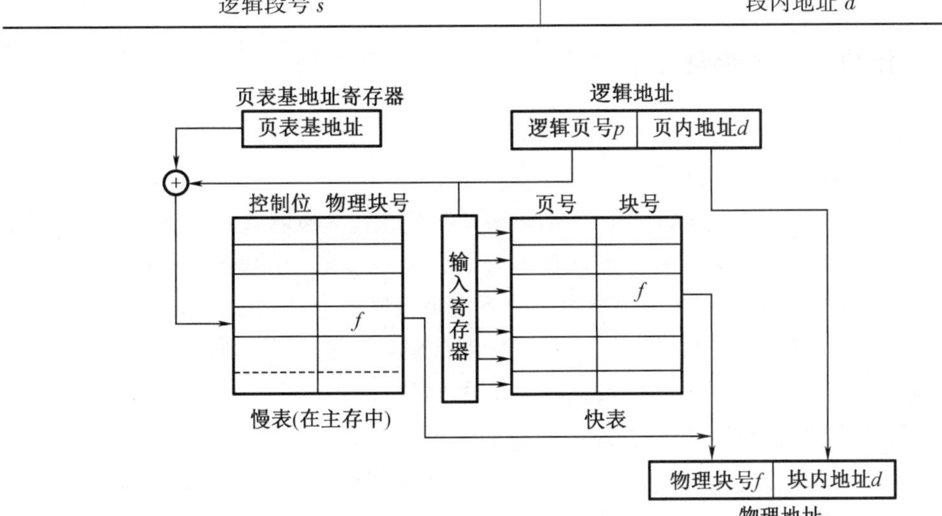

图 3-6-2 具有快表的页式虚拟存储器的地址映射

操作系统在装入程序时,将程序的若干逻辑段离散地存储在内存不同的区块中,每个逻辑段在物理内存占有一个连续的区块。为了能在内存中找到每个逻辑段,并实现二维逻辑地址到一维物理地址的映射,系统为每个程序建立了一张段表。程序的每个逻辑段都有一个对应的表项,记录该段的长度、在物理内存的起始地址、该段的存在状态(是否在内存中)、对应的外存地址等控制信息。

如图 3-6-3 所示,若程序执行时产生了访存的二维逻辑地址,段式虚存地址变换机构以逻辑段号为索引检索段表,得到该逻辑段在内存的起始物理地址,将起始物理地址与逻辑地址中的段内地址相加,即可得到一维物理地址,完成地址映射。

与页式虚拟存储系统相似,当地址变换机构查找段表时,若该逻辑段不在物理内存中(段表中对应表项的存在位为 0),此时产生缺段中断,请求操作系统将所缺的段调入内存。缺段中断处理程序根据该逻辑段对应段表项中指明的外存地址在硬盘上找到所缺段,若物理内存中有足够大的空闲区块,则直接装入所缺段。否则,缺段中断处理程序按照一定的置换算法换出内存中的一个或几个段(空出足够大的内存区块),再装入所缺段。

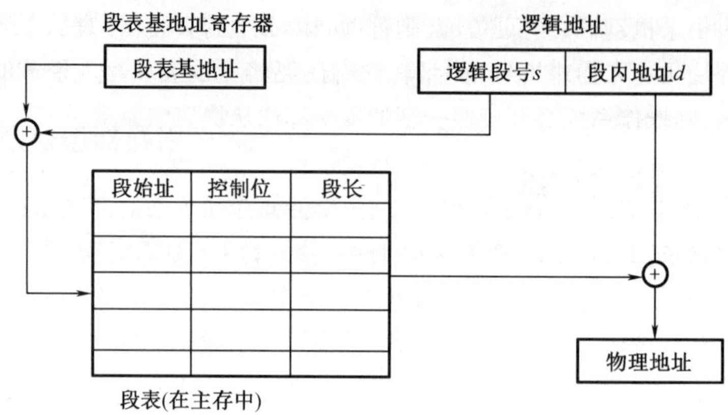

图 3-6-3　段式虚拟存储器的地址映射

3.6.3　段页式虚拟存储器

段页式虚拟存储器将程序按照其逻辑结构分为若干段,每段再划分为若干大小相等的逻辑页;物理内存被划分为若干同样大小的页框。操作系统以页为单位为每个逻辑段分配内存,这样不仅段与段之间不连续,一个逻辑段内的各逻辑页也离散地分布在物理内存中。图 3-6-4 给出了段页式虚拟存储器的地址映射关系。为了实现地址映射,系统为每个程序建立一张段表,为每个逻辑段建立一张页表。段表记录程序各个逻辑段的页表在内存的起始地址、段长、存在状态等控制信息。每个逻辑段对应的页表记录着本段各页对应的物理块号。CPU 执行指令时产生的访存逻辑地址分为 3 部分:段号、段内页号和页内地址。进行地址映射时,首先利用段号 s 和段表起始地址的和求出该段所对应的段表项在段表中的位置,从中得到该段的页表起始地址,并利用逻辑地址中的段内页号 p 来获得对应页的页表项位置,从中读出该页所在的物理块号 b,再利用块号 b 和页内地址来构成物理地址。

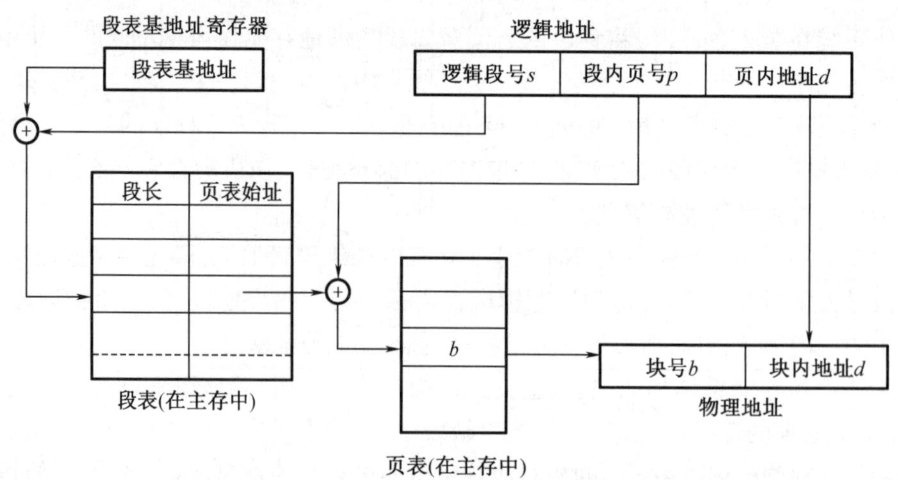

图 3-6-4　段页式虚拟存储器的地址映射

在段页式虚拟存储系统中,为了从主存中取出一条指令或数据,至少要访问三次。第一次访问的是内存中的段表,从中取得该逻辑段对应的页表起始地址;第二次访问的是内存中的页表,从中取出要访问的页所在的物理块号,并将该块号与页内地址一起形成指令或数据的物理地址;第三次访问才是真正取出指令或数据。为了提高执行速度,可在地址变换机构中增加类似页式虚拟存储器的高速缓冲寄存器,即段页式快表。段页式快表将段表和页表合成一张表,表项如下:

段号	逻辑页号	物理块号	其他控制位

地址变换时,先查找快表,仅当快表中没有找到时,才去查找慢表,可提高访问效率。

第 4 章　处理器设计

4.1　处理器概述

第 1 章阐述了计算机的性能取决于三个因素：指令数、时钟周期长度和每条指令的时钟周期数（CPI）。第 2 章说明了给定程序需要的指令数由编译器和指令系统体系结构共同决定。而处理器的实现方式则决定了时钟周期长度和 CPI。在本章中，我们为 RISC-V 指令系统的两种不同实现方式分别设计数据通路并加入控制单元。

本节将概括地介绍实现处理器所要用到的原理和技术。首先从一个高度抽象和简化的概述开始，之后以此为基础为 RISC-V 指令系统构建数据通路，并设计一种简单的、能够实现指令系统的处理器。然而，更接近实际情况的是流水线 RISC-V，所以本节的大部分篇幅将介绍这种实现方式。

4.1.1　一种基本的 RISC-V 实现

我们将实现 RISC-V 的一个核心子集：

①存储器访问指令 load doubleword（ld）和 store doubleword（sd）。

②算术逻辑指令 add、sub、and 和 or。

③条件分支指令 branch if equal（beq）。

这个子集没有包含所有的定点指令（例如 shift、multiply 和 divide 指令均不在集合中），也没有包含任何浮点指令。但是，这个子集说明了建立数据通路和设计控制的关键原理。其余指令的实现与这个子集类似。

在完成指令系统实现的过程中，我们将认识到指令系统体系结构如何从多方面影响指令系统的实现，以及各种实现策略的选择会怎样影响计算机的时钟频率和 CPI。此外，实现过程也证明了第 2 章介绍的许多关键设计原则，例如简单源于规整。而且，本章在实现 RISC-V 子集时所涉及的大多数概念，与实现各种计算机所涉及的基本概念是相同的，如高性能服务器、通用微处理器、嵌入式处理器等各种计算机。

4.1.2　实现概述

在第 2 章中，我们着眼于 RISC-V 核心指令，包括定点算术逻辑指令、存储器访问指令和分支指令。执行这些指令所要做的大部分工作是相同的，与确切的指令类别无关。具体地，实现每条指令的前两个步骤是相同的：

①程序计数器（PC）发送到指令所在的存储单元，并从中取出指令。

②根据指令的某些字段选择要读取的一个或两个寄存器。

对于 ld 指令只需要读取一个寄存器,但大多数其他指令需要读取两个寄存器。在这两个步骤后,完成指令所需的剩余操作则取决于指令类别。幸运的是,对于三类指令(存储器访问指令、算术逻辑指令和分支指令)中的每一种,剩余操作基本上是相同的,与具体的指令无关。RISC-V 指令系统的简单性和规整性使不同类的指令具有类似的执行过程,从而简化了实现。

例如,所有类型的指令在读取寄存器后都使用算术逻辑单元(ALU)。存储器访问指令用 ALU 进行地址计算,算术逻辑指令用 ALU 来执行运算,而条件分支指令用 ALU 进行比较。但是经过 ALU 后,完成各类指令所需的操作就不同了。存储器访问指令需要访问存储器以读取数据或存储数据。算术逻辑指令或载入指令需要将来自 ALU 或存储器的数据写回寄存器。而条件分支指令需要根据比较结果更改下一条指令的地址;否则,下一条指令的地址会通过 PC 加 4 来获得。

图 4-1-1 是 RISC-V 实现的抽象视图,图中主要描述了各功能单元及它们之间的互连。尽管该图展示了经过处理器的大部分数据流动,但忽略了指令执行的两个重要方面。

首先,图 4-1-1 中有许多这样的位置:两个来自不同源的数据流向同一个单元。例如,写入 PC 的值可能来自两个加法器中的一个,写入寄存器堆的数据可能来自 ALU 或数据存储器,而 ALU 的第二个输入可能来自寄存器或指令的立即数字段。实际上,这些数据线不能简单地连接在一起。我们必须添加一种逻辑单元以从多个数据源中选择一个送给目标单元。这种选择通常由称为多选器(multiplexor)的设备来完成,虽然它被称为数据选择器可能更恰当。控制信号通常由当前执行指令中包含的信息决定。

图 4-1-1 忽略的第二个内容是,一些功能单元的控制依赖于当前执行的指令类型。例如,数据存储器必须在指令是 load 时被读,在指令是 store 时被写。寄存器堆只能在指令是 load 或算术逻辑指令时被写。但是,ALU 的控制不依赖指令类型,它一定会做某种运算。与多选器类似,ALU 的控制线也根据指令的某些字段来设置,进而控制 ALU 做哪种运算。

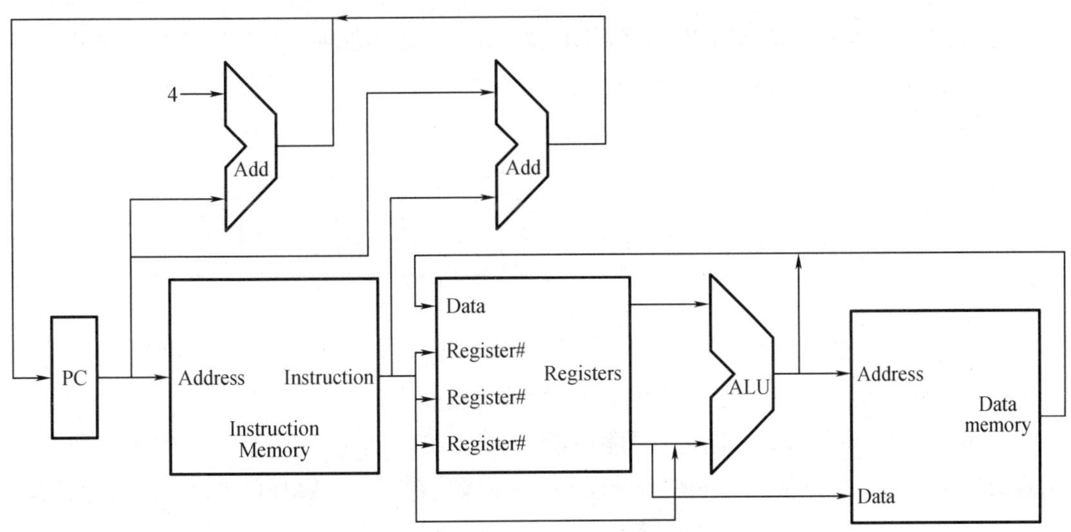

图 4-1-1　RISC-V 子集实现的抽象图

在本章剩余部分中,我们将逐步改进图 4-1-2 并补充细节,添加更多的功能单元以及单元之间的连接,并且改进控制单元以控制不同类指令完成执行。4.3 节和 4.4 节描述了每条指令使用一个时钟周期的简单实现方式,它遵循图 4-1-1 和图 4-1-2 的一般形式。在这种设计中,每条指令从一个时钟边沿开始执行,并在下一个时钟边沿完成执行。

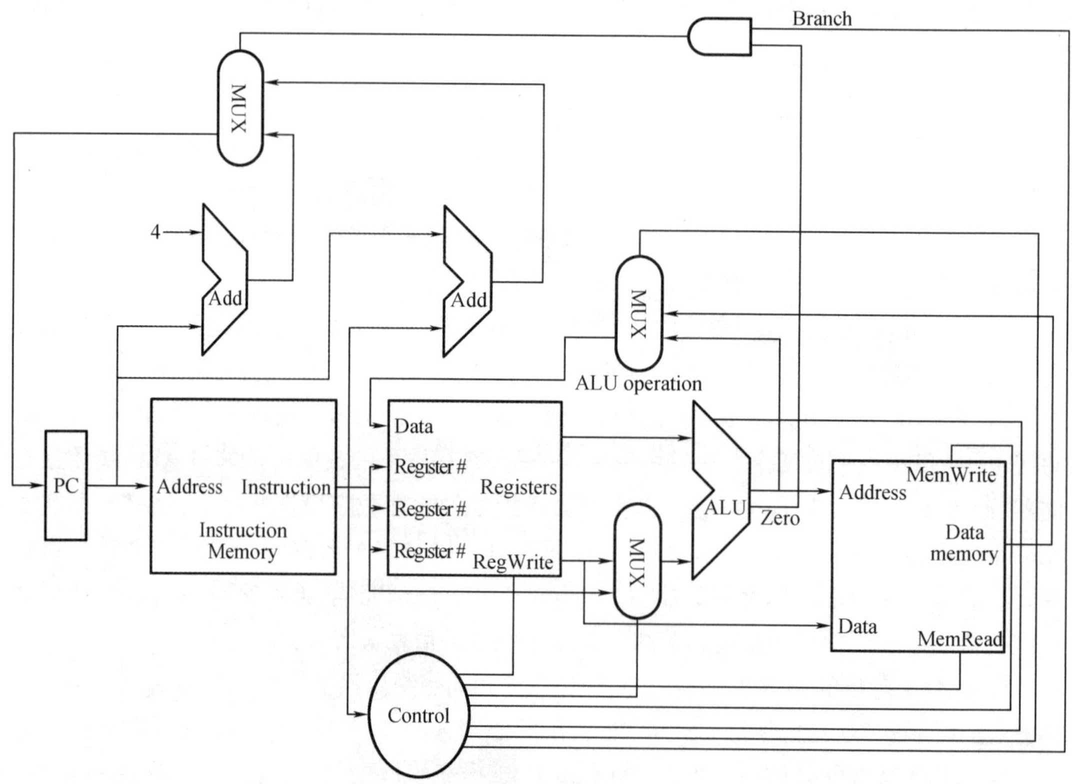

图 4-1-2　包含必要多选器和控制线的 RISC-V 子集的基本实现

这种方式虽然很容易理解,但并不实用,因为时钟周期必须设置为足够容纳执行时间最长的指令。在实现了这种简单的计算机控制之后,我们将介绍流水线实现方式及其复杂性。

4.2　逻辑设计的一般方法

在考虑计算机的设计时,需要确定实现计算机的硬件逻辑以及这些逻辑如何定时。本节将回顾一些在本章中会广泛用到的数字逻辑的关键概念。

RISC-V 实现中的数据通路包含两种不同类型的逻辑单元:处理数据值的单元和存储状态的单元。处理数据值的单元是组合逻辑(一个操作单元,如 AND 门或 ALU),它们的输出仅依赖于当前输入。给定相同的输入,组合逻辑单元总是产生相同的输出。例如,图 4-1-1 中讨论的 ALU 就是一个组合逻辑单元。由于组合逻辑单元没有内部存储功能,当给定一组输入时,它总是产生相同的输出。

设计中的其他单元不是组合逻辑,而是包含状态的。如果一个单元有内部存储功能,它就包含状态,称其为状态单元(一个存储单元,如寄存器或存储器)。这是因为关机后重启计算机,通过恢复状态单元的原值,计算机可继续运行,就像没有发生过断电一样。进一步地,这些状态单元可以完整地表征计算机。例如,图 4-1-1 中的指令存储器、数据存储器以及寄存器都是状态单元。

一个状态单元至少有两个输入和一个输出。必需的输入是要写入状态单元的数据值和决定何时写入数据值的时钟信号。状态单元的输出提供了在前一个时钟周期写入单元的数据值。例如,逻辑上最简单的一种状态单元是 D 触发器,它有两个输入(一个数据值和一个时钟)和一个输出。除了触发器,RISC-V 的实现中还用到了另外两种状态单元:存储器和寄存器。这两种状态单元均在图 4-1-1 中出现过。状态单元何时被写入由时钟决定,但是它随时可以被读。

包含状态的逻辑部件也被称为时序的,因为其输出取决于输入和内部状态。例如,表示寄存器的功能单元的输出取决于所提供的寄存器号和之前写入寄存器的内容。

时钟同步方法①(clocking methodology)规定了信号可以读出和写入的时间。规定信号的读/写时间非常重要,因为如果在读信号的同时写信号,那么读到的值可能是该信号的旧值,也可能是新写入的值,甚至可能是二者的混合。计算机设计无法容忍这种不可预测性。时钟同步方法就是为避免这种情况而提出的。

为简单起见,假定我们采用边沿触发的时钟②(edge-triggered clocking),即存储在时序逻辑单元中的所有值仅在时钟边沿更新,这是从低电平快速跳变到高电平(反之亦然)的过程(图 4-2-1)。因为只有状态单元能存储数据值,所有组合逻辑单元都必须从状态单元集合接收输入,并将输出写入状态单元集合。其输入是之前某时钟周期写入的值,输出的值可以在后续时钟周期使用。

图 4-2-1 描述了一个组合逻辑单元及与其相连的两个状态单元。组合逻辑单元的操作在一个时钟周期内完成:所有信号在一个时钟周期内从状态单元 1 经组合逻辑单元到达状态单元 2。信号到达状态单元 2 所需的时间决定了时钟周期的长度。

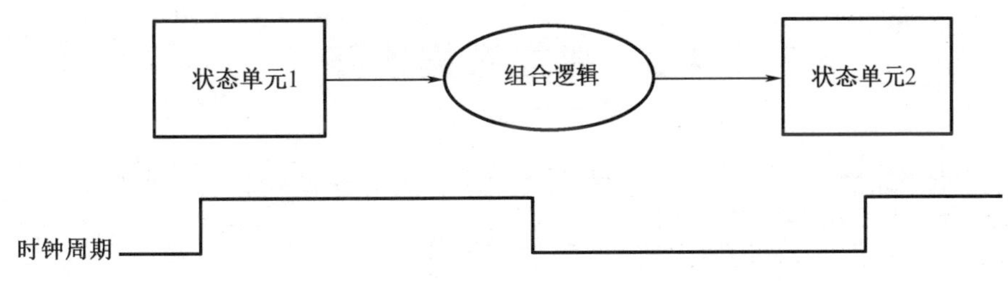

图 4-2-1　组合逻辑、状态单元和时钟周期的关系

---

① 时钟同步方法:用来确定数据相对于时钟何时稳定和有效的方法。

② 边沿触发的时钟:所有状态的改变发生于时钟边沿的机制。

为简单起见,如果状态单元在每个有效时钟边沿都进行写入,则可忽略写控制信号[①](control signal)。相反,如果状态单元不是在每个时钟边沿都更新,那么它需要一个写控制信号。时钟信号和写控制信号都是输入。仅当时钟边沿到来并且写控制信号有效时,状态单元才改变状态。

我们将用术语有效[②](asserted)表示信号为逻辑高,用使有效表示信号应为逻辑高,用无效[③]或使无效表示信号为逻辑低。我们使用术语有效和无效,是因为在进行硬件实现时,数字 1 有时表示逻辑高,有时表示逻辑低。

在边沿触发的时钟同步方法中,需在一个时钟周期内读出寄存器的值,并使之经过组合逻辑单元,将新值写入该寄存器。图 4-2-2 给出了一个通用的例子。选择在时钟的上升沿(从低到高)还是下降沿(从高到低)进行写操作无关紧要,因为组合逻辑的输入只有在所规定的时钟边沿才可能发生变化。在本书中,我们选择在时钟上升沿写入。边沿触发的时钟同步在单个时钟周期内不会出现反馈,图 4-2-2 中的逻辑可以正确工作。

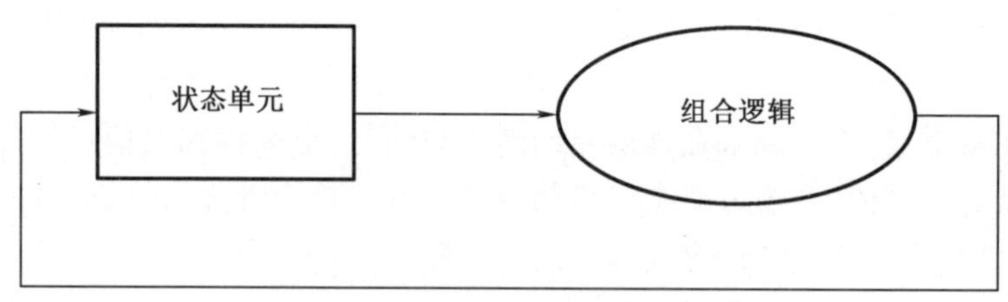

图 4-2-2　边沿触发的时钟同步方法

对于 64 位 RISC-V 指令系统体系结构,几乎所有的状态单元和逻辑单元的输入和输出都是 64 位,因为处理器处理的大部分数据的宽度是 64 位。如果某个单元的输入或输出不是 64 位宽,我们会特别指出。图中用粗线表示总线,即宽度为 1 位以上的信号。有时要把几根总线合起来构成一根更宽的总线。例如,将两根 32 位总线合成一根 64 位总线。在这种情况下,总线标注将做出相应说明。箭头用以指明单元间数据流动的方向。最后,灰色线表示的控制信号将其与数据信号区分开来,两者的差别将随本章的进展越来越明显。

4.3　建立数据通路

设计数据通路的合理方法是,先分析每类 RISC-V 指令需要哪些主要执行单元。本节首先讨论每条指令需要哪些数据通路单元[④](datapath element),然后逐渐降低抽象的层次。

---

① 控制信号:用来决定多选器选择或指示功能单元操作的信号;它与数据信号相对应,数据信号包含功能单元所操作的信息。

② 有效:信号为逻辑高或真。

③ 无效:信号为逻辑低或假。

④ 数据通路单元:一个用来操作或保存处理器中数据的单元。在 RISC-V 实现中,数据通路单元包括指令存储器、数据存储器、寄存器堆、ALU 和加法器。

在设计数据通路单元的同时,也会设计它们的控制信号。我们将自底向上地使用抽象的思想对此进行说明。

图 4-3-1(a)所示为需要的第一个单元——存储单元,用于存储程序的指令,并根据给定地址提供指令。图 4-3-1(b)所示为程序计数器①(PC),它用于保存当前指令的地址。最后还需要一个加法器来增加 PC 的值以获得下一条指令的地址。这个加法器是一个组合逻辑电路,只需将其中的控制信号设为总是进行加法运算即可。如图 4-3-1(c)所示,给这样的 ALU 加上"Add"标记,以表明它是加法器并且不能执行其他 ALU 操作。

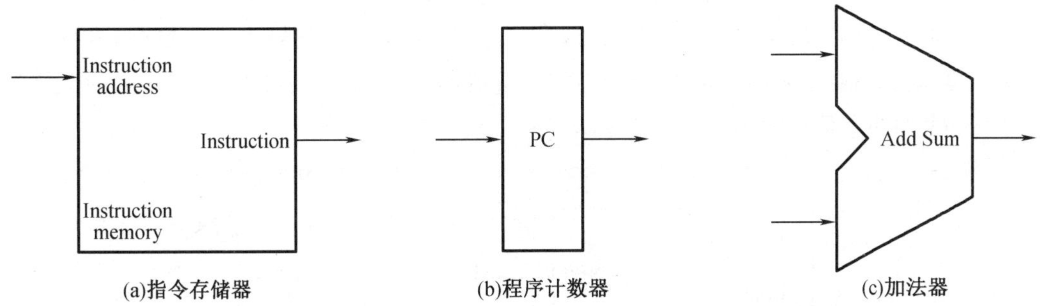

图 4-3-1　存取指令需要的两个状态单元,以及计算下一条指令的地址所需的加法器

要执行任意一条指令,首先要从存储器中取出指令。为准备执行下一条指令,必须增加程序计数器的值,使其指向下一条指令,即向后移动 4 个字节。图 4-3-2 所示为数据通路,它将图 4-3-1 中的三个单元组合起来,可以取出指令并增加 PC 以获得下一条指令的地址。

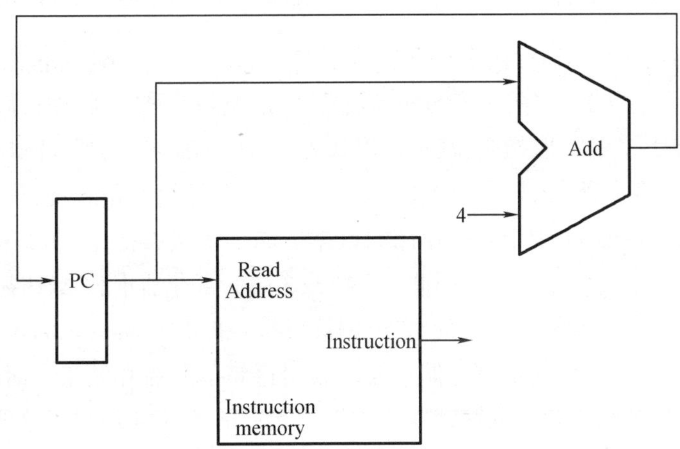

图 4-3-2　用于取出指令并增加程序计数器的部分数据通路

现在考虑 R 型指令。这类指令读两个寄存器,对它们的内容执行 ALU 操作,再将结果写回寄存器。这些指令称为 R 型指令或算术逻辑指令(因为它们执行算术或逻辑运算)。

---

①　程序计数器:包含当前程序正在执行的指令地址的寄存器。

处理器的32个通用寄存器位于被称为寄存器堆①的结构中。寄存器堆是寄存器的集合,其中的寄存器可以通过指定相应的寄存器号来进行读/写。寄存器堆包含了计算机的寄存器状态。另外,还需要一个ALU对从寄存器读出的值进行运算。

由于R型指令有三个寄存器操作数,每条指令需要从寄存器堆中读出两个数据字,再写入一个数据字。为读出一个数据字,需要一个输入指定要读的寄存器号,以及一个从寄存器堆读出的输出。为写入一个数据字,寄存器堆需要两个输入:一个输入指定要写的寄存器号,另一个提供要写入寄存器的数据。寄存器堆根据输入的寄存器号输出相应寄存器的内容。而写操作由写控制信号控制,在写操作发生的时钟边沿,写控制信号必须是有效的。如图4-3-3(a)所示,我们总共需要四个输入(三个寄存器编号和一个数据)和两个输出(两个数据)。输入的寄存器号为5位宽,用于指定32个寄存器($32=2^5$)中的一个,而数据输入总线和两个数据输出总线均为64位宽。

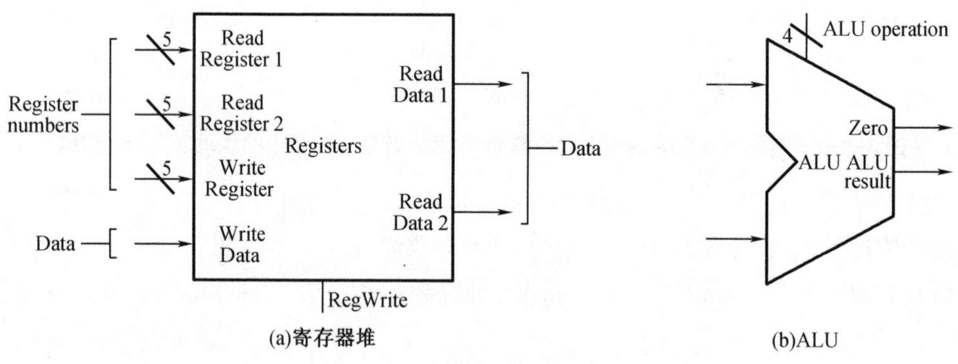

图4-3-3 实现R型指令的ALU操作需要的两个单元:寄存器堆和ALU

图4-3-3(b)所示为ALU,它读取两个64位输入并产生一个64位输出,还有一个1位输出指示其结果是否为0。在需要了解如何设置ALU控制信号时,将进行简要的回顾。

下面考虑RISC-V的存取指令,其一般形式为ld x1、offset(x2)或sd x1、offset(x2)。这类指令通过将基址寄存器x2与指令中包含的12位有符号偏移量相加,得到存储器地址。对于存储指令,从寄存器x1中读出要存储的数据。如果是载入指令,那么从存储器中读出的数据要写入指定的寄存器x1中。因此,图4-3-3中的寄存器堆和ALU都会被用到。

此外,还需要一个单元将指令中的12位偏移量符号扩展②(sign-extend)为64位有符号数,以及一个执行读/写操作的数据存储单元。数据存储单元在存储指令时被写入,所以它有读/写控制信号地址输入和写入存储器的数据输入。图4-3-4给出了这两个单元。

beq指令有三个操作数,其中两个寄存器用于比较是否相等,另一个是12位偏移量,用于计算相对于分支指令所在地址的分支目标地址③(branch target address)。它的指令格式

---

① 寄存器堆:包含一系列寄存器的状态单元,可通过所提供的寄存器号进行读写。

② 符号扩展:为增加数据的长度,将原数据的最高位复制到新数据多出来的高位。

③ 分支目标地址:分支指令中指定的地址,如果分支发生,该地址成为新的程序计数器的值。在RISC-V体系结构中,分支目标地址为该指令的偏移量字段与分支指令所在地址的和。

是 beq x1、x2、offset。为实现 beq 指令,需将 PC 值与符号扩展后的指令偏移量相加以得到分支目标地址。分支指令的定义(见第 2 章)中有两个必须注意的细节:

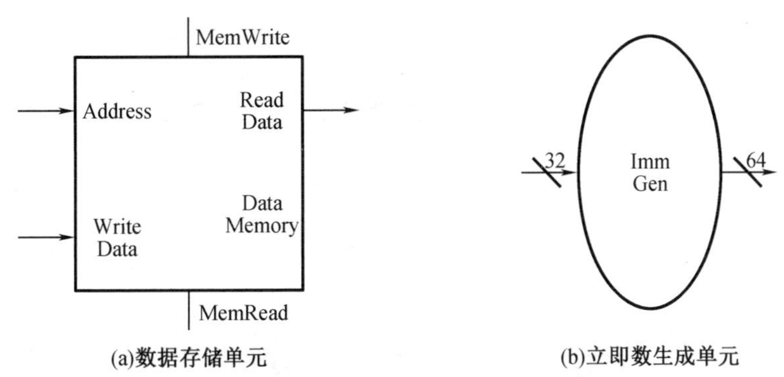

(a)数据存储单元　　(b)立即数生成单元

图 4-3-4　数据存储单元和立即数生成单元

①指令系统体系结构规定了计算分支目标地址的基址是分支指令所在地址。

②指令系统体系结构说明了计算分支目标地址时,将偏移量左移 1 位以表示半字为单位的偏移量,这样偏移量的有效范围就扩大到 2 倍。

为了处理这种复杂情况,需要将偏移量左移 1 位。

在计算分支目标地址的同时,必须确定是顺序执行下一条指令,还是执行分支目标地址处的指令。当分支条件为真(例如,两个操作数相等)时,分支目标地址成为新的 PC,我们就说分支发生。如果条件不成立,自增后的 PC 成为新的 PC(就像其他普通指令一样),这时就说分支未发生。

因此,分支指令的数据通路需要执行两个操作:计算分支目标地址和检测分支条件。(很快将讲到,分支指令也会影响数据通路的取指部分。)图 4-3-5 所示为分支指令的数据通路。为计算分支目标地址,分支指令数据通路包含一个图 4-3-4 所示的立即数生成单元和一个加法器。

为执行比较,需要图 4-3-3(a)所示的寄存器堆提供两个寄存器操作数(不需要写入寄存器堆)。由于该 ALU 提供一个表示结果是否为 0 的输出信号,故可将两个寄存器操作数发给 ALU,并将控制设置为减法。如果 ALU 输出的零信号有效,可知两个寄存器值相等。尽管零输出信号总是指示结果是否为 0,我们也仅用它来实现条件分支指令的相等测试。稍后将详细地介绍如何为数据通路中的 ALU 连接控制信号。

分支指令将指令中的 12 位偏移量左移 1 位与 PC 相加,移位通过简单地给偏移量后面加上一个 0 来实现。

建立一个简单的数据通路

我们已经分别讨论了几类指令需要的数据通路单元,现在可将它们组合成一个完整的数据通路并添加控制信号以完成实现。这个最简单的数据通路在每个时钟周期执行一条指令。这意味着每条指令在执行过程中,任何数据通路单元都只能使用一次,如果需要多次使用某数据通路单元,则要将其复制多份。因此,需要一个指令存储器和一个与之分开的数据存储器。尽管还有一些功能单元需要多份,但很多功能单元可以在不同的指令流动中被共享。

为在两个不同类指令之间共享数据通路单元,需要允许一个单元有多个输入,我们用多路选择器和控制信号在多个输入中进行选择。

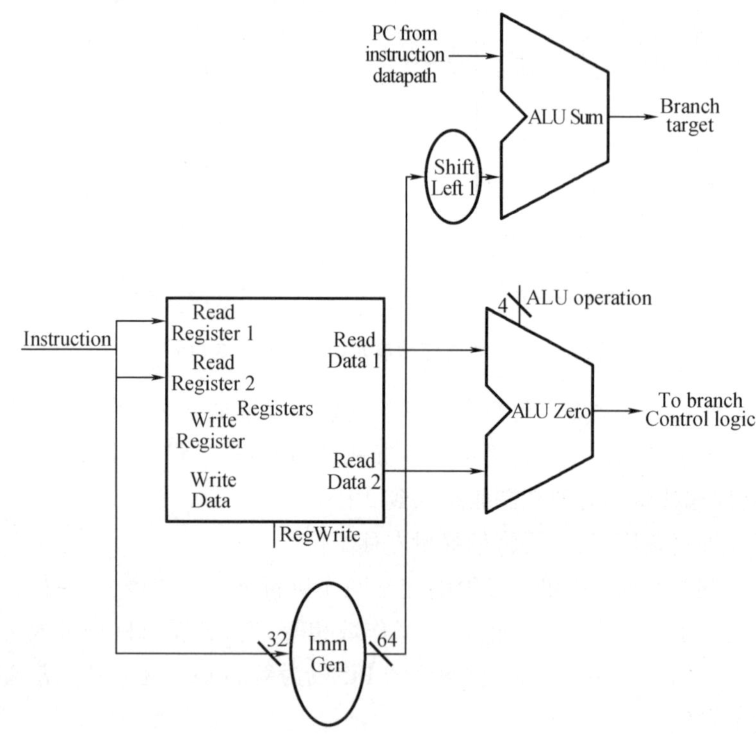

图 4-3-5　分支指令数据通路使用 ALU 检测分支条件是否成立并得到分支目标地址

【例 4-3-1】　建立数据通路。

算术逻辑(或 R 型)指令与存储类指令的数据通路非常相似。它们的主要区别如下:

①算术逻辑指令使用 ALU 时,输入 ALU 的数据来自两个寄存器。存储类指令也使用 ALU 进行地址计算,但是第二个输入是对指令中的 12 位偏移量进行符号扩展后的值。

②存入目标寄存器的值来自 ALU (R 型指令)或存储器(载入指令)。为存储类指令和算术逻辑指令的操作部分建立数据通路,只能使用一个寄存器堆和一个 ALU,并添加必要的多路选择器。

解　为建立只有一个寄存器堆和一个 ALU 的数据通路,需支持 ALU 的第二个输入和要存入寄存器堆的数据都有两个不同的来源。因此,在 ALU 的输入端和寄存器堆的数据输入端分别添加一个多路选择器。图 4-3-6 给出了组合后的数据通路。

现在,把取指令数据通路(图 4-3-2)、R 型指令和存储类指令数据通路(图 4-3-6)、分支指令数据通路(图 4-3-5)合并,得到 RISC-V 指令系统核心集的一个简单数据通路,如图 4-3-7 所示。由于分支指令使用主 ALU 来比较两个寄存器操作数是否相等,所以要保留图 4-3-5 中的计算分支目标地址的加法器。增加一个多路选择器,用于选择是将顺序的指令地址(PC+4)还是分支目标地址写入 PC。

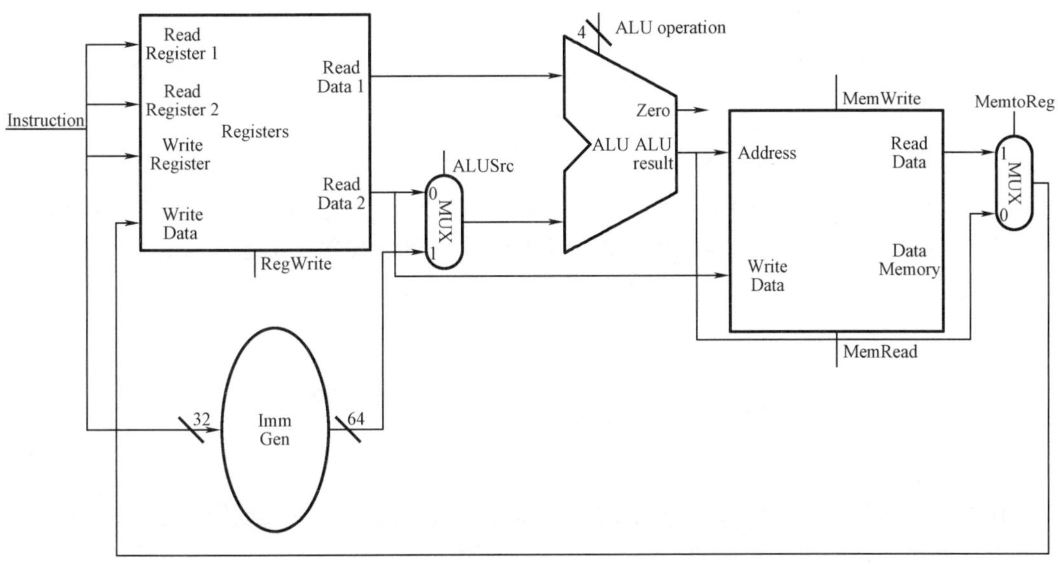

图 4-3-6　存储类指令和 R 型指令的数据通路

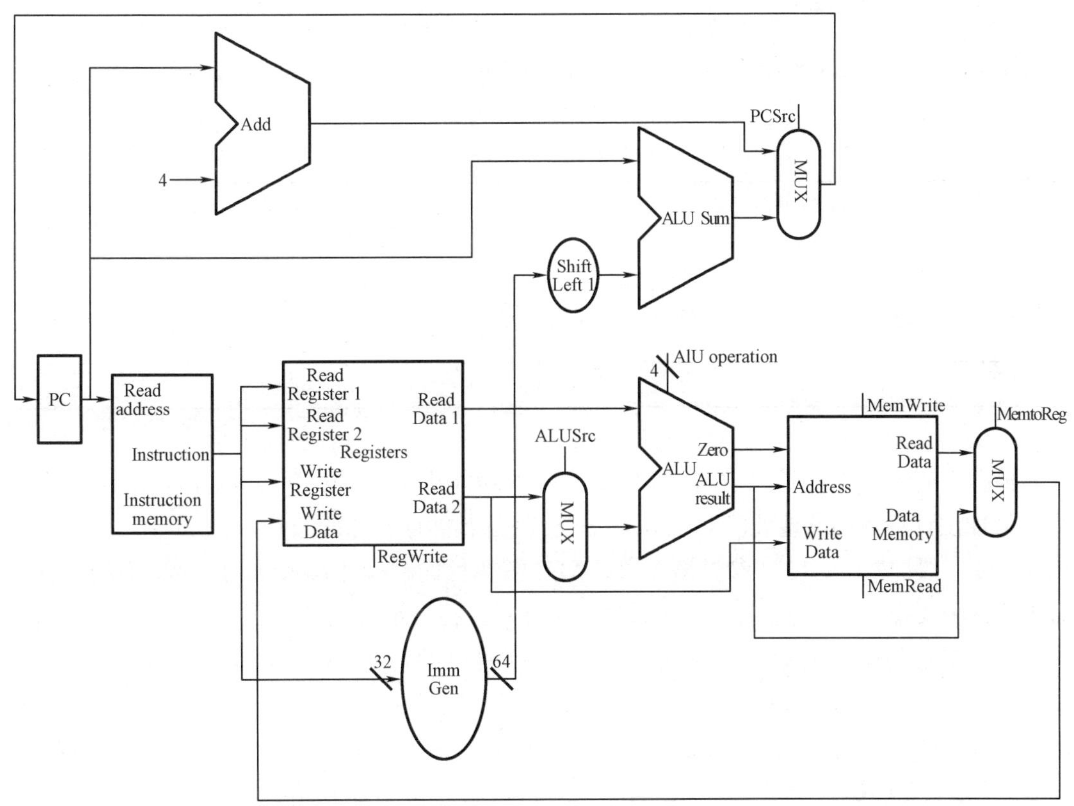

图 4-3-7　组合不同类指令所需的功能单元形成的 RISC-V 指令系统核心集的简单数据通路

现在已经完成了这个简单的数据通路设计，我们可以添加控制单元。控制单元必须能够接收输入并生成每个状态单元的写信号、每个多选器的选择信号和 ALU 的控制信号。由于 ALU 控制信号与其他控制不同，因此在设计控制单元的其他部分之前应先设计 ALU 控制信号。

详细阐述 立即数生成逻辑选择指令中要进行符号扩展的 12 位字段:载入指令的 31∶20 位、存储指令的 31∶25 和 11∶7 位、分支指令的 31、7、30∶25 和 11∶8 位。由于输入是完整的 32 位指令,因此可以使用指令的操作码位选择合适的字段。RISC-V 操作码的第 6 位在数据传输指令中为 0,且在分支指令中为 1;RISC-V 操作码的第 5 位在载入指令中为 0,且在存储指令中为 1。这样,操作码的第 5 和 6 位可以控制立即数生成逻辑内的一个 3∶1 多路选择器的输出,为载入、存储和条件分支指令选择合适的 12 位字段。

4.4 一个简单的实现方案

在本节中,我们学习 RISC-V 子集的一种简单实现。这个简单实现使用上一节中的数据通路并增加一个简单的控制单元来完成。它实现了指令 ld、sd、beq 以及算术逻辑指令 add、sub、and、or。

4.4.1 ALU 控制

RISC-V ALU 定义了四根输入控制线的以下四种组合,见表 4-4-1。

表 4-4-1 输入控制线组合

ALU 控制线	功能
0000	and
0001	or
0010	add
0110	subtract

根据不同的指令类型,ALU 需执行以上四种功能中的一种。对于 load 和 store 指令,ALU 做加法计算存储器地址。对于 R 型指令,根据指令的 7 位 funct7 字段(位 31∶25)和 3 位 funct3 字段(位 14∶12)(参见第 2 章),ALU 需执行四种操作(与、或、加、减)中的一种。对于条件分支指令,ALU 将两个操作数做减法计算并检测结果是否为 0。

4 位 ALU 的输入控制信号可由一个小型控制单元产生,其输入是指令的 funct7 和 funct3 字段以及 2 位的 ALUOp 字段。ALUOp 指明要执行的操作是 load 和 store 指令要做的加法计算(00_2),还是 beq 指令要做的减法计算并检测是否为 0 (01_2),或是由 funct7 和 funct3 字段决定(10_2)。该控制单元输出一个 4 位信号(即前面介绍的 4 位组合之一)来直接控制 ALU。

表 4-4-2 说明如何根据指令中的 2 位 ALUOp 控制字段、funct7 和 funct3 字段设置 ALU 的输入控制信号。在本章的后面将看到主控制单元如何生成 ALUOp。

表 4-4-2　根据 ALUOp 控制位和 R 型指令的操作码设置 ALU 的控制信号

指令操作码	ALUOp	操作	funct7 字段	funct3 字段	ALU 期望行为	ALU 控制输入
ld	00	Load doubleword	xxxxxxx	xxx	add	0010
sd	00	Store doubleword	xxxxxxx	xxx	add	0010
beq	01	Branch if equal	xxxxxxx	xxx	subtract	0110
R-type	10	add	0000000	000	add	0010
R-type	10	sub	0100000	000	subtract	0110
R-type	10	and	0000000	111	and	0000
R-type	10	or	0000000	110	or	0001

这种多级译码的方式——主控制单元生成 ALUOp 位用作 ALU 的输入控制信号，再生成实际信号来控制 ALU 是一种常见的实现方式。多级控制可以减小主控制单元的规模。多个小的控制单元可能潜在地减小控制单元的延迟。这样的优化很重要，因为控制单元的延迟是决定时钟周期的关键因素。

有几种不同的方法把 2 位 ALUOp 字段和 funct 字段映射到 4 位 ALU 输入控制。出于只有少数 funct 字段有意义，并且仅在 ALUOp 位等于 10_2 时才使用 funct 子段，因此可以使用一个小逻辑单元来识别可能的取值并生成恰当的 ALU 控制信号。

为设计这个逻辑单元，有必要为 funct 字段和 ALUOp 信号的有意义组合生成一张真值表(truth table)见表 4-4-3。该表给出了如何根据这些输入字段设置 4 位 ALU 输入控制信号。由于完整真值表非常大，我们并不关心所有的输入组合，所以这里只列出了使 ALU 控制信号有值的部分表项。在本章中，我们将一直采用这种方式列出真值表①。

表 4-4-3　4 位 ALU 控制信号(称为操作)的真值表

ALUOp		funct7 字段							funct3 字段			操作
ALUOp1	ALUOp0	I[31]	I[30]	I[29]	I[28]	I[27]	I[26]	I[25]	I[14]	I[13]	I[12]	
0	0	×	×	×	×	×	×	×	×	×	×	0010
×	1	×	×	×	×	×	×	×	×	×	×	0110
1	×	0	0	0	0	0	0	0	0	0	0	0010
1	×	0	1	0	0	0	0	0	0	0	0	0110
1	×	0	0	0	0	0	0	0	1	1	1	0000
1	×	0	0	0	0	0	0	0	1	1	0	0001

因为在很多情况下不关心某些输入的取值，为了简化真值表，我们也列出无关项。真值表中的无关项(在输入列中用×表示)表明输出不依赖于与该列对应的输入。例如，当 ALUOp 位为 002

① 真值表：逻辑操作的一种表示方法，即列出输入的所有情况和每种情况下的输出。

时(见表4-4-3的第一行),ALU控制信号总被设置为0010_2,而与funct字段无关。在这种情况下,真值表中此行的funct即为无关项。稍后将看到另一个无关项的例子。

真值表构建好后,可对其进行优化并转化为门电路。这个过程是完全机械的。

4.4.2 设计主控制单元

我们已经描述了如何使用操作码和2位信号作为输入进行ALU控制单元的设计,现在考虑控制的其他部分。在开始之前,首先看一条指令的各个字段和图4-3-7的数据通路所需的控制信号。为了理解如何将指令的各个字段与数据通路相连,需回顾四类指令的格式:算术、载入、存储和条件分支指令。见表4-4-4。

RISC-V的指令格式遵循以下规则:

①操作码字段总是0~6位(opcode[6:0])。根据操作码,funct3字段(opcode[14:12])和funct7字段(opcode[31:25])作为扩展的操作码字段。

②对于R型指令和分支指令,第一个寄存器操作数始终在15~19位(opcode[19:15] rs1)。该字段也可用来定义载入和存储指令的基址寄存器。

③对于R型指令和分支指令,第二个寄存器操作数始终在20~24位(opcode[24:20] rs2)。该字段也可用来定义存储指令中的寄存器,该寄存器保存了写入存储器的操作数。对于分支指令、载入指令和存储指令,另一个操作数可以是12位立即数。

④对于R型指令和载入指令,目标寄存器始终在7~11位(opcode[11:7] rd)。

表4-4-4 四类指令(算术、载入、存储和条件分支)使用的四类不同的指令格式

名称	字段					
(位的位置)	31:25	24:20	19:15	14:12	11:7	6:0
(a) R型	funct7	rs2	rs1	funct3	rd	opcode
(b) I型	Immeddiate[11:0]	rs2	rs1	funct3	rd	opcode
(c) S型	Immed[11:5]	rs2	rs1	funct3	Immed[4:0]	opcode
(d) SB型	Immed[12,10:5]	rs2	rs1	funct3	Immed[4:1,11]	opcode

根据这些信息,可为简单的数据通路添加指令标记,图4-4-1给出了这些增加的单元和ALU控制模块、状态单元的写信号、数据存储器的读信号以及多路选择器的控制信号。由于所有多路选择器都有两个输入,每个多路选择器都需要一条单独的控制线。

图4-4-1给出了6根1位控制线和2位ALUOp控制信号。我们已经定义了ALUOp控制信号如何工作,在确定指令执行过程中如何设置这些控制信号之前,应先非正式地定义其他6个控制信号如何工作。表4-4-5描述了这6根控制线的功能。

我们已经了解各个控制信号的功能,再来看看它们如何设置。除PCSrc控制信号外,所有的控制信号可由控制单元仅根据指令的操作码和funct字段设置。PCSrc控制线是例外。若指令是branch if equal(由控制单元确定)并且做相等检测的ALU的零输出有效,那么PCSrc控制信号有效。为生成PCSrc信号,需要将来自控制单元(称为Branch)的信号与来自 ALU 的零输出信号相“与”。

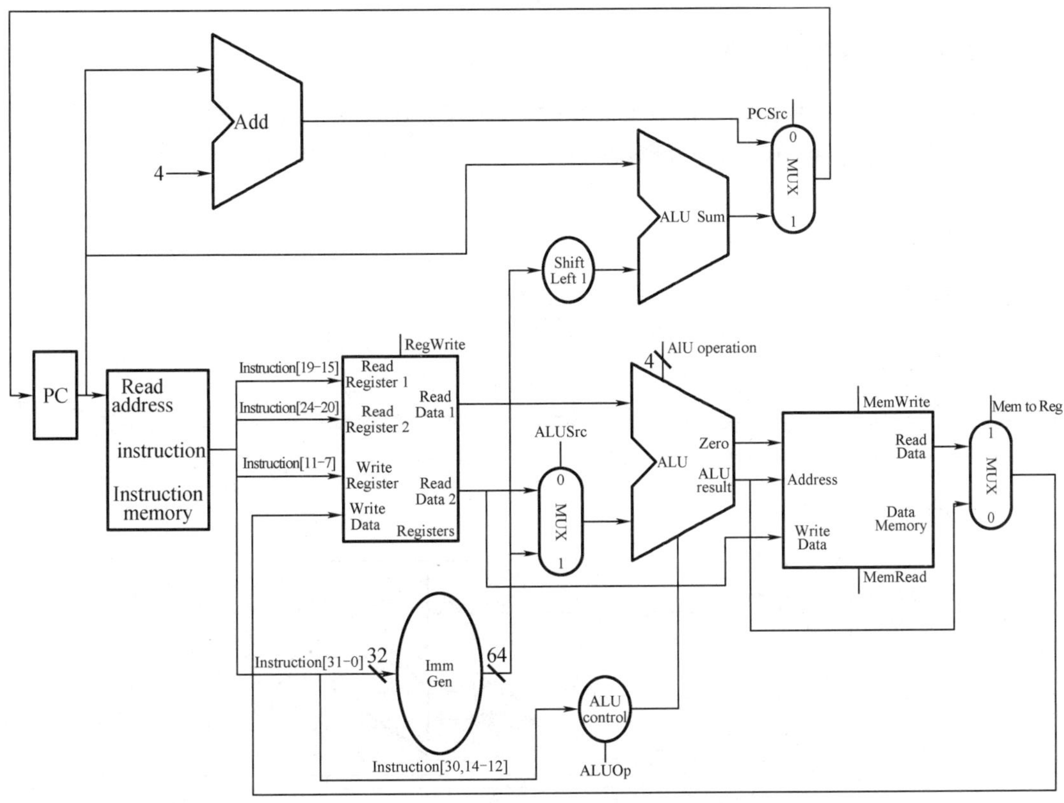

图 4-4-1　为数据通路图添加所有必要的多路选择器，并标识所有控制线

这 8 个控制信号(表 4-4-5 中的 6 个和 ALUOp 中的 2 个)可根据控制单元的输入信号(即操作码的 6 : 0 位)进行设置。

表 4-4-5　6 个控制信号的功能

信号名	无效时的效果(置 0)	有效时的效果(置 1)
RegWrite	无	被写的寄存器号来自 Write register 信号的输入，数据来自 Write data 信号的输入
ALUSrc	第二个 ALU 操作数来自第二个寄存器堆的输出(即 Read data 2 信号的输出)	第二个 ALU 操作数是指令的低 12 位符号扩展
PCSrc	PC 值被 adder 的输出所替换，即 PC+4 的值	PC 值被 adder 的输出所替换，即分支目标
MemRead	无	读地址由 Address 信号的输入指定，输出到 Read data 信号的输出中
MemWrite	无	写地址由 Address 信号的输入指定，写入内容是 Write data 信号的输入中的值
Mem to Reg	寄存器写数据的输入值来自 ALU	寄存器写数据的输入值来自数据存储器

在设计控制单元的计算公式或真值表之前,应非正式地定义控制功能。由于控制信号的设置仅取决于操作码,我们需要定义每个控制信号在每个操作码的取值下是 0、1 或无关(×)。

4.4.3 数据通路操作

图 4-4-2 所示为 R 型指令的数据通路操作,例如 add x1、x2、x3。虽然所有操作都发生在一个时钟周期内,但我们认为执行该指令共分为四个步骤,这些步骤按照信息的流动排序:

①取出指令,PC 自增。

②从寄存器堆读出两个寄存器 x2 和 x3,同时主控制单元在此步骤计算控制信号。

③根据部分操作码确定 ALU 的功能,对从寄存器堆读出的数据进行操作。

④将 ALU 的结果写入寄存器堆中的目标寄存器(x1)。

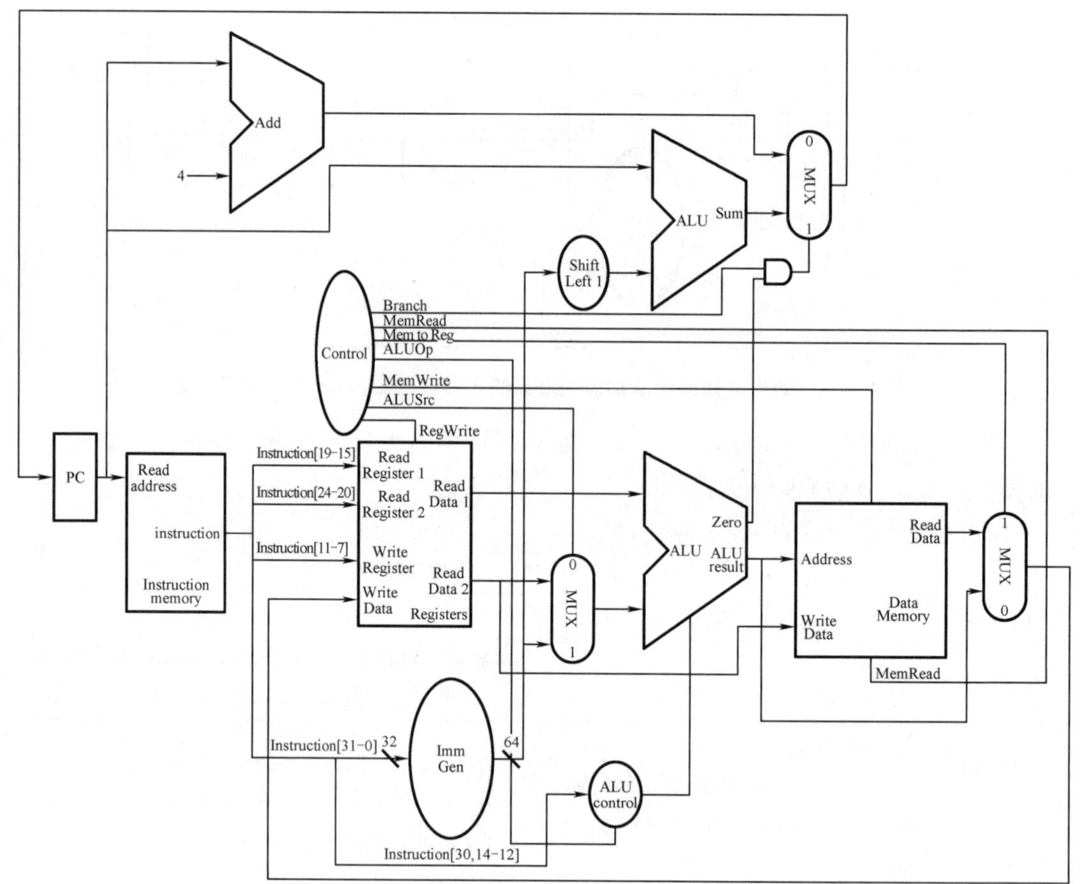

图 4-4-2 R 型指令的数据通路操作

用类似图 4-4-2 的方式,来说明 load 指令的执行,例如 ld x1 和 offset(x2)。图 4-4-3 所示为在 load 指令执行过程中有效的功能单元和控制线。load 指令的执行可分为五个步骤(与 R 型指令分四步执行类似):

①从指令存储器中取出指令,PC 自增。

②从寄存器堆中读出寄存器(x2)的值。

③ALU 将从寄存器堆中读出的值和符号扩展后的指令中的 12 位(偏移量)相加。

④将 ALU 的结果用作数据存储器的地址。

⑤将从存储器读出的数据写入寄存器堆(x1)。

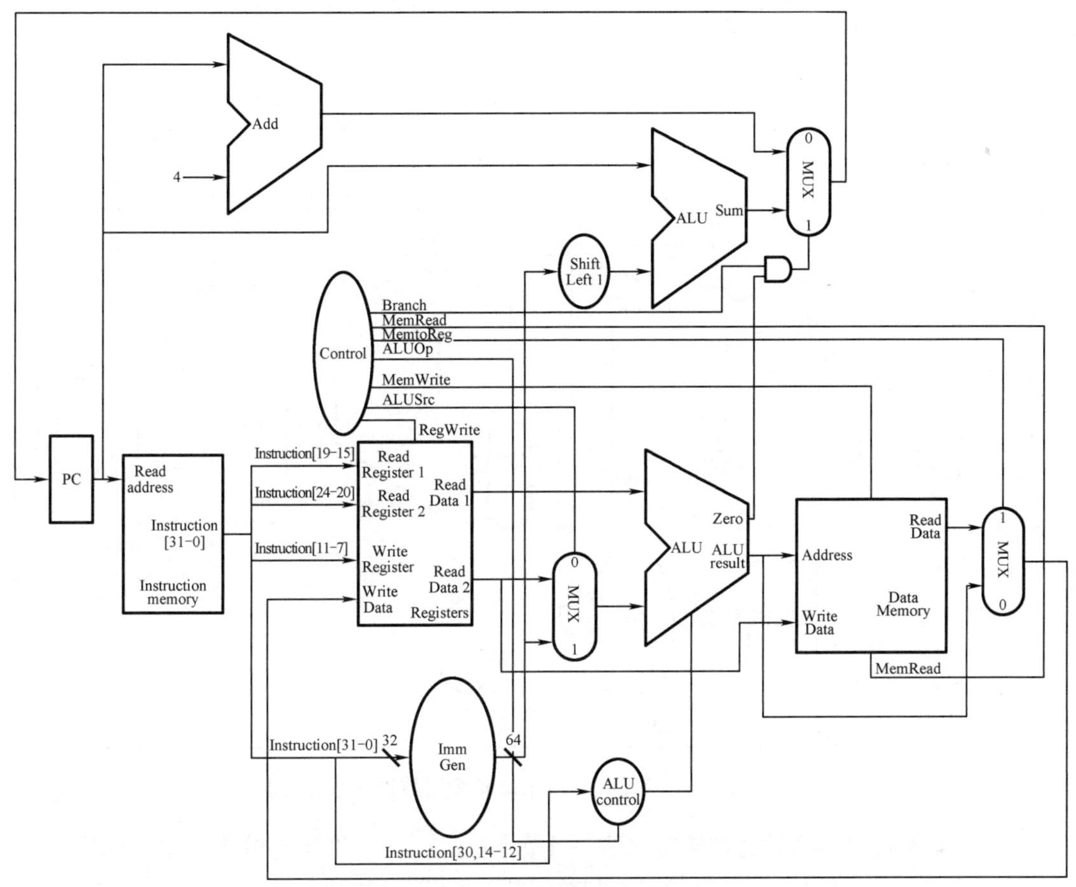

图 4-4-3　执行 load 指令时数据通路的操作

最后,用相同的方式说明 branch if equal 指令的操作,例如 beq x1、x2、offset。它的操作与 R 型指令非常相似,但 ALU 的输出被用来确定 PC 由 PC+4 还是分支目标地址写入。图 4-4-4 所示为执行 branch if equal 指令时数据通路的操作,包括以下四个步骤:

①从指令存储器中取出指令,PC 自增。

②从寄存器堆中读出两个寄存器 x1 和 x2。

③ALU 将从寄存器堆读出的两数相减。PC 与左移一位、符号扩展的指令中的 12 位(偏移)相加,结果是分支目标地址。

④ALU 的零输出决定将哪个加法器的结果写入 PC。

4.4.4　控制的结束

我们已经了解了指令如何按步骤操作,现在继续讨论控制单元的实现。可以根据操作码的二进制编码为每个输出建立一个真值表。

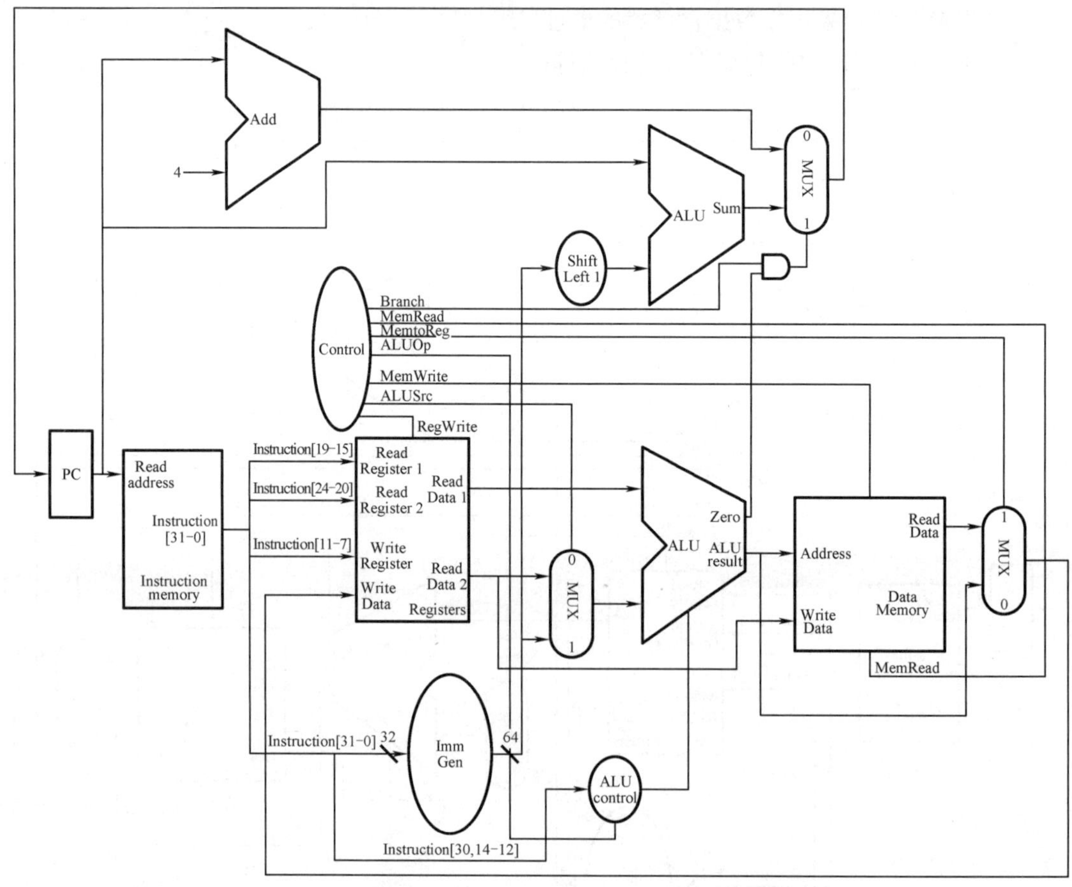

图 4-4-4 执行 branch if equal 指令时数据通路的操作

表 4-4-6 将控制单元的逻辑定义为一个大的真值表,它将所有输出与输入组合在一起,输入为操作码,并且完整地描述了控制单元的功能,可以自动地转换为门电路实现。

表 4-4-6 真值表完整地描述了简单的单周期实现的控制功能

输入或输出	信号名称	R 型	ld	sd	beq
输入	I[6]	0	0	0	1
	I[5]	1	0	1	1
	I[4]	1	0	0	0
	I[3]	0	0	0	0
	I[2]	0	0	0	0
	I[1]	1	1	1	1
	I[0]	1	1	1	1

表 4-4-6(续)

输入或输出	信号名称	R 型	ld	sd	beq
输出	ALUSrc	0	1	1	0
	MemtoReg	0	1	x	x
	RegWrite	1	1	0	0
	MemRead	0	1	0	0
	MemWrite	0	0	1	0
	Branch	0	0	0	1
	ALUOp1	1	0	0	0
	ALUOp0	0	0	0	1

4.4.5　为什么现在不使用单周期实现

尽管单周期设计可以正确工作,但是在现代设计中不采取这种方式,因为它的效率太低。究其原因,是在单周期设计中时钟周期对于每条指令必须等长。这样,处理器中的最长路径决定了时钟周期。这条路径很可能是一条 load 指令,它连续地使用 5 个功能单元:指令存储器、寄存器堆、ALU、数据存储器和寄存器堆。虽然 CPI 为 1,但由于时钟周期太长,单周期实现的整体性能可能很差。

使用单周期设计的代价是显著的,但对于小指令集而言,或许是可以接受的。历史上,早期具有简单指令集的计算机确实采用这种实现方式。但是,如果要实现浮点单元或更复杂的指令集,单周期设计根本无法正常工作。

由于时钟周期必须满足所有指令中最坏的情况,所以不能使用那些缩短常用指令执行时间而不改变最坏情况的实现技术。

在下一节,我们将看到一种称为流水线的实现技术,它使用与单周期相似的数据通路,但吞吐量更高,效率也更高。流水线技术通过同时执行多条指令来提高效率。

4.5　流水线概述

流水线是一种能使多条指令重叠执行的实现技术,目前广泛应用。

本节用类比的方式概述流水线的概念及相关问题。任何做洗衣工作的人都不自觉地使用流水线技术。非流水线的洗衣过程包含如下步骤:

①将一批脏衣服放入洗衣机。

②洗衣机洗完后,将湿衣服取出并放入烘干机。

③烘干机完成后,将干衣服取出,放在桌上叠起来。

④叠好后,请你的室友帮忙把衣服收好。

你的室友把衣服收好后,再开始洗下一批脏衣服。

流水线方法花费的时间少得多,如图 4-5-1 所示。当第一批衣服从洗衣机中取出并放入烘干机后,就可以把第二批脏衣服放入洗衣机。当第一批衣服烘干完成后,就可以把它们放在桌上叠起来,同时把洗衣机中洗好的第二批衣服放入烘干机,再将下一批脏衣服放入洗衣机。接着让你的室友把第一批衣服从桌上收好,你开始叠第二批衣服,烘干机开始烘干第三批衣服,同时可以把第四批衣服放入洗衣机。此时,所有的洗衣步骤(称为流水线阶段)在同时工作。只要每个阶段使用不同的资源,我们就可以用流水线的方法完成任务。

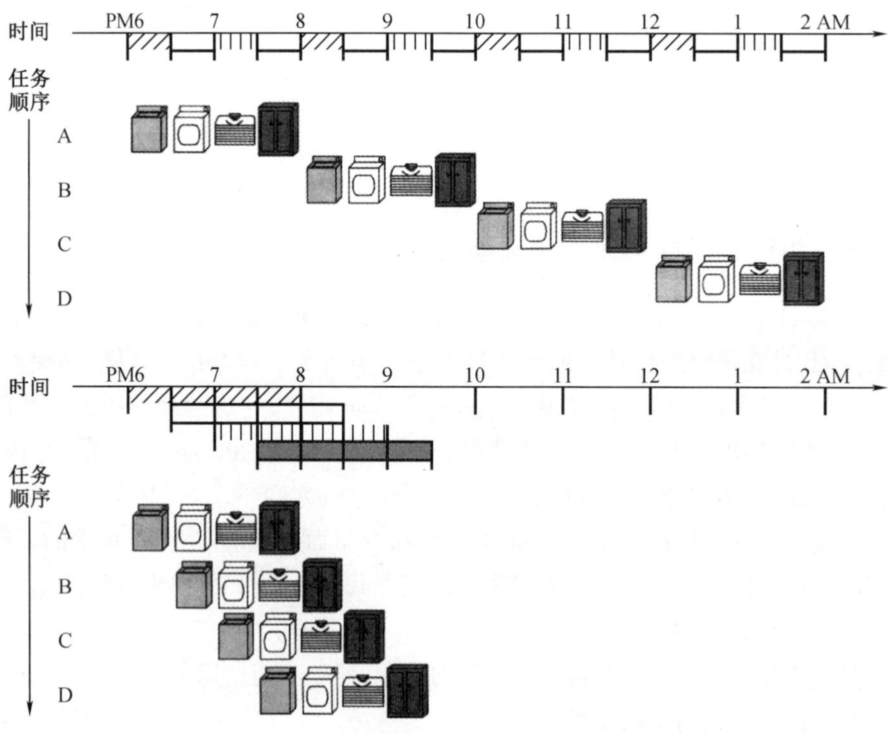

图 4-5-1　以洗衣服为例类比流水线

流水线的矛盾在于,对于一双脏袜子,从把它放入洗衣机到被烘干、叠好和收起的时间在流水线中并没有缩短;然而对于许多负载来说,流水线更快的原因是所有工作都在并行地执行,所以单位时间能够完成更多工作,流水线提高了洗衣系统的吞吐率(throughput)。因此,流水线不会缩短洗一次衣服的时间,但是当有很多衣物需要洗时,吞吐率的提高减少了完成整个任务的时间。

如果每个步骤需要的时间相同,并且要完成的工作足够多,那么由流水线产生的加速比等于流水线中步骤的数目,在这个例子中是 4 倍:洗涤、烘干、折叠和收起。因此,流水线方式洗衣速度是非流水线方式洗衣速度的 4 倍:流水线中 20 次洗衣需要的时间是 1 次洗衣的 5 倍,而 20 次非流水线洗衣的时间是 1 次洗衣的 20 倍。图 4-5-1 中流水线方式的速度仅为非流水线方式速度的 2.3 倍,因为图中只包括 4 次洗衣过程。注意到流水线中的工作负载在开始和结束时,流水线并未完全充满;当任务数量与流水线的步骤数量相比不是很大时,流水线的启动和结束会影响它的性能。在本例中,如果负载的数量远远大于 4,那么流水线步骤在大部分时间是充满的,吞吐率的增加接近 4 倍。

同样的原则也可用于处理器,即采用流水线方式执行指令。RISC-V 指令执行通常包含五个步骤:

①从存储器中取出指令。

②读寄存器并译码指令。

③执行操作或计算地址。

④访问数据存储器中的操作数(如有必要)。

⑤将结果写入寄存器(如有必要)。

因此,本章探讨的 RISC-V 流水线有五个阶段。正如流水线加速洗衣过程一样,下面的例子将说明流水线如何加速指令执行。

【例 4-5-1】 单周期实现与流水线性能。

为了使讨论具体化,我们先建立一个流水线。在本例和本章的其余部分,我们只考虑这七条指令:双字载入(ld)、双字存储(sd)、加(add)、减(sub)、与(and)、或(or)和相等就跳转(beq)指令。

本例将单周期指令执行(每条指令执行需要一个时钟周期)与流水线指令执行的平均执行时间进行对比。假设在本例中主要功能单元的操作时间:指令或数据存储器访问为 200 ps,ALU 操作为 200 ps,寄存器堆的读或写为 100 ps。在单周期模型中,每条指令的执行需要一个时钟周期,所以时钟周期必须满足最慢的指令。

解　表 4-5-1 所示为七条指令中每条指令所需的执行时间。单周期设计必须满足最慢的指令——表 4-5-1 中是 ld 指令,所以每条指令所需的执行时间是 800 ps。类似图 4-5-1,图 4-5-2 比较了三条载入寄存器指令的非流水线方式和流水线方式的执行过程。因此,在非流水线设计中,第一条和第四条指令之间的时间为 3×800 ps=2 400 ps。

表 4-5-1　根据各功能单元所需时间计算出的每条指令执行总时间　　单位:ps

指令类型	取指令	读寄存器	ALU 操作	数据存取	写寄存器	总时间
Load doublewor(ld)	200	100	200	200	100	800
Store doubleword(sd)	200	100	200	200		700
R-format(add,sub,and,or)	200	100	200		100	600
Branch(beq)	200	100	200			500

所有的流水线阶段都需要一个时钟周期,所以流水线的时钟周期必须足够长以满足最慢的操作。就像单周期设计中,即使某些指令的执行可能只需要 500 ps,但时钟周期要满足最坏情况 800 ps。流水线的时钟周期也必须满足最坏情况 200 ps,尽管有些阶段只需要 100 ps。流水线仍然提供了 4 倍的性能改进:第一条和第四条指令之间的时间是 3×200 ps=600 ps。

我们可以将上面讨论的流水线带来的性能加速比归纳为一个公式。如果流水线各阶段操作平衡,那么流水线处理器上的指令执行时间(假设理想条件下)为

$$\text{指令执行时间}_{\text{流水线}}=\frac{\text{指令执行时间}_{\text{非流水线}}}{\text{流水线级数}}$$

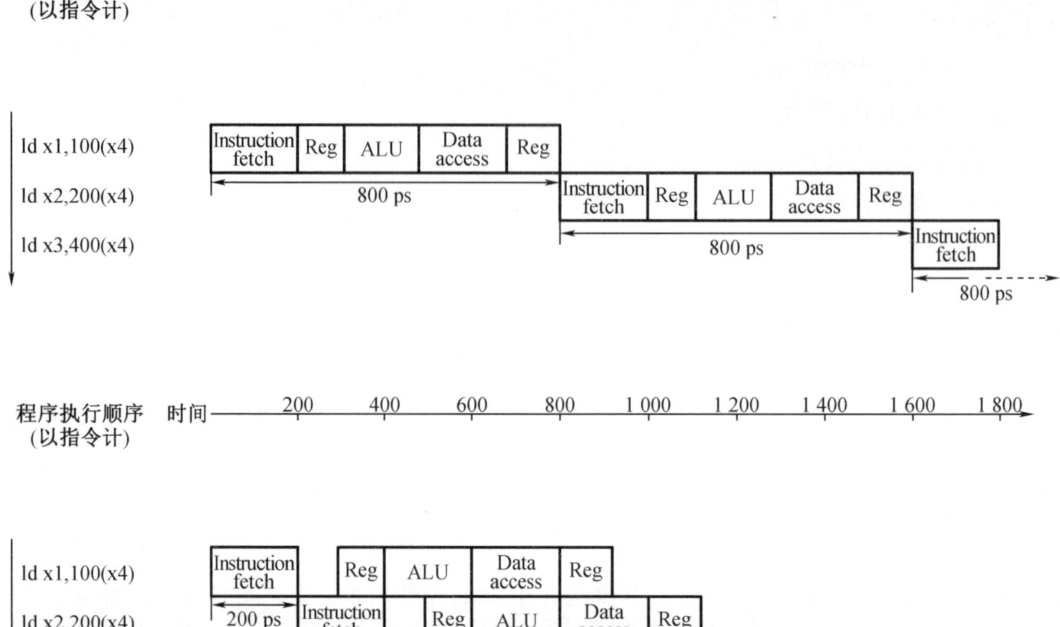

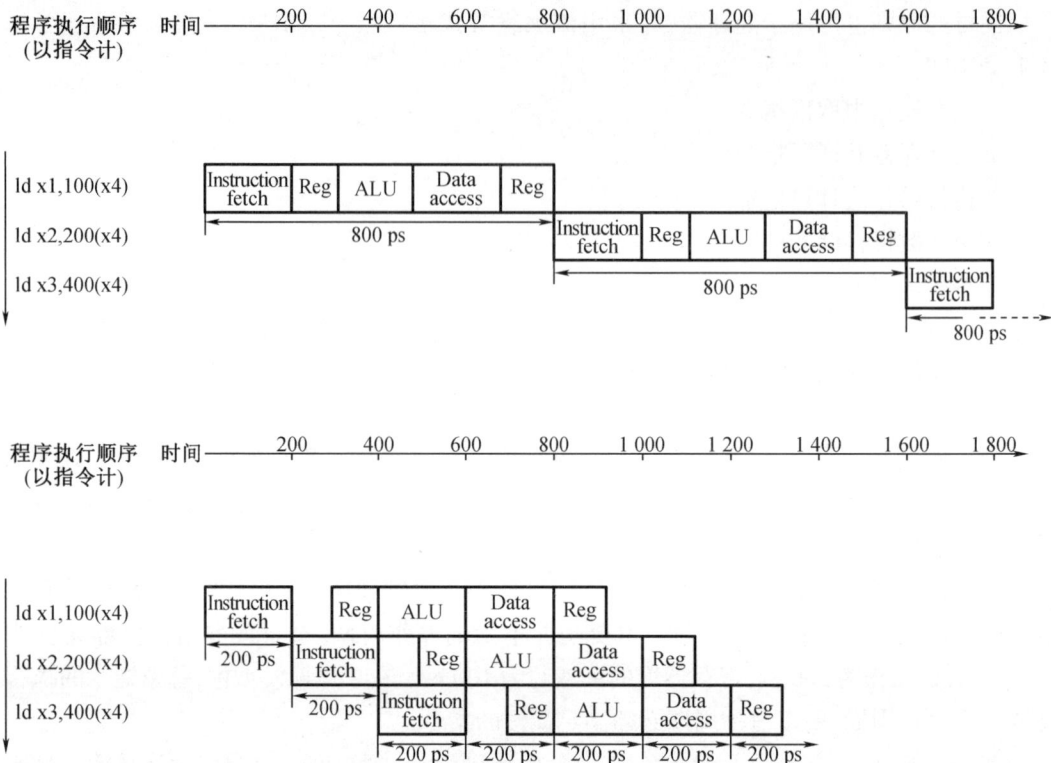

图 4-5-2　单周期、非流水线的指令执行(上)与流水线的指令执行(下)

在理想的条件下和有大量指令的情况下,流水线带来的加速比约等于流水线级数,如五级流水线带来的加速比接近 5。

该公式表明,一个五级流水线在 800 ps 非流水线执行时间的情况下,能带来接近 5 倍的性能提高,即相当于时钟周期为 160 ps。然而,在前面的例子中,各阶段不完全平衡。此外,流水线引入了一些开销(开销的来源稍后会进行阐述)。因此,流水线处理器中每条指令的执行时间将超过最小值,所以加速比将小于流水线的级数。

此外,尽管在前面的分析中断言将有 4 倍的性能提升,但这在本例的三条指令的总执行时间中却并未反映出来:实际加速比是 2 400 ps/1 400 ps。当然,这是因为指令的数量不够多。如果增加指令的数量会发生什么?我们将前面图中的指令数增加到 1 000 003 条,也就是说在流水线中增加 1 000 000 条指令,每条指令使总执行时间增加 200 ps。这样,总执行时间为 1 000 000×200 ps+1 400 ps=200 001 400 ps。在非流水线方式中,增加 1 000 000 条指令,每条指令需要 800 ps,因此总执行时间为 1 000 000×800 ps+2 400 ps=800 002 400 ps。在这些条件下,在非流水线处理器与流水线处理器上,真实程序执行时间的比值接近于指令执行时间的比值:

$$\frac{800\ 002\ 400\ \text{ps}}{200\ 001\ 400\ \text{ps}}=\frac{800\ \text{ps}}{200\ \text{ps}}=4$$

流水线技术通过提高指令吞吐率来提高性能,而不是减少单个指令的执行时间。由于实际程序会执行数十亿条指令,所以指令吞吐率是一个重要指标。

4.5.1　面向流水线的指令系统设计

尽管上面的例子只是对流水线的简单介绍，但我们也能够通过它了解面向流水线设计的 RISC-V 指令系统。

第一，所有 RISC-V 指令长度相同。这个限制简化了流水线第一阶段取指令和第二阶段指令译码。在像 Intel x86 这样的指令系统中，指令长度从 1 B 到 15 B，流水线设计更具挑战性。现代 Intel x86 架构在实现时，将 Intel x86 指令转换为类似 RISC-V 指令的简单操作，然后流水线化这些简单操作，而不是流水线化原始的 Intel x86 指令。

第二，RISC-V 只有几种指令格式，源寄存器和目标寄存器字段的位置相同。

第三，存储器操作数只出现在 RISC-V 的 load 或 store 指令中。这个限制意味着可以利用执行阶段来计算存储器地址，然后在下一阶段访问存储器。如果可以操作内存中的操作数，就像在 Intel x86 中一样，那么第三阶段和第四阶段将扩展为地址计算阶段、存储器访问阶段和执行阶段。很快就会看到较长流水线的缺点。

4.5.2　流水线冒险

流水线方式中有一种情况，在下一个时钟周期中下一条指令无法执行。这种情况称为冒险(hazard)，下面我们将介绍三种流水线冒险。

1. 结构冒险

第一种冒险叫作结构冒险①(structural hazard)。即硬件不支持多条指令在同一时钟周期执行。在洗衣例子中，如果用洗衣烘干一体机而不是分开的洗衣机和烘干机，或者如果你的室友正在做其他事情而不能收好衣服，都会发生结构冒险。这时，我们精心设计的流水线就会受到破坏。

如上所述，RISC-V 指令系统是面向流水线设计的，这使得设计人员在设计流水线时很容易避免结构冒险。然而，假设图 4-5-2 的流水线结构只有一个而不是两个存储器，那么如果有第四条指令，则会发生第一条指令从存储器取数据的同时第四条指令从同一存储器取指令，流水线会发生结构冒险。

2. 数据冒险

由于一个步骤必须等待另一个步骤完成而导致的流水线停顿叫作数据冒险②(data hazard)。假设你在叠衣服时发现一只袜子找不到与之匹配的另一只。一种可能的策略是跑到房间，在衣橱中找，看是否能找到另一只。显然，当你在找袜子时，完成烘干准备被折叠的衣服和那些已经洗完准备去烘干的衣服，不得不停顿等待。

在计算机流水线中，数据冒险源于一条指令依赖于前面一条尚在流水线中的指令(这种关系在洗衣例子中并不存在)。例如，假设有一条加法指令，它后面紧跟着一条使用加法

① 结构冒险：因缺乏硬件支持而导致指令不能在预定的时钟周期内执行的情况。

② 数据冒险：也称为流水线数据冒险，因无法提供指令执行所需数据而导致指令不能在预定的时钟周期内执行。

的和的减法指令(x19):

add　x19,x0,x1

sub　x2,x19,x3

在不做任何干预的情况下,这一数据冒险会严重阻碍流水线。add 指令直到第五个阶段才写结果,这将浪费三个时钟周期。

尽管可以尝试通过编译器来消除这些冒险,但结果并不令人满意。这些依赖经常发生,并且导致延迟太久,所以不可能指望编译器将我们从这个困境中解救出来。

一种基本的解决方案是基于以下发现:不需要等待指令完成就可以尝试解决数据冒险。对于上面的代码序列,一旦 ALU 计算出加法的和,就可将其作为减法的输入。向内部资源添加额外的硬件以尽快找到缺少的运算项的方法,称为前递(forwarding)或旁路(bypassing)①。

【例 4-5-2】 两条指令的前递。

对于上面的两条指令,说明前递将连接哪些流水级。图 4-5-3 表示流水线五个阶段的数据通路。与图 4-5-1 中的洗衣例子的流水线类似,每条指令的数据通路排成一行。

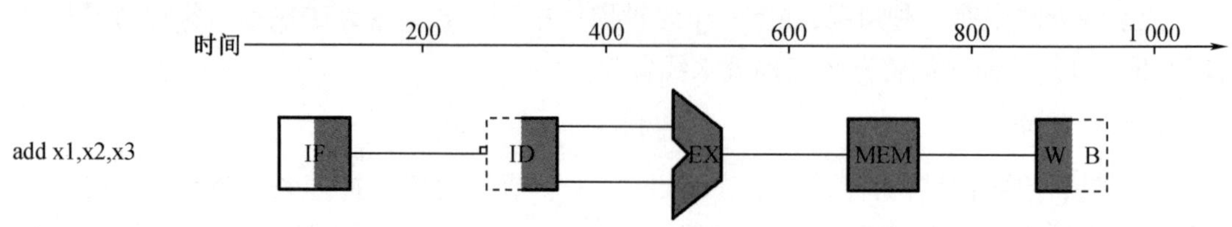

图 4-5-3　指令流水线的图形表示

解　图 4-5-4 所示为将 add 指令执行阶段后的 x1 中的值,前递给 sub 指令作为执行阶段的输入。

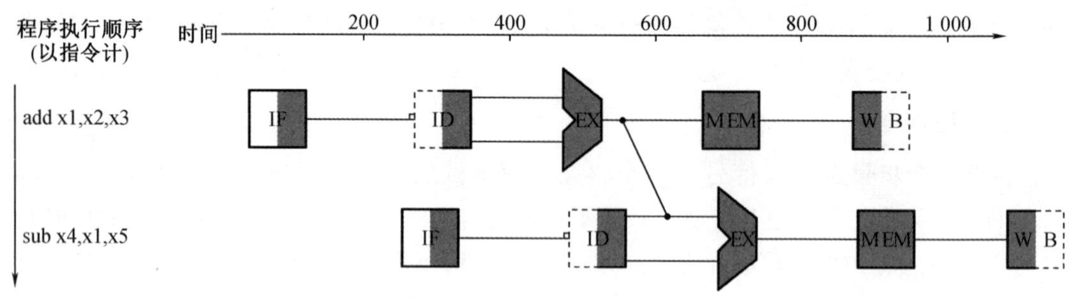

图 4-5-4　前递的图形表示

在图 4-5-4 中,仅当目标阶段在时间上晚于源阶段时,前递路径才有效。例如,从第一条指令存储器访问阶段的输出到下一条指令执行阶段的输入不可能存在有效前递路径,否

① 前递或旁路:一种解决数据冒险的方法,提前从内部缓冲中取到数据,而不是等到数据到达程序员可见的寄存器或存储器。

则意味着时间倒流。

前递的效果很好,但不能避免所有的流水线停顿。例如,假设第一条指令是 load x1 而不是加法指令,正如图 4-5-4 所述,在第一个指令的第四个阶段之后,sub 指令所需的数据才可用,这对于 sub 指令第三个阶段的输入来说太迟了。因此,即使使用前递,流水线也不得不停顿一个阶段来处理载入-使用型数据冒险①(load-use data hazard),如图 4-5-5 所示。该图包含流水线的一个重要概念,正式叫法是流水线停顿②(pipeline stall),但通常称为气泡(bubble)。我们经常看到流水线中发生停顿。

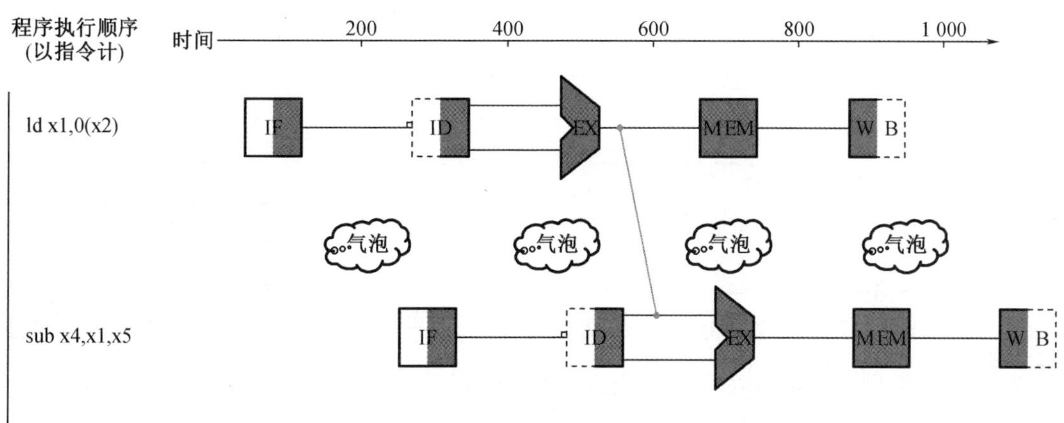

图 4-5-5　当一条 load 指令之后紧跟着一条需要使用其结果的 R 型指令时需要停顿

【例 4-5-3】　重排代码以避免流水线停顿。

考虑以下 C 语言代码段:

```
a =b + e ;
c =b + f;
```

下面是这个代码段生成的 RISC-V 代码,假设所有变量都在存储器中,并且以 x31 作为基址,加偏移后即可访问这些变量:

```
Ld    x1,0(×31)//Load b
Ld    x2,8(×31)//Load e
Add  x3,x1,x21/b +e
Sd    x3,24(×31)//Store a
Ld    x4,16(×31)l/Load f
Add  x5,x1,x4/l b + f
Sd    x5,32(×31)//Store c
```

试找出上述代码段中的冒险并重新排列指令以避免流水线停顿。

解　两条 add 指令都有冒险,因为它们分别依赖于上一条 ld 指令。请注意,前递消除

① 载入-使用型数据冒险:一种特定形式的数据冒险,指当载入指令要取的数据还没取回时,其他指令就需要该数据的情况。

② 流水线停顿:也称为气泡,是为了解决冒险而实施的一种阻塞。

了其他几种潜在冒险,包括第一条 add 指令对第一条 ld 指令的依赖,以及 sd 指令带来的冒险。把第三条 ld 指令提前为第三条指令,可以消除这两个冒险:

```
Ld  x1,0(×31)
Ld  x2,8(x31)
Ld  x4,16(×31)
Add  x3,x1,x2
Sd  x3,24(×31)
Add  x5,×1,x4
Sd  x5,32(×31)
```

在具有前递的流水线处理器上,执行重新排序的指令序列将比原始版本快两个时钟周期。

3. 控制冒险

第三种冒险称为控制冒险①,出现在以下情况下:需要根据一条指令的结果做出决定,而其他指令正在执行。

假设洗衣店的工作人员接到一个令人高兴的任务:清洁足球队队服。根据衣服的污浊程度,需要确定清洗剂的用量和水温设置是否合适,以便能洗净衣物又不会由于清洗剂过量而磨损衣物。在洗衣流水线中,必须等到第二步结束,检查已经烘干的衣服,才能知道是否需要改变洗衣机设置。这种情况该怎么办?

有两种办法可以解决洗衣问题中的控制冒险,也适用于计算机中的相同问题,以下是第一种办法。

停顿:第一批衣物被烘干之前,按顺序操作,并且重复这一过程,直到找到正确的洗衣设置为止。

这种保守的方法当然有效,但速度很慢。

计算机中解决相同的问题是条件分支指令。请注意,在取出分支指令后,紧跟着在下一个时钟周期就会取下一条指令。但是流水线并不知道下一条指令应该是什么,因为它刚刚从存储器中取出分支指令!就像洗衣问题一样,一种可能的解决方案是在取出分支指令后立即停顿,直到流水线确定分支指令的结果并知道要从哪个地址取下一条指令为止。

假设加入足够多的额外硬件,使得在流水线第二个阶段能够完成测试寄存器、计算分支目标地址和更新 PC。通过这些硬件资源,包含条件分支指令的流水线如图 4-5-6 所示。如果分支指令的条件不成立,要执行的指令在开始执行之前需额外停顿一个时钟周期(200 ps)。

---

① 控制冒险:也称为分支冒险,由于取到的指令并不是所需要的,或者指令地址的流向不是流水线所预期的,导致正确的指令无法在正确的时钟周期内执行。

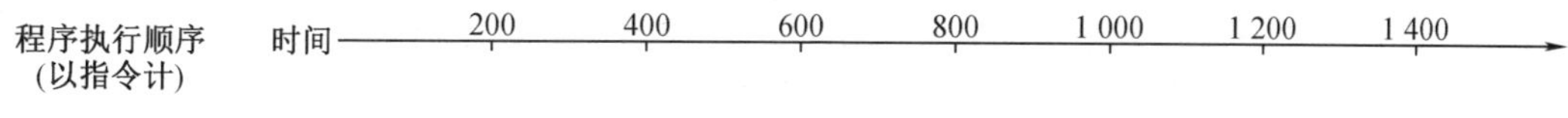

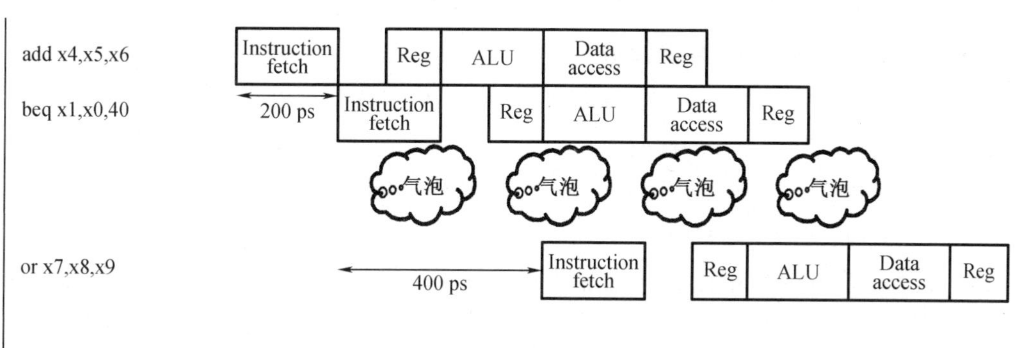

图 4-5-6　每遇到条件分支指令就停顿以避免控制冒险的流水线

4.6 异　　常

控制逻辑是处理器设计中最有挑战性的部分:验证正确性最为困难,同时也最难进行时序优化。异常(exception)和中断(interrupt)是控制逻辑需要实现的任务。除分支指令外,它是另一种改变指令执行控制流的方式。最初,人们使用它们是为了处理 CPU 内部的意外事件,例如未定义指令。后续经扩展也可处理与 CPU 进行通信的 I/O 设备。

许多体系结构设计者和相关文献作者并不区分中断和异常,经常使用其中一种同时指代两者。比如,Intel x86 中就是使用中断。在本书中,我们使用异常来指代意外的控制流变化,而这些变化无须区分是来自处理器内部还是外部;使用中断仅仅指代由处理器外部事件引发的控制流变化。表 4-6-1 中列出了一些示例,包括异常的类型、引发异常的事件来源以及在 RISC-V 体系结构中的表示。

表 4-6-1　异常类型、来源及 RISC-V 中的表示

事件类型	异常来源	RISC-V 中的表示
系统重启	外部	异常
I/O 设备请求	外部	中断
用户程序进行操作系统调用	内部	异常
未定义指令	内部	异常
硬件故障	皆可	皆可

异常处理的许多功能需求来自引发异常的特定场合。在本节中,我们只涉及检测异常

类型的控制逻辑实现,这些异常与我们之前讨论过的指令系统及微结构实现是相关的。

通常,检测和处理异常的控制逻辑会处于处理器的时序关键路径上,这对处理器时钟频率和性能都会产生重要影响。如果对控制逻辑中的异常处理不给予充分重视,一旦尝试在复杂设计中添加异常处理,将会明显降低处理器的性能。这与处理器验证一样复杂。

RISC-V 体系结构中如何处理异常

在目前所讲过的实现中,只存在两种异常类型:未定义指令和硬件故障。例如,假设在指令 add x1、x2、xl 执行时出现硬件故障。当异常发生时,处理器必须执行的基本动作是:在系统异常程序计数器(supervisor exception program counter,SEPC)中保存发生异常的指令地址,同时将控制权转交给操作系统。

之后,操作系统将做出相应动作,包括为用户程序提供系统服务,硬件故障时执行预先定义好的操作,或者停止当前程序的执行并报告错误。完成异常处理的所有操作后,操作系统使用 SEPC 寄存器中的内容重启程序的正常执行,可能是继续执行原程序,也可能是终止程序。

操作系统进行异常处理,除了引发异常的指令外,还必须获得异常发生的原因。目前使用两种方法来通知操作系统。

RISC-V 中使用的方法是设置系统异常原因寄存器(supervisor exception cause register,SCAUSE),该寄存器中记录了异常原因。

另一种方法是使用向量式中断①(vectored interrupt)。该方法用基址寄存器加上异常原因(作为偏移)作为目标地址来完成控制流转换。基址寄存器中保存了向量式中断内存区域的起始地址。比如,我们可以根据异常类型定义下述两类异常的异常向量起始地址(表 4-6-2)。

表 4-6-2　定义异常向量起始地址

异常类型	异常向量地址,与中断向量表基地址相加
未定义指令	000100000_2
系统错误(硬件故障)	011000000_2

操作系统可根据异常向量起始地址来确定异常原因。如果不使用此种方法,如 RISC-V,就需要为所有异常提供统一的入口地址,由操作系统解析状态寄存器来确定异常原因。对于使用向量式异常的设计者,每个异常入口需要提供比如 32 B 或 8 条指令大小的区域,供操作系统记录异常原因并进行简单处理。

通过添加一些额外寄存器和控制信号,并稍微扩展控制逻辑,就可以完成对各种异常的处理。假设使用统一入口地址的方式实现异常处理,设置该地址为 0000 0000 1C090000,6(实现向量式异常与此难度相当),我们需要在当前 RISC-V 的实现中添加两个额外的寄存器:

① 向量式中断:一种中断处理机制,根据异常原因来决定后续控制流的起始地址。

①SEPC:64 位寄存器,用来保存引起异常的指令的地址(该寄存器在向量式异常中也需要使用)。

②SCAUSE:用来记录异常原因的寄存器。在 RISC-V 体系结构中,该寄存器为 64 位,大多数位未被使用。假设对上述提及的两种异常类型进行编码并记录,其中未定义指令的编码为 2,硬件故障的编码为 12。

4.7　指令间的并行性

流水线技术挖掘了指令间潜在的并行性,这种并行性称为指令级并行(ILP)。提高指令级并行度主要有以下两种方法。

第一种是增加流水线的级数,让更多的指令重叠执行。仍然使用上文提到的洗衣店进行类比。假设洗衣阶段所需时间比其他阶段都长,我们可以将洗衣阶段再细分为洗涤、漂洗和甩干三个阶段。这样就将一个四级流水线变为六级流水线。不论是处理器还是洗衣店,如需获得最高加速比,还要重新调整其他阶段的时长至相等来平衡流水线。加深流水线后,由于有更多的操作可以重叠执行,指令间的并行度更高。同时,时钟周期变短,主频变高,处理器性能也就更高。

另一种提高指令级并行度的方法是增加流水线内部的功能部件数量,这样可以每周期发出多条指令。这种技术称为多发射[①](multiple issue)。一个拥有 3 个洗衣机和 3 个烘干机的多发射洗衣店代替了之前的家庭式洗衣机和烘干机。也许你还需要招聘一些助手来折叠和收纳,这样就能在相同时间内完成之前的 3 倍工作量。唯一的缺点在于,需要在相邻流水阶段之间传递负载,并保证所有机器都满负荷工作,这增加了额外的工作量。

每周期发射多条指令,使得指令执行频率可以超过时钟频率。换句话说,就是 CPI 可以小于 1。在第 1 章中我们提过,有时候衡量指标的倒数也是有用的,例如 IPC,即每个周期的执行指令数。例如,一个主频为 3 GHz、发射宽度为 4 的多发射处理器,峰值速度为每秒执行 120 亿条指令,理论上 CPI 为 0.25,或 IPC 为 4。如果这是一个五级流水的处理器,那么同一时间内流水线中最多会有 20 条指令在执行。目前高端处理器的发射宽度为每周期 3~6 条指令,普通处理器的发射宽度一般为 2。不过,多发射技术会有一些限制,例如哪些指令可以同时执行,如果发生冒险如何处理等。

实现多发射处理器主要有两种方法,区别在于编译器和硬件的不同分工。如果指令发射与否的判断是在编译时完成的,称为静态多发射[②](static multiple issue)。如果指令发射与否的判断是在动态执行过程中由硬件完成的,称为动态多发射[③](dynamic multiple issue)。这两种方法可能还有其他一些名称,但都不够准确或限制过严。

在多发射流水线中,需要处理如下两个主要任务:

---

①　多发射:一个时钟周期内可以发射多条指令的策略。

②　静态多发射:多发射的一种实现方法,由编译器完成发射相关判断。

③　动态多发射:多发射的一种实现方法,在动态执行过程中由硬件完成发射相关判断。

①将指令打包并放入发射槽[①]。处理器如何判断本周期发射多少条指令？发射哪些指令？在大多数静态发射处理器中，编译器会完成这部分工作。而在动态发射处理器中，这部分工作通常会在运行时由硬件自动完成，编译器可以通过指令调度来提高发射效率。

②处理数据和控制冒险。在静态发射处理器中，编译器静态处理了部分或所有指令序列中存在的数据和控制冒险。相应地，大多数动态发射处理器是在执行过程中使用硬件技术来解决部分或所有类型的冒险。

对于静态发射和动态发射，虽然我们把它们描述成两种截然不同的方法，但在实际中，不同的方法间经常互相借鉴，没有哪一种方法很纯粹。

4.7.1 推测的概念

推测是另一种非常重要的深度挖掘指令级并行度的方法。以预测思想为基础，推测方法允许编译器或处理器来"猜测"指令的行为，并允许其他与被推测指令相关的指令提前开始执行。例如，我们可以对分支指令结果进行推测，这样分支指令之后的指令可以提早执行。再例如，对于先 store 再 load 的指令序列，可以推测两条指令的访存地址不同，这样允许 load 先于 store 执行。推测的难点在于预测结果可能出现错误。因此，所有推测机制都必须包括预测结果正确性的检查机制，以及预测出错后的恢复机制，以消除推测执行带来的影响。这种恢复机制的实现增加了结构设计的复杂度。

可以在编译时完成推测，也可以在执行时由硬件完成推测。例如，编译器可以根据推测结果进行指令顺序重排，将分支后指令移动到分支指令前，或者将 load 指令移动到 store 指令前。处理器硬件也可以在动态执行时完成相同的操作，所使用的技术将在本节稍后讨论。

实现推测错误时的恢复机制非常困难。在软件实现的推测中，编译器经常需要插入额外的指令来检查推测的正确性，并在检测到推测错误时提供例程进行恢复。在硬件推测式执行中，处理器通常会保存推测的结果直到推测被确定是正确的。如果推测是正确的，将使用保存的推测结果更新寄存器或存储器，完成推测路径上的指令。如果推测是错误的，硬件清除推测结果，并从正确的指令处重新开始执行。推测错误需要对流水线进行恢复或者停顿，这显然会极大地降低性能。

推测式执行还会引入另一个问题：对某条指令进行推测可能引入不必要的异常。例如，假设某条 load 指令处于推测式执行，同时该 load 指令的访存地址发生了越界，则会引发异常。如果推测是错误的，就意味着发生了本不该发生的异常。这个问题非常复杂，因为如果这条 load 指令不是推测执行，那么异常是一定会发生的。对于编译支持的推测式执行，可以通过添加特定支持来避免这样的问题，对此类异常一直延迟响应直到确认推测正确。对于硬件推测式执行，异常将被记录直到确认推测正确，这时被推测的指令将被提交，检测到异常，转入正常的异常处理程序进行处理。

如果推测正确，处理器的性能将被改善；一旦推测错误，处理器的性能会受到较大影

① 发射槽：指令发射时所处位置，可类比为起跑位置。

响,因此人们投入大量的精力去研究何时进行推测。在本节后面的内容中,我们将详细介绍静态和动态的推测技术。

4.7.2　静态多发射

静态多发射处理器是由编译器来支持指令打包和处理指令间的冒险。对于静态多发射处理器,可以将同一周期发射出去的指令集合(一般称为发射指令包①)看成一条需要进行多种操作的“大指令”。这样说并不仅仅是为了类比。因为静态多发射处理器通常会对同一周期发射的指令类型进行限制,将发射指令包看成一条预先定义好、需要进行多种操作的指令,这正符合超长指令字②(very long instruction word,VLIW)的设计思路。

同时,大多数静态发射处理器也依赖编译器来处理数据和控制冒险。编译器的任务包括静态分支预测和代码调度,以减少或消除所有冒险。在描述更先进处理器中所采用的技术之前,先来看一个简单的静态多发射 RISC-V 处理器的例子。

举例:静态多发射 RISC-V 处理器

为了解静态多发射技术,我们考察一个简单的双发射 RISC-V 处理器。其中,指令序列中的一条指令是定点 ALU 指令或者分支指令,另一条指令是 load 或者 store 指令。通常,一些嵌入式处理器正是如此来使用。单个周期内发射两条指令需要同时取指和译码 64 位指令。在许多静态单发射处理器,特别是超长指令字处理器中,为简化指令的译码和发射,对可同时发射的指令组合做出了限制。例如,需要指令成对,指令地址需要 64 位边界对齐,ALU 指令和分支指令放在前面。而且,如果指令对中的一条指令无法发射,需要将其替换成 nop 指令。这样一来,就保证了指令总是成对发射,当然其中一条可能是 nop。表 4-7-1 给出了指令成对进入流水线的过程。

表 4-7-1　静态双发射流水线操作

指令类型	流水线阶段							
ALU 或分支指令	IF	ID	EX	MEM	WB			
load 或 store 指令	IF	ID	EX	MEM	WB			
ALU 或分支指令		IF	ID	EX	MEM	WB		
load 或 store 指令		IF	ID	EX	MEM	WB		
ALU 或分支指令			IF	ID	EX	MEM	WB	
load 或 store 指令			IF	ID	EX	MEM	WB	
ALU 或分支指令				IF	ID	EX	MEM	WB
load 或 store 指令				IF	ID	EX	MEM	WB

① 发射指令包:同一周期发射的指令组合。可能是由编译器静态打包,也可能是由处理器在动态执行过程中进行调度。

② 超长指令字:一种指令系统体系结构类型,支持在单条指令中使用不同的编码位来定义多个可同时被发射的独立操作。

静态多发射处理器对于潜在的数据和控制冒险有不同的解决方案。在一些设计实现中,由编译器来实现所有冒险的解决、代码的调度以及插入相应的 nop。因此在代码动态执行过程中,硬件可以完全不去关心冒险检测或者流水线停顿。而在另一些设计实现中,使用硬件来检测两个指令包之间的数据冒险,并产生相应的流水线停顿。编译器只负责在单个指令包中检测所有类型的相关。即便如此,单个冒险也通常会导致整个指令包的发射停顿。不论是采用软件来解决所有的冒险,还是仅在两个指令包间降低冒险发生的比例,如果使用上文中提到的“单条大指令”的思想来进行分析,将更有助于加深理解。在下文的例子中,我们假设使用的是第二种方法,即用硬件来检测两个指令包之间的数据冒险,编译器只负责在单个指令包中检测所有类型的相关。

如果想同时发射 ALU 和数据传输类指令,除了上文所说的冒险检测和流水线停顿逻辑,首先需要添加的硬件资源是寄存器堆的读/写口(图 4-7-1)。在同一个时钟周期内,ALU 指令需要读取两个源寄存器,store 指令可能需要读取两个以上的源寄存器;ALU 指令需要更新一个目标寄存器,load 指令也需要更新一个目标寄存器。由于 ALU 部件只负责 ALU 指令的执行,因此还需要额外增加一个加法器来进行访存地址的计算。如果不增加这些额外的硬件资源,我们的双发射流水线将产生大量的结构冒险。

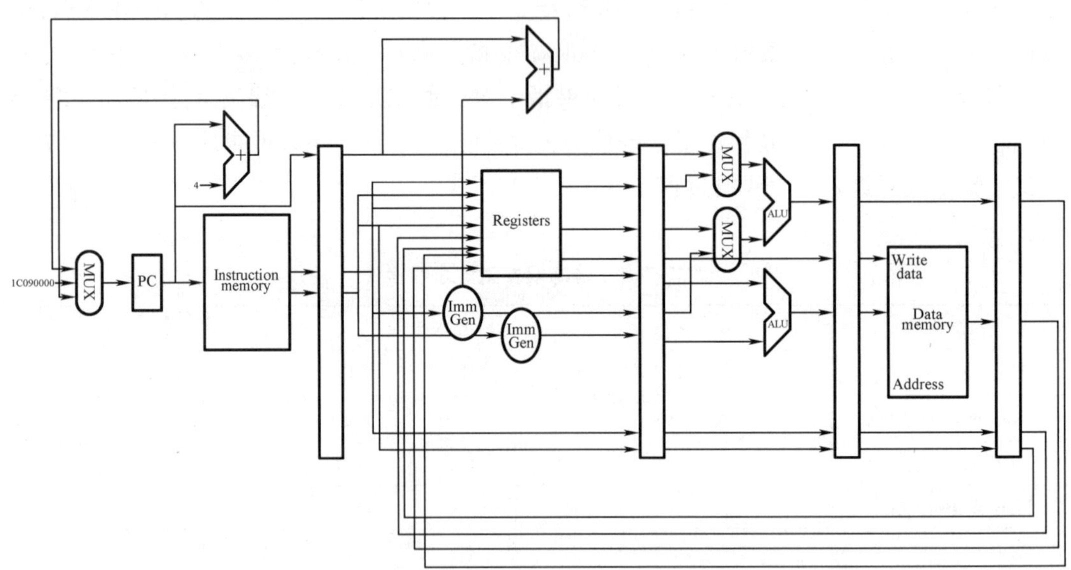

图 4-7-1　静态双发射数据通路

很明显,这种双发射处理器最多能提高两倍的性能,但这也需要程序中存在两倍的、可重叠执行的指令数目。而这种重叠执行又会因增加数据和控制冒险而导致性能损失。例如,在我们的简单五级流水线结构中,load 指令有一个周期的使用延迟(use latency)。如果下一条指令需要使用 load 指令的结果,那么它必须停顿一个周期。同样,在双发射五级流水线结构中,load 指令也存在一个周期的使用延迟,而这时需要停顿后续两条指令(ALU 和

load/store 指令)的执行。而且,在单发射五级流水线中,ALU 指令本来是没有使用延迟[①]的。但在双发射流水线中,需要同时发射 ALU 指令和 load 或 store 指令。如果这两条指令存在数据冒险,则 load 或 store 指令不能被发射,相当于 ALU 指令增加了一个周期的使用延迟。为有效挖掘多发射处理器中可用的并行度,需要使用更高级的编译器或硬件动态调度技术,静态多发射处理器对编译器提出了更高的要求。

在双发射流水线中,需要同时发射 ALU 指令和 load 或 store 指令。如果这两条指令存在数据冒险,则 load 或 store 指令不能被发射,相当于 ALU 指令增加了一个周期的使用延迟。为有效挖掘多发射处理器中可用的并行性,需要使用更高级的编译器或硬件动态调度技术,静态多发射处理器对编译器提出了更高的要求。

【例 4-7-1】 简单的多发射代码调度。

如果是 RISC-V 的静态双发射流水线实现,下面的这个循环体应该如何调度?

```
Loop:
ld     x31,0(x20)        //x31=array element
Add   x31,x31,x21        //add scalar in x21
Sd     x31,0(x20)        //store result
addi  x20,x20,-8         //decrement pointer
blt     x22,x20,Loop     //compare to loop limit ,
//branch if x20 > x22
```

重新排列上述指令,尽可能避免流水线。假设分支是可以被预测的,也就是控制冒险由硬件解决。

解　前三条指令具有数据相关,因此重点调度后两条。表 4-7-2 中给出了该指令序列的最佳调度方案。注意,只有一对指令占用了两个发射槽。每次循环需要花费 4 个时钟周期,也就是 4 个时钟周期完成 5 条指令的执行,CPI 为 0.8 或者 IPC 为 1.25。理论上,使用双发射技术,CPI 可以达到 0.5 或者 IPC 为 2。注意,在计算 CPI 或者 IPC 时,我们并不考虑 nop 的影响。这样做只是为了 CPI 的计算,对性能没有任何帮助。

表 4-7-2　针对 RISC-V 双发射流水线进行调度后的代码

	ALU 或 branch 指令	数据传输指令	时钟周期
Loop:		ld　x31,0(x20)	1
	addi　x20,x20,-8		2
	add　x31,x31,x21		3
	blt　x22,x20,Loop	Sd　x31,8(x20)	4

① 使用延迟:为保证能够正确使用 load 指令的执行结果,在 load 指令和后续相关指令间插入的时钟周期数。

循环展开①(loop unrolling)是一种专门针对循环体提高程序性能的重要编译技术。它将循环体展开多遍,从不同循环中寻找可以重叠执行的指令来挖掘更多的指令级并行度。

【例 4-7-2】 面向多发射流水线进行循环展开。

上文所示的例子中,循环展开和指令调度互相配合,可提升处理器性能。为简化起见,假设循环间隔为 4 的倍数。

解 为实现无延迟的循环操作,我们需要将循环体展开 4 遍。展开后还需要消除不必要的循环开销,循环体内将包含 ld、add 和 sd 的 4 次拷贝,再加上一条 addi 和一条 blt。表 4-7-3 中给出了循环展开并调度后的代码。

表 4-7-3 针对 RISC-V 静态双发射流水线进行循环展开和调度后的代码

	ALU 或 branch 指令	数据传输指令	时钟周期
Loop:	addi x20,x20,-32	ld x28,0(x20)	1
		ld x29,24(x20)	2
	add x28,x28,x21	ld x30,16(x20)	3
	add x29,x29,x21	ld x31,8(x20)	4
	add x30,x30,x21	sd x28,32(x20)	5
	add x31,x31,x21	sd x29,24(x20)	6
		sd x30,16(x20)	7
	blt x22,x20, Loop	sd x31,8(x20)	8

在循环展开的过程中,编译器使用了额外的寄存器(x28、x29 和 x30),这样的过程称为寄存器重命名(register renaming)。寄存器重命名的目标是除了真数据相关外,消除指令间存在的其他数据相关。这些数据相关将会导致潜在的冒险,或者妨碍编译器进行灵活的代码调度。如果只使用 x31,考虑展开后的代码将会如何:ld x31,0(x20), add x31,x31,x21,之后跟着 sd x31,8(x20),这样的指令序列不断重复,除了都使用 x31,这些指令实际上是相互独立的。也就是说,不同循环的指令之间是没有数据依赖的。这种情况称为反相关(antidependence)或名字相关(namedependence),是一种由于名称复用而被迫导致的顺序排列,并不是真正的数据相关(即真相关)。

在循环展开时对寄存器进行重命名,可以允许编译器移动不同循环中的指令,以更好地调度代码。重命名的过程可以消除名字相关,但不能消除真相关。

注意,此时循环体中的 14 条指令中 12 条指令是可以成对执行的,4 遍循环花费了 8 个时钟周期,因此 IPC 为 14/8=1.75。对于 4 遍循环,之前需要 20 个时钟周期,现在只需要 8 个时钟周期。循环展开和指令调度配合,流水线性能提高 2 倍以上。这些性能提升一部分来自循环控制语句的减少,一部分来自双发射执行。代价是使用了 4 个而非 1 个临时寄存

① 循环展开:一种针对数组访问循环体的提高程序性能的技术。它将循环体展开多遍,对不同循环内的指令进行统一调度。

器,同时单个循环中的代码长度也增长了 1 倍以上。

4.7.3　动态多发射处理器

动态多发射处理器也称为超标量[①]处理器或朴素的超标量处理器。在最简单的超标量处理器中,指令按序发射,由硬件来判断当前周期可以发射的指令数:一条还是更多,或者停顿发射。显然,如果想让这样的处理器获得更好的性能,仍然需要编译器进行指令调度,消除指令间的相关,提高指令的发射率。不过,即使编译器配合进行了指令调度,在这个简单的超标量处理器和超长指令字处理器之间仍然存在一个重要的差别,即不论软件调度与否,硬件必须保证代码运行的正确性。此外,编译生成代码的运行正确性应该与发射率或处理器的流水线结构无关。但是,在一些超长指令字处理器中,情况却不一样。代码需要重新编译才能正确运行在不同处理器实现上。还有一些静态多发射处理器,虽然代码在不同的处理器实现上应该能运行正确,但实际情况经常会比较糟糕,仍然可能需要编译器的支持。

许多超标量处理器扩展了动态发射逻辑的基础框架,形成了动态流水线调度技术[②]。动态流水线调度技术由硬件逻辑选择当前周期内执行的指令,并尽量避免流水线的冒险和停顿。我们用一个简单的例子来说明它是如何避免数据冒险的。请考虑下面的代码序列:

```
Ld  x31,0(x21)
Add  x1, x31,x2
Sub  x23,x23,x3
andi  x5, x23,20
```

即使 sub 指令已经可以执行,它也必须等待 ld 和 add 指令先完成。其中 ld 指令需要访存,可能会花费大量的时间(第 5 章中会解释缓存失效,这是存储访问有时候会变慢的重要原因)。采用动态流水线调度技术可以部分或者完全避免这样的数据冒险。

动态调度流水线

动态调度流水线由硬件选择后续执行的指令,并对指令进行重排来避免流水线的停顿。在这样的处理器中,流水线被分成三个主要部分:取指和发射单元、多功能部件(在 2015 年的高端处理器设计中,功能部件的数量达到十几个甚至更多)以及提交单元[③]。图 4-7-2 中给出了流水线模型。取指和发射单元负责取指令、译码、将各指令发送到相应的功能单元上执行。每一个功能单元前都有若干缓冲区,称为保留站。保留站中存放指令的操作和所需的操作数。(在下一节中,我们将讨论保留站的另一种替代选择,这种方式被许多当今主流处理器使用。)只要缓冲区中指令所需操作数准备好,并且功能单元就绪,就可以执行指令。一旦指令执行结束,结果将被传送给保留站中正在等待使用该结果的指令,同时也传送到提交单元中进行保存。提交单元中保存了已完成指令的执行结果,并在指令

---

① 超标量:一种高级流水线技术,指处理器能够在动态执行时选择指令,并在一个周期内执行一条以上的指令。

② 动态流水线调度技术:指一种为避免停顿流水线,对指令执行顺序进行重排的硬件技术。

③ 提交单元:动态调度或乱序执行的流水线中判定指令何时提交的功能单元。指令一旦被提交,将会更新程序员可见的寄存器和存储器。

真正提交时才使用它们更新寄存器或者写入内存。这些位于提交单元的缓冲区,通常称为重排序缓冲。与静态调度流水线中的前递逻辑一样,重排序缓冲也可以用来为其他指令提供操作数。一旦指令提交,寄存器得到更新,就与正常流水线一样直接从寄存器获取最新的数据。

在保留站中保存操作数,以及在重排序缓冲中保存运算结果,两者共同提供了一种寄存器重命名方式,有点类似之前的循环展开例子中编译器使用的技术。要了解这个概念是如何工作的,考虑以下步骤:

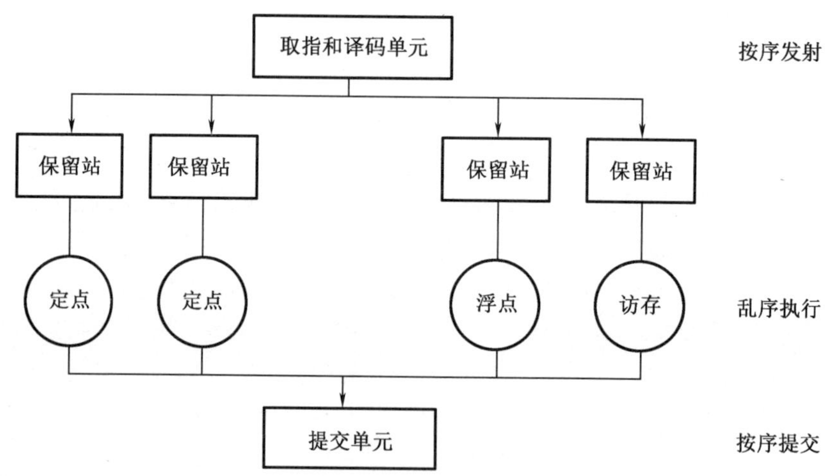

图 4-7-2　动态调度流水线的三个主要部分

①发射指令时,指令会被拷贝到相应功能单元的保留站中。同时,如果指令所需的操作数已准备好,也会从寄存器堆或者重排序缓冲中拷贝到保留站中。指令会一直保存在保留站中,直到所需的操作数全部准备好,并且相应功能部件可用。对于处在发射阶段的指令,由于可用操作数已被拷贝至保留站中,它们在寄存器堆中的副本就无须保存了,如果出现相应寄存器的写操作,那么该寄存器中的数值将被更新。

②如果操作数不在寄存器堆或者重排序缓冲中,那它一定在等待某个功能单元的计算结果。该功能单元的名字将被记录。当最终结果计算完毕,将会直接从功能单元拷贝到等待该结果的保留站中,旁路了寄存器堆。

这些步骤充分利用了重排序缓冲和保留站来实现寄存器重命名。

从概念上讲,可以把动态调度流水线看作程序的数据流结构分析。处理器在不违背程序原有的数据流顺序的前提下以某种顺序执行指令,称为乱序执行。这是因为这样执行的指令顺序和取指的顺序是不同的。

为使得程序行为与简单的按序单发射流水线一致,乱序执行流水线的取指和译码都需要按序进行,以便正确处理指令间的相关。同样,提交阶段也需要按照取指的顺序依次将指令执行的结果写入寄存器和存储中。这种保守的处理方法称为按序提交。如果发生异常,处理器很容易就能找到异常前的最后一条指令,也会保证只更新在此之前的指令需要改写的寄存器。虽然流水线的前端(取指和译码阶段)和后端(提交阶段)都是按序执行,但是功能部件是允许乱序执行的。任何时候只要所需数据准备好,指令就可以被发射到功能部件上开始执行。目前,所有动态调度的流水线都是按序提交的。

更为高级的动态调度技术还包括基于硬件的推测式执行,特别是基于分支预测。通过预测分支指令的转移方向,动态调度处理器能够沿着预测路径不间断地取指和执行指令。由于指令是按序提交的,在预测路径上的指令提交之前就已经知道分支指令是否预测成功。支持推测执行的动态调度流水线还可以支持 load 指令访存地址的推测。这将允许乱序执行 load-store 指令,并使用提交单元来避免不正确的推测。

读者可能会问既然编译器也能进行指令调度来解决数据相关,那么为什么超标量处理器还需要使用动态调度技术。这主要有三个原因。

首先,不是所有的流水线停顿都是可预测的。特别是,存储层次中的缓存失效就能引起流水线中不可预测的停顿。动态调度允许处理器通过执行其他指令来隐藏这些停顿。

其次,如果处理器中使用动态分支预测技术来推测分支指令的执行结果,我们在编译程序时是无法知道指令的真实执行顺序的,这依赖于分支指令的预测结果和执行结果。仅仅使用推测式执行技术去挖掘程序的指令级并行度,而不与动态调度相结合,显然会影响推测式执行的效果。

最后,不同的流水线实现具有不同的延迟和发射宽度,这会改变编译代码的最佳配置。例如,对具有相关的指令序列如何进行调度受到流水线的发射宽度和延迟的双重影响。流水线结构也会影响为了避免停顿而开展的循环体遍数,也就影响了基于编译器的寄存器重命名过程。而动态调度技术可以隐藏以上大多数硬件细节。因此,用户和软件发行商无须担心为相同指令系统的不同实现维护多个程序版本。类似地,之前的旧代码也可以不用重新编译就运行在新的硬件上,从中获得更多的好处。

流水线和多发射技术尝试挖掘程序的指令级并行度,提高了指令执行的峰值吞吐率。但是,由于处理器总是需要等待解决冒险,因此程序中的数据和控制相关限制了性能的可达上限。以软件为中心的指令级并行开发技术依靠编译器来寻找这些依赖关系,并减少它们带来的不良影响。而以硬件为中心的指令级并行开发技术依赖于流水线结构和指令发射机制的扩展。不管是基于编译器还是硬件,推测式执行都能通过推测提高指令级并行度。不过,推测错误很可能会降低性能,使用时需要小心。

硬件/软件接口现代高性能处理器能够单周期发射多条指令,但是一直保持高发射率是困难的。例如,尽管存在四发射或者六发射的处理器,但很少有应用可以一直保持两条以上的发射率。这主要是由以下两个原因造成的。

首先,在流水线内部,主要的性能瓶颈在于指令之间的依赖关系。这种依赖关系无法消除,降低了指令间的并行度,也降低了流水线的发射率。对于真正的数据相关,我们确实无能为力。但是,有时候却是由于编译器或者硬件的能力有限,并不能准确知道这种数据相关是否存在,因此不得不先保守地假设指令序列中存在真数据相关。例如,程序的代码中常使用指针,这种数据结构特别容易产生存储器别名,会导致潜在的数据相关。相反,对于数组访问,由于有更强的规律性,编译器可以直接判断出指令之间不存在依赖关系。同样,对于分支指令来说,那些无法在运行或者编译时准确预测出跳转方向的分支指令,将会对深入挖掘流水线中的指令级并行能力产生不良影响。通常,指令级并行是有提升空间的,但由于那些影响性能的因素分布非常广泛(有时是在成千上万条指令的执行中),编译器和硬件就显得能力不足了。

其次,存储层次中的各级失效会使得流水线不能满负荷运转。虽然通过流水线的指令调度可以隐藏某些存储系统的延迟,但是,程序中有限的指令级并行会限制可被调度的指令数量,从而使得隐藏延迟的能力受限。

4.7.4 高级流水线和能效

通过动态多发射和推测式执行深度挖掘指令级并行能力也会带来负面影响,其中最重要的就是降低了处理器的能效。每一个技术上的创新都可能会产生新的结构,使用更多的晶体管来获取更高的性能。但是这种做法可能很低效。目前,我们已经撞上了功耗墙,而转向设计单芯片多处理器架构,这样就无须像之前那样设计更深的流水线或者采用更激进的推测机制。

我们都相信,虽然简单处理器运行速度不如复杂处理器,但是相同的性能下它们的能耗更低。因此,当结构设计受限于能量而非晶体管数量时,简单处理器能够在单芯片上获得更高的性能。

表 4-7-4 中给出了 Intel 系列处理器的参数比较,包括流水线级数、发射宽度、时钟频率、单芯片核数数目以及功耗等。特别需要注意的是,从单核设计转向多核设计后,流水线级数和功耗都有明显的下降。

表 4-7-4 Intel 系列处理器参数比较

微处理器	年份	时钟频率/MHz	流水线级数	发射宽度	乱序/推测	单芯片核数	功耗/W
Intel 486	1989	25	5	1	否	1	5
Intel Pentium	1993	66	5	2	否	1	10
Intel Pentium Pro	1997	200	10	3	是	1	29
Intel Pentium 4 Willamette	2001	2 000	22	3	是	1	75
Intel Pentium 4 Prescott	2004	3 600	31	3	是	1	103
Intel Core	2006	2 930	14	4	是	2	75
Intel Core i5 Nehalem	2010	3 300	14	4	是	2~4	87
Intel Core i5 lvy Bridge	2012	3 400	14	4	是	8	77

提交单元控制了寄存器堆和存储器的更新。一类动态调度处理器在执行期间就更新寄存器堆,使用额外的寄存器实现重命名功能,并保存寄存器旧值直到指令提交。其他处理器则将执行结果保存在上文提到的重排序缓冲中,并在提交阶段才真正更新寄存器堆。对于存储器的写操作,必须保存在重排序缓冲中,或者写入缓冲区(store buffer)中。当缓冲区中的地址和数据都准备好,并且 store 指令不在任何推测路径上时,提交单元允许 store 指令向存储器发出写操作。

第5章 指令系统

5.1 指令系统概述

计算机的工作就是反复执行指令。指令是用户使用计算机与计算机本身运行的基本功能单位。由第1章计算机系统层次结构的概念可知,计算机系统不同层次的用户使用不同的程序设计工具,如微程序设计级用户使用微指令,一般机器级用户使用机器指令,汇编语言级用户使用汇编语言指令,高级语言级用户使用高级语言指令。

高级语言指令和汇编语言指令属于软件层次,而机器指令和微指令则属于硬件层次。软件层次的指令需要"翻译"成机器语言指令后才能被计算机硬件识别并执行。机器指令是计算机硬件与软件的界面,也是用户操作和使用计算机硬件的接口。本章定位在机器级指令来研究指令系统。第6章将定位在微指令级来研究控制器的设计。图5-1-1所示为机器级指令与其他级别指令之间的关系。

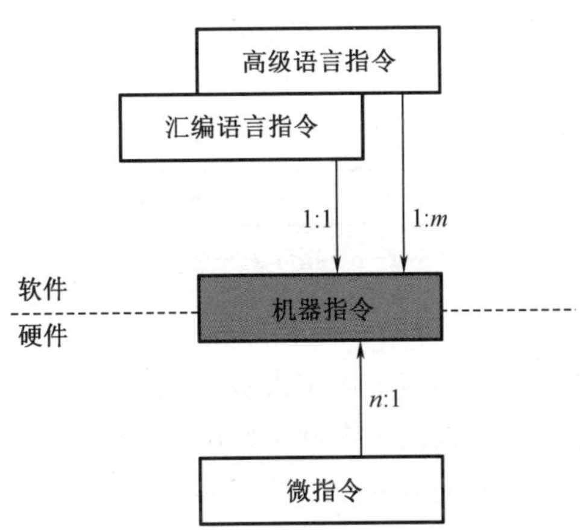

图 5-1-1　不同级别指令之间的关系

从图5-1-1可以看出:

①一条高级语言指令被"翻译"(编译或解释)成多条机器指令。

②一条汇编语言指令(不包含伪指令)往往被"翻译"(汇编)成一条机器指令;在学习指令寻址方式和指令类别等内容时,读者可借鉴汇编语言中已经学过的知识来理解。

③一条机器指令功能的实现依赖于多条微指令的执行。

指令系统是计算机系统性能的集中体现,是计算机软、硬件系统的设计基础。一方面,硬件设计者要根据指令系统进行硬件的逻辑设计;另一方面,软件设计者要根据指令系统来建立计算机的系统软件。如何表示指令,怎样组成一台计算机的指令系统,将直接影响计算机系统的硬件和软件功能。一个完善的指令系统应该满足下面的要求。

①完备性。完备性即要求所设计的指令系统种类齐全、功能完备,能够编写任何可计算的程序,但指令系统的功能复杂度与硬件设计复杂度直接相关,实际设计指令系统时还需要进行折中考虑。

②规整性。规整性主要包括对称性、均齐性。对称性是指寄存器和存储单元都可被同等对待,所有指令都可以使用各种寻址方式。均齐性是指指令系统应提供不同数据类型的支持,方便程序设计,如算术运算指令能支持字节、字和双字整数运算,也能支持十进制数和单、双精度浮点运算等。

③有效性。有效性是指利用指令编写的程序能高效率地运行,方便硬件实现和编译器实现,程序占用的存储资源少,运行效率高。

④兼容性。系列计算机中新一代计算机的指令系统应该能兼容旧的指令系统,这使得在旧一代计算机上开发运行的软件无须修改就可以在新一代计算机上正确运行。

⑤可扩展性。指令格式中的操作码要预留一定的编码空间,以便扩展指令功能。

5.2 指令格式

指令是计算机中传输控制信息的载体,指令格式是用二进制代码表示指令的结构形式。指令格式要明确指令处理什么操作数、对操作数进行何种操作、通过何种方式获取操作数等信息。指令的一般格式如图 5-2-1 所示。

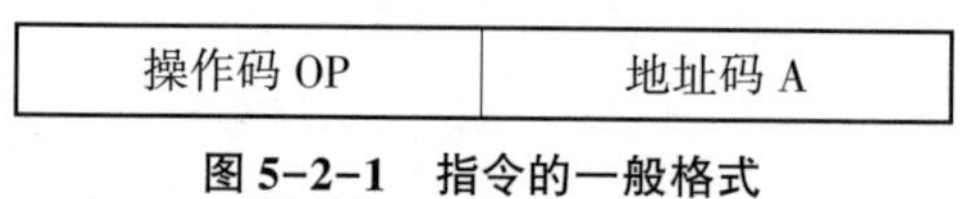

图 5-2-1 指令的一般格式

图 5-2-1 所示的操作码字段用于解决进行何种操作的问题;地址码字段用于解决处理什么操作数的问题,地址码可以包括多个操作数。而通过何种方式获取操作数通常由寻址方式字段决定,寻址方式字段决定地址码中操作数存放的位置和访问方式。寻址方式字段可以包含在地址码字段中,如早期的 PDP-11 指令集、Intel x86 指令集。寻址方式字段也可以隐藏在操作码字段,这样不同的操作码对应不同的寻址方式,如 MIPS 和 RISC-V 指令集。

5.2.1 指令字长度

指令字长度是指一条指令中所包含的二进位数,也称为指令字长。计算机指令系统根据指令字长是否固定可分为定长和变长指令系统两类。

定长指令系统的指令长度固定,结构简单,有利于 CPU 取指令、译码和指令顺序寻址,方便硬件实现,但定长指令系统存在平均指令长度较长、冗余状态较多、不容易扩展的问题,精简指令系统计算机中多采用定长指令系统。

变长指令系统的指令长度可变,结构灵活,冗余状态较少,平均指令长度较短,可扩展性好。但指令变长也会给取指令和译码带来诸多不便,取指令过程可能涉及多次访存操作,下一条指令的地址必须在指令译码完成后才能确定,这大大增加了硬件控制系统的设计难度。Intel x86 系列计算机采用的就是典型的变长指令系统。

5.2.2　指令地址码

指令中的地址码字段的作用随指令类型和寻址方式的不同而不同,它可能作为一个操作数,也可能作为操作数的地址(操作数所在的主存地址、寄存器编号或外部设备端口的地址),还可能作为一个用于计算地址的偏移量,具体由寻址方式决定。根据一条指令中所含操作数地址的数量,可将指令分为三地址指令、双地址指令、单地址指令和零地址指令 4 种,具体指令格式如图 5-2-2 所示。

三地址指令	OP	A_1	A_2	A_3
双地址指令	OP	A_1	A_2	
单地址指令	OP	A_1		
零地址指令	OP			

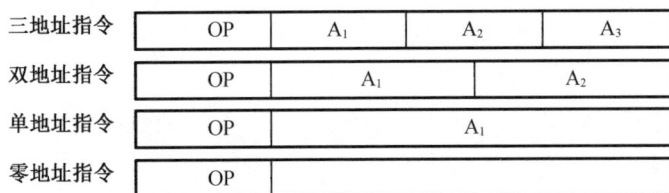

图 5-2-2　不同地址指令格式

1. 三地址指令

具有两个操作对象的运算叫作双目运算,其指令包括两个源操作数和一个目的操作数。如果一条指令将三者的地址都给出,这种指令就是三地址指令。三地址指令的操作表达式为

$$A_3 \leftarrow (A_1)\mathrm{OP}(A_2)$$

即将 A_1 中的内容与 A_2 中的内容进行 OP 指定的操作,并将结果送入 A_3 地址中存放。可以看出,当地址码字段较长,所能表示的地址范围较大时,三地址格式的指令将会很长。例如,设操作码为 6 位,存储容量为 16 KB,寻址 16 KB 地址范围需 14 位地址码,三地址指令长度为 6+14+14+14=48 位。如果地址范围更大,指令就会更长。因此,3 个地址码很少都用存储单元的地址码,较为常见的三地址指令(如 MIPS 指令)的 3 个操作数均是寄存器。

2. 双地址指令

双地址指令同样是为双目运算类而设的,只是为了压缩指令的长度,将运算结果直接存放到第一操作数地址 A_1 中,这样就形成了双地址指令。双地址指令的操作表达式为

$$A_1 \leftarrow (A_1)\mathrm{OP}(A_2)$$

式中,A_1 为目标地址,其既要存放第一个源操作数,也是运算结果的目的地;A_2 称为源地址,是另一个源操作数。

根据双地址指令所指向的数据存储位置不同其又可分为以下 3 种类型。

①RR(寄存器-寄存器)型:源操作数和目的操作数均使用寄存器存放。

②RS(寄存器-存储器)型:源操作数和目的操作数分别存储在寄存器和主存中。

③SS(存储器-存储器)型:两个操作数均存放在主存中。

由于存储器的访问速度比寄存器慢很多,因此从执行速度上看,RR 型最快,SS 型最慢。Intel x86 系列计算机中主要采用 RR 型和 RS 型指令,而 MIPS 等 RISC 计算机中主要采用 RR 型指令。

3. 单地址指令

单地址指令中只有一个地址码字段,常见的单地址指令主要有以下两类。

①单目运算类指令:如逻辑运算中的求反操作,其运算对象只有一个,所以只需要一个地址码,它既表示该操作数的来源,也表示该操作数的目的地。此时,单地址指令的操作表达式为

$$A_1 \leftarrow OP(A_1)$$

②隐含操作数双目运算类指令:为了进一步缩短指令长度,将双目运算类指令中的一个操作数约定隐含于 CPU 的某个寄存器(如累加器 AC)中,这样指令就只需指定另一个操作数的地址,并将操作后的结果送回约定的寄存器中。此时,单地址指令的操作表达式为

$$AC \leftarrow (AC)\,OP(A_1)$$

如 Intel 8086 系列 CPU 中的乘法 Mul BL 指令表示将 AL 中的数据与 BL 中的数据相乘,结果存放在 AX 寄存器中。

4. 零地址指令

零地址指令的指令格式中只有操作码字段,而没有地址码字段。常见的零地址指令有如下两类。

①指令本身不需要任何操作数,如只是为了占位和延时而设置的空操作指令 NOP、等待指令 WAIT、停机指令 HALT、程序返回指令 RET 等。

②指令需要一个操作数,但该操作数隐含于 CPU 的某个寄存器(如累加器 AC)中,如 Intel 8086 中压缩 BCD 编码的运算调整指令 DAA。

从以上几种地址结构的变化来看,压缩指令长度的主要措施是简化地址结构,而简化地址结构的基本方法是尽量使用隐含地址。目前,指令字长较短的小型和微型机中广泛采用双地址指令和单地址指令,而 RISC 指令普遍集中采用三地址指令。

在计算机中,操作数可能在主存中,也可能在寄存器中。因此,寄存器编号也是一种操作数的地址码。另外,如果将操作数的地址码存放在某个寄存器中,由指令给出该寄存器的编号,指令的长度则会有效地缩短。

5.2.3 指令操作码

操作码字段表示具体进行什么运算操作,不同功能的指令其操作码的编码不同,如可用 0001 表示加法操作,0010 表示减法操作。操作码的长度(即操作码字段所包含的二进制位数),有定长操作码和变长操作码两种。

1. 定长操作码

定长操作码不仅指操作码的长度固定,而且其在指令中的位置也是固定的,这种方式

的指令功能译码简单,有利于硬件设计。操作码的位数取决于计算机指令系统的规模,指令系统中包含的指令数越多,操作码的长度就越长,反之就越短。假设指令系统包含 m 条指令,则操作码的位数 n 应该满足 $n \geqslant \log_2 m$。

2. 变长操作码

变长操作码中操作码的长度可变,而且操作码的位置也不固定,采用变长操作码可以有效压缩指令操作码的平均长度,便于用较短的指令字长表示更多的操作类型,以寻址更大的存储空间。早期计算机指令字长较短,多采用变长操作码,如 PDP-11、Intel 8086。而流行的 MIPS、RISC-V 中的部分类型指令也采用了类似的方式。

可以采用扩展操作码技术来实现变长操作码,其基本思想是操作码的长度随地址码数目减少而增加。下面介绍一种较为简单的扩展操作码,这类指令长度固定,不同操作数指令的操作码长度不一致,具体如图 5-2-3 所示。

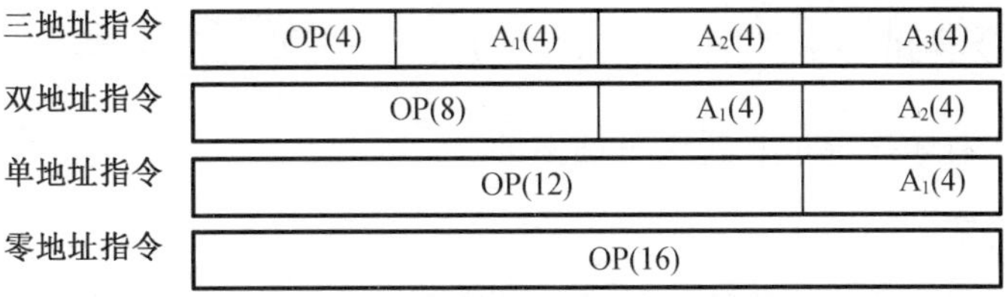

三地址指令	OP(4)	A_1(4)	A_2(4)	A_3(4)
双地址指令	OP(8)		A_1(4)	A_2(4)
单地址指令	OP(12)			A_1(4)
零地址指令	OP(16)			

图 5-2-3　扩展操作码示意图

图 5-2-3 所示的指令字长度为定长 16 位,最多具有 3 个地址码字段,地址码字段位宽为 4 位。三地址指令操作码长度为 4 位,最多可以表示 $2^4=16$ 条三地址指令;双地址指令操作码向地址码字段扩展 4 位,变成 8 位。但需要注意的是,双地址指令的高 4 位不能与三地址指令的操作码字段相同,否则指令译码时无法区分,所以实际在进行指令系统设计时,三地址指令应预留若干状态给双地址指令。同样,单地址指令操作码扩展到 12 位,同理,其高 8 位不能与双地址指令相同。而零地址指令操作码长度则为 16 位。

【例 5-2-1】 假设图 5-2-3 所示的扩展操作码指令系统中有三地址指令 15 条、双地址指令 14 条、单地址指令 22 条,则该指令系统最多可以设计多少条零地址指令?

解 根据扩展操作码的定义,双地址指令操作码只能使用三地址指令的剩余状态,同理,单地址指令只能使用双地址指令的剩余状态,零地址指令只能使用单地址指令的剩余状态。

三地址指令剩余状态数 $=2^4-15=1$;

双地址指令剩余状态数 $=1\times2^4-14=2$;

单地址指令剩余状态数 $=2\times2^4-22=10$;

因此零地址指令的数目最多为 $10\times2^4=160$ 条。

5.3 寻址方式

根据存储程序的概念,计算机在运行程序之前必须把指令和数据(或称操作数)存放在主存的相应地址单元中。运行程序时,不断地从主存取指令和数据,由于主存是基于地址访问的存储器,只有获得指令和操作数在主存中的地址(称为有效地址 EA)后,CPU 才能访问所需的指令和数据。寻址方式就是寻找指令或操作数有效地址的方法。

寻址方式是指令系统设计中的重要内容,对指令格式和指令功能设计均有很大的影响。好的寻址方式能给用户提供丰富的程序设计手段,能提高程序的运行速度和存储空间的利用率。

5.3.1 指令寻址方式

指令寻址方式有顺序寻址和跳跃寻址两种。

1. 顺序寻址方式

程序中的机器指令序列在主存中往往按顺序存放。在大多数情况下,程序按照指令序列顺序执行。因此,如果知道第一条指令的有效地址,通过增加一条指令所占用主存单元数量,就很容易知道下一条指令的有效地址,这种计算指令有效地址的方法称为指令的顺序寻址方式。

假设 CPU 使用程序计数器 PC 保存指令地址(Intel x86 中为 IP/EIP),每执行一条指令,通过 PC+1 便能算出下一条指令地址。指令顺序寻址的过程如图 5-3-1(a)所示。

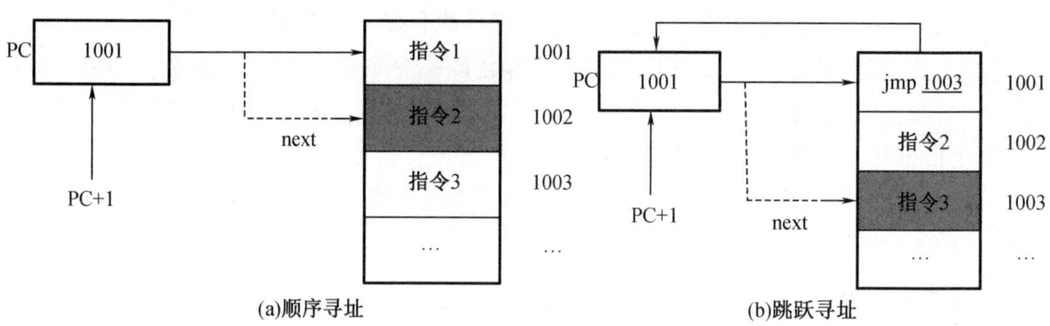

图 5-3-1 指令寻址示意图

需要特别说明的是,PC+1 中的“1”是指一条指令的字节长度,如 32 位计算机中指令字长为 32 位,则正好占用一个存储字,采用顺序寻址方式时下一条指令的有效地址应通过 PC+4 得到。

2. 跳跃寻址方式

如果程序出现分支或转移,就会改变程序的执行顺序。此时就要采取跳跃寻址方式。所谓跳跃,就是指下条指令的地址不一定能通过 PC+1 获得,最终的地址由指令本身及指令需要测试的条件决定。无条件转移指令和条件转移指令均采用跳跃寻址方式获得。图5-3-1(b)所示为无条件转移指令的跳跃寻址过程。

在图5-3-1(b)中,执行 jmp 指令时,PC 的值经过了一系列的变化,先从 1001 变成1002,然后从 1002 变成 1003。前面的变化是基于顺序寻址完成的,由于 jmp 指令要求改变程序的指令顺序,该指令执行时会将其地址字段的值 1003 送入 PC,使得 jmp 1003 这条指令执行完毕后,CPU 不再顺序执行 1002 号主存单元的指令,而是转去执行 1003 号单元的指令。

5.3.2 操作数寻址方式

操作数寻址方式就是形成操作数有效地址的方法。由于操作数是程序运行过程中被程序取出并进行加工处理的对象,其存放方式比较灵活,因程序设计技巧的需要,取出操作数的方式有多种形式,这就使得操作数的寻址方式比指令的寻址方式要复杂和灵活得多。

操作数的来源基本上有 3 种情况:①操作数直接来自指令地址字段;②操作数存放在寄存器中,即寄存器操作数;③操作数存放在存储器中,即存储器操作数。操作数寻址方式就是从上述 3 种来源中为指令提供操作数。

常用的寻址方式有立即寻址、直接寻址、间接寻址、寄存器寻址、寄存器间接寻址、相对寻址、变址寻址、基址寻址和堆栈寻址等。

由于不同指令可能采用不同的寻址方式获得操作数,因此,指令格式可将地址码字段细分为寻址方式字段 I 和形式地址字段 D 两部分。图 5-3-2 所示为包含寻址方式字段的单地址指令结构。

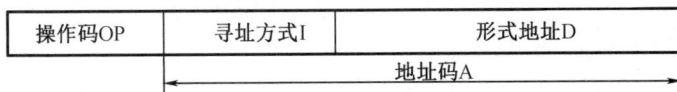

操作码OP	寻址方式I	形式地址D
	地址码A	

图 5-3-2 含寻址方式字段的单地址指令结构

I 字段又称为寻址方式特征码。I 字段的位数与需要支持的寻址方式有关,寻址过程就是把 I 字段和 D 字段的不同组合转换成有效地址的过程。假设最终的操作数为 S,有效地址为 EA,则有 S=(EA),这里括号表示访问 EA 的主存单元或寄存器的内容。

1. 立即寻址

立即寻址方式中,I 字段为表示立即寻址的编码,假设 I=000,D 字段就是操作数本身,也就是 S=D,如图 5-3-3(a)所示。立即寻址时操作数与指令一起存放,取指令时操作数随指令一起被送到 CPU 内的指令寄存器中。指令执行时可直接从指令寄存器中获取操作数,无须访问其他存储单元。

立即寻址取操作数快,但其形式地址字段 D 的位宽有限,因此操作数能表示的范围有限。立即寻址一般用于变量赋初值。

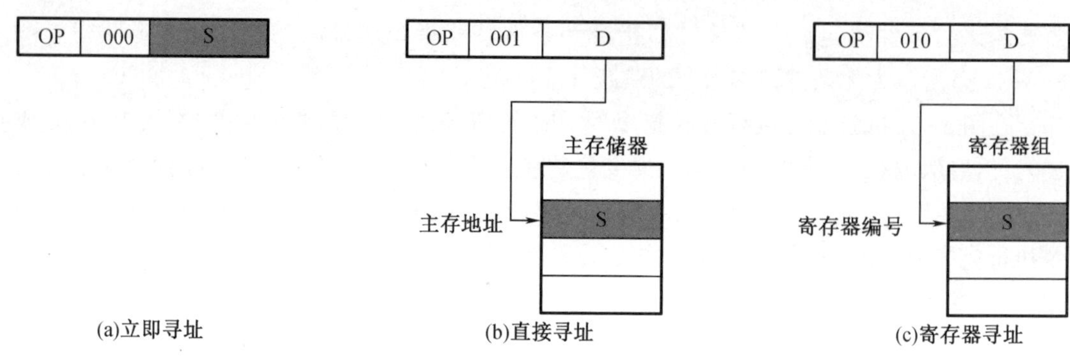

图 5-3-3　三种简单寻址方式

Intel x86 中采用立即寻址的指令为

```
MOV EAX,2008H
```

该指令的功能是为寄存器 EAX 赋初值 2008H。

2. 直接寻址

直接寻址方式时操作数在主存储器中,操作数地址由形式地址字段 D 直接给出,也就是 EA=D。假设将寻址方式特征码 I 设置为 001,注意不同寻址方式中 I 会设置不同的编码,后续不再重复解释,直接寻址过程如图 5-3-3(b)所示。

直接寻址的优点是地址直观,不需要通过计算即可直接从指令中获得操作数的有效地址,CPU 根据该有效地址访问主存获得操作数。

直接寻址方式存在下列不足:

①寻址范围受限于指令中直接地址的二进制位数。

②数据地址存在于指令中,程序和数据在内存中的存放位置受到限制,灵活性不够。

Intel x86 中采用直接寻址的指令为

```
MOV EAX,[2008H]
```

该指令的功能是将 2008H 主存单元的内容送入寄存器 EAX 中。

3. 寄存器寻址

寄存器寻址时操作数在 CPU 的某个通用寄存器中,形式地址 D 表示通用寄存器的编号,寄存器中的内容即所需要的操作数;EA=D,S=R[D],也就是将通用寄存器组 R 看作数组,D 表示数组下标。寄存器寻址过程如图 5-3-3(c)所示。

寄存器寻址具有下列优点:

①获得操作数不需要访问主存,指令执行速度快。

②所需要的地址码较短,有利于缩短指令字的长度,节省存储空间。

寄存器寻址也是计算机中最常用的寻址方式,但由于 CPU 中寄存器数量有限,因此这种寻址方式不能为操作数提供大量的存储空间。

Intel x86 中采用寄存器寻址的指令为

```
MOV EAX,ECX
```

该指令的功能是将寄存器 ECX 中的内容送入寄存器 EAX 中。

4. 间接寻址

间接寻址是相对直接寻址而言的，形式地址 D 给出的不是操作数的有效地址，而是操作数的间接地址。也就是说，D 指向的主存单元中的内容才是操作数的有效地址，因此 D 只是一个间接地址，此时 EA=(D)。间接寻址过程如图 5-3-4 所示。

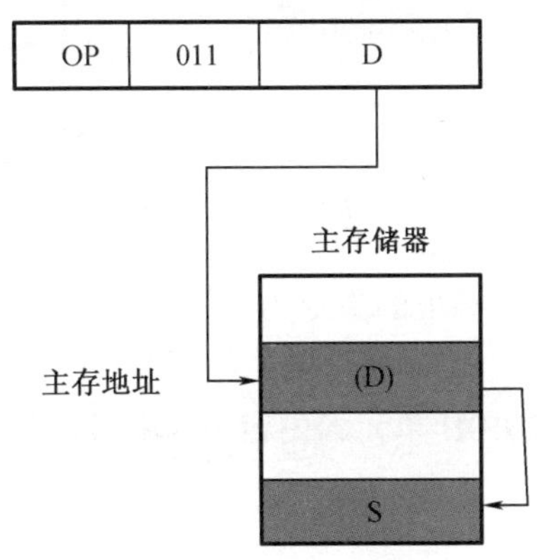

图 5-3-4　间接寻址

【例 5-3-1】　某计算机的间接寻址指令为

```
MOV EAX,@ 2008H;  @ 为间接寻址标志
```

设计算机字长为 32 位，形式地址字长为 16 位，主存 2008H 单元的内容为 AOAOF000H，而主存 AOAOF000H 单元的内容为 5000H，则最后送入 EAX 寄存器中的值为 5000H。

该指令若采用直接寻址，由于指令中形式地址的位数为 16 位，所以寻址范围为 64 KB 的主存空间。而采用间接寻址后，该指令的寻址范围为 $2^{32}=4$ GB 的主存空间，因为操作数的地址为 32 位。

间接寻址具有下列优点：

①解决了直接寻址方式寻址范围受限的问题，能用较短的地址码访问较大的主存空间。

②相对于直接寻址而言，编程更灵活，当操作数地址改变时不再需要改变指令中的形式地址字段，只需要修改形式地址指向的主存单元即可。

间接寻址的最大不足是取操作数时需两次访问主存，降低了指令的执行速度，目前已被寄存器间接寻址替代。

5. 寄存器间接寻址

寄存器间接寻址时操作数编地址存放在寄存器中，实际操作数存放在主存中，形式地址字段 D 为存放操作数地址的寄存器号，EA=R[D]。以寄存器的内容为地址访问主存单元，即可得到所需的操作数。寄存器间接寻址过程如图 5-3-5 所示。

寄存器间接寻址具有如下优点：

由于操作数地址存放在寄存器中，因此指令访问操作数时，只需要访问一次内存，比间接寻址少访问一次。寄存器间接寻址可减少主存访问次数，提高编程灵活性，还可以扩充寻址范围。

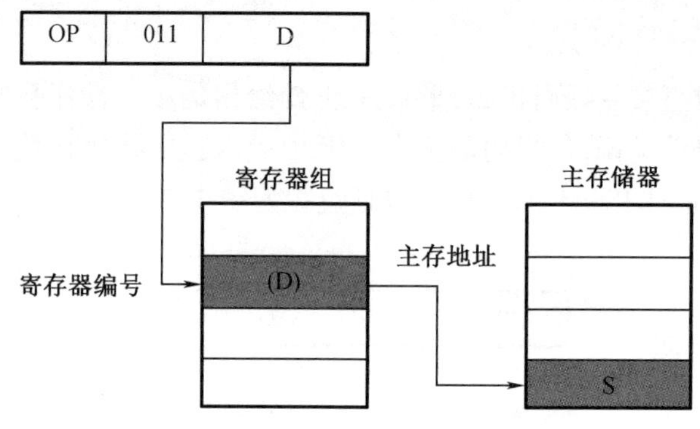

图 5-3-5　寄存器间接寻址

Intel x86 中采用寄存器间接寻址的指令为

```
MOV AL,[EBX]
```

假设 EBX=2010H,主存 2010H 单元的内容为 60H,该指令执行后寄存器 AL 中的内容为 60H。

6. 相对寻址

相对寻址是把程序计数器 PC 中的内容加上指令中的形式地址 D,形成操作数的有效地址,因此 EA=PC+D,S=(PC+D)。相对寻址过程如图 5-3-6 所示。

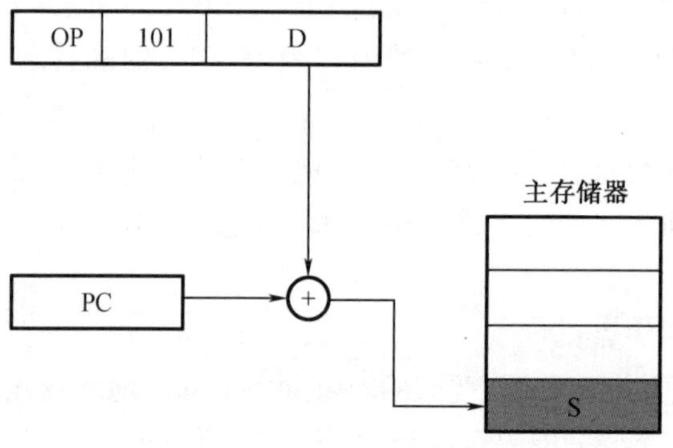

图 5-3-6　相对寻址

因为取指令过程中 PC 的值会修改,而计算操作数的有效地址则在指令译码分析或执行阶段完成,上式中 PC 的内容应为 PC 的当前值,也就是下一条将要执行指令的地址值,所以有 EA=PC+1+D。注意,1 是指 1 条指令的字节长度。

相对寻址的优点是编程时只需确定程序内部操作数与指令之间的相对距离,而无须确定操作数在主存中的绝对地址,便于实现程序浮动。除了可用于访问内存外,相对寻址也可以用于分支转移类指令,实现相对跳转转移,有利于程序在主存中的灵活定位。

【例 5-3-2】 某计算机指令字长为定长 16 位,内存按字节寻址,指令中的数据采用补码表示,且 PC 的值在取指令阶段完成修改。完成下列有关相对寻址的问题。

①若采用相对寻址指令的当前地址为 2003H,且要求数据有效地址为 200AH,则该相对寻址指令的形式地址字段的值为多少?

②若采用相对寻址转移指令的当前地址为 2008H，且要求转移后的目标地址为 2001H，则该相对寻址指令的形式地址字段的值为多少？

解　根据相对寻址有效地址的计算公式 EA＝PC+D，有 D＝EA−PC。

相对寻址的关键是求出计算有效地址时 PC 的当前值。

①根据题意，采用相对寻址指令的地址为 2003H，PC 在取指令完成后修改，则取指令完成后 PC＝2003H+2H＝2005H（因为指令字长 16 位占用两个主存单元），所以 D＝200AH−2005H＝5H。

②基于与①相同的原因，可计算出 D＝2001H−（2008H+2H）＝F7H。

7. 变址寻址

在变址寻址方式下，指定一个寄存器来存放变化的地址，这个寄存器称为变址寄存器，此时形式地址字段 D 应该增加一个变址寄存器编号字段 X。变址寄存器 X 与形式地址 D 之和即为操作数的有效地址，也就是 EA＝R[X]+D。变址寻址的过程如图 5−3−7 所示。

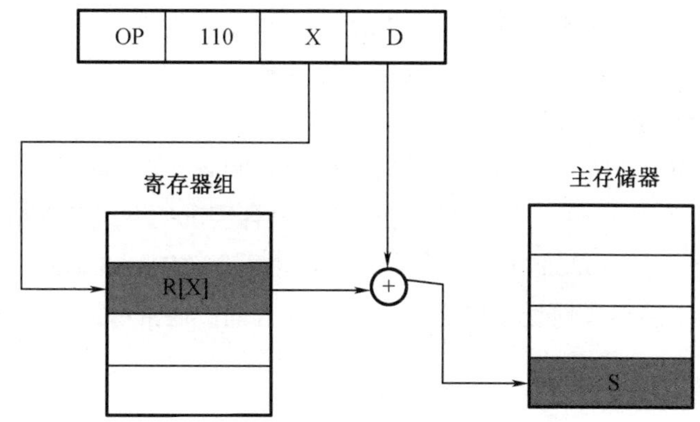

图 5−3−7　变址寻址

变址寻址中变址寄存器提供修改量，而指令提供基准量。因此在上式中，寄存器 X 的内容可变，而 D 的值一经设定，在指令执行过程中将保持不变。

变址寻址主要应用于对线性表之类的数组元素进行重复访问，此时，只需要将线性表的起始地址作为基值赋给指令中的形式地址，使变址寄存器的值按顺序变化，即可对线性表中的成块数据进行相同的操作，且不需要修改程序，极大地方便了程序设计。

Intel x86 中采用变址寻址的指令为

```
MOV EAX,32[ESI]
```

该指令的功能是将变址寄存器 ESI 的值加上偏移量 32 来形成地址访问主存，并将结果送到 EAX。

8. 基址寻址

在基址寻址方式下，指定一个寄存器来存放基地址，这个寄存器称为基址寄存器 B；同时用指令的形式地址字段 D 存放一个变化的地址值。基址寄存器 B 与形式地址 D 之和即为操作数的有效地址，基址寻址方式下 EA＝R[B]+D。基址寻址的过程和变址寻址的过程完全相同，这里不再说明。

基址寻址和变址寻址的区别是基址寄存器的值一经设定,在程序执行过程中将不再改变;可以通过不同的形式地址 D 访问不同的存储地址,这一点正好与变址寻址相反。

一般情况下,CPU 内部有一个专门的基址寄存器(如 Intel x86 中的 EBX 和 EBP。若基址是 EBX,则操作数在数据段;若基址是 EBP,则操作数在堆栈段),因此在基址寻址方式下,基址寄存器采用隐含寻址的方法,不需要在指令中显式地指出。指令中的形式地址字段给出参与基址寻址的偏移值。

基址寻址面向系统,主要用于程序的重定位。如在多道程序设计环境下,需要由系统的管理程序将多道程序装入主存。由于用户编程使用的是虚拟地址,当用户程序装入主存时,为了实现用户程序的再定位,系统程序会给每个用户程序分配一个基地址。程序运行时,该基地址装入基地址寄存器,通过基址寻址方式实现虚拟地址到物理地址的转换。用户通过改变指令中的形式地址 D 来实现指令或操作数的寻址。基址寄存器中的内容是操作系统或管理程序通过特权指令设置的,对用户透明。对每一个用户程序而言,在程序执行过程中基址寄存器的值保持不变。

除了可解决程序的重定位问题外,基址寻址方式还能扩展寻址空间,这一功能可通过增加基址寄存器的字长来实现。如将基址寄存器的位数从 32 位增加到 34 位后,基址寻址的寻址范围将从 4 GB 扩展到 16 GB。

变址寻址是面向用户的,主要用于解决程序循环问题,变址寄存器中的内容由用户设置。程序执行过程中,用户通过改变变址寄存器的内容实现指令或操作数的寻址。

相对寻址、变址寻址和基址寻址 3 种寻址方式计算有效地址的方式非常类似,都以某寄存器的内容与指令中的形式地址字段之和作为有效地址。通常将这 3 种寻址方式统称为偏移寻址。

9. 堆栈寻址

堆栈以先进后出的方式存储数据。寻找存放在堆栈中操作数地址的方法称为堆栈寻址。堆栈有存储器堆栈和寄存器堆栈两种,前者在内存空间中开辟堆栈区,后者将寄存器作为堆栈区。无论是哪种类型的堆栈,数据的存取都通过栈顶进行。堆栈操作有进栈和出栈两种,进栈是将指定数据传送到堆栈中;出栈是将栈顶的数据传送给指定的寄存器。

(1)存储器堆栈

为满足用户对堆栈容量的要求,目前计算机普遍采用存储器堆栈。由于内存基于地址访问,因此,需要设置一个堆栈指针寄存器(SP)指向栈顶单元。若主存按字节编址,以字节为单位进出栈,则进栈时 SP 向低地址方向变化。存储器堆栈进出栈的操作过程如图 5-3-8 所示。

可用下列表达式描述图 5-3-8 所示的存储器堆栈操作。

①入栈操作:SP=SP-1,M[SP]=R。

②出栈操作:R=MISP1. SP=SP+1。

注意,如果进出栈时的数据单位不同,SP 每次自减或自增的值会有所不同,如以 32 位字为单位进出栈,上式中-1 和+1 应该换成-4 和+4。

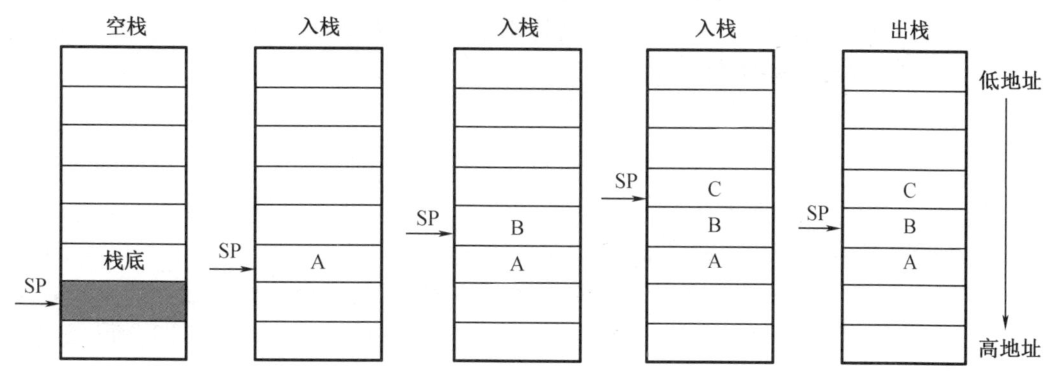

图 5-3-8　存储器堆栈进出栈的操作过程

(2)寄存器堆栈

为满足用户对堆栈速度的要求,一些计算机采用了寄存器堆栈。由于寄存器不基于地址访问,因此,与存储器堆栈不同,寄存器堆栈中不需要设置堆栈指示器。寄存器堆栈的操作过程与内存堆栈的操作过程及特征均不同,其进出栈的操作过程如图 5-3-9 所示。

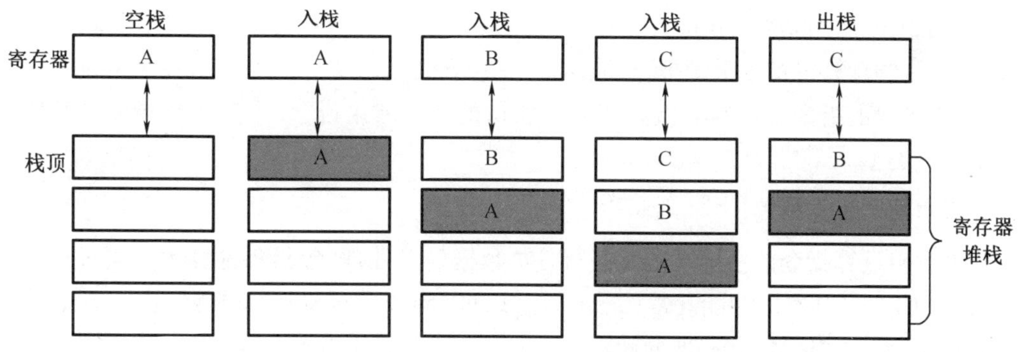

图 5-3-9　寄存器堆栈进出栈的操作过程

比较图 5-3-8 和图 5-3-9 不难发现寄存器堆栈与存储器堆栈存在下列不同。

①寄存器堆栈栈顶固定不动,而存储器堆栈栈顶随着堆栈操作而移动。

②进行堆栈操作时,寄存器堆栈中的数据移动,而存储器堆栈中的数据不动。

③寄存器堆栈速度快,但容量有限;存储器堆栈速度较慢,但容量很大。

④寄存器堆栈必须采用专用堆栈指令进行控制,存储器堆栈则不一定。

10. 其他寻址

将前面几种寻址方式进行组合,可以得到一些复合寻址方式,这类寻址方式主要应用于有复杂指令集结构的计算机中。

(1)变址+间接寻址方式

在这种寻址方式下,先进行变址寻址再进行间接寻址,即把变址寄存器 X 中的内容与指令中的形式地址相加作为操作数地址的指示器。该寻址方式下 EA=(R[X]+D)。

(2)间接+变址寻址方式

在这种寻址方式下,先进行间接寻址再进行变址寻址,即根据指令中的形式地址 D 的内容访问存储器得到偏移量,然后将其与变址寄存器 X 中的内容相加作为操作数地址的指示器。该寻址方式下 EA=R[X]+(D)。

(3)相对+间接寻址

在这种寻址方式下,先进行相对寻址再进行间接寻址,即把程序计数器 PC 中的内容与指令中的形式地址 D 相加,再进行间接寻址。该寻址方式下 EA=(PC+D)。

以上介绍了 10 多种操作数寻址方式,在具体指令系统中,可能只用了上述方式中的一部分或某些基本方式再加上几种变形的寻址方式。另外,前面介绍操作数寻址方式时,都是以单地址指令为例。对多地址指令而言,由于不同的地址发挥的作用不同,因此每个地址字段都可能有各自的寻址方式字段。

5.4 指令类型

指令系统决定了计算机的基本功能,指令的功能不但影响计算机的硬件结构,而且对操作系统和编译程序的编写也有直接影响。不同类型的计算机,由于其性能、结构、适用范围不同,指令系统之间的差异很大,风格各异。有的计算机指令类型多、功能丰富、包含几百条指令;有的计算机指令类型少、功能简单、只包含几十条指令。但不管指令系统的繁简如何,其所包含的指令的基本类型和功能是相似的。一般来说,一个完善的指令系统应包括如下指令类型。

1. 算术逻辑运算指令

算术逻辑运算指令的主要功能是进行各类数据信息处理,包括各种算术及逻辑运算指令,这也是 CPU 最基本的功能。常见的有与、或、非、异或等逻辑运算指令,定点、浮点数的加、减、乘、除等算术运算指令,部分计算机中还专门设置了十进制运算指令。

不同计算机对算术运算指令的支持有很大差别。有的计算机为了追求硬件简单,仅支持二进制定点加、减、比较、求补等最简单的指令。有的计算机则为了提高性能,除了支持最基本的算术运算指令之外,还设置了乘、除运算指令,浮点运算指令,十进制运算指令,甚至设置了乘方指令、开方指令和多项式计算指令。一些大、巨型机中不仅支持标量运算指令,还支持向量运算指令,可以直接对整个向量或矩阵进行求和、求积运算。

2. 移位操作指令

移位操作指令包括算术移位、逻辑移位和循环移位指令,可以实现对操作数进行一位或多位的移位操作。算术移位和逻辑移位指令分别控制实现带符号数和无符号数的移位。循环移位按是否与进位一起循环分为带进位循环(大循环)和不带进位循环(小循环)。循环移位指令一般用于实现循环式控制、高字节与低字节的互换,以及多倍字长数据的算术移位或逻辑移位。

3. 数据传送指令

数据传送指令是计算机中最基本、最常用的指令,主要用于完成两个部件之间的数据传送操作,如寄存器与寄存器、寄存器与存储器之间的数据传送。有的计算机设置了通用的 MOV 指令,并支持寄存器之间以及寄存器与存储器之间的数据传输;有的计算机只能使用 load、store 指令访存,其中 load 为存储器读数指令,store 为存储器写数指令;还有些计算机设置了交换指令,可以完成源操作数与目的操作数的互换,实现双向数据传送。

数据传送指令可以以字节、字、双字为单位进行数据传送。有的计算机还支持成组数据传送,如在 Intel x86 的指令系统中有串传送指令 MOVS,其加上重复前缀 REP 后,可以控制一次将最多 64 KB 的数据块从存储器的一个区域传送到另一个区域中。

除了基本的传送类指令外,堆栈指令、寄存器/存储单元清 0 指令也属于数据传送指令。

4. 堆栈操作指令

堆栈操作指令是一种特殊的数据传送指令,主要包括压栈或出栈两种。压栈指令是把指定的操作数送入栈顶;而出栈指令是从栈顶弹出数据,并送到指令指定的目标地址中。有些计算机中并不设置专用的堆栈操作指令,而是用访存指令和堆栈指针运算指令代替堆栈操作指令。

堆栈操作指令主要用于保存、恢复和中断子程序调用时的现场数据和断点指令地址,以及在子程序调用时实现参数传递。为了让这些功能快速实现,有些计算机还设有多数据的压栈指令和出栈指令,可以用一条堆栈操作指令依次把多个数据压栈或出栈。

5. 字符串处理指令

字符串处理指令属于非数值处理指令,该类指令便于直接用硬件支持非数值处理。字符串处理指令一般包括字符传送、字符串比较、字符串查找、字符串抽取、字符串转换等指令。注意并不是所有指令集都支持字符串处理指令。

6. 程序控制指令

程序控制指令用于控制程序运行的顺序和选择程序的运行方向。该类指令能增强程序设计的灵活性,可使程序具有测试、分析与判断能力。程序控制类指令主要包括转移指令、循环控制指令及子程序调用与返回指令等。

(1)转移指令

转移指令用于根据功能的需要改变指令的顺序执行流程,转移指令又分为无条件转移指令和条件转移指令两类。条件转移指令只有在条件满足的情况下,才会执行转移操作,把控制转移到指令指定的转向地址;若条件不满足,则不执行转移操作,程序仍按原顺序继续执行。转移条件来自状态标志寄存器(或条件码寄存器)的相关位,一般包括进位标志 CF、有符号溢出标志 OF、结果为零标志 ZF、结果为负标志 NF 等,这些位一般由前面指令根据执行结果设置。

(2)循环控制指令

循环控制指令实际上是一种增强型的条件转移指令,该指令一般包括复杂的循环控制变量的修改、测试判断以及地址转移等功能,从而支持循环程序的执行。

如 Intel x86 指令系统中的循环控制指令 loop L1。该指令每执行一次,循环计数器 ECX 中的循环次数就减 1,然后判断 ECX 是否为 0,若不为 0 则程序转到 L1 处继续执行;否则结束循环,执行 loop 指令的下一条指令。

(3)子程序调用与返回指令

子程序调用指令用于调用公用的子程序,常见的有 Intel x86 中的 call 指令,MIPS 中的 jal 指令。在主程序执行过程中,当需要执行子程序时,可执行子程序调用指令来控制程序的执行顺序从主程序转入子程序;而当子程序执行完毕后,可以利用返回指令使程序重新回到主程序继续执行,常见的有 Intel x86 中的 ret 指令,MIPS 中的 jr $ ra 指令。

子程序调用指令又称为转子指令或过程调用指令。转子指令中必须明确给出子程序的入口地址。主程序中转子指令的下一条指令的地址称为断点,断点是子程序返回主程序时的返回地址。为了在执行返回指令时能够正确地返回主程序,转子指令应具有保护断点的功能,通常转子指令会将断点压入堆栈中进行保护。而返回指令则从堆栈中取出断点地址送入程序计数器 PC,然后返回断点处继续执行主程序。

虽然转子指令与转移指令的执行结果都是实现程序的转移,但两者存在下列区别:

①转移的位置不同,转移指令在同一程序内转移,而转子指令在不同程序之间转移。

②转移指令不需要返回原处,而转子指令需要返回原处,因此转子指令需要保护断点地址。

③转子指令和返回指令通常是无条件的,而条件转移指令是需要条件的。

7. 输入输出指令

输入输出指令简称 I/O 指令,用于实现主机与外部设备之间的信息传送。主机可以向外部设备发出各种控制命令,从而控制外部设备的工作,也可以从外部设备端口寄存器中读取外部设备的各种工作状态等。当外部设备与主存采用统一编址模式时,不需要设置专用的 I/O 指令,可以使用访存指令直接访问外部设备。

8. 其他指令

除了上述几种类型的指令外,还有一些实现其他控制功能的指令,如停机、等待、空操作、开中断、关中断、自陷、置条件码以及特权等指令。

特权指令主要用于系统资源的分配与管理,具有特殊的权限,一般只能用于操作系统或其他系统软件,而不直接提供给用户使用。在多任务、多用户的计算机系统中,这种特权指令是不可缺少的。另外,一些多处理器系统中还配有专门的多处理机指令。

5.5 指令格式设计

指令系统是程序员所能看到的计算机的主要属性,它在很大程度上决定了整个计算机系统具有的基本功能以及程序性能。设计一套指令系统要充分考虑指令的完备性、规整性、有效性、兼容性和可扩展性,要充分考虑系统支持哪些指令、哪些数据类型和寻址方式,其中最重要的是设计合理的指令格式。设计一套好的指令格式,不仅可以方便程序员进行程序设计,也有利于编译系统的设计,还有利于简化硬件实现,而且能够节省大量的程序存储空间。

指令一般由操作码和地址码两部分组成。设计指令格式前首先要确定的是指令的编码格式,在此基础上还要确定操作码字段和地址码字段的长度及它们的组合形式,以及各种寻址方式的编码方法。

(1)指令编码格式的设计

指令编码格式的设计就是确定指令是采用定长指令格式、变长指令格式还是采用混合编码指令格式。

①定长指令格式。

定长指令结构规整,有利于简化硬件,尤其利于简化指令译码部件的设计。其缺点是平均长度长,容易出现冗余码点,不易扩展。当指令集的寻址方式和操作种类很多时,定长编码格式具有明显的优势。

②变长指令格式。

变字长指令结构灵活,能充分利用指令中的每一位,所以指令码点冗余少,该指令平均长度短,易于扩展。但变长指令的格式不规整,不同指令的取指令时间可能不同,控制方式较为复杂。

③混合编码指令格式。

混合编码指令格式是定长和变长指令结构的综合,它提供若干长度固定的指令字,以期达到既能减少目标代码的长度,又能降低译码复杂度的目标。

(2)操作码的设计

操作码的编码比较直观和简单。满足完备性是操作码设计的基本要求。操作码的设计还包括确定操作码是采用定长结构还是采用变长结构,对于变长操作码结构还要研究其实现方法。

(3)地址码的设计

地址码要能为指令提供必要操作数。地址码的设计往往还与寻址方式有关,在设计时应该能利用有限的位宽提供更大的寻址范围。

(4)寻址方式的设计

寻址方式的表示有两种方法,一种是把寻址方式与操作码一起编码,另一种是设置专门的寻址方式字段来指示对应的操作数采用的寻址方式。如果处理机需要支持多种寻址方式,而且指令有多个操作数,那么就很难将寻址方式与操作码一起编码,此时应该为每个操作数分配一个寻址方式字段。

【例5-5-1】 某计算机字长为16位,主存为64 KB,指令采用单字长、单地址结构,要求至少能支持80条指令和直接、间接、相对、变址等4种寻址方式。请设计指令格式并计算每种寻址方式能访问的主存空间范围。

解 根据题干条件,指令采用定长、单地址结构。另外,由于要支持4种寻址方式,因此要为地址码字段设置专门的寻址方式字段。

操作码字段的位数为7位,这样最多可支持128条指令,满足至少支持80条指令的要求。要支持4种寻址方式且每次只能使用其中的一种寻址方式,寻址方式的字段需2位。所以单地址字段的位数为16-7-2=7位。

指令格式如图5-5-1所示。

操作码 OP(7 位)	寻址方式 I(2 位)	形式地址 D(7 位)

图 5-5-1　指令格式

其中 OP 为操作码字段,7 位;I 为寻址方式字段,2 位;D 为形式地址字段,7 位。4 种寻址方式的寻址范围如下所示。

I=00:相对寻址,E=PC+D,寻址范围为 0~65535(程序计数器 PC 为 16 位)。

I=01:变址寻址,E=R[X]+D,寻址范围为 0~65535(变址寄存器 X 为 16 位)。

I=10:直接寻址,E=D,寻址范围为 0~127。

I=11:间接寻址,E=(D),寻址范围为 0~65535。

5.6　CISC 和 RISC

复杂指令集计算机(complex instruction set computer,CISC)和精简指令集计算机(reduced instruction set computer,RISC)的指令系统不同,它们的区别在于采用了不同的 CPU 设计理念和方法。

5.6.1　复杂指令系统计算机

随着超大规模集成电路技术的不断发展,计算机的硬件成本不断下降,但软件成本不断提高。为此,计算机系统设计者在设计指令系统时,增加了越来越多的功能强大的复杂指令,以及更多的寻址方式,以便满足来自不同方面的需求,例如以下几种。

①更好地支持高级语言。增加语义接近高级语言语句的指令,能缩短指令系统与高级语言之间的语义差距。

②简化编译。编译器是将高级语言翻译成机器语言的软件,当机器指令的语义与高级语言的语义接近时,编译器的设计变得相对简单,编译的效率也会大大提高,而且编译后的目标程序也能得到优化。

③满足系列计算机软件向后兼容的需求。为了做到程序兼容,同一系列计算机的新型计算机和高档计算机的指令系统只能扩充而不能减少原来的指令,因此指令数量越来越多。

④对操作系统的支持。随着操作系统功能的复杂化,要求指令系统提供相应功能指令的支持,如多媒体指令和 3D 指令等。

⑤为在有限指令长度内基于扩展法实现更多指令,只有最大限度地压缩地址码长度。但为满足寻址访问的需要,必须设计多种寻址方式,如基址寻址、相对寻址等。

基于上述原因,指令系统越来越庞大、复杂,某些计算机中的指令多达数百条,同时寻址方式的种类也很多,称这类计算机为复杂指令系统计算机(CISC)。Intel x86、IA64 指令系统是典型的 CISC 指令系统。

CISC 具有如下特点:

①指令系统复杂庞大,指令数目一般多达二三百条。

②寻址方式多。

③指令格式多。

④指令字长不固定。

⑤对访存指令不加限制。

⑥各种指令使用频率相差大。

⑦各种指令执行时间相差大。

⑧大多数采用微程序控制器。

5.6.2 复杂指令系统计算机

人们进一步分析 CISC 后发现了“80-20”规律,即在 CISC 的典型程序中,80%的程序只用到了 20%的指令集,基于这一发现,提出了精简指令集的概念,这是计算机系统架构的一次深刻革命。

RISC 体系结构的基本思路是:针对 CISC 指令系统指令种类太多、指令格式不规范、寻址方式太多的缺点,通过减少指令种类、规范指令格式和简化寻址方式来方便处理器内部的并行处理,从而大幅度地提高处理器的性能。

RISC 是在继承 CISC 的成功技术并克服 CISC 缺点的基础上产生并发展起来的,大部分 RISC 具有如下特点。

①优先选取使用频率最高的一些简单指令,以及一些很有用但不复杂的指令,避免使用复杂指令。

②大多数指令在一个时钟周期内完成。

③采用 load/store 结构。由于访问主存指令花费时间较长,因此在指令系统中应尽量减少访问主存指令,只允许 load(取数)和 store(存数)两种指令访问主存,其余指令只能对寄存器操作数进行处理。

④采用简单的指令格式和寻址方式,指令长度固定。

⑤固定的指令格式。指令长度、格式固定,可简化指令的译码逻辑,有利于提高流水线的执行效率。为了便于编译的优化,常采用三地址指令格式。

⑥面向寄存器的结构。为减少访问主存,CPU 内应设大量的通用寄存器。

⑦采用硬布线控制逻辑。由于指令系统的精简,控制部件可由组合逻辑实现,不用或少用微程序控制,这样可使控制部件的速度大大提高。

⑧注重编译的优化,力求有效地支持高级语言程序。

RISC 的着眼点没有简单地放在简化指令系统上,而是通过简化指令使计算机的结构更加简单合理,从而提高处理速度,其主要实现途径是减少指令的执行周期数。现在,RISC 的硬件结构有很大改进,一个时钟周期平均可完成 1 条以上指令,甚至可完成几条指令。较为常见的 RISC 指令系统有 ARM、MIPS、RISC-V 等。

5.7 指令系统举例

5.7.1 Intel x86 指令系统

Intel x86 指令系统是由 16 位的 8088/8086 指令系统发展而来的 32 位 CISC 指令系统，该指令系统包括 8 个 32 位的通用寄存器，各寄存器地址编号如表 5-7-1 所示。

表 5-7-1 寄存器地址编号

寄存器编号	000	001	010	011	100	101	110	111
寄存器名	EAX	ECX	EDX	EBX	ESI	EDI	ESP	EBP

除 8 个通用寄存器外，指令系统还包括状态寄存器 EEFLAGS、程序计数器 EIP，以及 6 个段寄存器 CS、SS、DS、ES、FS、GS。

1. 指令格式

由于要兼容早期 16 位甚至 8 位指令系统，Intel x86 指令格式相对较为复杂，硬件的实现也非常困难。Intel x86 指令系统为变长指令系统，具体指令格式如图 5-7-1 所示。

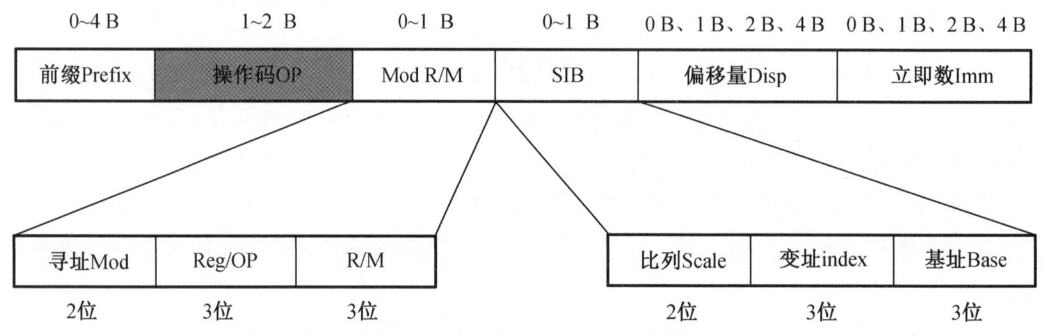

图 5-7-1 Intel x86 指令格式

图中 Intel x86 指令包括 0~4 B 的可选指令前缀 Prefix 字段，1~2 B 的操作码 OP 字段，1 B 的 Mod R/M 字段和 1 B 的 SIB(比例变址)字段，一个偏移量 Disp 字段和一个立即数 Imm 字段。其中只有操作码字段是必需的，其他均为可选字段，最短指令为单字节指令，最长指令为 15 B。

(1)前缀字段

前缀字段包括指令前缀、段前缀、操作数大小和地址大小 4 个字段，这 4 个字段都是可选字段，长度均为 0~1 B，具体顺序如图 5-7-2 所示。

指令前缀	段前缀	操作数大小	地址大小

图 5-7-2 前缀字段

不同字段的前缀值是不同的,在进行指令译码时要根据前缀值的不同对后续指令的功能进行适当控制。

①指令前缀(instruction prefix)。

指令前缀包括锁定和重复前缀两种,值为 FOH 时表示锁定(Lock)前缀,用于多处理器环境中共享存储器的排他性访问;值为 F2H 时表示指令重复前缀 REPNE/REPNZ,表示当 ECX 不等于零且两数不相等时重复执行指令;值为 F3H 时表示指令重复前缀 REP/REPE/REPZ,其中 REP 表示 ECX 不等于零时重复执行指令,REPE/REPZ 表示 ECX 不等于零且两数相等时重复执行指令。重复前缀主要用于进行字符串循环处理操作。

②段前缀(segment override)。

段前缀用来指定使用哪个段寄存器取代默认的段寄存器。6 个段寄存器 CS、SS、DS、ES、FS、GS 对应的段前缀分别为 2EH、36H、3EH、26H、64H、65H。如 MOV BX.[SH+100H]指令的默认段寄存器为 DS,如果需要修改其段寄存器为 ES,则指令可以改写为 MOV BX,ES:[SH+100H),该指令的机器码最终会形成 26H 的段前缀。

③操作数大小(operand size)。

操作数大小的字段值为 66H,用于在 32 位和 16 位操作数之间切换。如果当前是 32 位环境,操作数切换为 16 位;如果当前是 16 位环境,操作数切换为 32 位。

④地址大小(address size)。

地址大小的字段值为 67H,用于在 32 位和 16 位地址空间之间切换。地址大小决定了指令格式中偏移量的大小和在有效地址计算中生成的偏移量大小。

(2)操作码字段

操作码字段包括 1~2 B,该字段除包括真正的指令操作码 OP 外,还可能包括操作数以及控制信息,具体格式如图 5-7-3 所示。

图 5-7-3(a)所示为单地址指令,操作码字段为 5 位,剩余 3 位表示通用寄存器编号,常见指令有 push、pop、dec、inc。

图 5-7-3(b)所示为双地址指令,操作码字段为 6 位,剩余 2 位中 $d=1$,表示后续 Mod R/M 字段中的寄存器操作数为目的寄存器,否则为源寄存器;而 w 位表示操作数位宽,$w=0$ 表示 8 位字节操作数,否则表示 16 位或 32 位操作数,操作数位宽取决于运行环境和指令前缀。

图 5-7-3(c)所示的操作码字段为 8 位,可包含零地址、单地址、双地址指令。

图 5-7-3(d)所示的操作码字段为双字节,高字节为 0FH,低字节为扩展操作码部分。

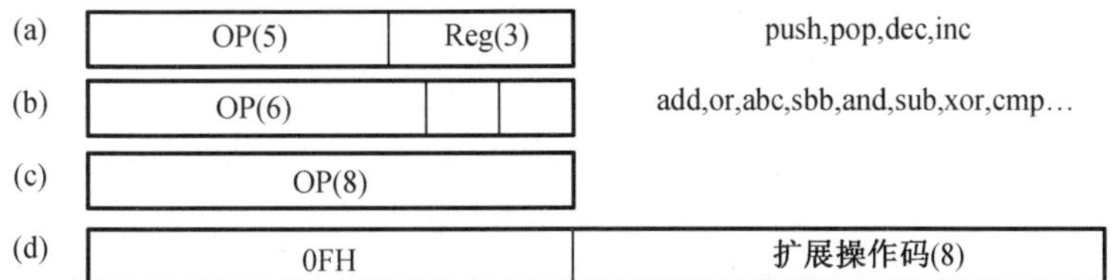

图 5-7-3　Intel x86 指令操作码字段格式

注意指令字中是否包含后续的 Mod R/M、SIB、Disp、Imm 字段完全取决于操作码字段的值,不同的操作码对应不同的寻址方式,所需字段也不完全相同。

(3)Mod R/M 字段

Mod R/M 字段长度为 1 B,具体划分如图 5-7-4 所示。

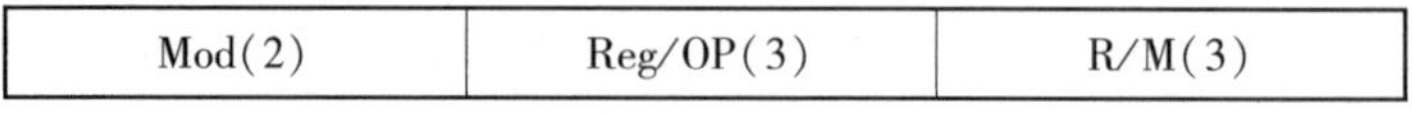

图 5-7-4 Mod R/M 字段

Mod R/M 字段通常用于描述操作数及其寻址方式,Intel x86 指令集规定双操作数最多只能有一个内存操作数。3 位 Reg/OP 字段表示寄存器操作数编号,该操作数是源还是目的操作数由操作码字段的 *d* 位决定。对于单地址指令,该字段也可以作为指令操作码的扩展字段。

另外一个操作数由 3 位的 R/M 字段表示,R/M 的意思就是该操作数有可能是寄存器操作数,也有可能是内存操作数。具体寻址方式由 2 位的 Mod 字段决定,当 Mod=11 时表示寄存器寻址,其具体寻址方式如表 5-7-2 所示。从表中可以看出部分寻址方式还依赖于指令字中后续的 SIB、Disp 字段。

表 5-7-2 Mod R/M 字段对应寻址方式

Mod	操作数类型	R/M 值	寻址方式	有效地址 EA/操作数 S
00	存储器		寄存器间接寻址	EA=R[R/M]
00	存储器	100	基址+比例变址寻址	EA=SIB
00	存储器	101	偏移量/直接寻址	EA=Disp32
01	存储器		寄存器相对寻址	EA=R[R/M]+Disp8
01	存储器	100	基址+比例变址+偏移量寻址	EA=SIB+Disp8
10	存储器		寄存器相对寻址	EA=R[R/M]+Disp32
10	存储器	100	基址+比例变址+偏移量寻址	EA=SIB+Disp32
11	寄存器		寄存器寻址	S=R[R/M]

(4)SIB 字段

SIB 字段与 Mod R/M 字段组合以指定寻址方式,长度为 1 字节,具体划分如图 5-7-5 所示。

Scale(2)	变址 index(3)	基址 Base(3)

图 5-7-5 SIB 字段

2 位 Scale 字段指定比例变址中的比例因子,具体比例因子为 2^{Scal},可支持 1、2、4、8 共 4 个比例因子。3 位 index 字段指定变址寄存器编号。3 位 Base 字段指定基址寄存器编号。SIB 字段对应的有效地址=R[Base]+2^{Scal}×R[index]。

(5)偏移量字段

偏移量字段可以是 8 位、16 位或 32 位带符号整数的偏移量。该字段是否存在与 Mod R/M 字段中的寻址方式有关。

(6)立即数字段

立即数字段提供指令所需的 8 位、16 位或 32 位的立即数操作数,该字段是否存在与指令操作码有关。

2. 指令译码

由于 Intel x86 指令格式较为复杂,因此 CPU 取指令译码过程相对也较为复杂,首先是指令长度从单字节到 15 B 不等,一条指令需要多个存储周期才能取出。指令译码流程包括指令前缀分析、操作码译码、寻址方式译码 3 步。

①前缀分析。指令功能译码分析时首先分析指令字开始字节部分是否为前缀字段,根据不同前缀值进行指令功能控制,注意最多包括 4 个前缀值。

②操作码译码。操作码字段长度为 1~2 B,首先判断第一个字节的值,如果不为 0FH 则表示为单字节操作码;不同的操作码对应不同的指令功能,部分零地址指令、单地址指令只有操作码字段,无后续字段,完成操作码译码分析后就完成了指令译码;而部分指令还需要继续分析后续的 Mod RM 字段,以获取寻址方式。

表 5-7-3 所示为 ADD 指令的部分操作码。

表 5-7-3　ADD 指令部分操作码

操作码	d	w	指令格式	说明
00	0	0	add r/m8,r8	$d=0$,寄存器为源操作数,$w=0$,操作数为 8 位
01	0	1	add r/m16,r16	$w=1$,操作数为 16 位或 32 位,操作数位宽取决于运行环境和指令前缀
01	0	1	add r/m32,r32	
02	1	0	add r8,r/m8	$d=1$,寄存器为目的操作数
03	1	1	add r16,r/m16	$w=1$,操作数为 16/32 位,操作数位宽取决于运行环境和指令前缀
03	1	1	add r32,r/m32	
83	1	1	add r/m32,Imm8	Reg/OP 字段为操作码扩展,值应为 000

从表 5-7-3 可知,不同寻址方式、指令形式的 add 指令的操作码并不相同。操作码实际暗含了部分寻址方式,当操作码为 00~03H 时表示 RR 或 RS 型指令,具体是哪种指令取决于后续 Mod R/M 字段中的寻址方式。当操作码为 83H 时,源操作数为立即数,另外一个操作数寻址方式暂时未知,需要分析后续的 Mod R/M 字段信息确定。

③寻址方式译码。根据 Mod R/M 字段的定义,确定指令中的操作数和寻址方式,并配合后续 SIB、Disp、Imm 字段计算操作数地址。

【例 5-7-1】　假设在一个基于 Intel x86 指令集的 32 位运行环境中,有如下指令字:

①01C2H;②2E033BH;③034CBB66H;④8304BB66H。

请结合表 5-7-3 所示的指令操作码给出对应指令字的汇编代码。

解 ①指令字 01C2H 的指令格式如图 5-7-6 所示。

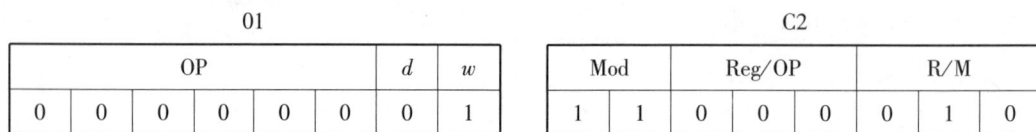

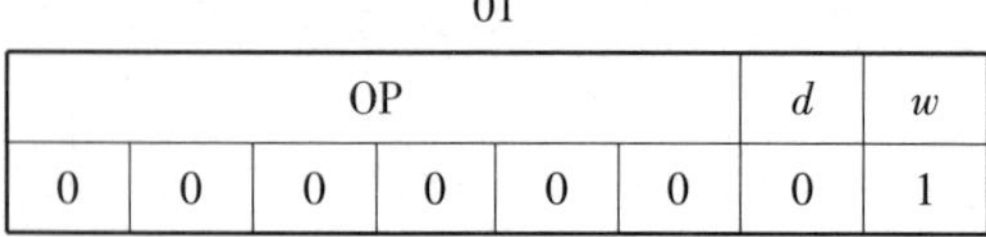

01

OP						d	w
0	0	0	0	0	0	0	1

C2

Mod		Reg/OP			R/M		
1	1	0	0	0	0	1	0

图 5-7-6　指令字 01C2H 的指令格式

该指令无指令前缀,操作码字段为 01H,其中 $d=0$,表示 Reg/OP 字段为源寄存器;指令形式为 add r/m32,r32,Reg/OP=000,表示 r32 字段为 EAX;Mod=11,表示 R/M 字段为寄存器操作数;R/M=010 表示 r/m32 字段为 EDX 寄存器。因此最终指令为 add EDX,EAX。

②指令字 2E033BH 的指令格式如图 5-7-7 所示。

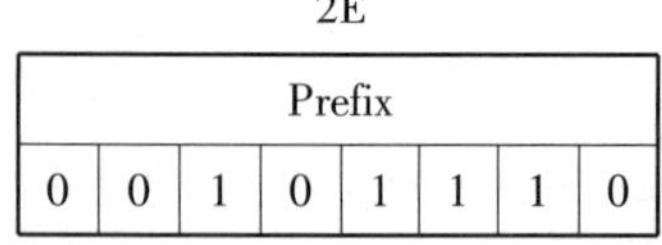

2E

Prefix							
0	0	1	0	1	1	1	0

03

OP						d	w
0	0	0	0	0	0	1	1

3B

Mod		Reg/OP			R/M		
0	0	1	0	1	1	1	0

图 5-7-7　指令字 2E033BH 的指令格式

指令前缀 2E 表示段前缀 CS,操作码字段中 $d=1$,表示 Reg/OP 字段为目的寄存器;指令形式为 add r32,r/m32,Reg/OP=111,表示 r32 字段为 EDI;Mod=00,表示 R/M 字段为寄存器间接寻址;R/M=011,因此 r/m32 字段为[EBX]。最终汇编指令为 add EDI,CS:[EBX]。

③指令字 034CBB66H 的指令格式如图 5-7-8 所示。

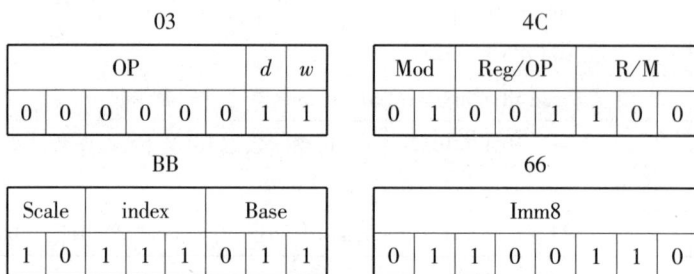

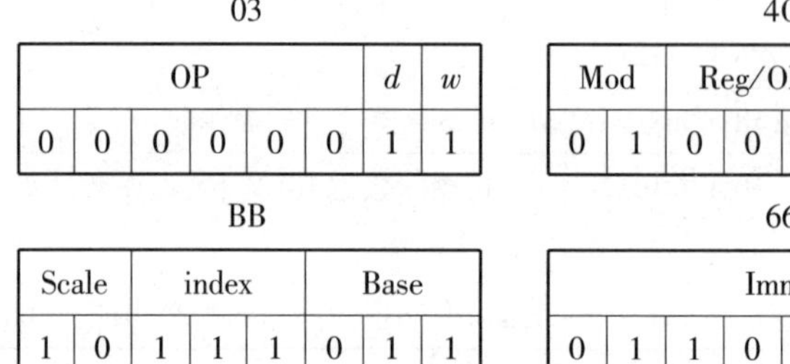

03

OP						d	w
0	0	0	0	0	0	1	1

4C

Mod		Reg/OP			R/M		
0	1	0	0	1	1	0	0

BB

Scale		index			Base		
1	0	1	1	1	0	1	1

66

Imm8							
0	1	1	0	0	1	1	0

图 5-7-8　指令字 034CBB66H 的指令格式

该指令无指令前缀,操作码字段中 $d=1$,表示 Reg/OP 字段为目的寄存器;指令形式为 add r32,r/m32,Reg/OP=001,表示 r32 字段为 ECX;Mod=01,R/M=100;寻址方式为基址+比例变址+偏移量寻址;操作数地址为 SIB+Disp8,而 SIB 字段中 Scale=10;比例因子为 4,index=111;变址寄存器为 EDI,Base=011;基址寄存器为 EBX。因此最终的汇编指令为 add ECX,[EBX+EDI * 4+66]。

④指令字 8304BB66H 的指令格式如图 5-7-9 所示。

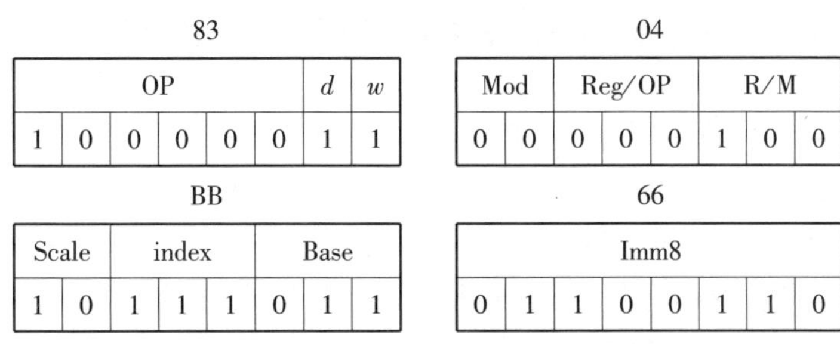

图 5-7-9　指令字 8304BB66H 的指令格式

该指令无指令前缀，操作码字段为 83H，Reg/OP＝000 为扩展操作码；指令形式为 add r/m32，Imm8。由于 Mod＝00，R/M＝100，R/M 操作数为基址＋比例变址寻址，操作数地址为 SIB，SIB 字段中 Scale＝10；比例因子为 4，index＝111，变址寄存器为 EDI，Base＝011；基址寄存器为 EBX。因此最终的汇编指令为 add [EBX+EDI * 4]，66。

3. 寻址方式

操作数的主要来源为立即数、寄存器和存储单元。当操作数位于存储单元中时，需要进行地址转换。Intel x86 处理器采用段页式存储管理机制，主要包括 3 类地址，分别是逻辑地址、线性地址和物理地址。这里逻辑地址包括段寄存器和段偏移地址两部分，也就是段式虚拟地址，对应前面介绍的 EA 部分；线性地址就是页式虚拟地址。首先需要通过分段方式将逻辑地址转换为线性地址 LA，然后用分页方式将线性地址转换为物理地址。

在实模式下，将 16 位段寄存器的内容左移 4 位，得到 20 位段基址，再与段内偏移地址相加即可得到物理地址。在保护模式下，32 位段基址加段内偏移地址即可得到 32 位线性地址 LA，再将其由存储管理部件 MMU 转换成 32 位物理地址，整个地址转换过程对程序员是透明的。对汇编程序员来说，其更关心的是段内偏移地址的寻址方式，Intel x86 处理器中常见的几种寻址方式及对应有效地址的计算方法如表 5-7-4 所示。

表 5-7-4　Intel x86 处理器寻址方式及计算方法

序号	寻址方式	有效地址 EA/操作数 S	指令示例
1	立即数寻址	S＝Disp	MOV EAX，1000
2	直接寻址	EA＝Disp	MOV EAX，[1080H]
3	寄存器寻址	S＝R[R/M]	MOV EAX，ECX
4	寄存器间接寻址	EA＝R[R/M]	MOV EAX，[EBX]
5	寄存器相对寻址/基址寻址	EA＝R[R/M]+Disp	MOV EAX，[ESI+100H]
6	基址+比例变址寻址	EA＝S * index+Base	MOV EAX，[EBX+EDI * 4]
7	基址+比例变址+偏移量寻址	EA＝S * index+Base+Disp	MOV EAX，[EBX+EDI * 4+66]
8	相对寻址	EA＝PC+Disp	JMP 1000H

5.7.2　RISC-V 指令系统

RISC-V 是第五代 RISC 指令系统，它是结合了 ARM、MIPS 等 RISC 指令系统的优势，完全从零开始重新设计开发的一款开源指令系统,目前由非营利性质的 RISC-V 基金会负责运营。

RISC-V 采用模块化的指令集,包括 32 位和 64 位指令集。32 位指令集 RV32G 包括核心指令集 RV32I 以及 4 个标准扩展集:RV32M(乘除法)、RV32F(单精度浮点)、RV32D(双精度浮点)、RV32A(原子操作)。核心指令集 RV321 只包括 47 条指令,其指令格式规整,更易于硬件的实现。模块化的指令集方便进行灵活定制与扩展,既可用于嵌入式 MCU,也适合构造服务器、家用电器、工控控制以及传感器中的 CPU,阿里巴巴旗下的平头哥半导体有限公司的玄铁处理器就采用了该架构。RISC-V 包括 32 位和 64 位指令系统。本小节主要探讨 RV32I 指令系统,该指令系统仅包括 47 条整型指令,可支持操作系统的运行。

1. RISC-V 通用寄存器

RISC-V 体系结构中同样包含 32 个 32 位的通用寄存器,在汇编语言中可以用 x0~x31 表示;MIPS 则是用 $ 0~ $ 31 表示,也可以使用寄存器的名称表示,例如 sp、t1、ra。MIPS 和 RISC-V 寄存器编号的区别只是"$"符号,如表 5-7-5 和 5-7-6 所示。同样也可以用 5 个比特位来表示寄存器的编号。

表 5-7-5　MIPS 寄存器功能说明

编号	助记符	英文全称	功能描述
$ 0	$ zero	zero	恒零值,可用 0 号寄存器参与的加法指令实现 MOV 指令
$ 1	$ at	assembler temp	汇编器保留寄存器,常用作伪指令的中间变量
$ 2~ $ 3	$ v0~ $ v1	value	存储子程序的非浮点返回值
$ 4~ $ 7	$ a0~ $ a3	argument	用于存储子程序调用的前 4 个非浮点参数
$ 8~ $ 15	$ t0~ $ t7	temporaies	临时变量,调用者保存寄存器,在子程序中可直接使用
$ 16~ $ 23	$ s0~ $ s7	saved registers	通用寄存器,被调用者保存寄存器,在子程序中使用时必须先压栈保存原值,使用后应出栈恢复原值
$ 24~ $ 25	$ t8~ $ t9	temporaies	临时变量,属性同 $ t0~ $ t7
$ 26~ $ 27	$ k0~ $ k1	kernel reserved	操作系统内核保留寄存器,用于进行中断处理
$ 28	$ gp	global pointer	全局指针
$ 29	$ sp	stack pointer	栈指针,指向栈顶
$ 30	$ fp/ $ s8	frame pointer	帧指针,用于过程调用,也可以当作 $ s8 使用
$ 31	$ ra	return address	子程序返回地址

表 5-7-6　RISC-V 寄存器功能说明

编号	助记符	英文全称	功能描述
x0	zero	zero	恒零值,可用 0 号寄存器参与的加法指令实现 MOV 指令
x1	ra	return address	返回地址
x2	sp	stack pointer	栈指针,指向栈顶

表 5-7-6(续)

编号	助记符	英文全称	功能描述
x3	gp	global pointer	全局指针
x4	tp	thread pointer	线程寄存器
x5～x7	t0～t2	temporaies	临时变量,调用者保存寄存器
x8	s0/fp	saved register/ frame pointer	通用寄存器,被调用者保存寄存器,在子程序中使用时必须先压栈保存原值,使用后应出栈恢复原值
x9	s1	saved registers	通用寄存器,被调用者保存寄存器
x10～x11	a0～a1	arguments/ return values	用于存储子程序参数或返回值
x12～x17	a2～a7	arguments	用于存储子程序参数
x18～x27	s2～s11	saved registers	通用寄存器,被调用者保存寄存器
x28～x32	t3～t6	temporaies	临时变量

对比表 5-7-5 和表 5-7-6 可知,MIPS 和 RISC-V 寄存器大同小异,RISC-V 也包括恒零寄存器,但增加了线程寄存器 tp;RISC-V 有临时寄存器 t0～t7,相比 MIPS 少了两个;RISC-V 有通用寄存器 s0～s11,相比 MIPS 增加了 3 个;RISC-V 用于子程序调用的参数和返回值寄存器 a0～a7 一共有 8 个,相比 MIPS 增加了 2 个。另外 RISC-V 没有设置汇编器和操作系统保留寄存器。

2. RISC-V 指令格式

RV321 为定长指令集,但其操作码字段预留了扩展空间,可以扩展为变长指令,但指令字长必须是双字节对齐,RISC-V 包括 6 种指令格式,具体如图 5-7-10 所示。与 MIPS 一样,RISC-V 指令也没有寻址方式字段,寻址方式由操作码决定。MIPS 强调的是指令格式简洁、直观、规整;而 RISC-V 强调的是指令硬件更实现容易,其最大特色是指令字中的各字段位置固定,这将有效减少指令译码电路中需要的多路选择器,也可提高指令译码速度。

图 5-7-10 中 7 位的主操作码 OP 均固定在低位,扩展操作码 funct3、funct7 字段位置也是固定的,相比 MIPS 指令集,其编码空间更大,指令可扩展性更高。另外源寄存器 rs1、rs2 以及目的寄存器 rd 在指令字中的位置也是固定不变的。

以上字段的位置固定后,剩余的位置用于填充立即数字段 Imm,这也直接导致 Imm 字段看起来比较混乱,不同类型指令立即数字段的长度甚至顺序都不一致。但 Imm 字段的最高位都固定在指令字的最高位,方便立即数的符号扩展。另外立即数字段中部分字段尽量追求位置固定,如 I、S、B、J 型指令的 Imm[10～5]字段位置固定,S、B 型指令中的 Imm[4～1]字段位置固定。

(1)R 型指令

R 型指令包括 3 个寄存器操作数,主操作码字段 OP=33H,由 funct3 和 funct7 两个字段共 10 位作为扩展操作码描述 R 型指令的功能,格式如图 5-7-11 所示。

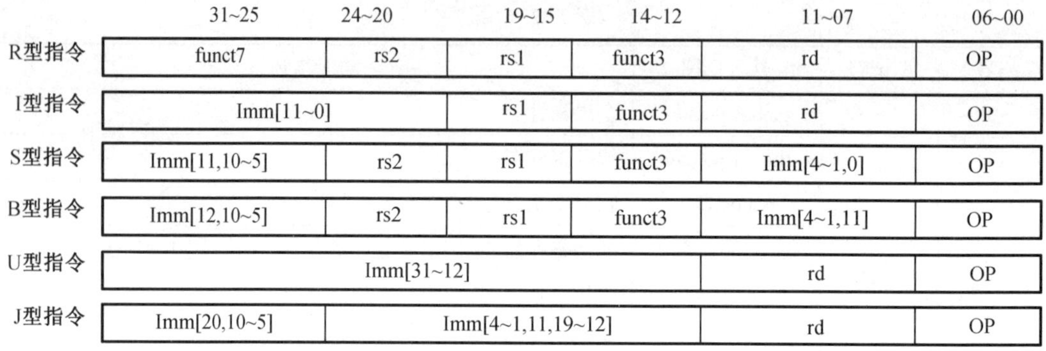

	31~25	24~20	19~15	14~12	11~07	06~00
R型指令	funct7	rs2	rs1	funct3	rd	OP
I型指令	Imm[11~0]		rs1	funct3	rd	OP
S型指令	Imm[11,10~5]	rs2	rs1	funct3	Imm[4~1,0]	OP
B型指令	Imm[12,10~5]	rs2	rs1	funct3	Imm[4~1,11]	OP
U型指令	Imm[31~12]				rd	OP
J型指令	Imm[20,10~5]	Imm[4~1,11,19~12]			rd	OP

图 5-7-10　RISC-V 指令格式

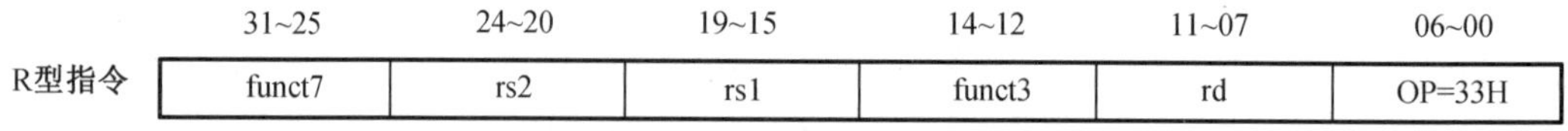

	31~25	24~20	19~15	14~12	11~07	06~00
R型指令	funct7	rs2	rs1	funct3	rd	OP=33H

图 5-7-11　R 型指令

RV32I 中包括 10 条 R 型指令，主要包括算术逻辑运算指令、关系运算指令、移位指令 3 类，具体如表 5-7-7 所示。与 MIPS32 不同的是，RV32I 中不包含乘法、除法指令，另外这里的移位指令助记符在 MIPS 中用于表示固定移位指令。

表 5-7-7　RISC-V R 型指令

类别	指令示例	功能描述	同类指令
算术逻辑运算指令	add rd,rs1,rs2	R[rd]=R[rs1]+R[rs2]	add、sub、xor、or、add
关系运算指令	slt rd,rs1,rs2	R[rd]=(R[rs1]< R[rs2])? 1:0	slt、sltu
移位指令	sll rd,rs1,rs2	R[rd]=R[rs1]<< R[rs2]	sll、srl、sra

(2)I 型指令

I 型指令包括两个寄存器操作数 rs1、rd 和一个 12 位立即数操作数，除了主操作码 OP 字段外，funct3 字段也作为扩展操作码描述 I 型指令的功能，格式如图 5-7-12 所示。

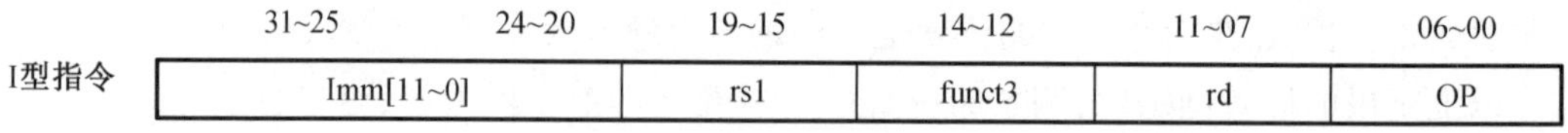

	31~25	24~20	19~15	14~12	11~07	06~00
I型指令	Imm[11~0]		rs1	funct3	rd	OP

图 5-7-12　I 型指令

I 型指令主要包括立即数运算指令(算术逻辑运算指令)、关系运算指令、移位指令、访存指令、系统控制类指令和特权指令，具体如表 5-7-8 所示。

表 5-7-8　RISC-V I 型指令

类别	指令示例	功能描述	同类指令
算术逻辑运算指令	addi rd,rs1,Imm	R[rd]=R[rs1]+Imm	addi、xori、ori、andi

表 5-7-8(续)

类别	指令示例	功能描述	同类指令
关系运算指令	slti rd,rs1,Imm	R[rd]=R[rs1]<Imm	slti、sltiu
移位指令	slli rd,rs1,rs2	R[rd]=R[rs1]<<Imm	slli、srli、srai
访存指令	lw rd,Imm(rs1)	R[rd]=M[R[rs1]+Imm]	lb、lbu、lh、lhu、lw
系统控制类指令	jalr rd,rs1,Imm	PC=R[rs1]+Imm R[rd]=PC+4	
系统控制类指令	ccall	系统调用	fence、fence. I、ecall、ebreak
特权指令	csrrw rd,csr,rs1	R[rd]=csr;csr=R[rs1]	csrrw、csrrs、csrrc、csrrwi、csrrsi、csrrci

(3)S 型指令

写存指令由于不存在目的寄存器 rd 字段,因此不能采用 I 型指令格式,只能单独设置一个 S 型指令格式,格式如图 5-7-13 所示。

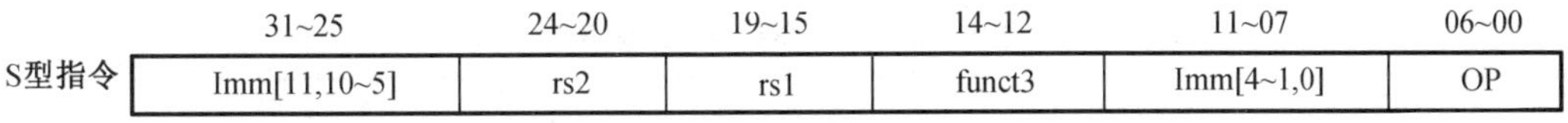

	31~25	24~20	19~15	14~12	11~07	06~00
S型指令	Imm[11,10~5]	rs2	rs1	funct3	Imm[4~1,0]	OP

图 5-7-13 S 型指令

注意 funct3 字段为扩展操作码,立即数字段扩充到原目的寄存器 rd 字段的位置。S 型指令如表 5-7-9 所示。

表 5-7-9 RISC-V S 型指令

类别	指令示例	功能描述	同类指令
访存指令	sw rs2,Imm(rs1)	M[R[rs1]+Imm]=R[rs2]	sb、sh、sw

(4)B 型指令

B 型指令用于表示条件分支指令,同样 B 型指令也不存在目的寄存器 rd 字段,其指令形式与 S 型类似,但其指令字段的第 7 位与 B 型指令略有不同,所以 B 型指令也称为 SB 型指令,格式如图 5-7-14 所示。

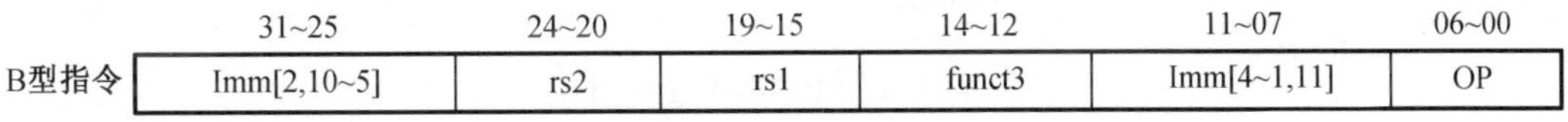

	31~25	24~20	19~15	14~12	11~07	06~00
B型指令	Imm[2,10~5]	rs2	rs1	funct3	Imm[4~1,11]	OP

图 5-7-14 B 型指令

B 型指令如表 5-7-10 所示,注意 RISC-V 指令字采用偶数对齐,指令字长为双字节的倍数,所以这里立即数只左移一位。

表 5-7-10 RISC-V B 型指令

类别	指令示例	功能描述	同类指令
分支指令	beq rs1,rs2,Imm	if([R[rs]==R[rt]] PC=PC+Imm<<1	beq、bne、blt、bge、bltu、bgeu

(5)U 型指令

I 型指令立即数最多只有 12 位,范围较小,为表示更大的立即数,设置了 U 型指令,这里 U 的意思是 upper immediate,格式如图 5-7-15 所示。

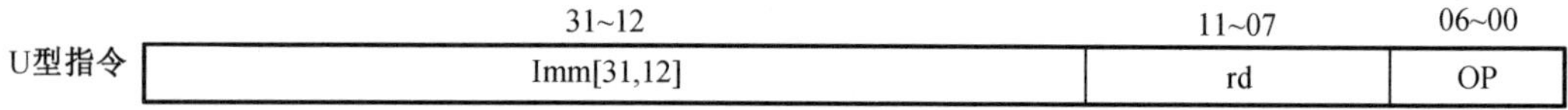

图 5-7-15 U 型指令

U 型指令中立即数字段为 20 位,共包括两条指令,如表 5-7-11 所示。

表 5-7-11 RISC-V U 型指令

类别	指令示例	功能描述
立即数加载	lui rd,Imm	R[rd]=Imm<<12
立即数加载	auipc rd,Imm	R[rd]=PC+Imm<<12

注意 lui 指令只能将立即数加载到高 20 位,如需要加载一个完整的 32 位立即数到寄存器中,可以利用 lui 和 addi 指令配合完成。

(6)J 型指令

J 型指令用于实现无条件跳转,其立即数字段也是 20 位,所以也称 UJ 型指令,格式如图 5-7-16 所示。

	31~25	24~22	11~07	06~00
J型指令	Imm[20,10~5]	Imm[4~1,11,19~12]	rd	OP

图 5-7-16 J 型指令

J 型指令共包括两条指令,如表 5-7-12 所示。

表 5-7-12 RISC-V J 型指令

类别	指令示例	功能描述
子程序调用	jal rd,Imm	PC=PC+Imm<<1 R[rd]←PC+4 rd 为 x1 时,可实现子程序调用;rd=x0 时,可实现无条件跳转。

3. RISC-V 寻址方式

RISC-V 相比 MIPS 少了伪直接寻址方式,只有 4 种寻址方式,其相对寻址生成地址方式与其他指令略有不同,具体如表 5-7-13 所示。

表 5-7-13　RISV-V 寻址方式

序号	寻址方式	有效地址 EA/操作数 S	指令示例
1	立即数寻址	S=Imm	addi rd,rs1,Imm
2	寄存器寻址	S=R[rs1]	add rd,rs1,rs2
3	寄存器相对寻址/基址寻址	EA=R[rs1]+Imm	lw rd,Imm(rs1)
4	相对寻址	EA=PC+Imm<<1	beq rs1,rs2,Imm

第 6 章　总线与输入/输出子系统

计算机硬件系统可以粗略地分成五大部分:运算器、控制器、存储器(内存)、输入设备(如键盘、鼠标)、输出设备(如显示器)。这些部件必须连接起来,实现信息交互,并协调一致地工作,才能实现计算机的基本功能,即执行程序。在计算机中将连接这些部件的通信线路称为总线。

输入、输出设备是人们与计算机交互的平台,输入、输出设备通过输入/输出接口与总线连接,将数据输入处理器,把处理结果通过总线和输入/输出接口输出到输出设备。输入/输出子系统的硬件主要包括输入设备、输出设备、输入/输出(I/O)接口和总线。

在前面章节的基础上,本章将讨论计算机各组成部件的连接方式和信息交换手段,主要包括两方面的内容:部件之间的互连结构,各部件之间交换的数据和控制信号及管理互连结构所需的控制机制。连接结构的设计取决于部件之间所需交换信息的类型、交换信息的方式和信息的传输范围等因素。一般而言,所有的连接结构都要支持以下几类部件之间的传输。

①存储器到 CPU 的传输:CPU 需要从存储器读取指令和数据。

②CPU 到存储器的传输:处理结果写入存储器。

③I/O 设备到 CPU 的传输:CPU 从 I/O 设备读取数据。

④CPU 到 I/O 设备的传输:CPU 向 I/O 设备发出数据或命令。

⑤I/O 与主存储器间的传输:I/O 设备通过硬件方式直接与主存储器交换数据,即直接存储器访问(DMA)方式。

在上述传输中,CPU 与主存储器之间的传输被视为主机内部的传输,除此之外的其他传输被视为主机系统与外部设备之间的输入/输出传输。

为了使结构规整、明了,便于管理和控制,目前的计算机系统大多以总线的方式来连接各大部件。由于外部设备的种类繁多,特性各异,通常外部设备都是通过一个转接电路连接在总线上的,这个转接电路即我们所说的接口。外部设备通过接口连接到总线,与主机系统通信,就可以使外部设备的设计独立于主机系统。

因此,在输入/输出子系统中涉及的内容包括总线、接口、信息输入/输出的控制机构和相关的程序。信息输入/输出的控制机制不同,在接口的具体构成上也会有所不同。例如,以中断方式与主机交换信息的外部设备,在接口中就要设计能完成中断传输的有关部件和处理机制,这样的接口又常被称为中断接口。

“计算机组成原理”课程是从硬件的组成、设计和工作原理的角度来解释整个计算机硬件系统的,因此本章重点讨论的是输入/输出子系统中前几部分的内容。

6.1 输入/输出子系统概述

输入/输出子系统的主要功能是主机将外部数据通过某种控制方式传输到总线上,再传输到主存中保存,或者把主存中的数据通过总线并利用某种控制方式,将数据传输到指定的外部设备中去处理。从硬件的逻辑结构上看,输入/输出子系统的硬件组成至少包括总线、接口、设备控制器及外部设备等。

接口的主要功能是连接计算机与外部设备。它们一般以插卡的形式插在计算机主板的插槽中或直接集成在计算机主板上,其中一些公共接口逻辑(如中断控制逻辑、DMA控制器和USB接口等)常配置于主板上。早期的计算机系统(如IBMPC/XT机)中用中小规模的集成电路(如Intel 8259中断控制器、8237DMA控制器、8250串行通信接口等外设接口芯片)组成公共接口逻辑。随着集成电路技术的发展,芯片的集成度快速增长,设计了一系列的专用芯片把这些中小规模集成电路和并行接口芯片(如Intel 8255)、定时电路(如Intel 8253)等近百种接口芯片集成在一起,形成了现代计算机中常提到的芯片组来完成控制功能,但其控制的原理是类似的。所以,在中断及DMA的技术介绍中,涉及控制芯片时仍以单个的芯片功能进行介绍。

接口的一侧是面向外部设备的,这一侧应与外部设备在连接方式、数据格式及控制逻辑等方面保持一致,否则接口无法与外部设备交互;另一侧是面向符合某种标准的总线的,这一侧也应与总线在连接形式、数据格式及控制逻辑等方面保持一致,否则接口无法与总线交互。显然在接口的两侧连接特性不可能完全一致,因此在接口内部需要进行相应的转换,使总线能与外部设备进行信息交换。

总线上不仅连接有各种输入/输出接口,还连接有主存储器及CPU,它们之间的信息交换都需要通过总线进行。总线通常一次只允许一个设备发送数据,但允许同时有一个或多个设备接收数据,如何确定总线控制权(拥有总线控制权的设备才能主导数据的收发)是总线设计时需要考虑的一个关键问题。

在软件层面,对外部设备的I/O操作会涉及三个层次的程序:

①设备控制程序。固化在设备的控制器中,如磁盘控制器、打印机控制器等,其功能是控制外设的具体读/写操作,以及处理总线上的访问控制信号。

②设备驱动程序。由操作系统、主板厂商或设备制造商提供的一组针对各种外部设备的驱动程序,为用户屏蔽了外部设备的物理细节,用户只需采用简单统一的操作界面来实现设备控制,如通过逻辑设备名调用外部设备。

③用户输入/输出程序。用户编写的对外部设备进行输入和输出操作的程序。

本节将对计算机部件的连接模式、总线和接口的通用功能和特性加以描述。后面将具体介绍几种主要的信息传输控制机制。

6.1.1 总线与接口简介

总线是一种用来连接计算机各功能部件并承担部件之间信息传输任务的公共信息通

道,能在各部件之间传输数据和控制命令。总线被多个部件分时共享,每一时刻只能有一个设备掌握总线进行数据收发,但多个设备可以同时从总线接收数据。

计算机中的总线一定是符合某种技术规范标准(即总线标准)的,在标准规范中定义了某一类总线机械结构规范、功能规范、电气规范及时间特性等方面应严格遵守的规定。只有约定了总线标准,才能使计算机中的各部件在逻辑上相互独立,部件的接口只要符合规定的总线标准,相互之间就能通过总线实现互连互通,从而使计算机硬件系统的层次结构更加清晰、模块化程度更高,计算机系统的扩展也更容易实现。

如前文所述,计算机中需要通过总线进行传输的信息主要有三类,即数据信息、地址信息和控制信息,因此承载信息种类的不同,也有三类与之相适应的总线类型,分别是数据总线(data bus)、地址总线(address bus)和控制总线(control bus)。

从总线的层次结构方面来看,总线又有(芯)片内总线、局部总线、系统总线,I/O 总线、通信总线的划分。比如,Intel 平台的前端总线属于局部总线。

按总线传输数据的不同格式,总线又分为基于并行线路的并行总线和基于差分线路的串行传输总线两类。比如,PCI 就是一种并行总线,而 PCI-E 则是一类串行总线标准。

如果从总线数据传输所采用的控制方式来看,总线又分同步总线(synchronous bus)和异步总线(asynchronous bus)。顾名思义,同步总线就是利用同步时钟信号来控制数据的输入和输出,异步总线则是利用“主-从”设备两者的交互应答来控制数据的输入和输出。除这两种常见的总线控制模式外,还存在一种在标准的同步控制方式中,引入了延长时钟周期概念的总线控制方式,这种模式被看成标准同步控制方式的一种扩展,所以这类总线一般也被称为扩展同步总线。

通常,用总线宽度、总线频率和总线带宽等技术指标来评价一类总线的综合性能。在设计总线时,除了要遵守该总线的技术标准外,还应考虑设备如何申请总线,用什么方式对多个申请进行优先级仲裁,以及总线的控制方式及传输过程中的时序安排等因素。

接口泛指设备部件(硬、软)之间的交接部分。主机(总线)与外部设备或其他外部系统之间的接口逻辑,称为输入/输出(I/O)接口,或称为外部设备接口。在现代计算机系统中,为了实现设备间的通信,不仅需要由硬件逻辑构成的接口部件,还需要相应的软件,从而形成一个含义更广泛的概念,即接口技术。

软件模块之间的交接部分称为软件接口。例如,作为计算机与操作人员之间的接口操作系统中就有一个面向硬件,特别是外部设备的软件模块,叫作基本输入/输出系统 BIOS,固化在主机系统板的 ROM 中。BIOS 中有一个软件模块,叫作 BIOS 接口模块,用来连接各种不同版本的操作系统的其他软件模块,如连接命令处理程序与文件系统。

硬件与软件的相互作用,所涉及的硬件逻辑和软件又称为软硬件接口。例如,由硬件信号引发相应软件模块的调用,或者由软件执行产生的相应硬件信号。

1. I/O 接口的基本功能

I/O 接口一般位于总线与外部设备之间,负责控制和管理一个或几个外部设备,并负责这些设备与主机间的数据交换。总线通常是符合某种总线标准定义的,因而可以被符合这种标准的外部设备所通用,它不局限于特定的设备。外部设备各有其特殊性,如命令/状态含义、工作方式等都有可能不同,因此只能在它们之间设置接口部件,以解决数据缓冲、数据格式变换、通信控制、电平匹配等问题。一般而言,I/O 接口的基本功能可概括为以下几方面(作为一种具体的接口,其功能可能只有其中的一部分)。

(1)寻址

接口逻辑接收总线送来的寻址信息,经过译码,选择该接口中的某个有关寄存器。

(2)数据传输与缓冲

设置接口的基本目的是为设备之间提供数据传输通路,但各种设备的工作速率不同,特别是 CPU、主存与外部设备之间,往往差异较大。为此,需要在接口中设置一个或数个数据缓冲寄存器,甚至设置局部缓冲存储器,以提供数据缓冲和实现速度匹配。所需的缓存容量(如字节数)称为缓冲深度。

(3)数据格式变换、电平变换等预处理

接口与总线之间通常采用并行传输;接口与外部设备之间有可能采用并行传输,也有可能采用串行传输,视具体的设备类型而定。因此,接口有可能需要担负数据的串并格式转换功能。

设备使用的电源与总线使用的电源有可能不同,因此它们之间的信号电平有可能不同。例如,主机采用 5 V 电源,某个外部设备采用 12 V 电源,则接口应实现信号电平的转换,使采用不同电源的设备之间能正常运行并进行信息传输。更复杂的信号转换,如声、光、电之间的转换,一般由外部设备本身实现,不属于接口范畴。在采用大规模集成电路之后,一些专用型电子设备往往与接口做成一块插件,直接插入主机机箱或总线插槽,如语音 I/O 板、图像输入板等,这种情况下就没有必要机械地在物理意义上将设备与接口分开。

许多接口中采用微处理器、单片机(又称为微控制器)、局部存储器等芯片,如果可编程控制有关操作的处理功能大大超出了纯硬件的接口,这样的接口常称为智能接口。

(4)控制逻辑

主机通过总线向接口传输命令信息,接口予以解释,并产生相应的操作命令发送给设备。接口形成设备及接口本身的有关状态信息也通过总线回送给 CPU。

如果采用中断方式控制信息的传输,则接口中有相应的中断逻辑,如中断请求信号的产生、中断屏蔽、优先级排队、接收中断批准信号、产生相应的中断类型码等,其中的部分逻辑也可能集中在公共接口逻辑中。

如果采用 DMA 方式控制信息传输,则接口中有相应的 DMA 控制逻辑,如 DMA 请求信号的产生、屏蔽、优先级排队、接收批准信号等。现在较多的逻辑结构是将 DMA 控制器与接口分开,由 DMA 控制器接收并保存 DMA 初始化信息(如传输方向、主存缓冲区首址、交换量),控制总线实现 DMA 传输。DMA 接口则接收外部设备寻址信息,从设备读出或向设备写入数据信息,通过总线送入主存或接收主存数据。

简单的接口根据总线时序信号或设备的时序信号工作;复杂的接口可能有自己的时序信号,如在串行接口中需要控制移位寄存器操作,实现数据的串并转换等。

2. I/O 接口的编址

在计算机系统中,设备的种类很多,即使是同一类设备,也可能会有多个。为了确保外设通过相应的设备接口能与主机正常通信和数据交互,就要求 I/O 接口能承担起主机和外设之间数据通信枢纽任务。I/O 接口中一般都设置很多寄存器,如命令寄存器、地址寄存器、状态寄存器和数据缓冲寄存器等。在一次具体的 I/O 操作中,主机实际上只能利用 I/O 指令直接控制到 I/O 接口,再由设备控制器对外设实施具体的 I/O 控制。

对于主机而言,外设仅是个抽象存在的逻辑实体,主机对外设的寻址实际上只能通过对设备控制器中特定功能寄存器的寻址来间接实现。因此,在设计设备接口时必须考虑外设的编址方式。

(1)外设单独编址

为设备接口中的每个寄存器(也叫作 I/O 端口)都分配一个独立的端口编号(地址),这些端口的编号与主存单元的地址是无关的,它们不占用主存的单元地址。例如,系统为某个主存单元已分配总线地址码 0100H,此时仍可以为设备控制器中的某个寄存器分配端口地址 0100H,两者可以完全相同。

对于这种编址方式,需要设置专用的 I/O 指令,即"显式 I/O 指令",而且在 I/O 指令中必须明确指明外设对应的 I/O 端口地址。显然,I/O 指令中指明的地址应该是设备控制器中的寄存器地址,也就不会被解析成主存单元地址了;同理,访存指令中给出的地址自然就是主存单元的地址,也就不会再被解析成接口寄存器的端口地址。

(2)外设与主存统一编址

将一部分总线地址(低端地址)分配给主存使用,另一部分总线地址(高端地址)分配给设备接口中的寄存器(也叫作 I/O 端口)作为寄存器端口地址。外设的这种编址方式中,接口寄存器的端口地址实际上占用了一部分本应分配给主存的地址。例如,某内存单元的总线地址为 1AFFH,则接口寄存器就不能再使用地址 1AFFH 了,两者不能相同。

对这种编址方式,不需设置专用 I/O 指令,因为接口寄存器已被处理成特殊的主存单元,所以可以利用通用的访存指令来实现外设的 I/O 操作。此外,访存指令给出的地址虽然都是总线地址,但可以根据该地址的高低端分布情况来确定是对主存寻址还是对外设寻址,因此也不会发生混淆。这类指令能通过通用的访存指令来实现对外设的 I/O 操作,但其实质并未使用 I/O 指令,所以也常被称为"隐式 I/O 指令"。

3. I/O 接口分类

(1)按数据的传输格式划分

①并行接口。接口与外部设备之间采用并行方式传输数据。

②串行接口。接口与外部设备之间采用串行方式传输数据。

注意:接口与总线之间一般都采用并行方式传输数据,因此串行接口中一般需要移位寄存器,以及相应的产生移位脉冲的控制时序,以实现串并转换。

选用哪种接口,一方面取决于设备本身的工作方式是串行传输还是并行传输,另一方面与传输距离的远近有关。当设备本身是并行传输且传输距离较短时,一般采用并行接口。如果设备本身是串行传输,或者传输距离较远,需降低传输设备的硬件成本时,一般适合采用串行接口。例如,通过调制解调器(modem)的远距离通信就需要串行接口。

(2)按时序控制方式划分

①同步接口。与同步总线连接的接口,接口与总线间的信息传输由统一的时序信号控制,如 CPU 提供的时序信号或者专门的总线时序信号。接口与外部设备之间允许有独立的时序控制操作。

②异步接口。与异步总线相连的接口,接口与总线间的信息传输采用异步应答的控制方式,无统一的时序控制信号。

(3)按信息传输的控制方式划分

①直接程序传输方式接口(通用接口)。接口中设置有状态寄存器保存设备的当前状态,CPU 可以通过 I/O 指令查询接口中的状态字,然后进行相应的输入和输出控制操作。

②中断接口。接口中有中断系统所需的完整控制逻辑,主机与外部设备通过这类接口实现数据传输的程序中断控制方式。

③DMA 接口。接口中有 DMA 操作所需的完整控制逻辑,主机与外部设备通过这类接口实现数据传输的 DMA 控制方式。

将接口设计成中断接口后,也可以不按中断方式来工作,只采用程序查询方式来实现信息的传输控制。换句话说,中断接口可覆盖程序查询方式接口的基本功能。事实上,一些接口(如磁盘存储器接口)既有 DMA 功能,也有中断功能,这样的接口既属于 DMA 接口,也属于中断接口。

此外,通道是比一般 DMA 接口更复杂的控制器,甚至是在通道的基础上发展出的输入/输出处理器(I/O processor,IOP)或者外部处理机(peripheral processor unit,PPU),但它们已超出了一般 I/O 接口的层次概念。

上面这些分类方法是从不同的角度出发的,各种分类标准并不矛盾。因此,常常可以同时从多个不同的逻辑角度来描述同一个接口的特性,比如某接口是同步并行中断接口。

6.1.2　输入/输出与控制方式

为了适应大数据、高性能计算服务的需求,现代计算机系统的硬件规模越来越大,体系架构也变得越来越复杂,因此对系统的 I/O 操作提出了越来越高的要求,这使得计算机系统采用的 I/O 控制方式也在不断发展和完善中。无论计算机系统的规模有多大,结构有多复杂,外部设备的种类和数量有多少,从 I/O 控制的角度考虑,其逻辑上的层次体系结构基本上可以抽象成一种典型的两级模式,第 1 级为主机-设备接口,第 2 级为设备接口-外部设备,如图 6-1-1 所示。因此,在讨论数据 I/O 的控制时也应立足于这两级层次模式。

一般而言,在这两级层次模式下,主机与设备控制器之间通过总线实现连接和信息交互。对于简单的计算机系统,图示的总线可能就只有单独一级系统总线,如 PCI 总线,对于更复杂的大中型甚至超级计算机,图示的总线就有可能包括了若干个层次的总线,如系统总线-第 1 级 I/O 总线-第 2 级 I/O 总线等。

因此,在分析计算机系统的数据 I/O 控制方式时,既要考虑"主机-设备接口"层面的控制机理,也要考虑"接口-外部设备"层面的控制机理。在计算机系统中,外部设备对主机而言,通常都已经被处理成一个抽象存在的逻辑实体,因此在进行数据 I/O 时,对外部设备的控制一般只能直接控制设备接口,再由设备控制器根据第 1 级的控制命令来实施对外部设备的具体控制。这种典型的两级控制模式也可以理解成外部设备的 I/O 控制实际上是通过设备接口来间接实现的,即交由设备控制器来具体实施。主机则重点考虑第 1 级层面的控制,因为第 2 级控制是由设备控制器来实现的。

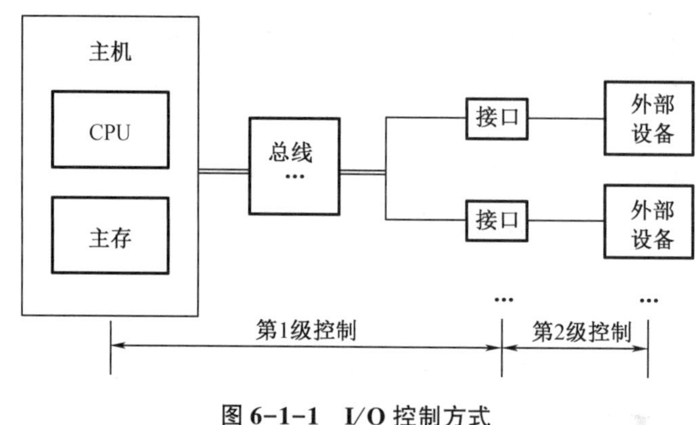

图 6-1-1 I/O 控制方式

第 1 级控制层面的数据 I/O 传输控制通常有如下几种典型的方式。

1. 直接程序传送方式

直接程序传输方式(programmed input/output,PIO)的工作原理是:CPU 通过执行 I/O 指令,分析设备控制器接口中专门用来指示设备运行状态的状态寄存器,了解设备当前的运行状态,再根据设备的运行状态来执行对外设的数据 I/O 操作。

PIO 方式虽然涉及的硬件结构比较简单,但在整个 I/O 操作的过程中,主机 CPU 要反复执行 I/O 指令才能完成对设备的 I/O 控制,外设的整个 I/O 操作过程都会占用 CPU,所以 CPU 不能再执行另外的任务。因此,CPU 与外设 I/O 不能并行工作,CPU 的利用率较低,I/O 的吞吐率也低,系统的响应延迟也较大。PIO 方式一般只适合于低速 I/O 设备,如传统的非增强型串口、并口,早期的 PS/2 鼠标、键盘,以及一些老旧网络接口等。现在,PIO 方式在一些功能比较单一、I/O 要求很低的单片机中还在使用。

2. 中断方式

中断(interrupt,IT)方式的 I/O 控制原理是:CPU 一直执行当前分配的计算任务,当设备随机地提出某个 I/O 请求时,CPU 立即暂停执行当前的任务,并立即切换到相应的中断服务程序执行。在中断服务程序中,CPU 进行具体的 I/O 控制,当中断服务程序执行完成后,CPU 再返回原先的计算任务继续执行。在执行中断服务程序的过程中,CPU 还可以再次响应优先级更高的设备 I/O 请求,从而实现中断嵌套。采用中断控制方式,当设备没有 I/O 请求时,CPU 不必反复查询设备当前的运行状态,只有设备提出了 I/O 请求,CPU 才参与具体的 I/O 控制。在中断控制方式下,当没有设备提出 I/O 请求时,CPU 和设备是可以并行工作的,能把 CPU 从反复查询设备状态的简单任务中解放出来,去执行更复杂的计算任务。因此,中断方式使得 CPU 的利用率较高,系统的响应延迟也较小,适合于中低速设备但实时性要求很高的应用领域,如温度控制。

3. DMA 方式

直接存储器访问(direct memory access,DMA),几乎是所有现代计算机系统都具备的一种重要 I/O 控制机制,原理上与 PIO 方式刚好相反。DMA 是这样一种 I/O 控制方式:当设备提出了随机的 I/O 请求后,控制系统依靠控制器硬件(主要是 DMA 控制器)直接控制主机与外部设备之间的数据 I/O 操作。CPU 不参与具体的 I/O 操作控制,它只负责启动 DMA 控制器,以及执行 I/O 操作的善后处理工作。具体 I/O 操作结束后,DMA 控制器通过中断的方式通知 CPU。

DMA 控制方式意味着主存储器与外部设备之间应有直接的数据 I/O 通路,不必经过 CPU,因此也常称为数据直传。具体地说,设备的数据是经由总线系统直接输入到主存,而主存中的数据也是经由总线系统直接输出给设备,DMA 实际上也是因此而得名。此外,DMA 控制方式下,这种数据直传是直接由 DMA 控制器硬件来控制 I/O 操作的,不会依靠 CPU 执行指令来实现,因此在具体的 I/O 操作期间不需 CPU 参与。

用 DMA 来控制 I/O 操作,CPU 仅负责启动 DMA 控制器和执行 I/O 操作善后处理,进一步提升了主机 CPU 与外部设备的并行性,使 CPU 的利用率更高,响应时间延迟也很小,还具备高速的数据 I/O 控制能力,但其硬件机构比中断方式更复杂,一般适用于主存与高速外设之间的大批量数据简单传输场合,如高速磁盘的读、写等。

4. IOP 与 PPU 方式

高性能计算机中经常会用一个专用处理器来执行 I/O 程序,从而实现对具体 I/O 操作的控制,这种处理器称为 IOP(I/O Processor),且因其一般位于主处理器外,因此也被称为外围处理器(peripheral processor,PP)。虽然 IOP 有自己简单的指令系统,但它的功能有限,且仍受控于主机,因此在逻辑上 IOP 仍然属于主机系统的硬件范畴。

通道是一种典型的 IOP 控制方式,其基本任务就是通过执行通道程序来管理主机与外设之间的数据输入和输出,主机 CPU 不需参与具体的 I/O 控制。通道控制器有自己的专用 I/O 控制指令,即通道指令,能够通过执行由通道指令构成的通道程序来控制多个外设的 I/O 操作,并且还能提供多个外部设备之间的 DMA 共享功能。除 IOP 外,还有一种叫作外围处理机(peripheral processor unit,PPU)方式。PPU 有自己完善的指令系统,能够执行多种运算和 I/O 控制,独立于主机系统运行,因此逻辑上 PPU 可以看成是一台独立的计算机。

本章介绍的 PIO、DMA、中断及通道等在逻辑关系上并非完全相互独立。在实际系统中,这些方式之间常存在交叉融合,如中断方式下的 I/O 过程中可能涉及 PIO 方式,也可能采用 DMA 方式,在通道方式中一般还会涉及中断请求等。尽管通道的 I/O 操作一般采用 DMA,但对于一些低速设备也可采用 PIO 方式。本章重点讨论 PIO、中断、DMA 和通道方式及其相关接口。

6.2　计算机系统中的总线

总线是用来连接计算机硬件系统各功能部件,如 CPU、存储器和 I/O 设备等,并且能够被多个部件分时共享或者始终独占的一组信息传输通道。通过总线,计算机各组成部分可以进行各种数据、命令和地址等信息的双向传输和收发。

总线有多种类型,各具特色,如有的总线连接线有 184 条(如 PCI 总线),有的总线连接线只有 4 条(如 PCI-E 总线)。通常所说的总线一般是指系统级的总线,是计算机系统的重要组成部分,其性能和实现方式对整个计算机系统的功能和性能影响较大。

有的总线位于计算机的主板上,用来连接 CPU、存储器、集成电路芯片和主板上的扩展槽等;有的总线则位于机箱外,用来连接计算机的各种外设,如键盘和显示器等。一个计算机系统中通常使用多种总线来连接不同的功能部件,其要求也不尽相同。

从总线的角度看,计算机的硬件系统结构大体上有两种基本的体系模式:一种是早期的单总线模式(目前已很少使用),另一种则是现在主流的多总线连接模式。

单总线结构只使用一组总线(即系统总线)连接计算机的各功能部件,其系统连接的结构特点如图 6-2-1 所示。单总线结构可用于连接 CPU、存储器和各类输入/输出设备。

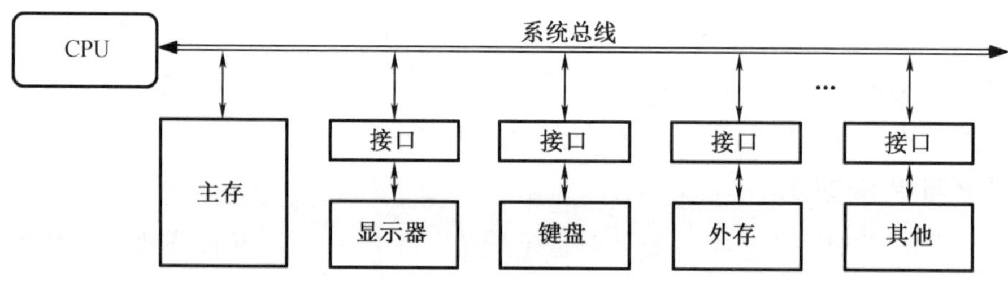

图 6-2-1　单总线系统的连接模式

在单总线结构中,当部件的连接特性与系统总线相一致时,可直接连接到系统总线上,如 CPU 和主存。当部件的连接特性与系统总线不一致时,需要通过相应的 I/O 接口进行连接转换,才能将该外设连接到系统总线上,如显示器、键盘和外存等。

单总线计算机虽然结构简单,但总线既要兼容高速设备也要兼容低速设备,造成系统的整体 I/O 能力较差。所以,综合性能更优的多总线结构逐步发展起来,如图 6-2-2 所示。

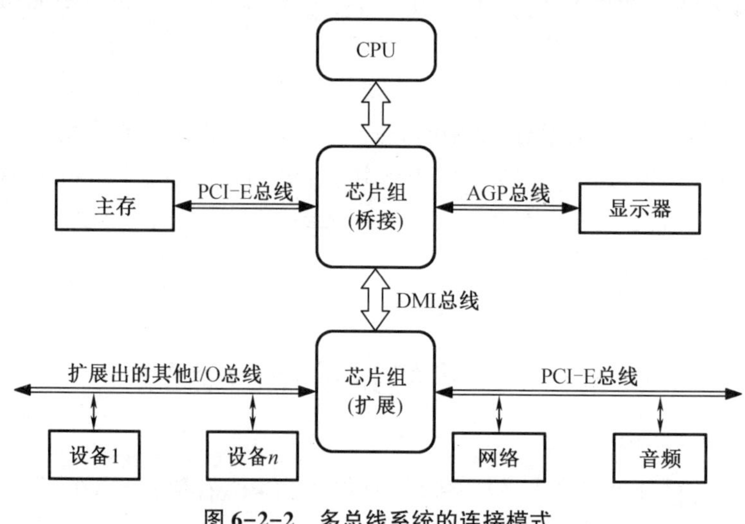

图 6-2-2　多总线系统的连接模式

多总线结构涉及多种类型的总线,如连接 CPU 与芯片组之间的 CPU 前端总线(即 Intel 平台的 FSB)、芯片组与主存之间的 PCI-E 总线、芯片组与显示器之间的 AGP 总线、连接两个芯片组之间的 DMI 总线,以及由芯片组扩展出的 PCI-E 总线或者符合特定标准的其他 I/O 总线等。

由图 6-2-2 可见,在同一组总线上可以同时挂接多个外部设备,如网络设备和音频设备等,而且这些外部设备可共享同一组总线,但在同一时刻只能有一个设备(即主设备)掌握总线控制权,以实现设备之间或者该设备与主机之间的通信。

无论是单总线还是多总线的计算机体系模式,总线的确是一组必不可少的信息传输公共通道,它扮演了一个必不可少的信息传输载体、路径和桥梁枢纽角色。

6.2.1　总线的特性与分类

目前,总线的类型繁多,有的有很高的数据传输速率,有的有较好的连接性。在信号的表示上,有的总线采用正逻辑,有的总线采用负逻辑。总之,不同的总线会呈现出不同的特性,其应用场合也不一样。

1. 总线的特性

由于总线是连接各部件的一组信号线。通过信号线上的信号表示信息,通过约定不同信号的先后次序即可约定操作如何实现。总线的特性如下:

(1)物理特性

物理特性又称为机械特性,指总线上部件在物理连接时表现出的一些特性,如插头与插座的几何尺寸、形状、引脚个数及排列顺序等。

(2)功能特性

功能特性是指每根信号线的功能,如地址总线表示地址码,数据总线表示传输的数据,控制总线表示总线上操作的命令、状态等。

(3)电气特性

电气特性是指每根信号线上的信号方向及表示信号有效的电平范围。通常,数据信号和地址信号定义的高电平为逻辑 1、低电平为逻辑 0,控制信号则没有统一的约定,如 $\overline{WE}$ 表示低电平有效,Ready 表示高电平有效。不同总线的高电平、低电平的电平范围也无统一的规定,但通常与 TTL 电路的电平相符。

(4)时间特性

时间特性又称为逻辑特性,指在总线操作过程中每根信号线上信号什么时候有效、持续多久等,通过这种时序关系约定,确保总线操作正确进行。

2. 总线的分类

总线的分类方式有多种,常见的分类方式如下。

(1)按功能分类

总线中传输的信息主要有三类:数据信息、地址信息和控制信息,因此按所传输信息的不同,相应也有三类总线,即数据总线、地址总线和控制总线。

数据总线(data bus,DB)用于传输数据信号,有单向传输和双向传输数据总线之分,双向传输时通常采用双向三态(即输入、输出和高阻)形式。数据总线通常由多条并行的数据线构成,如32位总线是指该总线的数据线有32条。数据线越多,总线一次能够传输的位数越多。32位的数据总线一次最多可以同时传输32位数据,也可以只传输16位或8位数据。

地址总线(address bus,AB)用于传输地址信号。地址信号由获取总线控制权的设备发出,用于选择进行数据传输的另一方或主存的存储单元。地址总线位数决定了总线可寻址范围:地址线越多,寻址范围越大。例如,地址总线有20条,则可寻址范围为2^{20},即1 MB空间($0\sim2^{20}-1$)。

控制总线(control bus,CB)用于传输控制信号和时序信号。例如,读(read)、写(write)、就绪(ready)等。总线的控制信号越多,总线的控制功能越强,但控制协议和操作越复杂。

一般而言,数据总线、地址总线和控制总线统称为系统总线,通常意义上所说的总线如无特别说明,一般是指系统总线。有的计算机系统中,数据总线和地址总线是分时复用的,即总线上在某些时刻出现的信号表示数据而另一些时刻表示地址;有的系统是分开的,51系列单片机的地址总线和数据总线是复用的,而一般的计算机中的总线则是分开的。

(2)按数据传输格式分类

按总线所传输的数据格式,总线可以分为并行总线和串行总线。

并行总线(parallel bus)通过并行线路同时传输多位数据,如8位(1 B)、16位(2 B)或32位(4 B),可同时传输的数据位数称为该总线的数据通路宽度。由于并行总线连线较多,通常只用于短距离的数据传输,其传输距离通常不超过5 m。

串行总线(serial bus)一般基于一组差分线路,每次只传输1位数据,因此是按数据代码的位流顺序逐位传输。串行总线的传输方式常用在传输距离较远、传输速度快的场景,如外部总线常采用串行总线作为通信线路,这样可以节省硬件的成本,或者为了利用远距离的通信工具。在多机系统中,节点之间的信息流量常低于节点内部信息流量,也常采用串行总线作为通信总线。

(3)按时序控制方式分类

按总线的时序控制方式,总线可以分为同步总线和异步总线。

在同步总线(synchronous bus)方式中,数据传输操作由一个公共的时钟信号控制同步,这个公共时钟可以由总线控制器发出。由于采用了公共时钟,每个部件什么时候发送或接收信息都由统一的时钟规定,完成一次数据传输的时间是固定的。因此,同步通信控制简单、实现容易且支持较高的传输频率。在同步总线中,时钟频率的设计必须兼顾速率最慢的部件,因此时间的利用和安排不够灵活和合理,特别是部件的速率差异较大时,会降低总线效率。

在异步总线(asynchronous bus)方式下,由于没有一个统一的公共时钟,总线上的部件都可以有各自的时钟,对总线操作控制和数据传输是以应答方式实现的,操作时间根据传输的需要安排,完成一次数据传输的时间是不固定的。异步总线常用于传输距离较长、系统内各设备差异较大的场合。其优点是时间选择比较灵活、利用率高,缺点是控制比较复杂。

常见的微型计算机系统中较多采用同步总线,但部分引入了异步控制思想,如PC总线。具体方法是让总线周期所含时钟数可变,如果时钟频率较高(时钟周期短),则时间浪费就变得很小,总线周期的长度可以根据需要灵活调整;也可以采取"请求-批准-释放"的应答方式,但以时钟周期为时间的基准。这既保持了同步总线的优点,也在一定程度上具有异步总线的优点。

有的系统总线,如 IBM PS/2 中的微通道总线,具有几种选择:同步周期(标准周期)方式、扩展同步周期方式、异步方式,既可支持同步方式,也可支持异步方式。

(4)按总线的结构层次分类

按结构层次进行划分,总线可分为芯片内总线、局部总线、系统总线和外部总线等。

芯片内总线是指用于连接芯片内部各基本逻辑单元的总线,如 CPU 的内总线等。

局部总线用来连接 CPU 和外围控制芯片和功能部件,用于芯片一级的互连,有时也被称为局部总线,如 Intel 平台的 FSB(即前端总线)、AMD 平台的 HT 总线等。

为了提高访存效率,CPU 一般通过存储总线(memory bus)与主存或者高速显卡进行数据传输,主要有数据线、地址线和控制线。从结构层次上看,存储总线也属于芯片一级的总线,因此它通常被归属为局部总线的范畴。

系统总线(system bus)也称为 I/O 通道总线,是用来与扩展插槽上的各扩展板相连的总线,用于部件一级的互连,通过它将各部件连接成一个计算机系统。通常所说的总线一般专指系统总线,如 ISA、PCI 及 AGP 和 PCI-E 总线等。

外部总线(external bus)是若干计算机系统之间或计算机系统与其他系统(如通信设备、传感器等)之间的连接总线,有时被视为通信总线,属于广义范畴的总线。例如,连接并行打印机的 Centronics 总线、以太网线、USB 总线和 CAN 总线等。

6.2.2　总线的技术规范

总线的主要功能就是连接计算机系统中的各个功能部件,为了使不同的功能部件和接口都能连接到总线上并与之交互通信,就必须详细定义总线的各项技术规范,即总线标准。任何一个部件只要符合总线标准都可以连接到总线上,并与总线上的其他设备进行数据交换。总线标准除了定义信号线的功能外,还必须制定总线的机械和电气方面的规格,使负载适宜,接头合适,并能提供合适的电压和时序信号等。

每个总线标准都有详细的规范说明,它们通常是一个包含上百页、几十万字(含大量图标)的文档。总线标准主要包括以下几部分。

①机械结构规范。确定模块的尺寸、总线插头、边沿连接器插座等规格及位置等。

②功能规范。确定总线每根线(引脚)信号的名称和功能,对它们相互作用的协议(如定时关系)和工作过程等进行说明。

③电气规范。规定总线每根信号线在工作时的有效电平、动态转换时间、负载能力及各类电器性能的额定值、最大值等。

为了使不同的外部设备都能连接到总线上,使外部设备的开发独立于主机和系统总线,制定总线标准就显得尤其重要。总线标准为计算机系统中各模块的互连提供了一个标准的界面,该界面对其连接在两侧的模块部件都是透明的,界面任一方只要根据总线标准的要求来实现接口的功能,就可实现各种配件的插卡化。

特别是在微型计算机系统中,系统组成模式灵活多样。一类是选用某一主流微机系统,再根据自己的需要扩充功能插件。另一类是选用有关的功能模块(插件),再按照自己的需要,积木式地组装成系统。这就更需要约定某种互连标准(即总线标准),包括上述机械结构、功能和电气方面的规范。制定了总线标准以后,用户就可以自行选购符合某种总线标准的部件,方便对计算机硬件系统进行扩展,甚至不必关心插件的内部细节。

国际上制定总线标准的组织主要有电气和电子工程师协会(Institute of Electrical and Electronics Engineers,IEEE)、国际电信联盟(International Telecommunication Union,ITU)、美国国家标准学会(American National Standards Institute,ANSI)、电子工业协会(Electronic Industries Association,EIA)和外围部件互连特别兴趣组(Peripheral Component Interconnect Special Interest Group,PCI-SIG)。目前,计算机系统中常用的总线标准主要有以下几种。

1. 工业标准结构(industry standard architecture,ISA)总线

ISA 是 IBM 公司于 1984 年为 PC/AT 机制定的系统总线标准,又称为 AT 总线。

ISA 总线共有 98 个引脚,为了与早期的 XT 总线兼容,ISA 总线的扩展槽由两部分构成:一部分由 62 个引脚构成,其信号分布及名称与 PC/XT 总线的扩展槽基本相同,差异很小;另一部分是 AT 机的添加部分,由 36 个引脚组成,分为 C 列和 D 列。

ISA 总线是 8/16 位总线,当只使用 ISA 总线插槽的前面部分(由 62 个引脚构成)时,与 XT 总线兼容,有 20 条地址线,8 条数据线,作为一个 8 位总线使用;当两部分都使用时,可作为一个 16 位总线使用,地址线也增加到 24 位,可寻址 16 MB 地址空间。ISA 总线的主频为 8. 33 MHz,因此 ISA 总线的最大数据传输率能达到 8. 33/16. 66 Mbit/s。

ISA 总线曾在 80286 到 80486 的计算机中广泛使用。

2. 扩展工业标准结构(extended industry standard architecture,EISA)总线

EISA 总线是由 Compaq 等 9 家公司于 1988 年联合推出的总线标准。EISA 总线是 32 位总线,是为满足 32 位微处理器需求而推出的。EISA 总线与 ISA 总线兼容,这样可以保护厂商和用户已在 ISA 总线上的巨大软、硬件投资。EISA 总线的引脚数有 196 个,EISA 总线的连接器是一个双层插槽设计,既能接受 ISA 卡,又能接受 EISA 卡,上层与 ISA 卡相连,下层则与 EISA 卡相连。

EISA 总线的主要性能指标包括:①32 位地址线,可直接寻址范围 $2^{32}=4$ GB;②32 位数据线;③总线时钟频率 8. 33 MHz,最大数据传输率 33. 3 bit/s。

3. 加速图像接口(accelerated graphics port,AGP)总线

AGP 是 Intel 公司推出的一种 3D 标准图像接口,能够提供 4 倍于 PCI 的效率。

随着多媒体的深入应用,三维技术的应用越来越广,处理三维数据不仅要求有惊人的数据量,还要求有更宽广的数据传输带宽,PCI 总线已不能满足快速数据传输的需求。为了解决此问题,Intel 于 1996 年 7 月推出了 AGP 总线,这是显示卡专用的局部总线,基于 PCI2. 1 版规范并进行扩充修改而成,以 66. 6 MHz 的频率工作,采用点对点通信方式,允许 3D 图形数据直接通过 AGP 总线进行传输。

AGP 总线的主要特点包括:以主存作为帧缓冲器,即将原来存于帧缓冲区中的纹理数据存入主存中,采用流水线操作,从而减少了内存的等待时间,提高了数据传输速率。

AGP 总线的数据线是 32 位,有多种工作方式:基频工作(以 66.6 MHz 的频率工作)、2 倍频工作、4 倍频工作和 8 倍频工作,对应的数据传输速率分别是 266.4 Mbit/s、532.8 Mbit/s、1 065.6 Mbit/s 和 2 131.2 Mbit/s。

4. PCI 和 PCI-Express

关于 PCI 和 PCI-Express 的详细情况请参见前文的相关内容介绍。

6.2.3　总线的设计要素

在遵守某种总线标准的前提下,无论哪一种总线,其设计要素都会涉及总线的位宽、工作频率、带宽、时序控制及仲裁方式等技术层面。下面将从总线的技术指标、时序控制和仲裁方式这三方面来分析总线的设计要素。

1. 总线的技术指标

(1)总线的宽度

总线的位宽又称为总线的宽度,是指总线中数据线的位数。例如,总线的宽度若为 32 位,则表明通过该总线进行一次数据传输最多可以传输 32 位,当然也可以少于 32 位,如每次只传输 16 位或者 8 位。

显然,增加总线的宽度能提高总线的数据传输率。例如,如果数据总线有 8 位,每条指令长 16 位,那么每个指令周期必须访问存储器 2 次才能读出指令。如果数据总线为 16 位,则只需访存一次就能读出该条指令。

地址总线用于传输读入或写出数据所在单元的地址。地址线的宽度决定了计算机系统能够使用的最大寻址空间。总线中地址信号线数越多,CPU 能够直接寻址的内存空间也就越大。若总线中有 n 位地址线,则 CPU 能用它对 2^n 个不同的内存单元进行寻址($0\sim2^n-1$)。为达到更大的寻址空间,总线需要的地址线就应越多。

总体而言,总线越宽,越能提高系统的性能。但随着连接线数的增加,系统需要更大的物理空间(如主板上的总线要占用更大的面积)和更大的连接器,这些因素都将增加总线的成本。

为平衡性能与成本的问题,现代计算机系统常用复用总线设计代替原来的分立专用总线设计。在分立专用总线方式中,地址线和数据线是分开的。由于在数据传输的开始,总是先把地址信号放在总线上,等地址信号有效后,才能开始读写数据。这样地址和数据信息都可以用同一组信号线传输,在总线操作开始时,这些线路传输地址信号,随后它们又可以继续传输数据信号。分时复用的优点是减少了总线的连线数,从而降低了成本,节约了空间。其缺点是降低了系统的传输速率,增加了连接和控制的复杂度。

(2)总线的工作频率

总线频率是总线工作速率的一个重要指标,指总线每秒进行传输数据的次数。总线频率越高,数据传输速率就越高。总线频率单位通常为 MHz,如 PCI 总线标准频率为 33 MHz,PCI-E 1.0 总线的标准频率为 2.5 GHz。

(3)总线带宽与数据传输率

在计算机中,“带宽”一词通常用来表示总线的数据传输率。因此总线的带宽也是指单位时间内总线上的数据传输量,单位为 bit/s、bps(比特/秒),或者 B/s、Bps(字节/秒)。总线的实际带宽与总线的位宽和总线的频率及编码方式等参数相关,实际带宽与各参数之间的基本关系是

$$BW=\frac{fwdLE}{8}\left(\frac{B}{s}\right)$$

式中,BW 是总线的实际带宽;f 是总线的工作频率;w 是总线通路的位宽;d 是工作模式(单工 $d=1$,双工 $d=2$);L 是总线的通道(lane)路数;E 是编码方式。

例如,PCI-Express 3.0 X32 的总线频率为 8 GHz,1 bit 宽,双工模式,采用 128/130 编码方式,则它的最大实际带宽 BW=(8 GHz×1 bit×2×32×128/130)÷8≈63.02 GB/s。

2. 总线周期与操作过程

总线周期通常指的是 CPU 完成一次访问主存或 I/O 端口操作所需要的时间。总线的一个操作过程,是指完成两个设备之间信息传输的完整过程。这里的设备主要是指主存和 I/O 端口。在通常情况下,一个总线周期与一次操作过程是对应的。

申请并掌握总线控制权的一方称为主设备,另一方则称为从设备。

注意:区别主设备与从设备身份差异的基本依据在于谁申请并掌握总线控制权,并不在于谁发送数据、谁接收数据,主设备可以发送数据也可以接收数据,反之,对从设备也一样。

总线操作的步骤可以概括为:

①主设备申请总线控制权,总线控制器进行裁决并发出批准信号。

②主设备掌握总线控制权,启动总线周期,发出地址码和总线操作类型。

③从设备响应,主-从设备之间进行数据传输。

④主设备释放控制权,结束总线周期。

一个总线周期具体持续多长时间,与系统的时钟周期及总线采用的控制方式有关。在同步控制方式下,一个总线周期一般包括 4 个基本的时钟周期,有时会插入一些延长的时钟周期。插入的延长时钟周期数为 0,即为标准的同步控制方式;插入的延长时钟周期数不为 0,则为扩展的同步控制方式。在异步控制方式下,一个总线周期的时间就只能视具体情况而定,无统一的标准。

总线上的数据传输模式主要有如下 2 种。

①单周期模式。一个总线周期只传输一个数据,传输完成后主设备释放总线控制权。如果还需再次传输数据,则应重新申请总线控制权。

②突发模式(burst)。主设备获取总线控制权后,可以进行多个数据的传输。在总线周期中寻址时,只给出目的首地址,访问数据 1,数据 2,数据 3,…,数据 n 时的地址在首地址基础上按一定规则自动产生(如自动加 1)。

3. 总线的控制方式

总线的数据传输操作是在时序信号的控制下进行的。如前文所述,根据时序控制的方式不同,总线可划分为同步控制总线和异步控制总线。

(1)同步控制方式

同步控制方式的主要特征是以时钟周期为划分时间段的基准。总线的每一步操作都必须在规定的时间段内完成,每次数据传输所需的时间段数是固定的。

由于外设的速度通常较慢,而且变化幅度也比较大,因此在实际使用的各类同步总线中,往往允许每次数据传输所需的时间段数是可变的,以适应不同操作速度的需要。改进途径主要有两种:一是同步控制方式的数据读/写过程中插入若干延长周期;二是在同步控制方式中引入以时钟周期为基础的"请求-应答"方式。第二种改进途径可以看成在同步控制的基础之上部分地引入了异步控制思想,时间能长则长,能短则短,由设备根据实际情况协商决定,但这种方式还是以基本的时钟周期为基准,因此称为扩展的同步控制方式。

图6-2-3是一个总线同步控制方式的时序示意图。在 T_0 时,CPU在地址总线上给出要读的内存单元地址,在地址信号稳定后,CPU发出内存请求信号 $\overline{\text{MREQ}}$ 和读信号 $\overline{\text{RD}}$。信号 $\overline{\text{MREQ}}$ 说明CPU要访问的是主存储器单元(反之则是访问外设),信号 $\overline{\text{RD}}$ 说明要进行读操作。

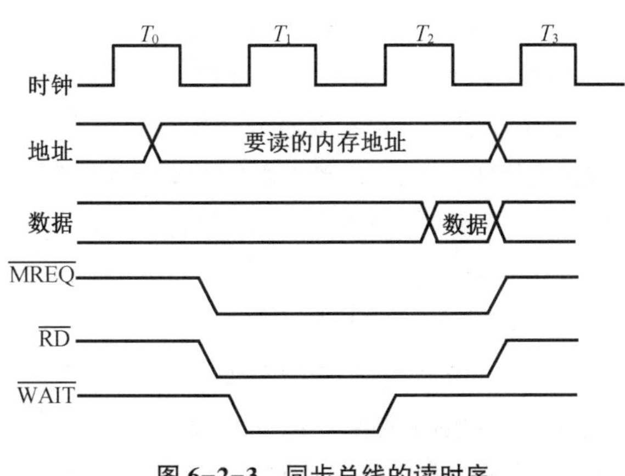

图6-2-3　同步总线的读时序

由于内存芯片的读/写速率低于CPU,在地址建立后不能立即给出数据,因此内存在 T_1 的起始处发出一等待信号 $\overline{\text{WAIT}}$,通知CPU插入一个等待周期,直到内存完成数据输出并将 $\overline{\text{WAIT}}$ 信号置反,等待周期的插入可以是多个。

在 T_2 的前半部分,内存将读出的数据放到数据总线;在 T_2 的下降沿,CPU选通数据信号线,将读出的数据存放至内部寄存器中。读完数据后,CPU再将 $\overline{\text{MREQ}}$ 和 $\overline{\text{RD}}$ 信号置反。如果需要,CPU可以在时钟的下一个上升沿启动另外一个访问内存的周期。

图6-2-4是以时序状态图的形式,简要描述了DMA控制器掌握总线,且在同步控制方式下的一次总线操作过程。它表明了DMA控制器向CPU提出总线请求,在获得总线控制权后,通过总线完成了一次数据传输。

①S_0 状态。DMA控制器提出总线请求,送往CPU。此时CPU可能正在控制系统总线去访问主存,因此DMA控制器就只能处于等待总线请求被批准的 S_0 状态,也有可能需要等待几个时钟周期。

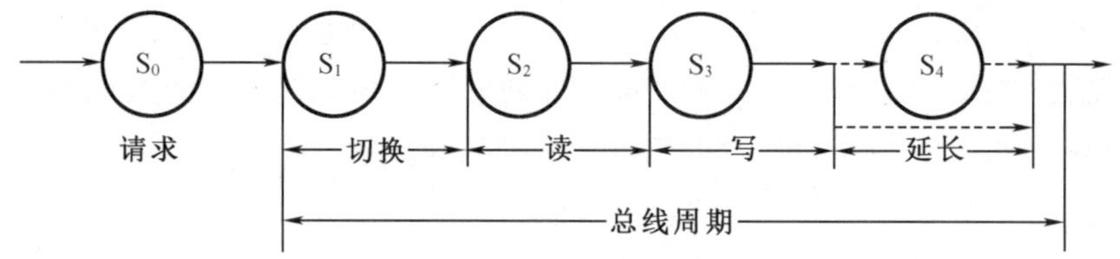

图 6-2-4 同步总线的操作状态

②S_1 状态。CPU 结束一次总线周期操作后,发出总线批准信号,然后进入总线控制权交换状态 S_1。在 S_1 中,CPU 对总线的有关输出呈高阻态,与总线脱钩(即放弃总线)。DMA 控制器向总线送出地址码,接管总线控制权,并进入 S_2 状态。一般来说,S_1 只需一个时钟周期即可完成总线控制权的切换。

③S_2 状态。在 S_2 中,由 DMA 控制器发出读命令,从发送设备中读出数据,并送入有关的接口数据寄存器,然后再发送到数据总线上。

④S_3 状态。在 S_3 中,由 DMA 控制器发出写命令,将数据总线信息写入接收设备。

⑤延长状态 S_4。如果在 S_2 或 S_3 中没有完成总线传输,则可延长总线周期,进入 S_4,继续总线传输操作。S_4 可以是一个时钟周期或数个时钟周期。

结束一个总线周期后,DMA 控制器放弃总线控制权(有关输出呈高阻态),并将总线的控制权交回 CPU。在图 6-2-4 中,DMA 控制器所掌管的一个总线周期包括 S_1、S_2、S_3,或许还有 S_4。其中,S_1 用于接管总线,S_2 和 S_3 等用于实现总线传输操作。S_0 属于前一个总线周期。在同步方式中,总线周期的宽度一般为时钟周期宽度的整数倍。

(2)异步控制方式

异步控制方式没有统一的时序信号来控制各项操作,设备之间采取交互式“请求-应答”的方式来实现通过总线的数据传输控制,所需总线时间视需要而定。图 6-2-5 给出了异步总线上执行的一次读操作过程的示意图。这里,我们可以将申请并获得总线控制权的设备称为主设备,将响应主设备请求并与之通信的设备称为从设备。

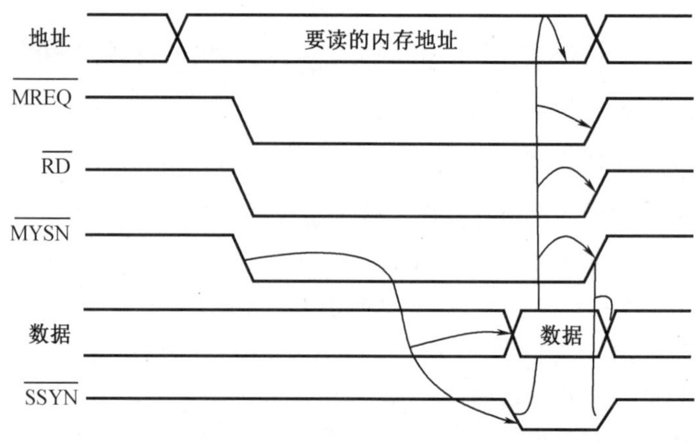

图 6-2-5 异步总线读操作时序

在异步操作中，主设备在给出地址信号、主存请求信号 $\overline{\text{MREQ}}$ 和读信号 $\overline{\text{RD}}$ 后，再发出主同步信号 $\overline{\text{MSYN}}$，表示有效地址和控制信号已送上系统总线。从设备得到这个信号后，以其最快的速度响应和运行，完成所要求的操作后，发出从同步信号 $\overline{\text{SSYN}}$。

主设备得到从同步信号 $\overline{\text{SSYN}}$，就知道数据已经就绪，且已出现在数据总线上，从而接收数据，并撤销地址信号，将 $\overline{\text{MREQ}}$、$\overline{\text{RD}}$ 和 $\overline{\text{MSYN}}$ 信号置反。从设备检测到 $\overline{\text{MSYN}}$ 信号已置反后，得知主设备已接收到数据，一个访问周期已经完成，因此将 $\overline{\text{SSYN}}$ 信号置反。这样就回到了起始状态，又可以开始下一个总线周期。

异步总线操作时序图中的箭头表示了事件起始和结束的因果关系，即代表了异步应答信号的关系。一般将异步应答关系分为不互锁、半互锁、全互锁三类，如图 6-2-6 所示。

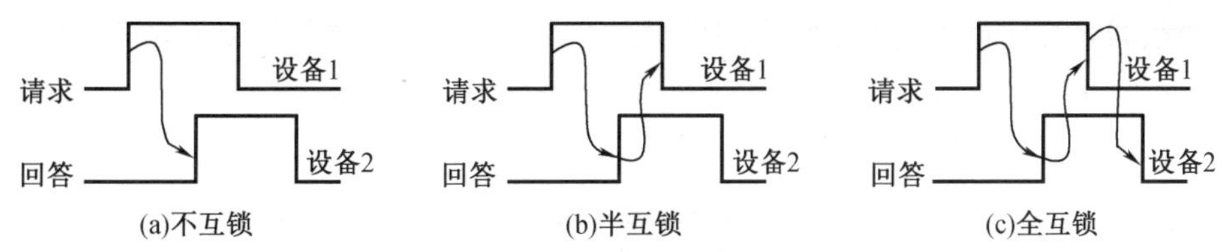

图 6-2-6 请求与回答信号的互锁

在图 6-2-6(a) 中，设备 1 发出请求信号，经过一定时间（确信设备 2 收到请求信号）后，自动撤销请求信号。设备 2 收到请求信号后，在条件允许时发出回答信号，经过一定时间（确信回答信号发生作用了）后，自动撤销回答信号。在这种应答方式中，回答信号是因请求信号而引发的，用箭头表示这种引发关系。但两个信号的结束都是由设备自身定时决定的，不存在互锁关系，因此称为不互锁方式。

在图 6-2-6(b) 中，设备 1 在接收到设备 2 的回答信号后，知道它的请求信号已被接收，便撤销请求信号。但回答信号的撤销则仍由设备 2 本身定时决定，不采取互锁方式来控制。因此，这种方式称为半互锁方式。

在图 6-2-6(c) 中，设备 1 在接收到设备 2 的回答信号后，撤销其请求信号。设备 2 在获知请求信号撤销后，便撤销其回答信号。因此，这种方式称为全互锁方式。

采用全互锁方式，一旦完成任务便立即撤销有关信号，时间安排非常紧凑；但全互锁方式的实现比较复杂，可靠性会相应地降低。采用非互锁方式，按照固定定时结束信号，较易实现，可靠性较高；但信号维持时间必须满足最长操作的需要，对耗时更短的操作则会出现时间浪费现象，可能降低总线操作的效率。

图 6-2-5 所示的异步操作时序即为一种全互锁方式，如 $\overline{\text{MSYN}}$ 信号的给出使数据信号建立，并使从设备发出 $\overline{\text{SSYN}}$ 信号。反过来，$\overline{\text{SSYN}}$ 信号的发出将导致地址信号的撤销以及 $\overline{\text{MREQ}}$、$\overline{\text{RD}}$ 和 $\overline{\text{MSYN}}$ 信号置反。最后，$\overline{\text{MSYN}}$ 信号的置反导致 $\overline{\text{SSYN}}$ 信号置反，结束整个操作过程。

总线的同步时序控制方式实现和控制都很简单，但是时间利用不合理，也没有异步时序灵活；同时，一旦总线的周期确定了，以后即使出现了更快的设备，也无法发挥其性能。

异步时序的总线不但能合理利用时间,而且不论设备是快还是慢,使用的技术是新还是旧,都可以共享总线,但异步总线控制比较复杂。采用以时钟周期为基准但引入了异步控制思想的扩展同步总线方式在一定程度上兼有两者的优点,现在应用比较广泛。

4. 总线的仲裁

在总线上连接了多个部件,任意两个部件间都可以通过总线传输数据,这样在某一时刻就有可能出现不止一个部件提出使用总线申请。当多个部件同时申请使用总线时,就会出现总线冲突的现象,因此必须采用一定的方法对总线的使用权进行仲裁。总线按照仲裁电路的位置不同,可分为集中式总线仲裁和分布式总线仲裁两种。

(1)集中式总线仲裁

集中式总线仲裁需要中央仲裁器,总线控制逻辑基本上集中放在一起,分为链式查询方式、计数器定时查询方式和独立请求方式。在集中式总线仲裁方式中,由专门的总线控制器或仲裁器来管理总线。总线控制器可以包含在 CPU 内,但更多的是由专门器件来承担的。连接在总线上的设备都可以发出总线请求信号,当总线控制器检测到有总线请求时,它发出一个总线授权信号。

链式查询方式如图 6-2-7 所示,即总线授权信号被依次串行地传输到所连接的 I/O 设备上。当逻辑上离控制器最近的那个设备接收到授权信号时,如果该设备发出了总线请求信号,则由它接管总线,升起总线忙信号,并停止授权信号继续往下传播。若该设备没有发出总线请求,则将授权信号继续传输到下一个设备。这个设备再重复上述过程,直到有一个设备接管总线为止。在链式查询方式中,设备使用总线的优先级由它离总线控制器的逻辑距离决定,越近的优先级越高。

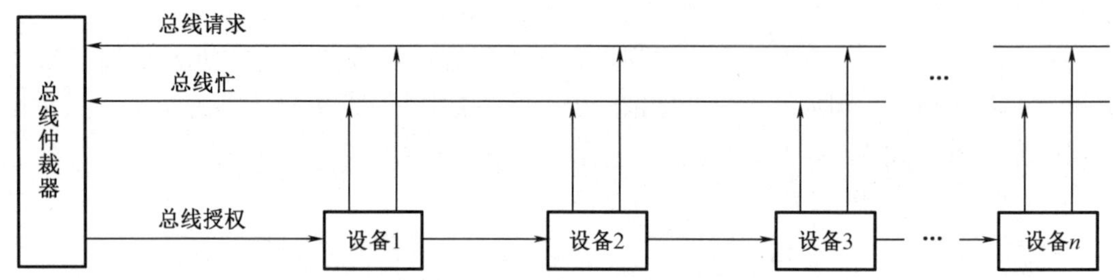

图 6-2-7　链式查询方式总线仲裁

链式查询方式的优点是查询链路简单,易于控制和扩充新加设备,缺点主要是对故障比较敏感,当某个设备出现故障时,会中断查询链路,无法继续传递总线授权信号。此外,链式查询方式中各设备的优先级由其与总线仲裁器的距离大小决定,越近的优先级越高,因此优先级是固定的。

计数器定时查询方式如图 6-2-8 所示。总线上的每个部件通过“总线请求”线发出请求信号,总线仲裁器(内设查询计数器)收到请求以后,计数器开始计数,定时查询各设备以确定是哪个设备发出的请求。当查询计数器的计数值与发出请求的设备编号一致时,计数器中止查询,该设备发出总线忙信号后获得总线控制权。

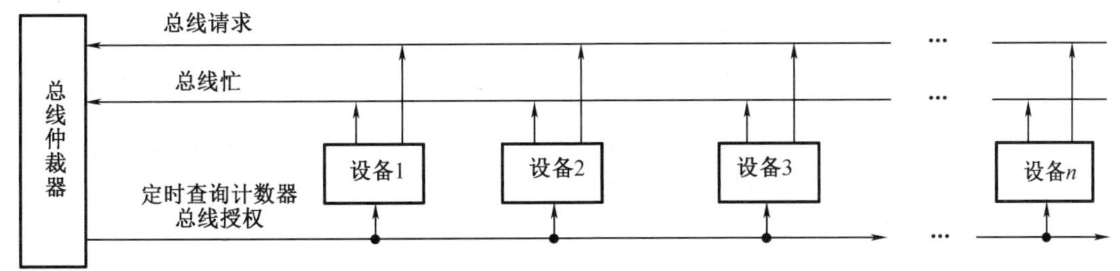

图 6-2-8　计数器定时查询方式总线仲裁

启动每次新的计数前,计数器清 0,查询则从 0 开始进行,设备优先级安排就类似于链式查询方式。如果每次查询前计数器不清 0,则从中止点继续查询,就是一种循环优先级,为所有设备提供相同的总线使用机会。重新启动一个新的仲裁查询时,如果将计数器设置为与某个设备对应的初值,就可以将此设备的优先级设为最高。

计数器定时查询方式的总线仲裁优点是优先级比较灵活,计数初值、设备编号都可以通过程序设定,优先次序可用程序来控制。某些设备故障也不会影响到其他部件,可靠性较高。其缺点是需要向各设备广播计数值,因此会增加连线数量,控制复杂。

独立请求方式如图 6-2-9 所示。每个设备都通过自己专用的总线请求信号线与总线仲裁器连接,并通过独立的总线授权信号线接收总线批准信号。需要使用总线时,各设备独立地向总线仲裁器发送总线请求信号,仲裁器可以根据某种算法对同时送来的多个总线请求进行仲裁,以确定批准哪个设备可以使用总线,并通过该设备的总线授权线向设备发送总线批准信号,该设备再通过公共线路设置总线忙信号后获得总线的控制权。

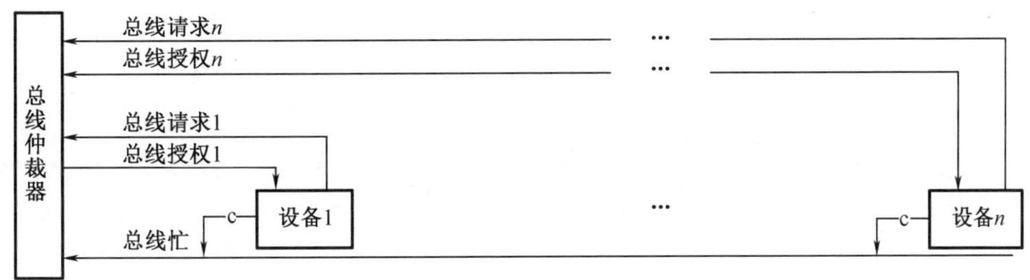

图 6-2-9　独立请求方式总线仲裁

独立请求方式的优点是总线分配速度快,所有设备的总线请求信号能同时送到总线仲裁器,不需要进行任何查询。仲裁器可以使用多种方式由程序灵活地设置设备的优先级,也能方便地隔离故障设备的总线请求。其缺点是控制线路数量较大,所需要的独立线路较多,成本较高,控制起来复杂。

(2)分布式总线仲裁

与集中式仲裁方式相比,分布式仲裁不需要设置一个集中的总线仲裁器,各设备都设有自己专用的仲裁电路和设备号,各设备之间通过仲裁电路竞争使用总线,如图 6-2-10 所示。

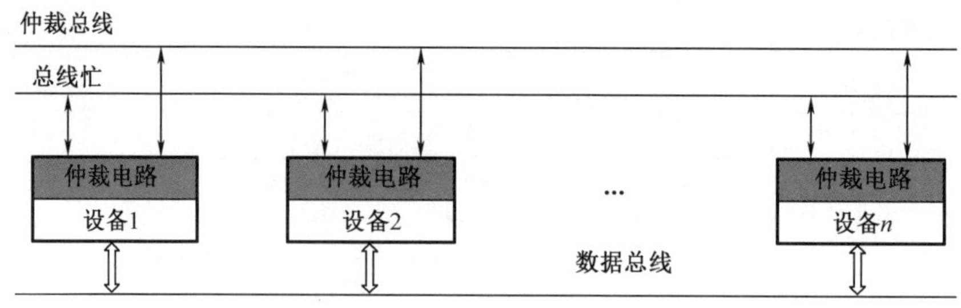

图 6-2-10　分布式总线仲裁

分布式仲裁方式以优先级仲裁策略为基础，当设备有总线请求时，就把各设备唯一的设备号发送到共享的仲裁总线上，由各设备自己的仲裁电路去比较，通过比较，保留设备号大的设备，撤销设备号小的设备。竞争获胜者的设备号将保留在仲裁总线上，设备通过设置总线忙信号而获得总线的控制权，并在下一个总线周期使用总线。

与集中式总线仲裁相比，这种总线仲裁方式要求的总线信号更多，控制电路也更复杂，但它能有效地防止总线仲裁过程中可能出现的时间浪费，提高总线的仲裁速度。

6.2.4　PCI-E 总线介绍

外部组件互连特快总线标准（peripheral component interconnect-express，PCI-E）是一种在 PCI 标准上发展起来的技术标准。它最早由美国的 Intel 公司在 2001 年首次提出，曾被命名为 3GIO（即第 3 代 I/O 技术标准），旨在代替旧的 PCI、PCI-X 和 AGP 等总线标准。这套总线技术标准提交给 PCI-SIG（Special Interest Group，也是由 Intel 发起成立）认证通过后，于 2003 年正式发布 1.0 版，最后定名为 PCI-Express，简称 PCI-E。

传统的 PCI 总线是一种并行总线，由同一组总线上的所有外部设备分时共享总线的全部带宽，而 PCI-E 总线使用的是高速差分线，采用端到端的设备连接方式，每一条 PCI-E 通路的带宽只被一对收发设备独占，设备不需要向整个总线请求带宽。PCI-E 总线除了连接方式与 PCI 不同之外，还支持多种数据路由方式、多通路的数据传输方式，以及基于数据报文的数据传送方式，此外它还充分考虑了数据传输的服务质量（quality of service，QoS）和流量控制等。

1. 发展背景

PCI-E 总线标准的前生——PCI 总线，最早也是由 Intel 公司在 1991 年提出的一种高带宽、独立于处理器的并行总线标准。PCI 总线能够作为中间层或直接连接外部设备的总线，允许在计算机内安装多达 10 多个遵从 PCI 标准的扩展卡。PCI 总线取代了早期的 ISA 总线，它有许多优点，如支持即插即用（plug and play）和中断共享。PCI 总线标准从最初的 PCI 1.0 发展到 PCI-X，出现了多个版本，它们均交由 PCI-SIG 认证通过后统一发布，如表 6-2-1 所示。

之所以从 PCI 标准发展到 PCI-X 乃至现在的 PCI-E 标准，主要是因为计算机系统 CPU 的发展速度太快，对总线的传输速率提出了越来越高的要求。对于并行传输的 PCI 或者 PCI-X，想要提高传输速度，只能提升总线工作频率或者增加总线的位宽。但是，频率提升得过高，并行传输线路之间的信号串扰让时序难以收敛。如果增加总线的位宽，则信号线的数量也要相应增加，这会大大增加系统结构和内部控制的复杂度。为了解决这些问题,工业界提出用串行替代并行的设计思路,即通过差分线路替代并行线路,由此催生了 PCI-E 技术标准规范的出现。

表 6-2-1　PCI 和 PCI-E 的主要版本参数对照

版本号	发布时间	传输类型	位宽	传输速率	编码方式	数据传输率
PCI 1.0	1992 年	并行线路(并行)	32	33 MT/s	8/10	133 MB/s
PCI X 66	1998 年		64	66 MT/s	8/10	533 MB/s
PCI-E 1.0×1	2002 年	差分线路(串行)	1	2.5 GT/s	8/10	250 MB/s
PCI-E 2.0×1	2007 年		1	5 GT/s	8/10	500 MB/s
PCI-E 3.0×1	2010 年		1	8 GT/s	128/130	984.6 MB/s
PCI-E 4.0×1	2017 年		1	16 GT/s	128/130	1.969 GB/s
PCI-E 5.0×1	2019 年		1	32 GT/s	128/130	3.9 GB/s

自从 PCI-SIG 于 2002 年正式发布了 PCI-E-1.0 标准后,主板制造商逐渐减少了传统 PCI 插槽,大量引入 PCI-E 接口,随后在工业界获得广泛支持。与 PCI 标准一样,PCI-E 总线技术规范标准家族也包括逐步被 PCI-SIG 认证并发布出来的多个版本,且每个版本都是前一版本的技术和性能级。表 6-2-1 中列举了 PCI-E 各版本的主要特性。

PCI-E 采用"端到端"的串行连接方式,能使每个设备都有自己的专属连接,不需要向整个总线请求带宽,可以把数据传输率提高到传统 PCI 总线所不能提供的超高带宽。

2. PCI-E 硬件协议

PCI-E 总线链路建立在一个单向连接的点对点串行序列(1-bit)基础上,称为通路(lane)。这与早期的 PCI 总线连接模式截然不同,PCI 连接是一种基于总线的系统,其中所有设备分时共享相同的双向 32 位或 64 位并行总线。PCI-E 则是一种分层协议,由事务层、数据链路层和物理层组成。数据链路层又被细分为媒体访问控制(MAC)等子层;物理层又被细分为逻辑子层和电气子层,其中逻辑子层包含物理编码子层(PCS)。硬件协议模型如图 6-2-11 所示。

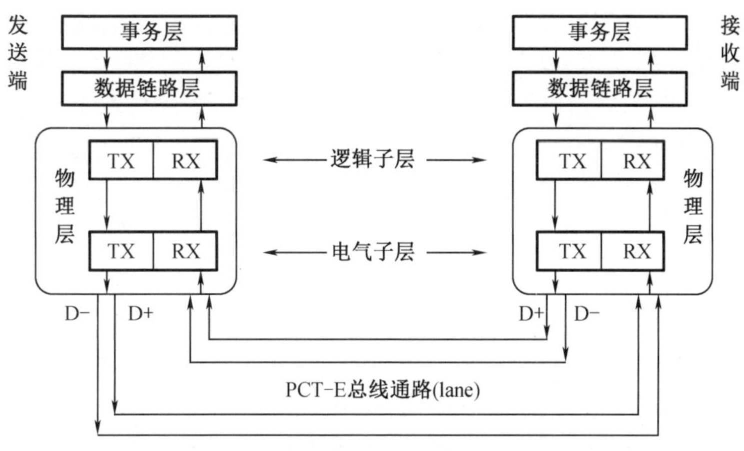

图 6-2-11　PCI-E 总线的硬件协议模型

(1)事务层(transaction layer)

事务层是 PCI-E 三层事务结构的最高层,该层次将接收 PCI-E 设备核心层的数据请求,并将其转换为 PCI-E 的总线事务。数据在这一层组装成事务层数据包(transaction layer packet,TLP)。发送端:事务层接收来自 PCI-E 设备核心层数据并封装成 TLP,然后向数据链路层发送。接收端:事务层接收来自数据链路层的报文,然后转发到 PCI-E 设备核心层。

PCI-E 使用基于信用的流量控制。在该方案中,设备在其事务层中为每个接收到的缓冲器通告初始信用量。链接相对端的设备在向该设备发送交易时,会计算每个 TLP 从其账户中消耗的信用数量。发送设备只有在这样做时才传输 TLP,使其消费的信用计数不超过其信用限额。当接收设备从其缓冲区完成 TLP 的处理时,它向发送设备发出信用回报信号,从而将信用额度增加了恢复的数量。信用计数器是模块化计数器,消费信用与信用限额的比较需要模数运算。这种方案与其他方法(如等待状态或基于握手的传输协议)相比,优点是只要不超过信用额度,信用回报的延迟就不会影响性能。如果每个设备设计的缓冲区足够,则很容易就能满足这些假设条件。

事务层数据包(TLP)通常包括 4 部分:可选的 TLP 前缀(prefixes)、包头(header)、数据有效负载(data payload)和摘要(digest)。包头大小通常是 4 个双字,包含地址、类型、数据长度、请求/应答 ID、属性等字段。有效数据负载区封装了需要交由总线发送的数据。摘要字段则通常用于放置 TLP 中基于包头和有效数据负载生成的端对端校验码 ECRC。

(2)数据链路层(data link layer)

数据链路层介于事务层和物理层之间,主要执行 3 个重要任务:对由事务层生成的事务层数据包(TLP)进行排序;通过确认协议(ACK 和 NAK 信令)确保在两个端点之间可靠地传递 TLP,这些确认协议明确定义了 TLP 重发的条件;初始化和管理流量控制信用。

发送端:数据链路层遵循流量控制机制从事务层接收 TLP,并生成递增 12 位序列号和链路 CRC(LCRC)。该序号作为每个传输的 TLP 的唯一标识被插入到 TLP 头部,32 位 LCRC 也被附加到每个 TLP 的尾部,形成链路层的数据封包。

接收端:接收到的 TLP,其 LCRC 和序列号都在链路层中被验证。如果 CRC 校验未通过,则该 TLP 及后续 TLP 均被判定为无效而丢弃,并向发送方返回一个带序列号的 NAK DLLP(data link layer packet),请求重发相关的全部 TLP。如果接收到的 TLP 通过 CRC 检查校验无误,则转发 TLP 并向发送端返回 ACK DLLP,以表明 TLP 已经被接收端成功接收。

如果发送端接收到 NAK,或者超时没有收到确认,则必需重发所有未收到 ACK 的 TLP,直到收到 ACK。除了设备或传输介质的持续故障外,链路层提供与事务层的可靠链接。

PCI-E 数据链路层之间的 ACK 和 NAK,是通过封装成的 6 字节 DLLP 进行通信的。通常,链路上的未确认 TLP 的数量受到两个因素的限制:发送端的重发缓冲区大小,以及流量控制接收端发给发送端的信用。PCI-E 协议要求所有接收者发出最少数量的信用,以保证一个链路允许发送 PCIConfig TLP 和消息 TLP。

(3)物理层(physical layer)

物理层作为 PCI-E 总线的最底层,直接连接 PCI-E 设备,并为设备提供高速数据通信的传输介质。物理层按规范又可分为两个子层:电气子层和逻辑子层。逻辑子层主要完成对数据包(含 TLP、DLLP 和物理层数据包)进行数据编码(如 8 b/10 b 或 128 b/130 b)和逻辑控制等工作任务。电气子层主要解决串行数据传输和时钟恢复等任务。

PCI-E 物理层发送单元的数据源由三大部分组成:第一部分是总线上层单元发送的数据,这部分在缓存中;第二部分是物理层需要发送的特殊字符,如符号间的分隔符,这种分割符通常选择 8 b/10 b 或者 128 b/130 b 编码表中不存在的特殊字符;第三部分是物理层训练所需要的字符集,这部分字符集称为链路训练字符集。这三部分数据来源通过选择开关进行选择。

在物理层面上,PCI-E 1.0/2.0 使用 8 b/10 b 编码来确保连续相同数字(0/1)的代码长度有限。该编码用于防止接收端丢失数据位边缘标记,每 8 bit 有效数据位被编码成 10 bit,会额外占用物理带宽中的 20%开销。为了提高可用带宽,从 PCI-E 3.0 开始使用 128 b/130 b 编码。这种编码方式通过加扰来限制数据流中连续相同代码的串长度,确保接收端与发送端保持同步,并通过防止发送数据流中的重复数据模式来降低电磁干扰。

在 PCI-E 总线物理链路的一个数据通路由两组差分信号共 4 根线组成(图 6-2-11)。发送端的 TX 部件与接收端的 RX 部件使用同一组线路（D+和 D-)构成收发链路。与此同时,接收端的 TX 部件和发送端的 RX 部件的收发链路则使用另外一组差分线(D+和 D-)。PCI-E 总线的物理链路通常包含多条 lane,目前可以支持×1,×2,…,×32 通路模式。物理层中的每一条通道均可独立用作全双工字节流,在链路端点之间实现双向同时传输数据包。通路上使用的总线频率和数据传输频率与 PCI-E 的版本有关,例如 PCI-E 3.0 的总线频率为 4 GHz,但通道的双工数据传输速率可达 8.0 GT/s,因此其理论上的数据传输率可以高达 984.6 MB/s。

3. 基于 PCI-E 的系统架构模型

基于 PCI-E 总线标准的计算机硬件系统体系结构与基于 PCI 总线的架构存在很大不同,其中被广泛采用的一种常见结构模型(Intel x86 体系)如图 6-2-12 所示。

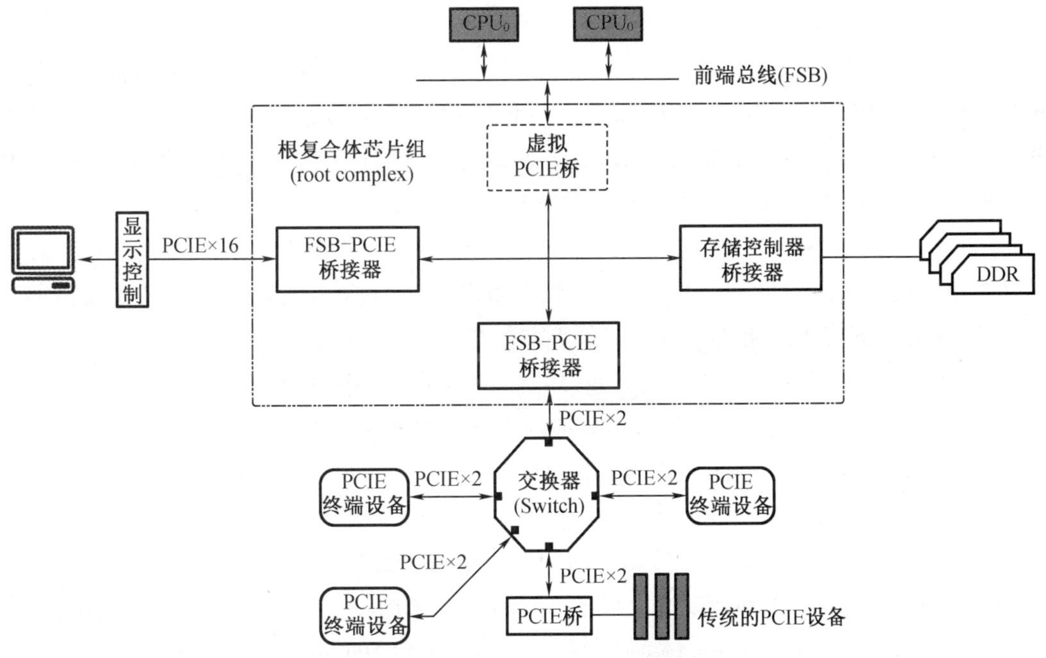

图 6-2-12　基于 PCI-E 的硬系统体系结构模型

此系统架构模型通过虚拟 PCIE 桥来分离总线域和存储域。根复合体(root complex, RC)由两个 FSB-PCIE 桥接器和存储管理部件构成,其中有 1 个桥接器通过 PCI-E×8 链路连接到 1 个交换器(Switch)的上行(Upstream)端口进行 PCI-E 链路的扩展,把 1 个 PCI-E×8 链路扩展成 4 个 PCI-E×2 链路。此外,交换器的下行(Downstream)端口还可以通过 PCI-E 桥接器的转换来实现 PCI-E 架构对传统 PCI 设备的兼容。

在采用不同处理器来构建的硬件系统中,RC 的实现方案存在较大差异,PCI-E 规范也没有规定 RC 的实现细节。因此,有的处理器系统直接把 RC 当成 PCI-E 主桥,也有的处理器系统把 RC 视为 PCI-E 总线控制器。在 Intel x86 处理器系统中,RC 除了包含 PCI-E 总线控制器外,通常还包含其他功能组件,因此 RC 并不等同于 PCI-E 总线控制器。PCI-E 总线采用端到端的连接方式,每个 PCI-E 端口只能连接一个终端设备,也可以连接到交换器进行链路扩展,扩展出的端口也可以继续挂接更多的终端设备或下级交换器。

4. PCI-E 端口仲裁与虚通道仲裁

传统的 PCI 总线在同一时刻只能被一个主设备独占全部总线资源。当有多个设备同时发出总线请求信号时,一般只在设备级进行总线控制权的集中式仲裁,仲裁的粒度较粗。与 PCI 总线截然不同,PCI-E 总线采用的是基于通路(lane)的端对端连接方式,且收发设备是以数据报文为单位进行数据交换,因此设备不需独占全部的总线资源。

交换器通常有多个端口:入端口(ingress port)和出端口(egress port)。来自多个入端口的报文可以同时发向同一个出端口,因此必须进行仲裁,才能确定报文通过端口的先后顺序。由于 PCI-E 采用了虚拟通道(virtual channel, VC)技术,并在数据报文中设定了一个 3 位的数据报流量类型(trafic class, TC)标签,因此报文就可以根据优先权分为 8 类,每类报文又可以根据优先级选择不同的 VC 进行传递。

总体上,PCI-E 体系中存在两类仲裁:端口仲裁和 VC 仲裁。端口仲裁机制主要针对 RC 和 Switch。PCI-E 中有三类端口需要进行仲裁:交换器的 Egress 端口、多端口 RC 的 Egress 端口和 RC 通往主存储器的端口。VC 仲裁是指发向同一个端口的数据报文,根据其使用的不同 VC 而进行的仲裁,从而确定报文通过端口的优先级顺序。

假设 PCI-E 的 Switch 中有 2 个入端口(A 和 B)和 1 个出端口(C),A 和 B 同时向 C 发送数据报文(图 6-2-13)。来自 A 端口的数据报文(仅通过 VC_0 通道)和来自 B 端口的数据报文(可分别通过 VC_0 和 VC_1 通道)在到达 C 端口之前,就需要先进行端口仲裁,然后再进行 VC 仲裁,才能确定这些数据报文通过 C 端口的先后顺序,从而确保 QoS。

PCI-E 总线中规定,系统设计者可以使用以下 3 种方式进行端口级仲裁:

①D Hardware-fixed 仲裁策略。如在系统设计时,采用硬件固化的轮询(round robin, RR)仲裁方法。这种方法的硬件实现原理简单,但系统软件不能对端口仲裁器进行配置。

②WRR(Weighted-RR)仲裁策略。即加权的轮询仲裁策略。

③Time-Based WRR 仲裁策略。即基于时间片的 WRR 仲裁策略。PCI-E 总线将一个时间段分为若干个时间片(time phase),每个端口占用其中的一个时间片,并根据端口使用这些时间片的多少对端口进行加权的一种方法。使用 WRR 和 Time-based WRR 仲裁策略,可以在一定程度上提高 PCIE 总线数据传输的 Qos 指标。

此外，PCI-E 设备的 Capability 寄存器中还可能指明端口仲裁的具体算法。一些不支持多种端口仲裁策略的 PCI-E 设备可能不会配置 Capability 寄存器，此时该设备只能使用默认的 Hardware-fixed 轮询仲裁策略。

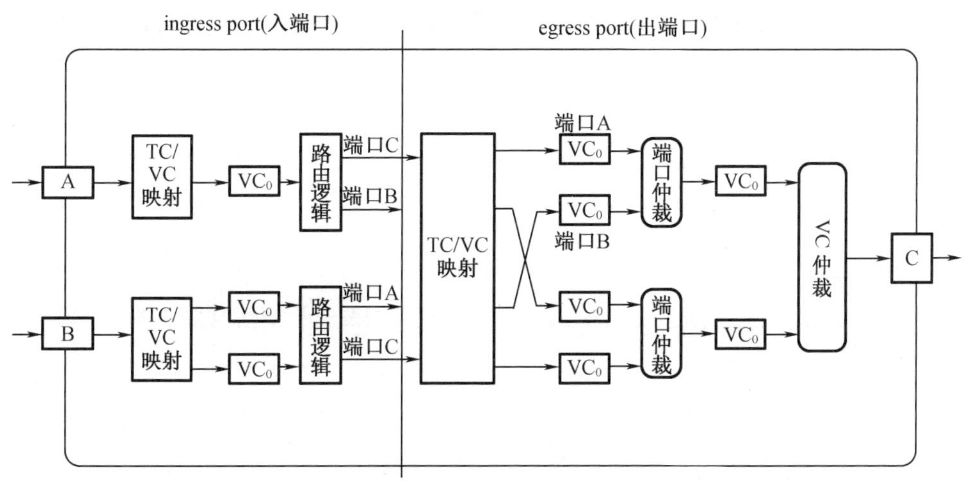

图 6-2-13　Switch 中的端口仲裁和 VC 仲裁实例

除了端口仲裁，PCI-E 总线也定义了 3 种可用的 VC 仲裁规则，分别是严格优先级(strict priority，SP)算法、轮询(即 RR)算法和加权的轮询(即 WRR)算法。

当使用 SP 仲裁方式时，发向 VC_7 的数据报文具有最高的优先级，发向 VC_0 的数据报文则优先级最低。总线系统允许对 Switch 或者 RC 的一部分 VC 单独采用 SP 方式进行仲裁，对其余 VC 则采用 RR 或者 WRR 算法，如 VC_{7-4} 采用 SP，VC_{3-0} 则采用其他仲裁规则。

使用 RR 方式时，所有 VC 具有相同的优先级，因此所有的 VC 会轮流使用 PCI-E 链路。WRR 方式与 RR 类似，但它可以对每个 VC 进行单独加权处理，可以适当提高 VC_7 的优先权，同时将 VC_0 的优先权适当降低。

6.3　直接程序传送模式

直接程序传送(programmed input/output，PIO)模式是最简单的控制方式，依靠 CPU 直接执行相关的 I/O 程序来实现对数据输入和输出的控制。

如果有关的操作时间固定且已知，可以直接执行输入指令或输出指令，如从某设备接口的缓冲区中读取数据，或向缓冲区输出数据。

如果有关操作时间未知或不定，如打印机的初始化操作或打印时的机电控制操作，则往往采用查询、等待、再传输的方式。在启动外部设备后，主机 CPU 不断通过 I/O 指令查询设备状态，如是否准备好或是否完成一次操作。直到设备准备好，或完成一次操作，CPU 才通过执行 I/O 指令来进行 I/O 传输。在外部设备工作期间，CPU 将持续执行与 I/O 有关的操作，即查询、等待和传输，所以又被称为程序查询方式。操作流程如图 6-3-1 所示。

CPU 利用 I/O 指令实现数据在主机和外设间的 I/O 传送操作,可采用的接口模式有三种:第一种是具有中断功能的中断接口,程序查询方式及不需查询的直接传输方式均可利用中断接口实现;第二种是按程序查询针对性设计的专用接口;第三种是不需查询的简单接口。

PIO 接口的设计方案很多,一方面与 I/O 指令及系统总线有关,另一方面与外部设备有关。为了提供程序查询依据,接口中应设置状态字寄存器(或只有几位状态触发器),其中各位的设置方式也将影响到接口逻辑细节。图 6-3-2 给出了模型机的一种接口方案,以寄存器级功能模型粗框图描述,略去了门电路级细节。

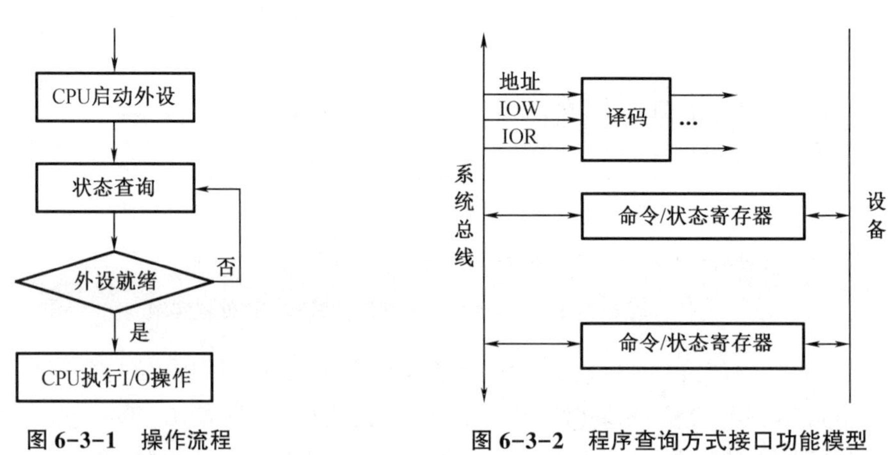

图 6-3-1 操作流程

图 6-3-2 程序查询方式接口功能模型

接口中一般设置了数据缓冲寄存器与命令/状态寄存器,并为它们分别分配独立的 I/O 端口地址。当 CPU 访问外部设备接口寄存器时,通过低 8 位地址总线向接口发出 I/O 端口地址码,再送来 IOR(读)或 IOW(写)命令,经译码后可选中某个寄存器,然后通过数据总线进一步进行数据输入/输出操作。

命令/状态字寄存器的高位段作为命令字,可由 CPU 通过 I/O 指令设置,而具体的控制命令经接口解释或直接送往设备。寄存器的低位段作为设备的状态字,是 CPU 查询的对象,也可由 CPU 初始化。假设状态字只设 2 位,分别对应设备的“忙”(B,Busy)和“完成”(D,Done)。当不需要设备工作时,可通过复位命令,或由 I/O 指令设置,使设备的状态标志位 D 和 B 均为 0,这种操作也常被称为对接口状态字的清零。

如果需要启动外部设备工作,CPU 通过启动命令,使 D=0 与 B=1,外部设备开始工作。此后,CPU 通过输入指令读入接口状态字,发现 D=0 且 B=1,获知外部设备还未准备好一次数据传输,就继续进行查询和等待。

如果是启动设备以向主机输出数据,则当数据从设备输入到数据缓冲寄存器后,接口自动修改状态标志位 D=1 与 B=0。此时 CPU 通过读取状态字,解析得知接口已准备好数据,便执行输入指令,把数据缓冲寄存器中的数据经数据总线输入到主机,再设置 D=0 且 B=1。

如果启动设备以向设备输出数据,则当数据缓冲寄存器为空时,接口自动设置使 D=1 与 B=0。CPU 通过状态字判别,得知接口已做好接收数据的准备,便执行输出指令将数据经总线输出到接口的数据缓冲寄存器,并使 D=0 且 B=1。当接口将数据输出到外部设备后,数据缓冲寄存器再度为“空”,此时自动设置,又使 D=1 且 B=0。

由此可见,程序查询方式体现的是这样一种编程策略:当 CPU 获知接口做好准备时,便执行 I/O 传输;当接口尚未准备好时,CPU 便等待并继续执行查询,而接口中的状态字则为查询提供设备状态依据。如果 CPU 以程序查询方式同时启动多台 I/O 设备,则编程中可采取依次查询各设备接口状态的策略,并视设备的状态情况做相应的处理。

模型机可以采用通用传输指令实现 I/O 操作,也可以利用余下的操作码组合扩充显式 I/O 指令,相应地用端口地址选择接口寄存器。在这两种指令设置中,CPU 都需要先将状态字读入,再进行状态判别。有的计算机 CPU 还设置有专门的判转型 I/O 指令,这类指令可以直接根据接口的 D、B 状态标志完成状态的判别与 I/O 操作的转移。

CPU 采用 PIO 方式来控制主机与外部设备之间的 I/O 操作,对应的 I/O 接口结构简单、通用性强。由于这种方式必须由 CPU 来执行 I/O 程序以控制完成相关操作,且需不断执行程序查询设备状态,因此虽然硬件开销较小,但是实时性差,主机和设备的并行度低,主要适合主机、设备之间 I/O 传送效率和实时性要求不高、数据量不大的 I/O 操作。

6.4　中断处理模式

程序中断方式简称中断(interrupt),几乎是所有计算机系统都应具备的一种重要机制,在实际工作中广泛应用。因此,许多课程都要从各自的角度阐述有关中断技术的知识,或者涉及与此有关的内容。前面章节着重从 CPU 角度介绍了基本概念,本节将进一步深入讨论中断方式,并从接口的角度介绍中断系统的组成及原理,这也是本章的重点内容。

6.4.1　中断的相关概念

1. 中断的基本定义

程序中断方式是指在计算机的运行过程中,如果发生某种随机事态,CPU 将暂停执行现行程序,转去执行中断处理程序,为该随机事态服务,并在服务完毕后自动恢复原程序的执行。由此可见,中断的操作过程涵盖了程序切换和随机性两个重要特征。中断过程实质上一定会设计两个程序之间的切换,即由原来执行的程序切换到中断处理程序,处理完毕再切换到原来被暂停的程序继续执行,如图 6-4-1 所示。它通过执行此程序为随机事件提供服务,而程序可以按需进行灵活扩展,因此处理能力很强,可以处理多种复杂事态。在实时控制系统中,许多功能模块就是以中断处理程序的形态存在的,对应的主控程序仅仅是组织功能模块的一个集成框架而已。为了实现程序切换,CPU 在中断周期(即 IT)中完成隐指令操作:保存断点、读取服务程序入口地址;在中断服务程序中首先应执行保护原程序现场信息操作;在返回原程序前,还需恢复现场、读取返回地址等。这一系列操作过程比较耗时,因此中断方式难以适应高速数据传输,一般只适用于处理中低速的 I/O 操作和随机请求。

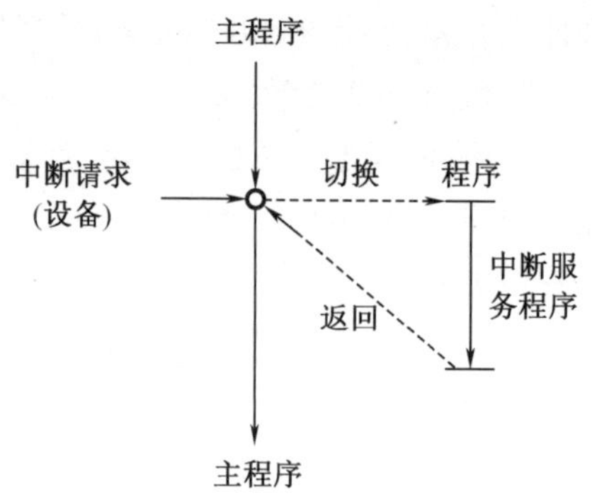

图 6-4-1　中断的程序切换

与中断过程中的程序切换类似，在通常的程序中调用子程序以及返回操作也是一种程序的切换，但这种切换是编程时预先安排好的，并非响应随机事态的请求。编程时在特定的代码位置有意安排了子程序的一次调用，还需为此约定参数。例如，调用一个浮点运算子程序，必须先准备好浮点数，并约定这些操作数所在的存储位置，子程序本身也需约定运算结果的保存位置。显然，在何处以及何种条件下调用子程序，这是用户在编写程序时预先安排好的，调用位置固定，不能随机插入到主程序中。

中断与调用子程序，虽然都涉及两个程序之间的切换，但两者存在显著差异。中断与调用子程序这两者的本质区别主要表现在：①转子子程序的执行是由程序员事先安排好的，中断服务程序的执行则是由随机的中断事件引起的调用；②转子子程序的执行受到主程序或上层子程序的控制，中断服务程序一般与被中断的现行程序没有关系；③不存在一个程序同时调用多个转子子程序的情况，却经常发生多个外设同时请求 CPU 为自己服务的情况。

与一般的转子含义不同，程序中断方式的主要特点是具有随机性。初学者不难理解这一点，但遇到实际问题时，往往不知道如何对随机事态安排程序中断，以及为随机出现的事件编制中断服务程序。为了深入理解这一特点，我们将中断方式的随机性进一步分为如下几类：随机出现的事件；主机在宏观上有意调用外部设备，但以随机请求提出方式实现服务处理；随机插入的软中断等。下面结合中断方式的典型应用加以说明。

2. 中断方式的典型应用

(1)以中断方式管理中低速 I/O 操作，使 CPU 与外部设备并行工作

像键盘一类的设备，工作时主动向主机提出随机请求。我们编程时并不能确切地知道何时按会有按键操作发生，如果让 CPU 以程序查询方式管理键盘，那么 CPU 将会持续执行程序以查询键盘是否有按键操作，因此无力再执行其他处理任务。所以，需要以中断方式管理键盘。平时 CPU 执行其程序，当按下某个键时，键盘产生中断请求，CPU 转入键盘中断服务程序，获取按键编码，并根据键码要求做出相应处理。这种情况称为随机出现的事件。

像打印机一类的设备有时是在特定位置安排调用的，有时又是随机发生的打印请求。如果采用中断方式管理，在启动打印机后，CPU 仍可继续执行原先安排的程序，因为打印机启动后还需要一段初始化准备过程。当打印机做好准备可以接收打印的数据时，将提出中断请求。CPU 转入打印机中断服务程序，将一行打印信息送往打印机，然后恢复执行原程

序,此时打印机进行打印。当打印完一行后,打印机再次提出中断请求,CPU 再度转入中断服务程序,送出又一行打印信息。如此循环,直至全部打印完毕。这种管理方式称为“有意调用,随机处理”。相应地,在编程时采取这样一种方式:在准备好打印的信息(一般是送入主存的一个输出缓冲区)后,启动打印机,然后编写可并行执行的程序;将打印机中断服务程序作为一个独立模块,单独编写以便在响应中断时调用。由于打印机是一种机电型设备,其打印时间较长,如果 CPU 还有其他任务,则它可以与初始化和打印操作并行执行。

虽然中断方式一般只适于管理中、低速 I/O 操作,但磁盘一类高速外设中也包含中、低速的机电型操作,如磁盘寻道等,所以磁盘接口一方面按 DMA 方式实现数据传输,另一方面具备中断功能,用于寻道判别和结束处理等。

(2)软中断

许多计算机系统都设置有软中断指令,如指令“INT　n”,这里的 n 为中断号。有的计算机将它称为程序自愿中断。执行“INT　n”指令,将以响应随机中断请求方式进行服务程序处理,并切换到服务程序。初看起来,执行软中断指令与执行转子指令似乎相似,其实它们在处理方法上是有区别的。如前所述,转子指令(子程序调用)只能按严格的约定,在特定位置执行。而软中断指令的执行是作为中断来处理的,在中断周期中保存断点,按软中断指令给出的中断号来查找中断向量表,找到相应的中断服务程序入口,实现程序切换。因此,软中断可以随机插入程序的任何位置,我们将它的随机性理解为“有意调用,随机插入”。

早期,软中断用于设置程序断点,引出调试跟踪程序,分析原程序执行结果,帮助调试。现在操作系统常为用户提供一种操作界面,称为系统功能调用,即由系统软件编制者将用户常用的一些系统功能(如打开文件、复制文件、显示、打印、跟踪调试程序等)事先编成若干中断服务程序模块,纳入操作系统的扩展部分。用户通过执行软中断指令,调用所编制的中断程序。虽然在有些操作系统中,这种系统功能调用实际上是按一般子程序调用方式编写,不能随机插入,但仍利用响应中断的方式和机制实现。

从程序模块之间的关系看,中断服务程序是临时嵌入的一段,所以又称为中断处理子程序。原程序被打断,以后又自动恢复,作为程序的主体,常将它称为主程序。这是广义上的主程序和子程序,与指令系统中的转子和返回过程是有区别的。

(3)故障处理

计算机工作时可能产生故障,但何时出现故障、是什么故障显然是随机的,只能以中断方式处理。即事先估计到有可能出现哪些故障,如果出现这些故障应当如何处理,编成若干故障处理程序模块,一旦发生故障,提出中断请求,转故障处理程序进行处理。

常见的硬件故障有掉电、校验错、运算出错等。大多数计算机都有掉电处理和校验错处理功能。当电源检测电路发现电压不足或掉电时,提出中断请求,利用直流稳压电源滤波电容的短暂维持能力(毫秒级),进行必要的紧急处理,如将关键信息存入由后备电池供电的 CMOS 存储器中,或将电源系统切换为 UPS 电源。当产生校验出错时,提出中断请求,一般处理方法是重复读出,判断是否偶然性故障;如果是永久性故障,将显示出错信息,操作员可以考虑停止运行。有些计算机具有运算出错的判断能力,从而也可提出中断请求。

常见的软件故障有溢出、地址越界、使用非法指令等。在定点运算中,由于比例因子选择不当可能产生溢出，通过溢出判别逻辑可引发中断，在中断处理中修改比例因子，重新启动有关运算过程。在多道程序工作方式中，操作系统为各用户分配了存储空间，如果某用户程序访存地址越界，则可由地址检查逻辑引发中断，提示用户修改。许多计算机将执行程序状态分为用户态和管态，用户态执行用户程序，管态执行系统管理程序。有少数指令是为编制系统管理程序专门设置的，称为特权指令。如果用户程序误用这些特权指令，称为非法指令，将引发故障中断。

(4)实时处理

实时处理是指在事件出现的实际时间内及时地进行处理，而不是积压起来留待以后批量处理。实时程度视具体应用需要而定。这是计算机的一个重要应用领域，如巡回检测系统、各种生产过程的计算机控制系统等，都属于实时处理系统。实时处理需要广泛应用中断技术，中断服务程序量可能很大，甚至占应用程序的大部分。

在实时控制系统中，常设置实时时钟，定时地发出实时时钟中断请求。CPU 转入中断服务程序，在其中采集有关参数，与要求的标准值进行比较，当有误差时按一定控制算法进行实时调整，以保证生产过程按设定的标准流程或按优化的流程进行。

如果需要实时监控的对象发生异常，也可直接提出中断请求，以便及时处理。

(5)多机通信

在多机系统和计算机网络中，各节点之间需要相互通信，以便交换信息或协同工作。当一个节点要与其他节点通信时，便向目标节点提出中断请求，对方接受请求后就转入中断服务程序，以实现相互通信。

(6)人机对话

现代计算机越来越强调良好的人机交互界面。用户可以通过键盘终端或其他设备向计算机输入命令和数据，主机则通过显示器输出设备，提供运行结果和有关状态。或者，用户向计算机提出某种询问，计算机给出提示、回答。在信息检索系统中，显示器常以菜单形式供操作者做出选择；或者由计算机主动显示执行情况，给操作者提供干预的可能等。这种交互式操作被形象地称为人机对话，其操作也带有明显的随机性(何时提出询问或要求?何时做出回答?)因而也以中断方式提出与处理。

可见，中断方式不止用于 I/O 操作的控制，其应用极为广泛。

3. 中断系统的硬件、软件组织

与中断功能有关的硬件、软件通常被称为中断系统，如图 6-4-2 所示。第 3 章中介绍了 CPU 中的有关中断批准逻辑、中断周期中的隐指令操作等内容。有关接口方面的硬件组成原理将在后面几节中深入讨论。现在先介绍有关的软件组织。

由于中断请求的发出具有明显的随机性，因此无法在主程序的预定位置进行相应处理，需要独立地编制中断处理程序。现以模型机的中断处理为例，提供一种比较典型的软件组织方法。

(1)需处理的中断请求

假设模型机外部硬件中断源包括：IRQ_0—系统时钟，如日历钟；IRQ_1—实时时钟，供实时处理用；IRQ_2—通信中断，组成多机系统或联网时用；IRQ_3—键盘；IRQ_4—CRT 显示器；

IRQ_5—硬盘;IRQ_6—软盘;IRQ_7—打印机。

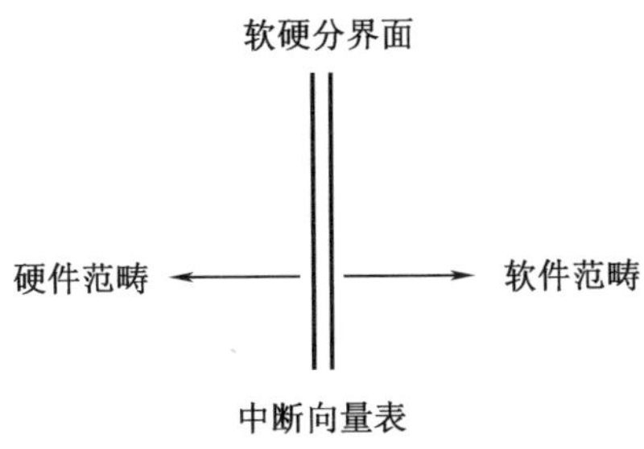

图 6-4-2　中断的软件、硬件组织

如果实时处理需要的中断源较多,可通过 IRQ_1 和 IRQ_2 进行扩展。

模型机内部硬件中断源有掉电中断、溢出中断、校验错中断。

模型机软中断有 INT　11 ~ INT　n,可以根据需要进行扩充,作为系统的功能调用命令。

(2)中断源的中断服务程序

这些服务程序在主存中的存储空间不必连续,允许分散存放和补充。

(3)中断服务程序的入口地址写入中断向量表

在模型机 CPU 设计时,我们将主存的 0 号和 1 号单元用于复位时转入监控程序入口,所以中断向量表从 2 号单元开始。中断向量表中存放着各中断服务程序的入口地址(未考虑中断服务程序状态字),称为中断向量。模型机只用 16 位地址,并按字编址,所以每个中断向量占一个编址单元。访问中断向量表的地址称为向量地址,在模型机中,向量地址=中断号+2。例如,IRQ_0 所对应的服务程序入口地址,存放在 0+2=2 号单元;INT　11H 所对应的服务程序入口地址,则存放在 13 号单元之中,其他软中断指令以此类推。

按照这样的软件组织方法,中断服务程序是独立于主程序事先编制的。在编制用户主程序时只需提供允许中断的可能(如开中断),不必细致考虑何时中断以及如何处理中断等,也不必考虑中断服务程序如何嵌入主程序。一旦发生中断请求,可通过硬件中断请求信号或软中断指令“INT　n”提供的中断号,经过一系列转换得到向量地址,据此从向量表中找到相应的服务程序入口地址,从而转入中断服务程序执行。

4. 中断的分类

(1)硬件中断和软件中断

硬件中断指由某个硬件中断请求信号引发的中断,软中断是由执行软中断指令(软件)所引起的中断。处理上几乎相同,其区别仅在于:硬件中断通过中断请求信号形成向量地址,而软中断由指令提供中断号,再被转换为向量地址,后续的响应和处理过程几乎相同。

(2)强迫中断和自愿中断

强迫中断是由于故障、外部请求等所引起的强迫性中断,非程序本身安排的,这种请求的提出和相应的服务处理都是随机的。

自愿中断又称为程序自陷中断,即软中断。这是程序有意安排的,以中断方式引出服务程序,实现某种功能。这种中断虽是有意安排的,但可以随机插入。

(3)内中断和外中断

内中断指来自主机内部的中断请求,如掉电中断、CPU 故障中断、软中断等。外中断指中断源来自主机外部,一般指外部设备中断,如时钟中断、键盘中断、显示器中断、打印机中断、磁盘中断等。本章从输入/输出子系统角度,重点讨论外中断的提出、传递、排优、响应、处理及相应的中断接口模型。

(4)可屏蔽中断和非屏蔽中断

外中断请求是由于某个外部设备(接口)或某个外部事件的需要而提出的,但 CPU 可对此施加某种控制,其中一项基本方法就是屏蔽技术。CPU 可向外围接口送出屏蔽字代码,每位可屏蔽一种中断源,不允许它提出中断请求,或者不允许它已经发出的中断请求信号送达 CPU,因此可将中断分为可屏蔽中断(INTR)和非屏蔽中断(NMI)两种。有些微处理器芯片,如 Intel 8086/8088,将其中断请求输入端细分为可屏蔽中断和非屏蔽中断两种。

一般的外部设备中断都是可屏蔽的中断,CPU 通过屏蔽技术施加控制。一些必须响应的中断请求(如掉电、故障等引起的中断),作为非屏蔽中断,不受 CPU 屏蔽。此外,软中断发生于 CPU 内部,不属于外中断范畴,从概念上讲,它也是不可屏蔽的。

(5)向量中断和非向量中断

如何形成中断服务程序的入口地址,这是向量中断和非向量中断最本质差别。

如果直接依靠硬件,通过查询中断向量表来确定入口地址,就是向量中断方式;如果是通过执行软件(如中断服务总程序)来确定中断服务程序的入口地址,则属于非向量中断。

计算机一般具有向量中断功能,但可运用非向量中断思想对向量中断方式进行扩展。前面介绍的模型机中断系统将各中断服务程序的入口地址组织成一个中断向量表,这种方式就属于向量中断。

6.4.2 中断请求

中断过程的第一步是由设备发出中断请求,而是否能产生有效中断请求取决于多种因素。发出中断请求后,还涉及优先级裁决、中断响应和后续的中断处理等。

1. 中断请求的产生

一个中断的出现会触发一系列的事件发生,而要形成一个设备的中断请求逻辑,则需同时具备以下逻辑条件。

①外部设备有中断请求的需要,如“准备就绪”或“完成一次操作”,可以用完成触发器状态 $T_D=1$ 表示。例如,打印机接口可接收打印数据时,$T_D=1$;键盘接口在可输出键码时,$T_D=1$。

②CPU 没有屏蔽该中断源,允许其提出中断请求,可以用屏蔽触发器状态 $T_M=0$ 表示。相应地,可将接口中与中断有关的逻辑设置为两级:第一级是反映外部设备与接口工作状态的状态触发器,如以前讨论过的忙触发器 T_B 和完成触发器 T_D,用它们来组成状态标志位,反映了提出请求的需要;第二级是中断请求触发器 IRQ,它表明是否产生物理级的中断请求。中断屏蔽则可采取分散屏蔽或者集中式屏蔽的策略。

分散屏蔽是指 CPU 将屏蔽字代码按位分送给各中断源接口,接口中各设一位屏蔽触发器 T_M,接收屏蔽字中对应位的信息:为 1,则屏蔽该中断源;为 0,则不屏蔽。

一种方法是在中断请求触发器 IRQ 的 D 端进行屏蔽,如图 6-4-3(a)所示。如果 T_D = 1、T_M = 0,则同步脉冲将 1 送入请求触发器,发出中断请求信号 IRQ。另一种方法是在中断请求触发器的输出端进行屏蔽,如图 6-4-3(b)所示。

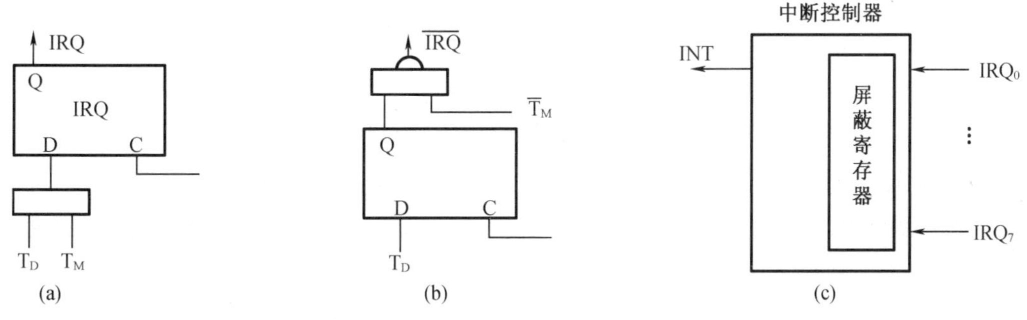

图 6-4-3　中断请求逻辑

图 6-4-3(c)中采取的是集中式屏蔽策略,即在公共接口逻辑中设置一个中断控制器(有集成芯片如 Intel 8259),内含一个屏蔽字寄存器,CPU 将屏蔽字送入其中。对各中断源的接口不另设屏蔽触发器,只要 T_D = 1,即可提出中断请求信号 IRQ。控制器汇集请求信号并将其屏蔽字比较,若未被屏蔽,则控制器发出公共的中断请求信号 INT 并将其送到 CPU,否则不发出 INT。

中断请求的提出可以采用同步定时[图 6-4-3(a)和(b)],同步脉冲 CP 加到中断请求触发器 IRQ 的 C 端,也可以不采用同步定时,具备请求条件(如 T_D = 1)时由 S 端置入 IRQ,立即发出中断请求信号。CPU 响应中断请求最后采取同步控制方式。

2. 中断请求信号的传输

计算机系统中通常设计多个中断源,因此可能产生多个不同的中断请求信号。如果要将产生的这些中断请求信号直接传输给主机的 CPU,那么可以采用哪些方式来进行传输呢？一般而言,通常可以采用 4 种不同的中断请求信号的传输模式,如图 6-4-4(a)所示。

①各中断源单独设置自己的中断请求线,多根请求线直接送往 CPU,如图 6-4-4(a)所示。当 CPU 接到中断请求信号后,立即知道请求源是哪个设备,这有利于实现向量中断,因为可以通过编码电路形成向量地址。但 CPU 所能连接的中断请求线数目有限,特别是微处理器芯片引脚数有限,不可能给中断请求信号分配多个引脚,因此中断源数目难以扩充。

②各中断源的请求信号通过三态门汇集到一根公共请求线,如图 6-4-4(b)所示。只要负载能力允许,挂在公共请求线上的请求源可以任意扩充,对于 CPU 来说,只需接收一根中断请求线即可。

这种连接逻辑也可在如图 6-4-4(c)所示的中断控制器芯片 8259 内部实现,多根请求线 IRQ_i 输入到 8259 控制器,在芯片内汇集为一根公共请求线 INT 输出。采用这种方式,CPU 需要通过一定逻辑来识别被批准的中断源,也可在 8259 芯片内实现。

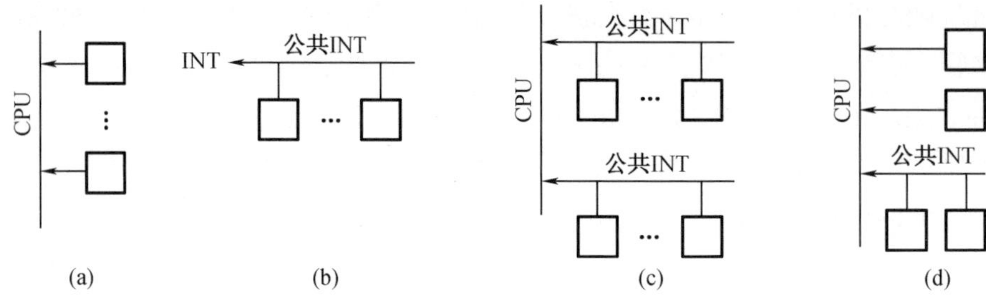

图 6-4-4　中断请求信号的传输模式

③一种折中方案是采用二维结构,如图 6-4-4(c)所示。CPU 设置数根中断请求输入线,它们体现不同的优先级别,称为主优先级。再将主优先级相同的中断请求源汇集到该公共请求线上。这就综合了前两种模式的优点——既可以在主优先级层次迅速判明中断源,又能随意扩充中断源数目。在小型计算机中,允许 CPU 对外连线数目超过一般的微型计算机 CPU 芯片所能支持的最大对外连线数,因此常选用这种连接模式。

④另一种折中方案是兼有公共请求线与独立请求线的混合传输模式,如图 6-4-4(d)所示。将要求快速响应的 1~2 个中断请求采取独立请求线方式,以便快速响应中断源的请求。再将其余响应速度允许相对低一些的中断请求汇集为一根公共请求线。有些微处理器由于引脚数有限,因此常采取这种独立传输与集中传输相结合的混合连接模式。

当外部提出中断请求时,CPU 是否响应？这取决于 CPU 现行程序的优先级和中断请求的优先级哪个更高。此外,当有多个中断源同时提出请求时,CPU 首先响应哪个设备的请求？这就要靠中断控制系统对中断请求的优先级进行识别和判断后才能确定。

3. 中断请求的优先级裁决

中断处理过程中的优先级裁决涉及两类:一是裁决多种中断请求之间的优先级,二是裁决 CPU 当前任务与外部中断请求之间的优先级。

在各种请求之间,通常是根据什么原则安排优先级别呢？按请求的性质,一般的优先顺序是:故障引发的中断请求→DMA 请求→外部设备的中断请求。这样安排是因为处理故障的紧迫性最高,DMA 请求是要求高速数据传输,高速操作一般应比低速操作优先。

按中断请求要求的数据传输方向,一般原则是输入操作的优先级高于输出操作。这是因为如果不及时响应输入操作请求,则有可能丢失输入信息。输出信息一般可暂存于主存或者缓存值中,如果暂时延缓一些处理,也不至于丢失信息。

当然,上述原则也不是绝对的,在设计时必须具体分析。在多数计算机中,一方面用硬件逻辑实现优先级判别,常简称为排优逻辑,即按优先级排队。在硬件判优逻辑中,各中断源的优先级是固定的。另一方面,计算机又可改用软件查询方式体现优先级,还可动态调整优先级。除此之外,采用屏蔽技术也可以在一定程度上动态地调整优先顺序。

(1)软件查询式优先级仲裁

响应中断请求后,先转入查询程序,按优先顺序依次询问各中断源是否提出请求,如果查询到中断源,则转入相应的服务处理程序;如果没有,则继续往下查询。查询的顺序体现了优先级别的高低,先被询问则优先级更高,改变查询顺序也就改变了优先级。如前所述,有些计算机设置了专门的查询 I/O 指令,可以直接根据外围接口中状态触发器的状态,进行判别与转移;也可以用输入指令或通用的传输指令取回状态字,进行判别;或者在公共接口中设置一个中断请求寄存器,用来存放中断源发出请求的标志(为 1 则表示该中断源提出了请求)。在进行软件查询时,就可将中断请求寄存器的内容取回 CPU,按照优先级顺序逐位判定,再结合各标志位的优先级裁决出优先级高的中断请求。

采用软件查询方式进行判优,不需要硬件判优逻辑,可以根据需要灵活地修改各中断源的优先级;但通过程序逐个查询,所需时间较长,特别是对优先级较低的中断源不太公平,可能需要查询多次后才能轮上。因此,软件查询方式通常只适宜应用在低速的小型系统中,更多时候,它是作为硬件判优逻辑的一种软件补充手段。

(2)硬件电路优先级仲裁

除了可以利用软件查询方式来进行优先级仲裁以外,还可以采用基于硬件电路来对各中断源发出的中断请求进行优先级快速仲裁,如图 6-4-5 所示。

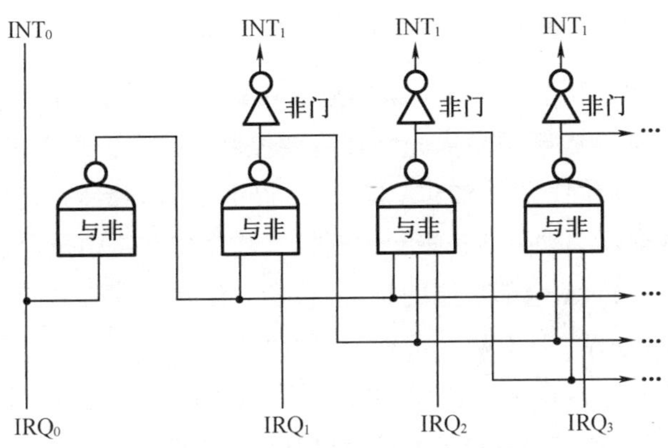

图 6-4-5　优先级仲裁电路逻辑

在仲裁电路中,各中断源的中断请求触发器向仲裁电路送出自己的请求信号:IRQ_0、IRQ_1 和 IRQ_2 等。输入的每个中断请求信号 IRQ 经与非门后都要接入到其他请求信号所对应的与非门的输入端,这种电路逻辑就意味着左边的中断请求信号高电平有效时,经反向输入会对所有右边的中断请求信号形成封锁。例如,当同时出现 IRQ_{0-3} 时(高电平),IRQ_1、IRQ_2 和 IRQ_3 所对应的与非门输入端始终会有一个输入是 0(低电平,来自 IRQ_0 经过与非门后的输出),此时的 IRQ_0 对其余 3 个端口的中断请求进行了封锁。优先级仲裁的结果就是优先级最高的中断源 IRQ_0 被选中($INT_0=1$),其余的中断请求未被选中(保持 $INT_1=INT_2=INT_3=0$)。这种优先级仲裁电路的响应速度虽然很快,但硬件电路复杂、代价较高,而且还不易扩展新的中断源。

在计算机硬件系统中,广泛使用中断控制芯片(如 Intel 8259A 等)来对中断请求的寄存、屏蔽、优先级仲裁、向 CPU 发中断信号等操作进行集中式处理,其结构模型如图 6-4-6 所示。

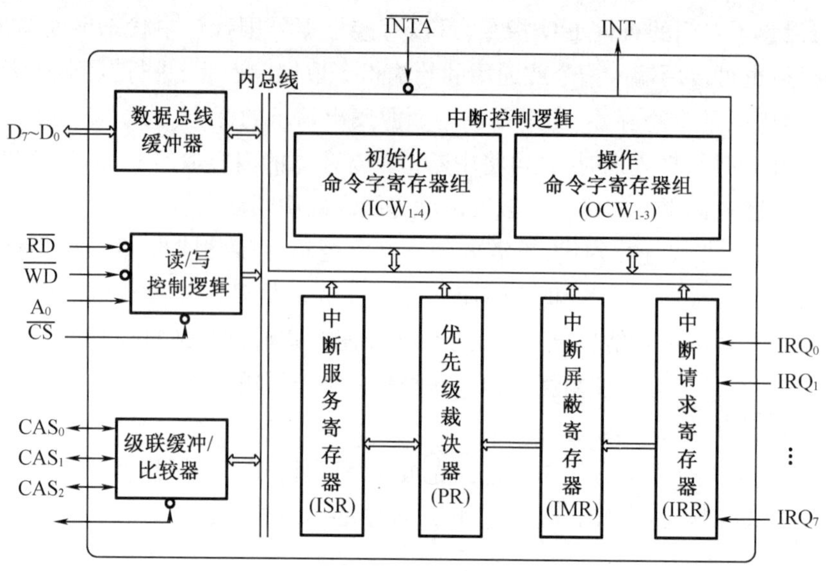

图 6-4-6　中断控制器 8259A 结构模型

一片 8259A 最多可以接受并管理 8 级可屏蔽中断请求,因此再通过 8 片级联(并列二级从片)可扩展至对 64 个中断源的优先级裁决和控制。每个中断源都可以通过程序指令来设置屏蔽。在中断响应周期,由 8259A 向 CPU 提供中断类型码,其具有多种工作方式,并且可通过编程设置命令字来灵活选择。中断控制芯片 8259A 中包含下述重要部分。

①中断控制逻辑:8259A 全部功能的核心,包括一组初始化命令字($ICW_1 \sim ICW_4$)寄存器和一组操作命令字($OCW_1 \sim OCW_{13}$)寄存器以及相关的控制电路。芯片的全部工作过程完全由上述两组寄存器内容设定,这两组寄存器可以通过编程写入不同的参数,进行预设置。例如,在程序中可以通过指令设置 CW_1 = E0H = 111100000b,即可实现对 IRQ_5、IRQ_6 和 IRQ_7 的屏蔽。

②中断请求寄存器(interrupt requcst register,IRR):8 位,可存放 8 个中断请求信号,作为向 CPU 申请与判优、编码的依据。接收到外部的中断请求后自动将对应标志位设置为 1。

③优先级裁决器(priority resolver,PR):即中断源的优先级裁决逻辑,通过裁决来选择优先级最高的中断申请源。通常有两种优先级裁决规则:固定优先级 IRQ_0>…>IRQ_7,以及循环优先级(通过 OCW_2 的 D7 位设置)。

④中断服务寄存器(interrupt service register,ISR):8 位,用来标识当前正在处理的中断源(如在多重嵌套时),中断源的优先级对应哪位,就将相应的 ISR 位设置成 1。

⑤中断屏蔽寄存器(interrupt mask register,IMR):8 位,其内容由 CPU 通过 I/O 指令预置 OCW_1 而定。这就是前面提到的集中屏蔽方式,各接口可以提出自己的中断请求信号,在 8259A 中再与屏蔽字比较。对应位(IMR_i)若为 1,则与之对应的中断请求(IRQ_i)被屏蔽。

⑥数据总线缓冲器:一个三态的 8 位数据缓冲器,8 位数据线 $D_0 \sim D_7$ 与系统的数据总线相连,用来进行 CPU 与 8259A 之间的数据传输,当 CPU 从 8259A 进行读操作时,数据总

线缓冲器用来传输从 8259A 内部送往 CPU 的数据字或者状态信息以及中断类型码；写操作时由 CPU 向 8259A 内部传输数据字或者控制字。

⑦读/写控制逻辑：该部件接收来自 CPU 的读/写命令，由 $\overline{CS}$、$\overline{RD}$、$\overline{WD}$ 和地址线 A_0 共同控制，完成寻址、读/写寄存器组（ICWs 和 OCWs）等规定操作。其中，A_0 引脚功能一般直接与地址总线的 A_0 位相连，A_0 为 0 或 1 时，可以选择芯片内不同的寄存器进行读写。

⑧级联缓冲/比较器：用来存放和比较在系统中用到的所有 8259A 的级联地址。主控 8259A 通过 CAS_0、CAS_1 和 CAS_2 发送级联地址，对下一级 8259A 进行寻址，其中的 $\overline{SP}/\overline{EN}$ 是一个双功能双向信号线，在缓冲模式时输出高/低电平以控制数据的输入/输出，在非缓冲模式时（如级联方式输入的高/低电平）可以分别标识 8259A 是主片还是从片。

在输入/输出子系统中，中断控制器 8259A 作为公共接口逻辑，一般位于主机板上。它接收各路中断请求信号 $IRQ_0 \sim IRQ_7$，将它们存放于中断请求寄存器中。并将未被屏蔽的中断请求送入优先级分析电路参加判优，产生一个公共的中断请求信号 INT，送往 CPU。

CPU 响应中断请求时，发出批准信号 $\overline{INTA}$，送往 8259A。然后，8259A 设置 ISR 相应位为 1，并复位 IRR 相应位为 0，表明此中断请求正在被 CPU 处理，而不是正在等待 CPU 处理。

随后，CPU 会再次发送一个 $\overline{INTA}$ 信号给 8259A，以询问中断源，8259A 根据被设置的起始向量号（通过初始化命令字 ICW_2 设置的中断类型号高 5 位）和当前响应的中断源（填充中断类型号的低 3 位）计算出该请求的中断向量号（即中断类型码），并将其通过 $D_0 \sim D_7$ 向数据总线输出。如果 OCW_2 的 D5 标志位 EOI = 1，则此时还将自动清除 ISR 中的对应位，以便能响应更低级的中断请求；否则就应在中断服务程序结束时通过指令发送 EOI 消息来清除 ISR 中对应标志位。CPU 从总线上接收到该中断向量号后，以此为地址在中断向量表中查询，获取中断服务程序的入口地址和 PSW，再转向对应的中断服务程序并取指令执行。

除了单独使用，8259A 中断控制器芯片还可以进行多级串联（级联），以扩展硬件系统可支持的中断源数量。级联时应将下一级 8259A 的 INT 输出端作为上一级的 IRQ_i 端口输入，在初始化时一般通过 ICW_1 和 ICW_3 进行级联设置。

前面已经提到了中断屏蔽技术，它的基本含义是通过 I/O 指令送出一个屏蔽字，有选择地允许某些中断请求，屏蔽某些中断请求，这一技术常用于如下两种场合。

①在多重中断方式中实现中断嵌套。当 CPU 响应某个中断请求后，在中断服务程序中送出一个新的屏蔽字，以禁止与该请求同一优先级或更低优先级的其他请求。只允许响应优先级更高的其他中断请求，使 CPU 有可能暂停现行中断服务程序，转去执行更紧迫的中断处理任务；而低于或等同于该请求级别的请求则被屏蔽，不对现行中断处理任务造成干扰。

②利用屏蔽字动态地修改优先级。基于硬件电路的裁决、排优逻辑所分配的优先级是固定的，但很多时候需要动态地修改优先级顺序。例如，有些设备的优先级低，经常得不到响应的机会，在适当的时候需要修改设备的优先级，使各设备得到均衡、合理的响应机会。因此，可在一段时间内，利用屏蔽字将原来优先级高的设备请求暂时屏蔽。原来优先级低的请求由于未被屏蔽，优先级相对提高，称为中断升级。过一段时间还可以再进行屏蔽字调整，或者复原最初屏蔽字，或者按一定规律不断地修改屏蔽字，以动态地适应程序的

需要。

以上围绕中断优先级问题讨论了多种方法,有些方法可以综合运用,从而在实际应用中还可以派生出许多具体方式。中断控制器 8259A 可编程指定多种工作方式,如固定优先级、循环优先级、特殊屏蔽方式等,有关细节在后续课程中再详细介绍。

在采用了集中式优先级裁决逻辑的系统中,通过在中断服务程序中设置屏蔽字可以实现对中断源优先级的动态调整。假设硬件默认的优先级顺序是:$IRQ_0>IRQ_1>IRQ_2>IRQ_3>IRQ_4$,运行中如果要把它们调整为:$IRQ_2>IRQ_3>IRQ_0>IRQ_1$,则在这 4 个中断源的中断服务程序中就应对屏蔽字进行分别设置,比如在 IRQ_0 的服务程序中应把屏蔽字 IMR[3∶0]设置成 0011,以屏蔽 IRQ_0 和 IRQ_1,其余以此类推。基本原则就是屏蔽自己的同级和比自己还低级的中断请求。

优先级裁决器在裁决中断请求时,需要对 IRR 中的请求标志位和 ISR 中的响应标志位进行综合判断,系统只响应比当前 ISR 任务更高优先级的中断请求,不响应相同甚至还更低优先级的中断请求。比如,如果 ISR 中当前任务的优先级是 IRQ_4(假设对应标志位 ISR[3]=1 未被自动清除),则在进行优先级裁决时,应对 IRQ_4 与其他所有未被屏蔽的 IRQ 请求进行判断,只有存在比 IRQ_4 优先级还高的未屏蔽请求,系统才会做出响应。

除此之外,几乎所有 CPU 都设置了一个"允许中断"触发器 T_{IEN}(对应中断标志位 PSW[4])指令系统提供开中断与关中断功能,开中断操作使 $T_{IEN}=1$,而关中断则使 $T_{IEN}=0$。如果关中断,则不响应外中断请求。换句话说,此时任何新的中断请求都没有现行任务重要。如果开中断,则允许 CPU 响应外部中断请求。在一般微型计算机中只有这一级的中断控制。

除了设置 T_{IEN} 触发器来控制中断的开关,性能更强的计算机还可在程序状态字 PSW 中设定现行程序的优先级字段,以标志当前任务的重要程度。CPU 有一个优先级比较逻辑,可以对 PSW 中的优先级与中断请求的优先级进行比较,决定是否需要暂停现行程序去响应中断请求。如果程序任务比较紧迫希望不被打断,则可把 PSW 中的优先级设定高些,但是不恰当地提高现行程序的优先级会降低 CPU 对外部事件的响应速度,反之会影响现行程序的执行。

【例 6-4-1】 某系统通过 8259A 来集中处理外部中断源,假设在 T_1、T_2 和 T_3 时间点,外部设备通过中断请求端口 IRQ_2 和 IRQ_4 向控制器发出了中断请求信号,各时间点控制器中的 IMR 和 ISR 寄存器状态如下所示,初始化时通过 ICW_4 设置的中断类型码 IVR[7∶3]=01011。

时间点	T_1		T_2		T_3
IRQ[7∶0]	①		③		⑤
IRQ[7∶0]	②		④		⑥
IMR[7∶0]	00000100		00000000		00010100
ISR[7∶0]	00001000		00001000		00000000

试分析各时刻对应的 IRQ 和 IRR 的代码状态,以及控制器是否会向 CPU 发出 INT 信号,如果会发出了 INT 信号,则请指明生成的中断类型码 IVR。

解　IRQ_2 和 IRQ_4 端口接收到请求，所以 T_1、T_2、T_3 时刻，①=③=⑤=IRQ[7:0]=00010100，IRR 中对应位也被设置成 1，即②=④=⑥=IRR[7:0]=00010100。

T_1 时刻，仅 IMR[2]=1，则 IRR[2]对应请求被屏蔽、IRR[4]未屏蔽。此时 ISR[3]=1，所以参加优先级仲裁的是 IRQ_3 和 IRQ_4，由于优先级 IRQ_3>IRQ_4，所以 8259A 不会发出 INT 信号。

T_2 时刻，IMR[7:0]=00000000，则端口 IRQ_0～IRQ_7 这 8 个端口都未被屏蔽。此时 ISR[3]=1，所以参加优先级仲裁的等效端口是 IRQ_3、IRQ_2 和 IRQ_4，由于优先级 IRQ_2>IRQ_3>IRQ_4，仲裁结果是端 IRQ_2 的优先级最高（对应的端口编码是 010）需要被响应，所以 8259A 发出 INT 信号，此时形成的中断类型码 IVR[7:0]=(IVR[7:3],010)=01011010。发出 INT 请求后，IRR 中的对应码位被复位，即 IRR[7:0]=00010000，与此同时置位后的 ISR[7:0]=00000100。

T_3 时刻，仅 IMR[4]=IMR[2]=1，端口 IRQ_2 和 IRQ_4 都被屏蔽了，因此 8259A 控制器不会启动端口仲裁，也就不会发出 INT 请求信号。

6.4.3　中断响应与中断服务程序

CPU 响应优先级最高的中断请求后，通过执行中断服务程序进行中断处理。服务程序事先存放在主存中，为了转向中断服务程序，关键是获得该服务程序的入口地址。因此我们先讨论如何获得服务程序的入口地址，再说明响应中断的条件和中断响应过程。

1. 中断服务程序入口地址的获取

如前文所述，通常可通过向量中断方式（硬件方式）或非向量中断方式（软件查询方式）获取中断服务程序的入口。

（1）向量中断方式

①中断向量。采用向量化的中断响应方式时，将中断服务程序的入口地址及其程序状态字 PSW 存放在特定的存储区中，入口地址和状态字一起就合称为中断源对应的中断向量。有些计算机（如普通的微型计算机）没有完整的 PSW，中断向量仅指中断服务程序的入口地址。

②中断向量表，即用来存放中断向量的一种表。在实际的系统中，常将所有中断服务程序的入口地址（或包括服务程序状态字）组织成一个一维表格，并存放于一段连续的存储区，此表就是中断向量表。

③向量地址是访问中断向量表的地址码，即读取中断向量所需的地址（也可称为中断指针）。

向量中断是指这样一种中断响应方式：将各个中断服务程序的入口地址（或包括状态字）组织成中断向量表；响应中断时，由硬件直接产生中断源的向量地址；按该地址访问中断向量表，从表中读取服务程序入口地址和 PSW，由此转向中断服务程序并执行之。向量中断的特点是依靠硬件操作快速地转向对应的中断服务程序。因此，现代计算机基本上都具有向量中断功能，其具体实现方法可以有多种。

在 IBM PC 系统中，中断向量表存放于主存的 0～1023（十进制）单元中，如图 6-4-7 所示。图中表示的每个中断源占用 4 B，存放其服务程序入口地址，其中 2 B 存放其段地址，

2 B 存放偏移量。因此,整个中断向量表可以驱动 256 个中断源,对应中断类型码 0~255。对于 8086/8088 CPU 的系统,中断向量表分为三部分:第一部分是专用区域,对应于中断类型码 0~4,为系统定义的一些内部中断源和非屏蔽中断源;第二部分是系统保留区,对应于中断类型码 5~31,为系统的管理调用和留作新功能的开发;第三部分是留给用户使用的区域,对应于中断类型码 32~255。

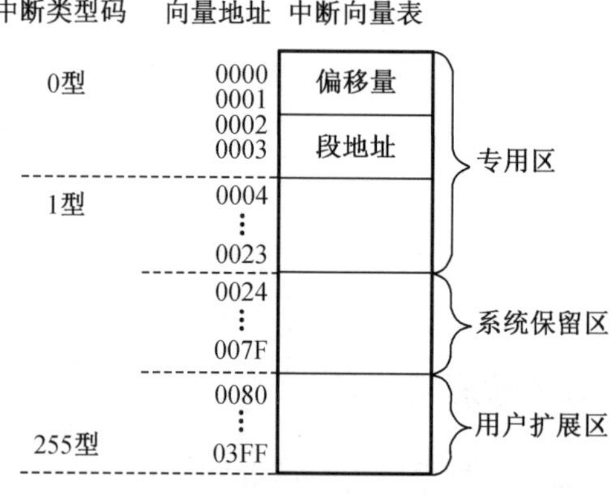

图 6-4-7　IBM PC 的中断向量表

当 CPU 响应中断请求时,向 8259A 送去批准信号 $\overline{\text{INTA}}$;通过数据总线从 8259A 取回被批准请求源的中断类型码;乘以 4 以形成向量地址;访问主存,从中断向量表中读得服务程序入口地址;然后转向服务程序。如果中断类型码为 0,则从 0 号单元开始,连续读取 4 B 的入口地址(段基址及偏移量)。如果中断类型码为 1,则从 4 号单元至 7 号单元读取其入口地址。

当 CPU 执行软中断指令“INT　n”时,将中断号 n 乘以 4,形成向量地址;访问主存,从中断向量表中读取服务程序入口地址。可见,软中断是由软中断指令给出中断号即中断类型码 n,而外部中断是由某个中断请求信号 IRQ_i 引起的,经中断控制器转换为中断类型码 n。

在 80386/80486 系统中,性能较 8086/8088 有所提升。中断向量表可以存放在主存的任何位置,将向量表的起始地址存入一个向量表基址寄存器中。中断类型码经转换后,形成距向量表基址的偏移量。80386/80486 的访存有实地址方式与虚地址方式之分。在实地址方式中,物理地址 32 位,每个中断源的服务程序入口地址在中断向量表中占 4 B(与 8086/8088 系统相似)。在虚地址方式中,虚地址 48 位,每个中断源在中断向量表中占用 8 B,其中 6 B 给出 48 位以虚地址编址的服务程序入口地址,其余 2 B 存放状态信息。

除上述两种外,产生向量地址的方法还有多种。如在具有多根请求线的系统中,可由请求线编码产生各中断源的向量地址。又如,在菊花链结构中,经由硬件链式查询找到被批准的中断源,该中断源通过总线向 CPU 送出其向量地址。再如,中断源送出一种复位指令 RST　n 代码,再转换成向量地址。在 IBM PC 和 80386/80486 中,中断源产生的是偏移量,与 CPU 提供的中断向量表基址相加,形成向量地址。在有些系统中,CPU 内有一个中断向量寄存器,存放向量地址的高位部分,中断源产生向量地址的低位部分,二者拼接形成完整的向量地址。

另一种使用向量中断的技术是总线仲裁。对于总线仲裁,I/O 模块在引发中断请求线前必须首先获得总线控制权,因此一次只有一个模块引发这条线。当 CPU 检测到中断时,在中断响应线上响应,然后请求中断的外设把它的向量放在数据线上。

(2)非向量中断方式

非向量中断是指这样一种中断响应方式:CPU 响应中断时只产生一个固定的地址,由此读取中断查询程序(也称为中断服务总程序)的入口地址,然后转向查询程序并执行;通过软件查询方式,确定被优先批准的中断源,然后获取与之对应的中断服务程序入口地址,分支进入相应的中断服务程序。例如在 DJS-130 机中,CPU 响应中断时,在中断周期中让 PC 和 MAR 的内容均为 1,从 1 号存储单元中读出查询程序的入口地址;然后转向查询程序,通过执行查询程序,按优先顺序逐个地查询各中断源。若某中断源提出了中断请求,则转向相应的服务程序;若未提出请求,则继续往下查询。

查询程序是为所有中断请求服务的,因此又称为中断总服务程序。它的任务仅仅是判定优先的、提出请求的中断源,从而转向实质性处理的服务程序。查询程序本身可以存放在任何主存区间,但它的入口地址被写入一个固定的单元,如写入 1 号单元,这一点在硬件上是固定的。各中断服务程序的入口地址则被写进查询程序中。

查询方式可以是软件轮询(即分设备地逐个查询有关状态标志),也可以先通过硬件取回被批准中断源的设备码,再通过软件判别,而优先排队电路则提供优先设备的设备码。

可见,非向量中断方式是通过软件查询方式来确定应响应哪个中断源,再分支进入相应的服务程序处理的。这种方式硬件逻辑简单,调整优先级方便,但响应速度慢。现代计算机通常具备向量中断功能,但非向量中断方式一般作为向量中断的一种补充。

2. 响应中断的条件

针对可屏蔽的中断请求,满足下述几个条件,CPU 才能响应中断。

①有中断请求信号发生,如 IRQ_i 或软中断指令 INT　n。

②该中断请求未被屏蔽。

③CPU 处于开中断状态,即中断允许触发器 $T_{IEN}=1$(或中断允许标志位 PSW[4]=1)。

④没有更重要的事件要处理(如因故障引起的内部中断,或是其优先权高于程序中断的 DMA 请求等)。

⑤CPU 刚刚执行完的指令不是停机指令。

⑥在一条指令执行结束时响应(因为程序中断的过程是程序切换过程,显然不能在一条指令执行的中间就切换,否则代价太大)。

3. 中断响应过程

不同计算机的中断响应过程可能不同。以模型机为例,在现行指令将结束时响应中断请求。例如,在现行指令的最后一个时钟周期,向请求源发出中断响应信号 $\overline{INTA}$,并形成 1→IT 条件,在时钟周期结束时发出 CPIT,使 CPU 在执行完该指令后就转入中断周期 IT。如前文所述,中断周期是响应过程的一个专用的过渡周期,有的机器称之为中断响应总线周期。在这一周期中依靠硬件实现程序切换,需完成下面 4 项操作。

①关中断。为了保证本次中断响应过程不受外界干扰,CPU 在进入中断周期后,便立

即关中断(通过设置使 $T_{IEN}=0$ 或 PSW[4]=0)。

②保存断点。将程序计数器 PC 的内容保存起来,一般是压入堆栈。此时,PC 内容为恢复原程序后的后继指令地址,称为断点。在低端微型计算机中,为了简化硬件逻辑,在中断周期中只将断点压栈保存,以后再在中断服务程序中保存程序状态字与有关寄存器内容。在某些高端计算机中,为加快中断处理速度,在中断周期中依靠硬件,将程序状态字也压栈保存,甚至将其他寄存器内容也一同压入堆栈。

③获取服务程序的入口。被批准的中断源接口通过总线向 CPU 送入向量地址(或相关编码,如中断类型码)。CPU 据此在中断周期中访问中断向量表,从中读取服务程序的入口地址(或包括服务程序状态字)。

④转向程序运行状态,以开始执行中断服务程序。如组合逻辑控制方式,在中断周期将要结束时形成 1→FT,再切换到取指周期。

以上响应阶段的操作是在中断周期中直接依靠硬件实现的,并非执行程序指令,自然也不需编制程序实现,所以也常称为中断隐指令操作。CPU 设计制成后,就应具备这些功能。但编程者应了解硬、软件之间的界面,即在中断周期中 CPU 已完成了哪些操作,才能知道如何在此基础上编制后面的中断服务处理程序。

4. 执行中断服务程序

进入中断服务程序之后,CPU 通过执行程序,按照中断请求的需要进行相应的中断服务处理。不同的中断请求所期望的具体服务处理诉求通常是不一样的。在这里主要讨论一些共性问题,如保护现场、开/关中断、多重中断与单级中断、恢复现场与返回等。

为了形成完整的处理过程的概念,我们将 CPU 对中断的响应操作(主要是执行中断隐指令)和 CPU 进行中断处理所作的软件操作(执行中断服务程序)按序列在表 6-4-1 中,并按多重中断方式和单级中断方式的不同进行了对比。

表 6-4-1　中断隐指令与中断服务程序中完成的操作

	多重中断方式	单级中断方式
中断响应 (执行中断隐指令)	关中断 保存断点及 PSW 取服务程序入口地址及新 PSW	关中断 保存断点及 PSW 取服务程序入口地址及新 PSW
中断服务程序	保护现场 送新屏蔽字 开中断	保护现场
	服务处理(允许响应更高级别请求)	服务处理
	关中断 恢复现场及原屏蔽字 开中断 返回	恢复现场 开中断 返回

(1)保护现场

执行中断服务程序时,可能使用某些寄存器,这就会破坏它们原先保存的内容。因此需要事先将它们的内容保存起来,称为现场保护。由于各个中断服务程序使用的寄存器不同,对现场的影响各不相同,因此较多的是安排在服务程序中进行现场保护。服务程序需要使用哪些寄存器,就保存哪些寄存器的原内容,一般是压入堆栈保存。

在服务程序中进行现场保护,可以根据实际需要有针对性地进行,不做无用操作。但通过执行程序来实现,速度可能较慢。因此有的计算机在指令系统中专门设置一种指令,可成组地保存寄存器组内容,或者在中断周期中直接依靠硬件快速实现现场保护。

(2)多重中断与单级中断

在编制中断服务程序时,可以根据需要选择如下两种策略之一。

①允许多重中断的处理方式。

这种方式允许在服务处理过程中响应、处理优先级别更高的中断请求。这就可能形成一种中断嵌套关系,如图 6-4-8 所示。

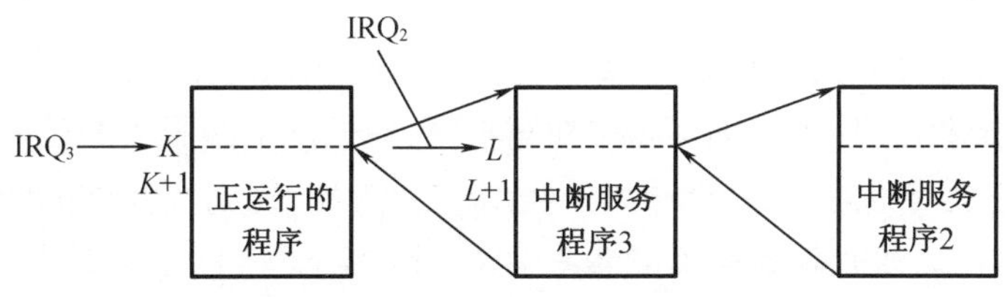

图 6-4-8　多重中断的嵌套过程

假定 CPU 在执行第 K 条指令(对应优先级 IRQ_4)时,设备 3 发出中断请求信号 IRQ_3,其优先级高于现行程序。则 CPU 在执行完第 K 条指令后,转入中断周期,将断点 $K+1$ 压栈保存,然后转入中断服务程序 3。在执行服务程序 3 时,又接到优先级更高的中断请求 IRQ_2,于是 CPU 暂停执行服务程序 3,转入中断周期,将断点 $L+1$ 压栈保存,然后转入中断服务程序 2。当执行完服务程序 2 时,从栈中取出返回地址 $L+1$,返回服务程序 3。在执行完服务程序 3 后,又从堆栈中取返回地址 $K+1$ 并返回到原程序继续执行,这种方式就是多重中断方式。大多数计算机都允许多重中断嵌套,使紧迫的事件能够得到及时处理。

为了允许多重中断,在编制中断服务程序时,采取下述的安排方法。在保护现场后,送出新的屏蔽字,该屏蔽字将屏蔽掉与本请求同一优先级别以及更低级别的其他请求,然后开中断,再开始本请求源所要求的服务处理(注意,在中断周期中已由硬件关中断,为了能响应新的更高级别请求,服务程序需执行开中断指令)。如果在处理过程中,CPU 又接到优先级更高的新请求,就可以暂停正在执行的服务程序,保存其断点,转去响应新的中断请求。如果在处理过程中并无新的中断请求,则服务可以完整地执行,不被打断。

②单级中断的处理方式。

如果响应某个中断服务请求后,CPU 只能为该请求源服务提供排他式服务,不允许被其他人和优先级的中断请求所打断,只有当本次中断服务全部完成并返回到原程序后,CPU 才能重新响应新的中断请求,这种不允许中断服务程序再次响应中断的方式称为单级中断模式。在这种模式下,在执行中断服务程序的全过程中,CPU 处于关中断状态,禁止响应任何常规的中断请求。

如果只允许单级中断,则在编制中断服务程序时采取如下的安排方法。在保护现场后即开始实质性的服务处理。由于在中断周期中已由硬件关中断,所以在本次服务过程中不再响应新的中断请求。直到本次服务完毕,临返回之前才开中断。

(3)恢复现场、返回到原程序

当服务程序完成处理任务即将返回到原程序时,应使 CPU 的有关状态恢复到被中断之前,为此应当恢复现场,然后打开允许中断触发器。

在恢复现场时不允许被打扰,CPU 应处于关中断的状态。对于多重中断方式,此时应暂时关中断,再恢复现场和原来的屏蔽字。对于单级中断方式,处理过程本来就处于关中断状态。可见,在编制中断服务程序时应遵循一个原则:在响应过程、保护现场、恢复现场、恢复原屏蔽字等敏感操作阶段,应当先使 CPU 关闭中断响应,使这些敏感操作不受打扰。

现场恢复之后,先执行开中断指令,然后执行返回指令 RETI。开中断指令一般在完成开中断操作后,立即转入下一条指令即 RETI,才会开始响应新的中断请求。

5. 中断处理过程举例

系统在处理单重中断的过程中,CPU 一直是处于关中断状态的,不会再响应新的中断请求,处理过程相对比较简单。而多重中断则不同,在处理中断服务的过程中 CPU 处于开中断模式,因此它就有可能还要对新的中断请求做出响应,完成多个中断的嵌套处理。

【例 6-4-2】 计算机系统通过 8259A 中断控制器处理 4 级中断请求,OCW2 中的 EOI 标志既可以设置成 EOI=0,也可以设置成 EOI=1,且仲裁电路确定的优先级顺序是:$IRQ_1>IRQ_2>IRQ_3>IRQ_4$。现在可以利用在中断服务程序中设置屏蔽字,把中断处理过程中各中断源的相对优先级高低顺序调整为:$IRQ_1>IRQ_4>IRQ_3>IRQ_2$。假设在 CPU 运行主程序时,同时发生了 IRQ_2 和 IRQ_4 中断请求,且执行 IRQ_2 中断服务程序时,又发生了 IRQ_1 和 IRQ_3 中断请求,试分析中断屏蔽字的设置情况和 CPU 对这 4 个中断请求的处理过程。

解 在中断服务程序中设置屏蔽字时,应屏蔽与自己同级和更低级的中断源,且经屏蔽字调整的优先级 $IRQ_1>IRQ_4>IRQ_3>IRQ_2$,因此在关闭了中断的运行模式下,在各中断源对应的中断服务程序中,应按下表内容来重新设置新的屏蔽字:

IRQ 对应中断服务程序	中断屏蔽字代码			
	IMR[1]	IMR[2]	IMR[3]	IMR[4]
P1	1	1	1	1
P2	0	1	0	0
P3	0	1	1	0
P4	0	1	1	1

中断处理过程涉及各中断源的优先级仲裁,当前正在执行的中断服务程序对应的等效优先级(ISR 中的标志位)是否参与仲裁,也会影响到各中断的处理过程。ISR 中的标志位在处理中断时是否自动清除,与通过 OCW_2 设置的 EOI 位有关,因此需按两种情况分析。

(1)当 EOI=1 时

此时 8259A 通过数据总线向 CPU 送出中断类型码后,会自动清除中断源在 ISR 中的标志位,这意味着正在处理的中断服务不参加优先级仲裁,因此就会出现高优先级的中断服务程序被低优先级的中断请求打断的情况,处理顺序如图 6-4-9 所示。

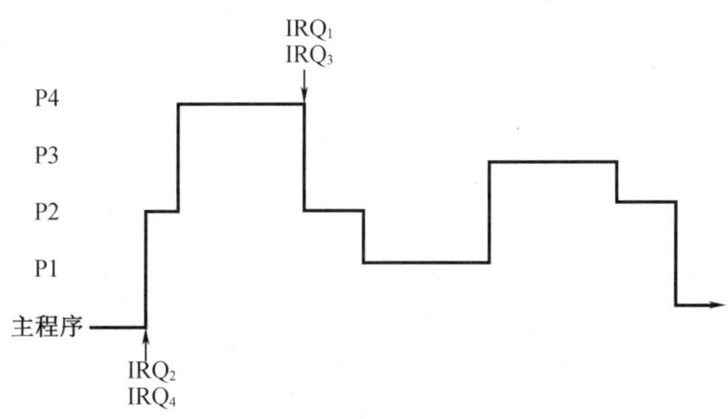

图 6-4-9　处理顺序(一)

主程序执行时未设屏蔽字,因此 IRQ_2 和 IRQ_4 同时发生时,硬件仲裁结果是响应 IRQ_2。在 IRQ_2 中断服务程序中设置的新屏蔽字是 IMR[4：1]=0010,且 ISR[2]已被复位。开中断后从 IRR 中查询到 IRQ_4 的存在,因此针对队列{IRQ_4}启动仲裁的结果是响应 IRQ_4。在 IRQ_4 的中断服务程序中设置的屏蔽字是 IMR[4：1]=1110 且 ISRI4 已被复位,中断服务程序执行过程中未查询到 IRR 中有中断请求出现,所以 IRQ_4 的服务程序 P4 可以连续执行完毕。

P4 结束后关中断,恢复成 IRQ_2 程序中设置的屏蔽字 IMR[4：1]=0010,开中断后恢复 P2 的执行。此时 IRR 中出现了中断请求 IRQ_1 和 IRQ_3,且针对队列{IRQ_1,IRQ_3}启动的仲裁结果是响应 IRQ_1。在 IRQ_1 的服务程序中,设置的新屏蔽字 IMR[4：1]=1111 且 ISR[1]=0,此时 IRQ_3 是被屏蔽的。尽管此时 IRR[3]=1 但 IRQ_3 无法参加仲裁,因此 P1 得以执行完毕。

P1 结束后,恢复 P2 中设置的屏蔽字 IMR[4：11]=0010,开中断后查询到 IRR[3]的存在且当前未被屏蔽,因此针对队列{IRQ_3}的仲裁结果是立即响应 IRQ_3。在 IRQ_3 服务程序中设置的新屏蔽字是 IMR[4：1]=0110 后续执行过程中 IRR 无未被处理的中断请求,P3 得以执行完毕。

P3 执行完后关中断,恢复到程序 P_2 继续执行,执行完成后再恢复到主程序继续执行。

(2)当 EOI=0 时

此时 8259A 向 CPU 发出当前响应的中断类型码后,不会自动清除中断源在 ISR 中的标志位,这意味着正在处理的中断服务要参加优先级仲裁,因此低优先级的中断请求就无法打断正在执行的高优先级中断服务程序,处理顺序如图 6-4-10 所示。

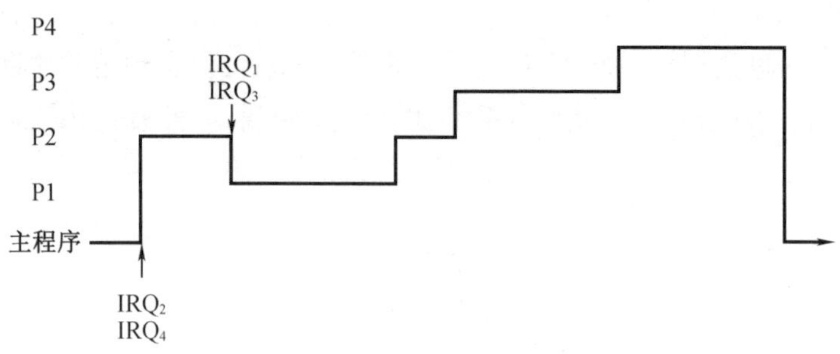

图 6-4-10　处理顺序(二)

但 IRQ_2 和 IRQ_4 同时发生时,仲裁结果是响应 IRQ_2。在 IRQ_2 的服务程序中设置的新屏蔽字是 IMR[4 : 1] = 0010 且 ISR[2] = 1。开中断后尽管此时查询到 IRQ_4 对应的 IRR[4] = 1,但针对队列{IRQ_1,IRQ_3}的仲裁结果是不响应 IRQ_3(因为优先级 IRQ_2>IRQ_3),所以继续执行 P2。当同时出现中断请求 IRQ_1 和 IRQ_3 时,因两者均没有被屏蔽,所以针对队列{ISR[2],IRQ_1,IRQ_3}的仲裁结果就是立即响应 IRQ_1(因为 IRQ_1>IRQ_2>IRQ_3)。

暂停执行程序 P2,转向程序 P1 执行。在程序 P1 中设置的新屏字是 IMR[4 : 1] = 1111 且控制器在 EOI=0 模式下不会自动复位 ISR,故保持 ISR[1] = ISR[2] = 1。执行 P1 的过程中寄存器虽然保持了 IRR[3] = IRR[4] = 1,但两者的优先级比正在执行的 P1 优先级更低,所以针对队列{ISR[1],ISR[2],IRQ_3,IRQ_4}的仲裁结果是不响应新的中断请求,程序 P1 连续执行完毕后通过指令复位寄存器 ISR 使 ISR[1] = 0,然后恢复到 P2 继续执行。

P2 的执行过程中,屏蔽字是 IMR[4 : 1] = 0010、ISR[2] = 1、IRR[3] = IRR[4] = 1,所以 P2 会连续执行完毕并复位 ISR 使 ISR[2] = 0。程序 P2 结束后,恢复到主程序的初始屏蔽字是 IMR[4 : 1] = 0000、ISR[4 : 1] = 0000,开中断后查询到中断请求标志 IRR[3] = IRR[4] = 1,队列{IRQ_3,IRQ_4}仲裁的结果是立即响应 IRQ_3,所以执行 IRQ_3 的服务程序 P3。在 P3 执行过程中,设置的新屏蔽字 IMR[4 : 1] = 0110 且 ISR[3] = 1,此时尽管 IRR[4] = 1 但队列{ISR[3],IRQ_4}的仲裁结果是因 IRQ_4<IRQ_3 而暂不响应 IRQ_4,P3 继续执行到结束并复位 ISR 使 ISR[3] = 0。

程序 P3 执行结束以后,系统关闭中断响应模式,并且恢复主程序的原屏蔽字 IMR[4 : 1] = 0000,此时的 ISR[4 : 1] = 0000,打开中断后能立即从寄存器 IRR 中查询到 IRR[4] = 1,仲裁结果是响应 ISR[4] = 1 并执行它的服务程序 P4。在执行过程中,控制器保持 ISR[4] = 1,而且从 IRR 中查询不到新的中断请求,因此 P4 连续执行完毕并复位 ISR[4],然后恢复到主程序断点继续执行。

6.4.4　中断接口的逻辑模型

中断接口是支持程序中断方式的 I/O 接口,位于主机与某台外部设备之间。它的一侧面向系统总线,另一侧面向某台外部设备。不同的主机、不同的设备、不同的设计目标,其接口逻辑可能不同,这决定了实际应用的接口的多样化。

我们先构造一个中断接口的基本组成模型,来体现中断接口的基本组成原理;再以此为基础,讨论实际接口的可能变化;然后举出一个实际的中断接口实例,对接口模型予以印证。

图 6-4-11 是一种在寄存器级上抽象化表示的终端接口的基本组成结构功能模型粗框图,其中虚线以上的部分代表一个设备的接口逻辑,虚线以下的部分是各设备公用的公共接口逻辑部分。

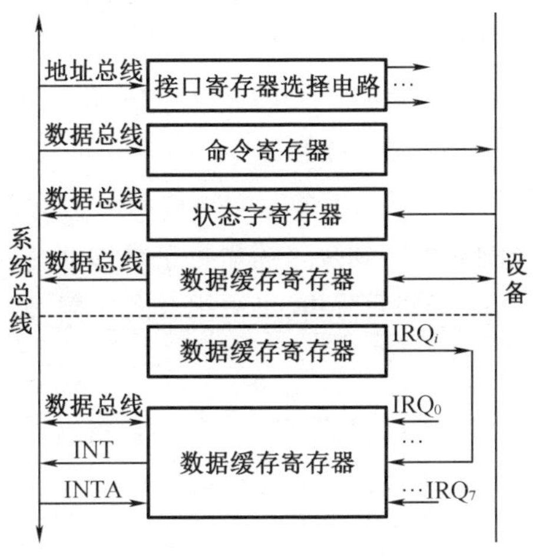

图 6-4-11　中断接口组成模型

1. 接口寄存器选择电路

在一台计算机的 I/O 子系统中,可能有多个外部接口,每个接口中又可能有数个与系统总线相连接的寄存器(或寄存器级部件,如输入通道、输出通道等),因此每个接口中需要一个设备选择电路,实际上是一个 I/O 端口地址译码器。选择电路接收从系统总线送来的地址码,译码后产生选择信号,用于选择本接口中的某个寄存器。选择电路的具体组成与 I/O 系统的编址方式有关,因而有以下两种主要方式可供选择。

(1)统一编址方式

计算机系统将接口中的有关寄存器与主存储器统一编址,像访问主存单元一样地访问设备接口中的相关寄存器。相应地,为接口中的有关寄存器分配地址总线代码,寄存器选择电路对地址总线代码译码,形成选择信号,选择某个寄存器。在统一编址方式中,CPU 使用通用数据传输指令访问接口,实现输入和输出。根据地址码的范围,可区分访问主存还是访问外围接口。某些单片机系列采用统一编址方式。

(2)单独编址方式

在 IBM PC 中,用地址总线的低 8 位送出 I/O 端口地址,共 256 种代码组合,每个接口视其需要可占用一至数个端口地址。端口地址直接定位到接口中的某个寄存器,一个接口占用端口地址数可多可少,因而这种编址方式更为灵活。接口中的寄存器选择电路根据 I/O 端口地址译码,产生选择信号。这与访问主存的总线地址不同,I/O 端口地址是为设备接口而专设的。

在单独编址方式中,CPU 只能通过显式的 I/O 指令访问外部设备接口中的寄存器。许多接口常将端口地址与 IOR、IOW 命令一道译码,直接形成对某个寄存器的读/写操作命令,既包含了端口寄存器的选择,又包含了向端口发送的读/写控制命令。

2. 命令字寄存器

每种外部设备往往有自己的特殊操作,如让磁带机正转越过 n 个数据块,或者反转越过 n 个数据块。在各种应用场合中更是常有这类情况,如让某加热炉升温或降温等。而通用计算机的指令系统是通用的,并不针对特殊操作,因此接口需要将通用指令转换成设备所需的特殊命令。为此,可在接口中设置一个命令字寄存器,按信息数字化的思想,事先约定命令字代码中各位的含义,或是分段译码的含义。例如,约定命令字最低位 D_0 为启动位,为 1 启动磁带机,为 0 关闭磁带机;约定 D_i 为方向位,为 1 正转,为 0 反转;约定 $D_2 \sim D_4$ 为越过 n 个数据块,如此等等。CPU 给出命令字寄存器所对应的端口地址,用输出指令从数据总线送出某个约定的控制命令字到接口的命令字寄存器,接口再将命令字代码转换为一组操作命令,送往设备。为便于调回分析,可采用双向连接。

3. 状态字寄存器

采用程序控制的一个特点是可以根据实际运行状态做出动态调整。为此,接口中常设置一个状态字寄存器,用来记录、反映设备和接口的运行状态,作为 CPU 执行 I/O 程序时的重要判别依据。

外部设备与接口的工作状态可以采取抽象化的约定与表示方法,如以前提到过的忙(B)、完成(D)、请求(IRQ)状态等,也可采取具体的描述,如设备故障、校验出错、数据延迟等一类的状态信息。在设备与接口的工作过程中,将有关状态信息及时地送入状态字寄存器,或采取 R、S 端置入方式,或采取由 D 端同步输入方式,视具体的状态信息产生方式而定。

4. 数据缓冲寄存器

I/O 子系统的基本任务是实现数据的传输,由外部设备经接口输入到主机,或由主机经接口输出到外部设备。为此,在接口中应设置一定容量的数据缓冲寄存器。如果该寄存器只担负输入或输出缓冲,则采用单向连接模式;如果既可输入又可输出,则采取双向连接模式。

由于主机与外部设备的数据传输率往往不同,前者快于后者,所以数据缓冲寄存器的任务就是实现数据缓冲,缓解两者之间的差异。缓冲区的容量称为缓冲深度,也是接口必须满足的技术指标。接口中可能设置数个缓冲寄存器,甚至可用小容量 SRAM 芯片构成缓冲存储器。

5. 其他控制逻辑

上面的三种寄存器是接口中基本信息的存储逻辑,这些信息是传输内容或者控制有关操作的基本依据。为了按照程序中断方式实现 I/O 控制,以及针对设备特性的操作控制,接口中还需有相应的控制逻辑。这些控制逻辑的具体组成,视不同接口的需要而定,也不太规整,在组成模型框图中没有具体描述。下面列举一些可能的内容。

①中断请求信号 IRQ 的产生逻辑。

②与主机之间的应答逻辑。

③控制时序。例如,在串行接口中需有一套移位逻辑,实现串行数据传输的串并转换,相应地需有自己的控制时序,包括振荡电路、分频电路等。

④面向设备的某些特殊逻辑。例如,许多外部设备具有机电性操作,包括电动机的启动、停止、正转、反转、加速、减速,电磁铁、继电器的动作,磁记录的编码与译码等。有些控制功能由设备控制器实现,有些则由接口负责。又如,设备的信号电平与主机不同,由接口进行电平转换等。在各种应用系统中,更需考虑这类面向设备的特殊要求。

⑤智能控制器。在功能要求比较复杂的接口中,常使用通用的微处理器、单片机或专用的微控制器等芯片,与半导体存储器构成一个可编程控制器。由于可以编程处理复杂的控制,常称为智能控制器型接口。

6. 公用的中断控制器

如前文所述,在微型计算机系统中广泛使用集成化的中断控制器芯片(如 Intel 8259A)的任务是:汇集各接口的中断请求信号,经过屏蔽控制优先排队,形成送往 CPU 的中断请求信号 INT;在接到 CPU 批准信号 INTA 后,通过数据总线送出向量地址(或中断类型码)。这是各中断接口的公用部分,可称为公共接口逻辑,一般组装在主机板上。图 6-4-11 中将它画在虚线之下,一是可与各设备接口从组装角度区分开,二是可与设备接口连成一个整体,形成完整的接口逻辑概念。

针对基本接口的组成模型,以抽象化的方式对接口的工作过程描述如下。

①初始化中断接口和中断控制器。CPU 通过调用程序或系统初始化程序,对中断接口初始化(如设置工作方式,初始化状态字、屏蔽字),为各中断请求源分配中断类型码(或其他相应的向量编码)等。

②启动外部设备。通过专门的启动信号或命令字,使接口状态为 B=1(忙标志位)、D=0(完成标志位),据此启动设备工作。

③设备提出中断请求。当设备准备好或完成一次操作,使接口状态变为 B=0、D=1,据此向中断控制器发出中断请求 IRQ_i。

④中断控制器提出中断请求。IRQ_i 送中断控制器 8259A,经屏蔽控制和优先排队,向 CPU 发出公共请求 INT,并形成中断类型码。

⑤CPU 响应。CPU 向 8259A 发回批准信号 INTA,并通过数据总线从 8259A 取走对应的中断类型码。

⑥CPU 在中断周期中执行中断隐指令操作,进入中断服务处理程序。有关 8259A 的使用细节,将在后续课程中介绍。

与图 6-4-11 所示的接口模型相比,实际应用中的接口可能存在以下两种变化。

(1)命令/状态字的简化

有的接口所需要的命令/状态信息不多,可以合为一个寄存器,称为命令/状态字寄存器。其中有些位可由 CPU 编程设置,体现主机向设备与接口发出的控制信息。有些位用于记录设备与接口的运行状态,据此反映状态信息。有些接口没有明显的命令/状态字,因而可进一步简化为几个触发器。例如,在 DJS-130 机基本中断接口中只设置 4 个触发器,体现基本的命令/状态信息:工作触发器 C_{GZ}(相当于忙触发器 B),结束触发器 C_{JS}(相当于完成触发器 D),中断请求触发器 C_{QZ}(即 IRQ),屏蔽触发器 C_{PB}(即 IM)。当 CPU 发清除命令时,清除信号使 $C_{GZ}=0$ 和 $C_{JS}=0$。当 CPU 发启动命令时,启动信号使 $C_{GZ}=1$ 和 $C_{JS}=0$。当设备准备好或完成一次操作时,使 $C_{GZ}=0$、$C_{JS}=1$。根据 $C_{JS}=1$、$C_{PB}=0$ 的条件,使请求触发器 $C_{QZ}=1$,从而向 CPU 发出中断请求信号。

在 DJS-130 机的实际外围接口中,也往往根据需要,在上述的基本接口中增加一些逻辑电路(与外部设备的具体特性有关)。

(2)命令/状态字的具体化与扩展

许多外围接口是为了连接常规外部设备而设置的,如键盘接口、打印机接口、显示器接口和磁盘接口等。这就需要针对设备的具体要求,将命令字和状态字具体化。例如,对磁带机发出的命令中,可能包含正转、反转、越过 n 个数据块、读、写等。可以按照信息数字化的基本思想,分别确定命令字和状态字的位数,以及每一位代码的约定含义。

在构成计算机应用系统时,有些接口连接的是广义外部设备,其变化可能更多。

【例 6-4-3】 用计算机控制某 n 层楼房的电梯系统,在主机与电梯的电动机驱动系统中应设置一个接口。主机对电梯所发出的命令中可能包含启动、停止、上升、下降、加速、减速等;作为控制依据的电梯状态中可能包含:到达 $1\sim n$ 层的请求、$1\sim n$ 层提出的使用电梯请求等;通过接口传输的数据可能包含电梯所处位置、电梯升降速度等。因此,电梯系统接口设计的任务之一是将上述信息用约定的数字代码表示,并根据要求确定命令字、状态字、数据等寄存器的位数。

【例 6-4-4】 用计算机控制 n 台电热炉,启动或关闭它们,定时采集它们的炉温数据,并及时进行反馈调节。一种可能的方案是通过定时中断,激活数据采集及调节程序。在系统中,时钟中断作为一个中断源;但在它所引发的中断处理程序中,需分别控制 n 台电热炉,这可视为一种设备数量的扩充。在接口中可设置一个命令字寄存器,分为 n 段,每段的若干位代码按约定格式表明主机向对应炉号的电热炉发送的控制命令,而状态字寄存器的设计也与此相类似。

上述例子中涉及命令/状态字信息的复杂化与具体化及设备数量扩充等问题,处理的基本思路是充分利用信息表示的数字化(即用约定的数字代码格式去表达主机发出的控制命令,及外部设备与接口本身的各种状态),通过数据总线送出或回收,从而实现各种情况下的 I/O 控制。

6.5 DMA 方式与接口

中断模式要比程序查询方式更有效,但数据的 I/O 操作仍需由 CPU 执行中断服务程序来实现,传输效率仍不高。大数据量的 I/O 操作需要有更高效的技术,如 DMA 等。本节将从接口的角度进一步讨论实现 DMA 方式的 I/O 传输控制原理、有关组成逻辑,并举例说明 I/O 操作过程。

6.5.1　DMA 方式基本概念

1. 定义

DMA(direct memory access)即直接存储器访问,几乎是所有计算机系统都具备的一种重要的 I/O 工作机制,是指这样一种传输控制方式:依靠硬件直接在主存与外部设备之间进行数据传输,在数据的 I/O 传输过程中不需要 CPU 执行程序来干预。

直接存储器访问意味着在主存储器与 I/O 设备之间有直接的数据传输通路,不必经过 CPU,也称为数据直传。也就是说,输入设备的数据可经系统数据总线直接输入到主存储器;而主存中的数据可经数据总线直接输出给输出设备,所以也称为直接存储器存取。定义的又一层含义是,这样的数据直传是直接由硬件控制实现的,不依靠执行程序指令来实现,所以在 DMA 传输期间不需要 CPU 执行程序来控制干预。

我们再简要回顾一下另外两种 I/O 传输的控制方式。在程序查询方式(直接程序传输方式)中,当条件具备时,CPU 执行 I/O 指令,发出有关微操作命令,实现数据的输入或输出。在程序中断方式中,首先切换到中断服务程序,在该程序中执行 I/O 指令,实现数据的输入或输出。

2. 特点与应用

根据 DMA 方式的定义,这种传输控制方式的特点是以响应随机请求的方式,实现主存与 I/O 设备间的快速数据传输; DMA 传输周期的插入不影响 CPU 程序的执行状态,除非 CPU 和 DMA 访问主存引起冲突,否则 CPU 可以继续执行自己的程序,因而显著提高了 CPU 利用率;但是,也正因为无 CPU 参与,因而 DMA 方式只能处理简单的数据传输。

与程序查询方式相比,DMA 方式也可以像中断那样响应随机请求。当传输数据的条件具备时,接口提出 DMA 请求,获得批准后,占用系统总线进行数据的输入/输出,CPU 不必为此等待查询,可以并行地执行自身的程序。传输的实现是直接由硬件控制的,CPU 不必为此执行指令,其现行程序也不受 DMA 影响(除非访存冲突)。

与程序中断方式相比,DMA 方式仅需占用系统总线,CPU 不必切换程序,不存在保存断点、保护现场、恢复现场、恢复断点等操作,因而在接到随机请求后,可以快速插入 DMA 传输。从原理上讲,只要不存在访存冲突,CPU 也可与 DMA 传输并行地工作。仅仅依靠硬件,可以实现简单的数据传输,但难以识别和处理复杂事态。

鉴于以上特点,DMA 传输方式一般应用于主存与高速 I/O 设备之间的简单数据传输。高速 I/O 设备包括磁盘、磁带、光盘等外存储器,以及其他带有局部存储器的外部设备、通信设备等。

对磁盘的读/写是以数据块为单位进行的,一旦找到数据块起始位置,就将连续地读/写。找到数据块起始位置是随机的,相应地,接口何时具备数据传输条件也是随机的。由于磁盘读写速度较快,在连续读写过程中不允许 CPU 花费过多的时间。因此,从磁盘中读出数据或向磁盘中写入数据时,一般采用 DMA 方式传输:直接由主存经数据总线输出到磁盘接口,然后写入盘片;或由盘片读出到磁盘接口,然后经数据总线写入主存。

当计算机系统通过总线与外部通信时,常以数据帧为单位进行批量传输。何时引发一次通信,可能是随机的。开始通信后,常以较快的数据传输速率连续传输,因此适合采用DMA方式。在不通信时,CPU可以照常执行程序,在通信过程中仅需占用系统总线,系统开销很少。

大批量数据采集系统中也可以采用DMA方式。为了提高半导体存储器芯片的单片容量,许多计算机系统选用动态存储器DRAM,并用异步刷新方式安排刷新周期。刷新请求的提出,对主机来说是随机的。DRAM的刷新操作是对存储内容按行读出,可视为存储器内部的数据批量传输。因此,也可采用DMA方式实现,将每次刷新请求当成DMA请求,CPU在刷新周期中让出系统总线,按行地址(即刷新地址)访问主存,实现各芯片的一行刷新。利用系统的DMA机制实现动态刷新,简化了专门的动态刷新逻辑,提高了主存的利用率。

DMA传输是直接依靠硬件实现的,可用于快速的数据直传,传输过程无须CPU参与。也正是由于这点,DMA方式不能处理复杂事态。因此,在某些复杂场合常将DMA与程序中断方式相结合,二者互为补充。典型的例子是磁盘调用,磁盘读写采用DMA方式进行数据传输,而对寻道正确性的判别、批量传输结束后的处理则采用的中断方式。

3. 单字传输方式与成组连续传输方式

每提出一次DMA请求,将占用多少个总线周期?是单字传输还是成组连续传输?如何合理地安排CPU访存与DMA传输中的访存?这是系统设计时应该考虑的问题。采用DMA方式是为了实现一次批量传输,如从磁盘中读出一个文件,但在实施上可以有两种方案。

(1)单字传输方式

每次DMA请求获得批准后,CPU让出一个总线周期的总线控制权,由DMA控制器控制系统总线,以DMA方式传输一字节或一个字(如一次并行传输8位、16位、32位等)。结束后,DMA控制器归还总线控制权,CPU再重新判断下一个总线周期的总线控制权是CPU保留,还是继续响应一次新的DMA请求。这种方式称为单字传输方式,又称为周期挪用或周期窃取,即每次DMA请求都从CPU控制时间中挪用一个总线周期,用于DMA传输。

当主存储器工作速度高出I/O设备较多时,采用单字传输方式可以提高主存利用率,对CPU程序执行的影响较小。因此,高速主机系统常采用这种方式,这是因为在DMA传输数据尚未准备好(如尚未从磁盘中读得新的数据)时,CPU可使用系统总线访问主存。根据主存读写周期与磁盘的数据传输率,可以计算出主存操作时间的分配情况:有多少时间需用于DMA传输(被挪用),有多少时间可用于CPU访存,这在一定程度上反映了系统的处理效率。由于访存冲突,每次DMA传输会对CPU正常执行程序带来一定的影响,但由于主存速度较高,单字传输方式不会造成一段死区,因而影响不严重(每次申请、判别、响应、恢复,毕竟要花费一些时间)。

(2)成组连续传输方式

每次DMA请求获得批准后,DMA控制器掌管总线控制权,连续占用若干个总线周期,进行成组连续的批量传输,直到批量传输结束,才将总线控制权交还给CPU。这种方式称为成组连续传输方式,在传输期间,CPU停止访问主存,无法执行需占用总线或访问的指令。

当 I/O 设备的数据传输率接近于主存,或者 CPU 除了等待 DMA 传输结束并无其他任务(如单用户状态下的个人计算机)时,常采用成组连续传输方式。这种方式可以减少系统总线控制权的切换次数,有利于提高 I/O 效率。由于系统必须优先满足 DMA 高速传输,如果 DMA 传输的速率已接近于主存,则每个总线周期结束时将总线控制权交回给 CPU 就没有多大意义。对单用户个人计算机,一旦启动调用磁盘,CPU 就等待这次调用结束才恢复执行程序,因此也可以等到批量传输结束才收回总线控制权。对于高速计算机,常采用多道程序工作方式,且主存的传输速率超出 I/O 的很多,如果采用成组连续传输方式,就会影响主机的利用率。

4. 硬件组织

我们一再强调,DMA 传输是直接依靠硬件实现的,这是它不同于程序查询方式与程序中断方式之处。那么,为了实现 DMA 传输,需要哪些硬件?由谁控制 DMA 传输?

DMA 方式能够实现主存与 I/O 设备之间的数据直传。为此,应当指出传输方向是输入还是输出;也应当给出 I/O 设备的寻址信息,如磁盘的驱动器号、圆柱面号、磁头号、起始数据块号等;还要给出主存缓冲区的寻址信息,对于连续存储区来说,往往给出该缓冲区首地址(即起始地址),以及本次 DMA 数据的交换量,以便判断 I/O 操作是否结束。

在早期的计算机中,DMA 传输是由 CPU 与 DMA 接口协同控制的。以 DJS-100 系列为例,它将 DMA 方式称为数据通道方式,在主机与高速 I/O 设备之间设置数据通道接口。该接口中有如下寄存器:数据缓冲寄存器 J;控制/状态寄存器 A,其中存放主机送来的传输命令与外部设备的寻址信息:地址寄存器 B,在 DMA 初始化时送入主存缓冲区首址,每次 DMA 传输之后,内容加 1,指向主存缓冲区下一单元;交换字数计数器 C,在 DMA 初始化时送入批量传输字数的补码值,每次 DMA 传输之后,内容加 1,当计数器溢出时表明批量传输结束,提出中断请求以进行 DMA 传输的结束处理。此外,在接口中还设置了一些触发器,如数据通道请求触发器、数据通道选中触发器、同步触发器等。当具备数据通道传输条件时,接口向 CPU 提出数据通道请求。CPU 响应请求后,进入数据通道状态,相当于模型机中的 DMA 周期。在该状态周期中,CPU 暂停执行程序,发出取数据通道地址命令,将接口 B 寄存器内容送至地址总线;将接口 A 寄存器中的数据通道操作方式信息取回 CPU,据此由 CPU 发出微操作命令,实现 DMA 传输。因此,这种控制策略是在 DMA 初始化时通过程序将有关控制信息送往 DMA 接口;在进行 DMA 传输时,以接口提供的有关信息为依据,由 CPU 根据传输指令发出微命令,实现 DMA 传输。

现在的计算机系统中专门设置 DMA 控制器,由它控制 DMA 传输,而且多是采取 DMA 控制器与 DMA 接口相分离的方式。DMA 控制器只负责申请、接管总线的控制权,发出传输命令和主存地址,控制 DMA 传输过程的起始和终止,因而可以通用,独立于具体 I/O 设备。DMA 接口则实现与设备的连接和数据缓冲,反映设备的特定要求。按照这种方式,DMA 控制器中存放着传输命令信息、主存缓冲区地址信息、交换量等,其功能是接收接口发来的 DMA 请求,向 CPU 申请掌管总线,然后向总线发出传输命令与总线地址,控制 DMA 传输。在逻辑划分上,DMA 控制器是 I/O 子系统中的公共接口逻辑,为各 DMA 接口所共用,是控制系统总线的设备之一。

在具体组装上，DMA 控制器有多款集成芯片可供选用，常将它装配在主机的系统板（即主板或母板）上。因此，DMA 接口的组成与功能则相应简化，一般包含数据缓冲寄存器、I/O 设备寻址电路、DMA 请求逻辑。可以根据寻址信息访问 I/O 设备的端口寄存器，将数据读入数据缓冲寄存器，或由数据缓冲寄存器写入设备。在需要进行 DMA 传输时，接口向 DMA 控制器提出请求；请求获得批准后，接口将数据缓冲寄存器内容经数据总线写入主存缓冲区，或将主存内容写入接口（CPU 不参与传输过程的具体控制）。

5. 程序准备（DMA 初始化）

虽然 DMA 传输本身是直接依靠硬件实现的，但为了实现相关控制，CPU 需要事先向 DMA 控制器送出有关控制信息。在调用 I/O 设备时，通过程序所做的这些准备工作常称为 DMA 的初始化，即向 DMA 控制器和接口传输并设置初始信息。一般来说，DMA 初始化时 CPU 通常要完成下述 4 步基本操作。

①向接口送出 I/O 设备的寻址信息。例如，要从磁盘中读出一个文件，则需送出该文件所在磁盘的驱动器号、圆柱面号、磁头号（记录面号）、起始扇区号（或数据块号）。

②向 DMA 控制器送出控制字，主要是数据的传输方向，输入主存还是从主存输出。

③向 DMA 控制器送出主存缓冲区首地址。数据的输入或输出，往往需在主存储器中设置相应的缓冲区，这是一段连续的存储区，为此在初始化时送出其首地址。

④向 DMA 控制器送出交换量，即数据的传输量。视设备的需要，传输量可以是字节数、字数甚至是数据块的数量。

6.5.2 DMA 控制器与接口的连接

为了与常用芯片的用语相吻合，本书将 DMA 控制器定义为负责申请、控制总线以控制 DMA 传输的功能逻辑，将狭义的 DMA 接口定义为与具体设备相适配，进行数据传输的接口逻辑。这两部分组成了广义的 DMA 接口。

DMA 控制器与接口的具体组成，取决于对以下几方面的设计考虑，因而有多种方案。

①DMA 控制器与 I/O 接口是相互分离，还是合为一体？

②数据传输是经由 DMA 控制器，还是接口直接经数据总线与主存相连？

③如果一个 DMA 控制器连接多台设备，是采取选择型工作方式，还是多路型工作方式？

④如果一个计算机系统中有多个 DMA 控制器，是采用公共 DMA 请求方式，还是采用独立 DMA 请求方式？

下面列举若干常见的连接模式。

1. 单通道型 DMA 控制器

如果一个 DMA 控制器只连接一台 I/O 设备（即只有一个通道），则 DMA 控制器与 I/O 接口就没有必要分开，可合为一个整体，称为单路型的 DMA 控制器，如图 6-5-1 所示。

①设备选择电路。接收主机在 DMA 初始化阶段送来的端口地址码，经译码产生选择信号，选择 DMA 控制器内的有关寄存器。

②数据缓冲寄存器。一侧与数据总线相连，另一侧与 I/O 设备相连。

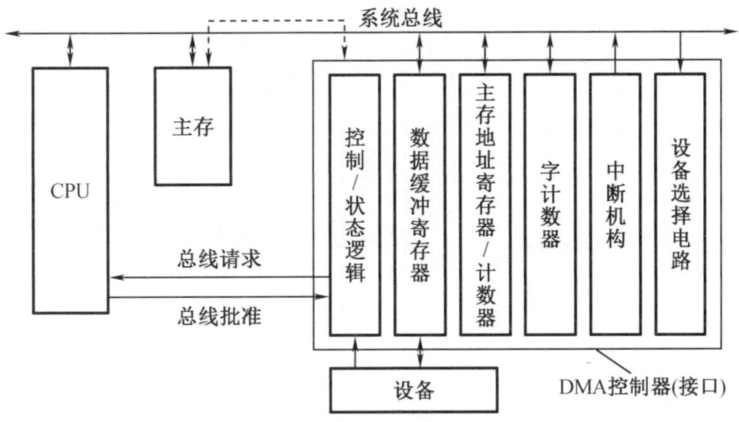

图 6-5-1　单路型 DMA 控制器的逻辑结构

③主存地址寄存器/计数器。在初始化时，CPU 将主存缓冲区首地址经数据总线送入。在 DMA 控制器掌管总线时，经地址总线送出主存缓冲区地址。每传输一次，计数器内容加 1，指向下一次传输单元。

④字计数器。在初始化时，CPU 经数据总线送入本次调用的传输量，以补码表示。每传输一次，计数器内容加 1。当计数器溢出时，结束批量传输。

⑤控制/状态逻辑。在初始化时，CPU 经数据总线送入控制字，内含传输方向信息。当满足一次 DMA 传输条件时，DMA 请求触发器为 1，控制/状态逻辑经系统总线向 CPU 提出总线请求。如果 CPU 响应，发回批准信号，DMA 控制器接管总线控制权，送出 I/O 命令和总线地址。

⑥中断机构。如前文所述，DMA 控制方式常与程序中断方式配合使用，所以在 DMA 接口中常含有中断机构。典型的应用是：当计数器计数归 0 时（表示数据传输完毕）便提出中断请求，CPU 响应中断并通过执行特定的中断服务程序进行 DMA 操作的结束处理。

当从设备向主存输入数据时，数据经 DMA 控制器、数据总线，直接输入到主存缓冲区，不经过 CPU；当数据从主机向外部设备输出时，由主存缓冲区经过数据总线、DMA 控制器输出到设备，此时传输的数据也不会经过 CPU。

2. 选择型 DMA 控制器

图 6-5-2 是选择型 DMA 控制器的逻辑结构。在物理意义上，一个 DMA 控制器可以连接多台同类设备，或者多台设备都通过 1 个公用 DMA 控制器进行 DMA 传输。在工作时，某一段时间内控制器只选择其中的 1 台设备进行 DMA 传输，所以称之为选择型的 DMA 控制器。在逻辑划分上，这种连接模式是将大部分接口逻辑与 DMA 控制器合为一体，经由 DMA 控制器进行数据传输。各设备通过一个简单的局部 I/O 总线与 DMA 控制器相连接，某一段时间内，只有被选中的一台设备使用局部 I/O 总线。因此，设备一侧只需要简单的发送/接收控制逻辑，接口逻辑中的大部分，如数据缓冲寄存器、设备号寄存器、时序电路等都在 DMA 控制器中。此外，DMA 控制器中还包括为申请、控制系统总线所需的功能逻辑，如 DMA 请求逻辑、控制/状态逻辑、主存地址寄存器/计数器、交换字数计数器等。

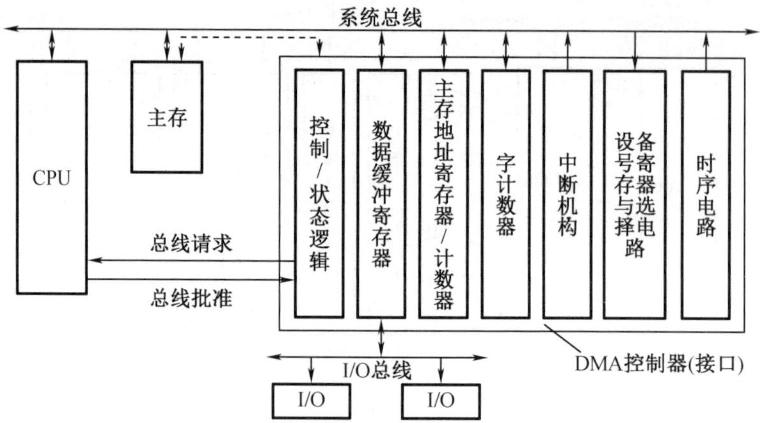

图 6-5-2　选择型 DMA 控制器的逻辑结构

在 DMA 初始化时,CPU 将所选择的设备号送入 DMA 控制器中的设备号寄存器,据此选择某台 I/O 设备。每次预置后,以数据块为单位进行 DMA 传输。当一个数据块传输完毕后,CPU 可以重新设置,选择另一台 I/O 设备。

因此,这种选择型 DMA 控制器适于数据传输率很高,以致接近于主存速度的同一类 I/O 设备,在这种情形下,不允许在批量传输中切换设备。选择型 DMA 控制器的功能相当于一个数据传输的切换开关,以数据块为单位进行选择与切换。

3. 多路型 DMA 控制器

如果所连接的多台设备速度、性能差异较大,为了确保就它们同时工作,以字节或字块为单位交叉地轮流进行 DMA 传输,此时就需要使用适应能力更强的多路型 DMA 控制器。

常见的多路型 DMA 控制器连接模式如图 6-5-3 所示,可以将 DMA 控制器与设备的专用 I/O 接口分离,此时各设备都有自己的接口,如硬盘适配器、软盘适配器、通信适配器等。设备对应的这些 I/O 接口中含有数据缓冲寄存器或小容量的高速缓冲存储器,数据经过接口与总线直接向主存传输,不必经过 DMA 控制器(DMA 控制器负责申请并接管总线)。

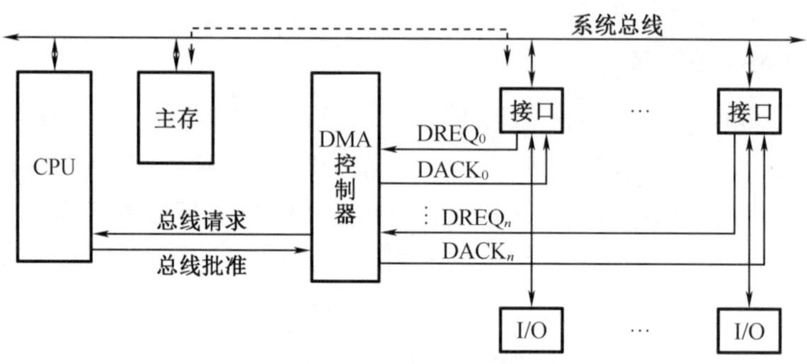

图 6-5-3　多路型 DMA 控制器的逻辑结构

这样,DMA 控制器就可以更加通用并便于集成化,还可不受具体设备特性的约束。这样的 DMA 系统中存在两级 DMA 请求逻辑:I/O 接口中的请求逻辑与设备特性有关,在该设备需要进行 DMA 传输时,接口向 DMA 控制器提出 DMA 请求;然后,DMA 控制器向 CPU 申请占用系统总线。如果 CPU 响应,则放弃对系统总线的控制权(有关输出呈高阻抗,与系统总线脱钩),并向 DMA 控制器发出批准信号。DMA 控制器获得批准后,接管系统总线(送出总线地址与传输命令),并向接口发出响应信号。

各 I/O 接口与 DMA 控制器之间可以采取如图 6-5-3 所示的独立请求线与批准线的连接模式,也可采用链式连接方式,如采用图 6-2-7 所示的菊花链式连接模式。

实用的多路型 DMA 控制器可以兼有选择型功能,可实现前述的单字传输和成组传输方式。如果采取单字传输方式,让各 I/O 设备以字节或字为传输单位,交叉占用系统总线进行 DMA 传输,就是典型的多路型。

如果各设备的传输速率差异较大,则传输相同数据量时占用总线的时间差异也会很大。速度慢的设备准备一次 DMA 传输数据所需的时间长些,占用系统总线的间隔也长些;速度快的设备准备一次 DMA 传输数据所需的时间短些,占用系统总线的间隔也就短些。这些情况下,如果对不同速度的设备,都按周期挪用的方式让设备单字传输数据,则总线的利用率会很低,甚至还会拖慢高速设备的 I/O 效率,进而使计算机系统的总体 I/O 效率也很低。

这些情况下,如果采取成组连续传输方式,让各设备以数据块为单位占用系统总线进行相应的 DMA 传输,则是一种典型的 DMA 选择型模式。设备连续占用多个总线周期来连续传输一个数据块,直到该设备传输完数据块后才切换、选择另一个设备,可以提高设备的 DMA 效率,使系统的总体 I/O 效率保持最高。由于在一个数据块的传输过程中不允许打断,因此在系统设计时需要妥善安排优先顺序、数据块大小及 I/O 接口的缓冲深度。如果在设备 1 传输过程中,设备 2 可能提出请求,且不能耽误太久,则应将设备 1 的数据块长度安排得小些,让设备 2 接口的数据缓冲寄存器容量适当大些,这样也有利于系统 I/O 性能的提高。

4. 多个 DMA 控制器的连接

如前文所述,当一个系统需要连接多台 I/O 设备时,可以采用选择型或多路型 DMA 控制器。常用的 DMA 控制器集成芯片,其通路数量往往十分有限。如果系统规模较大,连接的设备数量较多、传输速率差异较大,这时就需要采用几块 DMA 控制器芯片,然而这些芯片与系统之间应该如何连接呢?图 6-5-4 给出了几种常见的连接模式。其中级联方式如图 6-5-4(a)所示,将 DMA 控制器分级相连。每个 DMA 控制器可接收多路设备请求,最后汇集为一个公共请求 HRQ。第二级 DMA 控制器的 HRQ,送往前一级 DMA 控制器的请求输入端;第一级 DMA 控制器的输出 HRQ,则送往 CPU 作为总线请求。

公共请求方式如图 6-5-4(b)所示,各 DMA 控制器的请求输出 HRQ,通过一条公用的 DMA 请求线送往 CPU,作为总线请求。CPU 发回的批准信号,则采用链式传递方式送给各 DMA 控制器(按优先顺序连接)。在提出请求的 DMA 控制器中,优先级高的先获得批准信号,就将该信号暂时截留。待它完成 DMA 传输后,再往后继续传输批准信号,允许其他 DMA 控制器获得总线控制权,控制相应设备进行 DMA 传输。

独立请求方式如图 6-5-4(c)所示,每个 DMA 控制器与 CPU 之间都有一对独立的请求线与批准线。采用这种连接模式,取决于 CPU 是否有多对 DMA 请求输入端与批准信号输出端,并有一个优先权判别电路(或总线仲裁逻辑),以确定响应当前最优先的 DMA 请求。

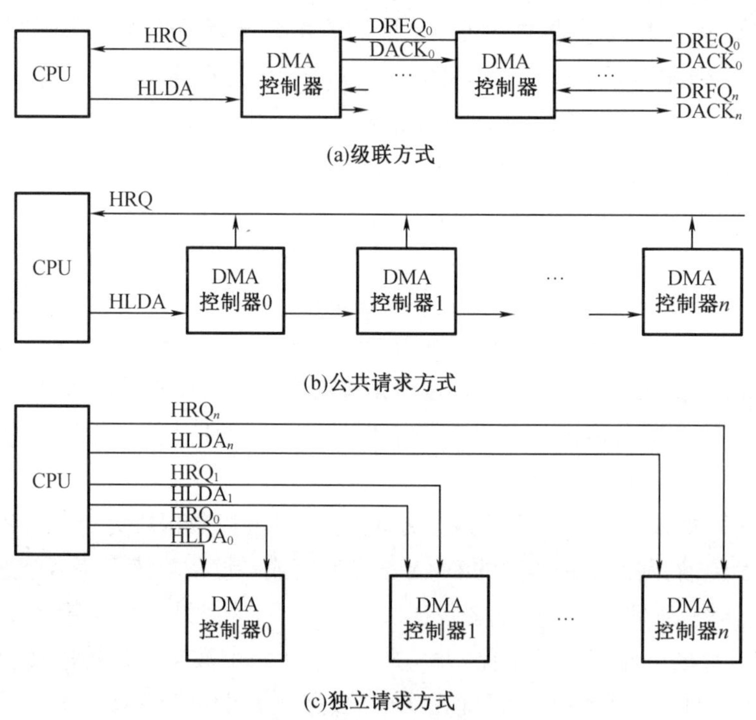

图 6-5-4　DMA 控制器与系统的连接方式

6.5.3　DMA 控制器的组成

在上述几种连接模式中,较常使用的是将 DMA 控制器与 I/O 接口相分离的模式。因为 I/O 接 口通常需要反映对应设备的特性,所以常分别设置。DMA 控制器负责申请总线控制权、控制总线操作,这些公共操作可由一个通用的 DMA 控制器实现。下面以 Intel 8237 为例,介绍一种常用的多路型 DMA 控制器芯片的基本结构。

Intel 8237 是一种四通道的多路型 DMA 控制器芯片,它的 4 个通道按优先顺序分配给动态存储器刷新、硬盘和同步通信等使用。如果多片级联,还可扩展控制器的有效通道数。

Intel 8237 芯片不仅支持 I/O 设备与主存之间的数据直传,也能支持存储器与存储器之间的传输。允许编程选择的三种基本数据传输模式分别是:单字节传输、数据块连续传输、数据块请求传输(即数据块间断传输方式)。在第三种传输模式中,当 DMA 请求 DREQ 信号有效时,数据块连续传输;当 DREQ 信号无效时,暂停传输;此信号再次有效时,继续传输。按此方式断续传输,直至目标数据块传输完毕。

Intel 8237 芯片工作在 5 MHz 的时钟频率下,数据传输率可达 1.6 MB/s,每通道允许 64 KB 访存空间,允许批量传输数为 64 KB,其内部组成与外特性如图 6-5-5 所示。

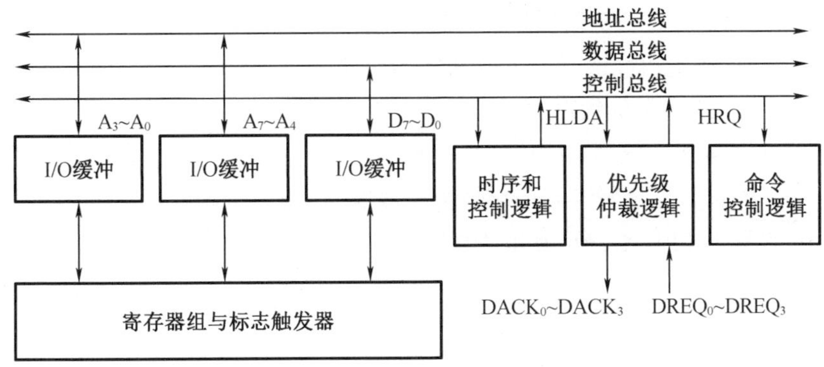

图 6-5-5　Intel 8237 DMA 控制器内部组成

1. 内部寄存器组

Intel 8237 芯片内共有 12 种寄存器和三种标志触发器,用来存放 DMA 初始化时送入的预置信息,以及在 DMA 传输过程中产生的有关信息,作为控制总线进行控制的依据。有些寄存器是 4 个通道公用的,有些是每个通道单独设置的。

每个通道各有一组寄存器:基地址寄存器(16 位),当前地址计数器(16 位),基本字节数寄存器(16 位),当前字节数计数器(16 位),方式控制字寄存器(8 位),屏蔽标志触发器和请求标志触发器(各 1 个)。

各通道公用的一组寄存器:暂存地址寄存器(16 位),暂存字节数计数器(16 位),操作命令字寄存器(8 位),屏蔽字寄存器(4 位),主屏蔽字寄存器(4 位),状态字寄存器(8 位),请求字寄存器(4 位),暂存寄存器(8 位),先/后触发器(1 个)。

①基地址寄存器。在初始化时由 CPU 写入主存缓冲区首地址,作为副本保存。可在自动预置期间重新预置当前地址计数器,这种预置不需 CPU 干预。

②当前地址计数器。在初始化时由 CPU 同时写入主存缓冲区首地址,每次 DMA 传输 1 B 后,内容加 1 或减 1(由方式控制字选择)。因此,它存放着在 DMA 传输期间的当前地址码(主存缓冲区)。若选择自动预置操作,则在 EOP 信号有效时,该寄存器内容返回到初始值。

③基本字节数寄存器。在初始化时,由 CPU 写入需要传输的数据块字节数,并作为初值的副本保存。如果需要重复数据块的传输过程,可选择自动预置方式,每当一次数据块传输结束时,结束信号 $\overline{\text{EOP}}$ 就将副本保存的初值自动重新预置给当前字节计数器。

④当前字节数计数器。在初始化时,由 CPU 写入需要传输的数据块字节数,一般以补码表示。每传输 1 B,计数器内容加 1。当一个数据块传输完毕,计数器满,产生结束信号 $\overline{\text{EOP}}$。

⑤方式控制字寄存器。初始化时由 CPU 写入,以确定该通道的操作方式。

D_1D_0 为通道选择,因为 4 个通道的方式控制字寄存器公用一个端口地址,故由 D_1D_0 进一步指明该方式字应写入哪一个通道的方式字寄存器。

D_3D_2 为 DMA 传输方向。

D_4 为自动预置方式选择位。

D_5 为地址增减选择位，选择地址自动加 1 或减 1 方式。

D_7D_6 为工作模式的四种选择控制：数据块请求传输方式、单字节传输方式、数据块连续传输方式和 Intel 8237 芯片的级联方式。

⑥暂存地址寄存器。暂存当前地址寄存器的内容。

⑦暂存字节数计数器。暂存当前字节数计数器的内容。

这两个寄存器与 CPU 不直接发生关系。

⑧操作命令字寄存器。初始化时由 CPU 写入操作命令字，指定 Intel 8237 的一些操作方式。

D_7 选择各通道对设备的批准信号 DACK 是低电平有效，还是高电平有效。

D_6 选择各通道设备的请求信号 DREQ 是低电平有效，还是高电平有效。

D_5 选择是正常写入还是扩展写入。所谓扩展写入，是指写信号比正常写信号延长一倍时间，以适应慢速存储器或慢速 I/O 设备的写入操作。

D_4 选择是固定优先级方式还是循环优先级方式。

D_3 选择是正常时序还是压缩时序。正常时序指 DMA 周期为一个总线周期，包含 4 个时钟周期。压缩时序指一个总线周期只占 2 个时钟周期，适应快速 DMA 传输。

D_2 允许或禁止 Intel 8237 芯片工作。

D_1 选择通道 0 的源地址不变，或是递增、减。

D_0 允许或禁止存储器与存储器传输。

D_1D_0 用于控制存储器与存储器传输。在这种传输方式中，Intel 8237 规定用通道 0 保存源存储块的地址，用通道 1 保存目的存储块的地址和传输字节数。

⑨屏蔽字寄存器。由 CPU 送入屏蔽字，使某个通道的屏蔽标志触发器置位或复位，以确定该通道的 DMA 请求被禁止或是允许。编程时屏蔽字可为 8 位，位 $D_7 \sim D_3$ 并未定义，可为 0。有效码位只有低 3 位，其中 D_2 决定对屏蔽标志触发器是置位还是复位操作，并由 D_1D_0 译码后决定选择的是哪一个通道。

⑩主屏蔽字寄存器。采用由 CPU 送主屏蔽字的方式，可同时使 4 个通道的屏蔽标志触发器置位或复位。$D_3 \sim D_0$ 这 4 位分别对应通道 3～通道 0，为 0 复位，为 1 置位。

状态字寄存器：保存状态字，供 CPU 了解各通道的工作状态。

$D_7 \sim D_4$ 分别对应 4 个通道的 DMA 请求是否被处理，为 0 表示尚未处理。

$D_3 \sim D_0$ 分别对应 4 个通道的 DMA 传输是否结束，为 0 表示尚未结束。

请求字寄存器：Intel 8237 允许 CPU 编程发出请求命令字，使各通道的请求标志触发器置位或复位。若某通道的请求标志被置位为 1，则该通道申请 DMA 传输，以数据块方式传输。D_2 决定是置位或复位，D_1D_0 选择通道。以这种方式提出的请求，称为软请求。

暂存寄存器：在存储器与存储器传输时，需要给出源地址与目的地址，但 DMA 控制器 Intel 8237 每次只能给出一个地址，因而需要占用两个总线周期。在第一个总线周期，Intel 8237 给出源地址，将数据读出并送入暂存寄存器。在第二个总线周期中，Intel 8237 再给出目的地址，将数据从暂存寄存器写入目的存储单元。

先/后触发器：由于 Intel 8237 中有些寄存器是 16 位的，而 PC/XT 机系统总线的数据通路宽度为 8 位，需分两次访问，故设置了一个先/后触发器。初值为 0，CPU 读/写低字节；然后触发器为 1,CPU 可读/写高字节;读/写完 16 位后,触发器又复位为 0。

2. 数据、地址缓冲器

数据、地址缓冲器实现数据与地址的输入/输出,由于芯片引脚数有限,采取复用技术。

①芯片空闲期。当 Intel 8237 芯片尚未申请与接管系统总线控制权时,称其处于空闲期。在此期间 CPU 可以访问它并进行 DMA 初始化(预置工作方式与有关信息),也可读出芯片内部寄存器内容,以供判别。为此,由 CPU 向 Intel 8237 送出端口地址信息与读/写命令,并发送或接收数据。

地址输入 $A_3 \sim A_0$,配合读写命令 IOR、IOW,选择 Intel 8237 某一内部寄存器,读出或写入。数据输入/输出 $D_7 \sim D_0$ 经另一缓冲器实现,此时,$A_7 \sim A_4$ 未用。

②DMA 服务期。当 Intel 8237 提出总线申请、接管总线,直到 DMA 传输结束,称芯片处于 DMA 服务期。在此期间由 Intel 8237 送出总线地址,以控制 DMA 传输。此时 3 个缓冲器全部输出,$D_7 \sim D_0$、$A_7 \sim A_4$、$A_3 \sim A_0$,共输出 16 位总线地址。其中 $D_7 \sim D_0$ 送到一个地址锁存器(芯片外)。

如果是存储器与 I/O 设备间的 DMA 传输,则送出的总线地址为主存缓冲区地址。传输的另一方是设备接口中的数据缓冲器,数据直接由数据总线传输,不经过 Intel 8237。

如果是存储器与存储器间的 DMA 传输,则分两个总线周期进行,如前所述。$D_7 \sim D_0$ 在送出总线地址高 8 位之后,又提供数据的输入/输出缓冲。

3. 时序和控制逻辑

时序和控制逻辑接收外部输入的时钟、片选及控制信号,产生内部的时序控制及对外的控制信号输出。

①输入信号。包括:

CLK—时钟输入,5 MHz。

$\overline{\text{CS}}$—片选,低电平有效。

RESET—复位,高电平有效。使芯片进入空闲期,除屏蔽寄存器被置位外,其余寄存器均被清除。

READY—就绪,高电平有效。当选用慢速存储器或低速 I/O 设备时,需要延长总线周期,可使 READY 处于低电平,表示传输尚未完成。当完成一次传输后,让就绪信号 READY 变为高电平,通知 Intel 8237。

②输出信号。包括:

ADSTB—地址选通,高电平有效。将 Intel 8237 数据缓冲器送出的高 8 位地址,选通送入一个外部的地址锁存器(此后数据缓冲器就可作为数据的输入/输出缓冲用)。

AEN—地址允许输出,高电平有效。将地址送入地址总线,其中高 8 位来自芯片外的地址锁存器,低 8 位直接来自芯片内的地址缓冲 $A_7 \sim A_0$,共 16 位。

$\overline{\text{MEMR}}$—存储器读,低电平有效,Intel 8237 发出的控制命令。

$\overline{\text{MEMW}}$—存储器写,低电平有效,Intel 8237 发出的控制命令。

③双向信号。包括：

$\overline{\text{IOR}}$—I/O 读,低电平有效。

$\overline{\text{IOW}}$—I/O 写,低电平有效。

$\overline{\text{EOP}}$—过程结束,低电平有效。当外部向 Intel 8237 送入过程结束信号时,将终止 DMA 传输,如由 CPU 发出结束命令。当 Intel 8237 内部的传输字节计数器计满,表明数据块传输完毕,将由 Intel 8237 向外发出 $\overline{\text{EOP}}$,终止 DMA 服务。

在 Intel 8237 处于空闲期时,CPU 可向 Intel 8237 发出 $\overline{\text{IOR}}$ 或 $\overline{\text{IOW}}$,对 Intel 8237 内部寄存器进行读/写。在 DMA 服务期中,由 Intel 8237 向总线送出这两个命令之一,控制对 I/O 设备(接口)的读/写。

4. 优先级仲裁逻辑

优先级仲裁逻辑实现 I/O 设备接口与 Intel 8237 之间的请求与响应。如果同时有多个设备提出请求,则优先级仲裁逻辑将进行排队判优,而且提供了固定优先级和循环优先级两种优先级这两组模式。

如果在 DMA 初始化时指定为固定优先级,则优先级顺序固定,从高到低依次为通道 0~通道 3;如果选择循环优先级方式,某通道被服务一次后将降为最低优先级,其他通道优先级依次递升。

$DREQ_0$~$DREQ_3$—DMA 请求,由设备(接口)发来,共 4 根请求线。

HRQ—总线请求,由 Intel 8237 发往 CPU 或其他总线控制器。

HLDA—总线保持响应,由 CPU(或其他总线控制器)发给 Intel 8237 的响应信号。

$DACK_0$~$DACK_3$—DMA 应答,由 Intel 8237 发往某个被批准的设备(接口),共 4 根。

5. 程序命令控制逻辑

程序命令控制逻辑负责对 CPU 送来的命令字进行译码处理。

6.5.4 DMA 传输操作过程

下面将以 IBM PC 为例,并结合 Intel 8237 芯片的具体信号,进一步解释说明 DMA 传输的全过程。Intel 8237 的工作状态可以分为空闲周期和操作周期。操作周期又可细分为若干状态 S_i,有的状态只维持一个时钟周期,有的状态则可能维持若干时钟周期。我们以时序状态图形方式描述微机 DMA 操作的一般工作过程,如图 6-5-6 所示。

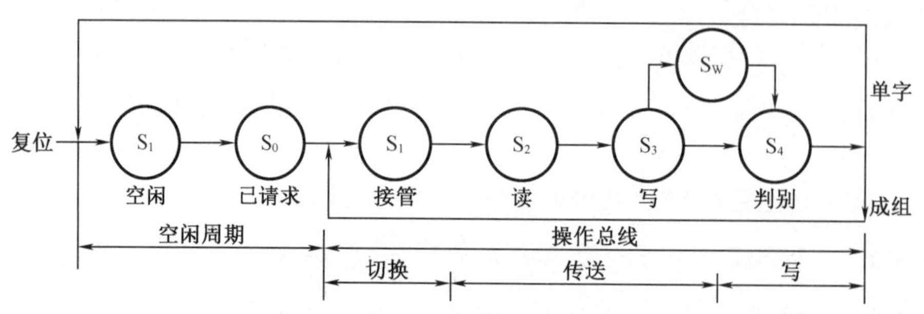

图 6-5-6　DMA 传输过程一般过程示例

1. S_1 空闲周期(静态)

CPU 可以利用 Intel 8237 处于空闲周期进行 DMA 初始化,如预置 DMA 操作方式、传输方向、主存缓冲区首址、传输字节数等。同时,CPU 还应向接口送出 I/O 设备的寻址信息。在 S_1 中,CPU 也可从 Intel 8237 读回状态字等信息,以供 CPU 判断。

Intel 8237 的每个时钟周期都采样 $\overline{CS}$,看 CPU 是否选中 Intel 8237 芯片,以便对 Intel 8237 进行读写。每个时钟周期也要采样 DREQ,看设备是否提出 DMA 请求。

当 Intel 8237 完成初始化设置以后,如果已接收到设备的 DMA 请求,则向 CPU 发出总线请求信号 HRQ,并进入 S_0 状态。

2. 操作周期(DMA 传输服务)

①初始态 S_0。此时,Intel 8237 已经发出总线请求信号,等待 CPU 的批准,如果总线正忙,Intel 8237 有可能等待若干时钟周期。当 Intel 8237 接到 CPU 发来的批准信号 HLDA 后,进入 S_1 状态。

②操作态 S_1。此时,CPU 已经放弃总线控制权,Intel 8237 接管总线,送出总线地址,然后进入 S_2 状态。所以,S_1 是进行总线控制权切换的状态,又称为应答状态。

③读出 S_2。此时,Intel 8237 向设备发出响应信号 DACK,并向总线送出读命令 $\overline{MEMR}$ 或 $\overline{IOR}$。从存储器或从 I/O 设备(接口)读出数据。

④写入 S_3。此时,Intel 8237 发出写命令 $\overline{IOW}$ 或 $\overline{MEMW}$,将数据写入 I/O 设备(接口)或存储器。同时,Intel 8237 中的当前地址计数器与当前字节数计数器进行内容修改(如前者加 1,后者减 1)。

⑤延长等待 S_W。若在 S_2/S_3 内来不及完成传输(READY 为低电平),则进入 S_W 延长总线周期继续数据传输操作。完成一次 DMA 传输后,READY 变为高电平,Intel 8237 进入 S_4。

⑥判别 S_4。判别 Intel 8237 采取的传输方式,以采取相应的操作。

如果是单字节传输方式,则 Intel 8237 结束操作,放弃对总线的控制,然后返回到 S_1 空闲周期。当设备再次提出 DMA 请求时,Intel 8237 再次申请总线控制权。

如果是数据块连续传输方式,则 Intel 8237 在完成一次传输后,返回到 S_1 状态,继续占用下一个总线周期,经 $S_1 \sim S_4$ 继续传输,直到一个数据块批量传输完毕。

从时序控制方式看,图 6-5-6 所示的过程是以时钟周期为单位的,所以属于同步控制方式。时钟周期数可在一定程度上随需要而变,如在传输过程中可插入或不插入 S_W,因此部分引入了异步控制的策略。在 S_1 和 S_0 状态中,Intel 8237 并未占有总线;从 $S_1 \sim S_4$,Intel 8237 占有总线。所以在微机中,一个典型的总线周期包含 4 个时钟周期。根据 CPU 的时钟频率,可以计算出 PC 总线的总线周期基本时长,从而计算出总线的数据传输率。

6.5.5　典型 DMA 接口举例

前面基本上是以 Intel 8237 DMA 控制器为中心,分析它控制总线进行 DMA 传输的过程。本节将以一种微机常见的磁盘适配器为例,讨论有关 I/O 接口方面的情况。选择这个实例有以下两点理由:①在磁盘的调用过程中,既有 DMA 方式也有程序中断方式的具体应用;②磁盘适配器的组成是一种比较典型的智能型控制器结构,I/O 接口中采用了微处理器与局部存储器。

磁盘是计算机硬件系统中非常重要的外部设备之一,通过本节的介绍,希望读者对磁盘子系统的组成及其调用过程有深入的了解。

1. 磁盘适配器的组成

微机中磁盘子系统与系统的连接方式如图 6-5-7 所示。微机系统中有两级 DMA 控制器,其中一级 DMA 控制器 Intel 8237 安装在系统板上,作为全机的公用 DMA 控制逻辑,管理软盘、硬盘、DMA 刷新、同步通信 4 个通道。在磁盘适配器上还有一级 DMA 控制器,这块 Intel 8237 芯片的任务是管理磁盘驱动器与适配器之间的传输。采用两级 DMA 控制器,使适配器可以连接与控制磁盘驱动器,并使适配器具有较大的缓冲能力,足以协调多个硬盘设备之间的 I/O 冲突。

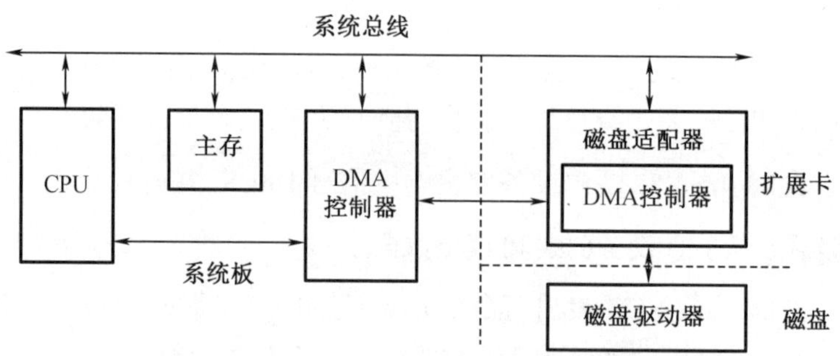

图 6-5-7　磁盘子系统与系统的连接方式

磁盘适配器的基本组成如图 6-5-8 所示,一侧面向微机系统总线,另一侧面向磁盘驱动器。它的组成可分为 3 部分:一侧是面向系统总线的接口逻辑即处理机接口,另一侧是面向磁盘驱动器的接口逻辑即驱动器接口,两者之间是由微处理器与局部存储器构成的智能主控器、反映设备工作特性的一组控制逻辑以及一块 Intel 8237 DMA 控制器。适配器有一组内部总线,用来连接有关部件。这种结构十分规整,也为我们设计复杂接口与局部控制器提供了一种参考模式。

(1)处理机接口

这是与主机方面的接口逻辑。I/O 端口控制逻辑接收 CPU 发来的端口地址、读写命令,经译码产生一组选择信号,选择下述 5 种端口与相关部件。

①输入通道。这里所指输入是对磁盘适配器而言的,由端口地址 320H 和 IOW 写命令选中,可由 74ls373(8D 锁存器/直通门)组成。通过输入通道可以输入 CPU 命令、包括磁盘寻址信息在内的有关参数、需要写入磁盘的数据等。

②输出通道。这里所指的输出也是对适配器而言的,由端口地址 320H 和 IOR 读命令选中,可由 74ls244(8 路驱动器)组成。通过输出通道可以输出执行命令的状态,以及从磁盘读出的数据。

输入通道与输出通道占用一个端口地址 320H,辅之以读/写命令区分当前选中的是输入通道还是输出通道。

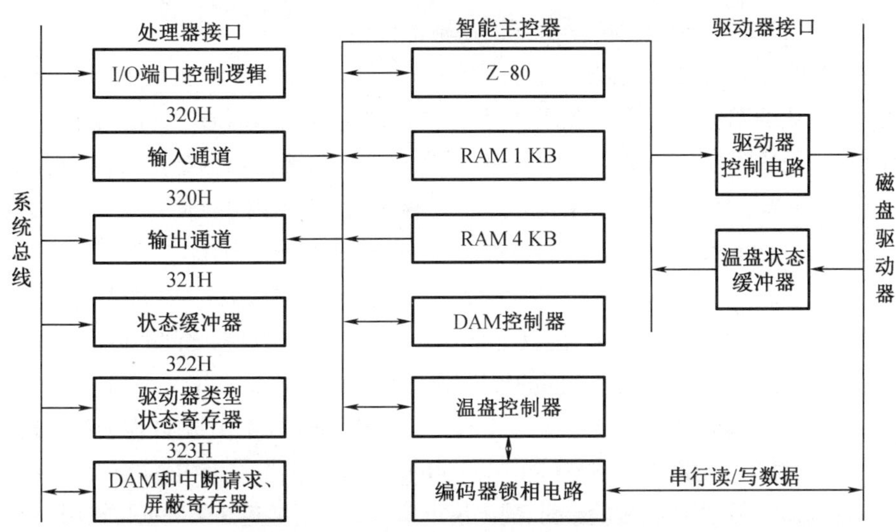

图 6-5-8　磁盘适配器的基本组成逻辑

③状态缓冲器。由端口地址 321H 选中。该缓冲器由 74LS244 组成，其中存放着 6 种状态信息：中断请求 IRQ_5、DMA 请求 IRQ_3、忙状态标志 BUSY、命令/数据传输命令 CMD/DATA、读/写（即 IN/OUT）、DMA 传输有效 REQUEST，可供 CPU 读取。

④驱动器类型状态寄存器。由 74LS244 组成，端口地址 322H 选中。早期的磁盘驱动器类型参数是由一组开关设置的，存放在本状态寄存器中，现在可由 CMOS 的 RAM 提供设置信息。这些信息包括驱动器容量、圆柱面数、磁头数等，供 CPU 进行驱动器类型检查，作为驱动器复位时的初始化参数。

⑤DMA 和中断请求、屏蔽寄存器。它包含两个请求触发器和两个屏蔽触发器，由端口地址 323H 选中。当 CMD/DATA 为 0 时，产生 DMA 请求 $DREQ_3$，请求传输数据字节。当 CMD/DATA 为 1（传输命令字节）且 IN/OUT 为 1（CPU 读）时，产生中断请求 IRQ_5。

（2）智能主控器

图 6-5-8 给出的是一种“温彻斯特”硬盘适配器，智能主控器是其核心，控制着磁盘存储器的操作。因此，这部分起着设备控制器的作用，其功能包括：

①对 CPU 送来的命令进行译码，使专用的温盘控制器产生相应的控制信号，通过驱动器接口发往磁盘驱动器，驱动设备完成指定的操作。

②通过温盘状态缓冲器检测磁盘驱动器的有关状态。

③通过处理机接口中的状态缓冲器，向主机报告命令的执行结果。

④将写入数据进行并-串转换，按 M2F 制编码，形成写脉冲序列，送往磁盘驱动器。

⑤由磁盘驱动器读出数据，锁相器调整适配器振荡频率，使与读出时钟同步；通过数据、时钟分离电路，使数据信号与时钟信号相分离，从读出序列中分离出数据信号，再经串-并转换形成并行的数据字节。

⑥进行错误检验与纠错。

⑦对磁道进行格式化。

为了实现上述功能,智能主控器由下列逻辑部件组成。

①Z-80 微处理器,它执行温盘控制程序。

②ROM,固化温盘控制程序。磁盘子系统的软件包含两级程序:一是操作系统中的磁盘驱动程序,二是适配器中的温盘控制程序,后者实现磁盘驱动器与适配器的物理操作。

③扇区缓冲器,由 SRAM 芯片构成,可缓存两个扇区内容,使适配器有足够的缓冲深度。

④DMA 控制器,由一片 Intel 8237 芯片构成。为避免硬盘请求被屏蔽(优先响应软盘)带来的问题,设置了两级 DMA 传输控制。温盘驱动器与适配器扇区缓冲器之间的传输由适配器中的 Intel 8237 管理。扇区缓冲器与主存之间的传输,则由系统板上的 Intel 8237 管理。

智能主控器中的 Intel 8237 芯片也有 4 个通道。其中,通道 0 用于扇区地址标志检测,一旦检测到地址标志,将产生对本 Intel 8237 的请求 DRQ_0;通道 1 供主控器内部软件使用;通道 2 供专用的温盘控制器使用,当产生校验错时,提出请求信号 DRQ_2;通道 3 供数据传输用。

⑤专用温盘控制器 HDC,编码器,锁相器,数据、时钟分离电路。HDC 有专用集成芯片,控制有关读盘、写盘的信息变换。编码器可由 PROM、延迟线路、八选一驱动器等组成,需要写入的数据送入 PROM,输出其对应的 M2F 制编码。锁相器是一种振荡频率控制电路,根据本地振荡信号与驱动器读出序列信号间的相位差,自动调整振荡频率,使其始终与读出序列保持同步。读出序列中既有时钟信号,又有数据信号,分离电路从中分离出数据信号。

写盘——从适配器扇区缓冲器 RAM 中取得写入数据,做并串转换,经编码器形成 M2F 制代码,送往磁盘驱动器。当有一个扇区缓冲区为空时,适配器向主机提出 DMA 请求,请求主机送来写入数据。此时,适配器还有一个扇区数据可供写入驱动器。

读盘——驱动器送来串行读出信号序列,分离电路使数据信号与时钟信号分离。此时,锁相器调整本地振荡频率,始终跟踪同步于读出信号。获得的数据信号先经过串并转换,再送入扇区缓冲器暂存。

当有一个扇区缓冲区装满时,适配器向主机提出 DMA 请求,请求主机取走数据。此时,适配器还有一个扇区容量的存储空间可供存放继续读出的数据。采取这样的安排,可保证一个扇区(数据块)的连续传输,既不会在写盘过程中发生数据迟到,也不会在读盘过程中发生数据丢失。

(3)驱动器接口

这是与磁盘驱动器方面的接口逻辑。为了使适配器连接不同型号的磁盘驱动器,一般要求双方都符合某种工业标准接口约定,早期较常使用的有 ST506 接口标准。

①驱动器控制电路,用来产生对磁盘驱动器的控制信号,送往驱动器,例如:

驱动器选择 0、1、2、3 共 4 个选择信号,可选择 4 个驱动器之一。

磁头选择 20、21、22 共 3 个选择信号,经译码可选择 8 个磁头(即记录面)之一。

方向选择——控制寻道方向,为 1 则使磁头向中心方向运动。

步进脉冲——每发一个步进脉冲,驱动器中磁头在步进电动机驱动下,将移动一个道距。

写命令——为 1,写入磁盘;为 0,从磁盘中读出。

减少写电流——磁头越往内圈移动,浮动高度降低,而位密度增加。为减少内圈各位之间的干扰,应减少写电流。最外圈的写电流与最内圈的写电流相比,可相差 30%。

②温盘状态缓冲器,接收驱动器状态信息,供 Z-80 判别,例如:

驱动器选中——由被选中的驱动器发回的应答信号。

准备就绪——当驱动器主轴电动机达到额定转速,且磁头重定标于 0 号磁道时,驱动器送来准备就绪信号,便可开始启动寻道操作。

寻道完成——当磁头定位于目标磁道后,驱动器送来寻道完成信号。可借此引起一次中断请求,根据从该道上读出的磁道号,判断寻道是否正确。

磁道 0——当磁头位于 0 号磁道时,驱动器送出本信号,作为磁道位置的基准。

索引脉冲——盘片每旋转一周,驱动器送出一个索引脉冲,作为磁道的开始的同步标志。

写故障——当驱动器的写操作发生故障时,送出本信号。

③读/写数据,这是按 M2F 制的记录序列,串行传输数据。数据按给定的编码模式转换成对应的写入电流变化向磁盘写入数据,或者通过磁头将感应电势变化以读出数据。

2. 磁盘调用举例

磁盘调用过程涉及许多处理细节,例如:CPU 应对 DMA 控制器及磁盘适配器发出哪些命令、命令格式、发出命令的时间;在调用过程中需做哪些状态检测,以直接程序查询方式还是中断方式进行检测;一旦发现错误,适配器应提供哪些出错信息,主机又如何处理;主机为磁盘控制器设置哪些操作命令,磁盘驱动程序中包括哪些功能模块等,不同计算机对磁盘调用的设计可能不同。

从软件的角度看,对磁盘的调用是通过磁盘驱动程序实现的,它涉及对 DMA 控制器的初始化、对磁盘适配器的操作命令和诊断命令等。磁盘适配器和磁盘驱动器的自身操作,由适配器上的磁盘控制程序控制实现。DMA 传输由纯硬件控制实现,DMA 控制器控制系统总线、适配器与主存储器—读/写。调用过程的某些诊断,可配合程序中断予以处理。

操作系统的温盘驱动程序以软中断 INT　13H 调用,它包含一个主程序框架和 21 个功能子程序模块,可向磁盘控制器发出 22 种操作命令与诊断命令。

主程序的功能包括测试驱动器参数判别可否调用;设置命令控制块,其中给出圆柱面号、磁头号、扇区号、传输扇区个数、寻道的步进速率、功能子程序模块号;转入某个功能子程序;在传输完毕后判断调用是否成功等。

共有 21 个功能子程序模块可供选用,例如:磁盘复位;读取磁盘操作状态;读盘,即将指定扇区内容读入主存;写盘,即从主存写入指定扇区;检验指定的扇区;格式化指定的磁道,设置故障扇区的标志;从指定的磁道开始格式化;返回当前驱动器参数;初始化驱动器性能参数;长读(每扇区 512 B+4 校验字节);长写(每扇区 512 B+4 校验字节);磁道寻找;磁盘复位(DL 寄存内容为 80H~87H);读扇区缓冲器;写扇区缓冲器;测试驱动器准备状态;诊断磁盘控制器中的 RAM;诊断驱动器;控制器内部诊断。

进入功能子程序后,以主程序设置的命令控制块为基础,填入有关控制信息后形成设备控制块,发往磁盘适配器。设备控制块 1~6 B,按照约定格式形成 22 条硬盘控制器(HDC)命令,例如:测试驱动器就绪;重新校准;请求检测状态;格式化驱动器;就绪检验;格式化磁道;读;写;寻道;预置驱动器特性参数;读 ECC 猝发错长度;从扇区缓存读出数据;向扇区缓存写入数据;RAM 诊断;驱动器诊断;控制器内部诊断;长读;长写等,还有几条保留未定义。这些 HDC 命令体现了各功能子程序的主要功能。

磁盘适配器中的微处理器执行磁盘控制程序,当执行 HDC 命令结束时,都要向主机回答一个表示完工的状态字节。以通知主机在执行该命令期间是否出现错误。如果允许中断,状态字节的传输与处理可以采用中断方式。磁盘适配器准备好传输状态字节时,向主机发出一个中断请求 IRQ_5,主机通过中断处理程序取走状态字,结束一个 HDC 命令,适配器清除“忙”标志。

如果操作中出现错误,适配器形成 4 字节的检测数据。其中,字节 0 给出错误类型及错误代码,字节 1~3 则指明驱动器号、圆柱面号、磁头号、扇区号。错误类型及错误代码指出 4 类 27 种错误之一,例如:磁盘控制器没有检测到来自驱动器的索引信号;寻道之后没有收到寻道完成信号;检测到驱动器出现写故障;选择驱动器后,没有收到就绪信号;没有 0 道信号;寻道不能结束;标志区读出校验错;数据读出错;未能检测到磁道地址标志;未能找到目标扇区;寻道错;坏磁道;适配器收到的是无效命令;非法磁盘地址(超出最大范围);RAM 错(在 RAM 扇区缓冲器的诊断中发现数据错);在控制器内部诊断中发现其程序存储器的检查和有错;在控制器内部诊断中发现 ECC 多项式错……当主机从状态字中发现有错时,可进一步从适配器取回反映出错状态的检测数据,以判明错误性质。

当主机执行完一个功能子程序后,CPU 也将形成出错与否的信息代码。进位标志 CF 为 0,表示操作成功,此时寄存器 AH 内容为 0,表示没有错误;可结束磁盘调用,返回用户程序的主程序。如果进位标志 CF 为 1,表示操作有错误发生;此时 AH 中给出错误码,指出错误性质,如磁盘 I/O 命令错误、地址标志未找到、需要的扇区未找到、复位故障、驱动参数有问题、DMA 超越 64 KB 范围、坏磁道、读盘出现校验错、ECC 校正数据错误、磁盘控制器故障、寻道故障、设备未响应、发现未定义的错误、检测操作出现故障等。发现有错后,或重新执行,看是否属于干扰造成的偶然性故障,或通过显示器报告故障信息。

下面以 Intel x86 机读/写磁盘为例,说明磁盘调用的大致过程,其间略去了一些细节。

①以软中断“INT　13H”调用温盘驱动程序,并在寄存器 AH 中写入所需功能子程序号:读盘,AH=02H;写盘,AH=03H。

②在温盘驱动程序的主程序段中,设置命令控制块,其中给出磁头号、圆柱面号、起始扇区号、扇区数、寻道步进速率。

③根据 AH 值,转入相应功能子程序。

④在读/写盘子程序中,进行 DMA 初始化。

向 DMA 控制器 Intel 8237 送出方式控制字,其中包括 DMA 传输方向、传输方式(单字节方式或数据块连续传输方式)、是否选择自动预置方式、地址增/减方式。初始化温盘占用的 DMA 通道,即向 Intel 8237 送出主存缓冲区首址、交换字节数。判断 DMA 传输量是否超过 64 KB。若越界,做出错处理;若正常,向磁盘适配器(端口 323H)送入允许信息,允许 DMA 请求和中断请求。

⑤在读/写子程序中检测适配器状态(端口 321H),然后以主程序设置的控制块为基础形成设备控制块,发往适配器端口 320H,产生 HDC 命令,启动寻道和读/写操作。

⑥当寻道完成时，磁盘驱动器向适配器发出“寻道完成”信号，适配器判别寻道是否正确。若寻道正确，可启动读/写操作。若不正确，可重新定标，让磁头回到 0 道，然后重新寻道。若仍不正确，则产生寻道故障信息。

⑦当磁头找到起始扇区时，开始连续地读/写，将读出数据送入适配器的扇区缓冲器，或将扇区缓冲器中的数据写入磁盘扇区。

⑧当适配器准备好 DMA 传输时，适配器向 Intel 8237 提出 DMA 请求。

读盘：当磁盘适配器的扇区缓冲器有一个扇区缓冲区装满时，提出 DMA 请求。

写盘：当扇区缓冲器有一个扇区缓冲区为空时，提出 DMA 请求。

⑨DMA 控制器申请并接管系统总线，实现 DMA 传输，并相应修改主存地址、传输字节数。

⑩当批量传输完毕，DMA 控制器发出结束信号 EOP，终止 DMA 传输。适配器再向主机提出中断请求。

⑪主机的读/写盘子程序在接到中断请求 IRQ_5 后，从适配器取回完工状态字节，判断 DMA 传输是否成功。若有错，取 4 个检测数据字节，进行出错处理。若成功，向适配器送出屏蔽请求的屏蔽字，然后返回，结束调用。

在上面的描述中，有些内容是与具体计算机调用方式有关的，如：以何种方式调用磁盘驱动程序，命令格式与传输，做哪些检测等；有些内容是具有共性的，如：DMA 控制器初始化、向适配器送出寻址信息与传输方向，以纯硬件方式实现 DMA 传输，DMA 控制器控制传输过程的终止，以中断方式进行结束处理等。

6.6　IOP 和 PPU

现代计算机系统中通常会连接许多种类各异的输入输出设备，可能既有高速设备也有低速设备，甚至同一类设备也可能会有多台。在这种情况下，每个外设都配置一个专用的 DMA 控制器不太现实，且多个控制器并行工作还会造成存储器访问的冲突，反而会降低系统的 I/O 性能。解决多个设备 DMA 问题的基本思路就是设置一个可被多种外设共享的专用控制器，在此思路上发展出了 IOP(input/output processor)的概念。IOP 是一种设置专用处理器来控制具体 I/O 操作的数据输入/输出控制方式，它把主机 CPU 从繁杂的 I/O 控制中解放出来，实现了 I/O 控制与 CPU 的并行性，显著提升了计算机系统的整体 I/O 性能。

通道(Channel)是一种最典型的 IOP 方式，本节将重点介绍通道的工作原理。

6.6.1　通道的系统结构

通道是一个带有专用 I/O 处理器的高级输入输出控制部件，其基本任务是通过执行程序来管理主机与外设之间的数据输入和输出。通道控制器可以有自己的指令，即通道指令，能够通过程序控制多个外设，还能提供 DMA 共享功能。大中型计算机中都采用了通道，如图 6-6-1 所示。

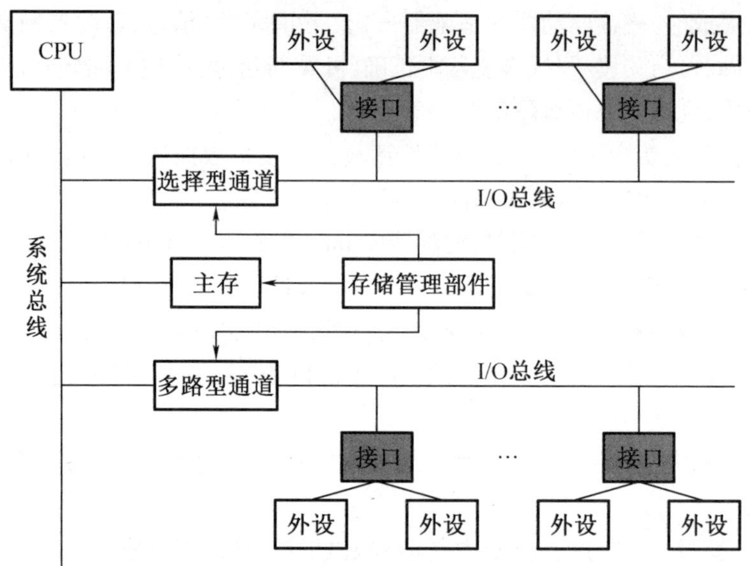

图 6-6-1　带通道的大型计算机系统结构

采用了通道的大型计算机系统基本结构。从逻辑结构层次上看,采用了通道后,会涉及三个层面的连接交互,即"主机-通道"层面、"通道-接口"层面、"接口-外设"层面。通道与外设之间的接口是计算机硬件系统的一个重要界面,为了便于用户配置设备,"通道-接口"层面一般采用 I/O 总线,使各外设与通道之间有相同的接口线和工作方式,在更换设备时,通道就不需要任何改变,这也提高了通道对不同类型 I/O 设备的适应性。

当需要进行主机与外设之间的数据输入输出时,CPU 先启动通道,并将"数据传输"的具体控制任务交给通道,通道负责控制主机与接口之间的具体 I/O 操作(多数情况下采用的是 DMA 方式),CPU 只负责"数据处理"功能。这样,通道 I/O 系统和 CPU 就能分时使用主存,也就能实现 CPU 与 I/O 系统的并行工作。

6.6.2　通道的类型

一台计算机可以配置多个通道,一个通道上又可以挂接多个外设。根据数据传输方式的不同,通道总体上可以分为两种:选择型通道和多路型通道。

1. 选择型(selector)通道

选择型通道(只能以突发模式工作)可连接多个外设,但这些设备不能同时工作,在某个时间段内只能选通 1 个设备进行工作,只有当这个设备的全部通道程序执行完后,才能选择其他设备进行工作。选择通道主要用于连接高速的外部设备,例如磁盘等。

2. 多路型(multiplexer)通道

多路型通道也可以连接多个外设,兼容选择型通道,在某一时段内可以同时选通多路设备进行工作,且允许这些外设按一定的单位轮流进行数据的输入、输出。根据每次数据传输单位的差异,多路型通道又分为字节多路型通道和数组多路型通道。

(1)字节多路通道

字节多路通道是一种简单的分时共享通道,主要用于连接多路低速或中速设备。通道选择一路设备后,该设备开始传输数据,但只能传输 1 B,若该设备有多字节数据需要传输,则该外设需要多次请求,被通道多次选择才能完成传输。

字节多路型将通道的可用传输时间分为若干个时间片,每个时间片传输 1 B,由多个外设分时方式共享一个通道。字节多路型通道主要用于连接多种低速外设。

(2)数组多路通道

数组多路型通道在物理上可连接多路高速外设,数据以成组(块)交叉的方式进行传输。通常,一个外设在进行工作时,除了数据传输,还包括寻址等操作。数组多路通道的基本思想是:当某个设备进行数据传输时,通道只为该设备服务;当设备在执行寻址等非传输型操作时,通道暂时断开与这个设备的连接,挂起该设备的通道程序,去执行其他设备的通道程序,为该设备的输入输出服务。

选择型通道和多路型通道的性能对比如表 6-6-1 所示。

表 6-6-1　选择型通道和多路型通道的性能对比

性能	选择型通道	多路型通道	
		字节多路	数组多路
单次数据传输量	不定长,全部数据	1 B	定长数据块
适用范围	高优先级的高速设备	大量的低速设备	大量的高速设备
工作方式	独占通道	各设备按字节交叉	各设备成组交叉
通道的共享性	独占,完成后释放	分时共享	分时共享
选择设备的次数	仅 1 次	可能多次	可能多次

例如,假设有 P 台设备连接在通道上,每台设备传输数据需要经历设备选择和数据传输 2 个时间段。分别用 TS_i、TD_i 和 n_i(字节)来表示第 i 台设备的选择时间、传输 1 B 数据所需时间和数据传输量,其中 $i=1\sim P$。

对于选择型通道,完成 P 路设备的数据传输所需的总时间为

$$T_{\text{select}} = \sum_{i=1}^{P} (TS_i + TD_i \times n_i) \tag{6-6-1}$$

对于字节多路型通道,完成 P 路设备数据传输所需的总时间为

$$T_{\text{byte}} = \sum_{i=1}^{P} (TS_i + TD_i) \times n_i \tag{6-6-2}$$

对于数组多路型通道,假设每一次传输的数据量为 m_i 字节,则完成 n_i 字节数据共需要进行 n_i/m_i 次断点续传才能完成,所以 P 路设备的数据传输所需的总时间为

$$T_{\text{byte}} = \sum_{i=1}^{P} (TS_i + TD_i \times m_i) \times \frac{n_i}{m_i} \tag{6-6-3}$$

从式(6-6-1)~式(6-6-3) 可以看出,在传输数据量相同的情况下,选择型通道花费在设备选择上的时间开销最少,传输效率最高,但其最大缺点是当一个设备被通道选择使

用后,要等它的数据全部传输完毕才会被通道释放,因此单次通道占用时间比较长,这会导致通道对其他外部设备传输请求的响应时间延迟会很长。

字节多路型通道与选择型通道刚好相反,因为要多次选择设备,故其花费在设备选择上的时间中开销最多,传输效率也最低。由于被选择的设备一次只能传输 1 B 数据就要被通道释放,故单次通道占用时间比较短,因此通道对其他外设传输请求的响应时间延迟最短。

数组多路型通道的数据传输效率和传输请求响应延时介于选择型通道和字节多路型通道之间,实际是这两种通道的一种优化折中,在系统效率和响应时间上取得了完美平衡。

6.6.3　通道的工作原理

通道一般由几个基本的部件组成,主要包括:通道控制器、通道状态寄存器、中断电路、通道地址字寄存器和通道命令字寄存器及 I/O 缓冲等,结构如图 6-6-2 所示。

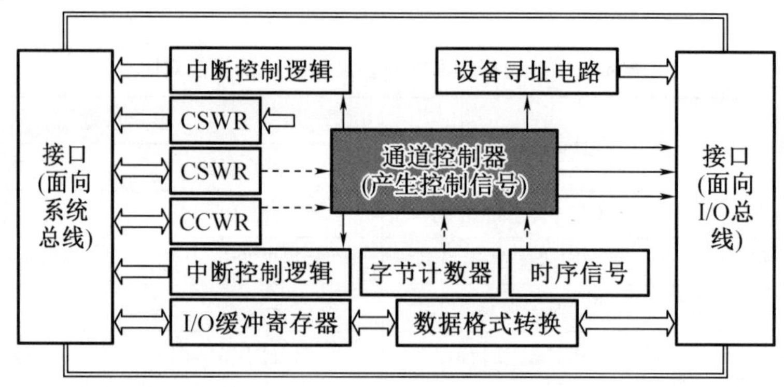

图 6-6-2　通道内部的逻辑结构

在介绍通道的工作原理之前,先介绍通道中的几个主要部件和相关术语。

通道控制器:通道内部设置的一个专用控制器,用来产生控制通道操作的各种信号,从功能和作用上看,非常类似于 CPU 中的微命令发生器。

中断控制逻辑:用来产生并向 CPU 发送中断请求信号的逻辑电路单元。两种情况下通道会产生中断请求:一种是数据传输正常结束;另一种是传输过程中发生某种异常。

I/O 指令:属于访管指令(涉及操作系统的 I/O 管理程序),是主机 CPU 专门用来启动、停止通道,测试通道和外设状态等的简单指令,不直接参与控制具体的 I/O 操作。

通道状态字(channel status word,CSW):类似 CPU 的 PSW(即程序状态字),主要用于记录 I/O 操作结束的原因及操作结束时通道自身和外设的状态。CSW 通常存储在固定的主存单元中(IBM 3600 中为 64H 单元),以便 CPU 能快速地读取所需的各种状态信息。

通道状态字寄存器(channel status word register,CSWR):专门用来暂存通道操作过程产生的状态字 CSW,也是通道控制器产生 I/O 控制信号的依据。

通道地址字(channel address word,CAW):主要用于指明通道程序在主存中的首地址,通常保存在一个固定的内存单元中。比如,IBM 3600 中的 CAW 就固定存放在 72H 单元。

通道地址字寄存器(channel address word register,CAWR):存放从主存中读取的 CAW。

通道命令字(channel command word,CCW):也称通道指令,是通道控制器产生各种控制信号来控制 I/O 操作的主要依据,类似于 CPU 执行的机器指令,由命令码、主存地址、标志码及传输字节数等多个命令字代码段构成。

通道命令字寄存器(channel command word register,CCWR):专门用来暂存通道命令字 CCW,其逻辑角色大致相当于普通 CPU 中的 IR,即指令寄存器。

通道程序:由一条或若干条 CCW 组成,也称为通道指令链,由通道取指机构从主存中逐条读取并暂存在 CCWR 中。通道程序一般由 CPU 根据 I/O 请求来进行编制,再由 I/O 管理程序将其存放在主存中,并将程序在主存中的首地址写入到 CAW 中。

通道的基本工作过程如图 6-6-3 所示,从主机和通道角度分别描述如下:

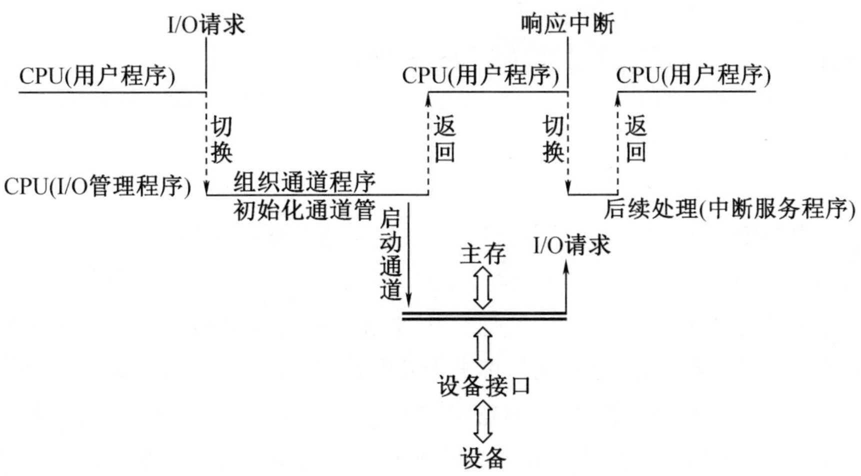

图 6-6-3　通道的一般工作过程

①用户程序提出 I/O 请求。

②CPU 响应 I/O 请求,切换至管态,执行 I/O 管理程序,组织通道程序并将其保存在内存中并记录通道地址字,安排主存区,确定主存缓冲区首地址和数据传输量等。

③初始化通道号和设备号,向通道发出启动命令,CPU 返回用户程序执行。

④通道接收到启动命令后,从固定的主存单元中读取 CAW 并暂存到 CAWR。

⑤通道暂存设备号,然后对外设进行寻址,连接到目标外设。

⑥根据 CAW 读取通道程序的首条 CCW 并存入 CCWR 中,然后启动外设。

⑦通道继续逐条读取并执行当前通道程序剩余的 CCW 来控制具体的 I/O 操作,直到最后一条 CCW 执行完毕。在此过程中,更新 CSWR 的内容。

⑧通道控制的 I/O 操作结束后,或者在数据传输过程中发生了某种异常,通道向外设发出结束命令,向 CPU 发出中断请求,将 CSWR 的内容保存到固定的主存单元。

⑨CPU 暂停执行当前用户程序,响应通道的中断请求,然后切换到通道的中断服务程序执行。在中断服务程序中,通过主存中存放的 CSW,了解本次传输的情况,并进行 I/O 善后处理,如输入/输出异常处理和数据校验等。

从通道的工作过程可以看出,主存与设备之间的数据 I/O 操作是在通道的控制下完成的,而通道对 I/O 的控制是通过执行通道程序来实现的。此外,通道又是被主机指挥和控制的。具体的 I/O 过程不需要主机干预,主机 CPU 可以和通道并行工作,主机仅在管理通道(如启动或停止通道)、I/O 操作发生异常或数据 I/O 结束时才参与处理。

从总体上来看,通道最核心的功能就是执行通道程序,控制主存与外部设备之间的数据 I/O 操作,因此通道的基本功能可总结如下:

①接收 CPU 发出的 I/O 指令,外设寻址,控制外设。

②执行通道程序,向外设发送 I/O 操作控制命令。

③组织和控制主存与外设之间具体的数据 I/O 操作,如数据缓冲、主存寻址、数据量控制和数据格式的转换等。

④记录状态信息并更新 CSWR,并将 CSW 保存到固定的内存单元,供 CPU 使用。

⑤向主机 CPU 发出 I/O 中断请求。

此外,设备控制器的完成的主要功能也可概括为:

①从接口接收通道的 I/O 控制命令,如启动、停止等,以及向外设发送各种控制信号控制外设完成指定的 I/O 操作。

②通过接口向通道提供外设的状态信息。

③按通道和接口的标准,对不同的外设非标信号进行格式转换。

在使用通道的这种 I/O 方式中,除了主机系统的处理器外,一般采用了另一个可以执行通道指令来进行具体 I/O 控制的处理器,因此通道是一种典型的 IOP 方式。同时,该处理器一般位于主机之外,因此也有文献称之为外围处理器(peripheral processor,PP)。

IOP 独立于主 CPU 进行具体的 I/O 操作控制,但它也要接受主 CPU 的控制,因此逻辑上它仍然属于主机硬件系统的大范畴。有些 IOP 还能提供数据的变换、搜索、字装配/拆卸能力,如 Intel 80891,这类 IOP 通常应用在中小型和微型计算机中。

从输入/输出的控制模式角度看,除 IOP 方式外还存在外围处理机(peripheral processor unit,PPU)方式。PPU 一般独立于主机系统,甚至有独自的、完善的指令系统,能够完成算术/逻辑运算、读/写主存以及控制外设 I/O 操作等。从这一点看,PPU 与一个完整的计算机系统并无差异,因此有的场合甚至直接用通用计算机作为 PPU。一般在大型的计算系统中会采用 PPU 来构建多机系统,从而使其具备令人惊叹的高效计算和 I/O 控制能力。PPU 已超出了一般 I/O 子系统的概念,更接近于多处理机系统,本书只对其做简要介绍,并没有进行深入分析和讨论。

第7章　可编程技术与计算机组成原理实验

7.1　可编程技术初步与实验环境

可编程逻辑器件的设计过程就是利用EDA工具软件对器件进行开发。在EDA工具软件中,通常采用原理图方法和硬件描述语言设计逻辑电路。Quartus II软件作为一款优秀的EDA工具软件被广泛使用,本章主要介绍硬件描述语言VHDL基础、Quartus II软件入门和FPGA实验台的使用方法。

7.1.1　VHDL基础

7.1.1.1　VHDL简介

VHDL语言是一种用于电路设计的高级语言,VHDL的英文全名是very high speed integrated circuit hardware description language。VHDL翻译成中文就是超高速集成电路硬件描述语言,VHDL诞生于20世纪80年代后期,最初是由美国国防部开发出来供美军用来提高设计的可靠性和缩减开发周期的一种使用范围较小的设计语言。

作为一种硬件电路设计语言,VHDL在数字电子系统设计的过程中发挥着十分重要的作用。目前,在中国,VHDL大多用于设计FPGA/CPLD/EPLD,也有一些实力较为雄厚的单位用它来设计ASIC。

VHDL主要用于描述数字系统的结构、行为、功能和接口。除了含有许多具有硬件特征的语句外,VHDL的语言形式、描述风格以及语法十分类似于一般的计算机高级语言。VHDL的程序结构特点是将一项工程设计,或称设计实体(可以是一个元件,一个电路模块或一个系统)分成外部(或称可视部分及端口)和内部(或称不可视部分)两个部分,涉及实体的内部功能和算法完成部分。在对一个设计实体定义了外部界面后,一旦其内部开发完成后,其他的设计就可以直接调用这个实体。这种将设计实体分成内外部分的概念是VHDL系统设计的基本点。

VHDL的优点主要包括以下几个方面:

①VHDL语言具有多层次的电路设计描述功能,既可描述系统级电路,也可描述门级电路;可采用行为描述、寄存器传输描述或者结构描述方式,也可采用三者的混合描述方式。

②采用VHDL语言描述硬件电路时,设计人员并不需要首先考虑选择何种器件进行设计,可以在完成硬件电路的设计描述后,采用多种不同的器件结构来实现。

③VHDL语言具有很强的移植能力。对于同一个硬件电路的VHDL语言描述,可以在

不同的模拟器和综合器中执行。

④VHDL 程序易于共享和复用。VHDL 语言采用基于库(library)的设计方法。在设计过程中,设计人员可以建立各种可再次利用的模块。

7.1.1.2 VHDL 语言基础

1. VHDL 词法元素

词法元素是 VHDL 的最小单位,是构成 VHDL 语句的基础。VHDL 语言中英文字母不区分大小写。下面给出主要的 VHDL 词法描述、举例和规则说明。

(1)分界符说明

空格用来分割两个词法元素,分号用于一个完整的 VHDL 语句结尾。例如:end entity mux21a。

(2)标识符

标识符用来定义常数、变量、信号、端口、子程序或参数的名字。VHDL 标识符有 87 版本,称作短标示符。93 版本的标识符,称作扩展标识符。短标识符由字母 a~z,A~Z,数字 0~9 和下划线字符"_"组成。标识符不区分大小写,最长可以是 32 个字符。实体名不能用数字或中文定义,也不能用数字起头的命名方式作为实体名。表 7-1-1 列举了一些非法的短标示符及其错误原因。扩展标识符应该遵循的命名规则及举例如表 7-1-2 所示。

表 7-1-1　非法的短标识符及其错误原因

非法标示符	错误原因
74LS	首字符必须是字母,不能以数字开头
My-design	含有非法字符-
51	标示符不能为数字
A&D	含有非法字符 &
Circuit_	末字符不能为下划线
TYPE	VHDL 定义的保留字(关键字),不能用作标识符
Logic__design	不能连续使用下划线
or2	EDA 工具库中已定义好的元件名,不能用作标识符
Adder 2	含有非法的空格

表 7-1-2　扩展标识符应该遵循的命名规则及举例

命名规则	举例
扩展标识符用反斜杠来界定	\pc_ar\
扩展标识符中可以包含图形符号和空格等	\pc&_ar\
扩展标识符的两个反斜杠之间可以使用保留字	\entity\
扩展标识符的两个反斜杠之间可以用数字开头	\2013_data_bus\

表 7-1-2(续)

命名规则	举例
扩展标识符中允许多个下划线相连	\pc__ar\
同名的扩展标识符和短标识符是不同的	\pc_ar\和 pc_ar 不同
扩展标识符区分大小写	\ROM\和\rom\不同
扩展标识符中如果含有一个反斜杠,这时则应该用两个相邻的反斜杠来代替	扩展标识符的名称为 pc\ar 则扩展标识表示为\pc\\ar\

(3)关键字(保留字)

关键字(keyword)是 VHDL 中具有特别含义的单词,只能作为固定的用途,用户不能用其作为标识符。表 7-1-3 列举了 VHDL87 版规定的关键字。

表 7-1-3　VHDL87 版规定的关键字

关键字	说明	关键字	说明
abs	取绝对值	nor	或非
access	用户自定义的类型的存取	not	取反
after	用于信号赋值语句表延时	null	空
alias	别名	of	与其他关键字搭配使用
all	用于程序说明语句表全部	on	信号等待
and	与	open	打开
architecture	结构体	or	或
array	数据型	others	用于 if 语句表示未列出的其他条件
attribute	属性	out	输出端口
begin	用于结构体表开始	package	程序包
block	块语句	port	端口说明
body	包体	postponed	延迟
buffer	缓冲端口	procedure	过程
bus	总线	process	进程
case	case 循环语句	pure	纯的如 pure real 纯实数
component	元件	range	对属性项目取值区间进行测试,返回一个区间
configuration	配置	record	记录性
constant	常量	register	寄存器
disconnect	无关联	reject	除去
downto	从左至右依次递减	rem	取余数
else	其他的…	return	返回

表 7-1-3(续)

关键字	说明	关键字	说明
elsif	其他的如果	rol	逻辑循环左移
end	结束	ror	逻辑循环右移
entity	实体说明	select	选择
exit	终止本次循环开始下一次循环	severity	错误严重级别
file	文件	signal	信号
for	for 循环语句	shared	共享
function	函数	sla	算术左移
generate	生成语句	sll	逻辑左移
generic	类属参数说明,参数传递说明	sra	算术右移
guarded	用于块结构中选择项判断并做出相应动作	subtype	子类型定义语句
if	条件语句如果	then	于是
inpure	不规范的	to	从左至右依次递增
in	输入端口	transport	传送
inertial	固有	type	类型定义语句
inout	双向端口	unaffected	不采取任何措施
is	描述实体、结构体的关键字	units	基本单位
label	标号	until	直到…
library	设计库	use	使用
linkage	方向不确定	variable	变量
literal	按字母顺序	wait	wait 语句,无限等待
loop	顺序表述语句	when	when 条件语句,当…
map	映射	while	while 语句,循环条件
mod	求模	with	用于选择赋值语句开头
nand	与非	xnor	同或
new	新的、新建、新写入	xor	异或
next	跳出本次循环		

2. VHDL 数据对象

VHDL 的数据对象包括常量、变量、信号三种类型。

(1)常量(constant)

常量的声明和设置主要是为了使设计实体中的常数更容易阅读和修改。常量是对某一常量名赋予一个固定的值,而且只能赋值一次。通常赋值在程序开始前进行,该值的数据类型则在说明语句中指明。

常量定义语句:constant 常数名: 数据类型:=表达式。

常量定义举例：constant bus_width: integer: =16;--定义总线宽度为常数 16。

常量所赋值和定义的数据类型应一致。常量一旦赋值就不能再改变。常量在程序包、实体、构造体或进程的说明性区域内必须加以说明。定义在程序包内的常量可供所含的任何实体、构造体所引用，定义在实体说明内的常量只能在该实体内可见，定义在进程说明性区域中的常量只能在该进程内可见。

(2)变量(variable)

变量是一个局部量，只能在进程(process)、函数(function)和过程(procedure)中声明和使用。变量的赋值是直接的，非预设的，分配给变量的值立即成为当前值，变量不能表达“连线”或存储元件，变量的赋值是立即发生的，不存在任何延迟行为。变量常用在实现某种运算的赋值语句中。赋值语句中的表达式必须与目标变量具有相同的数据类型。

变量定义语句：variable 变量名: =表达式。

变量定义举例：variable num: integer 0 to 255: =80;--定义 num 整数变量，变化范围 0~255，初始值为 80。

变量在声明时可以不赋初值，到使用时才用赋值语句赋值。变量赋值语句的格式如下：

变量赋值语句：目标变量名: =表达式。

变量赋值举例：x: =20.0;--实数变量赋值为 20.0。

(3)信号

信号表示逻辑门的输入或输出，类似于连接线，也可以表示存储元件的状态。信号通常在结构体、程序包和实体中说明。信号包括 I/O 引脚信号以及 IC 内部缓冲信号，有硬件电路与之对应，故信号之间的传递有实际的附加延时。信号不能在进程中说明(但可以在进程中使用)。

信号定义语句：signal 信号名: 数据类型: =初始值。

信号定义举例：signal clock:bit : =‘0’;--定义时钟信号类型，初始值为 0。

信号声明后，可以利用赋值语句进行赋值。信号赋值语句的格式如下：

信号赋值语句：目标信号名<=表达式。

信号赋值举例：z<=x after 5 ns;--在 5ns 后将 x 的值赋予 z。

信号和变量是有区别的。首先，他们的声明场合不同，变量在进程、函数和过程中声明，而信号在结构体中声明。其次，变量赋值符号为“: =”，其值立即被使用(无时间延迟)，而信号赋值符号为“<=”，其赋值过程有时间延迟。注意：信号声明时赋初值可以使用“: =”。

3. VHDL 数据类型

(1)基本数据类型

VHDL 主要提供了 9 种标准数据类型，已自动包含进 VHDL 源文件中，在编程时可以直接引用，不需要通过 use 语句显式调用。表 7-1-4 给出了数据类型的举例。

①整数(integer)。

整数取值范围为-2147483647~+2147483647，即$-(2^{31}-1)\sim(2^{31}-1)$。一个整数类型和

要被综合进逻辑的信号或变量在其范围上应有约束。自然数(natural)和正整数(positive)是整数类型的子类型。自然数取值范围为0~(2^{31}-1);正整数是大于0的整数。

②实数(real)。

实数取值范围-1.0e38~+1.0e38,和整数一样,实数能被约束。由于实数运算需要大量的资源,因此综合工具常常并不支持实数类型。实数一般仅用于仿真不可综合。

③位(bit)。

位只有两种取值,即0和1,可用于逻辑运算,描述信号的取值。

④位矢量(bit_vector)。

位矢量是用双引号括起来的一组数据,每位只有两种取值:0和1。在其前面可加以数制标记,如x(16进制)、b(2进制、默认)、o(8进制)等。位矢量常用于表示总线的状态。

⑤布尔量(boolean)。

布尔量又称逻辑量。有“真”“假”两种状态,分别用true和false标记。用于关系运算和逻辑运算。

⑥字符(character)。

字符是用单引号括起来的一个字母、数字、空格或一些特殊字符(如$、@、%等)。字符区分大、小写字母。

⑦字符串(string)。

字符串是用双引号括起来的一个字符序列。字符串区分大、小写字母。常用于程序的提示和结果说明等。

⑧时间(time)。

时间的取值范围为-(2^{31}-1)~(2^{31}-1)。时间由整数值和时间单位两部分组成。整数值和时间单位之间用至少一个空格隔开,常用的时间单位有:fs、ns、μs、ms、s、min、hr等。时间常用于指定时间延时和标记仿真时刻。

⑨错误等级(severity level)。

表示系统状态,仅用于仿真不可综合;错误等级分为:注意(note)、警告(warning)、出错(error)、失败(failure)四级,用于提示系统的错误等级。

表7-1-4 VHDL数据类型应用举例

数据类型	举例	说明
integer	variable cnt: integer :=-1;	定义整形变量cnt,初始值为-1
natural	variable cnt: natural :=0;	定义自然数变量cnt,初始值为0
positive	variable cnt: positive:=1;	定义正整数变量cnt,初始值为1
real	variable num: real:=+25.34;	定义实数变量num,初始值为+25.34
bit	signal x,y: bit:= '0';	定义位信号变量x,y,初始值为0
bit_vector	constant b: bit_vector:="110101";	定义位矢量常量b,初始值为110101
	signal a: bit_vector(0 to 7);	定义8位信号量a

表 7-1-4(续)

数据类型	举例	说明
boolean	signal state：boolean：=false; state <= true;	定义布尔变量 state,初始值为 false, 设置 state 为 true
character	signal letter：character;	定义字符信号 letter
string	signal mess：string(1 to 2) ：="hi";	定义字符串信号 mess,初始值为“hi”
	signal info：string(1 to 10);	定义字符串信号 info
time	constant clkperiod：time ：= 15 ns;	定义时间常量 time,初始值为 15 ns

(2)std_logic 数据类型

标准逻辑位数据类型 std_logic 是常用的数据类型,其定义如下：

type std_logic is ('u', 'x', '0', '1', 'z', 'w', 'l', 'h', '-');

std_logic 所定义的 9 种数据的含义是：'u'表示未初始化的;'x'表示强未知的;'0'表示强逻辑 0;'1'表示强逻辑 1;'z'表示高阻态;'w'表示弱未知的;'l'表示弱逻辑 0;'h'表示弱逻辑 1;'-'表示忽略。它们完整地概括了数字系统中所有可能的数据表现形式。

std_logic 数据类型在 IEEE 设计库的 std_logic_1164 这个程序包中进行定义。由于 IEEE 不属于 VHDL 的标准库,因此在使用 std_logic 之前,必须事先声明：

```
library ieee;
use ieee.std_logic_1164.all;
```

(3)std_logic_vector 数据类型

标准逻辑矢量数据类型 std_logic_vector 与 std_logic 一样,都定义在 std_logic_1164 这个程序包中,但 std_logic_vector 被定义为标准一维数组,数组中的每一个元素的数据类型都是标准逻辑位数据类型 std_logic。在 std_logic_vector 声明中必须指明数组宽度,即位宽。例如：

```
a：std_logic_vector(7 downto 0);--a 被定义为 8 位宽度的矢量或总线端口信号
signal b：std_logic_vector(1 to 4);--b 被定义为 4 位宽度的矢量或总线端口信号
```

(4)枚举类型

枚举类型的值是枚举文字量,枚举文字量可以是标识符,也可以是字符文字量。标识符不区分大小写,字符文字量却必须区分大小写。枚举类型声明部分所列出的标识符或字符文字量(在括号之内)就是该类型的合法取值。例如：

```
type four_Logic is ('0', '1', 'x', 'y');
type week_Logic is (SUN, MON, TUE, WEN, THU, FRI, SAT);
```

每个枚举值对应一个表示位置的整数,例如第二个元素(MON)的位置为 1,MON+1 的结果为 TUE。

4. VHDL 运算符

VHDL 中主要包括逻辑运算符、算术运算符、关系运算符和赋值运算符等类型的运算符。表 7-1-5 给出了每种运算符的符号和操作数类型。

(1)算术运算符

算术运算符主要包括:+,-,*,/,mod,rem,sll,srl,sla,sra,rol,ror,* *,abs。在 VHDL 中,算术运算符用来执行算术运算操作。操作数可以是 integer,signed,unsigned 或 real 数据类型,其中 real 类型是不可综合的。如果声明了 IEEE 库中的包集 std_logic_signed 和 std_logic_unsigned,即可对 std_logic_vector 类型的数据进行加法和减法运算。

(2)逻辑运算符

在 VHDL 中,逻辑运算符用来执行逻辑运算操作。操作数必须是 bit,std_logic 或 std_ulogic 类型的数据(或者是这些数据类型的扩展,即 bit_vector,std_logic_vector 或 std_ulogic_vector)。

(3)关系运算符

在 VHDL 中,关系运算符用来对两个操作数进行比较运算,关系运算符左右两边操作数的数据类型必须相同,这些关系运算符适用于前面所讲的所有数据类型。

(4)赋值运算符

主要包括 3 种:“<=”“:=”“=>”。“<=”用于对 signal 赋值,要求“<=”两边的信号变量类型和位长度应该一致。“:=”和“=>”用于对 variable,constant 和 generic 赋值,也可用于赋初始值。

(5)其他运算符

正运算符+,负运算符-,并置操作符 &。利用并置符 &,元素与元素可以并置。例如:a <='1'&'0'&d(1)&'1' ;在 if 条件句中可以使用并置操作符 &,例如:if a & d ="101011" then…,其中,a 和 d 是 std_logic_vector 类型的 4 位信号。

表 7-1-5　VHDL 运算符列表

运算符类型	运算符号	功能	操作数类型
算术运算符	+	加	整数(integer)
	-	减	整数(integer)
	*	乘	整数(integer)和实数(real)
	/	除	整数(integer)和实数(real)
	* *	指数运算	整数(integer)
	sll	逻辑左移	位(bit)或布尔(boolean)型一维数组
	srl	逻辑右移	位(bit)或布尔(boolean)型一维数组
	sla	算数左移	位(bit)或布尔(boolean)型一维数组
	sra	算数右移	位(bit)或布尔(boolean)型一维数组
	rol	逻辑循环左移	位(bit)或布尔(boolean)型一维数组
	ror	逻辑循环右移	位(bit)或布尔(boolean)型一维数组
	mod	取模	整数(integer)
	rem	取余	整数(integer)
	abs	取绝对值	整数(integer)

表 7-1-5(续)

运算符类型	运算符号	功能	操作数类型
逻辑运算符	and	与	位(bit),布尔(boolean),位矢量(bit_vector)
	or	或	位(bit),布尔(boolean),位矢量(bit_vector)
	nand	与非	位(bit),布尔(boolean),位矢量(bit_vector)
	nor	或非	位(bit),布尔(boolean),位矢量(bit_vector)
	xnor	同或	位(bit),布尔(boolean),位矢量(bit_vector)
	not	非	位(bit),布尔(boolean),位矢量(bit_vector)
	xor	异或	位(bit),布尔(boolean),位矢量(bit_vector)
关系运算符	=	等于	任意类型
	/=	不等于	任意类型
	<	小于	枚举与整数类型及其对应的一维数组
	>	大于	枚举与整数类型及其对应的一维数组
	<=	小于等于	枚举与整数类型及其对应的一维数组
	>=	大于等于	枚举与整数类型及其对应的一维数组
赋值运算符	<=	-	signal
	:=	-	variable,constant 和 generic 赋值,也可用于赋初始值
	=>	-	用于对 variable,constant 和 generic 赋值,也可用于赋初始值
其他运算符	+	正运算符	整数(integer)
	-	负运算符	整数(integer)
	&	并置操作	一维数组

VHDL 运算符优先级关系如表 7-1-6 所示。

表 7-1-6　VHDL 运算符优先级

运算符	优先级别
逻辑、算术运算符:not, * * ,abs	高优先级别 ↑
算数运算符:/,mod,rem, *	
正负运算符:+,-	
加减、并置运算符:+,-,&	
关系运算符:=,/=,<,>,<=,>=	
逻辑运算符:and,or,nand,nor,xnor,not,xor	低优先级别

7.1.1.3　VHDL 基本结构

1. VHDL 程序入门

一个完整的 VHDL 程序由实体(entity)、结构体(architecture)、包(package)、配置

(configuration)和库(library)5部分组成,各部分功能如表7-1-7所示。其中包、库、实体和结构体是一个VHDL程序必不可少的组成部分。一个VHDL程序是对一个设计单元的基本描述,通常把这个设计单元称为设计实体。一个设计实体可以是一个简单的基本门电路,也可以是一个数字单元或芯片,还可以是一个复杂的数字系统,如微处理器等。

表7-1-7　VHDL组成部分及功能

单元名称	功能描述
实体(entity)	描述所设计的系统的外部接口信号,定义电路设计中所有的输入和输出端口
结构体(architecture)	描述系统内部的结构和行为
配置(configuration)	指定实体所对应的结构体
包(package)	存放各设计模块能共享的数据类型、常数和子程序等
库(library)	存放已经编译的实体、结构体、包集合和配置

本节以2选1多路选择器电路的VHDL表述与设计为例,详细说明VHDL的基本结构。2选1多路选择器的电路模型或元件图如图7-1-1所示。程序P2-1是其VHDL的完整描述,即可使用VHDL综合器直接综合出实现即定功能的逻辑电路,对应的逻辑电路如图7-1-2所示,因而可以认为是此多路选择器的内部电路结构,真值表见表7-1-8。

注意,电路的功能可以是唯一的,但其电路的结构方式不是唯一的,它决定于综合器的基本元件库的来源、优化方向和约束的选择、目标器件(指FPGA/CPLD)的结构特点等。

图7-1-1中,a和b分别为两个数据输入端的端口名,s为通道选择控制信号输入端的端口名,y为输出端的端口名。“mux21a”是设计者为此器件取的名称(好的名称应该体现器件的基本功能特点)。

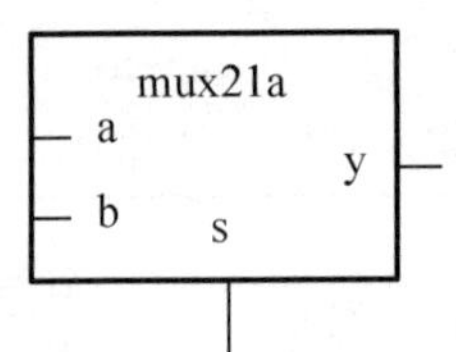

图7-1-1　2选1多路选择器元件符号

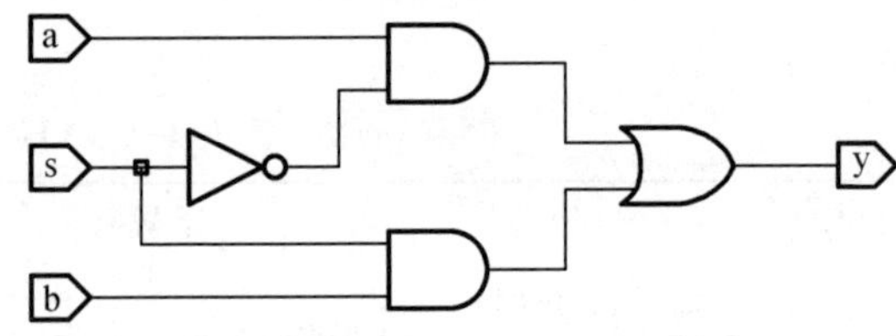

图7-1-2　2选1多路选择器逻辑电路图

表7-1-8　2选1多路选择器真值表

输入			输出
a	b	s	y
0	0	0	0
0	1	0	0
1	0	0	1
1	1	0	1

表 7-1-8(续)

输入			输出
0	0	1	0
0	1	1	1
1	0	1	0
1	1	1	1

程序 P2-1 mux21a.vhd

```
library ieee;                                  --库、程序包的说明调用
use ieee.std_logic_1164.all;
use ieee.std_logic_unsigned.all;
entity mux21a is                               --实体声明
  port(a, b: in std_logic;
    s: in std_logic;
    y: out std_logic);
end entity mux21a;
architecture one of mux21a is                  --结构体定义
begin
  process (a,b,s)
    begin
      if  s ='0' then
        y <=a;
      else
        y <=b;
      end if;
  end process;
end architecture one;
```

由程序 P2-1 可见,此电路的 VHDL 描述主要由三大部分组成:

①程序的前 3 行代码,声明了调用的库和包。VHDL 库中包含了可以重复利用的代码,以供后续设计者调用。IEEE 库是 VHDL 最普遍的库,包含 IEEE 标准的程序包,如 std_logic_1164,numeric_bit 和 numeric_std 等,还包含一些支持其他工业标准的程序包,如 std_logic_arith, std_logic_unsigned 和 std_logic_unsigned 等。std_logic_1164 是大部分数字系统设计的基础。

②以关键词 entity 引导,end entity mux21a 结尾的语句部分,称为实体。实体是 VHDL 程序设计的基本单元,VHDL 的实体描述了电路器件的外部视图,包括器件的名称和各信号端口的基本性质,如信号流动的方向,流动在其上的信号结构方式和数据类型等。图 7-1-1 可以认为是 mux21a 实体的图形表达。

③以关键词 architecture 引导,end architecture one 结尾的语句部分,称为结构体。结构体负责描述电路器件的内部逻辑功能和电路结构。图 7-1-2 是此结构体的某种可能的电路原理图表达。

注意,以上各例的实体和结构体分别是以"end entity xxx"和"end architecture xx"语句结尾的,这是符合 VHDL 的 IEEE STD 1076_1993 版的语法要求的。若根据 VHDL'87 版本,即 IEEE STD 1076_1987 的语法要求,这两条结尾语句只需写成"end;"或"end xx"。但考虑到目前绝大多数常用的 EDA 工具中的 VHDL 综合器都兼容两种 VHDL 版本的语法规则,且许多最新的 VHDL 方面的资料,仍然使用 VHDL'87 版本语言规则,因此,出于实用的目的,对于以后出现的示例,不再特意指出 VHDL 两种版本的语法差异。但对于不同的 EDA 工具,仍需根据设计程序不同的 VHDL 版本表述,再综合之前做相应的设置。

2. 实体定义语法和规则说明

(1)实体表达式

```
entity 实体名 is
  [generic(常数名: 数据类型:设定值)]
port
(端口名 1:端口模式   端口类型;
端口名 2:端口模式   端口类型;
…
端口名 n: 端口模式   端口类型
);
end [实体名];
```

(2)实体名

①程序 P2-1 中的 mux21a 是实体名,是标识符,具体取名由设计者自定。由于实体名实际上表达的应该是设计电路的器件名,所以最好根据相应电路的功能来确定,如 4 位二进制计数器,实体名可取为 counter4b;8 位二进制加法器,实体名可取为 adder8b。

②实体名由设计者自由命名,用来表示被设计电路芯片的名称,但是必须与 VHDL 程序的文件名称相同,要与文件名一致。程序 P2-1 中的 mux21a 是实体名,该程序保存的文件名为 mux21a. vhd。

(3)类属说明

类属为设计实体与外界通信的静态信息提供通道,用来规定端口的大小、实体中子元件的数目和实体的定时特性等。

格式:

```
generic(常数名: 数据类型: 设定值;
…
常数名: 数据类型: 设定值);
```

举例:

```
generic(wide: integer:=32);--说明宽度为 32
generic(tmp: integer:=1ns);--说明延时 1 ns
```

(4)端口模式

程序 P2-1 中,用 in 和 out 分别定义端口 a、b 和 s 为信号输入端口,y 为信号输出端口。一般,可综合的端口模式有四种,它们分别是"in"、"out"、"inout"和"buffer",用于定义端口上数据的流动方向和方式。

in:输入端口,定义的通道为单向只读模式。规定数据只能由此端口被读入实体。

out:输出端口,定义的通道为单向输出模式。规定数据只能通过此端口从实体向外流出,或者说可以将实体中的数据向此端口赋值。

inout:定义的通道确定为输入输出双向端口。即从端口的内部看,可以对此端口进行赋值,或通过此端口读入外部的数据信息;而从端口的外部看,信号既可由此端口流出,也可向此端口输入信号。如 RAM 的数据口、单片机的 I/O 端口等。

buffer:缓冲端口,其功能与 inout 类似,区别在于当需要输入数据时,只允许内部回读输出的信号,即允许反馈。如计数器设计,可将计数器输出的计数信号回读,以作为下一计数值的初值。与 inout 模式相比,buffer 回读的信号不是由外部输入的,而是由内部产生,向外输出的信号。

3. 结构体定义语法和规则说明

结构体由信号声明部分和功能描述语句部分组成,信号声明部分用于结构体内部使用的信号名称及信号类型的声明;功能描述部分用来描述实体的逻辑行为。

(1)结构体表达式

```
architecture 结构体名 of 实体名 is
[声明语句]
begin
功能描述语句
end [结构体名];
```

上式中,architecture、of、is、begin 和 end architecture 都是描述结构体的关键词,在描述中必须包含它们。结构体名是标识符。

(2)声明语句

声明语句包含在结构体中,用于声明该结构体将用到的信号、数据类型、常数、子程序和元件等。声明的内容是局部的。[声明语句]并非是必须的,(功能描述语句)则不同,结构体中必须给出相应的电路功能描述语句,可以是并行语句、顺序语句或它们的混合。

一般地,一个可综合的、完整的 VHDL 程序有比较固定的结构。设计实体中,一般首先出现的是各类库及其程序包的使用声明,包括未以显式表达的工作库的使用声明,然后是实体描述,最后是结构体描述,而在结构体中可以含有不同的逻辑表达语句结构。如前文所述,在此把一个完整的可综合的 VHDL 程序设计构建为设计实体(独立的电路功能结构),而其程序代码常被称为 VHDL 的 RTL 描述。

7.1.1.4　VHDL 主要功能语句

用 VHDL 语言进行设计时,按描述语句的执行顺序进行分类,可将 VHDL 语句分为顺序执行语句(sequential)和并行执行语句(parallel)。

1. 主要顺序语句

(1)赋值语句

①变量赋值的含义是:用计算赋值符号右边的表达式所得新值立即取代变量原来的

值。变量赋值语句语法格式为:

变量赋值目标:=赋值表达式

例如:variable count: integer :='0'

②信号的值是关于时间轴的值序列构成的波形。信号赋值语句语法格式为:

目的信号量 <=[transport][inertial]信号变量表达式;其中,[transport]表示传输延迟,[inertial]表示惯性延迟。

例如:a<=transport s after 8ns;

b <=inertial 2 after 4ns, 5 after 9ns;

(2)条件控制语句

VHDL 的条件控制语句有两种:if 语句和 case 语句。

①if 语句的语法格式为:

a. if 条件式 then

顺序语句

end if;

b. if 条件式 then

顺序语句

else

顺序语句

end if;

c. if 条件式 then

顺序语句

else if 条件式 2 then

顺序语句

else

顺序语句

end if;

当 if 条件成立时,程序执行 then 和 else 之间的顺序语句部分;当 if 语句的条件得不到满足时,程序执行 else 和 end if 之间的顺序处理语句。利用 if 语句,一个 4 选 1 数据选择器可以描述为:

```
if (sel="00") then
        y<=input(0);
    elsif(sel="01")then
        y<=input(1);
    elsif(sel="10")then
        y<=input(2);
    else
        y<=input(3);
    end if;
```

②case 语句的语法结构为:

case 表达式 is

when 条件选择值 => 顺序语句,

…

when 条件选择值 => 顺序语句,

end case;

当执行到 case 语句时,首先计算<表达式>的值,然后根据 when 条件句中与之相同的<选择值或标识符>,执行对应的<顺序语句>,最后结束 case 语句。case 语句根据满足的条件直接选择多项顺序语句中的一项执行,它常用来描述总线行为、编码器、译码器等的结构。除非所有条件语句中的选择值能完全覆盖 case 语句中表达式的取值,否则最末一个条件语句中的选择必须用"others"表示,它代表已给出的所有条件语句中未能列出的其他可能的取值。关键词 others 只能出现一次,且只能作为最后一种条件取值。一个 4 选 1 数据选择器可以描述如下,其中关键词 null 表示不作任何操作。

```
case sel is
    when "00" => y <=input(0);
    when "01" =>y <=input(1);
    when "10" => y <=input(2);
    when "11" =>y <=input(3);
    when others => null;
end case;
```

③避免生成不需要的锁存器。

在 VHDL 中,用 if 语句和 case 语句描述组合逻辑电路时,如果不能覆盖所有可能的输入值的时候,逻辑反馈就容易形成一个锁存器,降低电路的工作速度。对于那些没有被覆盖的情况,综合工具会认为寄存器保持当前输入,从电路图上看,即把寄存器的输出接回寄存器的输入。所以,尽管一些高级的综合工具已经较好的解决此类问题,但是从培养良好的电路设计习惯出发,在使用 if 语句和 case 语句描述组合逻辑电路时,应该涵盖所有的情况,防止综合后引入不必要的锁存器。下面通过两个 VHDL 程序举例说明。

```
程序 P2-2 comp_bad1.vhd
library ieee;
use ieee.std_logic_1164.all;
use ieee.std_logic_unsigned.all;
entity comp_bad1 is
  port(a1,b1: in bit;
    q1: out bit );
end ;
architecture one of comp_bad1 is
begin
  process (a1,b1)
  begin
```

```
    if a1 > b1 then
      q1 <='1' ;
    elsif a1 < b1 then
      q1 <='0' ;                                    --未提及当 a1=b1 时,q1 作何操作
    end if;
  end process ;
end ;
```

程序 P2-3 comp_bad 2.vhd

```
library ieee;
use ieee.std_logic_1164.all;
use ieee.std_logic_unsigned.all;
entity comp_bad2 is
  port(a1,b1: in bit;
    q1: out bit );
end ;
architecture one of comp_bad2 is
begin
  process (a1,b1)
    begin
      if a1 > b1 then
        q1 <='1';
      else q1 <='0';
    end if;
end process;
end;
```

在此,不妨比较程序 P2-2 和程序 P2-3 的综合结果。可以认为程序 P2-2 的原意是要设计一个纯组合电路的比较器,但是由于在条件语句中漏掉了给出当 a1=b1 时 q1 做何操作的表述,结果导致了一个不完整的条件语句。这时,综合器将对程序 P2-2 的条件表述解释为:当条件 a1=b1 时对 q1 不做任何赋值操作,即在此情况下保持 q1 的原值,这便意味着必须为 q1 配置一个寄存器,以便保存它的原值。图 7-1-3 所示的电路图即为程序 P2-2 的综合结果。不难发现综合器已为比较结果配置了一个寄存器。通常在仿真时,对这类电路的测试,很难发现在电路中已被插入了不必要的时序元件,这样浪费了逻辑资源,降低了电路的工作速度,影响了电路的可靠性。因此,设计者应该尽量避免此类电路的出现。

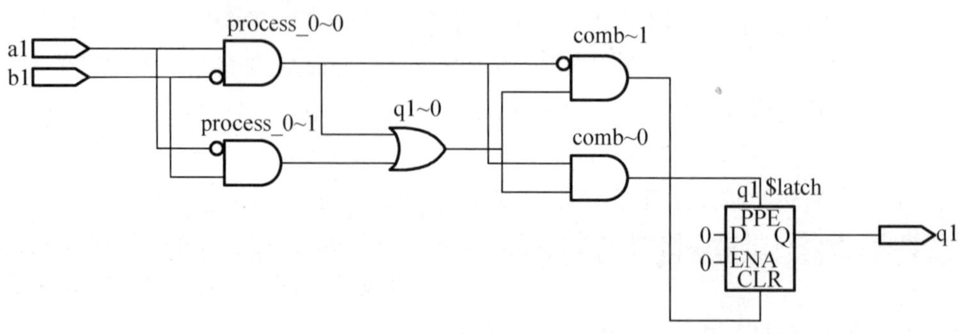

图 7-1-3　程序 P2-2 的电路图

程序 P2-3 是对程序 P2-2 的改进,其中的"else q1<='0'"语句即已交代了当 a1 小于等于 b1 情况下,q1 做何赋值行为,从而能产生图 7-1-4 所示的简洁的组合电路。

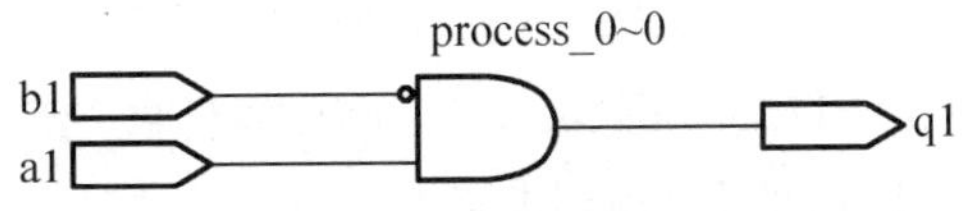

图 7-1-4　程序 P2-3 的电路图(Synplify 综合)

现在已不难发现,引入时序电路结构的必要条件和关键所在并非是边沿检测表述"clock'event and clock='1'"的应用或是其他语句结构,而是不完整的任何形式的条件语句的出现,且不局限于 if 语句。

④if 语句与 case 语句的区别。

虽然 if 语句是二分支的,但是由于 if…else 语句可以嵌套,可以实现多分支功能,从而从功能上达到 case 语句相同的效果。但是二者是有区别的,if 语句和 case 语句被综合成不同的逻辑电路。if 语句每个分支之间是有优先级的,综合得到的电路是类似级联的结构,每个分支的延时是不同的,用于设计有加速某个分支需求的电路。case 语句每个分支是平等的,生成的逻辑是并行的,不具有优先级。因此,多个 if elseif 语句综合得到的逻辑电路延时往往比 case 语句要大。case 结构电路速度快,但占用面积大,适合实现对速度要求较高的复杂的编解码电路。

(3)循环控制语句

①单个 loop 语句的语法格式为:

```
[loop 标号:] loop
顺序语句
end loop[loop 标号];
```

单个 loop 语句示例如下:

```
loop1: loop
  wait  until  clk='1';
  q <=d after 2 ns;
end loop loop1;
```

②for_loop 语句的语法格式为:

```
[loop 标号:] for 循环变量 in 循环次数范围 loop
  顺序语句
end loop [loop 标号];
```

for_loop 语句中的临时变量,仅在此 loop 循环中有效,无需实现定义。loop 循环示例如下:

```
sum:=0;
for i in 0 to 9 loop
  sum:=sum+i;
end loop;
```

③while_loop 语句语法格式如下:

```
[标号:] while 条件 loop
```

```
 顺序处理语句
end loop[标号];
```

在该 loop 语句中，没有给出循环次数的范围，而是给出了循环执行顺序语句的条件；没有自动递增循环变量的功能，而是在顺序处理语句中增加了一条循环次数计算语句，用于循环语句的控制。循环控制条件为布尔表达式，当条件为“真”时，则进行循环，如果条件为“假”，则结束循环。while_loop 语句示例如下：

```
while (i < 8)loop
  tmp :=tmp xor a(i);
  i :=i+1;
  end loop;
```

(4) wait 语句

在进程或过程中执行到 wait 语句时，程序将被挂起，并设置好再次执行的条件。wait 语句的语法格式为：

wait [on 信号表][until 条件表达式][for 时间表达式]；

①wait;--未设置停止挂起的条件，表示永远挂起。

②wait on 信号表;--敏感信号等待语句，敏感信号的变化将结束挂起，再次启动进程。

③wait until 条件表达式;--条件表达式中所含的信号发生变化，且满足 wait 语句所设条件，则结束挂起，再次启动进程。

④wait for 时间表达式;--超时等待语句，从执行当前的 wait 语句开始，在此时间段内，进程处于挂起状态，超过这一时间段后，程序自动恢复执行。

(5) 仿真调试语句

VHDL 提供了有助于仿真调试的语句，断言语句(assert)，report 语句。可以利用这些语句进行“人机对话”，提高调试的效率。这些语句不增加电路硬件功能，在综合过程中被忽略。

①assert 语句语法格式为：

```
assert 条件 [report 报告信息] [severity 出错级别];
```

assert 语句举例：

```
assert not(r ='1' and s ='1')report "both r and s equal to '1'";--当判断 r 和 s 都为'1'时，输出终端将显示字符串“both r and s equal to'1'”
```

在执行过程中，断言语句对条件(布尔表达式)的真假进行判断，如果条件为“true”，则向下执行另外一条语句；如果条件为“false”，则输出错误信息和错误严重程度的级别。在 report 后面跟着的是设计者写的字符串，通常是说明错误的原因，字符串要用双引号括起来。severity 后面跟着的是错误严重程度的级别，他们分别是：note(注意)、warning(警告)、error(错误)、failure(失败)，若 report 子句默认，则默认消息为“assertion violation”；若 severity 子句默认，则出错级别的默认值为“error”。

②report 语句：

在仿真时可以直接使用 report 语句，可以提高程序的可读性。report 语句语法格式为：

```
report 输出信息 [severity 出错级别];
```

report 语句举例：

```
if r ='1' and s ='1' then report "error!";
elsif r ='1' and s ='0' then d :='0';
end if;
```

2. 主要并行语句

在 VHDL 中，并行语句在结构体中的执行是同时并发执行的，其书写次序与其执行顺序并无关联，并行语句的执行顺序是由他们的触发事件来决定的。

(1)进程语句(process)

进程语句定义顺序语句模块，用于将从外部获得的信号值，或内部的运算数据向其他的信号进行赋值。进程语句语法格式为：

```
[进程标号:]process (敏感信号参数表)。
[声明区];
begin
顺序语句
end process[进程标号];
```

①敏感信号参数表所标明的信号是用来启动进程的。敏感信号表中的信号无论哪一个发生变化(如由'0'变'1'或由'1'变'0')都将启动该 process 语句。一旦启动后，process 中的语句将从上至下逐句执行一遍。当最后一个执行完毕以后，即返回到开始的 process 语句，等待下一次启动。因此，只要 process 中指定的信号变化一次，该 process 语句就会执行一遍。

②进程可以指定敏感信号，可选择时钟信号作为进程的敏感信号。

时钟的上升沿描述：clock' event and clock='1'--clock 由 0 或其他变成 1；

时钟的下降沿描述：clock' event and clock='0'--clock 由 1 或其他变成 0；

时钟的上升沿描述：rising_edge (clock)--严格的上升沿检测，clock 由 0 变成 1；

时钟的下降沿描述：falling_edge (clock)--严格的下降沿检测，clock 由 1 变成 0。

③进程语句的内部是顺序语句，而进程语句本身是一种并行语句。若构造体中有多个进程存在，各进程之间的关系是并行关系，进程之间的通信则一边通过接口由信号传递，一边并行地同步执行。process 内部各语句之间是顺序关系 。在系统仿真时，process 语句是按书写顺序一条一条向下执行的。而不像 block 中的语句可以并行执行。

程序 P2-4 描述了一个完整的进程定义过程，选择时钟上升沿的时钟控制进程。

```
程序 P2-4 dff1.vhd
library ieee;
use ieee.std_logic_1164.all;
use ieee.std_logic_unsigned.all;
entity dff1 is
  port (ina,clk: in bit;
    outb: out bit);
end dff1;
architecture example of dff1 is
begin
```

```
  process (clk)
  begin
    if (clk'event and clk='1') then  --时钟上升沿控制
      outb <=ina;
    end if;
  end process p1;
end example;
```

(2)块语句(block)

块语句可以看作是结构体中的子模块,块语句把许多并行语句组合在一起形成一个子模块,而它本身也是一个并行语句。块语句的语法格式如下:

```
[块标号:] block [保护表达式]
[类属子句 [类属接口表;]];
[端口子句 [端口接口表;]];
[块说明部分]
begin
<并行语句 1>
<并行语句 2>
…
end block[块标号];
```

block 块是一个独立的子结构,可以包含 port 语句、generic 语句,允许设计者通过这两个语句将 block 块内的信号变化传递给 block 块的外部信号。同样,也可以将 block 块的外部信号变化传递给 block 块的内部信号。

没有保护表达式的块是一个简单的 block,仅仅是对原有代码进行区域分割,增强整个代码的可读性和可维护性,不增加额外的功能。例如:

```
b1: block
  signal a: std_logic;
begin
  a <=input_sig when ena ='1' else 'z';
end block b1;
```

如果设置了保护表达式,则当保护表达式为真时,执行块中的语句。例如:

```
block1: block(clk='1')
begin
  q <=guarded d after 3 ns;
  qb<=guarded (not d) after 5 ns;
end block block1;
```

(3)元件例化语句(component)

元件例化引入一种连接关系,将预先设计好的实体定义为元件,并将此元件与当前设计实体中的端口相连接,从而为当前设计实体引入一个新的低一级的设计层次。元件声明语句的格式为:

```
component <引用元件名>
```

```
  [generic <参数说明>;]
  port <端口说明>;
end component;
```

"端口说明"列出对外通信的各端口名,"引用元件名"用来指定要在结构体中例化的元件,该元件必须已经存在于调用的工作库中;参数说明可以用来在结构体中进行参数传递。用 component 语句对要引用的元件进行说明之后,就可以在结构体中对元件进行例化以使用该元件。

元件例化语句的书写格式为:

```
<标号名:> <元件名> [generic map(参数映射)]
port map(端口映射);
```

端口映射有两种方式,一种是名字关联方式:port map 语句中位置可以任意;另一种是位置关联方式:端口名和关联连接符号可省去,连接端口名的排列方式与所需例化的元件端口定义中的端口名相对应。程序 P2-5 说明了元件声明和例化语句方法。

```
程序 P2-5 comp.vhd
library ieee;
use ieee.std_logic_1164.all;
entity comp is
  port(a1,b1,c1,d1:in std_logic;
    z1:out std_logic);
end;
architecture behv of comp is
component nd2
  port(a, b: in std_logic;
    c: out std_logic);
  end component;
signal x, y: std_logic;
begin
  u1:nd2 port map(a1, b1, x);                          --位置关联方式
  u2:nd2 port map(a=>c1, c=>y, b=>d1);                 --名字关联方式
  u3:nd2 port map(x, y, c=>z1);                        --混和关联方式
end behv;
```

程序 P2-5 中的元件 nd2 的主要 VHDL 代码如下:

```
entity nd2 is
  port(a, b: in std_logic;
    c: out std_logic);
end;
architecture one of nd2 is
begin
  c<=a nand b;
end;
```

7.1.1.5 基本 VHDL 程序分析

1. D 触发器

D 触发器是最简单、最常用,并最具代表性的时序电路,它是现代数字系统设计中最基本的时序单元和底层元件。D 触发器的描述包含了 VHDL 对时序电路的最基本和典型的表达方式,同时也包含了 VHDL 中许多最具特色的语言现象。程序 P2-6 是对 D 触发器元件(图 7-1-5)的描述。下面对程序 P2-6 中语句做出分析说明。

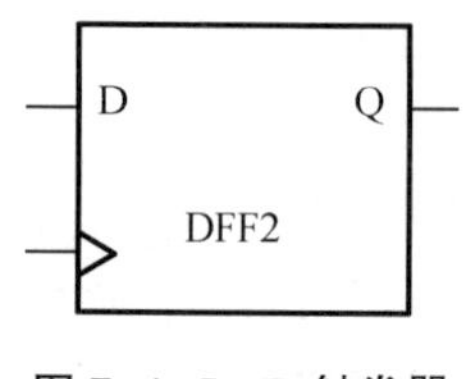

图 7-1-5　D 触发器

```
程序 P2-6 dff2.vhd
library ieee;
use ieee.std_logic_1164.all;
entity dff2 is
  port (clk : in std_logic;
    d : in std_logic;
    q : out std_logic);
end ;
architecture bhv of dff2 is
  signal q1 : std_logic;                        --类似于在芯片内部定义一个数据的
                                                  暂存节点
begin
  process (clk,q1)
  begin
    if clk'event and clk ='1'                   --判断条件:时钟上升沿
      then q1 <=d;
    end if;
  end process ;
  q <=q1;                                       --将内部的暂存数据向端口输出
end bhv;
```

(1)标准逻辑位数据类型 std_logic

从程序 P2-6 可见,D 触发器的 3 个信号端口 clk、d 和 q 的数据类型都被定义为 std_logic。就数字系统设计来说,类型 std_logic 比 bit 包含的内容丰富和完整得多,当然也包含了 bit 类型。std_logic 数据类型具有更宽的取值范围,因而其描述和实际电路有更好的适应性。

试比较以下 std_logic 和 bit 两种数据类型的程序包定义表式(其中 type 是数据类型定

义语句)：

bit 数据类型定义：

```
type bit is('0','1');                                    --只有两种取值
```

std_logic 数据类型定义：

```
type std_logic is ('u','x','0','1','z','w','l','h','-');   --有 9 种取值
```

在仿真和综合中,将信号或其他数据对象定义为 std_logic 数据类型是非常重要的,它可以使设计者精确地模拟一些未知的和具有高阻态的线路情况。对于综合器,高阻态'z'和'-'忽略态(有的综合器用'x')可用于三态的描述。std_logic 型数据在数字器件中实现的只有其中的 4 到 5 种值,即'-'（或'x')、'0'、'1'和'z',其他类型通常不可综合。

注意,此例中给出的 std_logic 数据类型的定义主要是借以学习一种新的语法现象,而非 D 触发器等时序电路必须使用此类数据类型。

(2)设计库和标准程序包

有许多数据类型的说明及类似的函数是预先放在 VHDL 综合器附带的设计库和程序包中的。如 bit 数据类型的定义是包含在 VHDL 标准程序包 standard 中的,而程序包 standard 包含于 VHDL 标准库 std 中。一般,为了使用 bit 数据类型,应该在 VHDL 程序上面增加如下 3 句说明语句：

```
library work;
library std;
use std.standard.all;
```

第 2 句中的 library 是关键词,library std 表示打开 std 库;第 3 句的 use 和 all 是关键词,全句表示允许使用 std 库中 standard 程序包中的所有内容(. all),如类型定义、函数、过程、常量等。

此外,由于要求 VHDL 设计文件保存在某一文件夹,如 D:\myfile\中,并指定为工程 Project 的文件所在的目录,VHDL 工具就将此路径指定的文件夹默认为工作库(Work Library),于是在 VHDL 程序前面还应该增加“library work;”语句,VHDL 工具才能调用此路径中相关的元件和程序包。

但是,由于 VHDL 标准中规定标准库 std 和工作库 work 都是默认打开的,因此就可以不必将上述库和程序包的使用语句以显式表达在 VHDL 程序中。除非需要使用一些特殊的程序包。

使用库和程序包的一般定义表式是：

```
library <设计库名>;
use <设计库名>.<程序包名>.all;
```

std_logic 数据类型定义在被称为 std_logic_1164 的程序包中,此包由 IEEE 定义,而且此程序包所在的程序库的库名被取名为 IEEE。由于 IEEE 库不属于 VHDL 标准库,所以在使用其库中内容前,必须事先给予声明。即如程序 P2-6 最上的两句语句：

```
library ieee ;
use ieee.std_logic_1164.all ;
```

正是出于需要定义端口信号的数据类型为 std_logic 的目的,当然也可以定义为 bit 类

型或其他数据类型,但一般应用中推荐定义 std_logic 类型。

(3)信号定义和数据对象

程序 P2-6 中的语句"signal q1: std_logic;"表示在描述的器件 dff2 内部定义标识符 q1 的数据对象为信号 signal,其数据类型为 std_logic。由于 q1 被定义为器件的内部节点信号,数据的进出不像端口信号那样受限制,所以不必定义其端口模式(如 in、out 等)。定义 q1 的目的是为了在设计更大的电路时使用由此引入的时序电路的信号,这是一种常用的时序电路设计的方式。事实上,如果在程序 P2-6 中不作 q1 的定义,其结构体(如将其中的赋值语句 q1<=d 改为 q<=d)同样能综合出相同的结果,但不推荐这种设计方式。

语句"signal q1:std_logic;"中的 signal 是定义某标识符为信号的关键词。在 VHDL 中,数据对象(data objects)类似于一种容器,它接受不同数据类型的赋值。数据对象有 3 类,即信号(signal)、变量(variable)和常量(constant)。在 VHDL 中,被定义的标识符必须确定为某类数据对象,同时还必须被定义为某种数据类型。如程序 P2-6 中的 q1,对它规定的数据对象是信号,而数据类型是 std_logic,前者规定了 q1 的行为方式和功能特点,后者限定了 q1 的取值范围。VHDL 规定,q1 作为信号,它可以如同一根连线那样在整个结构体中传递信息,也可以根据程序的功能描述构成一个时序元件;但 q1 传递或存储数据的类型只能包含在 std_logic 的定义中。

需要注意的是,语句"signal q1:std_logic;"仅规定了 q1 的属性特征,而其功能定位需要由结构体中的语句描述具体确定。如果将 q1 比喻为一瓶葡萄酒,则其特定形状的酒瓶就是其数据对象,瓶中的葡萄酒(而非其他酒)就是其数据类型,而这瓶酒的用处(功能)只能由拥有此酒的人来确定,即结构体中的具体描述。

(4)上升沿检测表式和信号属性函数 event

程序 P2-6 中的条件语句的判断表式"clk′event and clk='1′"是用于检测时钟信号 clk 的上升沿的,即如果检测到 clk 的上升沿,此表达式将输出"true"。

关键词 event 是信号属性函数,用来获得信号行为信息的函数称为信号属性函数。

VHDL 通过以下表式来测定某信号的跳变情况:

```
<信号名>'event
```

短语"clock′event"就是对 clock 标识符的信号在当前的一个极小的时间段内发生事件的情况进行检测。所谓发生事件,就是 clock 在其数据类型的取值范围内发生变化,从一种取值转变到另一种取值(或电平方式)。如果 clock 的数据类型定义为 std_logic,则在极小时间段内,clock 从其数据类型允许的 9 种值中的任何一个值向另一值跳变,如由′0′变成′1′、由′1′变成′0′或由′z′变成′0′,都认为发生了事件,于是此表式将输出一个布尔 true,否则为 false。

如果将以上短语 clock′event 改成语句:clock′event and clock=′1′,则表示一旦 clock′event"在 δ 时间内测得 clock 有一个跳变,而此小时间段之后又测得 clock 为高电平′1′,即满足此语句右侧的 clock=′1′的条件,于是两者相与(and)后返回值为 true,由此便可以从当前的 clock=′1′推断在此前的 δ 时间段内,clock 必为′0′(设 clock 的数据类型是 bit)。因此,以上的表达式就可以用来对信号 clock 的上升沿进行检测,于是语句 clock'event and clock =′1′就成了边沿测试语句。

(5)不完整条件语句与时序电路

现在来分析例程序 P2-6 中对 D 触发器功能的描述。首先考察时钟信号 clk 上升沿出现的情况(即满足 if 语句条件的情况)。当 clk 发生变化时,process 语句被启动,if 语句将测定条件表式“clk′event and clk='1′”是否满足条件,如果 clk 的确出现了上升沿,则满足条件表式对是上升沿检测,于是执行语句 q1<=d,即将 d 的数据向内部信号 q1 赋值,即更新 q1,并结束 if 语句,最后将 q1 的值向端口信号 q 输出。至此,是否可以认为,clk 上升沿测定语句 clk′event and clk='1′就成为综合器构建时序电路的必要条件呢? 回答显然是否定的。

其次再考察如果 clk 没有发生变化,或者说 clk 没有出现上升沿方式的跳变时 if 语句的行为。这时由于 if 语句不满足条件,即条件表式给出“false”,于是将跳过赋值表式 q1<=d,不执行此赋值表式而结束 if 语句。由于在此,if 语句中没有利用通常的 else 语句明确指出当 if 语句不满足条件时作何操作。显然这是一种不完整的条件语句(即在条件语句中,没有将所有可能发生的条件给出对应的处理方式)。对于这种语言现象,VHDL 综合器理解为,对于不满足条件,跳过赋值语句 q1<=d 不予执行,即意味着保持 q1 的原值不变(保持前一次时钟上升沿后 q1 被更新的值)。对于数字电路来说,试图保持一个值不变,就意味着具有存储功能的元件的使用,就是必须引进时序元件来保存 q1 中的原值,直到满足 if 语句的判断条件后才能更新 q1 中的值。显然,时序电路构建的关键在于利用这种不完整的条件语句的描述。这种构成时序电路的方式是 VHDL 描述时序电路最重要的途径。通常,完整的条件语句只能构成组合逻辑电路。

2. 含有层次结构的全加器 VHDL 描述

1 位全加器可以由两个半加器和一个或门连接而成。以下通过一个全加器的设计流程,介绍含有层次结构的 VHDL 程序,其中包含两个重要的语句,元件调用声明语句和元件例化语句。

(1)半加器描述及分析

根据半加器的真值表(表 7-1-9)写出半加器的 VHDL 描述:程序 P2-7 或程序 P2-8。半加器的元件符号如图 7-1-6 所示。

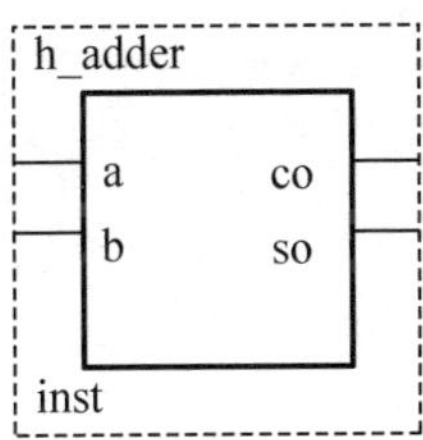

图 7-1-6　半加器 h_adder 元件符号

表 7-1-9　半加器 h_adder 真值表

输入		输出	
a	b	so	co
0	0	0	0

表 7-1-9(续)

输入		输出	
a	b	so	co
0	1	1	0
1	0	1	0
1	1	0	1

程序 P2-7 h_adder1.vhd

```
library ieee;--半加器描述(1):布尔方程描述方法
use ieee.std_logic_1164.all;
entity h_adder1 is
  port (a, b : in std_logic;
    co, so : out std_logic);
end entity h_adder1;
architecture fh1 of h_adder1 is
begin
  so <=not(a xor (not b)) ; co <=a and b ;
end architecture fh1;
```

程序 P2-8 h_adder2.vhd

```
library ieee;--半加器描述(2):真值表描述方法
use ieee.std_logic_1164.all;
entity h_adder2 is
  port (a, b : in std_logic;
    co, so : out std_logic);
end entity h_adder2;
architecture fh1 of h_adder2 is
  signal abc : std_logic_vector(1 downto 0) ;--定义标准逻辑位矢量数据类型
begin
  abc <=a & b ;--a 相并 b,即 a 与 b 并置操作
  process(abc)
  begin
    case abc is--类似于真值表的 case 语句
      when "00" => so<='0'; co<='0' ;
      when "01" => so<='1'; co<='0' ;
      when "10" => so<='1'; co<='0' ;
      when "11" => so<='0'; co<='1' ;
      when others => null ;
    end case;
  end process;
end architecture fh1 ;
```

半加器可以有多种表达方式。程序 P2-7 是根据电路原理图写出的,是用并行赋值语句表达的,其中逻辑操作符 xor 是异或逻辑操作符。双横线"--"是注释符,在 VHDL 程序的任何一行中,双横线"--"后的文字都不参加编译和综合。程序 P2-8 的表达方式与半加器的逻辑真值表(表 7-1-9)相似。利用 case 语句来直接表达电路的逻辑真值表是一种十分有效和直观的方法。以下将对程序中的一些数据类型和语句进行详细的分析。

①case 语句。

程序 P2-8 中的 case 语句的功能是,当 case 语句的表达式 abc 由输入信号 a 和 b 分别获得'0'和'0'时,即当 abc="00"时,so 输出'0',即 so<='0';co 输出'0',即 co<='0';当 abc="01"时,so 输出'1';co 输出'0',以此类推。

②标准逻辑矢量数据类型。

标准逻辑矢量数据类型 std_logic_vector 与 std_logic 一样,都定义在 std_logic_1164 程序包中,但 std_logic 属于标准位类型,而 std_logic_vector 被定义为标准一维数组,数组中的每一个元素的数据类型都是标准逻辑位 std_logic。使用 std_logic_vector 可以表达电路中并列的多通道端口或节点,或者总线 bus。

在使用 std_logic_vector 中,必须注明其数组宽度,即位宽,如:

```
b: out std_logic_vector(7 downto 0);
或 signal a: std_logic_vector(1 to 4)
```

上句表明标识符 b 的数据类型被定义为一个具有 8 位位宽的矢量或总线端口信号,它的最左位,即最高位是 b(7),通过数组元素排列指示关键词"downto"向右依次递减为 b(6),b(5),…,b(0)。根据以上两式的定义,a 和 b 的赋值方式如下:

```
b<="01100010" ;--b(7)为'0'
b(4 downto 1) <="1101" ;--b(4)为'1'
b(7 downto 4) <=a ;--b(6)等于 a(2)
```

其中的"01100010"表示二进制数(矢量位),必须加双引号,如"01";而单一二进制数则用单引号,如'1'。

语句 signal a: std_logic_vector(1 to 4)中的 a 的数据类型被定义为 4 位位宽总线,数据对象是信号 signal,其最左位是 a(1),通过关键词"to"向右依次递增为 a(2)、a(3)和 a(4)。

与 std_logic_vector 对应的是 bit_vector 位矢量数据类型,其每一个元素的数据类型都是逻辑位 bit,使用方法与 std_logic_vector 相同,如:signal c: bit_vector(3 downto 0);

程序 P2-8 中的的内部信号被定义为二元素的 std_logic_vector 数据类型,高位是 abc(1),低位是 abc(0)。

③并置操作符 &。

在程序 P2-8 中的操作符 & 表示将操作数(如逻辑位'1'或'0')或是数组合并起来形成新的数组。例如:"vh"&"dl"的结果为"VHDL";'0'&'1'&'1'的结果为"011"。

显然,语句 abc<=a & b 的作用是令:abc(1)<=a;abc(0)<=b 。

因此,利用并置符,可以有多种方式来建立新的数组,如可以将一个单元素并置于一个数的左端或右端形成更长的数组,或将两个数组并置成一个新数组等,在实际运算过程中,要注意并置操作前后的数组长度应一致。以下是一些并置操作示例:

```
signal a: std_logic_vector (3 downto 0) ;
signal d: std_logic_vector (1 downto 0) ;
…
a <='1'& '0'& d(1)& '1' ;                    --元素与元素并置,并置后的数组长度为 4
…
if a & d ="101011" then …                    --在 if 条件句中可以使用并置符
```

(2)全加器描述和例化语句分析

全加器的元件符号如图 7-1-7 所示,逻辑电路图如图 7-1-8 所示。由图 7-1-8 可见,1 位全加器可以由两个半加器和一个或门连接而成。为了进一步说明多层次设计和元件例化的设计流程和方法。首先定义一个或门逻辑电路,见程序 P2-9,在实际设计中完全没有必要如此烦琐。半加器和或门将被全加器顶层设计文件调用。然后根据图 7-1-8 写出全加器的顶层 VHDL 描述:程序 P2-10。以下详细说明程序 P2-10 中语句的含义和用法。

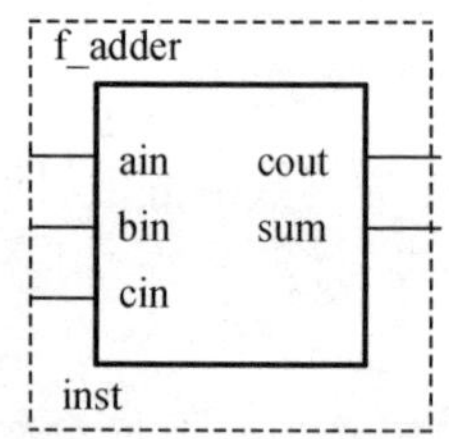

图 7-1-7　全加器 f_adder 元件符号

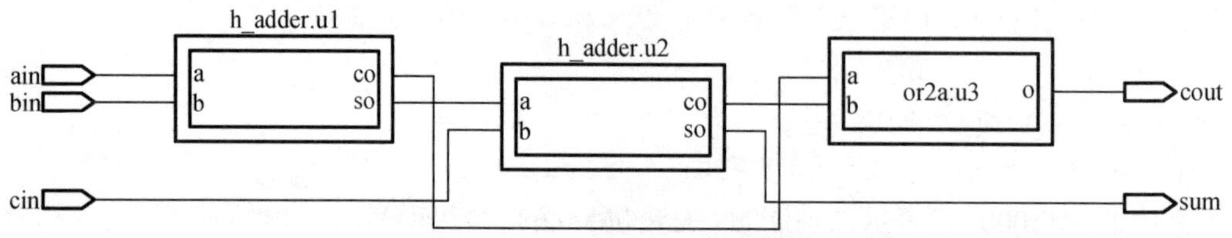

图 7-1-8　全加器 f_adder 电路图

程序 P2-9 or2a.vhd

```
library ieee ;                               --或门逻辑描述
use ieee.std_logic_1164.all;
entity or2a is
port (a, b :in std_logic;
c : out std_logic );
end entity or2a;
architecture one of or2a is
begin
c <=a or b ;
end architecture one;
```

程序 P2-10 f_adder.vhd

```
library ieee;                                --1 位二进制全加器顶层设计描述
```

```
use ieee.std_logic_1164.all;
entity f_adder is
  port (ain,bin,cin : in std_logic;
    cout,sum : out std_logic );
end entity f_adder;
architecture fd1 of f_adder is
component h_adder                                   --调用半加器声明语句
  port (a,b : in std_logic;
    co,so : out std_logic);
end component;
component or2a
  port (a,b : in std_logic;
    c : out std_logic);
end component;
  signal d,e,f : std_logic;                         --定义3个信号作为内部的连接线。
begin
  u1 : h_adder port map(a=>ain,b=>bin,co=>d,so=>e);  --例化语句
  u2 : h_adder port map(a=>e,b=>cin,co=>f,so=>sum);
  u3 : or2a port map(a=>d,b=>f,c=>cout);
end architecture fd1;
```

程序P2-10是按照图7-1-8的连接方式完成的全加器的VHDL顶层文件。为了达到连接底层元件形成更高层次的电路设计结构,文件中使用了例化语句。文件在实体中首先定义了全加器顶层设计元件的端口信号,然后在architecture和begin之间利用component语句对准备调用的元件(或门和半加器)作了声明,并定义了d、e、f三个信号作为器件内部的连接线。最后利用端口映射语句port map( )将两个半加器和一个或门连接起来构成一个完整的全加器。

元件例化就是引入一种连接关系,将预先设计好的设计实体定义为一个元件,然后利用特定的语句将此元件与当前的设计实体中的指定端口相连接,从而为当前设计实体引进一个新的低一级的设计层次。在这里,当前设计实体(如程序P2-10描述的全加器)相当于一个较大的电路系统,所定义的例化元件相当于一个要插在这个电路系统板上的芯片,而当前设计实体中指定的端口则相当于这块电路板上准备接受此芯片的一个插座。元件例化是使VHDL设计实体构成自上而下层次化设计的一种重要途径。

元件例化是可以多层次的,一个调用了较低层次元件的顶层设计实体本身也可以被更高层次设计实体所调用,成为该设计实体中的一个元件。任何一个被例化语句声明并调用的设计实体可以以不同的形式出现,它可以是一个设计好的VHDL设计文件(即一个设计实体),可以是来自FPGA元件库中的元件或是FPGA中器件中的嵌入式元件功能块,或是以别的硬件描述语言,如AHDL或Verilog设计的元件,还可以是IP核。

从程序P2-10中看出,半加器的元件例化语句如下:

```
component h_adder                                   --调用半加器声明语句
```

```
port (a,b : in std_logic;
co,so : out std_logic);
end component;
```

这一部分可以称为元件定义语句,相当于对一个现成的设计实体进行封装,使其只留出对外的接口界面。就像一个集成芯片只留几个引脚在外一样,端口名表需要列出该元件对外通信的各端口名。命名方式与实体中的 port( )语句一致。元件定义语句必须放在结构体的 architecture 和 begin 之间。另外应注意,尽管程序 P2-10 中对或门和半加器的调用声明的端口说明中使用了与原来元件(VHDL 描述)相同的端口符号,但这并非是唯一的表达方式,如可以作如下表达(注意,数据类型的定义则必须与原文件一致):

```
component h_adder
port (c,d : in std_logic;
e,f : out std_logic);
```

元件例化语句的第二部分则是此元件与当前设计实体(顶层文件)中元件间及端口的连接说明。语句的表达式如下:

例化名:元件名 port map([端口名 =>] 连接端口名,…);

其中的例化名是必须存在的,它类似于标在当前系统(电路板)中的一个插座名,而元件名则是准备在此插座上插入的、已定义好的元件名,即为待调用的 VHDL 设计实体的实体名。对应于程序 P2-10 中的元件名 h_adder 和 or2a,其例化名分别为 u1、u2 和 u3。port map 是端口映射的意思,或者说端口连接。其中的“端口名”是在元件定义语句中的端口名表中已定义好的元件端口的名字,或者说是顶层文件中待连接的各个元件本身的端口名;“连接端口名”则是顶层系统中,准备与接入的元件的端口相连的通信线名,或者是顶层系统的端口名。

以程序 P2-10 中的例化名为 u1 的端口映射语句为例,其中 a=>ain 表示元件 h_adder 的内部端口信号 a(端口名)与系统的外部端口名 ain 相连;co=>d 则表示元件 h_adder 的内部端口信号 co(端口名)与元件外部的连线 d(定义在内部的信号线)相连,如此等等。

注意:这里的符号“=>”是连接符号,其左面放置内部元件的端口名,右面放置内部元件以外需要连接的端口名或信号名,这种位置排列方式是固定的,但连接表达式(如 co=>d)在 port map 语句中的位置是任意的。

3.4 位二进制加法计数器

程序 P2-11 所示的是 4 位二进制加法计数器的 VHDL 描述,下面详细分析程序 P2-11 的设计原理和一些语法现象。

```
程序 P2-11 cnt4.vhd
library ieee;
use ieee.std_logic_1164.all;
entity cnt4 is
  port (clk : in bit;
    q : buffer integer range 15 downto 0);
end ;
```

```
architecture bhv of cnt4 is
begin
  process (clk)
  begin
    if clk'event and clk ='1'
      then q <=q + 1;
    end if;
  end process;
end bhv;
```

程序 P2-11 电路的输入端口只有一个:计数时钟信号 clk;数据类型是二进制逻辑位 bit;输出端口 q 的端口模式定义为 buffer,其数据类型定义为整数类型 integer。

由程序 P2-11 中的计数器累加表式 q<=q+1 可见,在符号"<="的两边都出现了 q,表明 q 应当具有输入和输出两种端口模式特性,同时它的输入特性应该是反馈方式,即传输符"<="右边的 q 来自左边的 q(输出信号)的反馈。显然,q 的端口模式与 buffer 是最吻合的,因而定义 q 为 buffer 模式。

注意:表面上 buffer 具有双向端口 inout 的功能,但实际上其输入功能是不完整的,它只能将自己输出的信号再反馈回来,并不含有 in 的功能。

VHDL 规定加、减等算术操作符+、-对应的操作数,如式 a+b 中的 a 和 b 的数据类型只能是 integer(除非对算术操作符有一些特殊的说明,如重载函数的利用)。因此如果定义 q 为 integer,表式 q<=q+1 的运算和数据传输都能满足 VHDL 对加、减等算术操作的基本要求,即式中的 q 和 1 都是整数,满足符号"<="两边都是整数,加号"+"两边也都是整数的条件。

程序 P2-11 中的时序电路描述与程序 P2-6 中的 D 触发器描述是基本一致的,也使用了 if 语句的不完整描述,使得当不满足时钟上升沿条件,即"clk'event and clk='1'"表式的返回值是"false"时,不执行语句 q<=q+1,即将上一时钟上升沿的赋值 q+1 仍保留在左面的 q 中,直到满足检测到 clk 的新的上升沿才得以更新数据。

注意:表式 q<=q+1 的右项与左项并非处于相同的时刻内,对于时序电路,除了传输延时外,前者的结果出现于当前时钟周期;后者,即左项要获得当前的 q+1,需等待下一个时钟周期。

程序 P2-12 是一种更为常用的计数器表达方式,主要表现在电路所有端口的数据类型都定义为标准逻辑位或位矢量,且定义了中间节点信号。这种设计方式的好处是,比较容易与其他电路模块接口。以下讨论其中新的语言现象。

```
程序 P2-12 cnt4_1.vhd
library ieee ;
use ieee.std_logic_1164.all ;
use ieee.std_logic_unsigned.all ;
entity cnt4_1 is
  port (clk : in std_logic ;
    q : out std_logic_vector(3 downto 0) ) ;
end ;
architecture bhv of cnt4_1 is
```

```
  signal q1 : std_logic_vector(3 downto 0);
begin
  process (clk)
  begin
    if clk'event and clk ='1' then
    q1 <=q1 + 1 ;
    end if;
  end process ;
  q <=q1 ;
end bhv;
```

与程序 P2-11 相比,程序 P2-12 有如下一些新的内容:

①输入信号 clk 定义为标准逻辑位 std_logic,输出信号 q 的数据类型明确定义为 4 位标准逻辑位矢量 std_logic_vector(3 downto 0),因此,必须利用 library 语句和 use 语句,打开 ieee 库的程序包 std_logic_1164。

②q 的端口模式是 out。由于 q 没有输入的端口模式特性,因此 q 不能如程序 P2-11 那样直接用在表式 q<=q+1 中。但考虑到计数器必须建立一个用于计数累加的寄存器,因此在计数器内部先定义一个信号 signal(类似于节点),语句表达上可以在结构体的 architecture 和 begin 之间定义一个信号,其用意和定义方式与程序 P2-11 中对 q1 的定义相同,即

```
signal q1: td_logic_vector(3 downto 0);
```

由于 q1 是内部的信号,不必像端口信号那样需要定义它们的端口模式,即 q1 的数据流动是不受方向限制的,因此可以在 q1<=q1+1 中用信号 q1 来完成累加的任务,然后将累加的结果用表式 q<=q1 向端口 q 输出。于是在程序 P2-12 的不完整的 if 条件语句中,q1 变成了内部加法计数器的数据端口。

③考虑到 VHDL 不允许在不同数据类型的操作数间进行直接操作或运算,而表式 q1<=q1+1 中数据传输符<=右边加号的两个操作数分属不同的数据类型:q1(逻辑矢量)+1(整数),不满足算术符"+"对应的操作数必须是整数类型,且相加和也为整数类型的要求,因此必须对表式 q1<=q1+1 中的加号"+"赋予新的功能,以便使之允许不同数据类型的数据可以相加,且相加和必须为标准逻辑矢量。

方法之一就是调用一个函数,以便赋予加号"+"具备新的数据类型的操作功能,这就是所谓的运算符重载,这个函数称为运算符重载函数。

为了方便各种不同数据类型间的运算操作,VHDL 允许用户对原有的基本操作符重新定义,赋予新的含义和功能,从而建立一种新的操作符。

事实上,VHDL 的 IEEE 库中的 std_logic_unsigned 程序包中预先定义的操作符如"+"、"-"、"*"、"="、">="、"<="、">"、"<"、"/="、"and"和"mod"等,对相应的数据类型 integre、std_logic 和 std_logic_vector 的操作作了重载,赋予了新的数据类型操作功能,即通过重新定义运算符的方式,允许被重载的运算符能够对新的数据类型进行操作,或者允许不同的数据类型之间用此运算符进行运算。

程序 P2-12 中第 3 行使用语句:use ieee. std_logic_unsigned. all 的目的就在于此。使用此程序包就是允许当遇到此例中的"+"时,调用"+"的算术符重载函数。

程序 P2-11 和程序 P2-12 的综合结果是相同的,其 RTL 电路如图 7-1-8 所示,其工作时序如图 7-1-9 所示,图中的 q 显示的波形是以总线方式表达的,其数据格式是 16 进制,是 q(3)、q(2)、q(1)和 q(0)时序的迭加,如 16 进制数值“a”即为“1010”。

由图 7-1-9 可见,4 位加法计数器由两大部分组成:

①完成加 1 操作的纯组合电路加法器,它右端输出的数始终比左端给的数多 1,如输入为“1001”,则输出为“1010”。因此换一种角度看,此加法器等同于一个译码器,它完成的是一个二进制码的转换功能,其转换的时间即为此加法器的运算延迟时间。

②4 位边沿触发方式锁存器,这是一个纯时序电路,计数信号 clk 实际上是其锁存允许信号。

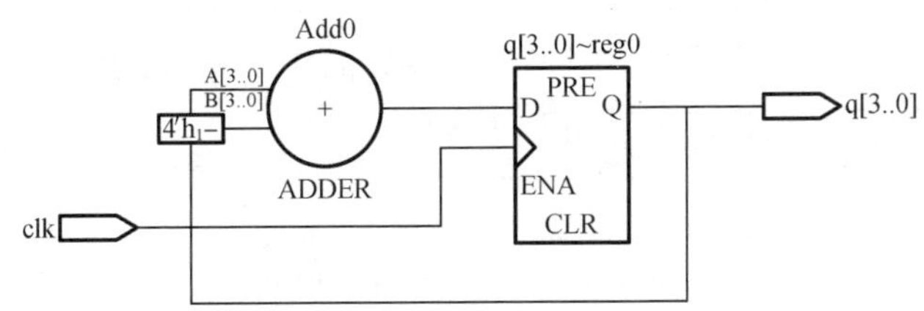

图 7-1-9　4 位加法计数器 RTL 电路

此外在输出端还有一个反馈通道,它一方面将锁存器中的数据向外输出,另一方面将此数反馈回加 1 器,以作为下一次累加的基数。不难发现,尽管程序 P2-11 和程序 P2-12 中设定的输出信号的端口模式是不同的,前者是 buffer,而后者是 out,但综合后的输出电路结构是相同的,这表明缓冲模式 buffer 并非某种特定端口电路结构,它只是对端口具有某种特定工作方式的描述,因此,buffer 与其他 3 种端口模式有较大的不同。

图 7-1-10 给出了 4 位加法计数器的仿真波形。从计数器的表面上看,计数器仅对 clk 的脉冲进行计数,但电路结构却显示了 clk 的真实功能只是锁存数据,而真正完成加法操作的是组合电路加 1 器。从电路优化的角度看,4 位锁存器只是由 4 个基本的 D 触发器组成,它是 FPGA 或 CPLD 器件最底层的电路结构,或是 ASIC 设计中标准单元库中仅次于版图级的标准单元基本元件,因此,就 VHDL 描述层次来说,它的电路结构优化范围比较小,对于特定的硬件电路、器件规格或 ASIC 设计工艺,无论在速度还是资源面积方面,锁存器的优化潜力都比较有限。由此可见真正决定计数器工作性能的是其中的加法器。由纯组合电路构成的加法器在电路结构、进位方式和资源利用等多个侧面的优化还有许多工作可做。

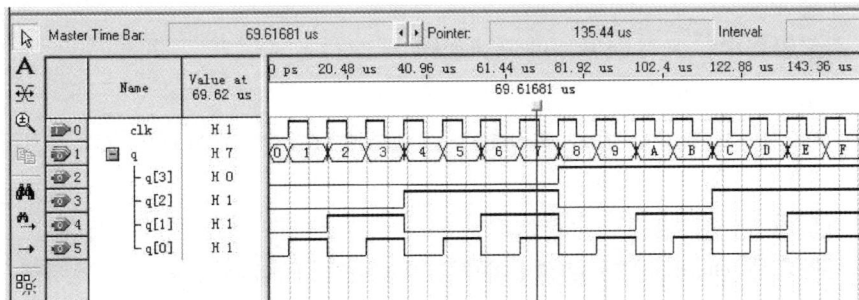

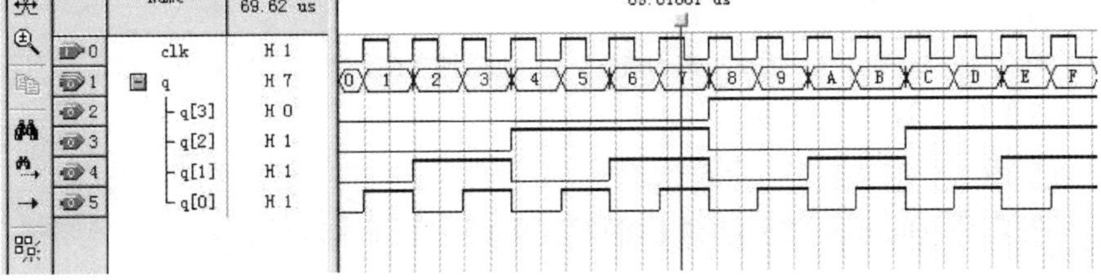

图 7-1-10　4 位加法计数器工作时序

7.1.2 Quartus Ⅱ入门

Quartus II 设计软件是适合片上可编程系统(system on a programmable chip,SOPC)的最全面的多平台设计软件,它可以轻易满足特定设计的需要,Quartus II 软件拥有 FPGA 和 CPLD 设计的所有阶段的解决方案,它是单芯片可编程系统设计的综合性环境。本节简要介绍 Quartus II 的基本功能和一些基本的概念和术语。Quartus II 详细的使用方法请参考 Quartus II 使用手册或者在后续的实验中逐渐掌握。

7.1.2.1 设计流程

Quartus II 软件允许在设计流程的每个阶段使用 Quartus II 图形用户界面、EDA 工具界面或命令行界面。可以在整个流程中只使用这些界面中的一个,也可以在设计流程的不同阶段使用不同的选项。其设计流程见图 7-1-11。

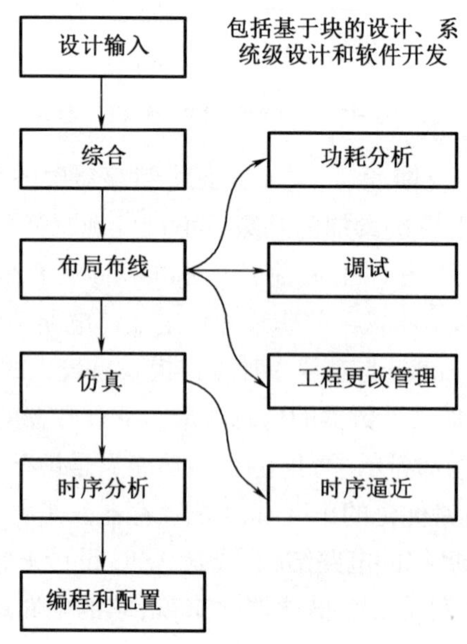

图 7-1-11 设计工作流程

下面将以 D 触发器电路为例,说明设计流程各部分的作用,从整体上掌握 Quartus II 设计流程,然后进行后续更深入的学习。

①设计输入。

在文本编辑器中完成 D 触发器的设计如图 7-1-12 所示。

②综合。

编译工程之后,Quartus II 自动对 D 触发器电路进行综合,得到 D 触发器的 RTL 电路如图 7-1-13 所示。

③布局布线。

编译工程之后,Quartus II 自动对 D 触发器电路进行布局布线,布局布线结果信息如图 7-1-14 所示。

```
library ieee;
use ieee.std_logic_1164.all;
entity dff1 is
port(clk,d,clr,reset:in std_logic;
q:out std_logic);
end dff1;
architecture exx of dff1 is
begin
process(clk,clr,reset)
begin
if (clr='1') then q<='0';
elsif( clk'event and clk='1')then
if( reset='0') then q<='1';
else q<=d;
end if;
end if;
end process;
end exx;
```

图 7-1-12　D 触发器 VHDL 描述

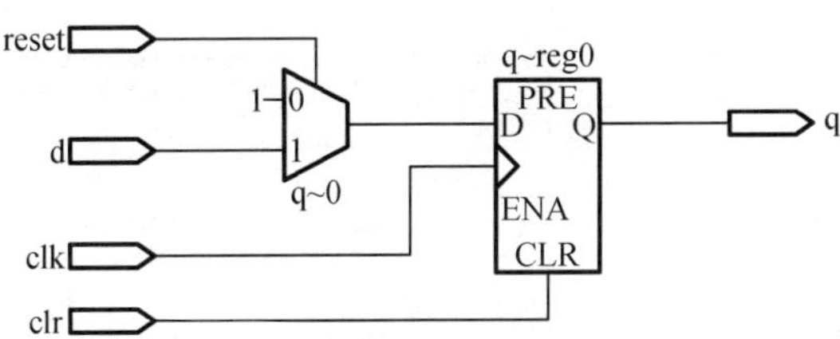

图 7-1-13　D 触发器 RTL 电路

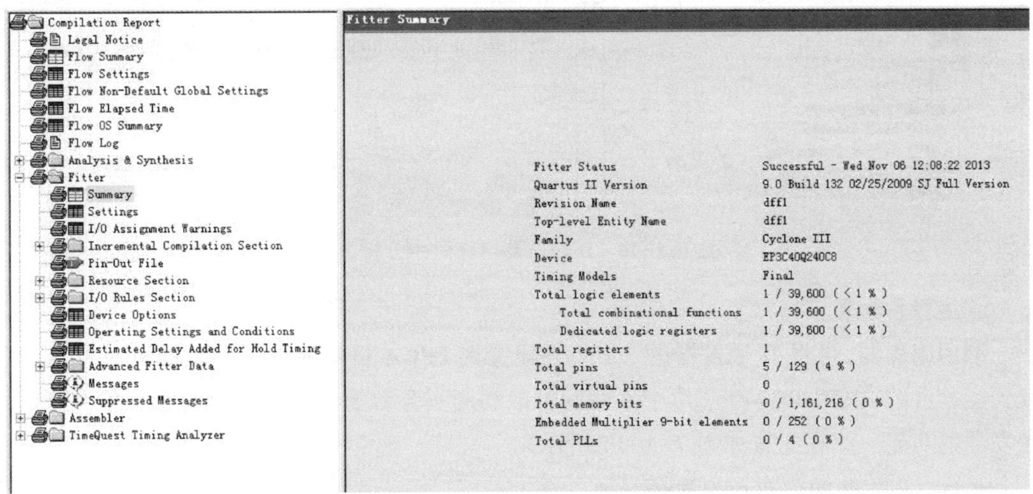

图 7-1-14　D 触发器布局布线结果

④仿真。

图 7-1-15 给出了 D 触发器的仿真波形,从仿真波形可以看出,当时钟上升沿时,q 输出值等于 d。

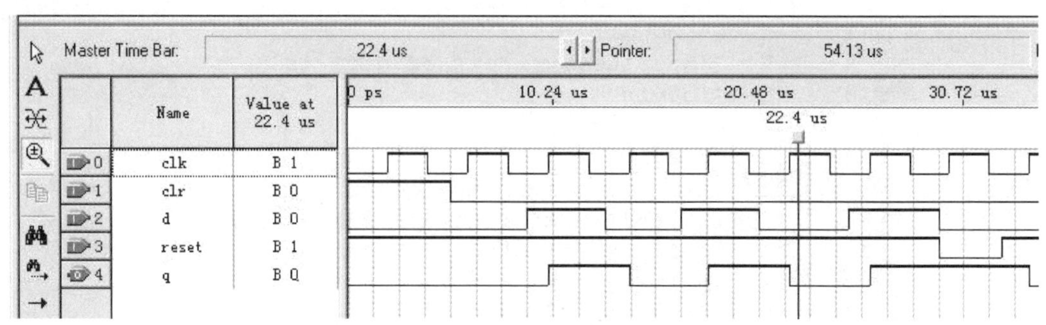

图 7-1-15　D 触发器的仿真结果

⑤时序分析。

利用 Timequest Timming Analyzer 对 D 触发器电路时序进行分析得到图 7-1-16 所示的结果。

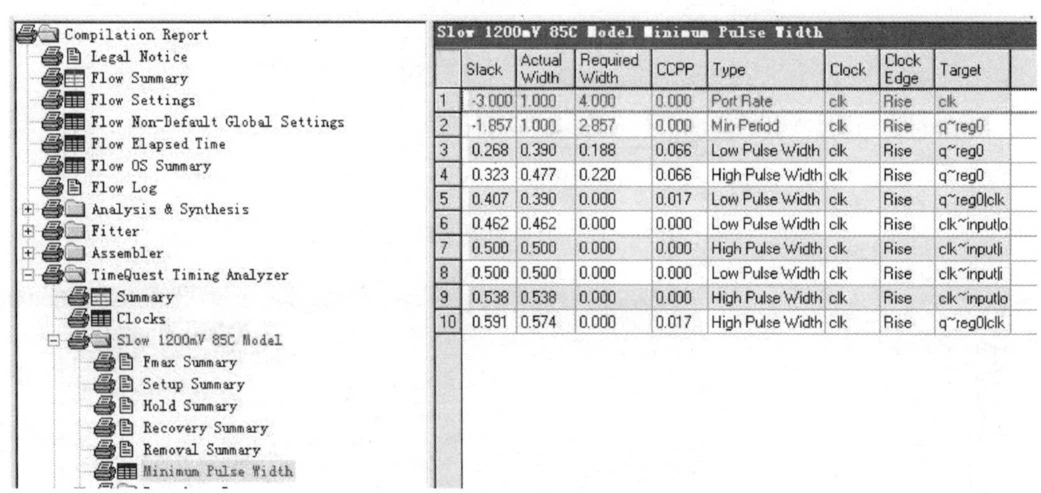

Slow 1200mV 85C Model Minimum Pulse Width

	Slack	Actual Width	Required Width	CCPP	Type	Clock	Clock Edge	Target
1	-3.000	1.000	4.000	0.000	Port Rate	clk	Rise	clk
2	-1.857	1.000	2.857	0.000	Min Period	clk	Rise	q~reg0
3	0.268	0.390	0.188	0.066	Low Pulse Width	clk	Rise	q~reg0
4	0.323	0.477	0.220	0.066	High Pulse Width	clk	Rise	q~reg0
5	0.407	0.390	0.000	0.017	Low Pulse Width	clk	Rise	q~reg0|clk
6	0.462	0.462	0.000	0.000	Low Pulse Width	clk	Rise	clk~input|o
7	0.500	0.500	0.000	0.000	High Pulse Width	clk	Rise	clk~input|i
8	0.500	0.500	0.000	0.000	Low Pulse Width	clk	Rise	clk~input|i
9	0.538	0.538	0.000	0.000	High Pulse Width	clk	Rise	clk~input|o
10	0.591	0.574	0.000	0.017	High Pulse Width	clk	Rise	q~reg0|clk

图 7-1-16　D 触发器电路时序分析结果

⑥编程和配置。

利用编程器,可将 D 触发器的 Sof 文件配置到 FPGA 目标芯片中。例如可以将电路下载到实验台的 EP3C40Q240 芯片中。然后可以利用实验台上的按键和数码管等外设测试 D 触发器的功能。编程配置如图 7-1-17 所示。

1. Quartus II 图形用户界面的功能

可以使用 Quartus II 软件完成设计流程的所有阶段,Quartus II 9.0 的主窗口界面如图 7-1-18 所示。

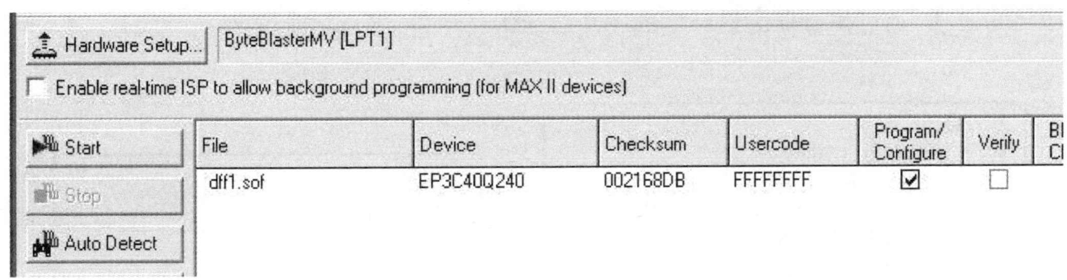

图 7-1-17　D 触发器编程配置

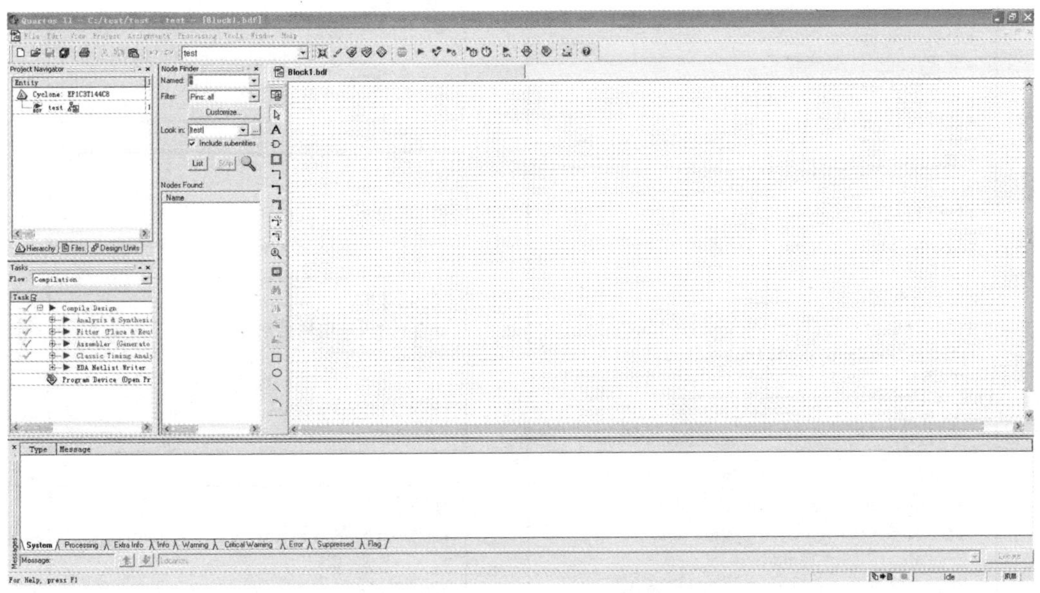

图 7-1-18　Quartus II 9.0 主界面

Quartus II 图形用户界面为设计流程的每个阶段所提供的功能如图 7-1-19 所示。

Quartus II 图形用户界面常用菜单和工具栏如图 7-1-20 所示。

2. Quartus II 图形用户界面的基本设计流程

以下步骤描述了使用 Quartus II 图形用户界面的基本设计流程：

①在 File 菜单中，单击 New Project Wizard，建立新工程并指定目标器件或器件系列。

②使用文本编辑器建立 Verilog HDL、VHDL 或者 Altera 硬件描述语言（AHDL）设计。使用模块编辑器建立以符号表示的框图，表征其他设计文件，也可以建立原理图。

③使用 Megawizard 插件管理器生成宏功能和 IP 功能的自定义变量，在设计中将它们例化，也可以使用 SOPC Builder 或者 SOPC Builder 建立一个系统级设计。

④利用分配编辑器、引脚规划器、Settings 对话框、布局编辑器以及设计分区窗口指定初始设计约束。

⑤（可选）进行早期时序估算，在适配之前生成时序结果的早期估算。

⑥利用分析和综合对设计进行综合。

⑦（可选）如果设计含有分区，还没有进行完整编译，则需要通过 Partition Merge 将分区合并。

⑧(可选)通过仿真器为设计生成一个功能仿真网表,进行功能仿真。

输入设计
●文本编辑器(Text Editor)
●模块与符号编辑器
(Block & Symbol Editor)或称框图编辑器
●MegaWizard插件管理器
(MegaWizard Plug-In Manager)

约束输入
●分配编辑器(Assignment Editor)
●引脚规划器(Pin Planner)
●设置(Settings)对话框
●时序逼近布局(Floorplan Editor)
●设计分区窗口

综合
●分析和综合(Analysis & Synthesis)
●VHDL、Vreilog HDL、AHDL
●辅助设计
●RTL查看器(RTL Viewer)
●技术映射查看器(Technology Map Viewer)
●渐进式综合(Incremental Synthesis)

布局布线
●适配器(Fitter)
●分配编辑器(Assignment Editor)
●平面布局图编辑器(Floorplan Editor)
●渐进式编译(Incremental Compilation)
●报告窗口(Report Window)
●资源优化向导(Resource Optimization Advisor)
●设计空间管理器(Design Space Explorer)
●芯片编辑器(Chip Editor)

时序分析
●TimeQuest时序分析器(TimeQuest Timing Analyzer)
●标准时序分析器(Classic Timing Analyzer)
●报告窗口(Report Window)
●技术映射查看器(Technology Map Viewer)

仿真
●仿真器(Simulator)
●波形编辑器(Waveform Editor)

编程
●汇编器(Assembler)
●编程器(Programmer)
●转换编程文件(Convert Programming Files)

系统级设计
●SOPC Builder
●DSP Builder

基于块的设计
●Logiclock窗口
●平面布局图编辑器(Floorplan Editor)
●VQM写入

EDA接口
●EDA网表编写入

功耗分析
●PowerPlay功耗分析器
(PowerPlay Power Analyzer)
●PowerPlay早期功耗估算器
(PowerPlay Early Power Estimator)

时序逼近
●平面布局图编辑器(Floorplan Editor)
●LogicLock窗口
●时序优化向导(Timing Optimization Advisor)
●设计空间管理器(Design Space Explorer)
●渐进式编译(Incremental Compilation)

调试
●SignalTap □
●SignalProbe
●在系统存储器内容编辑器
(In-System Memory Content Editor)
●RTL查看器(RTL Viewer)
●技术映射查看器
(Technology Map Viewer)
●芯片编辑器(Chip Editor)

工程更改管理
●芯片编辑器(Chip Editor)
●资源属性编辑器(Resource Property Editor)
●更改管理器(Change Manager)

图 7-1-19　Quartus Ⅱ图形用户界面的功能

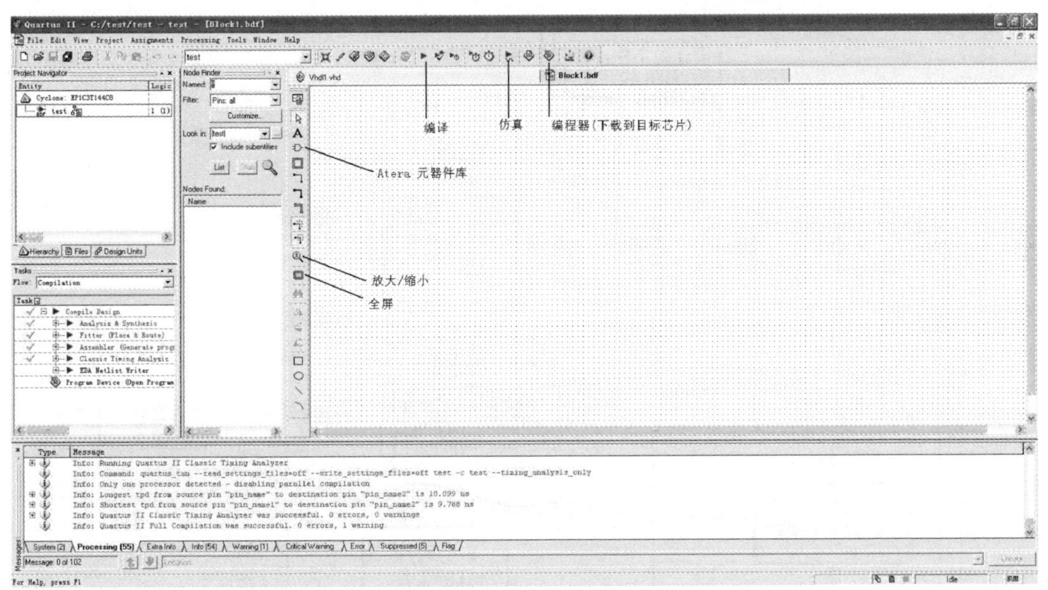

图 7-1-20　Quartus Ⅱ图形用户界面常用菜单和工具栏

⑨使用适配器对设计进行布局布线。

⑩使用 Powerplay 功耗分析器进行功耗估算和分析。

⑪使用仿真器对设计进行时序仿真。使用 TimeQuest 时序分析器或者标准时序分析器对设计进行时序分析。

⑫(可选)使用物理综合、时序逼进布局、Logiclock 功能和分配编辑器纠正时序问题。

⑬使用汇编器建立设计编程文件,通过编程器和 Altera 编程硬件对器件进行编程。

⑭(可选)采用 Signaltap Ⅱ逻辑分析器、外部逻辑分析器、SignalProbe 功能或者芯片编辑器对设计进行调试。

⑮(可选)采用芯片编辑器、资源属性编辑器和更改管理器来管理工程改动。

3. EDA 工具设计流程

Quartus Ⅱ软件支持在设计流程的不同阶段使用常用的 EDA 工具。设计者可以将这些工具与 Quartus Ⅱ图形用户界面或者 Quartus Ⅱ命令行可执行文件结合起来使用。EDA 工具设计流程见图 7-1-21。其中 EDA 工具输出文件还包括测试台文件、符号文件、Tcl 脚本文件(.tcl)、IBIS 输出文件(.ibs)、HSPICE 仿真台文件(.sp)和 STAMP 模型文件(.data 或者.mod)。

4. Quartus Ⅱ软件支持的 EDA 工具

Quartus Ⅱ支持的 EDA 工具主要包括几类:

①设计输入和综合类:如 Mentor Graphics Design Architect,Synopsys Design Compiler 和 Synplicity Synplify 等。

②仿真类:如 Cadence Nc-Verilog,Cadence Nc-VHDL 和 Synopsys Vcs Mx 等。

③时序分析类:如 Mentor Graphics Tau (Through Stamp)和 Synopsys Primetime。

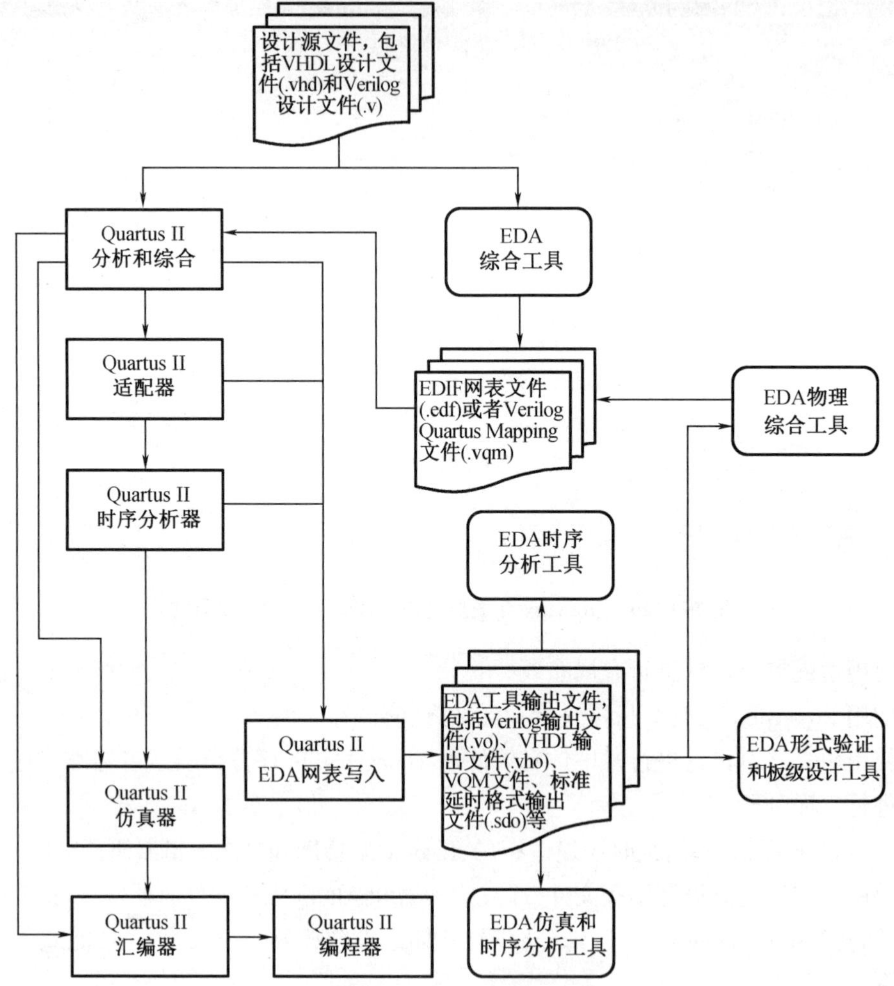

图 7-1-21 EDA 工具设计流程

④板级设计类：如 Hyperlynx(Through Signal Integrity Ibis)，Xtk(Through Signal Integrity Ibis)和 Mentor Graphics Symbol Generation(Viewdraw)等。

⑤形式验证类：如 cadence Incisive Conformal 和 Synopsys Formality。

⑥物理综合类：如 magma Design Automation Palace。

5. Quartus Ⅱ软件与其他 EDA 工具结合使用时的基本设计流程

①创建新工程并指定目标器件或器件系列。

②指定与 Quartus Ⅱ软件一同使用的 EDA 设计输入、综合、仿真、时序分析、板级验证、形式验证以及物理综合工具，为这些工具指定其他选项。

③使用标准文本编辑器建立 Verilog HDL 或者 VHDL 设计文件，也可以使用 Megawizard 插件管理器建立宏功能模块的自定义变量。

④使用 Quartus Ⅱ支持的 EDA 综合工具之一综合您的设计，并生成 EDIF 网表文件(. edf) 或 Verilog Quartus 映射文件(. vqm)。

⑤(可选)使用 Quartus Ⅱ支持的仿真工具之一对您的设计进行功能仿真。

⑥在 Quartus Ⅱ软件中对设计进行编译。运行 EDA 网表写入器,生成输出文件,供其他 EDA 工具使用。

⑦(可选)使用 Quartus Ⅱ支持的 EDA 时序分析或者仿真工具之一对设计进行时序分析和仿真。

⑧(可选)使用 Quartus Ⅱ支持的 EDA 形式验证工具之一进行形式验证,确保 Quartus Ⅱ布线后网表与综合网表一致。

⑨(可选)使用 Quartus Ⅱ支持的 EDA 板级验证工具之一进行板级验证。

⑩(可选)使用 Quartus Ⅱ支持的 EDA 物理综合工具之一进行物理综合。

⑪使用编程器和 Altera 硬件对器件进行编程。

7.1.2.2　Quartus Ⅱ设计输入

Quartus Ⅱ工程包括正常设计所必需的所有设计文件、软件源文件和其他相关文件。可以使用 Quartus Ⅱ的框图编辑器、文本编辑器、Megawizard Plug-In Manager("Tools"菜单)和 EDA 设计输入工具建立用户设计,这些设计中可以包括 Altera 宏功能模块、参数化模块库(LPM)和知识产权核(IP)。设计输入流程见图 7-1-22。

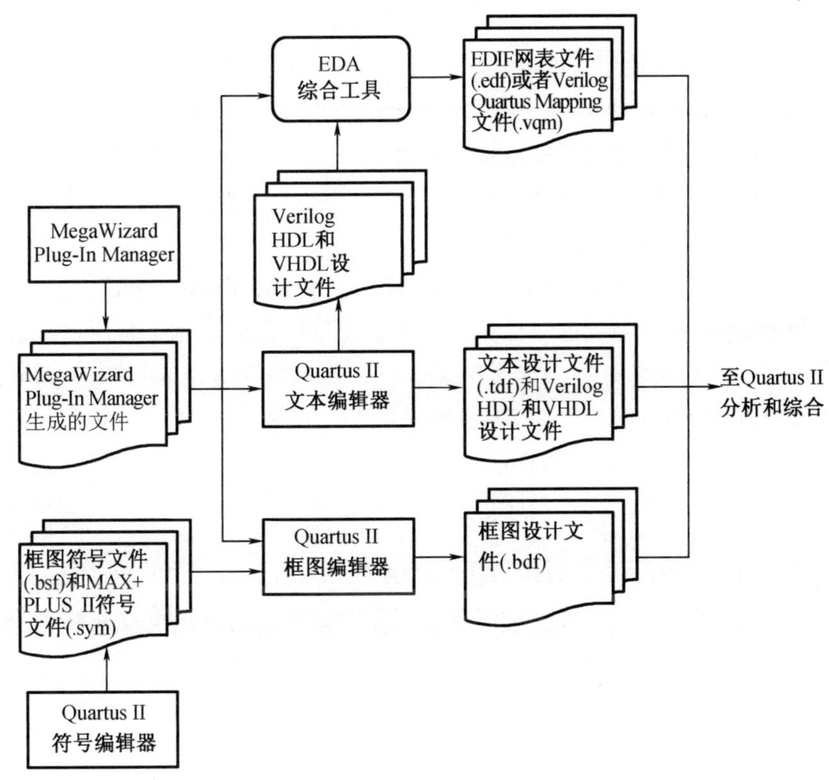

图 7-1-22　设计输入流程

1. 建立工程

可以使用"New Project Wizard"("File"菜单)或 Quartus_Map 可执行文件建立新工程。建立新工程时,可以为工程指定工作目录、工程名称以及顶层设计实体的名称。还可以指定要在工程中使用的设计文件、其他源文件、用户库和 EDA 工具,以及目标器件(或者让 Quartus Ⅱ软件自动选择器件)。Quartus Ⅱ工程和设置文件见表 7-1-10。

表 7-1-10　Quartus Ⅱ 工程文件

文件类型	描述
Quartus Ⅱ工程文件(.qpf)	指定用来建立工程的 Quartus Ⅱ软件的版本以及与工程相关的修订
Quartus Ⅱ设置文件(.qsf)	包括所有使用 Assignment Editor、Floorplan Editor、Setting 对话框(Assignments 菜单)、Tcl 脚本或者 Quartus Ⅱ可执行文件所做的针对所有修订的或者独立的约束。工程中每个修订有一个 QSF
Synopsys 设计约束文件(.sdc)	含有以业界标准 Synopsys 设计约束格式表示的设计约束和 Synopsys 设计约束文件(.sdc)
Quartus Ⅱ 工作空间文件(.qws)	包含用户偏好和其他信息,例如窗口位置,窗口中打开的文件及它们的位置
Quartus Ⅱ 默认设置文件(.qdf)	位于\<Quartus Ⅱ系统目录>\bin 目录,包括所有的全局默认工程设置。QSF 中的设置将替代这些设置

一旦建立了工程,可以使用"Settings"对话框("Assignments"菜单)的"File"页在工程中添加和删除设计文件以及其他文件。在执行 Quartus Ⅱ Analysis & Synthesis 期间,Quartus Ⅱ软件将按文件在"Files"页中显示的顺序来处理文件。

也可以通过使用 Copy Project 命令("Project"菜单)将整个工程复制到一个新的目录中。该命令可以将工程设计数据库文件、设计文件、设置文件,以及报告文件复制到一个新的目录中,然后在新目录中打开该工程。如果指定的新目录不存在,则 Quartus Ⅱ软件将创建它。

"Project Navigator"显示与当前修订相关的信息并且以图形表示工程层次、文件和设计单元,以及各种菜单命令的快捷键。选择主菜单"View"→"Utilily Windows"→"Project Navigator"可以打开"Project Navigator"窗口,见图 7-1-23。可以利用"Customize Columns"命令(右键弹出式菜单)自定义"Project Navigator"所显示的信息。

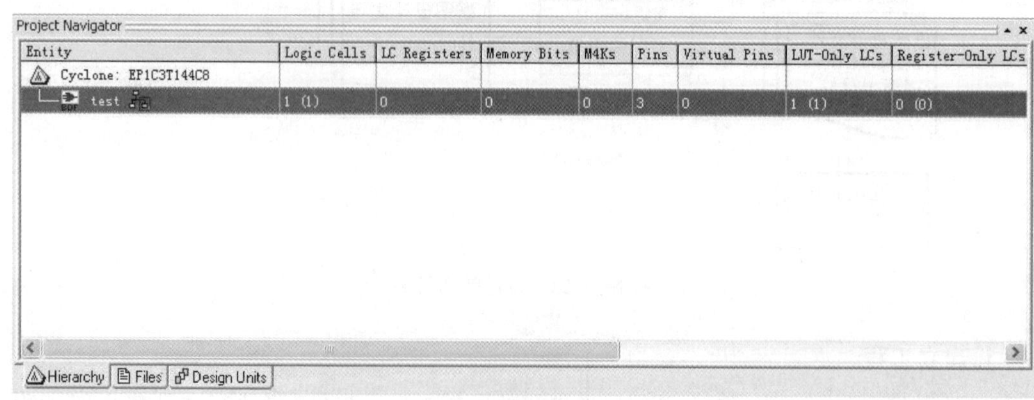

图 7-1-23　Project Navigator 窗口

2. 建立设计

可以使用 Quartus Ⅱ软件在 Quartus Ⅱ框图编辑器中采用原理图方法设计数字电路,或使用 Quartus Ⅱ文本编辑器通过 AHDL、Verilog HDL 或 VHDL 设计语言来建立 HDL 设计。

Quartus Ⅱ软件还支持由 Edif 文件(.edf)或 Vqm 文件(.vqm)建立设计,这些文件可以采用第三方 EDA 设计输入和综合工具生成。还可以在 EDA 设计输入工具中建立 Verilog HDL 或 VHDL 设计,以及生成 Edif 输入文件和 Vqm 文件,或在 Quartus Ⅱ工程中直接使用 Verilog HDL 或 VHDL 设计文件。Quartus Ⅱ支持的设计文件类型见表 7-1-11。

表 7-1-11　Quartus Ⅱ支持的设计文件类型

类型	描述	扩展名
框图设计文件	使用 Quartus Ⅱ框图编辑器建立的原理图设计文件	.bdf
Edif 输入文件	使用任何标准 Edif 网表编写程序生成的 200 版 EDIF 网表文件	.edf .edif
图形设计文件	使用 MAX+PLUS Ⅱ Graphic Editor 建立的原理图设计文件	.gdf
文本设计文件	以 Altera 硬件描述语言(AHDL)编写的设计文件	.tdf
Verilog 设计文件	包含使用 Verilog HDL 定义的设计逻辑的设计文件	.v .vlg .verilog
VHDL 设计文件	包含使用 VHDL 定义的设计逻辑的设计文件	.vh .vhd .vhdl
VQM 文件	由 Synplicity Synplify 软件或 Quartus Ⅱ软件生成的一种 Verilog HDL 格式网表文件。	.vqm

(1)Quartus Ⅱ框图编辑器

Quartus Ⅱ框图编辑器用于以原理图和框图形式输入和编辑图形设计信息。框图编辑器如图 7-1-24 所示。Quartus Ⅱ框图编辑器读取并编辑框图设计文件和 Max+Plus Ⅱ图形设计文件。可以在 Quartus Ⅱ软件中打开图形设计文件,将其另存为框图设计文件。框图编辑器与 Max+Plus Ⅱ软件的图形编辑器类似。每一个框图设计文件包含设计中代表逻辑的框图和符号。框图编辑器将每一个框图、原理图或者符号代表的设计逻辑合并到工程中。可以利用框图设计文件中的框图建立新设计文件,在修改框图和符号时更新设计文件,也可以在框图设计文件的基础上生成模块符号文件(.bsf)、ahdlinclude 文件(.inc)和 HDL 文件。

(2)Quartus Ⅱ文本编辑器

Quartus Ⅱ文本编辑器是一个灵活的工具,用于以 AHDL、VHDL 和 Verilog HDL 语言以及 Tcl 脚本语言输入文本型设计。文本编辑器如图 7-1-25 所示。文本编辑器还可以使用文本编辑器输入、编辑和查看其他 ASCⅡ文本文件,包括为 Quartus Ⅱ软件或由 Quartus Ⅱ

软件建立的文本文件。还可以用文本编辑器将任何 AHDL 声明或节段模板、Tcl 命令或所支持的 VHDL 以及 Verilog HDL 构造模板插入到当前文件中。AHDL、VHDL 和 Verilog HDL 模板为输入 HDL 语法提供了简便方法，提高了设计输入的速度和准确度。还可获取有关所有 AHDL 单元、关键字和声明以及宏功能模块和基本单元的上下文敏感词帮助。

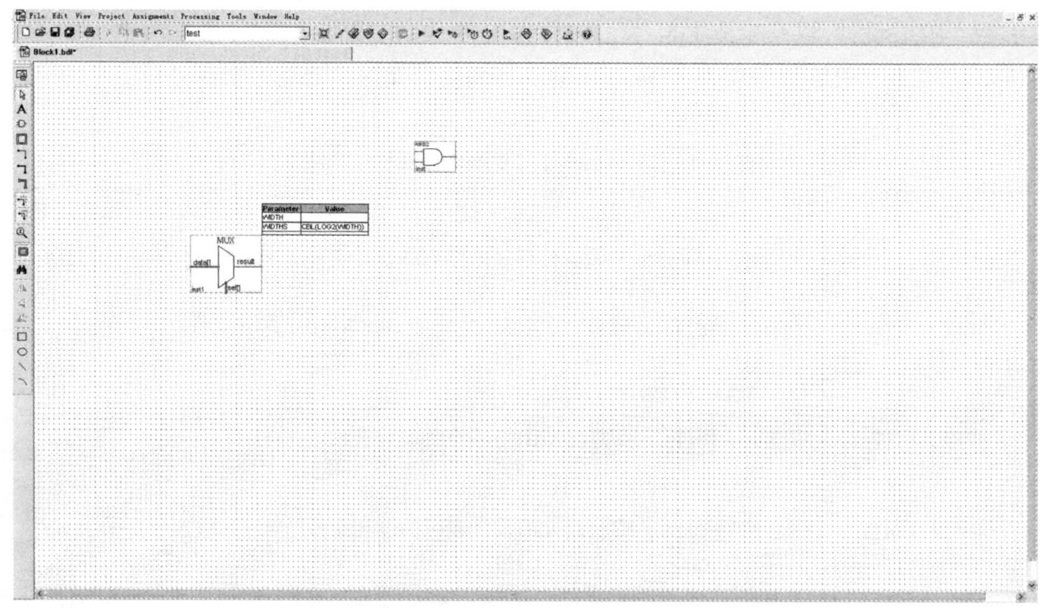

图 7-1-24　Quartus Ⅱ框图编辑器

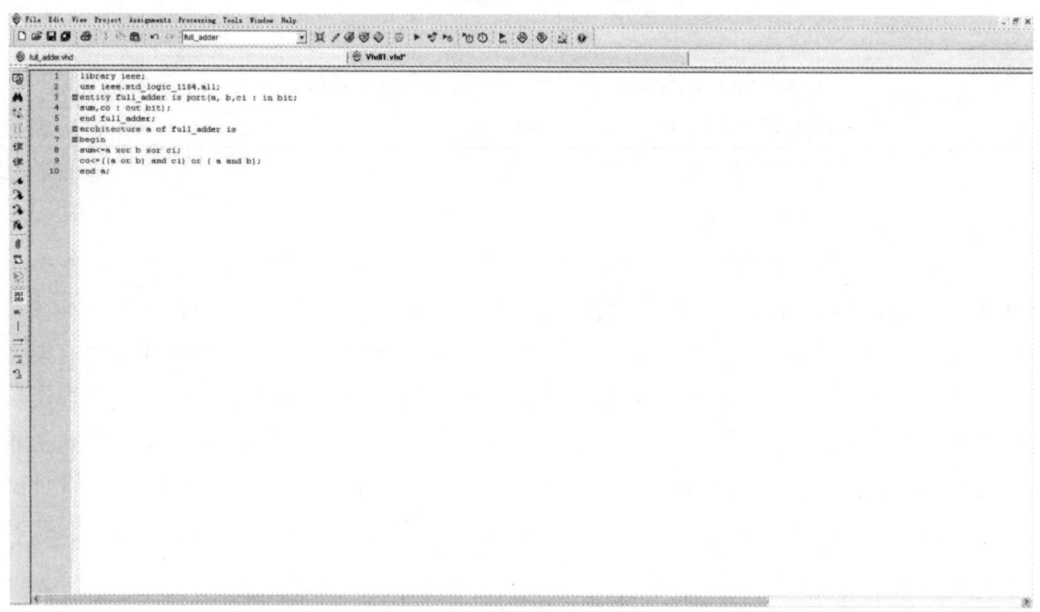

图 7-1-25　Quartus Ⅱ文本编辑器

（3）Quartus Ⅱ符号编辑器

符号编辑器用于查看和编辑代表宏功能、宏功能模块、基本单元或设计文件的预定义符号。每个符号编辑器文件代表一个符号。对于每个符号文件,均可以从包含 Altera 宏功能模块和 LPM 功能的库中选择。可以自定义这些模块符号文件,然后将这些符号添加到使用模块编辑器建立的原理图中。符号编辑器读取并编辑模块符号文件和 Max+Plus Ⅱ 符号文件(.sym),并将这两种类型的文件存储为模块符号文件。

(4)使用 Altera 宏功能

Altera 宏功能模块是复杂的高级构建模块,可以在 Quartus Ⅱ设计文件中与逻辑门和触发器基本单元一起使用。Altera 提供的参数化宏功能模块和 LPM 功能均为 Altera 器件结构做了优化。必须使用宏功能模块才可以使用一些 Altera 专用器件的功能,例如:存储器、DSP 块、Lvds 驱动器、PLL 以及 Serdes 和 Ddio 电路。可以使用 Megawizard 插件管理器("Tools"菜单)建立 Altera 宏功能、LPM 功能和 IP 功能,用于 Quartus Ⅱ软件和 EDA 设计输入与综合工具中的设计。表 7-1-12 列出了能够由 Megawizard 插件管理器建立的 Altera 提供的宏功能模块和 LPM 功能类型。

表 7-1-12　Altera 提供的宏功能和 LPM 功能

类型	说明
算术组件	包括累加器、加法器、乘法器和 LPM 算术功能
逻辑门	包括多路复用器和 LPM 门功能
I/O 组件	包括时钟数据恢复(CDR)、锁相环(PLL)、双数据速率(DDR)、千兆收发器块(GXB)、LVDS 接收器和发送器、PLL 重新配置和远程更新宏功能模块
存储器编译器	包括 FIFO 划分器、RAM 和 ROM 宏功能 存储组件存储器、移位寄存器宏功能和 LPM 存储器功能

3. 约束输入

建立工程和设计之后,可以使用 Quartus 软件中的"Settings"对话框("Assignment"菜单)、"Assignment Editor"("Assignment"菜单)和"Floorplan Editor"指定初始设计约束条件,例如:引脚分配、器件选项、逻辑选项和时序约束条件。还可以使用"Import Assignments"命令("Assignments"菜单)导入约束,或使用"Export"命令("File"菜单)导出约束。还可以使用 Tcl 命令或脚本从其他 EDA 综合工具中导入约束。Quartus Ⅱ软件也提供了"Timing"向导("Assignments"菜单)帮助指定初始设计约束。许多设置通过 Max+Plus Ⅱ的快捷菜单中的"Assign"命令使用并在"Assignment Editor"和"Settings"对话框中进行设置。约束条件和约束输入流程见图 7-1-26。

7.1.2.3　综合

可以使用 Compiler 的 Quartus Ⅱ Analysis & Synthesis 模块分析设计文件和建立工程数据库。Analysis & Synthesis 使用 Quartus Ⅱ内置综合器综合 Verilog 设计文件(.v)或 VHDL 设计文件(.vhd)。另外还可以使用其他 EDA 综合工具综合 Verilog HDL 或 VHDL 设计文件,然后再生成可以与 Quartus Ⅱ软件配合使用的 Edif 网表文件(.edf)或 Vqm 文件(.vqm)。

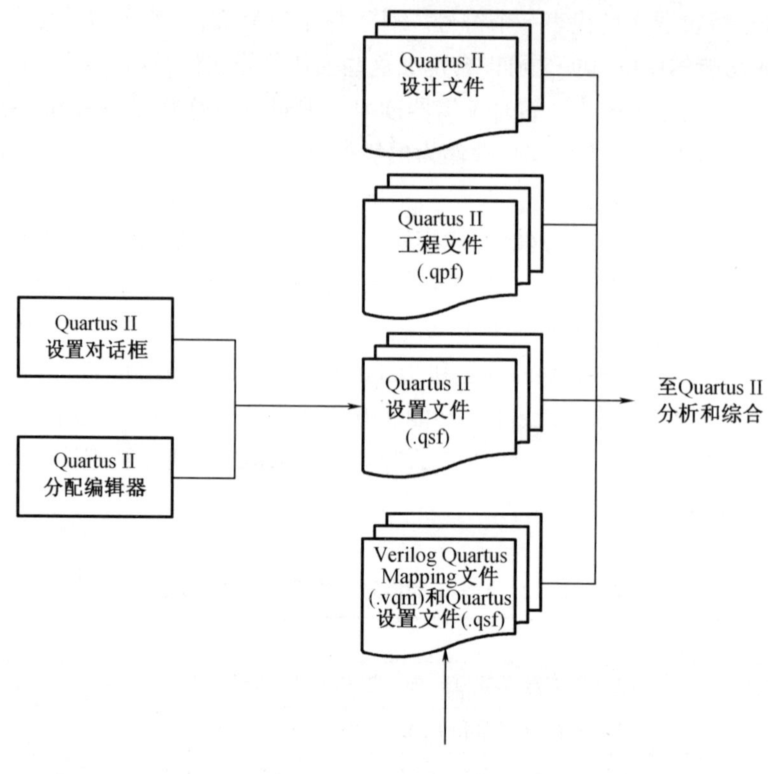

图 7-1-26　约束条件和约束输入流程

1. 综合设计流程

Quartus Ⅱ软件的全编译包含 Analysis & Synthesis 过程,也可以单独启动 Analysis & Synthesis。Quartus Ⅱ软件还允许在不运行内置综合器的情况下进行 Analysis & Elaboration。综合设计流程见图 7-1-27。

2. 使用 Quartus Ⅱ Verilog HDL 和 VHDL 内置综合器

可以使用 Analysis & Synthesis 分析并综合 Verilog HDL 和 VHDL 设计。Analysis & Synthesis 包括 Quartus Ⅱ内置综合器,它完全支持 Verilog HDL 和 VHDL 语言,并提供控制综合过程的选项。

如果使用其他 EDA 综合工具,也可以指定 Quartus Ⅱ软件用于将非 Quartus Ⅱ软件功能映射到 Quartus Ⅱ软件功能的库映射文件(.lmf)。可以指定 Verilog HDL Input 和 VHDL Input 页面的这些选项和其他选项,它们在"Settings"对话框("Assignments"菜单)的"Analysis & Synthesis Settings"的下面。

当创建自己的 Verilog HDL 和 VHDL 设计时,应该将它们添加到工程中。在将文件添加至工程中时,应按希望内置综合器处理这些文件的顺序来添加。另外,如果在使用 VHDL 设计,可以在"Files"页的"Properties"对话框中为设计指定 VHDL 库。如果不指定 VHDL 库,Analysis & Synthesis 会将 VHDL 实体编译入 Work 库。

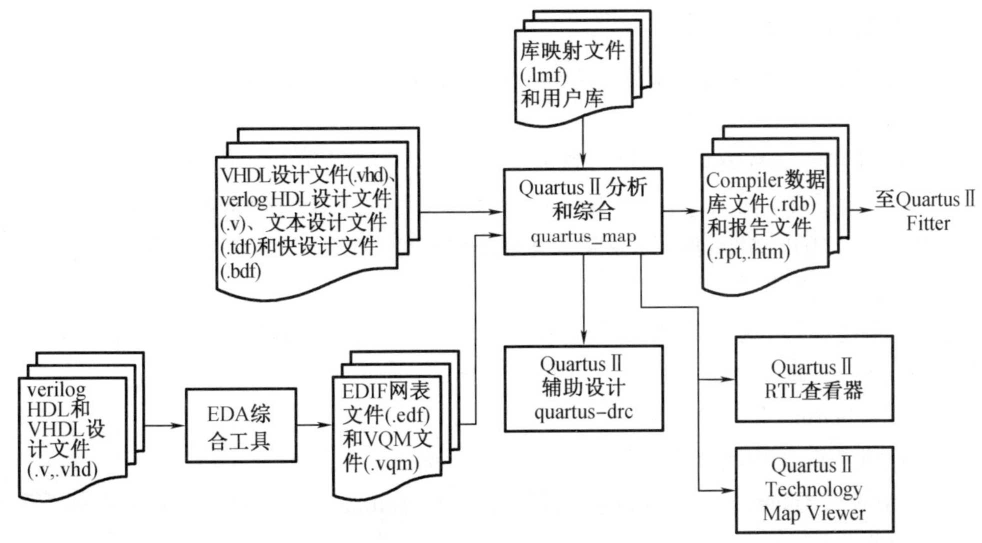

图7-1-27 综合设计流程

Analysis & Synthesis 构建单个工程数据库,将所有设计文件集成在设计实体或工程层次结构中。Quartus Ⅱ软件用此数据库进行其余工程处理。其他 Compiler 模块对该数据库进行更新,直到它包含完全优化的工程。开始时,该数据库仅包含原始网表;最后,它包含完全优化且适配的工程,工程将为时序仿真、时序分析、器件编程等建立一个或多个文件。当它建立数据库时,Analysis & Synthesis 的分析阶段将检查工程的逻辑完整性和一致性,并检查边界连接和语法错误。

Analysis & Synthesis 还在设计实体或工程文件的逻辑上进行综合和技术映射。它从 Verilog HDL 和 VHDL 中推断触发器、锁存器和状态机。它为状态机建立状态分配,并作出能减少所用资源的选择。此外,它还用 Altera 参数化模块(Lpm)功能库中的模块替换运算符,例如+或-,而该功能已为 Altera 器件做了优化。

Messages 窗口和 Report 窗口的 Messages 区域显示 Analysis & Synthesis 生成的任何消息。Status 窗口记录工程编译期间在 Analysis & Synthesis 中处理所花的时间。

3. 使用其他 EDA 综合工具

可以使用其他 EDA 综合工具综合 Verilog HDL 或 VHDL 设计,然后生成可以与 Quartus Ⅱ软件配合使用的 Edif 网表文件或 Vqm 文件。在"Settings"对话框("Assignments"菜单)"EDATool Settings"下的"design Entry & Synthesis"页面中,可以指定将要使用的 EDA 综合工具。

Altera 提供与许多 EDA 综合工具配合使用的库。Altera 还为许多工具提供 Nativelink 支持。Nativelink 技术有助于在 Quartus Ⅱ软件和其他 EDA 工具之间无缝传送信息,并允许从 Quartus Ⅱ图形用户界面中自动运行 EDA 工具。

如果已使用其他 EDA 工具建立了分配或约束条件,可以使用 Tcl 命令或脚本将这些约束条件导入 Quartus Ⅱ工程中。许多 EDA 工具可自动生成约束 Tcl 脚本。

4. 控制 Analysis & Synthesis

可以使用以下选项和功能来控制 Quartus Ⅱ Analysis & Synthesis：

(1)使用编译器指令和属性

QuartusⅡ软件支持编译器指令，这些指令也称为编译指示。可以在 Verilog HDL 或 VHDL 代码中包括 Translate_On 和 Translate_Off 等编译器指令作为备注。这些指令不是 Verilog HDL 或 VHDL 命令；但是，综合工具使用它们以特定方式推动综合过程。仿真器等其他工具则忽略这些指令并将它们作为备注处理。

还可以指定属性，这些属性有时称为编译指示或指令，用于推动特定设计元素的综合过程。还提供一些属性，作为 Quartus Ⅱ逻辑选项。

(2)使用 Quartus Ⅱ逻辑选项

QuartusⅡ逻辑选项允许在不编辑源代码的情况下设置属性。可以在“Assignment Editor”中指定单独的 Quartus Ⅱ逻辑选项，而且可以在“Settings”对话框(“Assignments”菜单)的“Analysis & Synthesis Settings”页面中为工程指定全局“Analysis & Synthesis”逻辑选项。

在“Analysis & Synthesis Settings”页面上的 Quartus Ⅱ逻辑选项允许指定 Complier 应该执行速度优化、面积优化，还是执行“平衡”优化，“平衡”优化努力达到速度和面积的最佳组合。它还提供许多其他选项，例如用来加电的逻辑电平的控制选项。

(3)使用 Quartus Ⅱ综合网表优化选项

QuartusⅡ综合优化选项用于在许多 Altera 器件系列的综合阶段优化网表。这些优化选项对标准编译期间出现的优化进行补充，并且是在全编译的 Analysis & Synthesis 阶段出现。这些优化对综合网表进行更改，通常有利于面积和速度的改善。可以在“Settings”对话框(“Assignments”菜单)中“Analysis & Synthesis Settings”页面，指定网表优化选项。

(4)使用设计向导(Design Assistant)检查设计可靠性

Quartus Ⅱ Design Assistant 允许依据一组设计规则，检查设计的可靠性。在为 Hardcopy 器件进行移植设计之前，利用 Design Assistant 检查设计的可靠性非常有用。“Settings”对话框(“Assignments”菜单)的“Design Assistant”页用于指定检查设计时要使用的设计可靠性准则。

(5)使用 RTL 查看器和状态机查看器(state machine viewer)分析综合结果

Quartus Ⅱ RTL Viewer 提供原理图来查看设计。要想为 Quartus Ⅱ工程运行“RTL Viewer”，必须通过选择“Start”→“Start Analysis & Elaboration”(“Processing”菜单)分析设计。也可以执行“Analysis & Synthesis”(“Processing”菜单)或者执行完全编译，因为这些步骤中包括编译流程的 Analysis & Elaboration 阶段。成功执行 Analysis & Elaboration 后，可以通过选择 RTL Viewer(“Tools”菜单→“Netlist Viewers”子菜单)来显示“RTL Viewer”窗口。除了原理图视图，“RTL Viewer”还有层次结构列表，其中列出了整个设计网表的实例、基本单元、引脚和网络。在采用“RTL Viewer”查看设计后，如果决定修改设计，则应该再次执行“Analysis & Elaboration”，在“RTL Viewer”中分析更新后的设计。

通过状态机查看器可以查看设计中相关逻辑的状态机图。如果工程中含有状态机，在 Tools 菜单中，指向 Netlist Viewers，单击 State Machine Viewer。还可以双击“RTL Viewer”窗口中的实例符号，来显示 State Machine Viewer。

(6)使用技术映射查看器(Technology Map Viewer)分析综合结果

Quartus Ⅱ Technology Map Viewer 为设计提供底层或基本层、指定技术的原理图显示。

要在 Quartus Ⅱ工程中运行 Technology Map Viewer,必须先执行“Analysis & Synthesis”或全编译。成功执行了“Analysis & Synthesis”之后,可以通过选择“Technology Map Viewer”(“Tools”菜单→“Netlist Viewers”子菜单)显示“Technology Map Viewer”窗口。“Technology Map Viewer”包括原理图视图,同时也包括层次结构列表,其中列出了整个设计网表的实例、基本单元、引脚和网络。时序分析或者进行包括时序分析的完整编译之后,还可以使用“Technology Map Viewer”来查看组成时序路径的节点,该路径包括全部时延和各个节点时延的信息。

(7)渐进式综合

渐进式综合功能可以管理渐进式设计的设计层次。它可以为设计指定独立的层次区域,称为分割,可以对它渐进式地执行 Analysis & Synthesis,而不必影响工程的其他部分。

渐进式综合保证在编译设计时只有设计中更新的区域进行重新综合,这缩减了综合所需时间以及运行时内存的使用量。它是可以在不影响设计的其他区域的情况下更改并重新综合设计的一个区域,这意味着在未更改的区域中所有已寄存的和组合的节点的节点名称都将保留。为工程及其所有分割成功执行 Analysis & Synthesis 之后,个体分割必须合并到一起,从而使其可以作为一个完整的工程而被重新编译。

渐进式综合有助于分阶段的分区设计,但是对于需要跨越不同层次边界进行优化的工程则用处不大。

下面的步骤描述了为渐进式综合建立设计的基本流程:

①进行 Analysis & Elaboration。

②将工程的一个或多个实体指定为分区。

③确定在“Design Partitions”窗口中,或者在“Settings”对话框的“Compiler Process Settings”页面中为“Incremental Compilation”选择了“Incremental Synthesis Only”。

④全程编译或者单独运行“Compiler”模块,进行“Analysis & Synthesis”,逐步综合每个分区,当准备将分区合并回整个工程时,在“Processing”菜单中指向“Start”,单击“Start Partition Merge”,在运行“Fitter”和其他编译模块之前,建立一个完整的工程数据库。

7.1.2.4　布局布线

1. 布局布线设计流程

Quartus Ⅱ Fitter 对设计进行布局布线,在 Quartus Ⅱ软件中是指“Fitting”(适配)。“Fitter”使用由“Analysis & Synthesis”建立的数据库,将工程的逻辑和时序要求与器件的可用资源相匹配。它将每个逻辑功能分配给最佳逻辑单元位置,进行布线和时序分析,并选定相应的互连路径和引脚分配。布局布线设计流程见图 7-1-28。

如果在设计中进行了资源分配,“Fitter”将这些资源分配与器件上的资源相匹配,并满足已设置的任何其他约束条件,然后优化设计中的其余逻辑。如果尚未对设计设置任何约束条件,“Fitter”将自动优化设计。如果适配不成功,“Fitter”会终止编译,并给出错误信息。

在“Settings”对话框的“Compilation Process Settings”页面,可以指定是使用正常编译还是智能编译(在“Assignments”菜单中,单击“Settings”显示“Settings”对话框)。如果使用智能编译,“Compiler”将建立详细的数据库,有助于更快地运行今后的编译,但可能会占用额外的磁盘空间。在智能编译之后的重新编译期间,“Compiler”将评估自上次编译以来对当前设计所做的更改,然后只运行处理这些更改所需的 Compiler 模块。如果对设计中的逻辑进行任何改动,“Compiler”在处理期间将使用所有模块。

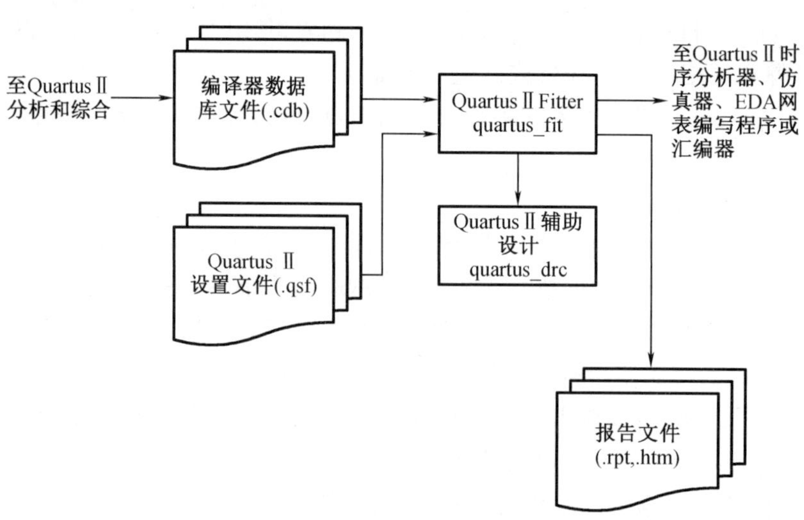

图 7-1-28　布局布线设计流程

可以在包括“Fitter”模块的 Quartus Ⅱ软件中启动全编译,也可以单独启动“Fitter”。在单独启动“Fitter”之前,必须成功运行“Analysis & Synthesis”。

2. 分析布局布线结果

Quartus Ⅱ软件提供数个工具来帮助分析编译和布局布线的结果。“Message”窗口和“Report”窗口提供布局布线结果信息。时序逼近布局图(“Timing Closure Floorplan”)和“Chip Editor”还允许查看布局布线结果和进行必要的调整。此外,“Design Assistant”可以根据一组设计规则检查设计的可靠性。

(1)使用 Messages 窗口查看布局布线结果

“Messages”窗口的“Processing”选项卡和“Report”窗口的“Messages”区域或“Report File”显示从最近的编译或仿真生成的信息。在“Messages”窗口中,右键单击一个消息,点击 Help,可以获得某个消息的帮助。

(2)使用 Report 窗口或报告文件查看布局布线结果

“Report”窗口包含许多部分,它们可以对“Fitter”为设计执行布局布线的方式进行分析。它包括数个部分,用于显示资源使用情况。它还列出“Fitter”生成的错误消息,以及正在运行的任何其他模块的消息。

(3)使用时序逼近布局图分析结果

运行 Fitter 之后,时序逼近布局图将显示布局布线的结果。此外,可以反标布局布线结果,以保留上次编译期间执行的资源分配。可编辑的时序逼近(timing closure)布局图允许查看 Fitter 和/或用户分配执行的逻辑分配,执行 Logiclock 面积分配以及查看布线拥塞情况。

(4)使用设计向导(design assistant)检查设计的可靠性

Quartus Ⅱ Design Assistant 用于根据一组设计规则检查设计的可靠性,确定是否存在可能影响布局布线或设计优化的任何问题。“Settings”对话框(“Assignments”菜单)的“Design

Assistant”页用于指定检查设计时要使用的设计可靠性准则。

3. 优化布局布线

运行“Fitter”并分析结果之后，可以使用以下方法来优化布局布线。

(1)使用位置约束

可以通过使用“Timing Closure”平面布局图或“Assignment Editor”将逻辑分配给器件上的物理资源，例如，引脚、逻辑单元以及逻辑阵列块(LAB)，以便控制布局布线。如果希望一次建立多个新的位置分配，可以选择“Assingments”菜单的“Assignment Editor”项。此外，可以使用 Tcl 命令建立分配，还可以在“Settings”对话框(“Assignments”菜单)中为工程指定全局分配。

(2)设置用于控制布局布线的选项

可以设置用于控制“Fitter”并可能影响布局布线的选项有：“Fitter 选项”、“Fitting 优化和物理综合选项”和“影响布局布线的个别和全局逻辑选项”。

(3)使用资源优化向导

Resource Optimization Advisor 在逻辑单元使用，存储器块使用，DSP 块使用，I/O 使用，布线资源使用等方面都提供了资源使用优化设计方案。

如果打开了一个工程，则可以通过选择“Resource Optimization Advisor”(“Tools”菜单)查看“Resource Optimization Advisor”。如果工程尚未编译，则“Resource Optimization Advisor”仅提供关于优化资源用量的常规建议。如果工程曾被编译过，则“Resource Optimization Advisor”可以根据工程信息和当前设置为工程提供详细的建议。

(4)使用 Design Space Explorer

另一种控制 Quartus Ⅱ布局布线的方法是使用“Design Space Explorer (DSE)”Tcl 脚本，DSE. tcl，它可以最优化设计。DSE 界面允许自动搜索一定范围内的 Quartus Ⅱ选项和设置，从而确定要使工程获得最好的结果应使用哪个设置。可以指定 DSE 的“Effort Level”，从而确定当前工程的最佳设置。可以指定 DSE 对当前工程进行优化设置的努力级别。DSE 界面还允许指定优化目标以及所允许的编译时间。

7.1.2.5　基于模块的设计

Quartus Ⅱ渐进式编译特性和 Logiclock 区域特性支持基于块的设计流程，允许建立模块化设计、单独设计和优化每个模块，然后将每个模块整合到顶层设计中。只要每个模块具有已寄存的输入和输出，这样处理模块便不会影响底层模块的性能。

Quartus Ⅱ基于模块的设计流程。在传统的自上而下的设计流程中，设计只有一个网表，由于每个模块实现方式不同，它们在总体设计中可能具有不同的性能，每个模块具有单独的网表。这样，设计人员能够建立基于块的设计，每个模块可以单独优化，然后整合到顶层设计中。可以在以下设计流程中使用基于模块的设计：

①模块化设计流程：将设计划分为对每个子模块进行例化的顶层设计。

②渐进式编译流程：用户建立并优化系统，然后添加对原始系统性能影响较小或没有影响的后续模块。

③团队设计流程：用户将设计分割为单独的模块，每个模块建立单独的工程，由各个团队负责开发，然后在顶层设计中对模块进行例化和连接。

1. 使用 Logiclock 区域

Logiclock 区域按大小(高度和宽度)及其在器件上的位置来定义。可以指定区域的大小和位置,或指示 Quartus Ⅱ软件自动建立大小和位置。采用 Logiclock 设计流程,可以通过声明母区域和子区域来定义一组区域的层次结构。Quartus Ⅱ软件将子区域完全放置在母区域的边界内。可以锁定子模块相对于母区域的位置,而无需将母区域限定在器件的锁定位置上。

2. 在自上而下渐进式编译流程中使用 Logiclock 区域

如果要进行完整的渐进式编译,则必须给设计分区分配器件物理位置。可以将设计分区从“Project Navigator”窗口的“Hierarchy”标签选项、“Design Partitions”窗口或者“Node Finder”中直接拖放至“Logiclock Regions”窗口或者“Timing Closure”平面布局图中,将其分配至 Logiclock 区域。Altera 建议在设计中,为每个分区建立一个 Logiclock 区域。当这些区域全部达到固定大小、固定位置后,可以逐渐实现最佳性能。理想情况下,应使用“Timing Closure”平面布局图,手动分配 Logiclock 区域,指定器件中的物理位置;也可以通过设置 Logiclock 区域 Size 选项为 Auto,State 选项为 Floating,让 Quartus Ⅱ软件在一定程度上自动分配 Logiclock 区域至物理位置。如果分区含有许多存储器或 DSP 块,建议将其放置在 Logiclock 区域之外。初次编译之后,应反标 Logiclock 区域属性(不是节点的属性),以确保所有 Logiclock 区域具有固定大小和固定位置。该过程将建立初始平面布局图分配,能够根据需要更方便的进行修改。

3. 在自下而上设计流程中导入导出分区

在自下而上的设计方法中,首先将工程划分为较小的子设计,每个子设计作为单独的工程,由不同的设计人员进行开发。然后,导出这些底层工程的编译结果,交给负责将其导入顶层工程中的设计人员(或者工程负责人),实现功能完整的设计。采用自下而上的设计流程有助于进行团队开发,支持重新使用来自其他工程的编译结果,最终达到保持性能不变,缩短编译时间的目的。

在自下而上设计流程中导入导出分区主要包括三个步骤:

①为自下而上的渐进式编译方法准备顶层设计。

②导出分区,在顶层工程中使用。

③将底层分区导入到顶层工程中。

7.1.2.6 仿真

1. 仿真工具和仿真流程

可以使用 EDA 仿真工具或 Quartus Ⅱ Simulator 进行设计的功能与时序仿真。Quartus Ⅱ软件提供以下功能,用于在 EDA 仿真工具中进行设计仿真:

①Nativelink 集成 EDA 仿真工具。

②生成输出网表文件。

③功能与时序仿真库。

④生成测试激励模板和存储器初始化文件。

⑤为功耗分析生成 Signal Activity 文件(.saf)。仿真流程见图 7-1-29。

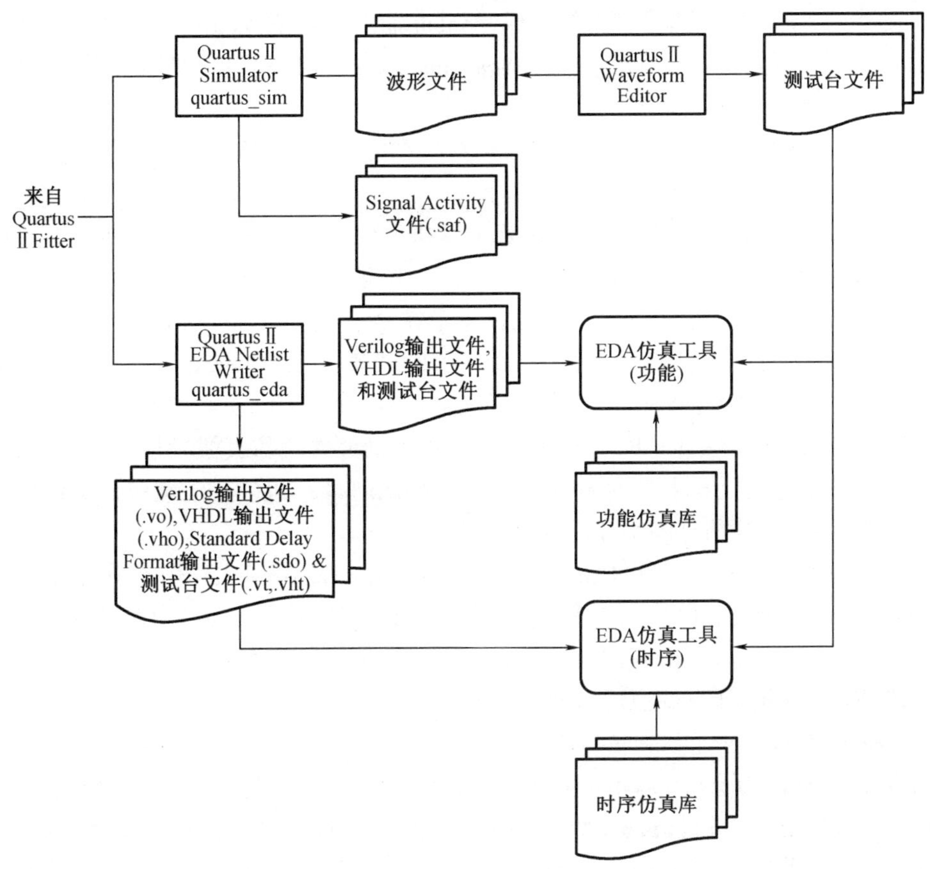

图 7-1-29　仿真流程

2. 使用 EDA 工具进行设计仿真

Quartus Ⅱ软件的“EDA Netlist Writer”模块生成用于功能或时序仿真的 VHDL 输出文件（. vho）和 Verilog 输出文件（. vo），以及使用 EDA 仿真工具进行时序仿真所需的标准延时格式输出文件（. sdo）。Quartus Ⅱ软件支持 Standard Delay Format 2. 1 版的 Sdf 输出文件。EDA Netlist Writer 将仿真输出文件放在当前工程目录下的和工具相关的特定目录中。

此外，Quartus Ⅱ软件通过 Nativelink 功能使时序仿真与 EDA 仿真工具完美集成。Nativelink 功能允许 Quartus Ⅱ软件将信息传递给 EDA 仿真工具，并具有从 Quartus Ⅱ软件中启动 EDA 仿真工具的功能。

（1）指定 EDA 仿真工具设置

在建立一个新工程时，可以在“Settings”对话框（“Assignments”菜单）“EDA Tool Settings”下的“Simulation”页面，或在“New Project Wizard”（“File”菜单）中选择 EDA 仿真工具。“Simulation”页面允许选择仿真工具并为 Verilog 和 VHDL 输出文件以及相应的 Sdf Output 文件和功耗分析，Signal Activity 文件（. saf）的生成指定选项。

（2）生成仿真输出文件

可以运行 EDA Netlist Writer 模块，并通过指定 EDA 工具设置和编译设计，生成 Verilog 输出文件和 VHDL 输出文件。如果已在 Quartus Ⅱ软件中编译设计，可以在 Quartus Ⅱ软件中指定不同的仿真输出设置（例如，不同的仿真工具），然后使用“Start”→“Starteda Netlist

Writer”命令(“Processing”菜单)重新生成 Verilog 输出文件或 VHDL 输出文件。如果正在使用 Nativelink 功能,也可以在使用“Runeda Simulation Tool”命令(“Tools”菜单)进行初始编译后运行仿真。

Quartus Ⅱ软件还可以生成以下类型的输出文件,在 EDA 仿真工具中执行功能和时序仿真时使用:

①功耗估算数据:可以使用 EDA 仿真工具执行包括功耗估算数据的仿真。可以指示 Quartus Ⅱ软件将 Verilog HDL 或 VHDL 输出文件中设计的功耗估算数据包括在内。EDA 仿真工具生成功率输入文件(.pwf),此文件用于在 Quartus Ⅱ软件中估计设计功耗。

②仿真激励文件:可以使用“Export”命令(“File”菜单)从 Quartus Ⅱ Waveform Editor 的向量波形文件(.vwf)建立 Verilog 仿真激励文件(.vt)和 VHDL 仿真激励文件(.vht),以便用于 EDA 仿真工具。Verilog HDL 和 VHDL 仿真激励文件是仿真激励模板文件,其中包含顶层设计文件的实例化和来自向量波形文件的测试向量。如果在向量波形文件中指定预期值,还可以生成自检仿真激励文件。

③存储器初始化文件:可以使用 Quartus Ⅱ Memory Editor 输入存储器模块的初始内容,例如,在存储器初始化文件(.mif)或十六进制(Intel 格式)文件(.hex)中确定内容可寻址存储器(CAM)、RAM 或 RAM 的内容。然后,可以将存储器内容导出为 RAM 初始化文件(.rif),与 EDA 仿真工具一起用于功能仿真。

(3)EDA 仿真流程

使用 Nativelink 功能,可以指示 Quartus Ⅱ软件编译设计,生成相应的输出文件,然后使用 EDA 仿真工具自动进行仿真。此外,还可以在编译之前(功能仿真)或编译之后(时序仿真),在 Quartus Ⅱ软件中手动运行 EDA 仿真工具。使用 EDA 工具进行仿真主要有四种类型的仿真:功能仿真、Nativelink 仿真、手动时序仿真流程和仿真库,每种类型的详细仿真流程参见 Quartus Ⅱ9.0 使用手册。

3. 使用 Quartus Ⅱ Simulator 进行仿真设计

可以使用 Quartus ⅡSimulator 在工程中仿真任何设计。视所需的信息类型而定,可以进行功能仿真以测试设计的逻辑功能,也可以进行时序仿真以在目标器件中测试设计的逻辑功能和最坏情况下的时序。

Quartus Ⅱ软件可以仿真整个设计,或仿真设计的任何部分。可以指定工程中的任何设计实体为顶层设计实体,并仿真顶层实体及其所有的附属设计实体。

以下步骤说明在 Quartus Ⅱ软件中进行功能或时序仿真的基本流程:

①指定 Simulator 设置。

②如果正在执行功能仿真,则选择“Generate Functional Simulation Netlist”命令。如果正在执行时序仿真,则编译设计。

③建立并指定向量源文件。

④指向“Processing”菜单中的“Start”,单击“Start Simulation”,运行仿真。“Status”窗口显示仿真进度和处理时间。“Report”窗口的“Summary”报告部分显示仿真结果。

下面详细说明利用 Quartus Ⅱ Simulator 进行仿真的方法。

(1)建立波形文件

Quartus Ⅱ Waveform Editor 可以建立和编辑用于波形或文本格式仿真的输入向量。使用“Waveform Editor”,可以将输入向量添加到波形文件中,此文件描述设计中的逻辑行为。Quartus Ⅱ软件支持 Vector 波形文件(.vwf)、Vector 表输出文件(.tbl)、Vector 文件(.vec)和 Simulator Channel 文件(.scf)格式的波形文件。不能在“Waveform Editor”中编辑 Simulator Channel 文件或者 Vector 文件,但可以将其保存为 Vector Waveform 文件。

(2)使用仿真器工具

可以使用“Simulator Tool”命令(“Tools“菜单)调整“Simulator”设置,以及启动或者停止“Simulator”,为当前工程打开仿真波形。要执行仿真,必须首先在用于功能仿真的“Simulator Tool”中,使用“Generate Functional Simulation Netlist”按钮,来生成仿真网表,如果正在执行时序仿真,则首先要编译设计。

7.1.2.7　时序分析器

Quartus Ⅱ Time Quest 时序分析器和标准时序分析器可用于分析设计中的所有逻辑,并有助于指导“Fitter”达到设计中的时序要求。可以使用时序分析器产生的信息来分析、调试并验证设计的时序性能,还可以使用快速时序模型进行时序分析,验证最佳情况(最快速率等级的最小延时)条件下的时序。

1. Timequest 时序分析

(1)运行 Timequest 时序分析器

运行完整编译时,Quartus Ⅱ软件默认使用标准时序分析器。如果要使用 Timequest 时序分析器,单击“Assignments”菜单中的“Settings”。在“Settings”对话框的“Timing Analysis Processing”页面中,打开“Usetimequest Timing Analyzer During Compilation”。

(2)使用 Timequest GUI

Timequest 时序分析器提供四个界面:View 界面、Tasks 界面、Console 界面、Report 界面。提高了约束和分析设计的效率。

(3)标准时序分析器

标准时序分析器在完整编译之后自动进行时序分析。可以完成的任务包括:在完整编译期间进行时序分析或在初始编译之后单独进行时序分析;在部分编译之后,适配完成之前,进行早期时序估算;通过 Report 窗口和时序逼近布局图查看时序结果。

(4)指定标准时序要求

时序要求允许为整个工程、特定的设计实体或个别实体、节点和引脚指定所需的速率性能。可以使用“Timing”向导帮助建立初始工程全局范围时序设置。指定初始时序设置之后,可以在“Timing”向导中,或在“Settings”对话框的“Timing Requirements & Options”页面中再次修改设置。

(5)进行标准时序分析

完成时序设置和分配之后,就可以通过进行完整编译来运行标准时序分析器。选择主菜单“Processing”的“Start”项,如果单击“Start Timinganalyzer”,则单独运行时序分析;如果单击“StartTiming Analyzer”(Fasttiming Model),则运行快速时序模型的时序分析,还可以使用“Processing”菜单中的“Timing Analyzer Tool”命令,通过“Start Early Timing Estimate”命令,在适配完成之前,生成早期时序估算数据。

(6)进行早期时序估算

如果需要为早期时序估算生成数据选择主菜单“Processing”的“Start”项,单击“Start Early Timing Estimate”。可以在“Assignments”菜单“Settings”对话框“Compilation Process Settings”的“Early Timing Estimate”页面下,为早期时序估算设置选项。

(7)标准时序分析报告

运行时序分析之后,可以在“Compilation Report”的时序分析器文件夹中查看时序分析结果。然后,列出时序路径以验证电路性能,确定关键速度路径以及限制设计性能的路径,进行其他的时序分配。

(8)进行分配和查看延时路径

可以从时序分析器报告直接进入“Locate In Assignment Editor”、“List Paths”和“Locate In Timing Closure Floorplan”命令,进行个别时序分配,查看延时路径信息。此外,还可以使用“List_Path Tcl”命令列出延时路径信息。可以使用“Locate In Assignment Editor”命令打开“Assignment Editor”,在时序分析器报告中对任何路径进行个别时序分配。此功能还可以用来方便地在路径上进行点到点分配。

(9)使用技术映射查看器查看时序延时

Quartus Ⅱ Technology Map Viewer 提供设计的底层或者基元级的专用技术原理表征。Technology Map Viewer 包括原理视图,以及层次列表,它列出了整个设计网表实例、基本单元、引脚和网络图。进行时序分析或者包含时序分析的完整编译之后,可以使用 Technology Mapviewer 来查看组成时序路径的节点,包括全部延时和各个节点延时的信息。

2. 使用 EDA 工具进行时序分析

Quartus Ⅱ软件支持在 UNIX 工作站上使用 Synopsys Primetime 软件进行时序分析和最小时序分析,并支持使用 Mentor Graphics Tau 板级验证工具进行板级时序分析。通过在“Settings”对话框中的“EDA Tool Settings”下的“Timing Analysis”和“Board-level”页面中指定适当的时序分析工具来生成在 EDA 时序分析工具中执行时序分析的必要输出文件,然后执行完整编译。

(1)使用 PrimeTime 软件

Quartus Ⅱ软件生成 Verilog 或 VHDL 输出文件、包含时序延时信息的标准延时格式输出文件(.sdo)以及设置 PrimeTime 环境的 Tcl 脚本文件。如果正在进行最小时序分析,Quartus Ⅱ软件将使用由时序分析器在该设计的 sdf 输出文件中生成的最小延时信息。

使用 NativeLink 功能,可以指定 Quartus Ⅱ软件从命令行或 GUI 模式启动 PrimeTime 软件。还可以指定 Synopsys 设计约束文件,此文件包含供 PrimeTime 软件使用的时序分配。

(2)使用 Tau 软件

Quartus Ⅱ软件生成 Stamp 模型文件,此文件可以被导入到 Tau 软件中,进行板级时序验证。

7.1.2.8 时序逼近

Quartus Ⅱ软件提供完全集成的时序逼近流程,该流程通过控制设计的综合和布局布线来达到时序目标。使用时序逼近流程可以对复杂的设计进行更快的时序逼近,减少优化迭代次数并自动平衡多个设计约束。时序逼近流程可以执行初始编译、查看设计结果,进一步高效地优化设计。

在综合之后以及在布局布线期间,可以使用时序逼进平面布局图分析设计并进行分配,使用时序优化向导查看优化设计时序的建议,使用设计的网表优化,还可以使用 Logiclock 区域分配和设计空间管理器进一步优化设计。

1. 使用时序逼近布局图

(1)查看分配与布线

Timing Closure 平面布局图可同时显示用户分配和"Fitter"位置分配。用户分配是用户在设计中所做的所有位置与 Logiclock 区域分配。"Fitter"分配是 Quartus Ⅱ软件在上次编译之后布置所有节点的位置。可以使用"Assignments"命令("View"菜单)显示用户分配和"Fitter"分配。

时序逼近布局图允许显示器件资源以及所有设计逻辑的相应布线信息。使用"Routing"命令("View"菜单),可以选择器件资源和查看布线信息类型。

(2)执行约束

为便于实现时序逼近,时序逼近布局图允许直接从布局图进行位置和时序约束。可以在时序逼近布局图的自定义区域和 Logiclock 区域中建立和分配节点或实体,还可以编辑对引脚、逻辑单元、行、列、区域、Megalab 结构和 Lab 的现有分配。

2. 使用时序优化向导(timing optimization advisor)

时序优化向导从最大频率(Fmax),建立时序(Tsu),时钟至输出(Tco),传送延时(Tpd)几个方面提供优化设计时序的方案。

如果打开了一个工程,可以通过选择"Timing Optimization Advisor"("Tools"菜单)来查看"Timing Optimization Advisor"。如果还没有编辑工程,"Timing Optimization Advisor"只为时序优化提供一般建议。如果工程已经编译完毕,"Timing Optimization Advisor"便能够根据工程信息和当前设置,提供特定的时序建议。

3. 使用网表优化实现时序逼近

Quartus Ⅱ软件包括网表优化选项,用于在综合以及布局布线期间进一步优化设计。网表优化具有按键式特性,它通过修改网表提高性能来改进 Fmax 结果。不管使用何种综合工具,均可应用这些选项。根据设计条件,有些选项可能会比其他选项作用更大一些。可在"Settings"对话框("Assignments"菜单)的"Synthesis Netlistoptimizations"和"Physical Synthesis Optimizations"页面中指定综合和物理综合网表优化选项。

4. 使用 Logiclock 区域实现时序逼近

可以使用 Logiclock 区域达到时序逼近,方法是:在 Timing Closure 平面布局图中分析设计,然后将关键逻辑约束在 Logiclock 区域中。Logiclock 区域通常为分层结构,使用户对模块或模块组的布局和性能有更强的控制。可以在个别节点上使用 Logiclock 功能,例如:将沿着关键路径的节点分配给 Logiclock 区域。

(1)Logiclock 区域

Logiclock 区域具有预定义边界和节点,这些边界和节点分配给一直驻留在边界或 Logiclock 区域范围之内的特定区域。Logiclock 区域可以通过删除 Logiclock 区域的固定矩形边界来增强设计性能。启用软区域属性后,"Fitter"试图在区域中尽量多布置一些已分配节点并尽可能将它们靠近放置,提高软区域外移动节点的灵活性来满足设计的性能要求。

(2)基于路径的约束

软件可以将特定的源和目标路径分配给 Logiclock 区域,从而可以方便地将关键设计节点组合进一个 Logiclock 区域。通过从"Timing Closure"平面布局图和"Report"窗口的 Timing Analyzer 区域中拖放关键路径至 Logiclock 区域,利用 Paths 对话框建立基于路径的分配。

5. 使用 Design Space Explorer(DSE)来进行时序逼近

可以使用 DSE 来优化设计时序。DSE 界面可以使用户浏览一定范围内的 Quartus Ⅱ选项和设置,自动确定应采用哪种设置以获得工程的最佳可能结果。可以指定允许 DSE 所作修改的级别、优化目标、目标器件和允许的编译时间。

7.1.2.9 功耗分析

Quartus Ⅱ Powerplay 功耗分析工具使开发者能够在设计过程中估算静态和动态功耗。Powerplay Power Analyzer 进行适配后功耗分析,产生高亮的功耗报告,显示模块类型和实体,以及消耗的功率。Altera Powerplay Early Power Estimator 在设计的其他阶段估算功耗,产生估算信息的 Microsoft Excel 电子表格。

1. 使用 Powerplay Power Analyzer 执行功耗分析

成功运行"Analysis & Synthesis"和"Fitter"之后,可以使用"Powerplay Power Analyzer Tool"("Processing"菜单)。可以指定使用 Quartus Ⅱ Simulator 生成的 Signal Activity File(.saf)等输入文件,还可以使用其他 EDA 仿真工具生成的 Value Change Dump 文件(.vcd)作为输入来初始化功耗分析过程中的触发速率和静态几率,以及是否需要将功耗分析过程中使用的信号活动写入到输出文件中。

2. 设置功耗分析器选项

可以在"Settings"对话框("Assignments"菜单)"Powerplay Power Analyzersettings"页面中,指定功耗分析的默认设置,包括输入文件类型、写入的输出文件类型、是否将信号活动写入到报告文件中以及默认触发速率的设置等。

3. 使用 Powerplay 早期功耗估算器

可以使用 Altera Powerplay 早期功耗估算器电子表单来计算 Stratix、Stratix Ⅱ、Stratix Gx、Cyclone 以及 Max Ⅱ器件的功耗,Powerplay 早期功耗估算器电子表单基于 Microsoft Excel,专用于当前器件系列。电子表单中的宏功能计算功耗估算,在表单中提供电流(ICC)和功耗(P)估算。Altera 建议设计完成后,尽量使用 Powerplay 功耗分析器,而不是 Powerplay 功耗估算器,以得到最精确的功耗分析。

7.1.2.10 编程和配置

使用 Quartus Ⅱ软件成功编译工程之后,就可以对 Altera 器件进行编程或配置。Quartus Ⅱ Compiler 的"Assembler"模块生成编程文件,"Quartus Ⅱ Programmer"可以用它与

Altera 编程硬件一起对器件进行编程或配置。还可以使用“Quartus Ⅱ Programmer”的独立版本对器件进行编程和配置。

1. 编程和配置设计流程

Assembler 自动将“Fitter”的器件、逻辑单元和引脚分配转换为该器件的编程图像,这些图像以目标器件的一个或多个“Programmer”对象文件(. pof)或 SRAM 对象文件(. sof)的形式存在。

可以在包括“Assembler”模块的 Quartus Ⅱ软件中启动全编译,也可以单独运行“Assembler”。还可以指示“Assembler”或“Programmer”(编程器)以其他格式生成编程文件,如十六进制(Intel 格式)输出文件(. hexout)、表格文本文件(. ttf)、Jam 文件、引脚状态文件(. ips),JTAG 间接配置文件(. jic),以及 Flash Loader 十六进制文件(. flhex)等,这些辅助编程文件可以用于嵌入式处理器类型的编程环境,而且对于一些 Altera 器件而言,它们还可以由其他编程硬件使用。

“Programmer”使用“Assembler”生成的 Pof 和 Sof 对 Quartus Ⅱ软件支持的所有 Altera 器件进行编程或配置。可以将“Programmer”与 Altera 编程硬件配合使用,例如,Masterblaster、ByteBlasterMV、Byteblaster Ⅱ、Usb-Blaster 或 Ethernetblaster 下载电缆或 Altera 编程单元(APU)。

“Programmer”允许建立包含设计所用器件名称和选项的链式描述文件(. cdf)。也可以打开 Max+Plus Ⅱ JTAG Chain 文件(. jcf)或 Flex Chain 文件(. fcf)并将其作为一个 CDF 文件保存在 Quartus Ⅱ Programmer 中。

对于允许对多个器件进行编程或配置的一些编程模式,CDF 还指定了 Sof、Pof、Jam 文件、Jam 字节代码文件和设计所用器件的从上到下顺序,以及链中器件的顺序。

“Programmer”具有四种编程模式:被动串行模式、JTAG 模式、主动串行编程模式和插座内编程模式。被动串行和 JTAG 编程模式允许使用 CDF 和 Altera 编程硬件对单个或多个器件进行编程。可以使用主动串行编程模式和 Altera 编程硬件对单个 EPCS1 或 EPCS4 串行配置器件进行编程。可以配合使用插座内编程模式与 CDF 和 Altera 编程硬件对单个 CPLD 或配置器件进行编程。

如果编程硬件安装在 JTAG 服务器上,而不是用户计算机上,用户可以使用“Programmer”指定和连接至远程 JTAG 服务器。

2. 使用 Programmer 对一个或多个器件进行编程

Quartus Ⅱ Programmer 允许编辑 CDF 文件,CDF 文件存储器件名称、器件顺序和设计的可选编程文件名称信息。可以使用 CDF,通过一个或多个 Sof、Pof 或通过单个 Jam 文件或 Jam 字节代码文件对器件进行编程或配置。

3. 建立辅助编程文件

可以使用其他格式(例如 Jam 文件、Jam 字节代码文件、串行向量格式文件、在系统配置文件、原二进制文件、表格文本文件或 I/O 引脚状态文件)建立辅助编程文件,供嵌入式处理器等其他系统使用。另外,还可以将 Sof 或 Pof 转换为其他的编程文件格式,例如远程更新 Pof、本地更新 Pof、Epc16 的 Hexout 文件、Sram 的 Hexout 文件,或原编程数据文件、表格文本文件、Jic 文件，以及 FlashLoader 十六进制文件。

(1)建立其他编程文件格式

可以使用“File”菜单的“Create/Update→Create Jam，Svf，or Isc File…”命令建立 Jam 文件、JamByte-Code 文件、Serial Vector Format 文件或者 Insystem Configuration 文件。然后，这些文件可以与 Altera 编程硬件或智能主机一起用以配置 Quartus Ⅱ 软件支持的任何 Altera 器件。还可以将 Jam 文件和 Jam Byte-Code 文件添加至 CDF。

(2)转换编程文件

可以使用“Convert Programming Files”对话框(“File”菜单)将一个或多个设计的 Sof 或 Pof 组合起来并转换为与不同配置方案一起使用的其他编程文件格式。例如，可以将具有远程更新能力的 Sof 添加至远程更新的 Pof，此 Pof 用于在远程更新配置模式下对配置器件进行编程，或者可以将“Programmer”对象文件转换为供外部主机使用的 EPC16 的 Hexout 文件。也可以将 Pof 转换为与某些配置器件一起使用的原编程数据文件。也可以将 Sof 或 pof 转化为 JTAG 间接配置文件，可以使用这种文件格式将 Cyclone 器件的配置数据编程写入 EPCS1 或 EPCS4 串口配置器件。

可以使用“Convert Programming Files”对话框，对 SRAM 的 Hexout 文件、Pof、原二进制文件或表格文本文件中存储的 Sof 链进行排列，或指定要在 Epc16 的 Hexout 文件中存储的 Pof，来设置输出编程文件。在“Convert Programming Files”对话框中指定的设置将保存到转换设置文件(.cof)中，此文件包含器件和文件名称、器件顺序、器件属性和文件选项等信息。

还可以使用“Convert Programming Files”对话框将多个 Sof 排列和组合为主动串行配置模式下的单个 Pof。Pof 可用于对 EPCS1 或 EPCS4 串行配置器件进行编程，然后，可以用该配置器件通过 Cyclone 器件配置多个器件。

4. 使用 Quartus Ⅱ 软件通过远程 JTAG 服务器进行编程

在“Programmer”窗口的“Hardware”按钮或“Edit”菜单的“Hardware Setup”对话框中，可以添加能够连机访问的远程 JTAG 服务器。这样，就可以使用本地计算机未提供的编程硬件，配置本地 JTAG 服务器设置，让远程用户连接到本地 JTAG 服务器。

可以在“Hardware Setup”对话框“JTAG Settings”选项标签下的“Configurelocal JTAG Server”对话框中指定可以连接至 JTAG 服务器的远程客户端。在“Hardware Setup”对话框“JTAG Settings”选项标签“Add Server”对话框中指定要连接的远程服务器。连接到远程服务器之后，与远程服务器相连的编程硬件将显示在“Hardware Settings”选项标签中。

7.1.2.11 调试

1. 使用 Signaltap Ⅱ 逻辑分析仪

Signaltap Ⅱ 逻辑分析仪是第二代系统级调试工具，可以捕获和显示实时信号行为，允许观察系统设计中硬件和软件之间的交互作用。Quartus Ⅱ 软件允许选择要捕获的信号、开始捕获信号的时间以及要捕获多少数据样本。还可以选择是将数据从器件的存储器块通过 JTAG 端口送至 Signaltap Ⅱ 逻辑分析器，或是至 I/O 引脚以供外部逻辑分析器或示波器使用。

可以使用 Masterblaster、ByteBlasterMV、Byteblaster Ⅱ、Usb-Blaster，或 Ethernetblaster 通

信电缆下载配置数据到器件上。这些电缆还用于将捕获的信号数据从器件的 RAM 资源上载至 Quartus Ⅱ软件。然后,Quartus Ⅱ软件将 Signaltap Ⅱ逻辑分析仪采集的数据以波形显示。

(1)设置和运行 Signaltap Ⅱ Logic Analyzer

若要使用 Signaltap Ⅱ逻辑分析仪,必须先建立 Signaltap Ⅱ文件(.stp),此文件包括所有配置设置并以波形显示捕获到的信号。一旦设置了 Signaltap Ⅱ文件,就可以编译工程,对器件进行编程并使用逻辑分析仪采集和分析数据。

每个逻辑分析仪实例均嵌入器件上的逻辑之中。Signaltap Ⅱ逻辑分析仪在单个器件上支持多达 1 024 个通道和 128 KB 数据采样。

编译之后,可以使用"Run Analysis"命令("Processing"菜单)运行 Signaltap Ⅱ逻辑分析仪。

(2)渐进式编译使用 Signaltap Ⅱ逻辑分析器

渐进式编译功能不必对设计进行完整的编译,使用 Signaltap Ⅱ Logicanalyzer 逐步分析适配后节点,能够极大地缩短调试处理时间。与渐进式适配特性不同,渐进式编译功能不需要进行智能编译,可用于渐进式编译模式。

在使用 Signaltap Ⅱ Logic Analyzer 查看逻辑分析的结果时,数据存储在器件内部存储器中,通过 JTAG 端口导入到逻辑分析器的波形视图中。在波形视图中,可以插入时间栏,对齐节点名称,复制节点;建立、重命名总线和取消总线组合;指定总线值的数据格式;还可以打印波形数据。数据日志用于建立波形,此波形显示 Signaltap Ⅱ Logic Analyzer 采集的数据历史记录。数据以分层方式组织;使用相同触发器捕获的数据日志将组成一组,放在 Trigger Sets 中。

2. 使用外部逻辑分析仪

Logic Analyzer Interface 是器件内部逻辑,用于将大量内部器件信号连接至少量输出引脚,进行调试。Logic Analyzer Interface 帮助您将隐藏在 FPGA 内部的信号连接并传送至外部逻辑分析仪,进行分析。Quartus Ⅱ logic Analyzer Interface 帮助您利用较少的输出引脚来调试大量的内部信号。在 Quartus Ⅱ Logic Analyzer Interface 中,内部信号连接在一起,分配给用户配置的复用器,然后输出至您 FPGA 的 I/O 引脚。Quartus Ⅱ Logic Analyzer Interface 没有在内部信号和外部引脚之间建立一对一的对应关系,而是将大量的内部信号映射至少量的输出引脚。能够映射至外部引脚的确切内部信号数量取决于 Quartus Ⅱ Logic Analyzer Interface 中的复用器设置。

3. 使用 SignalProbe

SignalProbe 功能允许在不影响设计中现有适配的情况下,将用户指定信号连接到输出引脚,不需要再进行一次完整编译,就可以调试信号。从一个已经完全布线过的设计开始,可以选择和布线要调试的信号,通过以前保留或当前未使用的 I/O 引脚进行调试。SignalProbe 功能允许指定设计中要调试的信号,执行一次 SignalProbe 编译,将那些信号与未使用或保留的输出引脚相连,发送信号至外部逻辑分析仪。在分配引脚、查找可用 SignalProbe 源时,可以使用 node Finder。SignalProbe 编译时间通常为正常编译时间的 20%~30%。

4. 使用在系统存储器的内容编辑器

In-System Memory Content Editor 可以在运行时查看和修改设计的 Ram,或独立于系统时钟的寄存器内容。调试节点使用标准编程硬件通过 JTAG 接口与"In-System Memory Content Editor"进行通信。

可以通过"Megawizard Plug-In Manager"("Tools"菜单)使用"In-System Memory Content Editor"来设置和实例化 lpm_rom,lpm_ram_dq,Altsyncram 和 lpm_constant 宏功能模块或通过使用 Lpm_Hint 宏功能模块参数,直接在设计中实例化这些宏功能模块。

"In-System Memory Content Editor"("Tools"菜单)用于捕捉并更新器件中的数据。可以在 Memory Initialization File(.mif)、十六进制(Intel-Format)文件(.hex),以及 RAM 初始化文件(.rif)格式中导出或导入数据。

5. 使用 RTL Viewer 和 Technology Map Viewer

可使用 RTL Viewer 在执行"Analysis & Elaboration"后分析设计。RTL Viewer 能够查看设计的逻辑门级原理图,并提供层次结构列表,其列出了整个设计网表的实例、基本单元、引脚和网络。可过滤显示在视图上的信息,浏览设计视图的不同页面来检查设计并确定应当作的更改。

Quartus Ⅱ Technology Map Viewer 为设计提供底层或基本层、指定技术的原理图显示。Technology Map Viewer 包括原理图视图,同时也包括层次结构列表,其中列出了整个设计网表的实例、基本单元、引脚和网络。

6. 使用芯片编辑器

可以将芯片编辑器与 Signaltap Ⅱ和 SignalProbe 调试工具一起使用,加快设计验证以及渐进式修复在设计验证期间未解决的错误。运行 Signaltap Ⅱ逻辑分析仪或使用 SignalProbe 功能验证信号之后,就可以使用芯片编辑器查看编译后布局布线的详细信息。还可以使用资源属性编辑器对逻辑单元、I/O 单元或 PLL 基本单元的属性和参数执行编译后编辑,而无须执行完全的重新编译。

7.1.2.12　工程改革管理

Quartus Ⅱ Software 允许在全编译后对设计做小的更改,这些更改常常称作工程更改纪录(ECO)。可直接对设计数据库进行这些 ECO 更改,而非更改源代码或 Quartus Ⅱ设置和配置文件(Quartus Ⅱ Settings And Configuration File)(.qsf)。对设计数据库做 ECO 更改可避免为了实施一个更改而运行全编译。

1. 工程更改管理设计流程

Quartus Ⅱ软件中工程更改管理的设计流程如下:

①全编译之后,使用芯片编辑器查看设计布局布线详细信息,并确定要更改的资源。

②在芯片编辑器中创建并移动基本单元。

③使用资源属性编辑器(Resource Property Editor)来编辑资源的内部属性、编辑或删除连接。

④使用"Check Resource Properties"命令("Edit"菜单)检查资源更改的合法性。

⑤在更改管理器中查看更改的摘要和状态，并控制要实现和（或）保存对资源属性的哪些更改。还可以添加备注，帮助引用每个更改。

⑥使用检查和保存所有网表更改（“Check And Save All Netlist Changes”）命令（“Edit”菜单）检查网表中所有其他资源更改的合法性。

⑦运行 Assembler，生成新的编程文件，或再次运行“EDA Netlist Write”，生成新网表。如果要验证时序更改，可以运行“Timing Analyzer”。

2. 使用芯片编辑器识别延时与关键路径

可以使用芯片编辑器查看布局布线的详细信息。芯片编辑器可以显示 Quartus Ⅱ时序逼近布局图中不显示的关于设计布局布线的其他详细信息。它显示完整的布线信息，显示每个器件资源之间的所有可能和使用的布线路径。

3. 在芯片编辑器中编辑基本单元

芯片编辑器可以创建新的基本单元或将现存基本单元移动至其他位置。也可以对基本单元进行更名或删除操作。这些更改在更改管理器中反映出来。可以通过选择芯片管理器窗口中未用的基本单元创建新基本单元，选择“Create Atom”（右键弹出菜单），并为该基本单元指定新的名称。可以使用“Locate In Resource Property”命令（右键弹出菜单）修改新基本单元的属性和连接。如果希望将基本单元移动至新的位置，可以选择基本单元并将其拖动至新位置。如果希望删除基本单元，可以使用 Delete 命令（右键弹出菜单）。“Check And Save All Netlist Changes”命令（“Edit”菜单）可以保存对基本单元所作的所有更改。

4. 使用 Rresource Property Editor 修改资源属性

资源属性编辑器用于对逻辑单元、I/O 单元或 PLL 资源的属性和参数执行编译后编辑，以及编辑或删除个别节点的连接。可以使用工具栏按钮在资源中前后移动。还可以同时选择和更改多个资源。另外，当鼠标指向资源端口时，资源属性编辑器高亮显示该端口的扇入和扇出。

资源属性编辑器包括显示正在修改的资源示意图的阅读器，列出了所有输入和输出端口及其连接信号的端口连接列表，显示资源可用的属性和参数的属性列表。如果看不见端口连接或属性列表，可使用“View Port Connections”命令和“View Properties”命令（“View”菜单）将其显示出来。

5. 使用 Change Manager 查看和管理更改

更改管理器窗口列出所做的所有 ECO 更改。它允许在列表中选择每个 ECO 更改，并指定是否要应用或删除更改。它还允许添加备注，以便参考。可通过选择“Utility Windows”→“Change Manager”（“View”菜单）打开“Change Manager”。

更改管理器的日志视图显示每个 ECO 更改的信息包括：Index、节点名称、更改类型、旧值、目标值、当前值、磁盘值、注释。

Current Value 列中的绿色阴影表示该更改已经被应用到当前值。Disk Value 列中的蓝色阴影表示该更改已经成功保存到了磁盘。提交所需更改之后，应选择“Check And Save All Netlist Changes”（“Edit”菜单）以检查网表中所有其他资源更改的合法性。然后，可以使用右键弹出菜单中的命令对列表中 ECO 更改执行相应的操作。

6. 验证 ECO 更改的效果

做过 ECO 更改后，应当运行“Compiler”的“Assembler”模块以建立新的 Pof。如果想再次运行“EDA Netlist Writer”来生成新的网表，或再次运行“Timing Analyzer”或“Simulator”来验证适当的时序改进中的更改结果。可以使用“Compiler Tool”窗口，或在命令行或脚本中使用 Quartus_Asm 或 Quartus_Eda 以及 Quartus_Tan 可执行文件，单独运行每个模块。但是，执行全编译将更改 ECO 更改的值。

7.1.2.13 形式验证

Quartus Ⅱ软件可以使用形式验证 EDA 工具来确认源设计文件和 Quartus Ⅱ输出文件的逻辑等值性。

1. 使用 EDA 形式验证工具

可以使用 EDA 形式验证工具对 Quartus Ⅱ设计执行形式验证。形式验证软件比较了 Quartus Ⅱ软件在综合和布局布线过程中是否正确翻译了 Vqm 文件或源 VHDL 或 Verilog HDL 设计文件中的逻辑。

2. 指定其他设置

使用编译项目来生成用于形式验证工具的文件时，Altera 强烈建议关闭以下选项：

“Synthesis Netlist Optimizations”页面中的“Perform Gate-Level Register Retiming”选项必须关闭，该页面是在“Settings”对话框（“Assignments”菜单）中的“Analysis & Synthesis Settings”之下。

“Physical Synthesis Optimizations”页面中的“Perform Register Retiming”选项必须关闭，该页面是在“Settings”对话框中的“Fitter Settings”之下。

Altera 建议关闭这些选项，因为这些选项经常导致在关键路径上移动或合并寄存器，这会影响到形式验证工具可能用做比较点的逻辑寄存器。

7.1.2.14 系统级设计

Quartus Ⅱ 软件支持 SOPC Builder 和 SOPC Builder 的系统级设计流程。系统级设计流程使工程师能够以更高水平的抽象概念快速地设计和评估可编程片上系统（SOPC）体系结构和设计。图 7-1-30 显示了 SOPC Builder 设计流程。

1. 使用 SOPC Builder 创建 SOPC 设计

SOPC Builder 是自动化系统开发工具，可以有效简化建立高性能 SOPC 设计的任务。此工具能够完全在 Quartus Ⅱ软件中使系统定义和 SOPC 开发的集成阶段实现自动化。SOPC Builder 允许选择系统组件，定义和自定义系统，并在集成之前生成和验证系统。

SOPC Builder 与 Quartus Ⅱ软件一起提供，它为建立 SOPC 设计提供标准化的图形环境，其中，SOPC 设计由 CPU、存储器接口、标准外设和用户定义的外设等组件组成。SOPC Builder 允许选择和自定义系统模块的各个组件和接口。SOPC Builder 将这些组件组合起来，生成对这些组件进行实例化的单个系统模块，并自动生成必要的总线逻辑，以将这些组件连接到一起。

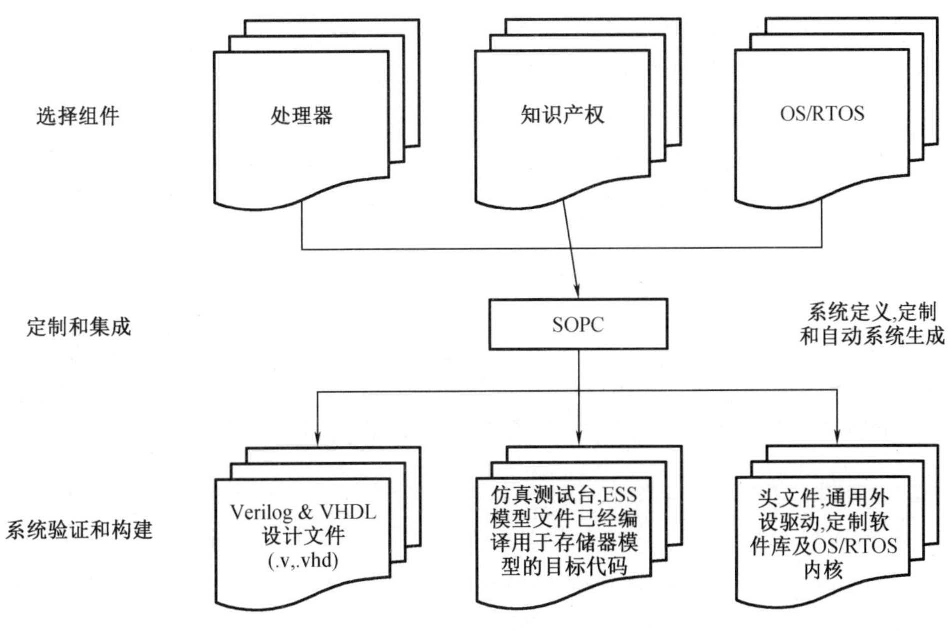

图 7-1-30　SOPC Builder 设计流程

SOPC Builder 库中组件有:处理器、知识产权(IP)和外设、存储器接口、通信外设、总线和接口、数字信号处理(DSP)内核、软件、头文件、通用 C 驱动程序、操作系统(OS)内核。

可以使用 SOPC Builder 构建包括 CPU、存储器接口和 I/O 外设的嵌入式微处理器系统,还可以生成不包括 CPU 的数据流系统。它允许指定具有多个主连接和从连接的系统拓扑结构。SOPC Builder 还可以导入或提供到达用户定义逻辑块的接口,其中,逻辑块作为自定义外设连接到系统上。

(1)建立系统

在 SOPC Builder 中构建系统时,可以选择用户定义模块或模块集组件库中提供的模块。SOPC Builder 可以导入或提供到达用户定义逻辑块的接口。SOPC Builder 系统与用户定义逻辑配合使用时具有以下四种机制:简单的 PIO 连接、系统模块内实例化、到达外部逻辑的总线接口以及发布本地 SOPC Builder 组件。

SOPC Builder 提供用于下载的库组件(模块),包括如 Excalibur 嵌入式处理器带区和 Nios 处理器等处理器、Uart、定时器、PIO、Avalon 三态桥接器、多个简单的存储器接口和 Os/Rtos 内核。此外,可从 Megacore 功能列表中进行选择,这些功能包括支持 Opencore Plus 硬件评估功能。

可以使用 SOPC Builder 的 System Contents 页定义系统。可以在模块集中选择库组件,并在模块表中显示添加的组件。

(2)生成系统

SOPC Builder 中的每个工程包含系统描述文件(Ptf 文件),它包含在 SOPC Builder 中输入的所有设置、选项和参数。此外,每个组件具有相应的 Ptf 文件。在生成系统期间,SOPC Builder 使用这些文件为系统生成源代码、软件组件和仿真文件。

完成系统定义之后,可以使用 SOPC Builder 的 System Generation 页生成系统。

SOPC Builder 软件自动生成所有必要逻辑,用于将处理器、外设、存储器、总线、仲裁器、Ip 功能及多时钟域内至系统外逻辑和存储器的接口集成在一起,并建立将组件捆绑在一起的 HDL 源代码。

SOPC Builder 还可以建立软件开发工具包(SDK)软件组件,例如,头文件、通用外设驱动程序、自定义软件库和 OS 实时操作系统(Rtos 内核),以便在生成系统时提供完整的设计环境。

为了仿真,SOPC Builder 建立了 Mentor Graphics Modelsim 仿真目录,它包含 Modelsim 工程文件、所有存储器组件的仿真数据文件、提供设置信息的宏文件、别名和总线接口波形初试装置。它还建立仿真激励,可以实例化系统模块、驱动时钟和复位输入,并可以实例化和连接仿真模型。还可以生成 Tcl 脚本,用于在 Quartus Ⅱ软件中设置系统编译所需的所有文件。

2. 使用 SOPC Builder 建立 DSP 设计

SOPC Builder 通过帮助在易于算法应用的开发环境中建立 DSP 设计的硬件表示,缩短了 DSP 设计周期。SOPC Builder 允许系统、算法和硬件设计者共享公共开发平台。SOPC Builder 是由 Altera 提供的一个可选软件包,并且 DSP 开发工具包中也包含它。

SOPC Builder 还使用 Signaltap Ⅱ Logic Analyzer 对系统级调试提供支持。可以完全通过 Matlab/Simulink 接口综合、编译和下载设计,然后执行调试。

(1)实例化功能

可以将现有的 Matlab 功能和 Simulink 块与 Altera SOPC Builder 块和 Megacore 功能组合在一起(其中包括支持 Opencore Plus 硬件评估功能),将系统级设计和实现与 DSP 算法开发相链接。

(2)生成仿真文件

在 Simulink 软件中验证设计后,可以使用 SignalCompiler 块生成用于在 EDA 仿真工具中仿真设计的文件。

SignalCompiler 生成 Tcl 脚本和 Verilog HDL 或 VHDL 仿真激励文件,其中,Tcl 脚本用于在 Modelsim 软件中进行 RTL 仿真,VHDL 仿真激励文件用于导入 Simulink 输入激励。可以在 Modelsim 软件中使用 Tcl 脚本进行自动仿真,或在另一个 EDA 仿真工具中使用 Verilog HDL 或 VHDL 仿真激励文件进行仿真。

(3)生成综合文件

SOPC Builder 提供两种综合和编译流程:自动和手动。可以使用 SignalCompiler 生成的 Tcl 脚本在 Quartus Ⅱ软件、Mentor Graphics Leonardospectrum 软件或 Synplicity Synplify 软件中综合设计。如果 SOPC Builder 设计是顶层设计,可以使用自动或手动综合流程。如果 SOPC Builder 设计不是顶层设计,必须使用手动综合流程。

可以使用自动流程从 Matlab/Simulink 设计环境内控制整个综合和编译流程。Signal Compiler 块可以建立 VHDL 设计文件和 Tcl 脚本,在 Quartus Ⅱ、Leonardospectrum 或 Synplify 软件中进行综合,在 Quartus Ⅱ软件中编译设计,还可以选择将设计下载到 DSP 开发板上。

可以从 Simulink 软件内指定用于设计的综合工具。

在手动流程中，SignalCompiler 生成 VHDL 设计文件和 Tcl 脚本，然后，可以用它们在 EDA 综合工具或 Quartus Ⅱ软件中进行手动综合，Quartus Ⅱ软件还允许指定自己的综合或编译设置。生成输出文件时，SignalCompiler 将每个 Altera SOPC Builder 块映射至 VHDL 库。将 Megacore 功能作为 Black-Box 处理。

7.1.3　FPGA 实验开发平台简介

目前，市场上基于 FPGA 的 FPGA 实验开发系统很多，这里就以杭州康芯公司生产的现代计算机组成实验系统（GW48-CP++）为例进行介绍。

7.1.3.1　康芯 GW48-CP++实验开发系统

GW48-CP++实验台与配套的开发软件结合，可用于进行 FPGA、SOPC、HDL 实验，以及现代 DSP 等实验内容。实验台系统实物如图 7-1-31 所示。

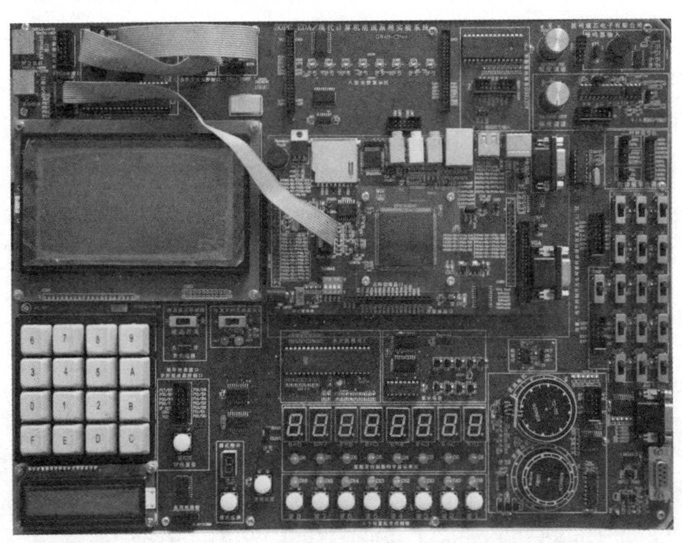

图 7-1-31　GW48-CP++实验开发系统

该实验系统配置和功能简介：

①含 Cyclone FPGA，32 万门（按 Xilinx spartum3 FPGA 计算方式），端口资源全开放；含用于系统时钟的可配置方式倍频/分频锁相环，可用于对外部时钟进行各种形式的分频和倍频；嵌入式系统块 m4k、pof 文件实时解压等。

②含 8 个日字形数码管，32 个按键，ps2 键盘、ps/2 鼠标两个接口、VGA 接口、含过载保护的开关电源；+/-12.5、3.3、2.5 V、1.8/1.5 V 混合电压源；0.5 Hz~50 MHz 多输出口的标准时钟源。

③usb2.0 接口。可实现 PC 计算机与 FPGA 直接通信，或与 FPGA 中的 Nios 嵌入系统通信；包含 FPGA/CPLD 万能接插口（可接插来自不同 FPGA 器件公司的不同封装、不同工作电压、不同逻辑规模、引脚数、不同规格的 FPGA/CPLD 器件适宜配板，十分有利于二次开发和宽范围科研开发。

④在 Quartus Ⅱ和 SOPC Builder 的支持下，该系统可设计和运行 32 位 Nios 和 NiosⅡ两类软核嵌入式系统；编程调试模块中集成了 ByteBlasterMV 和 ByteblasterⅡ两类编程下载器，前者可对 FPGA/CPLD 及 ISP 单片机编程下载及 Nios 软件调试，后者对 Quartus Ⅱ兼容良好。NiosⅡ软件调试，或 Sof 文件下载。

⑤含 USB-Blaster JTAG 编程下载器；含用于 FPGA 掉电保护配置器件 EPCS1/4，Flash 结构，10 万次重复编程次数，且可兼作软核嵌入式系统数据存储器（须加入串行总线），ByteblastⅡ专用配置编程器在系统（ISP）编程。

⑥全功能 8051/89c51 单片机 IP 核；Vqm 原码文件，可编译，含驱动液晶屏实例。FPGA/CPLD 与单片机联合开发功能块，包含对单片机的 ISP 编程下载开发模块。

7.1.3.2 实验系统的主板结构和使用方法

GW48-CP++实验开发系统（图 7-1-31）的实验电路结构是可控的，即可通过控制接口键，使之改变连接方式以适应不同的实验需要。因而，从物理结构上看，实验板的电路结构是固定的，但其内部的信息流在主控器的控制下，电路结构将发生变化——重配置。这种"多任务重配置"设计方案的目的有 3 个：①适应更多的实验与开发项目；②适应更多的 PLD 公司的器件；③适应更多的不同封装的 FPGA 和 CPLD 器件。系统板面主要部件及其使用方法说明如下。

1. 系统电路模式选择键

该键位置见图 7-1-32 左下角，按动该键能使实验板产生 12 种不同的实验电路结构。例如选择了"No. 5"，须按动系统板上此键，直至"模式指示"数码管（图 7-1-32 模式指示管）显示"5"，于是系统即进入了"No. 5"所示的实验电路结构。

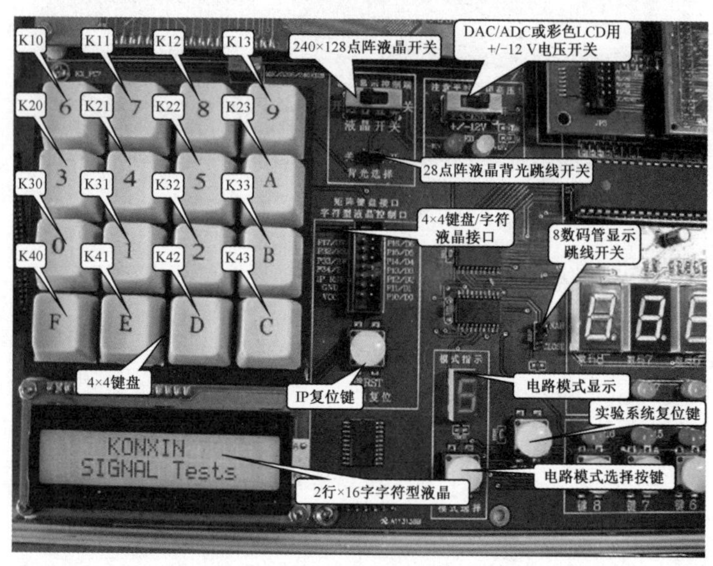

图 7-1-32 GW48-CP++开发主板组图 1

2. 开发板

这是一块插于主系统板目标插座上的插板，如图 7-1-33 所示。对于不同的目标芯片可配不同的适配板。可用的目标芯片包括目前世界上最大的六家 FPGA/CPLD 厂商几乎所有 CPLD、FPGA 和所有 ISPPAC 等 EDA 器件。

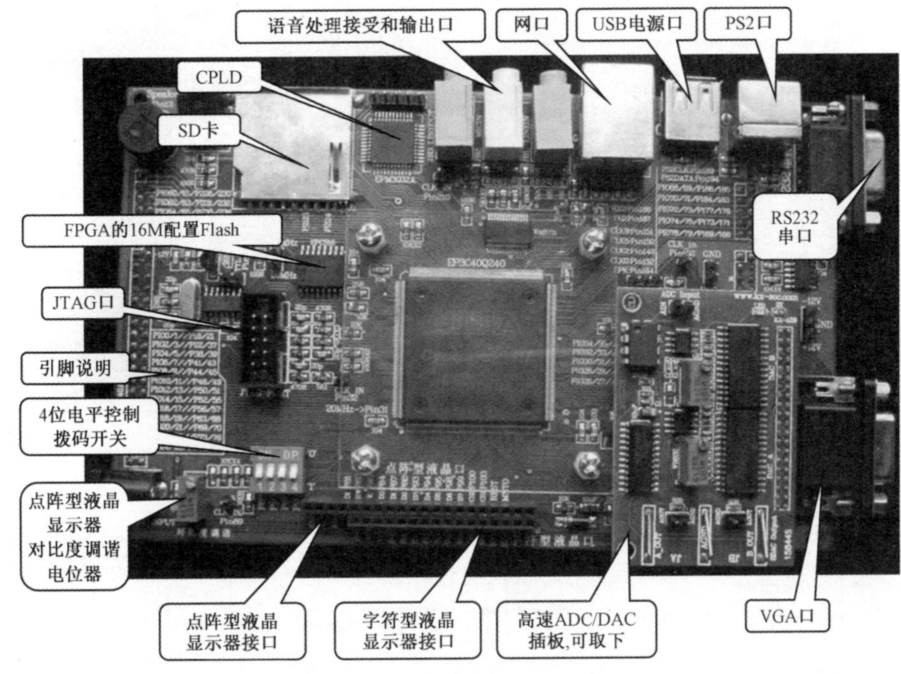

图 7-1-33　GW48_EP3C40 开发板

3. ByteBlasterMV 编程配置口

如果要进行独立电子系统开发、应用系统开发、电子设计竞赛等开发实践活动，首先应该将系统板上的目标芯片适配座拔下(对于 Cyclone 器件不用拔)，用配置的 10 芯编程线将"ByteBlasterMV"口(图 7-1-34)和独立系统上适配板上的 10 芯 JTAG 口相接(图 7-1-33)，进行在系统编程(如 GWdvp-b 板)，进行调试测试。"ByteBlasterMV"口能对不同公司，不同封装的 CPLD/FPGA 进行编程下载，也能对 ISP 单片机 89s51 等进行编程。编程的目标芯片和引脚连线可参考图 7-1-35，从而进行二次开发。

4. ByteBlaster Ⅱ 编程配置口

该口主要用于对 Cyclone 系列 AS 模式专用配置器件 EPCS4 和 EPCS1 等编程。编程的目标芯片和引脚连线可参考图 7-1-35，从而进行二次开发。

5. 混合工作电压源

系统不必通过切换即可为 CPLD/FPGA 目标器件提供 5 V、3.3 V、2.5 V、1.8 V 和 1.5 V 工作电源，此电源位置可参考图 7-1-35。

6. 并行下载口

该接口位于实验台左侧，该接口通过下载线与微机的打印机口相连。来自 PC 计算机的下载控制信号和 CPLD/FPGA 的目标码将通过此口，完成对目标芯片的编程下载。计算机的并行口通信模式最好设置成"EPP"模式。

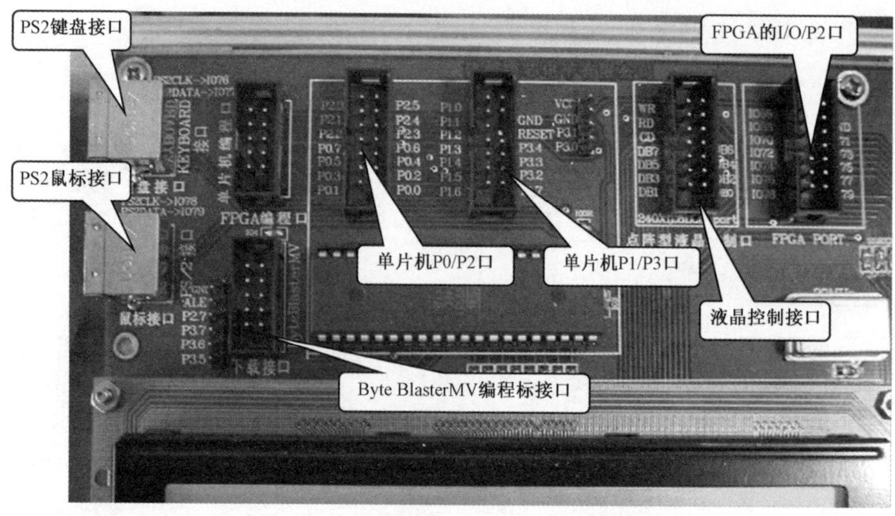

图 7-1-34 ByteBlasterMV 接口线连接图

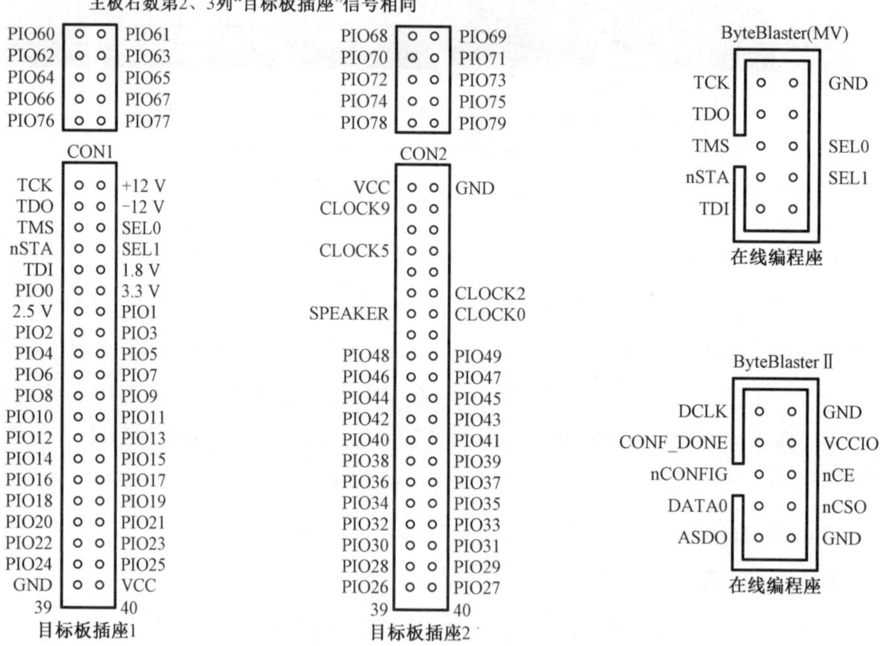

图 7-1-35 GW48 系统电子设计二次开发信号图

7. 按键 1~按键 8

为实验信号控制键,如图 7-1-36 所示。此 8 个键受"多任务重配置"电路控制,它在每一张电路图中的功能及其与主系统的连接方式随模式选择键的选定模式而变,使用中需参照相应的电路结构图。

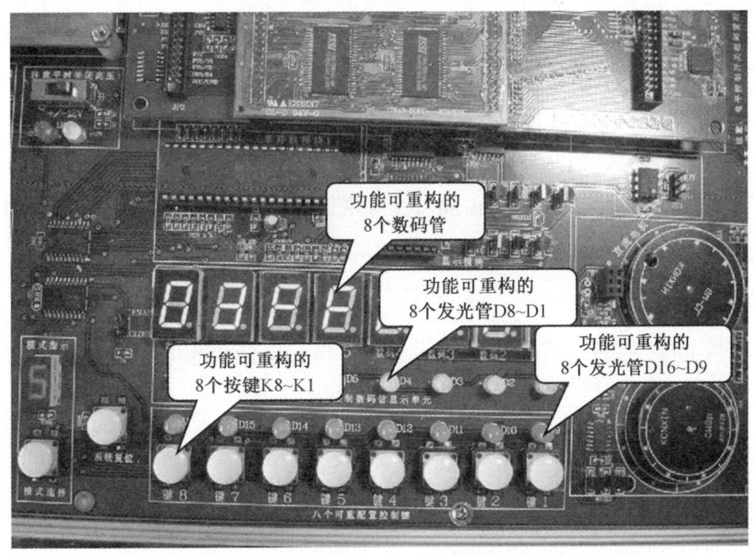

图 7-1-36　GW48-CP++开发主板组图 2

8. 数码管 1~8/发光管(LED 灯)D1~D16

主板上包含 8 个可重构的数码管和 16 个可重构的发光管,如图 7-1-36 所示。受“多任务重配置”电路控制。

9. 时钟频率选择

位于主系统的右上侧的时钟信号区,如图 7-1-37 所示。通过短路帽的不同接插方式,使目标芯片获得不同的时钟频率信号。

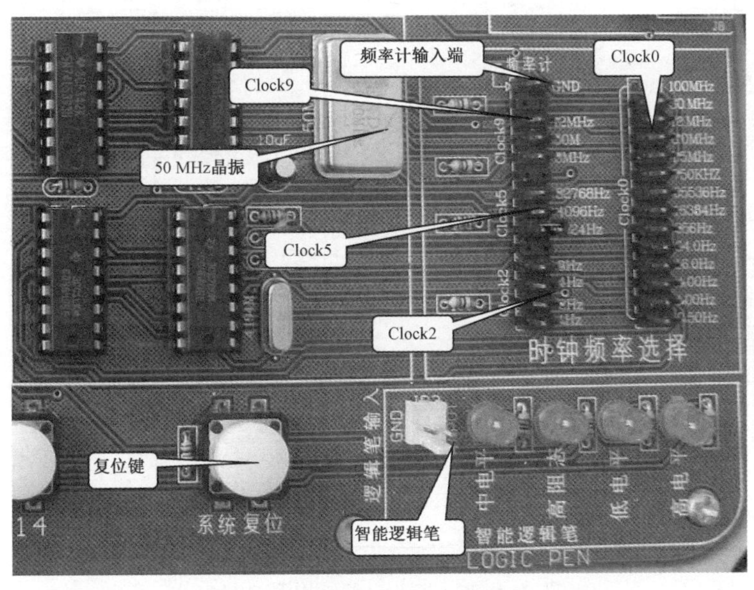

图 7-1-37　GW48-CP++开发主板组图 3

对于 Clock0,同时只能插一个短路帽,以便选择输入给 Clock0 的一种频率:信号频率范围:0.5 Hz~50 MHz。由于Clock0可选的频率比较多,所以比较适合于目标芯片对信号频率或周期测量等设计项目的信号输入端。右侧座分三个频率源组,它们分别对应三组时钟输入端:Clock2、Clock5、Clock9。例如,将三个短路帽分别插于对应座的2 Hz、1 024 Hz和12 MHz,则Clock2、Clock5、Clock9分别获得上述三个信号频率。需要特别注意的是,每一组频率源及其对应时钟输入端,分别只能插一个短路帽。也就是说最多只能提供4个时钟频率输入FPGA:Clock0、Clock2、Clock5、Clock9。

10. 扬声器

扬声器位于实验台的右上角,与目标芯片的"Speaker"端相接,通过此口可以进行奏乐或了解信号的频率。

11. ps/2 接口

通过此接口,可以将PC计算机的键盘和/或鼠标与GW48系统的目标芯片相连,从而完成ps/2通信与控制方面的接口实验。

12. VGA 视频接口

VGA视频接口位置见图7-1-33,通过它可完成目标芯片对VGA显示器的控制。

13. 单片机接口器件

单片机接口器件与目标板的连接方式也已标于主系统板上,连接方式可参见图7-1-38。

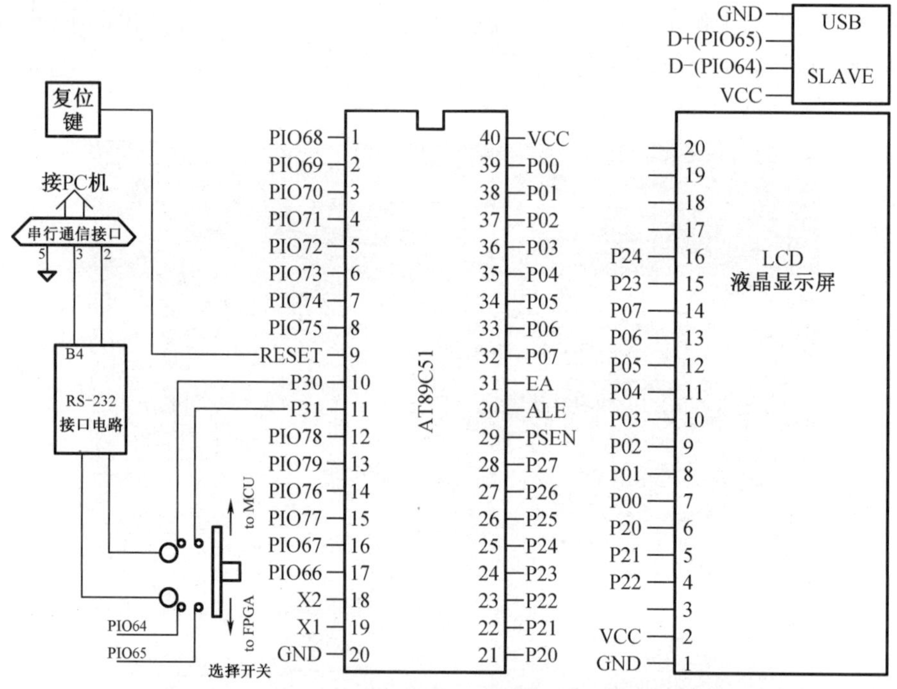

图7-1-38　实验电路结构图COM

对于GW48-CP++系统,实验板右侧有一开关,若向"to_FPGA"拨,将RS232通信口直接与FPGA相接;若向"to_MCN"拨,则与89s51单片机的P30和P31端口相接。于是通过此开关可以进行不同的通信实验。平时此开关应该向“to_MCU”拨，这样可不影响FPGA的工作。

14. RS232串行通信接口

其位置见图7-1-33。此接口电路是为FPGA与PC通信和SOPC调试准备的。或使PC计算机、单片机、FPGA/CPLD三者实现双向通信。详细连接方式见图7-1-38。

15. “AOUT”D/A转换

利用此电路模块，可以完成FPGA/CPLD目标芯片与D/A转换器的接口实验或相应的开发。D/A的模拟信号的输出接口是“AOUT”，示波器可挂接左下角的两个连接端。当使能拨码开关8：“滤波1”时，D/A的模拟输出将获得不同程度的滤波效果。注意，进行D/A接口实验时，需打开系统上侧的+/-12 V电源开关（实验结束后关上此电源！）。

16. “AIN0”/“AIN1”

外界模拟信号可以分别通过系统板左下侧的两个输入端“AIN0”和“AIN1”进入A/D转换器ADC0809的输入通道“IN0”和“IN1”，ADC0809与目标芯片直接相连。通过适当设计，目标芯片可以完成对ADC0809的工作方式确定、输入端口选择、数据采集与处理等所有控制工作，并可通过系统板提供的译码显示电路，将测得的结果显示出来。此项实验首先需参阅“实验电路结构No. 5”有关0809与目标芯片的接口方式，同时了解系统板上的接插方法以及有关0809工作时序和引脚信号功能方面的资料。

注意：不用ADC0809时，需将左下角的拨码开关的“A/D使能”和“转换结束”打为禁止：向上拨，以避免与其他电路冲突。ADC0809A/D转换实验接插方法：

①左下角拨码开关的“A/D使能”和“转换结束”拨为使能：若向下拨，即将Enable(9)与PIO35相接；若向上拨则禁止，即则使Enable(9)(0)，表示禁止ADC0809工作，使它的所有输出端为高阻态。

②左下角拨码开关的“转换结束”使能，则使EOC(7)(PIO36，由此可使FPGA对DC0809的转换状态进行测控)。

17. “VR1”/“AIN1”

VR1电位器，通过它可以产生0~5 V幅度可调的电压。其输入口是0809的“IN1”（与外接口“AIN1”相连，但当“AIN1”插入外输入插头时，“VR1”将与“IN1”自动断开）。若利用VR1产生被测电压，则需使0809的第25脚置高电平，即选择IN1通道，参考“实验电路结构No. 5”。

18. AIN0的特殊用法

系统板上设置了一个比较器电路，主要以lm311组成。若与D/A电路相结合，可以将目标器件设计成逐次比较型A/D变换器的控制器件，参考“实验电路结构No. 5”。

19. 系统复位键

此键是系统板上负责监控的微处理器的复位控制键，同时也与接口单片机和LCD控制单片机的复位端相连。因此兼作单片机的复位键。系统复位键位置如图7-1-37所示。

20. 跳线座 SPS

短接“t_f”可以使用“在系统频率计”。频率输入端在主板右侧标有“频率计”处。模式选择为“A”。短接“PIO48”时,信号 PIO48 可用,如实验电路结构图“No. 1”中的 PIO48。平时应该短路“PIO48”。

21. 目标芯片万能适配座 con1/2

在目标板的下方有两条 80 个插针插座(GW48-CK 系统),其连接信号如图 7-1-35 所示,此图为用户对此实验开发系统作二次开发提供了条件。

22. +/-12 V 电源开关

在实验板左上角。有指示灯。电源提供对象:①与 082. 311 及 DAC0832 等相关的实验;②模拟信号发生源;③GW48-DSP/DSP+适配板上的 D/A 及参考电源;此电源输出口可参见图 7-1-13。平时,此电源必须关闭!

23. 步进电机与直流电机模块

实验台上设置了一个步进电机和一个直流电机模块,如图 7-1-39 所示。

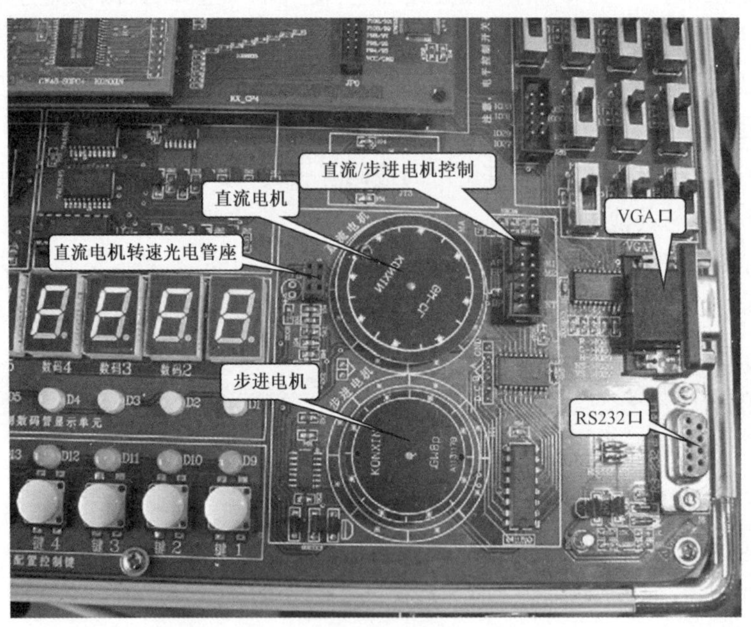

图 7-1-39　GW48-CP++开发主板组图 4

24. 模拟信号发生源

(GK/PK2 型含此)信号源主要用于 DSP/SOPC 实验及 A/D 高速采样用信号源。使用方法如下:

①打开+/-12 V 电源;②用一插线将右下角的某一频率信号(如 65 536 Hz)连向单片机上方插座“jp18”的 input 端;③这时在“jp17”的 output 端及信号挂钩“wave out”端同时输出模拟信号,可用示波器显示输出模拟信号(这时输出的频率也是 65 536 Hz);④实验系统右侧的电位器上方的 3 针座控制输出是否加入滤波:向左端短路加滤波电容;向右短路断开滤

波电容；⑤此电位器是调谐输出幅度的，应该将输出幅度控制在 0~5 V。

使用举例：若模式键选中了实验电路结构图"No. 1"，这时的 GW48 系统板所具有的接口方式变为：FPGA/CPLD 端口 PI/O31~28(即 PI/O31、PI/O30、PI/O29、PI/O28)、PI/O27~24、PI/O23~20 和 PI/O19~16，共 4 组 4 位二进制 I/O 端口分别通过一个全译码型 7 段译码器输向系统板的 7 段数码管。这样，如果有数据从上述任一组 4 位输出，就能在数码管上显示出相应的数值，其数值对应范围如表 7-1-13 所示。

表 7-1-13　数码管数值对应范围

FPGA/CPLD 输出	0000	0001	0010	…	1001	1010	…	1101	1110	1111
数码管显示	0	1	2	…	9	A	…	D	E	F

端口 I/O32~39 分别与 8 个发光二极管 D8~D1 相连，可作输出显示，高电平亮。还可分别通过键 8 和键 7，发出高低电平输出信号进入端口 I/O49 和 48；键控输出的高低电平由键前方的发光二极管 D16 和 D15 显示，高电平输出为亮。此外，可通过按动键 4 至键 1，分别向 FPGA/CPLD 的 PIO0~PIO15 输入 4 位 16 进制码。每按一次键将递增 1，其序列为 1，2，…，9，A，…，F。注意，对于不同的目标芯片，其引脚的 I/O 标号数一般是同 GW48 系统接口电路的"PIO"标号是一致的(这就是引脚标准化)，但具体引脚号是不同的，而在逻辑设计中引脚的锁定数必须是该芯片的具体的引脚号。

7.1.3.3　实验系统实验电路结构图

1. 实验电路信号资源符号图说明

结合图 7-1-40，以下对实验电路结构图中出现的信号资源符号功能作出说明：

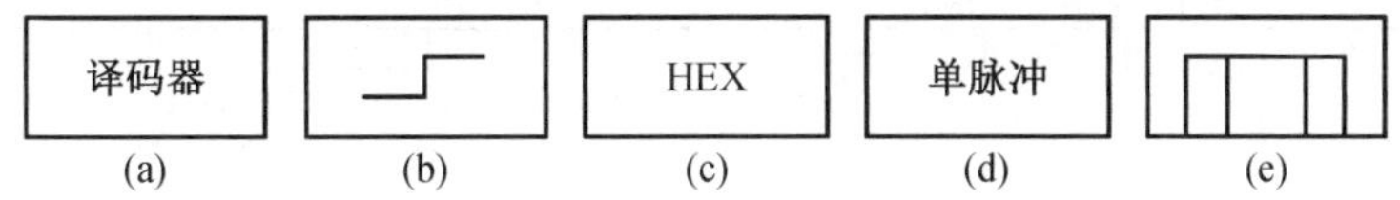

图 7-1-40　实验电路信号资源符号图

①图 7-1-40(a)是 16 进制 7 段全译码器，它有 7 位输出，分别接 7 段数码管的 7 个显示输入端：A、B、C、D、E、F 和 G；它的输入端为 D、C、B、A，D 为最高位，A 为最低位。例如，若所标输入的口线为 PIO19~16，表示 PIO19 接 D、18 接 C、17 接 B、16 接 A。

②图 7-1-40(b)是高低电平发生器，每按键一次，输出电平由高到低、或由低到高变化一次，且输出为高电平时，所按键对应的发光管变亮，反之不亮。

③图 7-1-40(c)是 16 进制码(8421 码)发生器，由对应的键控制输出 4 位 2 进制构成的 1 位 16 进制码，数的范围是 0000~1111，即十六进制数 0 至 F。每按键一次，输出递增 1，输出进入目标芯片的 4 位 2 进制数将显示在该键对应的数码管上。

直接与 7 段数码管相连的连接方式的设置是为了便于对 7 段显示译码器的设计学习。以图 No. 2 为例，如图所标"PIO46-PIO40 接 G、F、E、D、C、B、A"表示 PIO46，PIO45，…，

PIO40 分别与数码管的 7 段输入 G、F、E、D、C、B、A 相接。

④图 7-1-40(d)是单次脉冲发生器。每按一次键,输出一个脉冲,与此键对应的发光管也会闪亮一次,时间 20 ms。

⑤图 7-1-40(e)是琴键式信号发生器,当按下键时,输出为高电平,对应的发光管发亮;当松开键时,输出为高电平,此键的功能可用于手动控制脉冲的宽度。具有琴键式信号发生器的实验结构图是 No. 3。

2. 实验电路结构图介绍

(1)结构图 No. 0

结构图 No. 0 如图 7-1-41 所示。目标芯片的 PIO19 至 PIO44 共 8 组 4 位 2 进制码输出,经外部的 7 段译码器可显示于实验系统上的 8 个数码管。键 1 和键 2 可分别输出 2 个四位 2 进制码。一方面这四位码输入目标芯片的 PIO11 ~ PIO8 和 PIO15 ~ PIO12,另一方面,可以观察发光管 D1 至 D8 来了解输入的数值。例如,当键 1 控制输入 PIO11 ~ PIO8 的数为 16 进制数“A”时,则发光管 D4 和 D2 亮,D3 和 D1 灭。电路的键 8 至键 3 分别控制一个高低电平信号发生器向目标芯片的 PIO7 至 PIO2 输入高电平或低电平,扬声器接在“Speaker”上,具体接在哪一引脚要看目标芯片的类型,这需要查第 3 节的引脚分配表。如目标芯片为 Flex10k10,则扬声器接在“3”引脚上。目标芯片的时钟输入未在图上标出,也需查阅引脚分配表。例如,目标芯片为 XC95108,则输入此芯片的时钟信号有 Clock0 至 Clock9,共 4 个可选的输入端,对应的引脚为 65 至 80。具体的输入频率,可参考主板频率选择模块。此电路可用于设计频率计、周期计、计数器等等。

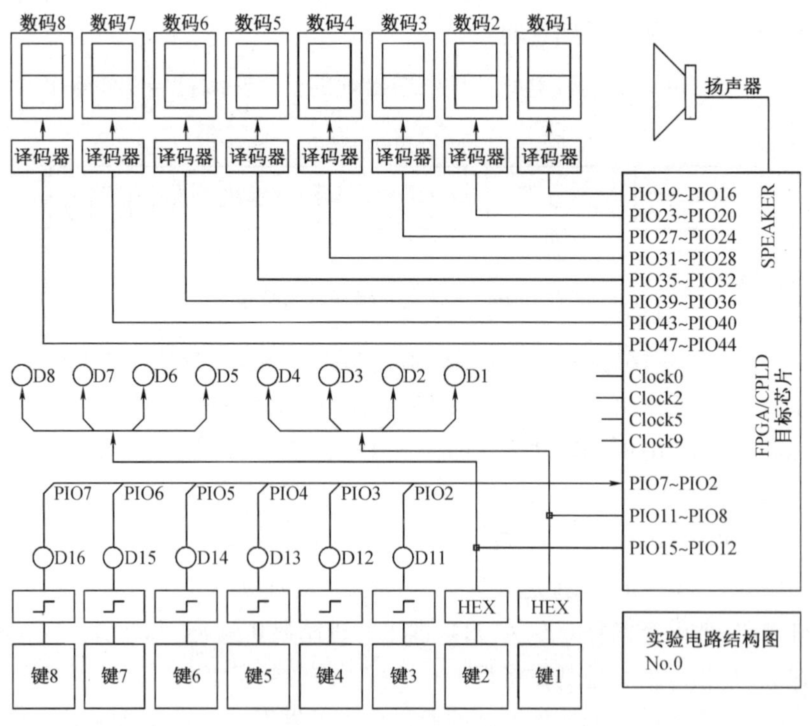

图 7-1-41　结构图 No. 0

(2)结构图 No. 1

结构图 No. 1 如图 7-1-42 所示。适用于作加法器、减法器、比较器或乘法器等。例如，加法器设计，可利用键 4 和键 3 输入 8 位加数；键 2 和键 1 输入 8 位被加数，输入的加数和被加数将显示于键对应的数码管 4 至 1，相加的和显示于数码管 6 和 5；可令键 8 控制此加法器的最低位进位。

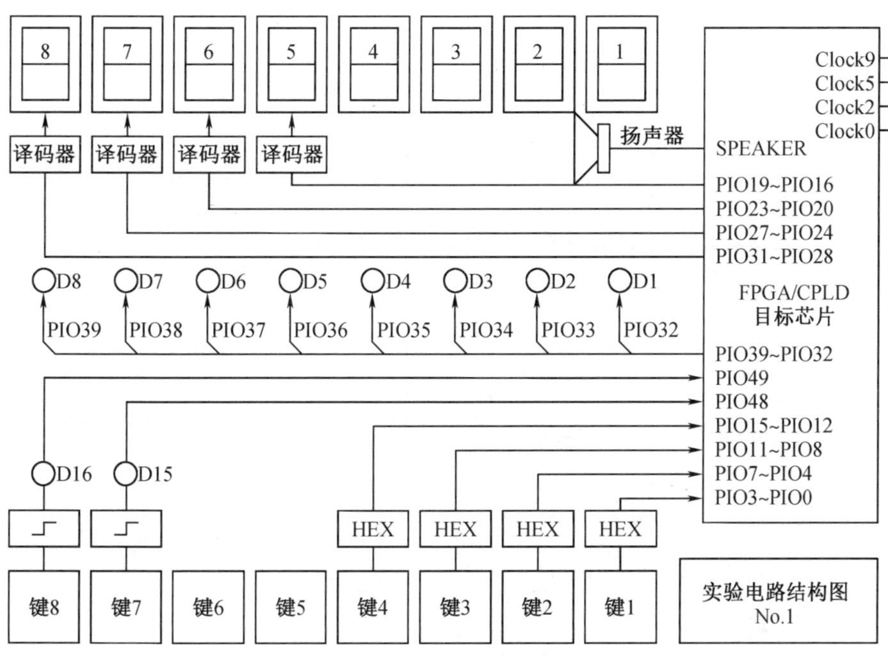

图 7-1-42　结构图 No. 1

(3)结构图 No. 2

结构图 No. 2 如图 7-1-43 所示。可用作 VGA 视频接口逻辑设计，或使用数码管 8 至数码管 5 共 4 个数码管作 7 段显示译码方面的实验；而数码管 4 至数码管 1，4 个数码管可作译码后显示，按键 1 和按键 2 可输入高低电平。

(4)结构图 No. 3

结构图 No. 3 如图 7-1-44 所示。特点是有 8 个琴键式键控发生器，可用于设计八音琴等电路系统。也可以产生时间长度可控的单次脉冲。该电路结构同结构图 No. 0 一样，有 8 个译码输出显示的数码管，以显示目标芯片的 32 位输出信号，且 8 个发光管也能显示目标器件的 8 位输出信号。

(5)结构图 No. 4

结构图 No. 4 如图 7-1-45 所示。适合于设计移位寄存器、环形计数器等。电路特点是，当在所设计的逻辑中有串行 2 进制数从 PIO10 输出时，若利用键 7 作为串行输出时钟信号，则 PIO10 的串行输出数码可以在发光管 D8 至 D1 上逐位显示出来，这能很直观地看到串出的数值。

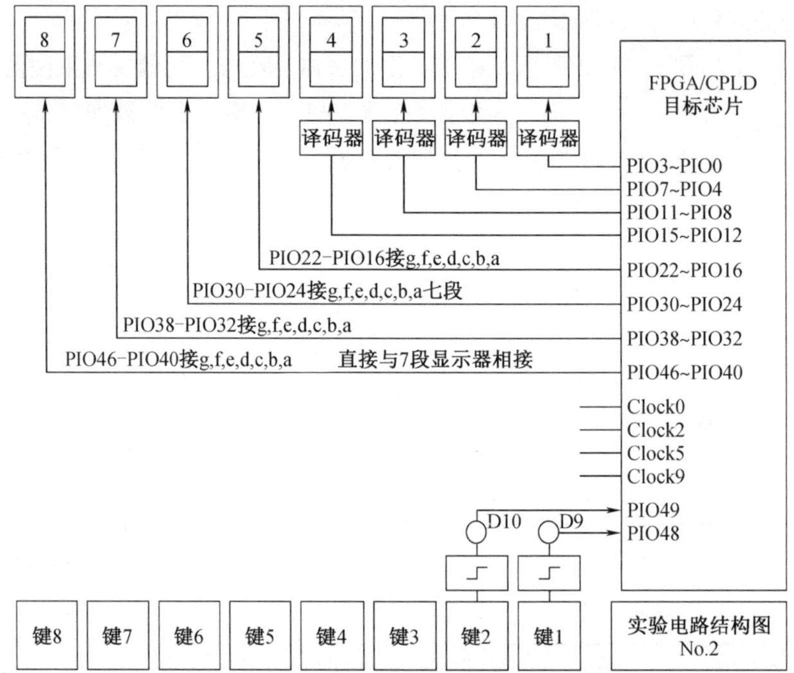
8
7
6
5
4
3
2
1
FPGA/CPLD
目标芯片
译码器
译码器
译码器
译码器
PIO3~PIO0
PIO7~PIO4
PIO11~PIO8
PIO15~PIO12
PIO22-PIO16接g,f,e,d,c,b,a
PIO22~PIO16
PIO30-PIO24接g,f,e,d,c,b,a七段
PIO30~PIO24
PIO38-PIO32接g,f,e,d,c,b,a
PIO38~PIO32
PIO46-PIO40接g,f,e,d,c,b,a
直接与7段显示器相接
PIO46~PIO40
Clock0
Clock2
Clock5
Clock9
D10
D9
PIO49
PIO48
键8
键7
键6
键5
键4
键3
键2
键1
实验电路结构图
No.2

图 7-1-43　结构图 No. 2

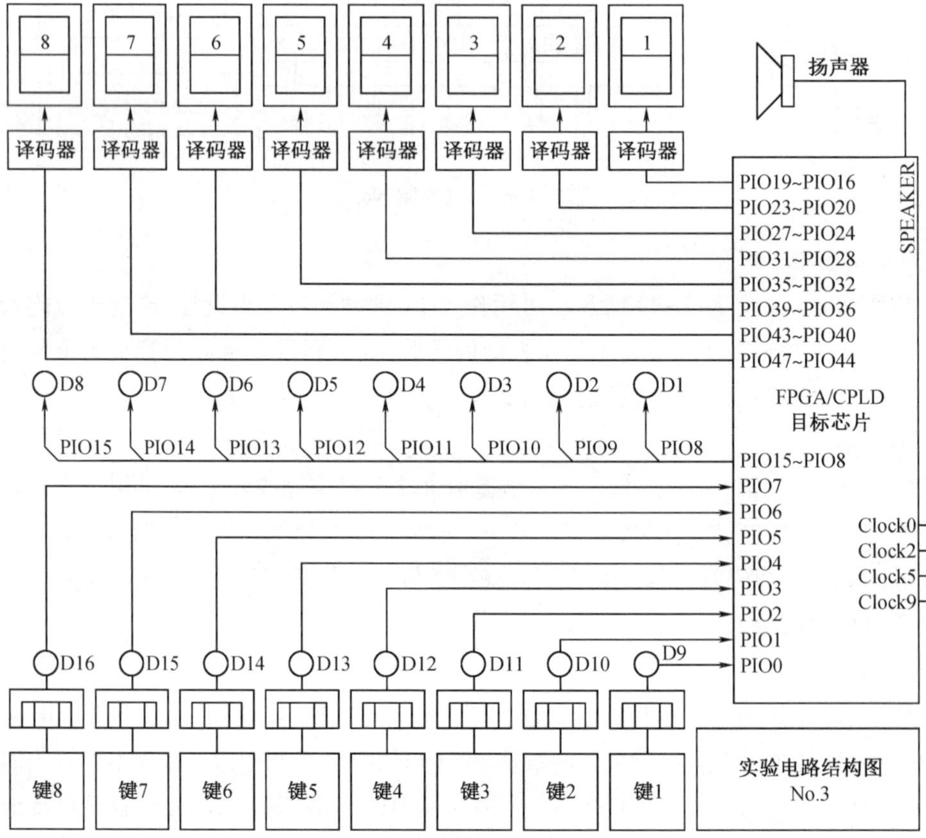
8
7
6
5
4
3
2
1
扬声器
译码器
SPEAKER
PIO19~PIO16
PIO23~PIO20
PIO27~PIO24
PIO31~PIO28
PIO35~PIO32
PIO39~PIO36
PIO43~PIO40
PIO47~PIO44
D8
D7
D6
D5
D4
D3
D2
D1
FPGA/CPLD
目标芯片
PIO15
PIO14
PIO13
PIO12
PIO11
PIO10
PIO9
PIO8
PIO15~PIO8
PIO7
PIO6
PIO5
PIO4
PIO3
PIO2
PIO1
PIO0
Clock0
Clock2
Clock5
Clock9
D16
D15
D14
D13
D12
D11
D10
D9
键8
键7
键6
键5
键4
键3
键2
键1
实验电路结构图
No.3

图 7-1-44　结构图 No. 3

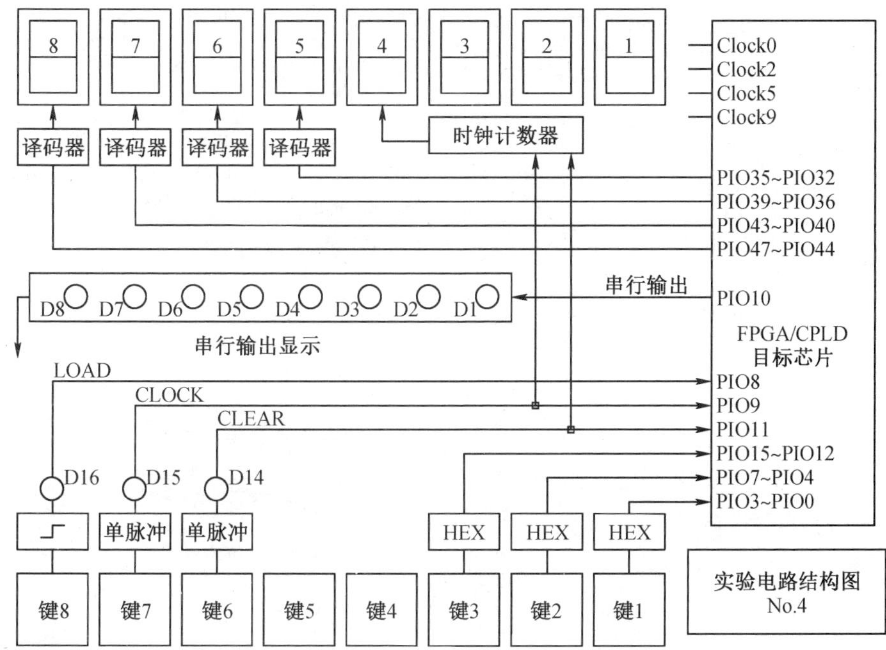

图 7-1-45 结构图 No. 4

(6)结构图 No. 5

结构图 No. 5 如图 7-1-46 所示。此电路结构有较强的功能，主要用于目标器件与外界电路的接口设计实验。主要模块包括：

①普通内部逻辑设计模块。在图 7-1-46 的左下角。此模块与以上几个电路使用方法相同，例如同结构图 No. 3 的唯一区别是 8 个键控信号不再是琴键式电平输出，而是高低电平方式向目标芯片输入。此电路结构可完成许多常规的实验项目。

②VGA 视频接口。

③两个 PS/2 键盘接口。

④A/D 转换接口。

⑤D/A 转换接口。

⑥LM311 接口。

⑦单片机接口。

⑧RS232 通信接口。

注意，结构图 No. 5 中并不是所有电路模块都可以同时使用，这是因为各模块与目标器件的 I/O 接口有重合：

a. 当使用 ROM/RAM 时，数码管 3、4、5、6、7、8 共 6 各数码管不能同时使用，这时，如果有必要使用更多的显示，必须使用以下介绍的扫描显示电路。但 ROM/RAM 可以与 D/A 转换同时使用，尽管他们的数据口(PIO24、25、26、27、28、29、30、31)是重合的。这时如果希望将 ROM/RAM 中的数据输入 D/A 中，可设定目标器件的 PIO24、25、26、27、28、29、30、31 端口为高阻态；而如果希望用目标器件 FPGA 直接控制 D/A 器件，可通过拨码开关禁止 ROM/RAM 数据口。

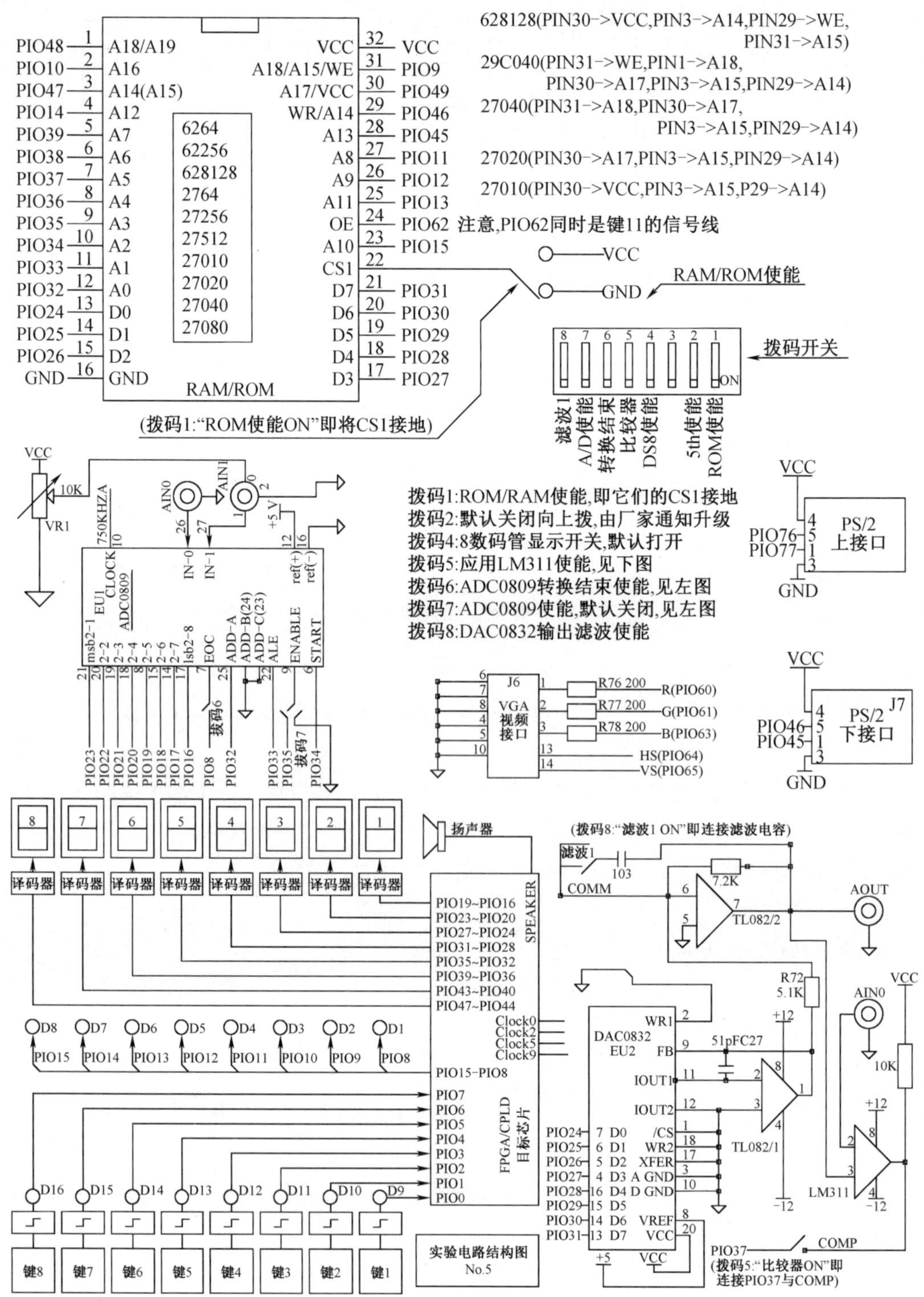

图 7-46　结构图 No. 5

ROM/RAM 能与 VGA 同时使用，但不能与 PS/2 同时使用，这时可以使用以下介绍的 PS/2 接口。

b. A/D 不能与 ROM/RAM 同时使用，由于他们有部分端口重合，若使用 ROM/RAM，必须禁止 Adc0809,而当使用 Adc0809 时,应该禁止 ROM/RAM,如果希望 A/D 和 ROM/RAM 同时使用以实现诸如高速采样方面的功能,必须使用含有高速 A/D 器件的适配板,如 GWAK30+等型号的适配板。ROM/RAM 不能与 311 同时使用,因为在端口 PIO37 上,两者重合。

(7)结构图 No. 6

结构图 No. 6 如图 7-1-47 所示。此电路与 No. 2 相似,但增加了两个 4 位 2 进制数发生器,数值分别输入目标芯片的 PIO7 ~ PIO4 和 PIO3 ~ PIO0。例如,当按键 2 时,输入 PIO7 ~ PIO4 的数值将显示于对应的数码管 2,以便了解输入的数值。

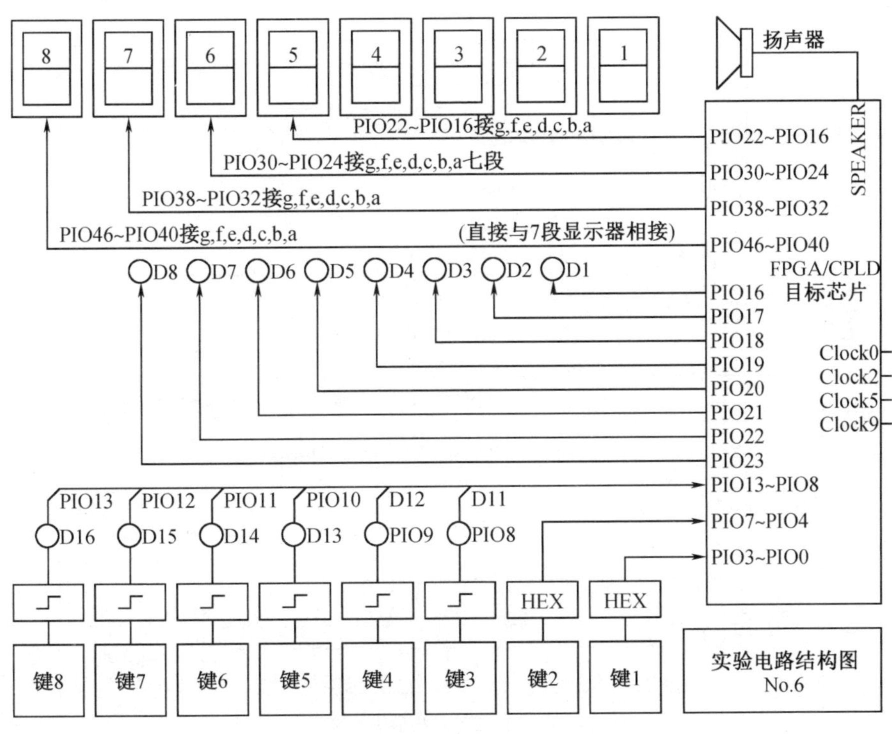

图 7-1-47　结构图 No. 6

(8)结构图 No. 7

结构图 No. 7 如图 7-1-48 所示。此电路适合于设计时钟、定时器、秒表等。因为可利用键 8 和键 5 分别控制时钟的清零和设置时间的使能;利用键 7、5 和 1 进行时、分、秒的设置。

(9)结构图 No. 8

结构图 No. 8 如图 7-1-49 所示。此电路适用于作并进/串出或串进/并出等工作方式的寄存器、序列检测器、密码锁等逻辑设计。它的特点是利用键 2、键 1 能置 8 位 2 进制数,而键 6 能发出串行输入脉冲,每按键一次,即发一个单脉冲,则此 8 位序置数的高位在前,向 PIO10 串行输入一位,同时能从 D8 ~ D1 的发光管上看到串形左移的数据,十分形象直观。

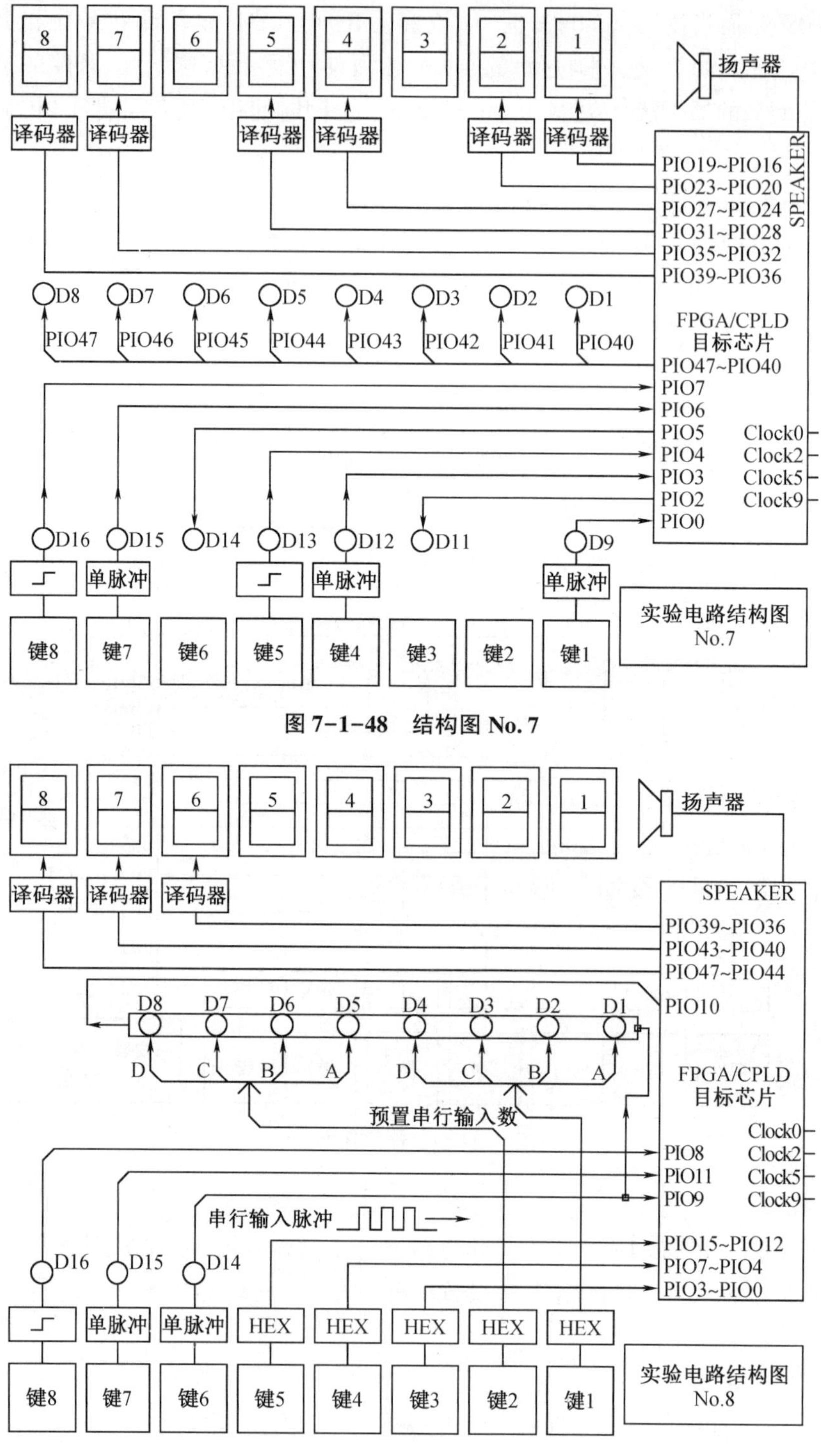

图 7-1-48　结构图 No. 7

图 7-1-49　结构图 No. 8

(10)结构图 No. 9

结构图 No. 9 如图 7-1-50 所示。如果需要验证交通灯控制等类似的逻辑电路,可选此电路结构。

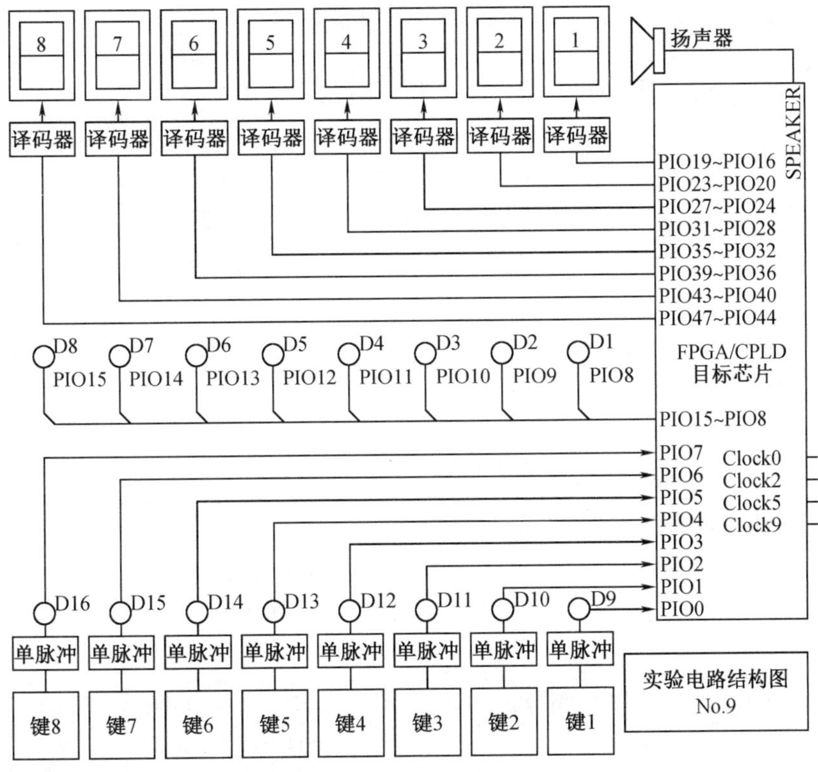

图 7-1-50　结构图 No. 9

(11)实验电路结构图 A

当系统上的"模式指示"数码管显示"A"时,系统将变成一台频率计,数码管 8 将显示"F","数码 6"至"数码 1"显示频率值,最低位单位是 Hz。测频输入端为系统板右下侧的插座。

(12)实验电路结构图 COM

结构图 COM 如图 7-1-38 所示。结构图 COM 电路仅 GW48-GK/PK2 拥有,即以上所述的所有电路结构,包括"实验电路结构 No. 0"至"实验电路结构 No. A"共 11 套电路结构模式为 GW48-GK/PK2 两种系统共同拥有(兼容),把他们称为通用电路结构。即在原来的 11 套电路结构模式中的每一套结构图中增加图 7-1-51 所示的"实验电路结构图 COM"。例如,在 GW48-CP++系统中,当"模式键"选择"5"时,电路结构将进入实验电路结构图 No. 5 外,还应该加入"实验电路结构图 COM"。这样,在每一电路模式中就能比原来实现更多的实验项目。实验电路结构图 COM 中各标准信号(PIOX)对应的器件的引脚名,必须查表 7-1-14。

(13)步进电机和直流电机接口说明

图 7-1-51 是实验系统上的两个电机的引脚图,是以标准引脚方式标注的,具体引脚要查表 7-1-14。例如步进电机的 AP 相接 PIO65,对于 EP3C40Q240 查表,对应引脚为:236。

直流电机的 MA1 和 MA2 相为 PWM 输入控制端,CONT 为光电输出给 FPGA 的转速脉冲,接 PIO66。

注意,不做电机实验时要通过 3 个跳线座,禁止它们。如其中 JM0 是步进电机的开关跳线,如此等等。

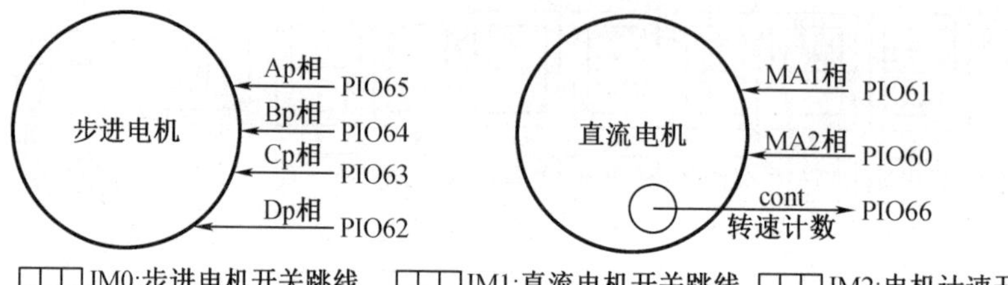

图 7-1-51 步进电机和直流电机引脚连接原理图

7.1.3.4 实验系统引脚分配表

实验系统引脚分配见表 7-1-14。

表 7-1-14 引脚分配表

结构图上的信号名	GW48-SOC+/GW48-DSP EP20K200/300EQC240		GWAC3 EP1C3TC144		GW48-SOPC/DSP EP1C6/1C12Q240		GW48-CP++ EP3C40Q240	
	引脚号	引脚名称	引脚号	引脚名称	引脚号	引脚名称	引脚号	引脚名称
PIO0	224	I/O0	1	I/O0	233	I/O0	18	I/O0
PIO1	225	I/O1	2	I/O1	234	I/O1	21	I/O1
PIO2	226	I/O2	3	I/O2	235	I/O2	22	I/O2
PIO3	231	I/O3	4	I/O3	236	I/O3	37	I/O3
PIO4	230	I/O4	5	I/O4	237	I/O4	38	I/O4
PIO5	232	I/O5	6	I/O5	238	I/O5	39	I/O5
PIO6	233	I/O6	7	I/O6	239	I/O6	41	I/O6
PIO7	234	I/O7	10	I/O7	240	I/O7	43	I/O7
PIO8	235	I/O8	11	dpclk1	1	I/O8	44	I/O8
PIO9	236	I/O9	32	vref2b1	2	I/O9	45	I/O9
PIO10	237	I/O10	33	I/O10	3	I/O10	46	I/O10
PIO11	238	I/O11	34	I/O11	4	I/O11	49	I/O11
PIO12	239	I/O12	35	I/O12	6	I/O12	50	I/O12
PIO13	2	I/O13	36	I/O13	7	I/O13	51	I/O13
PIO14	3	I/O14	37	I/O14	8	I/O14	52	I/O14
PIO15	4	I/O15	38	I/O15	12	I/O15	55	I/O15
PIO16	7	I/O16	39	I/O16	13	I/O16	56	I/O16
PIO17	8	I/O17	40	I/O17	14	I/O17	57	I/O17
PIO18	9	I/O18	41	I/O18	15	I/O18	63	I/O18
PIO19	10	I/O19	42	I/O19	16	I/O19	68	I/O19
PIO20	11	I/O20	47	I/O20	17	I/O20	69	I/O20
PIO21	13	I/O21	48	I/O21	18	I/O21	70	I/O21

表 7-1-14(续 1)

结构图上的信号名	GW48-SOC+/GW48-DSP EP20K200/300EQC240		GWAC3 EP1C3TC144		GW48-SOPC/DSP EP1C6/1C12Q240		GW48-CP++ EP3C40Q240	
	引脚号	引脚名称	引脚号	引脚名称	引脚号	引脚名称	引脚号	引脚名称
PIO22	16	I/O22	49	I/O22	19	I/O22	73	I/O22
PIO23	17	I/O23	50	I/O23	20	I/O23	76	I/O23
PIO24	18	I/O24	51	I/O24	21	I/O24	78	I/O24
PIO25	20	I/O25	52	I/O25	41	I/O25	80	I/O25
PIO26	131	I/O26	67	I/O26	128	I/O26	112	I/O26
PIO27	133	I/O27	68	I/O27	132	I/O27	113	I/O27
PIO28	134	I/O28	69	I/O28	133	I/O28	114	I/O28
PIO29	135	I/O29	70	I/O29	134	I/O29	117	I/O29
PIO30	136	I/O30	71	I/O30	135	I/O30	118	I/O30
PIO31	138	I/O31	72	I/O31	136	I/O31	126	I/O31
PIO32	143	I/O32	73	I/O32	137	I/O32	127	I/O32
PIO33	156	I/O33	74	I/O33	138	I/O33	128	I/O33
PIO34	157	I/O34	75	I/O34	139	I/O34	131	I/O34
PIO35	160	I/O35	76	I/O35	140	I/O35	132	I/O35
PIO36	161	I/O36	77	I/O36	141	I/O36	133	I/O36
PIO37	163	I/O37	78	I/O37	158	I/O37	134	I/O37
PIO38	164	I/O38	83	I/O38	159	I/O38	135	I/O38
PIO39	166	I/O39	84	I/O39	160	I/O39	137	I/O39
PIO40	169	I/O40	85	I/O40	161	I/O40	139	I/O40
PIO41	170	I/O41	96	I/O41	162	I/O41	142	I/O41
PIO42	171	I/O42	97	I/O42	163	I/O42	143	I/O42
PIO43	172	I/O43	98	I/O43	164	I/O43	144	I/O43
PIO44	173	I/O44	99	I/O44	165	I/O44	145	I/O44
PIO45	174	I/O45	103	I/O45	166	I/O45	146	I/O45
PIO46	178	I/O46	105	I/O46	167	I/O46	159	I/O46
PIO47	180	I/O47	106	I/O47	168	I/O47	160	I/O47
PIO48	182	I/O48	107	I/O48	169	I/O48	161	I/O48
PIO49	183	I/O49	108	I/O49	173	I/O49	162	I/O49
PIO60	223	PIO60	131	PIO60	226	PIO60	226	PIO60
PIO61	222	PIO61	132	PIO61	225	PIO61	230	PIO61

表 7-1-14(续 2)

结构图上的信号名	GW48-SOC+/ GW48-DSP EP20K200/ 300EQC240		GWAC3 EP1C3TC144		GW48-SOPC/DSP EP1C6/1C12Q240		GW48-CP++ EP3C40Q240	
	引脚号	引脚名称	引脚号	引脚名称	引脚号	引脚名称	引脚号	引脚名称
PIO62	221	PIO62	133	PIO62	224	PIO62	231	PIO62
PIO63	220	PIO63	134	PIO63	223	PIO63	232	PIO63
PIO64	219	PIO64	139	PIO64	222	PIO64	235	PIO64
PIO65	217	PIO65	140	PIO65	219	PIO65	236	PIO65
PIO66	216	PIO66	141	PIO66	218	PIO66	239	PIO66
PIO67	215	PIO67	142	PIO67	217	PIO67	240	PIO67
PIO68	197	PIO68	122	PIO68	180	PIO68	186	PIO68
PIO69	198	PIO69	121	PIO69	181	PIO69	185	PIO69
PIO70	200	PIO70	120	PIO70	182	PIO70	184	PIO70
PIO71	201	PIO71	119	PIO71	183	PIO71	183	PIO71
PIO72	202	PIO72	114	PIO72	184	PIO72	177	PIO72
PIO73	203	PIO73	113	PIO73	185	PIO73	176	PIO73
PIO74	204	PIO74	112	PIO74	186	PIO74	173	PIO74
PIO75	205	PIO75	111	PIO75	187	PIO75	171	PIO75
PIO76	212	PIO76	143	PIO76	216	PIO76	6	PIO76
PIO77	209	PIO77	144	PIO77	215	PIO77	9	PIO77
PIO78	206	PIO78	110	PIO78	188	PIO78	169	PIO78
PIO79	207	PIO79	109	PIO79	195	PIO79	166	PIO79
speaker	184	I/O	129	I/O	174	I/O	13	I/O
Clock0	185	I/O	123/93	I/O	179/28	I/O	152	I/O
Clock2	181	I/O	124/17	I/O	178/153	I/O	149	I/O
Clock5	151	clkin	125/16	I/O	177/152	I/O	150	I/O
Clock9	154	clkin	128/92	I/O	175/29	I/O	151	I/O

7.1.3.5　实验台电路结构选择与引脚锁定方法

在 Quartus Ⅱ中完成数字电路设计,为了能在实验台上对数字电路进行硬件测试,需要将其输入输出信号锁定在芯片确定的引脚上,编译后下载。下面通过几个例子说明 GW48-CP++实验台的电路结构选择方法和引脚锁定方法。

1. 按键与 LED 灯的使用

下面以与门电路为例说明 GW48-CP++实验台上的按键与 LED 灯的使用方法以及引脚锁定

方法。与门的原理图如图 7-1-52 所示,与门有 2 个输入信号 A 和 B,一个输出信号 F。

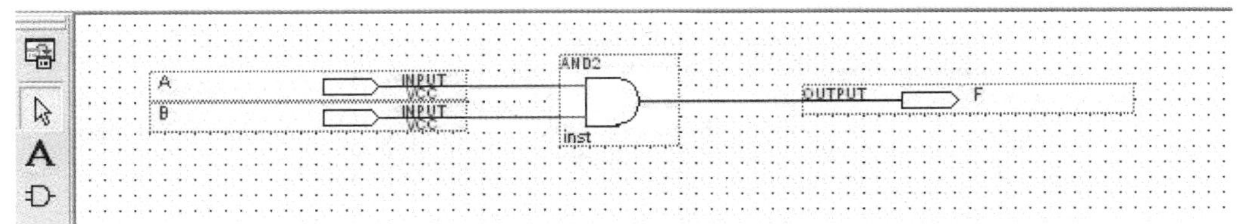

图 7-1-52 与门电路原理图

为了 GW48-CP++实验台上测试与门电路,需要 2 个按键分别对 A 和 B 输入高电平或低电平信号。输出端 F 可以和一个 LED 灯相连,通过观察 LED 灯的亮灭来查看输出是 1 或 0。与门电路的测试方案如图 7-1-53 所示。与门电路的引脚锁定方案如表 7-1-15 所示。

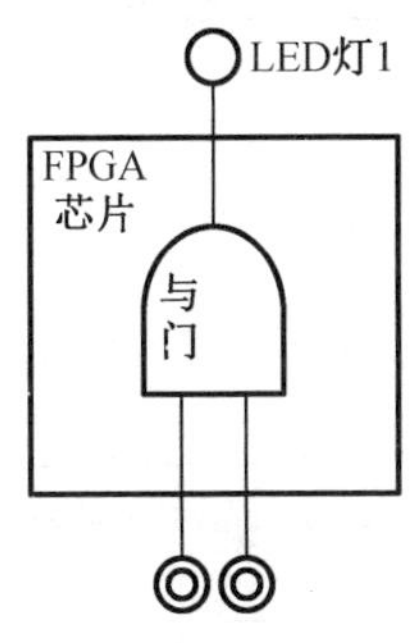

图 7-1-53 与门电路测试方案示意图

表 7-1-15 与门电路引脚锁定方案

输入输出信号	外设	引脚名称	引脚号
A	按键 1	PIO0	18
B	按键 2	PIO1	21
F	LED 灯 1	PIO8	44

表 7-1-15 中的引脚名称和引脚号是通过查找电路模式图和引脚锁定表得到的,引脚号就是要分配给与门电路输入输出信号的 FPGA 管脚。如何查找引脚号的方法如图 7-1-54 所示。

①选择合适的电路模式。这里选择 No. 5。在模式 No. 5 的结构图(图 7-1-46)上,查找按键 1,按键 2 和 LED 灯的引脚名称分别为 PIO0、PIO1、PIO8。

②在引脚分配表(表 7-1-14)中,根据芯片型号 EP3C40Q240 和引脚名称 PIO0、PIO1、PIO8 查找到引脚号分别为:18、21、44。

③在 Quartus Ⅱ 中,选择主菜单“Assignments”→“Pin”项,在弹出的对话框的“Location”处填写每个信号的引脚号,将引脚号 18、21、44 依次分配给输入信号 A、B 和输出信号 F。至此完成与门电路的引脚锁定。

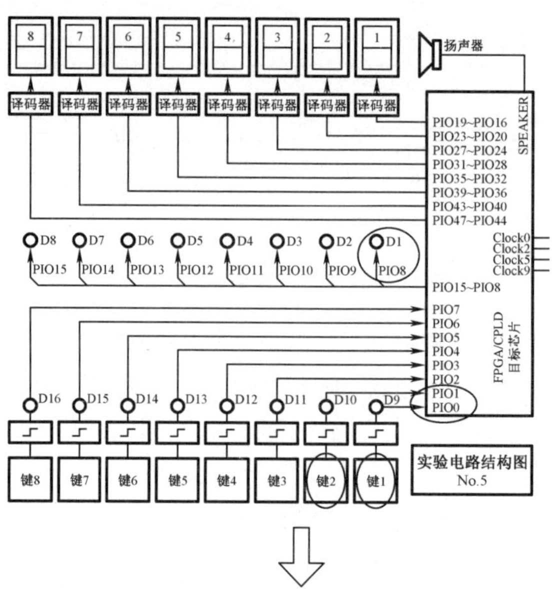

结构图上的信号名	GW48-CCP, GWAK100A EP1K100QC208		GW48-SQC+/ GW48-DSP EP20K200/300EQC240		GWAC3 EP1C3TC144		GW48-SOPC/DSP EP1C6/1C12Q240		GW48-CP++ EP3C40Q240	
	引脚号	引脚名称	引脚号	引脚名称	引脚号	引脚名称	引脚号	引脚名称	引脚号	引脚名称
PIO0	7	I/O	224	I/O0	1	I/O0	233	I/O0	18	I/O0
PIO1	8	I/O	225	I/O1	2	I/O1	234	I/O1	21	I/O1
PIO2	9	I/O	226	I/O2	3	I/O2	235	I/O2	22	I/O2
PIO3	11	I/O	231	I/O3	4	I/O3	236	I/O3	37	I/O3
PIO4	12	I/O	230	I/O4	5	I/O4	237	I/O4	38	I/O4
PIO5	13	I/O	232	I/O5	6	I/O5	238	I/O5	39	I/O5
PIO6	14	I/O	233	I/O6	7	I/O6	239	I/O6	41	I/O6
PIO7	15	I/O	234	I/O7	10	I/O7	240	I/O7	43	I/O7
PIO8	17	I/O	235	I/O8	11	DPCLK1	1	I/O8	44	I/O8
PIO9	18	I/O	236	I/O9	32	VREF2B1	2	I/O9	45	I/O9

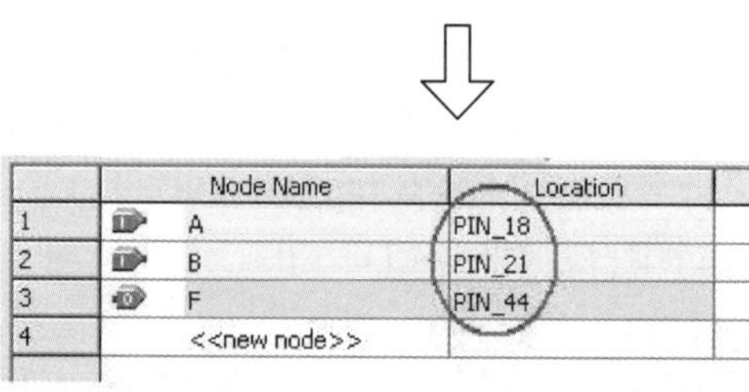

	Node Name	Location
1	A	PIN_18
2	B	PIN_21
3	F	PIN_44
4	<<new node>>	

图 7-1-54　通过电路模式图和引脚锁定表得到引脚号的方法(与门电路)

2. 计数器电路引脚锁定——时钟与数码管的使用

下面以计数器电路为例说明 GW48-CP++实验台时钟与数码管的使用方法以及引脚锁定方法。计数器的原理图如图 7-1-55 所示，与门有 1 个输入信号 clk，一个输出信号 Q[7..0]。

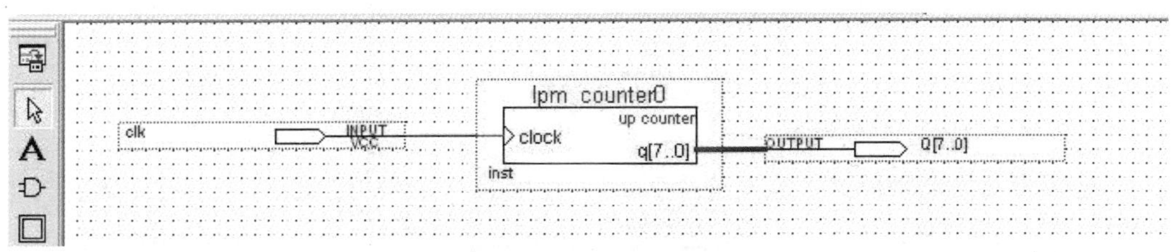

图 7-1-55　计数器电路原理图

为了 GW48-CP++实验台上测试计数器电路，可以利用按键手动输入 clk 信号(如何使用按键参见 2.3.5.1)，这里将 clk 信号与实验台上的时钟 0 连接(实验台上共有 4 个时钟，每个时钟提供不同频率的脉冲信号)，利用实验台的时钟 0 给 clk 输入连续不断的脉冲。输出信号 Q 有 8 位，可以与实验台上的 8 个 LED 灯相连(如何使用 LED 灯参见 2.3.5.1)。这里利用数码管来显示 Q 的值。实验台共有 8 个数码管，每个数码管对应 4 个引脚名称，数码管驱动电路接收到 4 位数据(范围是 0000~1111)后，即显示其对应的 16 进制数据。每个数码管可以显示 0~F 共 16 个 16 进制数。计数器电路的输出有 8 位。需要 2 个数码管。计数器电路的测试方案如图 7-1-56 所示。计数器电路的引脚锁定方案如表 7-1-16 所示。

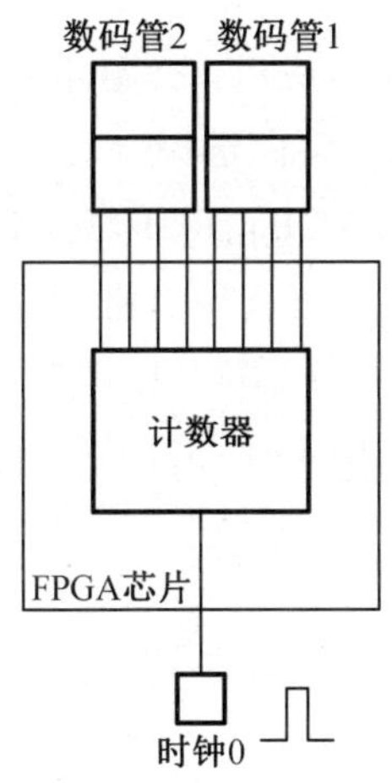

图 7-1-56　计数器电路测试方案示意图

表 7-1-16　计数器电路引脚锁定方案

输入输出信号	外设	引脚名称	引脚号
clk	时钟 0	Clock0	152

表 7-1-16(续)

输入输出信号	外设	引脚名称	引脚号
Q[7..4]	数码管 2	PIO23、PIO22、PIO21、PIO20	68、63、57、56
Q[3..0]	数码管 1	PIO19、PIO18、PIO17、PIO16	76,73、70、69

表 7-1-16 中的引脚名称和引脚号是通过查找电路模式图和引脚分配表得到的,引脚号就是要分配给计数器电路输入输出信号的 FPGA 管脚。如何查找引脚号的方法如图 7-1-57 所示。

①选择合适的电路模式。这里选择 No. 5。在模式 No. 5 的结构图(图 7-1-46)上,查找时钟 Clock0 的引脚名称为 Clock0,数码管 1 的引脚名称为:PIO19、PIO18、PIO17、PIO16,数码管 2 的引脚名称为:PIO23、PIO22、PIO21、PIO20。

②在引脚分配表(表 7-1-14)中,根据芯片型号 EP3C40Q240 和引脚名称 PIO23~16 查找到引脚号分别为:76、73、70、69、68、63、57、56。Clock0 的引脚号为 152。

③在 Quartus Ⅱ 中,将引脚号 76、73、70、69、68、63、57、56 依次分配给输入信号 Q[7]、Q[6]、Q[5]、Q[4]、Q[3]、Q[2]、Q[1],Q[0]。将引脚号 152 分配给输入信号 clk。注意数码管的引脚名称(PIO 号)的高低位与信号 Q 的高低位是一一对应的,例如,PIO16 对应 Q[0],即将 PIO16 对应的引脚号 56 分配给 Q[0]、PIO23 对应 Q[7],即将 PIO23 对应的引脚号 76 分配给 Q[7]。

3. 电路模式 No. 0 的使用

GW48-CP++有多个电路结构,模式 No. 5 的有 8 个按键,每个按键可以输入一位信号。对于需要较多输入信号的电路来说,按键资源不能满足要求。而模式 0 以及模式 1 中的一些按键可以提供多个输入信号。下面以多路选择电路为例说明模式 No. 0 的使用方法。

多路选择电路如图 7-1-58 所示。多路选择电路有 3 个输入信号 A[3..0]、B[3..0]、sel、一个输出信号 Q[3..0]。其中 A[3..0]、B[3..0]和 Q[3..0]信号均为 4 位信号。

为了 GW48-CP++实验台上测试多路选择电路,可以选择实验电路模式 No. 0。输入信号 A[3..0]与按键 1 相连,输入信号 B[3..0]与按键 2 相连,输出信号 Q[3..0]与 4 个 LED 灯相连。多路选择电路的测试方案如图 7-1-59 所示。多路选择电路引脚锁定方案如表 7-1-17 所示。

表 7-1-17 多路选择电路引脚锁定方案

输入输出信号	外设	引脚名称	引脚号
A[3..0]	按键 1	PIO11、PIO10、PIO9、PIO8	49、46、45、44
B[3..0]	按键 2	PIO15、PIO14、PIO13、PIO12	55、52、51、50
sel	按键 3	PIO2	22
Q[3..0]	数码管 1	PIO19、PIO18、PIO17、PIO16	76、73、70、69

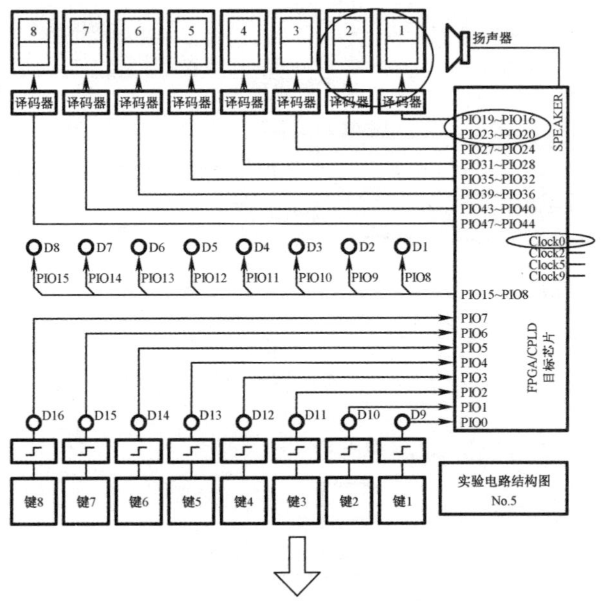

结构图上的信号名	GW48-CCP, GWAK100A EP1K100QC208		GW48-SQC+/GW48-DSP EP20K200/300EQC240		GWAC3 EP1C3TC144		GW48-SOPC/DSP EP1C6/1C12Q240		GW48-CP++ EP3C40Q240	
	引脚号	引脚名称	引脚号	引脚名称	引脚号	引脚名称	引脚号	引脚名称	引脚号	引脚名称
PIO16	30	I/O	7	I/O16	39	I/O16	13	I/O16	56	I/O16
PIO17	31	I/O	8	I/O17	40	I/O17	14	I/O17	57	I/O17
PIO18	36	I/O	9	I/O18	41	I/O18	15	I/O18	63	I/O18
PIO19	37	I/O	10	I/O19	42	I/O19	16	I/O19	68	I/O19
PIO20	38	I/O	11	I/O20	47	I/O20	17	I/O20	69	I/O20
PIO21	39	I/O	13	I/O21	48	I/O21	18	I/O21	70	I/O21
PIO22	40	I/O	16	I/O22	49	I/O22	19	I/O22	73	I/O22
PIO23	41	I/O	17	I/O23	50	I/O23	20	I/O23	76	I/O23
…										
Clock0	182	I/O	185	I/O	123/93	I/O	179/28	I/O	152	I/O

	Node Name	Location
1	clk	PIN_152
2	Q[7]	PIN_76
3	Q[6]	PIN_73
4	Q[5]	PIN_70
5	Q[4]	PIN_69
6	Q[3]	PIN_68
7	Q[2]	PIN_63
8	Q[1]	PIN_57
9	Q[0]	PIN_56

图 7-1-57　通过电路模式图和引脚锁定表得到引脚号的方法(计数器电路)

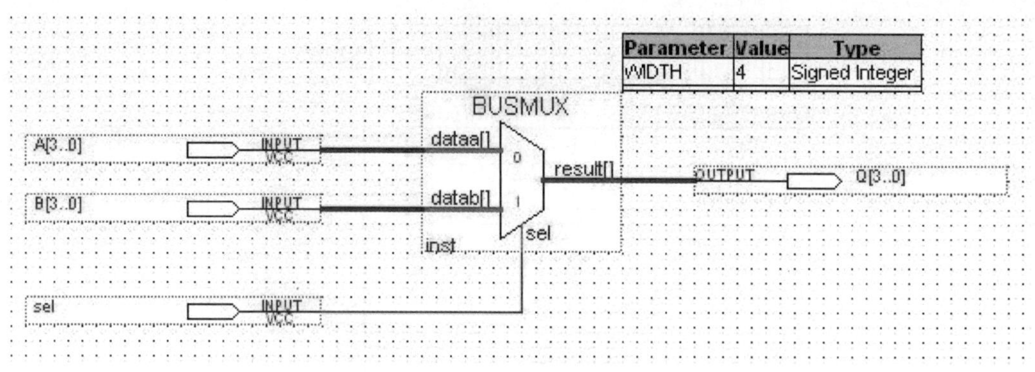

图 7-1-58　多路选择电路原理图

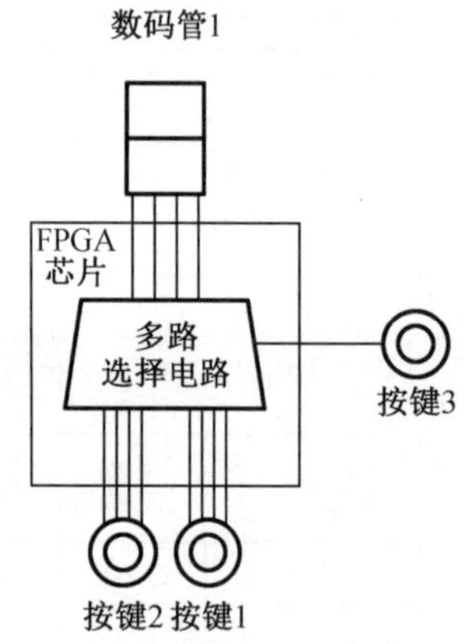

图 7-1-59　多路选择电路测试方案示意图

表中的引脚名称和引脚号是通过查找电路模式图和引脚锁定表得到的,引脚号就是要分配给多路选择电路电路输入输出信号的 FPGA 管脚。查找引脚号的方法如图 7-1-60 所示。

①选择电路模式 No. 0。在模式 0 的结构图(图 7-1-41)上,查找按键 1 的引脚名称为:PIO11、PIO10、PIO9、PIO8,sel 的引脚名称为 PIO2。按键 2 的引脚名称为:PIO15、PIO14、PIO13、PIO12,数码管 1 的引脚名称为:PIO19、PIO18、PIO17、PIO16。

②在引脚分配表(表 7-1-14)中,根据芯片型号 EP3C40Q240 和引脚名称查找到对应的引脚号。

③在 Quartus Ⅱ中,将引脚号 49、46、45、44 依次分配给输入信号 A[3]、A[2]、A[1]、A[0]。将引脚号 55、52、51、50 依次分配给输入信号 B[3]、B[2]、B[1]、B[0],将引脚号 22 分配给信号 SEL。将引脚号 76、73、70、69 依次分配给输入信号 Q[3]、Q[2]、Q[1]、Q[0]。注意按键 1、按键 2,数码管 1 的引脚名称(4 个)的高低位与信号的高低位是一一对应的。

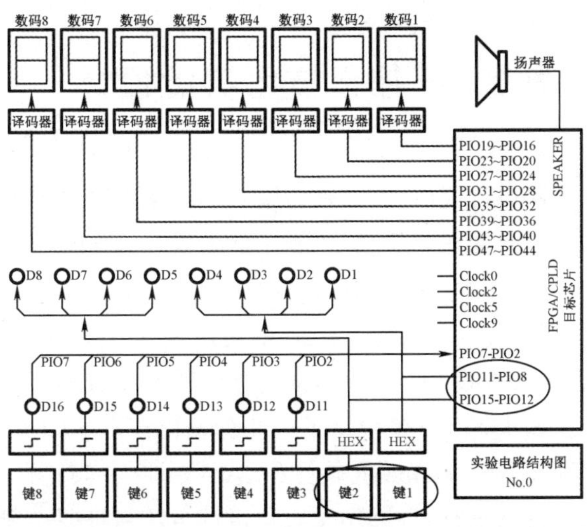

结构图上的信号名	GW48-CCP, GWAK100A EP1K100QC208		GW48-SQC+/ GW48-DSP EP20K200/300EQC240		GWAC3 EP1C3TC144		GW48-SOPC/DSP EP1C6/1C12Q240		GW48-CP++ EP3C40Q240	
	引脚号	引脚名称	引脚号	引脚名称	引脚号	引脚名称	引脚号	引脚名称	引脚号	引脚名称
PIO8	17	I/O	235	I/O8	11	DPCLK1	1	I/O8	44	I/O8
PIO9	18	I/O	236	I/O9	32	VREF2B1	2	I/O9	45	I/O9
PIO10	24	I/O	237	I/O10	33	I/O10	3	I/O10	46	I/O10
PIO11	25	I/O	238	I/O11	34	I/O11	4	I/O11	49	I/O11
PIO12	26	I/O	239	I/O12	35	I/O12	6	I/O12	50	I/O12
PIO13	27	I/O	2	I/O13	36	I/O13	7	I/O13	51	I/O13
PIO14	28	I/O	3	I/O14	37	I/O14	8	I/O14	52	I/O14
PIO15	29	I/O	4	I/O15	38	I/O15	12	I/O15	55	I/O15

	Node Name	Location
1	A[3]	PIN_49
2	A[2]	PIN_46
3	A[1]	PIN_45
4	A[0]	PIN_44
5	B[3]	PIN_55
6	B[2]	PIN_52
7	B[1]	PIN_51
8	B[0]	PIN_50
9	Q[3]	PIN_76
10	Q[2]	PIN_73
11	Q[1]	PIN_70
12	Q[0]	PIN_69
13	sel	PIN_22

图 7-1-60　通过电路模式图和引脚锁定表得到引脚号的方法(多路选择电路)

7.2 可编程技术实验设计

数字电路的 VHDL 程序设计完成后,必须利用 EDA 工具中的综合器、适配器、时序仿真器和编程器等工具进行相应的处理和下载,才能使此项设计在 FPGA 上完成硬件实现并能进行硬件测试。在 EDA 工具的设计环境中,有多种途径来完成目标电路系统的表达和输入方式,如 HDL 的文本输入方式、原理图输入方式、状态图输入方式、波形输入方式、Matlab 的模型输入方式,以及混合输入方式。本节将详细的介绍利用 Quartus Ⅱ 和 FPGA 实验台进行逻辑电路设计的实验方法和步骤。本节设计了一些可编程技术基础实验,通过实验可以更好的掌握 FPGA 开发流程,掌握 Quartus Ⅱ 软件和 GW48-CP++实验台的使用方法,学会用 VHDL 和原理图方法设计逻辑电路,掌握用层次化设计方法设计复杂电路的能力。本节的实验侧重点是软硬件开发环境的熟悉,每个实验都提供了详细的实验步骤和操作说明,是后续实验的基础。

7.2.1 可编程技术基础实验

7.2.1.1 熟悉 FPGA 软硬件开发环境

一、实验目的

熟悉 Quartus Ⅱ 开发环境及开发流程。

掌握 Quartus Ⅱ 中 VHDL 文本输入设计方法。

熟悉 FPGA 实验台的功能和使用方法。

二、实验内容

利用 QuartusⅡ完成 2 选 1 多路选择器的文本编辑输入(mux21a.vhd)和仿真测试等步骤,给出 2 选 1 多路选择器仿真波形。最后在实验系统上进行硬件测试,验证 2 选 1 多路选择器的功能。

三、实验环境

PC 计算机	1 台
Quartus Ⅱ 软件环境	1 套
GW48-CP++实验台	1 台

四、实验原理与电路

本实验利用 VHDL 设计 2 选 1 多路选择器,其电路示意图和原理图如分别见 7.1 节的图 7-1-1 和图 7-1-2,真值表见 7.1 节的表 7-1-8。利用 Quartus Ⅱ 设计 2 选 1 多路选择器主要设计步骤如图 7-2-1 所示。

1. 设计输入

主要完成 2 选 1 多路选择器的逻辑电路描述,2 选 1 多路选择器的真值表如表 7-1-8 所示,采用 VHDL 语言设计 2 选 1 多路选择器,VHDL 代码见第 2 章 2.1 节中的程序 P2-1。

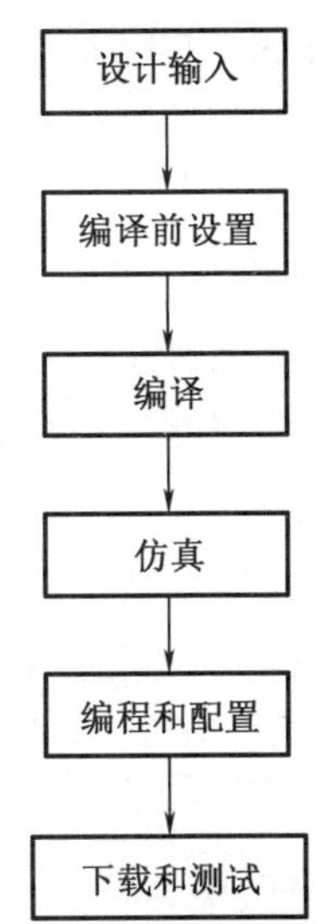

图 7-2-1 2 选 1 多路选择器主要设计步骤

2. 编译前设置

主要完成目标芯片的选择,即制定实验台上的 FPGA 芯片型号。GW48-CP++实验台上的芯片型号为 EP3C40Q240,在建立工程时可以指定芯片型号,也可以在建立工程后通过主菜单"Assignment→Device"设置。

3. 编译

主要实现逻辑电路的排错,完成电路的综合、布局、布线等工作。在编译过程中可以输出电路中存在的错误,需要改正后,才能编译成功。

4. 仿真

完成对电路的功能测试,通过建立波形文件设置电路的输入信号,运行仿真观察波形的输出结果,检查电路的逻辑器功能是否正确。仿真的关键是在波形图上合理的设置输入信号的值,可以按照真值表设置输入信号的值,仿真后,按照输入信号和电路的逻辑自动在波形图上产生相应的输出信号,然后按照真值表的理论值验证仿真波形图上输入输出信号的值是否正确。仿真的时间可以根据实际需求以及电路功能的复杂程度设置,比较简单的电路,可以设置较短的仿真时间,即可完全仿真电路的功能。仿真时间的设置可通过主菜单"Edit"→"End Time"来设置。一般设置 μs 数量级就可以满足要求。

5. 编程和配置

Quartus Ⅱ编译电路成功后,自动将布局布线的电路、逻辑单元和引脚分配转换为该电路的编程图像,即生成电路的 Programmer 对象文件(.pof)或 SRAM 对象文件(.sof)。在生成编程图像之前需要对电路的输入信号进行引脚分配,即使电路的每个输入输出信号与 FPGA 上的引脚相连。以便后续利用实验台的按键和数码管等外设对电路进行测试。引脚锁定和实验台的使用方法见第 2 章的 2.3.5 节。

6. 下载和测试

生成 Sof 文件后,启动编程器 Programmer,选择"ByteblasterMV[Lpt1]"编程方式(计算机与实验台采用 LPT 数据线连接),然后可以将电路的 Sof 文件下载到实验台的 FPGA 芯片中。下载之前需要保证实验台与计算机已用数据线连接,并且实验台的电源已经打开。下载之后,可以利用实验台的按键和数码管等外设对电路进行测试。

五、实验任务与步骤

1. 建立工作库文件夹和编辑设计文件

首先建立工作库目录,以便存储工程项目设计文件。任何一项设计都是一项工程(Project),都必须首先为此工程建立一个放置与此工程相关的所有设计文件的文件夹。此文件夹将被 EDA 软件默认为工作库(work library)。一般,不同的设计项目最好放在不同的文件夹中,而同一工程的所有文件都必须放在同一文件夹中。注意不要将文件夹设在计算机已有的安装目录中,更不要将工程文件直接放在安装目录中。在建立了文件夹后就可以将设计文件通过 Quartus Ⅱ 的文本编辑器编辑并存盘,详细步骤如下。

(1)新建一个文件夹

利用资源管理器新建一个文件夹,如:D:\muxfile。注意:文件夹名不能用中文。

(2)输入 VHDL 源程序

打开 Quartus Ⅱ,选择主菜单“File”→“New”,在“New”窗中的“Device Design Files”中选择编译文件的语言类型,这里选“VHDL File”(图 7-2-2)。然后在 VHDL 文本编译窗中键入如图 7-2-3 所示的 VHDL 程序。

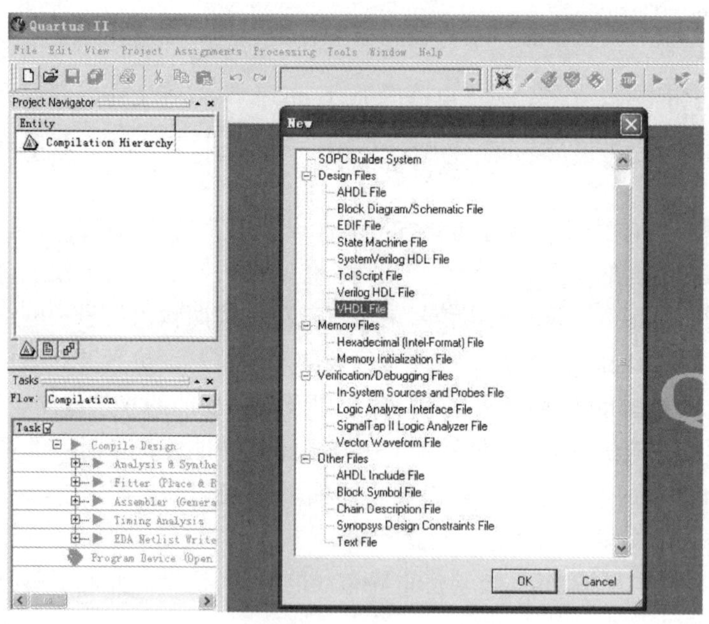

图 7-2-3　选择编辑文件的语言类型

(3)文件存盘

选择主菜单“File”→“Save As”,找到已设立的文件夹 D:\muxfile,存盘文件名应该与实体名一致,即 mux21a. vhd,实体名将在建立工程时候指定。当出现问句“Do You Want To Create…”时,若选“否”,可按以下的方法进入创建工程流程;若选“是”,则直接进入创建工程流程。

2. 创建工程

使用“New Project Wizard”可以为工程指定工作目录、分配工程名称以及指定最高层设计实体的名称,还可以指定要在工程中使用的设计文件、其他源文件、用户库和 EDA 工具,以及目标器件系列和具体器件等。

在此要利用“New Preject Wizard”创建此设计工程,即令 mux21a. vhd 为工程,并设定此工程一些相关的信息,如工程名、目标器件、综合器、访真器等。步骤如下。

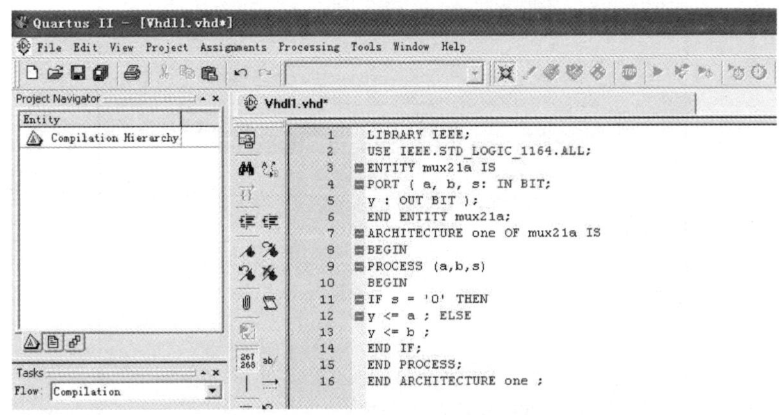

图 7-2-3　编辑输入设计文件

(1)建立新工程管理窗口

选择主菜单“File”→“New Preject Wizard”,即弹出工程设置对话框(图 7-2-4)。点击此对话框最上一栏右侧的按钮“…”,找到文件夹 D:\muxfile,选中已存盘的文件 mux21a. vhd,再点击“打开”,即出现如图 7-2-4 所示设置情况。其中第一行表示工程所在的工作库文件夹;第二行表示此项工程的工程名,此工程名可以取任何其它的名,通常直接用实体名作为工程名;第三行是实体名。

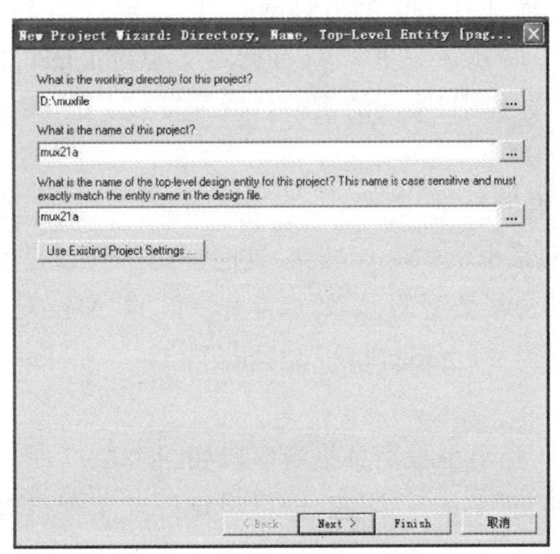

图 7-2-4　创建工程 mux21a

(2)将设计文件加入工程中

点击工程设置对话框(图 7-2-4)下方的“Next”按钮,在弹出如图 7-2-5 所示的添加文件对话框中,将此工程相关的所有 VHDL 文件加入进此工程。工程的文件加入的方法有两种:第 1 种是点击右边的“Add All”按钮,将设定的工程目录中的所有 VHDL 文件加入到工程文件栏中;第 2 种方法是点击浏览按钮,从工程目录中选出相关的 VHDL 文件,点击“Add”按钮将文件加入到工程。

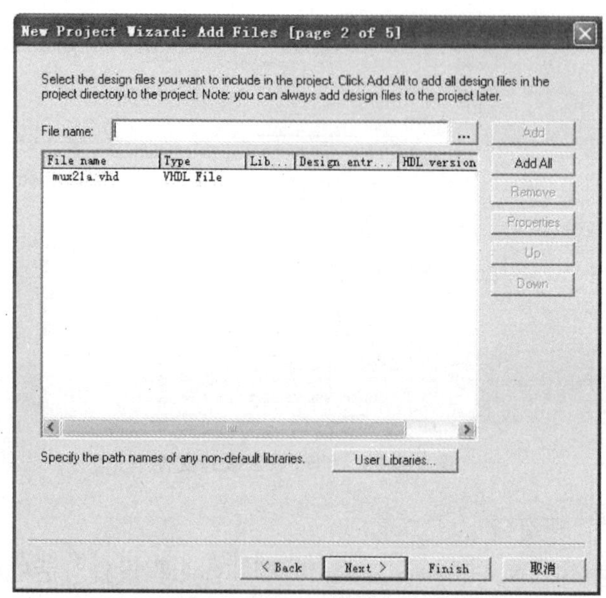

图 7-2-5　将相关文件加入工程

(3)选择目标芯片

点击添加文件对话框(图 7-2-5)中的“Next”,弹出的器件设置对话框如图 7-2-6 所示,首先在“Family”栏选芯片系列,在此选“Cyclone Ⅲ”系列,在窗口右侧设置 Pin Count 为 240,这时列表中显示了 3 种具有 240 个引脚的芯片,这里选择 EP3C40Q240C8。此芯片即是 GW48-CP++实验台上的 FPGA 芯片。只有指定实验台上的目标芯片,后续才允许将电路下载到实验台的 FPGA 芯片中,不同的实验台或开发板上的 FPGA 芯片不同,需要根据实际情况选择目标芯片。

(4)选择仿真器和综合器类型

点击图 7-2-6 所示对话框的“Next”按钮,这时弹出的窗口是 EDA 工具设置窗口,在此窗口可以选择仿真器和综合器类型的,如果都是选默认的“None”,表示都选 Quartus Ⅱ 中自带的仿真器和综合器,因此,在此都选默认项“None”。

(5)结束设置

继续点击“Next”按钮,弹出工程信息报告窗口如图 7-2-7 所示,显示了工程的实体名,目标芯片等信息。最后按键“Finish”按钮,即已设定好此工程,弹出如图 7-2-8 所示的窗口,此工程管理窗口(“Project Navigator”)主要显示工程项目的层次结构和各层次的实体名。

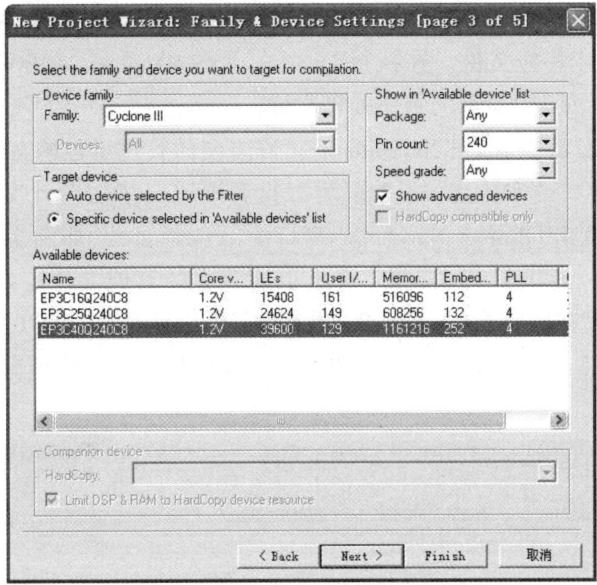

图 7-2-6　选择目标器件

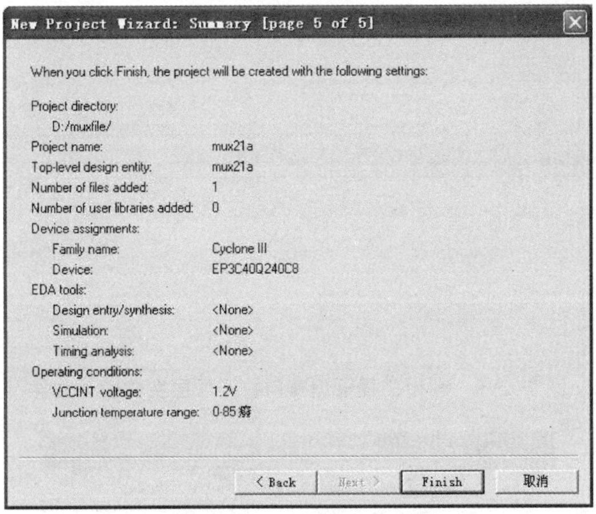

New Project Wizard: Summary [page 5 of 5]

When you click Finish, the project will be created with the following settings:

Project directory:
D:/muxfile/
Project name: mux21a
Top-level design entity: mux21a
Number of files added: 1
Number of user libraries added: 0
Device assignments:
Family name: Cyclone III
Device: EP3C40Q240C8
EDA tools:
Design entry/synthesis: <None>
Simulation: <None>
Timing analysis: <None>
Operating conditions:
VCCINT voltage: 1.2V
Junction temperature range: 0-85 癈

< Back　Next >　Finish　取消

图 7-2-7　工程报告窗口

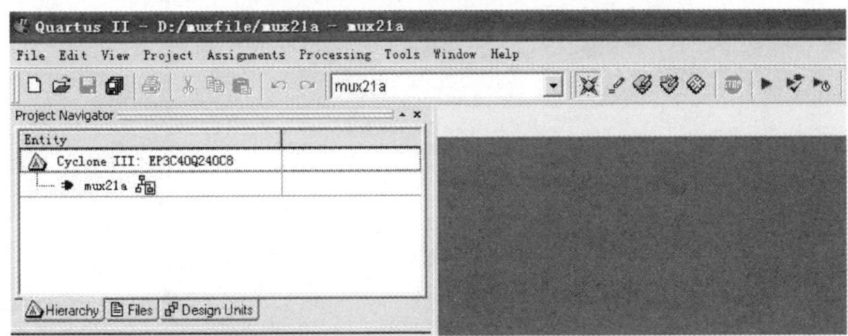

图 7-2-8　工程管理窗口

建立工程后,可以使用"Settings 对话框"("Assignments"菜单)的"Add/Remove"页在程序中添加和删除、设计其他文件。在执行 Quartus Ⅱ的"Analysis & Synthesis"期间,Quartus Ⅱ将按"Add/Remove 页"中显示的顺序处理文件。

利用工程管理窗口("Project Navigator")可以方便的管理工程的文件,双击图 7-2-8 中"Project Navigator"窗口的实体名 mux21a,可以打开顶层实体的设计文件,即 mux21a. vhd。如图 7-2-9 所示。点击"Project Navigator"窗口的"Files"页面,如图 7-2-10 所示,可以看到工程中所有的文件,这里只有 mux21a. vhd,以后建立的其他文件也会出现在此页面。如果主窗口中没有显示"Project Navigator"窗口(可能不小心关闭了),可以选择主菜单"View"→"Utility Windows"→"Project Navigator",或者按 Alt+0 键打开工程管理窗口。

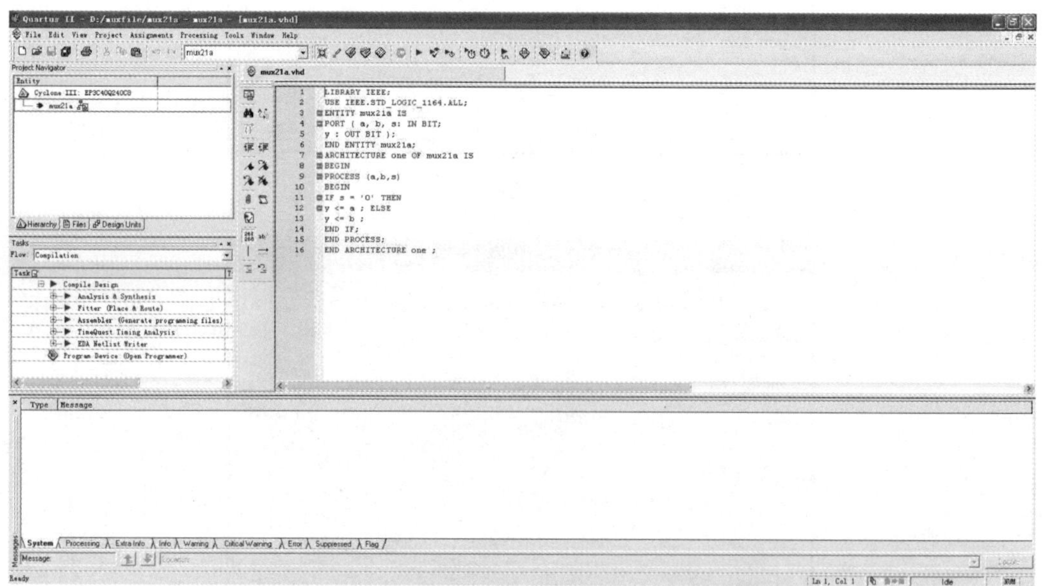

图 7-2-9 利用工程管理窗口打开顶层实体设计文件

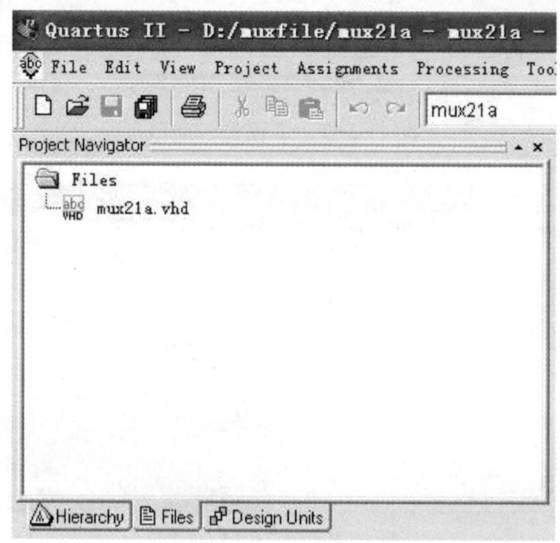

图 7-2-10 工程管理窗口的工程文件列表

3. 编译前设置

在对工程进行编译处理前,必须做好必要的设置。

选择目标芯片。如果在建立工程时已经选择目标芯片可忽略此步骤。目标芯片的选择可以这样来实现:选择主菜单“Assignmemts”→“Settings”项,在弹出的对话框中选“Compiler Settings”项下的“Device”,选择目标芯片 EP3C40Q240C8,如图 7-2-11 所示。首先在“Show in Available devices' list”栏分别选“Package”:PQFP;“Pin Count”:240;“Speed”:8,然后在“Available Devices“列表中选目标芯片:EP3C40Q240C8。

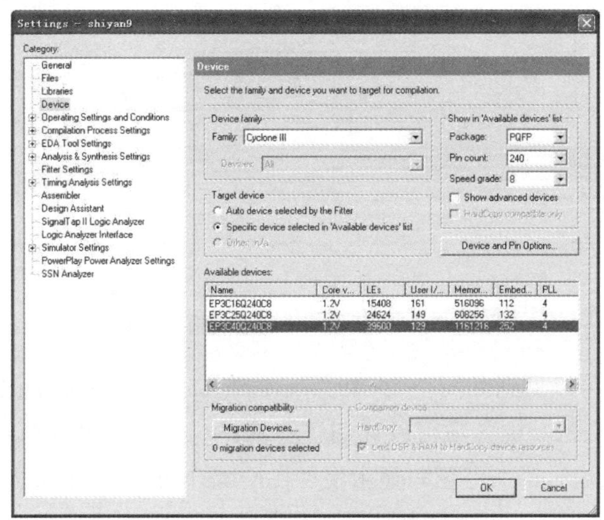

图 7-2-11　选定目标器件

4. 编译

Quartus Ⅱ编译器是由一系列处理模块构成的,这些模块负责对设计项目的检错,逻辑综合和结构综合。即将设计项目适配进 FPGA/CPLD 目标器中,同时产生多种用途的输出文件,如功能和时序仿真文件、器件编程的目标文件等。编译器首先从工程设计文件间的层次结构描述中提取信息,包括每个低层次文件中的错误信息,供设计者排除,然后将这些层次构建产生一个结构化的以网表文件表达的电路原理图文件,并把各层次中所有的文件结合成一个数据包,以便更有效地处理。

下面首先选择主菜单“Processing”→“Start Compilation”项,启动全程编译。注意这里所谓的编译(Compilation)包括 Quartus Ⅱ对设计输入的多项处理操作,其中包括排错、数据网表文件提取、逻辑综合、适配、装配文件(仿真文件与编程配置文件)生成,以及基于目标器件的工程时序分析等。如果工程中的文件有错误,启动编译后在下方的“Processing”栏中会显示出来(图 7-2-12)。对于“Processing”栏显示出的语句格式错误,可双击此条文,即弹出对应的 VHDL 文件,在深色标记条处(或附近)可发现文件中的错误。改正错误,再次进行编译直至排除所有错误。注意,如果发现报出多条错误信息,每次只要检查和纠正最上面报出的错误,因为许多情况下,都是由于某一种错误导致了多条错误信息报告。如果主窗口“Processing”栏中没有显示“Messages”窗口(可能不小心关闭了),可以选择主菜单

“View”→“Utility Windows”→“Messages”,或者按 Alt+3 键打开“Messages”窗口。

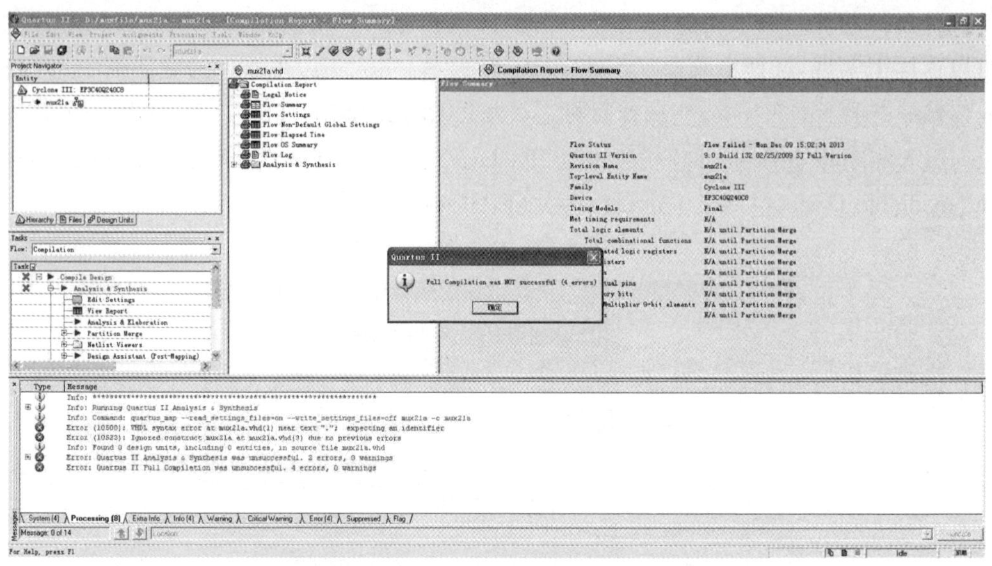

图 7-2-12　全程编译后出现报错信息

如果编译成功,可以见到如图 7-2-13 所示的窗口。“Compilation Report”栏是编译报告项目选择主菜单,点击其中各项可以详细了解编译与分析结果(默认显示“Flow Summary”项的信息)。“Flow Summary”窗口显示硬件耗用统计报告,其中报告了当前工程耗用了 1 个逻辑宏单元、4 个引脚,0 个内部 RAM 位等。

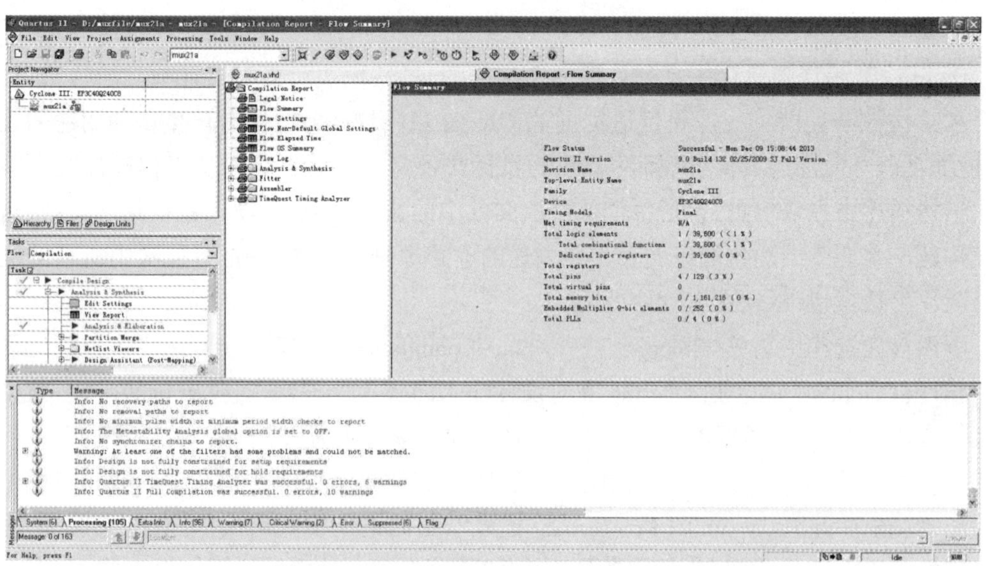

图 7-2-13　编译成功界面

如果点击“Timequest Timing Analyzer”项的“+”号,则能通过点击以下列出的各项目,看到当前工程所有相关时序特性报告。

如果点击“Fitter”项的“+”号，则能通过点击以下列出的各项看到当前工程所有相关硬件特性适配报告。

5. 仿真

对工程的编译通过后，必须对其功能和时序性质进行仿真测试，以了解设计结果是否满足原设计要求。以 vwf 文件方式的仿真流程的详细步骤如下。

(1) 打开波形编辑器

选择主菜单“File”→“New”项，在“New”窗中选“Verification/Debugging Files”中的“Vector Waveform File”(图 7-2-14)，点击“Ok”按钮，即出现空白的波形编辑器(图 7-2-15)。注意可以选择主菜单“View”→“Full Screen”或者点击工具栏上的全屏窗口按钮将窗口扩大或缩小，以便观察仿真波形。

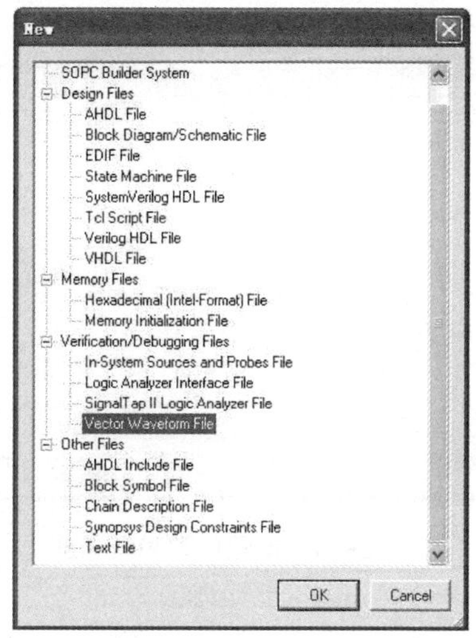

图 7-2-14　建立矢量波形文件

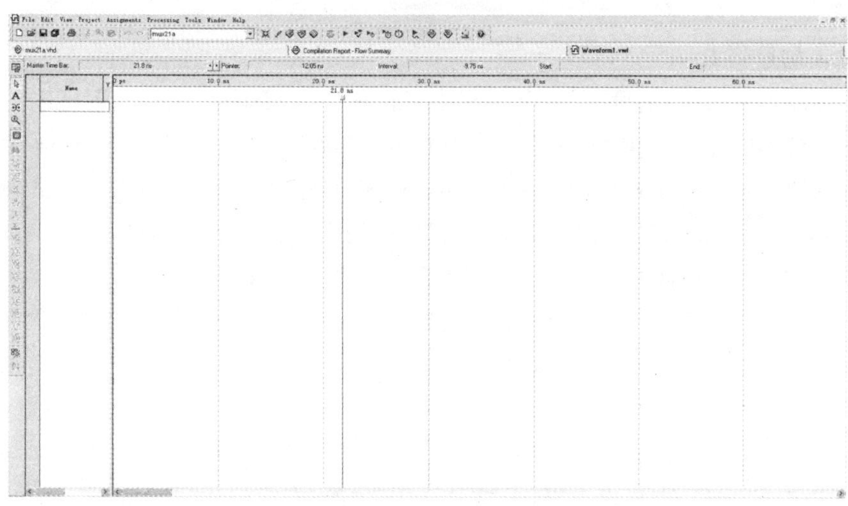

图 7-2-15　波形编辑器

(2)设置仿真时间区域

在选择主菜单“Edit”→“End Time”项,在弹出的窗中的“Time”窗中键入50,单位选“μs”,如图7-2-16所示,即整个仿真域的时间设定为50 μs,点击“Ok”按钮,结束设置。对于时序仿真来说,将仿真时间轴设置在一个合理的时间区域上十分重要。通常设置的时间范围在数十微秒间。如果电路功能比较复杂,需要验证的功能较多,则需要适当加长仿真时间。仿真时间设置越长,将会导致仿真的耗时越长,如果设置为几秒,则实际仿真电路需要的时间可能需要几个小时,因此仿真时间设置一定要合理。

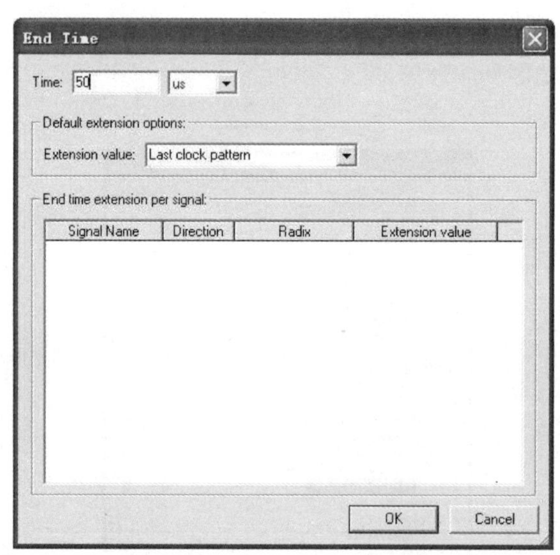

图7-2-16　设置仿真时间长度

(3)存盘波形文件

选择File中的“Save As”,将以名为mux21a.vwf(默认名)的波形文件存入文件夹D:\muxfile中。

(4)输入信号节点

将工程mux21a的端口信号节点选入波形编辑器中。主要有两种方法(可以任选一种):

方法一:首先选择主菜单“View”→“Utility Windows”→“Node Finder”选项,出现如图7-2-17所示的“Node Finder”窗口。点击“List”按钮,可以在下面的“Node Found”栏中看到4个引脚。可以用鼠标左键点击“Node Found”栏中的引脚,拖拽到mux21a.vwf编辑窗口中的“Name”栏,添加完引脚的mux21a.vwf编辑窗口如图7-2-18所示。

方法二:双击图7-2-15波形编辑器左侧栏(“Name”栏)的空白处,在弹出的窗口中点击“Node Finder”按钮后出现对话框如图7-2-19所示。在“Filter”框中选“Pins:All”,然后点击“List”钮。于是在左侧“Node Found”栏中出现了设计中的mux21a工程的所有端口引脚名(如果此对话框中的“List”不显示,需要重新编译一次,即选主菜单“Processing”→“Start Compilation”,然后重复以上操作过程)。用鼠标点击窗口中间的按钮 », 可将“Node Found”栏中所有的节点加入到右侧“Selected Nodes”栏中,也可以先选中“Node Found”栏中的某个信号,点击按钮 ›,将其加入到“Selected Nodes”栏中。最后点击“Ok”按钮,完成仿真波形节点信号的添加。

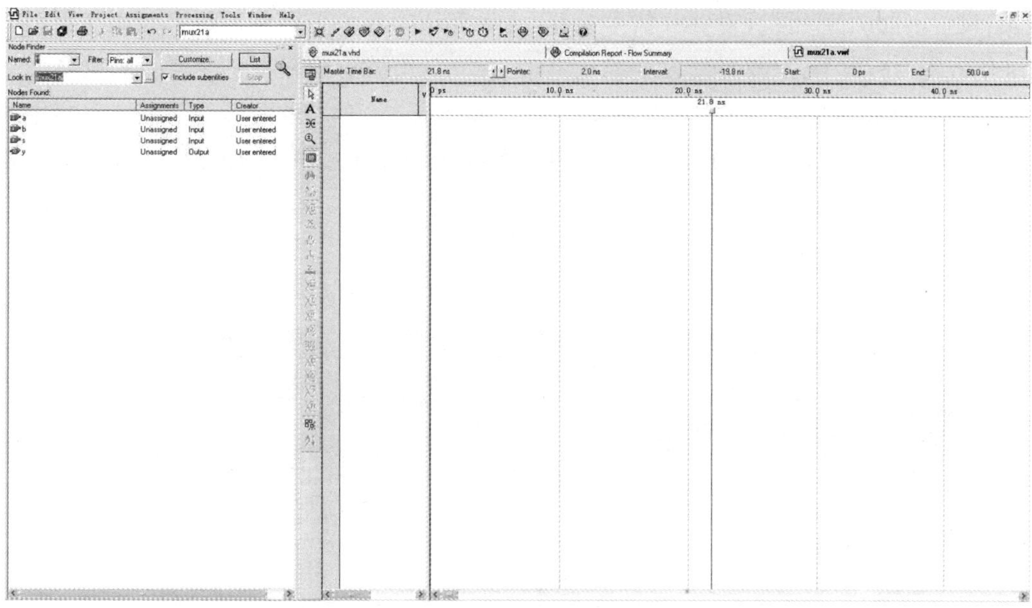

图 7-2-17　加入输入输出节点窗口(Node Finder 窗口)

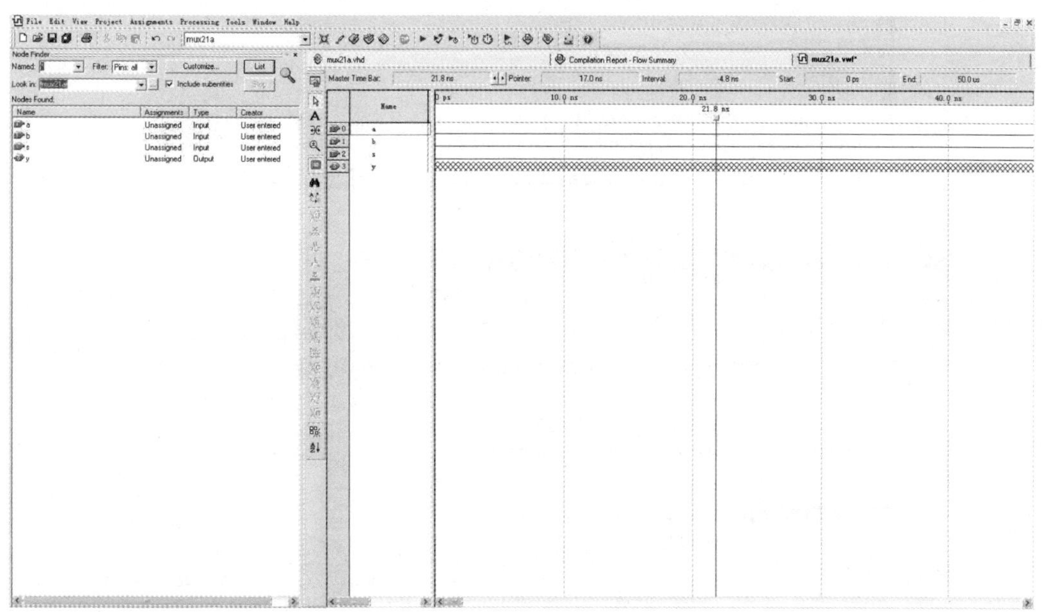

图 7-2-18　添加完引脚的波形编辑窗口

(5)编辑输入波形

点击波形窗左侧的全屏显示钮,使波形编辑器全屏显示,并点击放大缩小按钮🔍后,用鼠标在波形编辑区域左键单击(放大)或右键单击(缩小),使仿真坐标处于适当位置。这时仿真时间横坐标设定在数十微秒数量级。

在"Name"栏中用鼠标左键点击端口信号 a,使之变蓝色,点击编辑器工具栏上的高电平按钮,使 a 信号设置为高电平。编辑器工具栏上的按钮与主菜单“Edit”→“Value”的功能一致,其常用功能说明如图 7-2-20 所示。利用编辑器工具栏可以方便的对输入信号进行编辑,设置不同的值。同理设置 b 信号为低电平(默认为低电平),然后按下面方法手动设置 s 信号先为高电平,一段时间后变成低电平,首先点击波形编辑器工具栏上的选择工具(白色箭头)使得鼠标处于选择状态,然后用鼠标左键点击 s 信号的波形(不是 Name 栏中的 s 信号,而是信号后面的直线),向后拖动一段,大约 25 μs,即选中这段波形(变成蓝色),如图 7-2-21 所示,再点击工具栏上的“高电平”按钮,设置这段 s 信号为高电平。编辑完的波形图如图 7-2-22 所示。

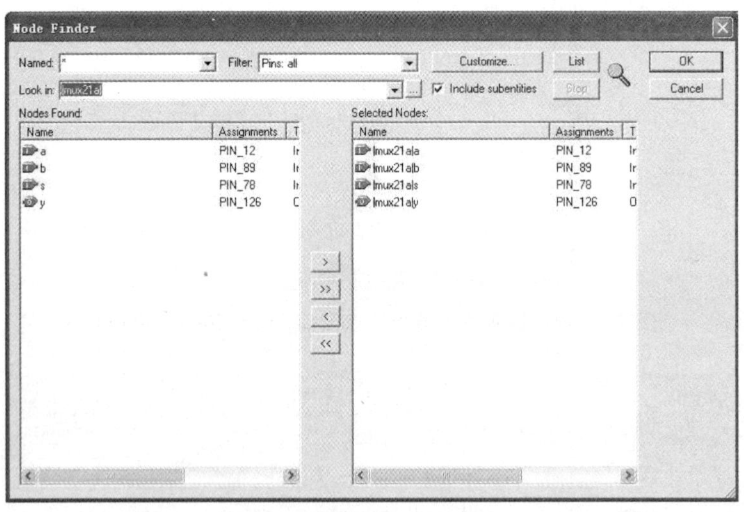

图 7-2-19　准备向波形编辑器输入信号节点

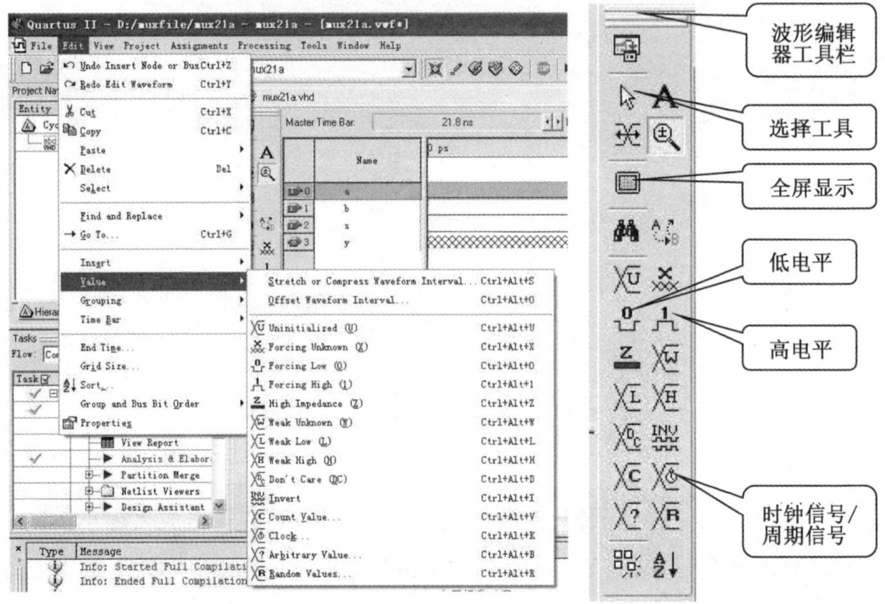

图 7-2-20　波形编辑器工具栏说明

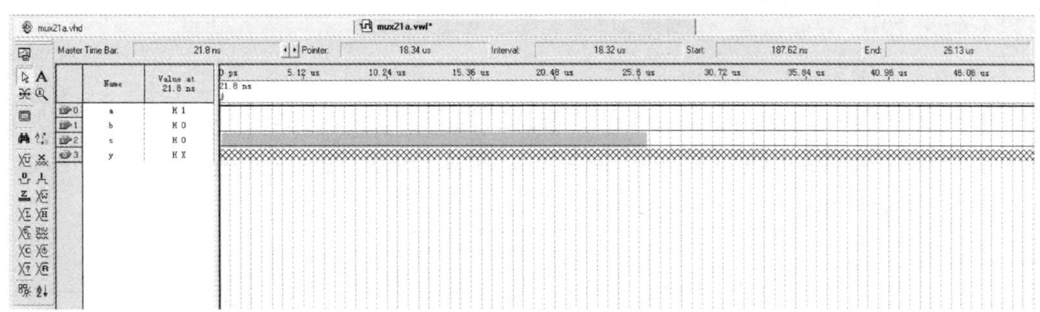

图 7-2-21　手动设置 s 信号

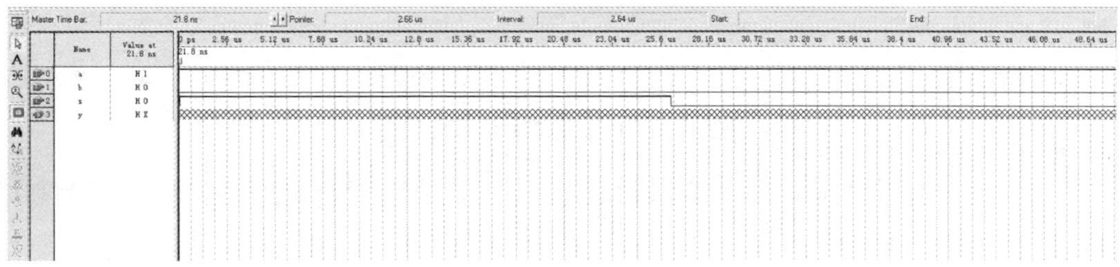

图 7-2-22　仿真前波形

(6)仿真器参数设置(可以选择默认设置,忽略此步骤)

选择主菜单"Assignment"→"Settings',在"Settings"窗口中选择"Category"→"Simulator Setting",如图 7-2-23 所示。可以设置仿真模式"Time Mode",默认为"Time"。还可以进行毛刺检测"Glitch Detection"(1ns 宽度)等设置。

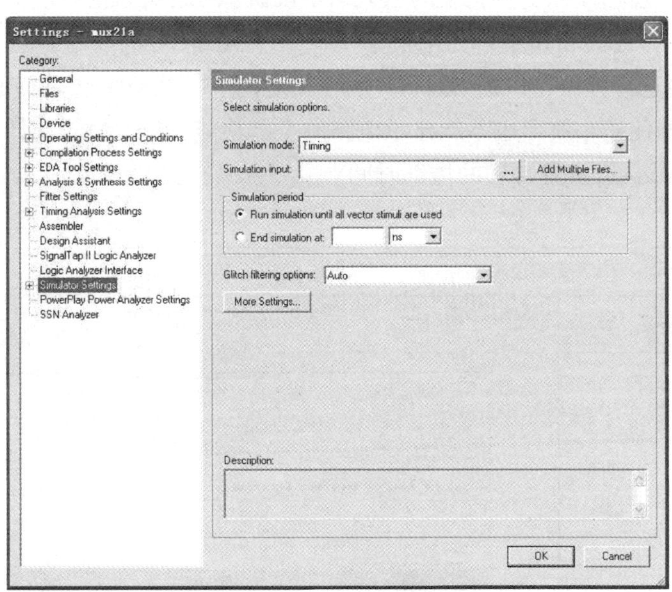

图 7-2-23　设置仿真参数

(7)启动仿真器

所有设置完毕,在选择主菜单"Processing"→"Start Simulation",或者点击 Quartus Ⅱ工

具栏上的按钮，开始仿真，直到出现“Simulator Was Successful”，仿真结束。

(8) 观察仿真结果

仿真波形文件“Simulation Waveforms”窗口通常会自动弹出，如图 7-2-24 所示。如果不小心关闭了“Simulation Waveforms”窗口，可以重新启动仿真器，或者选择主菜单“Processing”→“Simulation Report”，打开仿真波形报告。

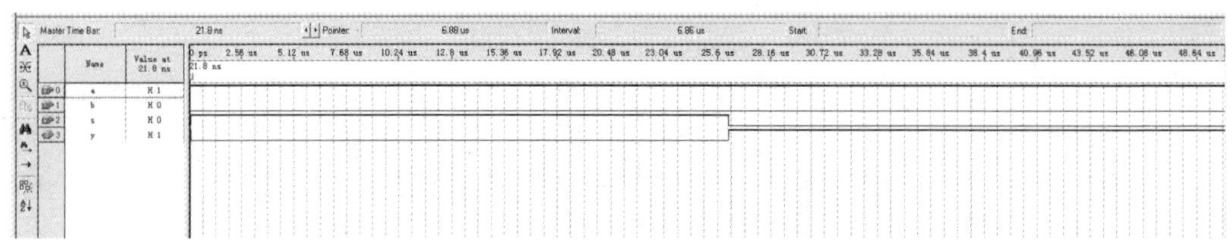

图 7-2-24 mux21a 仿真结果

从波形图可以看出，mux21a 电路共仿真运行了 50 μs，前 25 μs 这段时间 s 信号为高电平时，y 选择输出 b 的信号，即低电平，当 s 信号为低电平时，选择输出 a 的信号，即高电平，证明了此 2 选 1 选择器(mux21a)的“2 选 1”功能。

注意，Quartus Ⅱ的仿真波形文件中，波形编辑文件(＊.vwf)与波形仿真报告文件(“Simulation Report”)是分开的。如果在启动仿真(“Processing”→“Run Simulation”)后，并没有出现仿真完成后的波形图，而是出现文字“Can't Open Simulation Report Window”，但报告仿真成功，则可自己打开仿真波形报告，选择主菜单“processing”→“Simulation Report”。

如果无法展开波形显示时间轴上的所有波形图或者波形图上一片空白，可以点击“Simulation Waveforms”窗口左侧工具栏上的放大缩小按钮，用鼠标在波形上左键单击或右键单击，对波形图进行放大和缩小。如果波形无法放大或缩小，可以右键点击波形编辑窗中任何位置，这时再选择弹出窗口的“Zoom”项，在出现的下拉菜单中选择“Fit in Window”(图 7-2-25)。如果即使缩小波形也不能显示电路的全部功能，可能是仿真时间太短，参考步骤(2)设置仿真时间区域，设置合理的仿真时间。

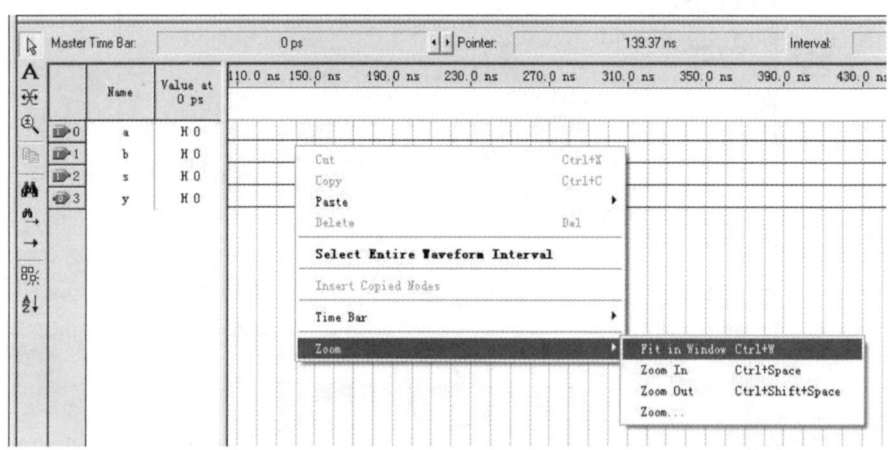

图 7-2-25 使波形显示适合窗口

(9)重新编辑

在上面的仿真中,a,b 的信号在整个仿真过程中是不变的,恒为高电平或者低电平,为了进一步练习编辑输入波形的方法,下面重新编辑输入波形,修改 a,b 信号为周期变化的信号,再进行一次仿真,查看仿真结果。

首先打开仿真前波形文件:mux21a. vwf,可以选择主菜单"File"→"Open",选择打开工程所在目录下的 mux21a. vwf 或者在"Project Navigator"窗口的"Files"页面(图 7-2-26)中双击打开 mux21a. vwf。然后在波形编辑器的 Name 栏中用鼠标左键点击端口信号 a,使之变蓝色,再选择主菜单"Edit"→"Value"→"Clock"选项,或者在波形编辑器工具栏上选择时钟信号按钮(图 7-2-20)在弹出的"Clock"窗中设置 Clk 的周期为 3 μs;所示的"Clock"窗中的"Duty Cycle"是占空比,可选 50,即 50%占空比;如图 7-2-27 所示。同样方法设置端口信号 b 的周期为 6 μs,前面第(5)步中,s 信号在整个仿真周期变化了一次,先高后低,下面设置 s 信号再变化一次,可以采用手动方法设置(参考步骤 5),也可以同 a 信号一样利用时钟信号方法来设置,例如设置时钟周期为 50 μs。编辑好的波形如图 7-2-28 所示。然后保存文件。

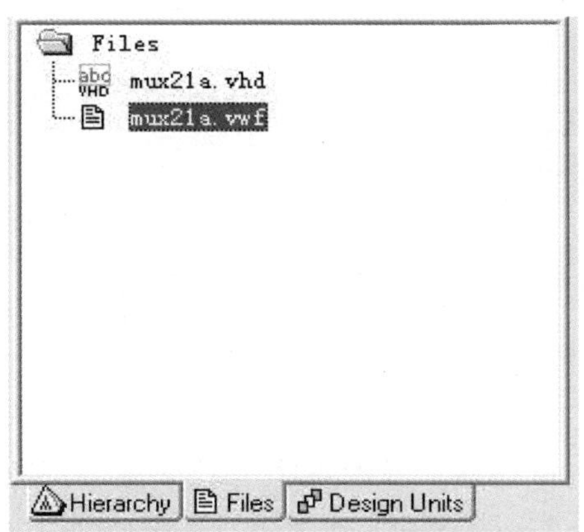

图 7-2-26　在工程管理器中选择打开仿真前波形文件 mux21a. vwf

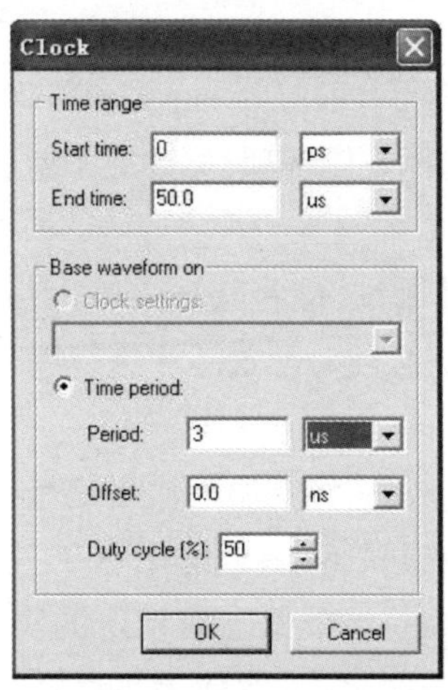

图 7-2-27　设置时钟 CLK 的周期

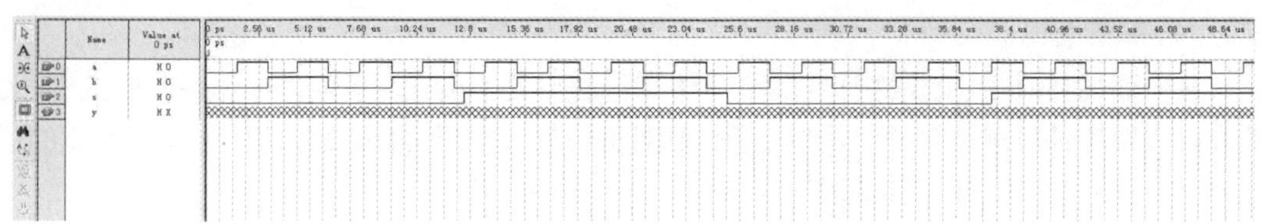

图 7-2-28　mux21a 仿真前波形(时钟信号)

参考步骤(7),重新启动仿真器,出现仿真结果如图 7-2-29 所示。从波形图 1 可以看出,当 s 信号为高电平时,y 的波形与 b 一致,即 y 输出 b 的信号,当 s 信号为低电平时,y 的波形与 a 一致,即 y 输出 a 的信号,证明了此 2 选 1 选择器(mux21a)的“2 选 1”功能。

在输出波形图上,利用“标线”可以定位任意时刻的仿真情况,如图 7-2-29 所示,在 10 μs 时刻,各个信号的值为:a=0,b=1,s=0,y=0,与 2 选一选择器的真值表(表 7-1-8)一致。注意:点击工具栏上的箭头按钮使鼠标处于选择状态,可以拖动“标线按钮”到指定时间位置。

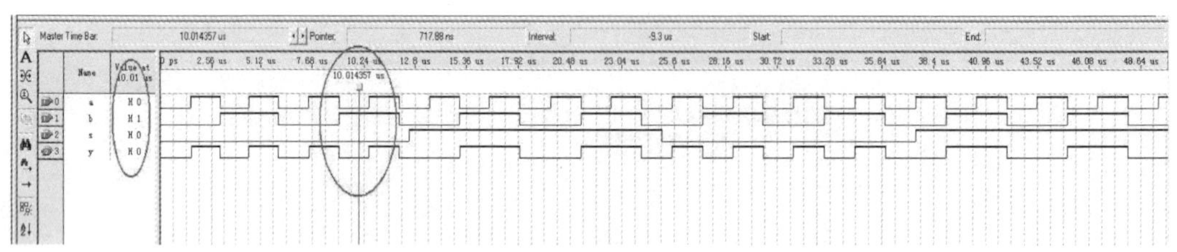

图 7-2-29　仿真后波形(时钟信号)

6. 应用 RTL 电路图观察器

Quartus Ⅱ中的 RTL Viewer 工具可生成硬件描述语言或网表文件(VHDL、Verilog、Bdf、Tdf、Edif、Vqm)对应的 RTL 电路图。通常,VHDL 代码或原理图经过编译后,功能仿真之前,可以利用 RTL Viewer 分析电路逻辑行为是否符合用户的要求。方法如下:

选择主菜单“File”→“Open”,选择打开工程所在目录下的 mux21a. vhd 或者在“Project Navigator”窗口的 Files 页面(图 7-2-26)中双击打开 mux21a. vhd。选择主菜单“Tools”→“Netlist Viewer”→“RTL Viewer”项,可以打开 mux21a 工程各层次的 RTL 电路图(图 7-2-30)。双击图形中有关模块,或选择左侧各项,可逐层了解各层次的电路结构。

7. 编程配置、下载与硬件测试

为了能对此选择器进行硬件测试,应将其输入输出信号锁定在芯片确定的引脚上,编译后下载。当硬件测试完成后,还必须对配置芯片进行编程,完成 FPGA 的最终开发。

(1)引脚锁定

为了能对选择器进行硬件测试,应将其输入输出信号锁定在芯片确定的引脚上。在此选择 GW48-CP++实验台的电路模式 No. 5。即用键 1 控制信号 s;a、b 分别接 Clock5 和 Clock0;输出信号 y 接扬声器 Speaker。根据上面确定的实验模式锁定 mux21a 在目标芯片中的具体引脚。mux21a 工程的引脚锁定方案如表 7-2-1 所示。

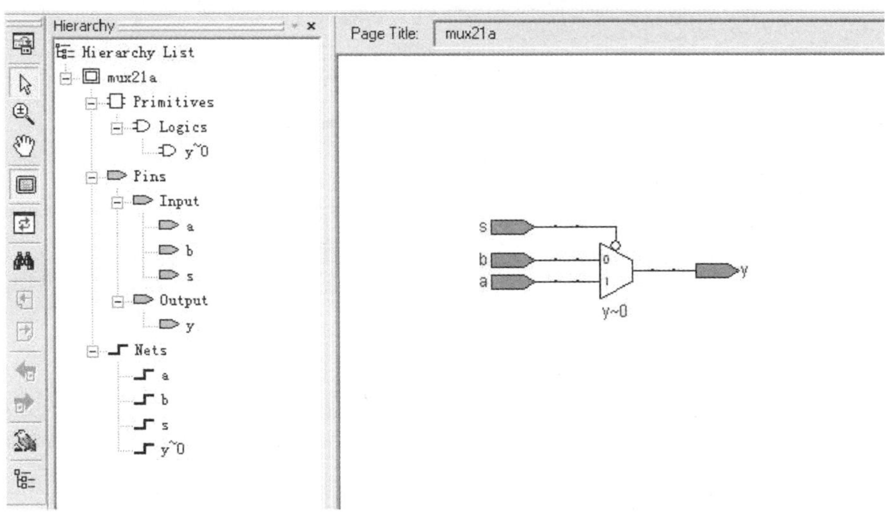

图 7-2-30　mux21a 工程的 RTL 电路图

表 7-2-1　mux21a 引脚锁定方案

输入输出信号	外设	引脚名称	引脚号
s	按键 1	PIO0	18
a	Clock5	Clock5	150
b	Clock0	Clock0	152
y	LED 灯 1	Speaker	13

打开 mux21a 工程(如果刚打开 Quartus Ⅱ,应选择主菜单“File”→“Open Preject”项,并点击工程文件 mux21a),选择主菜单“Assignments”→“Pin”项,弹出的对话框如图 7-2-31 所示,在“Location”处填写每个信号的引脚号,引脚锁定完毕如图 7-2-32 所示。最后点击存盘。关闭对话框。引脚锁定后,必须再编译一次(选择主菜单“Processing”→“Start Compilation)”,将引脚锁定信息编译进下载文件中。如果图 7-2-31 中没有“Location”列,则右键点击“Name Node”栏,在弹出右键菜单中选择“Customize Columns”项,如图 7-2-33 所示。然后按照图 7-2-34 和图 7-2-35 添加“Location”列。

(2)选择编程器

用数据线连接 GW48-CP++实验台与计算机,并打开实验台电源。在 Quartus Ⅱ中选择主菜单“Tool”→“Programmer”项,弹出图 7-2-36 所示的编程窗口。如果窗口上方显示“ByteBlasterMV[LPT1]”,则忽略以下步骤,否则如果显示“No Hardware”或其他方式,则点击编程窗上的“Hardware Setup”钮,即弹出“Hardware Setup”对话框,如图 7-2-37 所示;选择此框的“Hardware Settings”页,点击“Add Hardware”按钮,在弹出的窗口中选择 ByteBlasterMV,单击“Ok”按钮,再双击此页中的选项“ByteBlasterMV”,使“Currently Selected Hardware”右侧显示 ByteBlasterMV[LPT1],如图 7-2-38 所示,最后单击“Close”按钮,关闭对话框即可。这时应该在编程窗右上显示出编程方式:ByteBlasterMV[LPT1],如图 7-2-39 所示。

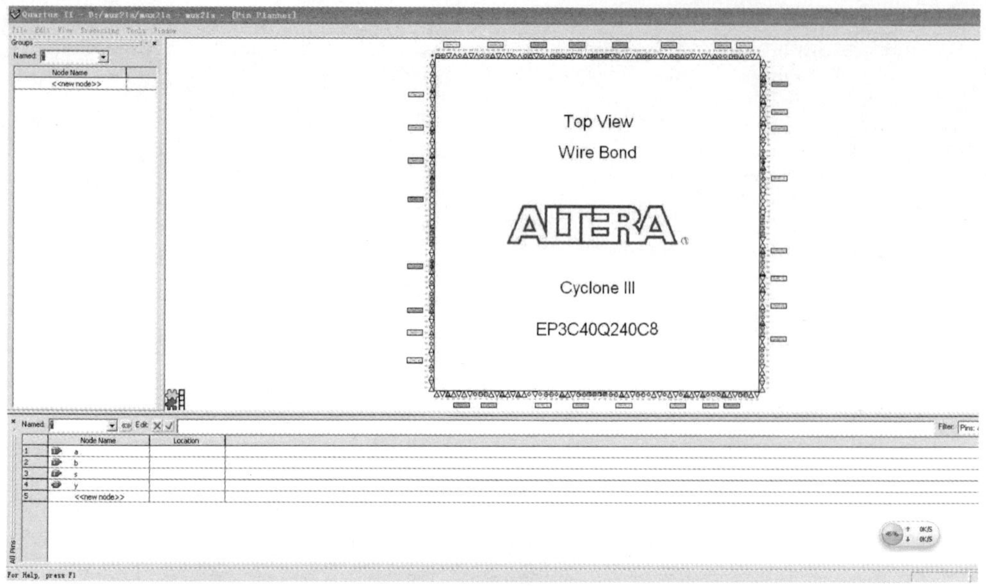

图 7-2-31　引脚锁定编辑器 Pin Planner 窗口

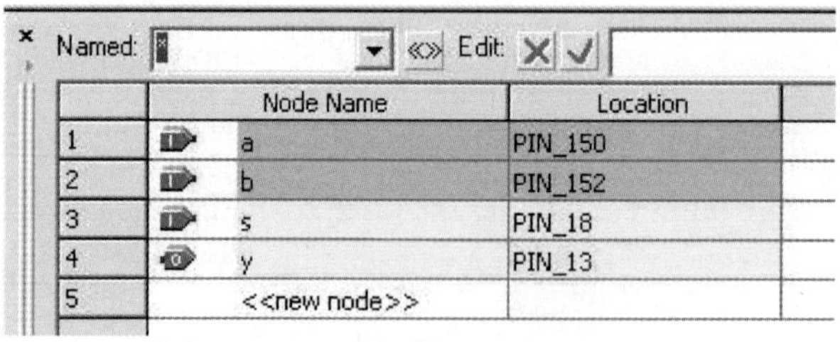

Named: Edit:

	Node Name		Location
1		a	PIN_150
2		b	PIN_152
3		s	PIN_18
4		y	PIN_13
5		<<new node>>	

图 7-2-32　引脚锁定完毕

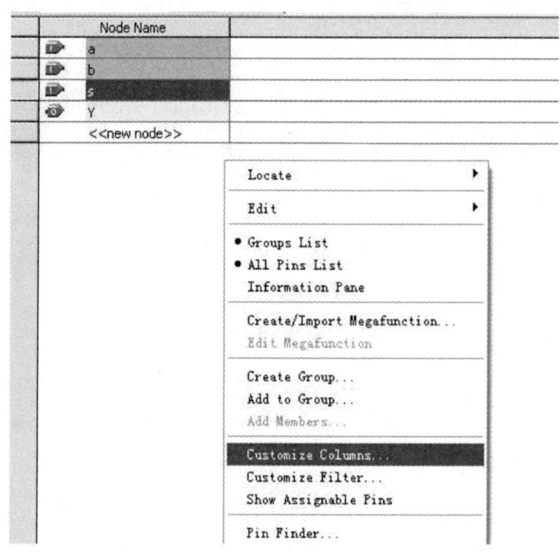

图 7-2-33　自定义列命令

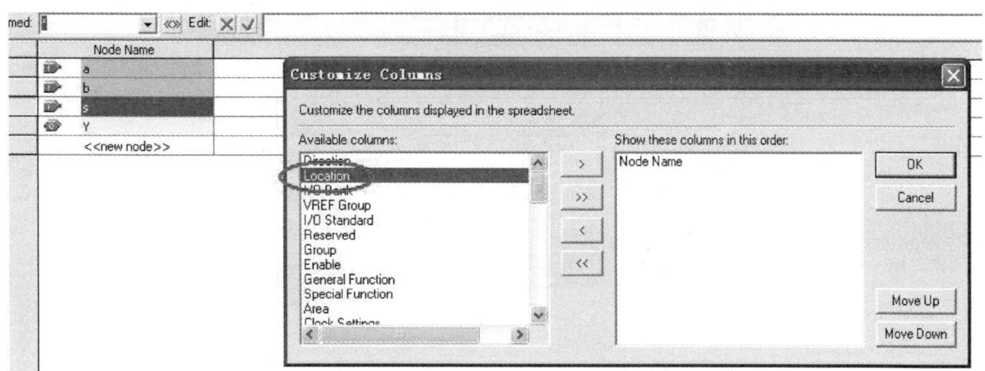

图 7-2-34　添加 location 列窗口

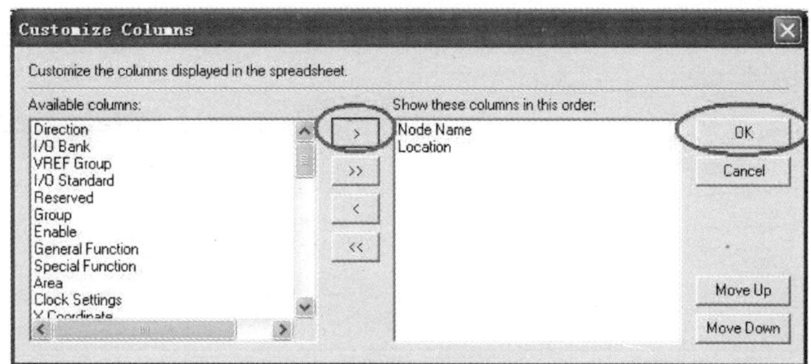

图 7-2-35　添加 locatin 列

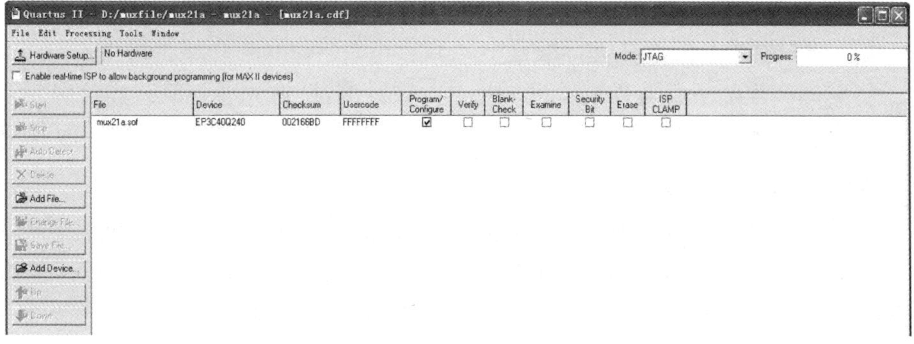

图 7-2-36　编程窗口

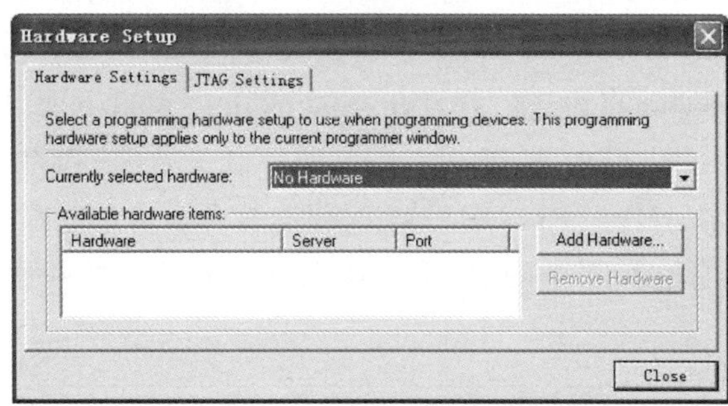

图 7-2-37　Hardware Setup 窗口

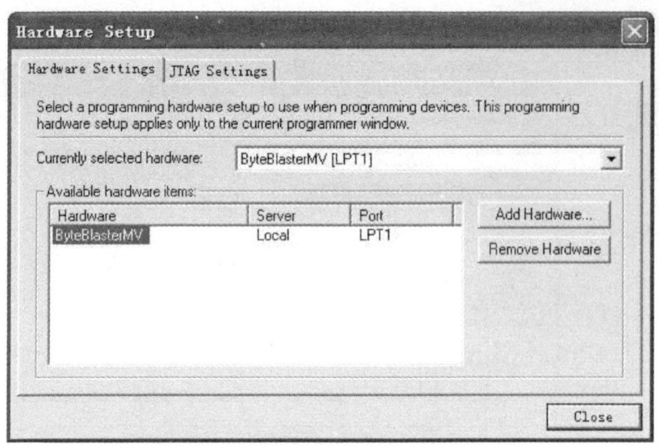

图 7-2-38　选择编程方式

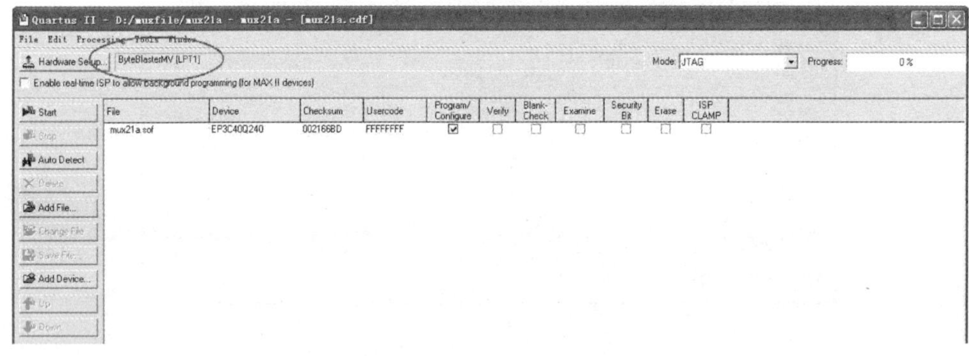

图 7-2-39　选择编程方式后的编程窗口

(3)选择编程模式及配置并进行编程

为了将编译产生的下载文件配置进 FPGA 中进行测试,首先要将系统连接好并上电,然后在图 7-2-39 所示的编程窗中,在“Mode”栏中有三种编程模式可以选择,JTAG、Passive Serial 和 Active Serial。为了直接对 FPGA 进行配置,在编程窗的编程模式 Mode 中选“JTAG”(默认),并选中打勾下载文件右侧的第一小方框,如图 7-2-39 所示。注意要仔细核对下载文件路径与文件名。如果此文件没有出现或有错,单击左侧“Add File”按钮,手动选择配置文件 mux21a. sof。如果出现多个 mux21a. sof 文件,删除多余的其他路径下面的 Sof 文件,确保 mux21a. sof 是想要下载到实验台测试的电路。最后单击下载标符“Start”按钮,即进入对目标器件 FPGA 的配置下载操作。当“Progress”显示出 100%,以及在底部的处理栏中出现“Configuration Succesful”时,表示编程成功,如图 7-2-40 所示。单击下载标符“Start”按钮后,“Progress”一直为 0%,并且在 Quartus Ⅱ 主窗口下面的“Message”窗口“System”栏显示出错信息,如图 7-2-41 所示。则说明下载失败,一般是下面的一个或多个原因:①没有选择 ByteBlasterMV[LPT1]编程器;②没有打开实验台电源;③数据线与电脑并口松动;④数据线与实验台连接不正确(数据线端口中间有凸起的一面向上)没有连接好的缘故。

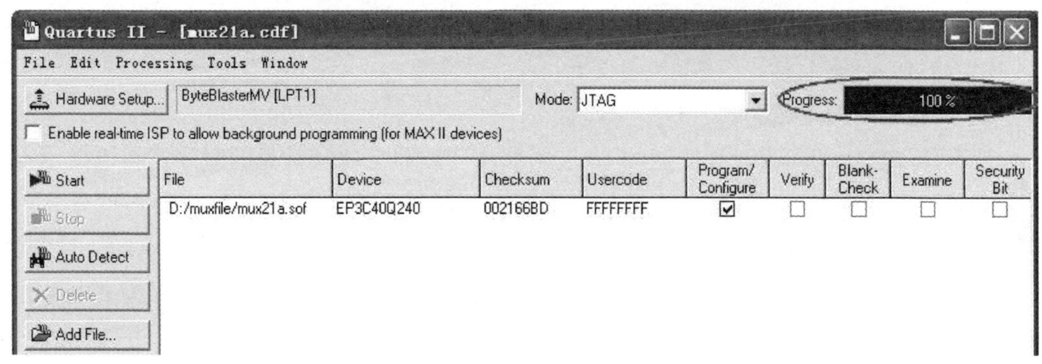

图 7-2-40　编程成功

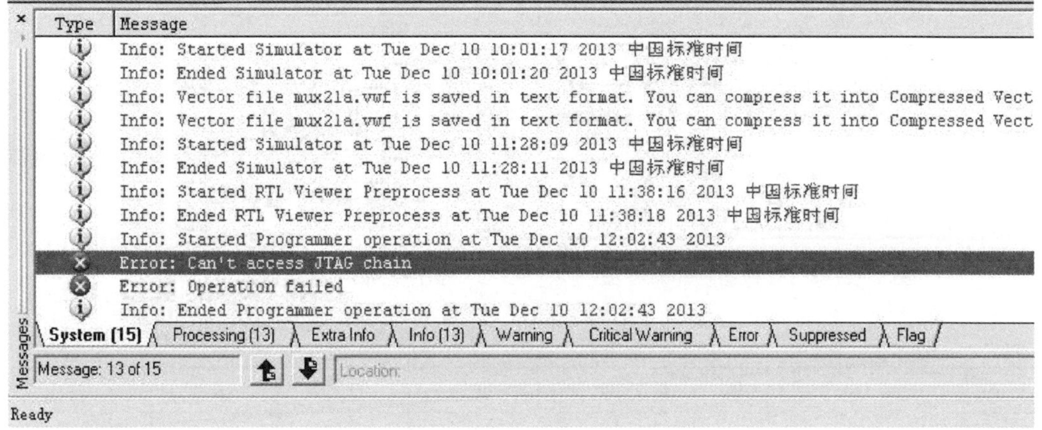

图 7-2-41　编程失败

(4)硬件测试

下载后,按动实验台左下角的模式选择按钮,选实验电路模式“No. 5”,在实验台右上角的时钟区,用短路帽设定 Clock5 和 Clock0 的频率分别为 1 024 Hz 和 256 Hz。注意:一个时钟上不能同时选择两个频率,即不能同时放两个短路帽。当用键 1 输入高电平时,扬声器发出 256 Hz 低频声,当用键 1 输入低电平时,扬声器发出 1 024 Hz 高频声。思考:扬声器为什么会发出不同的声音,分析电路的功能和原理。

7.2.1.2　利用 VHDL 设计 10 进制加法计数器

一、实验目的

熟悉 Quartus Ⅱ开发环境及开发流程。

掌握 Quartus Ⅱ中 VHDL 文本输入设计方法。

熟悉 FPGA 实验台的功能和使用方法。

二、实验内容

在 QuartusⅡ中,利用 VHDL 设计一个带有异步复位和同步时钟使能的 10 进制加法计数器,完成仿真,最后在实验台上进行硬件测试,验证计数器的功能。

三、实验环境

PC 计算机　　　　　　　　1 台

Quartus Ⅱ软件环境　　　　1套

GW48-CP++实验台　　　　1台

四、实验原理与电路

带有异步复位和同步时钟使能的10进制加法计数器是比较常见的时序逻辑电路,所谓同步或异步都是相对于时钟信号而言的。不依赖于时钟而有效的信号称为异步信号,否则称为同步信号。计数器状态转移如图7-2-42所示,状态转移表如表7-2-2所示。计数器元件符号如图7-2-43所示。其中,clk为时钟脉冲,rst为异步复位信号,当rst为高电平,计数器清零,en为同步使能信号,高电平有效,q[3..0]为计数器4位输出,oc为进位标志,当计数器计数到9时,oc为1。

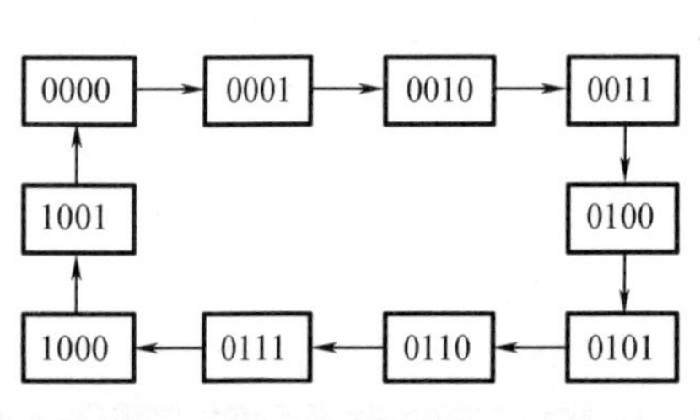

图7-2-42　计数器状态转移图

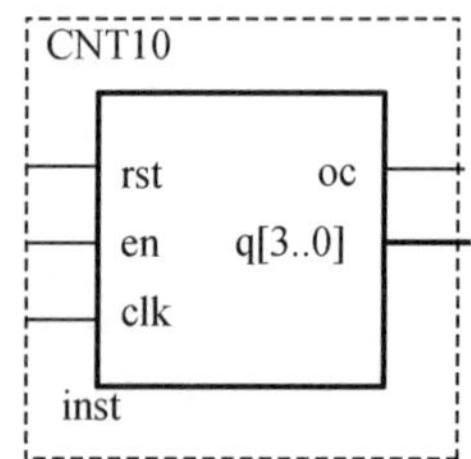

图7-2-43　计数器元件符号

表7-2-2　计数器状态转移表

Q_3^n	Q_2^n	Q_1^n	Q_0^n	Q_3^{n+1}	Q_2^{n+1}	Q_1^{n+1}	Q_0^{n+1}
0	0	0	0	0	0	0	1
0	0	0	1	0	0	1	0
0	0	1	0	0	0	1	1
0	0	1	1	0	1	0	0
0	1	0	0	0	1	0	1
0	1	0	1	0	1	1	0
0	1	1	0	0	1	1	1
0	1	1	1	1	0	0	0
1	0	0	0	1	0	0	1
1	0	0	1	0	0	0	0

五、实验任务与步骤

1. 建立工程

首先建立一个文件夹,以便将所有设计文件存放于该文件夹中。如:D:\CNT10。注意:文件夹名不要用中文,文件夹名称中不要含有空格。然后运行Quartus Ⅱ软件,选择主菜单"File"→"New Preject Wizard",利用向导创建工程。如图7-2-44所示,指定工程存放目录为D:\CNT10,工程名和实体名可取CNT10。其他设置选项可以保持默认值,创建工程以后再设置。注意:第3行顶层实体名称一旦确定,后续的顶层实体文件名必须与此保持一致。

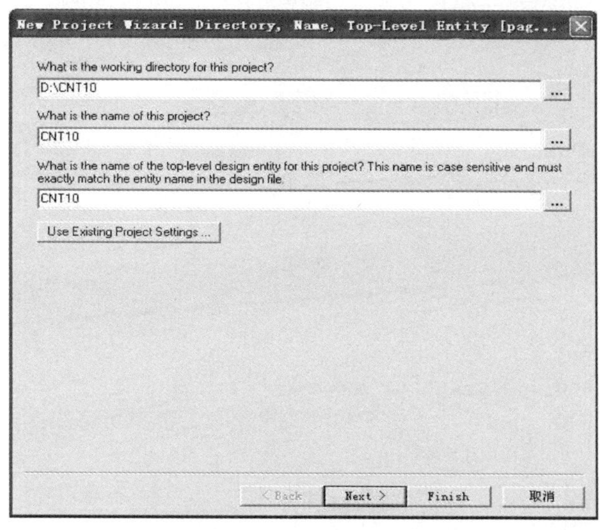

图 7-2-44　创建工程 CNT10

2. VHDL 设计输入

①新建 VHDL 文件,打开文本编辑器。具体步骤:主菜单“File”→“New…”,弹出对话框,选择“VHDL Files”文件类型。如图 7-2-45 所示,完成后,即打开框图编辑器,并生成一个空白的框图文件。保存该文件为 cnt10. vhd。注意:该文件作为工程的设计文件,其名称要和实体名一致,实体名在创建工程时已经指定。

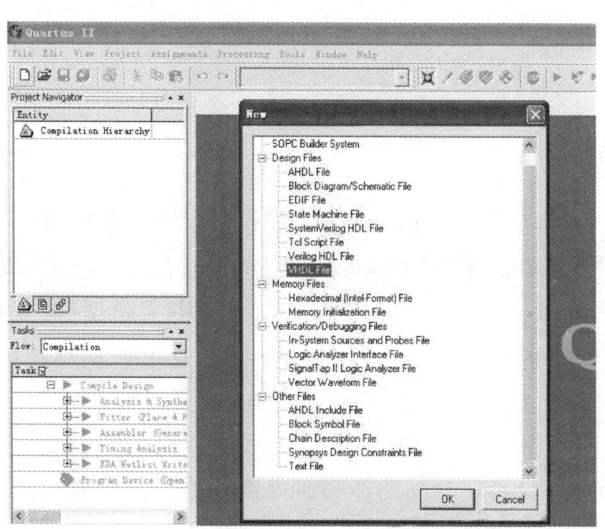

图 7-2-45　选择编辑文件的语言类型

②利用文本编辑器在 cnt10. vhd 文件中录入程序 P3-1 的代码。然后选择主菜单“File”→“Save”,保存文件 cnt10. vhd。

程序 P3-1 cnt10.vhd

```
library ieee;
use ieee.std_logic_1164.all;
```

```
use ieee.std_logic_unsigned.all;
entity cnt10 is
  port(rst,en,clk:in std_logic;
    oc:out std_logic;
    q:out std_logic_vector(3 downto 0));
end cnt10;
architecture bhv of cnt10 is
begin
  process(rst,en,clk)
  variable tmp:std_logic_vector(3 downto 0);
  begin
    if rst='1' then
      tmp:="0000";
      oc<='0';
    elsif en='0' then null;
    elsif clk'event and clk='1' then
      if tmp=9 then oc<='1';
        tmp:="0000";
        else tmp:=tmp+1;
        oc<='0';
      end if;
  end if;
  q<=tmp;
  end process;
end bhv;
```

3. 器件选择、编译

选择主菜单"Assignments→Device"项，对器件进行配置，选择 Cyclone ⅡI 系列 EP3C40Q240C8 型号。选择主菜单"Processing"→"Start Compilation"或者工具栏按钮▶，对整个工程设计进行编译。如果 cnt10. vhd 中的逻辑电路有错误，在下方的 Processing 处理栏中会显示出来。双击错误提示，定位出错的位置，改正错误后再编译工程，直到编译成功。

4. 仿真

对工程的编译通过后，必须对其功能和时序性质进行仿真测试，以了解设计结果是否满足原设计要求。以 vwf 文件方式的仿真流程的详细步骤如下。

(1)打开波形编辑器

选择主菜单"File"→"New"项，在"New"窗中选"Verification/Debugging Files"中的"Vector Waveform File"，点击"Ok"按钮，即出现空白的波形编辑器。

(2)确定仿真时间

在主菜单 Edit→"End Time"项，在弹出的窗中的"Time"窗中键入合适的数字，即仿真时间，例如 100，单位选"μs"。

(3)存盘波形文件

选择 File 中的“Save As”,将以名为 cnt10. vwf(默认名)的波形文件存入文件夹 D:\CNT10 中。

(4)输入信号节点

将工程 CNT10 的端口信号节点选入波形编辑器中。方法是首先选择主菜单“View”→“Utility Windows”→“Node Finder”选项。在“Filter”框中选“Pins:All”,然后点击“List”钮。于是在左侧“Node Found”栏中出现了设计中的 mux21a 工程的所有端口引脚名(如果此对话框中的“List”不显示,需要重新编译一次,即选“Processing”→“Start Compilation”,然后重复以上操作过程)。可以用鼠标左键点击“Node Found”栏中的引脚,拖拽到 cnt10. vwf 编辑窗口中的“Name”栏。

(5)编辑输入波形

点击波形窗左侧的全屏显示钮,使全屏显示,并点击放大缩小按钮后,用鼠标在波形编辑区域左键单击(放大)或右键单击(缩小),使仿真坐标处于适当位置。这时仿真时间横坐标设定在数十微秒数量级。单击波形编辑器窗口“Name”栏的时钟信号名 clk,使之变成蓝色条,再单击左列波形编辑器工具栏的时钟信号按钮(图 7-2-20),在“Clock”窗中设置 clk 的时钟周期为 2 μs;“Clock”窗口中的“Duty Cycle”是占空比,默认为 50,即 50%占空比。然后再分别设置 en 和 rst 的电平。编辑完成的波形图如图 7-2-46 所示。

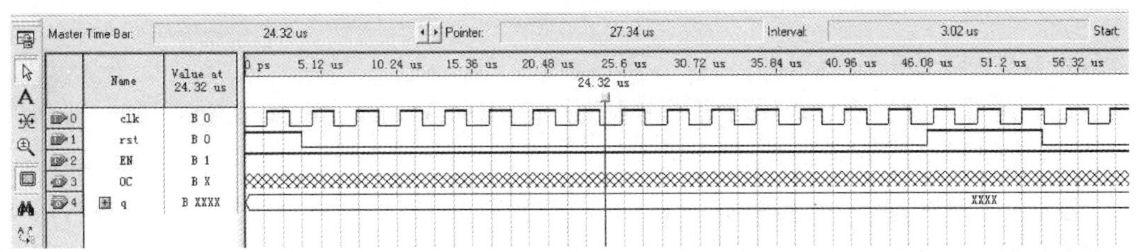

图 7-2-46　计数器仿真波形图

(6)总线数据格式设置

单击如图 7-2-46 所示的输出信号“cq”左旁的“+”,则能展开此总线中的所有信号;如果双击此“+”号左旁的信号标记,将弹出对该信号数据格式设置的对话框。在该对话框的 Radix 栏有 4 种选择,这里可选择无符号十进制整数“Unsigned Decimal”表达方式。最后对波形文件再次存盘。

(7)仿真器参数设置(可以选择默认设置,忽略此步骤)

选择主菜单“Assignment”→“Settings”,在“Settings”窗口中选择“Category”→“Simulator Setting”。可以设置仿真模式“Time Mode”,默认为“Time”。还可以进行毛刺检测“Glitch Detection”(1 ns 宽度)等设置。

(8)启动仿真器

所有设置完毕,在选择主菜单“Processing”→“Start Simulation”,或者点击 Quartus Ⅱ工具栏上的按钮,开始仿真,直到出现“Simulator Was Successful”,仿真结束。

(9)观察仿真结果

仿真波形文件“Simulation Waveforms”窗口通常会自动弹出,如图 7-2-47 所示。注意,Quartus Ⅱ的仿真波形文件中,波形编辑文件(*.vwf)与波形仿真报告文件(Simulation Report)是分开的。如果在启动仿真(“Processing”→“Run Simulation”)后,并没有出现仿真完成后的波形图,而是出现文字“Can't Open Simulation Report Window”,但报告仿真成功,则可自己打开仿真波形报告,选择主菜单“Processing”→“Simulation Report”。

如果无法展开波形显示时间轴上的所有波形图或者波形图上一片空白,可以点击“Simulation Waveforms”窗口左侧工具栏上的放大缩小按钮,用鼠标在波形上左键单击或右键单击,对波形图进行放大和缩小。如果波形无法放大或缩小,可以右键点击波形编辑窗中任何位置,这时再选择弹出窗口的“Zoom”项,在出现的下拉菜单中选择“Fit in Window”。如果即使缩小波形也不能显示电路的全部功能,可能是仿真时间太短,参考步骤(2)设置仿真时间区域,设置合理的仿真时间。

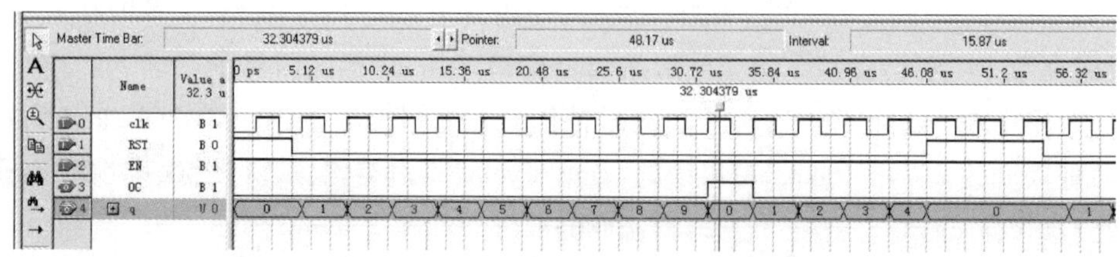

图 7-2-47　计数器仿真输出波形图

5. 应用 RTL 电路图观察器

Quartus Ⅱ可实现硬件描述语言或网表文件(VHDL、Verilog、Bdf、Tdf、Edif、Vqm)对应的 RTL 电路图的生成。方法如下:

选择主菜单“Tools”→“Netlist Viewer”→“RTL Viewer”项,可以打开 CNT10 工程各层次的 RTL 电路图(图 7-2-48)。双击图形中有关模块,或选择左侧各项,可逐层了解各层次的电路结构。由图 7-2-48 可以看出,电路主要由 1 个比较器、1 个加法器、4 个多路选择器和一个 4 位锁存器组成。

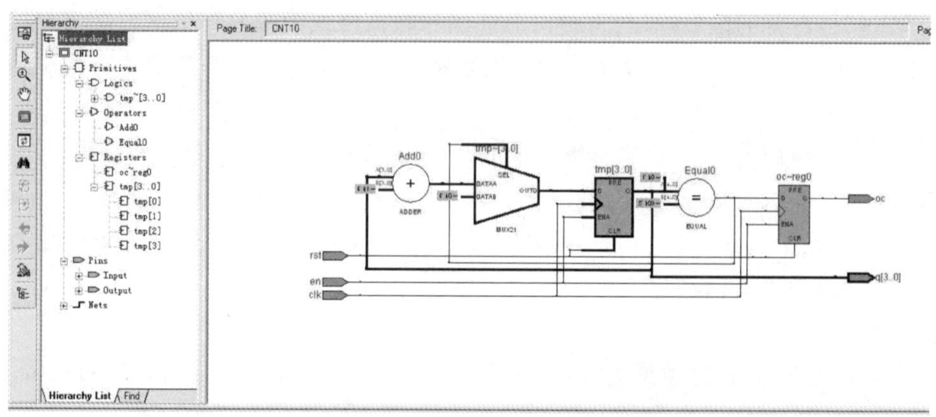

图 7-2-48　CNT10 工程的 RTL 电路图

对于较复杂的 RTL 电路,可利用功能过滤器“Filter”简化电路。即用右键单击该模块,在弹出的下拉菜单中选择“Filter”项的“Sources”或“Destinations”,由此产生相应的简化电路。

如果选择主菜单“Tools”→“Netlist Viewer”→“Technology Map Viewer”项,可以看到本工程的硬件电路图。

6. 引脚锁定、下载与硬件测试

在此选择 GW48-CP++实验台的电路模式 No. 5,根据 EP3C40Q240C8 芯片,通过查找引脚分配表(表 7-1-14),确定计数器的引脚锁定方案如表 7-2-3 所示。主频时钟 clk 接 Clock0(第 152 脚,可接在 4 Hz 上);q[3..0]从高位到低位一次分配引脚号。如果高低位错乱,数码管将不会显示正确的数值。

表 7-2-3　计数器引脚锁定方案

输入输出信号	外设	引脚名称	引脚号
clk	Clock0	Clock0	152
rst	按键 1	PIO1	18
en	按键 2	PIO2	21
q[3..0]	数码管 1	PIO19、PIO18、PIO17、PIO16	68,63,57,56
oc	LED 灯 1	PIO8	44

选择主菜单“Assignments”→“Pin”项,弹出如图 7-2-31 所示的对话框,在“Location”处填写每个信号的引脚号,引脚锁定完毕如图 7-2-49 所示。如果窗口中没有出现“Location”列,参照之前步骤引脚锁定部分添加“Location”列。最后点击存盘。关闭对话框。引脚锁定后,必须再编译一次。

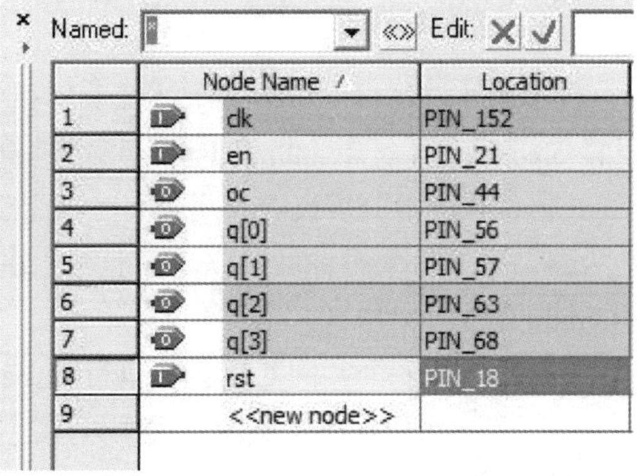

图 7-2-49　计数器引脚锁定

在 Quartus Ⅱ中选择主菜单“Tool”→“Programmer”项,点击编程窗上的“Hardware Setup”钮,选择编程器:“ByteBlasterMV[LPT1]”。

单击下载标符“Start”按钮,即进入对目标器件 FPGA 的配置下载操作。注意要仔细核对下载文件路径与文件名。如果此文件没有出现或有错,单击左侧"Add File"按钮,手动选择配置文件 cnt10. Sof。当"Progress"显示出 100%,以及在底部的处理栏中出现"Configuration Succesful"时,表示编程成功。

下载后,按动实验台左下角的模式选择按钮,选实验电路模式"No. 5",控制按键 1,2,3,使计数器工作,观察数码管 1 和 LED 灯的输出,验证计数器的功能。

7. Signaltap Ⅱ实时测试

随着逻辑设计复杂性的不断增加,仅依赖于软件方式的仿真测试来了解设计系统的硬件功能已远远不够了,而不断需要重复进行的硬件系统的测试也变得更为困难。为了解决这些问题,设计者可以将一种高效的硬件测试手段和传统的系统测试方法相结合来完成。这就是嵌入式逻辑分析仪的使用。它可以随设计文件一并下载于目标芯片中,用以捕捉目标芯片内部信号节点处的信息,而又不影响原硬件系统的正常工作。

这就是 Quartus Ⅱ中 Signaltap Ⅱ的目的。在实际监测中,Signaltap Ⅱ将测得的样本信号暂存于目标器件中的嵌入式 RAM(如 esb、m4k)中,然后通过器件的 JTAG 端口将采得的信息传出,送入计算机进行显示和分析。

嵌入式逻辑分析仪 Signaltap Ⅱ允许对设计中的所有层次的模块的信号节点进行测试,可以使用多时钟驱动,而且还能通过设置以确定前后触发捕捉信号信息的比例。

以下步骤描述设置 Signaltap Ⅱ文件和采集信号数据的基本流程:

①建立新的 Signaltap Ⅱ文件。

②向 Signaltap Ⅱ文件添加实例,并向每个实例添加节点。可以使用 Node Finder 中的 Signaltap Ⅱ滤波器查找所有预综合和布局布线后的 Signaltap Ⅱ节点。

③给每个实例分配一个时钟。

④设置其他选项,例如采样深度和触发级别,并将信号分配给数据/触发输入和调试端口。

⑤如果必要,可指定 Advanced Trigger 条件。

⑥编译设计。

⑦对器件进行编程。

⑧在 Quartus Ⅱ软件中或使用外部逻辑分析仪或示波器采集和分析信号数据。

可以使用以下功能设置 Signaltap Ⅱ逻辑分析仪:

①多个逻辑分析仪:Signaltap Ⅱ逻辑分析仪在每个器件中支持逻辑分析仪的多个嵌入式实例。可以使用此功能为器件中的每个时钟域建立单独且唯一的逻辑分析仪,并在多个嵌入式逻辑分析仪中应用不同的设置。

②实例管理器:实例管理器允许在多个实例上建立并执行 Signaltap Ⅱ逻辑分析。可以使用它在 Signaltap Ⅱ文件中建立、删除和重命名实例。实例管理器显示当前 Signaltap Ⅱ文件中的所有实例、每个相关实例的当前状态以及相关实例中使用的逻辑元素和存储器比特的数量。实例管理器可以协助检查每个逻辑分析仪在器件上要求的资源使用量。可以选择多个逻辑分析仪以及选择"Run Analysis"("Processing"菜单)来同时启动多个逻辑分析仪。

下面介绍如何利用 Signaltap Ⅱ测试上面的计数器电路的方法:

(1)打开 Signaltap Ⅱ编辑窗口

选择主菜单“File”→“New”项,在“New”窗口中选择“Verification/Debugging Files”中的“Signaltap Ⅱ File”,单击“Ok”按钮,即出现“Signaltap Ⅱ”编辑窗口(图 7-2-50)。

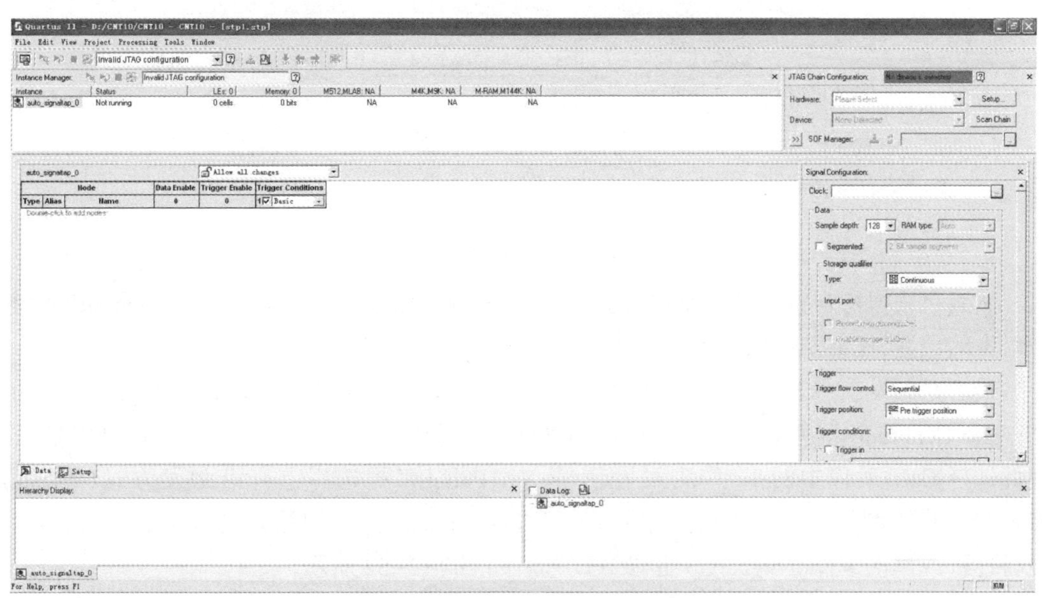

图 7-2-50　Signaltap Ⅱ编辑窗口

(2)调入待测信号

首先单击上排的“Instance”栏内的“Auto_Signaltap_0”,更改此名,如 cnts,这是其中一组待测信号名。为了调入待测信号名,在 cnts 下栏的空白处双击,即弹出“Node Finder”窗口,单击“List”按钮,即在左栏出现此工程相关的所有信号,包括内部信号。选择需要观察的信号名:4 位输出总线信号 q、内部 4 锁存器总线 tmp 信号和 oc。单击“Ok”按钮后即可将这些信号调入 Signaltap Ⅱ信号观察窗,如图 7-2-51 所示。注意不要将工程的主频时钟信号 clk 调入信号观察窗,因为在本项设计中打算调用本工程的主频时钟信号 clk 兼作逻辑分析仪的采样时钟。此外如果有总线信号,只须调入总线信号名即可;慢速信号可不调入;调入信号的数量应根据实际需要来决定,不可随意调入过多的、没有实际意义的信号,这会导致 Signaltap Ⅱ无谓地占用芯片内过多的资源。

(3)Signaltap Ⅱ参数设置

首先输入逻辑分析仪的工作时钟信号 Clock。在“Signaltap Ⅱ”编辑窗右侧单击“Clock”栏右侧的“…”按钮,即出现“Node Finder”窗,选中工程的主频时钟信号 clk 作为逻辑分析仪的采样时钟;接着在“Data”框的“Sample”栏选择采样深度为 1k 位。注意这个深度一旦确定,则 cnts 信号组的每一位信号都获得同样的采样深度,所以必须根据待测信号采样要求、信号组总的信号数量、以及本工程可能占用 Esb/M4k 的规模,综合确定采样深度,以免发生 M4k 不够用的情况。

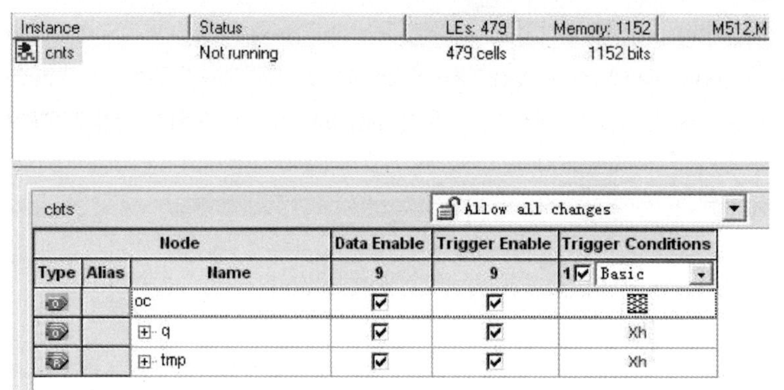

图 7-2-51　调入待测信号

然后是根据待观察信号的要求,在"Trigger"框的"Trigger Position"栏设定采样深度中起始触发的位置,比如选择前点触发:"Pre Trigger Position"。

最后是触发信号和触发方式选择。这可以根据具体需求来选定。在"Trigger"框的"Trigger Conditions"栏选择 1;在"Trigger In"方框中打勾,并在"Source"栏选择触发信号。在此选择 CNT 工程中的 en 作为触发信号;在"Pattern"栏选择上升沿触发方式("Rising Edge")。即当测得 en 的上升沿后,Signaltap Ⅱ在 clk 的驱动下根据设置 cnts 信号组的信号进行连续或单次采样。Signaltap Ⅱ参数设置后如图 7-2-52 所示。

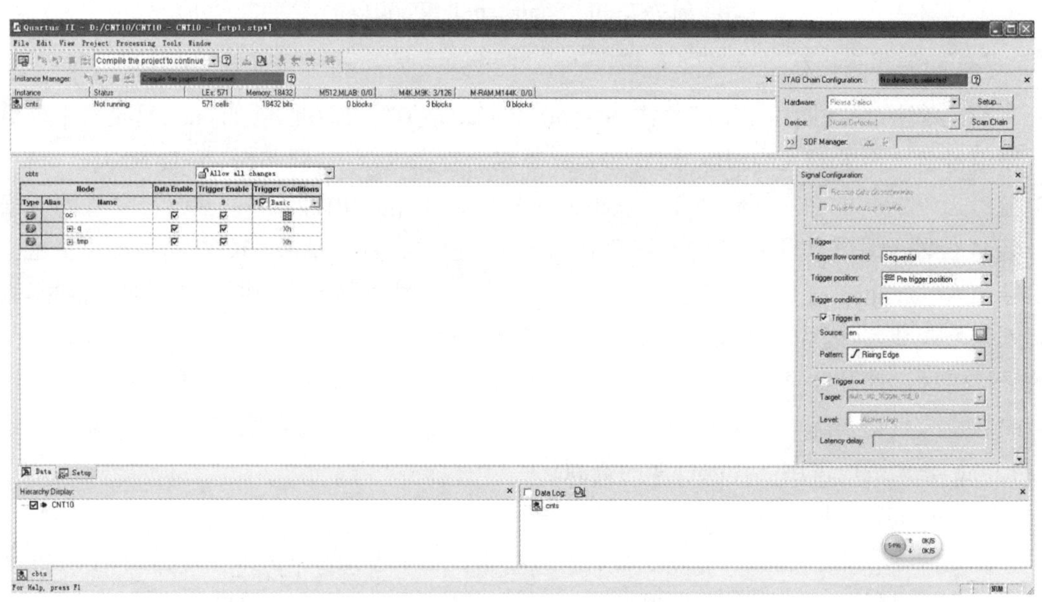

图 7-2-52　Signaltap Ⅱ 参数设置

(4)文件存盘

选择主菜单"File"→"Save As"项,输入此 Signaltap Ⅱ文件名为 cnt10. stp1(默认名)。单击"Save"按钮后,将出现一个提示:"Do You Want To Enable Signaltap Ⅱ…",应该单击"Yes"按钮。表示同意再次编译时将此 Signaltap Ⅱ文件(核)与工程(CNT10)捆绑在一起综合/适配,以便一同被下载进 FPGA 芯片中去完成实时测试任务。

如果单击“否”按钮，则必须自己去设置，方法是选择主菜单“Assignments”中的“Settings”项，在其“Category”栏中选择“Signaltap Ⅱ Logic Analyzer”，在右侧窗口“Signaltap Ⅱ File Name”栏中选中已存盘的“Signaltap Ⅱ File”文件名，如 cnt10. stp1，并选中打勾“Enable Signaltap Ⅱ Logic Analyzer”，如图 7-2-53 所示。单击“Ok”按钮即可。

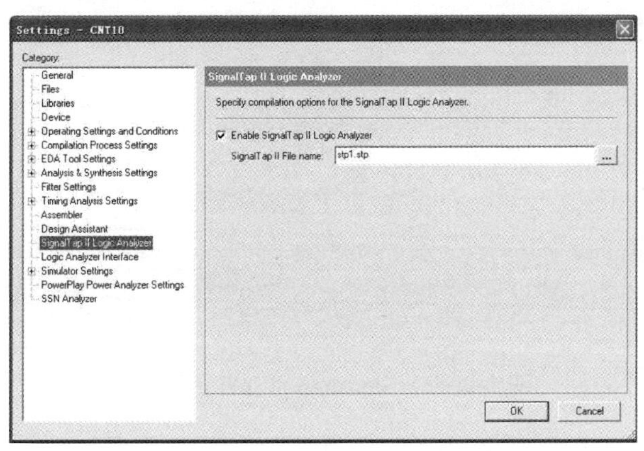

图 7-2-53　设定 Signaltap Ⅱ与工程一同综合适配

但应该特别注意，当利用 Signaltap Ⅱ将芯片中的信号全部测试结束后，如在构成产品前，必须将 Signaltap Ⅱ从芯片中除去。方法也是在图 7-2-53 所示的窗口中关闭“Enable Signaltap Ⅱ Logic Analyzer”项，再编译、编程一次即可。

(5)编译下载

首先选择主菜单“Processing”的“Start Compilation”项，启动全程编译。然后选择主菜单“Tool”→“Programmer”项，单击下载标符“Start”按钮，下载 Sof 文件到目标器件。下载之前保证对工程进行了引脚分配，并且编程器选择了“ByteBlasterMV”方式。

然后选择主菜单“Tools”中的“Signaltap Ⅱ Analyzer”，打开 Signaltap Ⅱ。接着打开实验开发系统的电源，连接 JTAG 口，设定通信模式。单击图 7-2-52 所示右上角的“Setup”按钮，选择硬件通信模式：“ByteBlasterMV”。然后单击下方的“Device”栏的“Scan Chain”按钮，对实验板进行扫描。如果在“Device”栏中出现板上 FPGA 的型号名，如图 7-2-54 所示，表示系统 JTAG 通信情况正常，可以进行测试。

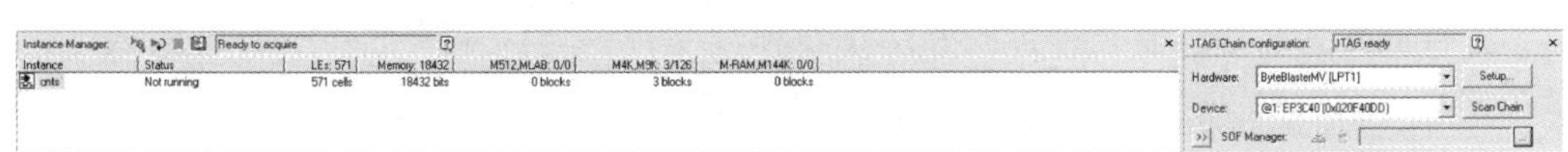

图 7-2-54　Signaltap Ⅱ与实验台通信准备测试

设定实验台上的模式(模式 No. 5)和控制按键 1,2,3，使控制信号 en＝1，rst＝0，使计数器工作，clk 频率可在 Clock0 处设 65 536 Hz 或更高。

(6)启动 Signaltap Ⅱ进行采样与分析

如图 7-2-54 所示，单击 Instance 名“cnts”，再选择主菜单“Processing Autorun Analysis”项或者单击工具栏上的“Autorun Analysis”按钮，启动 Signaltap Ⅱ。然后按键 1(en)，使由低到高，产生一个上升沿，作为 Signaltap Ⅱ的采样触发信号，这时就能在 Signaltap Ⅱ数据窗通过 JTAG 口观察到来自实验板上 FPGA 内部的实时信号(如图 7-2-55 所示,用鼠标的左键或右键放大或缩小波形)。数据窗的上沿坐标是采样深度的二进制位数,全程是 1 024 位(前位触发在 12%深度处)。用鼠标右键单击 q 信号,可以利用右键菜单“Bus Display Format”设置数据显示的进制,例如选择无符号十进制显示(“Unsigned Decimal”)。

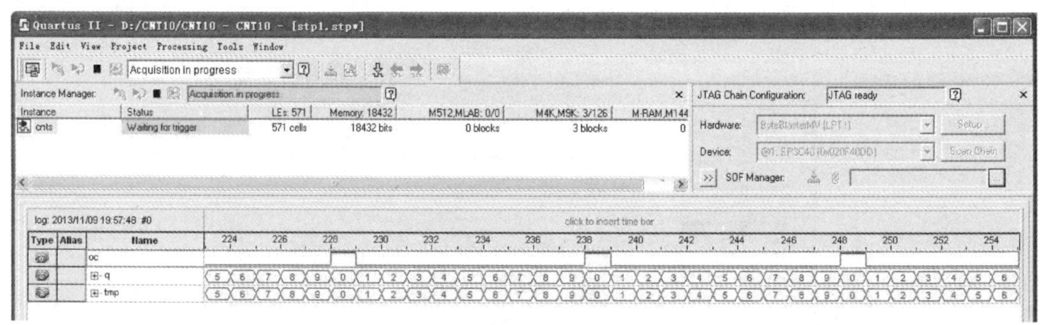

图 7-2-55　Signaltap Ⅱ 采样已被启动

如果单击总线信号 tmp(图 7-2-55)左侧的“+”号,可以展开此总线信号,同时可点击左右键来控制数据的展开和收缩。此外,如果希望观察到将要形成模拟波形的数字信号波形,可以右键单击所要观察的总线信号名(如 cqi),在弹出的下拉菜单中选择总线显示模式“Bus Display Format”为“Line Chart”,即可获得如图 7-2-56 所示的“模拟信号波形”。

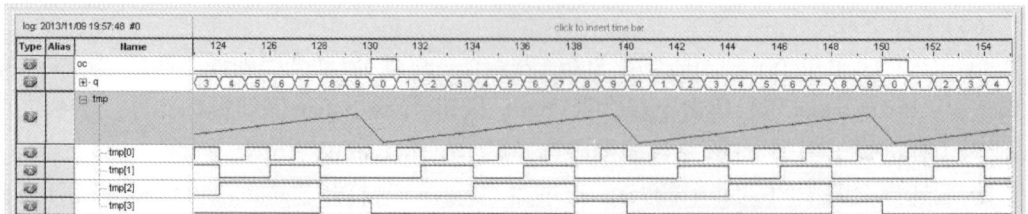

图 7-2-56　Signaltap Ⅱ 数据窗设置后的信号波形

注意在以上给出的示例中,为了便于说明,Signaltap Ⅱ 的采样时钟选用了被测电路的工作时钟。但在实际应用中,多数使用独立的采样时钟,这样就能采集到被测系统中的慢速信号,或与工作时钟相关的信号(包括干扰信号)。

为 Signaltap Ⅱ 提供独立时钟的方法是在顶层文件的实体中增加一个时钟输入端口,如:Logic_clk:In std_logic;在此实体中不必对其功能和连接具体定义,而在 Signaltap Ⅱ 的参数设置中则可以选择 Logic_clk 为采样时钟。

(7)Signaltap Ⅱ 的其他设置和控制方法

以上示例仅设置了单一嵌入式测试模块:cnts,其采样时钟是 clk。事实上可以设置多个嵌入式测试模块(Instance)。可以使用此功能为器件中的每个时钟域建立单独且唯一的逻辑分析仪测试模块,并在多个测试模块中应用不同的时钟和不同的设置。

Instance 管理器允许在多个测试模块上建立并执行 Signaltap Ⅱ 逻辑分析。可以使用它在 Signaltap Ⅱ 文件中建立、删除和重命名测试模块。Instance 管理器显示当前 Signaltap Ⅱ 文件中的所有测试模块、每个相关测试模块的当前状态以及相关实例中使用的逻辑元素和存储器耗用量。测试模块管理器可以协助检查每个逻辑分析仪在器件上要求的资源使用量。可以选择多个逻辑分析仪及选择“Run Analysis”(“Processing”菜单)来同时启动多个逻辑分析仪。此外,Signaltap Ⅱ的采样触发器采用逻辑级别或逻辑边缘方面的逻辑事件模式,支持多级触发、多个触发位置、多个段以及外部触发事件。

可以使用 Signaltap Ⅱ逻辑分析仪窗口中的 Signal Configuration 面板设置触发器选项。可以给逻辑分析仪配置最多十个触发器级别,使用户可以只查看最重要的数据。可以指定四个单独的触发位置:前、中、后和连续。触发位置允许指定在选定测试模中、在触发器之前和触发器之后应采集的数据量。分段的模式允许通过将存储器分为密集的时间段,为定期事件捕获数据,而无需分配大采样深度,从而节省硬件资源。

SignaltapⅡ的触发信号也可单独设置或编辑,其触发控制逻辑也可根据实际需要由用户自行编辑。

7.2.1.3　利用原理图设计 2-4 译码器

一、实验目的

进一步熟悉 Quartus Ⅱ开发环境和设计开发流程。

掌握利用框图设计输入。

熟悉 FPGA 实验台的功能和使用方法。

二、实验内容

利用 Quartus Ⅱ元器件库中的基本单元,设计一个 2-4 译码器,并生成用户自定义框图符号。最后在实验台上进行硬件测试,验证 2-4 译码器的功能。

三、实验环境

PC 计算机	1 台
Quartus Ⅱ软件环境	1 套
GW48-CP++实验台	1 台

四、实验原理与电路

利用 EDA 工具进行原理图输入设计的优点是,设计者不必具备许多诸如编程技术、硬件描述语言等知识就能迅速入门,完成较大规模的电路系统设计。Quartus Ⅱ提供了直观便捷和操作灵活的原理图输入设计功能,同时还配备了更丰富的适用于各种需要的元件库,其中包含基本逻辑元件库(如与非门、反向器、D 触发器等)、宏功能元件(包含了几乎所有 74 系列的器件),以及类似于 IP 核的参数可设置的宏功能块 LPM 库。Quartus Ⅱ同样提供了原理图输入多层次设计功能,使得用户能设计更大规模的电路系统。与传统的数字电路实验相比,Quartus Ⅱ提供原理图输入设计功能具有不可比拟的优势和先进性:

①能进行任意层次的数字系统设计。传统的数字电路实验只能完成单一层次的设计。

②对系统中的任一层次,或任一元件的功能能进行精确的时序仿真,精度达 0.1 ns,因此能容易地发现对系统可能产生不良影响的竞争冒险现象。

③通过时序仿真,能迅速定位电路系统的错误所在,并随时纠正。

④能对设计方案进行随时更改,并储存设计过程中所有的电路和测试文件入档。

⑤通过编译和下载,能在 FPGA 或 CPLD 上对设计项目随时进行硬件测试验证。

⑥如果使用 FPGA 和配置编程方式,将不会有器件损坏和损耗的问题。

⑦符合现代电子设计技术规范。传统的数字电路实验利用手工连线的方法完成元件连接,容易对学习者产生误导,以为只要将元件间的引脚用引线按电路图连上即可,而不必顾及引线的长短、粗细、弯曲方式、可能产生的分布电感和电容效应,以及电磁兼容性等等十分重要的问题。

在 Quartus Ⅱ 中,框图编辑器用于以原理图和流程图的形式输入和编辑图形设计信息。框图编辑器主要功能包括:对 Altera 提供的宏功能模块进行例化,插入框图和基本单元符号,从框图或框图设计文件中建立文件。新建一个框图设计文件(Block Diagram/Schemetic Filel),即可打开框图编辑器,利用元器件库完成电路的原理图设计。

Quartus Ⅱ 框图编辑器读取并编辑框图设计文件。框图编辑器中的每个框图设计文件包含代表设计中逻辑的框图和符号。利用框图编辑器,可将每一个流程图、原理图或者符号代表的设计逻辑合并到工程中。可以在修改框图和符号时更新设计文件。利用框图编辑器,可以插入框图和基本单元符号,称为框图的矩形符号代表设计实体以及相应的信号,这在从上到下的设计中很有用。框图之间是用代表相应信号连接关系的管道连接起来的。可以仅将框图作为设计,也可以将其与其他原理图元素相结合作为用户设计。

框图编辑器还提供有助于在框图设计文件中连接框图和基本单元(包括总线和节点连接映射)的一组工具。可以更改框图编辑器的显示选项,例如根据设计者的偏好更改导向线和网格间距、橡皮线、颜色和象素、缩放以及不同的框图和基本单元属性。

Quartus Ⅱ 软件提供可在框图编辑器中使用的各种逻辑功能符号,包括基本单元、参数化模块库(LPM)函数和其他宏功能模块。设计者可以使用这些逻辑功能符号(元器件)来完成框图设计文件,即完成电路逻辑功能设计。在 Quartus Ⅱ 中,元器件库以目录树的形式组织,如图 7-2-57 所示。门电路在元器件树形目录的位置是:Primitives/Logic。元器件库中的门电路名称及符号如表 7-2-4 所示。其中"Megafunctions"库中包含宏功能模块,"Others"目录项下 Muxplus2 库中包含基本单元和 74 系列器件等,可以在框图设计文件中使用这些元器件符号。利用 Quartus Ⅱ 框图编辑器和元器件库可以方便的完成各种复杂逻辑电路设计。

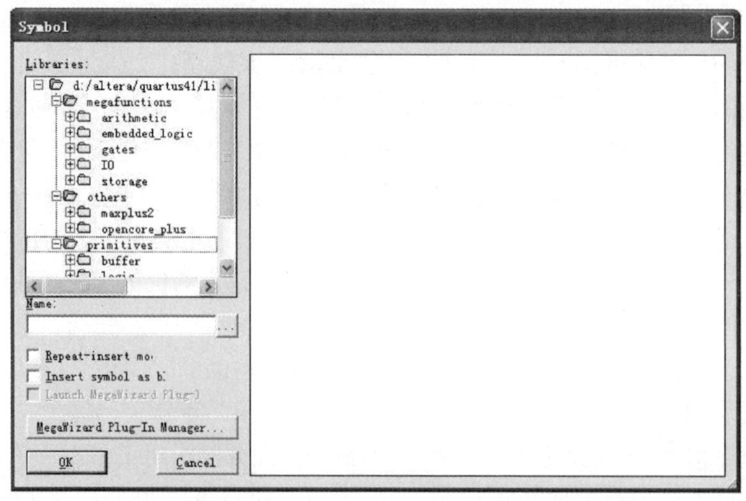

图 7-2-57 元器件库目录组织

表 7-2-4　元器件库中的门电路名称及符号

门电路	元器件名称	Altera 元器件符号
与门	and2	AND2 inst
或门	or2	DP2 inst
与非门	nand2	NAND2 inst
或非门	nor2	NOR2 inst
非门	not	NOT inst
异或门	xor	XOR inst

2-4 译码器的元件符号如图 7-2-58 所示，真值表见表 7-2-5。

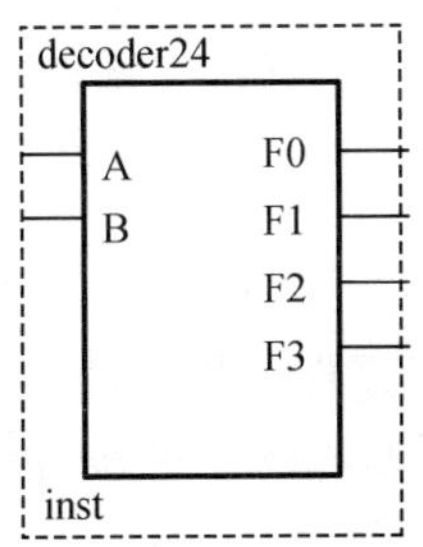

图 7-2-58　2-4 译码器元件符号

表 7-2-5　2-4 译码器的真值表

输入		输出			
a	b	Q4	Q3	Q2	Q1
0	0	0	0	0	1
0	1	0	0	1	0
1	0	0	1	0	0
1	1	1	0	0	0

五、实验任务与步骤

1. 建立工程

首先建立一个文件夹,以便将所有设计文件存放于该文件夹中。如:D:\decoder24。注意:文件夹名不要用中文,文件夹名称中不要含有空格。然后运行 Quartus Ⅱ软件,选择主菜单“File”→“New Preject Wizard”,利用向导创建工程。如图 7-2-59 所示,指定工程存放目录为 D:\decoder24,工程名和实体名可取 decoder24。其他设置选项可以保持默认值,创建工程以后再设置。

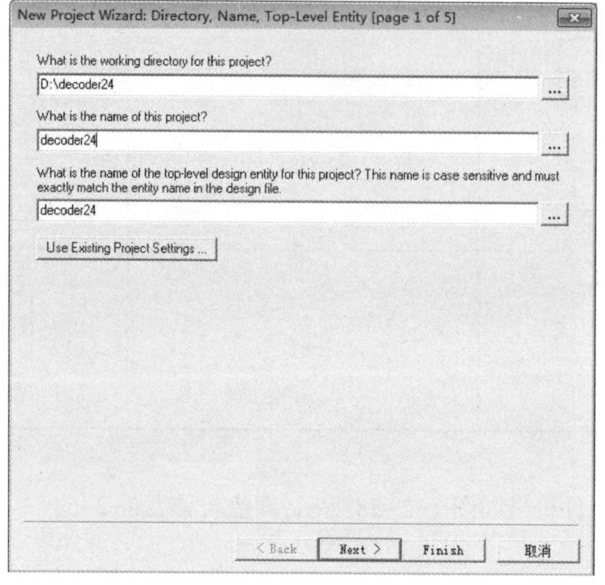

图 7-2-59　创建工程 decoder24

2. 框图设计输入

①新建框图文件,打开框图编辑器。具体步骤:主菜单“File”→“New…”,弹出对话框,选择“Block Diagram/Schema Tic File”文件类型。如图 7-2-60 所示,完成后,即打开框图编辑器,并生成一个空白的框图文件。保存该文件为 decoder24. bdf。注意:该文件作为工程的设计文件,其名称要和实体名一致,实体名在创建工程时已经指定。

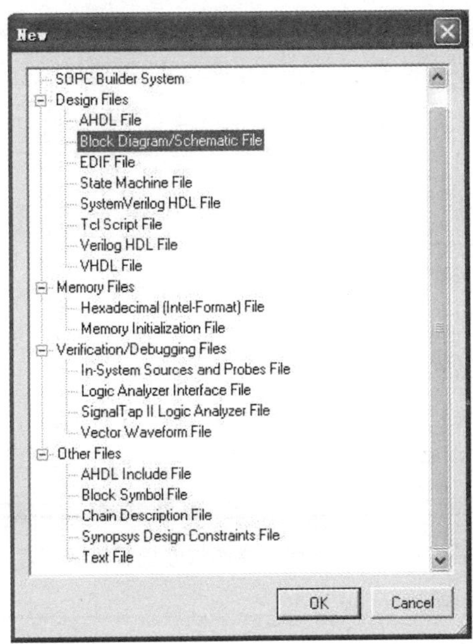

图 7-2-60　选择编辑文件的语言类型

②从元器件库中调用元器件加入到框图文件，完成设计 2-4 译码器电路。具体步骤：选择主菜单"Edit"→"Insert Symbol…"或者点击工具栏上的按钮 或者在编辑窗中的任何一个位置上右击鼠标，将出现快捷菜单，选择其中的输入元件项"Insert Symbol"，于是将弹出如图 7-2-61 所示的输入元件的对话框。从"Primitives\logic"库中选择"and2"，可以在过滤器中输入符号名称，如"and2"，所需"与门"的框图符号会自动出现在如图 7-2-61 所示 Symbol 窗口右侧栏中。然后单击"Symbol"窗的"Ok"按钮，在框图编辑器中，点击鼠标左键即可将元件调入编辑窗中。可以连续点击鼠标左键加入多个与门，如果不需再添加，可以点击键盘上的"ESC"键，或者点击鼠标右键，在弹出的右键菜单中选择"Cancle"项即可退出元件输入状态，进行其他操作。同理加入其他需要的门电路，基本门电路名称见表 7-2-4。然后加入输入输出引脚，输入引脚名称为"Input"，输出引脚为"Output"。输入输出引脚在元器件树形目录的位置是："Primitives/Pin"。将 2-4 译码器所需的元件符号加入到框图文件后，结果如图 7-2-62 所示。

③双击输入输出端口 Pin_name 文字处，使其变黑色，再用键盘分别输入各引脚名：A、B、F0、F1、F2 和 F3。也可以双击输入输出端口符号，在弹出的"Pin Properties"窗口中重新命名端口名称。然后利用工具栏上的符号按钮 (Orthogonal Node Tool)和 (Orthogonal Bus Tool)将各个框图符号连接起来，具体方法是点击元件符号的输入输出信号，用拖动连线的方法连接好各个元件，如图 7-2-63 所示。

④完成 2-4 译码器逻辑电路设计后，选择主菜单"File"→"Save"，保存框图文件为 D:\decoder24\decoder24. bdf。

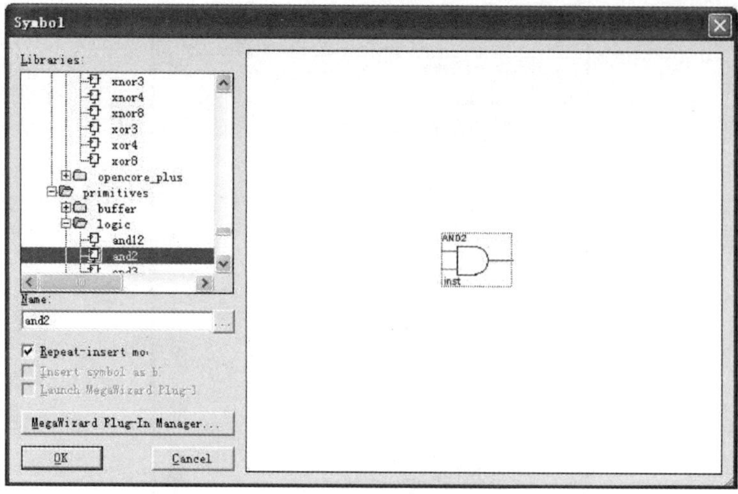

图 7-2-61　利用过滤器快速搜索框图符号

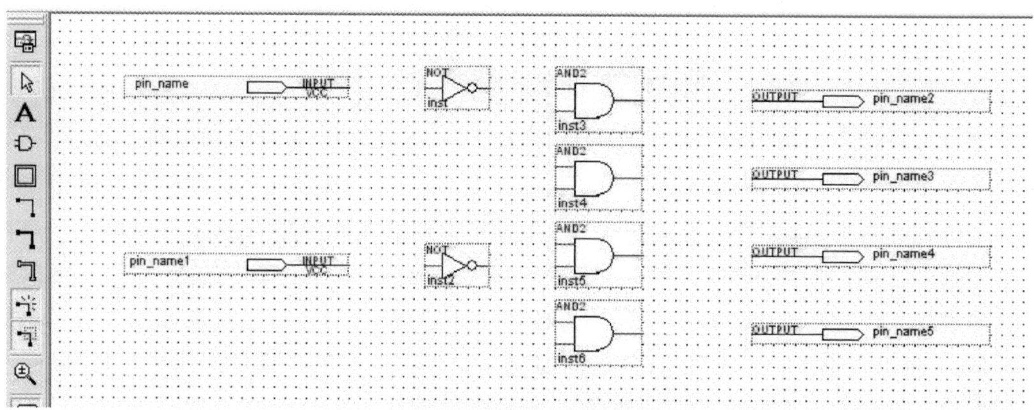

图 7-2-62　放置元件符号

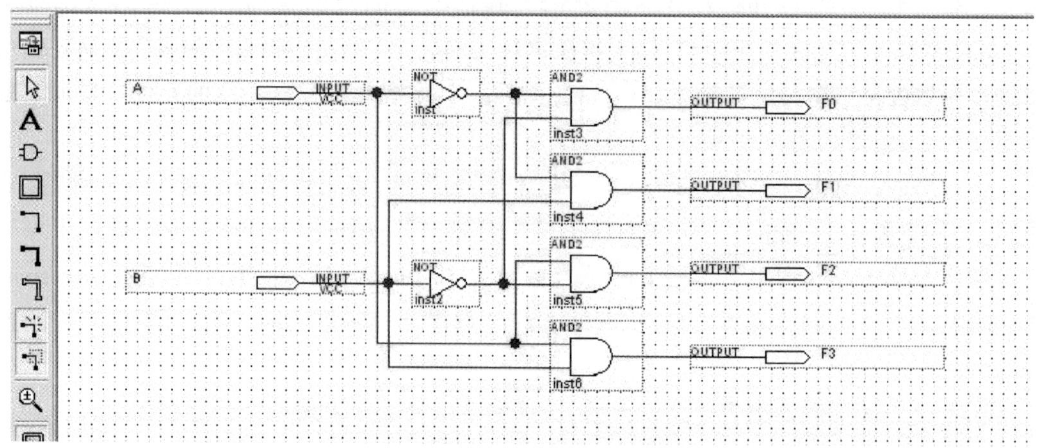

图 7-2-63　符号的连接与命名

3. 器件选择、编译

选择主菜单“Assignments”→“Device”，对器件进行配置，选择 Cyclone Ⅲ 系列

EP3C40Q240C8 型号。然后选择主菜单“Processing”→“Start Compilation”或者工具栏按钮▶,对整个工程设计进行编译。如果 decoder24. bdf 中的逻辑电路有错误,在下方的“Processing”处理栏中会显示出来。双击错误提示,定位出错的位置,改正错误后再编译工程,直到编译成功。

4. 仿真

(1)打开波形编辑器

选择主菜单“File”→“New”项,在 New 窗中选“Verification/Debugging Files”中的“Vector Waveform File”,点击“Ok”,即出现空白的波形编辑器。

(2)确定仿真时间

在主菜单“Edit”→“End Time”项,在弹出的窗中的“Time”窗中键入合适的数字,即仿真时间,例如 100,单位选“μs”。

(3)存盘波形文件

选择“File”中的“Save As”,将以名为 decoder24. Vwf(默认名)的波形文件存入文件夹 D:\decoder24 中。

(4)输入信号节点

将工程 decoder24 的端口信号节点选入波形编辑器中。主要有两种方法:

方法一:首先选择主菜单“View”→“Utility Windows”→“Node Finder”选项。在“Node Finder”窗口中点击“List”按钮。于是在左侧“Node Found”栏中出现了设计中的 decoder24 工程的所有端口引脚名(如果此对话框中的“List”不显示,需要重新编译一次,即选“Processing”(“Start Compilation”,然后重复以上操作过程)。可以用鼠标左键点击“Node Found”栏中的引脚,拖拽到 decoder24. vwf 编辑窗口中的“Name”栏。

方法二:双击波形编辑器左侧栏(“Name”栏)的空白处,弹出对话框如图 7-2-64 所示。在“Filter”框中选“Pins: All”,然后点击“List”按钮。于是在左侧“Node Found”栏中出现了设计中的 mux21a 工程的所有端口引脚名(如果此对话框中的“List”不显示,需要重新编译一次,即选“Processing”(“Start Compilation”,然后重复以上操作过程)。用鼠标点击窗口中间的按钮 », 可将“Node Found”栏中所有的节点加入到右侧“Selected Nodes”栏中。最后点击“Ok”按钮,完成仿真波形节点信号的添加。

(5)编辑输入波形

点击波形窗左侧的全屏显示钮,使全屏显示,并点击放大缩小按钮后,用鼠标在波形编辑区域左键单击(放大)或右键单击(缩小),使仿真坐标处于适当位置。这时仿真时间横坐标设定在数十微秒数量级。按照 2-4 译码器的真值表设计输入波形,编辑输入波形有 2 种方法:

第一种方法:首先点击波形编辑器工具栏上的选择工具(白色箭头)使得鼠标处于选择状态,然后用鼠标左键点击 A 信号的波形(不是 NAME 栏中的 A 信号,而是信号后面的直线),向后拖动一段,即选中这段波形(变成蓝色),再点击波形编辑器工具栏上的“高电平”按钮,设置这段 A 信号为高电平,如图 7-2-65 所示。利用这种方法按照图 7-2-66 完成波形图的编辑。

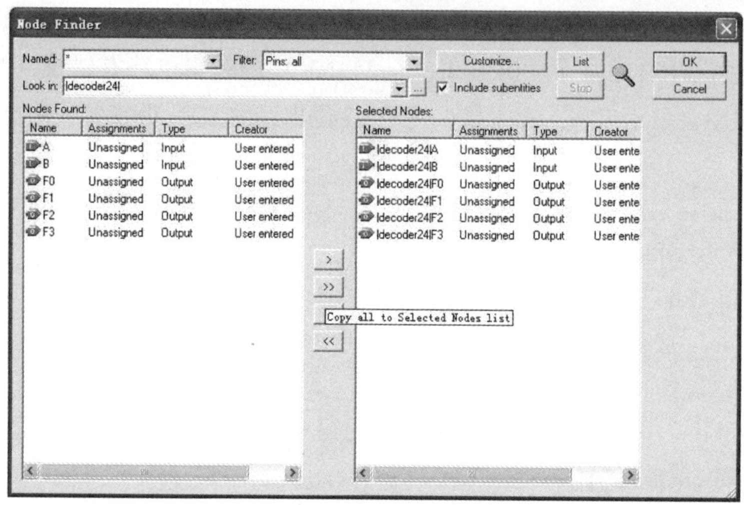

图 7-2-64 添加输入输出信号

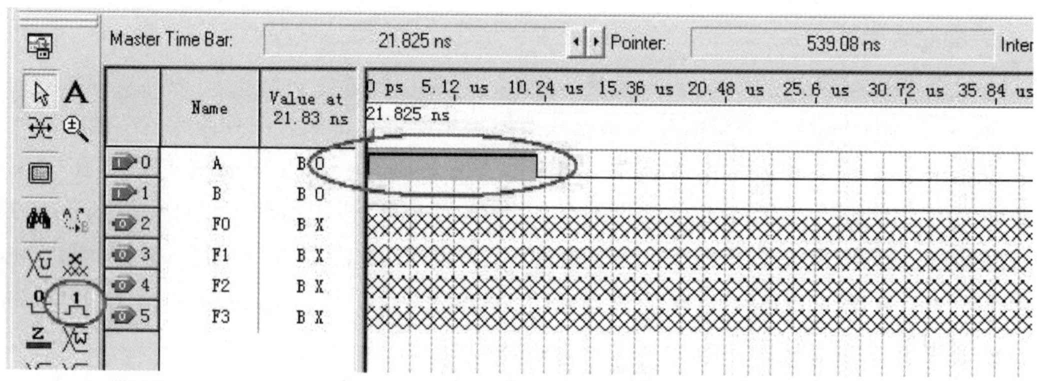

图 7-2-65 手动设置 A 信号

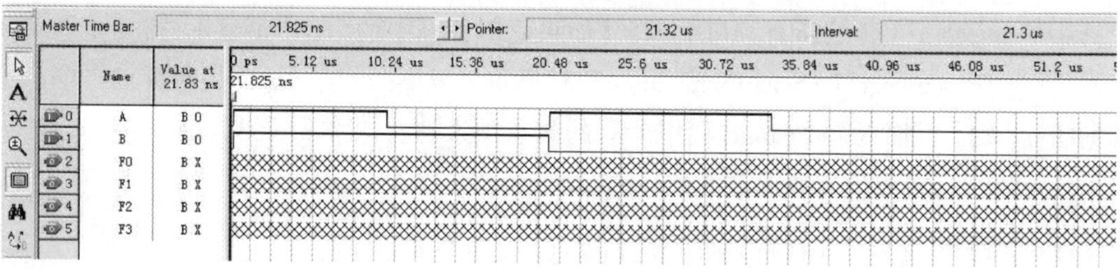

图 7-2-66 2-4 译码器仿真输入波形图(一)

第二种方法:在波形编辑器的 Name 栏中用鼠标左键点击端口信号 a,使之变蓝色,再选择主菜单“Edit”→“Value”→“Clock”选项,或在波形编辑器工具栏上选择时钟信号按钮(图 7-2-67)在弹出的“Clock”窗中设置时钟周期为 10 μs;所示的 Clock 窗中的“Duty Cycle”是占空比,可选 50,即 50%占空比;同样方法设置端口信号 B 的周期为 20 μs,信号 A 和 B 的信号为 2 倍关系,这样会出现信号 A 和 B 的 4 种组合情况。

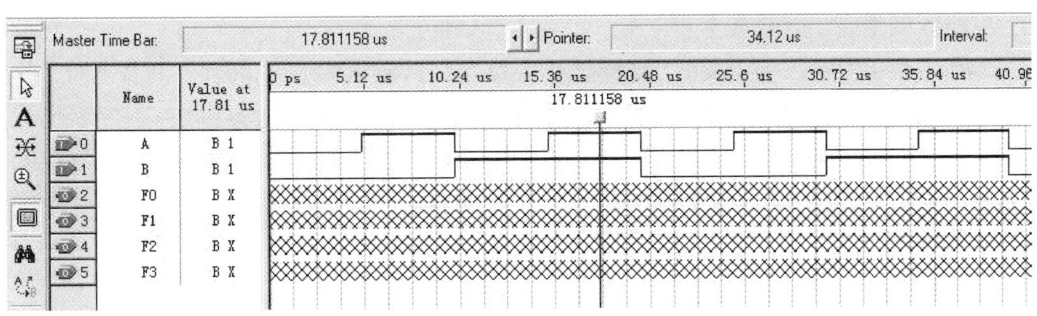

图 7-2-67　2-4 译码器仿真输入波形图(二)

(6)启动仿真器

所有设置完毕,在选择主菜单“Processing”→“Start Simulation”,或者点击 Quartus Ⅱ工具栏上的按钮,开始仿真,直到出现“Simulator Was Successful”,仿真结束。

(7)观察仿真结果

仿真波形文件“Simulation Waveforms”窗口通常会自动弹出,如图 7-2-68 所示。如果不小心关闭了“Simulation Waveforms”窗口,可以重新启动仿真器,或者选择主菜单“Processing”→“Simulation Report”,打开仿真波形报告。注意,Quartus Ⅱ的仿真波形文件中,波形编辑文件(＊.vwf)与波形仿真报告文件(Simulation Report)是分开的。如果在启动仿真(“Processing”→“Run Simulation”)后,并没有出现仿真完成后的波形图,而是出现文字“Can't Open Simulation Report Window”,但报告仿真成功,则可自己打开仿真波形报告,选择主菜单“Processing”→“Simulation Report”。

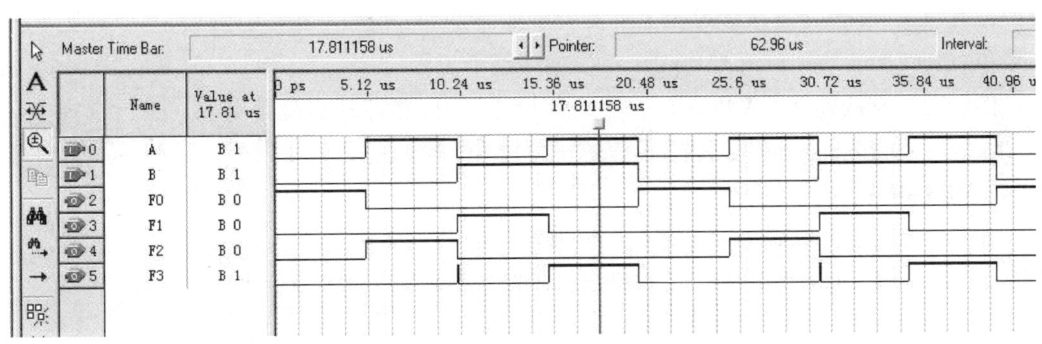

图 7-2-68　2-4 译码器仿真结果

如果无法展开波形显示时间轴上的所有波形图或者波形图上一片空白,可以点击“Simulation Waveforms”窗口左侧工具栏上的放大缩小按钮,用鼠标在波形上左键单击或右键单击,对波形图进行放大和缩小。如果波形无法放大或缩小,可以右键点击波形编辑窗中任何位置,这时再选择弹出窗口的“Zoom”项,在出现的下拉菜单中选择“Fit In Window”。如果即使缩小波形也不能显示电路的全部功能,可能是仿真时间太短,可设置仿真时间区域,设置合理的仿真时间。

5. 利用 RTL 观察器查看综合后的电路图

Quartus Ⅱ可实现硬件描述语言或网表文件(VHDL、Verilog、Bdf、Tdf、Edif、Vqm)对应的

RTL 电路图的生成。方法如下:

选择主菜单“File”→“Open”,选择打开工程所在目录下的 decoder24. bdf 或者在“Project Navigator”窗口的“Files”页面中双击打开 decoder24. bdf。选择主菜单“Tools”→“Netlist Viewer”→“RTL Viewer”项,可以打开 2-4 译码器工程各层次的 RTL 电路图(图 7-2-69)。双击图形中有关模块,或选择左侧各项,可逐层了解各层次的电路结构。

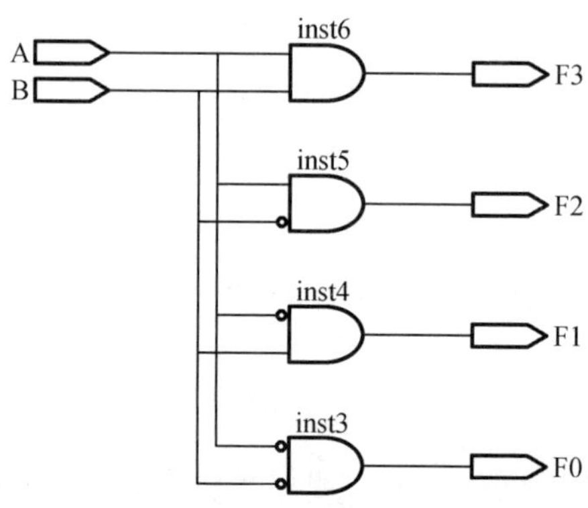

图 7-2-69　2-4 译码器 RTL 电路图

6. 引脚锁定与 Sof 文件下载

选择模式 No. 5,参照引脚分配表,设计 2-4 译码器的引脚锁定方案,填写表 7-2-6。在 Quartus Ⅱ中,选择主菜单“Assignment”→“Pin”,在弹出的窗口中,将 2-4 译码器各个信号名称和对应的引脚号分别填到“Node Name”和“Location”中,完成电路的引脚锁定。如果窗口中没有“Location”列可以参考 3. 1. 1 实验步骤添加“Location”列。引脚锁定完毕后,选择主菜单“Processing”→“Start Compilation”,编译整个工程。

然后用数据线连接 GW48-CP++实验台与计算机,并打开实验台电源。然后选择主菜单“Tools”→“Programmer”,选择编程方式为“ByteBlasterMV[LPT1]”,下载 Sof 文件到 GW48-CP++实验台。

在实验台上,通过按键 1 和 2 输入数据,观察 LED 灯的显示完成 2-4 译码器的功能测试,记录 2-4 译码器输入输出结果,由实验结果列出真值表,并将其与理论真值表比较是否一致。

表 7-2-6　2-4 译码器引脚锁定方案表

输入输出信号	外设	引脚名称	引脚号
A	按键 1		
B	按键 2		
F3	LED 灯 4		
F2	LED 灯 3		
F1	LED 灯 2		
F0	LED 灯 1		

7.2.1.4　Altera 元器件库宏功能模块

一、实验目的

进一步熟悉 Quartus Ⅱ开发环境和设计开发流程。

掌握利用框图设计输入。

熟悉 FPGA 实验台的功能和使用方法。

二、实验内容

利用 Quartus Ⅱ框图编辑器建立设计输入文件，插入 Altera 元器件库中的宏功能模块 lmp_counter(计数器)，并对其进行配置。了解 lmp_counter 的工作原理。

三、实验环境

PC 计算机	1 台
Quartus Ⅱ软件环境	1 套
GW48-CP++实验台	1 台

四、实验原理与电路

Quartus Ⅱ不仅提供了基本逻辑元件库(如与非门、反向器、D 触发器等)、宏功能元件(包含了几乎所有 74 系列的器件)，还提供了参数可设置的宏功能块 LPM 库。利用框图编辑器，可以对 Altera 提供的宏功能模块进行例化：利用“Megawizard Plug-In Manager”(“Tools”菜单)可以建立或修改包含宏功能模块自定义变量的设计文件。这些自定义宏功能模块变量是基于 Altera 提供的包括 LPM 功能在内的宏功能模块。宏功能模块以框图设计文件中的框图表示。利用 Quartus Ⅱ框图编辑器和宏功能模块可以方便的完成各种复杂逻辑电路设计。

宏功能模块 lmp_counter 是一个计数器电路，其框图如图 7-2-70 所示。lmp_counter 有 4 组信号：

①clock——输入时钟脉冲；

②data[7..0]——lmp_counter 的 6 位数据端；

③q[7..0]——lmp_counter 的 8 位数据输出端；

④aclr——异步清 0 信号，高电平有效。

aload——异步加载数据信号，aload 是计数器控制端，当 aload 为高电平时，计数器处于并行置数状态，即使 q[7..0]输出 data[7..0]的数据。当 aload 为低电平时，计数器处于计数状态，即每次 clock 上升沿到来时，q[7..0]的值自动加 1。

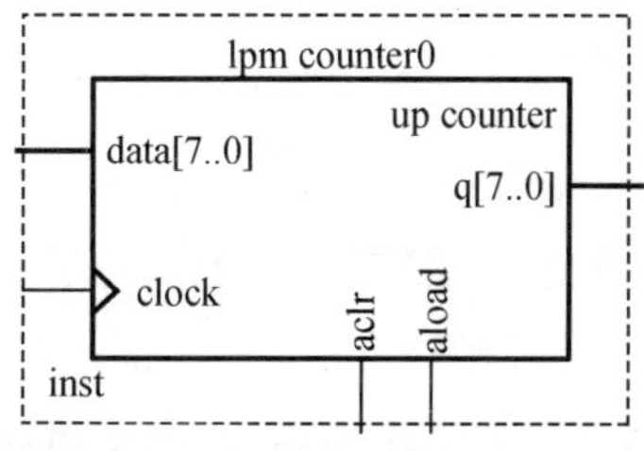

图 7-2-70　lpm_counter 框图

五、实验任务与步骤

1. 建立工程

首先建立一个文件夹,以便将所有设计文件存放于该文件夹中。如:D:\count。运行 Quartus Ⅱ软件,选择主菜单“File”→“New Preject Wizard”,利用向导创建工程。指定工程存放目录为 D:\count,工程名和实体名可取 count。其他设置选项可以保持默认值,创建工程以后再设置。

2. 框图设计输入

①新建框图文件,打开框图编辑器。具体步骤:主菜单“File”→“New…”,弹出对话框,选择“Block Diagram/Schema Tic File”文件类型。完成后,即打开框图编辑器,并生成一个空白的框图文件。保存该文件为 count. bdf。注意:该文件作为工程的设计文件,其名称要和实体名一致。

②从元件库中插入一个 8 位计数器,具体步骤:选择主菜单“Edit”→“Insert Symbol…”或者点击工具栏上的按钮 ,从“Megafuntions \ Arithmetic”库中选择 lpm_counter,如图 7-2-71 所示。点击“Ok”按钮后,出现“megawizard Plug-In Manager”窗口,接下来设置计数器的参数:8 位(默认值),递增(默认值),连续点击几次“Next”按钮,直到出现输入设置窗口如图 7-2-72 所示。选择异步清零和置数信号。最后点击“Finish”按钮后生成 lpm_Counter 符号,lpm_counter 对应的 VHDL 文件保存路径和文件名为 D:\count\lpm_counter0(默认值)。然后将 lpm_counter 加入到框图编辑器空白的 count. bdf 文件中。

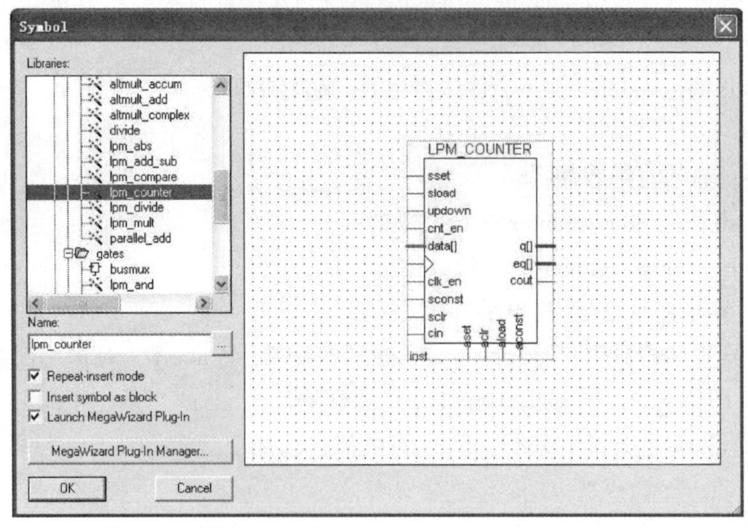

图 7-2-71 插入 lpm_counter 元件

③然后为 lpm_counter 添加输入输出引脚,输入引脚名称为 Input,输出引脚名称为 Output,可在元器件库中查询。可以在过滤器中输入符号名称,如“Input”,则所需框图符号会自动出现。可以利用工具栏上的符号按钮 (Orthogonal Node Tool)和 (Orthogonal Bus Tool)将 lpm_Counter 的各个框图符号连接起来,完成逻辑电路设计。注意:总线类信号 data[7..0]和 q[7..0]需要用 (Orthogonal Bus Tool)与输入输出引脚连接,即用“粗线”与输

入输出引脚相连。

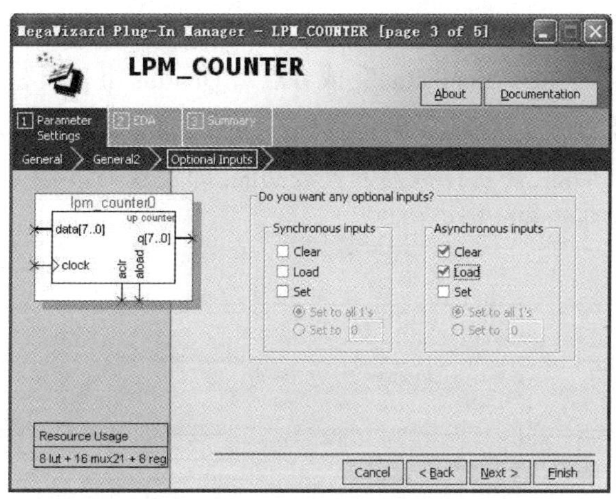

图 7-2-72　设置 lpm_counter 输入

④选择主菜单"File"→"Save",保存文件 D:\count\count. bdf。

3. 器件选择、编译

选择主菜单"Assignments"→"Device",对器件进行配置,选择 Cyclone Ⅲ系列 EP3C40Q240C8 型号。选择主菜单"Processing"→"Start Compilation"或者工具栏按钮 ▶,对整个工程设计进行编译。选择主菜单"File"→"New"项,在"New"窗中选"Verification/Debugging Files"中的"Vector Waveform File",建立波形文件。

4. 仿真

①选择主菜单"View"→"Utility Windows"→"Node Finder"选项,将 count 的全部输入输出信号加入到波形编辑器。注意:如果加入了 data[7..0]和 q[7..0]两个信号,可以不用分别加入 data[7],data[6],…,data[0],q[7],q[6],…,q[0],如图 7-2-73 所示。

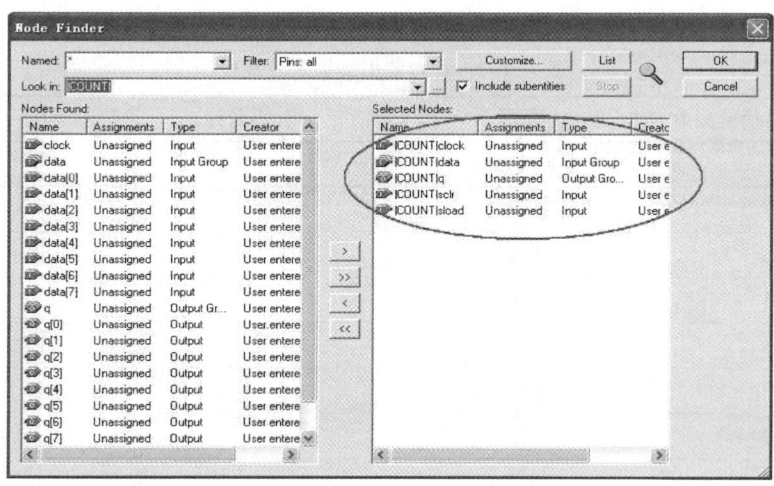

图 7-2-73　加入输入输出引脚到波形图

②编辑输入波形。点击波形窗左侧的全屏显示钮,使全屏显示,并点击放大缩小按钮 后,用鼠标在波形编辑区域左键单击(放大)或右键单击(缩小),使仿真坐标处于适当位置。这时仿真时间横坐标设定在数十微秒数量级。按照 count 的真值表设计输入波形,选择主菜单“Processing”→“Start Simulation”,或者点击 Quartus Ⅱ工具栏上的 按钮,开始仿真,仿真成功后弹出计数器工程 count 的仿真波形如图 7-2-74 所示。图中只给出了计数功能的仿真,请参考此波形图,仿真计数器的置数功能,即设置 load 和 data 输入端的信号,给计数器加载数据,观察计数器的输出信号 q。

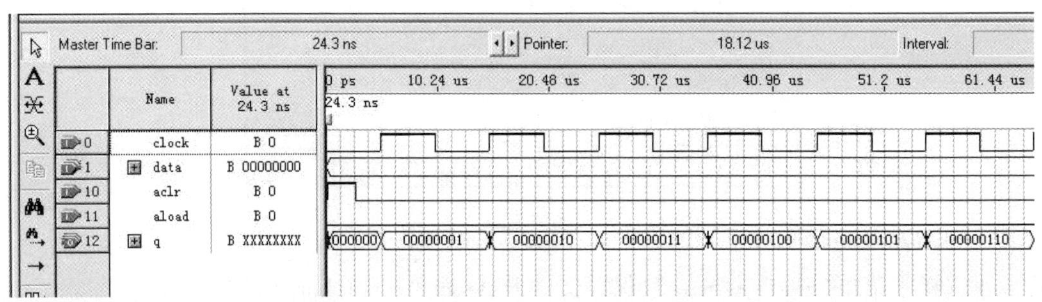

图 7-2-74 计数器工程 count 的仿真波形

5. 引脚锁定与 Sof 文件下载

选择模式 No. 5,参照引脚锁定方法,设计计数器工程 count 的引脚锁定方案,填写表 7-2-7。在 Quartus Ⅱ中,选择主菜单“Assignment”→“Pin”,在弹出的窗口中,将计数器工程 count 各个信号名称和对应的引脚号分别填到“Node Name”和“Location”中,完电路的引脚锁定。引脚锁定完毕后,选择主菜单“Processing”→“Start Compilation”,编译整个工程。然后选择主菜单“Tools”→“Programmer”,下载 Sof 文件到 GW48-CP++实验台,在实验台上,测试计数器的功能,记录输出结果,由实验结果列出真值表,并将其与理论真值表比较是否一致。注意:用数据线连接 GW48-CP++实验台与计算机,并打开实验台电源。并且选择编程方式为 ByteBlasterMV[LPT1],具体方法参考之前实验步骤中选择编程器部分。

表 7-2-7 计数器引脚锁定方案表

输入输出信号	外设	引脚名称	引脚号
clk	Clock0		
data[7]	按键 2		
data[6]	按键 2		
data[5]	按键 2		
data[4]	按键 2		
data[3]	按键 1		
data[2]	按键 1		
data[1]	按键 1		

表 7-2-7(续)

输入输出信号	外设	引脚名称	引脚号
data[0]	按键 1		
aload	按键 3		
aclr	按键 4		
q[7]	LED 灯 7		
q[6]	LED 灯 6		
q[5]	LED 灯 5		
q[4]	LED 灯 4		
q[3]	LED 灯 3		
q[2]	LED 灯 2		
q[1]	LED 灯 1		
q[0]	LED 灯 20		

7.2.1.5　元器件自定义与使用

一、实验目的

进一步熟悉 Quartus Ⅱ开发环境和设计开发流程。

掌握利用框图设计输入。

熟悉 FPGA 实验台的功能和使用方法。

二、实验内容

修改 Quartus Ⅱ元器件库中的 74273 寄存器的逻辑功能和外观,生成用户自定义框图符号。

利用计数器、2-4 译码器和 74273 寄存器设计一个简单的逻辑电路,进行软件仿真,并在实验台上验证实验结果。

三、实验环境

PC 计算机	1 台
Quartus Ⅱ软件环境	1 套
GW48-CP++实验台	1 台

四、实验原理与电路

在 Quartus Ⅱ中,元器件库 Others 目录项下 Muxplus2 库中包含基本单元和 74 系列器件等,可以在框图设计文件中使用这些元器件符号。利用 Quartus Ⅱ框图编辑器和元器件库可以方便的完成各种复杂逻辑电路设计。元器件库中的寄存器 74273 是比较常用的寄存器,可以暂存 8 位数据。其框图如图 7-2-75 所示。本实验的目的是修改 74273 的外观,使其数据输入端和输出端变成总线型端口,然后生成自定义元器件符号,如图 7-2-76 所示。

五、实验任务与步骤

1. 建立工程

首先建立一个文件夹,以便将所有设计文件存放于该文件夹中。如:D:\lab0。运行

Quartus Ⅱ软件,选择主菜单“File”→“New Project Wizard”,利用向导创建工程。指定工程存放目录为 D:\lab0,工程名和实体名可取 lab0。其他设置选项可以保持默认值,创建工程以后再设置。

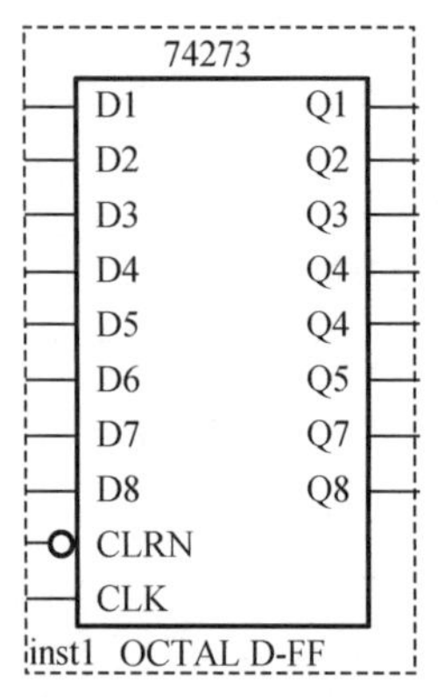

图 7-2-75 74273 元件符号

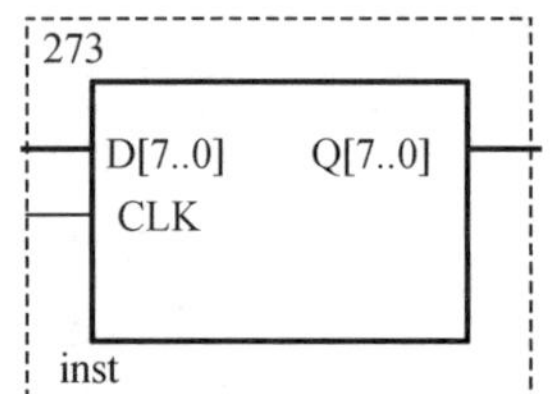

图 7-2-76 修改后的 74273 元件符号

2. 框图设计输入

①新建框图文件,打开框图编辑器。具体步骤:选择主菜单“File”→“New…”,弹出对话框,选择“Block Diagram/Schema Tic File”文件类型。完成后,即打开框图编辑器,并生成一个空白的框图文件。保存该文件为 lab0. bdf。注意:该文件作为工程的设计文件,其名称要和实体名一致。

②用户可以在库中元件的基础上修改元件的逻辑功能和外观生成符合需要的用户自定义元件,生成用户定义的框图符号。在 lab0. bdf 文件中插入 Others\Muxplus2 库中的寄存器元件 74273。然后双击 74273 框图符号,打开 74273. bdf 文件(Read Only),然后可以修改 74273 的逻辑电路,去掉清零输入端,使 74273 具有一个 8 位输入引脚和一个 8 位输出引脚,如图 7-2-77 所示。通过右键菜单“Properties”菜单项可以设置各个框图符号的名称。完成后将 74273. bdf 另存为 D:\lab0\273. bdf。利用 Create/Update 命令生成 273. bsf 文件。将 273 元件符号插入 lab0. bdf 文件中,将原来的 74273 符号删除。按照图 7-2-78 完成电路的设计,保存 lab0. bdf 文件。至此,得到一个简单的逻辑电路。

3. 器件选择、编译与仿真

选择主菜单“Assignments”→“Device”,对器件进行配置,选择 Cyclone Ⅲ系列 EP3C40Q240C8 型号。选择主菜单“Processing”→“Start Compilation”或者工具栏按钮 ▶,对整个工程设计进行编译。选择主菜单“File”→“New…”,在 New 窗中选“Other Files”中的“Vector Waveform File”,建立仿真波形文件(. vwf),选择主菜单“View”→“Utility Windows”→“Node Finder”选项。将 adder 的全部输入输出信号加入到波形编辑器。选择主菜单“Processing”→“Start Simulation”,或者点击 Quartus Ⅱ工具栏上的按钮,开始仿真。仿真要求:设置 D 为 00000011,当 clk 上升沿时,Q 输出为 000000011,寄存器 273 实现了暂存数据的功能;使 data 不断变化,查看输出 Q 的变化情况,分析寄存器 273 的工作原理。

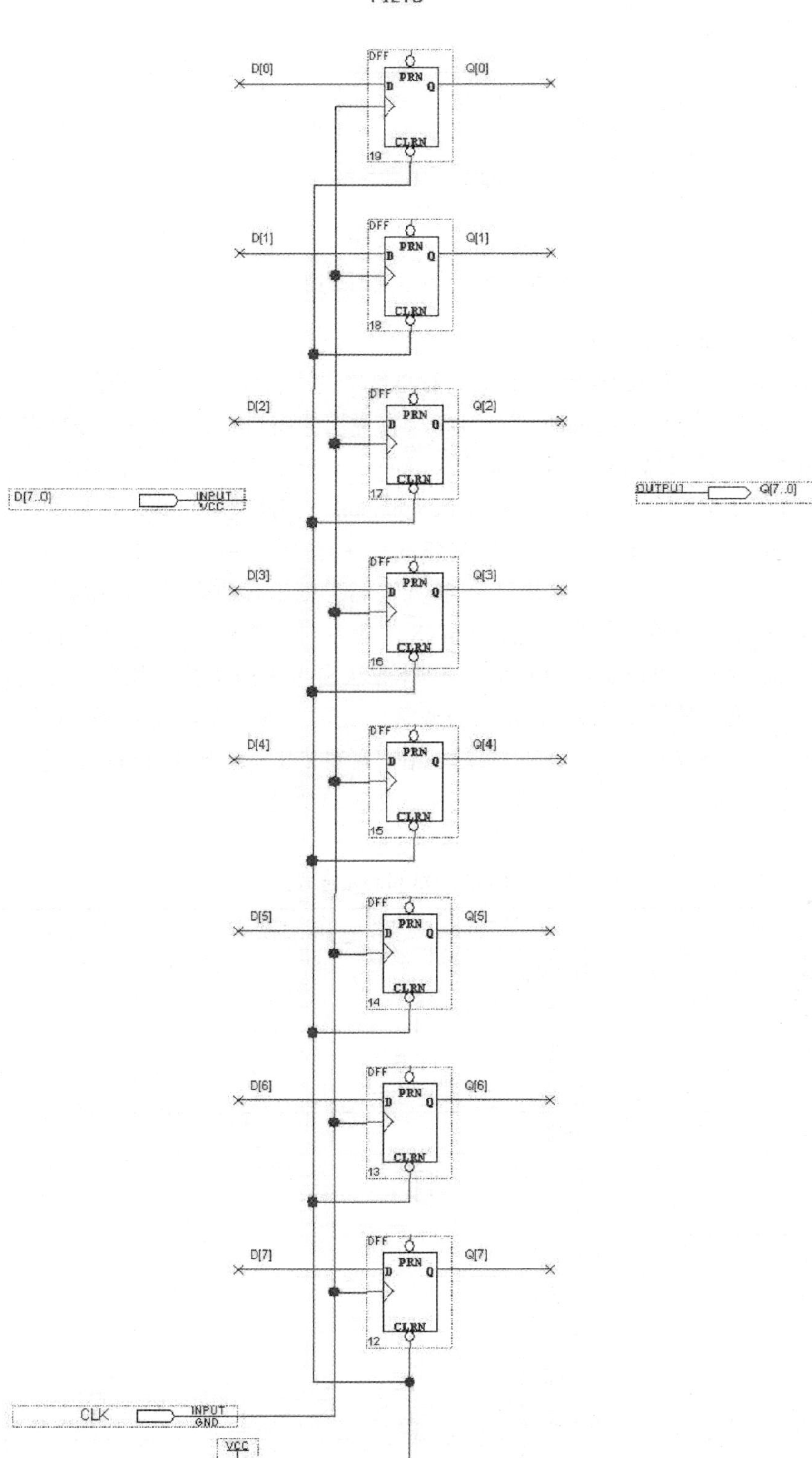

图 7-2-77　修改后的 273 逻辑电路图

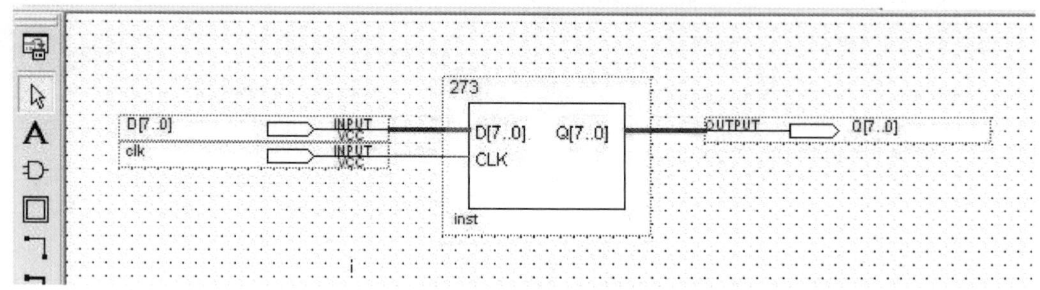

图 7-2-78　273 实验原理图

4. 引脚锁定与 Sof 文件下载

选择模式 No. 0,参照引脚锁定表,设计寄存器 273 的引脚锁定方案,填写表 7-2-8。在 Quartus Ⅱ中,选择主菜单"Assignment"→"Pin",在弹出的窗口中,将寄存器 273 各个信号名称和对应的引脚号分别填到"Node Name"和"Location"中,完成电路的引脚锁定。引脚锁定完毕后,选择主菜单"Processing"→"Start Compilation",编译整个工程。然后选择主菜单"Tools"→"Programmer",下载 Sof 文件到 GW48-CP++实验台,在实验台上,完成寄存器 273 的功能测试,记录寄存器 273 输入输出结果,由实验结果列出真值表,并将其与理论真值表进行比较是否一致。注意:用数据线连接 GW48 实验台与计算机,并打开实验台电源。并且选择编程方式为"ByteBlasterMV[LPT1]",具体方法参考之前实验步骤中选择编程器部分。在实验台上,通过按键输入数据,观察数码管的显示完成电路功能验证。具体验证过程:利用按键 1 和 2 设置 D[7..0],按动按键 3 给寄存器 273 一个脉冲,查看数码管的显示,是否与 D 相同。改变 D,查看数码管的显示,测试 273 的功能。

表 7-2-8　寄存器 273 引脚锁定方案表

输入输出信号	外设	引脚名称	引脚号
clk	Clock0		
D[7]	按键 2		
D[6]	按键 2		
D[5]	按键 2		
D[4]	按键 2		
D[3]	按键 1		
D[2]	按键 1		
D[1]	按键 1		
D[0]	按键 1		
Q[7]	数码管 2		
Q[6]	数码管 2		
Q[5]	数码管 2		
Q[4]	数码管 2		
Q[3]	数码管 1		

表 7-2-8(续)

输入输出信号	外设	引脚名称	引脚号
Q[2]	数码管 1		
Q[1]	数码管 1		
Q[0]	数码管 1		

7.2.1.6　利用原理图层次化方法设计 1 位全加器

一、实验目的

进一步熟悉 Quartus Ⅱ开发环境和设计开发流程。

掌握 Quartus Ⅱ软件原理图设计数字电路的方法。

掌握 Quartus Ⅱ软件的层次化设计方法及步骤。

熟悉 FPGA 实验台的功能和使用方法。

二、实验内容

利用原理图输入法及层次化方法设计 1 位全加器,完成软件仿真,并在 FPGA 实验台上验证实验结果。

三、实验环境

PC 计算机	1 台
Quartus Ⅱ软件环境	1 套
GW48-CP++实验台	1 台

四、实验原理与电路

在 Quartus Ⅱ中,可以采用层次化设计方法设计数字电路。顶层实体可以包含多个底层的电路模块,层次化设计的示意图如图 7-2-79 所示。层次化设计的核心思想是“模块化”和“元件复用”。模块化是将一个数字系统划分为几个模块,每个模块可由更小的模块实现。每个实体都可以看成是上层实体中的一个模块或元件,每个模块可以采用 VHDL 或者框图输入法进行设计。元件复用指的是每个模块或元件可以被不同的实体进行多次调用。元件复用减轻了设计者的工作量,并且使程序更加结构化,增加了程序的可读性。

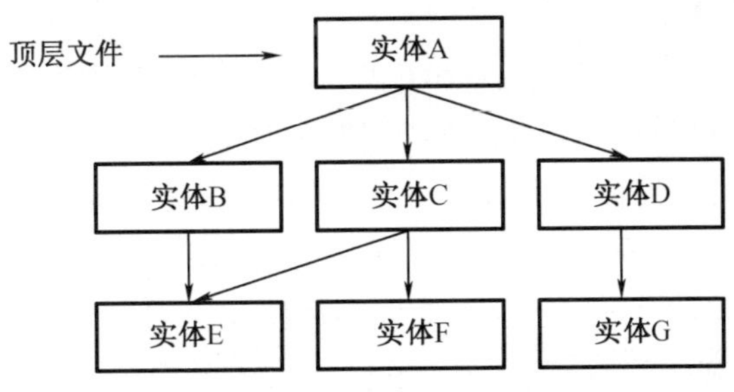

图 7-2-79　层次化设计示意图

本实验将学习如何采用层次化方法设计全加器。1 位全加器可以用两个半加器及一个或门连接而成,因此需要首先完成半加器的设计。然后在顶层实体设计文件中利用两个半加器和或门设计1位全加器。下面的实验将完成如何使用层次化方法利用半加器h_adder来设计全加器f_adder。

五、实验任务与步骤

下面将给出使用原理图输入的方法进行底层元件设计和层次化设计的主要步骤。

1. 建立工程

首先建立一个文件夹,如:D:\adder。工程名和实体名可取f_adder。

2. 框图设计输入

①新建框图文件。选择主菜单"File"→"New…",在弹出的"New"对话框中选择"Device Design Files"页的原理图文件编辑输入项"Block Diagram/Schematic File",点击"Ok"按钮后将打开原理图编辑窗。

②在编辑窗中的任何一个位置上右击鼠标,将出现快捷菜单,选择其中的输入元件项Insert Symbol,弹出元器件对话框,从"Libraries\Primitives\Logic"和"Libraries\Primitives\Pin"下选择基本门电路和输入输出引脚。完成设计半加器电路,如图7-2-80所示。

③选择主菜单"File"→"Save As",选择已建立的工程目录D:\adder,将已设计好的原理图文件取名为:h_adder.bdf(注意默认的后缀是.bdf,文件名为h_adder),并存盘在此文件夹内。

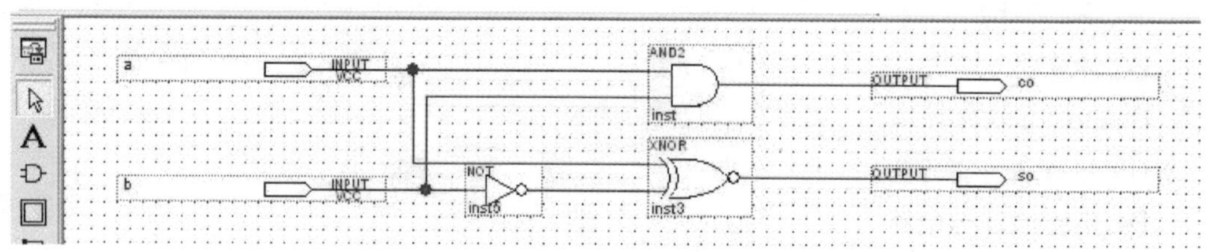

图7-2-80 半加器原理图

3. 将设计项目设置成可调用的元件

为了构成全加器的顶层设计,必须将以上设计的半加器h_adder.bdf设置成可调用的元件。在打开半加器原理图文件h_adder.bdf的情况下,选择主菜单"File"中的"Create/Update"→"Create Symbol Files For Current File"项,即可将当前文件h_adder.bdf变成一个元件符号存盘,以待在高层次设计中调用。

4. 设计全加器顶层文件

为了建立全加器的顶层文件,必须再建立一个原理图编辑窗,方法同前,即再次选择主菜单"File"→"New"原理图文件编辑输入项"Block Diagram/Schematic File"。

在新打开的原理图编辑窗双击鼠标,在弹出的窗中选择h_adder.bdf元件所在的路径D:\adder,调出元件,连接好全加器电路图(图7-2-81)。

以f_adder.bdf名将此全加器设计存在同一路径:D:\adder的文件夹中。该文件即为工程f_adder的顶层实体文件。

5. 编译、仿真

选择主菜单"Assignments"→"Device",对器件进行配置,选择Cyclone Ⅲ系列EP3C40Q240C8型号。选择主菜单"Processing→Start Compilation"或者工具栏按钮▶,对整

个工程设计进行编译。选择主菜单“File”→“New”项,在“New”窗中选“Other Files”中的“Vector Waveform File”,建立仿真波形文件(.vwf),选择主菜单“View”→“Utility Windows”→“Node Finder”选项。将 adder 的全部输入输出信号加入到波形编辑器。选择主菜单“Processing”→“Start Simulation”,或者点击 Quartus Ⅱ工具栏上的按钮,开始仿真,仿真成功后弹出全加器工程 f_adder 的仿真波形如图 7-2-82 所示。

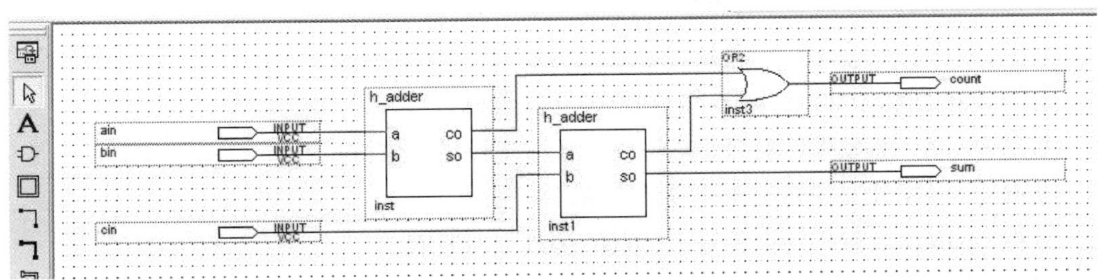

图 7-2-81　全加器原理图

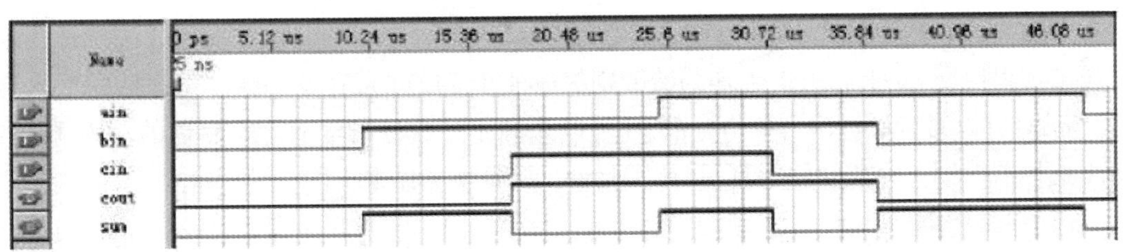

图 7-2-82　全加器工程 f_adder 的仿真波形

6. 引脚锁定与 Sof 文件下载

选择模式 No.5,参照引脚锁定表,设计全加器的引脚锁定方案,填写表 7-2-9。在 Quartus Ⅱ中,选择主菜单“Assignment”→“Pin”,在弹出的窗口中,将全加器各个信号名称和对应的引脚号分别填到“Node Name”和“Location”中,完成电路的引脚锁定。引脚锁定完毕后,选择主菜单“Processing”→“Start Compilation”,编译整个工程。然后选择主菜单“Tools”→“Programmer”,下载 Sof 文件到 GW48-CP++实验台,在实验台上,通过按键 1、按键 2 和按键 3 的输入数据,观察 LED 灯的显示,完成全加器的功能测试,记录输入输出结果,由实验结果列出真值表,并将其与理论真值表进行比较是否一致。注意:用数据线连接 GW48 实验台与计算机,并打开实验台电源。并且选择编程方式为“ByteBlasterMV [LPT1]”,具体方法参考之前实验步骤选择编程器部分。

表 7-2-9　全加器引脚锁定方案

输入输出信号	外设	引脚名称	引脚号
ain	按键 1	PIO0	
bin	按键 2	PIO1	
cin	按键 3	PIO2	

表 7-2-9(续)

输入输出信号	外设	引脚名称	引脚号
cout	LED 灯 1	PIO8	
sum	LED 灯 2	PIO9	

7.2.1.7 Quartus Ⅱ的混合输入及层次化设计

一、实验目的

进一步熟悉 Quartus Ⅱ开发环境和设计开发流程。

掌握 Quartus Ⅱ软件的混合输入法设计数字电路的方法。

掌握 Quartus Ⅱ软件的层次化设计方法及步骤。

掌握 Quartus Ⅱ软件的设计输入、编译、仿真以及下载。

熟悉 FPGA 实验台的功能和使用方法。

二、实验内容

利用 2 选 1 选择器、2-4 译码器、计数器和 74273 寄存器采用层次化设计方法设计一个简单的逻辑电路,要求利用 2-4 译码器分别控制 4 个 74273 寄存器工作。寄存器的输入有 2 个来源:可以直接通过输入端口置数,还可以来源于计数器的输出。寄存器的输入源由 2 选 1 选择器控制。完成软件仿真,并在实验台上验证实验结果。

三、实验环境

PC 计算机　　1 台

Quartus Ⅱ软件环境　　1 套

GW48-CP++实验台　　1 台

四、实验原理与电路

在 Quartus Ⅱ中,数字系统采用层次化设计,可以混合使用原理图和硬件描述语言来设计电路,元器件库 Others 目录项下 Muxplus2 库中包含基本单元和 74 系列器件等,可以在框图设计文件中使用这些元器件符号。利用 Quartus Ⅱ框图编辑器和元器件库可以方便的完成各种复杂逻辑电路设计。

五、实验任务与步骤

1. 建立工程

首先建立一个文件夹,以便将所有设计文件存放于该文件夹中。如:D:\lab1。运行 Quartus Ⅱ软件,选择主菜单“File”→“New Project Wizard”,利用向导创建工程。指定工程存放目录为 D:\lab1,工程名和实体名可取 lab1。其他设置选项可以保持默认值,创建工程以后再设置。下面通过设计一个简单逻辑电路来掌握框图输入设计方法。

2. 框图设计输入

(1)生成用户自定义框图符号

本别将 2-4 译码器和 273 寄存器的设计文件 decoder24. bdf,273. bdf 拷贝至 lab1 文件夹。

打开 decoder24. bdf,选择主菜单“File”中的“Create/Update”→“Create Symbol Files For

Current File”项，即可将当前文件 decoder24. bdf 变成一个元件符号即 decoder24. bsf 文件，以待在高层次设计中调用。同理，生成 273. bsf。

(2)建立顶层实体文件

主菜单“File”→“New…”，弹出对话框，选择“Block Diagram/Schema Tic File”文件类型。完成后，即打开框图编辑器，并生成一个空白的框图文件。保存该文件为 lab1. bdf。注意：该文件作为工程的设计文件，其名称要和实体名一致。

打开 lab1. bdf，点击主菜单“Edit”→“Insert Symbol…”或者点击工具栏上的按钮 ，在元件库中 decoder24，273 和计数器 lpm_counter 等元件，按照二、实验内容要求设计电路，如图 7-2-83 所示。基本功能：4 个寄存器由 2-4 译码器进行选择，寄存器输入数据由计数器输出确定。

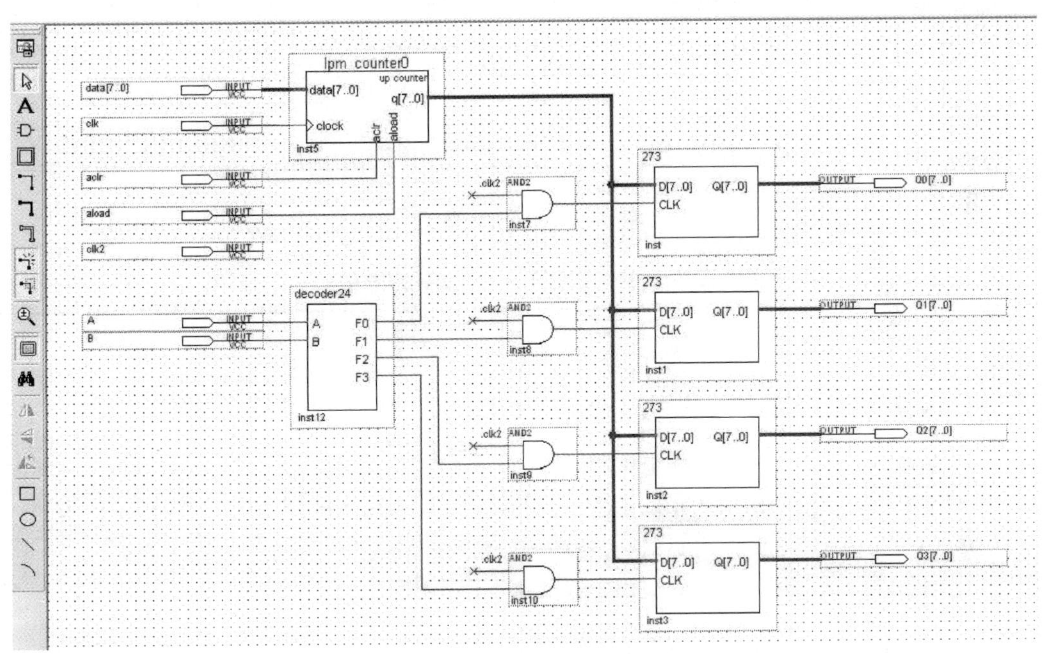

图 7-2-83 逻辑电路图

3. 器件选择、编译与仿真

选择主菜单“Assignments”→“Device”，对器件进行配置，选择 Cyclone Ⅲ 系列 EP3C40Q240C8 型号。选择主菜单“Processing”→“Start Compilation”或者工具栏按钮 ▶，对整个工程设计进行编译。选择主菜单“File”→“New”(Vector Waveform File)，建立仿真波形文件(. vwf)，参考图 7-2-84，自主设计仿真输入波形，然后对逻辑电路进行仿真，观察仿真波形，记录分析实验结果。参考仿真方案：①给四个寄存器置入十六进制数据：11，使得 11 依次从 Q2，Q3，Q1，Q0 端口输出；②依次给四个寄存器置入十六进制数据：01，02，03，04，并输出到 Q 端口。

4. 引脚锁定与 Sof 文件下载选择模式 No. 0

按照表 7-2-10 的要求进行引脚锁定，结合图 7-2-41 和引脚分配表来分配引脚，填充

表 7-2-10 的空白内容,并在 Quartus Ⅱ软件中完成引脚锁定,最后选择主菜单“Tools”→“Programmer”,下载 lab1. sof 文件到 GW48-CP++实验台。下载之前要连接 GW48-CP++实验台与计算机,并打开实验台电源。在实验台上,通过按键输入数据,观察数码管的显示完成电路功能验证。具体验证过程:按键 4、3 取值:00、01、10、11,按键 6 分别取值 0、1,利用计数器向寄存器输入数据,观察寄存器输出情况,是否与理论值相同。

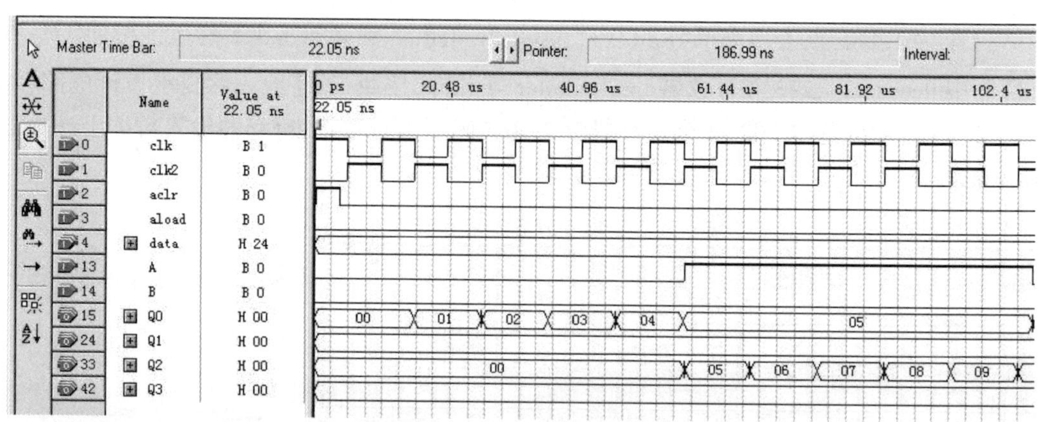

图 7-2-84 仿真结果

表 7-2-10 工程 Lab1 引脚锁定方案

输入输出信号	外设	引脚名称	引脚号
clk2	按键 8		
clk	按键 7		
aload	按键 6		
aclr	按键 5		
B	按键 4		
A	按键 3		
data[7..4]	按键 2		
data[3..0]	按键 1		
Q3[7..4]	数码管 8		
Q3[3..0]	数码管 7		
Q2[7..4]	数码管 6		
Q2[3..0]	数码管 5		
Q1[7..4]	数码管 4		
Q1[3..0]	数码管 3		
Q0[7..4]	数码管 2		
Q0[3..0]	数码管 1		

7.2.2　可编程技术实验常见问题与解决方法

7.2.2.1　Quartus Ⅱ软件使用常见问题与解决方法

①问题描述:Quartus Ⅱ软件工具栏按钮全部为灰色不能对电路进行编译或仿真。

解决方法:打开已经存在的工程,必须选择主菜单“File”→“Open Project”,如图 7-2-85 所示,而不是打开一个文件(“Open File”)。如果只打开一个设计文件,是不能编译或仿真的。必须打开工程,然后进行操作。

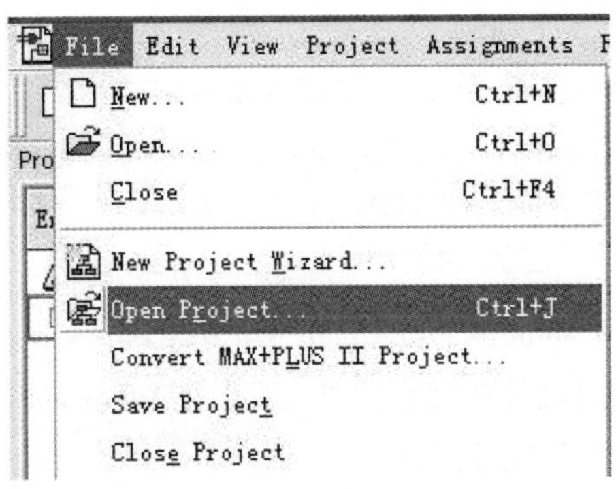

图 7-2-85　打开已经存在的工程

②问题描述:Quartus Ⅱ软件发生异常,或者 Quartus Ⅱ软件主窗口的一些窗口关闭了。

解决方法:选择主菜单“Tool”→“Customize”,在弹出的窗口中选择 Quartus Ⅱ,点击 Apply 按钮,再重新启动 Quartus Ⅱ软件,可恢复 Quartus Ⅱ软件最初的设置合窗口布局。

③问题描述:Error: Thank You For Using Thequartus Ⅱ software. Your 30-Day Evaluation Period Has Expired。

解决方法:Quartu Ⅱ软件 30 天试用过期,需要获取注册文件,对软件进行注册才能继续使用。

7.2.2.2　编译过程常见问题与解决方法

①问题描述:Error: Top-Level Design Entity "Mux21a" Is Undefined。

解决方法:顶层实体 mux21a 没有定义,在创建工程的时候如果指定实体名为“mux21a”,在文本编辑器或者框图编辑器中完成设计输入后,必须以文件名 mux21a. vhd 或者 mux21a. bdf 命名。文件名必须与实体名一致。并且 mux21a. vhd 文件代码中的实体名也必须为 mux21a,即…entity mux21a is port (a, b, s: in bit; y : out bit); end entity mux21a; architecture one of mux21a is …

还可以通过以下方法解决该问题:如果实体名为 lab0,顶层实体设计文件为 mux21a. vhd,那么可以在“Projector Navigator”窗口中的“File”页右键点击 mux21a. vhd,在弹出菜单中选择“Set As Top-Level Entity”,如图 7-2-86 所示。

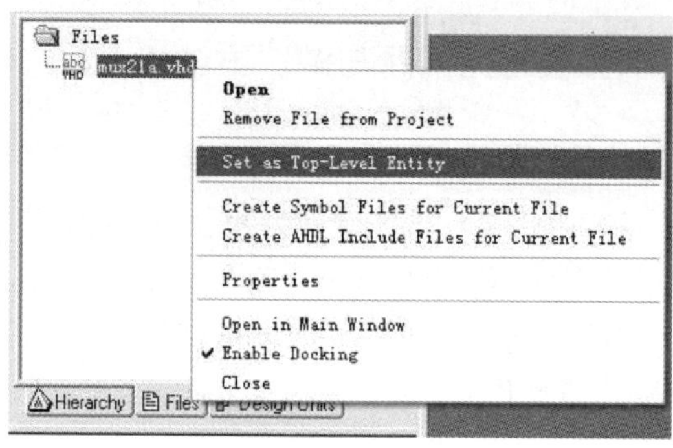

图 7-2-86　设置顶层实体

②问题描述:编译不成功,但没有显示错误提示窗口。

解决方法:选择主菜单"View"→"Utility Windows→Messages",打开消息窗口,即可在消息窗口中看到出错信息提示,双击错误提示,定位电路出错的位置,进行修改直至编译成功。

③问题描述:Error: Bus Name Allowed Only On Bus Line--Pin "Q[7..0]"。

解决方法:引脚 Q[7..0]是总线类型信号,需要用 Orthogonal Bus Tool 与器件的信号相连,即用"粗线"而不是"细线"连接信号和引脚。

④问题描述:Error: Block Or Symbol Of Type Lpm_Counter0 And Instance "Inst" Overlaps Another Pin, Block, Or Symbol。

解决方法:框图中的 Lpm_Counter0 器件叠加在一起,需要删除多余的 Lpm_Counter0。

7.2.2.3　仿真过程常见问题与解决方法

①问题描述:编译成功后,运行仿真,弹出提示框如图 7-2-87 所示。

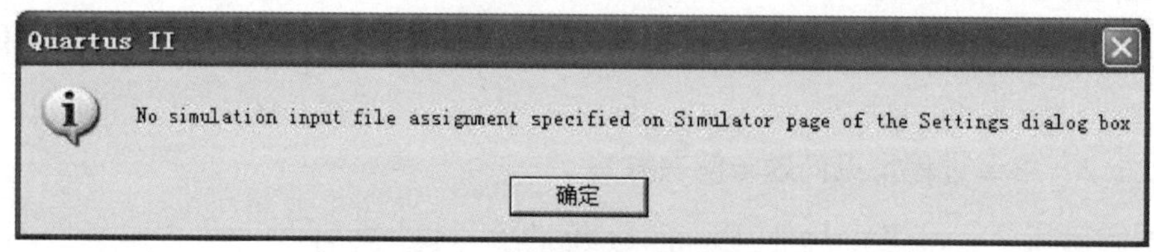

图 7-2-87　提示设置时钟周期不合法

解决方法:运行仿真之前必须建立波形文件(*.vwf),加入输入输出引脚,设置输入信号,然后运行仿真查看输出波形。如果已经建立了波形文件,必须保证其文件名与实体名一直。实体名在创建工程时指定,在"Project Navigator"窗口可以查看该工程的实体名。如图 7-2-88 所示,查看工程实体名为 RAM,那么对应的波形图名称为 RAM.vwf。

②问题描述:运行仿真后,输出波形与期望的不一致。

解决方法:如果波形都为直线,可以利用波形编辑器工具栏上的放大缩小工具来对波形进行缩小操作,使波形全部显示。

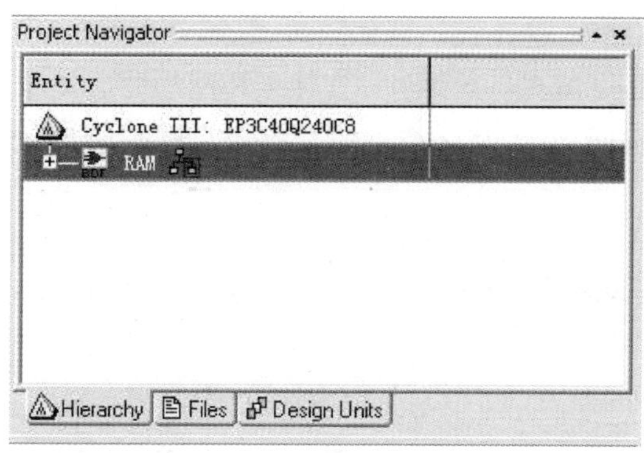

图 7-2-88　在工程管理窗口查看工程实体名

如果输出的波形中各个输入信号与仿真前编辑的波形图不一致，可能是工程存在多个波形文件（＊vwf），Quartus Ⅱ只仿真与文件名和实体名相同的波形文件（最初创建默认保存文件命名为实体名）。在工程所在的文件夹删除多余的波形文件，只保留文件名与实体名相同的波形文件，在此文件上编辑输入波形再仿真。

如果无上述两种问题，只能重新编辑波形输入文件，合理设置各个输入信号再运行仿真，直至仿真正确。

③问题描述：无法利用波形编辑器工具栏上的放大缩小工具来对波形进行缩小操作。

解决方法：右键单击波形图，在弹出的菜单中选择"Zoom"→"Fit In Window"或者按 Ctrl+W 键使波形图完整显示在窗口中，然后再利用放大缩小工具调整波形图的显示大小。

④问题描述：给信号设置时钟周期为 10 μs 时，弹出提示框如图 7-2-89 所示。

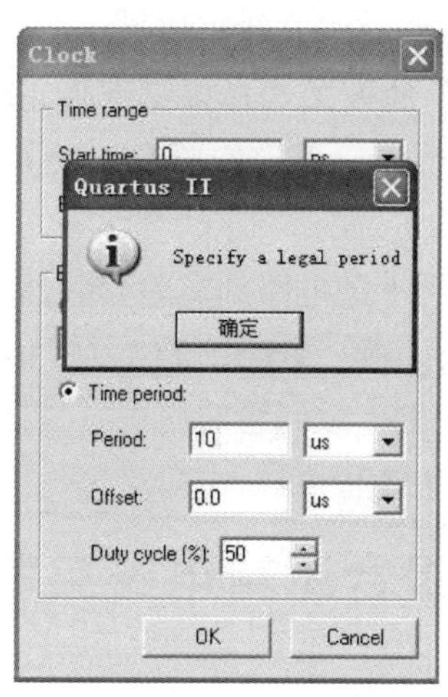

图 7-2-89　设置时钟周期不合法提示

解决方法：说明设置的周期不合理，超出了仿真时间，需要加长仿真时间，选择主菜单"Edit"→"End Time"设置合理的仿真时间大于 10 μs，一般需要根据电路的实际情况设置一个合理的仿真时间，一般几百 μs 或 1 ms 足够。

⑤问题描述:仿真电路时,弹出提示框如图 7-2-90 所示。

解决方法:Quartus Ⅱ只仿真与文件名和实体名相同的波形文件。如果波形文件的名字与实体名不一致,Quartus Ⅱ提示没有找到波形文件。所以将现有的波形文件名称改成实体名。

图 7-2-90　提示波形文件不存在

7.2.2.4　编程下载过程常见问题与解决方法

问题描述:在编程器"Programmar"窗口中点击下载标符 Start 按钮后,"Progress"一直为 0%,并且在 Quartus Ⅱ主窗口下面的 Message 窗口 System 栏显示出错信息:

Error: Can't Access Jtag Chain

Error: Operation Failed

解决方法:说明下载失败,一般可通过下面的一个或多个方法解决:①选择"ByteBlaster-MV[LPT1]"编程器;②打开实验台电源;③用数据线连接电脑与实验台,并且保证与实验台连接的数据线端口中间有凸起的一面向上。

7.2.2.5　实验台操作过程常见问题与解决方法

①问题描述:下载时序电路到实验台,时钟信号与锁定引脚为 152,即实验台 Clock0。按动按键设置电路的输入信号,LED 灯没有输出信号。

解决方法:按动实验台左下角的模式选择按键选择正确的实验台模式,确定实验台的模式和引脚锁定时候使用的模式形同。确定实验台上的 Clock0 上有短路帽插在选定的频率引脚上。否则无时钟脉冲信号。

②问题描述:电路仿真正确,但下载电路到实验台后,数码管显示数值不正确。

解决方法:数码管引脚锁定不正确。数码管的 4 个 PIO 号的高低位需要与 4 位输出信号的高低位一一对应,顺序不能颠倒。数码管的使用方法见前文。

7.3　组合逻辑电路实验设计

7.3.1　组合逻辑电路设计方法

7.3.1.1　组合逻辑电路的特点

数字电路根据逻辑功能的不同特点,可以分成两大类,一类叫组合逻辑电路(简称组合电路),另一类叫作时序逻辑电路(简称时序电路)。组合电路的特点是电路任意时刻输出状态只取决于该时刻的输入状态,而与该时刻前的电路状态无关。组合电路中不包含有记忆性的器件,这就决定了组合电路由各种门电路构成。

一个多输入、多输出的组合电路框图如图 7-3-1 所示。图中 $X_1, X_2, \cdots, X_n$ 表示输入逻辑变量,$F_1, F_2, \cdots, F_M$,表示输出逻辑函数。该组合电路输出与输入之间的逻辑关系可表示为

$$
\begin{aligned}
F_1 &= F_1(X_1, X_2, \cdots, X_n) \\
F_2 &= F_2(X_1, X_2, \cdots, X_n) \\
&\vdots \\
F_M &= F_M(X_1, X_2, \cdots, X_n)
\end{aligned}
$$

对于第一个逻辑表达公式或逻辑电路,其真值表可以是唯一的,但其对应的逻辑电路或逻辑表达式可能有多种实现形式,所以,一个特定的逻辑问题,其对应的真值表是唯一的,但实现它的逻辑电路是多种多样的。

图 7-3-1　组合逻辑电路

7.3.1.2　组合逻辑电路的设计方法

组合逻辑电路设计的一般步骤:

①由实际逻辑问题列出真值表;

②由真值表写出逻辑表达式;

③化简、变换输出逻辑表达式;

④画出逻辑图。

7.3.2　基本门电路实验

一、实验目的

掌握 Quartus Ⅱ软件环境和 FPGA 实验台的使用方法。

掌握利用 VHDL 或框图输入法设计组合逻辑电路的方法。

掌握各种门电路的逻辑功能和测试方法。

二、实验内容

在 Quartus Ⅱ中,利用 VHDL 或框图输入法设计“与门”“或门”“非门”“与非门”等门电路,完成仿真,并下载到 FPGA 实验台进行测试。

三、实验环境

PC 计算机	1 台
Quartus Ⅱ软件环境	1 套
GW48-CP++实验台	1 台

四、实验原理与电路

集成逻辑门电路是最简单、最基本的数字集成元件。任何复杂的组合电路和时序电路都可用逻辑门通过适当的组合连接而成。目前已有门类齐全的集成门电路,例如"与门""或门""非门""与非门"等。虽然,中、大规模集成电路相继问世,但组成某一系统时,仍需要各种门电路。因此,掌握逻辑门的工作原理,熟练、灵活地使用逻辑门是计算机硬件设计工作者所必备的基本功之一。

基本门电路如图 7-3-2 所示,分别给出了 2 输入"与门"、2 输入"或门"、2 输入"与非门"、2 输入"或非门"和"非门"(反相器)的逻辑符号图。逻辑表达式分别为:F=A·B, F=A+B,F=/(A·B),F=/(A+B),反相器 F=/A。基本门电路的真值表分别为表 7-3-1~表 7-3-5。

复合门电路如图 7-3-3 所示,分别给出了 2 输入"异或门"和 2-2 输入"与或非门"的逻辑符号图,逻辑表达式分别为:F=A ⊕ B,1F=/((1A·1B)+(1C·1D)),复合门电路的真值表分别为表 7-3-6 和表 7-3-7。

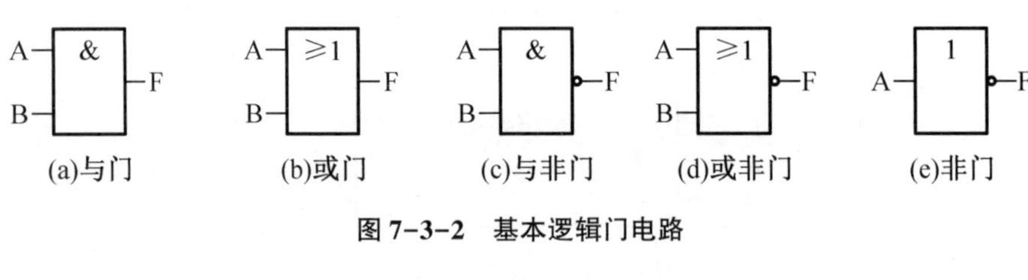

图 7-3-2 基本逻辑门电路

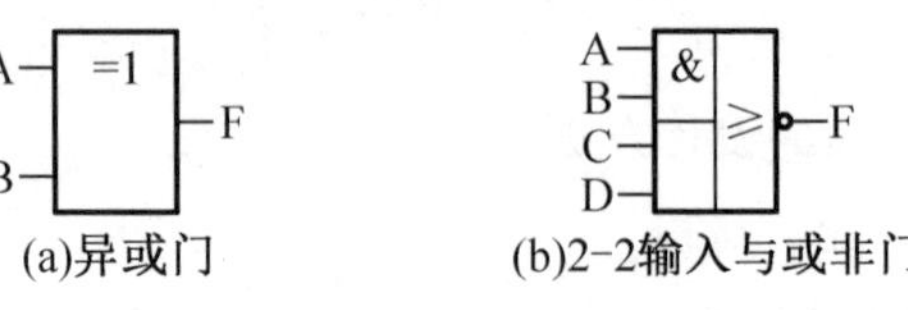

图 7-3-3 复合逻辑门电路

表 7-3-1 与门真值表

输入	输出
A B	F
0 0	0
0 1	0
1 0	0
1 1	1

表 7-3-2 或门真值表

输入	输出
A B	F
0 0	0
0 1	1
1 0	1
1 1	1

表 7-3-3 与非门真值表

输入	输出
A B	F
0 0	1
0 1	1
1 0	1
1 1	0

表 7-3-4 或非门真值表

输入	输出
A B	F
0 0	1
0 1	0
1 0	0
1 1	0

表 7-3-5　非门真值表

输入	输出
A	F
0	1
1	0

表 7-3-6　异或门真值表

输入	输出
A B	F
0 0	0
0 1	1
1 0	1
1 1	0

表 7-3-7　与或非门真值表

输入	输出
A B C D	F
0 0 0 0	1
0 0 0 1	1
0 0 1 0	1
0 0 1 1	0
0 1 0 0	1
0 1 0 1	1
0 1 1 0	1
0 1 1 1	0
1 0 0 0	1
1 0 0 1	1
1 0 1 0	1
1 0 1 1	0
1 1 0 0	0
1 1 0 1	0
1 1 1 0	0
1 1 1 1	0

五、实验任务与步骤

1. 设计输入

在元器件库中，找到各个门电路在元器件库中的名称及符号图形。可以利用元器件名称搜索到元器件。门电路在元器件树形目录的位置是：Primitives/Logic。基本门电路原理图设计如图 7-3-4 所示，要求利用与门和或非门设计 2-2 输入与或非门电路，在 Quartus Ⅱ 的框图编辑器中进行编辑输入，保存文件为 logicgate. bdf。

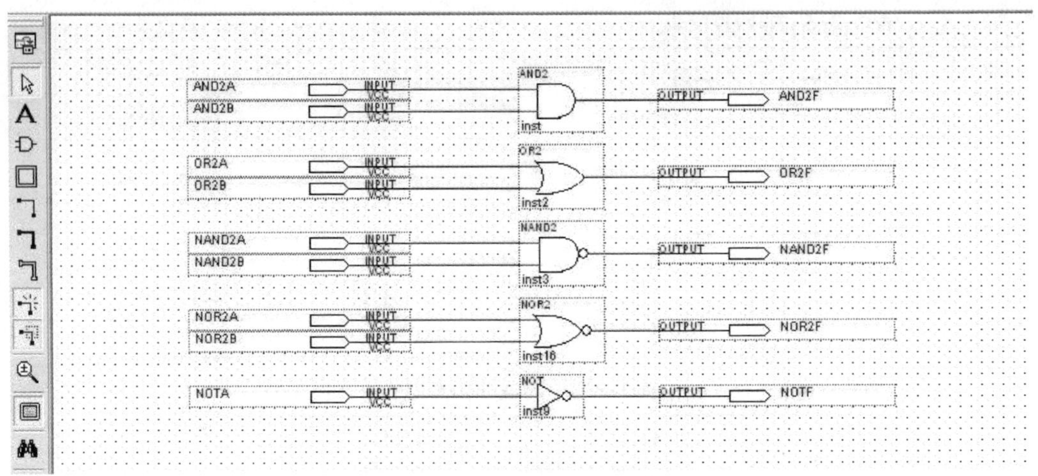

图 7-3-4　基本逻辑门原理图

2. 编译、仿真

编译前,选择主菜单"Assignments"→"Divice"项,选择芯片为 Cyclone Ⅲ系列芯片 EP3C40Q240,如果在新建工程时已经指定芯片,则此处可省略选择芯片操作。然后编译工程。如果没有错误,则编译成功。建立仿真波形文件(. vwf),设置输入信号,然后运行仿真,查看输出波形。图 7-3-5 给出了与门的仿真输出波形。波形中只仿真了与门的功能,要求完成其他门基本逻辑门电路和复合逻辑门电路的仿真。并且查看每个门电路的波形图,分别与其真值表比较,观察电路的仿真结果是否正确。

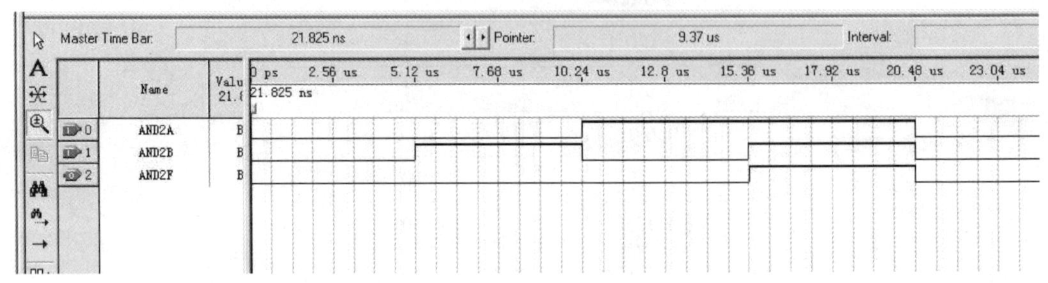

图 7-3-5　与门仿真结果

3. 引脚锁定、下载实验台

选择模式 No. 5,参照引脚锁定表,给出了与门的引脚锁定方案,如表 7-3-8 所示。要求设计其他门电路的引脚锁定方案。在 Quartus Ⅱ中,选择主菜单"Assignment"→"Pin"项,完成全部引脚的锁定。引脚锁定完毕,选择主菜单"Processing"→"Start Compilation"项,编译整个工程。然后选择主菜单"Tools"→"Programmer",下载 logicgate. sof 文件到 GW48-CP++实验台,测试各个门电路的功能,记录门电路的输入输出结果。由实验结果列出真值表,并将其与理论真值表进行比较是否一致。例如,控制按键 1 和按键 2,分别控制与门的两个输入信号为高电平或者低电平,观察 LED 灯 1 的亮(表示高电平 1)、灭(表示低电平 0),记录与门的输入输出结果,并且与其真值表进行比较。

表 7-3-8　与门引脚锁定方案

与门	外设	引脚名称	引脚号
AND2A	按键 1	PIO0	18
AND2B	按键 2	PIO1	21
AND2F	LED 灯 1	PIO8	44

7.3.3　典型组合电路实验

7.3.3.1　半加器

一、实验目的

掌握 Quartus Ⅱ软件环境和 FPGA 实验台的使用方法。

掌握利用 VHDL 或框图输入法设计组合逻辑电路的方法。

掌握半加器的逻辑功能和设计方法。

二、实验内容

根据半加器的功能,完成半加器逻辑电路设计,在 Quartus Ⅱ中,利用 VHDL 或框图输入法设计半加器电路,完成仿真,并下载到 FPGA 实验台进行测试。

三、实验环境

PC 计算机　　1 台

Quartus Ⅱ软件环境　　1 套

GW48-CP++实验台　　1 台

四、实验原理与电路

半加器(half adder)是只考虑两个一位二进制数相加,而不考虑低位进位的运算电路。图 7-3-6 给出了半加器的逻辑符号及逻辑图。A_i 和 B_i 端数码不同时,半加和 S_i 为 1,相同时 S_i 为 0,符合二进制码加法法则。只有 A_i 和 B_i 同时为 1 时向高一位的进位 C_{i+1} 方为 1,这是产生绝对进位的条件。半加器真值表见表 7-3-9。

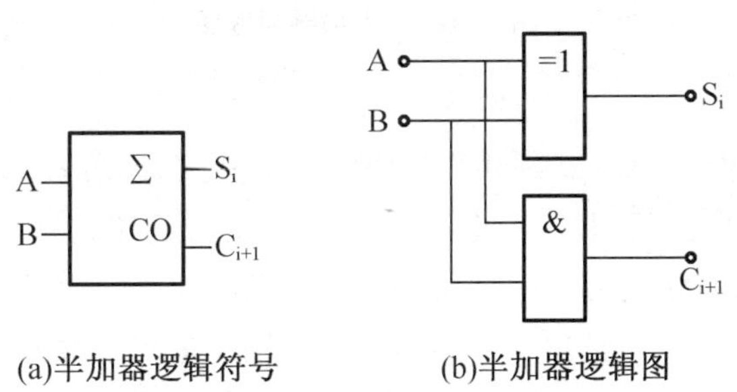

(a)半加器逻辑符号　　(b)半加器逻辑图

图 7-3-6　半加器逻辑符号及逻辑图

表 7-3-9 半加器真值表

输入		和	进位
A_i	B_i	S_i	C_{i+1}
0	0	0	0
0	1	1	0
1	0	1	0
1	1	0	1

五、实验任务与步骤

1. 设计输入

首先依据半加器真值表进行逻辑设计;根据逻辑设计通过卡诺图或应用公理、公式进行化简,得到最简式;再根据给定芯片器件将最简式化成实验用最简式(用最少器件及门电路的表达式,也称为实验表达式);根据实验表达式画出逻辑电路图;选用异或门及与门实现半加器的逻辑功能,如图 7-3-6 所示。在 Quartus Ⅱ 中新建工程,在 Quartus Ⅱ 的框图编辑器中利用框图法设计输入半加器逻辑电路,所用到的基本门电路在元器件树形目录的位置是:Primitives/Logic。半加器原理图设计如图 7-3-7 所示。半加器的 VHDL 程序见程序 P2-7 和 P2-8。

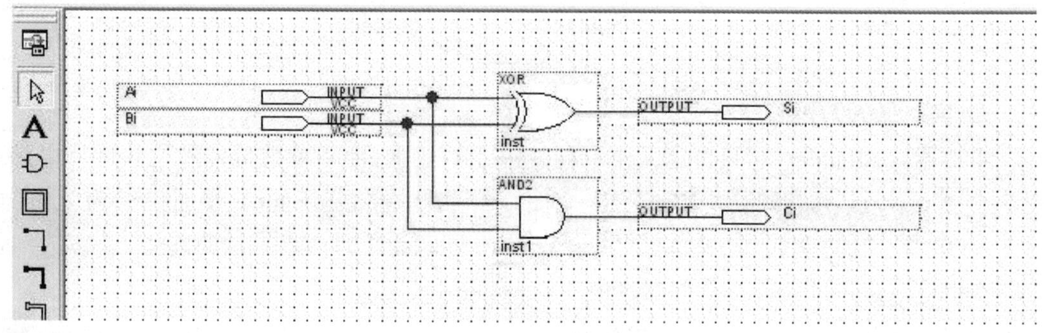

图 7-3-7 半加器原理图

2. 编译、仿真

编译前,选择主菜单“Assignments”→“Divice”项,选择芯片为 Cyclone Ⅲ 系列芯片 EP3C40Q240,如果在新建工程时已经指定芯片,则此处可省略选择芯片操作。然后编译工程。如果没有错误,则编译成功。建立仿真波形文件(. vwf),设置输入信号,然后运行仿真,查看输出波形。图 7-3-8 给出了半加器的仿真输出波形。波形中只仿真了 A_i 为 0,B_i 为 0 和 A_i 为 0,B_i 为 1 两种情况,当输入信号 A_i 为 0,B_i 为 0 时,输出信号 S_i 为 0,C_i 的值为 0,当输入信号 A_i 为 0,B_i 为 1 时,输出信号 S_i 为 1,C_i 的值为 0,分别与半加器真值表(表 7-3-9)中第 1 行和第 2 行值相同。要求设置 A_i,B_i 其他两种情况的值,完成半加器的仿真。查看波形图,与其真值表比较。

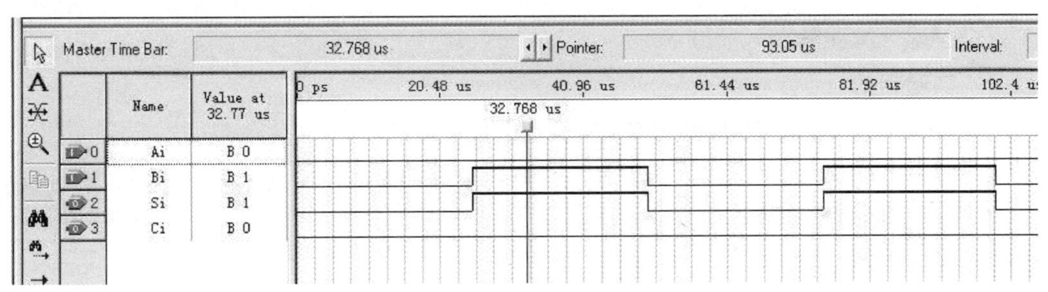

图 7-3-8　半加器仿真结果

3. 引脚锁定、下载实验台

选择模式 No. 5，参照引脚锁定表，给出了半加器的引脚锁定方案，如表 7-3-10 所示。在 Quartus Ⅱ中，选择主菜单"Assignment"→"Pin"项，完成半加器电路的引脚锁定。引脚锁定完毕后，选择主菜单"Processing"→"Start Compilation"项，编译整个工程。然后选择主菜单"Tools"→"Programmer"项，下载 Sof 文件到 GW48-CP++实验台，完成全加器电路的功能测试，记录门电路输入输出结果，由实验结果列出真值表，并将其与理论真值表进行比较是否一致。要求设计另外一种引脚锁定方案，充分发挥实验平台的优势，更好的测试电路的功能。

表 7-3-10　半加器引脚锁定方案

输入输出信号	外设	引脚名称	引脚号
A_i	按键 1	PIO0	18
B_i	按键 2	PIO1	21
S_i	LED 灯 1	PIO8	44
C_i	LED 灯 2	PIO9	45

六、扩展实验

为了锻炼学生的设计能力，特别是对半加器这样一个典型逻辑电路的理解，本实验要求只使用最少与非门完成。本设计可直接用最简式求得实验表达式。需要指出的是它是一个典型的组合逻辑电路，得到它的实验表达式所需要的化简技巧也是组合逻辑设计中经常用到的技巧/AB =/(AB) B，A/B = A/(AB)。得到实验表达式共需要 5 个与非门，见图 7-3-9。要求写出化简过程，在 Quartus Ⅱ中完成半加器电路的设计输入、仿真和实验台测试，与半加器真值表比较。

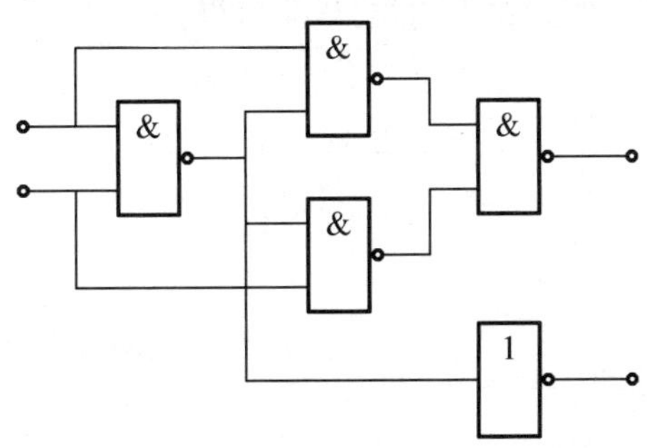

图 7-3-9　用与非门组成的半加器逻辑图

7.3.3.2 全加器

一、实验目的

掌握 Quartus Ⅱ软件环境和 FPGA 实验台的使用方法。

掌握利用 VHDL 或框图输入法设计组合逻辑电路的方法。

掌握全加器的逻辑功能和设计方法。

二、实验内容

根据全加器的功能,完成全加器逻辑电路设计,在 Quartus Ⅱ中,利用 VHDL 或框图输入法设计全加器电路,完成仿真,并下载到 FPGA 实验台进行测试。

三、实验环境

PC 计算机	1 台
Quartus Ⅱ软件环境	1 套
GW48-CP++实验台	1 台

四、实验原理与电路

全加器的功能是实现两个一位二进制数相加的同时,处理来自低位的进位信号。根据二进制加法法则可以列出全加器的真值表,见表 7-3-11。

表 7-3-11 全加器真值表

输入			和	进位
A_i	B_i	C_i	S_i	C_{i+1}
0	0	0	0	0
0	0	1	1	0
0	1	0	1	0
0	1	1	0	1
1	0	0	1	0
1	0	1	0	1
1	1	0	0	1
1	1	1	1	1

由真值表可写出 S_i、C_{i+1} 的逻辑表达式,化简后得:

$$S_i = A_i \oplus B_i \oplus C_i$$

$$C_{i+1} = A_iB_i + C_i(A_i \oplus B_i)$$

由此画出全加器逻辑图如图 7-3-10 所示。

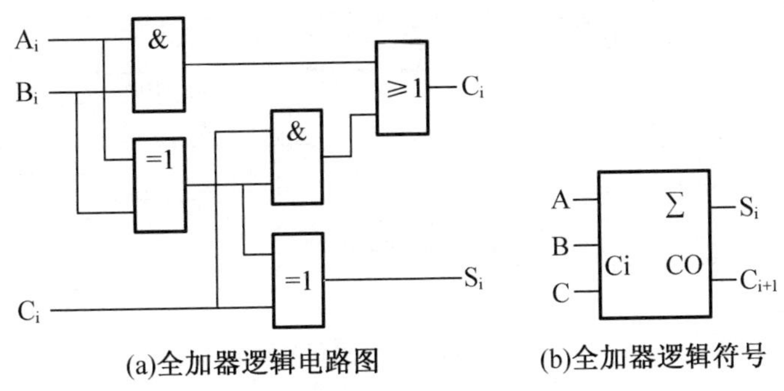

(a)全加器逻辑电路图　　(b)全加器逻辑符号

图 7-3-10　全加器逻辑电路图和逻辑符号

五、实验任务与步骤

1. 设计输入

首先依据全加器真值表进行逻辑设计；根据逻辑设计通过卡诺图或应用公理、公式进行化简，得到最简式；再根据给定芯片器件将最简式化成实验用最简式(用最少器件及门电路的表达式，也称为实验表达式)；根据实验表达式画出逻辑电路图；选用异或门、或门及与门实现全加器的逻辑功能，如图 7-3-10 所示。在 Quartus Ⅱ中新建工程，在 Quartus Ⅱ的框图编辑器中利用框图法设计输入全加器逻辑电路，所用到的基本门电路在元器件树形目录的位置是：Primitives/Logic。全加器原理图设计如图 7-3-11 所示。全加器的 VHDL 程序见第 2 章 2.1 节的程序 P2-10。

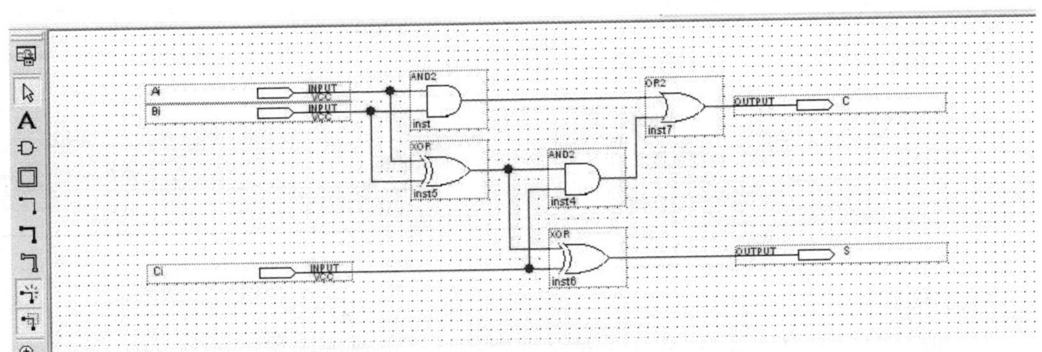

图 7-3-11　全加器原理图

2. 编译、仿真

编译前，选择主菜单“Assignments”→“Divice”项，选择芯片为 Cyclone Ⅲ系列芯片 EP3C40Q240，如果在新建工程时已经指定芯片，则此处可省略选择芯片操作。然后编译工程。如果没有错误，则编译成功。建立仿真波形文件(.vwf)，设置输入信号，然后运行仿真，查看输出波形。图 7-3-12 给出了全加器的仿真输出波形。当输入信号 A_i 为 1，B_i 为 0，C_i 为 0 时，输出信号 S 为 1，C 的值为 0，与全加器真值表(表 7-3-11)中第 5 行相同。观察仿真波形其他情况，与真值表比较。

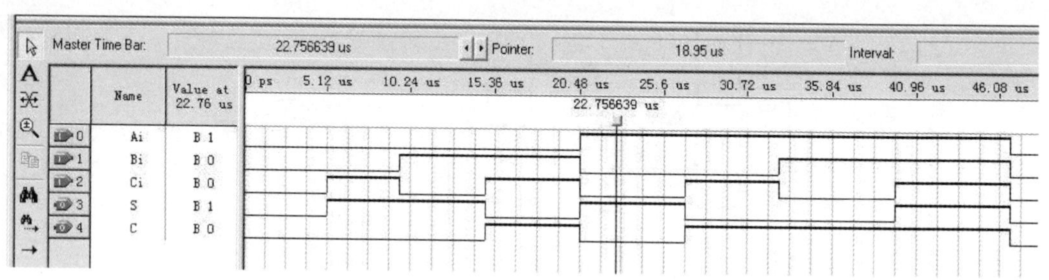

图 7-3-12　全加器仿真结果

3. 引脚锁定、下载实验台

选择模式 No. 5，参照引脚锁定表，给出了全加器的引脚锁定方案，如表 7-3-12 所示。在 Quartus Ⅱ中，选择主菜单"Assignment"→"Pin"项，完成全加器电路的引脚锁定。引脚锁定完毕后，选择主菜单"Processing"→"Start Compilation"项，编译整个工程。然后选择主菜单"Tools"→"Programmer"项，下载 Sof 文件到 GW48-CP++实验台，完成全加器电路的功能测试，记录全加器电路输入输出结果，由实验结果列出真值表，并将其与理论真值表进行比较是否一致。要求设计另外一种引脚锁定方案，充分发挥实验平台的优势，更好的测试电路的功能。

表 7-3-12　全加器引脚锁定方案

输入输出信号	外设	引脚名称	引脚号
A_i	按键 1	PIO0	18
B_i	按键 2	PIO1	21
C_i	按键 3	PIO2	22
S	LED 灯 1	PIO8	44
C	LED 灯 2	PIO9	45

六、扩展实验

为了锻炼学生的设计能力，特别是对全加器这样一个典型逻辑电路的理解，本实验要求只使用最少与非门完成。本设计可直接用最简式求得实验表达式。得到实验表达式共需要 3 个与非门、2 个异或门。要求写出化简过程，具体思路参见前文扩展实验部分。在 Quartus Ⅱ中完成全加器电路的设计输入、仿真和实验台测试，与全加器真值表比较。

7.3.3.3　全加/全减器

一、实验目的

掌握 Quartus Ⅱ软件环境和 FPGA 实验台的使用方法。

掌握利用 VHDL 或框图输入法设计组合逻辑电路的方法。

掌握全加/全减器的逻辑功能和设计方法。

二、实验内容

根据全加/全减器的功能，完成全加/全减器逻辑电路设计，在 Quartus Ⅱ中，利用 VHDL

或框图输入法设计全加/全减器电路,完成仿真,并下载到 FPGA 实验台进行测试。

三、实验环境

PC 计算机　　　　　　　　1 台

Quartus Ⅱ软件环境　　　　1 套

GW48-CP++实验台　　　　1 台

四、实验原理与电路

全加/全减器既可以实现全加功能又可以实现全减器功能。设定一个标志位(开关)P,当 P=0 时,电路实现全加器功能;当 P=1 时,电路实现全减器功能。根据二进制加法法则和减法法则可以列出全加/全减器的真值表,见表 7-3-13。

由真值表可写出 S_i、C_{i+1} 的逻辑表达式,化简后得:

$$S_i = A_i \oplus B_i \oplus C_i$$

$$C_{i+1} = B_iC_i + (C_i + B_i)(A_i \oplus P)$$

表 7-3-13　全加/全减器真值表

输入			加(P=0)		减(P=1)	
			和	进位	差	借位
A_i	B_i	C_i	S_i	C_{i+1}	S_i	C_{i+1}
0	0	0	0	0	0	0
0	0	1	1	0	1	1
0	1	0	1	0	1	1
0	1	1	0	1	0	1
1	0	0	1	0	1	0
1	0	1	0	1	0	0
1	1	0	0	1	0	0
1	1	1	1	1	1	1

由此画出全加/全减器逻辑图如图 7-3-13 所示。

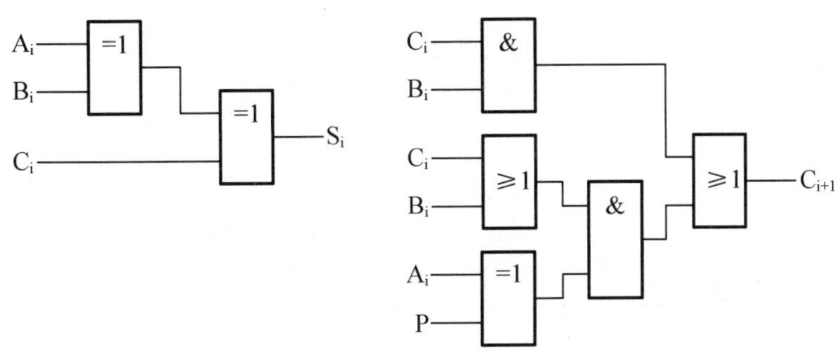

图 7-3-13　一位全加/全减器逻辑电路图

五、实验任务与步骤

1. 设计输入

首先依据全加/全减器真值表进行逻辑设计；根据逻辑设计通过卡诺图或应用公理、公式进行化简，得到最简式；再根据给定芯片器件将最简式化成实验用最简式（用最少器件及门电路的表达式，也称为实验表达式）；根据实验表达式画出逻辑电路图；选用异或门、或门及与门实现全加/全减器的逻辑功能，如图 7-3-13 所示。在 Quartus Ⅱ中新建工程，在 Quartus Ⅱ的框图编辑器中利用框图法设计输入全加/全减器逻辑电路，所用到的基本门电路在元器件树形目录的位置是：Primitives/Logic。全加/全减器原理图设计如图 7-3-14 所示。在 Quartus Ⅱ中选择主菜单“Tools”→“Netlist Viewers”→“RTL Viewer”，可以查看全加/全减器的 RTL 级电路图。

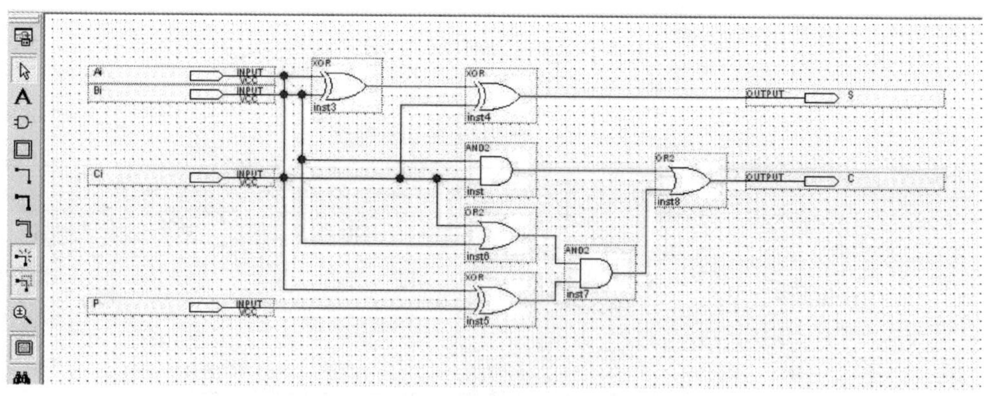

图 7-3-14 全加/全减器原理图

2. 编译、仿真

编译前，选择主菜单“Assignments”→“Divice”项，选择芯片为 Cyclone Ⅲ系列芯片 EP3C40Q240，如果在新建工程时已经指定芯片，则此处可省略选择芯片操作。然后编译工程。如果没有错误，则编译成功。建立仿真波形文件(.vwf)，设置输入信号，然后运行仿真，查看输出波形。图 7-3-15 给出了全加/全减器的仿真输出波形。当 P=0 时，即减法功能的仿真结果。如，当输入信号 Ai 为 0，Bi 为 1，Ci 为 1，P 为 0 时，输出信号 S 为 0，C 为 1，与全加/全减器真值表（表 7-3-13）一致。要求设置 Ai，Bi，Ci 和 P 其他情况的值，完成全加/全减器的仿真。查看波形图，与其真值表比较。

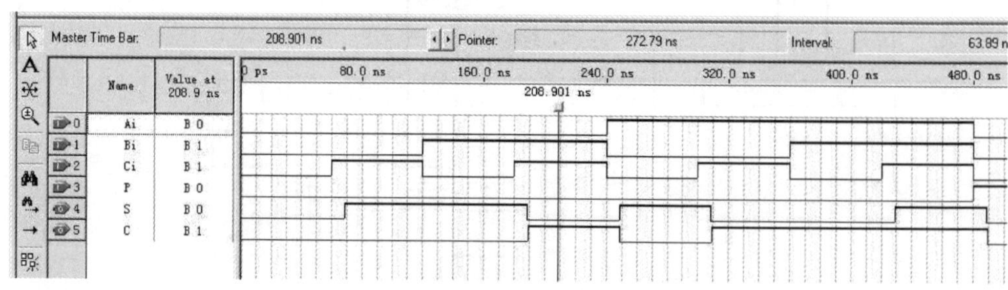

图 7-3-15 全加/全减器仿真结果

3. 引脚锁定、下载实验台

选择模式 No. 5,参照引脚锁定表,给出了全加/全减器的引脚锁定方案,如表 7-3-14 所示。在 Quartus Ⅱ 中,选择主菜单"Assignment"→"Pin"项,完成全加/全减器电路的引脚锁定。引脚锁定完毕后,选择主菜单"Processing"→"Start Compilation"项,编译整个工程。然后选择主菜单"Tools"→"Programmer"项,下载 Sof 文件到 GW48-CP++实验台,完成全加/全减器的功能测试,记录全加/全减器输入输出结果,由实验结果列出真值表,并将其与理论真值表进行比较是否一致。要求设计另外一种引脚锁定方案,充分发挥实验平台的优势,更好的测试电路的功能。

表 7-3-14　全加/全减器引脚锁定方案

输入输出信号	外设	引脚名称	引脚号
A_i	按键 1	PIO0	18
B_i	按键 2	PIO1	21
C_i	按键 3	PIO2	22
P	按键 4	PIO3	37
S	LED 灯 1	PIO8	44
C	LED 灯 2	PIO9	45

六、扩展实验

为了锻炼学生的设计能力,特别是对全加/全减器这样一个典型逻辑电路的理解,本实验要求只使用最少与非门完成。本设计可直接用最简式求得实验表达式。加、减控制位的设计正负逻辑不同,最终设计所需的门数也不同,得到的实验表达式共需要 3 个与非门、3 个异或门。要求写出化简过程,具体思路参见之前实验的扩展实验部分。然后在 Quartus Ⅱ 中完成全加/全减器电路的设计输入、仿真和实验台测试,与全加/全减器真值表比较。

编写全加/全减器逻辑电路 VHDL 代码,全加/全减器的部分参考程序见程序 P4-1。首先完善程序 P4-1,然后在 Quartus Ⅱ 中完成全加/全减器电路的设计输入、仿真和实验台测试,与全加/全减器真值表比较。

程序 P4-1 addsub.vhd

```
library ieee;
use ieee.std_logic_1164.all;
entity addsub is
port(a,b,c,f:in std_logic;
  d,e:out std_logic);
end entity;
architecture one of addsub is
begin
  process(a,b,c,f)
  begin
```

```
    if(f='0')
      then e<=((a and b)or(a xor b))and c;d<=a xor b xor c;
    end if;
    if(f='1')
    then e<=(((not a)and b)and(not c))or((not(a and(not b)))and c);d<=a xor b
xor c;
    end if;
  end process;
end architecture one;
```

7.3.3.4 多数表决电路

一、实验目的

掌握 Quartus Ⅱ软件环境和 FPGA 实验台的使用方法。

掌握利用 VHDL 或框图输入法设计组合逻辑电路的方法。

掌握多数表决电路的逻辑功能和设计方法。

二、实验内容

根据多数表决电路的功能，完成多数表决电路逻辑电路设计，在 Quartus Ⅱ中，利用 VHDL 或框图输入法设计多数表决电路，完成仿真，并下载到 FPGA 实验台进行测试。

三、实验环境

PC 计算机	1 台
Quartus Ⅱ软件环境	1 套
GW48-CP++实验台	1 台

四、实验原理与电路

多数表决是一个现实中经常使用的规则，利用多数表决电路实现电子投票可以更好的反映表决人的真实意愿。多数表决电路的逻辑功能真值表见表 7-3-15。

由真值表可写出的逻辑表达式，化简后得：$F=ABC+ABD+ACD+BCD$

由此画出多数表决器逻辑图如图 7-3-16 所示。

五、实验任务与步骤

1. 设计输入

首先依据多数表决电路真值表进行逻辑设计；根据逻辑设计通过卡诺图或应用公理、公式进行化简，得到最简式；再根据给定芯片器件将最简式化成实验用最简式（用最少器件及门电路的表达式，也称为实验表达式）；根据实验表达式画出逻辑电路图；选用或门及与门实现多数表决器的逻辑功能，如图 7-3-16 所示。在 Quartus Ⅱ中新建工程，在 Quartus Ⅱ的框图编辑器中利用框图法设计输入多数表决器逻辑电路，所用到的基本门电路在元器件树形目录的位置是：Primitives/Logic。多数表决器原理图设计如图 7-3-17 所示。在 Quartus Ⅱ中选择主菜单“Tools”→“Netlist Viewers”→“RTL Viewer”，可以查看多数表决器的 RTL 级电路图。

表7-3-15 表决电路真值表

输入	输出
A B C D	F
0 0 0 0	0
0 0 0 1	0
0 0 1 0	0
0 0 1 1	0
0 1 0 0	0
0 1 0 1	0
0 1 1 0	0
0 1 1 1	1
1 0 0 0	0
1 0 0 1	0
1 0 1 0	0
1 0 1 1	1
1 1 0 0	0
1 1 0 1	1
1 1 1 0	1
1 1 1 1	1

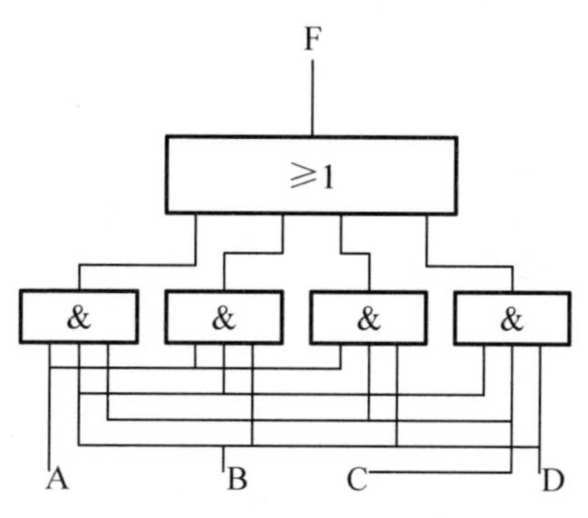

图7-3-16 多数表决器逻辑电路图

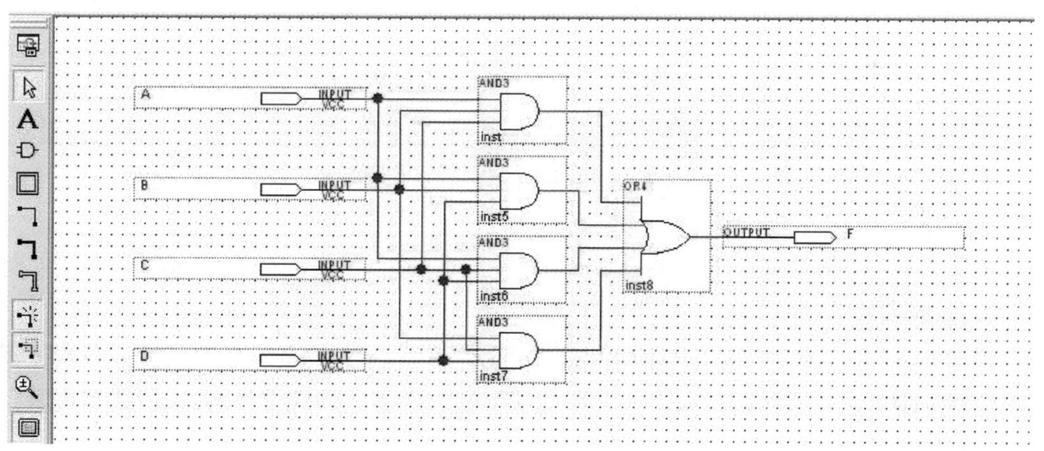

图7-3-17 多数表决器原理图

2. 编译、仿真

编译前，选择主菜单“Assignments”→“Divice”项，选择芯片为 Cyclone Ⅲ 系列芯片 EP3C40Q240，如果在新建工程时已经指定芯片，则此处可省略选择芯片操作。然后编译工程。如果没有错误，则编译成功。建立仿真波形文件(.vwf)，设置输入信号，然后运行仿真，查看输出波形。图7-3-18 给出了多数表决器的仿真输出波形。当输入信号 A 为 0，B

为 1,C 为 0,D 为 1 时,输出信号 F 为 0,与多数表决器真值表(表 7-3-15)一致。要求设置 A,B,C 和 D 其他情况的值,完成多数表决器的仿真。查看波形图,与其真值表比较。

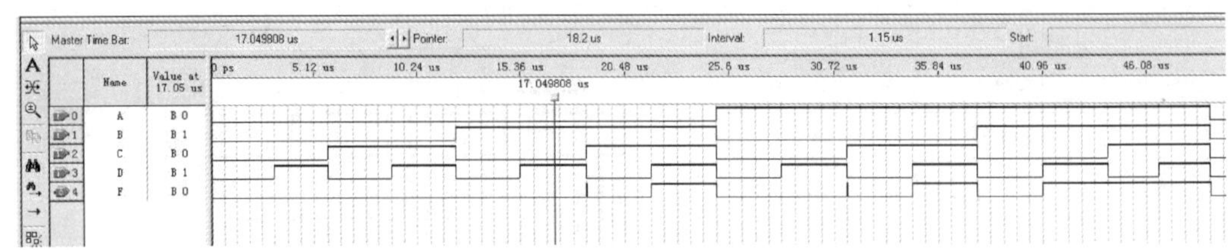

图 7-3-18　多数表决器仿真结果

3. 引脚锁定、下载实验台

选择模式 No. 5,参照引脚锁定表,给出了多数表决器的引脚锁定方案,如表 7-3-16 所示。在 Quartus Ⅱ中,选择主菜单“Assignment”→“Pin”项,完成多数表决器电路的引脚锁定。引脚锁定完毕后,选择主菜单“Processing”→“Start Compilation”项,编译整个工程。然后选择主菜单“Tools”→“Programmer”项,下载 Sof 文件到 GW48-CP++实验台,完成多数表决器的功能测试,记录多数表决器输入输出结果,由实验结果列出真值表,并将其与理论真值表进行比较是否一致。要求设计另外一种引脚锁定方案,充分发挥实验平台的优势,更好的测试电路的功能。

表 7-3-16　多数表决器引脚锁定方案

输入输出信号	外设	引脚名称	引脚号
A	按键 1	PIO0	18
B	按键 2	PIO1	21
C	按键 3	PIO2	22
D	按键 4	PIO3	37
F	LED 灯 1	PIO8	44

六、扩展实验

程序 P4-2 为多数表决器的 VHDL 描述的部分参考代码。在此基础上完善多数表决器逻辑电路 VHDL 程序,然后在 Quartus Ⅱ中完成多数表决器电路的设计输入、仿真和实验台测试,与多数表决器真值表比较。

```
程序 P4-2 choose.vhd
library ieee;
use ieee.std_logic_1164.all;
use ieee.std_logic_arith.all;
use ieee.std_logic_unsigned.all;
entity compare is
  port (a1 : in std_logic;
```

```
      b1 : in std_logic;
      a0 : in std_logic;
      b0  : in std_logic;
    smallerb : out std_logic;
    abiggerb : out std_logic;
      aequalb : out std_logic
);
end compare;
architecture rtl of compare is
  signal s_tmp : std_logic_vector(3 downto 0);
begin
  s_tmp <=a1 & b1 & a0 & b0;
  process (s_tmp) begin
    case (s_tmp) is
      when "0000" => asmallerb <='0';abiggerb <='0';aequalb <='1';
      when "0001" => asmallerb <='1';abiggerb <='0';aequalb <='0';
      when "0010" => asmallerb <='0';abiggerb <='1';aequalb <='0';
      when "0011" => asmallerb <='0';abiggerb <='0';aequalb <='1';
      when "1101" => asmallerb <='1';abiggerb <='0';aequalb <='0';
      when "1110" => asmallerb <='0';abiggerb <='1';aequalb <='0';
      when "1111" => asmallerb <='0';abiggerb <='0';aequalb <='1';
      when others => asmallerb <='0';abiggerb <='0';aequalb <='0';
    end case;
  end process;
end rtl;
```

7.3.3.5　比较电路

一、实验目的

掌握比较电路的逻辑功能和设计方法。

掌握用与非门等基本门电路设计并实现多输出组合逻辑电路的一般方法。

掌握 Quartus Ⅱ软件环境和 FPGA 实验台的使用方法。

二、实验内容

根据比较电路的功能,完成比较电路逻辑电路设计,在 Quartus Ⅱ中,利用 VHDL 或框图输入法设计比较电路,完成仿真,并下载到 FPGA 实验台进行测试。

三、实验环境

PC 计算机	1 台
Quartus Ⅱ软件环境	1 套
GW48-CP++实验台	1 台

四、实验原理与电路

比较电路是一个现实中经常使用的实例,一个两位无符号二进制比较器是一个 4 输入、

3输出的数字逻辑系统,是比较典型的多输出组合电路。其逻辑功能真值表见表7-3-17。

由真值表可写出的逻辑表达式,化简后得:

$F_> = A_1/B_1 + A_0/B_1/B_0 + A_1A_0/B_0$

$F_< = /A_1B_1 + /A_1/A_0B_0 + /A_0B_1B_0$

$F_= = /A_1/A_0/B_1/B_0 + /A_1A_0/B_1B_0 + A_1/A_0B_1/B_0 + A_1A_0B_1B_0$

由此画出一个两位无符号二进制比较器逻辑图如图7-3-19所示。

表7-3-17　比较电路真值表

输入		输出			比较
A_1A_0	B_1B_0	$F_>$	$F_=$	$F_<$	结果
0 0	0 0	0	1	0	A=B
0 0	0 1	0	0	1	A<B
0 0	1 0	0	0	1	A<B
0 0	1 1	0	0	1	A<B
0 1	0 0	1	0	0	A>B
0 1	0 1	0	1	0	A=B
0 1	1 0	0	0	1	A<B
0 1	1 1	0	0	1	A<B
1 0	0 0	1	0	0	A>B
1 0	0 1	1	0	0	A>B
1 0	1 0	0	1	0	A=B
1 0	1 1	0	0	1	A<B
1 1	0 0	1	0	0	A>B
1 1	0 1	1	0	0	A>B
1 1	1 0	1	0	0	A>B
1 1	1 1	0	1	0	A=B

五、实验任务与步骤

1.设计输入

首先依据比较电路真值表进行逻辑设计;根据逻辑设计通过卡诺图或应用公理、公式进行化简,得到最简式;再根据给定芯片器件将最简式化成实验用最简式(用最少器件及门电路的表达式,也称为实验表达式);根据实验表达式画出逻辑电路图;用或门、与门及非门实现比较电路的逻辑功能,如图7-3-19所示。在Quartus Ⅱ中新建工程,在Quartus Ⅱ的框图编辑器中利用框图法设计输入比较电路逻辑电路,所用到的基本门电路在元器件树形目录的位置是:Primitives/Logic。比较电路原理图设计如图7-3-20所示。在Quartus Ⅱ中选择主菜单"Tools"→"Netlist Viewers"→"RTL Viewer",可以查看比较电路的RTL级电路图,如图7-3-21所示。

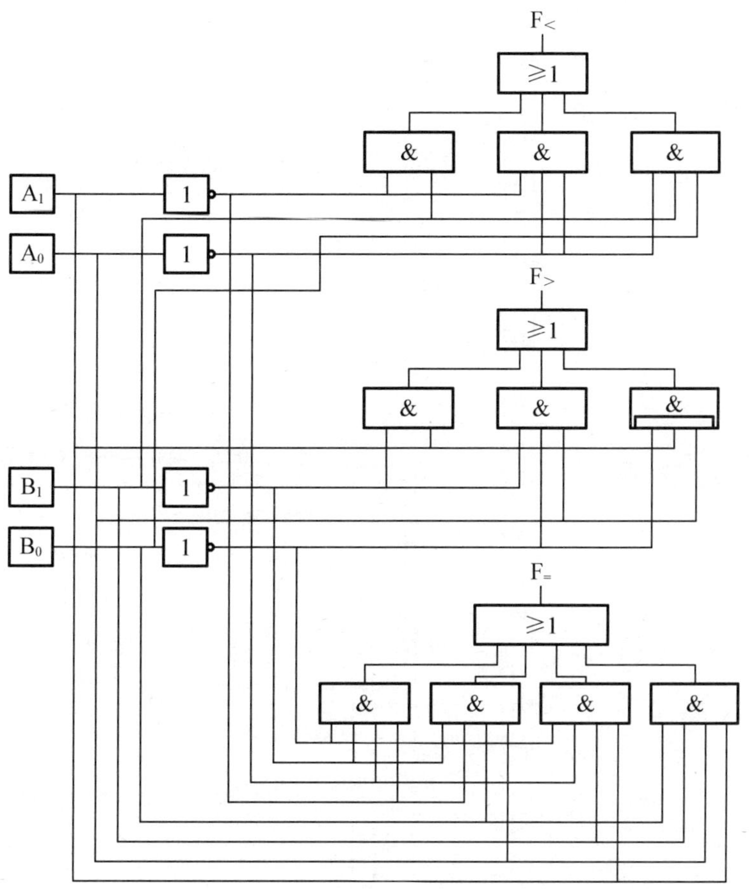

图 7-3-19　比较电路逻辑电路图

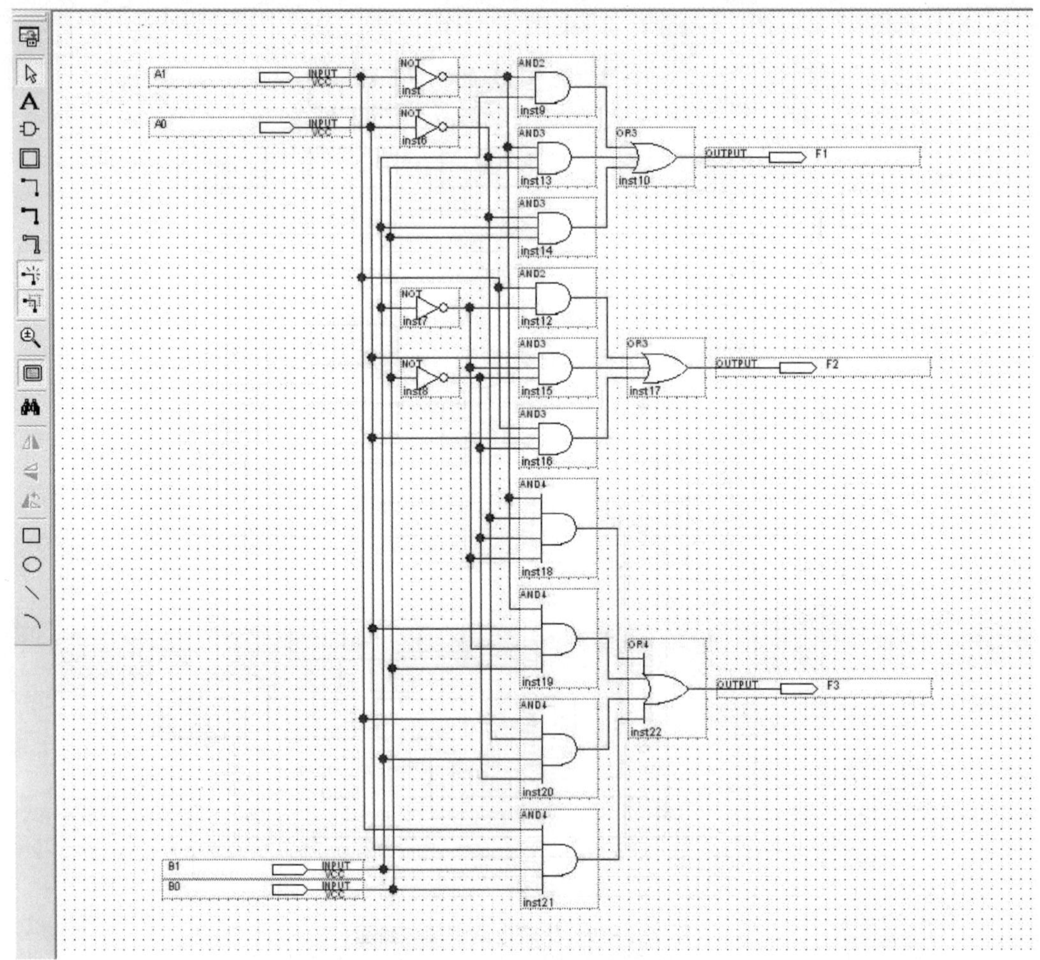

图 7-3-20　比较电路原理图

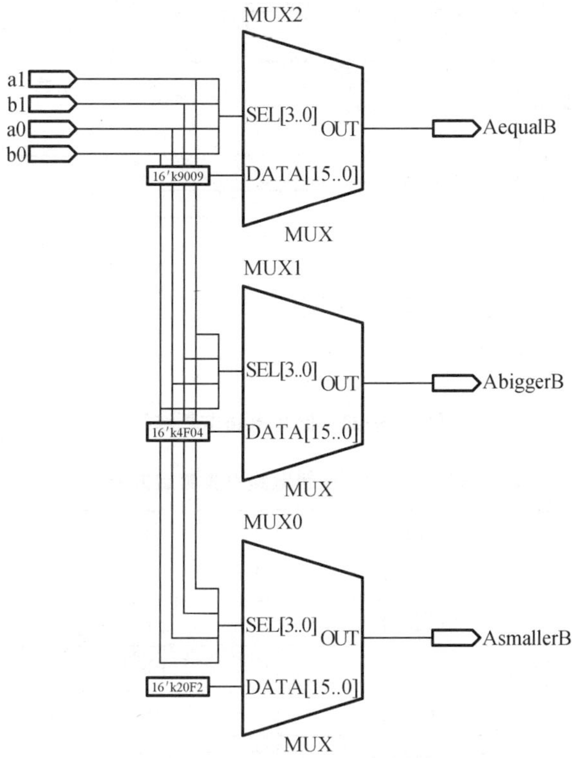

图 7-3-21　比较电路 RTL 级电路图

2. 编译、仿真

编译前，选择主菜单“Assignments”→“Divice”项，选择芯片为 Cyclone Ⅲ 系列芯片 EP3C40Q240，如果在新建工程时已经指定芯片，则此处可省略选择芯片操作。然后编译工程。如果没有错误，则编译成功。建立仿真波形文件(. vwf)，设置输入信号，然后运行仿真，查看输出波形。图 7-3-22 给出了比较电路的仿真输出波形。如，当输入信号 A_1 为 0，A_0 为 0，B_1 为 1，B_0 为 1 时，输出信号 F_3 为 0，F_2 为 0，F_1 为 1，表示 A 小于 B。与比较电路真值表(表 7-3-17)一致。要求设置 A_1，A_0，B_1，B_0 其他情况的值，完成比较电路的仿真。查看波形图，与其真值表比较。

3. 引脚锁定、下载实验台

选择模式 No. 5，参照引脚锁定表，给出了比较电路的引脚锁定方案，如表 7-3-18 所示。在 Quartus Ⅱ 中，选择主菜单“Assignment”→“Pin”项，完成比较电路的引脚锁定。引脚锁定完毕后，选择主菜单“Processing”→“Start Compilation”项，编译整个工程。然后选择主菜单“Tools”→“Programmer”项，下载 Sof 文件到 GW48-CP++实验台，完成比较电路的功能测试，记录比较电路输入输出结果，由实验结果列出真值表，并将其与理论真值表进行比较是否一致。要求设计另外一种引脚锁定方案，充分发挥实验平台的优势，更好的测试电路的功能。

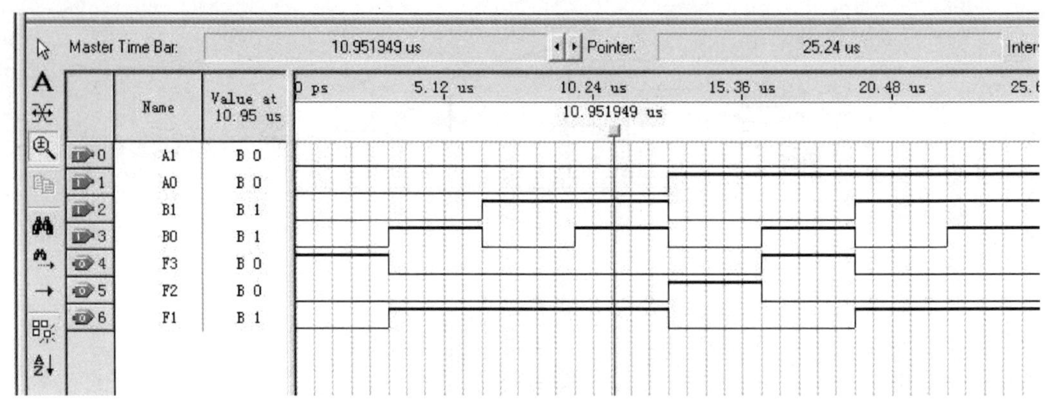

图 7-3-22 比较电路仿真结果

表 7-3-18 比较电路引脚锁定方案

输入输出信号	外设	引脚名称	引脚号
A_1	按键 4	PIO3	37
A_0	按键 3	PIO2	22
B_1	按键 2	PIO1	21
B_0	按键 1	PIO0	18
F_2	LED 灯 3	PIO10	46
F_3	LED 灯 2	PIO9	45
F_1	LED 灯 1	PIO8	44

六、扩展实验

编写比较电路 VHDL 代码,比较电路的部分参考程序见程序 P4-3。首先完善程序 P4-3。然后在 Quartus Ⅱ中完成比较电路的设计输入、仿真和实验台测试,与比较电路真值表比较。

程序 P4-3 compare.vhd

```
library ieee;
use ieee.std_logic_1164.all;
use ieee.std_logic_arith.all;
use ieee.std_logic_unsigned.all;
entity compare is
  port (a1 : in std_logic;
    b1 : in std_logic;
    a0 : in std_logic;
    b0  : in std_logic;
  smallerb : out std_logic;
  abiggerb : out std_logic;
  aequalb : out std_logic
 );
```

```
end compare;
architecture rtl of compare is
  signal s_tmp : std_logic_vector(3 downto 0);
begin
  s_tmp <=a1 & b1 & a0 & b0;
  process (s_tmp) begin
    case (s_tmp) is
      when "0000" => asmallerb <='0';abiggerb <='0';aequalb <='1';
      when "0001" => asmallerb <='1';abiggerb <='0';aequalb <='0';
      when "0010" => asmallerb <='0';abiggerb <='1';aequalb <='0';
      when "0011" => asmallerb <='0';abiggerb <='0';aequalb <='1';
      when "0100" => asmallerb <='1';abiggerb <='0';aequalb <='0';
      when "0101" => asmallerb <='1';abiggerb <='0';aequalb <='0';
      when "0110" => asmallerb <='1';abiggerb <='0';aequalb <='0';
      when "0111" => asmallerb <='1';abiggerb <='0';aequalb <='0';
      when "1000" => asmallerb <='0';abiggerb <='1';aequalb <='0';
      when others => asmallerb <='0';abiggerb <='0';aequalb <='0';
    end case;
  end process;
end rtl;
```

7.3.4　可靠性编码电路实验

7.3.4.1　偶校验发生器、检测器电路

一、实验目的

掌握 Quartus Ⅱ软件环境和 FPGA 实验台的使用方法。

掌握利用 VHDL 或框图输入法设计组合逻辑电路的方法。

掌握偶校验发生电路的逻辑功能和设计方法。

二、实验内容

在 Quartus Ⅱ中,利用 VHDL 或框图输入法设计偶校验发生电路和偶校验检测电路,完成仿真,并下载到 FPGA 实验台进行测试。

三、实验环境

PC 计算机	1 台
Quartus Ⅱ软件环境	1 套
GW48-CP++实验台	1 台

四、实验原理与电路

在数字设备中,数据的传输是大量的,且传输的数据都是由若干位二进制代码 0 和 1 组合而成的。由于系统内部或外部干扰等原因,可能使数据信息在传输过程中产生错误,例如在发送端,待发送的数据是 8 位,有三位是 1,到了接收端变成了四位是 1,产生了误传。奇偶校验器就是能自动检验数据信息传送过程中是否出现误传的逻辑电路。

图 7-3-23 是奇偶校验原理框图。奇偶校验的基本方法就是在待发送的有效数据位之外再增加一位奇偶校验位(又称监督码),利用这一位将待发送的数据代码中含 1 的个数补成奇数(当采用奇校验)或者补成偶数(当采用偶校验),形成传输码。然后,在接收端通过检查接收到的传输码中 1 的个数的奇偶性判断传输过程中是否有误传现象,传输正确则向接收端发出接收命令,否则拒绝接收或发出报警信号。产生奇偶校验位(监督码)的工作由图 7-3-23 中的奇偶发生器来完成。判断传输码中含 1 的个数奇偶性的工作由图 7-3-23 中的奇偶校验器完成。偶校验系统逻辑框图如图 7-3-24 所示。

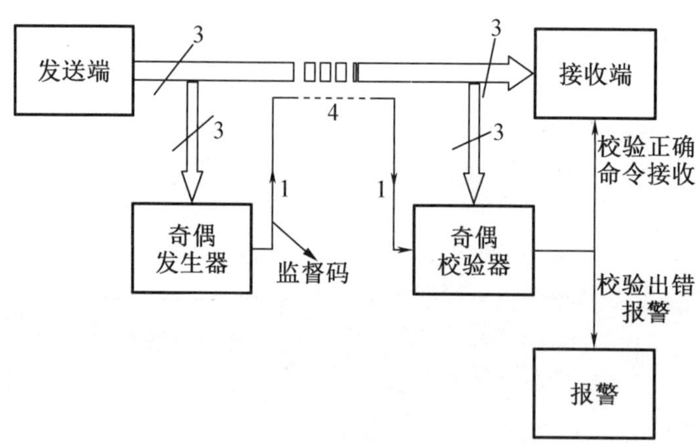

图 7-3-23　奇偶校验原理框图

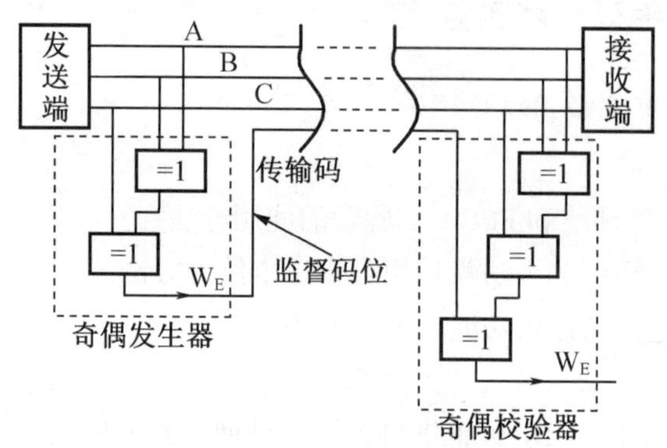

图 7-3-24　偶校验系统逻辑框图

表 7-3-19 列出了三位二进制码的偶校验的传输码和检测码真值表,根据这个表可以设计出偶校验发生器和检测器的逻辑图。由表 7-3-19 可写出的逻辑表达式,化简后得:

$$W_{E1}=A\oplus B\oplus C$$

$$W_{E2}=W_{E1}\oplus A\oplus B\oplus C$$

当进行偶校验时,若发送端三位二进制代码中有奇数个 1,$W_{E1}=1$;若发送端三位二进制代码有偶数个 1,$W_{E1}=0$,若传输正确,$W_{E2}=0$;若 $W_{E2}=1$,则说明传输有误。

表 7-3-19　偶校验的传输码与检测码真值表

发送码	监督码	传输码	检测码
A B C	W_{E1}	W_{E1} A B C	W_{E2}
0 0 0	0	0 0 0 0	0
0 0 1	1	1 0 0 1	0
0 1 0	1	1 0 1 0	0
0 1 1	0	0 0 1 1	0
1 0 0	1	1 1 0 0	0
1 0 1	0	0 1 0 1	0
1 1 0	0	0 1 1 0	0
1 1 1	1	1 1 1 1	0

五、实验任务与步骤

1. 设计输入

首先依据偶校验发生器和检测器真值表进行逻辑设计；根据逻辑设计通过卡诺图或应用公理、公式进行化简，得到最简式；再根据给定芯片器件将最简式化成实验用最简式（用最少器件及门电路的表达式，也称为实验表达式）；根据实验表达式画出逻辑电路图；选用异或门实现偶校验发生器和检测器的逻辑功能。在 Quartus Ⅱ 中新建工程，在 Quartus Ⅱ 的框图编辑器中利用框图法设计输入偶校验发生器和检测器逻辑电路，所用到的基本门电路在元器件树形目录的位置是：Primitives/Logic。偶校验发生器和检测器原理图设计如图 7-3-25 所示。

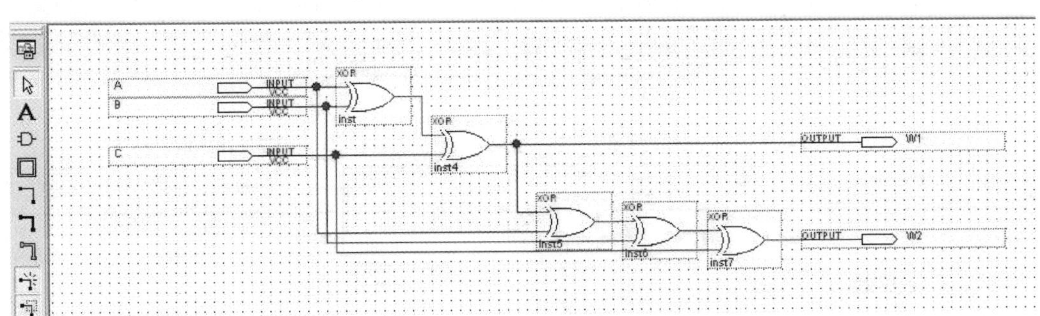

图 7-3-25　偶校验发生器和检测器原理图

2. 编译、仿真

编译前，选择主菜单“Assignments”→“Divice”项，选择芯片为 Cyclone Ⅲ 系列芯片 EP3C40Q240，如果在新建工程时已经指定芯片，则此处可省略选择芯片操作。然后编译工程。如果没有错误，则编译成功。建立仿真波形文件（. vwf），设置输入信号，然后运行仿真，查看输出波形。图 7-3-26 给出了偶校验发生器和检测器的仿真输出波形。当输入信号 A 为 0，B 为 0，C 为 1 时，输出信号 W_1 为 1，W_2 为 0，即监督码 1，纠错码为 0，表示传输过程没有发生错误。与偶校验发生器和检测器真值表(表 7-3-19)一致。要求设置 A,B,C 其他情况的值,完成偶校验发生器和检测器的仿真。查看波形图,与其真值表比较。

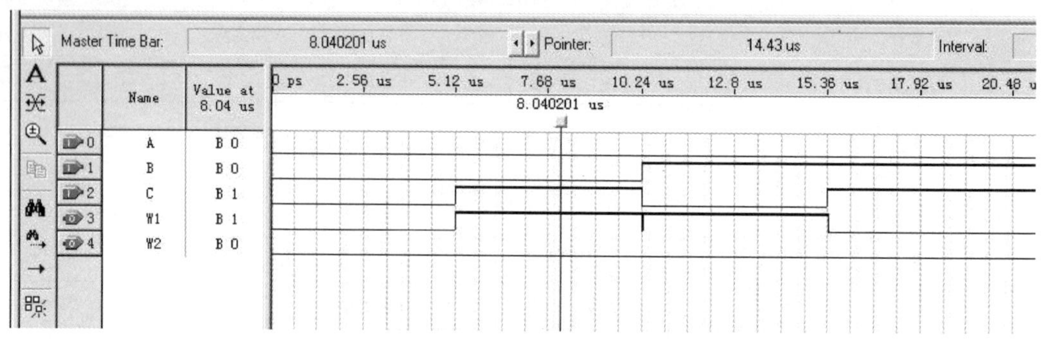

图 7-3-26　偶校验发生器和检测器仿真结果

3. 引脚锁定、下载实验台

选择实验台模式 No. 5,按照表中的按键和 LED 灯设置,参照引脚锁定表,给出偶校验发生器和检测器的引脚锁定方案,填写表 7-3-20。在 Quartus Ⅱ 中,选择主菜单"Assignment"→"Pin"项,完成比较电路的引脚锁定。引脚锁定完毕后,选择主菜单"Processing"→"Start Compilation"项,编译整个工程。然后选择主菜单"Tools"→"Programmer"项,下载 Sof 文件到 GW48-CP++实验台,完成偶校验发生器和检测器电路的功能测试,记录电路输入输出结果,由实验结果列出真值表,并将其与理论真值表进行比较是否一致。

表 7-3-20　偶校验发生器和检测器引脚锁定方案

输入输出信号	外设	引脚名称	引脚号
A	按键 3		
B	按键 2		
C	按键 1		
W_1	LED 灯 2		
W_2	LED 灯 1		

六、扩展实验

本设计中,如图 7-3-24 所示,由于发送端与接收端直接相连,即发送端与接收端之间不存在一个不可靠的信道,这样信号传输过程中不会发生任何错误,那么检测为值将恒为低电平(表示无错)。因此,为了更好的测试偶校验发生器和检测器的工作原理,要求在图 7-3-26 的基础上,增加一个"干扰电路",能够干扰输入信号在到达接受端前发生错误,使得检测码为高电平。要求仿真信号在传输过程出现错误的情况,即检测码为 1 的情况。

设计思路:偶校验发生器和检测器的电路中各用一个数据选择器设计,最终全部电路需要用 2 个 2 输入单输出与非门、1 个 2 输入单输出异或门、2 个 4 选 1 数据选择器。4 选 1 数据选择器选择控制端有两个:选择端 S_1 选择端 S_0,S_1 为高位,S_0 为低位,排列为 S_1S_0。当

S_1S_0 为 00 时,输出 F 取 C_0 端电平;当 S_1S_0 为 01 时,输出 F 取 C_1 端电平;当 S_1S_0 为 10 时,输出 F 取 C_2 端电平;当 S_1S_0 为 11 时,输出 F 取 C_3 端电平。

7.3.4.2　步进码发生器电路

一、实验目的

掌握 Quartus Ⅱ软件环境和 FPGA 实验台的使用方法。

掌握利用 VHDL 或框图输入法设计组合逻辑电路的方法。

掌握步进码的规则和发生电路的逻辑功能和设计方法。

二、实验内容

在 Quartus Ⅱ中,利用 VHDL 或框图输入法设计步进码发生电路,完成仿真,并下载到 FPGA 实验台进行测试。

三、实验环境

PC 计算机　　1 台

Quartus Ⅱ软件环境　　1 套

GW48-CP++实验台　　1 台

四、实验原理与电路

格雷(Gray)码是一种常用的 BCD 可靠性编码。格雷码有多种形式,但都有一个共同的特点,就是任意两个相邻的整数,它们的 Gray 码仅有一位有差别。用普通二进制码表示的十进制数,就没有这个特点。这个特点又有什么意义呢?先来看看没有这个特点的编码,例如两个相邻的十进制数 13 和 14,他们的二进制码分别为 1101 和 1110,相互之间就有两位不同。在用二进制数做加 1 计数时,例如从 13 变到 14,二进制码的最低两位都要改变。如果两位改变不是同时发生(严格的说,是不会完全同时发生的),那么在计数过程中就可能在短暂的时间内出现其他代码。例如从 1101 到 1110,若前一位先置 0,然后第二位再置 1,则这中间就会短暂的出现错误码 1100。这种错误码的出现虽然短暂,有时却是不允许的。Gray 码从编码的形式上杜绝了出现这种错误的可能。

步进码(walking or creeping code)是 Gray 码的一种特殊形式,由于实现起来特别容易而获得广泛应用。在表 7-3-21 中所列出的一种包含 5 位,循环长度为 10 的步进码。可以看出步进码在计数时,除最右一位以外,其他各位都是它加 1 计数以前右面一位左移而成。而最右位则是把最左一位变反再循环移位而成。

BCD 码的步进码发生器是一个 4 个输入 5 个输出数字逻辑系统。由表 7-3-21 可写出的逻辑表达式,化简后得:

$$F_4=A+BC+BD$$

$$F_3=B+A/D$$

$$F_2=B+CD$$

$$F_1=C/D+B\oplus C$$

$$F_0=B\oplus C+/A/CD$$

由此画出 BCD 码的步进码发生器逻辑图如图 7-3-27 所示。

表 7-3-21　步进码编码表

十进制数	二进制数	步进码
X	ABCD	$F_4F_3F_2F_1F_0$
0	0000	00000
1	0001	00001
2	0010	00011
3	0011	00111
4	0100	01111
5	0101	11111
6	0110	11110
7	0111	11100
8	1000	11000
9	1001	10000

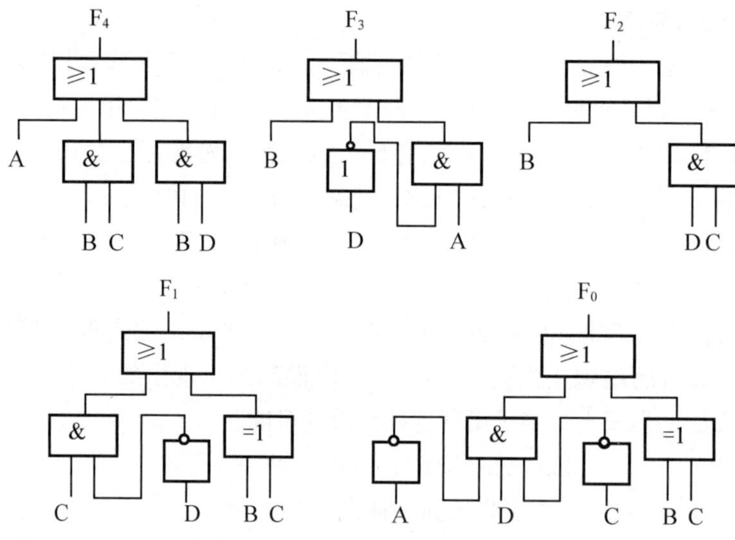

图 7-3-27　步进码发生器逻辑电路图

五、实验任务与步骤

1. 设计输入

首先依据步进码发生器真值表进行逻辑设计；根据逻辑设计通过卡诺图或应用公理、公式进行化简，得到最简式；再根据给定芯片器件将最简式化成实验用最简式（用最少器件及门电路的表达式，也称为实验表达式）；根据实验表达式画出逻辑电路图；选用异或门、与门、非门和或门实现步进码发生器的逻辑功能，如图 7-3-27 所示。在 Quartus Ⅱ 中新建工程，在 Quartus Ⅱ 的框图编辑器中利用框图法设计输入步进码发生器逻辑电路，所用到的基本门电路在元器件树形目录的位置是：Primitives/Logic。步进码发生器原理图设计如图 7-3-28 所示。在 Quartus Ⅱ 中选择主菜单“Tools”→“Netlist Viewers”→“RTL Viewer”，可以查看步进码发生器的 RTL 级电路图。

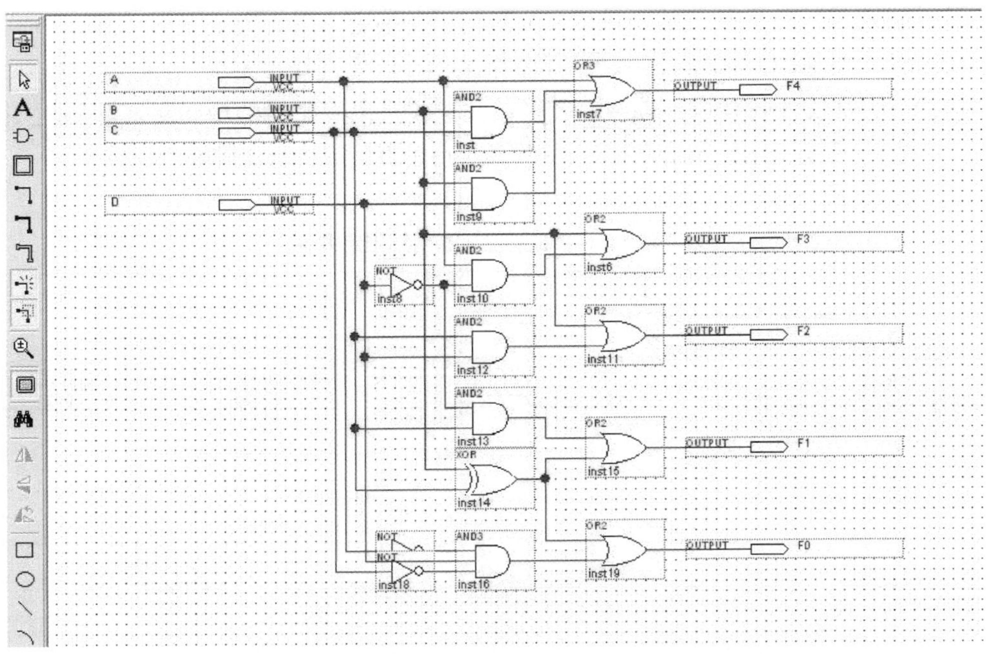

图 7-3-28　步进码发生器原理图

2. 编译、仿真

编译前，选择主菜单“Assignments”→“Divice”项，选择芯片为 Cyclone Ⅲ系列芯片 EP3C40Q240，如果在新建工程时已经指定芯片，则此处可省略选择芯片操作。然后编译工程。如果没有错误，则编译成功。建立仿真波形文件(.vwf)，设置输入信号，然后运行仿真，查看输出波形。图 7-3-29 给出了步进码发生器的仿真输出波形。如，当输入信号 A 为 0，B 为 0，C 为 1，D 为 1 时，输出信号 F_4 为 0，F_3 为 0，F_2 为 1，F_1 为 1，F_1 为 1。与步进码发生器真值表(表 7-3-21)一致。要求设置 A，B，C 和 D 其他情况的值，完成步进码发生器的仿真。查看波形图，与其真值表比较。

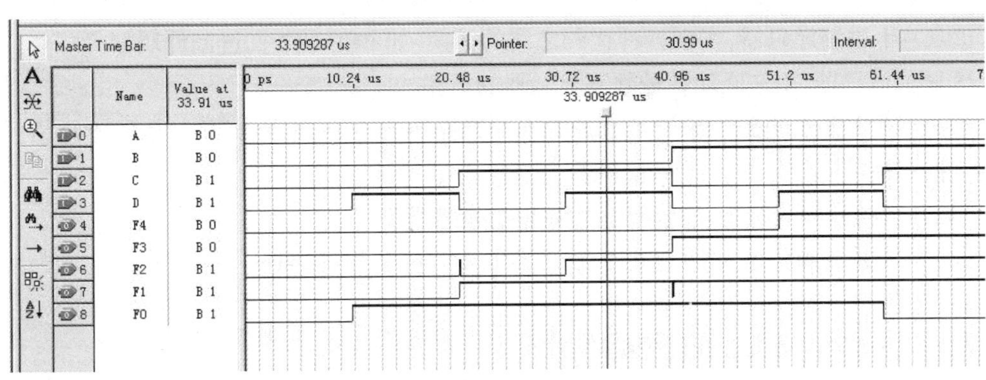

图 7-3-29　步进码发生器仿真结果

3. 引脚锁定、下载实验台

选择合适的实验台模式，参照引脚锁定表，填写表 7-3-22。在 Quartus Ⅱ中，选择主菜单"Assignment"→"Pin"项，完成步进码发生器的引脚锁定。引脚锁定完毕后，选择主菜单"Processing"→"Start Compilation"项，编译整个工程。然后选择主菜单"Tools"→"Programmer"项，下载 Sof 文件到 GW48-CP++实验台，完成步进码发生器的功能测试，记录电路的输入输出结果，由实验结果列出真值表，并将其与理论真值表进行比较是否一致。

表 7-3-22　步进码发生器引脚锁定方案

输入输出信号	外设	引脚名称	引脚号
A			
B			
C			
D			
F_4			
F_3			
F_2			
F_1			
F_0			

六、扩展实验

编写步进码发生器逻辑电路 VHDL 代码，然后在 Quartus Ⅱ中完成步进码发生器电路的设计输入、仿真和实验台测试，与步进码发生器真值表比较。

7.3.5　编、译码及代码转换电路实验

译码器是组合电路。所谓译码，就是把代码的特定含义"翻译"出来的过程，而实现译码操作的电路称为译码器。译码器分成三类：

①二进制译码器：如 2-4 线译码器、3-8 线译码器等。

②二~十进制译码器：实现各种代码之间的转换，如 BCD 码~二进制译码器等。

③显示译码器：用来驱动各种数字显示器的电路。

编码器也是组合电路。编码器就是实现编码操作的电路，编码实际上是和译码相反的过程。按照被编码信号的不同特点和要求，编码器也分成三类：

①二进制编码器：如 2-4 线编码器、3-8 线编码器等。

②二~十进制编码器：将十进制的 0~9 编成 BCD 码，如：10 线十进制~4 线 BCD 码编码器等。

③优先编码器：如 3-8 线优先编码器等。

7.3.5.1　3-8 线译码器电路

一、实验目的

掌握 Quartus Ⅱ软件环境和 FPGA 实验台的使用方法。

掌握利用 VHDL 或框图输入法设计组合逻辑电路的方法。

掌握 3-8 线译码器电路的逻辑功能和设计方法。

二、实验内容

根据 3-8 线译码器的功能,完成 3-8 线译码器逻辑电路设计,在 Quartus Ⅱ中,利用 VHDL 或框图输入法设计 3-8 线译码器电路,完成仿真,并下载到 FPGA 实验台进行测试。

三、实验环境

PC 计算机　　1 台

Quartus Ⅱ软件环境　　1 套

GW48-CP++实验台　　1 台

四、实验原理与电路

3-8 线译码器是一个 3 输入、8 输出的数字逻辑系统,3-8 线译码器电路是最简单的译码电路,是比较典型的多输出组合电路。其逻辑功能真值表见表 7-3-23。

由真值表可写出的逻辑表达式,化简后得:

$F_3 = AB$

$F_2 = A/B$

$F_1 = /AB$

$F_0 = /A/B$

由此画出 3-8 线译码器逻辑图如图 7-3-30 所示。

表 7-3-23　3-8 线译码器真值表

输入			输出							
A	B	C	F_7	F_6	F_5	F_4	F_3	F_2	F_1	F_0
0	0	0	0	0	0	0	0	0	0	1
0	0	1	0	0	0	0	0	0	1	0
0	1	0	0	0	0	0	0	1	0	0
0	1	1	0	0	0	0	1	0	0	0
1	0	0	0	0	0	1	0	0	0	1
1	0	1	0	0	1	0	0	0	1	0
1	1	0	0	1	0	0	0	1	0	0
1	1	1	1	0	0	0	1	0	0	0

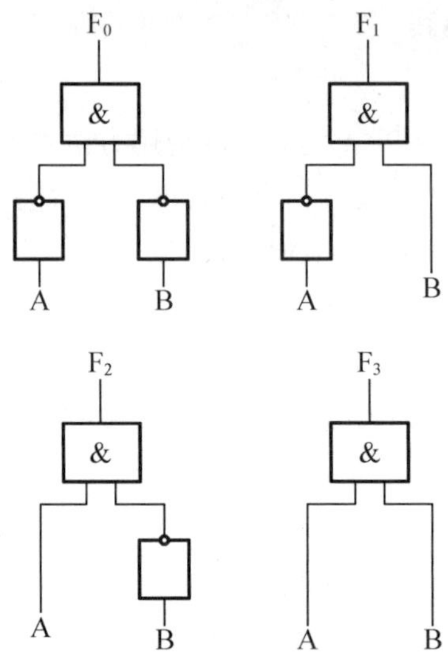

图 7-3-30　3-8 线译码器逻辑电路图

五、实验任务与步骤

1. 设计输入

首先依据 3-8 线译码器真值表进行逻辑设计；根据逻辑设计通过卡诺图或应用公理、公式进行化简，得到最简式；再根据给定芯片器件将最简式化成实验用最简式（用最少器件及门电路的表达式，也称为实验表达式）；根据实验表达式画出逻辑电路图；选用基本门电路实现 3-8 线译码器的逻辑功能，如图 7-3-30 所示。在 Quartus Ⅱ中新建工程，在 Quartus Ⅱ的框图编辑器中利用框图法设计输入 3-8 线译码器逻辑电路，所用到的基本门电路在元器件树形目录的位置是：Primitives/Logic。3-8 线译码器电路原理图设计如图 7-3-31 所示。在 Quartus Ⅱ中选择主菜单"Tools"→"Netlist Viewers"→"RTL Viewer"，可以查看 3-8 线译码器的 RTL 级电路图。

2. 编译、仿真

编译前，选择主菜单"Assignments"→"Divice"项，选择芯片为 Cyclone Ⅲ系列芯片 EP3C40Q240，如果在新建工程时已经指定芯片，则此处可省略选择芯片操作。然后编译工程。如果没有错误，则编译成功。建立仿真波形文件（. vwf），设置输入信号，然后运行仿真，查看输出波形。图 7-3-32 给出了 3-8 线译码器的仿真输出波形。当输入信号 A 为 0，B 为 1，C 为 1，时，输出信号 F 为 00001000，与 3-8 线译码器真值表（表 7-3-23）一致。

3. 引脚锁定、下载实验台

选择模式 No. 5，参照引脚锁定表，给出了 3-8 线译码器的引脚锁定方案，如表 7-3-24 所示。在 Quartus Ⅱ中，选择主菜单"Assignment"→"Pin"项，完成 3-8 线译码器的引脚锁定。引脚锁定完毕后，选择主菜单"Processing"→"Start Compilation"项，编译整个工程。然后选择主菜单"Tools"→"Programmer"项，下载 Sof 文件到 GW48-CP++实验台，完成 3-8 线译码器的功能测试，记录 3-8 线译码器输入输出结果，由实验结果列出真值表，并将其与理论真值表进行比较是否一致。要求设计另外一种引脚锁定方案，充分发挥实验平台的优势，更好的测试电路的功能。

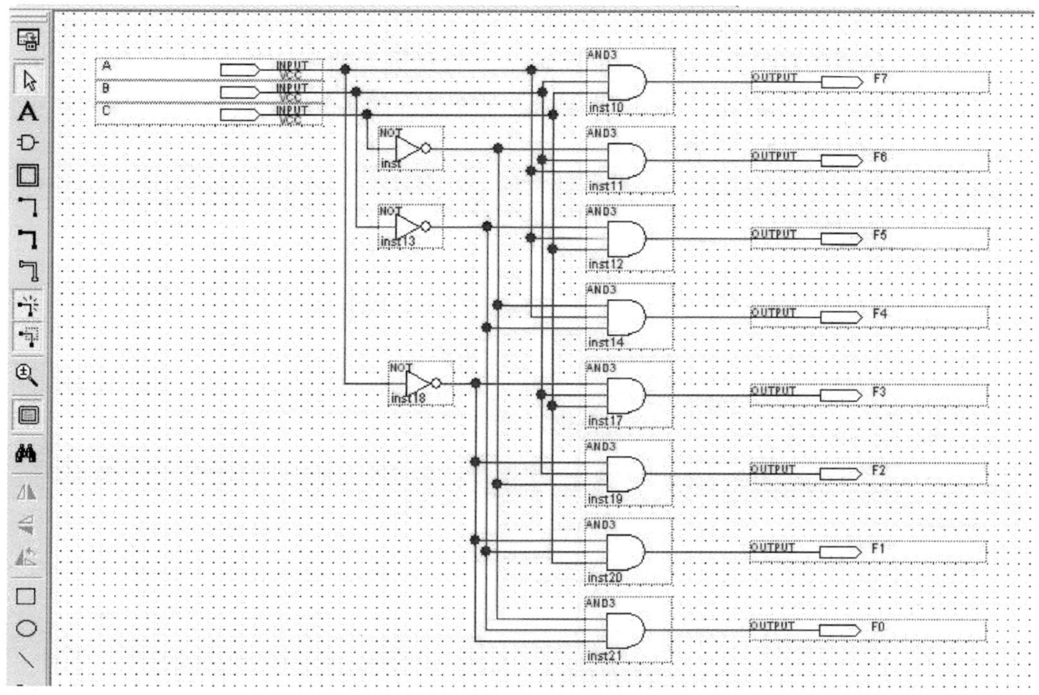

图 7-3-31　3-8 线译码器电路原理图

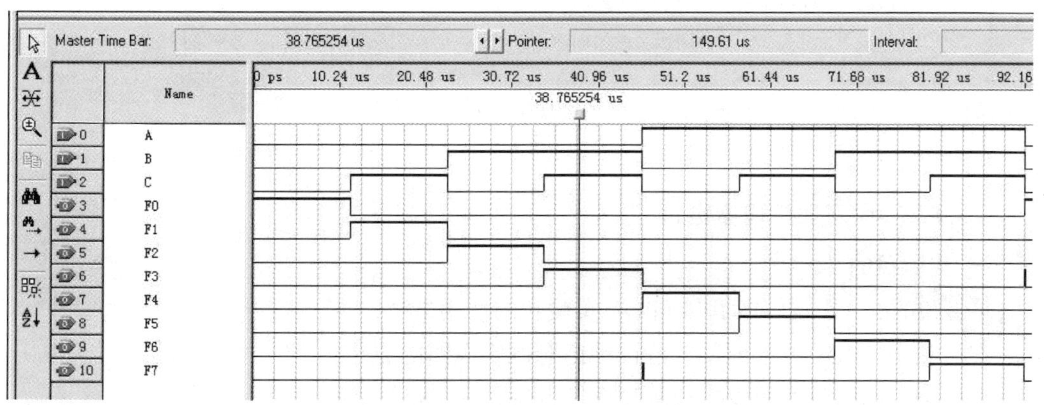

图 7-3-32　3-8 线译码器仿真结果

表 7-3-24　3-8 线译码器引脚锁定方案

输入输出信号	外设	引脚名称	引脚号
A	按键 3	PIO2	22
B	按键 2	PIO1	21
C	按键 1	PIO0	18
F[7..4]	数码管 2		
F[3..0]	数码管 1		

六、扩展实验

编写 3-8 线译码器逻辑电路 VHDL 代码,3-8 线译码器的部分参考程序见程序 P4-4。首先完善程序 P4-4。然后在 Quartus Ⅱ中完成 3-8 线译码器电路的设计输入、仿真和实验台测试,与 3-8 线译码器真值表比较。

程序 P4-4 decoder38.vhd

```
library ieee;
use ieee.std_logic_1164.all;
entity decoder38 is
  port(a : in  std_logic_vector(2 downto 0);
    y : out std_logic_vector(7 downto 0));
end decoder38;
architecture one of decoder38 is
  begin
  process (a)
  begin
    case  a  is
      when "000" => y<="00000001";
        when "001" => y<="00000010";
        when "010" => y<="00000100";
        when "011" => y<="00001000";
    end case;
  end process;
end one;
```

7.3.5.2 余三码编码器电路

一、实验目的

掌握 Quartus Ⅱ软件环境和 FPGA 实验台的使用方法。

掌握利用 VHDL 或框图输入法设计组合逻辑电路的方法。

掌握余三码编码器的逻辑功能和设计方法。

二、实验内容

根据余三码编码器的功能,完成余三码编码器逻辑电路设计,在 Quartus Ⅱ中,利用 VHDL 或框图输入法设计余三码编码器,完成仿真,并下载到 FPGA 实验台进行测试。

三、实验环境

PC 计算机	1 台
Quartus Ⅱ软件环境	1 套
GW48-CP++实验台	1 台

四、实验原理与电路

余三码编码器是一个 10 输入、4 输出的数字逻辑系统,余三码编码器是比较典型的多输出组合电路。其逻辑功能真值表见表 7-3-25。

由真值表可写出的逻辑表达式,化简后得:

$F_3 = /f+/g+/h+/i+/j$

$F_2 = /b+/c+/d+/e+/j$

$F_1 = /a+/d+/e+/h+/i$

$F_0 = /a+/c+/e+/g+/i$

由此画出余三码编码器逻辑图如图 7-3-33 所示。

表 7-3-25　余三码编码器真值表

输入										输出			
a	b	c	d	e	f	g	h	i	j	F_3	F_2	F_1	F_0
0	1	1	1	1	1	1	1	1	1	0	0	1	1
1	0	1	1	1	1	1	1	1	1	0	1	0	0
1	1	0	1	1	1	1	1	1	1	0	1	0	1
1	1	1	0	1	1	1	1	1	1	0	1	1	0
1	1	1	1	0	1	1	1	1	1	0	1	1	1
1	1	1	1	1	0	1	1	1	1	1	0	0	0
1	1	1	1	1	1	0	1	1	1	1	0	0	1
1	1	1	1	1	1	1	0	1	1	1	0	1	0
1	1	1	1	1	1	1	1	0	1	1	0	1	1
1	1	1	1	1	1	1	1	1	0	1	1	0	0

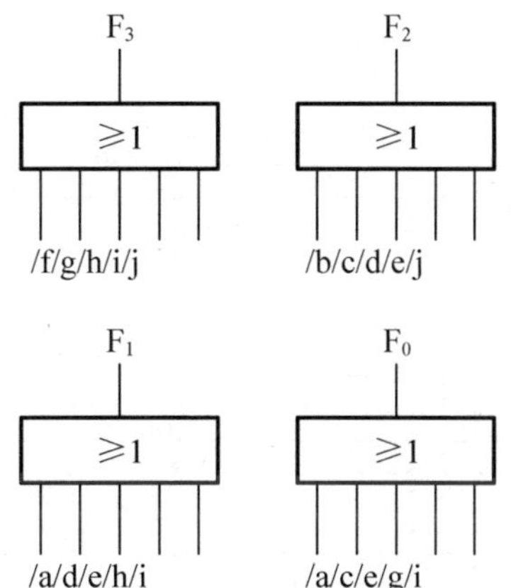

图 7-3-33　余三码编码器逻辑电路图

五、实验任务与步骤

1. 设计输入

首先依据余三码编码器真值表进行逻辑设计；根据逻辑设计通过卡诺图或应用公理、公式进行化简，得到最简式；再根据给定芯片器件将最简式化成实验用最简式（用最少器件及门电路的表达式，也称为实验表达式）；根据实验表达式画出逻辑电路图；选用与非门实现余三码编码器的逻辑功能，如图 7-3-33 所示。在 Quartus Ⅱ中新建工程，在 Quartus Ⅱ的框图编辑器中利用框图法设计输入余三码编码器逻辑电路，所用到的基本门电路在元器件树形目录的位置是:Primitives/Logic。余三码编码器原理图设计如图 7-3-34 所示。在 Quartus Ⅱ中选择主菜单“Tools”→“Netlist Viewers”→“RTL Viewer”，可以查看余三码编码器的 RTL 级电路图，如图 7-3-35 所示。

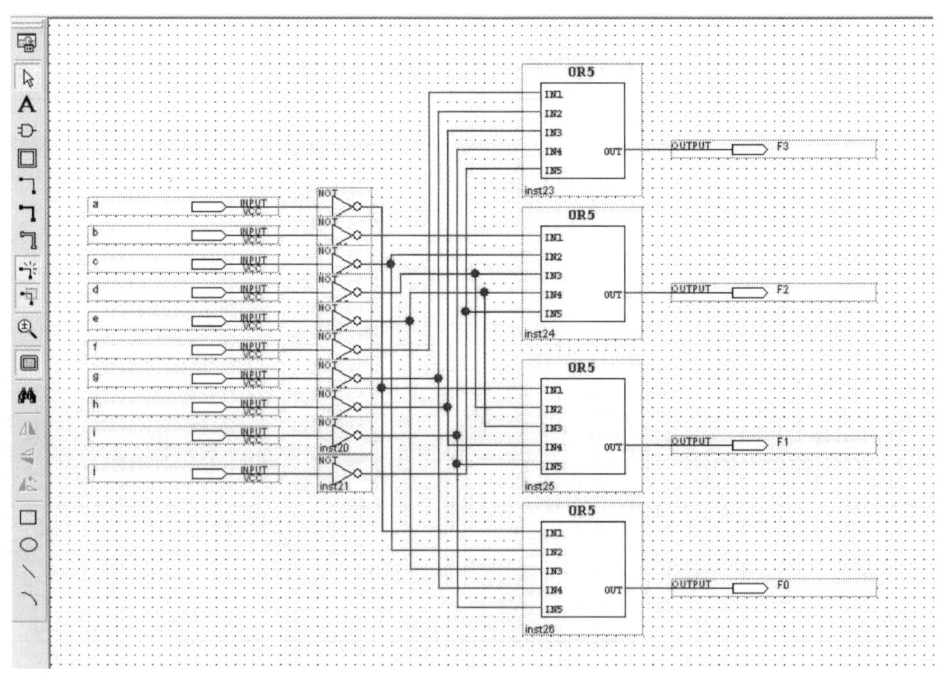

图 7-3-34　余三码编码器原理图

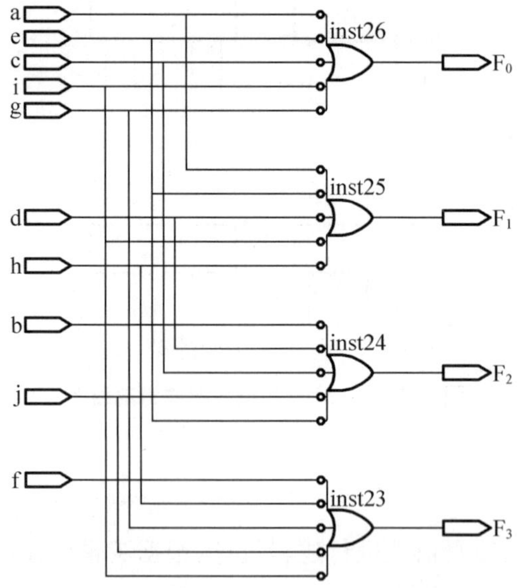

图 7-3-35　余三码编码器 RTL 级电路图

2. 编译、仿真

编译前，选择主菜单“Assignments”→“Divice”项，选择芯片为 Cyclone Ⅲ 系列芯片 EP3C40Q240，如果在新建工程时已经指定芯片，则此处可省略选择芯片操作。然后编译工程。如果没有错误，则编译成功。建立仿真波形文件(.vwf)，设置输入信号，然后运行仿真，查看输出波形。图 7-3-36 给出了余三码编码器的仿真输出波形。当 abcedefghi 为“1110111111”时，输出信号 f3、f2、f1、f0 分别为 0、1、1、0。与其真值表(表 7-3-25)一致。要求设置 a、b、c、d、e、f、g、h、i 其他情况的值，完成余三码编码器的仿真。查看波形图，与其真值表比较。

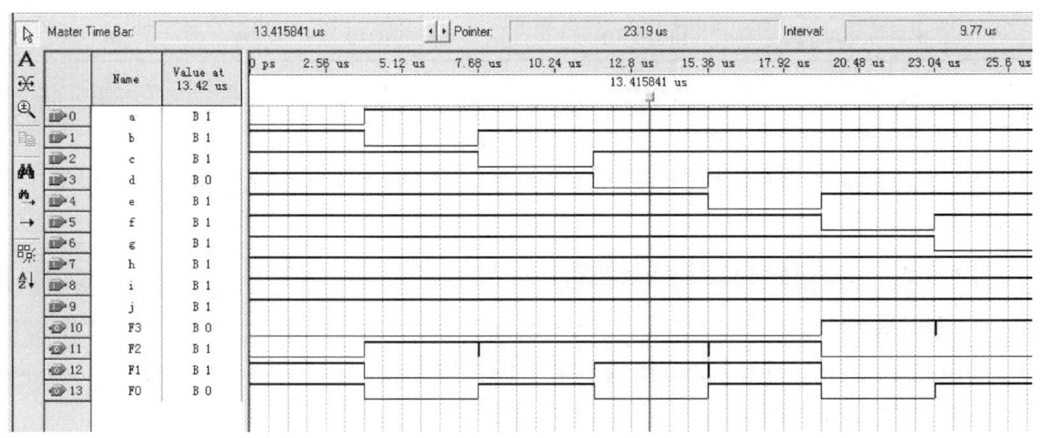

图 7-3-36　余三码编码器仿真结果

3. 引脚锁定、下载实验台

选择模式 No. 5，参照引脚锁定表，给出了余三码编码器的引脚锁定方案，如表 7-3-26 所示。在 Quartus Ⅱ 中，选择主菜单“Assignment”→“Pin”项，完成余三码编码器的引脚锁定。引脚锁定完毕后，选择主菜单“Processing”→“Start Compilation”项，编译整个工程。然后选择主菜单“Tools”→“Programmer”项，下载 Sof 文件到 GW48-CP++实验台，完成余三码编码器的功能测试，记录余三码编码器输入输出结果，由实验结果列出真值表，并将其与理论真值表进行比较是否一致。

表 7-3-26　余三码编码器引脚锁定方案

输入输出信号	外设	引脚名称	引脚号
a	按键 1	PIO3	37
b	按键 1	PIO2	22
c	按键 1	PIO1	21
d	按键 1	PIO0	18
e	按键 2	PIO10	46
f	按键 2	PIO9	45

表 7-3-26(续)

输入输出信号	外设	引脚名称	引脚号
g	按键 2	PIO8	44
h	按键 2	PIO10	46
i	按键 3	PIO9	45
j	按键 3	PIO8	46
F_3	LED 灯 3	PIO10	45
F_2	LED 灯 2	PIO9	46
F_1	LED 灯 1	PIO8	45
F_0	LED 灯 0	PIO10	46

六、扩展实验

编写余三码编码器逻辑电路 VHDL 代码,然后在 Quartus Ⅱ中完成余三码编码器电路的设计输入、仿真和实验台测试,与余三码编码器真值表比较。

7.3.5.3 余三码到 8421 码转换电路

一、实验目的

掌握 Quartus Ⅱ软件环境和 FPGA 实验台的使用方法。

掌握利用 VHDL 或框图输入法设计组合逻辑电路的方法。

掌握余三码到 8421 码转换电路的逻辑功能和设计方法。

二、实验内容

根据余三码到 8421 码转换电路的原理,完成余三码到 8421 码转换电路逻辑电路设计,在 Quartus Ⅱ中,利用 VHDL 或框图输入法设计余三码到 8421 码代码转换电路,完成仿真,并下载到 FPGA 实验台进行测试。

三、实验环境

PC 计算机	1 台
Quartus Ⅱ软件环境	1 套
GW48-CP++实验台	1 台

四、实验原理与电路

余三码到 8421 码转换电路是一个 4 个输入、4 个输出数字逻辑系统。余三码和 8421 码都是 BCD 码。这是一个比较典型的多输出组合电路。其逻辑功能真值表见表 7-3-27。

由真值表可写出的逻辑表达式,化简后得:

$B_3=Y_3Y_2+Y_3Y_1Y_0$

$B_2=/Y_2/Y_1+/Y_2/Y_0+Y_2Y_1Y_0$

$B_1=Y_1\oplus Y_0$

$B_0=/Y_0$

由此画出余三码到 8421 码代码转换电路逻辑图,如图 7-3-37 所示。

表 7-3-27　余三码到 8421 码代码转换电路真值表

输入				输出			
Y_3	Y_2	Y_1	Y_0	B_3	B_2	B_1	B_0
0	0	1	1	0	0	0	0
0	1	0	0	0	0	0	1
0	1	0	1	0	0	1	0
0	1	1	0	0	0	1	1
0	1	1	1	0	1	0	0
1	0	0	0	0	1	0	1
1	0	0	1	0	1	1	0
1	0	1	0	0	1	1	1
1	0	1	1	1	0	0	0
1	1	0	0	1	0	0	1

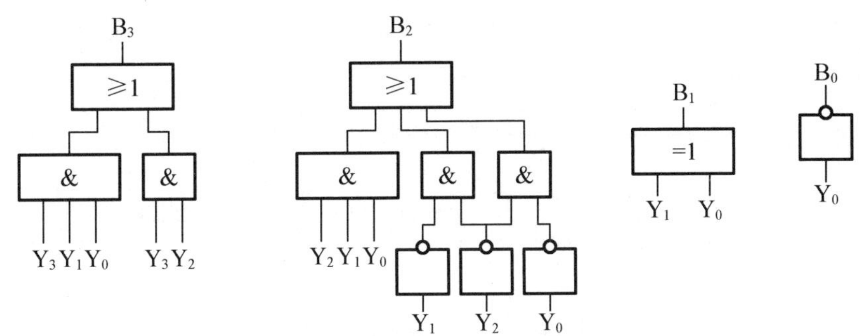

图 7-3-37　余三码到 8421 码代码转换电路逻辑图

五、实验任务与步骤

1. 设计输入

首先依据余三码到 8421 码转换电路真值表进行逻辑设计；根据逻辑设计通过卡诺图或应用公理、公式进行化简，得到最简式；再根据给定芯片器件将最简式化成实验用最简式(用最少器件及门电路的表达式，也称为实验表达式)；根据实验表达式画出逻辑电路图；选用异或门、与门、非门和或门实现余三码到 8421 码代码转换电路的逻辑功能，如图 7-3-37 所示。在 Quartus Ⅱ中新建工程，在 Quartus Ⅱ的框图编辑器中利用框图法设计输入余三码到 8421 码转换电路逻辑电路，所用到的基本门电路在元器件树形目录的位置是：Primitives/Logic。余三码到 8421 码转换电路原理图设计如图 7-3-38 所示。在 Quartus Ⅱ中选择主菜单“Tools”→“Netlist Viewers”→“RTL Viewer”，可以查看余三码到 8421 码转换电路的 RTL 级电路图，如图 7-3-39 所示。

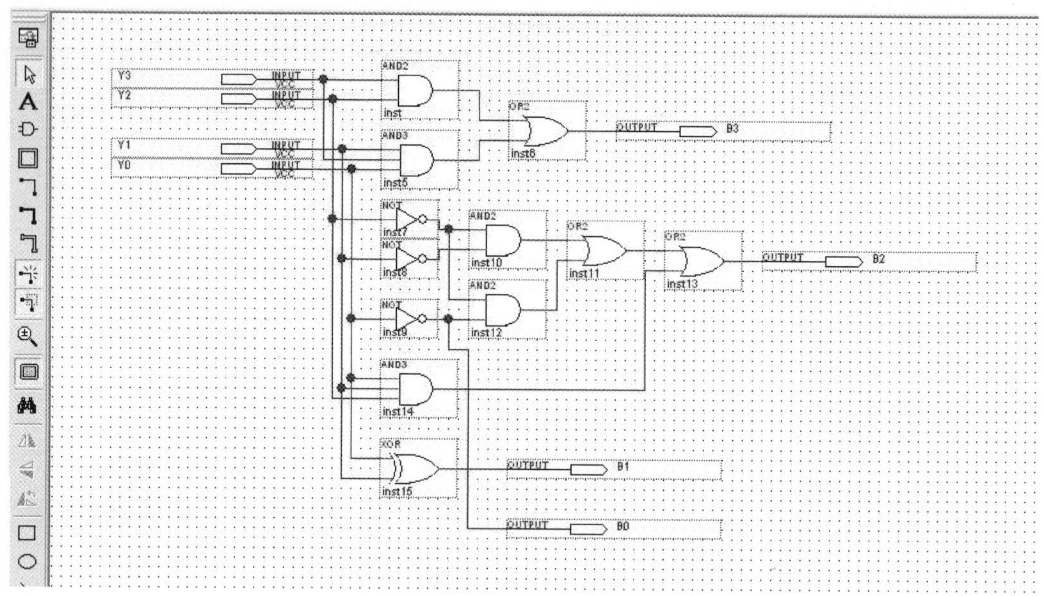

图 7-3-38　余三码到 8421 码转换电路原理图

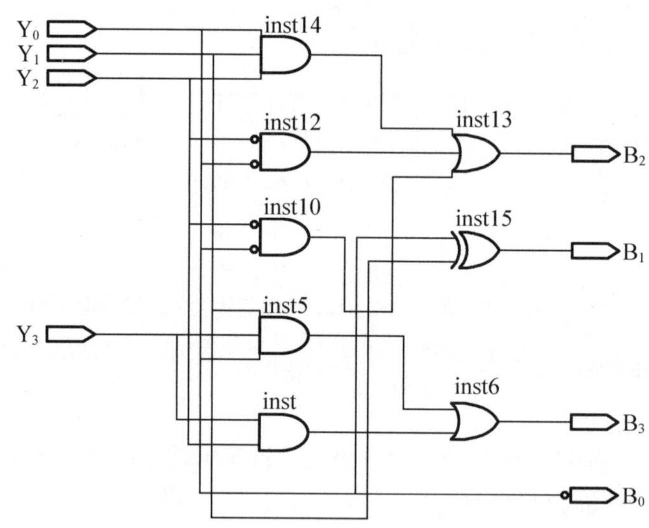

图 7-3-39　余三码到 8421 码转换电路 RTL 级电路图

2. 编译、仿真

编译前，选择主菜单“Assignments”→“Divice”项，选择芯片为 Cyclone Ⅲ系列芯片 EP3C40Q240，如果在新建工程时已经指定芯片，则此处可省略选择芯片操作。然后编译工程。如果没有错误，则编译成功。建立仿真波形文件(. vwf)，设置输入信号，然后运行仿真，查看输出波形。图 7-3-40 给出了余三码到 8421 码转换电路的仿真输出波形。当 Y_3，Y_2，Y_1，Y_0 分别为 0，1，0，0 时，输出信号 B_3，B_2，B_1，B_0 分别为 0，0，0，1。即余三码 0100 转换为 0001，与其真值表(表 7-3-27)一致。要求设置 Y_3，Y_2，Y_1，Y_0 其他情况的值，完成余三码到 8421 码转换电路的仿真。查看波形图,与其真值表比较。

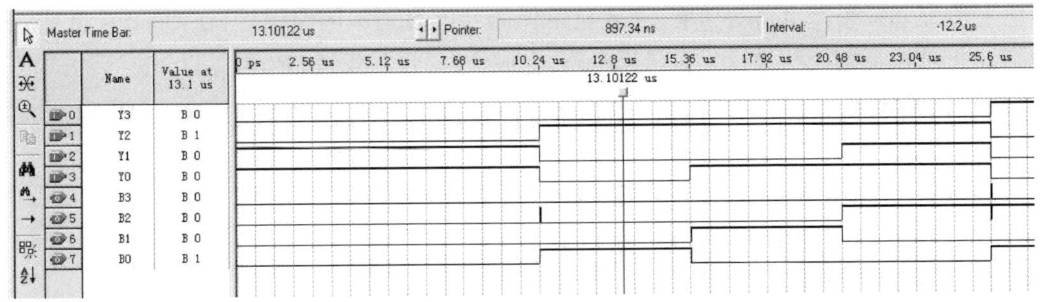

图 7-3-40　余三码到 8421 码转换电路仿真结果

3. 引脚锁定、下载实验台

选择模式 No. 5,参照引脚锁定表,给出了余三码到 8421 码转换电路的引脚锁定方案,如表 7-3-28 所示。在 Quartus Ⅱ中,选择主菜单"Assignment"→"Pin"项,完成余三码到 8421 码转换电路的引脚锁定。引脚锁定完毕后,选择主菜单"Processing"→"Start Compilation"项,编译整个工程。然后选择主菜单"Tools"→"Programmer"项,下载 Sof 文件到 GW48-CP++实验台,完成余三码到 8421 码转换电路的功能测试,记录余三码到 8421 码转换电路输入输出结果,由实验结果列出真值表,并将其与理论真值表进行比较是否一致。

表 7-3-28　余三码到 8421 码转换电路引脚锁定方案

输入输出信号	外设	引脚名称	引脚号
Y_3	按键 4	PIO3	37
Y_2	按键 3	PIO2	22
Y_1	按键 2	PIO1	21
Y_0	按键 1	PIO0	18
B_3	LED 灯 4	PIO11	49
B_2	LED 灯 3	PIO10	46
B_1	LED 灯 2	PIO9	45
B_0	LED 灯 1	PIO8	44

六、扩展实验

编写余三码到 8421 码转换电路 VHDL 代码,然后在 Quartus Ⅱ中完成余三码到 8421 码转换电路的设计输入、仿真和实验台测试,与余三码到 8421 码转换电路真值表比较。

7.3.5.4　显示译码器电路

一、实验目的

掌握 Quartus Ⅱ软件环境和 FPGA 实验台的使用方法。

掌握利用 VHDL 或框图输入法设计组合逻辑电路的方法。

掌握显示译码器电路的逻辑功能和设计方法。

二、实验内容

根据显示译码器电路的功能,完成显示译码器电路逻辑电路设计,在 Quartus Ⅱ 中,利用 VHDL 或框图输入法设计显示译码电路,完成仿真,并下载到 FPGA 实验台进行测试。

三、实验环境

PC 计算机　　1 台

Quartus Ⅱ 软件环境　　1 套

GW48-CP++实验台　　1 台

四、实验原理与电路

BCD 码七段显示译码电路是一个 4 个输入、7 个输出的数字逻辑系统。这个设计任务也是一个比较典型的多数出组合电路。其逻辑功能真值表见表 7-3-29。

表 7-3-29　显示译码电路真值表

输入				输出						
A_3	A_2	A_1	A_0	F_a	F_b	F_c	F_d	F_e	F_f	F_g
0	0	0	0	1	1	1	1	1	1	0
0	0	0	1	0	1	1	0	0	0	0
0	0	1	0	1	1	0	1	1	0	1
0	0	1	1	1	1	1	1	0	0	1
0	1	0	0	0	1	1	0	0	1	1
0	1	0	1	1	0	1	1	0	1	1
0	1	1	0	1	0	1	1	1	1	1
0	1	1	1	1	1	1	0	0	0	0
1	0	0	0	1	1	1	1	1	1	1
1	0	0	1	1	1	1	1	0	1	1

由真值表可写出的逻辑表达式,化简后得:

$F_d = A_3 + A_1/A_0 + /A_2/A_0 + /A_2A_1 + A_2/A_1A_0$

$F_a = A_3 + A_1 + A_2A_0 + /A_2/A_0$

$F_b = /A_2 + A_1A_0 + /A_1/A_0$

$F_c = A_2 + /A_1 + A_0$

$F_e = A_1/A_0 + /A_2/A_0$

$F_f = A_3 + A_2/A_1 + A_2/A_0 + /A_1/A_0$

$F_g = A_3 + A_2/A_1 + A_1/A_0 + /A_2A_1$

由此画出 BCD 码七段显示译码电路逻辑图如图 7-3-41 所示。

半导体数码管是用发光二极管(简称 LED)组成的字型来显示数字,七个条形发光二极管排列成七段组合字型,便构成了半导体七段数码管。数码管分共阴极和共阳极两种类型,共阴极数码管的所有发光二极管采用阴极相连并共地连接;所有发光二极管阳极独立,并由高电平驱动显示。共阳极数码管恰好相反,所有发光二极管采用阳极相连并共+5 V 连接;所有发光二极管阴极独立,并由低电平驱动显示。常用的共阴极半导体数码管,例如型号为 lc5011-11 的共阴数码管,其管脚排列如图 7-3-42 所示。当在 a、b、c、d、e、f、g、DP 段加上正向电压时,发光二极管就亮。比如显示二进制数 0101(即十进制数 5),应使显示器的 a、f、g、c、d 段加上高电平就行了。

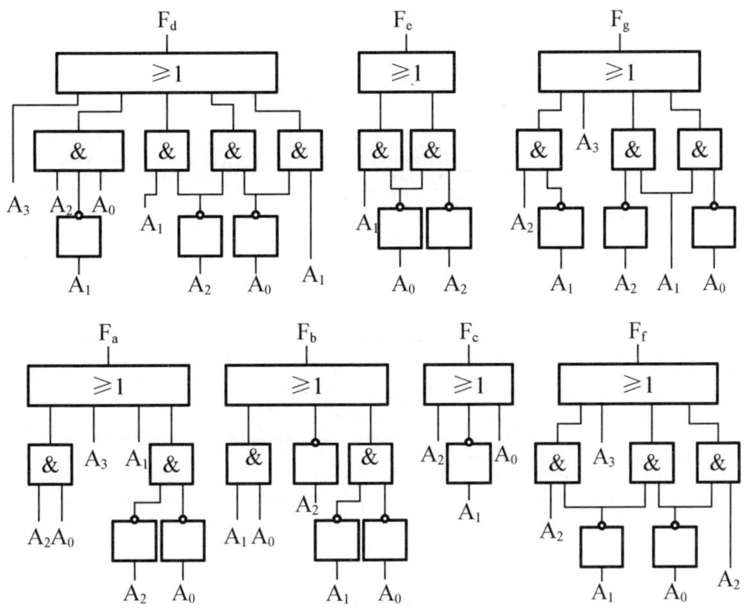

图 7-3-41　显示译码电路逻辑图

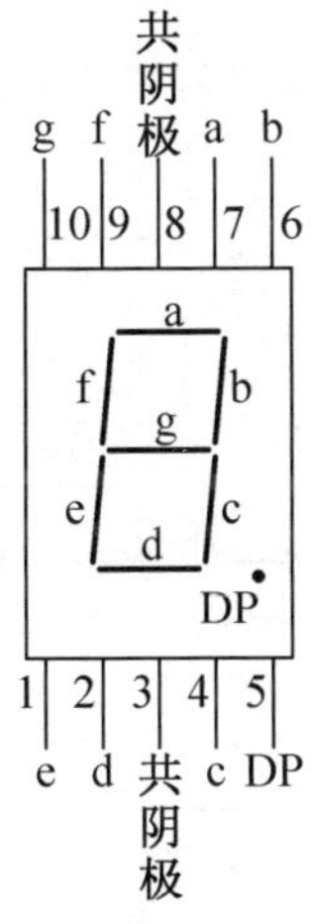

图 7-3-42　数码管引脚分配图

五、实验任务与步骤

1. 设计输入

首先依据显示译码器电路真值表进行逻辑设计;根据逻辑设计通过卡诺图或应用公

理、公式进行化简,得到最简式;再根据给定芯片器件将最简式化成实验用最简式(用最少器件及门电路的表达式,也称为实验表达式);根据实验表达式画出逻辑电路图;选用异或门、与门、非门和或门实现余三码到8421码代码转换电路的逻辑功能,如图7-3-41所示。在Quartus Ⅱ中新建工程,在Quartus Ⅱ的框图编辑器中利用框图法设计输入显示译码器电路逻辑电路,所用到的基本门电路在元器件树形目录的位置是:Primitives/Logic。显示译码器电路原理图设计如图7-3-43所示。在Quartus Ⅱ中选择主菜单"Tools"→"Netlist Viewers"→"RTL Viewer",可以查看显示译码器电路的RTL级电路图。

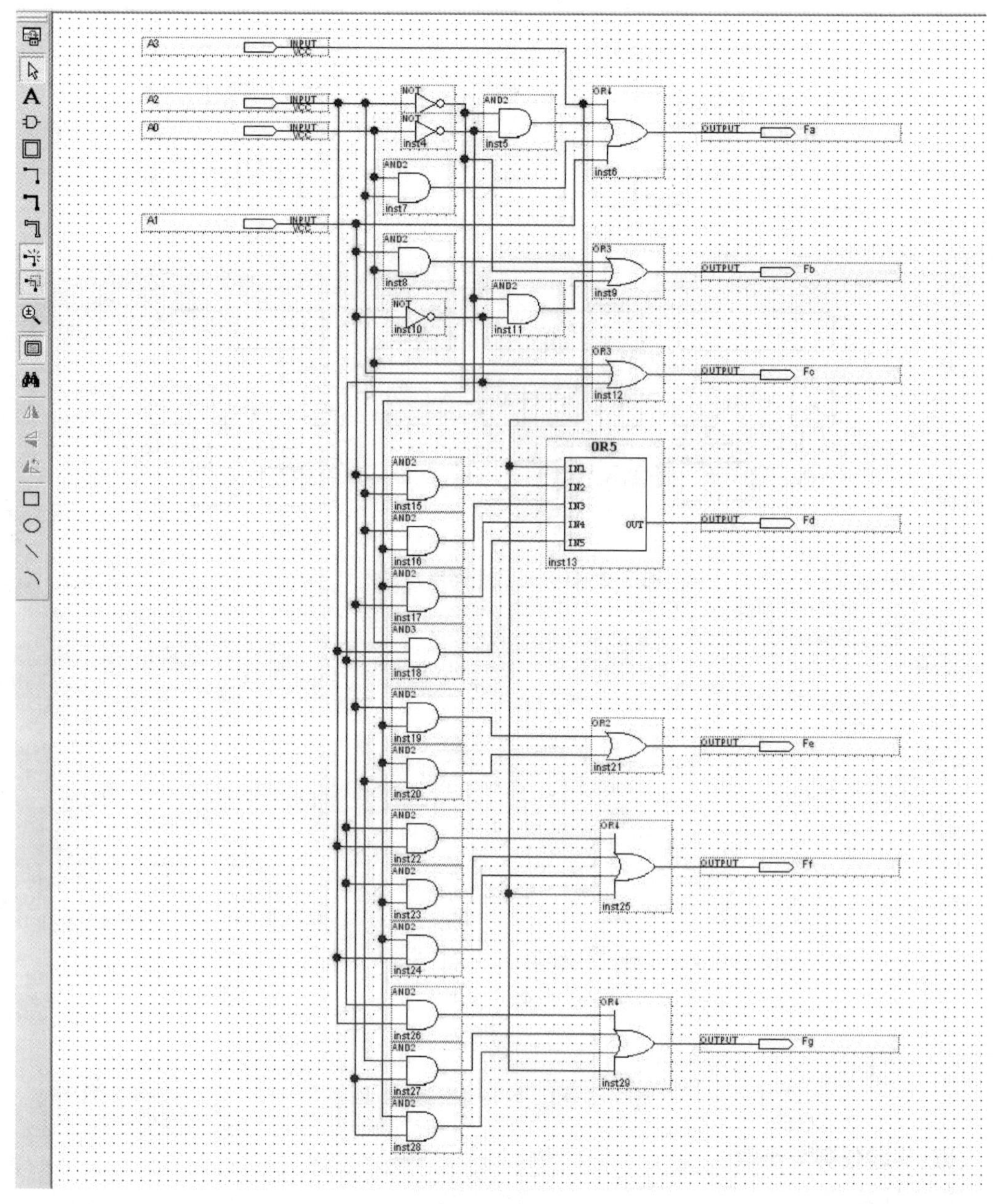

图7-3-43 显示译码器电路原理图

2. 编译、仿真

编译前，选择主菜单“Assignments”→“Divice”项，选择芯片为 Cyclone Ⅲ系列芯片 EP3C40Q240，如果在新建工程时已经指定芯片，则此处可省略选择芯片操作。然后编译工程。如果没有错误，则编译成功。建立仿真波形文件(.vwf)，设置输入信号，然后运行仿真，查看输出波形。图 7-3-44 给出了显示译码器电路的仿真输出波形。从波形图上可看出，当 A_3，A_2，A_1，A_0 分别为 0，1，0，1 时，输出信号 F_a，F_b，F_c，F_d，F_e，F_f，F_g 为 1，0，1，1，0，1，1，与其真值表(表 7-3-29)一致。即使数码管的 a、f、g、c、d 段加上高电平，显示二进制数 0101(即十进制数 5)。要求设置其他情况 A_3，A_2，A_1，A_0 的值，完成显示译码器电路的仿真。查看波形图，与其真值表比较。

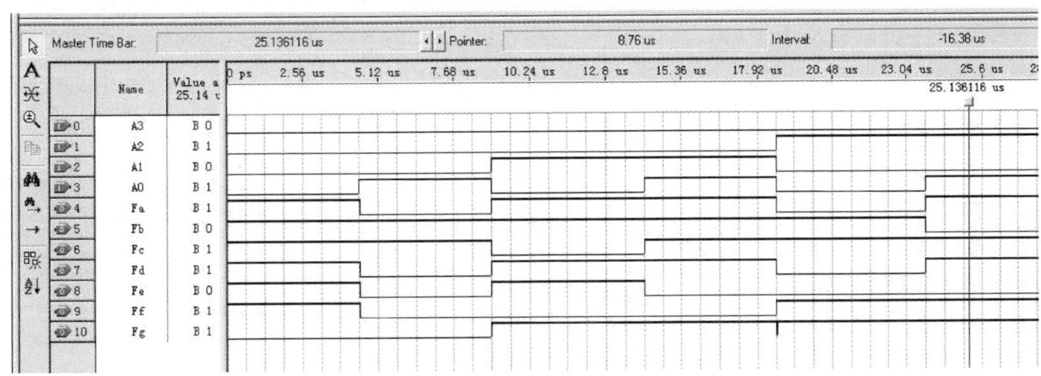

图 7-3-44　显示译码器电路仿真结果

3. 引脚锁定、下载实验台

选择合适的实验台模式，参照引脚锁定表，设计显示译码器的引脚锁定方案，填写表 7-3-30。在 Quartus Ⅱ中，选择主菜单“Assignment”→“Pin”项，完成显示译码器电路的引脚锁定。引脚锁定完毕后，选择主菜单“Processing”→“Start Compilation”项，编译整个工程。然后选择主菜单“Tools”→“Programmer”项，下载 Sof 文件到 GW48-CP++实验台，完成显示译码器电路的功能测试，记录显示译码器电路输入输出结果，由实验结果列出真值表，并将其与理论真值表进行比较是否一致。

表 7-3-30　显示译码器电路引脚锁定方案

输入输出信号	外设	引脚名称	引脚号
A_3			
A_2			
A_1			
A_0			
F_a			
F_b			
F_c			

表 7-3-30(续)

输入输出信号	外设	引脚名称	引脚号
F_d			
F_e			
F_f			
F_g			

六、扩展实验

编写显示译码器逻辑电路 VHDL 代码,显示译码器的部分参考程序见程序 P4-5。首先完善程序 P4-5。然后在 Quartus Ⅱ中完成显示译码器电路的设计输入、仿真和实验台测试,与显示译码器真值表比较。

程序 P4-5 seven.vhd

```
library ieee;
use ieee.std_logic_1164.all;
use ieee.std_logic_arith.all;
use ieee.std_logic_unsigned.all;
entity seven is
  port(num:in std_logic_vector(3 downto 0);
    dout:out std_logic_vector(6 downto 0) );
end seven;
architecture a1 of seven is
begin
  with num select
    dout<="1111110" when "0000",
    "0110000" when "0001",
    "1101101" when "0010",
    "1111001" when "0011",
    "0110011" when "0100",
"0000000" when others;
end a1;
```

7.4 时序逻辑电路实验设计

7.4.1 时序逻辑电路设计方法

时序逻辑电路简称时序电路。构成时序电路的基本单元电路是触发器。触发方式可将时序电路分为两类。一类是同步时序电路,另一类是异步时序电路。同步时序电路中的所有触发器共用一个时钟信号,即所有触发器的状态转换发生在同一时刻;而异步时序电路则不同,它不再共用一个时钟信号,有的触发器的时钟信号是另一个触发器的输出,就是说所有触发器的状态转换不一定发生在同一时刻。时序电路分为米里型和摩尔型两类。时序电路的输出状态与输入和状态有关的电路称为米里型,而输出状态只与状态有关的电路,则称为摩尔型。

7.4.1.1　时序逻辑电路的特点

时序逻辑电路的特点是电路任一时刻的输出状态不仅取决于当时的输入信号,而且还取决于电路原来的状态,或者说与以前的输入有关。时序电路的输出状态既然与电路的原来状态有关,那么构成时序电路就必须有存储电路,而且存储电路的输出状态还必须与输入信号共同决定时序电路的输出状态。图 7-4-1 显示了由组合电路和存储电路构成的时序电路普遍形式的框图。应指出的是,时序电路的状态,就是依靠存储电路记忆来表示的,时序电路中可以没有组合电路,但不能没有存储电路。

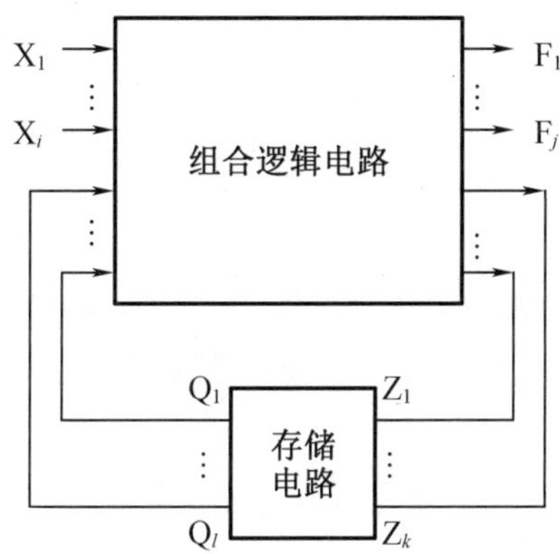

图 7-4-1　时序逻辑电路框图

7.4.1.2　时序逻辑电路的表示方法

1. 逻辑表达式

图 7-4-1 中 X 为组合电路的输入信号,F 为组合电路的输出信号,Z 为存储电路的输入信号,Q 为存储电路的输出信号。它们之间的逻辑关系可以用三个向量函数表示:

$$F(T_n)=W[X(T_n),Q(T_n)] \tag{7-1}$$

$$Q(T_{n+1})=G[Z(T_n),Q(T_n)] \tag{7-2}$$

$$Z(T_n)=H[X(T_n),Q(T_n)] \tag{7-3}$$

式中的 T_n 和 T_{n+1} 表示两个相邻的离散时间。由于 $F_1,F_2,\cdots,F_j$ 是电路的输出信号(又称外部状态),故把式(7-1)称作输出方程;而 $Q_1,Q_2,\cdots,Q_l$ 表示的是存储电路的状态,称之为状态变量(又称内部状态),所以把式(7-2)称作状态方程;而 $Z_1,Z_2,\cdots,Z_k$ 是存储电路的驱动或激励信号,因而式(7-3)称作驱动方程,或激励方程。

2. 状态表

在时序电路中,输入与状态转换关系的研究可以用表格方式,这样建立的表格称之为状态转换表,简称状态表。

3. 状态图

在时序电路中，输入与状态转换关系的研究可以用图解方式，这样建立的图称之为状态转换图，简称状态图。

7.4.1.3 时序逻辑电路的设计方法与步骤

所谓设计时序电路，就是要根据给定的逻辑问题，求出实现这一逻辑功能的时序电路。时序电路的设计通常按下述步骤进行。

①画状态转换图或状态转换表。

要画状态转换图，首先要确定输入变量、输出变量和状态数。通常取原因或条件作为输入变量，取结果作为输出变量。其次对输入、输出和电路状态进行定义，并对电路状态顺序进行编号。最后按照命题要求画出状态转换图或列状态转换表。

②状态化简。

在第一步得到的状态转换图或状态转换表中可能包含有等价状态，因此，需进行状态化简。两个或多个等价状态可以合并成一个状态。两个状态在输入相同的条件下，转换到同一个次态，而且得到相同的输出，则这两个状态为等价状态。等价状态的合并，使电路的状态数目减少。

③状态分配。

时序电路的状态，通常用触发器的状态组合来表示。因此要先确定触发器数目。因为 n 个触发器共有 2^n 种状态组合，所以要得到 m 个状态组合，即电路的状态数，必须取 $2^{n-1}<m\leqslant 2^n$。

其次，要给电路的每一状态规定与之对应的触发器状态组合。由于每一组触发器的状态组合都是一组二值代码，所以状态分配也称做状态编码。如果状态分配得当，设计的电路可能简单，否则电路会复杂。

④确定触发器类型并求出驱动方程和输出方程。

因为不同逻辑功能的触发器的特性方程不同，所以只有选定触发器之后，才能求出状态方程，进而求出驱动方程和输出方程。

⑤按照驱动方程和输出方程画出逻辑图。

⑥检查所设计的电路能否自启动。

无效状态能够在有数个时钟脉冲作用下进入有效循环中，说明该电路能够自启动，否则电路不能自启动。如果检查结果是电路不能自启动，就要修改设计，使之能自启动。另外，还可以在电路开始工作时，将电路的状态置成有效循环中的某一状态。

对于用中规模集成电路设计时序电路，第(4)步以后的几步就不完全适用了。由于中规模集成电路已经具有了一定的逻辑功能，因此用中规模集成电路设计电路时，希望设计结果与命题要求的逻辑功能之间有明显的对应关系，以便于修改设计。选定合适的中规模集成电路之后，可根据命题要求确定控制端的驱动方程和电路的输出方程。

7.4.2 触发器及其功能测试实验

触发器是具有记忆作用的基本单元，在时序电路中是必不可少的。触发器具有两个基本性质：在一定的条件下，触发器可以维持在两种稳定状态（0 或 1 状态）之一而保持不变；在一定的外加信号作用下，触发器可以从一种状态转变成另一稳定状态（1→0 或 0→1），因此，触发器可记忆二进制的 0 或 1，被用作二进制的存贮单元。

触发器可以根据时钟脉冲输入分为两大类：一类是没有时钟输入端的触发器，称为基本触发器；另一类有时钟脉冲输入端的触发器，称为时钟触发器。

7.4.2.1　基本触发器电路

一、实验目的

掌握 Quartus Ⅱ 软件环境和 FPGA 实验台的使用方法。

掌握利用 VHDL 或框图输入法设计基本触发器的方法。

掌握触发器的两个基本性质——两个稳态和触发翻转。

掌握基本触发器的电路组成形式、逻辑功能和设计方法。

二、实验内容

在 Quartus Ⅱ 中，利用 VHDL 或框图输入法设计基本触发器电路，完成仿真，并下载到 FPGA 实验台进行测试。

三、实验环境

PC 计算机　　1 台

Quartus Ⅱ 软件环境　　1 套

GW48-CP++实验台　　1 台

四、实验原理与电路

1. 与非门组成的基本触发器

由两个与非门组成的基本触发器如图 7-4-2，它有两个输出端（Q 和/Q），两个输入端（/S 和/R），逻辑功能如表 7-4-1 所示。

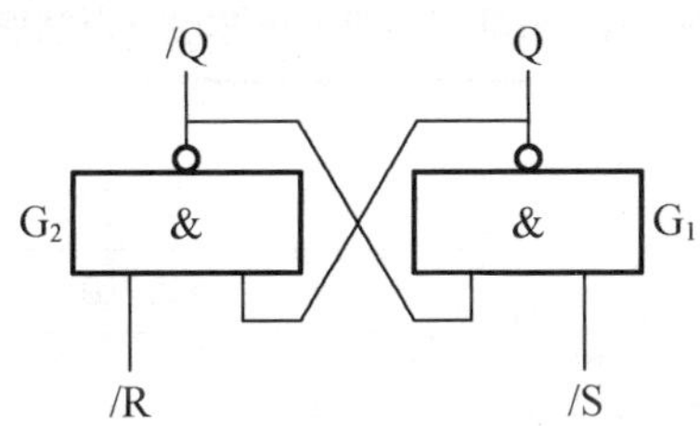

图 7-4-2　与非门组成的基本触发器逻辑图

表 7-4-1　与非门组成的基本触发器功能表

/S	/R	Q	/Q
1	1	不变	不变
1	↓	0	1
↓	1	1	0
↓	↓	不变	不变

当/S=/R=1时,该触发器保持原先的1或0状态不变,即稳定状态。

/S=1,/R端输入负脉冲,则不管原来为1或0状态,由于与非门"有低出高,全高出低"的特性,新状态一定为0状态,即Q为0,/Q为1。

/R=1,/S端输入负脉冲,则不管原来为1或0状态,新状态一定为1状态,即Q为1,/Q为0。

当/S、/R同时输入由高到低电平,这时Q=/Q=1,尔后,若/S、/R同时由低变高,则新的状态有可能为1,也可能为0。这取决于两个与非门的延时传输时间,这一状态,对触发器来说是不正常的,在使用中应尽量避免。

2. 或非门组成的基本触发器

基本触发器也可由或非门组成,如图7-4-3所示,表7-4-2为其逻辑功能表。

由于或非门逻辑关系为"有高出低,全低出高"。因此,在输入S和R端,平时应为低电平,而不是高电平。由表7-4-2可知:

S=R=0时,状态不变。

S=0,R为正脉冲输入时,Q=0,/Q=1。

R=0,S为正脉冲输入时,Q=1,/Q=0。

S、R均为正脉冲输入,则Q和/Q状态不定。这一状态对触发器来说也是不正常的,应尽量避免。

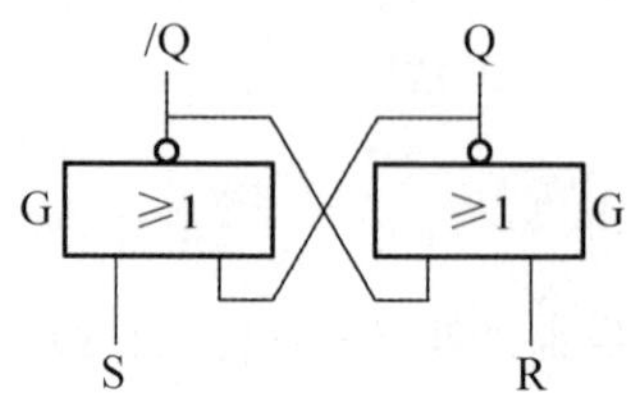

图7-4-3　或非门基本触发器逻辑图

表7-4-2　或非门组成的基本触发器功能表

S	R	Q	/Q
0	0	不变	不变
0	↑	0	1
↑	0	1	0
↑	↑	不变	不变

五、实验任务与步骤

(一)与非门组成的基本触发器

1. 设计输入

在Quartus Ⅱ中新建工程,在Quartus Ⅱ的框图编辑器中利用框图法设计输入与非门组成的基本触发器电路,所用到的基本门电路在元器件树形目录的位置是:Primitives/Logic。与非门组成的基本触发器电路原理图设计如图7-4-4所示。

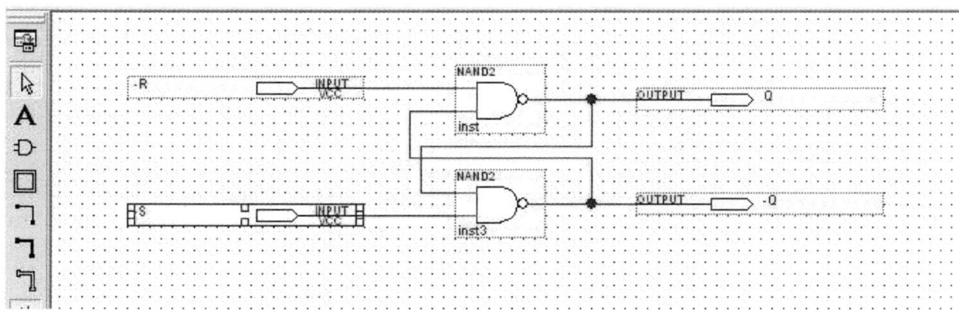

图 7-4-4　与非门组成的基本触发器原理图

2. 编译、仿真

编译前,选择主菜单“Assignments”→“Divice”项,选择芯片为 Cyclone Ⅲ系列芯片 EP3C40Q240,如果在新建工程时已经指定芯片,则此处可省略选择芯片操作。然后编译工程。如果没有错误,则编译成功。建立仿真波形文件(.vwf),设置输入信号,然后运行仿真,查看输出波形。图 7-4-5 给出了基本触发器电路的仿真输出波形。从波形图上可看出,当-R,-S 分别为 1,0 时,输出信号 Q,-Q 为 0,1,与其功能表(表 7-4-1)一致。

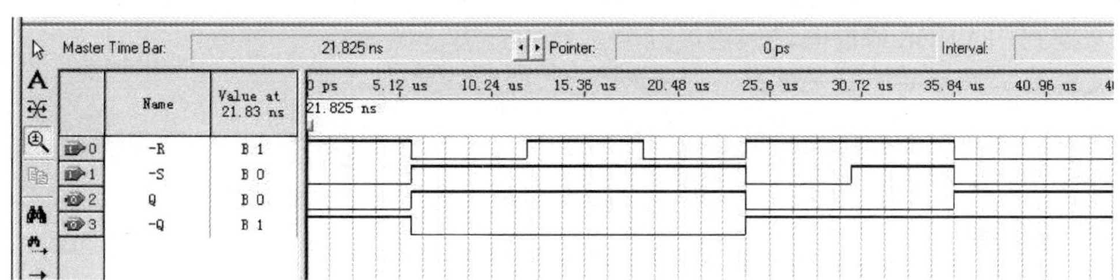

图 7-4-5　与非门组成的基本触发器仿真结果

3. 引脚锁定、下载实验台

选择模式 No. 5,参照引脚锁定表,给出了与非门组成的基本触发器的引脚锁定方案,如表 7-4-3 所示。在 Quartus Ⅱ中,选择主菜单“Assignment”→“Pin”项,完成基本触发器的引脚锁定。引脚锁定完毕后,选择 Processing 菜单下的 Start Compilation,编译整个工程。然后选择 Tools 菜单下的 Programmer 项,下载 Sof 文件到 GW48-CP++实验台,分别拨动按键 K1,K2,输入-S 和-R 的状态,观察输出 Q 和-Q 状态,并记录输入输出结果,并将实验结果与其功能表进行比较是否一致。

表 7-4-3　与非门组成的基本触发器引脚锁定方案

输入输出信号	外设	引脚名称	引脚号
-R	按键 2	PIO1	21
-S	按键 1	PIO0	18
Q	LED 灯 2	PIO9	45
-Q	LED 灯 1	PIO8	44

（二）或非门组成的基本触发器

参照本节与非门组成的基本触发器的实验任务与步骤，完成或非门组成的基本触发器输入设计、仿真，给出引脚锁定方案，填写表 7-4-4，并下载 Sof 文件到实验台，测试触发器功能，记录实验结果与其功能表进行比较是否一致。

表 7-4-4　或非门组成的基本触发器引脚锁定方案

输入输出信号	外设	引脚名称	引脚号
R			
S			
Q			
-Q			

7.4.2.2　时钟触发器电路

一、实验目的

掌握 Quartus Ⅱ软件环境和 FPGA 实验台的使用方法。

掌握利用 VHDL 或框图输入法设计触发器的方法。

掌握触发器的两个基本性质——两个稳态和触发翻转。

掌握时钟触发器的逻辑功能和触发方式。

掌握 RS 触发器、D 触发器、JK 触发器的逻辑功能和使用方法。

二、实验内容

在 Quartus Ⅱ中，利用 VHDL 或框图输入法设计 RS 触发器、D 触发器和 JK 触发器，完成仿真，并下载到 FPGA 实验台进行测试。

三、实验环境

PC 计算机　　1 台

Quartus Ⅱ软件环境　　1 套

GW48-CP++实验台　　1 台

四、实验原理与电路

1. 时钟触发器分类

（1）RS 触发器

图 7-4-6 示出了同步式结构的 RS 触发器逻辑电路图。CP 是时钟输入端，平时为低电平，这迫使门 G_3、G_4 均为高电平输出，于是由门 G_1、G_2 交叉耦合组成的基本触发器维持原状态不变。当 CP 为高电平，即时钟（正）脉冲出现时，门 G_3 或门 G_4 的输出端才可能出现低电平（取决于当时的控制输入 S 和 R），触发器的状态才可能发生变化。

RS 触发器的功能表、驱动表如表 7-4-5 和 7-4-6 所示。

RS 触发器的特性方程：$Q^{n+1}=S+/Rq^{n}$

约束条件：SR＝0

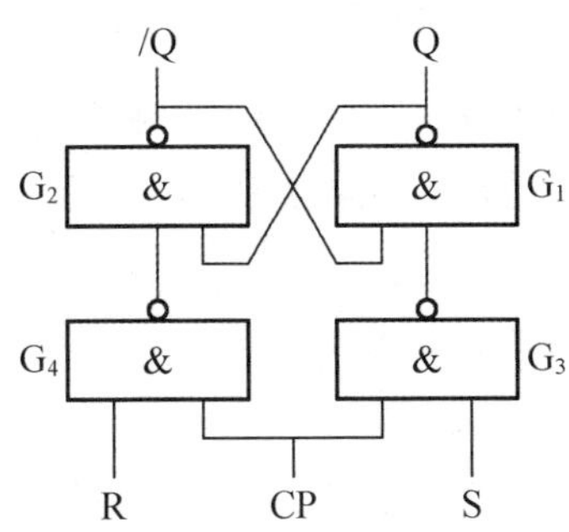

图 7-4-6　RS 触发器逻辑图

表 7-4-5　RS 触发器功能表

S	R	Q^{n+1}
0	0	Q^n
0	1	0
1	0	1
1	1	不定

表 7-4-6　RS 触发器驱动表

Q^n	Q^{n+1}	S	R
0	0	0	×
0	1	1	0
1	0	0	1
1	1	×	0

(2)D 触发器

D 触发器是由 RS 触发器演变而来,是 R=/S 条件下的特例,其逻辑电路如图 7-4-7 所示。功能表和驱动表分别示于表 7-4-7 和表 7-4-8。

D 触发器的特性方程:$Q^{n+1}=D$

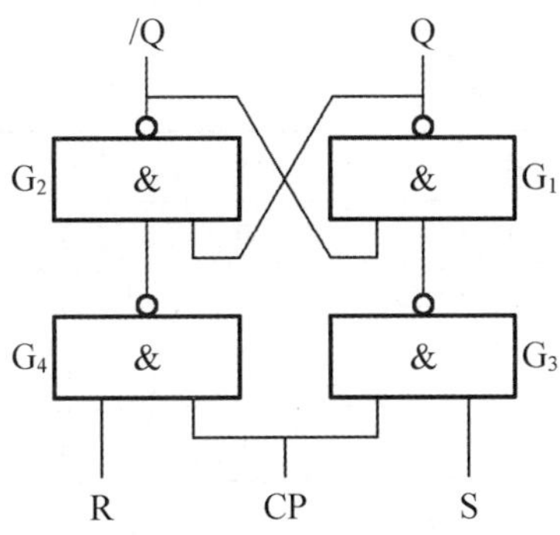

图 7-4-7　D 触发器逻辑图

表 7-4-7　D 触发器功能表

D	Q^{n+1}
0	0
1	1

表 7-4-8　D 触发器驱动表

Q^n	Q^{n+1}	D
0	0	0
0	1	1
1	0	0
1	1	1

(3)JK 触发器

JK 触发器的控制输入端为 J 和 K,它也是从 RS 触发器演变而来,是针对 RS 逻辑功能不完善的又一种改进。其逻辑图如图 7-4-8 所示,功能表和驱动表分别见表 7-4-9 和表 7-4-10。

JK 触发器的特性方程:$Q^{n+1}=J/Q^n+/KQ^n$

(4)T 和 T′触发器

T 触发器可以看成是 J=K 条件下的特例,它只有一个控制输入端 T。图 7-4-9 为 T 触发器的逻辑图,表 7-4-11 和表 7-4-12 分别为其功能表和驱动表。

T 触发器的特性方程:$Q^{n+1}=T/Q^n+/Tq^n$

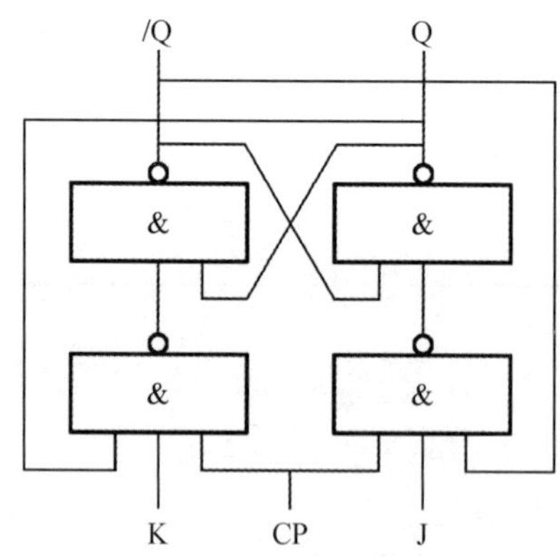

图 7-4-8　JK 触发器逻辑图

表 7-4-9　JK 触发器功能表

J	K	Q^{n+1}
0	0	Q^n
0	1	0
1	0	1
1	1	$/Q^n$

表 7-4-10　JK 触发器驱动表

Q^n	Q^{n+1}	J	K
0	0	0	×
0	1	1	×
1	0	×	1
1	1	×	0

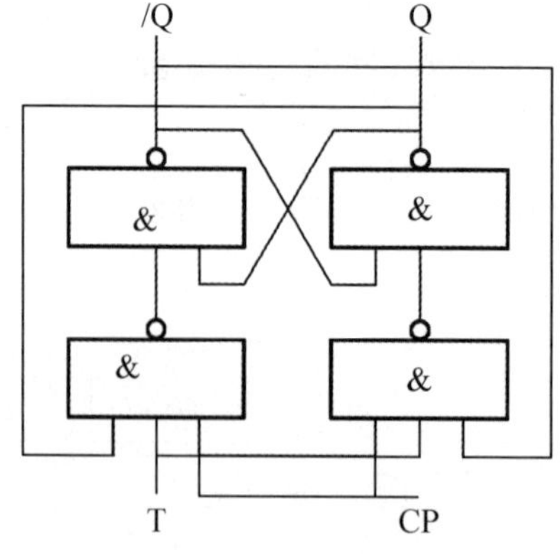

图 7-4-9　T 触发器逻辑图

表 7-4-11　T 触发器功能表

T	Q^{n+1}
0	Q^n
1	$/Q^n$

表 7-4-12　T 触发器驱动表

Q^n	Q^{n+1}	T
0	0	0
0	1	1
1	0	1
1	1	0

如果 T 输入端恒为高电平,T 触发器就成了所谓 T′触发器。T′触发器可以看成 T 触发器 T 恒等于 1 条件下的特例,它没有控制输入端,因而也就没有驱动表可言。

T′触发器的特性方程:$Q^{n+1}=/Q^n$

2. 触发器触发方式

触发器触发方式往往取决于该时钟触发器的结构,通常有三种不同的触发方式:电平触发(高电平触发、低电平触发)、边沿触发(上升沿触发、下降沿触发)和主从触发。

(1)电平触发方式

电平触发可以分高电平触发和低电平触发两种。图 7-4-6 所示的 RS 触发器(同步式),其触发方式就是高电平触发,如 RS 触发器为或非门构成,则其触发方式就用低电平触发。

由图 7-4-6 可知,当时钟脉冲输入 CP 为低电平时,两个与非门被封锁,即 S、R 端不论为何值对 RS 触发器无影响。当 CP 脉冲为高电平时,门 G_3、G_4 打开。其输出状态由 S、R 的值决定。

因此,同步式 RS 触发器的状态,在 CP 高电平期间,接受控制输入信号,改变状态。这就是高电平触发方式。

高电平触发方式的根本缺陷是空翻问题,RS、JK、T 和 T′同步式触发器中均存在这个问题。

(2)边沿触发方式

边沿触发分上升沿触发和下降沿触发。有些触发器仅在时钟脉冲 CP 的上升沿(0→1 变化边沿↑)才能接受控制输入信号,改变状态,这种触发方式称为上升沿触发方式。有些触发器,仅在时钟脉冲 CP 的下降沿(1→0 变化边沿↓)才能接受控制输入信号,改变状态,这种触发方式称为下降沿触发方式。

(3)主从触发方式

主从触发器内部电路结构含主触发器和从触发器,在 CP 脉冲输入高电平期间,主触发器接受控制输入信号,CP 下降沿时刻从触发器可以改变状态——向主触发器看齐。

五、实验任务与步骤

(一)RS 触发器

1. 设计输入

在 Quartus Ⅱ中新建工程,在 Quartus Ⅱ的框图编辑器中利用框图法设计输入 RS 触发器电路,所用到的基本门电路在元器件树形目录的位置是:Primitives/Logic。RS 触发器电路原理图设计如图 7-4-10 所示。

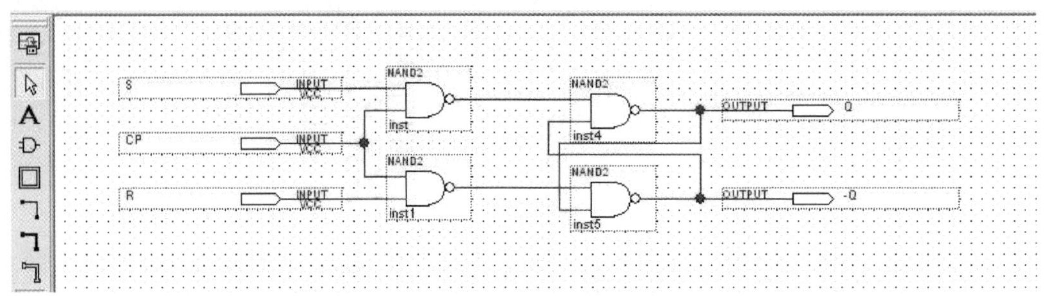

图 7-4-10 RS 触发器原理图

Altera 元器件库中提供了 RS 触发器元件,可以直接使用该元件进行输入设计。RS 触发器在元器件树形目录的位置是:Primitives/Storage,名称是 Srff。基于元器件库的 RS 触发器原理图如图 7-4-11 所示。

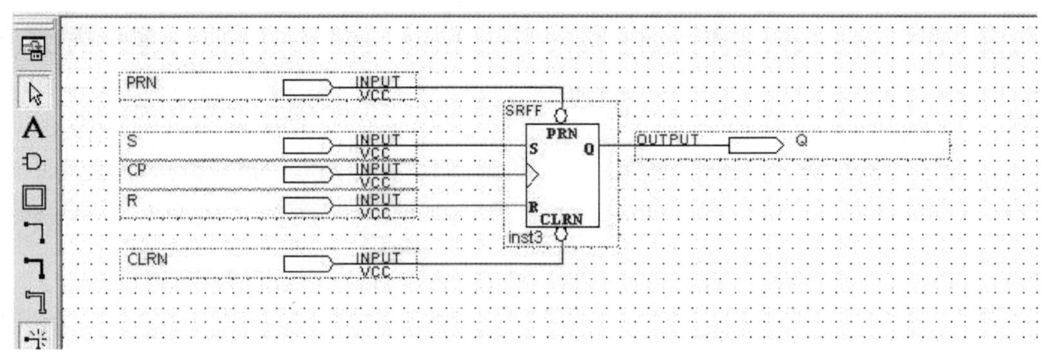

图 7-4-11 基于元器件库的 RS 触发器原理图

2. 编译、仿真

编译前,选择主菜单"Assignments"→"Divice"项,选择芯片为 Cyclone Ⅲ系列芯片 EP3C40Q240,如果在新建工程时已经指定芯片,则此处可省略选择芯片操作。然后编译工程。如果没有错误,则编译成功。建立仿真波形文件(. vwf),设置输入信号,然后运行仿真,查看输出波形。图 7-4-12 给出了 RS 触发器的仿真输出波形。从波形图上可看出,当 R,S 分别为 1,0 时,输出信号 Q,-Q 为 0,1,与其功能表(表 7-4-5)一致。试对图 7-4-11 的 SRFF 触发器进行仿真,查看其仿真结果是否与其功能表(表 7-4-5)一致。

3. 引脚锁定、下载实验台

选择模式 No.5,参照引脚锁定表,给出了 RS 触发器的引脚锁定方案,如表 7-4-13 所示。在 Quartus Ⅱ中,选择主菜单"Assignment"→"Pin"项,完成 RS 触发器的引脚锁定。引脚锁定完毕后,选择主菜单"Processing"→"Start Compilation"项,编译整个工程。然后选择主菜单"Tools"→"Programmer"项,下载 Sof 文件到 GW48-CP++实验台,分别拨动按键 K1,K2,输入 S 和 R 的状态,观察输出 Q 和/Q 状态,并记录输入输出结果,并将实验结果与其功能表进行比较是否一致。

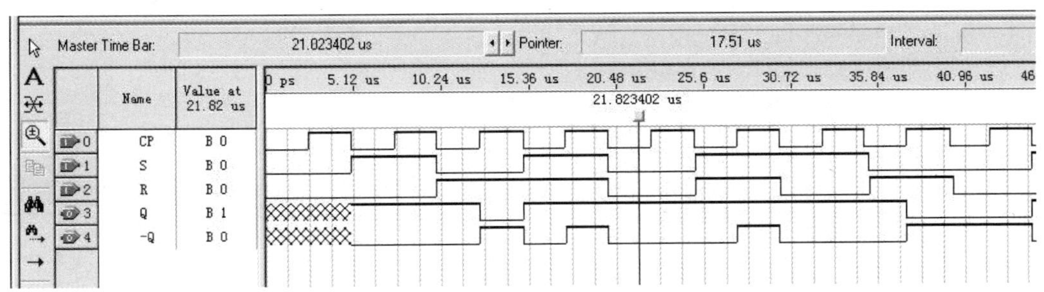

图 7-4-12　RS 触发器仿真结果

表 7-4-13　RS 触发器引脚锁定方案

输入输出信号	外设	引脚名称	引脚号
CP	Clock0	Clock0	152
R	按键 2	PIO1	21
S	按键 1	PIO0	18
Q	LED 灯 2	PIO9	45
-Q	LED 灯 1	PIO8	44

（二）D、JK、T、T′触发器

参照本节 RS 触发器的实验任务与步骤，分别完成 D、JK、T、T′触发器输入设计、仿真，给出引脚锁定方案，并下载 Sof 文件到实验台，测试触发器功能，记录实验结果与其功能表进行比较是否一致。

可以采用框图输入法设计，也可以采用 VHDL 语言设计法，D 触发器的 VHDL 程序 P2-6。JK 触发器 VHDL 描述如程序 P5-1。在 Quartus Ⅱ 中选择主菜单“Tools”→“Netlist Viewers”→“RTL Viewer”，可以查看 JK 触发器 RTL 级电路图。如图 7-4-13 所示。

程序 P5-1 jk_ff.vhd

```
library ieee;
use ieee.std_logic_1164.all;
entity jk_ff is
  port (j,k,clk : in std_logic;
    q, qn : out std_logic);
end jk_ff;
architecture one of jk_ff  is
  signal q_s : std_logic;
begin
  process (j,k,clk)
  begin
    if clk'event and clk='1' then
      if j='0'  and k='0' then
        q_s<=q_s;
```

```
        elsif j='0'  and  k='1' then
          q_s<='0';
          elsif j='1'  and  k='0' then
            q_s<='1';
            elsif j='1'  and k='1' then
              q_s<=not  q_s;
            end if;
      end if;
  end process;
    q<=q_s;
    qn<=not q_s;
end one;
```

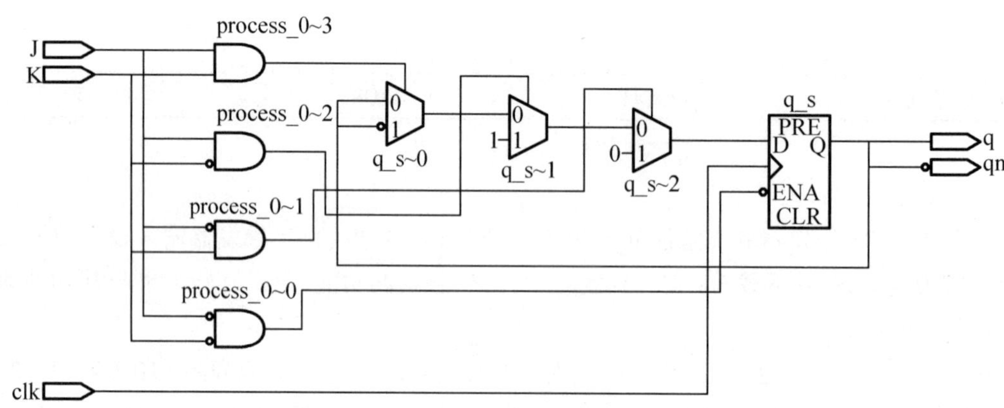

图 7-4-13　JK 触发器仿真结果 RTL 级电路图

7.4.3　寄存器及其应用实验

7.4.3.1　数据寄存器

一、实验目的

掌握 Quartus Ⅱ软件环境和 FPGA 实验台的使用方法。

掌握利用 VHDL 或框图输入法设计时序逻辑电路的方法。

熟悉数据寄存器的电路结构和工作原理。

掌握数据寄存器的设计方法。

二、实验内容

在 Quartus Ⅱ中,利用 VHDL 或框图输入法设计数据寄存器,完成仿真,并下载到 FPGA 实验台进行测试。

三、实验环境

PC 计算机　　　　　　　　　1 台

Quartus Ⅱ软件环境　　　　　　1 套

GW48-CP++实验台　　　　　　1 台

四、实验原理与电路

数据寄存器的存储功能一般是由触发器来完成的，所以触发器是数据寄存器的核心。由 JK 触发器组成的数据寄存器如图 7-4-14 所示，$/R_d$（清 0）端输入负脉冲时，使各移位寄存器清 0。

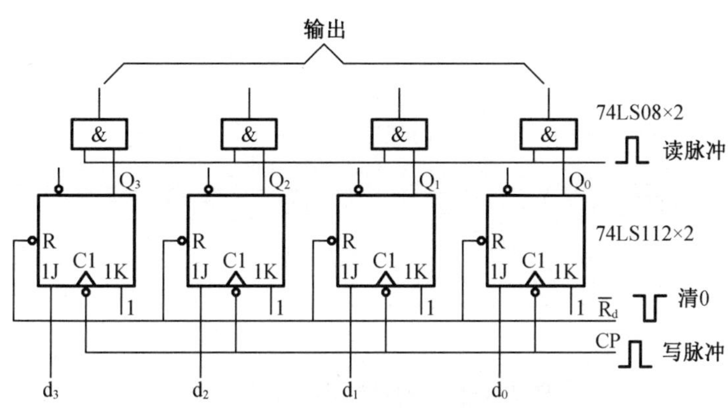

图 7-4-14　4 位数据寄存器

CP 端的脉冲为写脉冲，当 CP 脉冲下降沿到来时，$d_3d_2d_1d_0$ 各位数据被输入到寄存器中。数据的输出由读出脉冲控制。所以此数据寄存器就有如下四个功能：清除、写入、寄存、读出。这种输入、输出方式称为并行输入、并行输出。

五、实验任务与步骤

1. 设计输入

在 Quartus Ⅱ中新建工程，在 Quartus Ⅱ的框图编辑器中利用框图法设计输入 4 位数据寄存器电路，Altera 元器件库中提供了 JK 触发器元件，可以直接使用该元件设计 4 位数据寄存器。JK 触发器在元器件树形目录的位置是：Primitives/Storage，名称是 JKFF。4 位数据寄存器电路原理图设计如图 7-4-15 所示。

2. 编译、仿真

编译前，选择主菜单“Assignments”→“Divice”项，选择芯片为 Cyclone Ⅲ系列芯片 EP3C40Q240，如果在新建工程时已经指定芯片，则此处可省略选择芯片操作。然后编译工程。如果没有错误，则编译成功。建立仿真波形文件（.vwf），设置输入信号，然后运行仿真，查看输出波形。图 7-4-16 给出了 4 位数据寄存器的仿真输出波形。从波形图上可看出，当 CLRN 为电平时，寄存器输出 $Q_3Q_2Q_1Q_0$ 被清 0，当 $d_3d_2d_1d_0=1010$ 时，寄存器输出 $Q_3Q_2Q_1Q_0$ 将被置为 1010。要求重新设置 $d_3d_2d_1d_0$ 的值，完成数据寄存器的仿真。

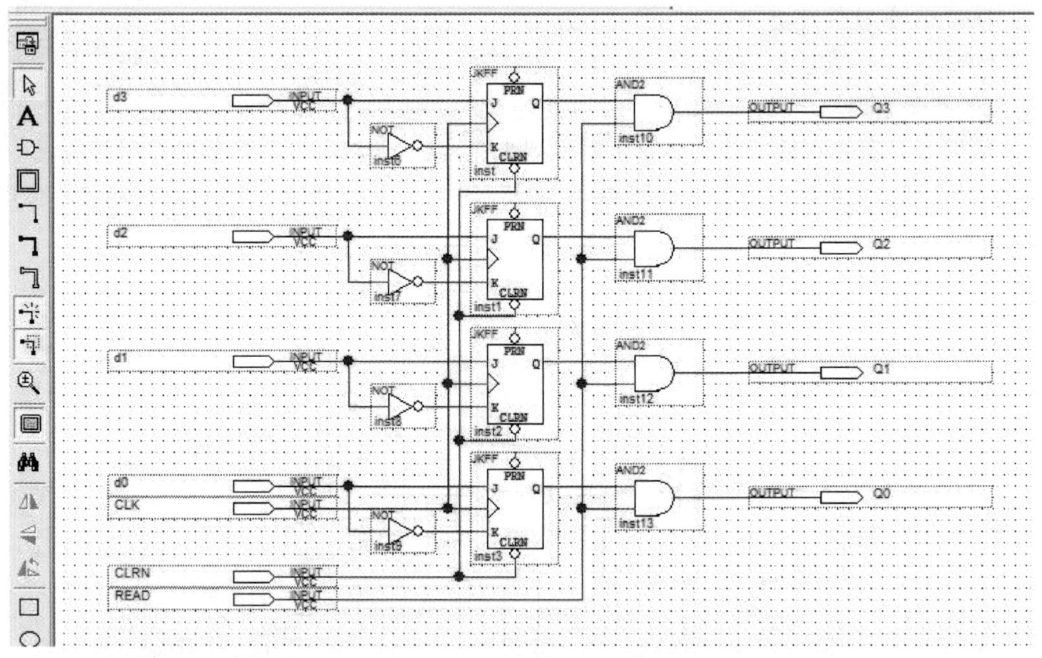

图 7-4-15　4 位数据寄存器原理图

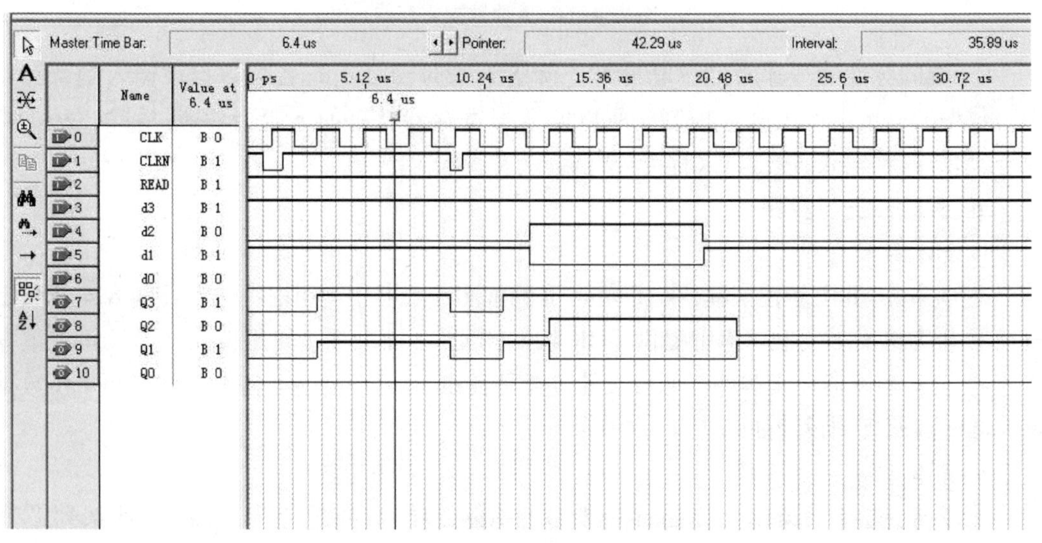

图 7-4-16　4 位数据寄存器仿真结果

3. 引脚锁定、下载实验台

选择模式 No.5，参照引脚锁定表，给出了 4 位数据寄存器的引脚锁定方案，如表 7-4-14 所示。在 Quartus Ⅱ中，选择主菜单“Assignment”→“Pin”项，完成四位数据寄存器的引脚锁定。引脚锁定完毕后，选择“processing”菜单下的“startcompilation”，编译整个工程。然后选择“Tools”菜单下的“Programmer”项，下载 Sof 文件到 GW48-CP++实验台，分别拨动按键，观察 LED 灯状态，并记录输入输出结果，并将实验结果与其功能表进行比较是否一致。

参考测试步骤：置 $d_3d_2d_1d_0=1010$，按键 6 经过 1→0→1 完成清“0”，利用 Clock0 输入脉冲，这时 $Q_3Q_2Q_1Q_0$ 将被置为 1010，再将按键 5 置 1，允许寄存器输出，就可观察到四只发光二极管分别为亮、灭、亮、灭,即输出数据为 1010。改变 $d_3d_2d_1d_0$ 的数值,重复上述步骤,验证其数据寄存的功能,并记录结果。

表 7-4-14 4 位数据寄存器引脚锁定方案

输入输出信号	外设	引脚名称	引脚号
CLK	Clock0	Clock0	152
CLRN	按键 6	PIO5	39
READ	按键 5	PIO4	38
d_3	按键 4	PIO3	37
d_2	按键 3	PIO2	22
d_1	按键 2	PIO1	21
d_0	按键 1	PIO0	18
Q_3	LED 灯 4	PIO11	49
Q_2	LED 灯 3	PIO10	46
Q_1	LED 灯 2	PIO9	45
Q_0	LED 灯 1	PIO8	44

六、扩展实验

用 D 触发器代替 JK 触发器,也能很方便地实现数据寄存器。要求用 D 触发器设计 8 位数据寄存器,完成仿真,给出引脚锁定方案,并下载 Sof 文件到实验台,测试 8 位数据寄存器功能,记录实验结果。

7.4.3.2 移位寄存器

一、实验目的

掌握 Quartus Ⅱ软件环境和 FPGA 实验台的使用方法。

掌握利用 VHDL 或框图输入法设计时序逻辑电路的方法。

熟悉移位寄存器的电路结构和工作原理。

掌握移位寄存器的设计方法。

二、实验内容

在 Quartus Ⅱ中,利用 VHDL 或框图输入法设计移位寄存器,完成仿真,并下载到 FPGA 实验台进行测试。

三、实验环境

PC 计算机　　1 台

Quartus Ⅱ软件环境　　1 套

GW48-CP++实验台　　1 台

四、实验原理与电路

具有移位逻辑功能的寄存器称为移位寄存器。移位功能是每位触发器的输出与下一级触发器的输入相连而形成的。它可以存贮或延迟输入/输出信息,也可以用来把串行的二进制数转换为并行的二进制数(串并转换)或者相反(并串转换)。在计算机电路中还应用移位寄存器来实现二进制的乘 2 和除 2 功能。4 位多功能移位寄存器具有四位并行输入、并行输出,可右移位(最左位变反),并具有清 0 和保持功能,其逻辑电路示意图见图 7-4-17。其次态真值表见表 7-4-15。

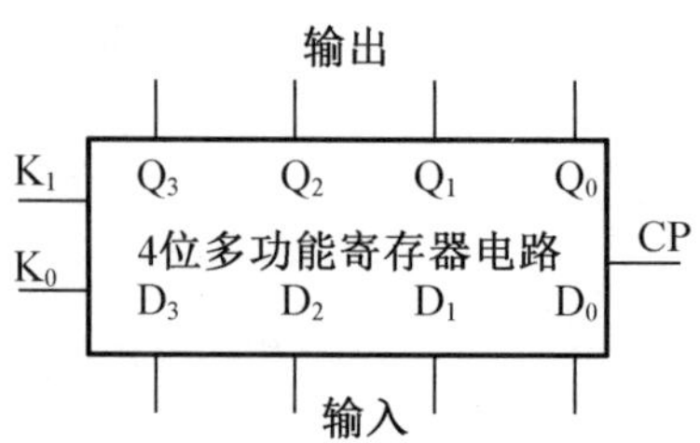

图 7-4-17　4 位多功能移位寄存器电路示意图

表 7-4-15　4 位多功能移位寄存器次态真值表

输入			输出				功能
CP	K_1	K_0	Q_3	Q_2	Q_1	Q_0	
↑	0	0	0	0	0	0	清 0
↑	0	1	$/Q_3$	Q_3	Q_2	Q_1	右移
↑	1	0	D_3	D_2	D_1	D_0	置数
↑	1	1	Q_3	Q_2	Q_1	Q_0	保持

五、实验任务与步骤

1. 设计输入

在 Quartus Ⅱ中新建工程,在 Quartus Ⅱ的框图编辑器中利用框图法设计输入 4 位多功能移位寄存器电路,使用 D 触发器和四选一数据选择器实现 4 位多功能移位寄存器电路。Altera 元器件库中提供了 74ls153 双四选一数据选择器元件,在元器件树形目录的位置是:Primitives/Others/Muxplus2,名称是 74153M。4 位多功能移位寄存器原理图设计如图 7-4-18 所示。

2. 编译、仿真

编译前,选择主菜单"Assignments"→"Divice"项,选择芯片为 Cyclone Ⅲ系列芯片 EP3C40Q240,如果在新建工程时已经指定芯片,则此处可省略选择芯片操作。然后编译工程。如果没有错误,则编译成功。建立仿真波形文件(. vwf),设置输入信号,然后运行仿真,查看输出波形。图 7-4-19 给出了 4 位多功能移位寄存器的仿真输出波形。从波形图上可看出,当 $K_1=0,K_0=0$ 时,寄存器输出 $Q_3Q_2Q_1Q_0$ 被清零,当 $K_1=0,K_0=1,D_3D_2D_1D_0=1111$ 时,$Q_3Q_2Q_1Q_0=0111$ 与其真值表(表 7-4-15)一致。要求分别按表 7-4-15 仿真清 0、右移、输入(置数)、保持功能。

3. 引脚锁定、下载实验台

选择模式 No. 0,参照引脚锁定表,给出了 4 位多功能移位寄存器的引脚锁定方案,如表

7-4-16 所示。在 Quartus II 中,选择主菜单“Assignment”→“Pin”项,完成 4 位多功能移位寄存器的引脚锁定。引脚锁定完毕后,选择主菜单“Processing”→“Start Compilation”项,编译整个工程。然后选择主菜单“Tools”→“Programmer”项,下载 Sof 文件到 GW48-CP++实验台,分别拨动按键,观察数码管状态,并记录输入输出结果,并将实验结果与其功能表进行比较是否一致。

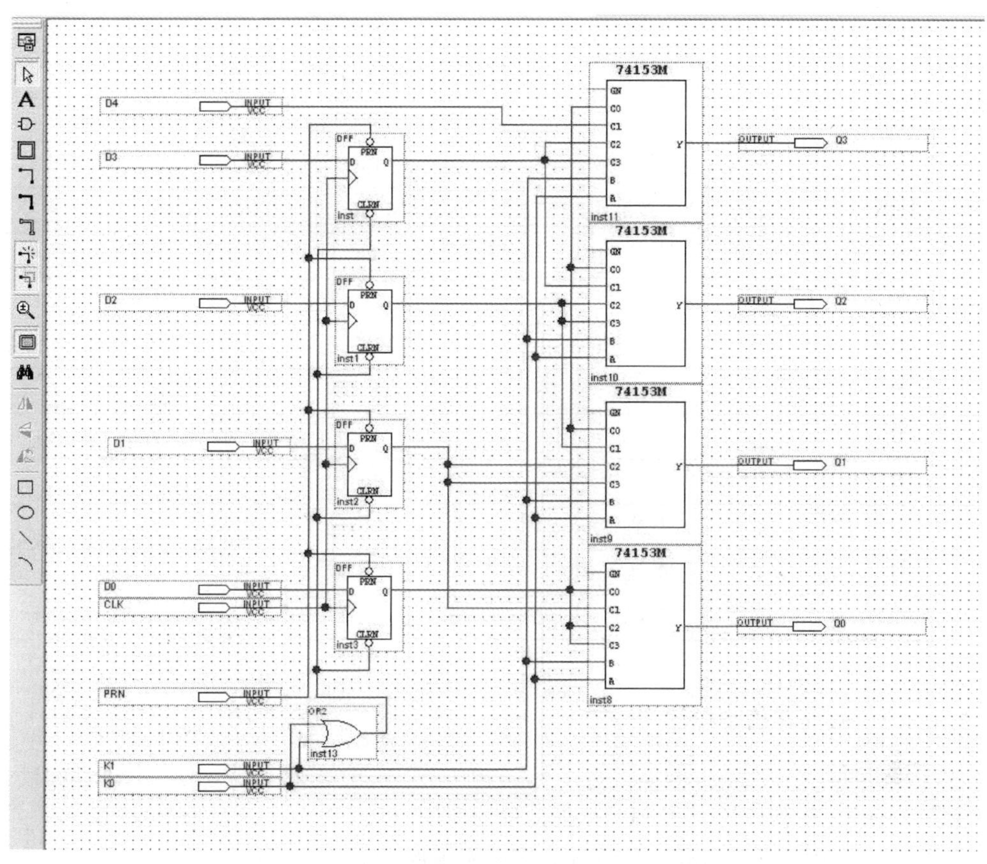

图 7-4-18　4 位多功能移位寄存器原理图

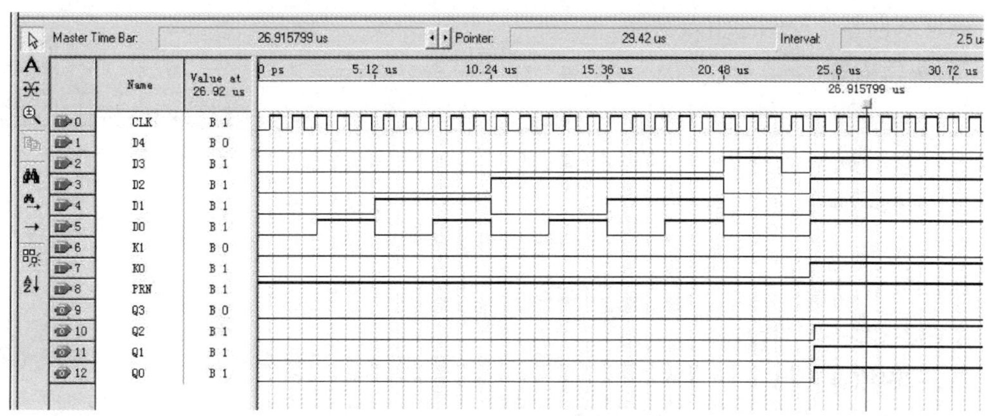

图 7-4-19　4 位多功能移位寄存器仿真结果

参考测试步骤:置 $D_3D_2D_1D_0$=1010,按键 6 经过 1→0→1 完成清“0”,利用按键 7 输入单次脉冲,这时 $Q_3Q_2Q_1Q_0$ 将被置为 1010,再将按键 5 置 1,允许寄存器输出,就可观察到四只发光二极管分别为亮、灭、亮、灭,即输出数据为 1010。改变 $D_3D_2D_1D_0$ 的数值,重复上述步骤,验证其数据寄存的功能,并记录结果。

表 7-4-16　4 位多功能移位寄存器引脚锁定方案

输入输出信号	外设	引脚名称	引脚号
CLK	按键 7	PIO6	
K_1	按键 6	PIO5	
K_0	按键 5	PIO4	
PRN	按键 4	PIO3	
D_4	按键 3	PIO2	
D_3	按键 1	PIO11	
D_2	按键 1	PIO10	
D_1	按键 1	PIO9	
D_0	按键 1	PIO8	
Q_3	数码管 4	PIO19	
Q_2	数码管 3	PIO18	
Q_1	数码管 2	PIO17	
Q_0	数码管 1	PIO16	

7.4.3.3　双向移位寄存器

一、实验目的

掌握 Quartus II 软件环境和 FPGA 实验台的使用方法。

掌握利用 VHDL 或框图输入法设计时序逻辑电路的方法。

掌握双向移位寄存器的电路结构和工作原理。

验证双向移位控制的组合功能。

二、实验内容

在 Quartus II 中,利用 VHDL 或框图输入法设计一个具有双向移位功能的移位寄存器,具有并行数据输入/输出功能。完成仿真,并下载到 FPGA 实验台进行测试。

三、实验环境

PC 计算机　　1 台

Quartus II 软件环境　　1 套

GW48-CP++实验台　　1 台

四、实验原理与电路

双向移位寄存器电路示意图如图 7-4-20 所示。CLK 为其时钟脉冲。CO 和 CN 分别为进位标志输入输出信号。由 S[1..0]、M 控制移位运算的功能状态。双向移位寄存器具有 8 位数据输入端口 D[7..0]和 8 位数据输出端口 Q[7..0]；双向移位寄存器具有左移位、右移位等功能，其功能如表 7-4-17 所示，其中输入信号 CO 为 0 或者 1，D[7..0]为 0000000 到 11111111 之间的任何值。

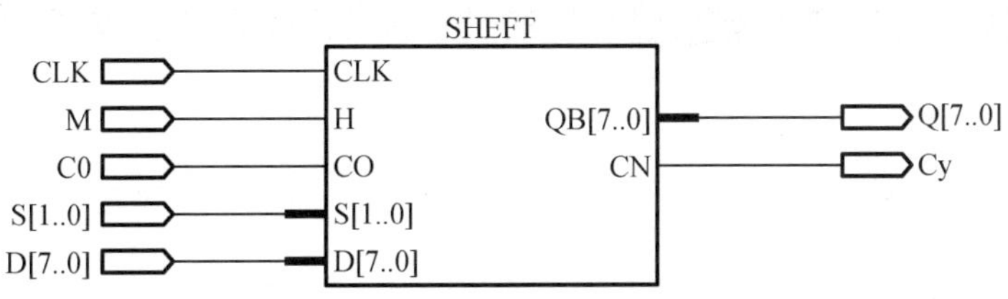

图 7-4-20　双向移位寄存器电路示意图

表 7-4-17　8 位双向移位寄存器功能表

输入				输出									功能
CP	S1	S0	M	Q_7	Q_6	Q_5	Q_4	Q_3	Q_2	Q_1	Q_0	CN	
↑	0	0	任意	0	0	0	0	0	0	0	0	0	保持
↑	1	0	0	D_0	D_7	D_6	D_5	D_4	D_3	D_2	D_1	D_0	循环右移
↑	1	0	1	C0	D_7	D_6	D_5	D_4	D_3	D_2	D_1	D_0	带进位循环右移
↑	0	1	0	D_6	D_5	D_4	D_3	D_2	D_1	D_0	D_7	D_7	循环左移
↑	0	1	1	D_6	D_5	D_4	D_3	D_2	D_1	D_0	C0	D_7	带进位循环左移
↑	1	1	任意	D_7	D_6	D_5	D_4	D_3	D_2	D_1	D_0	0	装数

4 个双向移位功能原理如图 7-4-21 所示。循环左移/右移指令只是移位方向不同，它们移出的位不仅要进入进位标志位(CF)，而且还要填补空出的位。可以理解为蛇咬尾巴型循环。带进位的循环左移/右移指令只有移位的方向不同，它们都用原 CF 的值填补空出的位，移出的位再进入 CF。

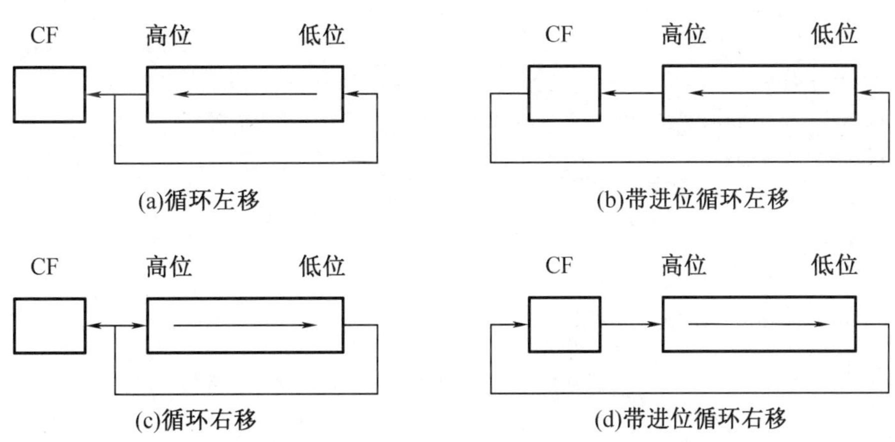

图 7-4-21　双向移位功能示意图

五、实验任务与步骤

1. 设计输入

在 Quartus II 中新建工程，在 Quartus II 的文本编辑器中利用 VHDL 设计输入 8 位双向移位寄存器电路，部分参考程序见程序 P5-2，为锻炼学生独立设计能力，程序 P5-2 中设置了一些错误，需要修改正确才能使用，可以通过不断的修改代码、仿真测试，直到实现双向移位寄存器的全部功能。

程序 P5-2 sheft.vhd

```
library ieee;
use ieee.std_logic_1164.all;
entity sheft is
  port (clk,m,c0 : in std_logic;
            s : in std_logic_vector(1 downto 0);
            d : in std_logic_vector(7 downto 0);
            q :out std_logic_vector(7 downto 0);
            cn :out std_logic);
end entity;
architecture behav of sheft is
  signal abc: std_logic_vector(2 downto 0);
begin
  abc <=s & m;
  process (clk,s)
    variable reg8 : std_logic_vector(8 downto 0);
    variable cy : std_logic;
  begin
    if clk'event and clk ='1' then
    if abc="000" or abc="001" then
  reg8 :=reg8;
  end if;
  if abc="010"  then
    cy:=reg8(8);
    reg8(8 downto 1) :=reg8(7 downto 0);
    reg8(0):=cy;
  end if;
  if abc="011"  then
    cy:=reg8(8);
      reg8(8 downto 1) :=reg8(7 downto 0);
    reg8(0):=c0;
  end if;
  if abc="100"  then
    reg8(7 downto 1) :=reg8(6 downto 0);
  end if;
```

```
    if abc="101"  then
      cy:=reg8(0);
        reg8(7 downto 0) :=reg8(8 downto 1);
      reg8(8):=cy;
    end if;
    if abc="110" or abc="111" then
      reg8(7 downto 0) :=d(7 downto 0);
    end if;
      q(7 downto 1)<=reg8(7 downto 1);
      end if;
    q(7 downto 0) <=reg8(7 downto 0);
    cn <=reg8(8);
    end process;
  end behav;
```

2. 编译、仿真

编译前,选择主菜单"Assignments"→"Divice"项,选择芯片为 Cyclone III 系列芯片 EP3C40Q240,如果在新建工程时已经指定芯片,则此处可省略选择芯片操作。然后编译工程。如果没有错误,则编译成功。建立仿真波形文件(.vwf),设置输入信号,然后运行仿真,查看输出波形。

3. 引脚锁定、下载实验台

选择模式 No.0,参照引脚锁定表,设计 8 位双向移位寄存器的引脚锁定方案,填写表 7-4-18。在 Quartus II 中,选择主菜单"Assignment"→"Pin"项,完成 8 位双向移位寄存器的引脚锁定。引脚锁定完毕后,选择主菜单"Processing"→"Start Compilation"项,编译整个工程。然后选择主菜单"Tools"→"Programmer"项,下载 Sof 文件到 GW48-CP++实验台,分别拨动按键,观察数码管状态,并记录输入输出结果,并将实验结果与其功能表进行比较是否一致。

参考测试步骤:通过键盘 1,2 向 D[7..0]置数 01101011,进位标志置位与清 0。根据表 7-4-18,通过设置(M、S1、S0)验证移位运算的带进位和不带进位移位功能,重复上述步骤,改变 D[7..0]的数值,测试双向移位寄存器功能,记录实验结果。

表 7-4-18　8 位双向移位寄存器引脚锁定方案

输入输出信号	外设	引脚名称	引脚号
C0	按键 7		
S[1]	按键 6		
S[0]	按键 5		
M	按键 4		
CLK	按键 3		
D[7..4]	按键 2		

表 7-4-18(续)

输入输出信号	外设	引脚名称	引脚号
D[3..0]	按键 1		
CN	数码管 3		
Q[7..4]	数码管 2		
Q[3..0]	数码管 1		

7.4.4 计数器实验

计数器是一种累计时钟脉冲数的逻辑部件。计数器不仅用于时钟脉冲技术,还用于定时、分频、产生节拍脉冲以及数字运算等。计数器是应用最广泛的逻辑部件之一。

计数器种类繁多。根据计数体制的不同,计数器可分成二进制(即 2^n 进制)计数器和非二进制计数器两大类。在非二进制计数器中,最常用的是十进制计数器。其他的一般称为任意进制计数器。

根据计数器的增、减趋势不同,计数器可分为加法计数器——随着计数脉冲输入而递增计数的;减法计数器——随着计数脉冲的输入而递减计数的;可逆计数器——既可递增,也可递减的。

根据计数脉冲引入方式不同,计数器又可分为异步计数器——计数脉冲不是直接加到所有触发器的时钟脉冲(CP)输入端;同步计数器——计数数脉冲直接加到所有触发器的时钟脉冲(CP)输入端。

7.4.4.1 异步模 8 加 1 计数器电路

一、实验目的

掌握 Quartus II 软件环境和 FPGA 实验台的使用方法。

掌握利用 VHDL 或框图输入法设计时序逻辑电路的方法。

掌握异步计数器的逻辑功能和设计方法。

二、实验内容

在 Quartus II 中,利用 VHDL 或框图输入法设计异步模 8 加 1 计数器,完成仿真,并下载到 FPGA 实验台进行测试。

三、实验环境

PC 计算机　　1 台

Quartus II 软件环境　　1 套

GW48-CP++实验台　　1 台

四、实验原理与电路

异步加法计数器是一个以触发器为基本设计器件的简单异步时序电路,异步加法计数器是比较简单却很常用的逻辑电路。本设计是一个异步时序电路设计,所以要按照时序电路的设计方法逐步进行设计:画出状态转换图或状态转换表;进行状态化简;进行状态分配;根据给定的触发器类型求出驱动方程和输出方程;再根据驱动方程和输出方程利用逻辑公理和逻辑公式简化出需要最少器件的实验表达式；画出逻辑图；检查所设计的电路能否自启动。

异步加法计数器可以利用带预置端和清除端的正沿触发双 D 型触发器设计异步加法计数器，并为电路提供异步时钟脉冲信号。图 7-4-22 为异步模 8 加 1 计数器状态转移图；表 7-4-19 为异步模 8 加 1 计数器状态转移表；图 7-4-23 为异步模 8 加 1 计数器波形图。从波形图可以看出相邻两个触发器的输出周期恰好是 2 倍关系，而最低位触发器的输出周期恰好也需要 2 个 CP 脉冲，所以，可以利用低位的输出作为高 1 位的触发脉冲；根据 D 触发器的特性，用其本身负输出端作为其输入信号。需要注意的是正沿触发 D 型触发器，是在信号的上升沿进行触发的，因此，本设计不能直接利用低位的输出作为高 1 位的触发脉冲，而是要利用低位的负输出端(/Q)作为高 1 位的触发脉冲。最终全部电路仅需要用 3 个正沿触发 D 触发器。

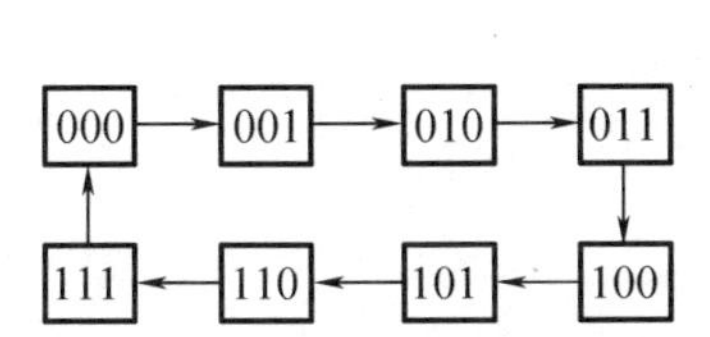

图 7-4-22　异步模 8 加 1 计数器状态转移图

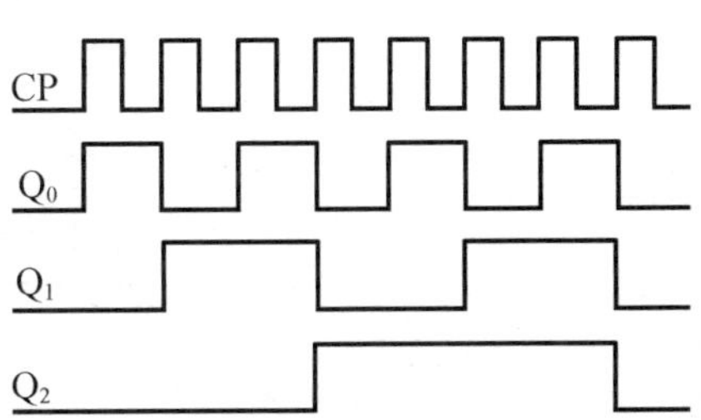

图 7-4-23　异步模 8 加 1 计数器波形图

表 7-4-19　异步模 8 加 1 计数器状态转移表

Q_2^n	Q_1^n	Q_0^n	Q_2^{n+1}	Q_1^{n+1}	Q_0^{n+1}
0	0	0	0	0	1
0	0	1	0	1	0
0	1	0	0	1	1
0	1	1	1	0	0
1	0	0	1	0	1
1	0	1	1	1	0
1	1	0	1	1	1
1	1	1	0	0	0

五、实验任务与步骤

1. 设计输入

在 Quartus Ⅱ 中新建工程，在 Quartus Ⅱ 的框图编辑器中利用框图法设计输入异步模 8 加 1 计数器电路，使用 D 触发器和基本门电路实现异步模 8 加 1 计数器电路。Altera 元器件库中提供了 D 触发器元件，在元器件树形目录的位置是：Primitives/Storage，名称是 dff。异步模 8 加 1 计数器原理图设计如图 7-4-24 所示。

2. 编译、仿真

编译前,选择主菜单“Assignments”→“Divice”项,选择芯片为 Cyclone III 系列芯片 EP3C40Q240,如果在新建工程时已经指定芯片,则此处可省略选择芯片操作。然后编译工程。如果没有错误,则编译成功。建立仿真波形文件(.vwf),设置输入信号,然后运行仿真,查看输出波形。图 7-4-25 给出了异步模 8 加 1 计数器的仿真输出波形。

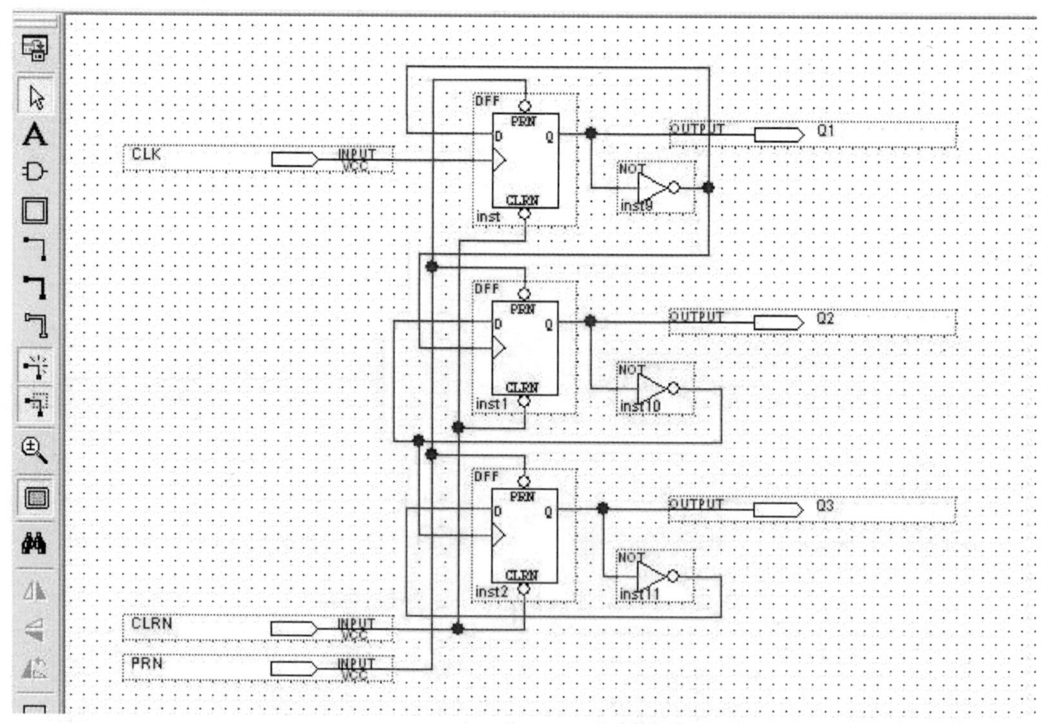

图 7-4-24　异步模 8 加 1 计数器原理图

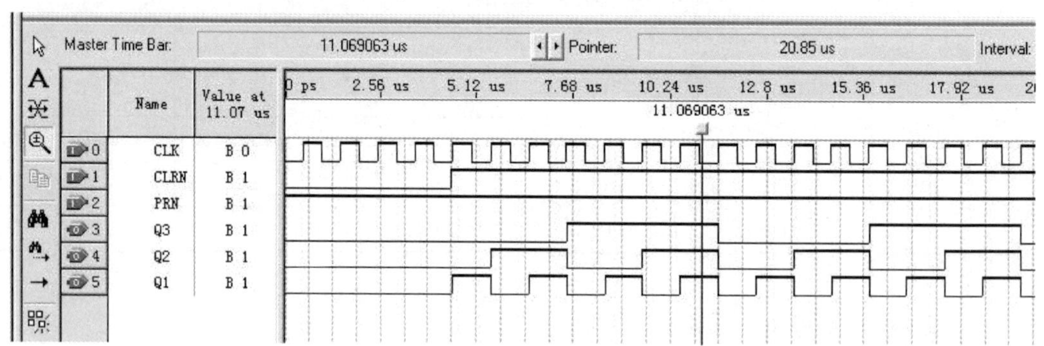

图 7-4-25　异步模 8 加 1 计数器仿真结果

3. 引脚锁定、下载实验台

选择模式 No.5,参照引脚锁定表,给异步模 8 加 1 计数器的引脚锁定方案,填写表 7-4-20。在 Quartus II 中,选择主菜单“Assignment”→“Pin”项,完成异步模 8 加 1 计数器的引脚锁定。引脚锁定完毕后,选择主菜单“Processing”→“Start Compilation”项,编译整个工程。然后选择主菜单“Tools”→“Programmer”项，下载 Sof 文件到 GW48-CP++实验台，分别拨动按键，观察 LED 灯状态，并记录输入输出结果，并将实验结果与其状态转移表进行比较。

表 7-4-20　异步模 8 加 1 计数器引脚锁定方案

输入输出信号	外设	引脚名称	引脚号
CLK	Clock0		
CLRN	按键 5		
PRN	按键 4		
Q_3	LED 灯 3		
Q_2	LED 灯 2		
Q_1	LED 灯 1		

六、扩展实验

参照本节异步模 8 加 1 计数器电路设实验设计方法、实验任务与步骤，完成异步模 8 减 1 计数器电路输入设计、仿真，给出引脚锁定方案，并下载 Sof 文件到实验台，测试触发器功能，记录实验结果与其状态转移表进行比较是否一致。表 7-4-21 为异步模 8 减 1 计数器状态转移表；图 7-4-26 为异步模 8 减 1 计数器状态转移图；图 7-4-27 为异步模 8 减 1 计数器波形图。异步模 8 减 1 计数器 VHDL 描述见程序 P5-3。

表 7-4-21　异步模 8 减 1 计数器状态转移表

Q_2^n	Q_1^n	Q_0^n	Q_2^{n+1}	Q_1^{n+1}	Q_0^{n+1}
0	0	0	1	1	1
0	0	1	0	0	0
0	1	0	0	0	1
0	1	1	0	1	0
1	0	0	0	1	1
1	0	1	1	0	0
1	1	0	1	0	1
1	1	1	1	1	0

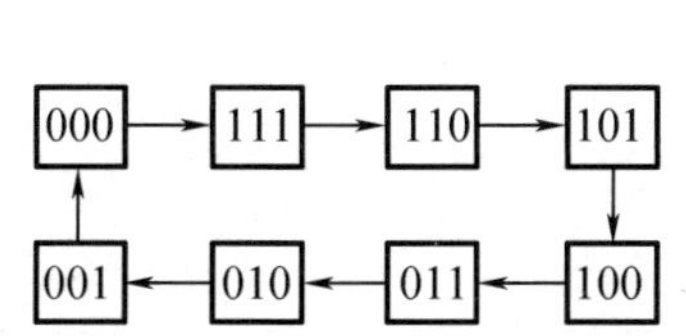

图 7-4-26　异步模 8 减 1 计数器状态转移图

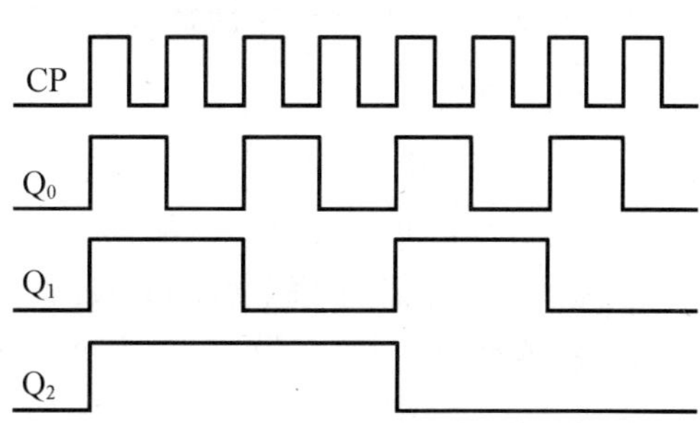

图 7-4-27　异步模 8 减 1 计数器波形图

程序 P5-3 count8_2.vhd

```
library ieee;
use ieee.std_logic_1164.all;
use ieee.std_logic_arith.all;
use ieee.std_logic_unsigned.all;
entity count8_2 is
  port (clk : in std_logic;
      reset : in std_logic;
      din : in std_logic_vector(2 downto 0);
      dout : out std_logic_vector(2 downto 0);
      c : out std_logic);
end count8_2;
architecture behavioral of count8_2 is
  signal count : std_logic_vector(2 downto 0);
begin
  dout <=count;
  process(clk,reset,din)
  begin
    if reset='0' then
      count <=din;
      c<='0';
      elsif rising_edge(clk) then
        if count="000" then
          count<="111";
          c<='1';
        else count<=count-1;
      c<='0';
      end if;
      end if;
  end process;
end behavioral;
```

7.4.4.2 异步模 6 加 1 计数器电路

一、实验目的

掌握 Quartus II 软件环境和 FPGA 实验台的使用方法。

掌握利用 VHDL 或框图输入法设计时序逻辑电路的方法。

掌握异步计数器的逻辑功能和设计方法。

二、实验内容

在 Quartus II 中,利用 VHDL 或框图输入法设计异步模 6 加 1 计数器,完成仿真,并下载到 FPGA 实验台进行测试。

三、实验环境

PC 计算机　　1 台

Quartus Ⅱ 软件环境　　1 套

GW48-CP++实验台　　1 台

四、实验原理与电路

异步加法计数器是一个以触发器为基本设计器件的简单异步时序电路。可以利用带预置端和清除端的正沿触发双 D 触发器设计异步加法计数器,并为电路提供异步时钟脉冲信号。图 7-4-28 为异步模 6 加 1 计数器状态转移图;表 7-4-22 为异步模 6 加 1 计数器的状态转移表;图 7-4-29 为异步模 6 加 1 计数器波形图。

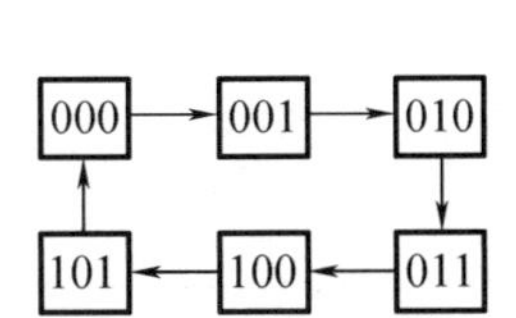

图 7-4-28　异步模 6 加 1 计数器状态转移图

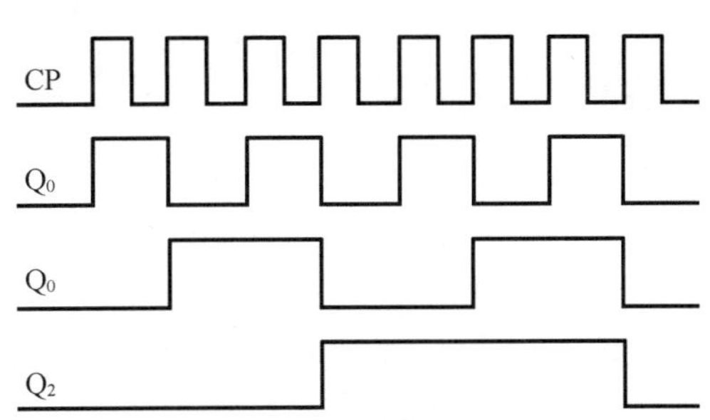

图 7-4-29　异步模 6 加 1 计数器波形图

表 7-4-22　异步模 6 加 1 计数器状态转移表

Q_2^n	Q_1^n	Q_0^n	Q_2^{n+1}	Q_1^{n+1}	Q_0^{n+1}
0	0	0	0	0	1
0	0	1	0	1	0
0	1	0	0	1	1
0	1	1	1	0	0
1	0	0	1	0	1
1	0	1	0	0	0

五、实验任务与步骤

1. 设计输入

本设计是一个简单异步时序电路设计,可以按照时序电路的设计方法逐步进行设计。本设计还可以利用之前实验中设计的模 8 加 1 计数器的设计思想和方法,只是少了两个状态,可以在异步模 8 加 1 计数器电路基础上进行部分修改,利用 74ls74 的异步清 0 端,使计数器一旦进入给定的 6 个状态以外的状态时马上对计数器进行清 0,由于利用 74ls74 的清 0 端进行清 0 不需要脉冲端提供脉冲信号,因此,这样设计符合设计任务要求。最终全部电路需要用 3 个正沿触发 D 触发器和 1 个 2 输入单输出与非门。

在 Quartus Ⅱ 中新建工程,在 Quartus Ⅱ 的文本编辑器中利用 VHDL 设计输入异步模 6 加 1 计数器电路,异步模 6 加 1 计数器硬件描述见程序 P5-4。

程序 5-4 count6.vhd

```
library ieee;
use ieee.std_logic_1164.all;
use ieee.std_logic_arith.all;
use ieee.std_logic_unsigned.all;
entity count6 is
  port (clk : in std_logic;
      reset : in std_logic;
        din : in std_logic_vector(2 downto 0);
        dout : out std_logic_vector(2 downto 0);
          c : out std_logic);
end count6;
architecture behavioral of count6 is
  signal count : std_logic_vector(2 downto 0);
begin
  dout <=count;
  process(clk,reset,din)
  begin
    if reset='0' then
      count <=din;
      c<='0';
    elsif rising_edge(clk) then
      if count="101" then
        count<="000";
        c<='1';
      else
      count<=count+1;
      c<='0';
      end if;
      end if;
  end process;
end behavioral;
```

2. 编译、仿真

编译前,选择主菜单"Assignments"→"Divice"项,选择芯片为 Cyclone III 系列芯片 EP3C40Q240,如果在新建工程时已经指定芯片,则此处可省略选择芯片操作。然后编译工程。如果没有错误,则编译成功。建立仿真波形文件(.vwf),设置输入信号,然后运行仿真,查看输出波形。图 7-4-30 给出了异步模 6 加 1 计数器的仿真输出波形。

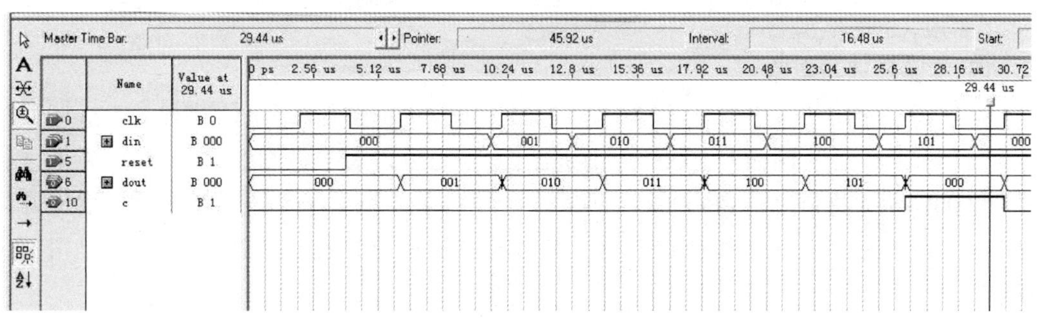

图 7-4-30 异步模 6 加 1 计数器仿真结果

3. 引脚锁定、下载实验台

选择模式 No. 5,参照引脚锁定表,设计异步模 6 加 1 计数器的引脚锁定方案,填写表 7-4-23。在 Quartus II 中,选择主菜单"Assignment"→"Pin"项,完成异步模 6 加 1 计数器的引脚锁定。引脚锁定完毕后,选择主菜单"Processing"→"Start Compilation"项,编译整个工程。然后选择主菜单"Tools"→"Programmer"项,下载 Sof 文件到 GW48-CP++实验台,分别拨动按键,观察 LED 灯或数码管状态,并记录输入输出结果,并将实验结果与其状态转移表进行比较。

表 7-4-23 异步模 6 加 1 计数器引脚锁定方案

输入输出信号	外设	引脚名称	引脚号
clk			
reset			
din			
dout			
c			

7.4.4.3 BCD8421 码同步计数器电路

一、实验目的

掌握 Quartus II 软件环境和 FPGA 实验台的使用方法。

掌握利用 VHDL 或框图输入法设计时序逻辑电路的方法。

掌握 BCD 码同步计数器的工作原理和设计方法。

掌握设计和调试同步计数器的一般方法。

二、实验内容

在 Quartus II 中,利用 VHDL 或框图输入法设计 BCD 码同步计数器,完成仿真,并下载到 FPGA 实验台进行测试。

三、实验环境

PC 计算机 1 台

Quartus II 软件环境 1 套

GW48-CP++实验台　　　　　　　1台

四、实验原理与电路

8421是最常用的二进制码,因为四位8421码时,从左到右每个“1”代表的十进制数分别是“8”“4”“2”“1”,例如:“1000”为十进制“8”,“0100”为十进制“4”,“0010”为十进制“2”,“0001”为十进制“1”。BCD8421码同步计数器是一个以触发器为基本设计器件的同步时序电路设计,一般同步加法计数器电路较异步加法计数器电路复杂,但它也是很常用的逻辑电路。

BCD码同步计数器可以利用带预置端和清除端的负沿触发双JK型触发器和与非门设计BCD8421码同步计数器,并为电路提供同步时钟脉冲信号。图7-4-31为BCD8421码同步计数器电路示意图;表7-4-24为BCD8421码同步计数器状态转移表;图7-4-32为BCD8421码同步计数器状态转移图;图7-4-33为BCD8421码同步计数器波形图。

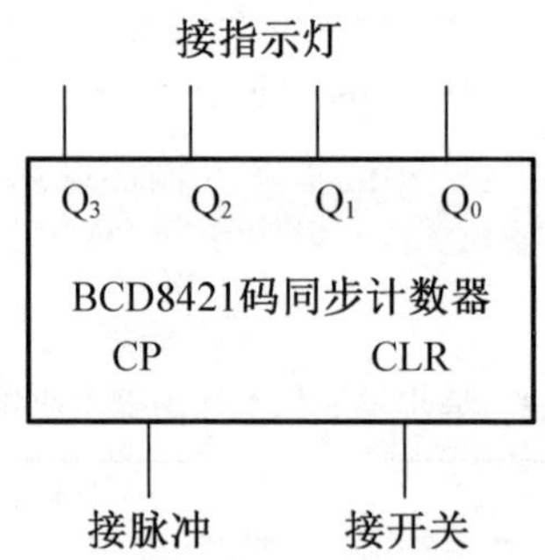

图7-4-31　BCD8421码同步计数器电路示意图

表7-4-24　BCD8421码同步计数器状态转移表

Q_3^n	Q_2^n	Q_1^n	Q_0^n	Q_3^{n+1}	Q_2^{n+1}	Q_1^{n+1}	Q_0^{n+1}
0	0	0	0	0	0	0	1
0	0	0	1	0	0	1	0
0	0	1	0	0	0	1	1
0	0	1	1	0	1	0	0
0	1	0	0	0	1	0	1
0	1	0	1	0	1	1	0
0	1	1	0	0	1	1	1
0	1	1	1	1	0	0	0
1	0	0	0	1	0	0	1
1	0	0	1	0	0	0	0

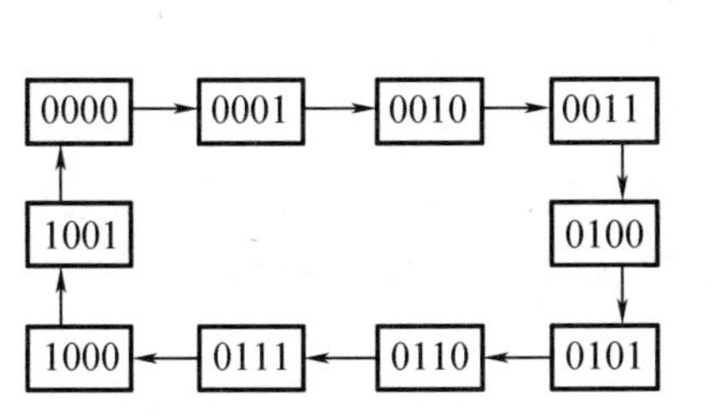

图 7-4-32　BCD8421 码同步计数器状态转移图

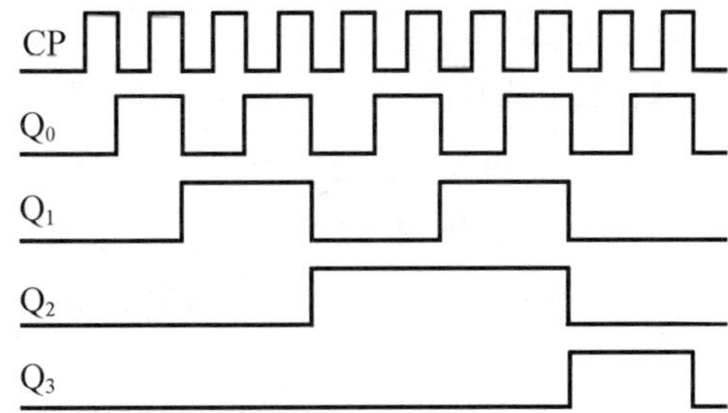

图 7-4-33　BCD8421 码同步计数器波形图

五、实验任务与步骤

1. 设计输入

在 Quartus II 中新建工程,在 Quartus II 的框图编辑器中利用框图法设计输入 BCD8421 码同步计数器电路,使用 JK 触发器和基本门电路实现 BCD8421 码同步计数器电路。Altera 元器件库中提供了 JK 触发器元件,在元器件树形目录的位置是:Primitives/Storage,名称是 jkdff。BCD8421 码同步计数器原理图如图 7-4-34 所示。在 Quartus II 中选择主菜单"Tools"→"Netlist Viewers"→"RTL Viewer",可以查看 BCD8421 码同步计数器的 RTL 级电路图。

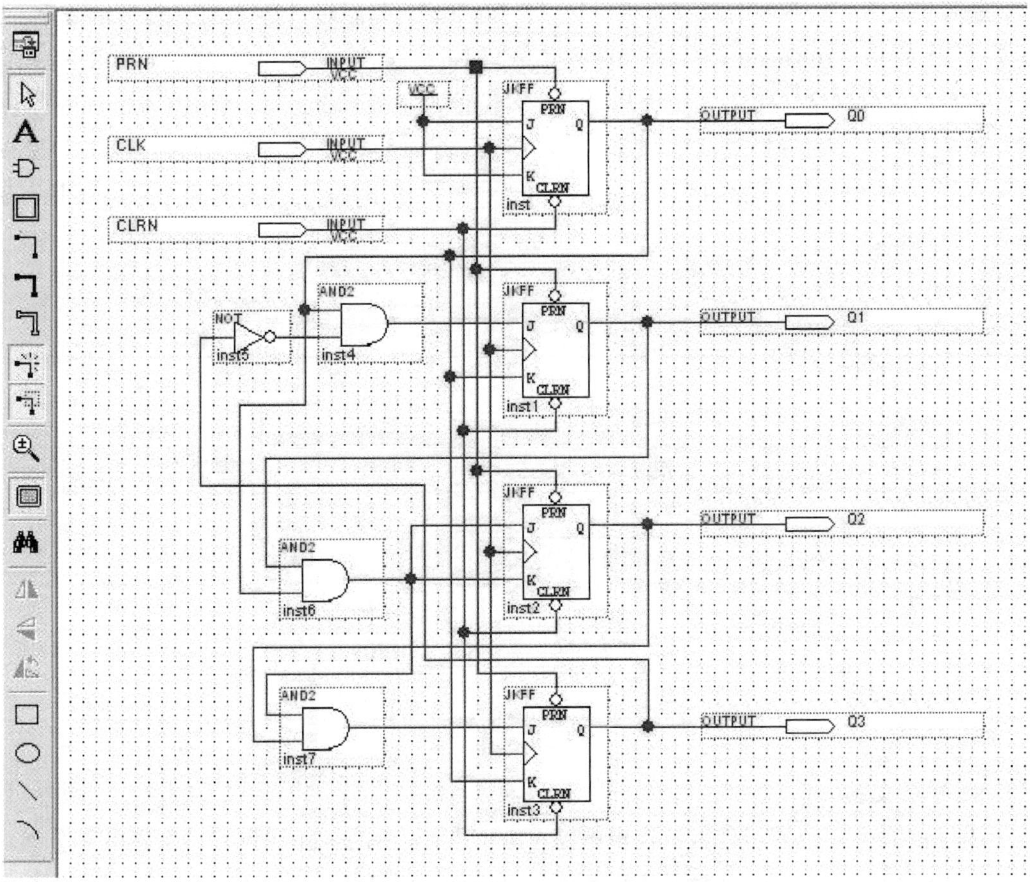

图 7-4-34　BCD8421 码同步计数器原理图

2. 编译、仿真

编译前，选择主菜单"Assignments"→"Divice"项，选择芯片为 Cyclone III 系列芯片 EP3C40Q240，如果在新建工程时已经指定芯片，则此处可省略选择芯片操作。然后编译工程。如果没有错误，则编译成功。建立仿真波形文件(.vwf)，设置输入信号，然后运行仿真，查看输出波形。图 7-4-35 给出了 BCD8421 码同步计数器的仿真输出波形。

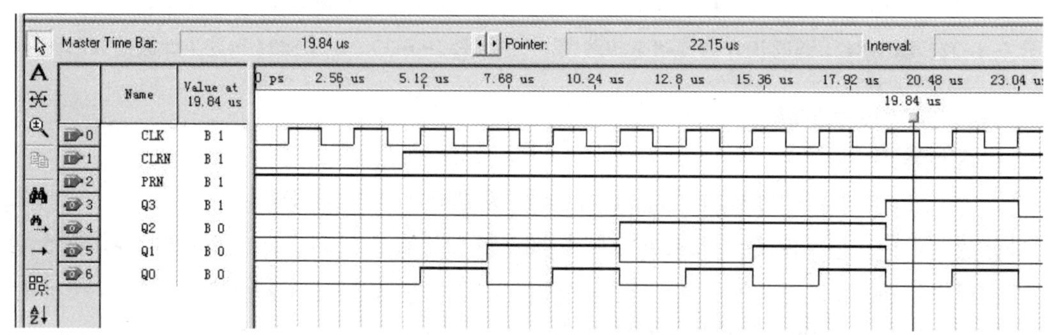

图 7-4-35　BCD8421 码同步计数器仿真结果

3. 引脚锁定、下载实验台

选择模式 No. 5，参照引脚锁定表，给出了 BCD8421 码同步计数器的引脚锁定方案，如表 7-4-25 所示。在 Quartus II 中，选择主菜单"Assignment"→"Pin"项，完成 BCD8421 码同步计数器的引脚锁定。引脚锁定完毕后，选择主菜单"Processing"→"Start Compilation"项，编译整个工程。然后选择主菜单"Tools"→"Programmer"项，下载 Sof 文件到 GW48-CP++ 实验台，分别拨动按键，观察 LED 灯状态，并记录输入输出结果，并将实验结果与其状态转移表进行比较。

表 7-4-25　BCD8421 码同步计数器引脚锁定方案

输入输出信号	外设	引脚名称	引脚号
CLK	按键 1	PIO0	18
CLRN	按键 2	PIO1	21
CLK	按键 3	PIO2	22
Q_3	LED 灯 4	PIO11	49
Q_2	LED 灯 3	PIO10	46
Q_1	LED 灯 2	PIO9	45
Q_0	LED 灯 1	PIO8	44

六、扩展实验

编写 BCD8421 码同步计数器逻辑电路 VHDL 代码，BCD8421 码同步计数器的部分参考程序见程序 P5-5。首先完善程序 P5-5，然后在 Quartus II 中完成 BCD8421 码同步计数器电路的设计输入、仿真和实验台测试，与 BCD8421 码同步计数器状态转移表比较。

程序 P5-5 bcdto8421.vhd

```
library ieee;
use ieee.std_logic_1164.all;
use ieee.std_logic_unsigned.all;
entity bcd8421 is
  port(rst,en,clk:in std_logic;
    oc:out std_logic;
    q:out std_logic_vector(3 downto 0));
end bcd8421;
architecture bhv of bcd8421 is
begin
  process(rst,en,clk)
  variable tmp:std_logic_vector(3 downto 0);
  begin
  if rst='1' then
  tmp:="0000";
  oc<='0';
  elsif en='0' then null;
  elsif clk'event and clk='1' then
  if tmp=9 then oc<='1';
  tmp:="0000";
  else tmp:=tmp+1;
  oc<='0';
  end if;
  end if;
  q<=tmp;
  end process;
end bhv;
```

7.4.4.4　4 位扭环形同步计数器电路

一、实验目的

掌握 Quartus II 软件环境和 FPGA 实验台的使用方法。

掌握利用 VHDL 或框图输入法设计时序逻辑电路的方法。

掌握 4 位扭环形同步计数器的工作原理和设计方法。

掌握设计和调试同步计数器的一般方法。

二、实验内容

在 Quartus II 中，利用 VHDL 或框图输入法设计 4 位扭环形同步计数器，完成仿真，并下载到 FPGA 实验台进行测试。

三、实验环境

PC 计算机	1 台
Quartus II 软件环境	1 套

GW48-CP++实验台　　　　　　1 台

四、实验原理与电路

4 位扭环形同步计数器是一个以触发器为基本设计器件的同步时序电路，逻辑比较简单，但应用很广泛。可以利用带预置端和清除端的负沿触发双 JK 型触发器和与非门设计 4 位扭环形同步计数器，并为电路提供同步时钟脉冲信号。图 7-4-36 为 4 位扭环形同步计数器电路示意图；表 7-4-26 为 4 位扭环形同步计数器状态转移表；图 7-4-37 为 4 位扭环形同步计数器状态转移图；图 7-4-38 为 4 位扭环形同步计数器波形图。

表 7-4-26　4 位扭环形同步计数器状态转移表

Q_3^n	Q_2^n	Q_1^n	Q_0^n	Q_3^{n+1}	Q_2^{n+1}	Q_1^{n+1}	Q_0^{n+1}
0	0	0	0	0	0	0	1
0	0	0	1	0	0	1	1
0	0	1	1	0	1	1	1
0	1	1	1	1	1	1	1
1	1	1	1	1	1	1	0
1	1	1	0	1	1	0	0
1	1	0	0	1	0	0	0
1	0	0	0	0	0	0	0

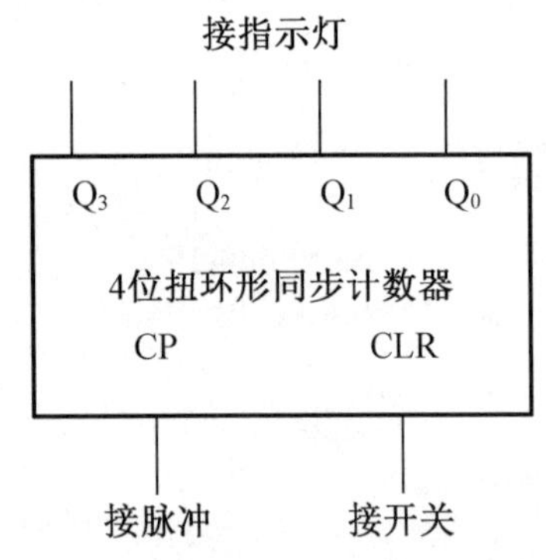

图 7-4-36　4 位扭环形同步计数器电路示意图

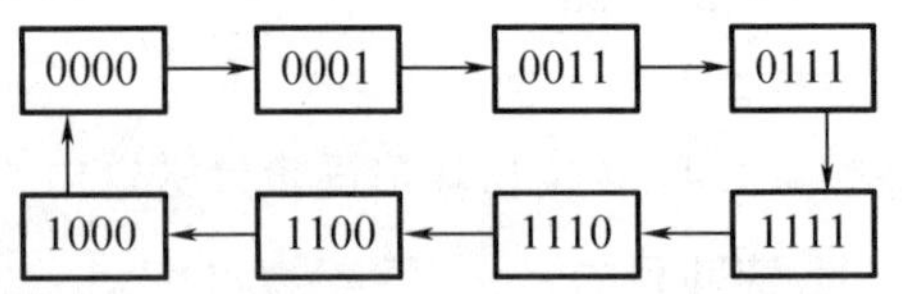

图 7-4-37　4 位扭环形同步计数器状态转移图

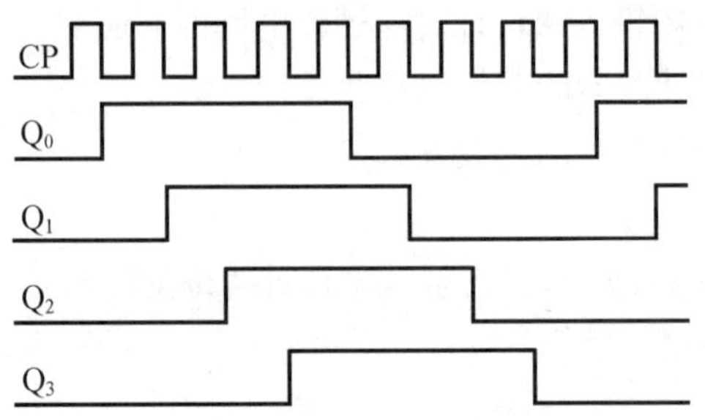

图 7-4-38　4 位扭环形同步计数器波形图

五、实验任务与步骤

1. 设计输入

在 Quartus II 中新建工程,在 Quartus II 的框图编辑器中利用框图法设计输入 4 位扭环形同步计数器电路,使用 JK 触发器和基本门电路实现 4 位扭环形同步计数器电路。Altera 元器件库中提供了 JK 触发器元件,在元器件树形目录的位置是:Primitives/Storage,名称是 jkdff。4 位扭环形同步计数器原理图如图 7-4-39 所示。在 Quartus II 中选择主菜单"Tools"→"Netlist Viewers"→"RTL Viewer",可以查看 4 位扭环形同步计数器的 RTL 级电路图。

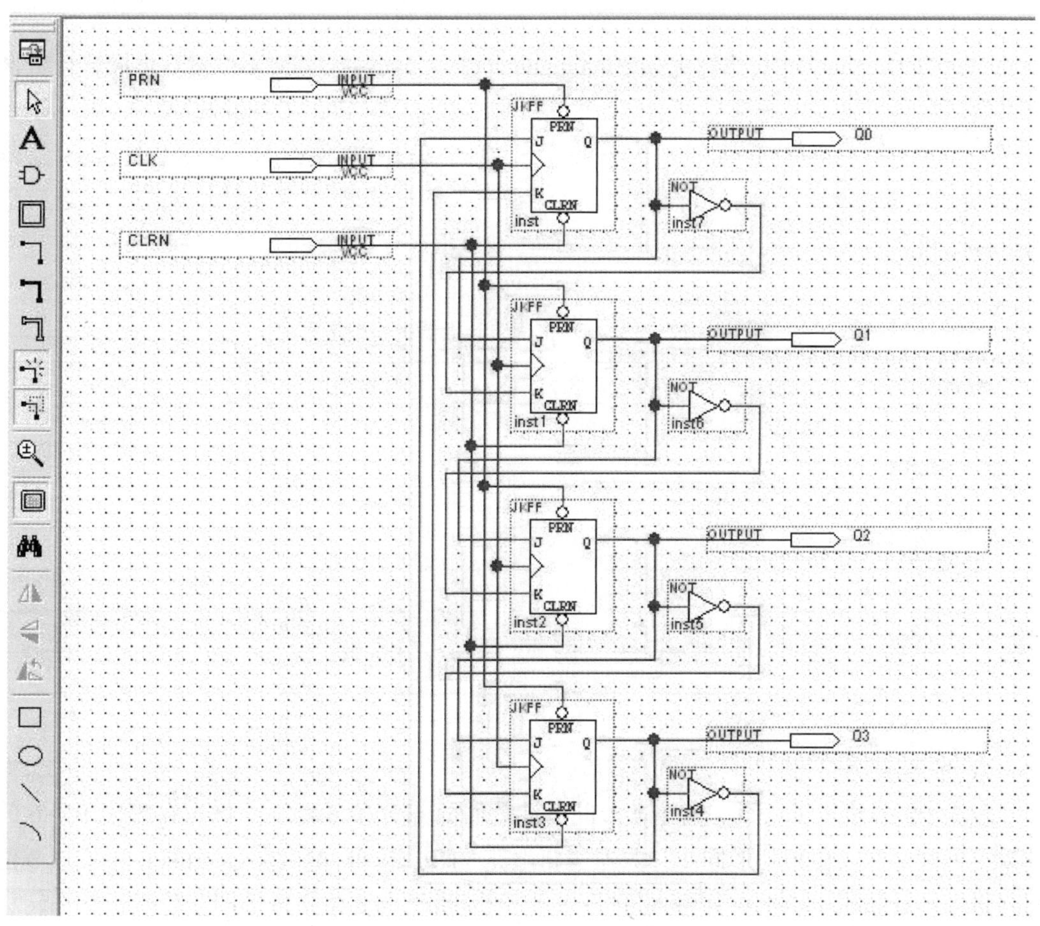

图 7-4-39　4 位扭环形同步计数器原理图

2. 编译、仿真

编译前,选择主菜单"Assignments"→"Divice"项,选择芯片为 Cyclone III 系列芯片 EP3C40Q240,如果在新建工程时已经指定芯片,则此处可省略选择芯片操作。然后编译工程。如果没有错误,则编译成功。建立仿真波形文件(. vwf),设置输入信号,然后运行仿真,查看输出波形。图 7-4-40 给出了 4 位扭环形同步计数器的仿真输出波形。

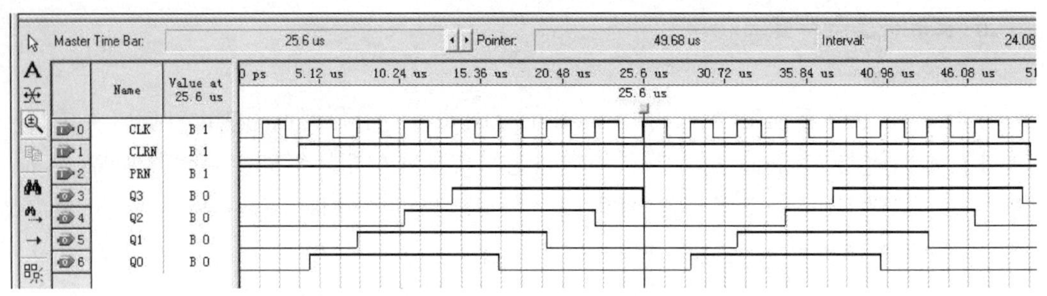

图 7-4-40 4 位扭环形同步计数器仿真结果

3. 引脚锁定、下载实验台

选择模式 No. 5，参照引脚锁定表，设计 4 位扭环形同步计数器的引脚锁定方案，填写表 7-4-27。在 Quartus II 中，选择主菜单“Assignment”→“Pin”项，完成 4 位扭环形同步计数器的引脚锁定。引脚锁定完毕后，选择主菜单“Processing”→“Start Compilation”项，编译整个工程。然后选择主菜单“Tools”→“Programmer”项，下载 Sof 文件到 GW48-CP++实验台，分别拨动按键，观察 LED 灯或数码管状态，并记录输入输出结果，并将实验结果与其状态转移表进行比较。

表 7-4-27 4 位扭环形同步计数器引脚锁定方案

输入输出信号	外设	引脚名称	引脚号
CLK			
CLRN			
CLK			
Q_0			
Q_1			
Q_2			
Q_3			

六、扩展实验

程序 P5-6 给出了一个 4 位扭环形同步计数器的部分参考程序。首先在程序 P5-6 的基础上编写一个 8 位扭环形同步计数器逻辑电路 VHDL 代码，然后在 Quartus II 中完成 8 位扭环形同步计数器电路的设计输入、仿真和实验台测试，与 8 位扭环形同步计数器状态转移表比较。

程序 P5-6 round4.vhd

```
library ieee;
use ieee.std_logic_1164.all;
entity round4 is
port(cp,cr:in std_logic;
  q:out std_logic_vector(0 to 3));
end round4;
```

```
architecture rtl of round4 is
  signal pcx:std_logic_vector(0 to 3);
begin
  process(cr,cp)
  begin
    if(cr='0') then
    pcx<="0000";
      else if(cp'event)and(cp='1') then
        if pcx="0000"  then
          pcx<="0001";
          else if pcx="0001"  then
            pcx<="0011";
            else if pcx="0011"  then
              pcx<="0111";
              else if pcx="0111"  then
                pcx<="1111";
                else if pcx="1111"  then
                  pcx<="1110";
                  else if pcx="1110" then
                    pcx<="1100";
                    else if pcx="1100" then
                      pcx<="1000";
                      else if pcx="1000" then
                      pcx<="0000";
                      else null;
                      end if;
                    end if;
                  end if;
                end if;
              end if;
            end if;
          end if;
        end if;
      end if;
    end if;
end process;
q<=pcx;
end rtl;
```

7.4.4.5　模 10 指定规律同步计数器电路

一、实验目的

掌握 Quartus II 软件环境和 FPGA 实验台的使用方法。

掌握利用 VHDL 或框图输入法设计时序逻辑电路的方法。

掌握任意规律同步计数器的工作原理和设计方法。

掌握设计和调试同步计数器的一般方法。

二、实验内容

在 Quartus II 中,利用 VHDL 或框图输入法设计模 10 指定规律同步计数器,完成仿真,并下载到 FPGA 实验台进行测试。

三、实验环境

PC 计算机　　1 台

Quartus II 软件环境　　1 套

GW48-CP++实验台　　1 台

四、实验原理与电路

模 10 指定规律同步计数器是一个以触发器为基本设计器件的同步时序电路,其指定的计数规律为:0→8→12→10→14→1→9→13→11→15→0。可以利用带预置端和清除端的正沿触发双 D 触发器、异或门和与非门设计模 10 指定规律同步计数器,并为电路提供同步时钟脉冲信号。图 7-4-41 为模 10 指定规律同步计数器电路示意图;表 7-4-28 为模 10 指定规律同步计数器状态转移表;图 7-4-42 为模 10 指定规律同步计数器状态转移图;图 7-4-43 为模 10 指定规律同步计数器波形图。

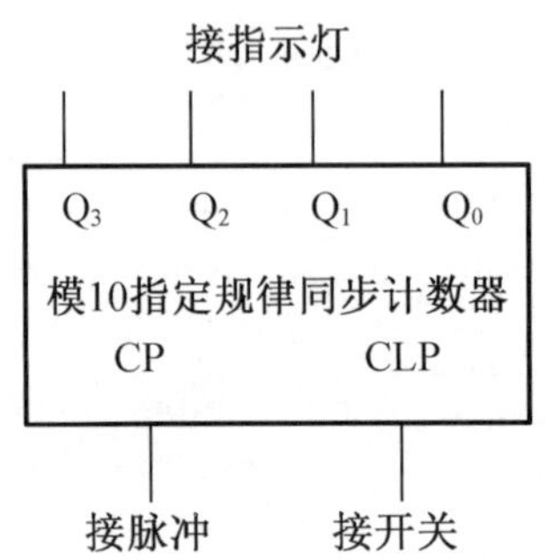

图 7-4-41　模 10 指定规律同步计数器电路示意图

表 7-4-28　模 10 指定规律同步计数器状态转移表

Q_3^n	Q_2^n	Q_1^n	Q_0^n	Q_3^{n+1}	Q_2^{n+1}	Q_1^{n+1}	Q_0^{n+1}
0	0	0	0	1	0	0	0
1	0	0	0	1	1	0	0
1	1	0	0	1	0	1	0
1	0	1	0	1	1	1	0
1	1	1	0	0	0	0	1
0	0	0	1	1	0	0	1
1	0	0	1	1	1	0	1
1	1	0	1	1	0	1	1
1	0	1	1	1	1	1	1
1	1	1	1	0	0	0	0

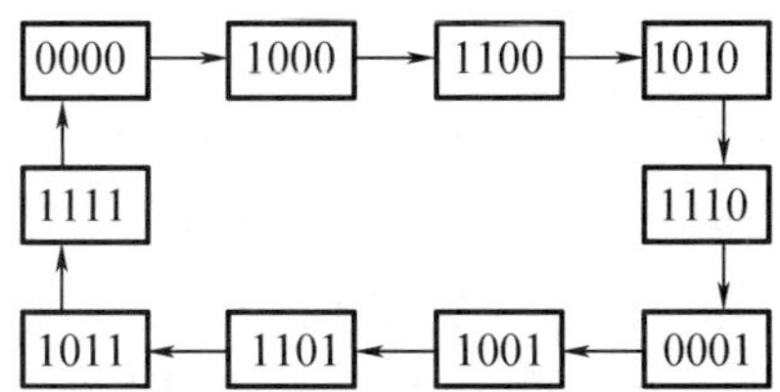

图 7-4-42　模 10 指定规律同步计数器状态转移图

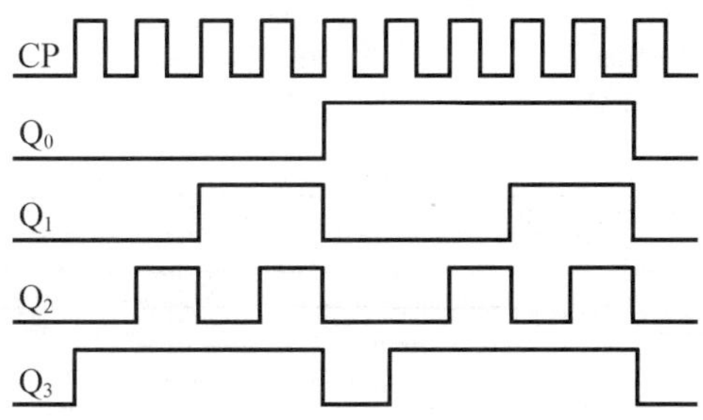

图 7-4-43　模 10 指定规律同步计数器波形图

五、实验任务与步骤

1. 设计输入

在 Quartus II 中新建工程，在 Quartus II 的框图编辑器中利用框图法设计输入模 10 指定规律同步计数器电路，利用带预置端和清除端的正沿触发双 D 触发器、异或门和与非门实现模 10 指定规律同步计数器电路。Altera 元器件库中提供了 D 触发器元件，在元器件树形目录的位置是：Primitives/Storage，名称是 dff。模 10 指定规律同步计数器原理图设计如图 7-4-44 所示。在 Quartus II 中选择主菜单"Tools"→"Netlist Viewers"→"RTL Viewer"，可以查看模 10 指定规律同步计数器的 RTL 级电路图。

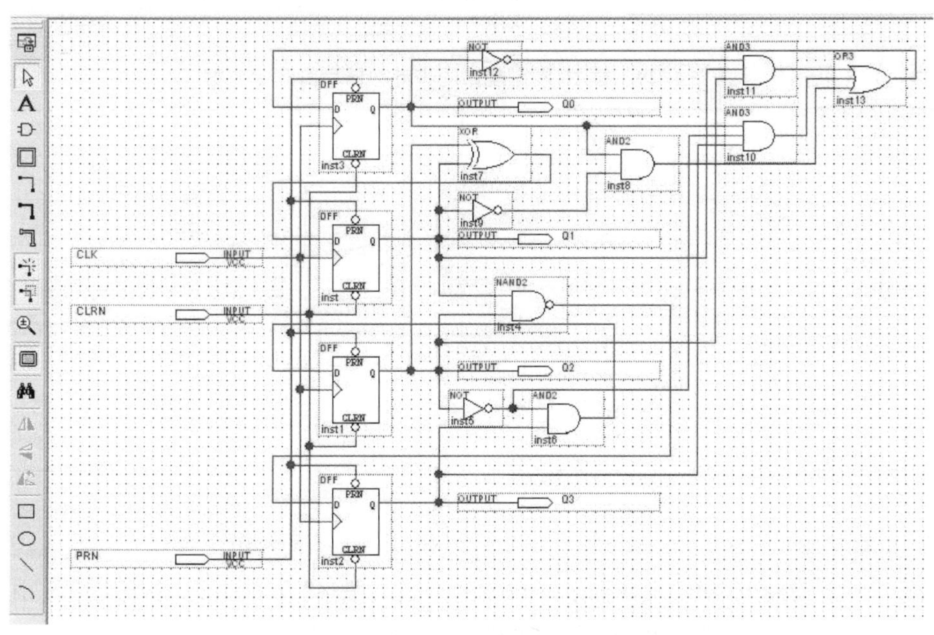

图 7-4-44　模 10 指定规律同步计数器原理图

2. 编译、仿真

编译前,选择主菜单"Assignments"→"Divice"项,选择芯片为 Cyclone III 系列芯片 EP3C40Q240,如果在新建工程时已经指定芯片,则此处可省略选择芯片操作。然后编译工程。如果没有错误,则编译成功。建立仿真波形文件(.vwf),设置输入信号,然后运行仿真,查看输出波形。图 7-4-45 给出了模 10 指定规律同步计数器的仿真输出波形。

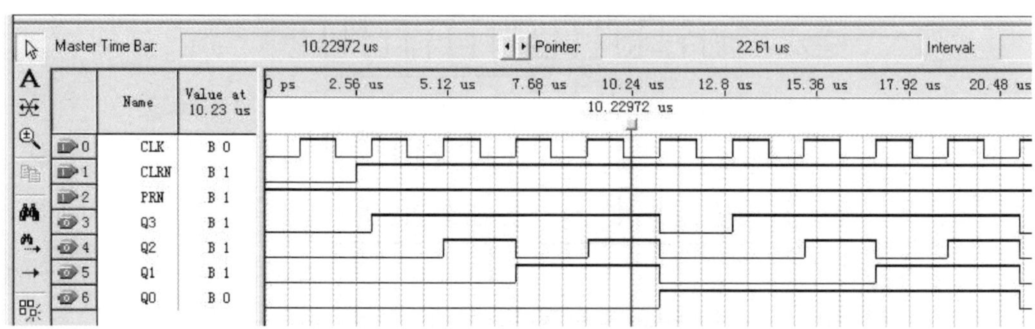

图 7-4-45　模 10 指定规律同步计数器仿真结果

3. 引脚锁定、下载实验台

选择模式 No. 5,参照引脚锁定表,设计模 10 指定规律同步计数器的引脚锁定方案,填写表 7-4-29。在 Quartus II 中,选择主菜单"Assignment"→"Pin"项,完成模 10 指定规律同步计数器的引脚锁定。引脚锁定完毕后,选择主菜单"Processing"→"Start Compilation"项,编译整个工程。然后选择主菜单"Tools"→"Programmer"项,下载 Sof 文件到 GW48-CP++实验台,分别拨动按键,观察 LED 灯或数码管状态,并记录输入输出结果,并将实验结果与其状态转移表进行比较。

表 7-4-29　模 10 指定规律同步计数器引脚锁定方案

输入输出信号	外设	引脚名称	引脚号
CLK			
CLRN			
PRN			
Q_3			
Q_2			
Q_1			
Q_0			

六、扩展实验

程序 P5-7 为模 10 指定规律同步计数器的 VHDL 描述,在 Quartus II 中完成模 10 指定规律同步计数器的设计输入、仿真和实验台测试。

程序 P5-7 bcdto8421.vhd

```
library ieee;
use ieee.std_logic_1164.all;
use ieee.std_logic_unsigned.all;
entity bcd8421 is
  port(rst,en,clk:in std_logic;
    oc:out std_logic;
    q:out std_logic_vector(3 downto 0));
end bcd8421;
architecture bhv of bcd8421 is
begin
  process(rst,en,clk)
  variable tmp:std_logic_vector(3 downto 0);
  begin
  if rst='1' then
  tmp:="0000";
  oc<='0';
  elsif en='0' then null;
  elsif clk'event and clk='1' then
  if tmp=9 then oc<='1';
  tmp:="0000";
  else tmp:=tmp+1;
  oc<='0';
  end if;
  end if;
  q<=tmp;
  end process;
end bhv;
```

7.4.5　脉冲信号电路实验

7.4.5.1　序列信号发生器电路

一、实验目的

掌握 Quartus II 软件环境和 FPGA 实验台的使用方法。

掌握利用 VHDL 或框图输入法设计时序逻辑电路的方法。

掌握序列信号发生器工作原理和设计方法以及调试的一般方法。

二、实验内容

在 Quartus II 中,利用 VHDL 或框图输入法设计序列信号发生器电路,完成仿真,并下载到 FPGA 实验台进行测试。

三、实验环境

PC 计算机	1 台
Quartus II 软件环境	1 套

GW48-CP++实验台　　　　　　　1 台

四、实验原理与电路

序列信号发生器是能够循环产生一组或多组序列信号的时序电路，它可以用以为寄存器或计数器构成。序列信号的种类很多，按照序列循环长度 M 和触发器数目 n 的关系一般可分为三种：

最大循环长度序列码，$M=2^n$。

最大线性序列码（M 序列码），$M=2^n-1$。

任意循环长度序列码，$M<2^n$。

通常在许多情况下，要求按照给定的序列信号来设计序列信号发生器。序列信号发生器一般有两种结构形式：一种是反馈移位型，另一种是计数型。计数型序列信号发生器结构框图如图 7-4-46 所示。它由计数器和组合输出网络两部分组成，序列码从组合输出网络输出。

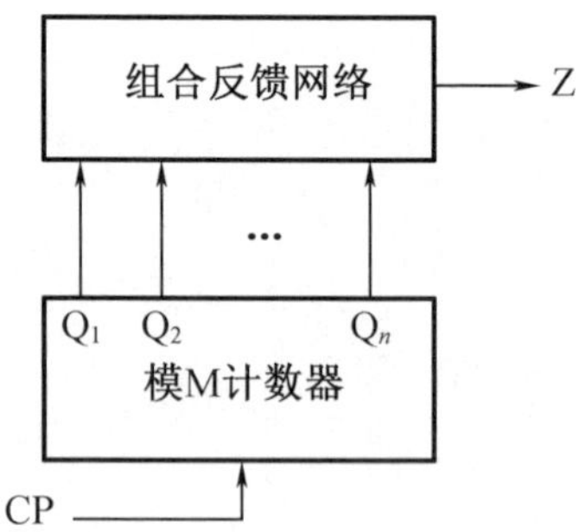

图 7-4-46　计数型序列信号发生器结构框图

设计过程分两步：

①根据序列码的长度 M 设计模 M 计数器，状态可以自定；

②按计数器的状态转移关系和序列码的要求设计组合输出网络。由于计数器的状态设置和输出序列的更改比较方便，而且还能同时产生多组序列码。

本设计是一种计数型序列信号发生器，是一个以触发器为基本设计器件的同步时序电路，其电路元件符号如图 7-4-47 所示。其指定的信号发生规律为：[101000]、[111000]双序列信号。利用带预置端和清除端的负沿触发双 JK 型触发器（74ls112）和 74ls00 二输入四正与非门芯片设计，并为电路提供同步时钟脉冲信号。表 7-4-30 为[101000]、[111000]双序列信号发生器状态转移表；图 7-4-48～图 7-4-50 为[101000]、[111000]双序列信号发生器状态转移图。

表 7-4-30　双序列信号发生器状态转移表

状态		输出	
原态	次态	F_1	F_2
S_1	S_2	1	1

表 7-4-30(续)

状态		输出	
原态	次态	F_1	F_2
S_2	S_3	0	1
S_3	S_4	1	1
S_4	S_5	0	0
S_5	S_6	0	0
S_6	S_1	0	0

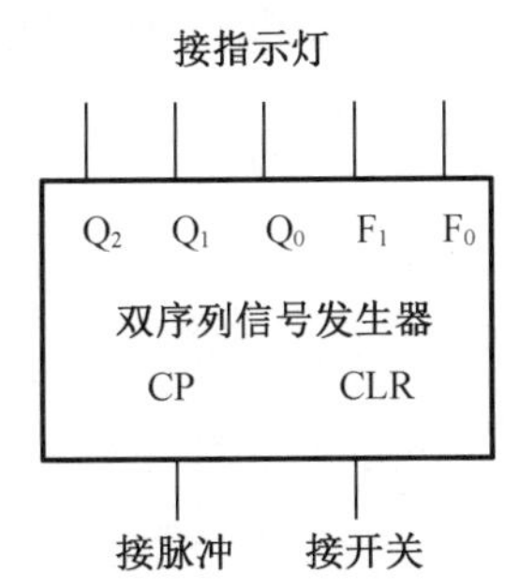

图 7-4-47　双序列信号发生器电路元件符号

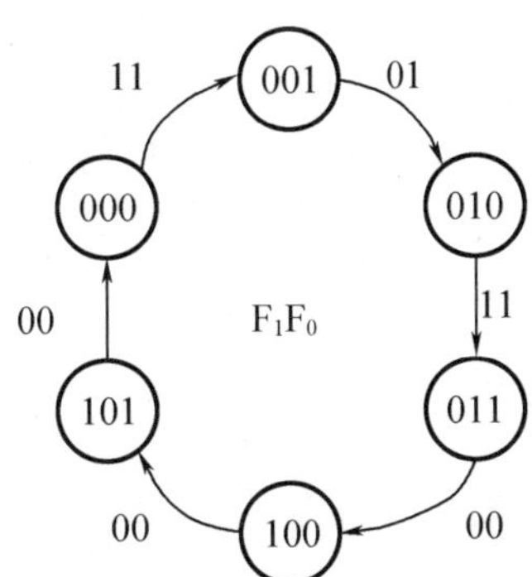

图 7-4-48　双序列信号发生器状态转移图 1

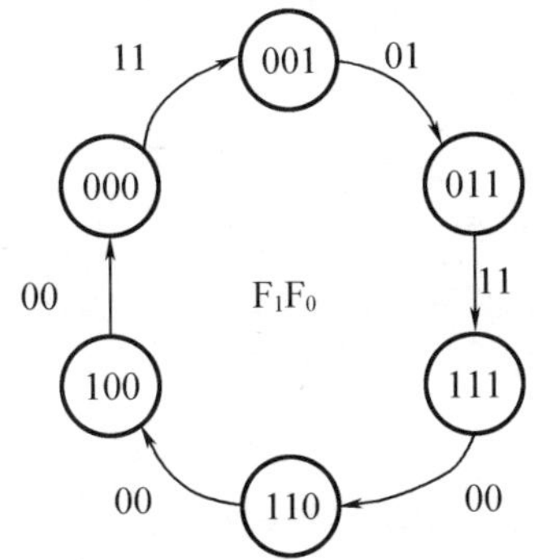

图 7-4-49　双序列信号发生器状态转移图 2

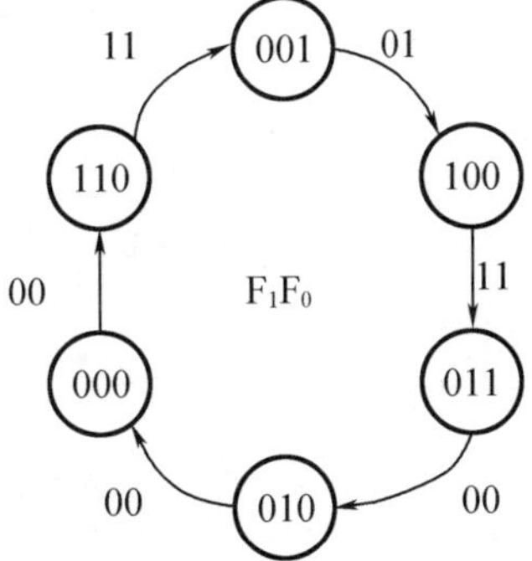

图 7-4-50　双序列信号发生器状态转移图 3

从状态转移图可以看出,这是一个有 6 个状态依次循环,每个状态有相应输出的时序电路。这样的电路在进行设计时,一般首先要设计一个有 6 个状态的计数器,依托该计数器电路进行输出设计。

设计一个有 6 个状态的同步计数器,需要 3 个触发器,在进行状态分配时,有许多方案。不同的状态分配方案,形成的最终电路复杂程度是不同的,因此,要求一定要结合给定的器件,进行合理的状态分配(最好能达到最佳)。当然,计数器的设计一定要考虑自行启动的问题。

本设计题目所需的 6 个状态计数器,在状态分配时,可以选择如图 7-4-48 所示的方案 1:$S_1=000$,$S_2=001$,$S_3=010$,$S_4=011$,$S_5=100$,$S_6=101$;也可以选择如图 7-4-49 所示的方案 2:$S_1=000$,$S_2=001$,$S_3=011$,$S_4=111$,$S_5=110$,$S_6=100$;还可以选择如图 7-4-50 所示的

方案 3:$S_1=110$,$S_2=001$,$S_3=100$,$S_4=011$,$S_5=010$,$S_6=000$。

经过比较可知,在状态分配时,使用方案 1,需要用 3 个负沿触发 JK 型触发器,6 个 2 输入单输出与非门;使用方案 2,需要用 3 个负沿触发 JK 型触发器,5 个 2 输入单输出与非门;使用方案 3,需要用 3 个负沿触发 JK 型触发器,2 个 2 输入单输出与非门。可见使用方案 3 是最佳选择。

五、实验任务与步骤

1. 设计输入

在 Quartus II 中新建工程,在 Quartus II 的框图编辑器中利用框图法设计输入序列信号发生器电路,利用双 JK 触发器和与非门实现序列信号发生器电路。Altera 元器件库中提供了 JK 触发器元件,在元器件树形目录的位置是:Primitives/Storage,名称是 jkdff。序列信号发生器原理图如图 7-4-51 所示。在 Quartus II 中选择主菜单“Tools”→“Netlist Viewers”→“RTL Viewer”,可以查看序列信号发生器的 RTL 级电路图。

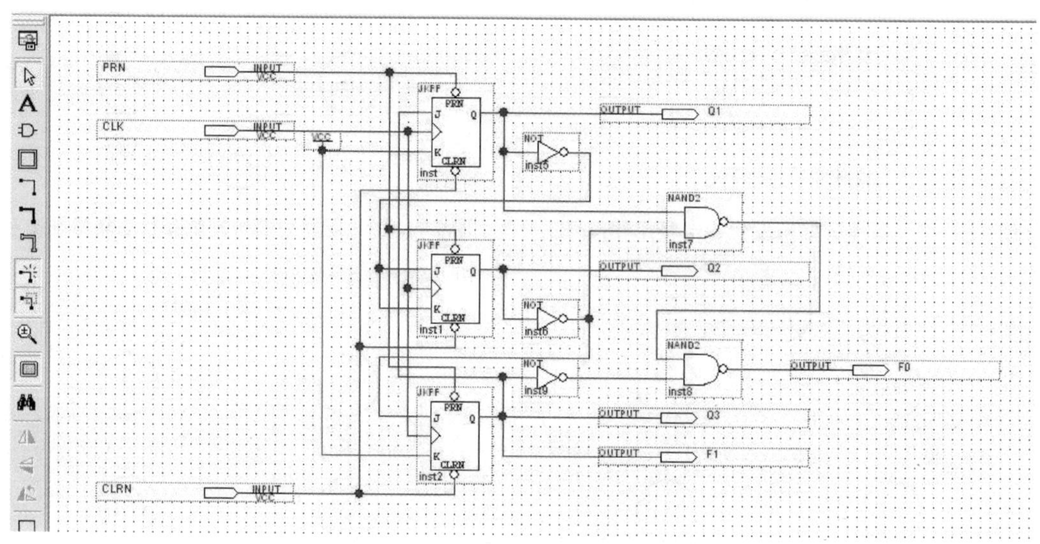

图 7-4-51 序列信号发生器原理图

2. 编译、仿真

编译前,选择主菜单“Assignments”→“Divice”项,选择芯片为 Cyclone III 系列芯片 EP3C40Q240,如果在新建工程时已经指定芯片,则此处可省略选择芯片操作。然后编译工程。如果没有错误,则编译成功。建立仿真波形文件(. vwf),设置输入信号,然后运行仿真,查看输出波形。图 7-4-52 给出了序列信号发生器的仿真输出波形。

3. 引脚锁定、下载实验台

选择模式 No. 5,参照引脚锁定表,设计序列信号发生器的引脚锁定方案,填写表 7-4-31。在 Quartus II 中,选择主菜单“Assignment”→“Pin”项,完成序列信号发生器的引脚锁定。引脚锁定完毕后,选择主菜单“Processing”→“Start Compilation”项,编译整个工程。然后选择主菜单“Tools”→“Programmer”项,下载 Sof 文件到 GW48-CP++实验台,分别拨动按键,观察 LED 灯或数码管状态,并记录输入输出结果,并将实验结果与其状态转移表进行比较。

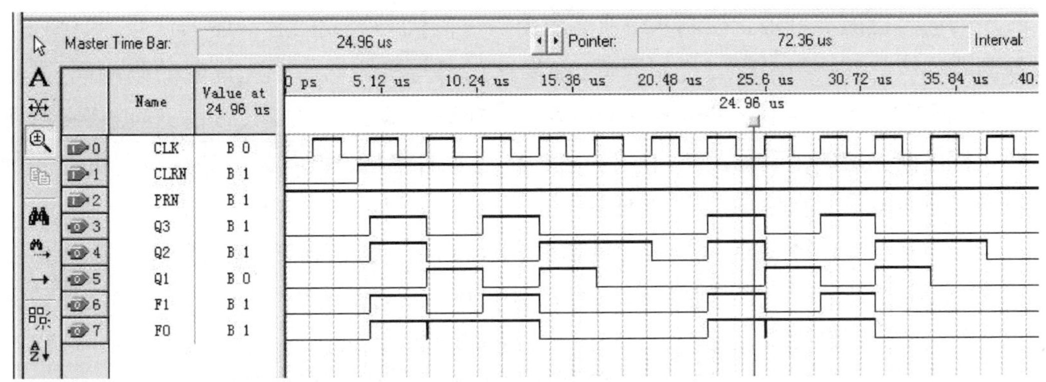

图 7-4-52　序列信号发生器仿真结果

表 7-4-31　序列信号发生器引脚锁定方案

输入输出信号	外设	引脚名称	引脚号
CLK			
CLRN			
PRN			
Q_3			
Q_2			
Q_1			
Q_0			

六、扩展实验

编写序列信号发生器的 VHDL 代码,然后在 Quartus II 中完成序列信号发生器电路的设计输入、仿真和实验台测试,与序列信号发生器状态转移表比较。

7.4.5.2　序列信号检测器电路

一、实验目的

掌握 Quartus II 软件环境和 FPGA 实验台的使用方法。

掌握利用 VHDL 或框图输入法设计时序逻辑电路的方法。

掌握序列信号检测器工作原理和设计方法以及调试的一般方法。

掌握设计和调试序列信号检测器的一般方法。

二、实验内容

在 Quartus II 中,利用 VHDL 或框图输入法设计序列信号检测器电路,完成仿真,并下载到 FPGA 实验台进行测试。

三、实验环境

PC 计算机　　1 台

Quartus II 软件环境　　1 套

GW48-CP++实验台　　1 台

四、实验原理与电路

序列信号检测器可用于检测一组或多组由二进制代码组成的脉冲序列信号，当序列信号检测器连续收到一组串行二进制码后，如果这组码与检测器中预先设置的码相同，则输出为1，否则输出0。由于这种检测的关键在于正确码的收到必须是连续的，这就要求检测器必须记住前一次的正确码及正确序列，直到在连续的检测中所收到的每一位码都与与预置数的对应码相同。在检测过程中，任何一位不相等都将回到初始状态重新开始检测。

本实验是一个以触发器为基本设计器件的同步时序电路设计，其电路元件符号如图7-4-53所示。其指定的信号检测规律为：[1010]可重叠序列信号。给定的器件是带预置端和清除端的正沿触发双D触发器(74ls74)、74ls20四输入二正与非门芯片和74ls00二输入四正与非门芯片，所以要根据给定的器件进行设计，并为电路提供同步时钟脉冲信号。

表7-4-32为[1010]序列信号检测器状态转移表；图7-4-54为[1010]序列信号检测器状态转移图。

表7-4-32　序列信号检测器状态转移表

状态	输入	状态	输出
原态	A	次态	F
S_1	0	S_1	0
S_2	0	S_3	0
S_3	0	S_1	0
S_4	0	S_3	1
S_1	1	S_2	0
S_2	1	S_2	0
S_3	1	S_4	0
S_4	1	S_2	0

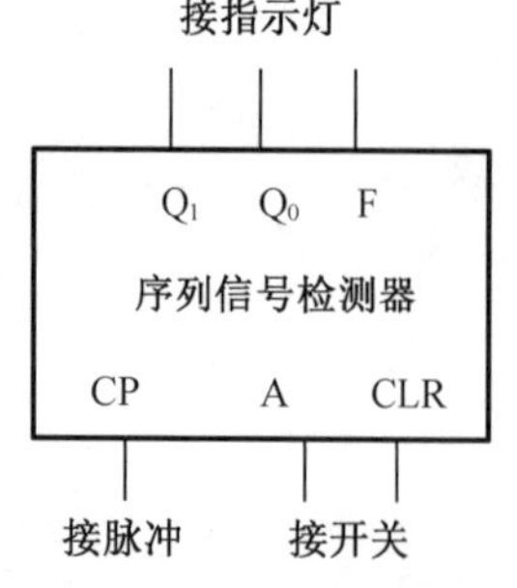

图7-4-53　序列信号检测器电路元件符号

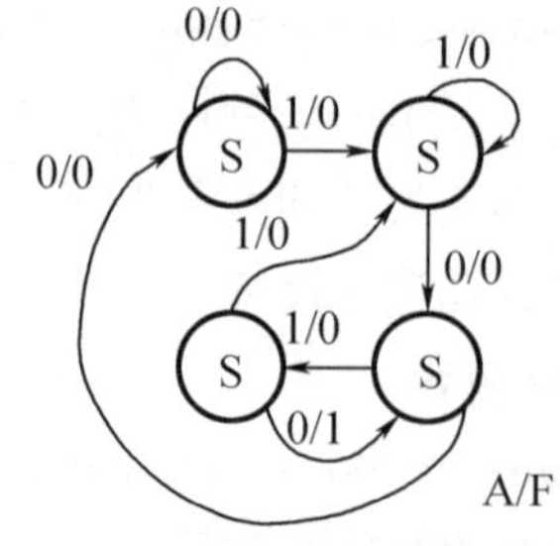

图7-4-54　序列信号检测器状态转移图

从状态转移图可以看出，这是一个有4个状态依次循环，每个状态均有相应的输入和输出的时序电路。这样的电路在进行设计时，一般首先要设计一个有4个状态的计数器，依托该计数器电路进行输出设计。

设计一个有 4 个状态的同步计数器,需要 2 个触发器,在进行状态分配时,有许多方案。不同的状态分配方案,形成的最终电路复杂程度是不同的,因此,要求一定要结合给定的器件,进行合理的状态分配(最好能达到最佳)。当然,计数器的设计一定要考虑自行启动的问题。

经过比较可知,最佳方案是使用 2 个正沿触发 D 触发器,4 个 2 输入单输出与非门,1 个 4 输入单输出与非门。

五、实验任务与步骤

1. 设计输入

在 Quartus II 中新建工程,在 Quartus II 的框图编辑器中利用框图法设计输入序列信号检测器电路,利用双 D 触发器和与非门实现序列信号检测器电路。Altera 元器件库中提供了 D 触发器元件,在元器件树形目录的位置是:Primitives/Storage,名称是 dff。序列信号检测器原理图如图 7-4-55 所示。在 Quartus II 中选择主菜单“Tools”→“Netlist Viewers”→“RTL Viewer”,可以查看序列信号检测器的 RTL 级电路图。

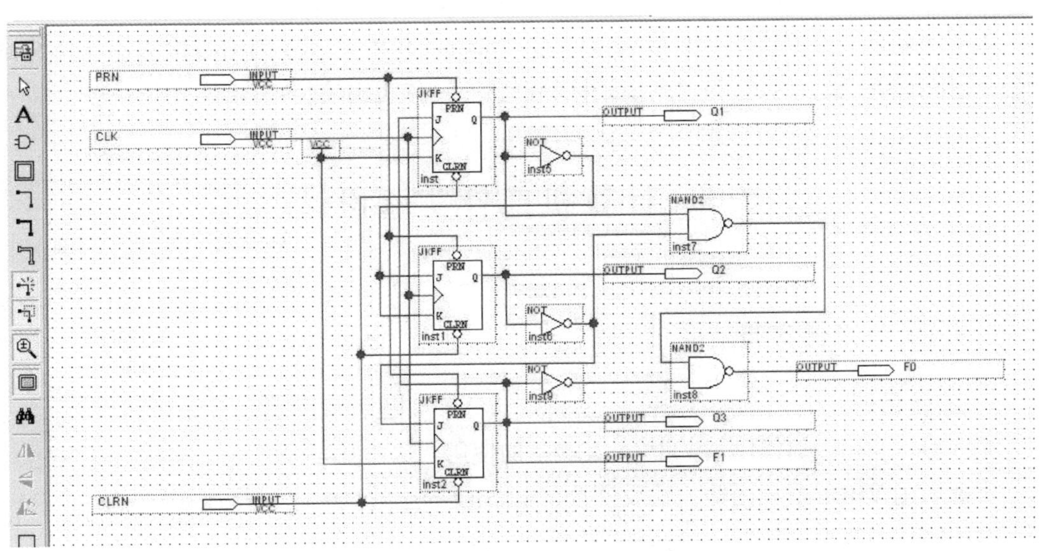

图 7-4-55　序列信号检测器原理图

2. 编译、仿真

编译前,选择主菜单“Assignments”→“Divice”项,选择芯片为 Cyclone III 系列芯片 EP3C40Q240,如果在新建工程时已经指定芯片,则此处可省略选择芯片操作。然后编译工程。如果没有错误,则编译成功。建立仿真波形文件(. vwf),设置输入信号,然后运行仿真,查看输出波形。

3. 引脚锁定、下载实验台

选择模式 No. 5,参照引脚锁定表,设计序列信号检测器的引脚锁定方案,填写表 7-4-33。在 Quartus II 中,选择主菜单“Assignment”→“Pin”项,完成序列信号检测器的引脚锁定。引脚锁定完毕后,选择主菜单“Processing”→“Start Compilation”项,编译整个工程。然后选择主菜单“Tools”→“Programmer”项,下载 Sof 文件到 GW48-CP++实验台,分别拨动按键,观察 LED 灯或数码管状态,并记录输入输出结果,并将实验结果与其状态转移表进行比较。

表 7-4-33　序列信号检测器引脚锁定方案

输入输出信号	外设	引脚名称	引脚号
CLK			
CLRN			
PRN			
Q_3			
Q_2			
Q_1			
Q_0			

六、扩展实验

编写序列信号检测器 VHDL 代码,然后在 Quartus II 中完成序列信号检测器电路的设计输入、仿真和实验台测试,与序列信号检测器状态转移表比较。

7.5　计算机部件实验设计

7.5.1　运算器实验

一、实验目的

掌握 Quartus II 软件环境和 FPGA 实验台的使用方法。

掌握利用 VHDL 或框图输入法设计数字电路的方法。

掌握简单运算器的数据传输通路。

掌握算术逻辑运算加、减、与的工作原理。

熟悉简单运算的数据传送通路。

二、实验内容

在 Quartus II 中,利用框图输入法设计一个 8 位的简单运算器,并验证其算术和逻辑运算功能,完成仿真,并下载到 FPGA 实验台进行测试。

三、实验环境

PC 计算机　　1 台

Quartus II 软件环境　　1 套

GW48-CP++实验台　　1 台

四、实验原理与电路

运算器:Arithmetic Unit,计算机中执行各种算术和逻辑运算操作的部件。运算器的基本操作包括加、减、乘、除四则运算,与、或、非、异或等逻辑操作,以及移位、比较和传送等操作。运算器由算术逻辑单元、累加器、状态寄存器、通用寄存器组等组成。其核心为算术逻辑单元(arithmetic logic unit,ALU)。ALU 的基本功能为加、减、乘、除四则运算,与、或、非、异或等逻辑操作,以及移位、求补等操作。ALU 是专门执行算术和逻辑运算的数字电路。74ls181 芯片是常用的 4 位 ALU,真值表见表 7-5-1。74ls181 电路的复杂程度等效于 75 个门,可实行两个 4 位字的 16 种二进制算术运算或两个布尔变量有可能的 16 种逻辑功能运算,是一种高速低功耗的 4 位算术逻辑运算器。利用 2 片 74ls181 芯片串联可以实现 8 位运算器。Quartus II 元器件库中提供了 74ls181 芯片。8 位 ALU 元件符号如图 7-5-1 所示。主要信号说明如下:

A[7..0]——操作数 A

B[7..0]——操作数 B

F[7..0]——运算结果

CN——进位输入

CN4——进位输出

M——逻辑或算术运算控制信号

S——运算控制信号

8 位 ALU 由 2 片 74ls181 芯片串联组成,其原理图如图 7-5-2 所示。

表 7-5-1　ALU(74ls181)正逻辑运算功能表

选择				M=1	M=0 算术运算	
S_3	S_2	S_1	S_0	逻辑运算	Cn=1(无进位)	Cn=0(有进位)
0	0	0	0	F=/A	F=A	F=A **+**1
0	0	0	1	F=/(A+B)	F=A+B	F=(A+B)**+**1
0	0	1	0	F=/A · B	F=A+/B	F=(A+/B)**+**1
0	0	1	1	F=0	F=-1	F=0
0	1	0	0	F=/(A · B)	F=A **+**A · /B	F=A **+**A · /B **+**1
0	1	0	1	F=/B	F=(A+B)**+**A · /B	F=(A+B)**+**A · /B **+**1
0	1	1	0	F=A ⊕ B	F=A-B-1	F=A-B
0	1	1	1	F=A · /B	F=A · /B-1	F=A · /B
1	0	0	0	F=/A+B	F=A **+**A · B	F=A **+**A · B **+**1
1	0	0	1	F=A⊙B	F=A **+**B	F=A **+**B **+**1
1	0	1	0	F=B	F=(A+/B)**+**A · B	F=(A+/B)**+**A · B **+**1
1	0	1	1	F=A · B	F=A · B-1	F=A · B
1	1	0	0	F=1	F=A **+**A	F=A **+**A **+**1
1	1	0	1	F=A+/B	F=(A+B)**+**A	F=(A+B)**+**A **+**1
1	1	1	0	F=A+B	F=(A+/B)**+**A	F=(A+/B)**+**A **+**1
1	1	1	1	F=A	F=A-1	F=A

注:表中"+"代表逻辑或运算,"·"代表逻辑与运算,"⊙"代表逻辑同或运算,"⊕"代表逻辑异或运算,"**+**"代表算术加运算,"-"代表算术减运算,F、A、B 均代表 4 位。

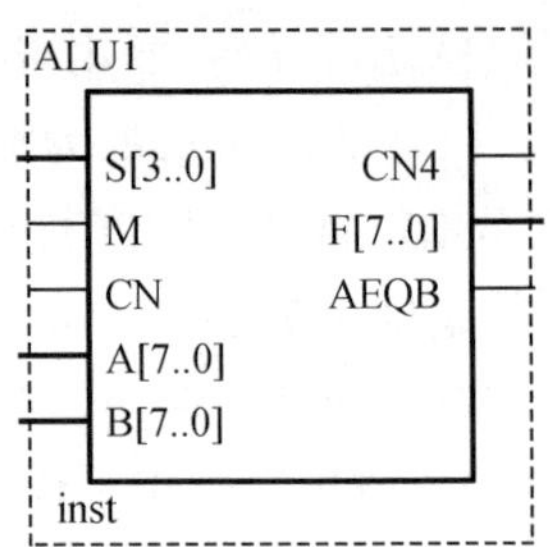

图 7-5-1　8 位 ALU 元件符号

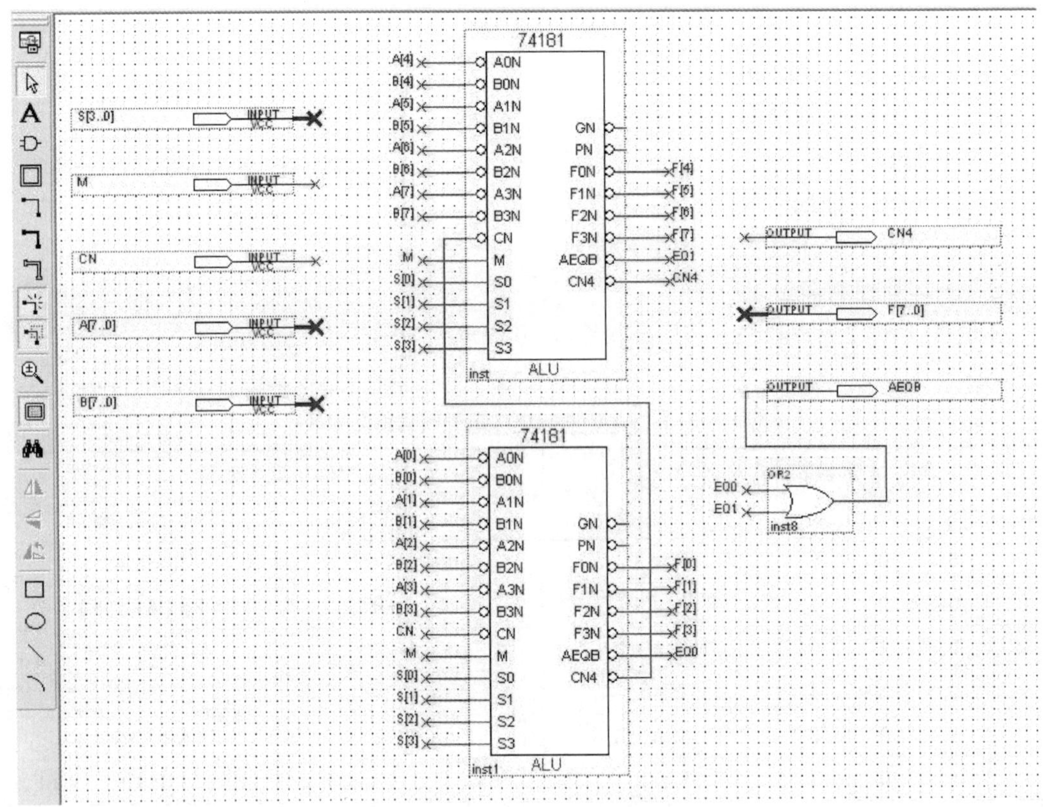

图 7-5-2　8 位 ALU 原理图

运算器的输出应当与数据总线相连,在传统的计算机组成原理实验系统中,可以通过三态门与总线相连,但在 FPGA 中无类似于三态门的器件,由 FPGA 组成的系统中各组成部件的输出端不允许直接连接在一起,因此各部件的输出端在与数据总线连接时需通过多路选择器连接到数据总线的输入端。

五、实验任务与步骤

1. 设计输入

在 Quartus II 中新建工程,在 Quartus II 的框图编辑器中利用框图法设计输入 ALU 电路,利用 Altera 元器件库中的 74ls181 芯片设计 ALU。74ls181 在 Altera 元器件树形目录的位置是:Others/Maxplus2,名称是 74181。8 位 ALU 原理图如图 7-5-2 所示。在 Quartus II 中选择主菜单“Tools”→“Netlist Viewers”→“RTL”,可以查看序列信号检测器的 RTL 级电路图。

2. 编译、仿真

编译前，选择“Assignments”→“Divice”菜单项，选择芯片为 Cyclone III 系列芯片 EP3C40Q240，如果在新建工程时已经指定芯片，则此处可省略选择芯片操作。然后编译工程。如果没有错误，则编译成功。建立仿真波形文件（.vwf），设置输入信号，然后运行仿真，查看输出波形，分析仿真结果。图 7-5-3 给出了 ALU 的仿真输出波形。从图 7-5-3 中看出，当操作数 A = 01111011，B = 0000101，M = 1，S = 1011，F 输出为 00000001。即验证了 ALU 进行了逻辑与运算。参考该仿真波形，完成以下仿真内容：

①设置 $S_3 \sim S_0$，M，CN 的信号，一次仿真 ALU 的 48 种功能（表 7-5-1），即运行一次仿真，即可在输出波形中看到 48 种运算结果。算数运算和逻辑运算操作数 A 和 B 分别设置为 00000000～11111111 范围内任意值。

②验证其中 5 种运算，人工手动计算得到结果（理论值）。然后从波形图上找到相应的运算结果（仿真值），比较理论值和仿真值是否一致。

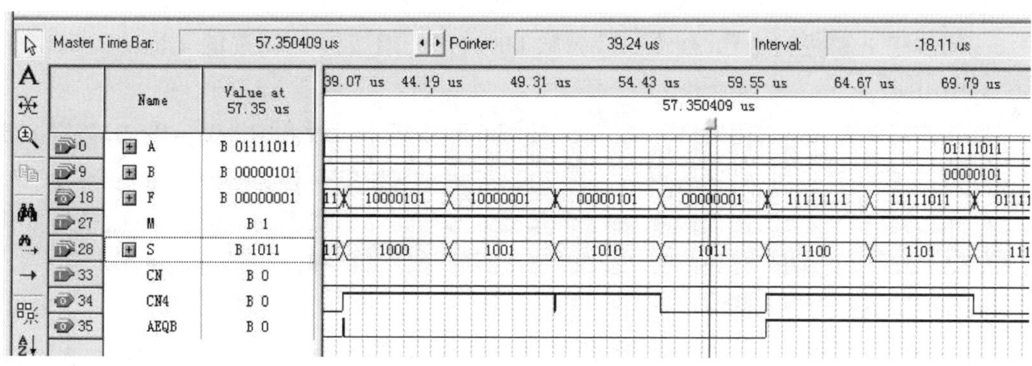

图 7-5-3　ALU 仿真结果

3. 引脚锁定、下载实验台

选择模式 No.5，参照引脚锁定表，设计 ALU 的引脚锁定方案，填写表 7-5-2，表中已经给出了部分信号的分配的引脚。由于实验台上的的按键数量有限，因此只输入了两个操作数的低四位。为了能够全面测试 ALU，可以增加辅助电路，可以利用计数器输出减少所需输入开关量。在 Quartus II 中，选择主菜单“Assignment”→“Pin”项，完成 ALU 的引脚锁定。引脚锁定完毕后，选择主菜单“Processing”→“Start Compilation”，编译整个工程。然后选择主菜单“Tools”→“Programmer”项，下载 Sof 文件到 GW48-CP++实验台，分别拨动按键，观察数码管状态，并记录输入输出结果，并将实验结果与其功能表进行比较。

表 7-5-2　运算器入引脚锁定方案表

输入输出信号	外设	引脚名称	引脚号
CN	按键 8		
M	按键 7		

表 7-5-2(续)

输入输出信号	外设	引脚名称	引脚号
S[3]	按键 6		
S[2]	按键 5		
S[1]	按键 4		
S[0]	按键 3		
B[3..0]	按键 2		
A[3..0]	按键 1		
F[3..0]	数码管 1		
CN4	数码管 2		
AEQB	数码管 3		

验证 ALU 的算术运算和逻辑运算功能具体验证过程:

①用按键 1 和按键 2 给 A[7..0]置数 00001101,用按键 3 和按键 4 向 B[7..0]置数 00001010。

②用按键 7 置 M=1,用按键 4、按键 5、按键 6 和按键 7 设置 S[3..0]=0~F,按键 8 设置 CN=0 或 CN=1,验证 ALU 的逻辑运算功能,并记录实验数据。

③用按键 7 置 M=0,用按键 4、按键 5、按键 6 和按键 7 设置 S[3..0]=0~F,按键 8 设置 CN=0 或 CN=1,验证 ALU 的算术运算功能,并记录实验数据。

六、扩展实验

用 VHDL 文本输入方法设计实现 8 位 ALU,该 ALU 具备基本的算术和逻辑运算功能,在 Quartus II 中完成电路设计、仿真,并下载到 FPGA 实验台,验证其功能。

在上面 ALU 实验的基础上,增加 2 个 74273 寄存器(DR1 和 DR2),分别寄存 ALU 的 2 个操作数。参考电路图如图 7-5-4 所示。在此参考电路基础上利用多路选择器,设计一个总线结构的数据通路,完成表 7-5-3 列出的 8 种常用的算术与逻辑运算。表中给定原始数据 DR_1=A[7..0]和 DR_2=B[7..0],以后的数据取自前面运算的结果。

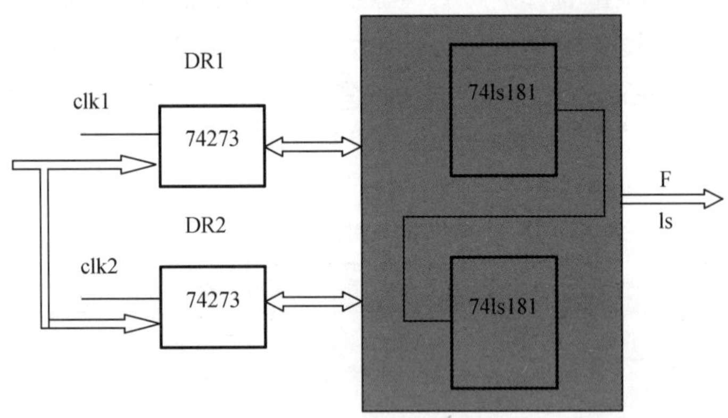

图 7-5-4 运算器结构

表 7-5-3　8 种常用的算术与逻辑运算

操作	$S_3\ S_2\ S_1\ S_0$	M	C_0	DR_1	DR_2	运算关系及结果显示	Cn
逻辑乘						$DR_1 \cdot DR_2 \to DR_2$(　　)	
传送						$DR_1 \to DR_2$(　　)	
按位加						$DR_1 \oplus DR_2 \to DR_2$(　　)	
取反						$\overline{DR_1} \to DR_2$(　　)	
加 1						$DR_2 + 1 \to DR_2$(　　)	
求负						$\overline{DR_1} + 1 \to DR_2$(　　)	
加法						$DR_1 + DR_2 \to DR_2$(　　)	
减法						$DR_1 - DR_2 \to DR_2$(　　)	

7.5.2　存储器实验

计算机的存储器是存储各种二进制信息的记忆装置。计算机中的内存是计算机不可缺少的主要功能部件,用来存放计算机正在执行或将要执行的程序和数据等信息。

1. 存储器的组成和性能

存储器一般由存储体、地址寄存器、地址译码器和数据寄存器组成。衡量存储器的主要性能指标有存储容量和存储速度。

(1)存储容量

存储容量的最小单位是二进制信息位比特(bit)。N 位组成一个存储单元,存储单元是 CPU 访问存储器的基本单位。存储器如果有 M 个存储单元,每个存储单元字长为 N 位,那么地址寄存器的位数应为 $\log_2 M$ 位,数据寄存器应为 N 位。地址译码器对地址寄存器的内容进行译码,以寻址某个存储单元,对其进行读数据或写数据。

(2)存储速度

存储器的速度通常以存取时间或存取周期来衡量。存取时间指存储器完成一次读或写操作所用的时间;存取周期指存储器连续两次操作的最小时间间隔,它大于存取时间,决定存储器与外部的数据传输速度。

2. 存储器的种类

(1)按存储方式

①随机存储器:任何存储单元的内容都能被随机存取,且存取时间和存储单元的物理位置无关。

②顺序存储器:只能按某种顺序来存取,存取时间和存储单元的物理位置有关。

(2)按读写功能

①只读存储器(read-only memory,ROM):存储的内容是固定不变的,只能读出而不能写入的半导体存储器。

②随机读写存储器(random access memory,RAM):既能读出又能写入的半导体存储器。

3. 存储器的读/写过程

存储器的数据读出、写入过程如图 7-5-5 和图 7-5-6 所示。当输入的地址码 Addr、片选信号 CS 及读/写控制信号 RD(WE)有效后,经过一定的延时就可以把给定地址单元中的数据读出到数据线上(读周期)或者把数据线上的数据写入 Addr 指定的存储单元(写周期)。

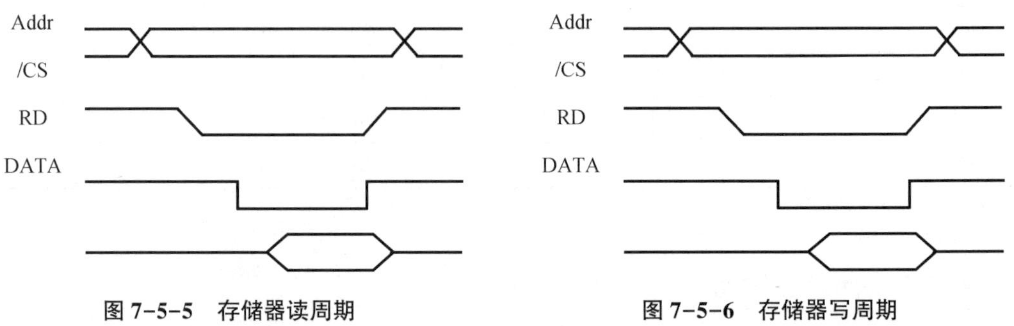

图 7-5-5　存储器读周期　　　图 7-5-6　存储器写周期

7.5.2.1　ROM 实验

一、实验目的

掌握 Quartus II 软件环境和 FPGA 实验台的使用方法。

掌握利用 VHDL 或框图输入法设计数字电路的方法。

掌握利用 lpm_rom 在 FPGA 中实现 ROM 的方法。

掌握 lpm_rom 的工作特性。

二、实验内容

在 Quartus II 中,利用框图输入法设计一个只读存储器(ROM),并验证其功能,完成仿真,并下载到 FPGA 实验台进行测试。具体内容:

(1)ROM 初始化数据定制,即用文本编辑器编辑 hex 文件配置 ROM。

(2)lpm_rom 的参数设置。

(3)在实验台上验证 FPGA 中 lpm_rom 的功能。

三、实验环境

PC 计算机	1 台
Quartus II 软件环境	1 套
GW48-CP++实验台	1 台

四、实验原理与电路

计算机存储器分为两种基本类型:ROM 和 RAM。ROM 所存数据一般是装入整机前事先写好的,整机工作过程中只能读出,而不像随机存储器那样能快速地、方便地加以改写。ROM 所存数据稳定,断电后所存数据也不会改变,其结构较简单,读出较方便,因而常用于存储各种固定程序和数据。RAM 存储单元的内容可按需随意取出或存入,且存储的速度与存储单元的位置无关,这种存储器在断电时将丢失其存储内容,故主要用于存储短时间使用的程序。

Altera 的 FPGA 中有许多可调用的 LPM(library parameterized modules)参数化的模块库,可构成如 lpm_rom、lpm_ram_io、lpm_fifo、lpm_ram_dq 的存储器结构。在 Quartus II 中,可以可直接调用这些嵌入式阵列块 EAB 在 FPGA 中构成存储器。lpm_rom 可用来构成 CPU 中的重要部件——只读存储器。lpm_rom 的元件符号如图 7-5-7 所示。lpm_rom 有 3 组信号:clock——输入时钟脉冲;q[23..0]——lpm_rom 的 24 位数据输出端;address[5..0]——lpm_rom 的 6 位读出地址。

ROM 是只读存储器,所以它的数据口是单向的输出端口,ROM 中的数据是在对 FPGA 现场配置时,通过配置文件一起写入存储单元的。

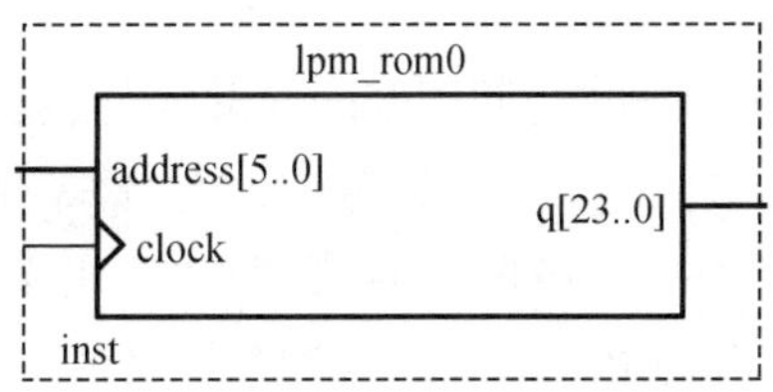

图 7-5-7　lpm_rom 元件符号

五、实验任务与步骤

1. 设计输入

(1)新建工程

在 Quartus II 中新建工程,如路径为:D:\ROM,工程名和实体名为 ROM。

(2)定制 ROM 初始化数据文件

在“File”菜单中选择“New”,弹出窗口如图 7-5-8 所示。在“New”窗口中选择“Memory Files”页,再选择“Hexadecimal (Intel-Format) File”项,点击“Ok”按钮。进入设置窗口如图 7-5-9 所示,设置 ROM 数据数 Number 为 64,数据宽 Word size 为 24。点击“Ok”按钮,生成数据表格,如图 7-5-10 所示。右键点击表格地址栏可出现弹出菜单,可以设置地址(Address)和存储器数据(Memory)的显示形式,如二进制形式(Binary)。将表 7-6-7 中的微程序代码输入表格内,作为 ROM 的初始化数据。保存文件为 D:\ROM\romdata.hex。

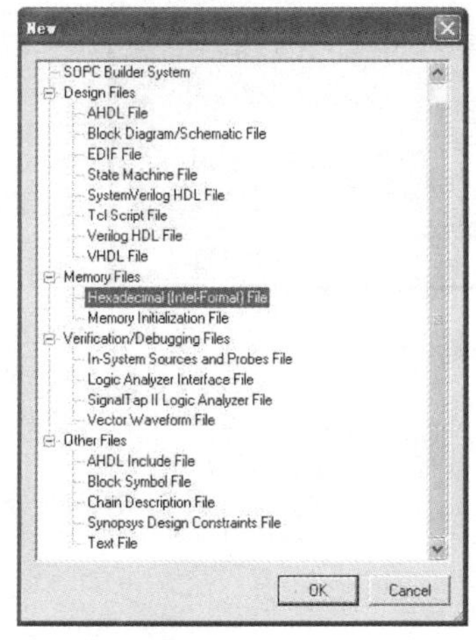

图 7-5-8　建立 ROM 初始化数据文件

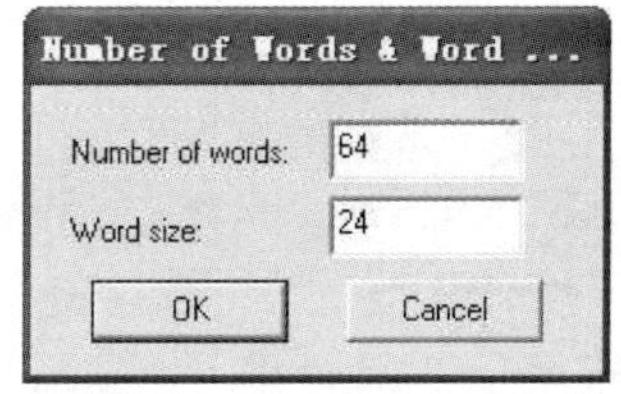

图 7-5-9　设置 ROM 字数(容量)和数据宽度

Addr	+0	+1	+2	+3	+4	+5	+6	+7
0			0	0	0	0	0	0
8					0	0	0	0
16					0	0	0	0
24	0	0			0	0	0	0
32	0	0			0	0	0	0
40	0	0			0	0	0	0
48	0	0			0	0	0	0
56	0	0			0	0	0	0

Address Radix
Memory Radix
Binary
Hexadecimal
Octal
Signed Decimal
• Unsigned Decimal

图 7-5-10　ROM 初始化数据文件表格

(3)用框图编辑器设计输入

进入 Megafunctions\Storage 元件库,调用 lpm_rom 元件,设置地址总线宽度 address[ ]和数据总线宽度 q[ ],如图 7-5-11 所示。设置输出端口不寄存,如图 7-5-12 所示,将'q' output port 前面复选框的"√"去掉。指定 ROM 数据初始化文件 romdata. hex,如图 7-5-13 所示。点击几次"Next",最后点击"Finish"按钮。完成后生成 ROM 元件文件 lpm_rom0. vhd。

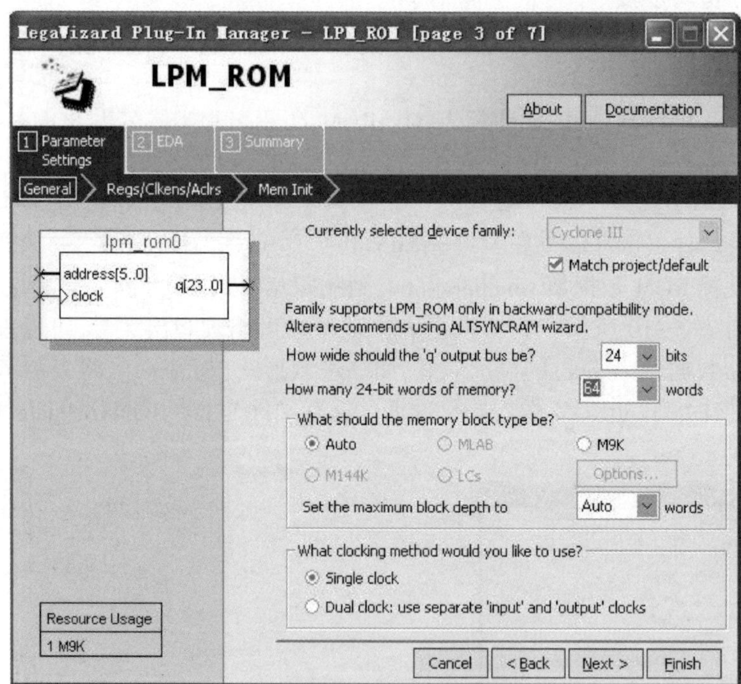

图 7-5-11　lpm_rom 配置 1

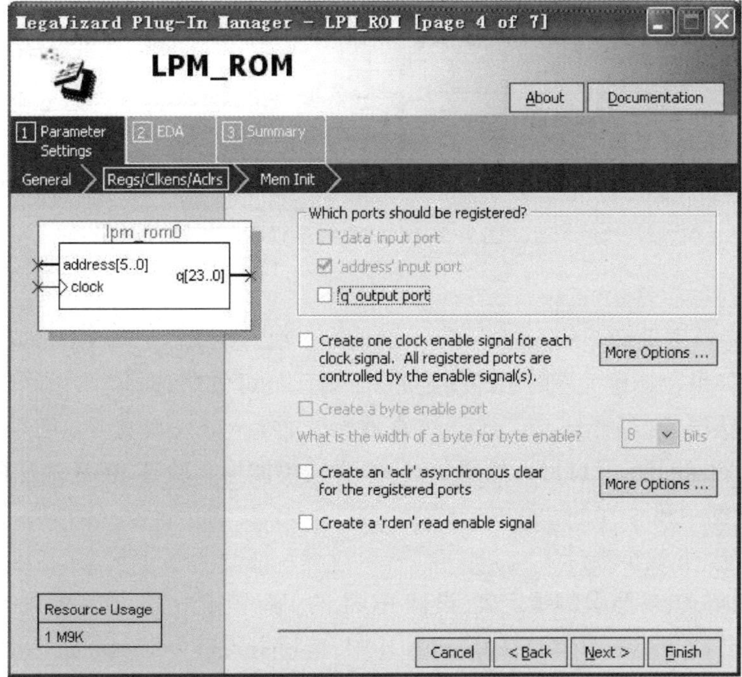

图 7-5-12　**lpm_rom 的配置 2**

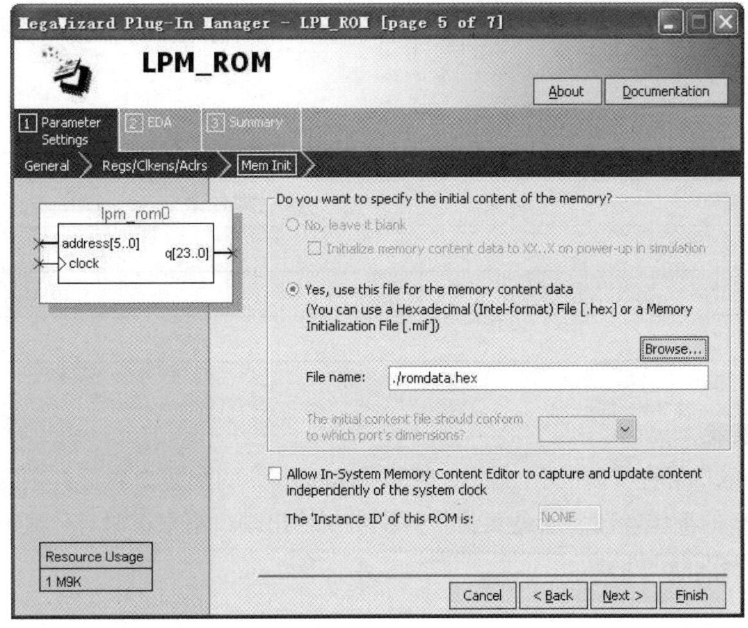

图 7-5-13　**lpm_rom 的配置 3**

在 Quartus II 的框图编辑器中利用框图法设计输入 ROM 电路,利用 Altera 元器件库中的 lpm_rom 模块实现 ROM。lpm_rom 在 Altera 元器件树形目录的位置是:Megafunctions\Storage,名称是 lpm_rom。

(4)添加输入引脚(input)、输出引脚(output)

完成 ROM 原理图设计,如图 7-5-14 所示。

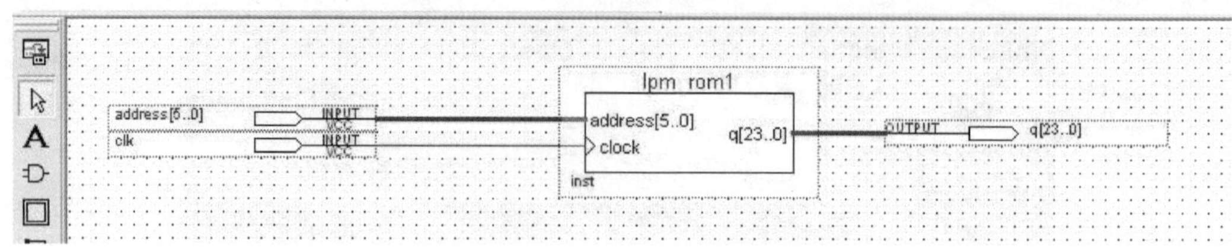

图 7-5-14　ROM 原理图

2. 编译、仿真

编译前，选择主菜单"Assignments"→"Divice"项，选择芯片为 Cyclone III 系列芯片 EP3C40Q240，如果在新建工程时已经指定芯片，则此处可省略选择芯片操作。然后编译工程。如果没有错误，则编译成功。建立仿真波形文件(. vwf)，设置 clk 信号，设置 address[5..0]从 000000 递增到 111111，然后仿真，查看输出波形。验证 ROM 输出的数据是否和图 7-5-8 的数据一致。

3. 引脚锁定、下载实验台

选择模式 No. 0，参照引脚锁定表，设计 ROM 的引脚锁定方案，填写表 7-5-4，表中已经给出了部分信号的分配的引脚。在 Quartus II 中，选择主菜单"Assignment"→"Pin"项，完成 ROM 的引脚锁定。引脚锁定完毕后，选择主菜单"Processing"→"Start Compilation"项，编译整个工程。然后选择主菜单"Tools"→"Programmer"项，下载 Sof 文件到 GW48-CP++实验台，分别拨动按键，观察 LED 灯或数码管状态，记录输入输出结果，并将实验结果与其功能表进行比较。

表 7-5-4　ROM 引脚锁定方案

输入输出信号	外设	引脚名称	引脚号
clk			
address[5..0]			
q[23..0]			

六、扩展实验

选择输出端口寄存，即在图 7-5-12 所示的 lpm_rom 的配置 2 对话框中勾选'q' output port，验证 ROM 的工作特性。通过实验分析说明与输出端口不寄存时有什么不同?

7.5.2.2　RAM 实验

一、实验目的

掌握 Quartus II 软件环境和 FPGA 实验台的使用方法。

掌握利用 VHDL 或框图输入法设计数字电路的方法。

掌握利用 lpm_ram_dq 在 FPGA 中实现 RAM 的方法。

掌握 lpm_ram_dq 的工作特性。

二、实验内容

在 Quartus II 中，利用框图输入法设计一个随机读写存储器(RAM)，并验证其功能，完

成仿真,并下载到 FPGA 实验台进行测试。具体内容:

①lpm_ram_dq 的参数设置。

②利用计数器设计 lpm_ram_dq 的数据和地址输入电路。

③在实验台上调试验证 FPGA 中 lpm_ram_dq 的功能。

三、实验环境

PC 计算机　　1 台

Quartus II 软件环境　　1 套

GW48-CP++实验台　　1 台

四、实验原理与电路

计算机存储器分为两种基本类型:ROM 和 RAM。RAM 存储单元的内容可按需随意取出或存入,且存储的速度与存储单元的位置无关。这种存储器在断电时将丢失其存储内容,故主要用于存储短时间使用的程序。

在 FPGA 中利用嵌入式阵列块 EAB 可以构成存储器,lpm_ram_dq 是参数化模块库 LPM 中的一种。lpm_ram_dq 的框图如图 7-5-15 所示。lpm_ram_dq 有 5 组信号:

data[7..0]——8 位数据输入端;

wren——读/写控制端,高电平时进行写操作,低电平时进行读操作;

address[7..0]——读出和写入地址;

clock——读/写时钟脉冲;

q[7..0]——lpm_ram_dq 的 8 位数据输出端。

本实验还使用了一个同步计数器为 RAM 存储器提供地址。同步计数器用元器件库中的宏模块 lpm_counter 实现。lpm_counter 框图如图 7-5-16 所示。

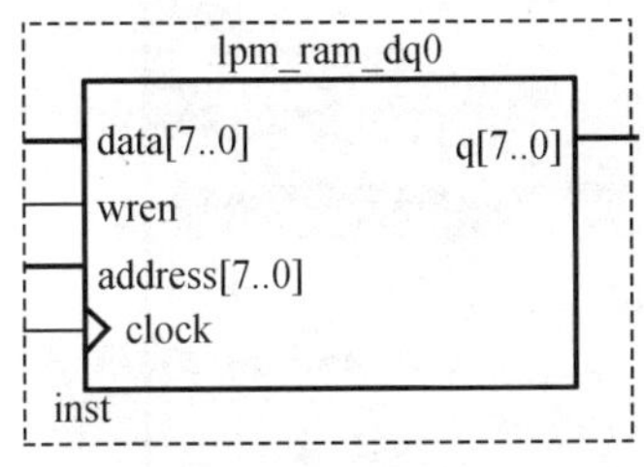

图 7-5-15　lpm_ram_dq 框图

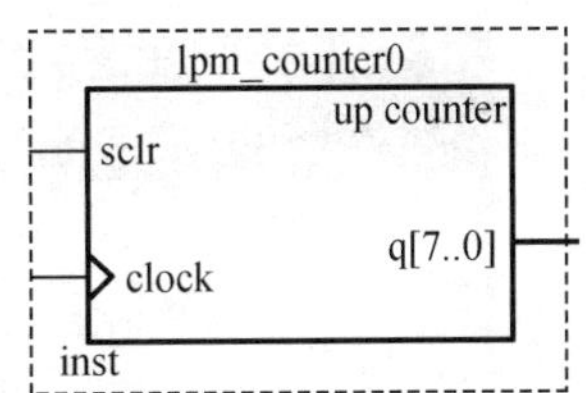

图 7-5-16　lmp_counter 框图

lmp_counter 有 3 组信号:

clock——输入时钟脉冲;

q[7..0]——lmp_counter 的 8 位数据输出端;

sclr——同步清零信号,高电平有效。当 sclr 为高电平时,每次 clock 上升沿触发时,q[7..0]的值置为 0。如果没有 clock 上升沿,即使 sclr 为高电平时,计数器也不会清零。

五、实验任务与步骤

1. 设计输入

在 Quartus II 中新建工程,在 Quartus II 的框图编辑器中利用 Altera 元器件库中的 lpm_ram 模块实现 RAM 电路。lpm_ram_dq 在 Altera 元器件树形目录的位置是:Megafunctions\Storage，名称是 lpm_ram_dq。设置地址总线宽度 address[ ]和数据总线宽度 q[ ]，如图 7-5-17 所示。设置输出端口不寄存，将‘q’output port 前面复选框的“√”去掉，如图 7-5-18 所示。

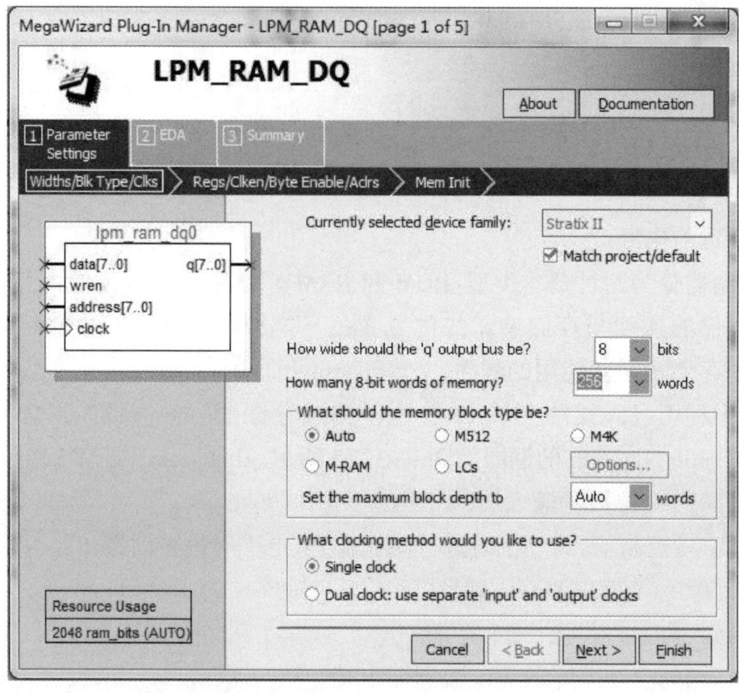

图 7-5-17 lpm_ram_dq 配置 1

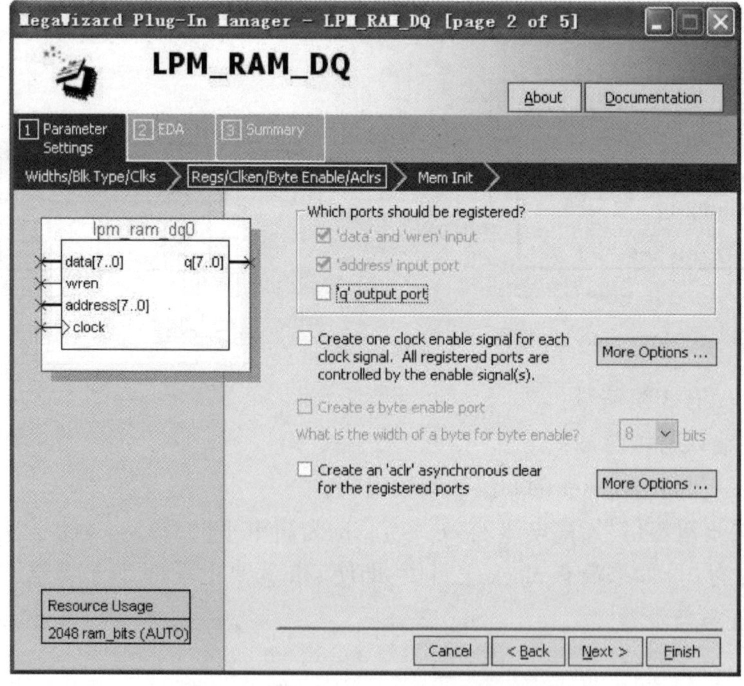

图 7-5-18 lpm_ram_dq 配置 2

再添加一个 Megafuntions\Arithmetic 库中的计数器宏模块 lpm_counter,从 Megafuntions\Arithmetic 库中选择 lpm_counter。点击"Ok"按钮后,出现"Megawizard Plug-in Manager"窗口,接下来设置计数器的参数:8 位(默认值),递增(默认值),连续点击几次"Next"按钮,直到出现如图 7-5-19 所示的输入设置窗口。选择同步清 0 和置数信号。

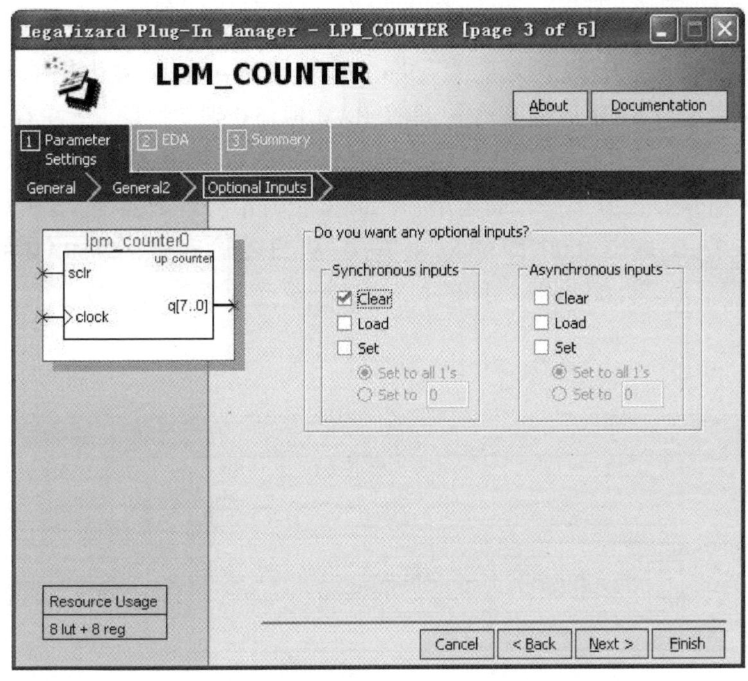

图 7-5-19　设置 lpm_counter 同步清 0 信号

最后添加输入输出引脚,为了方便查看存储器的地址,再增加一个显示地址的输出引脚 address[7..0],按照图 7-5-20 将各个元件和输入输出引脚连接起来。由图 7-5-20 可知,RAM 的地址由一个计数器提供,通过控制计数器可以产生连续的地址。可以通过设置 sclr 使计数器清零。

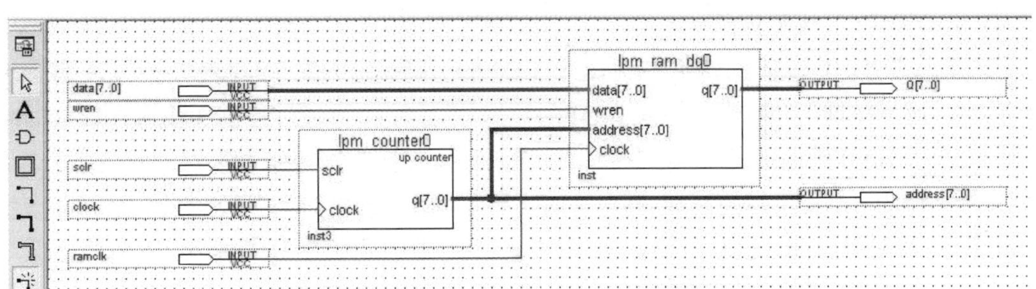

图 7-5-20　lpm_ram_dq 实验电路原理图

2. 编译、仿真

编译前,选择主菜单"Assignments"→"Divice"项,选择芯片为 Cyclone III 系列芯片 EP3C40Q240,如果在新建工程时已经指定芯片,则此处可省略选择芯片操作。然后编译工程。如果没有错误,则编译成功。建立仿真波形文件(.vwf),设置输入信号。将从 clock 信号的周期设置为 10 μs,观察 lpm_ram_dq 的工作特性。仿真结果如图 7-5-21 所示。波形图中的信号以 10 进制显示。可以右键点击信号名称,在右键菜单中选择 Properties,设置信号的显示数制 radix。从图 7-5-21 中可以看出,此波形主要仿真了写 RAM 和读 RAM 过程。

①写 RAM:首先 sclr 设置了一个高电平,在 5 μs 处出现了一个 clock 上升沿,计数器清零。随着计数器的 clock 时钟触发,计数器的输出,即 RAM 的地址 address[7..0]从 0 递增计数到 11,数据 data[7..0]设置为 2,当 wren 为高电平时,ramclk 上升沿时,将数据 2 写入到当前 address 指定的 RAM 地址单元中,即在 RAM 地址 0 到 7 地址单元中存储了数据 2。

②读 RAM:当 wren 为低电平时,开始读取 RAM 中的数据,从 Q[7..0]端口输出。在开始读的时候,之前,sclr 设置了一个高电平,在 clock 上升沿时计数器清零,从波形图中看出计数器输出,Q[7..0]输出为 00,即 address[7..0]从 11 变为 0,然后从 RAM 的 0 到 6 地址单元中读出数据从 Q[7..0]输出。由于这 7 个地址单元中都写入了数据 2,所以 Q[7..0]一直输出数据 2。

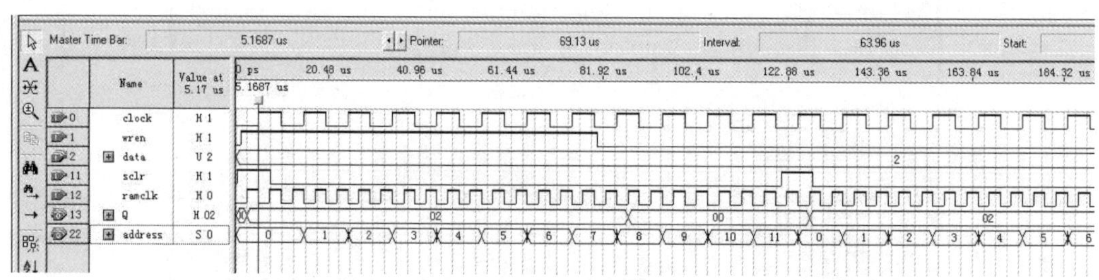

图 7-5-21　lpm_ram_dq 实验仿真结果

参考图 7-5-21 的仿真结果,完成下面的仿真内容:向存储器中地址(16 进制)00,01,…,0a,写入数据 00,10,0a,20,0b,30,0b,40,12,00,34,然后依次读出数据 00,10,0a,34,20,0b,30,0b,40,12,00,观察从 RAM 输出的数据是否与之前写入的数据相同。注意:通过设置计数器的清零信号可以使计数器清零,重新计数。改变 Clock 信号频率,继续观察仿真波形。思考:如果 RAM 地址信号变化较快,大于时钟频率时,结果如何。

3. 引脚锁定、下载实验台

选择模式 No.0,参照引脚锁定表,设计 RAM 的引脚锁定方案,填写表 7-5-5,引脚锁定参考方案:通过按键 1 和按键 2 输入 RAM 的数据 data[7..0],通过按键 3 输入计数器的时钟脉冲,产生 RAM 的地址 address[7..0],按键 5 和按键 6 分别控制计数器的复位信号(清 0),按键 7 作为 wren 读/写控制端,高电平时进行写操作,低电平时进行读操作;按键 8 产生 RAM 的读/写时钟脉冲。LED 灯 D1-D8 用于 RAM 数据输出。在 Quartus II 中,选择主菜单"Assignment"→"Pin"项,完成 RAM 的引脚锁定。引脚锁定完毕后,选择主菜单"Processing"→"Start Compilation"项,编译整个工程。然后选择主菜单"Tools"→"Programmer"项,下载 Sof 文件到 GW48-CP++实验台,分别拨动按键,观察 LED 灯或数码管状态,查看分析实验结果。

实验台测试要求:向存储器中 0~8 地址单元中写入数据 1~9,然后依次读出数据 1,2,

3,8,然后修改 9 地址单元的数据为 19,然后依次读出数据 4,5,9,7,19,观察从 RAM 输出的数据是否与之前写入的数据相同。

表 7-5-5 lpm_ram 引脚锁定方案

输入输出信号	外设	引脚名称	引脚号
clock			
wren			
sclr			
ramclk			
Q[7..0]			
address[7..0]			

六、扩展实验

选择输出端口寄存,即在图 7-5-18lpm_ram_dq 配置 2 窗口中勾选"'q' output port",验证 RAM 的工作特性。通过实验分析说明与输出端口不寄存时有什么不同?

7.5.2.3 FIFO 实验

一、实验目的

掌握 Quartus II 软件环境和 FPGA 实验台的使用方法。

掌握利用 VHDL 或框图输入法设计数字电路的方法。

掌握 FPGA 中先进先出存储器 lpm_fifo 的功能,工作特性和读写方法。

了解 FPGA 中 lpm_fifo 的功能,掌握 lpm_fifo 的参数设置和使用方法。

掌握 lpm_fifo 作为先进先出存储器 FIFO 的工作特性和读写方法。

二、实验内容

在 Quartus II 中,利用框图输入法设计一个先进先出存储器(FIFO),并验证其功能,完成仿真,并下载到 FPGA 实验台进行测试。具体内容:

①lpm_fifo 的参数设置。

②验证 FPGA 中 lpm_fifo 的功能,在实验台上验证。

三、实验环境

PC 计算机　　1 台

Quartus II 软件环境　　1 套

GW48-CP++实验台　　1 台

四、实验原理与电路

FIFO(first in first out)是一种存储电路,用来存储、缓冲在两个异步时钟之间的数据传输。使用异步 FIFO 可以在两个不同时钟系统之间快速而方便地实时传输数据。在网络接口、图像处理、CPU 设计等方面,FIFO 具有广泛的应用。在 FPGA 中利用嵌入式阵列块 EAB 可以构成存储器,lpm_fifo 元件符号如图 7-5-22 所示。

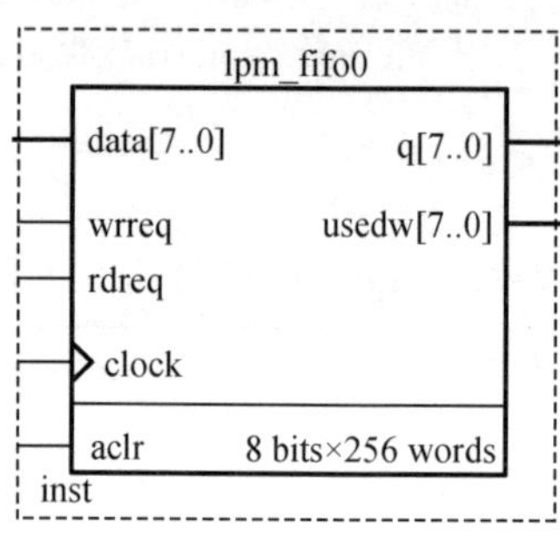

图 7-5-22　lpm_fifo 元件符号

wrreq——写控制端,高电平时进行写操作;

rdreq——读控制端,高电平时进行读操作;

clock——读/写时钟脉冲;

aclr——FIFO 中数据异步清零信号;

data[7..0]——lpm_fifo 的 8 位数据输入端;

q[7..0]——lpm_fifo 的 8 位数据输出端;

usedw[7..0]——表示 lpm_fifo 已经使用的地址空间。

五、实验任务与步骤

1. 设计输入

在 Quartus II 中新建工程,在 Quartus II 的框图编辑器中利用 Altera 元器件库中的 lpm_fifo 模块设计电路。lpm_fifo 在 Altera 元器件树形目录的位置是:Megafunctions\Storage,名称是 lpm_fifo。按照图 7-5-23 配置,给 FIFO 存储器增加一个异步清零端。最后添加输入输出引脚。lpm_fifo 实验原理图如图 7-5-24 所示。双击原理图中的 FIFO 元件,可进入该元件的编辑窗,重新设置属性。

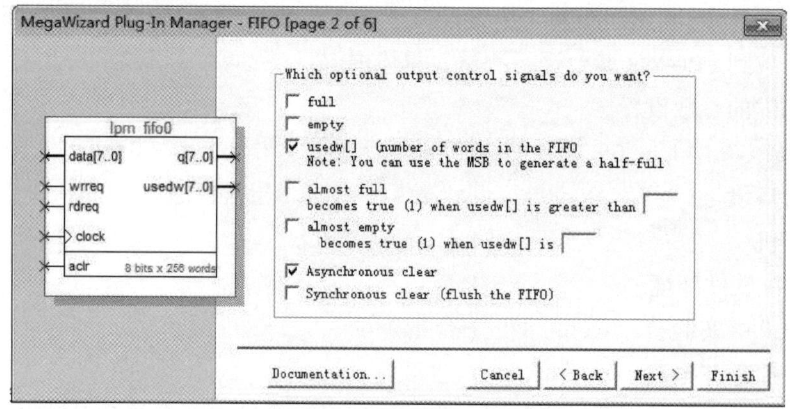

图 7-5-23　lpm_fifo 配置

2. 编译、仿真

编译前,选择主菜单"Assignments"→"Divice"项,选择芯片为 Cyclone III 系列芯片 EP3C40Q240,如果在新建工程时已经指定芯片,则此处可省略选择芯片操作。然后编译工程。如果没有错误,则编译成功。建立仿真波形文件(.vwf),设置输入信号,将 clock 信号的周期设置为 10 μs,观察 lpm_fifo 的工作特性,仿真要求:向存储器中写入 10 个数据,再依次读出。验证存储器先进先出的特性。

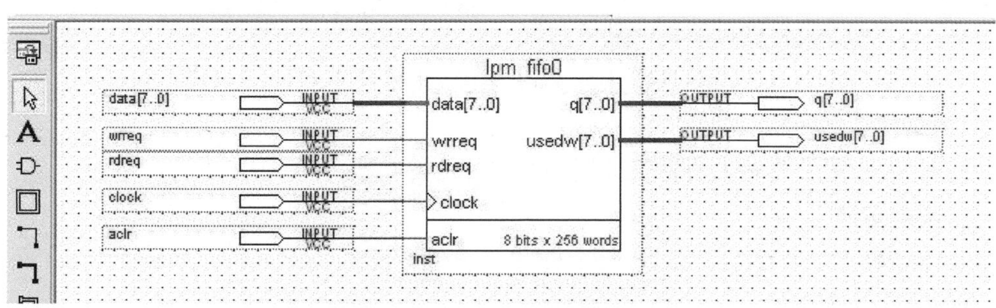

图 7-5-24 lpm_fifo 实验原理图

3. 引脚锁定、下载实验台

选择模式 No. 0,参照引脚锁定表,设计 lpm_fifo 的引脚锁定方案,填写表 7-5-6。引脚锁定参考方案:通过实验台上的按键 1 和按键 2 输入数据 data[7..0],按键 3 控制写允许 wrreq 信号、按键 4 控制读允许 rdreq 信号,按键 7 控制清零 aclr 信号,按键 8 输入 clock 信号。在 Quartus II 中,选择主菜单"Assignment"→"Pin"项,完成 lpm_fifo 的引脚锁定。引脚锁定完毕后,选择主菜单"Processing"→"Start Compilation"项,编译整个工程。然后选择主菜单"Tools"→"Programmer"项,下载 Sof 文件到 GW48-CP++实验台,分别拨动按键,观察 LED 灯或数码管状态。测试要求:控制 rdreq、clock 等信号,向 lpm_fifo 写入数据,再读出比较,并观察 usedw[7..0]和 q[7..0]的变化。

表 7-5-6 lpm_fifo 引脚锁定方案

输入输出信号	外设	引脚名称	引脚号
clock			
wrreq			
rdreq			
aclr			
data[7..0]			
q[7..0]			
usedw[7..0]			

7.5.3 时序电路实验

一、实验目的

掌握 Quartus II 软件环境和 FPGA 实验台的使用方法。

掌握利用 VHDL 或框图输入法设计数字电路的方法。

掌握节拍脉冲发生器的设计方法和工作原理。

理解节拍脉冲发生器的工作原理。

二、实验内容

在 Quartus II 中,利用框图输入法设计节拍脉冲发生器电路,并验证其功能,完成仿真,并下载到 FPGA 实验台进行测试。具体内容:

①利用框图输入方法设计实现单步/连续节拍脉冲发生器,并进行软件仿真及在实验台进行测试。

②利用 VHDL 文本输入方法设计实现节拍脉冲发生器,并验证其功能。

三、实验环境

PC 计算机	1 台
Quartus II 软件环境	1 套
GW48-CP++实验台	1 台

四、实验原理与电路

计算机之所以能够按照人们事先规定的顺序进行一系列的操作或运算,就是因为它的控制部分能够按一定的先后顺序正确地发出一系列相应的控制信号。这就要求计算机必须有时序电路。控制信号就是根据时序信号产生的。本实验说明时序电路中节拍脉冲发生器的工作原理。

节拍脉冲发生器(图 7-5-25)由 4 个 D 触发器组成,可产生 4 个等间隔的时序信号 T1~T4,其中 CLK1 为时钟信号,RST1 为复位信号。当 RST1 为低电平时,T1 输出为“1”,而 T2、T3、T4 输出为“0”;当 RST1 输入为一个负脉冲,T1~T4 将在 CLK1 的输入脉冲作用下,周期性地轮流输出正脉冲。节拍脉冲发生器的波形如图 7-5-26 所示。

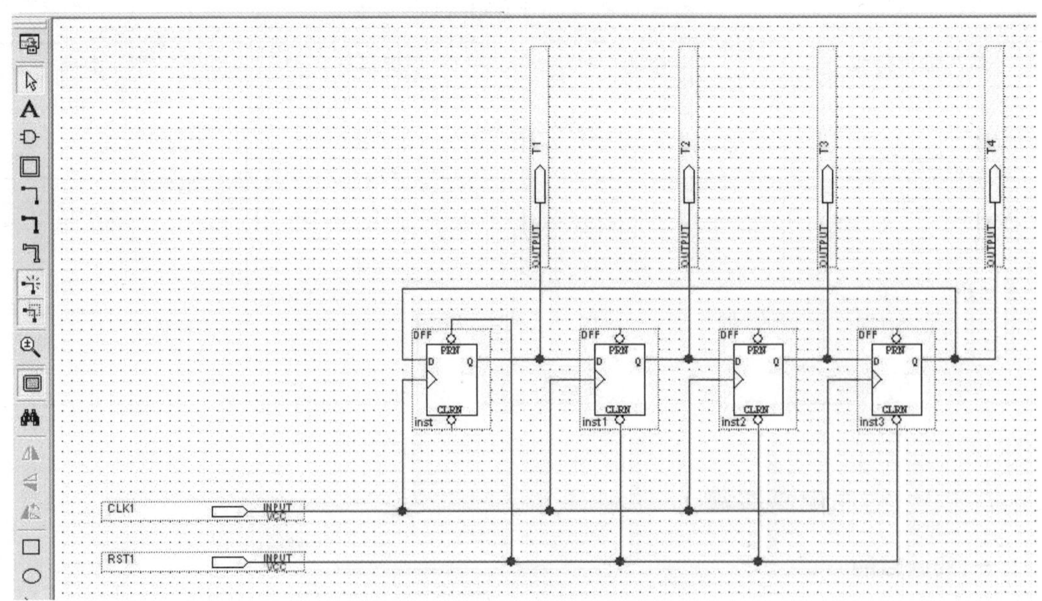

图 7-5-25　节拍脉冲发生器原理图

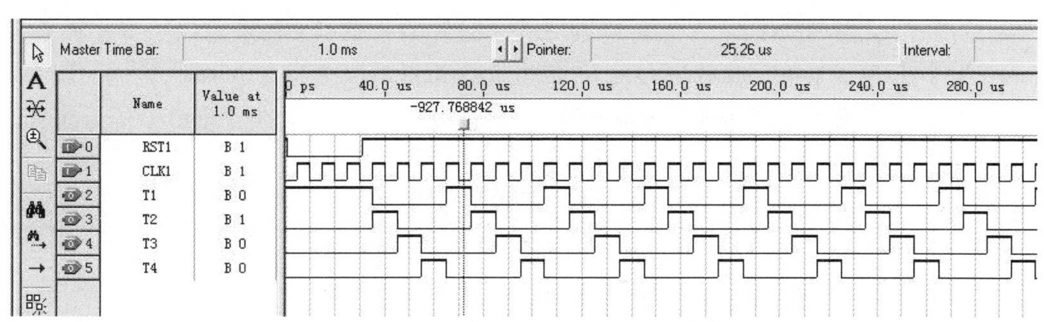

图 7-5-26　节拍脉冲发生器工作波形

节拍脉冲发生器电路可以设计成“单步运行”和“单步/连续运行”两种。

1. 单步运行电路

单步运行电路如图 7-5-27 所示。时钟输入信号 CLK1 可以选择实验台上 Clock0 为 1 Hz 至 2 MHz。复位控制信号 RST1,低电平有效。单步运行电路工作波形如图 7-5-28 所示。在单步方式下,每当 RST1 由低电平转为高电平时,输出一组 T1、T2、T3、T4 节拍信号。

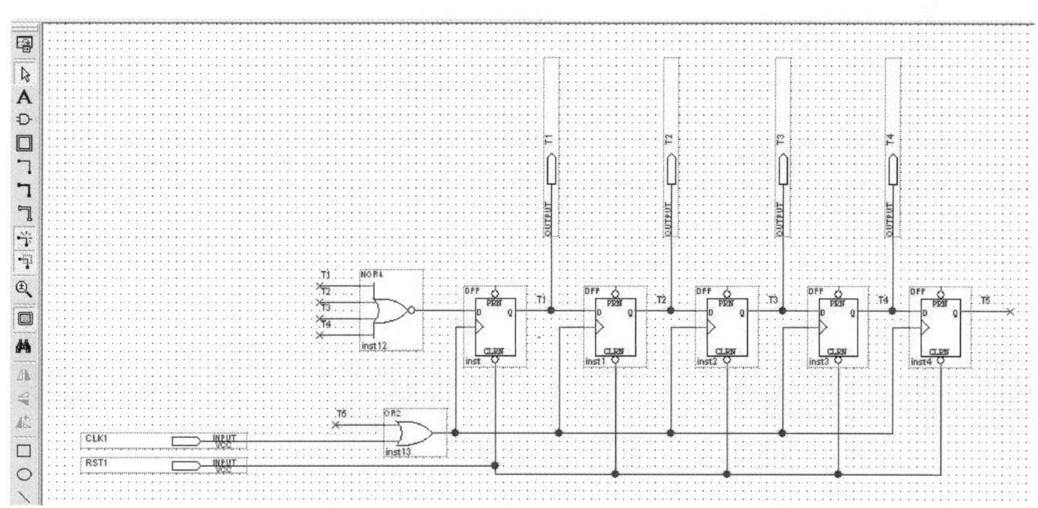

图 7-5-27　单步运行节拍脉冲发生器原理图

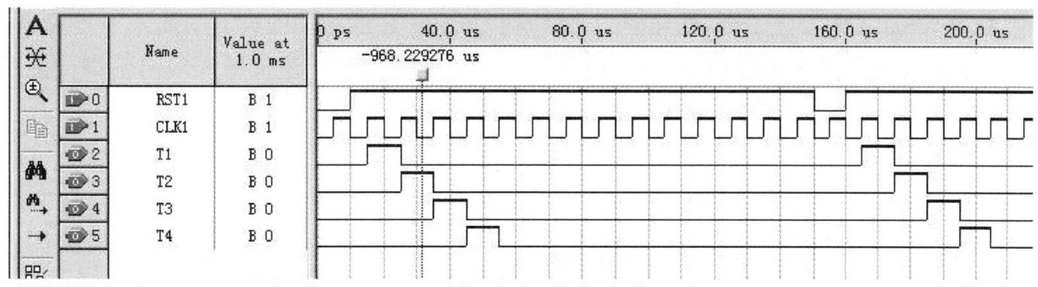

图 7-5-28　单步运行节拍脉冲发生器电路工作波形

2. 单步/连续运行电路

单步/连续运行电路如图 7-5-29 所示,S0 为 21MUX 的 2 选 1 控制端。当 S0 = 0 时,

Y=B,单步方式;当 S0=1 时,Y=A,连续方式。时钟输入信号 CLK1 可以选择实验台上 Clock0 为 1 Hz 至 2 MHz。在单步方式下,每当 RST 由低电平转为高电平时,输出一组 T1、T2、T3、T4 节拍信号。波形如图 7-5-30 所示。在连续方式下,当 RST 由低电平转为高电平时,连续输出周期性 T1、T2、T3、T4 节拍信号。

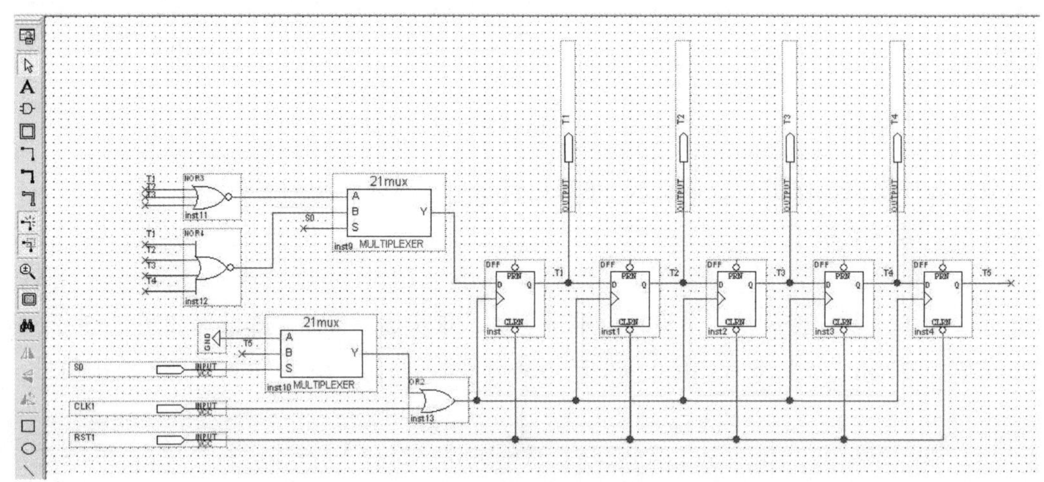

图 7-5-29　单步/连续运行节拍脉冲发生器工作原理图

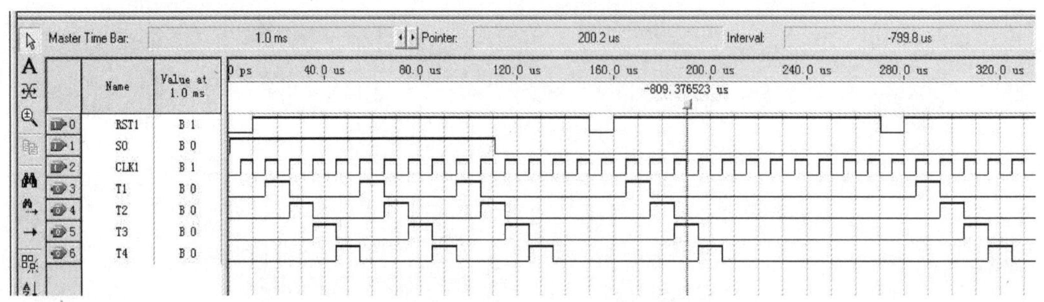

图 7-5-30　单步/连续运行节拍脉冲发生器工作波形

五、实验任务与步骤

1. 设计输入

在 Quartus II 中新建工程,新建框图文件,在 Quartus II 的框图编辑器中插入 D 触发器,2 个 2 选 1 选择器,2 个或非门,一个或门和一个 GND 符号,最后添加输入输出引脚。按照图 7-5-29 将各个元件和输入输出引脚连接起来。

2. 编译、仿真

编译前,选择主菜单“Assignments”→“Divice”项,选择芯片为 Cyclone III 系列芯片 EP3C40Q240,如果在新建工程时已经指定芯片,则此处可省略选择芯片操作。然后编译工程。如果没有错误,则编译成功。建立仿真波形文件(. vwf),设置输入信号,然后运行仿真,查看输出波形。验证仿真结果是否与图 7-5-30 一致。

3. 引脚锁定、下载实验台

选择模式 No. 5,参照引脚锁定表,设计单步/连续运行节拍脉冲发生器的引脚锁定方案,填写表 7-5-7。在 Quartus II 中,选择主菜单“Assignment”→“Pin”项,完成单步/连续运行节拍脉冲发生器的引脚锁定。引脚锁定完毕后,选择主菜单“Processing”→“Start Compilation”项,编译整个工程。然后选择主菜单“Tools”→“Programmer”项,下载 Sof 文件到 GW48-CP++实验台,分别拨动按键,观察 LED 灯或数码管状态,并记录输入输出结果。

表 7-5-7　单步/连续运行节拍脉冲发生器引脚锁定方案

输入输出信号	外设	引脚名称	引脚号
CLK1			
RST1			
S0			
T4			
T3			
T2			
T1			

7.5.4　程序计数器与地址寄存器(PC_AR)实验

一、实验目的

掌握 Quartus II 软件环境和 FPGA 实验台的使用方法。

掌握利用 VHDL 或框图输入法设计数字电路的方法。

掌握程序计数器 PC 与地址寄存器 AR 工作原理。

掌握程序计数器的两种工作方式加 1 计数和重装计数器初值的实现方法。

掌握地址寄存器从程序计数器获得数据和从内部总线获得数据的实现方法。

二、实验内容

在 Quartus II 中,利用框图输入法设计程序计数器 PC 与地址寄存器 AR 电路,并验证其功能,完成仿真,并下载到 FPGA 实验台进行测试。具体内容:

①设计程序计数器 PC 与地址寄存器 AR 电路,验证其功能。

②将设计的程序计数器与地址寄存器和 RAM 存储器连接,实现对存储器内容的读取。

三、实验环境

PC 计算机　　1 台

Quartus II 软件环境　　1 套

GW48-CP++实验台　　1 台

四、实验原理与电路

计算机地址单元主要由三部分组成:程序计数器、地址寄存器和多路开关。程序计数器 PC 与地址寄存器 AR 的原理图如图 7-5-31 所示。图 7-5-31 中的计数器 lpm_counter0 为程序计数器 PC,用以指出下条指令在主存中的存放地址,CPU 正是根据 PC 的内容去主存取得指令的,因程序中指令是顺序执行的,所以 PC 有自增功能。图中的 273 寄存器为地址寄存器 AR,用于暂存 RAM 存储器的地址,在计算机中,输出信号 Q[7..0]将与 RAM 存储器的地址端相连。

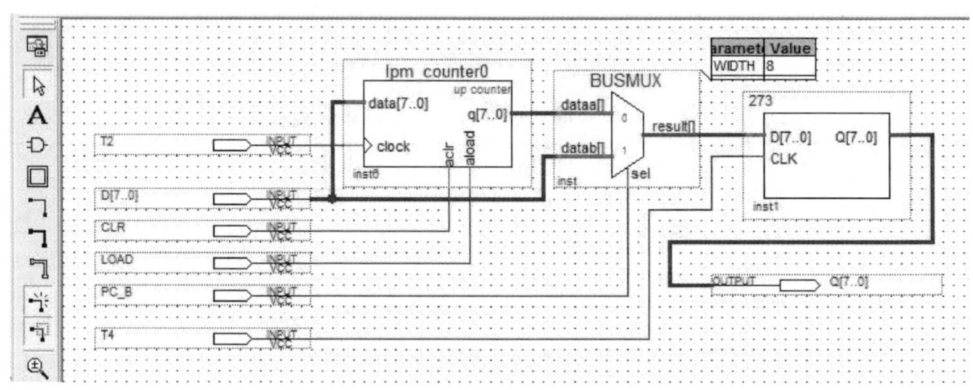

图 7-5-31 PC_AR 实验电路原理图

程序计数器 PC 提供下一条程序指令的地址,在 T2 时钟脉冲的作用下具有自动加 1 的功能;在 LOAD 信号的作用下可以预置计数器的初值,当 LOAD 为高电平时,计数器装入 D[7..0]端输入的数据。CLR 是计数器的清零端,高电平有效,使计数器清零;CLR 为低电平时,允许计数器正常计数。

地址寄存器 AR(74273)锁存访问内存 RAM 的地址,地址来自两个渠道。一是程序计数器 PC 的输出,通常是下一条指令的地址;二是来自于内部数据总线的数据,通常是被访问操作数的地址。在图 7-5-32 中,数据输入端 D[7..0]相当于是来自总线的数据。

为了实现对两路输入数据的切换,在 FPGA 的内部通过总线多路开关 BUSMUX 进行选择。PC_B 与选择控制端 sel 相连接,当 PC_B 为低电平,即选择控制端 sel 为“0”时,选择程序计数器 PC 的输出;当 PC_B 为高电平时,即选择控制端 sel 为“1”时,选择内部数据总线的数据(D[7..0])。

五、实验任务与步骤

1. 设计输入

在 Quartus II 中新建工程,新建框图文件,在 Quartus II 的框图编辑器中,将 Megafuntions\Arithmetic 库中的计数器宏模块 lpm_counter,Megafuntions\Gates 库中的 2 选 1 选择器模块 BUSMUX 以及 2.5.5 节设计的 74273 寄存器加入到框图文件中,按照图 7-5-31 所示的原理图设计电路。

2. 编译、仿真

编译前,选择主菜单“Assignments”→“Divice”项,选择芯片为 Cyclone III 系列芯片 EP3C40Q240,如果在新建工程时已经指定芯片,则此处可省略选择芯片操作。然后编译工程。如果没有错误,则编译成功。建立仿真波形文件(.vwf),设置输入信号,然后运行仿真,查看输出波形。图 7-5-32 给出了 PC_B 分别为高电平时,选择数据总线输入为 RAM 地址的情况。

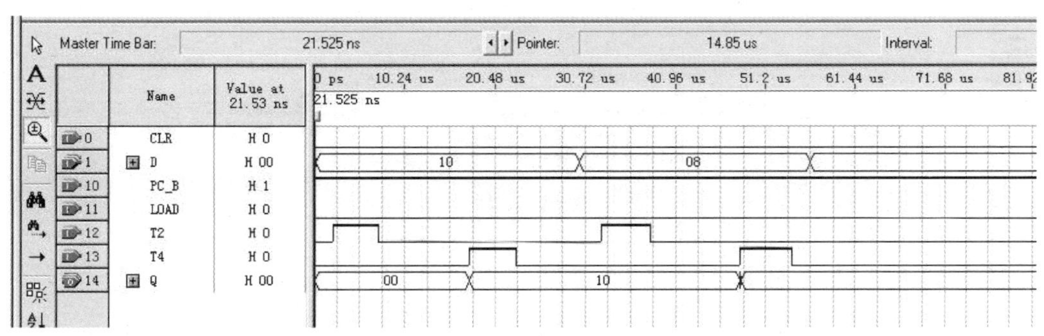

图 7-5-32　PC_AR 实验电路仿真波形图

参考图 7-5-32,完成下面的仿真:假设一段存储在 RAM 中的程序,执行时 RAM 的地址变化为:01,02,03,04,0A,05,06,07,0B。合理设置 PC_AR 的输入信号,分别设置 PC_B 分别为高电平和低电平,模拟 RAM 地址分别来自程序计数器 PC 和数据总线(D[7..0]),运行仿真,令 Q[7..0]输出 01,02,03,04,0A,05,06,07,0B。

3. 引脚锁定、下载实验台

实验台选择 No. 0 工作模式,参照引脚锁定表,设计 PC_AR 的引脚锁定方案,填写表 7-5-8。在 Quartus II 中,选择主菜单"Assignment"→"Pin"项,完成 PC_AR 的引脚锁定。引脚锁定完毕后,选择主菜单"Processing"→"Start Compilation"项,编译整个工程。然后选择主菜单"Tools"→"Programmer"项,下载 Sof 文件到 GW48-CP++实验台,分别拨动按键,观察 LED 灯或数码管状态,并记录输入输出结果。

参考测试步骤:通过 D[7..0]设置程序计数器的预加载数据。当 LOAD=0 时,观察程序计数器自动加 1 的功能;当 LOAD=1 时,观察程序计数器加载输出情况。分别观察当 PC_B=0 时和 PC_B=1 时,地址寄存器 AR 的输入和输出情况。

表 7-5-8　程序计数器 PC 与地址寄存器 AR 引脚锁定方案

输入输出信号	外设	引脚名称	引脚号
T2			
T4			
CLR			
LOAD			
PC_B			
D[7..4]			
D[3..0]			

六、扩展实验

首先将工程 PC_AR 生成符号文件 pc_ar. bsf,然后新建工程,按照图 7-5-33 设计电路,利用 PC_AR 为 RAM 提供地址,完成 RAM 的读写。

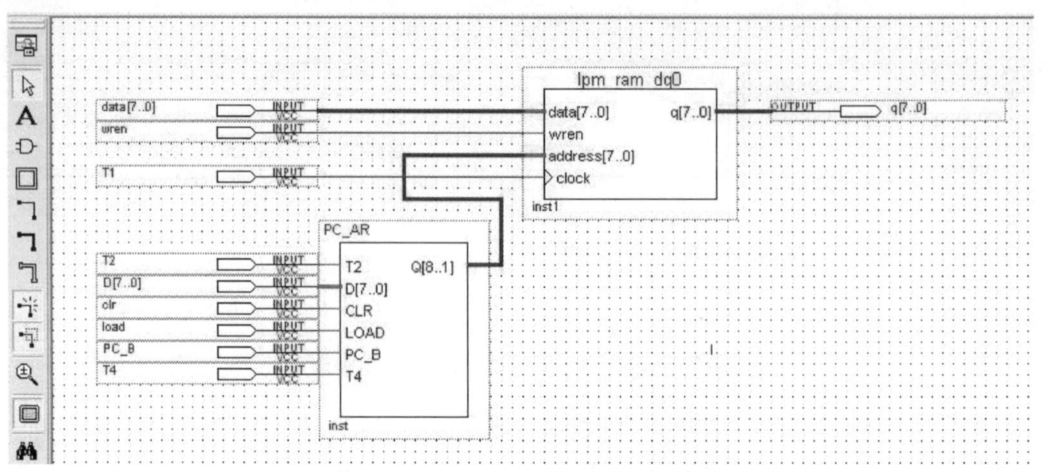

图 7-5-33　PC_AR 与 RAM 实验电路原理图

7.5.5　总线传输实验

一、实验目的

掌握 Quartus II 软件环境和 FPGA 实验台的使用方法。

掌握利用 VHDL 或框图输入法设计数字电路的方法。

理解总线的概念及特性。

掌握总线传输控制特性。

二、实验内容

在 Quartus II 中,利用框图输入法设计总线传输电路,将寄存器、存储器等部件利用总线结构连接,验证总线传输的工作特性。完成仿真,并下载到 FPGA 实验台进行测试。

三、实验环境

PC 计算机	1 台
Quartus II 软件环境	1 套
GW48-CP++实验台	1 台

四、实验原理与电路

1. 总线概念

总线是多个系统部件之间进行数据传输的公共通路,是构成计算机系统的骨架。借助总线连接,计算机在系统各部件之间实现传送地址、数据和控制信息的操作。所谓总线就是指能为多个功能部件服务的一组公用信息线。

2. 总线工作原理

实验所用总线实验传输框图如图 7-5-34 所示。它将几种不同的设备挂在总线上,有存储器、输入设备、输出设备、寄存器。这些设备在传统的系统中需要有三态输出控制,然而在 FPGA 的内部没有三态输出控制结构,因此必须采用总线输出多路开关结构加以控制。按照传输要求恰当有序地控制它们,使每一时刻只有一个部件使用总线,实现总线信息传输。

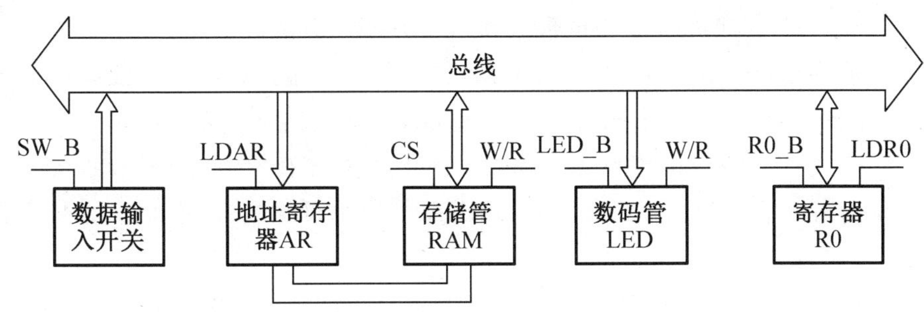

图 7-5-34　总线实验传输框图

五、实验任务与步骤

1. 设计输入

在 Quartus II 中新建工程,新建框图文件,在 Quartus II 的框图编辑器中,将 Megafunctions\Storage 库中的 RAM 存储器 lpm_ram_dq,Megafuntions\Arithmetic 库中的计数器宏模块 lpm_counter,Megafuntions\Gates 库中的 2 选 1 选择器模块 BUSMUX 以及 2. 5. 5 节设计的 74273 寄存器加入到框图文件中,按照图 7-5-35 所示的原理图设计电路。

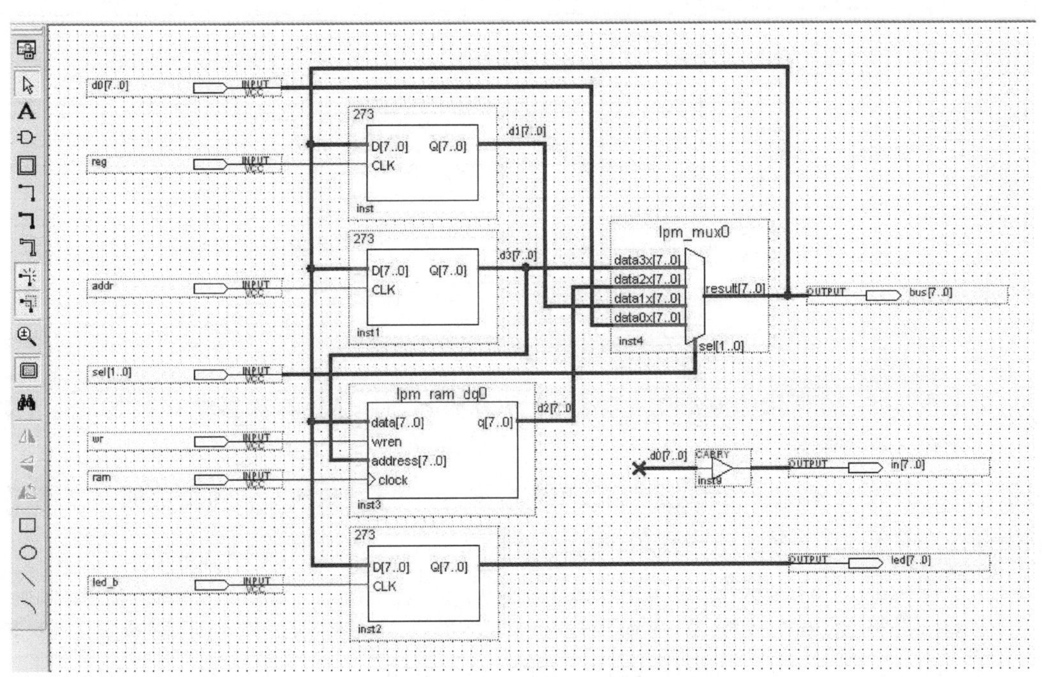

图 7-5-35　总线控制实验原理图

2. 编译、仿真

编译前,选择主菜单“Assignments”→“Divice”项,选择芯片为 Cyclone III 系列芯片 EP3C40Q240,如果在新建工程时已经指定芯片,则此处可省略选择芯片操作。然后编译工程。如果没有错误,则编译成功。建立仿真波形文件(. vwf),设置输入信号,然后运行仿真,查看输出波形。图 7-5-36 给出了总线控制实验的仿真结果。从波形图中可以看出:

①设置 d0 为 00000001,sel 为 00,选择 bus 总线第一路输出,即将 d0 数据 00000001 输

出到 bus,给 reg 一个脉冲,将 bus 上的数据 00000001 输入到数据寄存器。

②设置 d0 为 00000010,sel 为 00,选择 bus 总线第一路输出,即将 d0 数据 00000010 输出到 bus,给 addr 一个脉冲,将 bus 上的数据 00000010 输入到地址寄存器。

③设置 sel 为 01,选择 bus 总线第二路输出,即将数据寄存器中的数据 00000001 输出到 bus,设置 wr 为高电平,给 RAM 一个脉冲,将 bus 上的数 00000001 写入到 RAM 存储器的 00000010 地址单元中。

④设置 wr 为低电平,给 RAM 一个脉冲,读出 RAM 存储器的 00000010 地址单元中的数据 00000001,设置 sel 为 10,选择 bus 总线第三路输出,即将 RAM 的数据 00000001 输出到 bus。

⑤给 led_b 一个脉冲,将 bus 上的数据 00000001 打入输出寄存器,并在输出端口 led[7..0]上显示该数据。

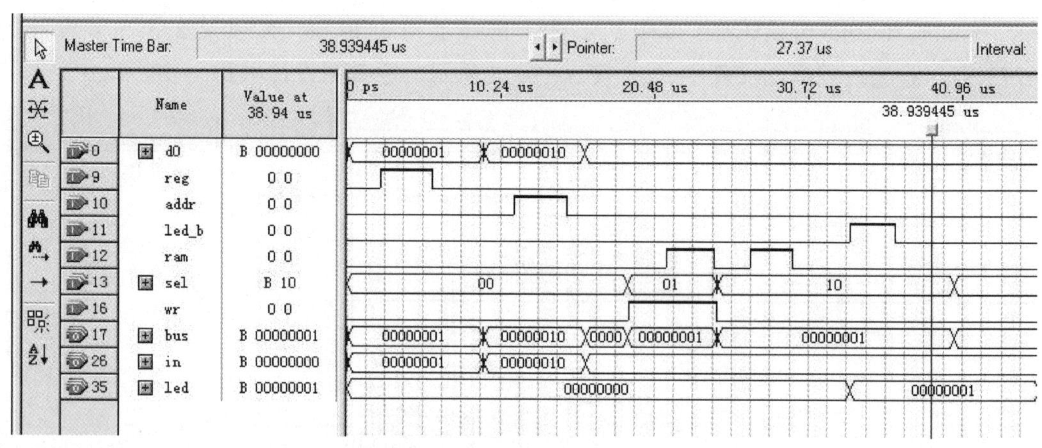

图 7-5-36 总线控制实验仿真结果

参考图 7-5-36 所示的波形图,完成以下仿真内容:向 RAM 存储器中 0,1,2,3 地址单元中依次写入任意数据,然后依次从 0,1,2,3 地址单元中读出这些数据并在 led[7..0]上显示。不允许写入 RAM 一个数据然后读出该数据,必须连续依次写入 4 个数据,然后依次读出并在 led[7..0]上显示这些数据。

3. 引脚锁定、下载实验台

实验台选择 No. 0 工作模式,参照引脚锁定表,设计总线控制电路的引脚锁定方案,填写表 7-5-9。由于实验台上的的按键数量有限,因此只输入了两个操作数的低四位。为了能够全面测试总线控制电路,可以增加辅助电路,可以利用计数器输出减少所需输入开关量。在 Quartus II 中,选择主菜单“Assignment”→“Pin”项,完成总线传输控制电路的引脚锁定。引脚锁定完毕后,选择主菜单“Processing”→“Start Compilation”项,编译整个工程。然后选择主菜单“Tools”→“Programmer”项,下载 Sof 文件到 GW48-CP++实验台,分别拨动按键,观察数码管状态,并记录输入输出结果。参考测试步骤如图 7-5-37 所示。重复执行该步骤,向 RAM 连续地址单元中储多个数据,然后从头依次将这些数据输出到数码管或者 LED 灯上。

表 7-5-9　总线控制电路引脚锁定方案

输入输出信号	外设	引脚名称	引脚号
sel[1]	按键 8		
sel[0]	按键 7		
led_b	按键 6		
addr	按键 5		
ram	按键 4		
reg	按键 3		
d0[3..0]	按键 1		
bus[3..0]	数码管 3		
led [3..0]	数码管 2		
in[3..0]	数码管 1		

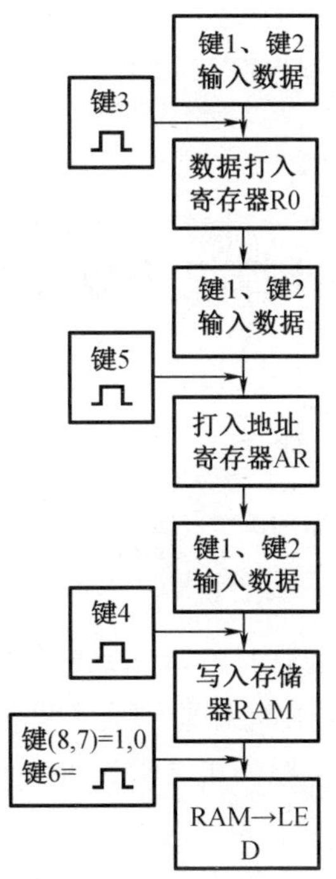

图 7-5-37　总线功能验证具体操作

六、扩展实验

①实现表 7-5-10 所示的总线信息传输功能，完成实验台测试，其中 R1 和 R2 分别为数据寄存器和地址寄存器，按键 K1～K8 表示 d[7..0]的输入。

②在总线上增加一个运算器部件，完成总线控制的仿真和实验台测试。

表 7-5-10　总线信息传输功能

编号	功能	助记符
1	把 K1～K8 设置的数据写入寄存器 R1	IN　R1,KEY
2	把 K1～K8 设置的数据写入寄存器 R2	IN　R2,KEY
3	把 K1～K8 设置的数据写入 RAM 某单元	IN　RAM,KEY
4	把 RAM 某单元内容读入寄存器 R1	LD　R1,RAM
5	把 RAM 某单元内容读入寄存器 R2	LD　R1,RAM
6	把寄存器 R1 内容写入 RAM 某单元	ST　RAM,R1
7	把寄存器 R2 内容写入 RAM 某单元	ST　RAM,R2
8	把寄存器 R1 内容传到寄存器 R2	MOV　R2,R1
9	把寄存器 R2 内容传到寄存器 R1	MOV　R1,R2
10	把寄存器 R1 内容输出到 led 显示	OUT　LAMP,R1
11	把寄存器 R2 内容输出到 led 显示	OUT　LAMP,R2
12	把 RAM 某单元内容输出显示	OUT　LAMP,RAM
13	把 K1～K8 设置的数据直接输出显示	OUT　LAMP,KEY

7.6　计算机组成实验设计

7.6.1　基本模型机系统实验

7.6.1.1　基本模型机系统原理

1. 基本模型机系统组成

基本模型机采用冯诺依曼体系结构，可划分为 5 个主要模块：运算器，控制器，存储器，输入设备和输出设备。其中控制器和运算器构成了模型机的核心部分——中央处理单元（central processing unit，CPU）。基本模型机结构如图 7-6-1 所示。

（1）控制器

控制器由程序计数器、指令寄存器、指令译码器、时序产生器和操作控制器组成，它是发布命令的“决策机构”，即完成协调和指挥整个计算机系统的操作。控制器的主要功能有：

①从内存中取出一条指令，并指出下一条指令在内存中的位置；

②对指令进行译码或测试，并产生相应的操作控制信号，以便启动规定的动作；

③指挥并控制 CPU、内存和输入/输出设备之间数据流动的方向。

（2）运算器

运算器由算术逻辑单元（ALU）、累加寄存器、数据缓冲寄存器和状态条件寄存器组成，它是数据加工处理部件。相对控制器而言，运算器接受控制器的命令而进行动作，即运算器所进行的全部操作都是由控制器发出的控制信号来指挥的。

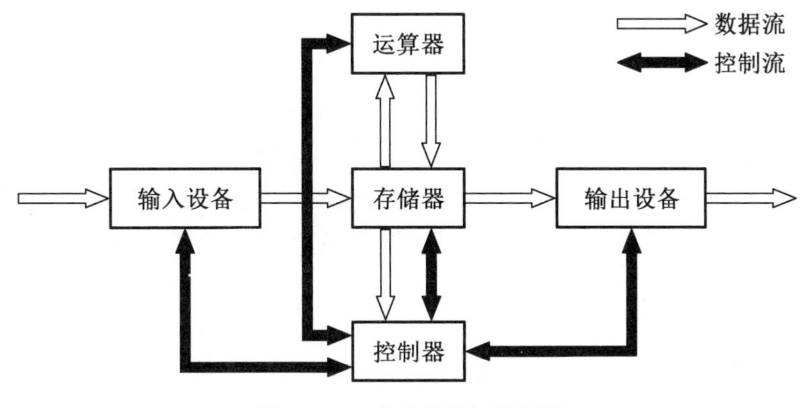

图 7-6-1　基本模型机结构图

(3)存储器

存储器用来存放用户编写的应用程序。应用程序由基本模型机的基本指令构成。基本模型机一共包含 5 条机器指令。利用这 5 条机器指令编写程序,然后将程序存储在 RAM 存储器中,供 CPU 读取、分析和执行。

(4)输入设备

输入设备是用来完成输入功能的部件。所有需要输入到计算机内的程序或数据,都是经过输入设备输入的。最常用的输入设备是键盘。

(5)输出设备

输出设备是用来完成输出功能的部件。所有需要从计算机内部输出的运算结果或在计算机内部运行的程序、数据都可以通过输出设备显示。最常用的输出设备是显示器或打印机。

这种采用冯·诺依曼体系结构的基本模型机具有以下几个特点:

①计算机硬件由运算器、控制器、存储器、输入设备和输出设备五大部分组成。

②计算机处理的数据和指令一律用二进制数表示。

③顺序执行程序。计算机运行过程中,把要执行的程序和处理的数据首先存入主存储器(内存),计算机执行程序时,将自动地并按顺序从主存储器中取出指令一条一条地执行。

④程序由指令序列构成,任何一条指令都包含操作码和地址码两部分。操作码用来表明指令的功能,地址码指定参加运算的操作数及运算结果存放的地址。

在第 6 章的计算机部件实验过程中,各部件单元的控制信号是人为模拟产生的,而在模型机中,将由控制器自动产生各部件单元控制信号,实现特定的功能。基本模型机实验中,计算机数据通路的控制将由微程序控制器来完成,CPU 从存储器中取出一条机器指令到指令执行结束的一个指令周期,全部由微指令组成的序列来完成,即一条机器指令对应一个微程序。微程序原理及微控制器设计思想将在后续的小节中详细介绍。

2. 基本模型机 CPU 设计流程

基本模型机 CPU 设计一般考虑指令系统、数据通路和时序系统等问题。通常按照以下步骤设计。

(1)确定指令系统

CPU 的主要任务是从 RAM 存储器中取指令并执行指令。因此设计 CPU 首先必须确定其功能特性,即支持的指令系统。指令集的设计是首要完成的工作。确定指令系统包括定义指令格式、确定寻址方式和确定指令类型等内容。CPU 支持的指令可以完全由硬件直接完成,而对于指令集不能完成的功能则需要利用现有的指令进行编程,即通过程序(软件)来完成。因此,基本模型机的 CPU 指令集应该能够实现寄存器存数、加法、存取 RAM 数据等基本功能。

(2)设计数据通路

基本模型机各个部件通过总线结构连接形成的数据传输路径称为数据通路。数据通路的设计决定控制器的设计,也影响到数字系统的性能和成本。对于处理速度快的数字系统,独立数据传输通路的较多,控制器的复杂度较大。数据通路的设计需要根据指令系统规定的功能,合理设置寄存器、运算部件,为各个部件通信提供数据通路。

(3)设计指令执行流程和微程序流程

指令流程是指以寄存器传输及描述的指令执行过程,即按顺序描述指令执行过程中寄存器之间的信息传送操作。指令执行流程需要根据指令的功能和数据通路来确定。执行一个指令可能需要多个微命令。设计指令执行流程也就是完成其微命令序列的设计,即完成每一条指令对应的微程序流程设计。

(4)设计微控制逻辑

基本模型机采用微程序方式进行控制逻辑的设计。根据指令的微程序流程,构建以控制存储器为核心的控制逻辑,完成取指令和执行指令。微控制逻辑,即微控制器的设计主要完成:确定指令的每条微命令需要的控制信号,将这些信号按照一定的编码规则组织起来,存储于微控制器中的存储器中,微控制器产生指令执行过程需要的全部控制信号。

3. 基本模型机机器指令与控制台命令

基本模型机共支持五条机器指令:IN(输入)、ADD(二进制加法)、STA(存数)、OUT(输出)、JMP(无条件转移),其指令格式如表 7-6-1 所示。

表 7-6-1　基本模型机机器指令

助记符	机器指令	说明
IN	00000000	“Input Device”→R0
ADD　Addr	00010000　XXXXXXXX	R0+[Addr]→R0
STA　Addr	00100000　XXXXXXXX	R0→[Addr]
OUT　Addr	00110000　XXXXXXXX	[Addr]→“Output Divice”
JMP　Addr	01000000　XXXXXXXX	Addr→PC

高 4 位为操作码,是指令的唯一标识。IN 指令为单字长(8 位),其余为双字长指令,XXXXXXXX 为 Addr 对应的二进制地址码。下面简要介绍 5 个机器指令的功能。

(1)IN 指令

从输入设备“Input Device”输入 8 位数据,将该数据存放到数据寄存器 R0 中。基本模型机中,输入端口为 d0[7..0],连接的输入设备为 8 个按键。

(2)ADD 指令

将 R0 寄存器中的数据与 RAM 存储器 Addr 地址单元中的数据相加,结果存放到 R0 寄存器中。ADD 指令中有两个加数,一个存放在 R0 寄存器,另一个存放在存储器 RAM 的某个单元中,在编程的时候需要指定该数据机器存放的地址。例如:ADD[0AH],机器代码为:00010000 00001010,功能:将 R0 寄存器中的数据与 RAM 存储器 0A 地址单元中的数据相加,结果存入寄存器 R0 中。

(3)STA 指令

将 R0 寄存器中的数据存放到 RAM 存储器 Addr 地址单元中。在编程时,需要指定 Addr 为一个实际的 RAM 地址。

(4)OUT 指令

将 RAM 存储器 Addr 地址单元中的数据输出到输出设备“Output Divice”中,在模型机中,输出端口为 led[7..0],可以和 8 个 LED 灯连接。在编程时,需要指定 Addr 为一个实际的 RAM 地址。

(5)JMP 指令

JMP 为跳转指令,将程序计数器 PC 设置为 Addr,在下一个时钟节拍时,模型机将从 Addr 所指向的 RAM 地址单元中取指令。在编程时,需要指定 Addr 为一个实际的 RAM 地址。如果指定 Addr 为 00,程序将跳转到 RAM 起始位置执行。

利用 5 个指令可以编写简单的程序,并在模型机上运行。利用机器指令编写程序时必须自己为程序的每条指令以及每个操作数分配内存,即指定他们所存放的 RAM 地址。表 7-6-2 给出了一段模型机程序。表 7-6-3 给出这段程序在 RAM 存储器存放的位置。

表 7-6-2　模型机程序代码

助记符	机器代码(16 进制)	说明
IN	00	通过按键输入数据,并存放到 R0 寄存器中
ADD[0AH]	10 0A	将 R0 寄存器的数据与 0A 地址单元的数据相加,结果存放到 R0 寄存器
STA[0BH]	20 0B	将 R0 寄存器的数据存储到 RAM 存储器 0B 地址单元
OUT[0BH]	30 0B	将 RAM 存储器 0B 地址单元的数据输出到输出设备(led)
JMP[01H]	40 01	令程序计数器 PC 置位 01,下一步将从 RAM 地址 01 开始取指令,执行程序

表 7-6-3　模型机程序及其内存地址分配

RAM 地址	RAM 数据 (程序代码)	助记符	说明
00	00	IN	“Input Device”→R0
01	10	ADD[0AH]	R0+[0AH]→R0
02	0A		地址 0A
03	20	STA[0BH]	R0→[0BH]
04	0B		地址 0B
05	30	OUT[0BH]	[0BH]→OUT 输出口
06	0B		地址 0B
07	40	JMP[01H]	01H→PC
08	01		
09			
0A	34		自定义加数 34,所在 RAM 地址为 0A
0B			求和结果,所在 RAM 地址为 0B

编写完程序之后必须将程序写入到 RAM 存储器中,然后才能执行。为了向 RAM 存储器中装入程序和数据,检查写入是否正确,并能启动程序执行,还必须设计三个控制台操作微程序,控制台命令如表 7-6-4 所示。

表 7-6-4　控制台命令

SWB	SWA	控制台命令
0	0	读内存(KRD)
0	1	写内存(KWE)
1	1	启动程序(RP)

通过控制 SWB、SWA 两个按键,可以使基本模型机分别进入 3 个工作状态:

存储器读操作(KRD):当控制台信号 SWB、SWA 为“00”时,可对 RAM 进行连续读操作,即将 RAM 存储器中的程序代码读出并显示到输出设备(led[7..0])上。用户可以查看当前 RAM 存储器存放的程序。

存储器写操作(KWE):当控制台信号 SWB、SWA 为“01”时,可对 RAM 进行连续写操作。用户可以通过 KWE 操作,把模型机程序写入到 RAM 存储器中,RAM 的地址由程序计数器 PC 提供,从 00 开始自动加 1 递增,用户需要通过输入设备(d0[7..0])设置程序代码,模型机将在微控制器的控制下,逐一将程序代码写入到 RAM 存储器中(从 00 地址开始)。

执行程序(RP):当控制台信号 SWB、SWA 为“11”时,模型机转入到微控制器“01”“取址”微指令,启动程序运行。即依次从 RAM 存储器取出程序、分析程序、执行程序。所需要的控制信号都由微控制器提供(根据 RAM 中的程序产生相应的控制信号),只允许用户根据程序要求从输入设备(d0[7..0])输入相应的操作数。

模型机的 3 个工作状态进行切换时,需要对系统进行复位操作(设置总复位信号),即令微控制器复位。

4. 基本模型机数据通路

基本模型机 CPU 具有最基本的功能,从程序存储器 RAM 中取出指令和操作数,经过译码电路生成微操作信号,控制运算器和寄存器等计算机部件工作,并将结果保存到寄存器、存储器或者输出到输出设备中。基本模型机的数据通路框图如图 7-6-2 所示。图中各个部件说明如下。图中的信号说明见表 7-6-5。

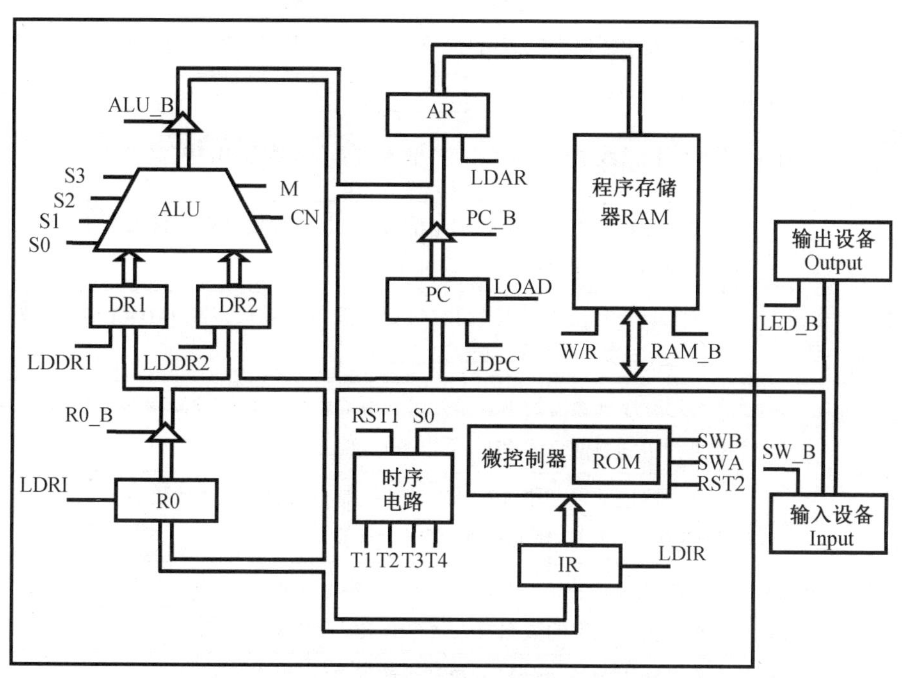

图 7-6-2　基本模型机数据通路框图

表 7-6-5　基本模型机基本信号说明

相关部件	信号名称	说明
运算器 ALU	S3 S2 Sl S0	由微程序控制器输出的 ALU 操作选择信号,以控制执行 16 种算术操作或 16 种逻辑操作中的哪一种操作
	M	ALU 操作方式选择信号端。M=0 执行算术操作;M=1 执行逻辑操作
	CN	进位标志信号,CN=0 表示 ALU 运算时最低位有进位,CN=1,则表示无进位
	ALU_B	控制运算器的运算结果是否送到数据总线 BUS,低电平有效
	LDDR1	ALU 数据寄存器 DR1 的时钟控制信号,把总线上的数据打入寄存器 DR1,高电平有效
	LDDR2	ALU 数据寄存器 DR2 的时钟控制信号,把总线上的数据打入寄存器 DR2。高电平有效
存储器 RAM	WE	RAM 控制信号。WE=0 为存储器读;WE=1 为存储器写

表 7-6-5(续)

相关部件	信号名称	说明
微控制器	P(1)	微程序控制器输出的修改微地址 P(1)标志信号,用于机器指令的微程序分支测试
	RST2	基本模型机复位键,使基本模型机微控制器复位,高电平有效
时序电路	T4 T3 T2 T1	时序信号发生器提供的四个标准输出信号,可以采用单步或连续两种方式输出
	S0	控制时序信号发生器的工作模式:单步(S0=0)或者连续(S0=1)
	RST1	时序发生器启动控制信号。控制时序发生器输出一组(单步)或连续的时序信号 Tl、T2、T3、T4
指令寄存器 IR	LDIR	控制把总线上的数据(指令)输入到指令寄存器 IR 中,高电平有效
程序计数器 PC	LDPC	程序计数器 PC 的时钟控制信号,高电平有效。给序计数器 PC 打入时钟信号,使 PC 输出计数,并自动加 1
	LOAD	LOAD=0 时,PC(程序计数器)处于并行置数状态;LOAD=1 时,PC 处于计数状态
	PC_B	控制程序计数器的内容是否送到地址总线 ABUS,控制程序计数器 PC 的数据是否送到数据总线 BUS,低电平有效
地址寄存器 AR	LDAR	存储器地址寄存器 AR 中的时钟控制信号,将程序计数器 PC 的内容打入到 AR 中,产生 RAM 的地址,高电平有效
数据寄存器 R0	R0_B	控制寄存器 R0 的内容是否达到数据总线 BUS,低电平有效。
	LDRI	控制把总线上的数据打入寄存器 R0,高电平有效
输入设备	SW_B	控制输入设备(按键)的数据否送到总线,低电平有效
输出设备	LED_B	控制将总线上的数据是否在输出设备(LED 灯或数码管)显示,低电平有效
控制台	SWB,SWA	控制台按键,分别为 01,00,11 时,使基本模型机进入写内存,读内存和执行程序 3 种工作模式

①运算器 ALU:两个操作数来自寄存器 DR1 和 DR2,通过控制 S3、S2、S1、S0 和 M 信号,可以使 ALU 进行加法,传数(F=A)等功能。

②存储器 RAM:存储基本模型机程序代码,可以用 5 条机器指令编写模型机程序。

③微控制器:为其他计算机部件提供控制信号和总线控制信号,能够生成 3 个控制台命令和 5 个机器指令所需要的全部控制信号。

④时序电路:提供四个时钟脉冲信号 T1、T2、T3、T4。可以采用单步或连续两种方式输出。在实验台测试时,使用单步方式,可以手动控制程序单步运行。

⑤指令寄存器 IR:指令寄存器用来保存当前正在执行的一条指令。当执行一条指令时,先把它从内存取到缓冲寄存器中,然后再传送至指令寄存器。指令划分为操作码和地址码段,由二进制数构成,为了执行任何给定的指令,必须对操作码进行测试[P(1)],通过

节拍脉冲 T4 的控制，以便识别所要求的操作。“指令译码器”根据指令中的操作码强置微控制器单元的微地址，使下一条微指令指向相应的微程序首地址。

⑥IR7～IR2：指令寄存器 IR7～IR2 输出信号，输入至微程序控制器作为修改微地址用的控制信号。

⑦程序计数器 PC：主要由计数器构成，PC 的数据来自计数器或者数据总线。PC 的值输出到地址寄存器 AR 中，用以指出下条指令在 RAM 存储器中的地址。

⑧地址寄存器 AR：暂存来自程序计数器 PC 的输出数据，即存储器的 8 位地址。

⑨数据寄存器 DR1 和 DR2：ALU 的 2 个数据寄存器，暂存 ALU 的操作数 A 和操作数 B。由于内部数据总线每次只能提供一个操作数，而 ALU 本身又不具备暂存数据的能力，因此需要在 ALU 的输入端设置暂存器，暂存由内部总线送来的数据。

⑩数据寄存器 R0：ALU 的数据寄存器，暂存 ALU 的运算结果。

⑪总线 Bus：图 7-6-2 中各个计算机部件连接的通道即是总线结构，在基本模型机中总线结构由多路选择开关构成，同一个时刻，只允许一个部件将数据输出到总线上。

⑫输入设备 Input：实验台上的按键作为输入设备（input device），与模型机的 8 位输入端口相连。输入端口与总线相连，可以直接通过按键将数据写到总线 Bus。

⑬输出设备 Output：实验台上的数码管、LED 灯可以作为基本模型机的输出设备，与模型机的 8 位输出端口相连，输出设备电路包括一个寄存器，用于暂存来自总线且需要输出的数据。

5. 基本模型机微程序

（1）基本模型机微程序流程设计

基本模型机采用微程序控制器，相关概念如下：

①控制存储器：控制存储器是微程序控制器中的核心部件，通常由只读存储器 ROM 器件实现。

②微指令：控制存储器中的一个存储单元（字）表示了某一条指令的某一操作步骤的控制信号，以及下一步骤的有关信息，称该字为微指令。微指令的作用是提供了指令执行中的每一步要用的操作信号及下一微指令的地址。

③微程序：全部微指令的集合称为微程序。

④微程序控制器的基本工作原理：根据 IR 中的操作码，找到与之对应的控制存储器中的一段微程序的入口地址，并按指令功能所确定的次序，逐条从控制存储器中读出微指令，以驱动计算机各部件正确运行。

微程序设计思想是将机器指令的操作（从取指到执行）分解为多个更基本的微操作序列，并将每个微操作序列涉及的各个部件需要的控制信号（微指令）以微代码形式编成微指令存储到控制存储器中。基本模型机每条机器指令往往分成几步执行，需要多个微指令，若干条微指令组成一段微程序，对应一条机器指令。基本模型机的微程序流程见图 7-6-3。

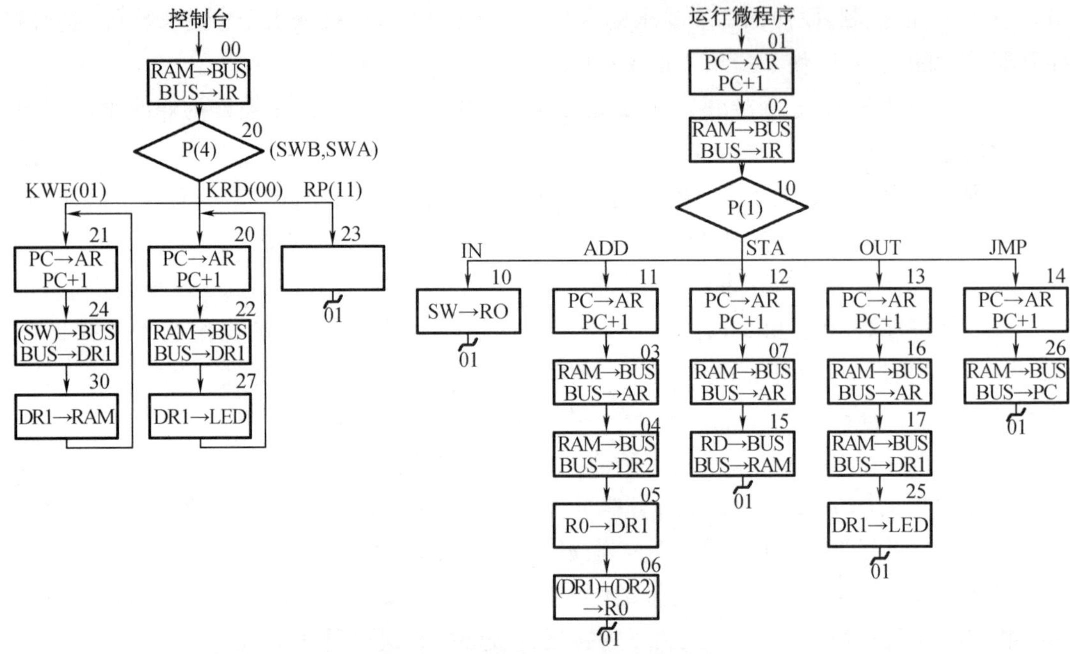

图 7-6-3　基本模型机的微程序流程图

图 7-6-3 中的每个长方框表示一个微操作,方框内部的文字描述了该微操作实现的功能。长方框右上角的数字为完成该微操作需要的控制信号(微命令)所在控制存储器 ROM 的地址(8 进制),即微地址。从图 7-6-3 中可以看出 3 个控制台命令和 5 条机器指令所需要的微操作序列及其微地址。例如 ADD 指令从“取指令”到执行完毕共需要 7 个微操作,微程序控制器产生的控制信号所存放的微地址为:01,02,10,11,03,04,05,06。其中 01,02 微地址单元的控制信号完成“取指令”操作,是执行 5 条机器指令之前的公共操作,当 CPU 从 RAM 取出一条指令,并将其送入 IR 后,根据指令的不同,选择不同的分支,执行其微操作序列。选择不同的分支关键是生成每条指令第一个微命令的微地址,例如 ADD 指令的第一个微命令的微地址为 11。

从微程序流程图中可以看出,共有 2 处需要分支测试,根据相应的条件修改微地址。微程序控制器输出的修改微地址 P(1)标志信号,用于机器指令的微程序分支测试。微程序控制器输出的修改微地址 P(4)标志信号,用于控制台指令的微程序分支测试。

当执行“取指”微指令时,该微指令的判断测试字段为 P(1)测试。由于“取指”微指令是所有微程序都使用的公共微指令,因此 P(1)的测试结果出现多路分支。用指令寄存器的前 4 位(IR7~IR4)作为测试条件,出现 5 路分支,占用 5 个固定地址单元,分别为:10,11,12,13,14。

控制台操作为 P(4)测试,它以控制台信号 SWB、SWA 作为测试条件,出现了 3 路分支,占用 3 个固定微地址单元,分别为 21,20,23。当分支微地址单元固定后,ROM 存储器剩下的其他地址单元可以存放一条微指令。

(2)微命令编码格式

微命令存于微程序控制器的控制存储器中,微命令控制计算机部件完成一个微操作,多个微命令完成一个机器指令。这些微命令编码(微代码)格式如表 7-6-6 所示。微代码共 24 位,19~24 位是运算器的控制信号,18 位是 RAM 存储器的读写信号。7~17 位需要通过译码产生计算机部件的时钟控制信号(A 字段)和总线控制信号(B 字段和 A9,A8 字段)以及微程序分支测试信号(C 字段)。部分控制信号的功能如表 7-6-7 所示。微代码的低 6 位为下一条微代码的微地址。基本模型机 3 个控制台命令和 5 条机器指令所需的全部微指令见表 7-6-8。

表 7-6-6　微命令编码格式定义

24	23	22	21	20	19	18	17	16	15 14 13	12 11 10	9 8 7	6	5	4	3	2	1
S3	S2	S1	S0	M	Cn	WE	A9	A8	A	B	C	UA5	UA4	UA3	UA2	UA1	UA0

表 7-6-7　微命令部分控制信号的功能

A9、A8 字段			A 字段				B 字段				C 字段			
17	16	选择	15	14	13	选择	12	11	10	选择	9	8	7	选择
0	0	SW_B	0	0	0		0	0	0		0	0	0	
0	1	RAM_B	0	0	1	LDRI	0	0	1	R0_B	0	0	1	P(1)
1	0	LED_B	0	1	0	LDDR1	0	1	0	R1_B	0	1	0	P(2)
1	1		0	1	1	LDDR2	0	1	1	R2_B	0	1	1	P(3)
			1	0	0	LDIR	1	0	0		1	0	0	P(4)
			1	0	1	LOAD	1	0	1	ALU_B	1	0	1	
			1	1	0	LDAR	1	1	0	PC_B	1	1	0	LDPC
			1	1	1		1	1	1		1	1	1	

由于微代码的低 6 位为下一条微代码的微地址,使得微程序能够顺序执行,例如执行 ADD 指令时,完成取指后,将从 ADD 指令的微命令所在的微地址 11,03,04,05,06 中取出控制信号、控制运算器等部件完成加法功能。从表 7-6-8 中可以看出微地址 11 的 ROM 数据低 6 位为 000011(进制数据 03),即下一个微地址为 03,微地址 03 的 ROM 数据低 6 位为 000100(进制数据 04),即下一个微地址为 04,微地址 03 的 ROM 数据低 6 位为 000100(8 进制数据 04),即下一个微地址为 04,依此类推,当微控制器从主控存储器取出一个数据(24 位)后,自动产生下一个微地址,直到完成所有指令的所有微命令后,又开始执行取指令微操作(微地址 01)。从微程序流程图可以看出,5 条机器指令的最后一个微代码的低 6 位都为 01,因此可以实现指令完成后,微程序控制器又可以从取指令开始执行。

表 7-6-8　二进制微代码表

微地址（8 进制）		S3	S2	S1	S0	M	Cn	WE	A9	A8	A	B	C	UA5——UA0						微指令（16 进制）
0	0	0	0	0	0	0	0	0	1	1	000	000	100	0	1	0	0	0	0	018110
0	1	0	0	0	0	0	0	0	1	1	110	110	110	0	0	0	0	1	0	01ED82
0	2	0	0	0	0	0	0	0	0	1	100	000	001	0	0	1	0	0	0	00C048
0	3	0	0	0	0	0	0	0	0	1	110	000	000	0	0	0	1	0	0	00E004
0	4	0	0	0	0	0	0	0	0	1	011	000	000	0	0	0	1	0	1	00B005
0	5	0	0	0	0	0	0	0	1	1	010	001	000	0	0	0	1	1	0	01A206
0	6	1	0	0	1	0	1	0	1	1	001	101	000	0	0	0	0	0	1	959A01
0	7	0	0	0	0	0	0	0	0	1	110	000	000	0	0	1	1	0	1	00E00D
1	0	0	0	0	0	0	0	0	0	0	001	000	000	0	0	0	0	0	1	001001
1	1	0	0	0	0	0	0	0	1	1	110	110	110	0	0	0	0	1	1	01ED83
1	2	0	0	0	0	0	0	0	1	1	110	110	110	0	0	0	1	1	1	01ED87
1	3	0	0	0	0	0	0	0	1	1	110	110	110	0	0	1	1	1	0	01ED8E
1	4	0	0	0	0	0	0	0	1	1	110	110	110	0	1	0	1	1	0	01ED96
1	5	0	0	0	0	0	0	1	1	1	000	001	000	0	0	0	0	0	1	038201
1	6	0	0	0	0	0	0	0	0	1	110	000	000	0	0	1	1	1	1	00E00F
1	7	0	0	0	0	0	0	0	0	1	010	000	000	0	1	0	1	0	1	00A015
2	0	0	0	0	0	0	0	0	1	1	110	110	110	0	1	0	0	1	0	01ED92
2	1	0	0	0	0	0	0	0	1	1	110	110	110	0	1	0	1	0	0	01ED94
2	2	0	0	0	0	0	0	0	0	1	010	000	000	0	1	0	1	1	1	00A017
2	3	0	0	0	0	0	0	0	1	1	000	000	000	0	0	0	0	0	1	018001
2	4	0	0	0	0	0	0	0	0	0	010	000	000	0	1	1	0	0	0	002018

表 7-6-8(续)

微地址（8 进制）	S3 S2 S1 S0 M Cn WE A9 A8	A	B	C	UA5——UA0	微指令（16 进制）
2　5	0 0 0 0 0 1 0 1 0	000	101	000	0 0 0 0 0 1	050A01
2　6	0 0 0 0 0 0 0 0 1	101	000	110	0 0 0 0 0 1	00D181
2　7	0 0 0 0 0 1 0 1 0	000	101	000	0 1 0 0 0 0	050A10
3　0	0 0 0 0 0 1 1 1 1	000	101	000	0 1 0 0 0 1	068A11

在微程序流程图中存在 2 处分支测试,这时下一个微地址不再是上一个微代码的低 6 位,需要额外的修改微地址电路,根据当前的控制台命令和指令等信号,将默认的下一条位地址修改成所需要的微地址。例如分支测试 P(1),微地址 02 的 ROM 数据低 6 位为 001000(8 进制数据 10),即默认的下一个微地址为 10,但实际的下一个微地址有 5 种情况:10、11、12、13、14。这时需要地址修改电路,根据当前的控制台命令(SWB、SWA)和指令(IR7~IR4)的不同,将默认的下一个微地址 10 修改成 11、12、13 或者 14。在分支测试 P(4),微地址 00 的 ROM 数据低 6 位为 010000(8 进制数据 20),即默认的下一个微地址为 20,但实际的下一个微地址有 3 种情况:21、20、23。这时需要地址修改电路,根据当前控制台命令的不同,将默认的下一个微地址 20 修改成 21 或 23。地址修改电路的原理和设计在后续的微程序控制器实验中详细讲述。

7.6.1.2 微程序控制器设计

一、实验目的

掌握 Quartus II 软件环境和 FPGA 实验台的使用方法。

掌握利用 VHDL 或框图输入法设计数字电路的方法。

掌握微程序控制器的组成原理。

掌握微程序的编写、输入,观察微程序的运行。

二、实验内容

在 Quartus II 中,利用框图输入法设计程序控制电路和控制微地址寄存电路,配置 ROM 初始化数据文件(微代码),进而完成微程序控制器的设计。完成仿真,并下载到 FPGA 实验台进行测试。

三、实验环境

PC 计算机	1 台
Quartus II 软件环境	1 套
GW48-CP++实验台	1 台

四、实验原理与电路

在基本模型机中,CPU 从存储器中取出一条机器指令到指令执行结束的一个指令周期,微程序控制器负责生成全部的控制信号。微程序控制器主要实现了微地址修改、微地址寄存和微命令的存储功能。微程序控制器主要包括控制存储器、微地址寄存电路和微程序控制电路三部分,其组成如图 7-6-4 所示。

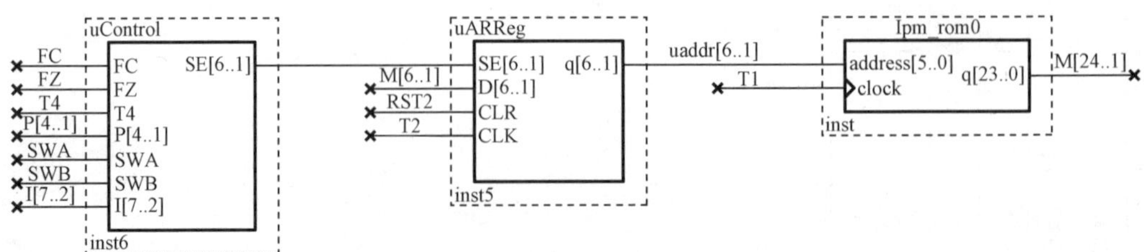

图 7-6-4 微程序控制器原理图

①控制存储器由 FPGA 中的 lpm_rom 构成,输出 24 位控制信号。在 24 位控制信号中,高 18 位为微命令信号,用于其他计算机部件的控制信号。低 6 位为微地址信号。

②uARReg 为微地址寄存电路,暂存下一个微地址,uARReg 由 6 个 D 触发器构成,其电路如图 7-6-5 所示。uARReg 的数据输入端为微代码的低 6 位,即 M[6..1]。

③uControl 为微程序控制电路,实现了微地址的修改,其内部电路如图 7-6-6 所示。uControl 的输出通过 SE[6..1]输入给 uARReg,lpm_rom( )的输出 M[24..1]低 6 位通过 D[6..1]输入给 uARReg 的 6 个 D 触发器,SE[6..1]分别来控制这 6 个的 D 触发器(当 SE[i]=0 时,q[i]=1;当 SE[i]=1 时,q[i]=D[i]。)的工作方式,强制 D 触发器输出 1,最终产生的 q[6..1]为下一个指令的微地址。

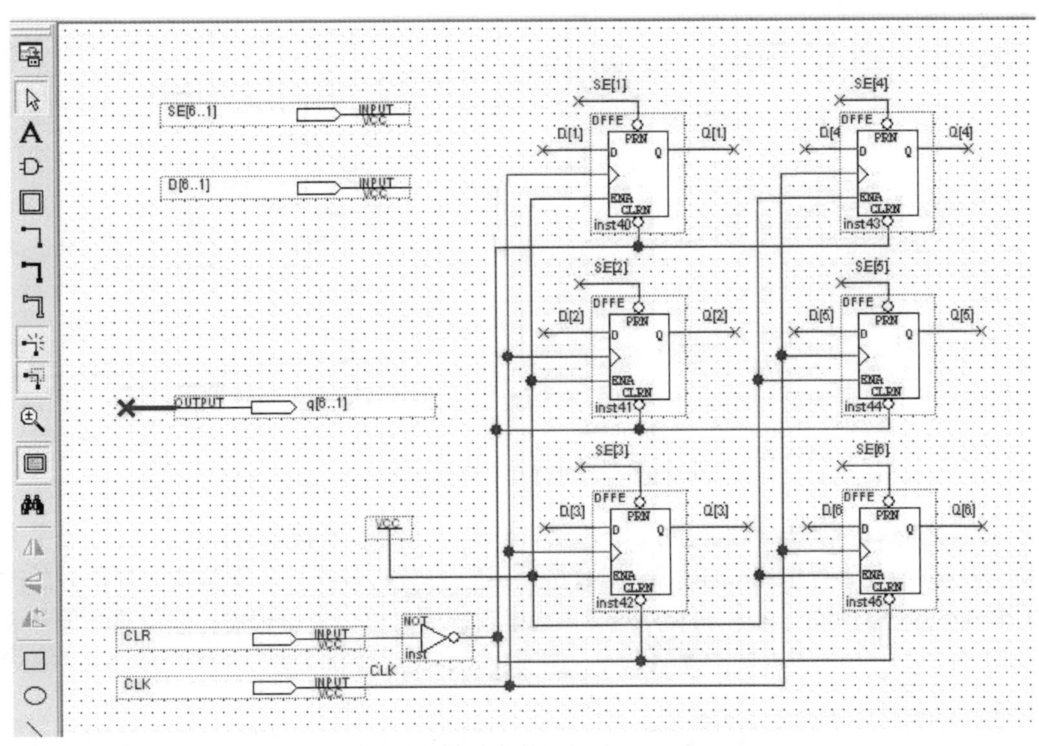

图 7-6-5　微地址寄存器电路 uARReg

当 T1 时刻时,从此微地址单元输出 24 个信号。在不进行分支测试的情况下,T2 时钟脉冲到来时,当前 ROM 输出的低 6 位微地址信号 M[6..1]作为 uARReg 的输入,并且其输出 q[6..1]等于 M[6..1],当前 M[6..1]成为 ROM 的地址,即为下一条微指令地址,当进行分支测试的情况下,T4 时刻,uControl 根据当前控制台命令和指令生成微地址修改信号 SE[6..1](低电平有效),强制将 uARReg 电路中的某一 D 触发器置为“1”状态,完成微地址修改。

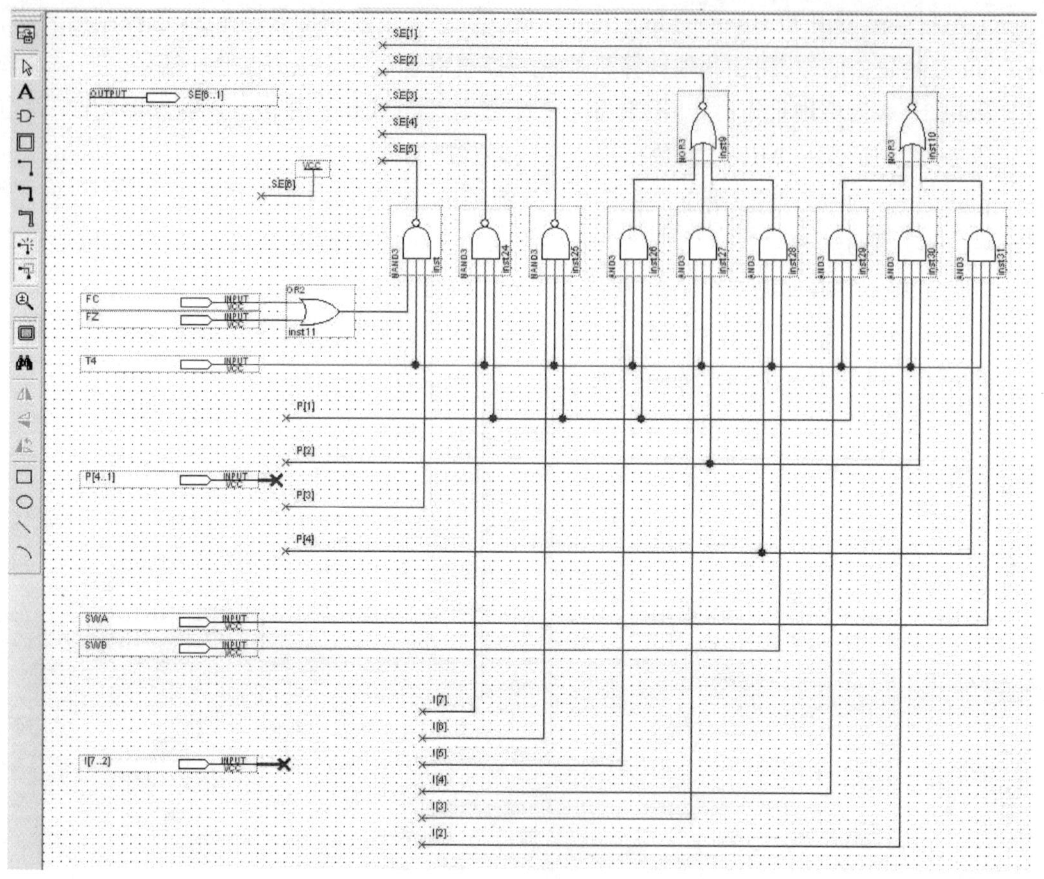

图 7-6-6 微程序控制电路 uControl

uControl 根据 FC,FZ,T4,P[4..1],SWA,SWB,I[7..2]来输出 SE[6..1](低电平有效),控制微地址寄存电路 uARReg 对 M[6..1]进行修改,最终控制 6 位微地址信号的改变,实现微程序的跳转。根据微程序流程图和微代码表可以设计微程序控制电路功能如表 7-6-9 所示。其中"X"表示任意(0 或 1)。

表 7-6-9 微程序控制电路 uControl 功能表

输入							输出	说明
T4	SWB	SWA	P[4..1]	FC	FZ	I[7..2]	SE[6..1]	
1	0	0	1000	X	X	XXXXXX	111111	读内存,生成微地址 20
1	0	0	0000	X	X	XXXXXX	111111	
1	0	1	1000	X	X	XXXXXX	111110	写内存,P[4]=1,将默认的微地址 20 修改为 21
1	0	1	0000	X	X	XXXXXX	111111	
1	1	1	1000	X	X	XXXXXX	111100	执行程序,P[4]=1,将默认的微地址 20 修改为 23

表 7-6-9(续)

输入							输出	说明
T4	SWB	SWA	P[4..1]	FC	FZ	I[7..2]	SE[6..1]	
1	1	1	0001	X	X	000000	111111	执行 IN 指令,P[1]=1,生成微地址 10
1	1	1	0001	X	X	000100	111110	开始执行 ADD 指令,P[1]=1,将默认的微地址 10 修改为 11
1	1	1	0000	X	X	000100	111111	顺序执行 ADD 指令的微程序,生成默认下一个微地址
1	1	1	0001	X	X	001000	111101	开始执行 STA 指令,P[1]=1,将默认的微地址 10 修改为 12
1	1	1	0000	X	X	001000	111111	顺序执行 STA 指令的微程序,生成默认下一个微地址
1	1	1	0001	X	X	001100	111100	开始执行 OUT 指令,P[1]=1,将默认的微地址 10 修改为 13
1	1	1	0000	X	X	001100	111111	顺序执行 OUT 指令的微程序,生成默认下一个微地址
1	1	1	0001	X	X	010000	111011	执行 JMP 指令,P[1]=1,将默认的微地址 10 修改为 14

微控制器从主控存储器取出 24 位微代码后,这些数据通过 4 个译码器产生实际的控制信号,控制其他计算机部件。4 个译码器的真值表分别见表 7-6-10~表 7-6-13。

表 7-6-10　Decodea 真值表

输入			输出					
C	B	A	LDRI	LDDR1	LDDR2	LDIR	LOAD	LDAR
0	0	1	1	0	0	0	0	0
0	1	0	0	1	0	0	0	0
0	1	1	0	0	1	0	0	0
1	0	0	0	0	0	1	0	0
1	0	1	0	0	0	0	1	0
1	1	0	0	0	0	0	0	1

表 7-6-11 Decodeb 真值表

输入			输出				
C	B	A	R0_B	R1_B	R2_B	ALU_B	PC_B
0	0	1	0	1	1	1	1
0	1	0	1	0	1	1	1
0	1	1	1	1	0	1	1
1	0	0	1	1	1	1	1
1	0	1	1	1	1	0	1
1	1	0	1	1	1	1	0

表 7-6-12 Decodec 真值表

输入			输出				
C	B	A	P[1]	P[2]	P[3]	P[4]	LDPC
0	0	1	1	0	0	0	0
0	1	0	0	1	0	0	0
0	1	1	0	0	1	0	0
1	0	0	0	0	0	1	0
1	0	1	0	0	0	0	0
1	1	0	0	0	0	0	1

表 7-6-13 Decode2-4 真值表

输入		输出		
D[1]	D[0]	Y[2]	Y[1]	Y[0]
0	0	1	1	0
0	1	1	0	1
1	0	0	1	1

五、实验任务与步骤

1. 建立工程与设计输入

在 Quartus II 中新建工程,完成以下实验内容:

①ROM 初始化数据与 lpm_rom 配置。新建框图文件,在 Quartus II 的框图编辑器中,插入参数化模块 lpm_rom,对其进行配置,其中 ROM 存放微程序代码,建立 ucode. hex 文件作为 ROM 初始化数据文件。ROM 初始化数据如图 7-6-7 所示,右键点击表格的标题栏(Addr 所在列或行)在弹出菜单上可以分别对 ROM 的地址和数据显示的数值进行设置。图 7-6-7 中的 ROM 地址(Addr)以 8 进制显示,存储单元的数据以 16 进制显示。ucode. hex 中的数据即为表 7-6-8 中的微程序代码。

Addr	+0	+1	+2	+3	+4	+5	+6	+7
000	018110	01ED82	00C048	00E004	00B005	01A206	959A01	00E00D
010	001001	01ED83	01ED87	01ED8E	01ED96	038201	00E00F	00A015
020	01ED92	01ED94	00A017	018001	002018	050A01	00D181	050A10
030	068A11	000000	000000	000000	000000	000000	000000	000000
040	000000	000000	000000	000000	000000	000000	000000	000000
050	000000	000000	000000	000000	000000	000000	000000	000000
060	000000	000000	000000	000000	000000	000000	000000	000000
070	000000	000000	000000	000000	000000	000000	000000	000000
100	000000	000000	000000	000000	000000	000000	000000	000000
110	000000	000000	000000	000000	000000	000000	000000	000000
120	000000	000000	000000	000000	000000	000000	000000	000000
130	000000	000000	000000	000000	000000	000000	000000	000000
140	000000	000000	000000	000000	000000	000000	000000	000000
150	000000	000000	000000	000000	000000	000000	000000	000000
160	000000	000000	000000	000000	000000	000000	000000	000000
170	000000	000000	000000	000000	000000	000000	000000	000000

图 7-6-7　ROM 初始化数据

②设计微地址寄存电路和微程序控制电路。首先设计微地址寄存电路 uARReg，新建框图文件 D：\controller\uARReg. bdf，按照图 7-6-5 设计电路，选择主菜单"File"中的"Create/Update"→"Create Symbol Files For Current File"项，生成元器件框图符号 uARReg。

同理，设计微程序控制电路 uControl，新建框图文件 D：\controller\uControl. bdf，按照图 7-6-6 设计电路，生成元器件框图符号 uControl。

③将 uControl 和 uARReg 插入到顶层实体框图设计文件 controller. bdf 中，按照图 7-6-8 连接各元件，然后添加输入输出引脚。为了在仿真时方便观察信号 SE[6..1]，可以为其增加一个输出引脚，引脚名称为 SE[6..1]，另外再增加一个输出引脚 q[6..1]。图 7-6-8 中 4 个译码器的真值表分别见表 7-6-10～表 7-6-13。

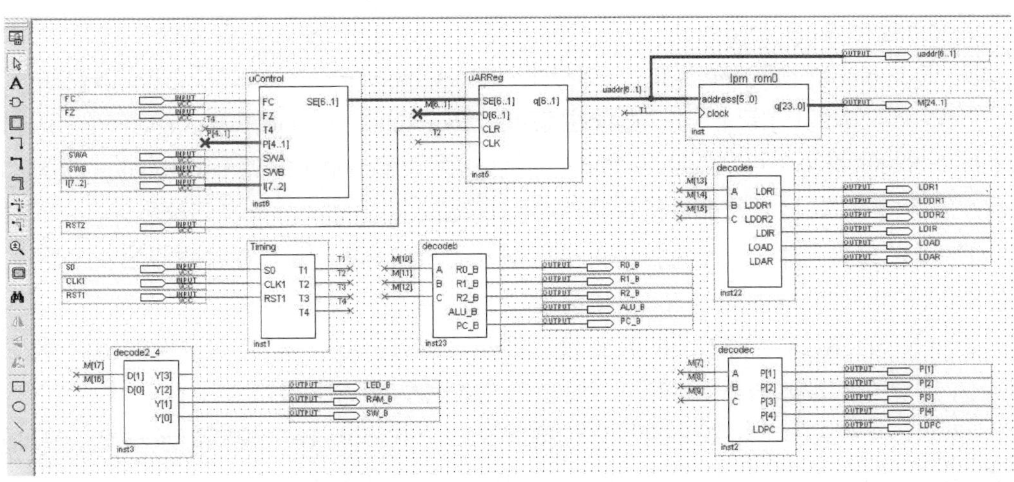

图 7-6-8　微程序控制器实验原理图

2. 编译、仿真

编译前,选择主菜单“Assignments”→“Divice”项,选择芯片为 Cyclone III 系列芯片 EP3C40Q240,如果在新建工程时已经指定芯片,则此处可省略选择芯片操作。然后编译工程。如果没有错误,则编译成功。建立仿真波形文件(. vwf),设置输入信号,然后运行仿真,查看输出波形。仿真方案:设置指令代码 I[7..2],SWA,SWB 等信号,T1,T2,T4 信号参考节拍脉冲发生器的四个时钟节拍设置,也可以将节拍脉冲发生器加入到此电路,用于提供 3 个时钟信号。按照微程序流程图中每条分支,显示微地址,例如第一个分支的微地址(8 进制)为 21,24,30。微程序控制器仿真波形图如图 7-6-9 所示。

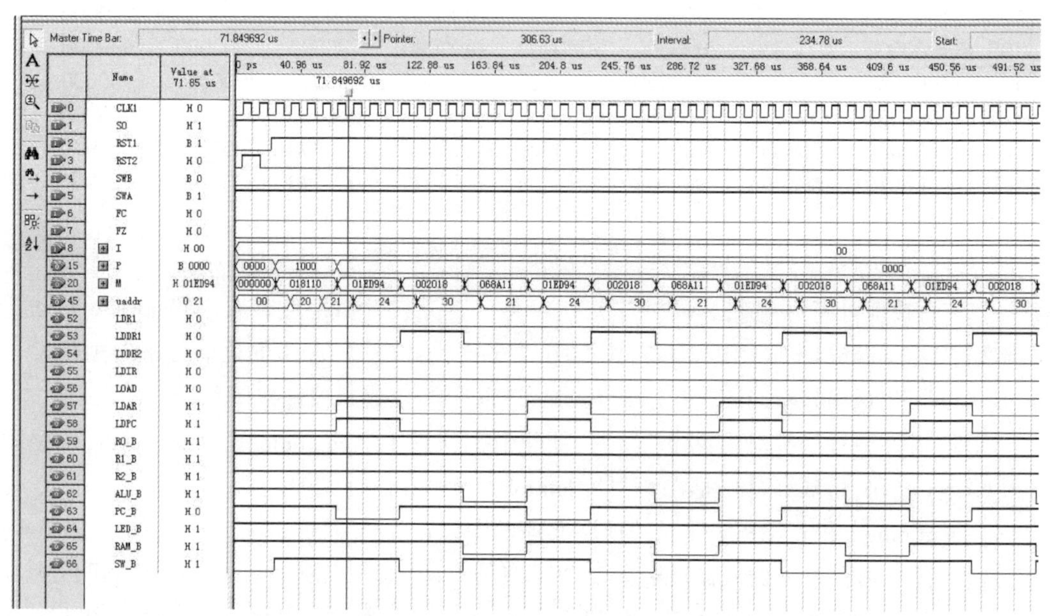

图 7-6-9 微程序控制器仿真波形图

3. 引脚锁定、下载实验台

实验台选择 No. 0 工作模式,参照引脚锁定表,设计微程序控制器电路的引脚锁定方案,填写表 7-6-14。在 Quartus II 中,选择主菜单“Assignment”→“Pin”项,完成微程序控制器的引脚锁定。引脚锁定完毕后,选择主菜单“Processing”→“Start Compilation”项,编译整个工程。然后选择主菜单“Tools”→“Programmer”项,下载 Sof 文件到 GW48-CP++实验台,分别拨动按键,观察 LED 灯和数码管状态,并记录输入输出结果。参考测试步骤:

①S0=0,设置时序信号发生器为单步工作方式,RST1=0-1-0,对时序信号发生器进行复位操作,产生一组 T1,T2,T3,T4 节拍信号。

②SWB=0,SWA=1,RST2=0-1,连续按键 6,令 RST1=0-1-0,观察记录输出信号 uaddr[6..1],与图 1 比较,查看 uaddr[6..1]是否与微程序流程图一致。

③SWB=0,SWA=0,RST2=0-1,连续按键 6,令 RST1=0-1-0,观察记录输出信号 uaddr[6..1]。与图 1 比较,查看 uaddr[6..1]是否与微程序流程图一致。

④SWB=1,SWA=1,RST2=0-1,I7-I2=000000,FC=0,FZ=0,连续按键 6,令 RST1=0-

1-0,观察记录输出信号 uaddr[6..1]。与图 1 比较,查看 uaddr[6..1]是否与微程序流程图一致。

⑤令 I7-I2 分别取值 000100、001000、001100、010000,重复执行④。

表 7-6-14　微控制器电路引脚锁定方案

信号	外设	引脚名称	引脚号
CLK1	clock0		
S0	按键 5		
RST1	按键 6		
RST2	按键 7		
I[7..2]	按键 2,按键 1		
FC、FZ、SWB、SWA	按键 3,按键 4		
uaddr[5..0]	LED 灯 6~LED 灯 1		
M[24..1]	数码管 6~数码管 1		

7.6.1.3　基本模型机系统设计

一、实验目的

掌握 Quartus II 软件环境和 FPGA 实验台的使用方法。

掌握利用 VHDL 或框图输入法设计复杂数字电路的方法。

在掌握计算机部件单元电路实验的基础上,进一步将各个部件单元电路组成系统,构造一台基本模型计算机。

定义五条机器指令,并编写相应的微程序,上机调试,掌握计算机整机概念。

通过熟悉较完整的计算机的设计,全面了解并掌握微程序控制方式计算机的设计方法。

二、实验内容

在 Quartus II 中,首先完成运算器、控制器、存储器等计算机部件,然后利用总线结构将这些部件连接起来构成一个基本模型机系统,利用 5 条机器指令编写测试程序,在模型机上运行,观察指令执行过程。完成仿真和实验台测试。

三、实验环境

PC 计算机　　1 台

Quartus II 软件环境　　1 套

GW48-CP++实验台　　1 台

四、实验原理与电路

基本模型机由五大部分组成:运算器、控制器、存储器、输入和输出设备。其中运算器和控制器构成基本模型机的核心——微处理器。基本模型机的数据通路、微程序等设计方案见前文相关内容。图 7-6-10 给出了基本模型机的原理图。基本模型机各信号的功能说明见表 7-6-5。图中,reg_3 是一个数据寄存器组,由 3 个 74273 组成,其时钟脉冲信号分别为 LDR0、LDR1、LDR2,Idro_2 元件为 reg_3 寄存器组的控制电路,根据指令的低四位 I[3..0]和 LDRI 信号,通过译码生成 LDR0、LDR1、LDR2 信号,选中某一个寄存器工作。模型机的 IN、ADD、STA 指令的低 4 位都为 0,只用到了寄存器 R0。当增加新的指令时,可以用到更多的寄存器,可以根据指令的需求完善 reg_3 和 Idro_2 电路。

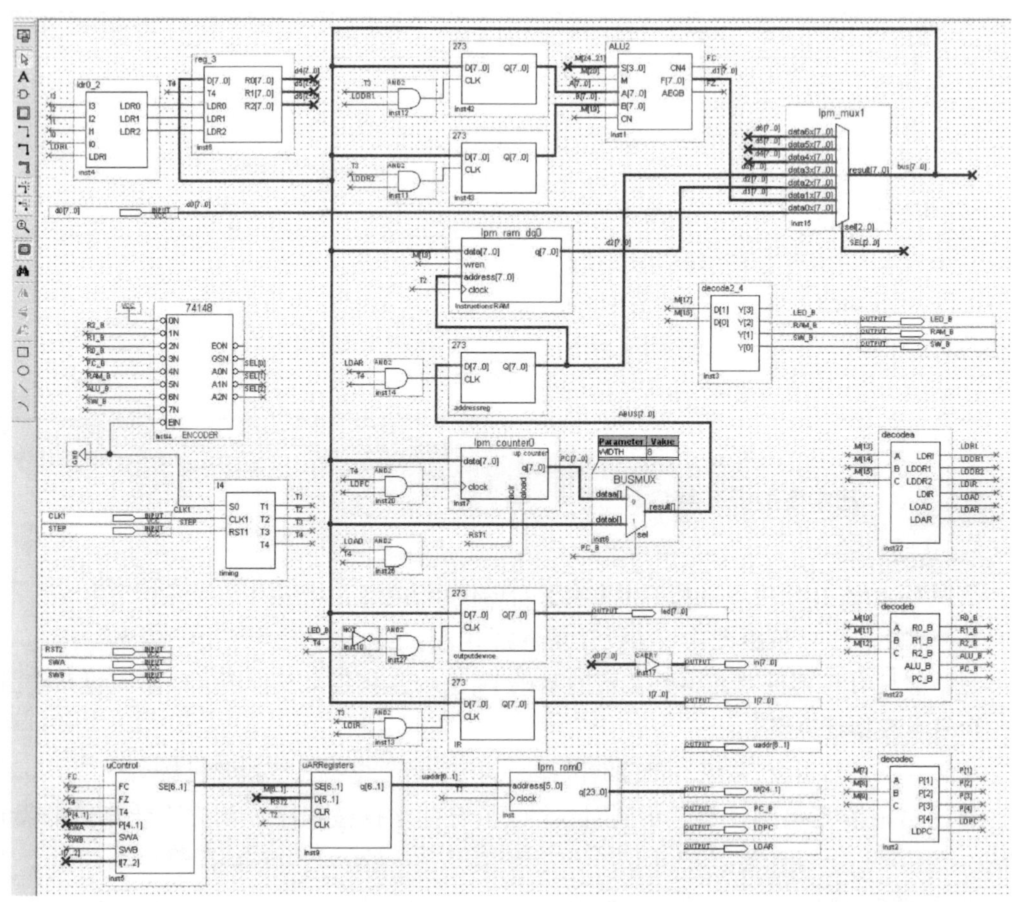

图 7-6-10　基本模型机逻辑电路

五、实验任务与步骤

1. 设计输入

(1)建立工程

建立存放微程序代码的 ROM 初始化数据文件 ucode. hex,微程序代码如表 7-6-8 所示。

(2)采用框图输入设计

实验电路图如图 7-6-10 所示。图中存储器、地址计数器、微控制器和总线控制等部分参考前文。其中译码部分电路,如 decodera、decoderb 等,参照表 7-6-6 和表 7-6-7 设计。配置微程序控制器内部存储器 ROM 的初始化数据。

2. 编译、仿真

编译前,选择主菜单“Assignments”→“Divice”项,选择芯片为 Cyclone III 系列芯片

EP3C40Q240,如果在新建工程时已经指定芯片,则此处可省略选择芯片操作。然后编译工程。如果没有错误,则编译成功。建立仿真波形文件(. vwf),设置输入信号,然后运行仿真,查看输出波形。仿真方案:时钟信号 clk 可取值 10 μs。图 7-6-11 给出了基本模型机总体仿真波形。从图 7-6-11 中可以看出基本模型机的 3 个工作过程:“写程序”“读程序”和“执行程序”。下面具体阐述 3 个过程的仿真结果:①设置 SWB、SWA 为 01,通过 d0[7..0]将表 7-6-3 的基本模型机测试程序写入 RAM 存储器。“写程序”仿真波形如图 7-6-12 所示。②设置 SWB、SWA 为 00,将 RAM 存储器的测试程序依次读出,观察 led[7..0]输出信号,检查输出是否与测试程序一致。“读程序”仿真波形如图 7-6-13 所示。③设置 SWB、SWA 为 11,令模型机进入运行程序状态,执行测试程序,观察 led 输出信号,查看程序运行结果是否正确。“执行程序”仿真波形如图 7-6-14 所示,从图 7-6-14 中可以看出,执行 IN 指令,即 I[7..0]=00 时,通过 d0[7..0]指令输入数据 01 并存储到数据寄存器 R0,执行 ADD 指令,即 I[7..0]=10 时,运算器执行加法运算,01 与 RAM 的 0A 地址单元的数据 34 相加,并将结果 35 存于 R0 寄存器中,执行 STA 指令,即 I[7..0]=20 时,将 R0 寄存器中的数据 35 存于 RAM 的 0B 地址单元,执行 OUT 指令,即 I[7..0]=30 时,将 RAM 的 0B 地址单元的数据 35 从 led 端输出。执行 JMP 指令,即 I[7..0]=40 时,程序计数器 PC 置为 01,基本模型机跳转到 RAM 的 01 地址单元开始执行程序。

3. 引脚锁定、下载实验台

实验台选择 No. 0 工作模式,参照引脚锁定表,设计基本模型机的引脚锁定方案,填写表 7-6-15。在 Quartus II 中,选择主菜单“Assignment”→“Pin”项,完成基本模型机的引脚锁定。引脚锁定完毕后,选择主菜单“Processing”→“Start Compilation”项,编译整个工程。然后选择主菜单“Tools”→“Programmer”项,下载 Sof 文件到 GW48-CP++实验台,将实验台上的 Clock0 接 12 MHz。分别拨动按键,观察 LED 灯或数码管状态,并记录输入输出结果。参考测试步骤:

①将表 7-6-3 的程序代码输入到模型机器的 RAM 中。

②从 RAM 读出指令代码,观察是否和输入的数据相一致。

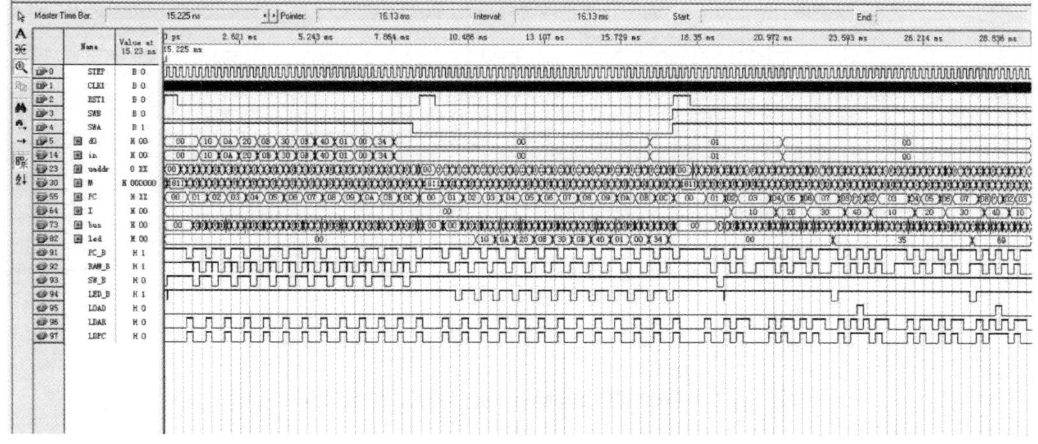

图 7-6-11　基本模型机总体仿真波形

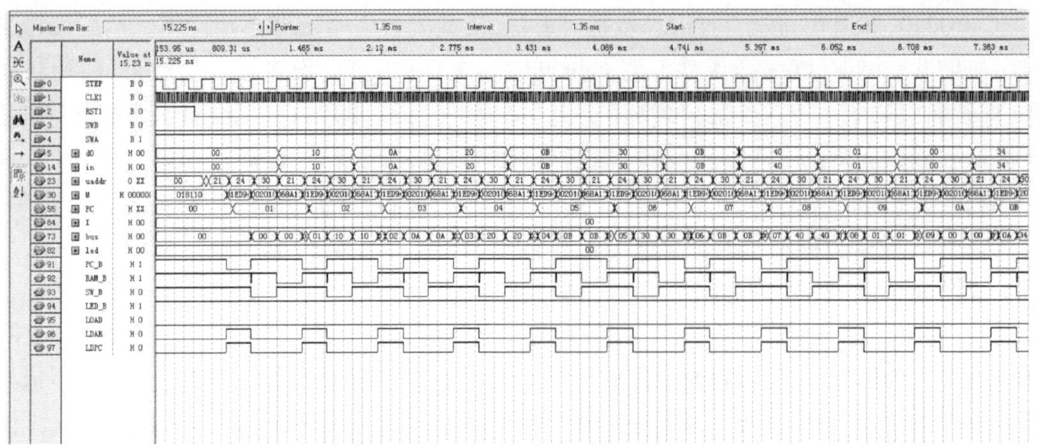

图 7-6-12　基本模型机“写程序”仿真波形

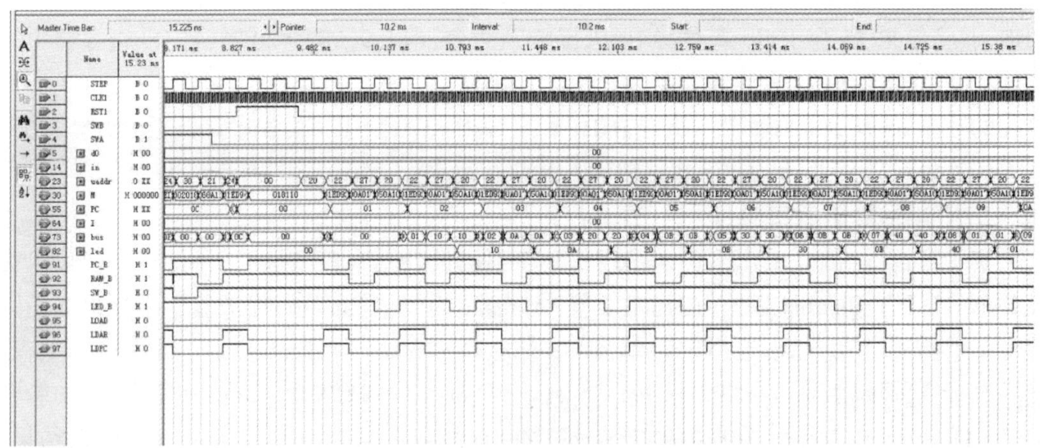

图 7-6-13　基本模型机“读程序”仿真波形

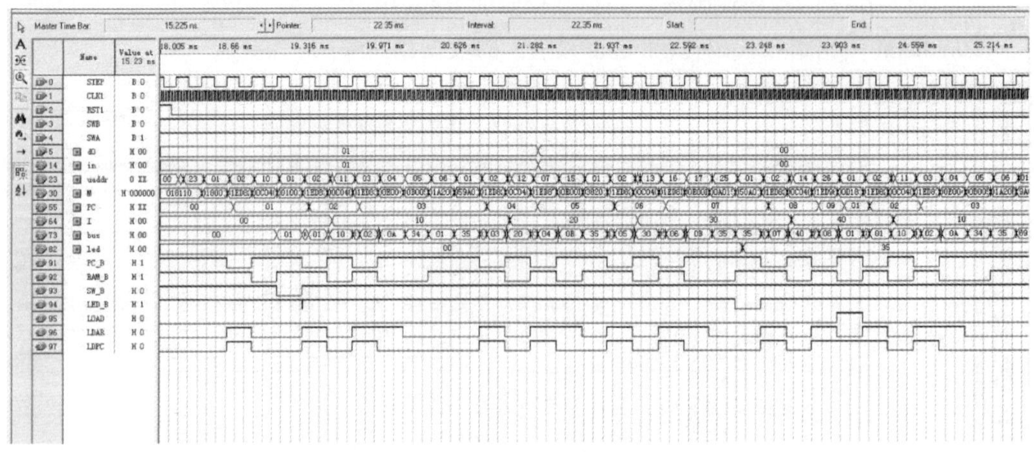

图 7-6-14　基本模型机“执行程序”仿真波形

③运行程序，对照图 7-6-3 和表 7-6-7 进行检验。观察微程序执行流程。

表 7-6-15　基本模型机引脚锁定方案

信号	外设	引脚名称	引脚号
CLK1			
RST1			
RST2			
SWB			
SWA			
d0[7..4]			
d0[3..0]			
uaddr[5..0]			
led[7..4]			
I[7..4]			
I[3..0]			
in[7..4]			
in[3..0]			

由于实验台外设资源有限,在调试模型机时,为了能够观测更多的内部信号,可以增加一个辅助的显示电路,用来显示模型机内部各个信号,该辅助显示电路由利用多路开关 lpm_bus 和计数器 lmp_counter 组成。其内部电路如图 7-6-15 所示。利用计数器的输出作为多路开关的选择端 sel。利用计数器的时钟脉冲 watch 来循环显示 CPU 内部各种信号。也可自行设计简单直观的便于检测试验结果的辅助电路。

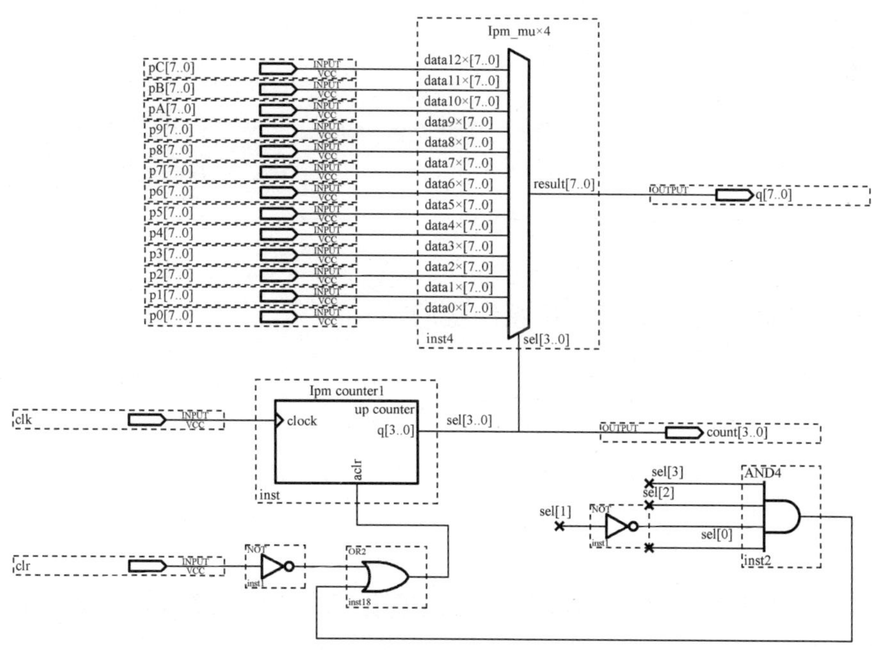

图 7-6-15　辅助显示部件电路

六、扩展实验

利用5条指令,编写其他测试程序,完成一定的功能,尝试用JMP指令编写循环语句在模型机中测试,观察程序运行结果。为了方便测试,可以事先将应用程序写入RAM初始化数据文件中,重新配置RAM存储器,重新编译工程,下载Sof文件到实验台,直接运行程序。表7-6-16给出了一个测试程序的示例,该程序实现了数学运算:2x+9,数据9存放在存储器中,在编程时指定,数据x在运行程序时指定,由用户通过输入设备d0[7..0]输入。

表7-6-16 参考测试程序表

RAM地址	RAM数据 (程序代码)	助记符	说明
00	00	IN	"Input Device"→R0
01	20	STA[0DH]	R0→[0DH]
02	0D		
03	10	ADD[0DH]	R0+[0DH]→R0
04	0D		
05	10	ADD[0DH]	R0+[0DH]→R0
06	0D		
07	10	ADD[0EH]	R0+[0EH]→R0
08	0E		
09	20	STA[0FH]	
0A	0F		
0B	30	OUT[0FH]	[0FH]→"Output Device"
0C	0F		
0D			
0E	09		自定
0F			求和结果

7.6.2 带移位运算的模型机系统实验

一、实验目的

掌握Quartus II软件环境和FPGA实验台的使用方法。

掌握利用VHDL或框图输入法设计复杂数字电路的方法。

在基本模型CPU基础上,增加移位运算单元sheft,构建一台具有移位运算功能的模型CPU。

进一步熟悉较完整的CPU设计,全面了解掌握微程序控制方式CPU的设计方法。

二、实验内容

在5条基本机器指令基础上,增加4条移位运算指令,并编写相应的微程序,在Quartus

II 中,完成运算器、控制器、存储器、移位寄存器等计算机部件,然后利用总线结构将这些部件连接起来构成一个带移位运算的模型机系统,利用 9 条机器指令编写测试程序,在模型机上运行,观察指令执行过程。完成仿真和实验台测试。

三、实验环境

PC 计算机　　1 台

Quartus II 软件环境　　1 套

GW48-CP++实验台　　1 台

四、实验原理与电路

1. 数据格式

模型机采用定点补码表示法表示数据,字长为 8 位,其格式如表 7-6-17 所示,其中第 7 位为符号位,数值表示范围是:-1~1。

表 7-6-17　数据的补码表示

7	6　5　4　3　2　1　0
符号	尾数

2. 指令格式

设计 9 条算术逻辑指令并用单字节表示,采用寄存器直接寻址方式,格式如表 7-6-18 所示,其中,OP-CODE 为操作码,rs 为源寄存器,rd 为目的寄存器,寄存器编址如表 7-6-19 所示。其指令格式见表 7-6-17(前 4 位为操作码)。

表 7-6-18　指令格式

7654	32	10
OP-CODE	rs	rd

表 7-6-19　寄存器编址

rs 或 rd	选定的寄存器
00	R0
01	R1
10	R2

3. 数据通路

在基本模型计算机实验的基础上,增加移位运算单元 sheft。带移位运算功能的模型数据通路框图如图 7-6-16 所示。带移位运算功能模型机机器指令如表 7-6-20 所示。

表 7-6-20　带移位运算功能模型机机器指令

助记符	机器指令	说明
IN	00000000	"Input Device"→R0
ADD　Addr	00010000　XXXXXXXX	R0+[Addr]→R0

表 7-6-20(续)

助记符	机器指令	说明
STA Addr	00100000 XXXXXXXX	R0→[Addr]
OUT Addr	00110000 XXXXXXXX	[Addr]→“Output Divice”
JMP Addr	01000000 XXXXXXXX	Addr→PC
RR	0101 0000	R0 循环右移一位
RRC	0110 0000	R0 带进位循环右移一位
RL	0111 0000	R0 循环左移一位
RLC	1000 0000	R0 带进位循环左移一位

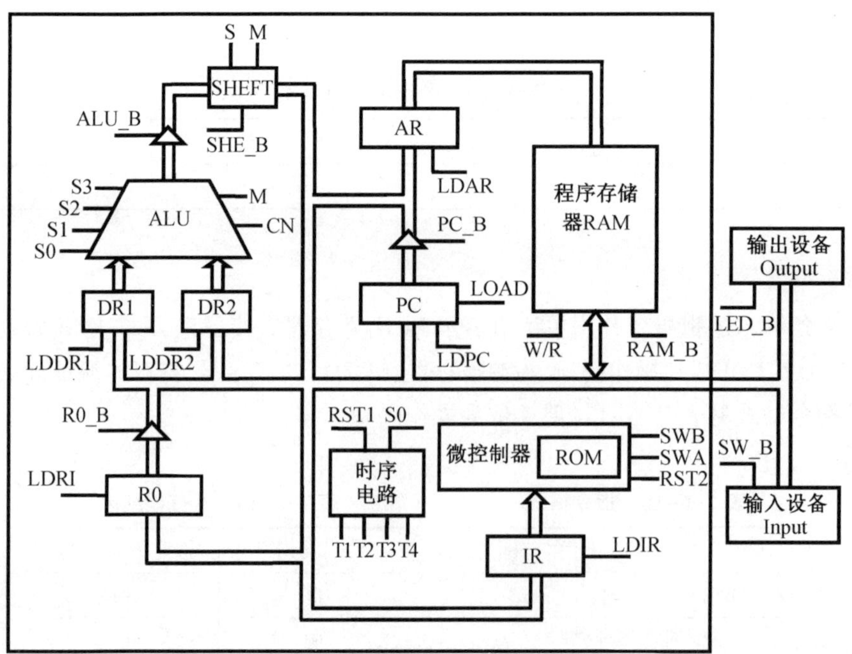

图 7-6-16 带移位运算功能模型机数据通路框图

4. 微程序流程与微代码表

带移位运算的模型机控制台微程序流程图见图 7-6-17,带移位运算的模型机微程序流程图见图 7-6-18。

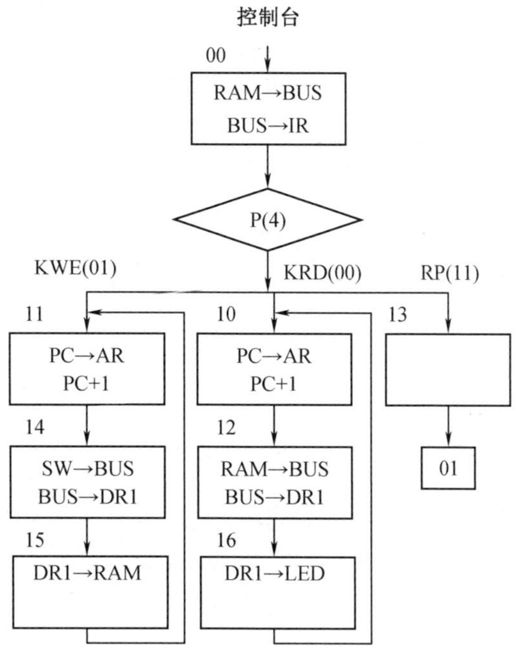

图 7-6-17　控制台微程序流程图

微代码定义如表 7-6-21 所示。微代码部分控制信号的功能如表 7-6-22 所示。其中，SHE_B：微程序控制器输出信号，控制 Sheft 运算单元的运算结果是否送到数据总线 BUS，低电平有效。带移位运算的模型机微代码表如表 7-6-23 所示。

表 7-6-21　微代码定义

24	23	22	21	20	19	18	17	16	15 14 13	12 11 10	9 8 7	6	5	4	3	2	1
S3	S2	S1	S0	M	Cn	WE	A9	A8	A	B	C	UA5	UA4	UA3	UA2	UA1	UA0

表 7-6-22　微代码部分控制信号的功能

A9、A8 字段			A 字段				B 字段				C 字段			
17	16	选择	15	14	13	选择	12	11	10	选择	9	8	7	选择
0	0	SW_B	0	0	0		0	0	0		0	0	0	
0	1	RAM_B	0	0	1	LDRI	0	0	1	R0_B	0	0	1	P(1)
1	0	LED_B	0	1	0	LDDR1	0	1	0	R1_B	0	1	0	P(2)
1	1		0	1	1	LDDR2	0	1	1	R2_B	0	1	1	P(3)
			1	0	0	LDIR	1	0	0	SHE_B	1	0	0	P(4)
			1	0	1	LOAD	1	0	1	ALU_B	1	0	1	
			1	1	0	LDAR	1	1	0	PC_B	1	1	0	LDPC
			1	1	1		1	1	1		1	1	1	

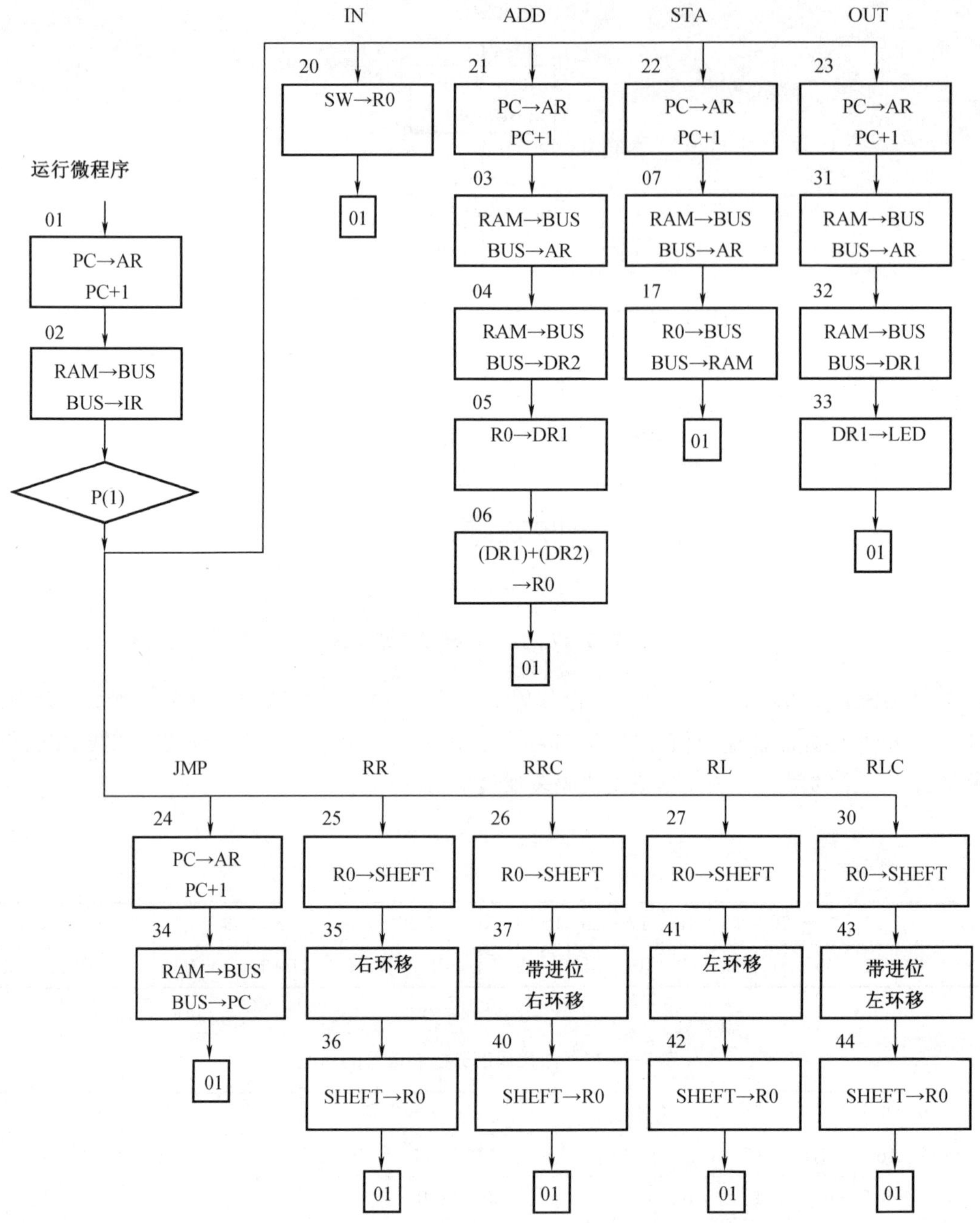

图 7-6-18　带移位运算的模型机微程序设计流程图

表 7-6-23　二进制微代码表

微地址（8 进制）	S3	S2	S1	S0	M	Cn	WE	A9	A8	A	B	C	UA5——UA0	微指令（16 进制）
0 0	0	0	0	0	0	0	0	1	1	000	000	100	0 0 1 0 0 0	018108
0 1	0	0	0	0	0	0	0	1	1	110	110	110	0 0 0 0 1 0	01ED82
0 2	0	0	0	0	0	0	0	0	1	100	000	001	0 1 0 0 0 0	00C050
0 3	0	0	0	0	0	0	0	0	1	110	000	000	0 0 0 1 0 0	00E004
0 4	0	0	0	0	0	0	0	0	1	011	000	000	0 0 0 1 0 1	00B005
0 5	0	0	0	0	0	0	0	1	1	010	001	000	0 0 0 1 1 0	01A206
0 6	1	0	0	1	0	1	0	1	1	001	101	000	0 0 0 0 0 1	959A01
0 7	0	0	0	0	0	0	0	0	1	110	000	000	0 0 1 1 1 1	00E00F
1 0	0	0	0	0	0	0	0	1	1	110	110	110	0 0 1 0 1 0	01ED8A
1 1	0	0	0	0	0	0	0	1	1	110	110	110	0 0 1 1 0 0	01ED8C
1 2	0	0	0	0	0	0	0	0	1	010	000	000	0 0 1 1 1 0	00A00E
1 3	0	0	0	0	0	0	0	1	1	000	000	000	0 0 0 0 0 1	018001
1 4	0	0	0	0	0	0	0	0	0	010	000	000	0 0 1 1 0 1	00200D
1 5	0	0	0	0	0	1	1	1	1	000	101	000	0 0 1 0 0 1	078A09
1 6	0	0	0	0	0	1	0	1	0	000	101	000	0 0 1 0 0 0	050A08
1 7	0	0	0	0	0	0	1	1	1	000	001	000	0 0 0 0 0 1	038201
2 0	0	0	0	0	0	0	0	0	0	001	000	000	0 0 0 0 0 1	001001
2 1	0	0	0	0	0	0	0	1	1	110	110	110	0 0 0 0 1 1	01ED83
2 2	0	0	0	0	0	0	0	1	1	110	110	110	0 0 0 1 1 1	01ED87
2 3	0	0	0	0	0	0	0	1	1	110	110	110	0 1 1 0 0 1	01ED99
2 4	0	0	0	0	0	0	0	1	1	110	110	110	0 1 1 1 0 0	01ED9C

表 7-6-23(续)

微地址（8进制）	S3 S2 S1 S0 M Cn WE A9 A8	A	B	C	UA5——UA0	微指令（16进制）
2 5	0 0 1 1 0 0 0 1 1	000	001	000	0 1 1 1 0 1	31821D
2 6	0 0 1 1 0 0 0 1 1	000	001	000	0 1 1 1 1 1	31821F
2 7	0 0 1 1 0 0 0 1 1	000	001	000	1 0 0 0 0 1	318221
3 0	0 0 1 1 0 0 0 1 1	000	001	000	1 0 0 0 1 1	318223
3 1	0 0 0 0 0 0 0 0 1	110	000	000	0 1 1 0 1 0	00E01A
3 2	0 0 0 0 0 0 0 0 1	010	000	000	0 1 1 0 1 1	00E01B
3 3	0 0 0 0 0 1 0 1 0	000	101	000	0 0 0 0 0 1	050A01
3 4	0 0 0 0 0 0 0 0 1	101	000	110	0 0 0 0 0 1	00D181
3 5	0 0 1 0 0 0 0 1 1	000	100	000	0 1 1 1 1 0	21881E
3 6	0 0 0 0 0 0 0 1 1	001	100	000	0 0 0 0 0 1	019801
3 7	0 0 1 0 1 0 0 1 1	000	100	000	1 0 0 0 0 0	298820
4 0	0 0 0 0 0 0 0 1 1	001	100	000	0 0 0 0 0 1	019801
4 1	0 0 0 1 0 0 0 1 1	000	100	000	1 0 0 0 1 0	118822
4 2	0 0 0 0 0 0 0 1 1	001	100	000	0 0 0 0 0 1	019801
4 3	0 0 0 1 1 0 0 1 1	000	100	000	1 0 0 1 0 0	198824
4 4	0 0 0 0 0 0 0 1 1	001	100	000	0 0 0 0 0 1	019801

五、实验任务与步骤

1. 设计输入

在 Quartus II 环境下，在基本模型机电路基础上，增加移位运算单元，按照图 7-6-16 所示的数据通路，设计带移位运算模型机电路。

重新建立存放微程序代码的 ROM 初始化数据文件 shelftucode. hex，微程序代码如表 7-6-23 所示。重新配置微控制器存储器 ROM 的初始化数据。

2. 编译、仿真

编译前，选择主菜单“Assignments”→“Divice”项，选择芯片为 Cyclone III 系列芯片 EP3C40Q240，如果在新建工程时已经指定芯片，则此处可省略选择芯片操作。然后编译工程。如果没有错误，则编译成功。建立仿真波形文件(. vwf)，设置输入信号，然后运行仿真，查看输出波形。仿真方案：时钟信号 clk 可取值 10 μs。①设置 SWB、SWA 等信号，通过 d0[7..0]将表 7-6-24 的测试程序写入 RAM 存储器；②将 RAM 存储器的测试程序依次读出，观察 led 输出信号，检查输出是否与测试程序一致；③令模型机进入运行程序状态，执行测试程序，观察 led 输出信号，查看程序运行结果是否正确。

表 7-6-24　参考测试程序代码及其内存地址分配

RAM 地址	RAM 数据 (程序代码)	助记符	说明
00	00	IN	“Input Device”→R0
01	10	ADD[0DH]	R0+[0DH]→R0
02	0D		
03	80	RLC	cy←R0←cy 带进位循环左移位
04	00	IN	“Input Device”→R0
05	60	RRC	cy→R0→cy 带进位循环右移位
06	70	RL	R0 循环左移位
07	20	STA[0EH]	R0→[0EH]
08	0E		
09	30	OUT[0EH]	[0EH]→“Output Device”
0A	0E		
0B	40	JMP[00H]	00H→PC
0C	00		
0D	45		自定义加数 34，所在 RAM 地址为 0D
0E			求和结果，所在 RAM 地址为 0E

3. 引脚锁定、下载实验台

实验台选择 No. 1 工作模式，参照引脚锁定表，设计总线控制电路的引脚锁定方案。在 Quartus II 中，选择主菜单“Assignment”→“Pin”项，完成基本模型机的引脚锁定。引脚锁定完毕后,选择主菜单"Processing"→"Start Compilation"项,编译整个工程。然后选择主菜单"Tools"→"Programmer"项,下载 Sof 文件到 GW48-CP++实验台,将实验台上的 Clock0 接 12 MHz。分别拨动按键,观察 LED 灯或数码管状态,并记录输入输出结果。参考测试步骤如下。

①将表 7-6-22 的程序代码输入到模型机器的 RAM 中。

②从 RAM 读出指令代码,观察是否和输入的数据相一致。

③运行程序,对照图 7-6-12、图 7-6-13 和表 7-6-22 进行检验。观察微程序执行流程。

六、扩展实验

利用 9 条指令,编写其他应用程序,如流水灯、电机控制器等程序。在模型机中测试,观察程序运行结果。为了方便测试,可以事先将应用程序写入 RAM 初始化数据文件中,重新配置 RAM 存储器,重新编译工程,下载 Sof 文件到实验台,直接运行程序。

7.6.3 复杂模型机系统实验

一、实验目的

掌握 Quartus II 软件环境和 FPGA 实验台的使用方法。

掌握利用 VHDL 或框图输入法设计复杂数字电路的方法。

综合运用所学计算机原理知识,设计并实现较为完整的计算机。

掌握设计指令系统和微程序的方法。

编写模型机测试程序,在所设计的复杂模型计算机上调试运行。

二、实验内容

设计 16 条指令集和复杂模型机数据通路。在 Quartus II 中,在带移位运算的模型机系统基础上,设计寄存器组电路,设计微程序,重新配置微控制器的 ROM 存储器。完成复杂模型机的设计。在模型机上运行,观察指令执行过程。完成仿真和实验台测试。

三、实验环境

PC 计算机	1 台
Quartus II 软件环境	1 套
GW48-CP++实验台	1 台

四、实验原理与电路

1. 数据格式

模型机采用定点补码表示法表示数据,字长为 8 位,其格式如表 7-6-17 所示,其中第 7 位为符号位,数值表示范围是:-1~1(含 1)。

2. 指令格式

复杂模型机指令系统共有 16 条基本指令,其中算术逻辑指令 9 条,访问内存指令和程序控制指令 4 条,输入/输出指令 2 条,其他指令 1 条。下面介绍这些指令的格式和功能。

(1)算术逻辑指令

设计 9 条算术逻辑指令并用单字节表示,采用寄存器直接寻址方式,格式见表 7-6-18,其中,OP-CODE 为操作码,rs 为源寄存器,rd 为目的寄存器,寄存器编址见表 7-6-19。

(2)访问指令及转移指令

访问指令有 2 条,即存数(STA)、取数(LDA);转移指令有 2 条,即无条件转移(JMP)、结果为零或有进位转移指令(BZC),指令格式表 7-6-25 所示,其中,OP-CODE 为操作码,rd 为目的寄存器地址(用于 LDA、STA 指令)。D 为位移量(正负均可),M 为寻址模式,其定义如表 7-6-26 所示。在本模型机中规定变址寄存器 RI 为寄存器 R3。

表 7-6-25　指令格式

76	54	32	10
00	M	OP-CODE	rd
D			

表 7-6-26　寻址模式

寻址模式 M	有效地址 E	说明
00	E=D	直接寻址
01	E=(D)	间接寻址
10	E=(RI)+D	RI 变址寻址
11	E=(PC)+D	相对寻址

(3)I/O 指令

输入(IN)和输出(OUT)指令采用单字节指令,其格式表 7-6-27 所示。其中,addr=01 时选中 8 个按键输入设备("Input Device"),对应的模型机输入端口为 d0,当 addr=10 时,选中 8 个 LED 灯作为输出设备("Output Device"),对应的模型机输出端口为 led。IN 指令的操作码为 0100,OUT 指令的操作码为 0101。

表 7-6-27　I/O 指令格式

7　6　5　4	3　2	1　0
OP-CODE	addr	rd

(4)停机指令

指令格式如表 7-6-28 所示。

3. 指令系统

各条指令的格式、汇编符号、功能见表 7-6-28。

表 7-6-28　指令系统功能表

助记符	机器指令	说明
CLR　rd	0111　00 rd	0→rd
MOV　rs,rd	1000　rs rd	rs→rd
ADC　rs,rd	1001　rs rd	rs+rd+cy→rd
SBC　rs,rd	1010　rs rd	rs-rd-cy→rd
INC　rd	1011　rd	rd+1→rd
AND　rs,rd	1100　rd	rs∧rd→rd
COM　rd	1101　rd	/rd→rd
RRC　rs,rd	1110　rd	cy→rs→cy 循环右移位 rs→rd
RLC　rs,rd	1111　rd	cy←rs←cy 循环左移位 rs→rd
LDA　M,D,rd	00 M 00 rd D	E→rd
STA　M,D,rd	00 M 01 rd D	rd→E
JMP　M,D	00 M 10 rd D	E→PC
BZC　M,D	00 M 11 rd D	当 CY=1 或 Z=1 时,E→PC
IN　addr,rd	0100 01 rd	Addr→rd
OUT　addr,rd	0101 10 rd	rd→addr
HALT	0110 00 00	停机

4. 数据通路、微程序流程与微代码表

复杂模型机的数据通路框图如图 7-6-11,根据机器指令系统要求,设计微程序流程如图 7-6-19 和图 7-6-20 所示,微代码定义见表 7-6-29,生成的微代码表见表 7-6-30。

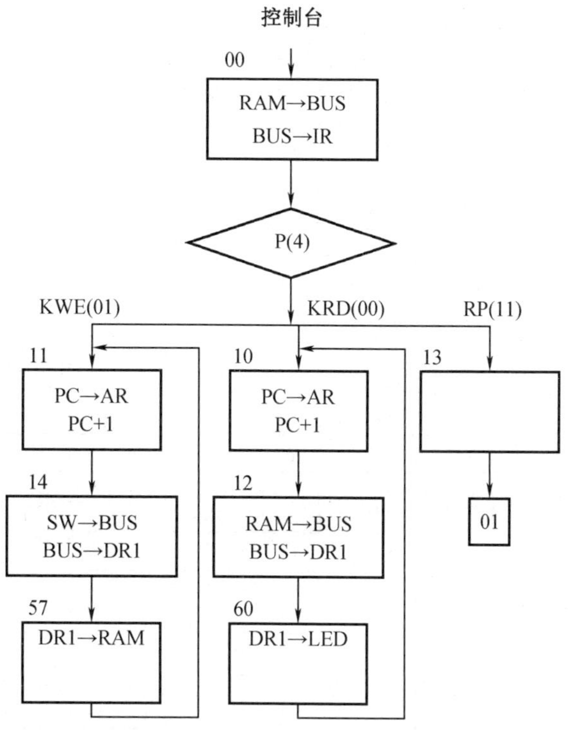

图 7-6-19　控制台微程序流程图

表 7-6-29　微代码定义

24	23	22	21	20	19	18	17	16	15 14 13	12 11 10	9 8 7	6	5	4	3	2	1
S3	S2	S1	S0	M	Cn	WE	A9	A8	A	B	C	UA5	UA4	UA3	UA2	UA1	UA0

A9、A8 字段			A 字段				B 字段				C 字段			
17	16	选择	15	14	13	选择	12	11	10	选择	9	8	7	选择
0	0	SW_B	0	0	0		0	0	0		0	0	0	
0	1	RAM_B	0	0	1	LDRI	0	0	1	RS_B	0	0	1	P(1)
1	0	LED_B	0	1	0	LDDR1	0	1	0	RD_B	0	1	0	P(2)
1	1		0	1	1	LDDR2	0	1	1	RI_B	0	1	1	P(3)
			1	0	0	LDIR	1	0	0	SHE_B	1	0	0	P(4)
			1	0	1	LOAD	1	0	1	ALU_B	1	0	1	AR
			1	1	0	LDAR	1	1	0	PC_B	1	1	0	LDPC
			1	1	1		1	1	1		1	1	1	

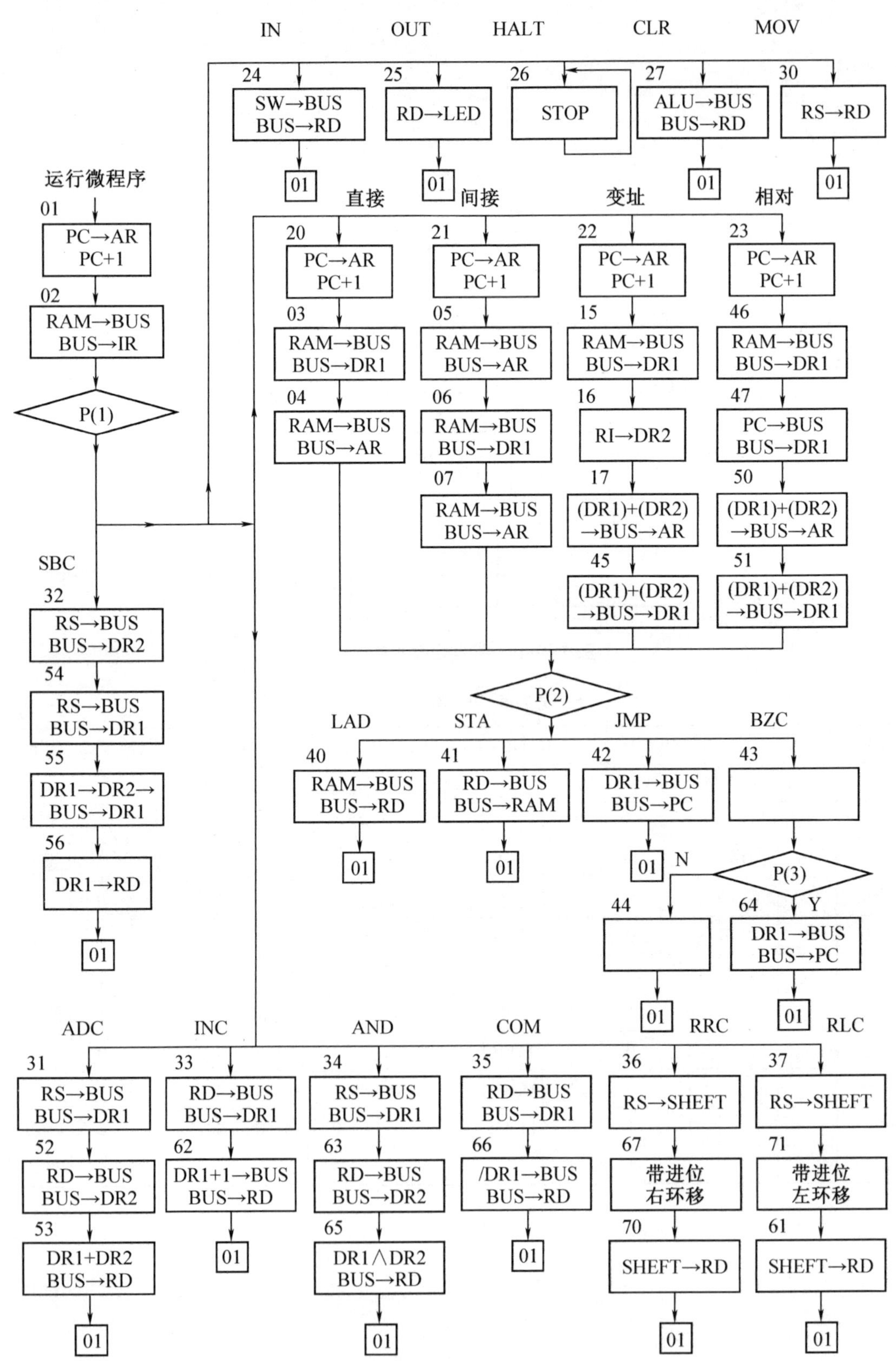

图 7-6-20　复杂模型机微程序设计流程图

表 7-6-30　二进制微代码表

微地址	S3	S2	S1	S0	M	Cn	WE	A9	A8	A	B	C	UA5——UA0	微指令
00	0	0	0	0	0	0	0	1	1	000	000	100	0 0 1 0 0 0	018108
01	0	0	0	0	0	0	0	1	1	110	110	110	0 0 0 0 1 0	01ED82
02	0	0	0	0	0	0	0	0	1	100	000	001	0 1 0 0 0 0	00C050
03	0	0	0	0	0	0	0	0	1	010	000	000	0 0 0 1 0 0	00A004
04	0	0	0	0	0	0	0	0	1	110	000	010	1 0 0 0 0 0	00E0A0
05	0	0	0	0	0	0	0	0	1	110	000	000	0 0 0 1 1 0	00E006
06	1	0	0	1	0	1	0	0	1	010	000	000	0 0 0 1 1 1	00A007
07	0	0	0	0	0	0	0	0	1	110	000	010	1 0 0 0 0 0	00E0A0
10	0	0	0	0	0	0	0	1	1	110	110	110	0 0 1 0 1 0	01ED8A
11	0	0	0	0	0	0	0	1	1	110	110	110	0 0 1 1 0 0	01ED8C
12	0	0	0	0	0	0	0	0	1	010	000	000	1 1 0 0 0 0	00A030
13	0	0	0	0	0	0	0	0	1	000	000	000	0 0 0 0 0 1	008001
14	0	0	0	0	0	0	0	0	0	010	000	000	1 0 1 1 1 1	00202F
15	0	0	0	0	0	0	0	0	1	010	000	000	0 0 1 1 1 0	00A00E
16	0	0	0	0	0	0	0	1	1	011	011	000	0 0 1 1 1 1	01B60F
17	1	0	0	1	0	1	0	1	1	110	101	000	1 0 0 1 0 1	95EA25
20	0	0	0	0	0	0	0	1	1	110	110	110	0 0 0 0 1 1	01ED83
21	0	0	0	0	0	0	0	1	1	110	110	110	0 0 0 1 0 1	01ED85
22	0	0	0	0	0	0	0	1	1	110	110	110	0 0 1 1 0 1	01ED8D
23	0	0	0	0	0	0	0	1	1	110	110	110	1 0 0 1 1 0	01EDA6
24	0	0	0	0	0	0	0	0	0	001	000	000	0 0 0 0 0 1	001001

表 7-6-30(续 1)

微地址	S3 S2 S1 S0 M Cn WE A9 A8	A	B	C	UA5——UA0	微指令
25	0 0 0 0 0 0 0 1 0	000	010	000	0 0 0 0 0 1	010401
26	0 0 0 0 0 0 0 1 1	000	000	000	0 1 0 1 1 0	018016
27	0 0 1 1 1 1 0 1 1	001	101	000	0 0 0 0 0 1	3D9A01
30	0 0 0 0 0 0 0 1 1	001	001	000	0 0 0 0 0 1	019201
31	0 0 0 0 0 0 0 1 1	010	001	000	1 0 1 0 1 0	01A22A
32	0 0 0 0 0 0 0 1 1	011	001	000	1 0 1 1 0 0	01B22C
33	0 0 0 0 0 0 0 1 1	010	010	000	1 1 0 0 1 0	01A432
34	0 0 0 0 0 0 0 1 1	010	001	000	1 1 0 0 1 1	01A233
35	0 0 0 0 0 0 0 1 1	010	010	000	1 1 0 1 1 0	318236
36	0 0 1 1 0 0 0 1 1	000	001	000	1 1 0 1 1 1	318237
37	0 0 1 1 0 0 0 1 1	000	001	000	1 1 1 0 0 1	318239
40	0 0 0 0 0 0 0 0 1	001	000	000	0 0 0 0 0 1	009001
41	0 0 0 0 0 0 1 1 1	000	010	000	0 0 0 0 0 1	038401
42	0 0 0 0 0 1 0 1 1	101	101	110	0 0 0 0 0 1	05DB81
43	0 0 0 0 0 0 0 1 1	000	000	011	1 0 0 1 0 0	0180E4
44	0 0 0 0 0 0 0 1 1	000	000	000	0 0 0 0 0 1	018001
45	1 0 0 1 0 1 0 1 1	010	101	010	1 0 0 0 0 0	95AAA0
46	0 0 0 0 0 0 0 0 1	010	000	000	1 0 0 1 1 1	00A027
47	0 0 0 0 0 0 0 1 1	011	110	000	1 0 1 0 0 0	01BC28
50	1 0 0 1 0 1 0 1 1	110	101	000	1 0 1 0 0 1	95EA29
51	1 0 0 1 0 1 0 1 1	010	101	010	1 0 0 0 0 0	95AAA0

表 7-6-30(续 2)

微地址	S3	S2	S1	S0	M	Cn	WE	A9	A8	A	B	C	UA5——UA0	微指令
52	0	0	0	0	0	0	0	1	1	011	010	000	1 0 1 0 1 1	01B42B
53	1	0	0	1	0	1	0	1	1	001	101	101	0 0 0 0 0 1	959B41
54	0	0	0	0	0	0	0	1	1	010	010	000	1 0 1 1 0 1	01A42D
55	0	1	1	0	0	1	0	1	1	010	101	101	1 0 1 1 1 0	65AB6E
56	0	0	0	0	0	1	0	1	1	001	101	000	0 0 0 0 0 1	059A01
57	0	0	0	0	0	1	1	1	1	000	101	000	0 0 1 0 0 1	078A09
60	0	0	0	0	0	1	0	1	0	000	101	000	0 0 1 0 0 0	050A08
61	0	0	0	0	0	0	0	1	1	001	100	000	0 0 0 0 0 1	019801
62	0	0	0	0	0	0	0	1	1	001	101	000	0 0 0 0 0 1	019A01
63	0	0	0	0	0	0	0	1	1	011	010	000	1 1 0 1 0 1	01B435
64	0	0	0	0	0	1	0	1	1	101	101	110	0 0 0 0 0 1	05DB81
65	1	0	1	1	1	0	0	1	1	001	101	000	0 0 0 0 0 1	B99A01
66	0	0	0	0	1	1	0	1	1	001	101	000	0 0 0 0 0 1	0D9A01
67	0	0	1	0	1	0	0	1	1	000	100	101	1 1 1 0 0 0	298978
70	0	0	0	0	0	0	0	1	1	001	100	000	0 0 0 0 0 1	019801
71	0	0	0	1	1	0	0	1	1	000	100	101	1 1 0 0 0 1	198971

五、实验任务与步骤

1. 设计输入

在 Quartus II 环境下,在带移位运算的模型机系统基础上,按照复杂模型机指令集、数据通路和微程序流程对电路进行修改和扩展,重新建立存放微程序代码的 ROM 初始化数据文件 complexucode. hex,微程序代码如表 7-6-30 所示。配置微控制器存储器 ROM 的初始化数据。完成复杂模型机的电路设计,编译整个工程。复杂模型机需要扩展的电路主要包括:

①修改数据寄存器电路,增加一个 273 八位寄存器。使 reg_3 变成了有四个地址的寄存器组。

②增加目地寄存器的译码功能。通过改变 ldr0_2 内部结构实现写目的寄存器的译码,在寄存器 R0、R1、R2、R3 的输出增加多路选择开关,通过机器指令中的 RD(I[1..0])选择 R[i]来实现读目的寄存器的译码。

2. 编译、仿真

编译前,选择主菜单"Assignments"→"Divice"项,选择芯片为 Cyclone III 系列芯片 EP3C40Q240,如果在新建工程时已经指定芯片,则此处可省略选择芯片操作。然后编译工程。如果没有错误,则编译成功。建立仿真波形文件(. vwf),设置输入信号,然后运行仿真,查看输出波形。仿真方案:时钟信号 clk 可取值 10 μs。

①设置 SWB、SWA 等信号,通过 d0 将表 7-6-31 的测试程序写入 RAM 存储器。

②将 RAM 存储器的测试程序依次读出,观察 led 输出信号,检查输出是否与测试程序一致。

③令模型机进入运行程序状态,执行测试程序,观察 led 输出信号,查看程序运行结果是否正确。

表 7-6-31　参考测试程序代码及其内存地址分配(一)

RAM 地址	RAM 数据 (程序代码)	助记符	说明
00	44	IN　01,R0	Input =>R0
01	46	IN　01,R2	Input =>R2
02	98	ADC　R2,R0	(R0)+(R2)= >R0
03	81	MOV　R0,R1	(R0)= >R1
04	F5	RLC　R1,R1	R1 带进位左移=>R1
05	0C	BZC　00,00	Cy、Z 为 1 时,循环
06	00	IN　01,R0	Input =>R0

3. 引脚锁定、下载实验台

实验台选择 No. 1 工作模式,参照引脚锁定表,设计复杂基本模型机的引脚锁定方案。在 Quartus II 中,选择主菜单"Assignment"→"Pin"项,完成复杂基本模型机的引脚锁定。引脚锁定完毕后，选择主菜单“Processing”→“Start Compilation”项，编译整个工程。然后选择主菜单“Tools”→“Programmer”项，下载 Sof 文件到 GW48－CP＋＋实验台，将实验台上的 Clock0 接 12 MHz。分别拨动按键，观察 LED 灯或数码管状态，并记录输入输出结果。

引脚锁定参考方案：

①实验台的时钟 Clock0：选择 6～12 MHz。

②按动键 2 和键 1，给 d0[7..0]设置 8 位输入数据（此值显示于键对应的数码管上）。

③通过键 4 和键 3 设置 SWB 和 SWA，进行工作模式选择：00—KRD（读出）模式；01—KWR（写入）模式；11—rp（程序执行）模式。

④按动按键 8，设置 RST1 信号，使 CPU 复位键，低电平复位。

⑤按动按键 7，设置 STEP 信号，使时序信号发生器单步执行。

参考测试步骤：

①选择 SWB、SWA＝01（写入）模式。在微程序的控制下，通过实验台（键 2 和键 1）输入程序的机器指令代码，按单步执行键（键 7），将表 7－6－32 的程序代码写入程序存储器，直到输入全部指令代码。

②选择 SWB、SWA＝00（读出）模式。在微程序的控制下，按单步执行键（键 7）读出程序存储器机器指令代码，与写入指令代码进行比较。

③单步执行程序，通过 led[7..0]显示屏观察“复杂模型机 CPU”中各基本工作单元内容。根据自己所设计的实验程序，按照微程序流程图，跟踪微指令和指令的执行情况。

表 7－6－32　复杂模型机参考测试程序代码及其内存地址分配（二）

RAM 地址（10 进制）	RAM 数据（程序代码）	助记符	说明
00	01000100	IN 01，R0	d0＝01101011 Input ＝>R0
01	01000101	IN 01，R1	d0＝00110010 Input ＝>R1
02	01000111	IN 01，R3	d0＝00001110 Input ＝>R3
03	10000010	MOV R0，R2	（R0）＝＞R1
04	01011010	OUT addr 10	输出 R2（01101011）到 LED
05	01011001	OUT addr 01	输出 R1（00110010）到 LED
06	10010010	ADC 00 10	R0+R2＝>R2
07	01011010	OUT addr 10	输出 R2（11010110）到 LED
08	11100010	RRC 00 10	R2 带进位循环右移＝>R2
09	01011010	OUT addr 10	输出 R2（10110101）到 LED
10	11110001	RLC 00 01	R1 带进位循环左移＝>R1
11	01011001	OUT addr 01	输出 R1（11010111）到 LED
12	11000001	AND 00 01	（R0）^（R1）＝>R1
13	01011001	OUT addr 01	输出 R1（01000011）到 LED
14	10100001	SBC 00 01	（R0）－（R1）＝>R1

表 7-6-32(续)

RAM 地址 (10 进制)	RAM 数据 (程序代码)	助记符	说明
15	11010001	COM 00 01	=>R1
16	01011001	OUT addr 01	输出 R1(00101000)到 LED
17	01110001	CLR 00 01	0=>R1
18	01011001	OUT addr 01	输出 R1(00000000)到 LED
19	10110000	INC 00 00	(R0)+1=>R0
20	01011000	OUT addr 00	输出 R0(01101100 到 LED
21	00000110	STA M D 10	(R2)=>[1AH](直接寻址)
22	00011001		内为地址指向地址 25(1AH))
23	00011000	JMP M D 00	间接寻址 无条件转移[1BH](27)
24	00011010		内为地址指向地址 26(1BH)
25	00000000		
26	00011011		
27	00011100		
28	01100000	HALT 00 00	停机指令

六、扩展实验

利用 16 条指令,编写其他应用程序,如流水灯、电机控制器等程序。参考程序功能如下:

①输入任意几个整数,求其和并存储、输出显示。

②求 1 到任意一个整数之间的所有奇数之和并输出显示。求 1 到任意一个整数之间的所有偶数之和并输出显示。

③求 1 到任意一个整数之间的所有能被 3 整除的数之和并输出显示。

④让实验台上的 8 个发光二极管 D1-D8 从左向右依次轮流循环显示或让实验台上的 8 个发光二极管中的两个从右向左依次轮流循环显示。

⑤让输出设备 Output 显示数据加 1 计数或减 1 计数。

⑥对存储器 RAM 中 40H-4FH 单元的数据求和,结果存放到 50H-51H 地址单元中,计算其平均值存放到 52H 单元并输出显示。

⑦存储器中存放在从 40H 和 50H 开始的两个多字节数相加,将结果存放在 60H 开始的存储单元中。

完成程序后,在模型机中测试,观察程序运行结果。为了方便测试,可以事先将应用程序写入 RAM 初始化数据文件中,重新配置 RAM 存储器,重新编译工程,下载 Sof 文件到实验台,直接运行程序。

扩展指令集,完成微程序的设计和模型机电路设计,完成仿真和实验台测试。

7.7　基于 FPGA 的综合性实验设计

7.7.1　十进制数字频率计

一、实验目的

掌握 Quartus II 软件环境和 FPGA 实验台的使用方法。

掌握利用 VHDL 或框图输入法设计复杂数字电路的方法。

掌握十进制数字频率计的基本原理和设计方法。

二、实验内容

在 Quartus II 中,利用 VHDL 或框图输入法设计十进制数字频率计,完成仿真,并下载到 FPGA 实验台进行测试。

三、实验环境

PC 计算机　　1 台

Quartus II 软件环境　　1 套

GW48-CP++实验台　　1 台

四、实验原理与电路

频率计是一种常用的仪器,用于测量一个信号的频率或者周期。与示波器相比,它测量的频率更加准确、直观。一个频率计可分为两部分:第一部分以被测信号作为计数时钟进行计数,第二部分将计数结果显示出来。频率的数值可以用数码管显示,也可以用液晶屏显示。频率计的基本原理是用一个频率稳定度高的频率源作为基准时钟,对比测量其他信号的频率。通常情况下计算每秒内待测信号的脉冲个数,即闸门时间为 1 s。闸门时间可以根据需要取值,大于或小于 1 s 都可以。闸门时间越长,得到的频率值就越准确,但闸门时间越短,测得的频率值刷新就越快,从而使得频率精度受到影响。一般取 1 s 作为闸门时间。因此,频率计最基本的工作原理可概括为:当被测信号在特定时间段 T 内的周期个数为 N 时,则被测信号的频率 f=N/T。如果 T=1 s,则 N 即为被测信号的频率。数字频率计的关键组成部分包括测频时序控制电路、计数器、锁存器、译码电路和显示电路,其原理框图如图 7-7-1 所示。

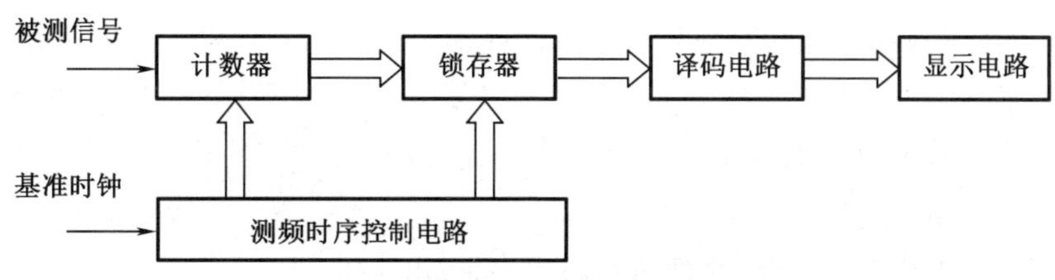

图 7-7-1　数字频率计电路基本结构

本节通过介绍一个 2 位十进制数字频率计的设计过程来介绍用原理图输入法设计较复

杂逻辑电路的方法。尽管使用传统的数字电路的设计方法和实验方法同样能完成本节的设计项目,但使用EDA工具,会发现整个设计过程变得十分透明、快捷和方便,特别是对于各层次电路系统的工作时序的了解和把握显得尤为准确,这一切为设计更大规模的数字系统提供了极方便的环境。以下介绍的电路模块能很容易地扩展为任意位数的频率计。

五、实验任务与步骤

1. 测频计数器模块的设计

首先设计测频用含时钟使能控制的2位十进制计数器。

(1)设计电路原理图

频率计的核心元件之一是含有时钟使能及进位扩展输出的十进制计数器。为此这里拟用一个双十进制计数74390和其他一些辅助元件来完成。首先建立图形编辑环境,从元器件库中调入74390、and4、and2、not、Input和Output元件,并按照图7-7-2连接好电路原理图。

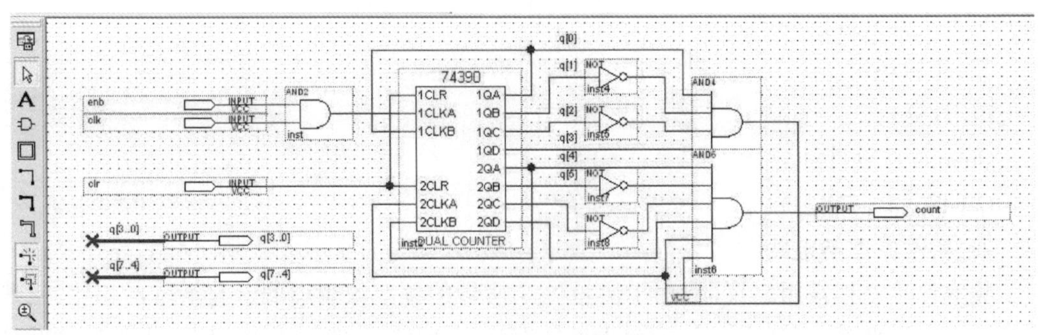

图7-7-2　含有时钟使能的2位十进制计数器原理图

在图7-7-2中,74ls390连接成两个独立的十进制计数器,待测频率信号clk通过一个与门进入74ls390的计数器“1”端的时钟输入端1CLKA。与门的另一端由计数使能信号enb控制:

当enb='1'时允许计数;enb='0'时禁止计数。计数器1的4位输出q[3]、q[2]、q[1]和q[0]并成总线表达方式,即q[3..0],由图7-7-2左下角的Output输出端口向外输出计数值。同时由一个4输入与门和两个反相器构成进位信号,进位信号进入第2个计数器的时钟输入端2CLKA。第2个计数器的4位计数输出是q[7]、q[6]、q[5]和q[4],总线输出信号是q[7..4]。这两个计数器的总的进位信号,可由一个6输入与门和两个反相器产生,由count输出。clr是计数器的清0信号。

原理图的绘制过程中应特别注意图形设计规则中信号标号和总线的表达方式(粗线条表示总线)。对于以标号方式进行总线连接,可以如图7-7-2所示。例如一根8位的总线bus1[7..0]欲与另3根分别为1、3、4个位宽的连线相接,它们的标号可分别表示为bus1[0],bus1[3..1],bus1[7..4]。

最后将图7-7-2电路存盘,文件名可取为:conter8.bdf。

(2)建立工程

为了测试图7-7-2电路的功能,可以将conter8.bdf设置成工程,工程名和顶层文件名都取为 conter8。建立工程后,如果要了解 74ls390 内部的情况,可以在其上双击鼠标。

(3)波形仿真

建立工程后即可对电路的功能进行测试。图 7-7-3 就是其仿真波形。其中对 q[7..0]分成 2 组信号显示,以便观察。

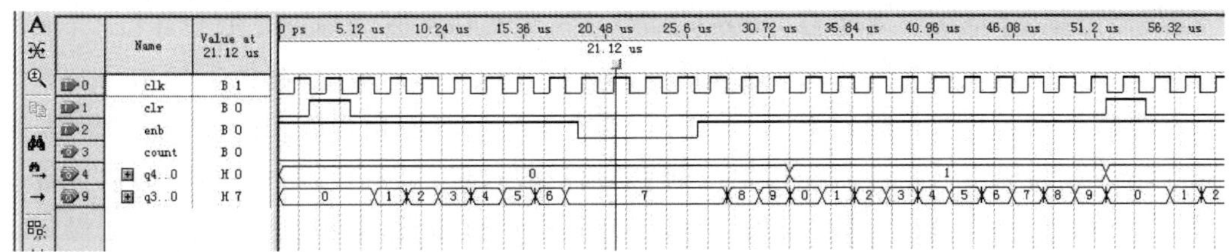

图 7-7-3　2 位十进制计数器工作波形

由图 7-7-3 可见,电路的功能完全符合原设计要求:当 clk 输入时钟信号时,clr 信号具有清 0 功能,当 enb 为高电平时允许计数,低电平时禁止计数;当低 4 位计数器计到 9 时向高 4 位计数器进位。另外由于图 7-7-3 中没有显示出高 4 位计数器计到 9,故看不到 count 的进位信号。

(4)生成元件符号

将当前文件 conter8.bdf 变成一个元件符号 conter8 后存盘,以待在高层次设计中调用。

2. 频率计主结构电路设计

根据频率计的测频原理,可以完成如图 7-7-4 所示的频率计主体结构的电路设计。

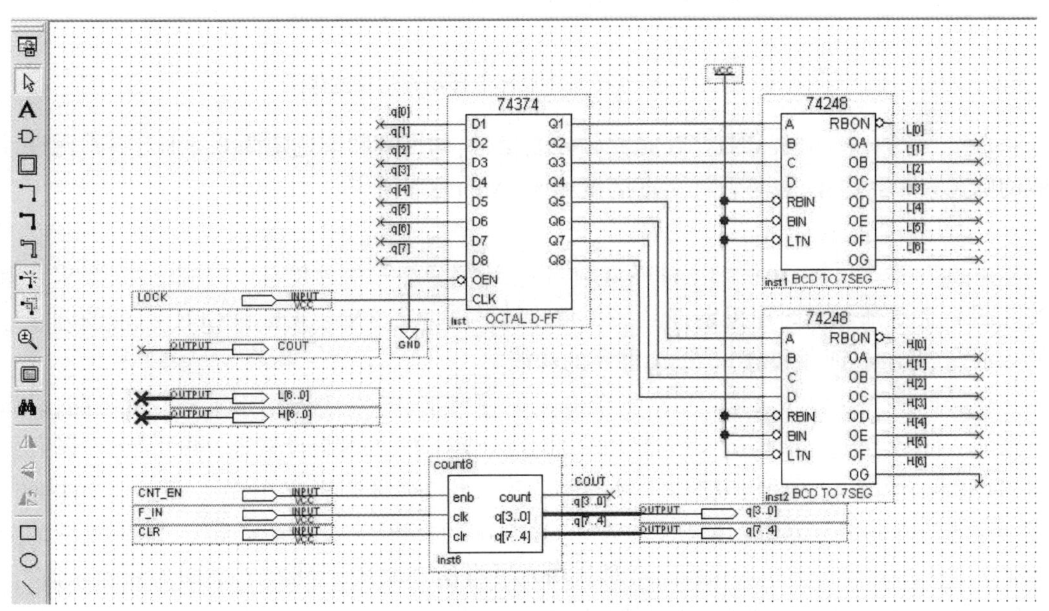

图 7-7-4　2 位十进制频率计顶层设计原理图

方法同上。首先关闭原来的工程,再打开一个新的原理图编辑窗,调入图 7-7-4 所示的元件,连接好后存盘(文件名可取:ft_top.bdf),最后为此建立一个工程。

图 7-7-4 所示的电路中,74374 是 8 位锁存器;74248 是 7 段 BCD 译码器,它的 7 位输出可以直接与 7 段共阴数码管相接。图 7-7-4 上方的 74248 显示个位频率计数值,下方的显示十位频率计数值;conter8 是电路图 7-7-2 构成的元件。图 7-7-4 中的进位信号 count 是留待频率计扩展用的。

此电路的工作时序波形如图 7-7-5 所示,由该波形可以清楚地了解电路的工作原理:F_IN 是待测频率信号(设周期为 410 ns);CNT_EN 是对待测频率脉冲计数允许信号(设周期为 32 μs);当 CNT_EN 高电平时允许计数,低电平时禁止计数。仿真波形显示,当 CNT_EN 为高电平时允许 Conter8 对 F_IN 计数,低电平时 conter8 停止计数,由锁存信号 LOCK 发出的脉冲,将 Conter8 中的 2 个 4 位十进制数"39"锁存进 74374 中,并由 74374 分高低位通过总线 H[6..0]和 L[6..0]输给 74248 译码输出显示,这就是测得的频率值。十进制显示值"39"的 7 段译码值分别是"6F"和"4F"。此后由清 0 信号 CLR 对计数器 conter8 清 0,以备下一周期计数之用。

由图 7-7-5 可见,测频计数器中的计数值 q[3..0]和 q[7..4]随着 f_in 脉冲的输入而不断发生变化,但由于 74374 的锁存功能,两个 74248 输出的测频结果 L[6..0]和 H[6..0]始终分别稳定在"6F"和"4F"上(通过 7 段显示数码管,此二数将分别被译码显示为 3 和 9)。

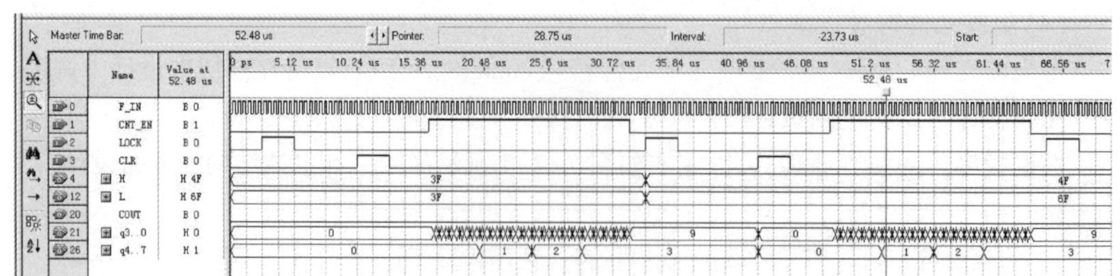

图 7-7-5　2 位十进制频率计测频仿真波形

在实际测频中,由于 CNT_EN 是测频控制信号,如果其频率选定为 0.5 Hz,则其允许计数的脉宽为 1 s,这样,数码管就能直接显示 F_IN 的频率值了。

3. 时序控制电路设计

由图 7-7-5 可知,欲使频率计能自动测频,还需增加一个测频时序控制电路,要求它能按照图 7-7-5 所示的时序关系,产生 3 个控制信号:CNT_EN、LOCK 和 CLR,以便使频率计能顺利完成计数、锁存和清"0"三个重要的功能。

根据控制信号 CNT_EN、LOCK 和 CLR 的时序要求,图 7-7-6 给出了相应的电路,设该电路的文件名为 tf_ctro.bdf。该电路由三部分组成:4 位 2 进制计数器 7493,4-16 译码器 74154 和两个由双与非门构成的 RS 触发器。其中的 74154 也可以用 3-8 译码器 74138 代替。对图 7-7-6 所示电路(取文件名为 tf_ctro.bdf)的设计和验证流程同上,封装入库的元件名为 tf_ctro。对其建立工程后即可对其功能进行仿真测试。图 7-7-7 即为其时序波形。比较图 7-7-7 和图 7-7-5 中的控制信号 CNT_EN、LOCK 和 CLR 的时序,表明图 7-7-6 的电路是满足设计要求的。事实上,图 7-7-6 所示的电路还有许多其他用途,例如可构成高速时序脉冲发生器,可通过输入不同频率的 clk 信号,或将 RS 触发器接在 74154 的不同输出端,从而产生各种不同脉宽和频率的脉冲信号。

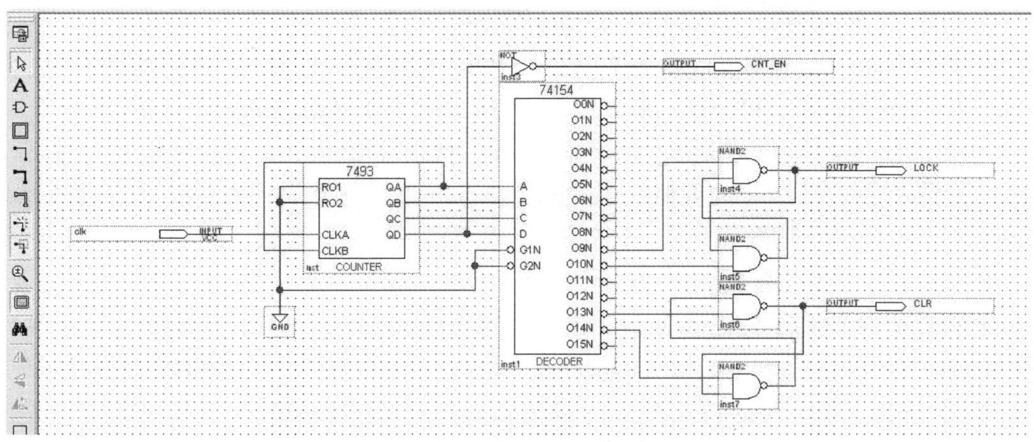

图 7-7-6　测频时序控制电路

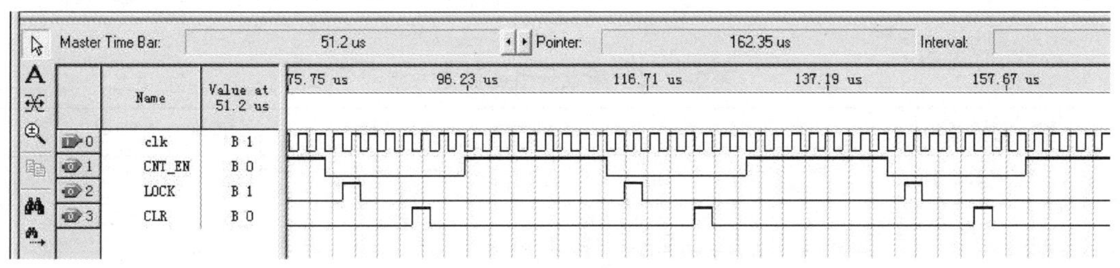

图 7-7-7　测频时序控制电路工作波形

4. 顶层电路设计

有了图 7-7-6 的电路元件 tf_ctro,就可以改造图 7-7-4 的电路,使其成为能自动测频的实用频率计了。改造后的电路如图 7-7-8 所示,其中含有新调入的元件 tf_ctro。电路中只有两个输入信号:待测频率输入信号 F_IN 和测频控制时钟 CLK。

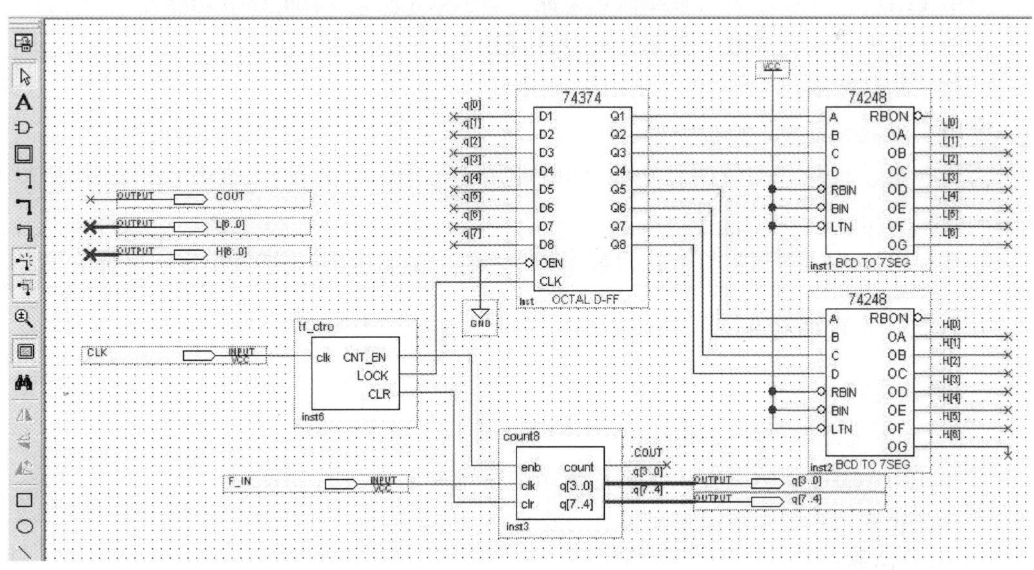

图 7-7-8　频率计顶层电路原理图

5. 编译、仿真

根据电路图 7-7-6 和波形图 7-7-7 可以算出,如果从 CLK 输入的控制时钟的频率是 8 Hz,则计数使能信号 CNT_EN 的脉宽即为 1 s,从而可使数码管直接显示 F_IN 的频率值。图 7-7-8 的保存文件名不变,仍为 ft_top. gdf,建立仿真波形,设置待测信号 F_IN 的周期为 410 ns,测频控制信号 CLK 的周期取为 2 μs。运行仿真,观察仿真输出波形,验证仿真结果是否与图 7-7-5 给出的数值完全一致。

6. 引脚锁定与实验台测试

选择合适的实验台模式,参照引脚锁定表,给出频率计的引脚锁定方案,填写表 7-7-1。在 Quartus II 中,选择主菜单"Assignment"→"Pin"项,完成频率计的引脚锁定。引脚锁定完毕后,选择主菜单"Processing"→"Start Compilation"项,编译整个工程。然后选择主菜单"Tools"→"Programmer"项,下载 Sof 文件到 GW48-CP++实验台,完成频率计的功能测试。

表 7-7-1 频率计引脚锁定方案

输入输出信号	外设	引脚名称	引脚号
F_IN			
CLK			
L[6..0]			
H[6..0]			
q[3..0]			
q[7..4]			

六、扩展实验

利用 VHDL 设计一个简易频率测量电路,实现数码显示。满足如下功能:

①用 VHDL 语言完成数字频率计的设计及仿真。

②频率测量范围:10 Hz~99.99 KHz,测量精度:10 Hz。

③用 4 位数码管显示测量频率。

④具有自动校验和测量两种功能,即既能用于标准时钟的校验,同时也可以用于未知信号频率的测量。

⑤具有超量程报警功能,在超出目前所选量程档的测量范围时,会发出音响报警信号。

7.7.2 洗衣机控制器

一、实验目的

掌握 Quartus II 软件环境和 FPGA 实验台的使用方法。

掌握利用 VHDL 或框图输入法设计复杂数字电路的方法。

掌握洗衣机控制器基本原理和设计方法。

二、实验内容

在 Quartus II 中,利用 VHDL 或框图输入法设计洗衣机控制器逻辑电路,完成仿真,并下载到 FPGA 实验台进行测试。

三、实验环境

PC 计算机	1 台
Quartus II 软件环境	1 套
GW48-CP++实验台	1 台

四、实验原理与电路

1. 洗衣机控制器基本功能

洗衣机的基本工作步骤为洗衣、漂洗和脱水三个过程，洗衣机定时器的设计主要是定时器的设计，洗衣机控制器接收键盘的命令，控制洗衣机的进水，排水、水位和洗衣机的工作状态，并控制显示工作状态以及设定直流电机的速度，正反转、启动和停止等。下面介绍洗衣机控制器的基本功能：

①在 1 min 内洗衣机电机正转 20 s 以后停 10 s，再反转 20 s 后停 10 s。

②通过按键设置洗衣机工作的时间(整数分钟)，给定置数脉冲后能在 LED 上显示。数字显示为 3 位，其中一位是分钟显示器，剩余两位分别是秒钟显示器的十位和个位。用户最大输入为 9 min。

③用两位数码管显示洗涤的预置时间(以分钟为单位)，对洗涤过程作计时显示，直到时间到而停机。

④当定时时间达到终点时，电机停机，同时显示器显示为 000。

2. 洗衣机控制器设计

洗衣机控制器主要就是利用三个减计数器按照一定的逻辑相连，原理图如图 7-7-9 所示。

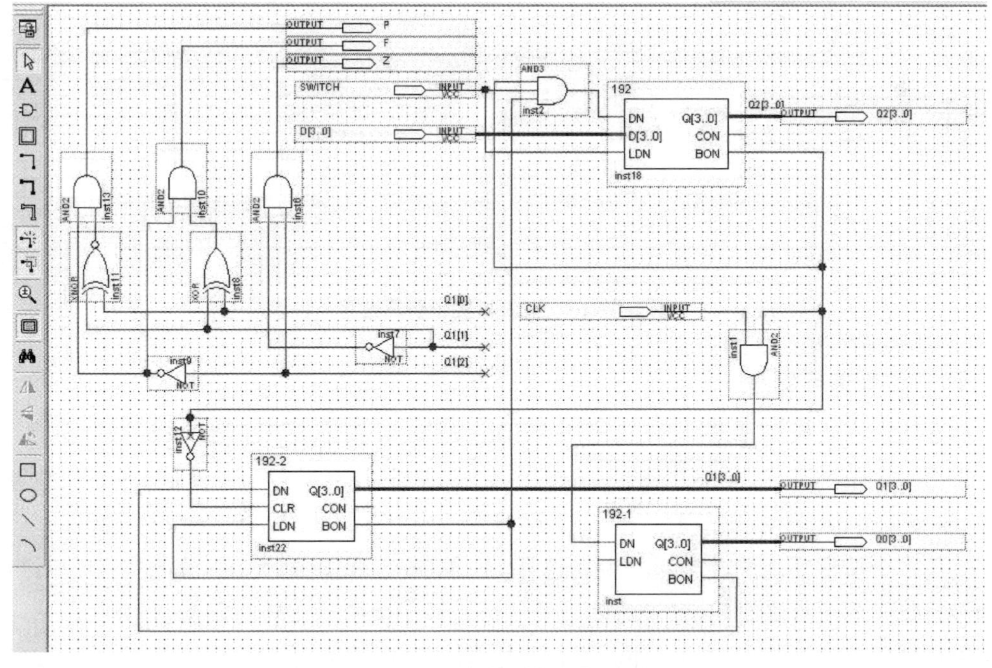

图 7-7-9　洗衣机控制器原理图

将时钟脉冲信号 CLK 作为秒钟的个位的计数器脉冲信号，连接到 74ls192 的减计数脉冲 DN 端。其余输入端不接信号。其输出 Q0[3..0] 即为秒钟的个位。将个位计数器的借位输出端 BON 作为十位计数器的减计数脉冲 DN 端，这样当个位由 0 减为 9 时，十位减 1。

对于十位计数器，在其内部将其置为 6，并将借位输出端 BON 接到置数端 LDN，这样当十位由 0 再减小时就会将十位计数器置为 6。

对于分钟计数器，将开关 SWITCH 键作为置数端，十位计数器的 BON 端作为 DN 输入。这样可以实现按下 SWITCH 键开始工作，当十位计数器由 0 减为 6 时，分钟减 1。

为了让洗衣机能在计时结束以后停止工作，利用分钟计数器的 BON 端和时钟脉冲信号 CLK 相与以后作为个位计数器的脉冲信号。这样当计时结束时 BON 端会产生一个低电平，屏蔽了时钟脉冲信号。

在图 7-7-9 中，输出信号 Z 代表正转，P 代表暂停，F 代表反转。分析可以得出当十位计数器输出为 0101 或者为 0100 时洗衣机正转，当十位计数器输出为 0001 或者 0010 时洗衣机反转，当十位计数器输出为 0011 或者 0000 时洗衣机暂停。因为十位计数器显示的最大的数为 0110，所以正转信号可以用 Q[2] 相与 Q[1] 的非；反转信号可以用 Q[2] 的非与上 Q[1] 和 Q[0] 异或；暂停信号可以用 Q[2] 的非与上 Q[1] 和 Q[0] 同或。

洗衣机控制器仿真波形如图 7-7-10 所示。在仿真中设置的工作时间为 3 min，可以在图 7-7-10 中明显看到分钟由 2 减为 1 再减为 0，秒钟的十位由 5 减为 0，放大以后可以看到波形图由 2 分 59 秒依次减为 0 分 00 秒，说明仿真结果复合预期设计。观察 Z，P 和 F 信号，可以发现正转 20 s 以后暂停 10 s，再反转 20 s 暂停 10 s，符合要求。

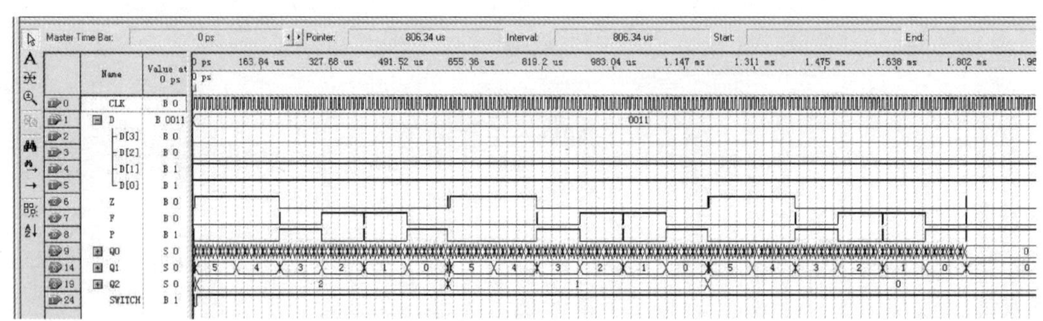

图 7-7-10　洗衣机实验仿真波形

五、实验任务与步骤

对上述洗衣机控制器进行改进，采用 VHDL 设计一个洗衣机控制器，实现以下功能：

①用一个按键实现洗衣程序的手动选择：A、单洗涤；B、单漂洗；C、单脱水；D、漂洗和脱水；E、洗涤、漂洗和脱水全过程。

②用一个按键实现洗衣类型的手动选择：A、棉麻类；B、丝绸类；C、羊毛类；D、涤纶类。自动设置每类衣服洗涤时间、漂洗时间以及洗涤过程中电机反正转时间和暂停时间。

③用数码管显示洗衣机的工作状态（洗衣、漂洗和脱水），并倒计时显示每个状态的工作时间，全部过程结束后，发出报警声音应提示使用者。

④用一个按键实现暂停洗衣和继续洗衣的控制,暂停后继续洗衣应回到暂停之前保留的状态。

实现洗衣机控制器各个模块,然后采用文本或框图设计输入设计顶层实体电路。完成仿真。

选择合适的实验台模式,参照引脚锁定表,给出洗衣机控制器的引脚锁定方案。引脚锁定后,下载 Sof 文件到 GW48-CP++实验台,完成洗衣机控制器的功能测试。

7.7.3　复印机控制器

一、实验目的

掌握 Quartus II 软件环境和 FPGA 实验台的使用方法。

掌握利用 VHDL 或框图输入法设计复杂数字电路的方法。

掌握复印机控制器基本原理和设计方法。

二、实验内容

在 Quartus II 中,利用 VHDL 或框图输入法设计复印机控制器电路,完成仿真,并下载到 FPGA 实验台进行测试。

三、实验环境

PC 计算机	1 台
Quartus II 软件环境	1 套
GW48-CP++实验台	1 台

四、实验原理与电路

1. 复印机控制器的基本功能

(1)复印纸张数量输入

从键盘(0~9)可输入复印的纸张数量,并能显示。

(2)复印纸张数量显示

复印纸张数量用 3 位数字显示,最大数为 999。

(3)复印纸张数量减 1

复印 1 次,复印纸张数量显示数字减 1,直到减到"0"时复印停止。

(4)复印机启动和停止

按运行键"run"后,机器能自动进行循环控制。复印完毕后,机器自动停止。

2. 复印机控制器模块设计

复印机控制器主要包括 3 个模块:输入模块、循环控制模块和减计数控制模块,复印机控制器的电路图如图 7-7-11 所示。

(1)输入模块

考虑到 GW48-CP++实验台本身就自带键盘置数功能,所以通过键盘置数的方式,将置入的数送到 74ls175 四位 D 锁存器中。输入模块由 3 个 74ls175 锁存器组成。实现电路当数由键盘置入以后,当脉冲上升沿到来时 74ls175 锁存器便会被触发,将输入的复印纸张数量锁存到 74ls175 中,并送到输出端。

(2)循环控制模块

当按下“run”键以后,会给 74ls112 一个脉冲将其触发,而其输入端 J = 1,K = 1,所以 74ls112 被触发后会实现翻转功能,在输出端输出 0,并将该信号送给 74ls190 的置数端(低电平有效),以实现向其送数的功能。当计数部分的数减到 0 时,将信号返回到 74ls112 的清零端,以控制实现新一轮的置数,74ls112 芯片的功能见表 7-7-2。

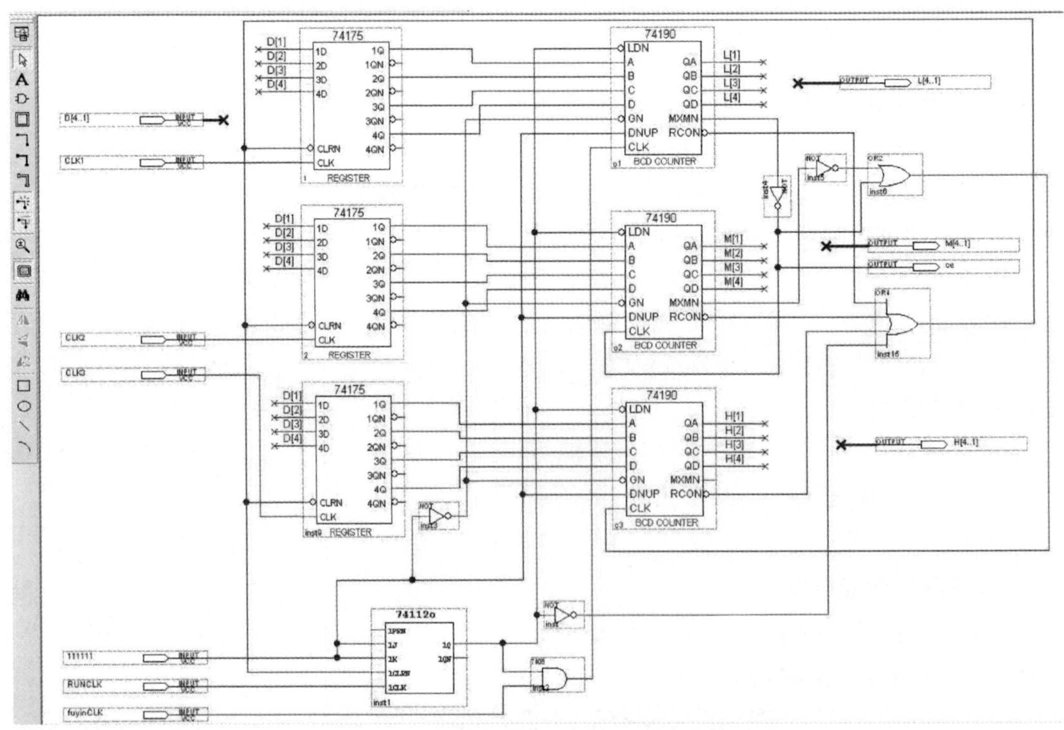

图 7-7-11　复印机控制器原理图

表 7-7-2　74ls112 芯片的功能表

输入					输出	
PR	CLR	CLK	J	K	Q	/Q
0	1	X	X	X	1	0
1	0	X	X	X	0	1
0	0	X	X	X	*	*
1	1	↓	0	0	Q_0	/ Q_0
1	1	↓	1	0	1	0
1	1	↓	0	1	0	1
1	1	↓	1	1	/ Q_0	Q_0
1	1	1	X	X	/ Q_0	/ Q_0

(3)减计数控制模块

复印机的运算部分由三片 74ls190 构成,其分别对应一个数码管显示器,分别对百位、十位、个位的数值进行减计数。当低位片(个位)的数减到 0 时,在 max/min 输出端会输出一个低电平,取反后变成高电平,然后将其送给中位片(十位)的脉冲端,则中位片就将实现减计数功能,从而实现借位的功能。同理,当个位和十位同时为 0 时,就将相与后的结果送给高位片(百位)的脉冲端,则高位片就将实现减计数功能,从而实现借位的功能。整体就实现了三位数的减计数功能,并将结果输出。

3. 系统仿真波形图

复印机控制器仿真结果分别如图 7-7-12 和图 7-7-13 所示。从图 7-7-12 中可以看出,开始时置数 987,表示复印纸张数量为 888,复印机工作过程中,数量减到 8761,从图 7-7-13 中可以看出,减到 0 时,程序结束,已完成减计数并自动停止执行的功能。

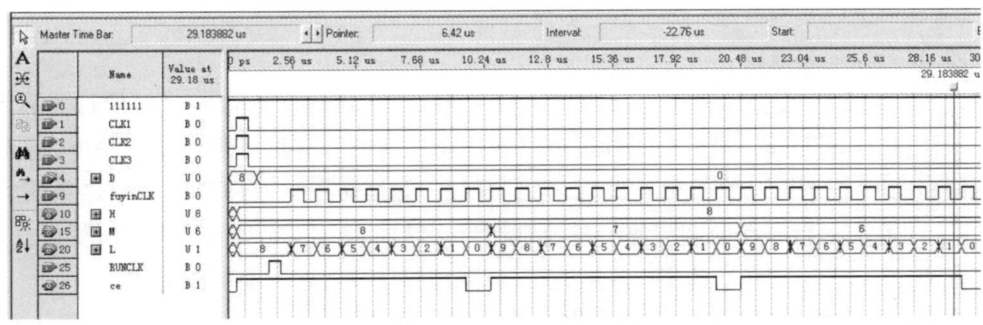

图 7-7-12　复印机控制器仿真波形图(一)

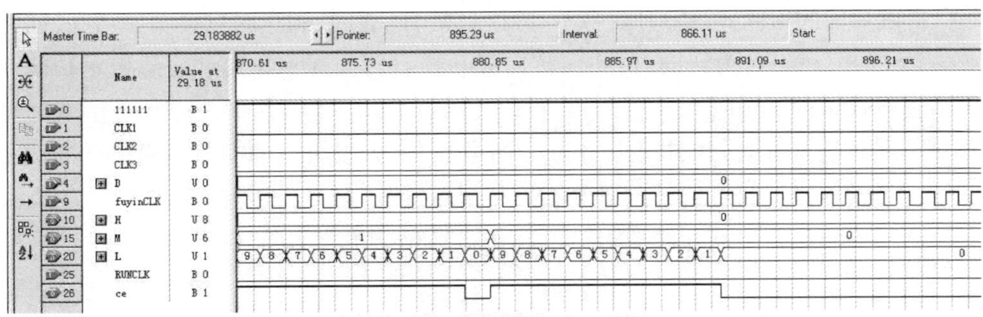

图 7-7-13　复印机控制器仿真波形图(二)

五、实验任务与步骤

采用 VHDL 设计一个复印机控制器,对上述复印机控制器进行改进,增加以下功能:

①增加复印纸张、油墨深度选择、双面复印控制功能。

②当缺少纸张时,复印机自动暂停工作,当补充纸张后,复印机继续工作。

③增加复印记录存储功能,可以选择历史复印设置参数,按照此设置执行复印流程。

首先完成各个模块,然后采用文本或框图设计输入设计顶层实体电路。完成仿真。

选择合适的实验台模式,参照引脚锁定表,给出复印机控制器的引脚锁定方案。引脚锁定后,下载 Sof 文件到 GW48-CP++实验台,完成复印机控制器的功能测试。

7.7.4 汽车灯控制器

一、实验目的

掌握 Quartus II 软件环境和 FPGA 实验台的使用方法。

掌握利用 VHDL 或框图输入法设计复杂数字电路的方法。

掌握汽车灯控制器基本原理和设计方法。

二、实验内容

在 Quartus II 中,利用 VHDL 或框图输入法设计汽车灯控制器逻辑电路,完成仿真,并下载到 FPGA 实验台进行测试。实现基本的汽车灯控制功能。

三、实验环境

PC 计算机	1 台
Quartus II 软件环境	1 套
GW48-CP++实验台	1 台

四、实验原理与电路

汽车灯主要包括前灯和尾灯。前灯包括前照灯、雾灯和转向灯等。前照灯又称"大灯",装于汽车头部两侧,用于夜间行车道路的照明。前照灯有远光和近光的功能,近光灯是近距离的时候使用,远光灯照得路远,视觉开阔。雾灯装于汽车前部比前照灯稍低的位置,用于雨雾天气行车时照明道路。转向灯在汽车转向、并道、起步前按规定应提前开启,起到提醒作用。当开启应急灯时,两侧的转向灯会同时闪烁,起到警示作用。

汽车尾部左右两侧各有三个指示灯:红灯、黄灯和白灯。红灯:示廓灯作用,晚上可以让其他人在较远处就能判断车宽,只要一开大灯它就会亮;同时它又是刹车灯,踩刹车时,它就亮,提醒后面的车辆,避免追尾,当示廓灯(红灯)已亮时,刹车时它会明显增亮,同样起到刹车提醒作用。黄灯:为转向灯,和前转向灯一样有转向提示作用和应急警示功能。白灯:倒车时开启,提醒作用。

根据系统的基本功能设计,将设计分为六个模块:主控制模块、左前灯控制模块、右前灯控制模块、左尾灯控制模块、右尾灯控制模块和 LED 灯显示模块。系统设计框图如图 7-7-14 所示。

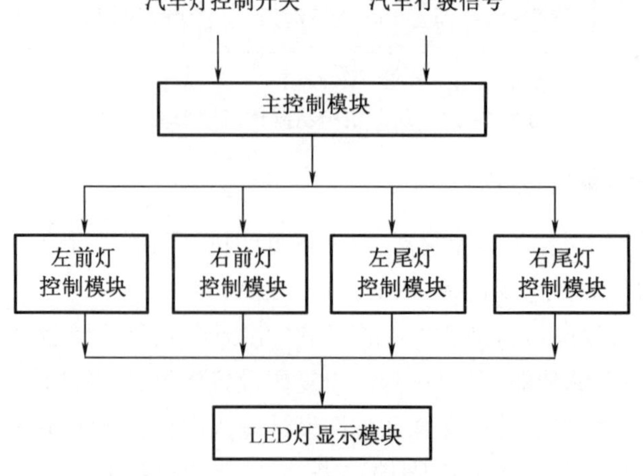

图 7-7-14　汽车灯控制器结构图

下面具体介绍左尾灯控制模块的实现,其他模块实现方法类似。为了实验方便,车尾灯每侧各设置 3 个。LED1 灯:转向灯,LED2 灯:刹车灯,LED3:示廓灯。

左尾灯控制模块框图如图 7-7-15 所示。各个信号说明见表 7-7-3。

表 7-7-3　汽车左尾灯控制模块信号说明

信号名称	说明
clk	时钟控制信号
lp	左侧尾灯控制信号
lr	错误控制信号
brake	刹车控制信号
night	夜间行驶控制信号
back	倒车控制信号
led1	左侧 LED1 灯(转向灯)控制信号
ledb	左侧 LED2 灯(刹车灯)控制信号
ledn	左侧 LED3 灯(示廓灯)控制信号

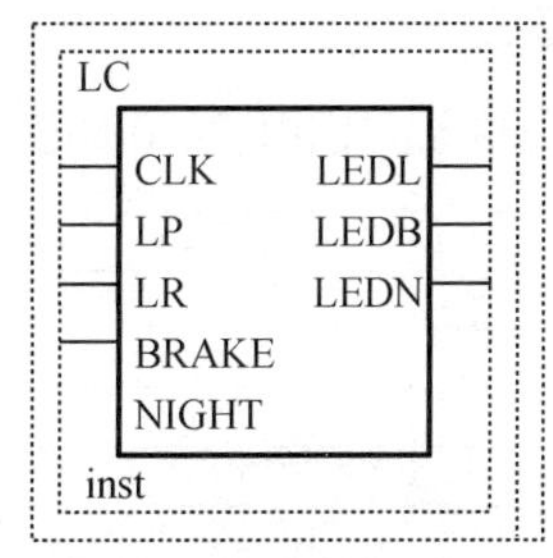

图 7-7-15　汽车左尾灯控制模块框图

左侧尾灯控制模块 VHDL 程序如程序 P9-1 所示:

程序 P9-1 lc.vhd

```
library ieee;
use ieee.std_logic_1164.all;
entity lc is
  port(clk,lp,lr,brake,night:in std_logic;
    ledl,ledb,ledn: out std_logic);
end;
architecture art of lc is
begin
  ledb<=brake;
  ledn<=night;
  process(clk,lp,lr)
  begin
```

```
    if clk'event and clk ='1' then
      if(lr ='0')then
        if(lp ='0')then
          ledl<='0';
          else
            ledl<='1';
        end if;
        else
          ledl <='0';
        end if;
      end if;
  end process;
  end art;
```

左侧尾灯控制模块仿真结果如图 7-7-16 所示。

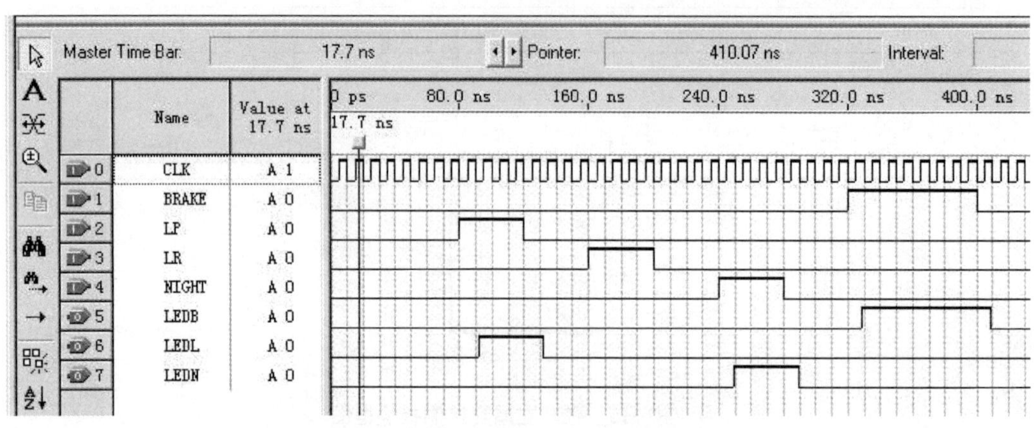

图 7-7-16 汽车左尾灯控制模块仿真波形

当 LP 为 1 时，LEDL 输出为 1 表示左侧 LED1 灯亮，当 BRAKE 为 1 时，LEDB 输出为 1 表示左侧灯 LED2 灯亮，当 NIGHT 为 1 时，LEDN 输出为 1 表示左侧 LED3 灯亮。当 LR 为 1 时，左侧三盏灯输出均为 0，即没有灯亮。当错误控制信号出现时，LED1 灯不亮。

五、实验任务与步骤

采用 VHDL 设计一个汽车灯控制器，实现以下功能。

汽车前灯控制器的主要功能：

①两侧近光灯开启和关闭；

②两侧远光灯开启和关闭；

③汽车右转时，右侧的转向灯亮；

④汽车左转时，左侧的转向灯亮；

⑤紧急情况，两侧转向灯同时闪烁；

⑥根据环境亮度自动开、关前照灯。

汽车尾灯控制器的主要功能：

①汽车正常使用是示廓灯不亮；

②汽车右转时,右侧的转向灯亮；

③汽车左转时,左侧的转向灯亮；

④汽车刹车时,左右两侧的刹车灯同时亮；

⑤汽车夜间行驶时,左右两侧的示廓灯同时一直亮,供照明使用。

参考左尾灯控制模块的实现方法,完成其他模块的实现。然后采用文本或框图设计输入设计顶层实体电路。完成仿真。

选择合适的实验台模式,参照引脚锁定表,给出汽车灯控制器的引脚锁定方案。引脚锁定后,下载 Sof 文件到 GW48-CP++实验台,完成汽车灯控制器的功能测试。

7.7.5　电风扇控制器

一、实验目的

掌握 Quartus II 软件环境和 FPGA 实验台的使用方法。

掌握利用 VHDL 或框图输入法设计复杂数字电路的方法。

掌握电风扇控制器基本原理和设计方法。

二、实验内容

在 Quartus II 中,利用 VHDL 或框图输入法设计家用电风扇控制器逻辑电路,完成仿真,并下载到 FPGA 实验台进行测试。实现电风扇的基本功能。

三、实验环境

PC 计算机	1 台
Quartus II 软件环境	1 套
GW48-CP++实验台	1 台

四、实验原理与电路

家用电风扇控制器逻辑电路主要实现风速和风种的控制。设置 3 个控制端 A、B、C。按键 A 控制风速的三种状态:强、中、弱,按键 B 控制风种的三种状态:正常、自然、睡眠。按键 C 控制电路的“停止”状态。电风扇控制器逻辑电路原理图如图 7-7-17 所示。

电路主要包括三部分,分别是:状态锁存模块、触发脉冲模块和“风种”控制模块。各功能模块原理如下。

1. 状态锁存模块

“风速”、“风种”这两种操作各有三种工作状态和一种停止状态需要保存和指示,可以使用三个 D 触发器来锁存状态,触发器输出 1 时表示工作状态有效,0 表示无效,当三个输出全为 0 则表示停止状态。采用带有直接清零端的 D 触发器,将停止键与清零端相连实现停止功能。采用两个 74ls175 芯片实现这些功能。由于风速和风种均有三个状态,因此为了设计简便,使其状态转化图一致。风速状态转换图和风种状态转换图分别如图 7-7-18 和图 7-7-19 所示。

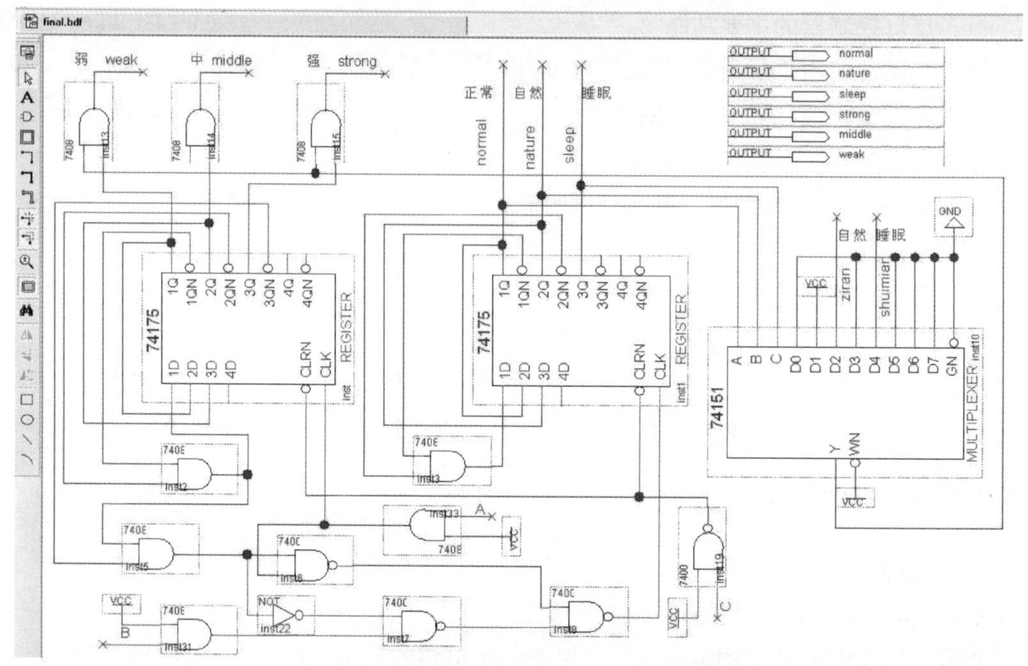

图 7-7-17　电风扇控制器逻辑电路原理图

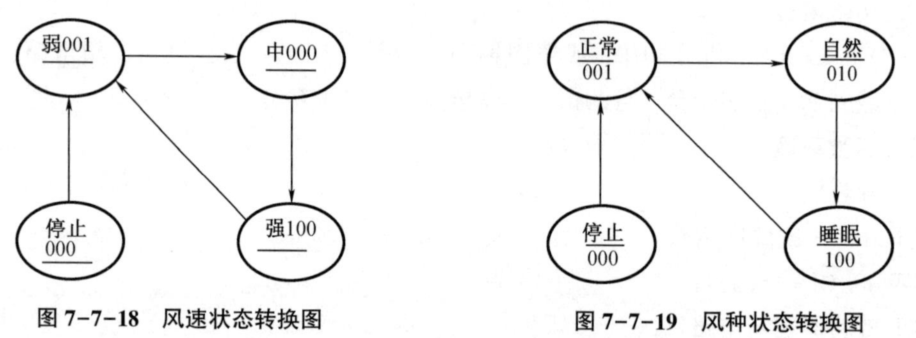

图 7-7-18　风速状态转换图

图 7-7-19　风种状态转换图

通过分析状态转换真值表,次态卡诺图得到次态方程和驱动方程:

$$\text{次态方程}\begin{cases} q_2^{n+1} = q^n \\ q_1^{n+1} = q_0^n \\ q_0^{n+1} = q_1^n q_0^n \end{cases}$$

$$\text{驱动方程}\begin{cases} d_2 = q_1^n \\ d_1 = q_0^n \\ d_0 = q_1^n q_0^n \end{cases}$$

2. 触发脉冲模块

利用 D 触发器组成的状态锁存电路的输出信号状态的变化必须有脉冲信号对其进行触发,因此在电路中采用了两个按键 A、B 来产生脉冲信号,并通过与门和与非门电路达到所要求的结果,与门和与非门的芯片是 74ls00 和 74ls08。

(1)风速锁存电路的触发脉冲

在“风速”部分的电路中,可以利用“风速”按键 A 所产生的脉冲信号作为 D 触发器的触发脉冲。按键 A 每按下一次,即送芯片 74175 一次触发脉冲,则风速状态转换一次。转换顺序为:停止→弱→中→强。

(2)风种锁存电路的触发脉冲

“风种”状态锁存器的触发脉冲 cp 则应由“风速”、“风种”信号和电扇工作状态信号(设 st 为电扇工作状态,st=0 停,st=1 运转)三者组合而成。

为实现风速的循环控制,循环部分由 74ls08、74ls175 组成了移位计数器。从而实现了风速的循环控制。风种循环控制部分主要是通过 74ls00、74ls08 芯片构成触发脉冲信号,再经过 74ls151 数据选择器进行风种选择。

3.“风种”控制模块

“风种”的三种选择方式中,在“正常”位置时,风扇为连续运行方式,在“自然”和“睡眠”位置时,为间断运行方式。电路中,采用 74ls151(8 选 1 数据选择器)作为“风种”方式控制器,由 74ls175 的三个输出端选中其中的一种方式,控制芯片 74151 的选择控制端 abc,控制状态分别为正常(001)、自然(010)、睡眠(100)。

电风扇控制器逻辑电路仿真波形图如图 7-7-20 所示。从波形图中可以看出,手动设置“A”一个脉冲,电风扇开启,初始风速为“weak”,风种为“normal”。手动设置“B”的脉冲,风种状态发生改变,变化由“normal”到“nature”再到“sleep”。相应的作用到风速的状态上,由连续运行变为间歇运行。

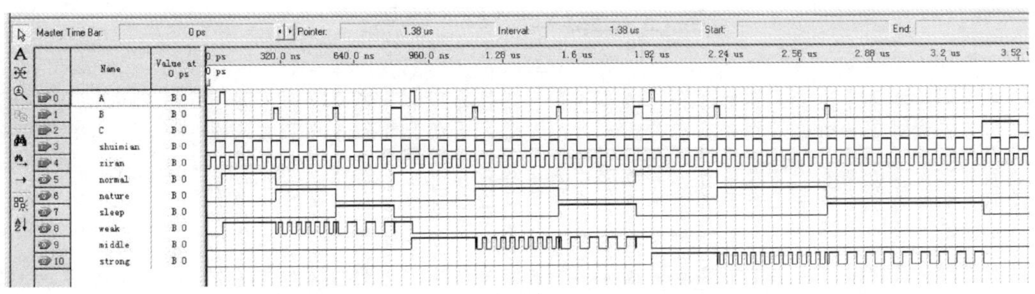

图 7-7-20　电风扇控制器逻辑电路仿真波形

五、实验任务与步骤

参考电风扇控制逻辑电路的原理,采用 VHDL 设计一个电风扇控制器,要求电风扇控制器除了实现风速、风种选择控制之外,能够实现以下功能:

①增加分频电路,由实验台上的时钟分频提供风种“nature”以及“sleep”的脉冲。

②增加定时功能。定时功能主要用于电风扇在无人监管的情况下能够自动地关闭。

③增加电机控制电路。利用 GW48-CP++实验台上的步进电机模拟风扇的转动。利用风扇控制器输出的控制信号驱动电机转动。

首先采用 VHDL 分别设计各个模块,然后采用文本或框图设计输入设计顶层实体电路。完成仿真。选择合适的实验台模式,参照引脚锁定表,给出电风扇控制器的引脚锁定方案。引脚锁定后,下载 Sof 文件到 GW48-CP++实验台,完成电风扇控制器的功能测试。

7.7.6 自动售货机控制器

一、实验目的

掌握 Quartus II 软件环境和 FPGA 实验台的使用方法。

掌握利用 VHDL 或框图输入法设计复杂数字电路的方法。

掌握自动售货机控制器基本原理和设计方法。

二、实验内容

在 Quartus II 中,利用 VHDL 或框图输入法设计自动售货机控制器逻辑电路,完成仿真,并下载到 FPGA 实验台进行测试。实现自动售货机控制器基本功能。

三、实验环境

PC 计算机	1 台
Quartus II 软件环境	1 套
GW48-CP++实验台	1 台

四、实验原理与电路

自动售货机控制器能完成选取商品、投币、找零、取消交易,货币总额大于商品总额是投币自锁,在规定时间完成交易等功能。另外还可以记录一定时间的总交易额。自动售货机控制器电路结构如图 7-7-21 所示。自动售货机工作流程如图 7-7-22 所示。

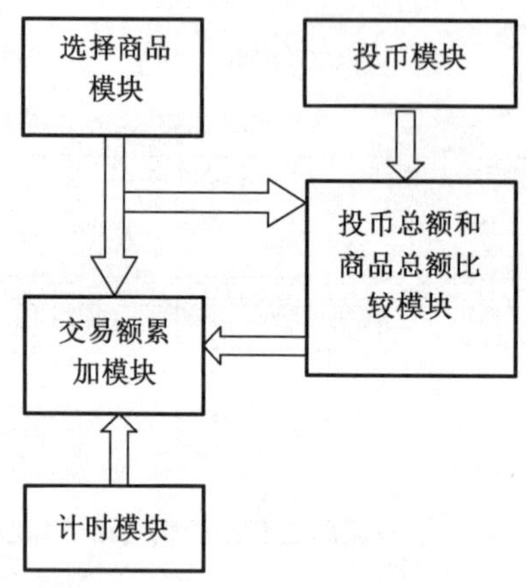

图 7-7-21 自动售货机结构图

自动售货机具有 5 个模块:选择商品模块、投币模块、投币总额和商品总额比较模块、计时模块和交易额累加模块。选择商品模块产生商品总额,投币模块产生投币总额,然后二者的输出送入投币总额和商品总额比较模块,并且相减得到要找零钱数。同时当顾客选择商品后,计时模块开始计时,如果 30 s 内顾客不投币或者投币不足,交易自动取消,计时器初始化。并且每次交易完成后,把交易额送到交易累加模块进行累加。图 7-7-23 给出了采用 74 系列芯片设计的自动售货机电路图,所用的芯片有:4 片 74ls283、4 片 74ls194、2 片 74ls161、1 片 74ls181、1 片 74ls32、2 片 74ls00、1 片 74ls20、1 片 74ls08。

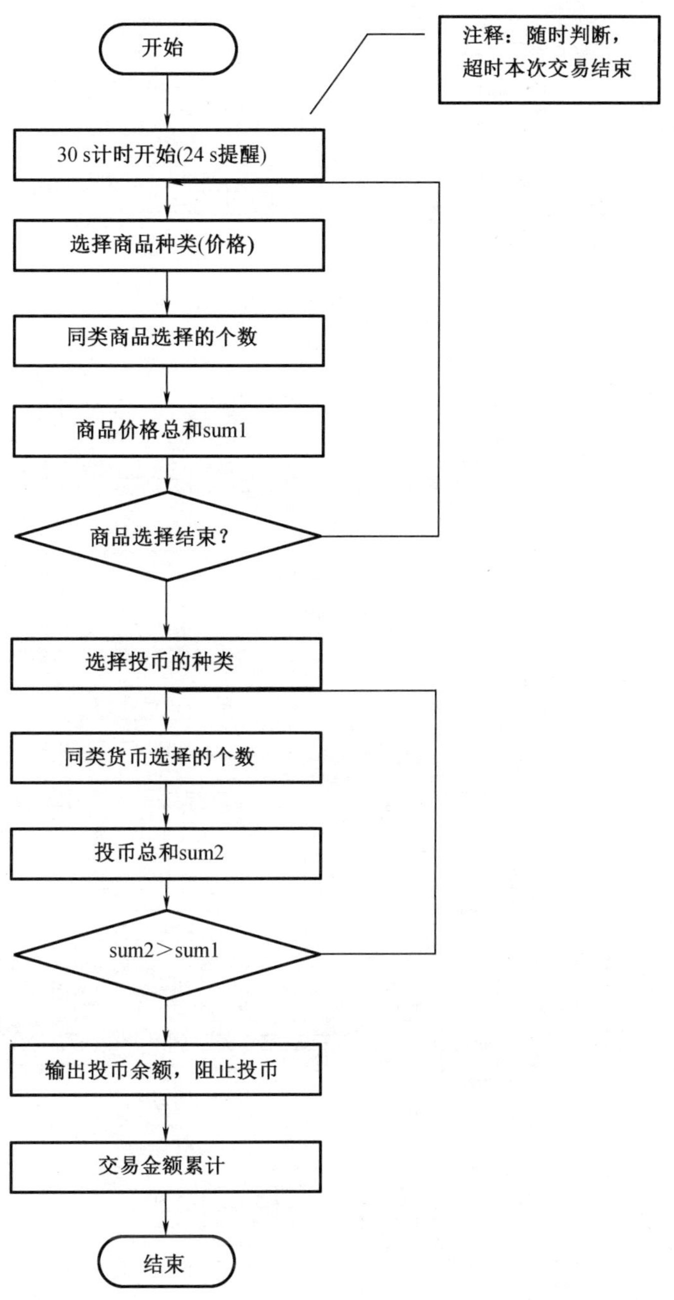

图 7-7-22　自动售货机工作流程图

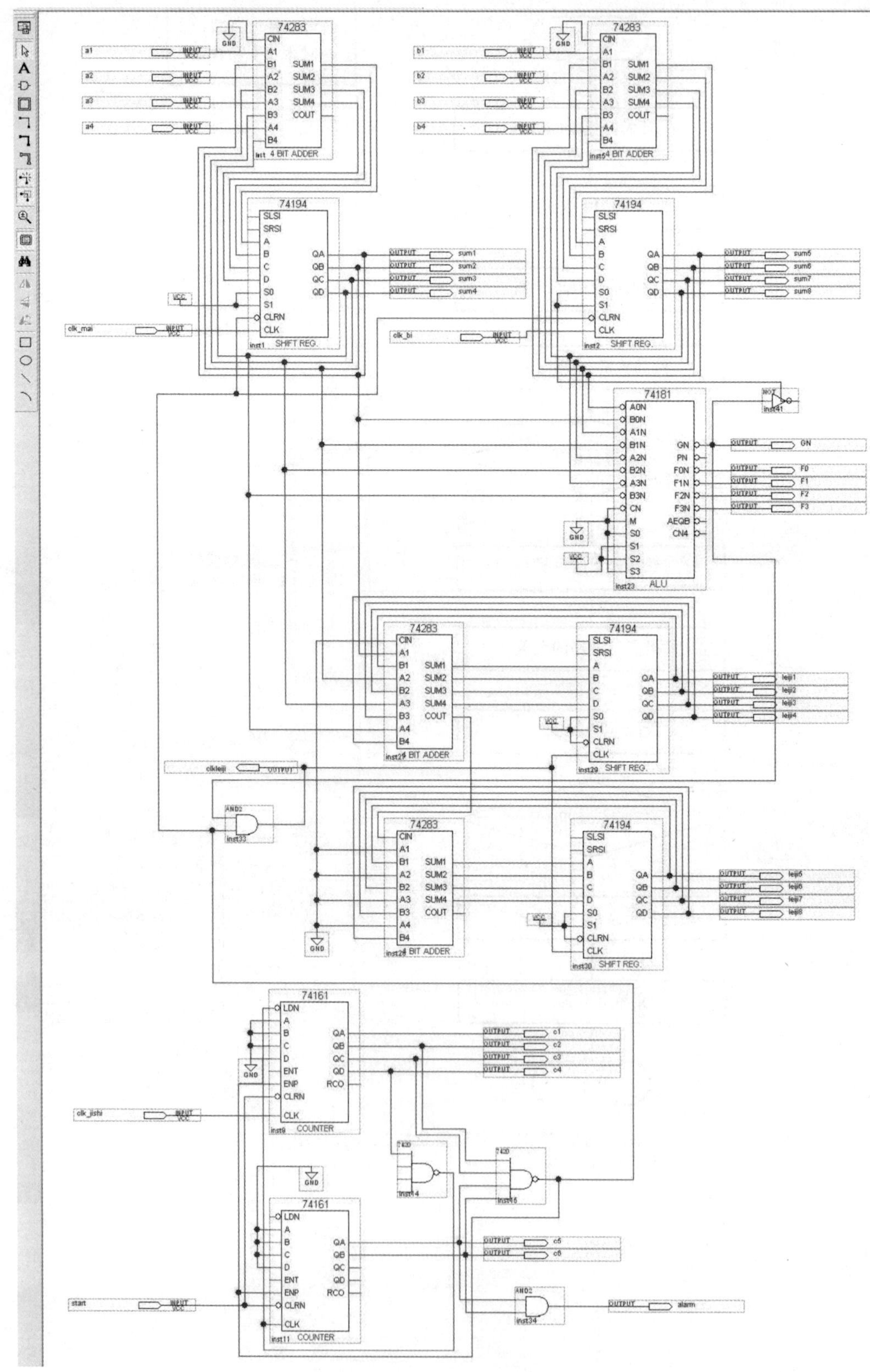

图 7-7-23　自动售货机结构图

1. 选择商品模块

选择商品模块，用一片 74ls283 全加器和一片 74ls194 寄存器，商品值用 8421BCD 码拨码开关表示。寄存器存储商品总额，每次选取的商品值后，按一次确认开关(74ls194 的控制脉冲)，实现累加功能。

2. 投币模块

投币模块和选取商品模块原理一样，用一片 74ls283 全加器和一片 74ls194 寄存器，差别在于这个模块的币值用 4 开关模拟 8421BCD 码值，对应相应的币值。当所投钱数大于商品价格时，74ls194 寄存器从送数状态变为保持状态，从而 74ls283 全加器不再累加。用户无法继续投币。

3. 计时模块

第一个 74ls161 从 0000 计数到 1000，计数到 1000 时触发下一个 74ls161，然后第一个 74ls161 开始进入下一个计数循环。当第二个 74ls161 输出为 0011 时，计时停止。表示用户投币超时。

4. 投币总额和商品总额比较模块

在投币总额和商品总额比较模块中用一片 74ls181 算术逻辑单元。用到 74ls181 的减法功能，其中 s3、s0、m、c0 接低电平 0，s2、s1 接高电平 1，将 74ls194 寄存器的最终投币总额送到 74ls181 的 A3，A2，A1，A0 而 74ls181 的 B3、B2、B1、B0 接代表商品总额数。这样就可以实现在购买时扣去商品的价钱。同时输出端 F3，F2，F1，F0 输出剩余的钱数。另外 c4 显示当 a>=b 时，输出为低电平，否则输出高电平。

5. 交易额累加模块

此模块中，用两块 74ls283 和两块 74ls194，原理和选取商品模块相同，不同的是把两块四位全加器扩展到 8 位输出，记录数值扩至 255，满足实际生产生活。另外，根据 74ls194 的清零功能，设置了手动清零，商家可根据需要清零交易额。重新记录交易额。

五、实验任务与步骤

参考上述自动售货机控制器电路的原理，采用 VHDL 设计一个自动售货机控制器，要求除了图 7-7-23 电路完成的功能之外，能够实现以下功能：

①自动售货机可以管理 4 种货物，每种的数量和单价在初始化时输入，在存储器中存储。

②售货时能够根据用户投入的硬币，判断钱币是否足够，钱币足够则根据顾客要求自动售货，钱币不够则给出提示并退出。

③能够自动计算出应找钱币余额、库存量。

首先采用 VHDL 分别设计各个模块，然后采用文本或框图设计输入设计顶层实体电路。完成仿真。选择合适的实验台模式，参照引脚锁定表，给出自动售货机控制器的引脚锁定方案。引脚锁定后，下载 Sof 文件到 GW48-CP++实验台，完成自动售货机控制器的功能测试。

7.7.7　密码锁

一、实验目的

掌握 Quartus II 软件环境和 FPGA 实验台的使用方法。

掌握利用 VHDL 或框图输入法设计复杂数字电路的方法。

掌握密码锁基本原理和设计方法。

二、实验内容

在 Quartus II 中，利用 VHDL 或框图输入法设计密码锁逻辑电路，完成仿真，并下载到 FPGA 实验台进行测试。实现密码锁基本功能。

三、实验环境

PC 计算机	1 台
Quartus II 软件环境	1 套
GW48-CP++实验台	1 台

四、实验原理与电路

1. 密码锁基本功能

①设置两个按键 A、B，开锁密码可自设，例如：密码为 3、5、7、9。

②若按按键 B，则门铃响。

③开锁过程：按 3 次按键 A，按一次按键 B，则密码 3、5、7、9 中的“3”即被输入；接着按 5 次按键 A，按一次按键 B，则输入“5”；依此类推，直到输入完“9”，再按一次按键 B，则锁被打开。

④报警：在输入密码过程后，如果输入与密码不同，则报警。

⑤用一个开关表示关门(即闭锁)。锁被打开时用发光管 ks 表示；报警时用发光管 bj 表示，同时发出“嘟、嘟……”的报警声音。

2. 密码锁设计

要想实现双钮电子锁的功能就要有输入端口，用来输入密码；要有密码储存的，可以自设密码的，并且还需要校验密码，这就要用计数器等来实现；当然输出端口也是必不可少的，用来实现开锁和报警。

密码锁电路图如图 7-7-24 所示。密码锁分为 4 个模块：防抖电路模块、密码校验模块、计数模块和显示输出模块。其中密码校验模块(pass)又包含四个密码存储模块。功能及实现方法：首先 2 个按钮输入分别连接两个防抖电路，使输入信号稳定，设定信号密码。再将信号 A、B 送入密码校验模块以及计数模块两者的输出结果进行判断，对密码正确与否通过显示模块基于输出。其中门铃功能直接连接输出的门铃扬声器。

(1)防抖电路模块

防抖电路模块(fangdou)通过 D 触发器，在脉冲端连接一个 5～101 Hz 脉冲信号，防止按钮输入时发生抖动。该模块原理图如图 7-7-25 所示。

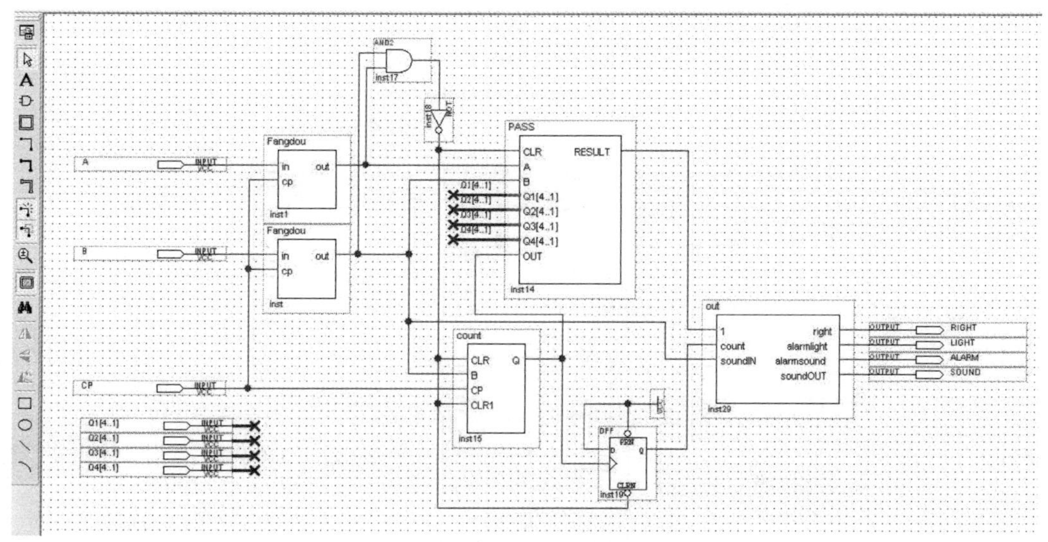

图 7-7-24　密码锁原理图

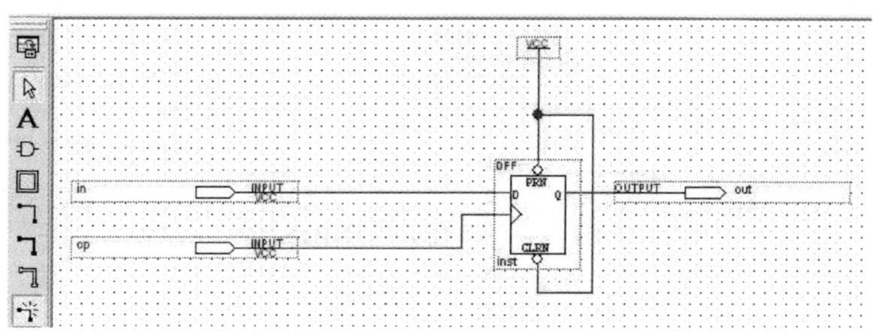

图 7-7-25　防抖电路模块

(2)密码校验模块

密码校验模块的原理图如图 7-7-26 所示。图 7-7-26 中包含 4 个 lock 模块,其原理图如图 7-7-27 所示。

A 端输入脉冲,只有当输入脉冲个数与设定信号相同时,四输入与门输出为 1,若此时 B 也输入信号,则 D 触发器(上)输出 1,否则输出 0. 另一个 D 触发器(下),如若输入信号过多,产生进位,则输出 1,通过反相器输出 0,那么此校验模块输出 0。如密码输入正确,则密码校验模块输出 1,下一密码模块开始校验。正确密码仿真如图 7-7-28(设定密码为 2)。

(3)计数模块

计数模块原理同密码校验模块,当 B 信号输入四个脉冲时 Q 输出 1。计数模块原理图如图 7-7-29 所示,仿真波形如图 7-7-30 所示。

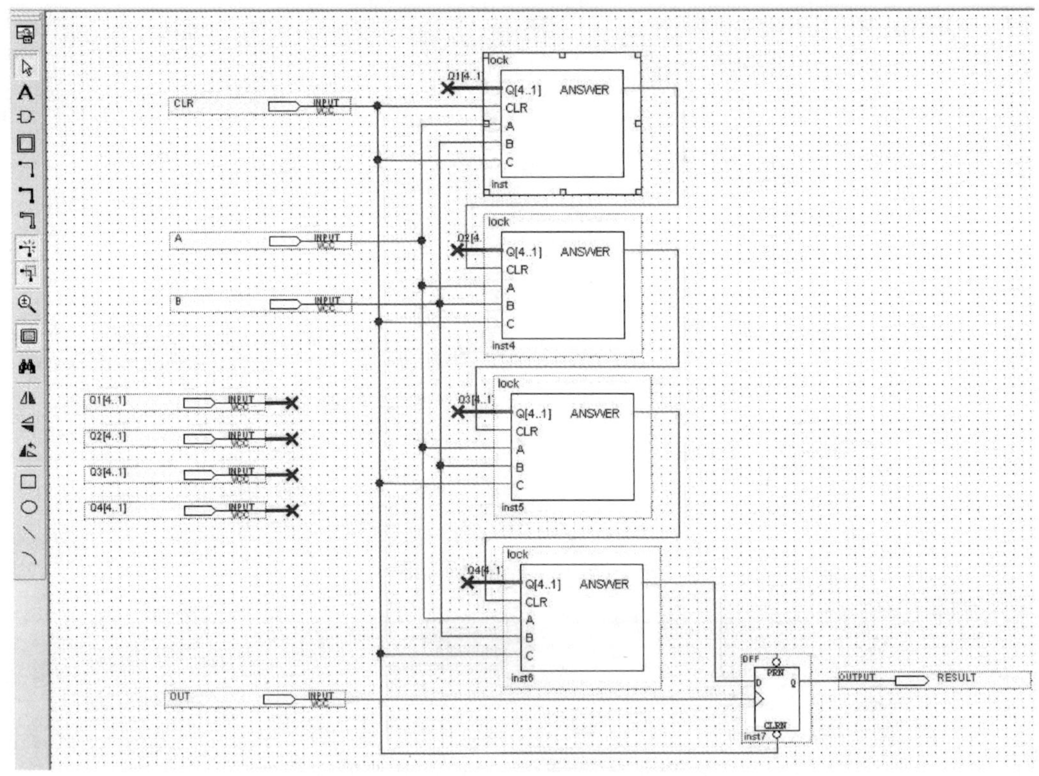

图 7-7-26 密码校验模块

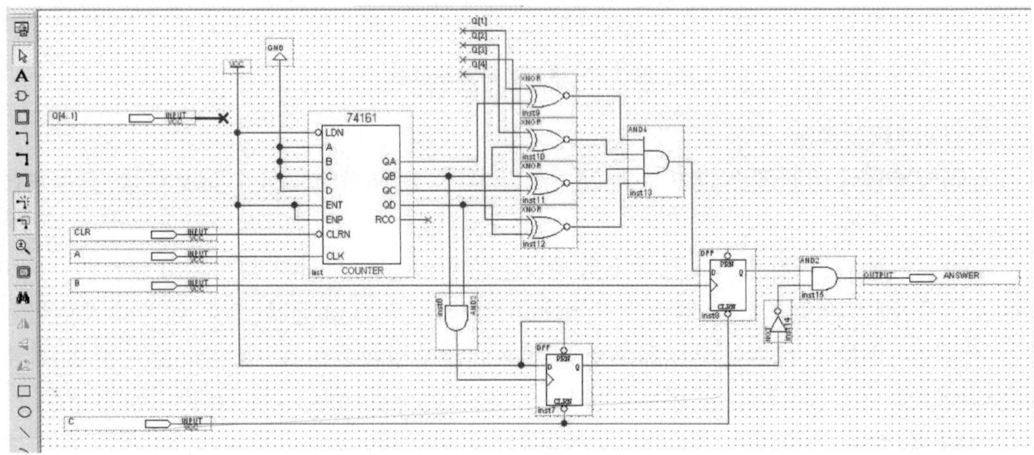

图 7-7-27 密码校验模块——lock 模块

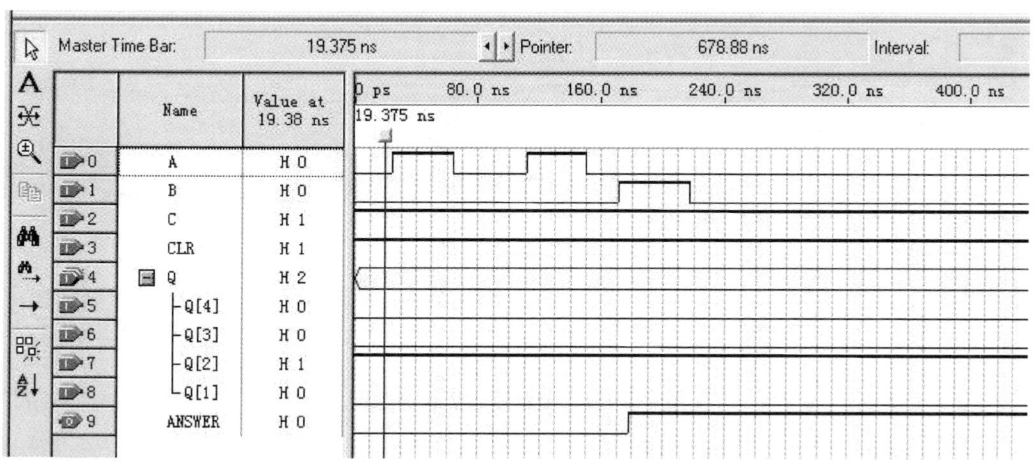

图 7-7-28　密码校验模块仿真图

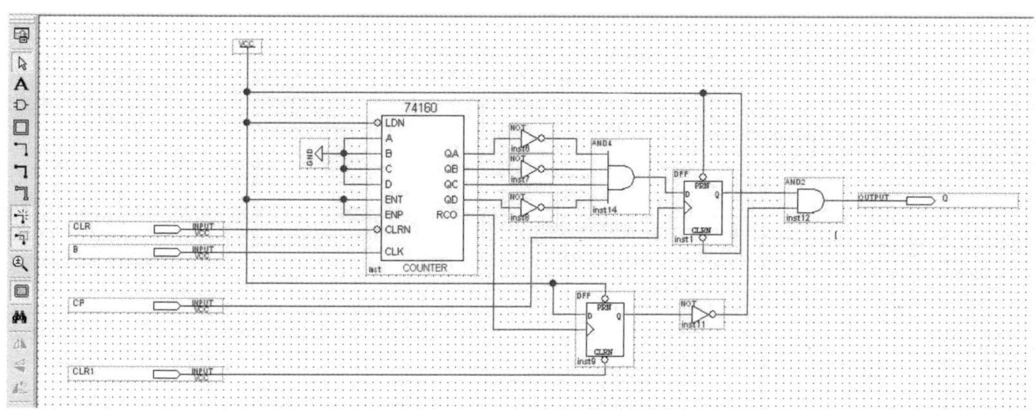

图 7-7-29　计数模块原理图

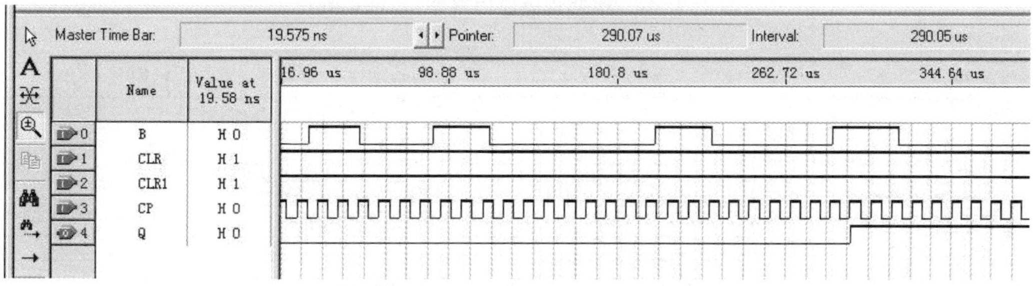

图 7-7-30　计数模块仿真图

(4)显示输出模块

显示输出模块的功能比较简单,如图 7-7-31 所示。电路由与门和非门构成,显示密码输入是否正确。

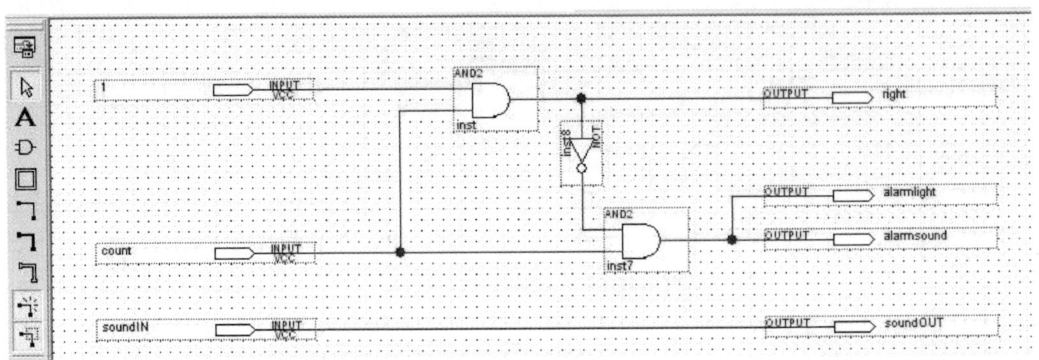

图 7-7-31 显示输出模块原理图

3. 总体仿真

图 7-7-32、图 7-7-33 分别给出了密码正确和密码错误两种情况的仿真结果。

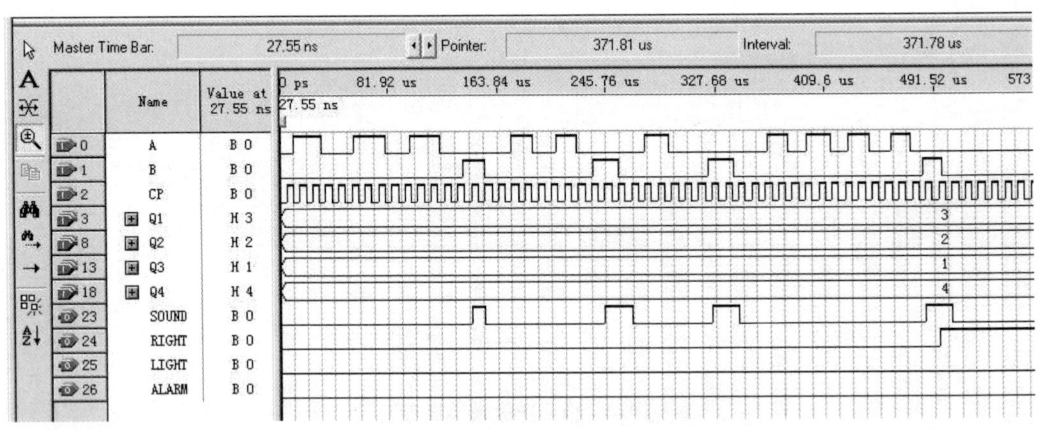

图 7-7-32 密码锁总体仿真图(密码正确)

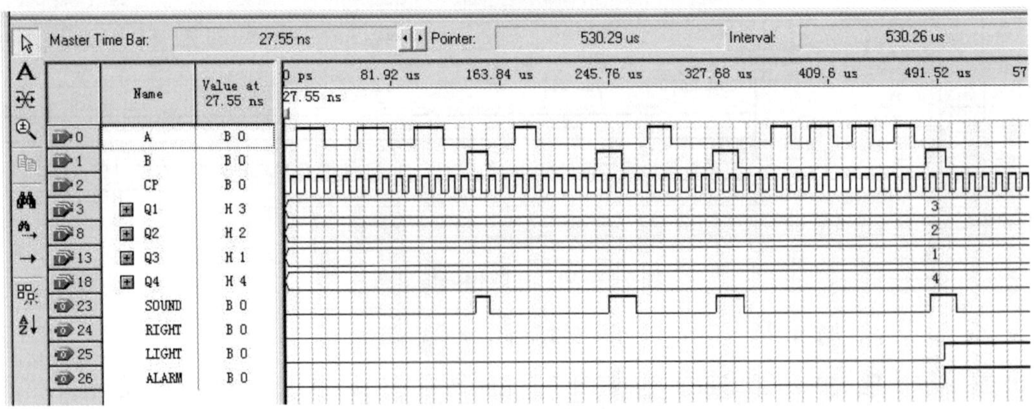

图 7-7-33 密码锁总体仿真图(密码错误)

五、实验任务与步骤

参考上述密码锁电路的原理,采用 VHDL 设计一个密码锁逻辑电路,要求除了图 7-7-24 电路完成的功能之外,能够实现以下功能:

①可以预置 2 位十进制数密码,并保存密码;输入密码的第 1 位和第 2 位时,互不影响。

②开锁时,输入正确密码,按开锁键,锁打开。

③当输入密码时,数码管显示相应的输入数字。密码输入错误时计数 1 次,当输入错误密码连续达到 3 次,拒绝再输入密码。需用复位键将其还原才能再次输入。

④输入密码时,数码管 8 和数码管 7 显示密码的数值。拒绝输入密码时,只显示 0。按开锁键时,数码管 5 显示密码输入错误的次数;当错误次数连续少于 3 次以下时,则当输入密码正确时数码管 5 清 0。

⑤开锁指示灯亮表示锁已经打开。

首先采用 VHDL 分别设计各个模块,然后采用文本或框图设计输入设计顶层实体电路。完成仿真。选择合适的实验台模式,参照引脚锁定表,给出密码锁的引脚锁定方案。引脚锁定后,下载 Sof 文件到 GW48-CP++实验台,完成密码锁的功能测试。

7.7.8　智能交通灯控制器

一、实验目的

掌握 Quartus II 软件环境和 FPGA 实验台的使用方法。

掌握利用 VHDL 或框图输入法设计复杂数字电路的方法。

掌握智能交通灯控制器基本原理和设计方法。

二、实验内容

在 Quartus II 中,利用 VHDL 或框图输入法设计路口交通灯系统的控制器,完成仿真,并下载到 FPGA 实验台进行测试。实现交通灯系统的控制过程。

三、实验环境

PC 计算机	1 台
Quartus II 软件环境	1 套
GW48-CP++实验台	1 台

四、实验原理与电路

有一条东西干道和一条南北干道的汇合点形成十字交叉路口,为确保车辆安全、迅速地通行,在交叉道口的每个入口处设置了红、绿、黄 3 色信号灯,如图 7-7-34 所示。

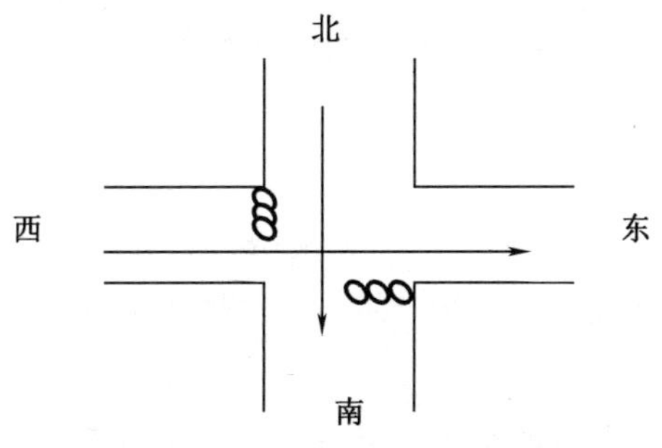

图 7-7-34　交通管理示意图

交通灯控制器功能要求:

①东西干道绿灯亮时,南北干道红灯亮,反之亦然,两者交替允许通行,东西干道每次放行 25 s,南北干道每次放行 25 s。每次由绿灯变为红灯的过程中,亮光的黄灯作为过渡。

②能实现正常的倒计时显示功能。

③能实现总体清零功能:计数器由初始状态开始计数,对应状态的指示灯灭。

④能实现特殊状态的功能显示:进入特殊状态时,东西、南北路口均显示红灯状态。

表 7-7-4 给出了交通控制器的状态转换情况。

表 7-7-4　交通控制器的状态转换表

状态	东西干道	南北干道	时间
1	绿灯亮	红灯亮	20 s
2	黄灯亮	红灯亮	5 s
3	红灯亮	绿灯亮	20 s
4	红灯亮	黄灯亮	5 s

交通灯控制器包括主控制模块、计数模块和译码器模块。置数模块将交通灯的点亮时间预置到置数电路中,计数模块以秒为单位倒计时,当计数值减为零时,主控电路改变输出状态,电路进入下一个状态的倒计时,其中,核心部分是主控制模块。整体结构如图 7-7-35 所示。

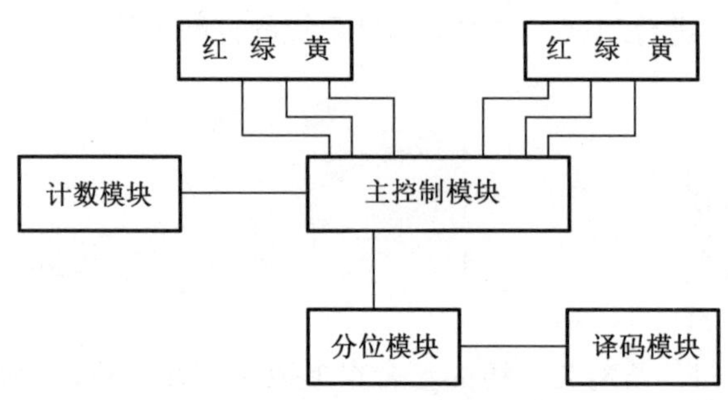

图 7-7-35　交通控制器结构图

(1)主控制模块设计

依设计要求,可画出交通灯点亮规律的状态转换见表 7-7-4。根据状态图进行主控制器的设计。

(2)计数模块

系统要进行 20 s、5 s、25 s 三种定时,需要采用一个置数模块由主控模块输出的信号控制定时时间的选择。定时计数器采用倒计时。计数器的范围为 0~49 s(共 50 s),

(3)分位模块

控制器输出的倒计时数值可能是 1 位或者 2 位十进制数,所以在七段数码管的译码电路前要加上分位电路(即将其分位 2 个 1 位的十进制数,如 25 分为 2 和 5,7 分为 0 和 7)

(4)译码模块

设计一个译码电路,驱动七段数码管。需要控制 2 个数码管显示 2 个 10 禁止数字,用于交通灯的倒计时。

五、实验任务与步骤

1. 模块设计与仿真

在 Quartus II 中利用 VHDL 语言设计主控制模块、计数模块、分位模块和译码模块,查看各个模块的 RTL 级电路图。并且分别仿真各个模块,验证各个模块的功能。利用“File”菜单→“Create/Update”命令为每个模块生成元器件符号,以备后续使用。下面是各个模块的 VHDL 程序及其相关说明。

(1)主控制模块

控制器的作用是根据计数器的记数值控制发光二极管的亮、灭,以及输出倒计时数值给七段数译管的分位译码电路。当检测到特殊情况(hold='1')发生时,无条件点亮红色的发光二极管。

程序 P9-2 为主控制模块的硬件描述。主控制器的输入输出信号如表 7-7-5 所示。结构体中包含 3 个进程,第 1 个进程描述时序逻辑,第 2 与第 3 个进程描述组合逻辑。第 1 个进程与第 2 个进程一起实现状态的转换,第 3 个进程由状态的输出确定输出信号的值。

表 7-7-5　主控制模块信号说明

信号方向	信号名称	信号功能说明
输入	clock	时钟
	hold	特殊状态
	countnum	倒计时数值
输出	numa	主干道倒计时数值
	numb	支干道倒计时数值
	reda	主干道红灯亮
	greena	主干道绿灯亮
	yellowa	主干道黄灯亮
	redb	支干道红灯亮
	greenb	支干道绿灯亮
	yellowb	支干道黄灯亮
	flash	数码管闪烁控制

程序 P9-2 controller.vhd

```
library ieee;
use ieee.std_logic_1164.all;
entity controller is
        port(clock : in std_logic;
             hold : in std_logic;
          countnum : in integer range 0 to 49;
```

```
     numa,numb : out integer range 0 to 25;
reda,greena,yellowa : out std_logic;
redb,greenb,yellowb : out std_logic;
          flash : out std_logic
);
end controller;
architecture behavior of controller is
begin
  process(clock)
  begin
    if falling_edge(clock) then
      if hold='1' then
        reda<='1';
        redb<='1';
        greena<='0';
        greenb<='0';
        yellowa<='0';
        yellowb<='0';
        flash<='1';
      else
        flash<='0';
        if (countnum<=19) then
            numa<=20-countnum;
            reda<='0';
            greena<='1';
            yellowa<='0';
        elsif (countnum<=24) then
            numa<=25-countnum;
            reda<='0';
            greena<='0';
            yellowa<='1';
        else
            numa<=50-countnum;
            reda<='1';
            greena<='0';
            yellowa<='0';
        end if;
        if (countnum<=24) then
            numb<=25-countnum;
            redb<='1';
            greenb<='0';
```

```
          yellowb<='0';
        elsif(countnum<=44) then
          numb<=45-countnum;
          redb<='0';
          greenb<='1';
          yellowb<='0';
        else
          numb<=50-countnum;
          redb<='0';
          greenb<='0';
          yellowb<='1';
        end if;
      end if;
      end if;
    end process;
end behavior;
```

(2)计数模块

计数器模块主要实现了 0~49 s 的计数功能,计数程序的 VHDL 描述见程序 P9-3。

程序 P9-3 counter.vhd

```
library ieee;
use ieee.std_logic_1164.all;
entity counter is
  port(clk : in std_logic;
      reset : in std_logic;
      hold : in std_logic;
        num : buffer integer range 0 to 49
          );
end counter;
architecture rtl of counter is
begin
  process(clk,reset)
  begin
    if(reset='1') then
      num<=0;
      elsif (clk'event and clk='1') then
        if(hold='1') then
          num<=num;
          else if (num=49) then
            num<=0;
            else
              num<=num+1;
```

```
        end if;
      end if;
    end if;
  end process;
end rtl;
```

(3)分位模块

分位模块的输入来自主控制器输出的倒计时数值,数值可能是1位或者2位十进制数,分位模块将该数值分成2个1位的十进制数,输出给译码模块。分位模块用组合逻辑电路实现,见程序P9-4。

程序 P9-4 fenwei.vhd

```
library ieee;
use ieee.std_logic_1164.all;
entity fenwei is
  port (numin :in integer range 0 to 25;
    numa,numb :out integer range 0 to 9 );
end fenwei;
architecture rtl of fenwei is
begin
  process(numin)
  begin
    if (numin>=20) then
      numa<=2;
      numb<=numin-20;
    elsif (numin>=10) then
      numa<=1;
      numb<=numin-10;
      else
        numa<=0;
        numb<=numin;
      end if;
  end process;
end rtl;
```

(4)译码模块

译码器程序见程序P9-5,其中,数码管闪烁的频率是由clock的频率与计数器timeout的值共同决定。

程序 P9-5 display.vhd

```
library ieee;
use ieee.std_logic_1164.all;
entity display is
  port (num1,num2:in integer range 0 to 9;
```

```
          clk:in std_logic;
         flash:in std_logic;
      show1,show2:out std_logic_vector(6 downto 0)
      );
end display;
architecture rtl of display is
signal timeout:integer range 0 to 63;
begin
  process(clk)
  begin
  if (clk'event and clk='1') then
    if (timeout<31) then
      case num1 is
        when 0 =>show1<="1111110";
        when 1 =>show1<="0110000";
        when 2 =>show1<="1101101";
        when 3 =>show1<="1111001";
        when 4 =>show1<="0110011";
        when 5 =>show1<="1011011";
        when 6 =>show1<="1011111";
        when 7 =>show1<="1110000";
        when 8 =>show1<="1111111";
        when 9 =>show1<="1111011";
        when others=>show1<="0000000";
      end case;
      else
        show1<="0000000";
    end if;
  end if;
  end process;
  process(clk)
  begin
    if (clk'event and clk='1') then
      if (flash='0') then
        timeout<=0;
        else if(timeout=63) then
          timeout<=0;
            else
              timeout<=timeout+1;
        end if;
      end if;
```

```
        if (timeout<31) then
          case num2 is
            when 0 =>show2<="1111110";
            when 1 =>show2<="0110000";
            when 2 =>show2<="1101101";
            when 3 =>show2<="1111001";
            when 4 =>show2<="0110011";
            when 5 =>show2<="1011011";
            when 6 =>show2<="0011111";
            when 7 =>show2<="1110000";
            when 8 =>show2<="1111111";
            when 9 =>show2<="1110011";
            when others=>show2<="0000000";
          end case;
        else
          show2<="0000000";
        end if;
      end if;
  end process;
  end rtl;
```

2.主体结构电路设计与仿真

在完成上述4个模块后,新建工程,建立框图文件(.bdf),并将上述四个模块对应的元件加入到bdf文件中,完成顶层实体的框图设计,如图7-7-36所示。然后编译工程,如果没有错误,则编译成功。建立仿真波形文件(.vwf),设置输入信号,然后运行仿真,查看输出波形。图7-6-37给出了交通控制器仿真输出波形。为了更方便的观测倒计时的数值,仿真波形中增加了两个分位器的输出信号fenweiA1[3..0],fenweiA2[3..0],fenweiB1[3..0],fenweiB2[3..0],即数码管的输入值。可以看出红灯、绿灯和黄灯持续的时间,和倒计时的过程。图7-7-37只仿真了红绿灯变化的过程,可以设置hold,reset信号全面仿真电路的功能。

3.引脚锁定与实验台测试

选择合适的实验台模式,参照引脚锁定表,给出交通控制器的引脚锁定方案,填写表7-7-6。在Quartus II中,选择主菜单“Assignment”→“Pin”项,完成交通控制器的引脚锁定。引脚锁定完毕后,选择主菜单“Processing”→“Start Compilation”项,编译整个工程。然后选择主菜单“Tools”→“Programmer”项,下载Sof文件到GW48-CP++实验台,完成交通控制器的功能测试。

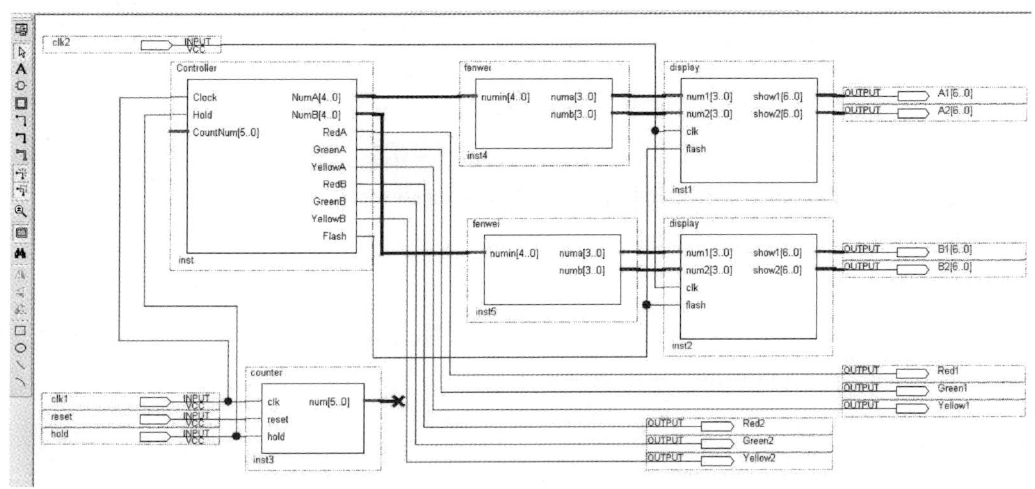

图 7-7-36　交通控制器原理图

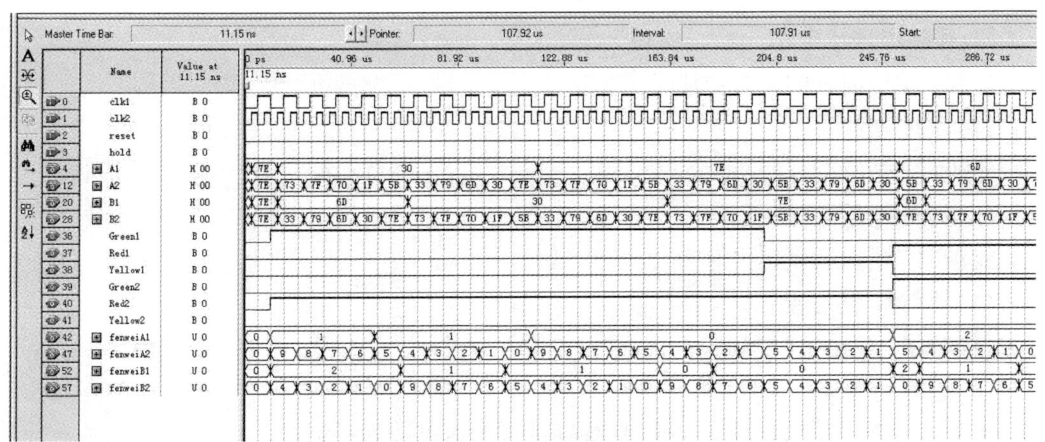

图 7-7-37　交通控制器仿真图

表 7-7-6　检测器引脚锁定方案

输入输出信号	外设	引脚名称	引脚号
clk1			
clk2			
hold			
reset			
A1			
A2			
B1			
B2			

7.7.9 数字电子时钟

一、实验目的

掌握 Quartus II 软件环境和 FPGA 实验台的使用方法。

掌握利用 VHDL 或框图输入法设计复杂数字电路的方法。

掌握数字电子时钟基本原理和设计方法。

二、实验内容

在 Quartus II 中,利用 VHDL 或框图输入法设计数字电子时钟逻辑电路,完成仿真,并下载到 FPGA 实验台进行测试。实现数字电子时钟的计时和定时功能。

三、实验环境

PC 计算机	1 台
Quartus II 软件环境	1 套
GW48-CP++实验台	1 台

四、实验原理与电路

1. 数字电子时钟的基本功能

(1)计时功能

包括时、分、秒的计时。

(2)定时和闹钟的功能

能在设定的时间发出报时声。

(3)整点报时功能

每逢整点,发出报时声。

(4)校时功能

能非常方便快速的自动地对小时、分钟进行调整以校准时间。

2. 数字电子时钟模块设计

根据设计要求将数字电子时钟功能划分为秒计时模块、分计时模块、小时计时模块、定时模块、报时模块等。数字电子时钟的整体模块连线框图如图 7-7-38 所示。

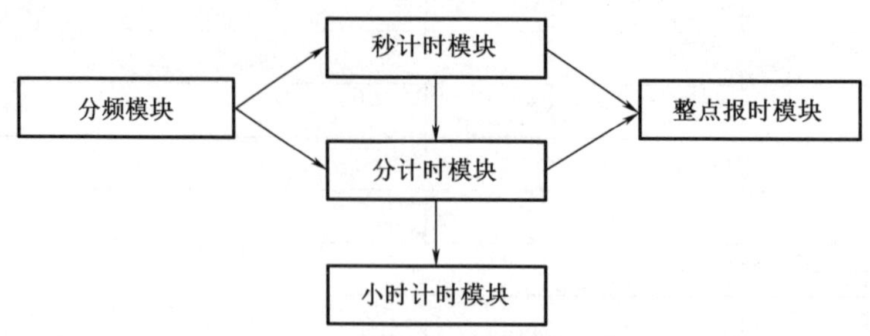

图 7-7-38 数字电子时钟结构图

图 7-7-38 中,控制信号模块为控制数字电子时钟的调时、调分和清 0。60 进制秒计数器实现对秒的计时,当计到第 60 个时钟时给分计数器一个信号 enm,分计数器开始工作。分计数器也是 60 进制计数器,当分计数器计到 60 个时钟时给 24 进制小时计数器一个信号

enh,小时计数器开始工作。下面介绍各个模块的实现。

(1)分频模块

分频模块将 50 MHz 的时钟信号分频成为 1 Hz 时钟信号送给 60 进制秒计数器电路,分频模块的 VHDL 代码见程序 P9-6。

程序 P9-6 divclk.vhd

```
library ieee;
use ieee.std_logic_1164.all;
use ieee.std_logic_unsigned.all;
entity divclk is
  port(clk50M:in std_logic;
      clk_1hz:out std_logic);
end entity divclk;
architecture beh of divclk is
  signal t:std_logic_vector(24 downto 0);
  signal clk:std_logic;
begin
  process(clk50M)
  begin
  if rising_edge(clk50M) then
    if t="1011111010111100000111111" then
      t<="0000000000000000000000000";
      clk<=not clk;
      else t<=t+1;
    end if;
  end if;
  clk<=clk50M;
  end process;
  clk_1hz<=clk;
end architecture beh;
```

(2)秒计时模块(second)

该模块为 60 进制 BCD 码计数器,计时输出为秒值。当给定一个时钟脉冲后,计数器开始工作,当计数到 60 个时钟脉冲时,秒计时器送出一个信号给分钟模块。reset 键为复位键,低电平有效,当按下 reset 键时计数器清零。setmin 键是控制自动调时功能的,也是低电平有效,当按下 setmin 键时,时钟功能停止,转换为调时功能,在时钟脉冲的作用下,分钟计数器开始工作,以秒速度增加设定的时间,从而实现对分钟的设置,方便快捷。

采用 VHDL 语言编写秒计时模块的源程序,秒计时模块的 VHDL 代码见程序 P9-7。

程序 P9-7 second.vhd

```
library ieee;
use ieee.std_logic_1164.all;
use ieee.std_logic_unsigned.all;
```

```
entity second is
  port(clk,reset,setmin:in std_logic;
                  sec:buffer std_logic_vector(7 downto 0);
                enmin:out std_logic);
end second;
architecture beha of second is
begin
  process(clk,reset,setmin)
  begin
  if setmin='0' then
    enmin<=clk;
    elsif  sec="00111011" then
      enmin<='0';
    else
      enmin<='1';
    end if;
  if reset='0'then
    sec<="00000000";
    elsif (clk'event and clk='1')then
    if sec="00111011" then
      sec<="00000000";
    else
      sec<=sec+1;
    end if;
  end if;
  end process;
end beha;
```

(3)分计时模块(minute)

该模块为60进制BCD码计数器,计时输出为分值。在第二时钟信号clk有效(可以随意设置时钟频率),且秒时钟脉冲到来时,分钟计数器加1,开始记录时钟脉冲,当记录到60时,分计时器便产生输出信号给小时计时模块。sethour键是控制自动调时功能的,也是低电平有效,当按下sethour键时,时钟功能停止,转换为调时功能,在时钟脉冲的作用下,小时计数器开始工作,以秒速度增加设定的时间,从而实现对分钟的设置。当按下reset键时计数器清零。分钟计时模块的VHDL代码见程序P9-8。

程序 P9-8 minute.vhd

```
library ieee;
use ieee.std_logic_1164.all;
use ieee.std_logic_unsigned.all;
entity minute is
  port(clk,clk1,reset,sethour:in std_logic;
```

```
        min:buffer std_logic_vector(7 downto 0);
        enhour:out std_logic);
end minute;
architecture beha of minute is
begin
  process(clk,reset,sethour)
  begin
  if sethour='0' then
    enhour<=clk1;
    elsif  min="00111011" then
      enhour<='0';
      else
        enhour<='1';
    end if;
  if reset='0'then
    min<="00000000";
    elsif (clk'event and clk='1')then
      if min="00111011" then
        min<="00000000";
      else
        min<=min+1;
    end if;
  end if;
end process;
end beha;
```

(4)小时计时模块(hour)

同理,小时计数器的工作原理和具体工作方式也和秒计时模块、分钟计时模块都很相似,只不过小时计时模块是 24 进制计数器。小时计时模块的 VHDL 代码见程序 P9-9。

程序 P9-9 hour.vhd

```
library ieee;
use ieee.std_logic_1164.all;
use ieee.std_logic_unsigned.all;
entity hour is
  port(clk,reset:in std_logic;
          hour:buffer std_logic_vector(7 downto 0));
end hour;
architecture beha of hour is
begin
  process(clk,reset)
  begin
  if reset='0'then
```

```
    hour<="00000000";
    elsif (clk'event and clk='1')then
      if hour="00011000" then
        hour<="00000000";
      else
        hour<=hour+1;
      end if;
  end if;
end process;
end beha;
```

(5)报时驱动信号产生模块(spk)

此模块为整点报时功能提供控制信号。当时钟到整点时,分钟显示从 59 进位为 00,时,秒输入为 00,02,04 时,报时模块的输出为高电平 1,从而实现报时功能。报时驱动信号产生模块的 VHDL 代码见程序 P9-10。

程序 P9-10 spk.vhd

```
library ieee;
use ieee.std_logic_1164.all;
entity spk is
  port(clk:in std_logic;
      m,s:in std_logic_vector(7 downto 0);
      q500:out std_logic);
end spk;
architecture spk_arc of spk is
begin
  process(clk)
  begin
  if (clk'event and clk='1')then
    if m="00000000"then
      if s="00000000"or s="00000010"or s="00000100"then
        q500<='1';
        else
          q500<='0';
      end if;
    end if;
  end if;
  end process;
end spk_arc;
```

3. 数字电子时钟顶层电路设计

数字电子时钟的电路图如图 7-7-39 所示。

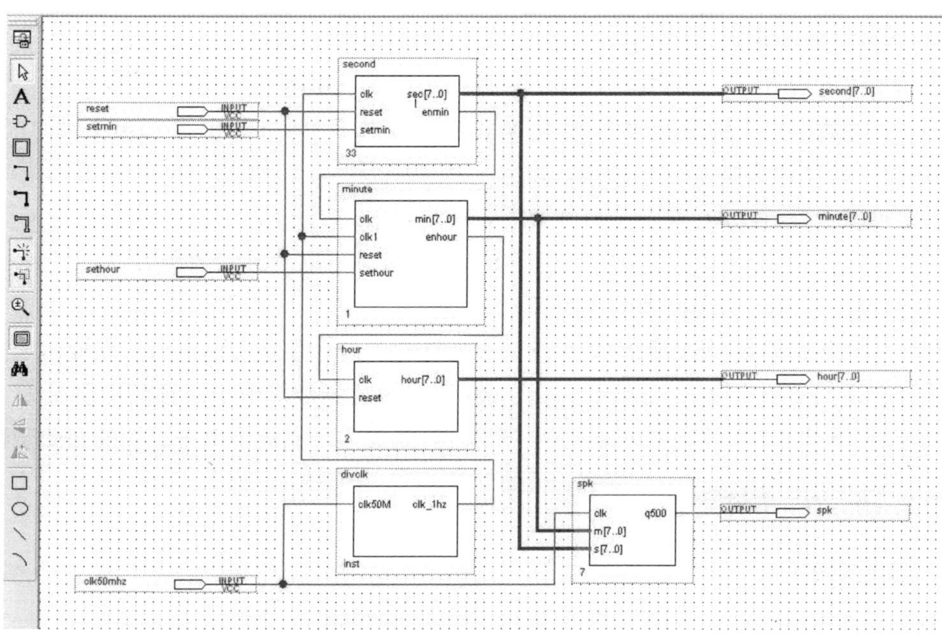

图 7-7-39　数字电子时钟原理图

4. 数字电子时钟仿真波形

数字电子时钟的校准功能仿真结果如图 7-7-40 所示，从图中可以看出小时和分钟都被置为 3。数字时钟的计时功能仿真结果如图 7-7-41 所示，当秒计时到 60，分钟自动加 1。注意：为了缩短仿真时间，仿真前禁止了分频模块功能，只从逻辑上仿真了数字电子时钟的功能。如果加上分频模块，那么需要很长的仿真时间才能得到仿真结果。

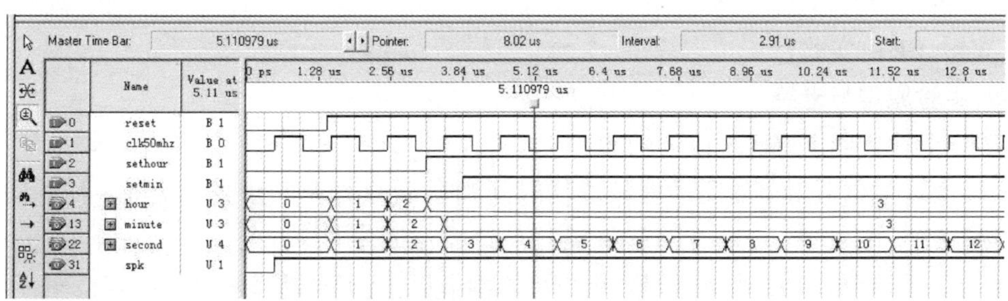

图 7-7-40　数字电子时钟校准功能仿真波形

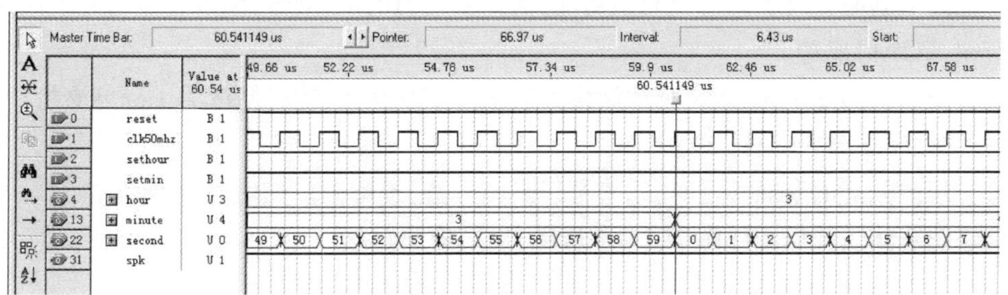

图 7-7-41　数字电子时钟计时功能仿真波形

五、实验任务与步骤

采用 VHDL 设计一个多功能数字电子时钟，实现以下功能：

①对上述数字电子钟进行改进，优化 VHDL 代码，实现 24 进制和 12 进制 2 种时间显示方式，用户可以任意选择显示方式。

②实现整点报时功能，整点报时可以播放一段音乐。

③实现定时功能，可以设定 2 个以上定时时间，并且可以设置闹钟音乐。

④实现秒表功能，实现秒表的启动、停止和记录。

首先完成各个模块，然后采用文本或框图设计输入设计顶层实体电路。完成仿真。

选择合适的实验台模式，参照引脚锁定表，给出多功能数字电子时钟的引脚锁定方案。引脚锁定后，下载 Sof 文件到 GW48-CP++实验台，完成多功能数字电子时钟的功能测试。

7.7.10 IC 卡计费器

一、实验目的

掌握 Quartus II 软件环境和 FPGA 实验台的使用方法。

掌握利用 VHDL 或框图输入法设计复杂数字电路的方法。

掌握 IC 卡计费器基本原理和设计方法。

二、实验内容

利用 QuartusⅡ软件开发环境，采用 VHDL 语言设计一个模拟 IC 卡计费硬件电路，完成仿真，并下载到 FPGA 实验台进行测试。

三、实验环境

PC 计算机	1 台
Quartus II 软件环境	1 套
GW48-CP++实验台	1 台

四、实验原理与电路

该 IC 卡计费器主要实现以下功能：

①能实现对电话用户的通话时按通话时间和通话种类进行计费。支持多种不同自费的通话服务。

②为每个用户分配一个 IC 卡号，用户只要刷卡后，就可自动显示帐户所剩余额，通话开始后自动计费。

③能为电话服务提供商实现充值功能，输入要充值的 IC 卡号，输入相应的充值额，按下充值按钮，就充值成功。

④计费精度为 0.1 元，帐户可存储最大余额为 999.9 元；计时精度为 1 s，可支持的最长计费时间是 99 小时 59 分钟 59 秒。

⑤当用户帐户的余额不足时，系统可以发出提醒，提醒用户充值。

该系统总体设计框图如图 7-7-42 所示，主要模块包括：

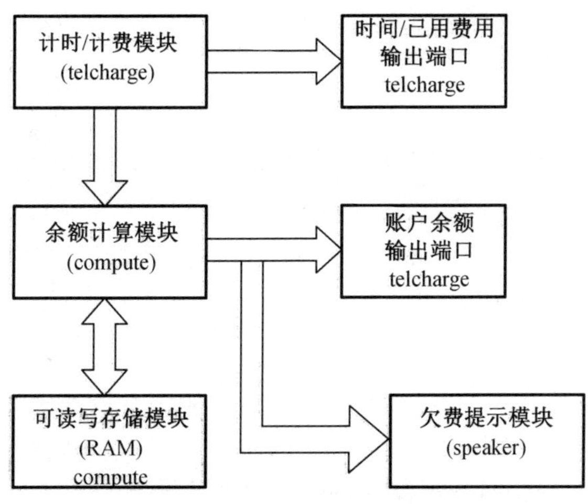

图 7-7-42　IC 卡计费器框图

①计时计费模块(telcharge):此模块主要完成对通话种类的判断,并进行相应资费的选择,当通话开始后进行实时计时,并按照相应资费计费。

②存储模块(RAM):此模块主要完成对用户帐户余额的存储,此系统设置大小为 64 B,可为 32 名用户提供服务,每位用户 2 B 空间,存储相应的余额的百位,十位,个位,十分位的 BCD 码拼成的 16 位数据。

③余额计算模块(compute):此模块主要完成对用户余额的计算。

④欠费提示模块(speaker):此模块主要是对账户余额不足的用户做出提示。

下面以一个用户进行一次通话计费来说明整个系统各模块之间的工作流程:

①一个用户刷卡,IC 卡号送给“可读写存储模块”(RAM),读出该用账户中的余额,并从余额输出端口显示。

②通话开始后“计时/计费模块”(telcharge)判断通话服务种类,来确定相应资费,并实时记录通话时间和通话费用,并从时间/已用费用输出端口显示。

③整个通话过程中“计时/计费模块”输出的已用话费送往“余额计算模块”(compute),“余额计算模块”同时读取“可读写存储模块”送来的用户账户初始余额数据,然后“余额计算模块”计算出最新的账户余额,并从“账户余额输出端口”中输出。

④当用户通话结束后,“计时/计费模块”停止计时计费,并保持显示当前通话时间和已用费用,直到挂机或下个用户刷卡通话。同时“可读写存储模块”写入后用户余额信息进入相应的用户记录单元。

⑤“余额计算模块”同时在每次计算出最新账户余额的同时判断余额是否小于 0,若小于零则把欠费标志信号(owe)置位。若“计时计费模块”检测出 owe 信号为高电平,则停止当前的计费和计时,并中断通话。同时“可读写存储模块”检测到 owe 信号为高电平后,立刻写入相应用户余额为 000.0。“欠费提示模块”(speaker)检测到 owe 为高电平时,则发出提示音,提示用户充值。

⑥当用户余额不足后可以申请相应的部门进行充值,具体的充值操作为充值人员输入用户的 IC 卡号,并输入要充值的金额,点击充值按钮,然后就充值成功了。想要查询是否充

值成功,可以再次输入IC卡号查询金额是否正确。

五、实验任务与步骤

1.模块设计与仿真

在Quartus II中利用VHDL语言设计通话计时计费模块、存储模块、余额计算模块和欠费提示模块,查看各个模块的RTL级电路图。并且分别仿真各个模块,验证各个模块的功能。利用“File”菜单的“Create/Update”命令为每个模块生成元器件符号,以备后续使用。下面是各个模块的VHDL程序及其相关说明。

(1)计时/计费模块

此模块的输入为通话种类信号(telkind),通话开始信号(start),计费停止信号(stop),主时钟信号(clk_1)。输出为4段4位bcd码(hourh[4..0]、hourl[4..0]、minh[4..0]、minl[4..0]),表示通话时间的小时高位,小时低位,分钟高位,分钟低位。还有一段16位的数据(cha[15..0]),也是由4段4位bcd组成的,表示已用资费的百位,十位,个位,十分位。计时/计费模块硬件描述如程序P9-11所示。

程序 P9-11 telcharge.vhd

```
library ieee;
use ieee.std_logic_1164.all;
use ieee.std_logic_arith.all;
use ieee.std_logic_unsigned.all;
entity telcharge is
         port(clk_1 :in std_logic;
            start :in std_logic;
              id :in std_logic;
         t_15 :out std_logic;
           t_3 :out std_logic;
              t_2 :out std_logic;
           telkind :in std_logic_vector(3 downto 0);
              cha :out std_logic_vector(15 downto 0);
hourh,hourl,minh,minl :out std_logic_vector(3 downto 0));
end telcharge;
architecture behav of telcharge is
  signal f_15,f_3,f_2:std_logic;
  signal q_15: integer range 0 to 3;   --分频器
  signal q_3: integer range 0 to 19;   --分频器
  signal q_2: integer range 0 to 29;   --分频器
  signal c0: std_logic_vector(3 downto 0);   --费用百位计数器
  signal c1: std_logic_vector(3 downto 0);   --费用十位计数器
  signal c2: std_logic_vector(3 downto 0);   --费用个位计数器
  signal c3: std_logic_vector(3 downto 0);   --费用十分位计数器
  signal ml: std_logic_vector(3 downto 0);   --分钟低位计数器
  signal mh: std_logic_vector(3 downto 0);   --分钟高位计数器
```

```
    signal hl: std_logic_vector(3 downto 0);  --小时低位计数器
    signal hh: std_logic_vector(3 downto 0);  --小时高位计数器
    signal sec: integer range 0 to 59;  --秒计数器
    signal f: std_logic;  --计费脉冲
  begin
  -------------------------------------分频进程-----------------------------
----------------------
  fenpin:process(clk_1,start)
  begin
    if clk_1'event and clk_1='1' then
      if start='0' then q_15<=0; q_3<=0; q_2<=0; f_15<='0'; f_3<='0'; f_2<='0'; f<
='0';
      else
      if q_15=3 then q_15<=0; f_15<='1';  --此 if 语句得到每分钟 15 个周期的信号
        else q_15<=q_15+1; f_15<='0';
      end if;
      if q_3=19 then q_3<=0; f_3<='1';  --此 if 语句得到每分钟 3 个周期的信号
        else q_3<=q_3+1; f_3<='0';
      end if;
        if q_2=29 then q_2<=0; f_2<='1';  --此 if 语句得到每分钟 2 个周期的信号
        else q_2<=q_2+1; f_2<='0';
      end if;
      case telkind is  --此 if 语句得到不同通话种类计费脉冲 f
        when "0000" => f<=f_2;
    when "0001" => f<=f_3;
    when "0010" => f<=f_15;
    when others => null;
    end case;
      end if;
      t_15<=f_15; t_3<=f_3; t_2<=f_2;
    end if;
  end process;
  --------------------------------------计时进程-----------------------------
----------------
  jishi:process(clk_1)
  begin
    if clk_1 'event and clk_1='1' then
      if start='0' then
      sec<=0; mh<="0000"; ml<="0000"; hh<="0000"; hl<="0000";
      if id='1' then minl<=ml; minh<=mh; hourl<=hl; hourh<=hh;
    end if;
```

```
  else if sec=59 then sec<=0;
    if ml="1001" then ml<="0000";
      if mh="0101" then mh<="0000";
    if hl="1001" then hl<="0000";
      if hh="1001" then hh<="0000";
        else hh<=hh+1;
    end if;
    else hl<=hl+1;
        end if;
  else mh<=mh+1;
      end if;
    else ml<=ml+1;
    end if;
    else sec<=sec+1;
    end if;
    minl<=ml; minh<=mh; hourl<=hl; hourh<=hh;
    end if;
  end if;
end process;
--------------------------------计费进程-----------------------------------
jifei:process(f,start,id)
begin
  if start='0' then
    c0<="0001"; c1<="0000"; c2<="0000"; c3<="0000";
  if id='1' then
  cha <="0000000000000000";
  end if;
  elsif f 'event and f='1' then
    if ml>"0000" then
      if c0="1001" then c0<="0000";
    if c1="1001" then c1<="0000";
      if c2="1001" then c2<="0000";
    if c3="1001" then c3<="0000";
    else c3<=c3+1;
    end if;
  else c2<=c2+1;
  end if;
    else c1<=c1+1;
    end if;
  else c0<=c0+1;
  end if;
```

```
  cha <=c3 & c2 & c1 & c0;
  end if;
  end if;
  end process;
end behav;
```

(2)可读写存储模块

此模块的输入为 IC 卡号(即 RAM 的地址端,addr[4..0]),读允许位(wr),写允许位(rd),余额输入(即 RAM 的数据端,datain[15..0])。输出为余额读输出端(dataout[15..0])。存储模块硬件描述如程序 P9-12 所示。

程序 P9-12 ram.vhd

```
library ieee;
use ieee.std_logic_1164.all;
use ieee.std_logic_unsigned.all;
entity ram is
  port(addr:in std_logic_vector(4 downto 0);
      wr:in std_logic;
      rd:in std_logic;
  datain:in std_logic_vector(15 downto 0);
  dataout:out std_logic_vector(15 downto 0));
end;
architecture one of ram is
  type memory is array(0 to 31)of std_logic_vector(15 downto 0);
  signal data1:memory;
  signal addr1:integer range 0 to 31;
begin
  addr1<=conv_integer(addr);
  process(wr,addr1,data1,datain)
  begin
  if  wr'event and wr='1' then
    data1(addr1)<=datain;
  end if;
  end process;
  process(rd,addr1,data1)
  begin
  if rd='1' then
    dataout<=data1(addr1);
  else
      dataout<=(others=>'0');
  end if;
  end process;
end;
```

(3)余额计算模块

其输入有两组,一组是由存储模块来的帐户余额数据(datain1[15..0]),另一组为由通话计费模块来的通话已用费用(datain[15..0])。输出为最新更新的余额(dataout[15..0])。余额计算模块硬件描述如程序 P9-13 所示。

程序 P9-13 compute.vhd

```
library ieee;
use ieee.std_logic_1164.all;
use ieee.std_logic_unsigned.all;
use ieee.std_logic_arith.all;
entity compute is
  port(start :in std_logic;
    datain0:in std_logic_vector(15 downto 0);
    datain1:in std_logic_vector(15 downto 0);
        owe:out std_logic;
  dataout:out std_logic_vector(15 downto 0));
end;
architecture behav of compute is
begin
process(datain0,datain1)
begin
  if conv_integer(datain1)-conv_integer(datain0)>0 then
  dataout<=conv_std_logic_vector(conv_integer(datain1)-conv_integer
(datain0),16); owe<='0';
  else
    dataout<="0000000000000000";
    if start='1'then
    owe<='1';
    else owe<='0';
    end if;
  end if;
end process;
end behav;
```

(4)欠费提示模块

其输入为欠费信号(owe),输出为 256 Hz 的脉冲信号,使扬声器发声,达到提醒用户充值的目的。

(5)其他电路

系统中还用到了 2 个锁存器 latch5_1 和 latch6_1,分别用于缓存 RAM 的地址(即用户账号)和从 RAM 输出的余额数据。latch5_1 和 latch6_1 的硬件描述分别见程序 P9-14 和程序 P9-15。

程序 P9-14 latch5_1.vhd

```
library ieee;
use ieee.std_logic_1164.all;
use ieee.std_logic_unsigned.all;
entity latch5_1 is
  port(d:in std_logic_vector(4 downto 0);
     oe:in std_logic;
       g:in std_logic;
     q:out std_logic_vector(4 downto 0));
end;
architecture one of latch5_1 is
  signal q_temp:std_logic_vector(4 downto 0);
begin
  process(g,oe,d)
  begin
  if oe='0' then
    if g='1' then
      q_temp<=d;
    end if;
  else q_temp<="00000";
  end if;
  end process;
  q<=q_temp;
end;
```

程序 P9-15 latch6_1.vhd

```
library ieee;
use ieee.std_logic_1164.all;
use ieee.std_logic_unsigned.all;
entity latch16_1 is
  port(d:in std_logic_vector(15 downto 0);
      oe:in std_logic;
    g:in std_logic;
    q:out std_logic_vector(15 downto 0));
end;
architecture one of latch16_1 is
  signal q_temp:std_logic_vector(15 downto 0);
begin
  process(g,oe,d)
  begin
  if oe='0' then
    if g='1' then
      q_temp<=d;
```

```
    end if;
  else q_temp<="0000000000000000";
  end if;
  end process;
  q<=q_temp;
end;
```

2. 主体结构电路设计与仿真

在完成上述模块后,新建工程,建立框图文件(.bdf),并将上述各个模块对应的元件加入到bdf文件中,完成顶层实体的框图设计,如图7-7-43所示。在设计过程中,整个系统难度最大的地方就是对系统时序的设计,和输入输出端口的划分,下面介绍系统中输入输出端口。

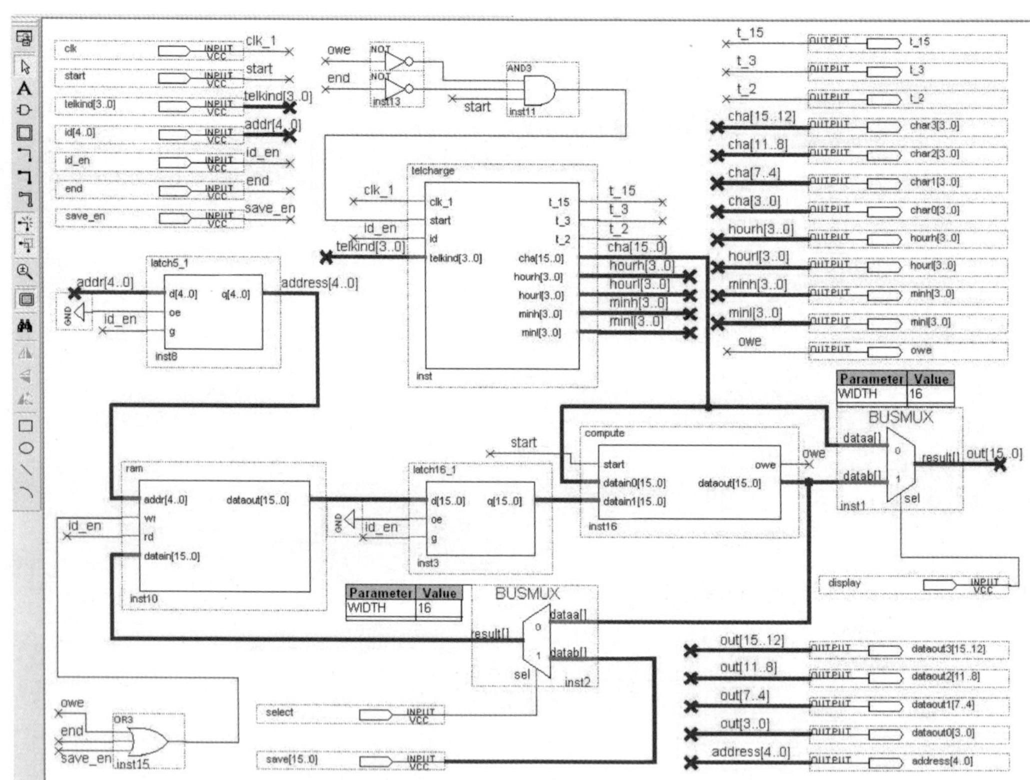

图7-7-43 IC卡计费系统原理图

(1)输入端口

clk:主时钟脉冲(1 Hz)输入端口,为计时和计费提供原生时钟。

start:计费开始信号,高电平有效,通话计费开始时由低电平变为高电平后。

end:通话结束信号,高电平有效,通话结束时由低电平变为高电平,主要作用是把此次通话后的余额写入RAM。

telkind[3..0]:通话服务种类信号,4位二进制码,最多能确定16中通话服务,这里0000表示市话,0001表示国内长途,0010表示国际长途。

id[4..0]:IC 卡号输入端口,5 位二进制码,最多能提供 32 位用户的 IC 卡帐户服务。

id_en:IC 卡号输入使能信号,高电平有效,当 IC 卡号输入后,给此端口一个高电平,才能使卡号被系统识别,并读出相应帐户中的信息。

save[15..0]:充值输入端口,由 4 段 8421bcd 码连接成,分别表示充值金额的百位,十位,个位,十分位。

save_en:充值端口使能信号,高电平有效,当充值金额输入后,给此端口一个高电平,才能使金额充进用户帐户中。

select:充值/计费选择信号,高电平时为充值模式,RAM 数据写入端口输入充值金额,余额输出端为高阻状态;低电平时为计费模式,RAM 数据写入端口输入计费余额,充值端为高阻状态。

display:数据显示选择信号,当它高电平时,数据输出端 dataout3[4..0]、dataout2[4..0]、dataout1[4..0]、dataout0[4..0]输出为当前花费的话费金额的百位,十位,个位和十分位;当它为低电平时,数据输出端 dataout3[4..0]、dataout2[4..0]、dataout1[4..0]、dataout0[4..0]输出为用户当前的帐户余额的百位,十位,个位和十分位。

(2)输出端口

hourh[3..0]、hourl[3..0]、minh[3..0]、minl[3..0]:通话时间显示端口,依次显示通话时间的小时高位,小时低位,分钟高位,分钟低位,都是 8421bcd 码格式。

dataout3[3..0]、dataout2[3..0]、dataout1[3..0]、dataout0[3..0]:费用数据输出端口,当 select 为高电平时,输出为当前花费的话费金额的百位,十位,个位和十分位;当它为低电平时,输出为用户当前的帐户余额的百位,十位,个位和十分位。

(3)调试用输出端口

t_2. t_3. t_15:分频脉冲输出端口,分别输出由 1 Hz 主时钟频率分得的 1/30 Hz、1/20 Hz、1/4 Hz 的脉冲。

char3[3..0]、char2[3..0]、char1[3..0]、char0[3..0]:已用话费输出,为了调试方便设置。

owe:欠费标志信号,当余额小于零时,变为高电平,其余时间为高电平。

图 7-7-44 给出了 IC 卡计费器仿真结果。图 7-7-44 的波形仿真的是充值功能:输入 IC 卡号为 00000,然后输入充值金额为 0.4 元,然后吧 save_en 置位进行充值,可见充值金额立刻显示在了 dataout 端口上,同样也对 IC 卡号为 00001 帐户进行了充值,充值金额为 255.9 元,然后还对 00001 号帐户进行了金额查询,为 255.9 元。

图 7-7-45 给出了一个拨打市话的计时/计费过程的仿真结果,可见用户 IC 卡号为 00000,其初始余额为 0.4 元,开始计时,当时间为 1 min,即 minl 为 1,这时,char0 表示已用话费进行了 1 到 2 的跳变,说明当通话时间 1 min 结束时,用去 0.2 元,此时 dataout 输出端输出余额 0.2 元,正确,当通话时间到 2 min 结束时,已用话费端口 char0 变成了 4,说明了这时当前话费为 0.4 元,dataout 输出为 0000,表示余额为 0,接着欠费信号 owe 置为高电平,表示余额不足。通话结束,所有计费脉冲停止输出。费用和时间保持输出,供用户读取。

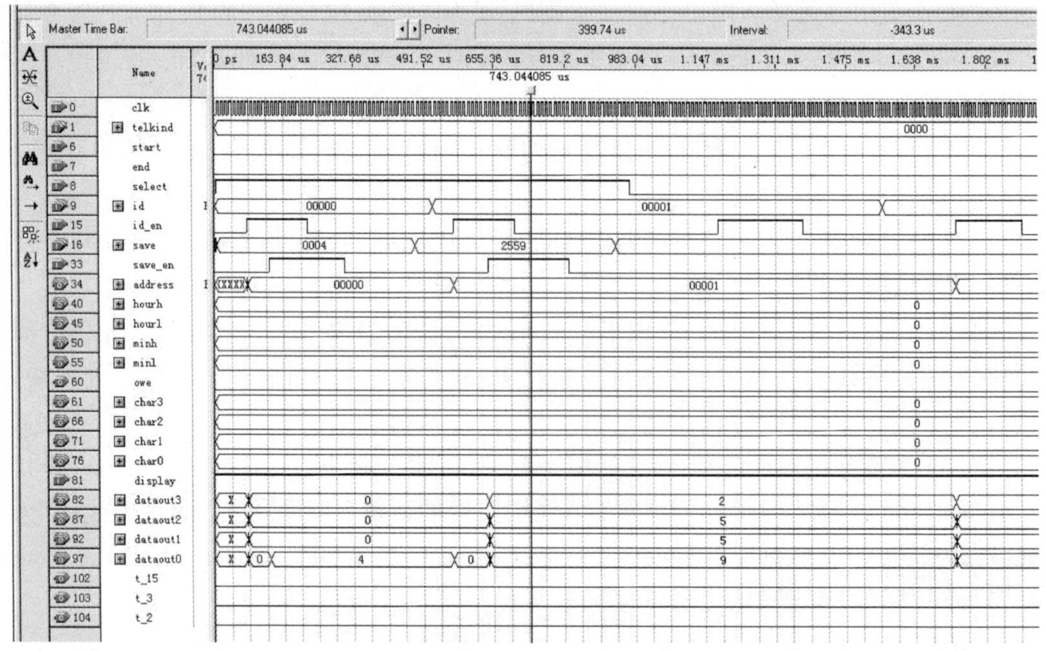

图 7-7-44　IC 卡计费系统充值功能仿真结果

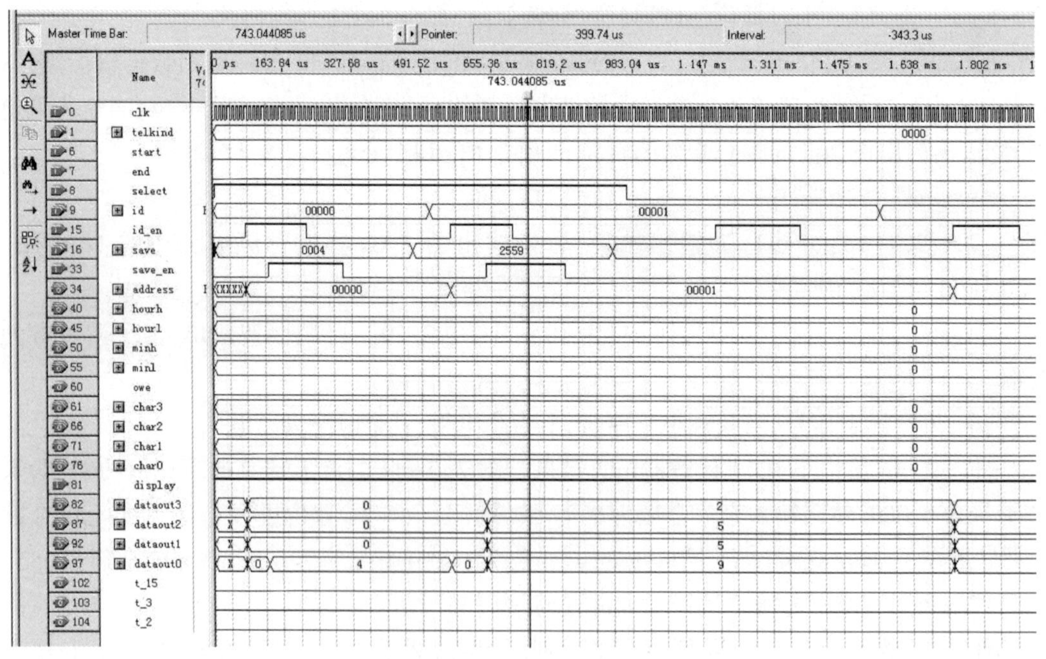

图 7-7-45　IC 卡计费器计时/计费功能仿真结果

参照图 7-7-44 和 7-7-45 完成充值不同的金额以及其他资费服务的计费功能仿真，观察输出波形，验证系统功能的正确性。

3. 引脚锁定与实验台测试

选择合适的实验台模式，参照引脚锁定表，给出 IC 卡计费器的引脚锁定方案。在 Quartus II 中，选择主菜单“Assignment”→“Pin”项，完成 IC 卡计费器的引脚锁定。引脚锁定完毕后,选择主菜单“Processing”→“Start Compilation”项,编译整个工程。然后选择主菜单“Tools”→“Programmer”项,下载 Sof 文件到 GW48-CP++实验台,完成 IC 卡计费器的功能测试。

六、扩展实验

对该 IC 卡计费器进行改进,用 Altera 元器件库的 lpm_ram 存储单元实现该系统的存储模块,完成一个功能丰富的 IC 卡计费系统,完成仿真和实验台测试。